绿色建筑施工与管理

（2019）

湖南省土木建筑学会
杨承惁　　　陈　浩　主编

中国建材工业出版社

图书在版编目（CIP）数据

绿色建筑施工与管理 . 2019 / 湖南省土木建筑学会，杨承惁，陈浩主编 . —北京：中国建材工业出版社，2019.11

ISBN 978-7-5160-2642-7

Ⅰ . ①绿… Ⅱ . ①湖… ②杨… ③陈… Ⅲ . ①生态建筑—施工管理—文集 Ⅳ . ① TU18-53

中国版本图书馆 CIP 数据核字（2019）第 174689 号

绿色建筑施工与管理（2019）

Lüse Jianzhu Shigong yu Guanli（2019）

湖南省土木建筑学会
杨承惁　　　陈　浩　主编

出版发行：中国建材工业出版社

地　　址：北京市海淀区三里河路 1 号

邮　　编：100044

经　　销：全国各地新华书店

印　　刷：北京鑫正大印刷有限公司

开　　本：787mm × 1092mm　1/16

印　　张：38

字　　数：910 千字

版　　次：2019 年 11 月第 1 版

印　　次：2019 年 11 月第 1 次

定　　价：168.00 元

本社网址：**www. jccbs. com**，微信公众号：**zgjcgycbs**

编 委 会

前　　言

今年是中华人民共和国成立70周年，在习近平同志新时代中国特色社会主义思想指引下，湖南建筑施工企业在建设资源节约型、环境友好型，全面步入小康的社会中做出了卓越贡献，取得了丰硕的成果。例如湖南建工集团是我国五百强企业之一，也是建筑湘军“航母”企业。年生产（施工）能力1000亿元以上，集团的经营区域已经覆盖全国各省、自治区、直辖市及世界许多国家。其科技创新硕果累累，成立了装配式建筑技术研究院，成功研制了“共轴承插型一体化卫生间”部品件，并成功应用于工程项目中；中建五局第三工程有限公司“百米深坑大落差输送条件下巨型钢混组合结构高性能混凝土研究”课题成功地解决了大落差输送条件下混凝土的和易性，并保证了混凝土的高强度，具有科学性、创新性和适用性，达到了国际先进水平；湖南立信建材有限公司自主研发的装配整体式钢 - 混组合空腔楼盖技术，其研究成果为我国推行装配式建筑做出了突出贡献；由湖南省第三工程有限公司、湖南省第五工程有限公司主编的行业标准《钢筋 - 混凝土组合空腔楼盖结构技术规程》也即将发布执行。本书是湖南省土木建筑学会施工专业学术委员会2019年学术年会暨学术交流会的优秀论文成果，经全省著名专家、教授及学者认真评审、优选115篇汇集而成。全书分为四篇：

第一篇　综述、理论与应用；

第二篇　地基基础及处理；

第三篇　绿色施工技术与施工组织；

第四篇　建筑经济与工程项目管理。

时代在发展，科技在进步，建筑业在创新。在湖南省住房和城乡建设厅和湖南省土木建筑学会的大力支持和直接领导下，我施工专业学术委员会坚持科学发展观，充分利用学会学科齐全、人才集中的优势，加强学术交流，提高绿色施工与科学管理水平。殷切期望施工企业与高等院校、科研院所构建产学研与科技创新平台，合作办学和共同研发，做到资源共享，优势互补，同舟共济，共创辉煌，并祝愿建筑湘军立足国内，走出国门，在“一带一路”建设中再立新功！

主编

2019 年 6 月

目　　录

第一篇　综述、理论与应用

第二篇 地基基础及处理

第三篇　绿色施工技术与施工组织

第四篇 建筑经济与工程项目管理

第一篇

综述、理论与应用

污水源热泵空调系统在大型交通枢纽工程中的安装与应用

张明亮[1，4]　黄　清[2]　刘　虎[3]

1. 湖南建工集团有限公司，长沙，410004
2. 湖南长顺项目管理有限公司，长沙，410114
3. 湖南省第六工程有限公司，长沙，410015
4. 湖南建工集团装配式建筑技术研究院，长沙，410004

摘　要：本文针对某综合交通枢纽工程的污水源热泵空调系统的安装与应用进行了介绍，剖析了污水源热泵空调系统较传统空调具有的优势和特点。通过工程应用实践证明，采用污水源热泵空调系统进行冷热负荷供应，具有环保效益、经济效益显著、一机多用、设备可靠性强、维护量小等优点，对类似工程的施工具有一定的指导意义。

关键词：污水源热泵；供热；供冷；环保节能

城市污水具有量大、集中、水质较为稳定的特点。污水源热泵空调系统是以污水作为低温热源，利用热泵技术提取污水中的低温热能，转换为高品位热能的一种节能与环保性技术，利用这项技术的逆过程还可以达到制冷的目的。

某交通枢纽工程位于长沙湘江新区的核心区域，是我市首个利用污水源热泵系统的项目。附近望城坡污水提升泵站距项目红线0.8km，该泵站污水量丰富，平均日污水量为：$Q = 17.95$ 万 m^3/d，最大日污水量为 $Q = 23.00$ 万 m^3/d。项目成立之初即决定采用污水源热泵空调系统进行冷热负荷供应，充分利用该系统高效节能、运行费用低、设备可靠性强、维护量小等优点，既满足了工程使用要求，也可丰富再生能源利用的形式、减少常规能源的使用量，对实现可持续发展战略和能源发展战略具有较大的实际意义和示范价值。

1　工程概况

该综合交通枢纽工程位于原长沙汽车西站旧址，西靠玉兰路，东临西二环，北靠枫林路，均为城市主干道，现场四角点设置出入口，如图1所示。西二环和枫林路均为双向四车道的城市主干道，通行能力较好。

图1　工程效果图

项目地下2层，地上26层，由换乘大楼、车辆备班楼、商业、办公建筑组成。地下室由商业、设备用房和人防设施用房组成，项目建筑面积为31.5万 m^2。污水源热泵空调系统包

第一作者：张明亮，男，1983年出生，博士，高级工程师，注册建造师，项目总工程师。现主要从事建筑结构抗风、钢结构设计与研究、施工监测、BIM技术应用及施工技术管理等工作。E-mail：hnjgzml@163.com。

含污水引退水工程、冷却循环水工程、制冷、换热工艺管道工程、设备基础、空调主机设备安装以及智能控制系统安装等工程。

该综合交通枢纽工程空调冷源由一台螺杆式水源热泵、两台污水源水冷离心式冷水机组和三台常规水冷离心机组组成，通过热泵技术利用污水能源提供卫生热水负荷、供热负荷及部分空调冷负荷。设置冷却塔系统与离心式冷水机组来补充不足的冷负荷，补充和备用热源由燃气热水机组提供，以保障重点区域在特殊情况下的供热连续性。项目污水取水处为位于长沙市岳麓区龙王港路与西二环交叉口西北侧望城坡污水提升泵站，相距大河西综合交通枢纽工程约 0.8km。在望城坡污水提升泵站的集水池前的格栅池之间增设取水泵坑，设三台潜水泵取水（两用一备），经格栅后的污水流入取水泵坑再经压力管把污水输送至地下室的空调机房。使用完后，污水被引至望城坡污水提升泵站的集水池。

2　施工方法

2.1　空调工程机房

2.1.1　施工条件与准备

空调工程机房设置在地下室负 2 层，主机、换热器、锅炉等大型设备由于地下室只能通行小型车辆，施工时不能直接将设备运到指定地点，故先将设备卸在泄爆口，从泄爆口吊装入地下负 2 层机房，再利用葫芦吊与小型拖拉机将设备转运至指定安装地点；小型设备如水泵以及阀门、管材进场后，先将其卸到室外指定卸货地点，再由小型拖拉机转运至机房（图 2）。

2.1.2　工艺流程

（1）空调水系统施工工艺流程

施工准备→支、吊、托架、管道预制→支、吊、托架、管道安装→管道附件、管道安装→管道试压冲洗→防腐保温→系统调试→竣工验收。

（2）设备安装施工工艺流程

施工准备→设备进场→设备开箱检验→设备就位组装→设备配管→设备单机试车→系统联动试车→竣工验收。

图 2　机房完成图

2.2　污水引退水管网

污水引退水管施工属于本工程污水源热泵系统污水利用工程的一部分。污水压力管走向为：望城坡泵站→南园路（东侧）→迎春路（南侧）→玉兰路（东侧）→南侧地块（预留D600管道）→游园东路（南侧）→大河西交通枢纽地下室轮廓线东侧→下沉式广场→空调机房。

其中望城坡泵站—游园东路段为拉管施工段，游园东路—空调机房段为结合长沙地铁2号线和大河西交通枢纽，地下施工采用明挖施工。

2.2.1　开挖段施工

（1）工艺流程

施工准备→管槽开挖→管道垫层及平基础→管道安装及管座→阀门井（检查井）砌筑→管井连接→管道打压试验→分项验收→管槽回填→总体验收。

（2）操作要点

1）管槽开挖

本项目采用人工与机械相结合的形式开挖。开挖时，随时测量监控，保证开挖轴线位置、边坡坡度、基坑的尺寸，槽底的高程均达到沟槽验收规定的相关要求。

管槽底部的开挖宽度，根据给排水验收规范[1]，按式（1）计算：

$$B = D_1 + 2\ (b_1 + b_2 + b_3) \tag{1}$$

式中　B——开挖宽度；

D_1——外缘宽度；

b_1——工作面宽度，可按表1采用；

b_2——支撑厚度，本项目取150～200mm；

b_3——钢盘混凝土管渠或现场浇筑混凝土一侧模板的厚度。

表1　管道一侧的工作面宽度

管道结构的外缘宽度 D_1（mm）	管道一侧的工作面宽度 b_1（mm）	
	非金属管道	金属管道
$D_1 \leqslant 500$	400	300
$500 < D_1 \leqslant 1000$	500	400
$1000 < D_1 \leqslant 1500$	600	600
$1500 < D_1 \leqslant 3000$	800	800

注：1. 槽底需设排水沟时，工作面宽度 b_1 应适当增加；

2. 管道有现场施工的外防水层时，每侧工作面宽度宜取800mm。

2）管道基础垫层施工

a. 管道施工前应先进行地基处理，若管道地基土为淤泥质土则须换土处理，地基土的承载力应不低于100kPa。

b. 下管前，应先清除管槽内的杂物，并抽排基坑内的积水，清理完成后弹放出管道中心线，待基面标高复核无误后回填200mm的粗砂垫层。

3）管道安装

a. 材料准备：将管件或管道平坦安放置对接机上，切削余量应留足10～20mm。

b. 固定管材：针对现场使用的管件、管材型号与尺寸选择合适的卡瓦夹具，在切削前夹紧固定好管材。

c. 切削：对管件端面杂质、所焊管段、氧化层进行切削，切削完成后应保证两对接端面平整、光洁、无杂质。

d. 对中：两焊管段端面应做到完全对中，错边误差控制越小越好，且应不超过管壁厚的10%。否则，将影响管段的对接质量。

e. 加热：不同的季节、温度时，加热板的加热时间有区别，通常以两端面熔融长度为1～2mm为佳，对接的温度宜一般控制在210～230℃之间。

f. 切换：为保证管段熔融对接的质量，切换时间应做到越短越好，加热完成后将加热板移开，并迅速将两热融端面相粘、加压。

g. 熔融对接：熔融对接过程中应始终处于熔融压力下进行，卷边宽度宜控制在2～4mm。

h. 冷却：应让对接的压力保持不变，使接口缓慢地冷却，冷却时间的长短以手摸管材卷边生硬，感觉不到热为准。

i. 对接完成：冷却完成后便可松开卡瓦，并移开对接机（图3）。

（a）夹紧并清洁端面　（b）调整整平端面　（c）端面校直

图3　管道热熔连接工艺图

4）管井连接

管井连接（管材与检查井相连）宜采用先在管材与井壁相连接部位的外表面用粗砂、聚氯乙烯粘接剂做成中介层，然后用水泥砂浆砌入井壁内的施工方法，即中介层法。

5）管道打压试验

压力管道回填土前应按设计规范要求采用水压试验法进行强度与严密性试验。根据设计要求，管道水压试验的分段长度宜控制在1.0km以内，管道水压试验压力值为0.5MPa。

6）管槽回填

管道敷设后应立即进行沟槽回填。除接头外露外，管道两侧和管顶以上的回填高度不宜小于0.5m，也可回填至路基顶，回填材料采用粗砂回填。

管道底部到管顶0.5m的范围内，必须沿检查井、管道两侧采用人工对称、分层回填夯实，原则上严禁采用机械回填的方式。管顶0.5m以上沟槽部分如采用机械回填时，均应从管道轴线两侧均匀进行，达到分层回填夯实的效果。

2.2.2　拉管施工

根据本工程实际需要，采用机械拉管施工方法。

（1）工艺流程（图4）

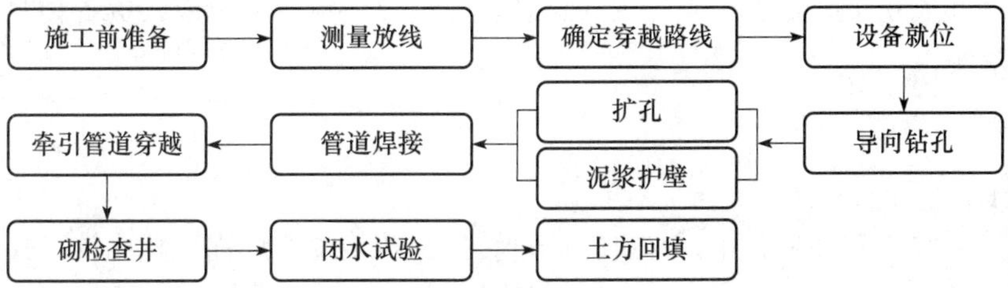

图4　机械拉管施工工艺流程

（2）操作要点

1）打导向孔

定向钻机常采用钻进液来辅助碎岩钻头钻压，一般从钻杆尾部进行施加。在钻头内或紧靠钻头的地方安装探测器或探头，地面接收器接收或跟踪探头发出的信号后，从而可以监测钻孔的深度、方位等参数。

首先在导向头内安装探测棒，并用钢管与导向头后端进行连接处理，然后通过顶管机给钢管施加一定压力，推进导向头打入地下；顶管机根据导向仪接收到的信息（导向头的方位与深度）做出判断并及时旋转导向头，使导向头根据信息反馈随时改变方向和深度，在地下形成一条圆孔通道，直径为150mm，即为敷设管道的中心线。

2）扩孔与成孔

扩孔钻头的孔径比孔洞大1.5倍，将钻头往回拖拉至最初始的位置，更换更大的钻头，来回数次直至达到回拖管道要求为止。扩孔时为了防止塌孔，应在注射的水中加入有固化洞壁、润滑钻杆等作用的外加剂。

3）牵引管道

牵引管道在钻孔完成后施工，首先将管材按要求连接成需要的长度，且应将管材两端封闭，一端与钻头相连，利用钻头将其一次性牵引至已形成的孔洞中，便可完成整个埋管工序。

4）砌筑井检查

完成埋管工序后即可施工检查井，检查井砌筑在牵引管末端。

3　保证措施

3.1　质量保证措施

组织严密完善的职能管理机构，严格按照公司保证质量体系正常运转的要求，合理分工负责，相互协调管理，确保在整个工程施工生产的过程中，让质量保证体系能正常有效地运作，发挥其保障作用；切实按照ISO9001质量管理体系标准做好施工过程控制工作；严格按照《建筑给排水及采暖工程施工质量验收规范》(GB 50242—2002)、《建筑电气工程施工质量验收规范》(GB 50303—2015)、《通风与空调工程施工质量验收规范》(GB 50243—2016)等相关规范执行。

3.2　安全保证措施

建立安全管理组织体系，成立安全生产领导小组，明确各部门、各级人员的安全职责；严格按照《建筑施工安全检查标准》(JGJ 59—2011)、《施工现场临时用电安全技术规范》(JGJ 46—2005)等相关规范执行。

3.3　文明施工保证措施

项目经理部成立文明施工小组，由项目经理部各部门负责人组成，负责文明施工管理制度的制订与落实。

4　效益分析

4.1　环保效益

污水源热泵空调系统是利用污水进行能量转换，较传统燃煤锅炉相比较，其没有燃烧过程，避免了排烟污染；相比传统冷却水塔，其避免了冷却塔的霉菌污染及噪声。使用该系统既可满足工程的使用需求，同时也可丰富再生能源利用的形式、减少常规能源的使用量，对实现可持续发展战略和能源发展战略均有较大的实际意义和示范价值，环保效益显著。

4.2　经济效益

据项目运营至今的统计数据分析可知，污水源热泵空调系统初期投资费用低、运行成本低，与燃煤锅炉加冷水机组、城市热网加冷水机组、直燃机组等供热空调方式相比，节省初投资及运行费用均在 25% 以上；运行效率较高，节能幅度达到 45% 以上，经济效益显著。

5　结语

污水源热泵空调系统较传统空调相比具有环保效益显著、经济效益显著、一机多用、设备可靠性强、维护量小等优点。本工程根据实际情况，采用污水源热泵空调系统，不仅保证了工程冷热负荷的有效供应，同时也取得了良好的环保效益和经济效益，其施工经验可为工程技术人员处理类似工程提供参考。

参考文献

[1] 建筑给水排水及采暖工程施工质量验收规范 GB 50242—2002 [S]. 北京：中国建筑工业出版社，2002.

[2] 通风与空调工程施工质量验收规范 GB 50243—2016 [S]. 北京：中国计划出版社，2016.

[3] 建筑电气工程施工质量验收规范 GB 50303—2015 [S]. 北京：中国建筑工业出版社，2015.

[4] 曲云霞，黄峰，楚广明，胡加升，王伟华. 污水源热泵空调系统的设计与应用 [C]. 全国暖通空调制冷学术年会，2008.

[5] 周志平，李念平. 某大型公共建筑污水源热泵应用分析 [J]. 建筑技术，2013，44（4）：362 ~ 364.

[6] 杨佳璐，徐向荣. 城市原生污水源热泵系统的工程应用及可行性分析 [J]. 建筑节能，2012，40（9）：25 ~ 28.

混凝土裂缝产生的原因与控制技术研究

蔡 敏 黄 燕

湖南建工集团有限公司，长沙，410000

摘 要： 本文根据作者多年工程技术管理工作实践，对建筑工程普遍存在的混凝土结构裂缝产生原因进行了深入分析，并对裂缝的控制从原材料、设计、施工方法等方面进行了详细阐述。

关键词： 混凝土工程；裂缝成因；裂缝控制

1 引言

混凝土产生裂缝是工程建设中存在的质量通病之一，按裂缝深度不同，分为表面裂缝、深层裂缝和贯穿裂缝三种。而混凝土裂缝对建筑物的外观质量、耐久性、安全性都有很大的影响，严重的甚至破坏结构的整体性和稳定性。在很多情况下，裂缝的发生与发展往往是重大事故的先兆，为确保工程质量和结构安全，必须认真分析、采取有效的技术措施来防止裂缝的产生。本文从裂缝产生的成因进行论述，并根据工程的实践，对混凝土裂缝控制技术进行研究。

2 混凝土裂缝产生的原因

混凝土裂缝产生的原因非常多，也非常复杂，而且常常是几种原因共同作用，混凝土裂缝产生的原因主要有以下几个方面：

2.1 设计方面

在结构设计过程中，一些因素处理不当就会产生混凝土裂缝，例如：主次梁相交处，主梁未加设附加箍筋或者附加吊筋，大截面的混凝土梁未加设腰筋，这样就很容易使梁产生裂缝；因构件截面突变或者开洞、留槽等而引起应力集中，也可能导致构件出现裂缝，如梁、板留洞等。为了保证每个浇筑层上下均有温度筋，可建议设计人员将分布筋做适当调整。温度筋宜分布细密，这样可以增强抵抗温度应力的能力。

2.2 温度变形

水泥在水化过程中产生了大量的热量，因而使混凝土内部的温度升高，当混凝土内部与表面温差过大时，就会产生温度应力和温度变形。温度应力与温差成正比，温差越大，温度应力就越大，当温度应力超过混凝土内外的约束力时，就会产生裂缝。混凝土在早期温度上升时，产生的膨胀受到约束而形成压应力。当温度下降，则产生较大的拉应力。若拉应力超过混凝土的抗拉强度，混凝土将产生裂缝。

2.3 混凝土碱骨料反应

混凝土中的碱和环境中可能掺入的碱与混凝土骨料（砂石）中的活性矿物成分，在混凝土固化后缓慢发生化学反应，产生胶凝物质，因吸收水分后发生膨胀，最终导致混凝土从内向外延伸开裂。

2.4　混凝土收缩变形

收缩是混凝土的一个主要特性，对混凝土的性能有很大影响。混凝土中 80% 的水分要蒸发，只有约 20% 的水分是水泥硬化所必需的。而最初失去的 30% 自由水分几乎不引起收缩，随着混凝土的陆续干燥而使 20% 的吸附水溢出，就会出现干燥收缩，而表面干燥收缩快，中心干燥收缩慢。由于表面的干缩受到中心部位混凝土的约束，因而会在表面产生拉应力并导致裂缝。

2.5　结构荷载过大

建筑物荷载一般按照现有国家荷载规范进行设计，施工过程中堆积荷载过大或者使用荷载超出结构设计限值，均易使结构构件产生裂缝，影响结构构件的安全使用。

2.6　建筑材料原因

混凝土原材料及配合比选用不当直接影响到混凝土的抗压强度，这是造成混凝土开裂的一个非常重要的原因。首先，粗细骨料含泥量过大、骨料级配不良很容易造成混凝土的收缩量增大，诱导裂缝的产生。其次，水泥品种选用不当，水泥等级和混凝土等级不匹配，不同厂家不同批号水泥的混用，也会产生裂缝。最后，混凝土掺合料、外加剂选用不当或用量不当，造成混凝土收缩量增大。

2.7　施工质量不过关

混凝土浇筑施工中振捣不均匀，或是漏振、过振等情况会造成混凝土离析、密实度差，降低结构的整体强度。混凝土内部气泡不能完全排除时，钢筋表面的气泡则会降低混凝土与钢筋的粘结力。钢筋若受到过多振动，则水泥浆在钢筋周围密集，也将大大降低混凝土与钢筋的粘结力。施工工序衔接不合理、不及时，前后浇筑的混凝土之间形成冷缝。

2.8　混凝土的沉陷裂缝

支架、支撑变形下沉引发结构裂缝，过早拆除模板支架使未达到强度的混凝土结构发生裂缝和破损。

3　混凝土裂缝控制技术应用

3.1　工程概况

某客运专线综合客运枢纽工程总建筑面积约 121420m^2，其中地下 35653m^2，高层地上 85767m^2。防水等级：地下室防水等级为 Ⅰ 级。根据地勘报告，本工程地下室抗浮设计水位标高为 59.200m。本工程建筑 ±0.000 对应绝对标高 68.600m，基坑底开挖面积约 20000m^2。本工程混凝土强度等级为 C15 ～ C40，地下室迎水面、屋面梁板抗渗等级为 P6，添加聚丙烯腈合成纤维；水池抗渗等级为 P8，其他部位为普通混凝土。

3.2　施工工艺和操作要点

为有效控制本工程混凝土裂缝的产生，项目部从混凝土原材料、设计、施工等方面采取措施。

3.2.1　*原材料要求*

（1）水泥必须采用符合现行国家标准规定的普通硅酸盐水泥或硅酸盐水泥，水泥比表面积宜小于 350m^2/kg；水泥碱含量应小于 0.6%。水泥中不得掺加窑灰，水泥的进场温度不高于 60℃；不使用温度大于 60℃的水泥拌制混凝土。

（2）采用二级或多级级配粗骨料，粗骨料的堆积密度大于 1500kg/m^3，紧密密度的空隙率小于 40%。骨料不宜直接露天堆放、暴晒，宜分级堆放，堆场上方宜设置罩棚。高温季节，骨料使用温度不宜大于 28℃。

（3）采用聚羧酸系高性能减水剂，根据不同季节、不同施工工艺分别选用标准型、缓凝型或防冻型产品。高性能减水剂引入混凝土中的碱含量小于 0.3kg/m³；引入混凝土中氯离子含量小于 0.02kg/m³；引入混凝土中硫酸盐含量小于 0.2kg/m³。

（4）采用的粉煤灰矿物掺合料，符合现行国家标准《用于水泥和混凝土中的粉煤灰》(GB 1596）的规定。粉煤灰的级别不得低于Ⅱ级，且粉煤灰的需水量比不得大于 100%，烧失量小于 5%。严禁使用 C 类粉煤灰和Ⅱ级以下级别的粉煤灰。

（5）采用的矿渣粉矿物掺合料，符合《用于水泥和混凝土中的粒化高炉矿渣粉》（GB/T 18046）的规定。矿渣粉的比表面积小于 450m²/kg，流动性比大于 95%，28d 活性指数不得小于 95%。

3.2.2　配合比要求

（1）混凝土配合比要根据原材料品质、混凝土强度等级、混凝土耐久性以及施工工艺对工作性的要求，通过计算、试配、调整等步骤选定。

（2）本工程混凝土采用矿渣粉和粉煤灰复合技术。混凝土中掺合料总量不超过胶凝材料总量的 50%，矿渣粉掺量不得大于掺合料总量的 50%。

（3）配制的混凝土除满足抗压强度、抗渗等级等常规设计指标外，还应考虑满足抗裂指标要求。

3.2.3　设计措施

本工程为更好地控制混凝土裂缝，在设计上采用的混凝土抗裂措施有：

（1）剪力墙竖向钢筋为 Φ14@100、Φ16@100、Φ18@100、Φ22@100 等，水平纵筋为 Φ16@150、Φ18@120 等。

（2）地下室设置 7 条后浇带分割成 12 个区域，每条后浇带宽度为 1m。

（3）地下室所有混凝土中添加聚丙烯抗裂纤维，添加量为 1.2kg/m³，减少混凝土收缩裂缝。

（4）对于设有较大凹口或洞口的楼、屋面板，凹口或洞口是楼面结构最薄弱部位，在温度应力作用下最易开裂，设计时加强该部位梁板的纵向配筋以及纵梁腰筋配制。

（5）屋面板受环境影响大，本工程屋面板长度超过 30m，其承担的温度应力或收缩应力较大，易开裂并引发渗漏，故配置一定的抗裂构造钢筋。在设计时，板面负筋全部采用拉通布置，同时增加了附加钢筋。面板负筋采用 Φ10@200，附加筋采用 Φ8@200、Φ10@200。

（6）所有后浇带的封闭时间在设计时进行了明确，必须在混凝土浇筑 60d 后才能进行后浇带封闭施工。

3.2.4　施工方法

（1）本工程分区流水施工，每一流水段内混凝土连续浇筑，如必须间歇，间歇时间尽量缩短，并在下层混凝土初凝前将上层混凝土浇筑完毕。在每个区域混凝土浇筑时均绘制了浇筑路线，尽量使施工间歇的最长时间不超过混凝土初凝时间，超过 2h 的部位按施工缝处理。

（2）本工程塔楼区域底板厚度为 1000mm 和 500mm，属于大体积混凝土，为确保大体积混凝土施工时裂缝的控制，对施工阶段混凝土浇筑体的温度、温度应力及收缩应力进行计算，确保施工阶段混凝土浇筑体的温升峰值，里表温差及降温速率的控制指标，制定相应的温控技术措施。本工程通过计算后确定主要采用保温棉保温的方式。

（3）本工程地下室单层面积大，主要采用后浇带进行施工，后浇带宽度 1m，利用后浇带将地下室分为 12 个区域。

（4）在高温季节浇筑混凝土时，混凝土入模温度不超过 30℃，且避免模板和新浇筑的混凝土直接受阳光照射。混凝土入模前模板和钢筋的温度以及附近的局部气温均不得超过 40℃。混凝土成型后要及时覆盖洒水养护，并尽可能避开炎热的白天浇筑混凝土。

（5）在相对湿度较小、风速较大的环境下浇筑混凝土时，采取适当挡风措施，防止混凝土失水过快，此时避免浇筑有较大暴露面积的构件。雨季施工时做好了防雨措施。

（6）浇筑混凝土时派专人观察支架模板、钢筋、预留孔洞、预埋件、插筋等有无移位、变形或堵塞情况，若有存在问题必须在已浇筑的混凝土初凝前修整完毕。混凝土在浇筑前将模板内杂物清理干净，并洒水湿润。

（6）梁板混凝土浇筑时，浇筑方向由一端开始用“赶浆法”，即先浇筑梁，根据梁高分层浇筑成阶梯型，当达到板底位置时再与板的混凝土一起浇筑，随着阶梯型不断延长，梁板混凝土浇筑连续向前推进。

（7）浇筑板的虚铺厚度应略大于板厚，用铁耙子摊平，插入式振动器插入下层混凝土 100mm 并振捣密实，平板振捣器顺垂直浇筑方向来回振捣，振捣完毕后，混凝土面按事先柱筋上的标高点（设计标高 +0.5m）拉线尺量后，用 2m 长刮尺找平，木抹子抹平压实。

（8）楼板混凝土终凝前用磨光机进行二次抹压，减少混凝土塑性裂缝以保证混凝土表面密实，避免产生表面收缩裂缝。

（9）板混凝土浇筑时人工用铁耙子摊铺混凝土且要勤，以防在输送管出料口堆积过高超重将平台模板压垮或变形，并引起堵管。

（10）每次浇筑完混凝土，及时将流淌及掉落的砂浆、混凝土及时清理，并用水将地面冲洗干净。

（11）梁板与剪力墙柱交界混凝土面要在终凝后进行凿毛并及时清理完毕。

（12）不同等级混凝土的浇筑，因梁柱接头混凝土强度不同，相差一个等级的，柱头混凝土按梁板混凝土浇筑。对于混凝土等级超过 2 个等级以上的，为确保柱接头强度，要求先将柱周边大于等于 50cm 且大于等于 $h/2$ 的位置用密目钢丝网隔开，先浇筑完毕该区域内的混凝土，再泵送梁板混凝土，施工过程中注意柱头混凝土浇筑不能过于超前，以免出现冷缝。

（13）本工程采用封闭式楼梯，把楼梯与剪力墙连成为一个整体，楼梯混凝土可以连续浇筑，一次成型。混凝土振实后不再需要人工搓抹找平，节省人工。浇筑封闭式楼梯混凝土时必须保证混凝土浇筑至楼梯踏步一半时，停止浇筑 40 ～ 50min，待下部混凝土初凝一定程度后继续浇筑。

（14）模板与支撑的拆除时间不得过早，拆模时间需考虑拆模时的混凝土强度外，还要考虑到拆模时的混凝土温度不能过高，以免混凝土接触空气时降温过快而开裂，更不能在此时浇水养护。混凝土内部开始降温前以及混凝土内部温度最高时不得拆模。混凝土表面温度与中心温度之间、表面温度与外界气温之间的温差不超过 20℃方可进行拆模施工，拆模后应立即回填或覆盖保护，同时预防拆模后受寒冷气候的影响，防止混凝土早期和中期裂缝，大风或气温急剧变化时不得拆模。

3.2.5　施工缝的设置

（1）施工缝的位置设置在结构受剪力较小且便于施工的部位。

（2）有主次梁的楼板，要顺着次梁方向浇筑，施工缝留置在次梁跨度的中间 1/3 范围内。

（3）和板连成整体的断面梁，留置在板底面以下 20 ～ 30mm 处。当板下有梁托时，留置在梁托下面。

（4）施工缝表面与次梁轴线或板面垂直，单向板的施工缝留置在平行于板的短边的任何位置。

（5）墙留置在门洞口过梁跨中 1/3 范围内，也可留置在纵墙的交接处。

（6）在施工缝处继续浇筑混凝土前，应将施工缝表面凿毛，清除松散石子，用水冲洗干净并充分润湿。排除残留在混凝土表面的积水后，先浇一层 10 ～ 15mm 厚与混凝土配比相同的水泥砂浆，然后浇筑混凝土。

（7）浇筑梁墙接头处按墙施工缝处理。

3.2.6　养护措施

混凝土养护的关键是保持适宜的温度和湿度，以便控制混凝土内外温差，在促进混凝土强度正常发展的同时防止混凝土裂缝的产生和发展。

（1）浇筑完的混凝土终凝后立即覆盖洒水进行养护，养护时间不得少于 14d；后浇带养护时间不得少于 28d。

（2）在已浇筑的混凝土强度达到 1.2N/mm^2 以后，方可在其上行走和安装模板等。荷重超过时应通过计算，并采取相应的措施。

3.3　裂缝防治效果分析

本工程 85000m^3 混凝土结构施工过程中，严格按照上述施工工艺和操作要点执行，有效地控制了裂缝的产生，使得混凝土裂缝防治达到了令人满意的效果，保证了建筑的结构安全及正常的使用功能，该工程已完工交付使用，获得了省级“优质结构奖”。

4　结语

综上所述，虽然混凝土产生裂缝是混凝土结构中普遍存在的一种现象，但是通过对混凝土裂缝产生原因进行认真分析，并在施工过程中科学运用混凝土裂缝控制技术，是能够对混凝土裂缝进行有效防治的。

参考文献

[1] 丁士昭，等. 市政公用工程管理与实务［M］. 北京：中国建筑工业出版社，2017.

[2] 王珮云，等. 建筑施工手册，第五版［M］. 北京：中国建筑工业出版社，2012.

[3] 康维. 浅谈混凝土裂缝产生的原因及处理［J］. 中国科技财富，2011，3.

[4] 廖正欢，等. 建筑工程混凝土裂缝的成因及控制探析［J］. 科技资讯，2011，29

后置双面覆模法在大坡比屋面施工中的应用

陈凭毅　彭　虎　周冬华

湖南建工集团有限公司，长沙，410004

摘　要： 针对坡屋面混凝土浇筑现场施工中容易产生的质量问题，以湘西武陵山文化产业园Ⅰ标——非物质文化遗产展览综合大楼大坡比屋面为研究背景，介绍了该项目大坡度斜屋面的施工工艺和质量控制的措施。通过对大坡比斜屋面后置双面覆模、混凝土浇筑等关键工艺进行研究和实践，为大坡比屋面模板工程及混凝土工程施工积累了一定的经验。

关键词： 大坡比屋面；后置双面覆摸；混凝土浇筑

1　工程概况

湘西武陵山文化产业园Ⅰ标—— 非物质文化遗产展览综合大楼，位于吉首市经开区内，总建筑面积为37891.49m^2，框架结构，屋面为大坡比斜屋面。根据后浇带及变形缝将屋面划分为六个施工区域。其中，分别为：1-11轴～1-17轴交1-D轴～1-K轴＋1800屋面；1-2轴～1-15轴交1-D轴～1-K轴＋1800屋面（18.755～28.647m）；4500＋1-10轴～1-17轴交4100＋1＋L轴～1-R轴屋面（23.350～28.647m）；1-2轴～1-9轴＋45000交4100＋1＋L轴～1-R轴屋面（23.350～28.647m）1-6轴～1-17轴交1-S轴～2-A轴屋面（18.929～27.215m）；1-2轴～1-8轴交1-S轴～2-A轴屋面（18.929～27.215m），区域划分见图1～图3。坡屋面屋脊相对标高分别为27.651m、28.648m、27.299m（±0.000标高相对于绝对标高209.00m），坡屋面坡度分别为9°、18°、27°，本工程针对18°、27°区域内坡屋面混凝土浇筑模板采用后置双面覆模体系。

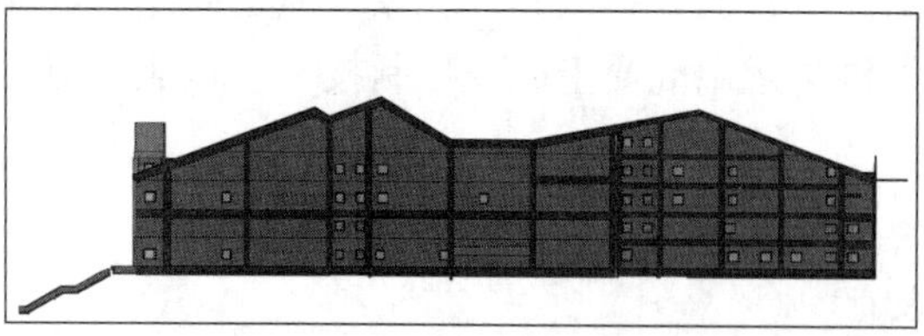

图1　1-A轴～2-A轴BIM立面图

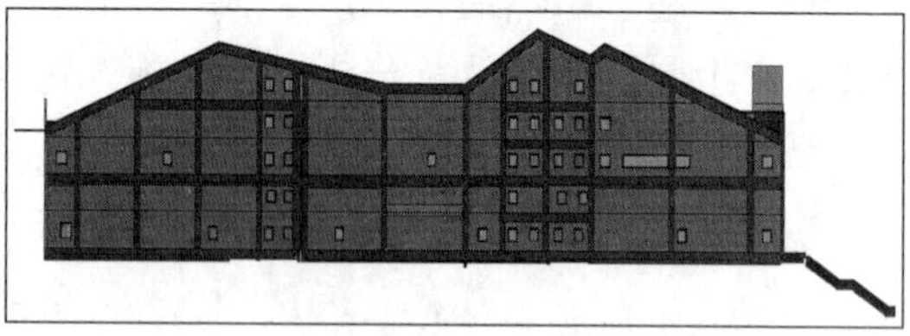

图2　2-A轴～1-A轴BIM立面图

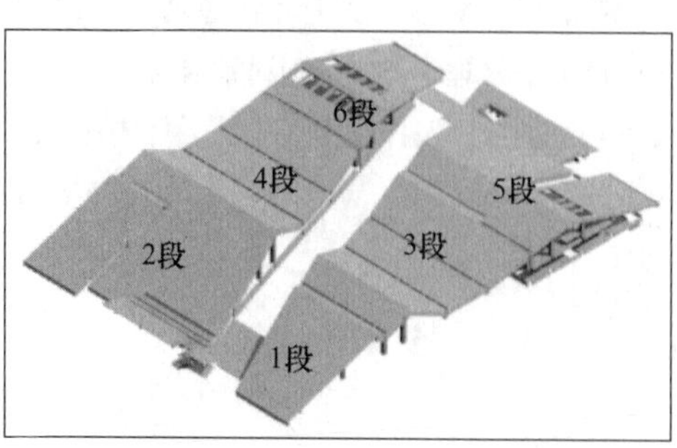

图3　坡屋面BIM示意图

2　工艺原理

斜屋面混凝土在浇筑过程中，混凝土主要依靠自身的凝结力、模板面的摩阻力和钢筋网的张拉阻力限制混凝土初凝前沿坡屋面下滑。在混凝土初凝前，若混凝土出现下滑现象，容易导致混凝土不密实从而出现渗漏等现象，故本工程在18°及27°处坡屋面浇筑过程中采取后置双面覆模的施工方法，成功地解决了混凝土在初凝前沿坡屋面下滑，从而出现渗漏等质量通病。同时，因为本施工方法为后置双面覆模的施工方法，运用该方法施工，混凝土较双面模板只能从浇筑口浇筑更加方便，无需采用自密实混凝土，既节约了工程成本，又确保了工程质量。

按照施工方案中要求搭设坡屋面底模、安装屋面梁板钢筋、电气预埋等工作，并经隐蔽验收合格后，依据坡屋面走向，沿坡底至坡顶方向分级（模板宽度）浇筑混凝土、分级安装覆面模板。覆面模板与底层模板通过限位止水螺杆来限制。采用本施工方法，通过逐级浇筑混凝土、逐级安装模板，确保斜屋面混凝土成型质量，内实外坚、线条顺直，未出现渗漏点。

3　施工工艺流程及操作要点

3.1　施工流程

支模架放样→立钢管支模架→安装楼板主楞木→安装楼板次楞木→安装楼板模板→弹线、放样限位止水螺杆（$\phi16$）的位置@920mm（一块模板宽度）→钻孔、模板面清理→斜屋面钢筋绑扎（线管预留预埋）→隐蔽验收→布置横向楞骨、限位止水螺杆（横向木方打眼，并锁紧止水螺杆螺帽）→分段浇筑屋面混凝土（混凝土随浇随抹）→完成面覆模（覆面模板中部放置60mm×80mm木方）→安装竖向木龙骨（60mm×80mm木方）→依次浇筑混凝土→浇筑结束→养护。

3.2　操作要点

3.2.1　双面模板

（1）满堂架搭设完后，进行斜屋面底模钢管定位时，采用吊线的方式，先根据以上投影线定出屋脊线和变坡交叉线，再根据屋面坡度走向预铺其他部位的支撑钢管和板底木方。

（2）标高控制：首先引测楼层标高至外侧的无顶部支撑的立杆上，再定出屋脊线和变坡交叉线部位板底支撑斜杆最高和最低点的标高，其他位置的标高根据坡度走向进行测放。

（3）底层模板铺设完成后，弹线确定出限位止水螺杆的位置。螺杆孔弹出后进行钻孔。待屋面板钢筋绑扎及电气工程预留预埋等隐蔽工程完成并通过验收后，安装50mm×100mm木方横楞骨及限位止水螺杆并锁紧（横楞骨间距为一块板长度），具体位置详见图4。

（4）斜屋面浇筑混凝土，随浇随抹随安装覆面模板。覆面模板放置在新浇混凝土板面上，模板中部位置用60mm×80mm木方固定连接，每隔1200mm位置安装竖向楞骨，连成整体，做法详见图5。

3.2.2　模板搭设注意事项

（1）斜屋面模板支撑系统主要承受竖向的压力和横向的推力。因此，必须设置斜撑和水平拉杆，以减少混凝土浇筑过程中所产生的侧压力，防止支模架发生横向位移而产生坍塌事故。

（2）根据GB 50666的规定，超过4m的梁跨必须进行起拱。

（3）隔离剂不得影响结构性能及装饰施工，不得玷污钢筋、预应力筋、预埋件和混凝接槎处。

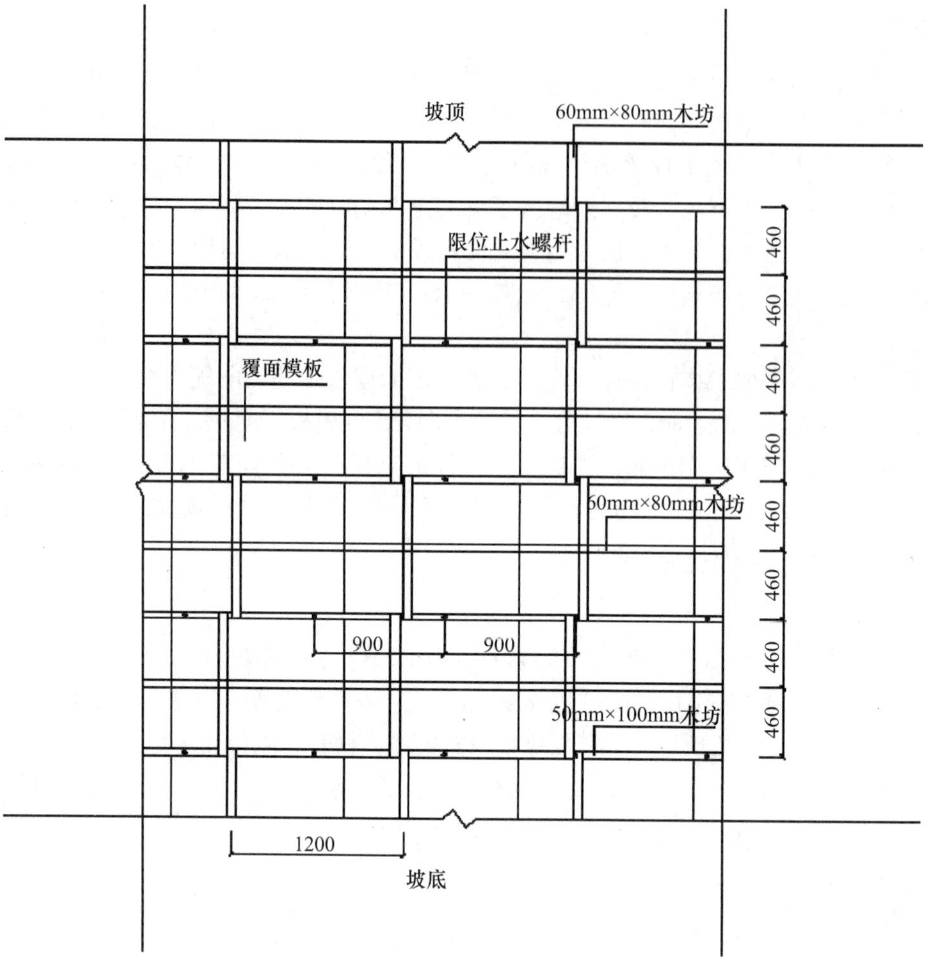

图 4　覆面模板平面位置布置示意图

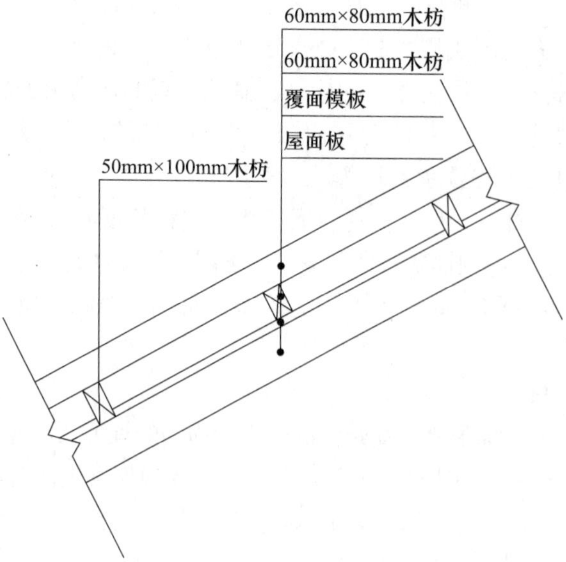

图 5　覆面模板剖面图

3.2.3　坡屋面混凝土浇筑

（1）采用小直径振捣棒振捣。屋面结构采用先天沟、梁，后板的施工顺序，其中，施工缝主要留置在屋脊及天沟处。

（2）屋面混凝土的浇筑沿屋面以屋脊为分界线分别进行混凝土的浇筑，先浇筑完成施工段中所有天沟后，再安排浇筑屋面梁、板。屋面混凝土浇筑实行两班倒，连续施工。从槽开始浇起，依次往上分段进行混凝土浇捣工作，做到边浇捣、边封覆面模板，逐渐向屋脊靠近，直至浇筑到屋脊以下 1000mm 的位置停止，施工作业人员开始屋脊另一面混凝土的浇筑，浇筑方式同上，逐渐向屋脊靠近，最后和最先浇筑混凝土屋脊处进行交圈封闭（屋脊处新、老混凝土接缝按施工缝进行处理），完成整个屋面混凝土的浇筑施工。

（3）因屋面为坡屋面，操作人员施工时不易在屋面上站稳，为了保证操作人员的安全，在坡度较大的斜屋面的操作人员必须系好安全带，安全带系在屋脊处专门设置的钢筋弯钩上，当完成一处时，再换系在相邻的钢筋弯钩上。坡屋面外围脚手架必须封闭，并做好围挡等安全防护措施。

（4）浇筑混凝土连续进行，如必须间歇，其间歇时间应尽量缩短，在前层混凝土凝结之前，将此层混凝土浇筑完毕。

（5）浇筑混凝土时应常观察模板、钢筋、预留孔、预埋件和插筋等有无移动、变形或堵塞情况，发现问题应立即处理，并应在已浇筑混凝土凝结前修整完好。

（6）混凝土浇筑完成以后专门安排人员进行洒水养护。浇水次数应保证混凝土有足够的湿状态，养护时间不少于 7d，以保证混凝土的强度。

4　质量控制要点

根据施工方案，作业指导，组织有关人员交底学习，要严格按照施工方案及作业指导书施工。根据天气变化，应做好防雨、防冻措施。混凝土施工过程中避免欠振、漏振和过振现象。混凝土最后一次抹面时间一定要控制好，防止混凝土表面裂缝。混凝土浇筑过程中，钢筋、模板及线管必须有专人看护，有异常情况应及时汇报并处理。

4.1　模板工程

（1）模板工程应编制专项施工方案。高大模板支架工程的专项施工方案应进行专家论证。

（2）模板及支架应根据施工过程中的各种工况进行设计，应具有足够的承载力和刚度，并应保证其整体稳固性。

（3）模板及支架应保证工程结构和构件各部分形状、尺寸和位置准确，且便于钢筋安装和混凝土浇筑和养护。

（4）接触混凝土的模板表面应平整，并应具有良好的耐磨性和硬度。

（5）脱模剂应能有效减小混凝土与模板间的吸附力，并应有一定的成膜强度，且不应影响脱模后混凝土表面的后期装饰。

（6）模板面板背楞的截面高度宜统一，模板制作与安装时，面板拼缝应严密。

（7）上、下楼层模板支架的立杆宜对准。模板及支架杆件等应分散堆放。

4.2　钢筋工程

（1）钢筋的进场检查应符合规范的规定。

（2）钢筋调直后，应检查力学性能和单位长度及质量偏差。

（3）钢筋加工后，应检查尺寸偏差；钢筋安装后，应检查品种、级别、规格、数量及位置。

4.3 混凝土工程

（1）有抗渗要求的混凝土，宜选用连续级配的粗骨料，最大粒径不宜大于 40mm，含泥量不应大于 1.0%，泥块含量不应大于 0.5%；所用细骨料含泥量不应大于 3.0%，泥块含量不应大于 1.0%。

（2）混凝土的工作性指标应根据结构形式、运输方式和距离、泵送高度、浇筑和振捣方式，以及工程所处的环境条件等确定。

（3）混凝土坍落度、维勃稠度应符合 GB/T 50080 中的有关要求。

（4）混凝土运输、输送、浇筑过程中严禁加水；混凝土运输、输送、浇筑过程中散落的混凝土严禁用于混凝土结构构件的浇筑。

（5）混凝土浇筑前，应清除模板内或垫层上的杂物。表面干燥的地基、垫层、模板应洒水湿润。

（6）混凝土浇筑应保证混凝土的均匀性和密实性，混凝土宜一次连续浇筑。

（7）混凝土振捣应能使模板内各个部位混凝土密实、均匀、不应漏振、欠振、过振。

（8）混凝土浇筑后应及时进行保湿养护，保湿养护可采用洒水、覆盖、喷涂养护剂等方式。

5 安全措施

（1）从事模板作业的人员，应经常组织安全技术培训。从事高处作业人员，应定期体检，不符合要求的不得从事高处作业。

（2）模板安装和拆除过程中，操作人员应佩戴安全帽、系安全带、穿防滑鞋。

（3）模板及配件进场应有出厂合格证或当年的检验报告，安装前应对所用部件进行认真检查，不符合要求者不得使用。

（4）支模过程中如遇中途停歇，应将已就位模板或支架连接稳固，不得浮搁或悬空。拆模中途停歇时，应将已松扣件或已拆松的模板、支架等拆下运走，防止构件坠落或作业人员扶空坠落伤人。

（5）模板施工中应设专人负责安全检查，发现问题应报告有关人员处理。

（6）当模板搭设高度超过 15m 时，应安设避雷设施，避雷设施的接地电阻不得大于 4Ω。

6 结语

湘西武陵山文化产业园 I 标——非物质文化遗产展览综合大楼 18°、27° 区域内坡屋面混凝土浇筑模板采用后置双面覆模体系施工，屋面板拆模后，混凝土平整度达到要求，线脚顺直，整体观感较好，符合验收要求。自竣工以来，经过淋雨后，未发现一处渗漏现象，取得了良好的效果。

膨胀加强带代替伸缩后浇带的施工技术与应用

王乐威[1]　姬栋宇[2]　付喜然[1]

1. 湖南建工集团有限公司，长沙，410004
2. 湖南城建职业技术学院，湘潭，411101

摘　要：在结构施工过程中，通常为了抵消混凝土温度应力而设置伸缩后浇带，其后期混凝土填充会带来一系列的弊端。本文结合一个工程实例，采用膨胀加强带代替伸缩后浇带，利用补偿收缩原理来确保结构一次成型，保证了结构整体性，也很大程度上解决了超长混凝土板所带来的应力裂缝，能够节约工期和成本，值得推广应用。

关键词：膨胀加强带；伸缩后浇带；裂缝

随着我国建筑市场的迅速发展，对建筑性能的要求由“单一元素”到“多样化”，人们越来越注重建筑本身的功能化和系统化。从而导致现浇大体积、大面积和超长混凝土得到大量的应用。那么对于该类工程本身来讲，如何确保结构满足可靠性的要求，混凝土水化热将是一个令人瞩目的关注对象。这个由多种物质和水反应产生的热量容易造成混凝土的内部收缩，导致混凝土裂缝产生，不仅对结构安全有威胁，也对遇水结构产生了渗水、漏水隐患。近期，住建部发布了强制性工程建设规范《住宅项目规范（征求意见稿）》中，对建筑防水提出了新要求，其中规范条文 2.2.1 中规定：屋面与卫生间防水不低于 20 年，地下室防水不低于结构设计工作年限。那么，现行的“防水质保期 5 年”将成为过去，由此对结构本身不渗不漏以及应力裂缝提出了更高的要求。为了解决超长结构所引起的应力裂缝，常规做法就是设置后浇带或膨胀加强带。后浇带分为沉降后浇带、伸缩后浇带和温度后浇带。膨胀加强带分为三种，即连续式膨胀加强带、间歇式膨胀加强带和后浇式膨胀加强带（图 1 ～图 3）。

对于钢筋混凝土结构的裂缝控制存在“抗”与“放”的两种方法，两种方法适用范围并没有很明确的分界，通常来说，地下部分采用“抗”比较有利，地上部分采用“放”比较妥当。那么设置后浇带或后浇式膨胀加强带属于“放”的措施，设置连续式和间歇式膨胀加强带属于“抗”的措施。采用膨胀加强带能够简化施工工艺，有利于缩短工期，而且很大程度上解决了底板渗漏问题。特别是针对地下室工期紧、地下室面积大、抗浮水位较高并对功能要求高的工程效果明显。

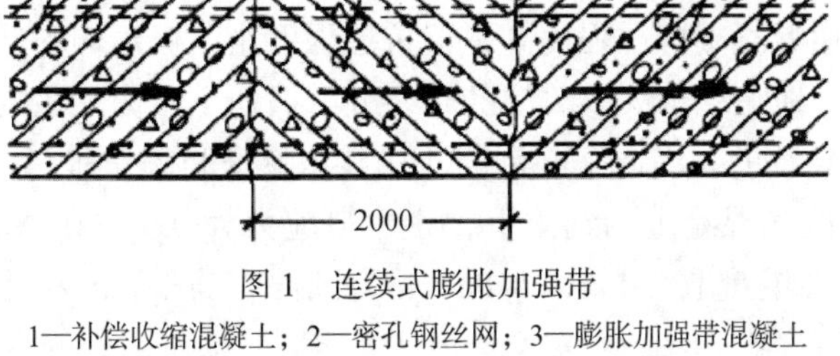

图 1　连续式膨胀加强带

1—补偿收缩混凝土；2—密孔钢丝网；3—膨胀加强带混凝土

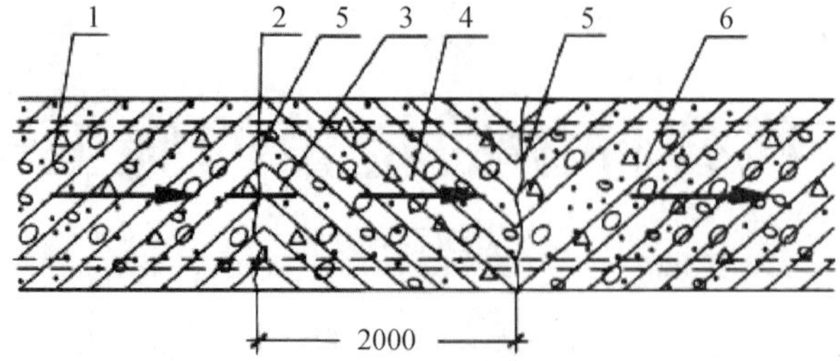

图 2　间歇式膨胀加强带

1—先浇筑的补偿收缩混凝土；2—施工缝；3—钢板止水带；4—后浇筑的膨胀加强带；5—密孔钢丝网；6—与膨胀加强带同时浇筑的补偿收缩混凝土

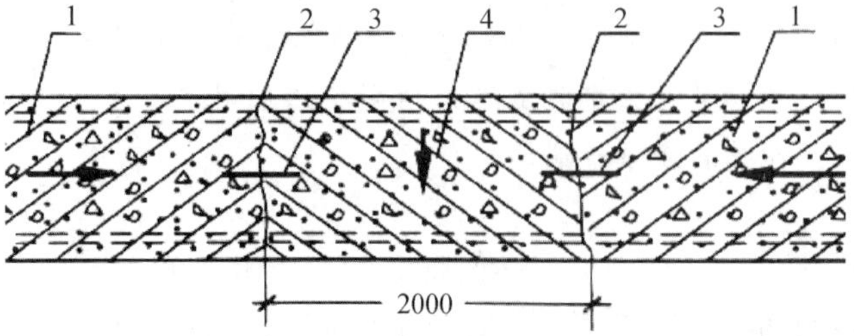

图 3　后浇式膨胀加强带

1—补偿收缩混凝土；2—施工缝；3—钢板止水带；4—膨胀加强带混凝土

1　工程概况

清水塘炮后街棚改安置房及学校建设工程位于长沙市开福区八一桥附近，建筑面积为 93069.72m²，共有 2 栋高层住宅，地下室为三层，地下室层高分别为 3.8 ～ 5.1m 不等。除两栋住宅楼基础为人工挖孔灌注桩外，其余基础为筏板基础，筏板面标高为 –13.3m（绝对标高 44.6m），地下室抗浮水位为 43.6m。筏板厚度为 0.45m，地外墙厚度为 0.35 ～ 0.4m 不等，除住宅外其余柱距为 8.4m，地下室混凝土为膨胀剂补偿收缩混凝土。地下室后浇带设置 9 条，其中，沉降后浇带 2 条，伸缩后浇带为 7 条，总长度约 540m，后浇带宽度均为 1mm。最长位置处于 B 区东西走向，长度为 62.15m，整个 B 区底板面积为 2096m²。按照规范要求，每隔 30 ～ 40m 设置后浇带，以免结构内部产生温度应力从而影响结构可靠性。但考虑该位置有一段处于 2 号楼主楼内，设置后浇带影响主楼流水节奏，再加上后期后浇带部位清理、浇筑所产的措施费用高，同样也伴随这一系列质量通病的产生。设置伸缩后浇带的初衷是防止混凝土收缩及应力集中引起裂缝产生，基于多方面考虑，并与设计院协商并同意，将 B 区板及对应剪力墙设置一条膨胀加强带（图 4）。

2　基本原理

结构中常用的普通混凝土抗压强度高，但抗拉强度小，极延伸率低，在干缩、徐变、温差等作用下容易开裂。地上结构大多关注的是裂缝，而地下结构关注的就是渗漏问题，而渗漏的根源就是开裂所导致的。因此，在混凝土中掺入膨胀抗裂剂能够有效地改善内部条件。膨胀混凝土在钢筋和两侧混凝土的约束下，产生自应力为 0.5 ～ 0.1MPa（$\sigma = \varepsilon \cdot E \cdot \mu$，其中 E 为限制钢筋的弹性模量取 2.0×10^5MPa，μ 为试件配筋率，ε 为限制膨胀率，即在一定的范围内，配筋率一定时，限制膨胀率约高，自应力越大。）一方面抵消了混凝土在硬化过程中产生的收缩拉应力，或使其小于混凝土的拉伸极限，从而防止开裂。另一方面由于膨胀结晶体的填充，填塞毛细孔隙，改善了孔结构和孔级配，抗渗能力也能够提高。微观避免开裂，宏观提高抗渗，做到了有机结合。

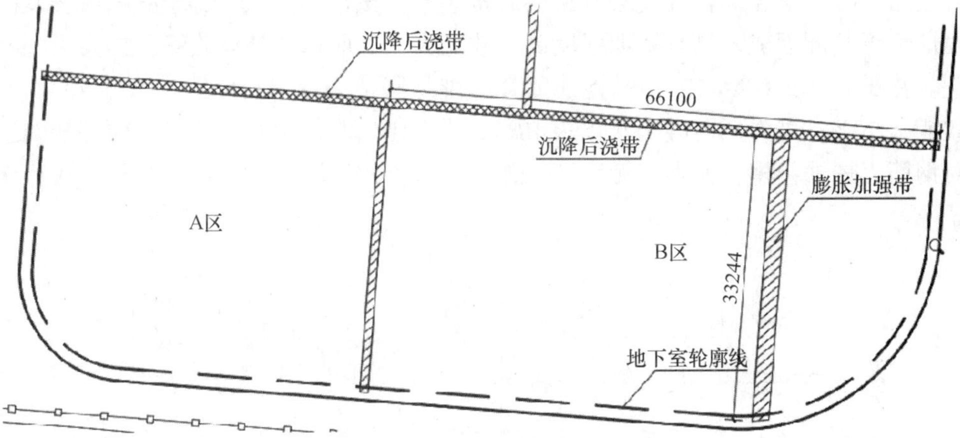

图 4　膨胀加强带位置

3　施工技术措施

3.1　膨胀加强带的要求

3.1.1　膨胀加强带结构选型

膨胀加强带是一种旨在提高混凝土结构抗裂性能的技术措施，其设置规则可按照常规后浇带的设置原则进行。为了有效地发挥膨胀效果，增加长度方向的膨胀绝对量，所以其宽度设置为 2m，其两侧用密孔钢丝网隔开，内掺相当于胶凝材料含量 12% 的膨胀纤维抗裂防水剂。膨胀加强带水平投影长度为 33.2m，与之相邻的剪力墙均贯穿设置。其补偿收缩混凝土浇筑方式和构造形式根据其结构类型进行选择。B 区板式结构总长度为 $L_1 = 66.1$m，属于 60m $< L \leqslant$ 120m 范围，设置成连续式膨胀加强带，即加强带混凝土与两侧相邻混凝土同时浇筑。剪力墙总长度 $L_2 = 88.76$m，属于 $L > 60$m，设置成后浇式膨胀加强带，其浇筑方法与普通后浇带相同，由于补偿混凝土的干燥收缩，在两侧墙体混凝土浇筑完成后 7 ～ 14d 可以进行填充（通常保留 28d 后填充效果为佳）。

3.1.2　膨胀加强带配筋

其加强带位置的配筋应采用双层双向，其钢筋规格、直径、附加钢筋均与楼板钢筋一致，但钢筋间距控制在表 1 要求内。在房屋和凹角处的楼板、两端阳角处及山墙处楼板、与周围梁柱墙等构件整体浇筑且受约束较强的楼板，宜加强配筋。

表 1　膨胀加强带位置钢筋间距

结构部位	钢筋间距（mm）
底板	150 ～ 200
楼板	100 ～ 200
屋面板和墙体水平钢筋	100 ～ 150

3.1.3　外加剂选用

根据设计要求，± 0.000 以下的楼层梁板、剪力墙需采用掺膨胀剂补偿收缩混凝土。膨胀加强带位置混凝土需添加相当于胶凝材料含量的 12% 膨胀纤维抗裂防水剂（图 5），混凝土限制膨胀率为 0.025%。根据目前市面上存在的膨胀剂种类繁多，经过多次对比、适配，本项目选用 GRA-XP 型高性能复合纤维膨胀抗裂剂。该产品是以高分子减缩成分及高强度的聚丙烯纤维复配而成，具有早期强度高，效能大，从而达到补偿收缩，提高了混凝土本身抗裂抗渗的作用。GRA-XP 型高性能复合纤维膨胀抗裂剂限制膨胀率水中 7d > 0.025%，限裂效能 ≥ 70%，可降低混凝土水化热 10%，使水化热峰值削减，并与其他外加剂适应性好，对钢筋无锈蚀作用，无毒、无味、不燃，对水质和环境无污染，是一种比较环保的优质产品。

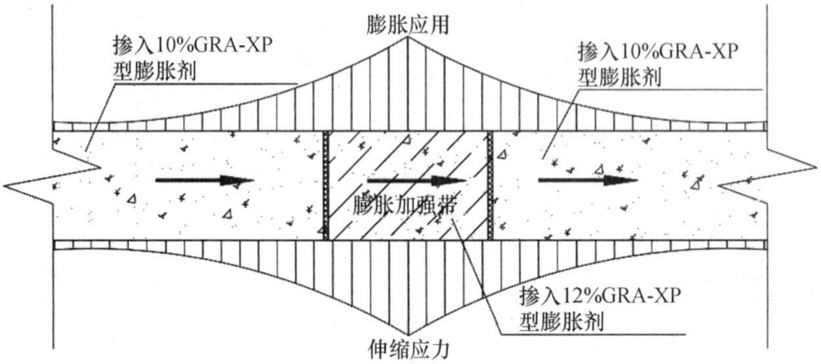

图 5　膨胀加强带应力简图

3.2　膨胀加强带的施工

3.2.1　临时支撑

由于膨胀加强带混凝土的特殊性，避免了加强带外混凝土流入，钢筋施工时在膨胀带的两侧加钢丝网片，其主要工艺流程为：制作隔离钢丝网→绑扎底筋→安装隔离钢丝网→绑扎面筋→局部修整。隔离钢丝网采用 ϕ16 螺纹钢焊接骨架，骨架中间每隔 0.5m 焊接竖向筋，钢筋骨架绑扎两层 340L 形 20mm × 22mm 目钢丝网，其上下均留有保护层。隔离网应与底板钢筋进行焊接，并每隔 0.5m 两侧焊接 ϕ16 钢筋作为斜撑，做到稳固可靠。钢丝网与底筋缝隙应提前密封，可在底筋位置增加一道钢丝网，确保两层封堵密实（图 6）。

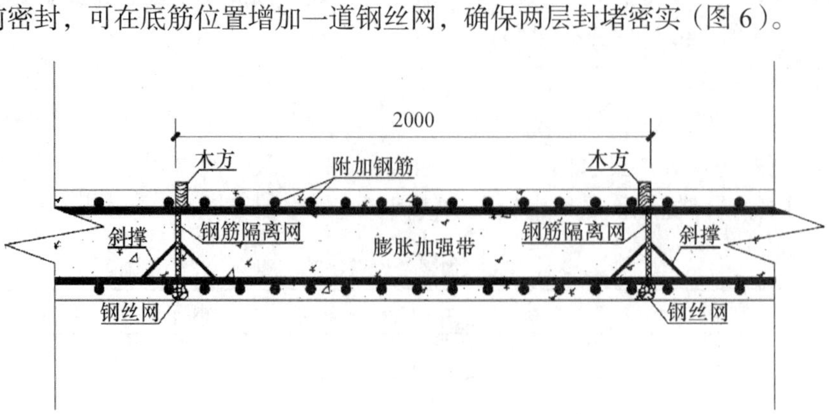

图 6　膨胀加强带做法大样

3.2.2　钢筋补强

膨胀加强带也是一种特殊是施工缝，因此不管是板位置还是剪力墙位置，其钢筋不能断开，并根据设计要求，按照相邻板筋（剪力墙钢筋）的规格、间距、型号及布筋方式增加抵抗温度应力的附加筋，附加筋深入两侧满足锚固长度，且不小于 1m（图 7）。

图 7　膨胀加强带钢筋补强

3.2.3　混凝土要求

（1）所述 B 区地下室混凝土强度除底板要求 C40P8 外，其余都是 C40，因此膨胀加强带位置混凝土应提高一个等级为 C45，内掺相当于胶凝材料含量 12% 的膨胀纤维抗裂防水剂。

（2）水泥采用 P·O42.5，采用卵石骨料，粒径为 5 ～ 31.5mm，且含泥量小于 1%。细骨料采用中砂，细度模数≥ 2.6，含泥量小于 1.5%。水胶比不大于 0.5，入泵坍落度宜控制在 160 ～ 180mm，单位胶凝材料用量不小宜于 350kg/m³。

（3）± 0.000 以下的楼层梁板、剪力墙需采用掺膨胀剂补偿收缩混凝土。其中要求产品质量达到 GB 23439—2009 的要求，并要求混凝土的限制膨胀率为 0.015%（梁板）、0.02%（墙体）、0.025%（后浇带、膨胀加强带）。

3.2.4　施工过程要点

（1）混凝土中水泥、粗骨料、细骨料等材料进场必须严格按照国家规范进行进场验收，应有出厂合格证和进场检验报告，并且符合相关规范要求。

（2）严格按照试验报告给出的配合比进行拌制，做到逐盘计量，确保投料准确，一般情况，膨胀剂与水泥同时投入为好。

（3）先浇筑带外混凝土，待混凝土初凝前，改换膨胀混凝土，做到完美结合，分层浇筑，振捣密实。施工过程中，对于连续生产的同一配合比，至少分两个批次取样进行限制膨胀率试验，确保设计要求。

（4）针对大底板、大方量浇筑前，提前做好混凝土供应计划，保证混凝土持续供应。针对膨胀加强带位置的混凝土要有标识，准确浇筑，如果运输不便，经同意可适当掺入缓凝剂。

（5）充分的水养护是保障补偿收缩混凝土发挥其膨胀性能的关键技术措施，特别在早期，要避免低温、干燥及急剧的温度变化，混凝土浇筑完 12h 内采取保温措施，保证混凝土的内外温差不大于 25℃，侧墙模板拆除应至少保证 5d 以上，整个加强带养护不少于 14d。

（6）对于板方向的连续式膨胀加强带，应以加强带为中心，从两侧分别向中间进行浇筑，对于剪力墙上后浇式膨胀加强带，其处理方法与普通后浇带一致，但填充可缩短至 28d。膨胀加强带两侧混凝土浇筑过程中应振捣密实，在浇筑加强带时，应做到不留施工缝，隔离网两侧应确保接缝严密。浇筑完后，应进行二次收光，减少表面微裂缝。

（7）对于地下结构使用补偿收缩混凝土部位，完工后尽量提前进行回填，使其处于潮湿状态，有利于膨胀性能的发挥。

4　实施效果

根据以往几个项目使用情况，地下室设有膨胀加强带区域未出现裂缝及渗漏现象，保证了结构一体化，加强带与两侧混凝土平缓过渡，混凝土无明显色差，并且无接缝痕迹，效果良好。证明在确保满足规范要求，利用膨胀加强带取代伸缩后浇带是可行的，值得推荐与尝试。清水塘炮后街棚改安置房及学校建设工程也是建立在以往项目的基础上，不断进行尝试。目前，项目底板加强带施工完距离现在已有 60 多天，未发现开裂及渗水现象。掺入 GRA-XP 型高性能复合纤维膨胀抗裂剂的混凝土，其加强带位置限制膨胀率水中养护 14d 为 0.06%，大于等于 0.025% 是符合规范要求，水中养护 14d 转空气养护 28d 为 –0.005%，大于等于 –0.02% 也是符合规范要求。

5 实施效益

5.1 经济效益

在本项目 B 区负二层伸缩后浇带与同环境下的连续式膨胀加强带进行经济效益对比，为了方便测算，仅对实际发生成本进行粗略取值。选取的后浇带位置板厚为 460mm 空心楼板，长度为 1m，后浇带宽度为 1m，混凝土强度等级为 C40，层高为 3.9m。通过成本测算对比可知，设置连续式膨胀加强带比普通后浇带节约 40% 成本，具有很好的实用价值。

5.2 工期效益

按照常规设置后浇带，固然能够确保完成应力释放，但混凝土收缩需要相当长时间才能完成，一般 45d 大约完成 60%，基本完成需要 60d，因此，伸缩后浇带一般需结构完成后 60d 才能封闭。但设置膨胀加强带，特别是连续式膨胀加强带，能够与两侧结构同时封闭，大大节约了工期。据测算，该区域整体进度相比其他设置后浇带区域提前了 40d。

6 结语

通过以往项目的实施结果及现项目的试验验证，采用膨胀加强带取代伸缩后浇带，利用补偿收缩原理实现“无缝对接”是可行的。它有利于加快地下室结构施工进度，也提高了结构自防水的效果，减少了常规后浇带所带来的质量通病，降低了成本，具有良好的经济效益和社会效益。但膨胀加强带需根据项目实际情况灵活选用，必须遵守设计及规范的要求，要满足补偿收缩混凝土的要求，对于沉降后浇带不能盲目采用，我们在后续的项目管理当中也要求予以鉴别。

参考文献

[1] 王熹，向晖. 超长混凝土结构膨胀加强带的设计与施工 [J]. 山西建筑，2010，36（30）：159 ～ 160.

[2] 苏宇明. 浅谈混凝土膨胀加强带代替后浇带的施工方法 [J]. 山西建筑，2009，35（25）：175 ～ 176.

[3] 张启显，张建业. 膨胀加强带代替后浇带的施工技术与工程应用 [J]. 建筑技术开发，2008，35（09）：62 ～ 63 + 86.

[4] 郝刚，于海. 膨胀加强带代替后浇带的施工方法 [J]. 混凝土与水泥制品，2006（06）：23 ～ 24.

[5] 刘绪光，游宝坤.《补偿收缩混凝土应用技术规程》的意义 [J]. 商品混凝土，2010（03）：32 ～ 33 + 37.

[6] 补偿收缩混凝土应用技术规程 JGJ/T 178—2009：[S]. 北京：中国建筑工业出版社，2009.

浅谈优质网络信息化机房的建设

——信息机房标准化建设方案

刘桓兵[2] 袁丕意[1] 曾 珣[1] 郑朝龄[1]

1. 湖南建工集团有限公司，长沙，410004

2. 湖南万通建设集团有限公司，湘潭，411100

摘 要：随着建筑信息化、智能化的发展，信息机房作为信息化系统工程建设的“心脏”，正扮演着越来越重要的角色。信息机房标准化建设方案，有效优化机房设计与布局，提高信息机房的稳定性、可靠性、使用效率以及扩展性等，为今后信息机房标准化实施提供参考依据。

关键词：信息机房；标准化建设；UPS；动环监控

1 引言

信息机房的建设涉及装修、弱电、电气、消防、空调等多个专业，只有通过对信息机房的整体设计，才能有效地实现机房的标准化建设，全方位保障机房内设备安全、稳定地运行，为工作人员提供一个舒适、高效的工作环境，如图1所示。

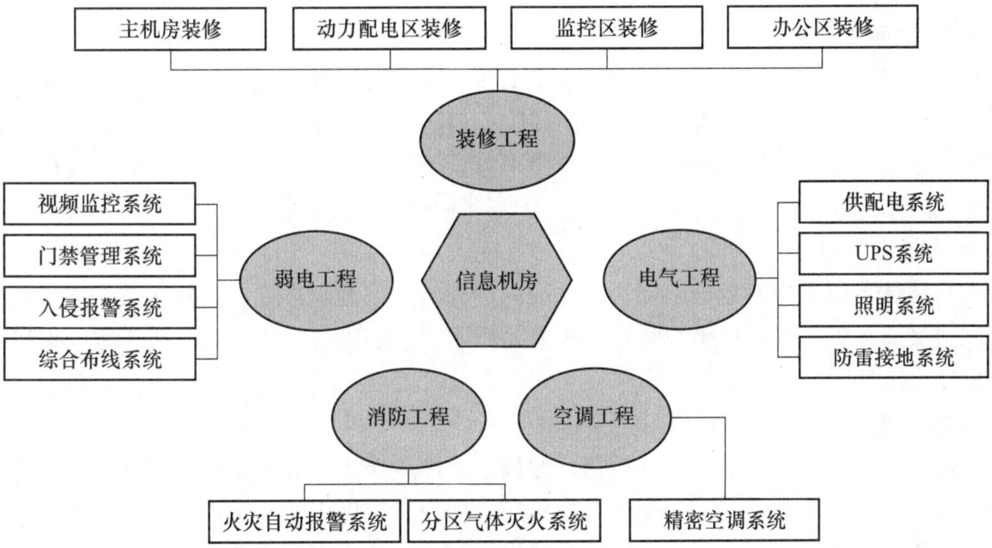

图1 信息机房涉及专业范围

2 机房布局

为便于管理，机房分区应按辅助功能间→基本功能间→中心机房分级管理。即辅助功能间在入口处，基本功能间在中部，主机房在最内。

中心机房是整个数据中心的核心部分，主要安装主机、网络等IT设备，同时也安装部分空调，配电设备。核心机房的面积一般按照机柜的数量来估算。

网络设备机柜、服务器设备机柜、电源柜一般采用标准的 42U 设备机柜。在机柜的排列上，在每排设备机柜的正面保证 1200mm 的操作空间，在设备机柜的背面保证 700mm 的维护空间，这样不但提高了机房的空间利用，也利于设备的散热分布，如图 2 所示。

图 2　信息机房模拟图

3　机房装饰装修

信息机房在设计、施工、材料选择上应考虑防尘、抗静电、阻燃、绝燃、屏蔽防漏水、隔热、保温、降噪等要求，其具体设计如下：

3.1　吊顶装潢工程

机房区域吊顶采用铝合金微孔金属顶棚吊顶。在吊顶以上到顶棚的空间作为计算机房的回风库，当不作为风库时，可用来作装饰照明、消防、门禁等管道走线；安装固定照明灯具；安装固定自动火灾探测器、喷头；防止灰尘下落；管道、线路维护时必须方便、快捷、不损坏其他区域结构。

3.2　墙体制作工程

机房墙体可以采用彩钢板墙饰面，基层内填充防火保温隔声棉，给机房带来现代化的气息的同时又能起到抗尘、抗潮、防水，屏蔽的作用。中心机房、UPS 配电机房之间设置不锈钢外框防火玻璃隔断，美观大方、并便于观察、及时处理问题。

3.3　地面工程

机房地面全部敷设防静电活动地板，地板以下涂刷防尘防静电涂料，提高机房洁净度和导静电漆。中心机房地面敷设 20mm 厚橡塑防火保温板，保温板上敷设反光膜，增加机房保温性能和防地板下产生结露现象；中心机房机柜前活动抗静电地板要采用通风地板，精密空调送出的冷气流，经通风地板后进入机柜。

3.4　机房承重

在机房选址和设计时应该核实机房位置的建筑承重。对于个别机房功能区间需考虑做楼板的承重加固，特别是 UPS 及电池、精密空调等大型设备，重量较大，应安装设备承重散力支架或加固处理达到功能要求。

3.5 隐蔽工程

装饰工程中的隐蔽工程，应严格按照国家标准对隐蔽部分材料采取如下措施：墙体部分做防潮处理；部分非阻燃材料必须涂刷防火涂料；所有隐蔽用材必须符合机房用材性能指标，做到不起尘、阻燃、绝燃，不会产生静电，牢固耐用并无病虫害发生。

4 供配电及照明系统

4.1 机房供配电系统

供电电源应满足下列要求：频率：50Hz；电压：交流380V/220V；相数：三相五线制和单相三线制。

机房的供电要求见表1。

表1　机房供电要求

项目	指标		
	A级	B级	C级
稳定电压偏移范围（%）	−5 ～ +5	−10 ～ +10	−15 ～ +10
稳定频率偏移范围（Hz）	−0.2 ～ +0.2	−0.5 ～ +0.5	−1 ～ +1
电压波形畸变率（%）	5	7	10
允许断电持续时间（ms）	0 ～ <4	4 ～ <200	200 ～ 1500

在机房设计动力总输入配电柜，配电柜内安装ATS自动切换开关。一般由大楼引至电源进线，分成二组。每组二路进线均为一主一备。当主电源发生故障，而不能供电时，可通过柜内的ATS开关自动切换至备用电源，继续保持对设备的供电。总配电柜馈出的动力供配电系统采用50Hz交流电，380/220V三相五线电源，TN-S方式。配电必须充分考虑到今后的发展余量，通常供电总功率应留有不少于25%的余量。

4.2 照明系统

机房应具有独立于一般照明电的专用供电线路，设有独立的配电柜或配电箱；在灯具选择及布置时，除根据机房电气设计规范对照度的要求外，还应充分结合自然采光及墙面反射率等因素来计算确定灯具数量。一般机房照明功率密度的现行值可按15 ～ 20W/m² 计算。各功能房间采用嵌入式格栅荧光灯具。

5 UPS不间断电源系统

UPS即“不间断电源系统”或称“不停电供电系统”。也就是说，市电一旦停电，UPS几乎在断电的状况下对原有负荷继续供电。这一点对信息系统非常重要，一来可保证信息系统不丢失信息和数据，二来保证设备的安全。

UPS配电系统包括UPS电源设备、后备电池组、UPS输入、输出配电柜、机房列头柜、机柜PDU、防水耦合插座及阻燃屏蔽电缆等。其中：UPS设备、后备电池、UPS输入、并机输出配电柜均放置于UPS配电室，由大楼提供的电源进线应引至UPS输入配电柜所在位置。

UPS输入配电柜设计为双路自投自复，二路电源进线为一主一备。当主电源发生故障，而不能供电时，可通过柜内的ATS开关自动切换至备用电源，继续保持对设备的供电。UPS容量由机房内负载总功耗确定，如图3所示。

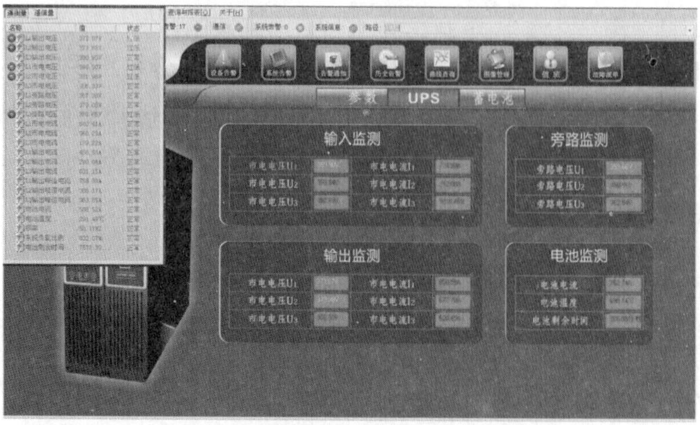

图 3　UPS 不间断电源系统检测界面

6　空调通风系统

6.1　空调系统

机房中存在大量设备，发热量十分巨大，空调机组要常年 24h 不停地运行，且机房内需要新风系统带来新鲜空气和维持正压，因此设计时要充分考虑设备维修备份的问题，即采用 $N+1$ 的模式设计空调台数，另外空调的制冷量要留有 15% ～ 20% 的备份，同时运行成本在空调设计选型时要仔细考虑。

数据中心机房区域内分三种空调形式：恒温恒湿型精密空调机组、基站式柜式空调、吸顶式舒适型空调。中心机房采用精密空调，即恒温恒湿机组形式；UPS 配电机房和网络机房采用精密空调；辅类机房采用吸顶式舒适型空调。

恒温恒湿精密空调机组是机房工程中的重要配套设备，其安装使用条件与机房的工程有密切的关系，精密空调送风模式采用下送风恒温恒湿精密空调，如图 4 所示。

图 4　空调通风循环示意

根据《电子计算机场地通用规范》和机房设计的标准等要求，我们建议机房空调采用机房精密空调来控制机房的温度和湿度，这样会使机房更智能化、人性化。

6.2　新风系统

新风系统的作用主要有两个方面，一方面作用是改善空气成分，保证人员对新鲜空气的需要；另一方面是保持机房区的正压要求，以免灰尘的侵入。

新风量需满足以下三个方面：（1）不少于室内总送风量的 5% ～ 8%；（2）按工作人员每人需新风 $60m^3/h$；（3）维持室内正压所需风量；

通过新风引进，使机房内达到要求，见表 2。

表 2　机房温湿度要求

项目	数值	项目	数值
夏季温度	23 ± 2℃	冬季温度	20 ± 2℃
夏季湿度	55 ± 10%	冬季湿度	55 ± 10%
洁净度	粒度≥ 0.5μm；个数≤ 18000 粒 /L	—	—
温度变化率	≤ 5℃	—	—

7　动环监控系统

动环监控系统对机房中配电及动力、环境和安防等进行全面的集中监控，如图 5 所示。

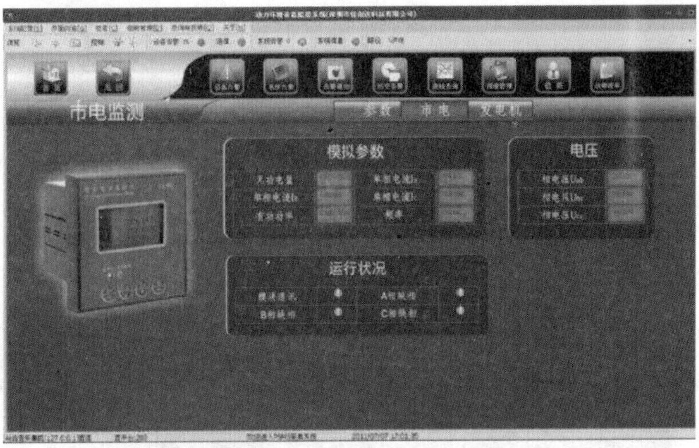

图 5　动环监控系统检测界面

（1）市电监测：机房市电的供电质量好坏将直接影响机房内用电设备的安全。在配电柜上安装电量仪，通过 UPS 设备提供的智能接口及通信协议，采用总线的方式将 UPS 的监控信号经通信转换模块转换后接入监控主机的串口，由监控平台软件对市电进线进行各项供电参数监测。

（2）配电开关监测：配电柜内有重要的配电开关，监视其是否跳闸断电，一旦开关跳闸断电将造成机房内重要系统的瘫痪，因此对配电柜内重要开关的状态进行实时监测，一旦发生报警通过监控平台发出对外报警。

（3）UPS 监测：将 UPS 监测信号接入监控主机的串口，由监控平台软件对机房内 UPS 电源的各部件工作状态、运行参数等进行实时监测，一旦发生故障，通过监控平台发出对外报警。

（4）精密空调监控：机房温度出现异常时，将导致机房其他设备运行所需的环境失去保障。因此通过精密空调设备提供的智能接口及通信协议，将监控信号接入监控主机的串口，由监控平台软件对机房内精密空调的运行状态和参数进行实时监测，同时可对精密空调进行远程的开关机控制。

（5）温湿度监测：机房内精密的电子设备，其正常运行对环境温湿度有较高的要求。因此在机房的各个重要部位，安装温湿度传感器（带液晶显示），一旦发现异常立即启动报警。

（6）新风机监控：对机房内新风机的运行状态进行实时监测。由于新风机不具有智能接口，可以通过数字量输入输出模块控制继电器装置来实现新风机的开关机电源控制。

（7）漏水监测：机房内有空调及进出水管等设备，液体泄漏的情况时有发生，这就要求及早发现及时处理，因此在机房有空调的地方安装漏水检测设备，保证机房设备的稳定运行。

8　防雷接地

8.1　防雷系统

一个完整的防雷方案包括防直接部分和防感应雷击两部分，一般中心机房所在的建筑物已具备防直接雷击防护措施，因此机房防雷主要考虑防感应雷击措施。通常在机房内网络机柜、服务器机柜、弱电机柜内安装具备防浪涌功能的 PDU 插座，组成一个完整的三级防雷体系，如图 6 所示。

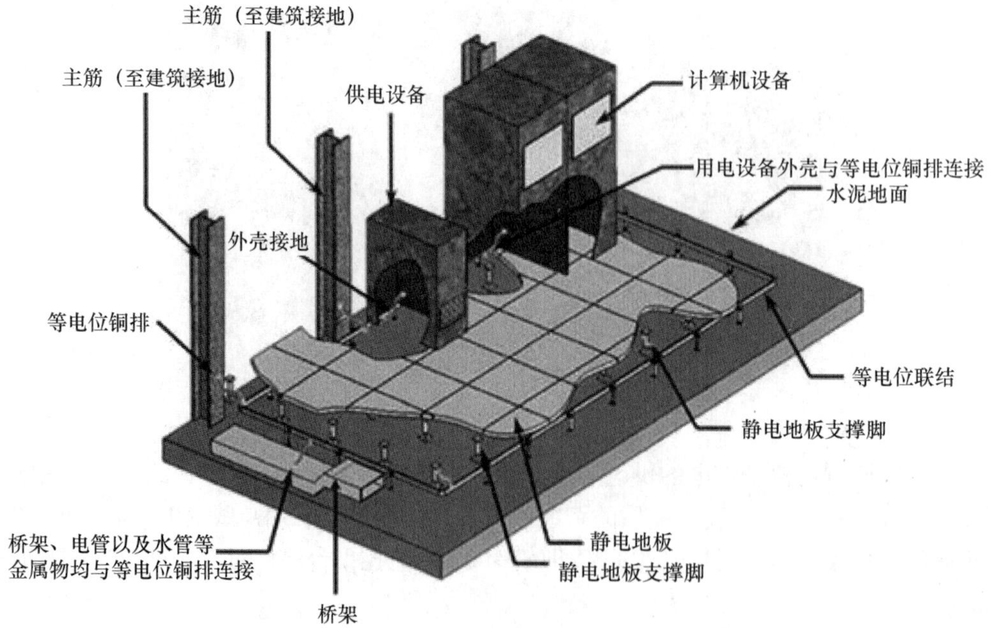

图 6　防雷接地系统布置

8.2　接地系统

机房接地包括安全保护地、直流工作地、交流工作地、等电位接地。

（1）安全保护接地：电气保护接地采用 TN-S 系统时，电气设备不带电的金属外露部分与电力网的接地点采用直接电气连接。保护接地的连接线可采用扁钢或铜导线，要求形成可靠的电气通路。

（2）直流工作接地：在机房 UPS 输出总配电柜内安装直流接地铜排，截面面积不小于

$50mm^2$，由大楼共用接地极引一根直流接地干线电缆至直流地铜排。各 UPS 分配电柜设置直流地铜排，由总配电柜铜排引至，分支接地干线截面面积应不小于 $16mm^2$。

（3）交流工作接地：交流工作地的接地电阻应小于 4 Ω。

（4）等电位接地：在主机房抗静电地板下方，用 40mm × 4mm 铜带沿墙壁四周敷设一个等电位接地网，采用 BVR1 × $50mm^2$ 单股多芯软铜线与机房所处楼层的接地引下线相连接。机房内所有动力设备、计算机设备等其他设备外壳均与等电位接地网相连接。

9　消防系统

由于在机房的各个区域都安装有重要的电子设备和存有重要的数据，要求发生火情并实施灭火过程之后，对设备本身不能造成任何损坏，在上述防护区内，应该设置自动灭火组合分配系统，并要求符合如下条件和规范：

（1）设备应设有自动报警装置，同时设有备用电源启动装置，保障在停电的状态下依然能够正常使用灭火系统进行灭火。

（2）机房吊顶的上、下及活动地板下，应设置温感探测器和烟感探测器。

（3）灭火装置应有自动控制、手动控制和机械应急启动控制三种启动方式。

（4）当灭火区内任意一对感烟、感温火灾探测器同时报警时，火灾自动报警控制器发出信号，启动防护区的声光报警器，通知人员撤离或处理。

（5）应在被保护对象主要出入口处，设手动紧急控制按钮并应有防误操作措施和特殊标志。

（6）防护区内的气体灭火喷头要求分两层布置，即在工作间内、吊顶各布置一层喷头，当对某一防护区实施灭火时，该防护区内两层喷头同时喷射灭火剂。

（7）当被保护对象的房间无直接对外窗户时，气体释放灭火后，应有排除有害气体的设施，但此设施在气体释放时应是关闭的。

10　安防系统

10.1　门禁监控

出于对机房安全的考虑，对机房重要门进行门禁管理，采用进门刷卡、出门按按钮的进出验证方式，由监控平台软件进行机房出入的门禁管理。可以实现如下功能：

（1）实时监控各道门人员进出的情况，并进行记录。

（2）可对人员的进出区域、有效日期、进出时段等进行授权，并可对人员进行权限组划分。

（3）可对门控器进行远程设置操作。

（4）支持集中发卡功能。

（5）支持与其他子系统的联动功能，如：发生火警时联动门禁控制器自动打开各道门的电锁以便逃生等。

10.2　视频监控

设计在机房出入口、机柜间的通道、走廊等重要区域安装彩色半球摄像机、硬盘录像机，进行全天候的视频图像监视。其可实现功能如下：

（1）实时监视各路视频图像，通过在电子地图上点击相应的图标即可查看该摄像机的当前画面。

（2）灵活设置录像方式，包括 24h 录像、预设时间段录像、报警预录像、移动侦测录像以及联动触发录像等多种方式。

（3）可设置多种录像分辨率（CIF、2CIF、D1），录像时间不少于 2 个月。系统支持硬盘存满时自动从头覆盖，循环录像。

（4）支持历史视频检索回放功能，可根据录像的类型、通道、时间等条件进行检索，回放速度可调。

（5）支持与其他子系统的联动功能，如：门打开或发生防盗报警时联动摄像机进行录像，同时弹出相应的视频画面窗口等。

参考文献

［1］ 孙健琦，来金辉，周佳驰. 基层电力企业信息机房动环监控与运维管理［J］. 电子技术与软件工程，2019（04）：238.

［2］ 汤军，刘昕. 无人值守机房动环监控系统的建设和运维［J］. 有线电视技术，2018（09）：82 ～ 85.

［3］ 冯志明. 简述对 UPS 电源的维护保养［J］. 广播电视信息，2018（08）：97 ～ 99.

［4］ 江陵. 机房动环监控云化架构的设计与实现［J］. 通信电源技术，2018，35（07）：108-111 + 113.

［5］ 肖龙，曹璐. UPS 供电系统配置及其改进策略研究［J］. 电气时代，2018（07）：96-98.

［6］ 李灵光. 浅谈水利企业智能化信息机房的建设［J］. 低碳世界，2015（01）：64 ～ 65.

［7］ 史英. 浅谈地市级电网企业智能化信息机房建设［J］. 科技创新与应用，2012（29）：40.

［8］ 徐春玲. 供电企业信息中心机房的建设［J］. 安徽电力，2008，25（04）：64 ～ 68.

格构式塔吊结构风压分布的数值模拟研究

孙相雨[1]　陈伏彬[1]　张明亮[2, 3]

1. 长沙理工大学　土木工程学院，长沙，410114
2. 湖南建工集团有限公司，长沙，410004
3. 湖南省建筑施工技术研究所，长沙，410004

摘　要：本文以 1∶1 模型尺寸建立流体域模型和格构式塔吊结构模型，基于 RNGk-ε 物理湍流模型开展了塔吊结构表面风压分布的数值模拟研究。研究结果表明：气流遇到镂空的塔吊结构时，在尾流区域出现局部的环绕、分离、附着再回流等现象；局部最大平均正风压系数达到 2，最大平均负风压系数达到 –2.0；体型系数分布与平均风压系数分布具有相同的趋势，局部最大正体型系数达到 3.0，最大负体型系数达到 –3.0。

关键词：塔吊结构；风速；平均风压系数；数值模拟；RNGk-ε 湍流模型

随着社会经济的发展及科学技术的不断进步，建筑正处于高速发展的阶段。在建筑施工阶段，材料的垂直或水平运输，一般离不开塔吊的协同作业，特别在高层及超高层建筑施工期间，塔吊对建筑材料的垂直运输起着至关重要的作用。

沿海地区的经济发展一直处于国内领先地位，经济发展的同时也带动了该区域建筑事业的蓬勃发展。我国是世界上遭受台风影响最为严重的国家之一，台风对施工期间的建筑影响较大，而施工塔吊受台风的破坏首当其冲。据不完全统计,2013 年 11 月 10 日，台风“海燕”登陆海南，造成三亚市工地大批塔吊倒塌；2014 年 7 月 18 日，台风“威马逊”登陆海南，据当地媒体报道，造成台风登陆地区工地 300 多座塔吊吹弯或折断，给人民生命财产造成较大的安全隐患，经济损失及社会影响力较大；2014 年 7 月 19 日，台风“威马逊”登陆广西北海，造成当地超过 30 多个工地的 40 多座塔吊倒塌，其中大部分均是被吹断倒地；2015 年 10 月 4 日，18 级台风“彩虹”在广东省湛江市坡头区沿海登陆，给当地生产生活设施造成了严重破坏，在当地建筑工地，台风肆虐的痕迹随处可见，临时建筑等设施被夷为平地，180 多座塔吊倒塌严重受损。图 1 展示了塔吊结构强风作用下的破坏形态。

(a) 塔吊高空折臂　　(b) 塔吊吹断倒地

图 1　塔吊破坏形态

台风过境后造成的塔吊倒塌或吹毁，大部分塔机报废，而拆除一台报废的塔吊也需要花费好几万元的资金。台风期间，施工塔吊如不加以防范或采取相应的措施，其倒塔所带来的社会影响不可估量。

塔吊结构属于格构式高耸构筑物，其风荷载效应异常复杂。近些年来业内学者通过 CFD 模拟对高耸建筑物风效应做了相关研究。雷红兵等[1]对 110m 塔吊受风荷载影响倒塌进行了分析；鄢长等[2]对海口地区超高层建筑台风环境下塔吊的附着安全性进行了研究；殷扬等[3]对苏通大桥 MD3600 塔吊的抗风安全性进行了评估研究；吴恩宁等[4]对塔式起重机的防强台风措施进行了研究；魏建平[5]对超高层建筑施工台风环境下塔吊附着的安全性进行了分析研究；李秀丽[6]对建筑工程塔吊基础的整体稳定性进行了研究于风荷载计算；郭寒竹[7]对台风作用下的施工塔吊倒塌原因、抗风性能及防台风预案进行了阐述，对台风作用下塔吊如何进行风险管理提出了探讨意见；李富生等[8]对福建沿海地区的施工塔吊的防台风措施进行了探讨，如何将台风对塔吊的影响及损失控制在合理的范围之内。谢华平等[9]对风荷载作用下角钢格构塔各工况进行 CFD 模拟，研究其挡风系数、风向角、长宽比等因素对阻力系数的影响，并与各国规范及试验进行对比。朱小海等[10]利用 CFD 技术对门式起重机进行了数值模拟，得到了门式起重机该门式起重机风速场、风压分布图，并在此基础上首次提出用风压不均匀系数来表征门机的整体风压分布情况。陈伟等[11]通过定义风载荷系数表达式，完成塔机在均匀风场和 B 类风场下 12 个风向角的计算流体力学 CFD 数值计算，得到塔身和起重臂的体型系数、角度风系数和风压高度变化系数，并与国内外规范进行对比。

本文自行简化设计了某一塔吊结构，采用 FLUENT 软件，基于 RNGk-ε 湍流模型，研究了塔吊结构在两个典型风向（0°、90°）下的格构式塔吊的风压分布情况，为塔吊的抗风安全设计提供参考。

1　计算流体力学（CFD）简介

计算流体力学（CFD）作为计算风工程的核心内容，简单来讲，CFD 数值模拟就是把空间和时间上连续的物理量的场，利用有限个离散的变量点的值的合集来取代，通过计算物理方程获得场变量的近似值[12]。通常 CFD 数值模拟方法分为直接数值模拟和间接数值模拟两种模拟方法[13]，其中直接数值模拟就是通过流体计算软件，首先设置计算域与模型，通过设定物理湍流模型，然后对建筑物直接进行模拟计算。与直接模拟不同，间接数值模拟分为统计平均法、雷诺应力平均法和大涡模拟三种方法。本文采用用到雷诺应力平均法的 RNG 物理湍流模型。

RNGk-ε 模型，即重正化群组模型，此模型通过修正湍流模型的时常数以及计算湍流黏度 v_t 来考虑气流湍流流动对风场的影响。湍流黏度 v_t 在纵向和横向分量中都是各向同性的，这种情况与实际不符，因为在现实流场中，耗散率 ε 方程、湍动能 k 方程也很难模拟实际流体在际流场中的弯曲流动和旋转对风场的真实影响，湍流黏度是各向异性的。在 CFD 数值模拟中，RNGk-ε 模型与实际更加相似，不仅还原了实际风场的原状态，还能提高数值模拟的准确性。

2　格式塔吊结构数值模拟模型

2.1　模型建立

本文通过 CAD 3D 建模建立塔吊结构模型，其中塔身尺寸及杆件材料如表 1、图 2 所示。

表 1　塔吊材料表

部件	材料（mm）
塔身、塔帽主弦杆	矩形钢 150 × 150
平衡臂主弦杆	矩形钢 100 × 100
吊臂上线杆	ϕ100 × 6
吊臂下弦杆	矩形钢 100 × 100
吊臂、平衡臂拉杆	ϕ100

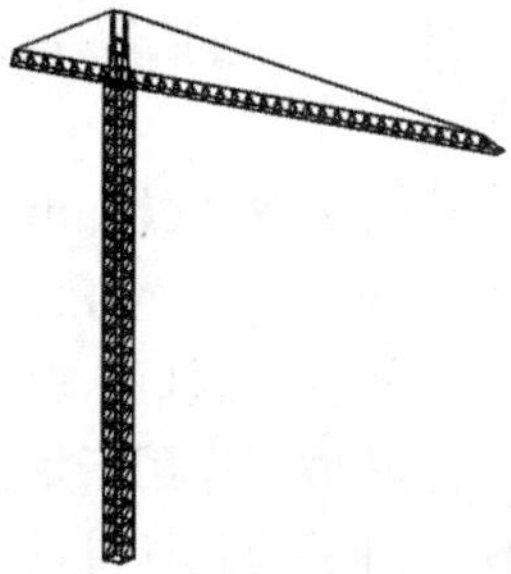

图 2　塔吊模型图

2.2　工况介绍

在进行塔吊数值模拟计算的基本风速取值时，取 B 类地貌，基本风速为 28.0m/s。流场条件如图 3 所示。数值计算取 0°风向角（即来流顺着塔臂方向），如图 4 所示。

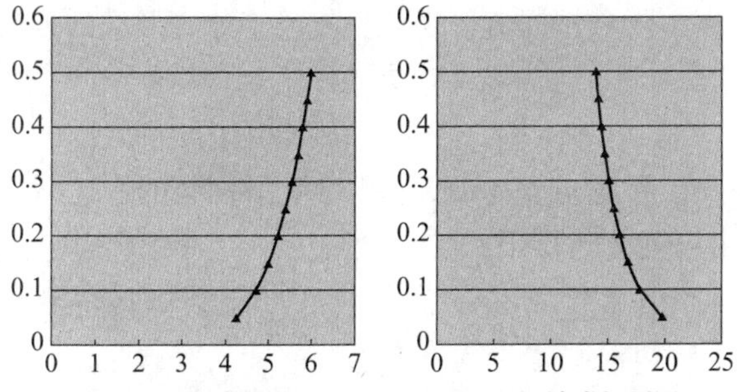

（a）风速剖面图　（b）湍流剖面图

图 3　计算域入口处平均风速和湍流强度剖面

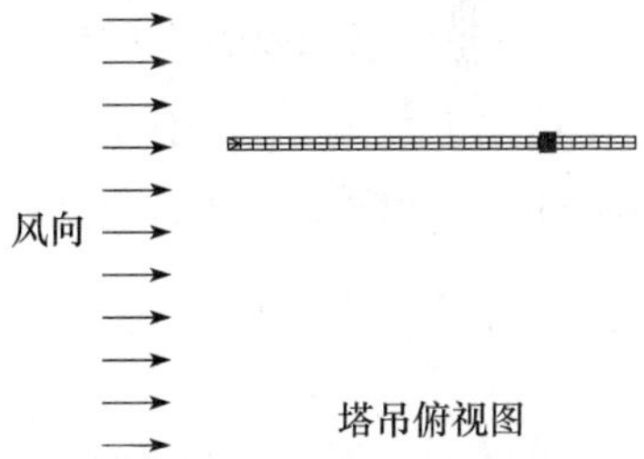

图 4　0°风向角示意图

2.3　网格划分

为了保证模拟结果的准确性，建议将被研究的建筑物置于计算域纵向的 1/3 处，模型计算域如图 5 所示。考虑到计算机的容量限制和计算时间的考虑，计算域的集合尺寸 $B \times D \times H = 400\text{m} \times 150\text{m} \times 600\text{m}$，计算域入流面距离结构模型 4h（200m），出流面距离结构模型 6h（300m），计算域侧面距离结构模型 4h（200m），计算域的高度约为 3h（150m）。因为塔吊结构为类似于桁架的杆件结构，划分结构网格极其困难，故将流体域通过四面体（非结构网格）采用 CFX-mesh 模块进行划分，并在塔吊结构模型表面及地面处布置 5 层厚度为 10mm 的三棱柱附面层网格，便于提高网格质量与计算的精准度。网格划分如图 6 所示。

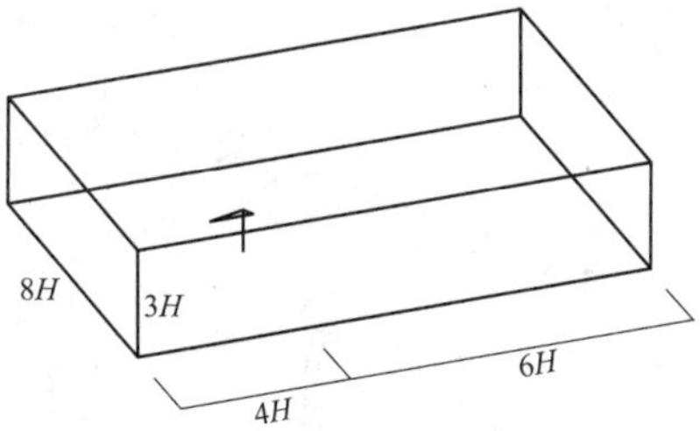

图 5　计算域

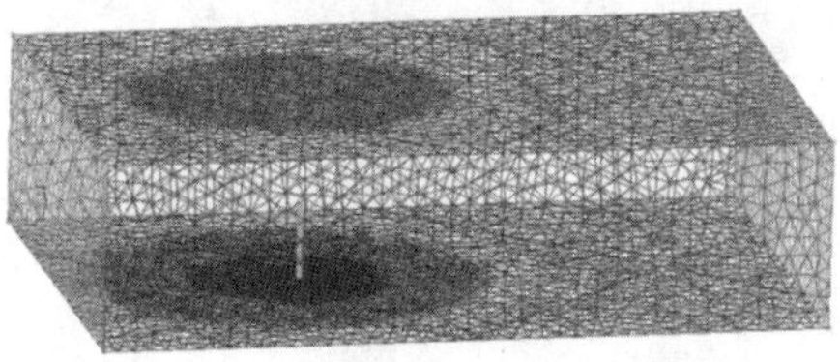

图 6　网格划分

3　数值模拟结果及分析

3.1　风速流场分布

通常在风洞试验过程中，因受到测试方法及手段的限制，很难测得建筑物周围流场的详细状况。但通过数值模拟则可以直观地得到流场分布图。图 7 给出了顺风向中心平面流场分布图。

从图 7 中可以看出：气流遇到漏空的塔吊结构时，由于杆件的截面较小，且各杆件之间的“洞口”较大，大部分气流能够通过塔吊；作用于塔吊结构杆件表面的气流，由于受到杆件的阻滞作用，且因为杆件结构迎风面积较小，迎面吹来的气流作用在杆件表面是从杆件两侧绕过，气流在杆件的边缘处产生分离，形成负压，这使得在杆件的迎风面既有正压又有负压；气流在通过塔吊结构的空隙后产生尾流，由于塔吊结构杆件较细，气流在尾流区域中的流动并不是非常紊乱；在尾流区域出现局部的环绕、分离、附着再回流等现象，气流绕流所形成的复杂流场在数值模拟中得到了直观的体现。

图 7　风速分布图

3.2　平均风压系数与体型系数

以塔吊处于 0° 风向角，参考高度 10m，参考风速 28m/s，此时塔吊顶部的风速分别为 36.85m/s。塔吊结构杆件表面的风压系数由下列公式得出：

$$C_p = \frac{P_1 - P_0}{\frac{1}{2}\rho v^2} \tag{1}$$

式中，C_p 表示结构某一点的风压系数时程 P 在模型上单面测点 i 的风压值；P_0 为风洞试验时所采集的静压值；v 为试验过程中采集到的参考高度处的平均风速；ρ 为标准的空气密度，通常取 $\rho = 1.25\text{kg/m}^3$。当塔吊结构杆件表面受到来自气流的正压时，表面的平均风压系数 $C_p > 0$；当塔吊结构表面受到负压时，杆件受到吸力作用，平均风压系数为负值，即 $C_p < 0$。

塔吊模型整体的体形系数：

$$\mu_{s\theta} = \frac{F_\theta}{0.5\rho v^2 S} \tag{2}$$

式中，$\mu_{s\theta}$ 为塔吊结构体型系数；F_θ 为来流风对塔吊结构产生的底部剪力值；v 为平均来流风速；S 为迎风面面积，取杆件在顺风方向与风速垂直的投影面面积。图 8、图 9 分别给出了塔吊结构 0° 风向角下的平均风压系数与体型系数。

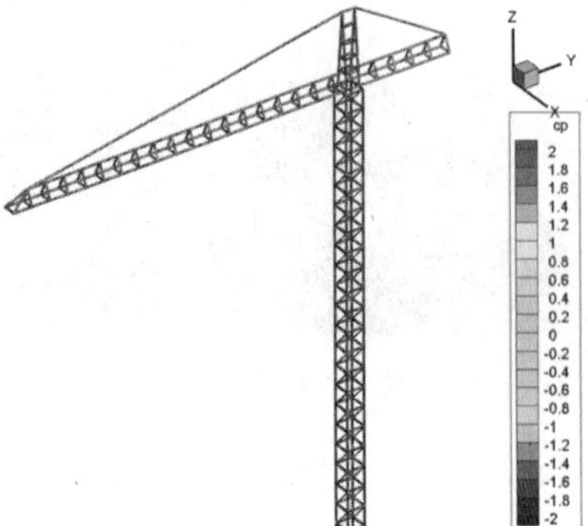

图 8　0° 风向角下塔吊平均风压系数

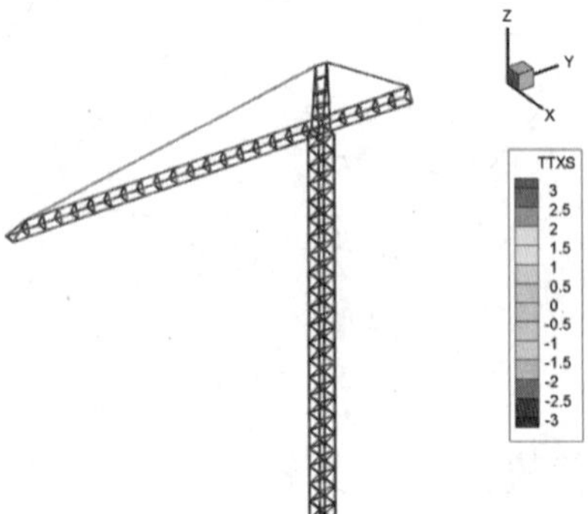

图 9　参考高度处 28m/s 风速下 0° 风向角体形系数图

从图 8 可以看出：在 0° 风向角工况下，气流从塔臂的最前端流经塔臂、塔身，可以明显看到塔臂的最前端风压系数最大，由于前部杆件的遮挡，后面杆件受到风压逐渐减小，风压系数也随之减小；由于塔吊结构是杆件结构，且杆件迎风面积较小，迎风面的杆件对于背风面杆件的遮挡效应较小；由于杆件较细，当气流流经塔吊结构表面时，会在杆件迎风面某一点产生气流分离现象，会在迎风面杆件的同一个表面同时产生正压和负压；在杆件的交接处和拐角处，由于气流的集中作用，平均风压系数值的变化较为明显；局部最大平均正风压系数达到 2，最大平均负风压系数达到 –2.0。对比图 9 可以发现，体型系数分布与平均风压系数分布具有相同的趋势；局部最大正体型系数达到 3.0，最大负体型系数达到 –3.0。

4　结论

本文基于 RNGk-ε 物理湍流模型开展了格构式塔吊结构 0° 风向角下的表面风压分布数值模拟研究，得出以下几点结论：

（1）气流遇到漏空的塔吊结构时，在尾流区域出现局部的环绕、分离、附着再回流等现象；

（2）局部最大平均正风压系数达到 2，最大平均负风压系数达到 –2.0；

（3）体型系数分布与平均风压系数分布具有相同的趋势，局部最大正体型系数达到 3.0，最大负体型系数达到 –3.0；

（4）数值模拟能较好地模拟出复杂流场条件下的气流流动情况，亦能较好的给出平均风压（系数）结果。

致谢：本论文得到了湖南建工集团科技支撑项目（JGJTK2015-3）及住房城乡建设部科技计划项目（2017-S4-026）的支持，特此鸣谢。

参考文献

［1］雷红兵，陈莉．风荷载作用下的塔吊倒塌分析［J］．门窗，2013（6）：334 ～ 345．

［2］鄢长，李松，武科．超高层建筑施工台风环境下塔吊附着安全性技术研究［J］．建筑安全，2011（9）：48 ～ 51．

［3］殷扬，郁犁．苏通大桥 MD3600 塔吊抗风安全性评估研究［J］．世界桥梁，2008（2）：35 ～ 38．

［4］吴恩宁，方国庆等．论塔式起重机的防强台风措施［J］．建筑机械化，2005（1）：39 ～ 41．

［5］魏建平．超高层建筑施工台风环境下塔吊附着安全性技术研究［J］．安全质量，2014（7）：381．

［6］李秀丽．建设工程塔吊基础整体稳定性及抗风研究［J］．山西建筑，2013（12）：52 ～ 53．

［7］郭寒竹．塔吊 VS 台风［J］．建设机械技术管理，2007（11）：82 ～ 86．

［8］李富生，刘舰，张学达等．有关电建塔吊防、抗超强台风的探讨［J］．广东科技，2011（2）：82 ～ 84．

［9］谢华平，何敏娟，马人乐．基于 CFD 模拟的格构塔平均风荷载分析［J］．中南大学学报（自然科学版），2010，41（05）：1980 ～ 1986．

［10］朱小海，程文明，罗鹏．基于 CFD 的大型门式起重机风载特性研究［J］．机械设计，2014，31（08）：83 ～ 87．

［11］陈伟，秦仙蓉，杨志刚．塔式起重机塔身和起重臂的风载荷特征分析［J］．浙江大学学报（工学版），2018，52（12）：2262 ～ 2270．

［12］钱若军，韩向科，苏波．基于流体力学理论的风场数值模拟［J］．空间结构，2010，16（04）：3 ～ 7．

［13］李雪丹．基于 CFD 技术建筑结构风荷载数值模拟研究［D］．华南理工大学，2013．

龙山体育场大跨度钢结构卸载技术

石小洲　符　丹　刘小清　李　淘　谢　欢

湖南省第一工程有限公司，长沙，410011

摘　要：针对龙山县体育场钢罩棚大跨度钢结构卸载难点，利用SPA2000有限元软件进行钢结构卸载计算分析，确定采用分批、分级、同步卸载临时支撑架的施工卸载方案，卸载过程中以钢罩棚变形量确定卸载分级，以支撑架支反力变化情况确定卸载先后顺序，顺利实现了结构体系转换，保证了钢结构的施工质量。

关键词：钢结构；卸载；有限元

1　工程概况

龙山县体育场钢结构工程主要由体育场立面与屋盖的钢罩棚组成。设计采用三角形空间钢管桁架结构，径向共设置72榀三角桁架。径向桁架之间采用环向桁架相连，共设置4道环向桁架，其中立面设置1道，屋面设置3道。图1为体育馆钢罩棚轴测图。

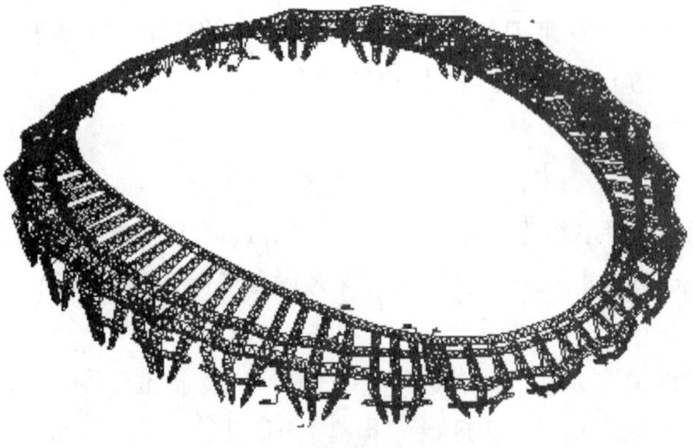

图1　钢罩棚轴测图

根据主桁架安装要求，体育场主桁架结构吊装均设置临时支撑架，以便桁架分段施工，A区临时支撑平面布置图如图2所示。

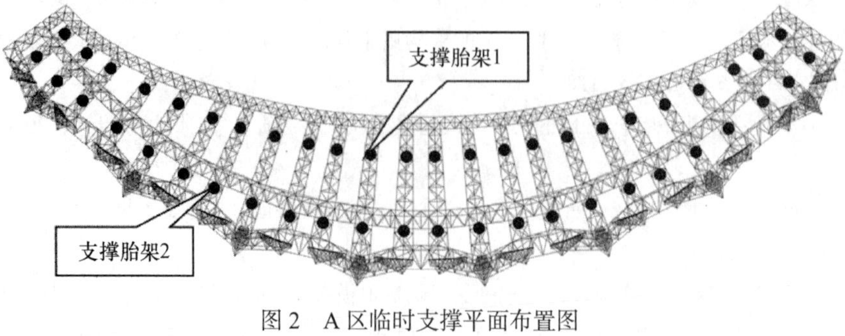

图2　A区临时支撑平面布置图

2　卸载控制重点、难点

（1）因卸载过程既是支撑架的拆除过程，又是钢结构体系逐步加载过程。卸载时，为确保施工安全、满足设计要求，卸载施工总体设计与过程控制是一大难点。

（2）在卸载过程中，结构自身杆件应力和临时支撑的受力会产生变化，卸载施工顺序是否合理对钢结构应力及变形均产生较大影响，卸载顺序确定是钢罩棚卸载的难点之一。

（3）钢罩棚卸载后的各部位变形控制，必须以测量控制为手段，进行严格的过程监测，因钢罩棚为大跨度悬臂桁架结构，其监测点数量多，分布广，监测工作量大。

3　卸载分析

3.1　卸载总体思路

本工程支撑架数量较多，单一支撑架卸载工期长且工作量大，同时由于相邻杆件间相互作用力影响，卸载过程必然要分批、同步进行。为保卸载后结构受力体系转换达到设计要求，保障卸载过程安全，以 SPA2000 有限元软件模拟卸载过程受力、传力、变形情况及支撑架实际情况。经有限元模拟分析计算，决定采用分批、分级、同步卸载方案，即以钢罩棚变形量确定卸载分级，以临时支撑架支反力变化情况确定卸载先后顺序，从而保证卸载时相邻支撑架间协同、均匀变化，保证杆件不超出结构容许应力，避免各杆件破坏的发生。在卸载过程中需对同批同步卸载支撑架进行测量监控，实时纠正。

3.2　卸载计算与模拟

（1）建立卸载计算模型：本工程对 A 区结构进行卸载模拟计算。

（2）荷载和计算软件：考虑结构自重 P；恒载与活荷载荷载组合 $1.2D+1.4L$，设计软件：SAP2000。

（3）模拟计算原理

①将支撑架看作钢罩棚支座，建立整体钢结构模型，以支座竖向位移求解支座反力及各杆件内力。

②钢结构卸载应从结构整体变形最大位置处开始，依据钢罩棚安装阶段 MIDAS 有限元模拟结果，见图 3，整体卸载应从外圈（支撑架 2）临时支撑位置开始，向内侧 V 形支撑柱方向进行。考虑到 V 形支撑距离外圈较近，在外圈支撑架卸载时 V 形支撑能担负起自身结构支撑的作用，故先对外圈临时支撑（支撑架 2）上部的标高调节装置进行卸载调整，直至外圈支撑不受力为止，再对结构变形较小处的内圈临时支撑（支撑架 1）上部的标高调节装置进行卸载至内圈支撑不受力止。通过有限元模型支撑架处位移模拟，计算出所有卸载点支反力，将变形量、支反力（由北向南）进行统计，见表 1。

表 1　卸载顺序统计表

胎架个数	第 1 次卸载 20mm 支反力（kN）	第 2 次卸载 20mm 支反力（kN）	第 3 次卸载 20mm 支反力（kN）	第 4 次卸载 9mm 支反力（kN）	第 5 次卸载 5mm 支反力（kN）	第 6 次卸载 1mm 支反力（kN）	第 7 次卸载 1mm 支反力（kN）
1	0	0	0	0	103	45	0
2	0	0	0	0	35	0	0
3	0	0	0	0	7	0	0
4	0	0	0	0	34	0	0

续表

胎架个数	第 1 次卸载 20mm 支反力（kN）	第 2 次卸载 20mm 支反力（kN）	第 3 次卸载 20mm 支反力（kN）	第 4 次卸载 9mm 支反力（kN）	第 5 次卸载 5mm 支反力（kN）	第 6 次卸载 1mm 支反力（kN）	第 7 次卸载 1mm 支反力（kN）
5	24	0	0	0	0	0	0
6	210	0	0	0	22	0	0
7	290	73	0	0	30	0	0
8	304	143	0	0	0	0	0
9	344	196	9	0	104	14	0
10	349	217	80	0	117	39	0
11	376	226	83	6	0	0	0
12	345	195	55	0	150	67	0
13	339	194	58	0	163	81	0
14	375	225	83	2	0	0	0
15	342	210	71	0	147	67	0
16	333	188	0	0	139	53	0
17	292	133	0	0	0	0	0
18	276	56	0	0	127	35	0
19	195	0	0	0	84	14	0
20	20	0	0	0	0	0	0
21	0	0	0	0	120	41	0
22	0	0	0	0	38	0	0
23	0	0	0	0	74	20	0
24	0	0	0	0	199	39	0

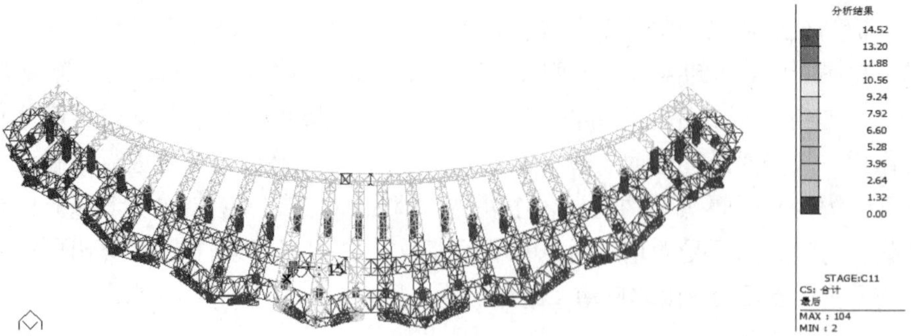

图 3　安装施工阶段应变云图

③由表 1 知钢结构整体卸载分为外圈支架、内圈支架卸载 2 级，1 ～ 4 步卸载表示外圈（支撑架 2）支座反力变化，可知外圈卸载顺序为① 1 ～ 24，② 5 ～ 20，③ 7 ～ 18，④ 9 ～ 15。外环结构在第 4 步卸载接近完毕。5 ～ 7 步表示内圈（支撑架 1）支座反力变化，可知外圈卸载顺序为① 1 ～ 24，② 1 ～ 4、6 ～ 7、9 ～ 10、12 ～ 13、15 ～ 16、18 ～ 19、21 ～ 24 ③ 1、9 ～ 10、12 ～ 13、15 ～ 16、18 ～ 19、21、23 ～ 24。内环结构在第 7 步卸载完毕。卸载后结构的内力及挠度参见图 4、图 5。

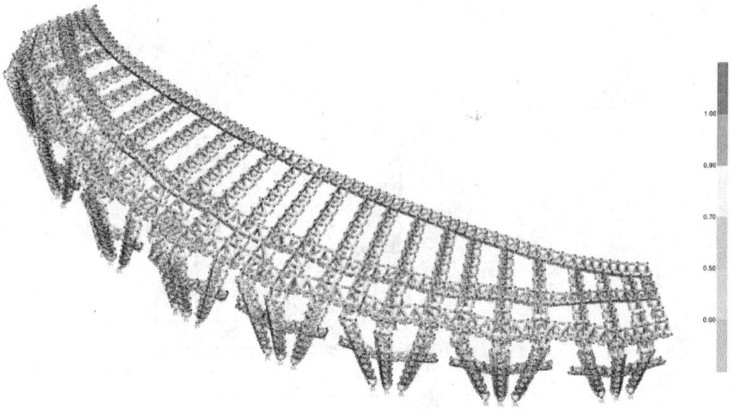

图 4　卸载后结构的强度应力比云图

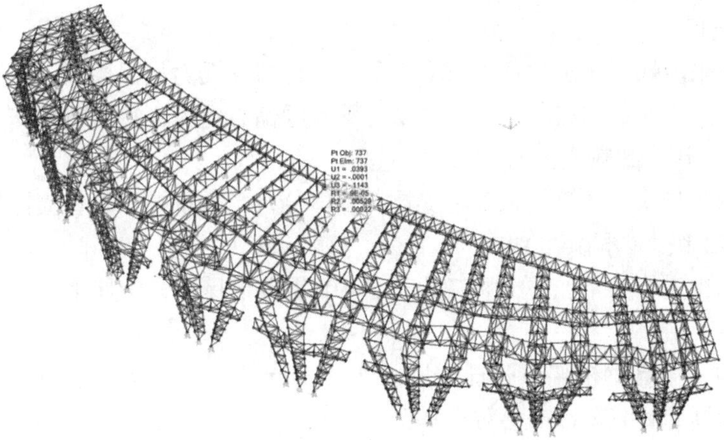

图 5　卸载完毕后的结构挠度图

④通过有限元计算分析，卸载完毕后桁架结构的强度应力比最大为 0.45 < 1，满足设计规范要求；桁架最大跨度为 35m，*Z* 方向下最大挠度为 114.3mm，35000/114.3mm = 306，变形满足规范要求。

4　卸载施工工艺

4.1　钢结构整体卸载步骤

卸载时，根据分批、分级、同步卸载原则卸载到所有支撑架与钢结构主体分离为止，这时结构受力已完成转换。具体卸载步骤如下：

（1）根据有限元工况分析结果首先卸载临时支撑架 2，见图 6。先将所有 V 形支撑（由四根钢管组成）全部安装、焊接完成，再使用支撑架 2 顶端的千斤顶直接卸荷，完成后拆除临时支撑架 2；

（2）分析剩余的临时支撑架 1 的受力状态，通过抽出卸载点下部的钢垫板控制每次的卸载位移量；

（3）支撑架 1 卸载的同时，测量并记录桁架最外侧点的竖向位移量并记录；如超出允许值，则停止该点卸荷，查找原因并重新制订卸载方案，否则继续卸载至临时支撑架 1 不再受力。

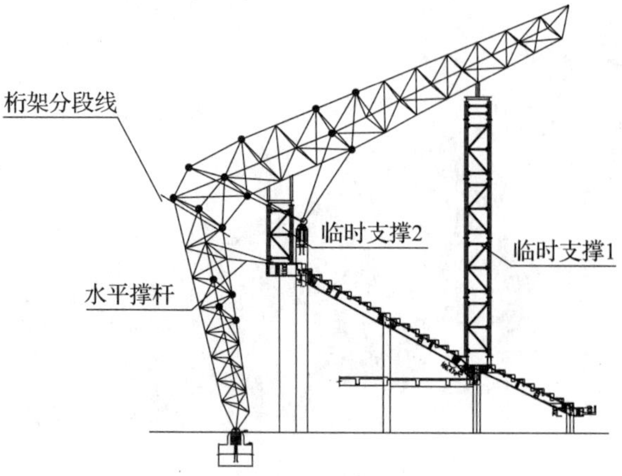

图 6　临时支撑剖面图

4.2　卸载工艺流程

本工程卸载采用螺旋式千斤顶，以支撑节点位移与支反力相互控制、校核，实现结构力学体系逐步转换。为保证卸载时平稳，减少支撑架的偏心受力，每个下弦支点对称设置两个千斤顶，如图 7。具休卸载流程如下：

（1）依据卸载步骤及计算结果确定支撑架整体分级与分批顺序，将支撑架分为 2 级进行卸载（外圈为第 1 级，内圈第 2 级）。

（2）在钢结构主桁架下弦下对称架设 2 台 50t 螺旋千斤顶，千斤顶应牢固固定在支撑架顶端。

（3）千斤顶支撑起钢桁架下弦杆后反顶 1 ～ 2mm，使其与支撑架相分离，然后根据有限元模型分析计算的卸载量，抽出对应厚度的垫板。

（4）千斤顶准备开始第一批支撑架卸载。

（5）千斤顶下降到标记好的预设位置，即垫板抽取后剩余垫板支撑位置，此时剩余支撑紧顶桁架下弦杆后开始另一批支撑架的卸载工作，以各支撑架安装好的应变计对第一批支撑架变形进行监测，无变形后继续第三批支架卸载工作，同时第三批支撑架卸载完毕后对第二批支撑架进行监测。

（6）循环反复，直至卸载完毕。

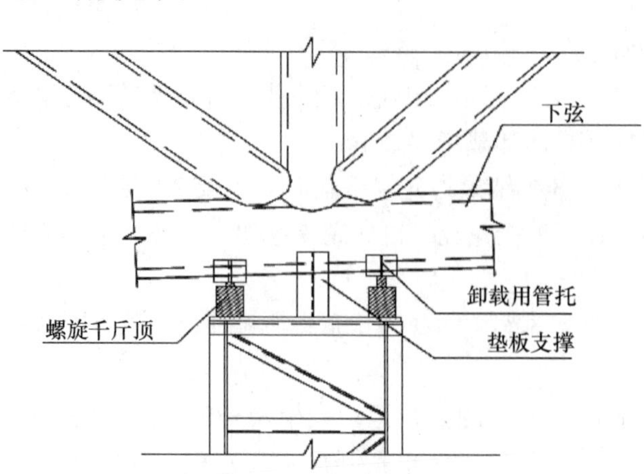

图 7　临时支撑架剖面图

4.3　卸载技术措施

（1）卸载前，依据支撑点前后竖向位移差计算结果，确定点位千斤顶行程，如千斤顶行程不符合计算结果要求，则应更换螺旋千斤顶。

（2）卸载时，每个支撑点卸载前后都需要迅速测量位移数据。

（3）卸载应分批同步进行，采用计算机统一进行控制。

（4）卸载前应仔细检查各支撑点的连接情况，罩棚事实上应处于自由状态，要避免支撑架与罩棚间刚性连接。

（5）卸载前做好钢结构表面清理工作，卸载过程中，无关人员禁止靠近卸载施工区域。

（6）卸载前应检查支撑架和千斤顶紧固程度，并检测千斤顶性能。

4.4　测量监测

（1）卸载过程中以变形过程监测为主，包括对钢罩棚与支撑架的变形监测。

（2）监测手段：在两个测量控制点设置全站仪进行实时监测，同时记录支撑架卸载前后刻度变化。

（3）在卸载过程中，每一个卸载批次完成前后均测量一次。视精度要求，也可对测试时间进行加强控制。

（4）测量后所得数据利用计算机技术进行处理，并绘制成图表形式，通过与有限元模拟结果中位移云图进行对比，以便直观反映卸载过程。

5　结语

目前，龙山体育中心体育场已竣工并投入使用，监测结果表明屋面结构整体状态平稳，变化很小，满足使用阶段要求。本工程通过有限元模拟计算指导临时支撑架卸载，确保了结构施工过程有序、安全进行，对于钢结构安装整体成型质量的控制起到良好作用。

参考文献

[1] 钢结构工程施工规范：GB 50755—2012［S］. 北京：中国建筑工业出版社，2012.

[2] 黄贵，丁伟，莫凡，广西文化艺术中心连体空间钢结构卸载技术［J］. 施工技术，(2)：9～12.

[3] 孙学根，牛忠荣，大跨度空间结构卸载过程模拟分析与监测［J］. 建筑结构，(11)：70～77.

[4] 马泉，郭钧健，鲍光卿，大跨度穹顶式弧形桁架胎架卸载应力变化分析研究［J］. 施工技术，(11)：63～66.

异型桥梁不同长度的预制 T 梁模板调节组合安装施工技术

王　山　谢善科　冯松青　柳晨琛

湖南省第三工程有限公司，湘潭，411101

摘　要：异型桥梁采用单片预制 T 梁组合作为桥梁主体上部结构，考虑到桥梁线形角度等问题，异型桥梁单片预制 T 梁的长度不一，采用传统的方法在模板加工场根据设计图纸单片预制 T 梁的尺寸要求进行定型模板制作，如每跨每单片 T 梁的长度长短不一，模板的加工量较大，投入的材料成本较多，且不能够重复利用，占用的场地多、工效较低。本技术介绍了一种预制 T 梁模板调节组合安装方法能够减少定型模板加工量，节约材料成本、有效地提高了工效。

关键词：不同长度预制 T 梁；模板；调节组合；施工技术

由于地形和城市规划原因，部分城市桥梁线形由圆曲线、缓和曲线和直线段组成。异型桥梁采用单片预制 T 梁组合作为桥梁主体上部结构，考虑到桥梁线形角度等问题，异型桥梁单片预制 T 梁的长度不一，采用传统的方法在模板加工场根据设计图纸单片预制 T 梁的尺寸要求进行定型模板制作，如每跨每单片 T 梁的长度长短不一，模板的加工量较大，投入的材料成本较多，且不能够重复利用，占用的场地多、工效较低。考虑到模板工程量、材料成本及工效等问题，采用异型桥梁不同长度的预制 T 梁模板调节组合安装方法能够减少定型模板加工量，节约材料成本、提高工效。

我公司通过在湘潭市河东风光带二期项目龚家浸大桥、湘潭九华滨江路八标等多个桥梁工程中施工应用此施工工艺，均取得了很好的效果。现将该施工工艺总结并形成本施工技术。

1　工程概况

龚家浸大桥是湘江河东风光带二期项目的重要节点工程，位于湖南省湘潭市岳塘区湘江之滨。大桥全长 437m，桥梁标准宽度 28.2m，上部结构采用预应力混凝土 T 梁 + 等高截面直腹板连续箱梁结构形式，预应力混凝土 T 梁部分由 10 跨长度 25m 和 2 跨长度 30m 预应力混凝土 T 梁组成，共 176 片（中梁 152 片、边梁 24 片）。由于地形和城市规划等因素，全桥为平面线 S 形桥梁，桥形弧度 86.6° ～ 93.6° 之间，本次桥梁由于线形影响，T 梁边板按实际的边的悬臂值 A_i 预制（A_i 按单孔跨径 10 等分），以适用平面线的要求且 T 梁预制横坡及梁长均为变值，即中梁每跨每片预制梁长根据平面线要求预制理论长度不同，25mT 梁，最短预制 T 梁 22.80m、最长 26.64m；30mT 梁，最短预制梁长 28.39m，最长 31.57m。预制 T 梁采用工厂标准化集中生产。

2　工艺原理

预制 T 梁模板调节组合安装方法是利用在标准定型模板基础上，设置调节伸缩装置并加以拉伸固定装置进行预制 T 梁模板调节组合安装的一种施工方法。主要由调节伸缩装置，固定拉伸装置、调节钢板三大部分组成。

3　施工工艺流程及施工方法

3.1　施工工艺流程

施工准备→设置调节伸缩装置→安装调节钢板→调节位置拉伸加固装置→整体模板安装→模板质量验收检查。

3.2　施工方法

3.2.1　施工准备

技术人员熟悉好图纸，做好人员、材料及设备等准备工作。

3.2.2　设置调节伸缩装置

调节装置设置，在标准定型模板基础上及设计图纸 T 梁调节位置设置伸缩装置，伸缩装置由三道 50mm × 50mm 的方钢和 40mm × 40mm 的方钢组合，壁厚 3mm，第一道设置在定型 T 梁模板腹板顶以下 200 ～ 300mm 位置，第二道设置在定型 T 梁模板马蹄顶位置（即马蹄倒角顶位置)，第三道设置在定型 T 梁模板马蹄底位置。50mm × 50mm 方钢焊接固定在定型模板调节位置的两侧，40mm × 40mm 的方钢伸入调节位置两侧 50mm × 50mm 的方钢内作为调节模板长度使用。50mm × 50mm 方钢一端设置螺栓作为 40mm × 40mm 方钢调节长度后固定不再移动使用（图 1、图 2）。检验长度是否达到设计预制 T 梁梁长的长度。

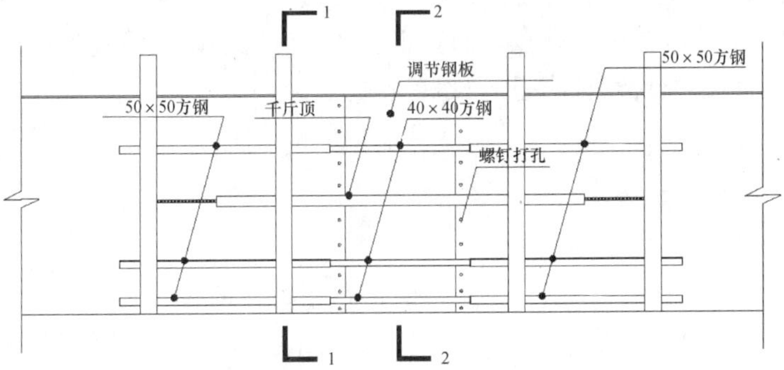

图 1　模板的调节装置及拉伸装置立面图（mm）

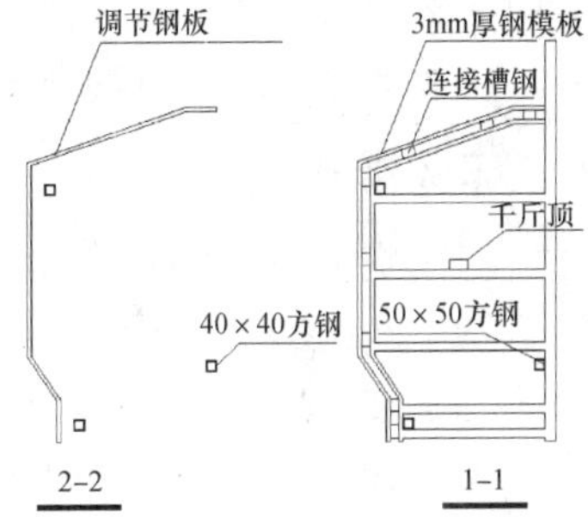

图 2　模板的调节装置及拉伸装置剖面图（mm）

3.2.3　安装调节钢板

调节钢板安装，根据预制 T 梁长度及标准定型模板尺寸裁剪调节钢板，钢板采用与定型模板同规格钢板，调节钢板与定型模板连接采用高强螺丝连接，连接两侧从上至下每隔 200mm 设置一个螺丝连接孔进行连接，确保调节模板与定型标准模板连接平顺、稳固。

3.2.4　调节位置拉伸加固装置

调节位置拉伸加固装置，采用自制的“千斤顶”，利用两个螺杆及钢管制作，伸缩装置调节完成并检测合格后，自制“千斤顶”将原有定型标准模板拉紧，确保在混凝浇筑过程中，模板稳定可靠、刚度符合要求。

3.2.5　整体模板安装

在标准定型模板基础上及设计图纸 T 梁调节位置设置伸缩装置，调节每单片梁的长度，确保模板长度符合 T 梁设计长度，再采用固定拉伸装置，保证其与标准节的稳定，再整体吊装安装模板。

3.2.6　模板质量验收检查

模板拼装完成后，在钢筋骨架吊装之前，必须对调节装置模板进行质量验收。确保模板拼缝严密，无错台现象。确保螺栓连接紧固，无松动现场。确保千斤顶压力均衡。

4　施工质量控制

（1）调节装置设置，在标准定型模板基础上及设计图纸 T 梁调节位置设置伸缩装置；

（2）伸缩装置方钢的强度符合规范要求；

（3）伸缩装置根据力学性能再设置，保证其模板调节后的稳定性；

（4）调节钢板与定型模板连接采用高强螺栓连接，高强螺栓强度符合强度要求。

5　安全措施

（1）作业前，对现场管理人员和作业人员进行安全交底和安全教育。

（2）工程实施时，严格按照审批的方案和安全生产措施的要求进行施工；操作工人、龙门吊司机等必须严守岗位履职，遵守安全安全生产操作规程。特种作业人员应经培训，持证上岗。安全员要深入施工现场，督促操作人员遵守操作规程，制止违章操作，无证操作，违章指挥和违章施工。

（3）严格执行操作规程，加强施工机械设备及临时用电检查，临时用电严格按照三相五线，一机一闸一漏执行，做好安全防护。

（4）施工现场用 2.5m 高围挡封闭施工，夜间设置警示灯。模板伸缩调节与拉伸固定位置时应派专人指挥和制订相应的安全技术措施，并在地面划定作业范围区，设置警戒线。

（5）安全管理人员加强安全巡查，发现安全隐患，及时整改。

6　环保措施

（1）施工现场组织文明施工，树立环保意识。

（2）确保施工现场无噪声、无尘土、工完场清。

（3）施工余料分类堆放整齐，并按当地环境部门要求及时进行妥善处理。

（4）构件加工尽量在工厂进行，除锈时应进行封闭施工，尽量减少灰尘对周围环境的污染。

（5）现场采用的材料均为无毒环保材料，在使用过程中不会影响环境及作业人员。

（6）严禁晚上进行焊接，以减少光源对环境的污染，组装尽量安排在白天进行，以减少噪声对环境的污染，组装尽量采用龙门吊进行吊装，以减少汽车、吊车尾气对大气的污染。

7　结语

异型桥梁不同长度的预制 T 梁模板调节组合安装施工技术制作简单，可以根据 T 梁长度现场制作，造价低。与传统异型桥梁不同长度预制 T 梁模板组合安装相比，异型桥梁不同长度预制 T 梁模板调节组合安装施工技术，能有效地提高工效，降低材料损耗率，提高预制台座周转率，并具有控制扬尘和节材、节电的环保效果，具有良好的社会效益和环保效益。在类似异型桥梁预制 T 梁施工中，可广泛推广应用。

参考文献

［1］ 城市桥梁工程施工质量验收规范：CJJ2-2008［S］. 北京：中国建筑工业报出版社，2016.

［2］ 钢结构焊接规范要求：GB 50661—2011［S］. 北京：中国标准出版社，2012.

［3］ 梅克喜. 变长度简支 T 梁预制施工技术探析［J］. 安徽建筑，2017（6）：149 ～ 151.

［4］ 胡海波. 桥梁工程施工中预制 T 形梁施工技术探讨［J］. 工程建设与设计，2017，23（19）：180 ～ 181.

现浇混凝土芯内模空心楼盖质量控制技术及工程应用

王　斌　张　静　谢酉峰

湖南省第四工程有限公司，长沙，410119

摘　要：本文以南县人民医院异址新建项目的住院康复楼主体结构的工程实践为依托，研究现浇混凝土芯内模空心楼盖质量控制技术。主要研究内容有：

（1）通过调查大量现浇混凝土空心楼盖建造质量现状，查阅相关资料，分析统计数据得出：楼面标高偏差超标、楼板空心率偏低、底板混凝土不密实是现浇混凝土空心楼盖主要质量问题，占质量问题总数的86%。

（2）结合BIM技术，对现浇混凝土空心楼盖成型质量控制技术进行了创新性的优化，提出了一系列质量控制要点，创新性发明了空心楼盖用具备抗浮功能的混凝土保护层垫块。

（3）通过在工程中实践应用一系列质量控制技术，实现了对先浇空心楼盖的质量控制，质量一次合格率由83.35%提高到96.6%，可以为类似工程的设计及施工提供技术支撑和参考，社会经济效益显著。

关键词：现浇混凝土空心楼盖；质量控制；BIM；管线优化设计

现浇钢筋混凝土空心楼盖是继无梁楼盖、密肋楼盖之后又一种新型楼盖体系，其主要技术特点是：在现浇混凝土楼板中按规则布置一定数量的预制永久性薄壁箱体而形成的新型空心楼盖体系。现浇空心楼盖技术既减轻了楼盖自重，又保持了楼盖的刚度与强度，是一种性能和价格均较为优越的高技术水平的建筑结构体系，具有巨大的社会经济价值。与普通楼盖相比，现浇空心楼盖有以下几个方面的特点：（1）受力性能良好；（2）经济性能良好；（3）施工方便快捷；（4）适用范围比较广；（5）自重轻；（6）美观。

在南县人民医院异址新建项目施工的工程实践过程中，对空心楼盖质量控制技术进行了科学的技术分析，从施工工艺、深化设计、创新抗浮垫块应用等几个方面采取有效措施，取得了显著的社会经济效益，具有推广价值。

1　工程概况

本工程位处洞庭湖腹地的湖南省益阳市南县，属大型医疗民生工程。主要由地下车库、门诊急诊医技综合楼、会议中心、住院楼、康复楼等九个单位工程组成。建筑占地面积2.1万m^2，总建筑面积为13.8万m^2。地下室一层，建筑面积为22788.9m^2。建筑结构类型为框架剪力墙结构，抗震设防烈度为6度；设计使用年限为50年，该建筑设计新颖，造型美观，可容纳床位1500床，建成后将大大改善益阳地区人民的医疗条件。

2　质量控制技术应用

2.1　研究背景

本工程质量目标为创中国工程质量最高奖“鲁班奖”。现浇混凝土空心楼盖成型质量对整个工程的结构安全、功能使用、工程质量创优起关键作用。

2.2 现状调查

对湖南和湖北等地 4 个正在采用该类型芯内模施工的空心楼盖工程质量进行了调研，将调查材料分类后，经整理分析调查材料，发现的问题集中表现在楼板标高超标、楼板空心率偏低、板底混凝土不密实。共收集数据 300 点，合格点 250 点，合格率 83.3%，不合格点的质量问题情况统计见表 1。

表 1 影响横向增强筒芯内模空心楼盖施工质量问题频数统计表

序号	质量缺陷	检查点数	不合格点数	频率（%）	累计频率（%）
1	楼板标高超标	50	18	36	36
2	楼板空心率偏低	50	14	28	64
3	板底混凝土不密实	50	5	20	84
4	楼板平整度超标	50	4	8	92
5	钢筋保护层不满足要求	50	2	4	96
6	表面裂纹	50	2	4	100
Σ		300	50	100	

小组对 TS 空心楼盖 50 个不合格点进行统计，并绘制出不合格项目发生的频率，根据表 1 统计表做出排列图（图 1）。

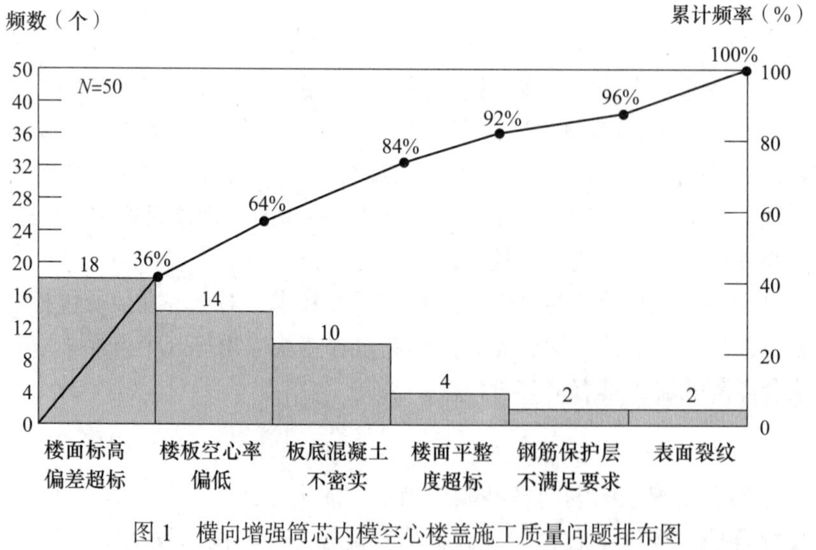

图 1 横向增强筒芯内模空心楼盖施工质量问题排布图

统计图表明楼面标高偏差超标和楼板空心率偏低和板底混凝土不密实问题占总调查项的 84%，因此将楼面标高偏差超标、楼板空心率偏低、板底混凝土不密实作为主控项。

2.3 末端因素分析

对三项主控项目产生因素进行末端因素分析，绘制横向增强筒芯内模空心楼盖施工质量问题原因分析关联图（图 2）。

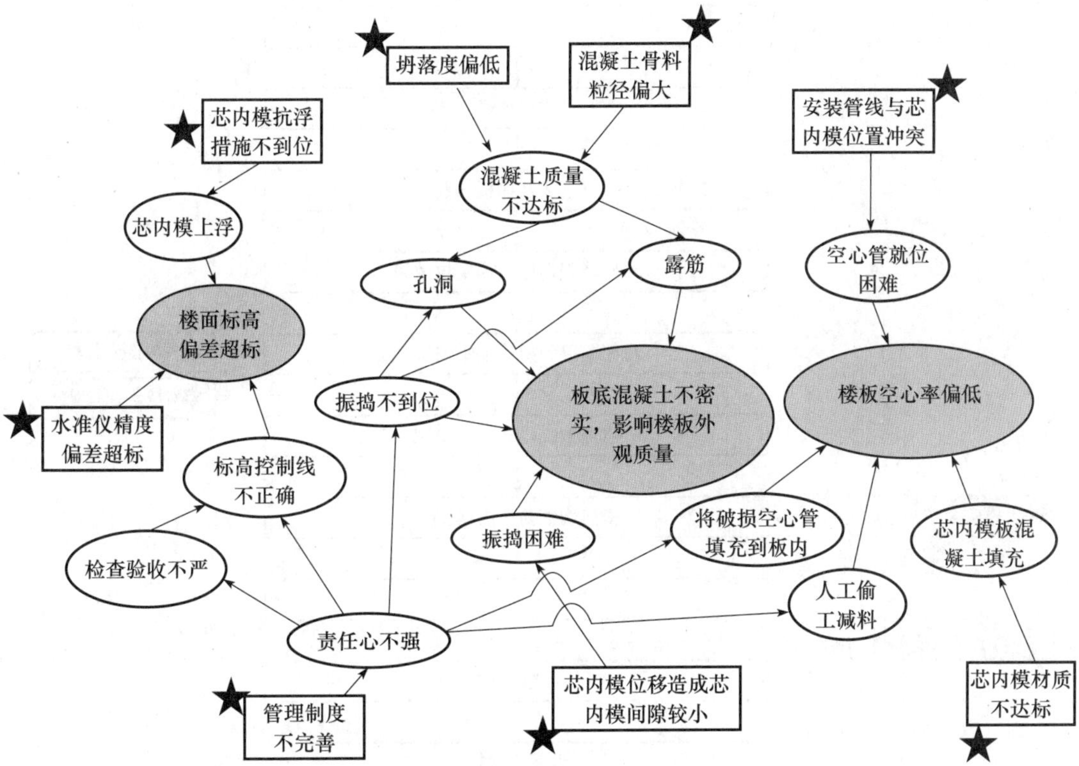

图 2　横向增强筒芯内模空心楼盖施工质量问题原因分析关联图

2.4　关键技术措施

技术攻关小组通过末端因素分析，得出三项关键质量控制技术措施：

（1）运用 BIM 技术对空心楼盖水电预埋管线优化设计；

（2）严格控制芯模上浮；

（3）保证芯模间距均匀，防止肋间位移。

3　工艺流程及控制要点

3.1　工艺流程

施工准备→测量放线→支模架及模板安装→横向增强筒芯内模定位放线→框架暗梁和板底层钢筋安装→ BIM 技术优化水电管线设计安装→横向增强筒芯内模安装→板上层钢筋安装→分层浇筑混凝土→混凝土养护→拆模（图 3）。

3.2　质量控制技术要点

3.2.1　施工准备

（1）根据芯内模排布图纸对横向增强筒芯内模编制材料进场计划并委托专业厂家生产并按生产计划运送至施工现场专用堆放场地。

（2）根据施工图进行芯内模安装位置的预排版设计。

（3）运用 BIM 技术对水电安装管线进行三维建模，将给排水、消防、电气管道布置在芯内模安装的肋间。

3.2.2　依据楼盖结构施工图和芯内模排布图的规定，在安装好的模板面上对暗梁、芯内模及预留预埋设施的位置进行定位画线，以确保各构件安装位置精确。

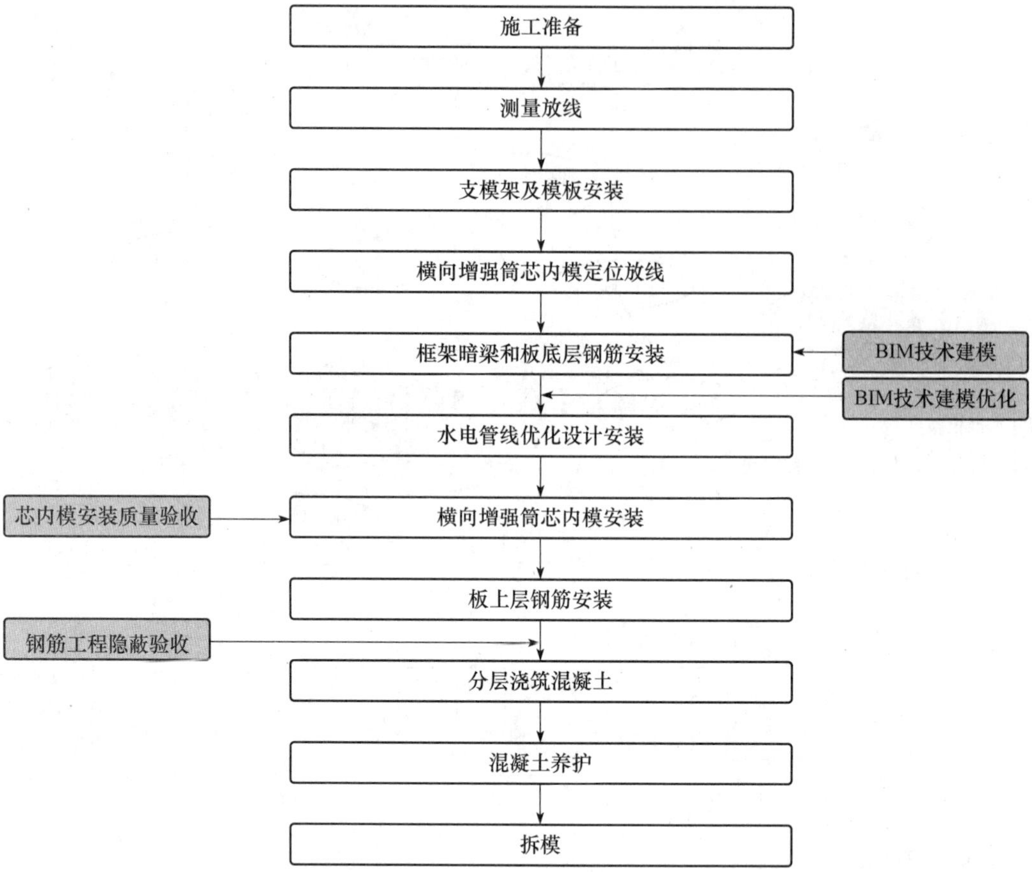

图 3　工艺流程

3.2.3　楼盖钢筋施工

（1）钢筋施工前，应认真熟悉现浇混凝土空心楼盖结构说明中的相关规定，并向操作班组进行技术交底。

（2）暗梁钢筋与芯模之间的混凝土保护层厚度必须符合现浇混凝土空心楼盖结构说明中的规定。当专项说明中未明确时，肋梁受力钢筋的混凝土保护层厚度按肋梁顶部、底部均为25mm；密肋梁侧向与芯模之间的混凝土保护层厚度宜取 15mm。

3.2.4　芯内模的安装

（1）芯内模的规格、数量必须按照设计及专业厂家出具的排布图确定，芯内模进场时应进行入场检验。

（2）在芯内模两侧的凹槽处（离芯模边距 150mm 左右）各设置横向的抗浮点绑扎钢筋，钢筋通长且同面筋大小（$\phi 10$），在其位置用 12 号铁丝穿过底筋与抗浮点钢筋绑紧即可，芯内模每侧各 2 个抗浮点，铁丝一定要拉直拉紧，以便有效抵抗上浮力，避免产生向上位移。拉接铁丝严禁拉接在胶合板下的木龙骨上，否则会将整个楼板底模拉起，起不到固定芯模的作用。

（3）预留预埋设施的施工应与钢筋安装和芯内模安装工序穿插同步进行。

（4）运用 BIM 技术建立空心楼盖施工三维模型，生产空心楼盖施工工艺模型图、水电综合优化排布图，将预留预埋管线盒应布置在肋间，避免了线盒、管线与芯模位置冲突产生的楼板开裂质量通病。运用BIM技术进行预排布，提前发现洞口处、异型梁处芯内模排布问题，提前做好不同尺寸芯内模调配，保证芯内模安装一次成优。采用REVIT软件预先建立项目的结构、强弱电、消防等专业模型，结合芯内模排布图，对预埋水平管线进行优化设计。运用三维BIM模型向班组做详细交底（图4～图8）。

图4　上层附加抗浮钢筋绑扎示意图

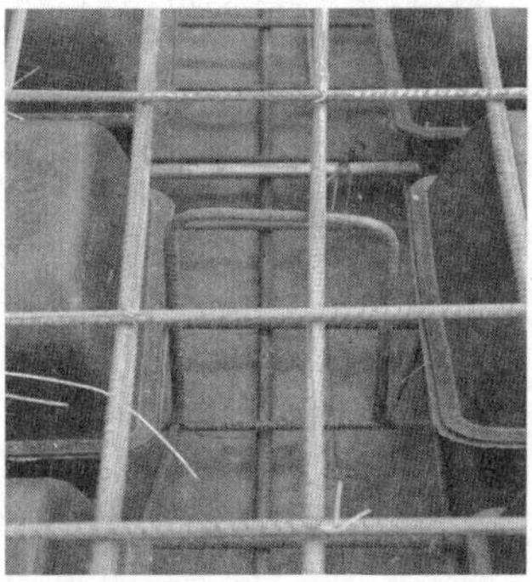

图5　肋间防位移支撑钢筋示意图

图6　空心楼盖施工工艺三维模型图

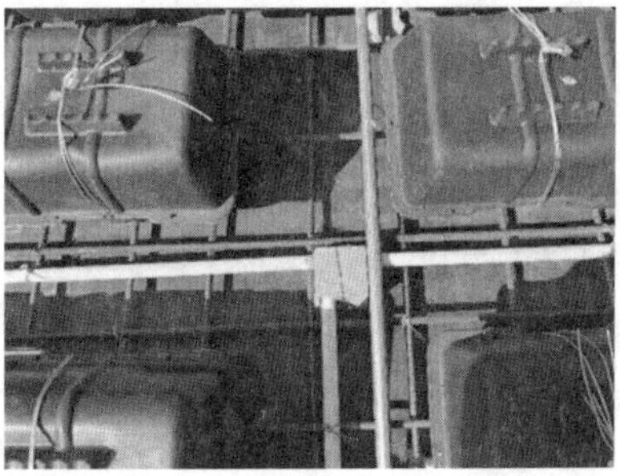

图7　水电预埋管线施工一次成优

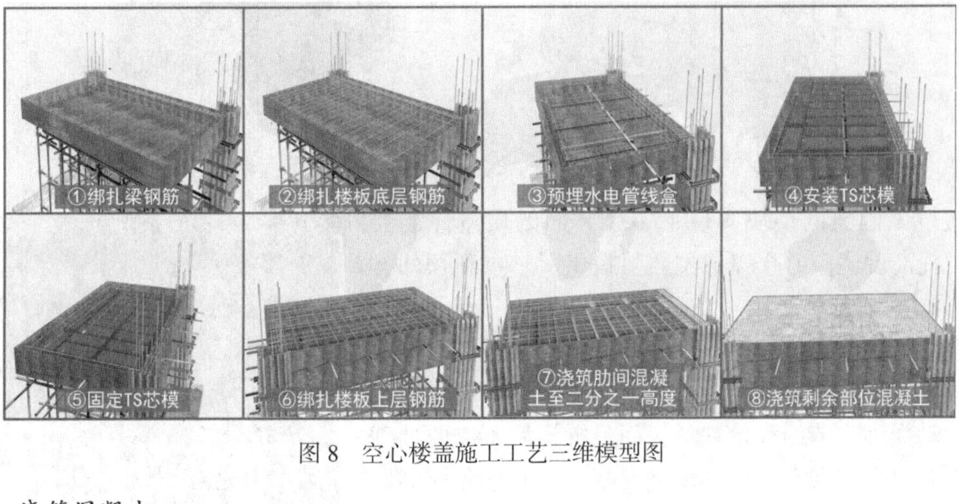

图8　空心楼盖施工工艺三维模型图

3.2.5　浇筑混凝土

（1）空心楼盖宜采用坍落度不小于160mm的预拌混凝土，混凝土中粗骨料粒径不宜大于20mm。

（2）第一步将芯模湿水后用2～3台专用振动棒振动浇筑混凝土至芯内模的1/3处，通过振动先让一部分混凝土渗入芯内模弧底，密实底面使抗裂板筋与芯内模渗入混凝土有机结合，形成光滑的底面；第二步再满灌成型，浇筑推进循序渐进地进行，混凝土卸料应均匀，防止堆积过高而损坏芯内模（图 9）。

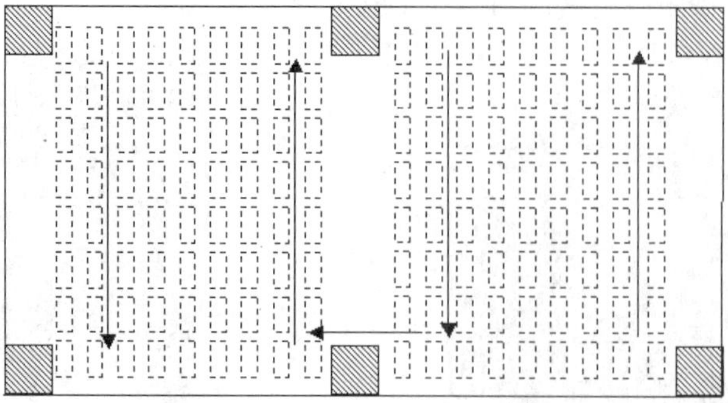

图 9　现浇横向增强筒芯内模空心楼盖混凝土浇筑顺序图

3.3　创新垫块研发

3.3.1　创新垫块应用背景

结合目前现浇混凝土空心楼盖施工的研究现状和工程实际特点，对现浇混凝土空心楼盖混凝土保护层垫块进行优化。

3.3.2　创新垫块应用

针对现有技术的不足，新型垫块要解决的技术问题在于，提出一种空心楼盖用具备抗浮功能的混凝土保护层垫块，用于解决局部楼板标高超高、大面积上浮等问题。

垫块结构透视图、效果图和工程应用效果图分别如图 10 ～图 12 所示。

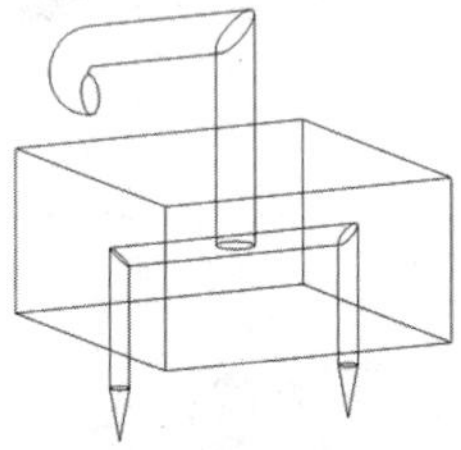

图 10　新型垫块结构透视图

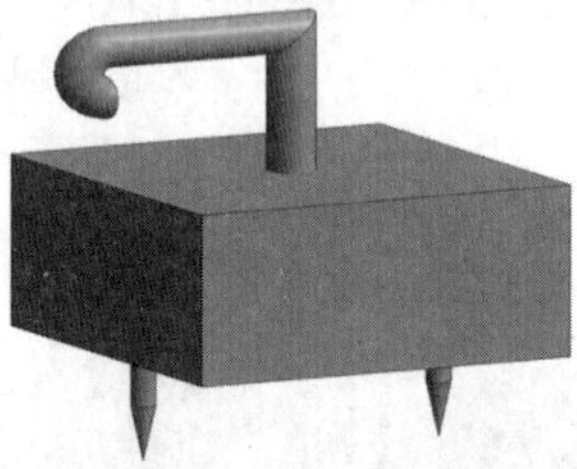

图 11　新型垫块效果图

通过该创新的垫块实现了多个方面的质量控制要点，对提高现浇空心楼盖成型质量提供了一项新颖的方法和工具。

混凝土垫块底部钢钉钉入底模板，既能控制保护层厚度又能固定底层钢筋网片，极大地减少了传统方式固定的劳动强度，节约大量铁丝，而且拆模后不需要处理传统方式留下的残余铁丝，现浇混凝土空心楼盖成型质量优良。

图 12 新型垫块工程应用效果图

3.3.3　新型垫块抗浮阻力计算

当芯内模全部埋入混凝土时，空心管所受向上的力 F 可以分成三部分：芯内模排开同体积混凝土重量之浮力 F_1，振动器对空心管产生的振动力

F_2，空心管自重 F_3，即：

$$F = F_1 + F_2 + F_3 \tag{1}$$

$$F = 0.8KDL(Dr_c + 0.5) \tag{2}$$

式中，F 为芯模向上总作用力，N；K 为修正系数，坍落度小于 100mm 时，$K = 1.0$；坍落度大于 100mm 时，$K = 1.2$；D 为芯模外径，m；r_c 为混凝土重力密度，kN/m^3，取 24kN/m^3；L 为芯模长度，m。

本工程中所用的芯筒直径 $D = 0.2$m，$L = 1.0$m，$r_c = 24$kN/m^3，$K = 1.2$。新型垫块抗浮阻力相当于钢钉握钉力的两倍，每个芯筒设置两个垫块。采用公式（2）进行计算，计算结果见表 2。

表 2　新型垫块抗浮阻力计算结果

芯筒直径（mm）	总浮力计算值（kN）	新型垫块抗浮阻力（kN）	是否满足安全要求
Φ200	1.32	4.822	是

4　质量控制技术实施效果

4.1　效果检查

质量控制技术中心对已经完成的住院康复楼 12 层楼板混凝土，在拆除模板后进行检测。

对已完成的横向增强筒芯内模现浇混凝土空心楼盖施工质量进行了检查，发现合格率有了明显提高（图 13、图 14）。

图 13　空心楼盖梁柱接口观感质量优良

图 14　空心楼盖板底观感质量优良

4.2　效果对比

对本项目同样抽查 300 个点，共有 10 个点不合格，合格率显著提升，对活动效果进行验证详见表 3。

表 3　质量控制技术实施前后空心楼盖成型质量合格率对比表

不合格项目	不合格点数						合格率
	楼面标高偏差超标	楼板空心率偏低	板底混凝土不密实	楼板平整度超标	钢筋保护层不满足要求	表面裂纹	
质量控制技术实施前	18	14	5	4	2	2	83.35%
质量控制技术实施后	4	3	1	2	0	0	96.6%

5 技术先进性评价与效益分析

5.1 技术先进性评价

运用建筑信息模型（BIM）技术在空心楼盖施工前期对项目进行全专业精细建模，对空心楼盖芯内模排布进行三维优化，对水电预埋管线布置进行综合优化，制作关键施工工艺的三维交底动画，向项目班组进行可视化交底，避免了传统书面文字交底流于形式，二维图纸理解难度大的弊端。BIM 技术与质量管理的结合是建筑施工行业信息化的发展趋势，该技术具备国内先进水平。

5.2 经济效益分析

由于 TS 横向增强筒芯内模现浇混凝土空心楼盖节能、节材、节地、降低层高，节约钢材 18%、现浇混凝土量只为一般用量的三分之二，缩短施工工期 11d，减少了芯内模下部混凝土不密实修补所用材料和人工，综合计算空心楼盖节约了 6 元 /m^2。

合计：6 元 /$m^2 \times 34303m^2 = 205818$（元）

减去创优活动费用 9531 元，创优奖金 12000 元，合计节约资金：184287 元。

5.3 社会效益

现浇混凝土空心楼盖质量控制技术研究应用得到了公司的大力支持，也获得了建设单位的认可，提高了企业在业内的影响，促进了企业间相关施工方案的交流和启发（图 15、图 16）。

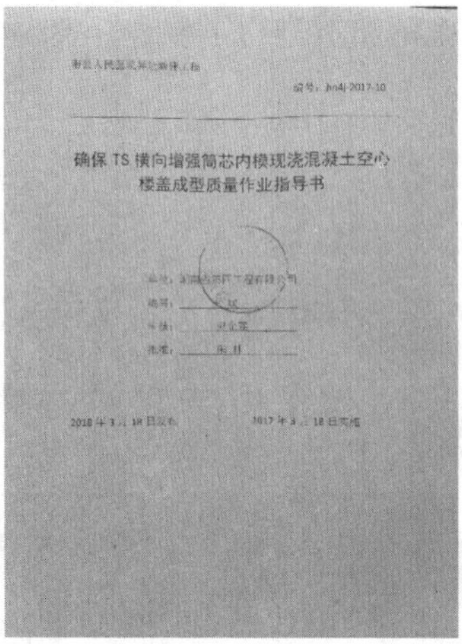

确保 TS 横向增强筒芯内模现浇混凝土空心楼盖成型质量作业指导书

2018 年 3 月 18 日发布　　2017 年 3 月 18 日实施

图 15　横向增强筒芯内模现浇混凝土空心楼盖成型质量作业指导书

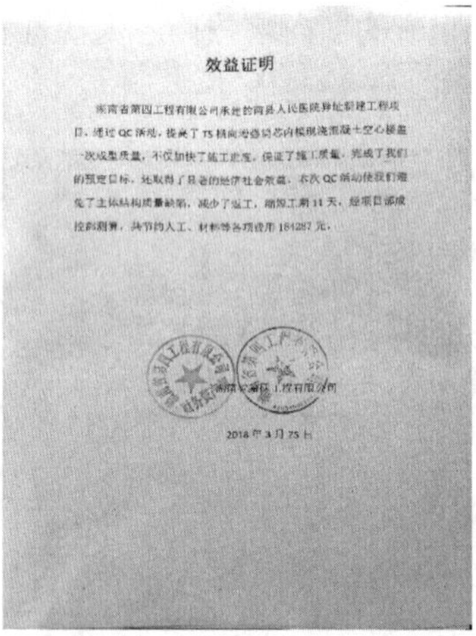

效益证明

湖南省第四工程有限公司承建的[illegible]县人民医院异址新建工程项目，通过 QC 活动，提高了 TS 横向增强筒芯内模现浇混凝土空心楼盖一次成型质量，不仅加快了施工进度，保证了施工质量，完成了我们的预定目标，还取得了显著的经济社会效益。本次 QC 活动使我们避免了主体结构质量缺陷，减少了返工，缩短工期 11 天，经项目部[illegible]测算，共节约人工、材料等各项费用 184287 元。

[illegible]工程有限公司

2018 年 3 月 25 日

图 16　经济效益证明

参考文献

［1］ 程文襄. 混凝土楼盖设计［M］. 北京：中国建筑工业出版社，1998.

［2］ 沈蒲生. 楼盖结构设计原理［M］. 北京：科学出版社，2003：1.

［3］ 付永卫. 现浇混凝土密肋楼盖受力性能的有限元分析［M］. 济南：山东建筑大学，2014，9.

［4］ 张航. 装配整体式混凝土密肋空心楼盖疲劳性能试验研究［D］. 长沙：湖南大学，2016.

全钢附着式升降脚手架施工技术

吕林红

湖南建工集团第五工程有限公司，株洲，412000

摘　要：全钢附着式升降脚手架竖向主框架采用单片式门形结构，水平支承桁架设置于架体底部，结构合理，装拆方便；电动葫芦置于竖向主框架上，提升钢丝绳通过设置在架体底部的滑轮与提升挂座连接，减轻了升降作业强度；脚手架采用摆针式防坠落装置，利用差速原理，在摆针自重和复位弹簧共同作用下，通过触发摆针带动制停摆针抵住防坠横杆实现防坠功能；通过限制荷载自控系统可实时监测和显示各机位荷载信息，并具有超载、失载自动报警、停机等功能。本文介绍其工艺流程、施工技术和操作要点及质量安全技术措施。

关键词：全钢附着式升降脚手架；安装、提升、拆除施工；施工要点；质量控制

1　工程概况

武广地标工程位于株洲市天元区栗雨南路与炎帝大道交叉口处，总建筑面积159349.12m²，地下3层、地上35层，建筑高度149.7m，框剪结构。地上建筑由一栋35层的5A甲级B座办公楼和一栋10层四星级A座酒店构成。B座办公楼4～35层外架采用全钢附着式升降脚手架施工（图1），施工复杂且难度较大。本文介绍办公楼全钢附着式升降脚手架施工技术。

图1　全钢附着式升降脚手架施工现场

B座办公楼1～4层外架采用落地式双排钢管扣件脚手架，4～35层屋面（结构标高17.45～149.5m，4层楼面起、35层屋面止）外架采用全钢附着式升降脚手架施工。B座办公楼5～35层结构平面东西长46m、南北宽42.4m，层高均为4.1m。

B 座办公楼 4 ～ 35 层屋面外架采用全钢附着式升降脚手架施工，共设 48 个机位。

单元最大跨度为 4.5m。机位采用 7.5t 电动葫芦。为确保升架安全和便于看管，采取分两段提升的方法。架体高度按 5 倍楼层考虑，架体高 22.0m，架体宽度 0.60m，架体步距 2.0m。架体内操作层全部采用钢脚手板密封，为满足架体提升，架体与建筑物外墙边之间采用活动钢翻板进行密封；电控装置 48 台。塔吊有一道附着在全钢附着式升降脚手架内，塔吊附着与脚手架竖向立杆及导轨错开。施工电梯安装在附着升降脚手架下方，主体施工时施工电梯只到架体底部下一层楼。

全钢附着式升降脚手架平面图详图 2、剖面图详图 3。

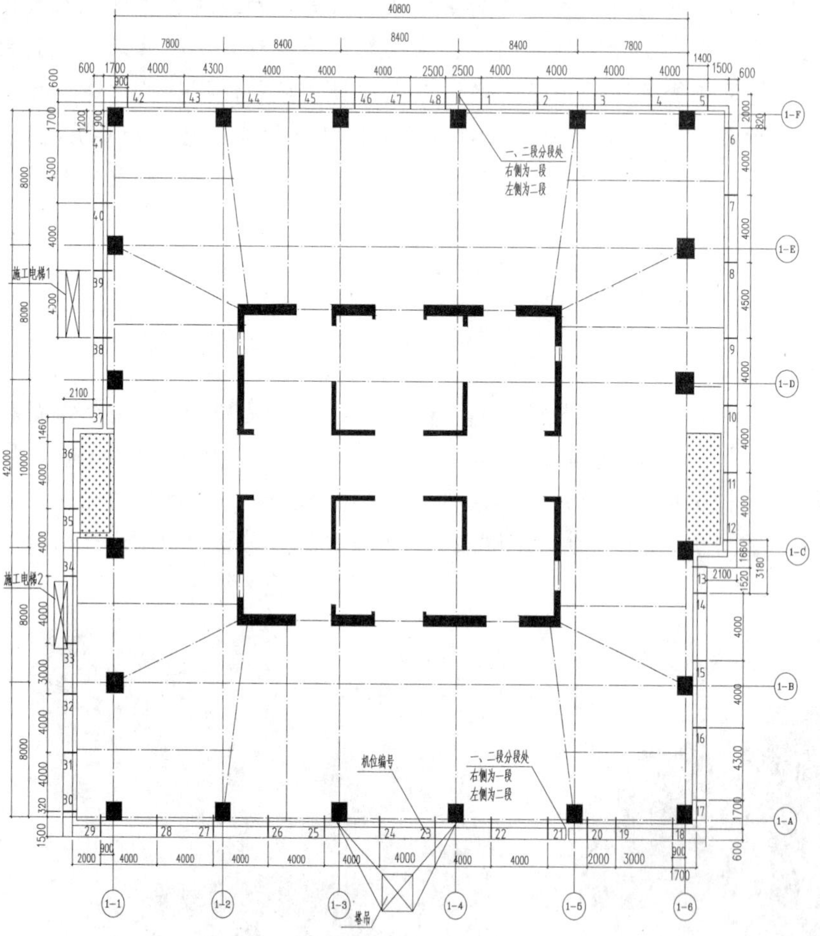

图 2　附着式升降脚手架平面图

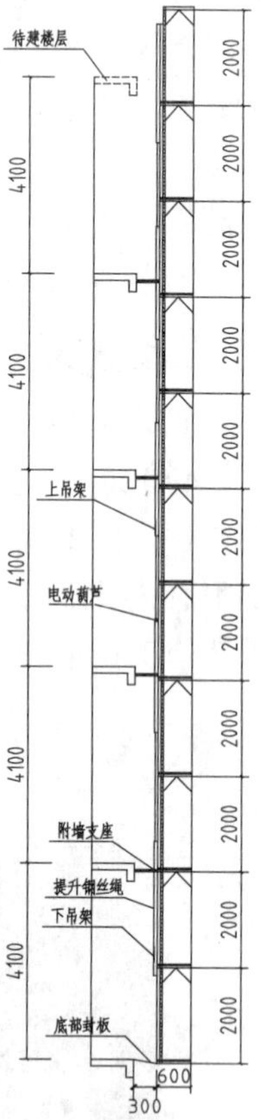

图 3　架体剖面图

2　全钢附着式升降脚手架特点

（1）由我司研发的全钢附着式升降脚手架是一种新型节能环保全防护附着式脚手架体系，为高层、超高层施工提供防护和操作平台的升降设备，该产品具备安全可靠、高效灵活、绿色环保等特点，符合现行建筑施工工具式脚手架安全技术规范要求。该技术已顺利通过国家建筑工程质量监督检验中心的检验，所测指标符合相关标准，检验合格。该脚手架技术整体达到国内领先水平。

（2）该脚手架的竖向主框架采用单片式门形结构，水平支承桁架设置于架体底部，结构合理，装拆方便。

（3）该脚手架的电动葫芦置于竖向主框架上，提升钢丝绳通过设置在架体底部的滑轮与提升挂座连接，减轻了升降作业强度。

（4）该脚手架采用摆针式防坠落装置，利用差速原理，在摆针自重和复位弹簧共同作用下，通过触发摆针带动制停摆针抵住防坠横杆实现防坠功能。

（5）该脚手架的限制荷载自控系统可实时监测和显示各机位荷载信息，并具有超载、失载自动报警、停机等功能。

（6）对比一般的附着式升降脚手架，此全钢附着式升降脚手架更安全可靠，使用方便，见表1。

表1　一般附着式升降脚手架与全钢附着式升降脚手架对比

序号	比较内容	全钢附着式升降脚手架	一般附着式升降脚手架
1	起吊方式	采用偏心起吊，在保证结构稳定性的情况下为施工人员在架体上行走提供方便	采用中心起吊，不方便施工人员在架体上行走
2	葫芦挂点形式	使用上下吊点，安装在架体内侧	使用上下承重架，安装在架体中心
3	钢丝绳挂点位置	设有一个钢丝绳挂座，附着于墙体之上	在附墙支座下方设有钢丝绳挂点
4	加强撑	在每步架主框架中使用*M*撑加强架体，且不影响人员走动	依靠葫芦吊点上下承重架加强架体，仅有两步架做加强
5	导轨连接方式	导轨上焊接了立杆，通过立杆连接在架体上，在导轨接头处通过立杆上下接头连接，用螺栓固定	在导轨接头处使用槽钢和螺栓固定上下导轨
6	附墙支座	附墙支座集合了防坠、防倾、卸荷装置为一体，质量轻方便安装	附墙支座需要分部安装，按照附墙结构、卸荷防坠结构、防倾覆结构顺序安装，安装程序繁琐
7	分控箱	分控箱通过通信线与主控箱相连	分控箱直接与主控相连

3　工艺流程

全钢附着式升降脚手架施工工艺流程如下：施工准备→附着式升降脚手架安装→附着式升降脚手架安装后验收→附着式升降脚手架提升→附着式升降脚手架拆除。

4　主要施工方法及操作要点

4.1　施工准备

编制和审核审批附着式升降脚手架施工方案，并组织进行专家论证；分批组织附着式升降脚手架材料配件、机具设备进场；组织施工人员进场，进行质量安全、文明施工技术交底。

4.2　附着式升降脚手架安装

4.2.1　机位布置

（1）机位布置原则：机位距离框架柱边尺寸不少于400mm；最大机位距离不大于4.5m。

（2）机位数量及位置：共设48个机位，机位布置平面位置详见图4。

4.2.2　附着式升降脚手架组装

全钢附着式升降脚手架架体分节在地下室顶板上组装，组装好的架体用塔吊吊至外架旁临时固定，然后用塔吊吊至第 4 ～ 8 层楼层进行安装。

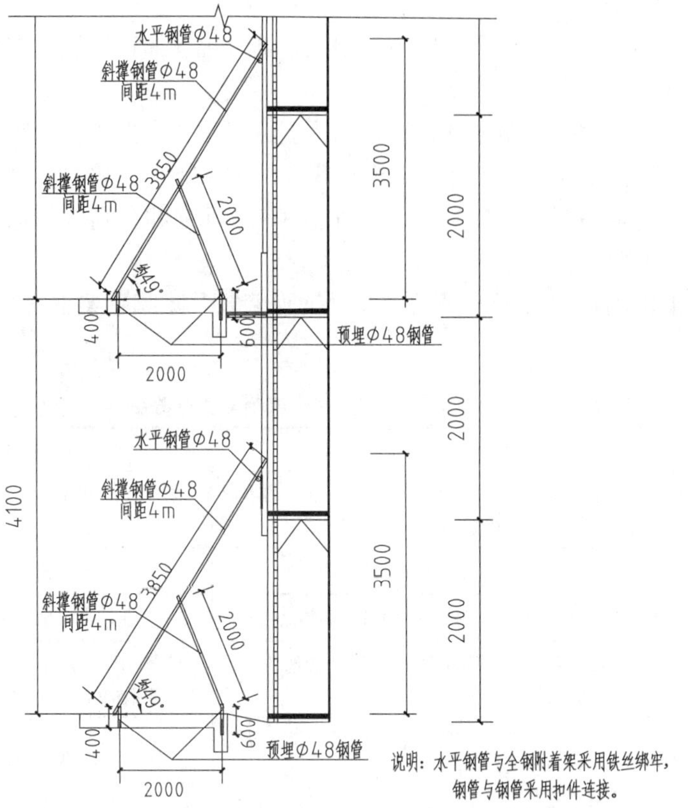

图 4　全钢附着架起步安装临时固定示意图（mm）

4.2.3　附着式升降脚手架吊装

吊装：用 4 根等长钢丝绳吊装地面组装的架体机位（吊装从转角处开始，依次吊装），定位后拧紧连接螺栓；吊装第二组，与第一组用螺栓连接内外架体；补齐安全网、立杆等；重复上述几项工作，直至一片组装结束；铺设钢翻板。吊装机械采用塔吊。

4.2.4　附着式升降脚手架安装阶段临时固定措施

（1）拼装起步阶段临时固定措施

附着式升降脚手架初始拼装阶段与建筑物的固定方法为：浇筑四层楼面时在边梁上事先预埋两根 600mm 长 $\phi48\times3.5$ 钢管、横向间距 2m、纵向间距 4m，将一根 4.0m 钢管一端与楼面预埋钢管用扣件连接，另一端与附着式升降脚手架上水平钢管扣接、水平钢管与附着式升降脚手架用铁丝绑牢，并设 1 根 2.5m 钢管分别与梁内预埋钢管及斜撑进行扣接。临时支撑纵向间距 4m，如图 5 所示。

（2）5 ～ 8 层楼层梁板面预埋 $\phi48$ 钢管与全钢架连接楼层梁板面预埋 $2\phi48$ 钢管，埋入梁板内，纵向间距 4m，沿楼面周边布置，预埋 $\phi48$ 钢管与全框架上下主框架进行拉结，确保全钢架的稳定性和防外倾斜。做法详图 4。

4.2.5　附着式升降脚手架安装节点

（1）机位轨道螺栓孔及葫芦吊孔位布置

每个机位轨道及葫芦吊孔位共 3 个，导轨及葫芦吊分别为 $2\phi30$ 螺栓、$1\phi30$ 螺栓，预埋

ϕ40PVC 管（模板两侧钻孔，ϕ40PVC 管穿过模板），机位两孔中心距 80mm，葫芦吊孔距机位边孔距 375mm。穿墙螺栓预埋、安装示意图见图 5。

（2）塔吊附臂处附着升降架节点处理

塔吊平面位置设在南向 1-3 轴～ 1-4 轴之间。塔吊附墙不能与提升机构及竖向龙骨（立杆）发生干扰。在塔吊附墙处，采用特质的活动龙骨板，活动龙骨板一端采用合页焊接在固定龙骨板端头角钢上，两者之间采用活动板连接，当附墙和龙骨板抵触时，活动板连接角钢松开活动龙骨板边的螺栓，把活动龙骨板翻转上去，翻转上去前，在龙骨板上下（避开附墙）增加临时横龙骨，架体通过附墙后恢复活动龙骨板，安装好转角连接角钢。当附墙和防护网相抵触时，此处的防护网也可采取拆除措施，架体通过附墙后恢复防护网。提升时应设专人看守，确保提升安全和支架整体性（图 6）。

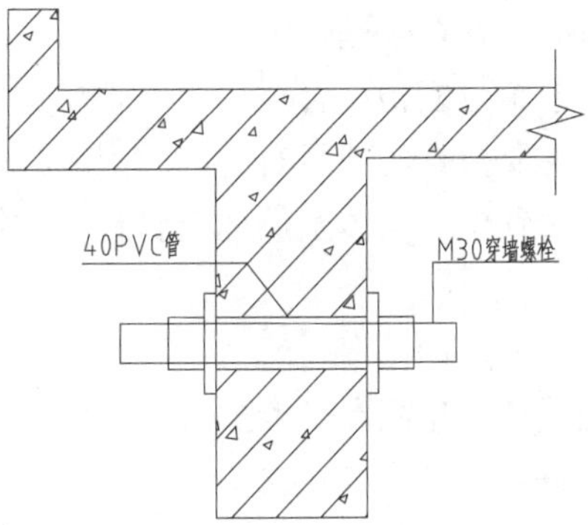

图 5　穿墙螺栓预埋、安装示意图（mm）

图 6　附墙支座照片

（3）卸料平台安装节点

卸料平台内悬挑承重架用钢丝绳固定在建筑结构上，另一端用螺栓固定在楼板面上。架体提升时，承重架拆除放在架体脚手板上面随架体提升；架体停止提升时，再安装在卸料平台防护架内和楼板上，承重架悬挑部分用钢丝绳斜拉在建筑结构上，卸料平台承重架全部载荷由建筑结构承担。

全钢附着升降脚手架在卸料平台伸入架体内安装在建筑结构处的端部也必须用定型钢板冲孔网全封闭。

4.2.6　配电线路安装

每台电动葫芦的额定提升量为 7.5t，提升功率为 0.5kW。配电线路按实际要求敷设在第二层脚手板下部，配电线路为加工定制的带定型插座的定型电缆对口插接，每一种型号规格的定型电缆有不同的孔眼插头插座。

4.2.7　智能提升系统的安装

智能提升系统由重力传感器、智能分机箱及由电动葫芦和吊挂件组成，通过上吊挂件固定在建筑结构上，形成独立的提升体系（图 7）。

图 7　分控箱照片

4.3 附着式升降脚手架安装后的验收

附着式升降脚手架首次安装完毕及使用前，应按《建筑施工工具式脚手架安全技术规范》（JGJ 202—2010）表 8.1.3 的规定进行检验，合格后方可使用。

4.4 附着升降脚手架的提升

附着升降脚手架安装完验收合格后，且第 8 层结构楼面混凝土浇捣完后第二天进行首次提升，以后每浇捣完一层结构楼面混凝土，第二天进行提升，每层提升分两段进行。

4.4.1 准备工作

（1）提升前应检查架体节点的附着情况，检查吊钩、吊环、吊索及构件连接情况，检查防坠装置的工作情况、弹簧是否失效等，并对使用工具，架子配件进行自检，发现问题及时整改，整改合格后进行提升。

（2）上层需附着支座的混凝土结构强度必须达到或超过 10MPa 方可进行提升，吊点位置结构层的混凝土强度达到 85% 以上，且混凝土强度大于 C25。

（3）按“升降架每次升（降）作业前检查记录”内容认真检查，合格后报项目部验收；提升前填写“升降架每次提升作业申请表”报项目部批准后方可提升。

（4）提升前的检查与验收。由分包单位自检、总包单位复检，合格后报监理单位检查验收，最后由分包、总包、监理签字后方可进行提升。主要检查的项目有：临时附墙杆是否拆除、有无障碍物、设备是否完备、各受力杆件安装是否到位、架体上的建筑材料及垃圾是否清理干净等。

4.4.2 提升程序

升降架的提升由电动葫芦提供动力，电动葫芦上端挂在超载保护器上，下端钩在钢丝绳上，提升时通过收紧电动葫芦的链条来实现，使每个葫芦受力基本一致。

升降架提升程序：准备工作→升架前检查→上吊点悬挂葫芦→葫芦预紧→过程监控→临时停架→取下下附着支座→安装上附着支座→提升到位→防坠杆顶牢→松开葫芦→恢复组间连接及安全防护→检查验收。

4.4.3 升降架提升

升降架提升时，每榀导轨主框架最上一个附着支座安装好。然后把导轨主框架最下面的附着支座拆除，每榀导轨主框架始终保持三套固定的附着支座。把电动葫芦挂钩上的钢丝绳的另一端通过下承重架绳轮挂在吊挂件上，全部工作完成后，所有葫芦同步提升，提升速度 180mm/min，提升约 50mm 高度时暂停，全面检查一遍，未发现异常情况继续提升，当达到要求高度后，进行调平，两榀导轨承力架高差应控制在 10mm 内，每组架中最大高差应控制在 30mm 内，满足上述要求后，应立即盖好翻板，把防坠杆顶牢，使用中所有附着支座上的防坠杆必须顶牢。

4.5 全钢附着式升降脚手架的拆除

架体拆除顺序与搭设安装顺序大体相反，拆除同层分段进行、拆除立面从上到下。升降架的高空拆卸工作必须按专项施工组织设计及安全操作规程的有关要求进行。

5 附着式升降脚手架验收

（1）附着式升降脚手架安装前应具有相关文件；

（2）附着式升降脚手架应在相应的阶段进行检查与验收；

（3）验收人员：施工班组长、班组安全员，附着式升降脚手架施工队全体管理人员，总包单位相关管理人员，监理单位专监、总监，建设单位项目技术人员、技术负责人等。

6　质量控制措施

架体结构构部件、零部件等有出厂合格证和检验合格报告。

附着式升降脚手架安装应符合以下规定：

（1）相邻竖向主框架的高差≤ 20mm；

（2）竖向主框架和防倾导向装置的垂直偏差≤ 5‰且 60mm；

（3）预留穿墙应垂直建筑结构外表面，其中心误差＜15mm；

（4）升降机构连接正确且牢固可靠；

（5）安全控制系统的设置和运行效果符合设计要求；

（6）升降动力设备工作正常。

7　安全控制措施

（1）严格遵照执行国家和行业有关安全施工规范、规程和标准。

（2）建立健全安全保证和管理体系，加强施工人员的安全教育，提高安全意识，遵守工地安全施工有关规定。

（3）设置专职安全员，负责全钢附着升降脚手架施工的安全管理工作。制订安全生产岗位责任制，定期和不定期检查施工现场安全生产情况，重点检查高空作业、洞口及临边的防护、电气线路、机具设备等。防止高空坠落、物体打击、触电、机械伤人等事故发生，发现问题及时整改。

（4）全钢附着升降脚手架搭设及拆除施工时划定安全区域，地面应设围栏和警戒标志，并设专人看护，严禁行人进入。

（5）夜间、雨雪、浓雾或六级及以上大风时，严禁进行安装、提升、拆除作业。

（6）搭设及拆除人员必须是经过考核合格的专业架子工，持证上岗；严禁作业人员酒后上架操作。操作人员必须戴安全帽、系好安全带，穿防滑鞋。

8　结束语

武广地标工程全钢附着式升降脚手架施工，在安装阶段严格控制全钢附着式升降脚手架安装质量，在提升阶段严格控制全钢附着式升降脚手架提升质量，在拆除阶段严格控制全钢附着式升降脚手架拆除安全，有效地保证了全钢附着式升降脚手架施工质量和安全，取得了很好的效果，得到了上级主管部门和建设、监理单位的好评。

湘雅五医院转换层施工技术

董又铭

湖南省第五工程有限公司，株洲，412000

摘　要：结合湘雅五医院建筑工程，转换层位于4层顶，完成面为标高18.00m，层高4.55m。转换层板厚度为1.0m，面积约17450m^2，是近十年湖南省最大的高支模和转换层结构，分布广，范围大，涉及裙楼20个区域中的10个区域。中间夹杂部分普通楼板，支模架间距、形式较多比较复杂。部分孔洞口周边等细部需具体部位具体处理。特别是大部分大梁基本为型钢混凝土梁，对施工工序要求及支模处理提出更高要求。

关键词：转换层；预压；验收

1　工程概况

湘雅五医院健康产业股份有限公司医院建设项目，位于长沙市天心区果子园路与新谷路交汇处的东南角，南临环保大道，东侧为仙姑岭森林公园。工程包括主体建筑的地下室、上部住院楼（南楼）及与住院楼配套的底层多层裙房，建筑 ±0.000 为 61.300m。

主体地下室2层，地上10层，其中：裙房4层，建筑高度约20.6m；住院楼6层，建筑高度约46.6m；主要为钢筋混凝土框架结构；建筑面积约36万平方米。转换层位于4层顶，标高18.00m，层高4.55m。厚度为1.0m，涉及到裙楼20个区域中的10个区域。其余无转换板位置有较多大梁，最大梁尺寸为L轴交46～47轴一小段1.5×1.8m的梁（跨度3.8m长）。其余最大的梁有0.8m×1.8m(AC轴交47～49轴)。另有代表性的梁还有0.9m×1.5m、0.7m×1.8m、0.8m×1.6m等。转换层下楼板为普通楼板，楼板厚度0.15m，混凝土强度等级C40。支模架搭设高度2.75～3.55m。

转换层高大支模区域平面布置图如图1所示。

2　架体设计

换层高大支模体系采用钢管扣件式脚手架。架体搭设高度为2.75～3.55mm，采用ϕ48 mm×3.0mm扣件式脚手架搭设；梁、板模板采用15mm厚木胶合板，木方采用50mm×70mm。梁、板主、次楞均采用ϕ48mm×3.0mm钢管，其余部位梁、板下次楞采用方木50mm×70mm平行梁长搁置，主梁采用ϕ48mm×3.0mm钢管。板模板顶托内放双钢管作为主梁。可调托座丝杆外露长度严禁超过200mm，可调托座插入立杆长度不得小于150mm。

后浇带位置（一跨内）立杆下采用14号槽钢垫设，其余部位采用5cm松木板垫设。

支撑体系间距及荷载传递：四层楼面转换板下立杆间距600mm×600mm，扫地杆离地200mm，步距≤1500mm，架体外侧周边及内部纵横向每5跨（且不下于3m)，由底至顶设置连续竖向剪刀撑，剪刀撑宽度应为5跨。

1～3层立杆间距900mm×900mm，扫地杆离地200mm，步距≤1500mm，架体外侧周边

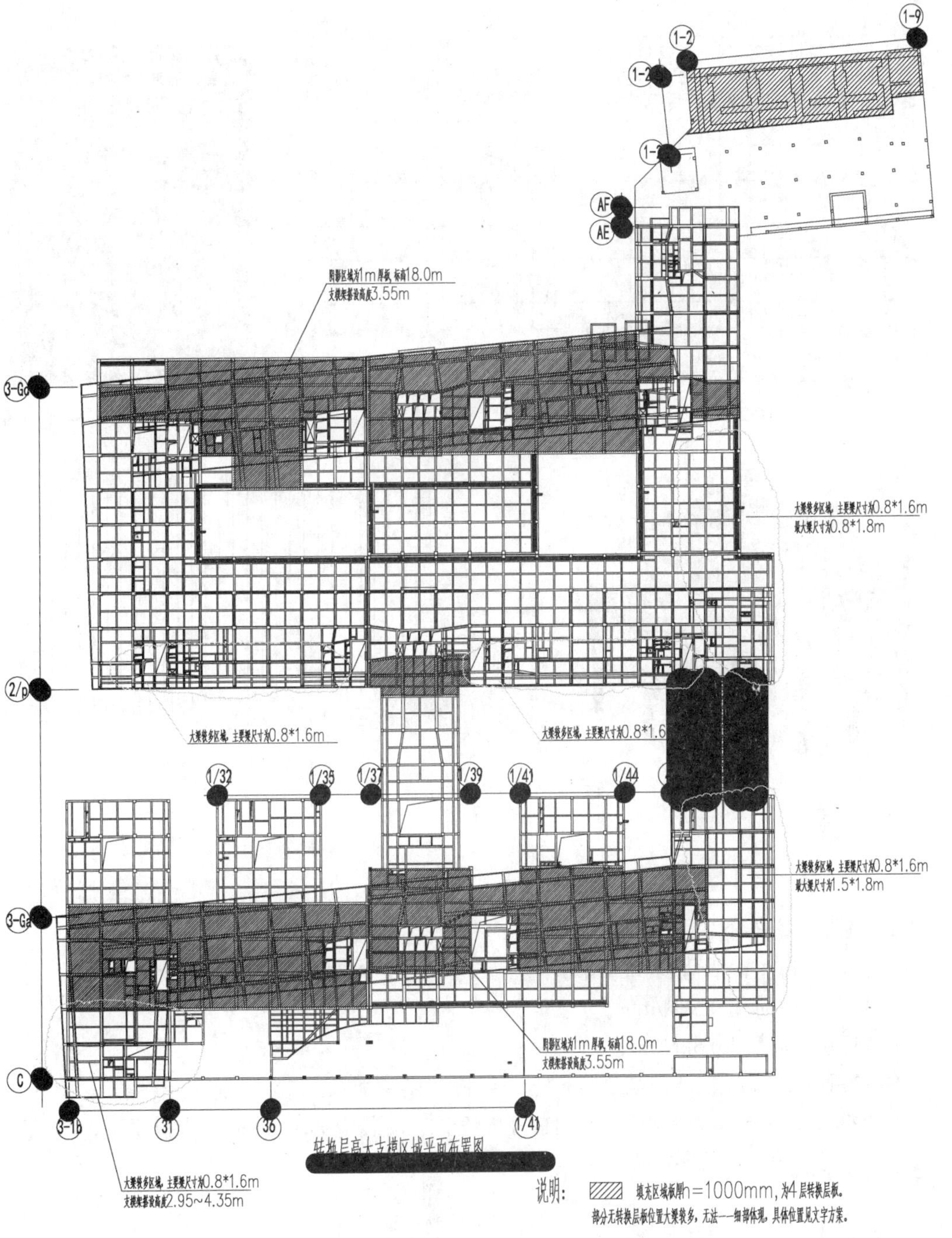

图1　转换层高大支模区域平面布置图

及内部纵横向每5跨（且不下于3m），由底至顶设置连续竖向剪刀撑，剪刀撑宽度应为5跨。

转换层施工时，保留一层、二层、三层支模架不拆除。

转换层支模剖面示意图如图2所示。转换板支模现场如图3所示。

3　设计复核

（1）计算模型如图4所示。

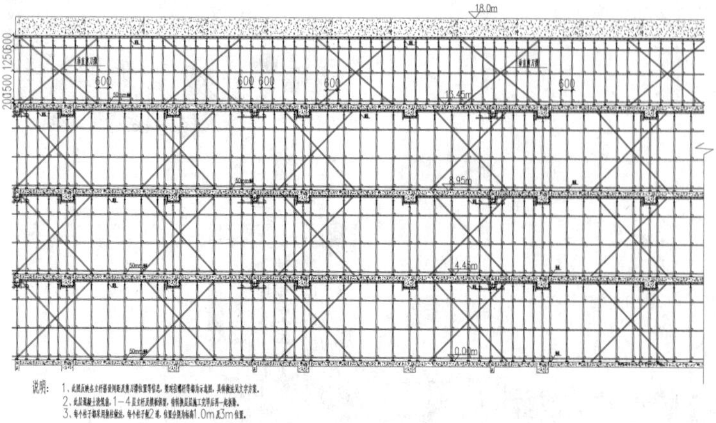

图 2　转换层支模剖面示意图

图 3　转换板支模现场图

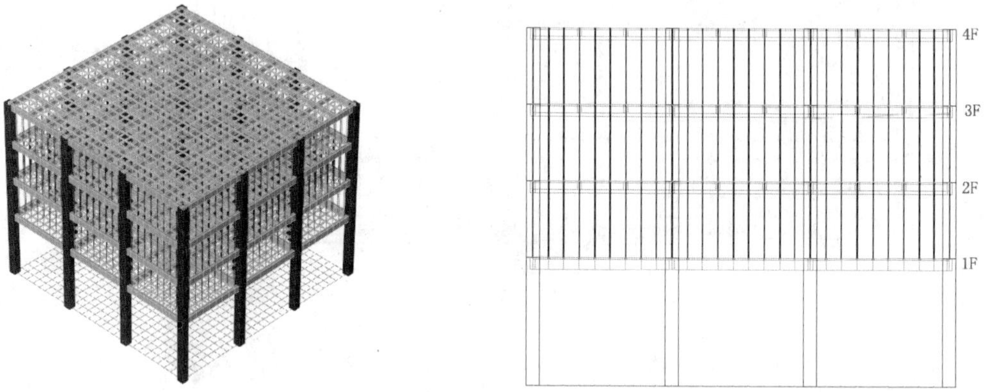

（a）　（b）

图 4　计算模型

（2）荷载考虑如下：

1F- 恒载：自重；活荷载 0.5kN/m^2；

2F- 自重；活荷载 0.5kN/m^2；

3F- 自重；活荷载 0.5kN/m^2；

4F- 自重 +26kN/m^2；活荷载 2.5kN/m^2（结构转换厚板 1m 自重 + 施工活荷载）；

1F 为框架梁 + 预应力大板结构。1F 楼板恒载、活载变形图如图 5、图 6 所示。

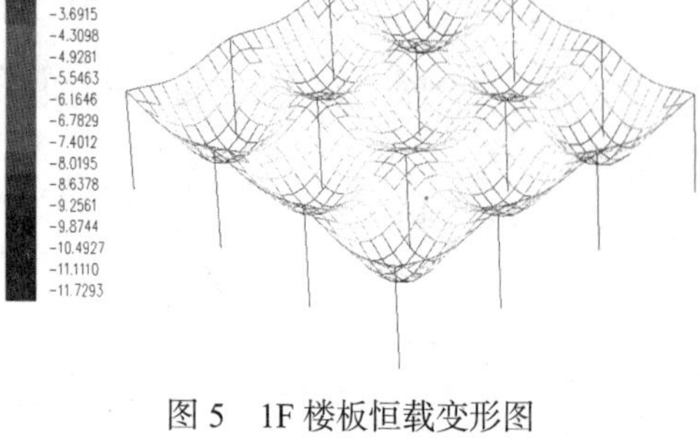

图 5　1F 楼板恒载变形图

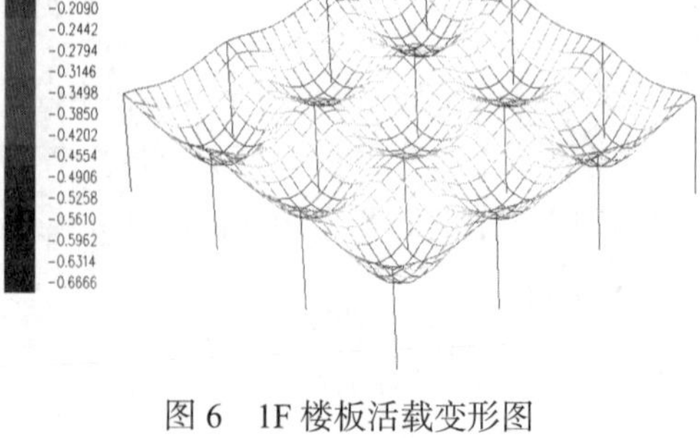

图 6　1F 楼板活载变形图

（3）板的竖向变形约 12mm，为 1/700 板跨，满足规范要求。

（4）钢筋：d 为 HPB300；D 为 HRB335；E 为 HRB400；F 为 RRB400；G 为 HRB500；P 为 HRBF335；Q 为 HRBF400；R 为 HRBF500。

4　设计资料

4.1　计算简图（图 7）

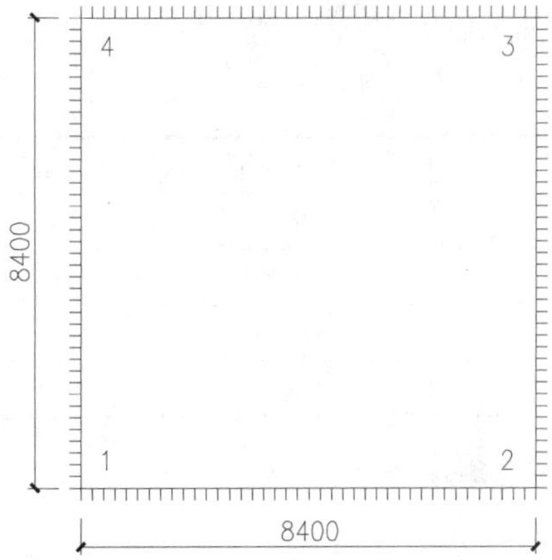

图 7　板计算简图（mm）

4.2　已知条件

（1）荷载条件：

均布恒载：13.60kN/m^2；

恒载分项系数：1.00；

均布活载：0.00kN/m^2；

活载分项系数：1.00；

板密度：26.00kN/m^3；

活载准永久值系数：0.50；

板厚：180mm；

活载调整系数：1.00。

（2）配筋条件：

材料类型：混凝土；

混凝土等级：C40；

纵筋级别：HRB400；

纵筋保护层厚：15mm。

支座配筋调整系数：1.00；

跨中配筋调整系数：1.00；

跨中配筋方向（度）：0.00；

4.3　计算内容

（1）有限元内力计算；

（2）弹性位移计算；

（3）板边及跨中最大最小弯矩位置处配筋；

（4）挠度、裂缝计算。

4.4　计算结果

（1）单位说明

弯矩：kN · m/m；钢筋面积：mm^2/m。

（2）垂直板边弯矩（表 1）

表 1　垂直板边弯矩

边号	最大弯矩	最小弯矩	左	中	右
1	2.063	−63.958	2.063	−63.958	2.063
2	2.063	−63.958	2.063	−63.958	2.063
3	2.063	−63.958	2.063	−63.958	2.063
4	2.063	−63.958	2.063	−63.958	2.063

（3）跨中弯矩（表 2）

表 2　跨中弯矩

x（m）	y（m）	平行配筋方向	垂直配筋方向
4.200	4.200	27.465	—
4.200	4.200	—	27.465

注：跨中弯矩是在用户指定方向上跨中弯矩的最大值（以下同）

（4）垂直板边配筋（表 3）

表 3　垂直板边配筋

边号	最大弯矩截面	最小弯矩截面	左	中	右
1	385	1194	385	1194	385
2	385	1194	385	1194	385
3	385	1194	385	1194	385
4	385	1194	385	1194	385

（5）跨中配筋（表 4）

表 4　跨中配筋

x（m）	y（m）	平行配筋方向	垂直配筋方向
4.200	4.200	491	—
4.200	4.200	—	491

（6）垂直板边选筋（表 5）

表 5　垂直板边选筋

边号	最大弯矩截面	最小弯矩截面	左	中	右
1	E12@250（452）	E16@160（1257）	E12@250（452）	E16@160（1257）	E12@250（452）
2	E12@250（452）	E16@160（1257）	E12@250（452）	E16@160（1257）	E12@250（452）
3	E12@250（452）	E16@160（1257）	E12@250（452）	E16@160（1257）	E12@250（452）
4	E12@250（452）	E16@160（1257）	E12@250（452）	E16@160（1257）	E12@250（452）

（7）跨中选筋（表 6）

表 6　跨中选筋

x（m）	y（m）	平行配筋方向	垂直配筋方向
4.200	4.200	E12@230（492）	—
4.200	4.200	—	E12@230（492）

（8）挠度和裂缝

弹性位移 / 挠度 = BI/EI = 0.145；

挠度最大值：48.157mm；

作用位置：$x = 4.200$m，$y = 4.200$m；

裂缝最大值：0.364mm；

作用位置：$x = 4.200$，$y = 4.200$（平行跨中方向配筋）。

4.5　计算结果简图（图 8～图 13）

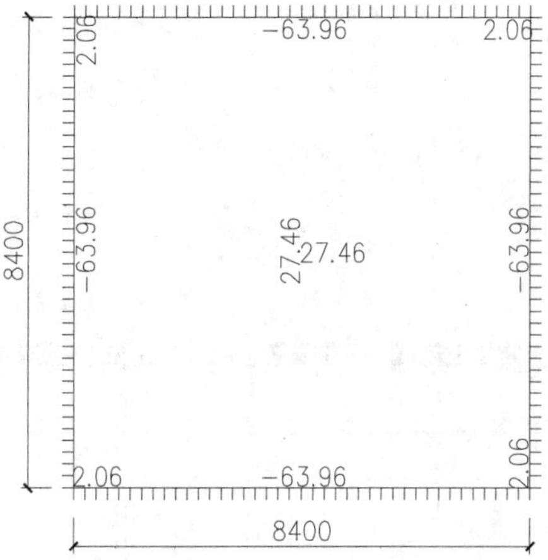

图 8　垂直板边弯矩（最大最小）和跨中弯矩（kN · m/m）

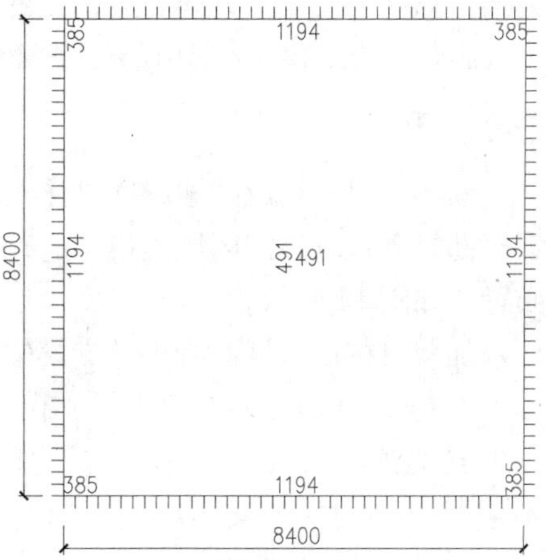

图 9　垂直板边配筋（最大最小弯矩截面）和跨中配筋

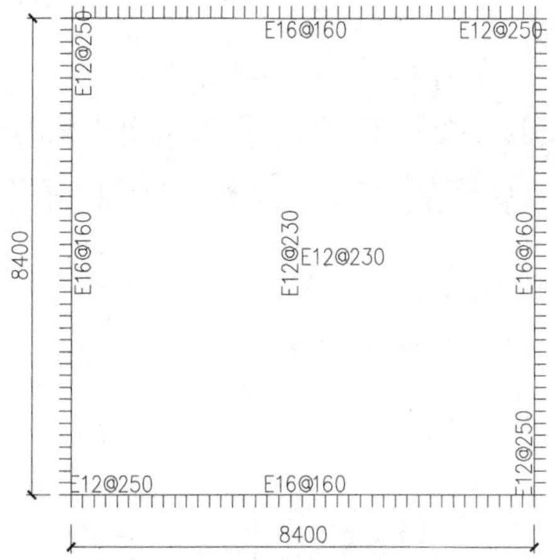

图 10　垂直板边选筋（最大最小弯矩面）和跨中选筋

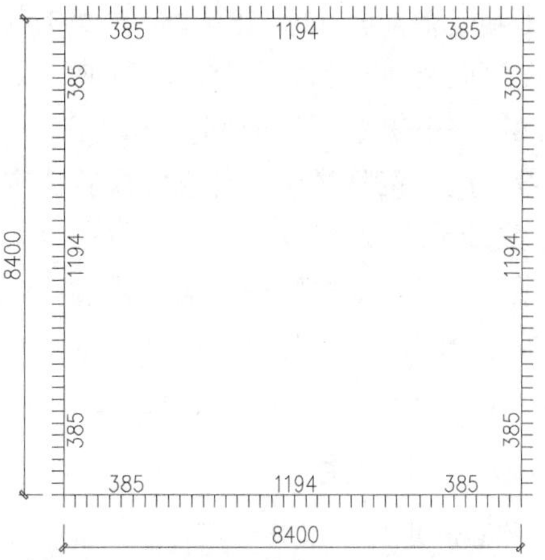

图 11　垂直板边配筋（左中右截面）

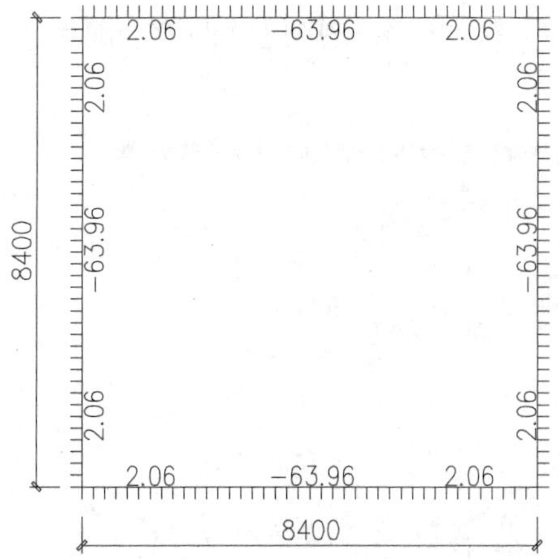

图 12　垂直板边弯矩（左中右截面）(kN · m/m)

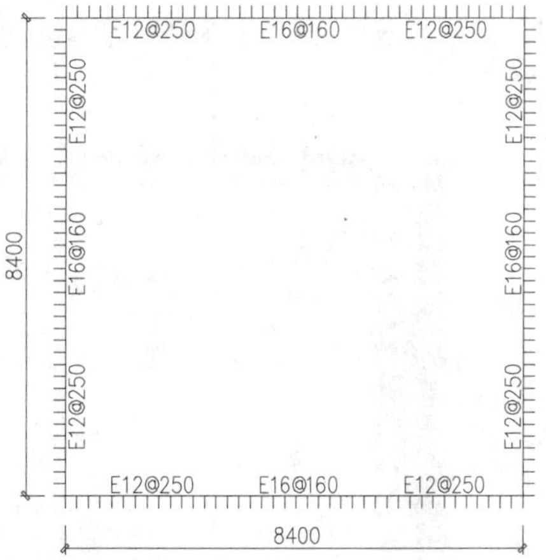

图 13　垂直板边选筋（左中右截面）

首层板配筋构造筋为 F10@150 + 2U15@550，配筋满足要求。经验算，转换层下预留 3 层支模架，总计 4 层楼板共同受力，原框架结构受力可满足转换层恒荷载和施工荷载要求。

5　支架预压

（1）预压材料采用成品塑料水箱注水增加荷载，底部垫钢板对选定区域支模架进行等载预压布置，如图 14 所示。

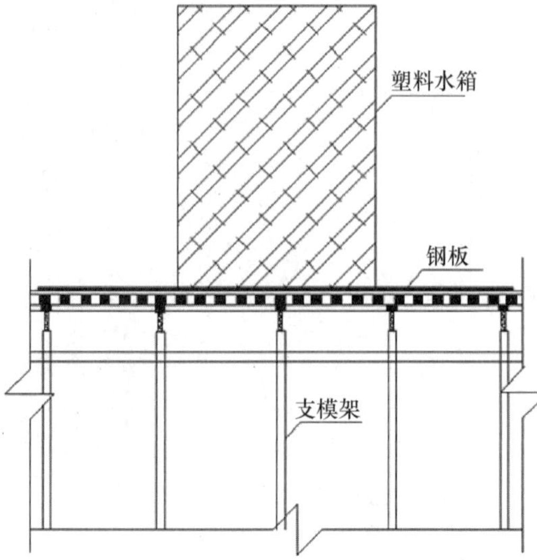

图 14　支架预压示意图

注水加载时按该区域混凝土及支模架总荷载的 60%、80%、100% 分三次进行加载。

（2）支架预压荷载不应小于支撑架承受的钢筋混凝土结构的恒载与模板质量总和的 1.1 倍。

（3）压重前先在底模和下部支架顶端及支架基础上布设观测点，测量位置设在梁跨的 1/2、1/4 处及中间，每点位横向均设 3 点，观测点在模板及地基混凝土上。压重前，测量观测点的原始标高，并做详细记录。

（4）一般梁跨预压时间为 3d。卸压完成后，复测各控制点标高，以便得出支架的弹性变形量，用总沉降量（即支架持荷后稳定沉降量）减去弹性变形量为支架的非弹性变形（即塑性变形）量。

预压完成后要根据预压结果通过可调顶托调整支架的标高，调整完成后，再次检查支架和模板是否牢固。针对以上难点，悬空固定的关键技术主要包括套管底以下钢管搭设、地脚螺栓处支架搭设、套管校正固定、挂线检查验收等。

6　BIM 技术应用

6.1　智能提量（图 15）

摆脱传统方式，使用智能化管控，对材料进行精细化控制。高大支模施工前通过对工程量精确核算，按图导出所用材料的工程量，提前做好相应计划，不仅避免在施工过程中进料过多造成不必要的材料浪费增加成本，而且对工序的合理安排提供保障，确保整体施工进度。

图 15　智能提量

6.2　可视化技术交底

本高大支模架施工前，项目部 BIM 中心按照施工方案应用 BIM 技术进行模型建立，通过三维展示，对班组进可视化交底，加深现场的施工人员对图纸的理解。从三维模型中直接提取相关关键施工部位，其构件尺寸、架体布置等参数以列表形式表达，并结合实例样图进行技术交底，不仅简化交底过程，更能加强班组对施工重点、难点部位的理解，确保施工安全。

高大支模架关键部位大梁位置技术交底如图 16 ～图 18 所示。

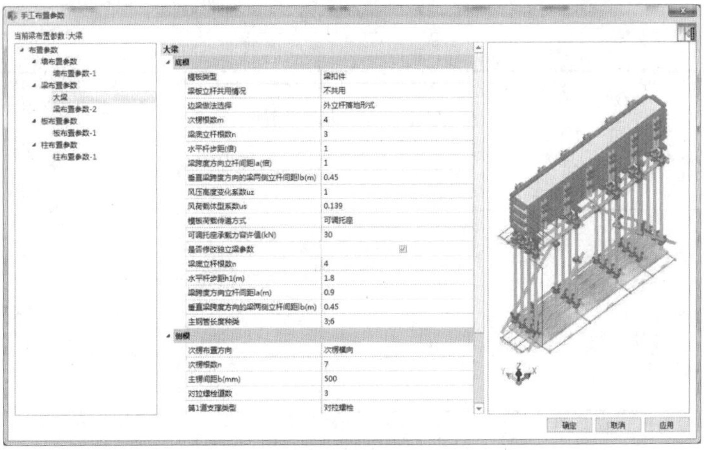

图 16　细部交底

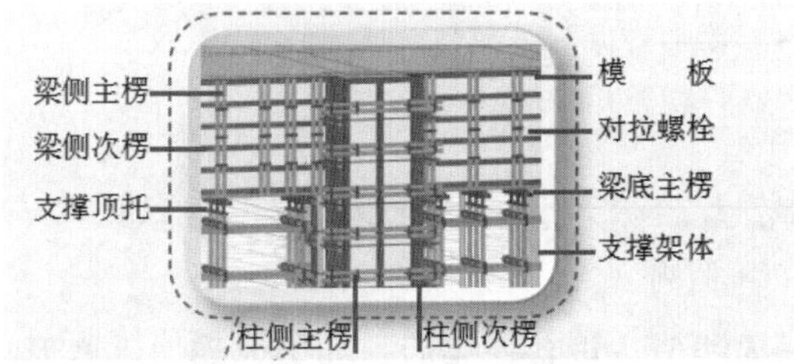

图 17　主要节点交底

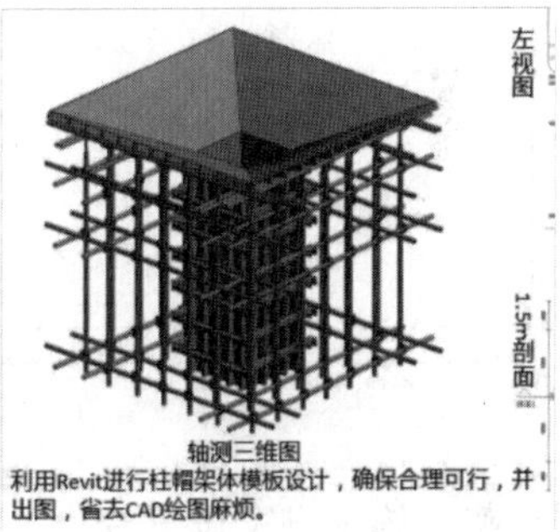

图 18　柱帽节点交底

7　混凝土浇筑

先浇筑混凝土柱。柱浇筑完毕后支梁、板模板完成后，先浇筑主梁，再浇筑次梁、板。转换层板厚度 1000mm，分层进行浇筑，第一次浇筑厚度为 500mm，混凝土初凝前浇筑第二层 500mm 厚混凝土。其余转换梁 1500mm 以上分四次浇筑，第一次浇筑高度 400mm，第二次浇筑高度 400mm，第三次浇筑高度 400mm，第四次浇筑至板顶。1500mm 以下分三次浇筑，第一浇筑高度 500mm，第二次浇筑高度 500mm，第三次浇筑至板顶。反梁浇筑方法同板的施工。

8　高支模监测

对高支模关键部位或薄弱部位的模板沉降、立杆轴力和杆件倾角、支架整体水平位移等参数进行实时监测，测点布置在跨度梁，当跨度不大于 9m 时应至少在 1/2 跨位置，大于 9m 是应在 1/4、1/2、3/4 位置布置测点。每个监测面应布置 1 个支撑沉降、1 个立杆轴力、1 个倾角传感器。

（1）具体实例（图 19）

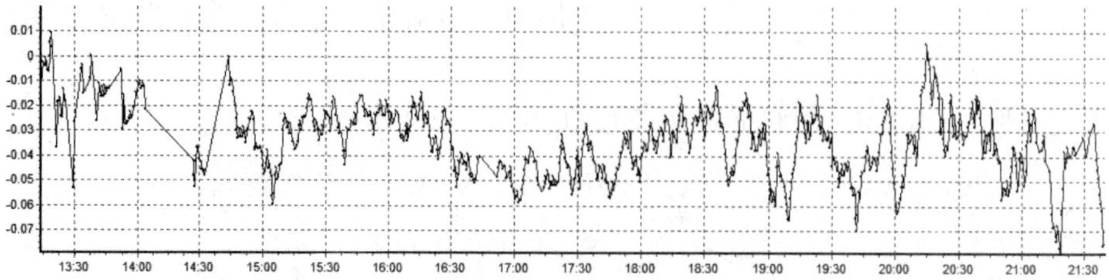

图 19　高支模监测

（2）立杆倾斜（图 20）

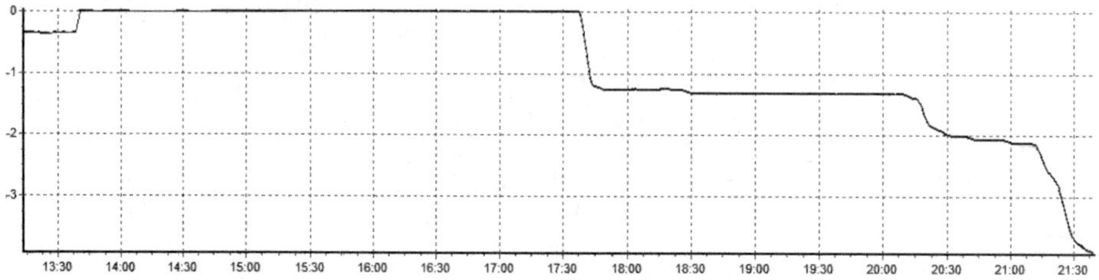

图 20　立杆倾斜监测

（3）模板沉降（图 21）

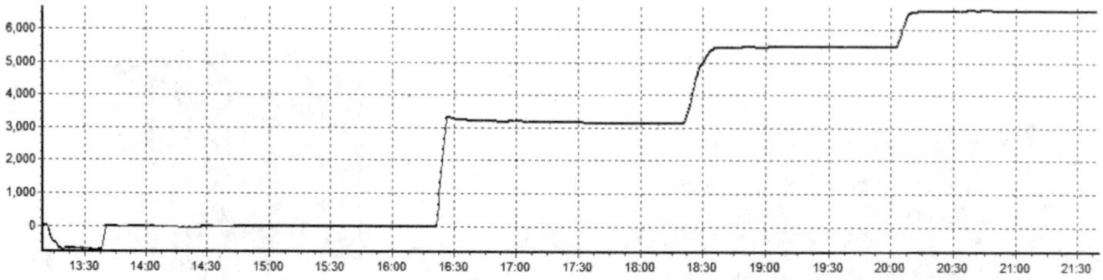

图 21　模板沉降监测

根据规范、施工方案设置变形、受力等数据界线值，设备安装后，如架体受力、变形超过界限值则会立即报警。

9　结语

（1）对此类高大支模的转换板施工，从支模架设计、荷载传递层数，检查验收，设计复核，预压、混凝土浇筑、BIM 技术应用等为公司类似工程施工提供了施工经验。

（2）修订了公司转换板施工作业指导书。

参考文献

［1］ 中华人民共和国住房和城乡建设部. 建筑施工安全技术统一规范：GB 50807—2013［S］. 北京：中国计划出版社，2013.

基于标准化设计的装配式机房的应用研究

刘　冰

湖南天禹设备安装有限公司，株洲，412005

摘　要：本文分析了当前装配式机房应用现状，对比过程中存在的主要问题及其原因。提出基于标准化设计的装配式机房理论，通过对装配式机房的标准化设计、集群化生产，来提高施工效率，降低生产成本。

关键词：BIM；装配式机房；模块化机房；标准化设计

随着BIM技术在机电工程行业应用的逐渐深入，工厂化预制、装配式施工正逐步颠覆着传统的施工技术，整个建筑安装企业都面临着转型升级的问题。

近两年，装配式施工已逐渐延伸到复杂的设备机房，这是机电安装工程中设备、管线最为集中的地方，预制装配难度非常高，但行业标杆企业正积极响应国家的相关政策导向，加大投入，从开始的尝试阶段到现在的深度应用阶段，一个又一个装配式机房呈现在我们面前，机房的施工速度也在不断地被刷新。我们通过实际项目应用BIM技术，对现阶段装配式机房设计、生产与施工等环节存在的问题进行探索与研究，提出了一种基于标准化设计的装配式机房的生产方式。

1　现阶段装配式机房的发展方式

1.1　最初设计阶段的装配式机房施工的方式

最初设计阶段装配式机房的施工是运用BIM软件进行深化设计，将机房所有管道走向优化后，进行管道分段生成加工图。工厂根据图纸生产管道、管件，将所有管道根据装配顺序进行编号，最后运输至现场进行安装施工。该阶段的装配式机房施工通常具有如下特点：

（1）精细化的BIM模型，在安装前解决全部误差；

（2）与其他专业可平行作业，整体工期快、施工质量明显提升；

（3）材料预制化，现场无需加工，省时省料；

（4）极大降低施工安全隐患、施工现场无焊接油漆作业污染；

（5）有效实现节能降耗，一定程度上推进了机电安装产业的发展。

相对于传统纯手工作业的施工方式，基于BIM技术的装配式机房施工无论从工程质量、施工效率等各方面都具有明显的优势，同时也存在以下的不足：

（1）BIM深化设计过程中，设计师主观因素影响大。每个项目需单独设计，不能形成统一的质量标准；

（2）弯头、短管等管件在设计上均需单独设计，设计成本、生产成本相对较高，无法大规模工业化生产；

（3）如图1所示，现场装配零件数量多，不仅安装组对时容易错乱，且纯手工的方式，装配效率、质量低。

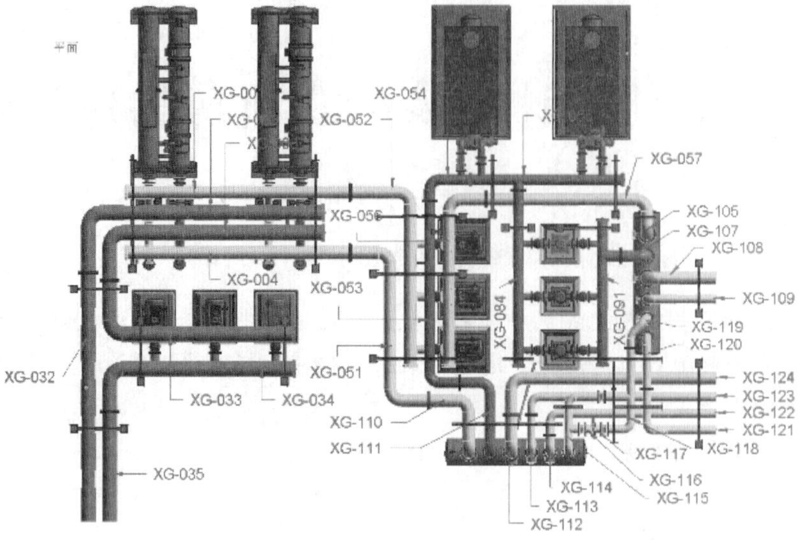

图 1　新桂国际项目空调机房管道装配定位编号图

1.2　改进阶段的模块化装配式机房施工的方式

以空调机房的水泵为例，根据水泵的选型、数量、系统分类以及机房内的设备布置情况（图 2），将 2 ～ 3 台水泵及管道、管件、阀门、减振块等“化零为整”组合形成一组预制模块，然后通过一组模块与另一组模块进行机械连接，实现机房的快速装配。模块化装配式机房的施工方式有以下特点：

（1）将机房划分成若干模块进行装配，各组模块均采用钢结构支架做框架支撑（图 3），各组钢结构框架通过螺栓连接，就能迅速连接各组模块，各组模块连接完成后，整个机房即施工完毕。

图 2　模块化预制泵组效果图

图 3　工厂生产完成图

（2）施工周期快，装配式安装效率高。

模块化装配式施工虽然工作效率得到了进一步的提升，但设计师仍然需要对每个项目进行定制设计，不能形成统一的质量标准，且仍存在一些不足。

（1）对设备基础质量要求高，基础的平整度等需满足设备安装要求。

（2）对于空调主机等体积和质量较大的设备，模块化后无法运输，同时现场就位困难。

（3）各种类型设备模块化会造成钢材浪费较多，且对结构承载力提出了更高要求。

（4）机械设备通常直接运输至现场就位安装，此方案增加设备的损坏风险和二次运输费。

（5）因模块化的设计，主管段标高变得过低，机房整体管线压抑，不符合机电安装管道贴顶安装的原则。如果提高标高，则框架体积、质量变大，造成重心不稳，不便于运输，同时型钢成本大大提升。

装配式施工方式，在设计、生产、施工中均没有统一标准，针对不同的项目仍需要进行单独设计，无法做到在各项目中广泛推广使用来提高生产效率，降低成本的目的。

2　基于标准化设计装配式机房的研究

我们将机房的设计和实施规范化、标准化，提高设计的共用性，同时利用标准化设计的构件来提高构件的通用性，降低设计、施工成本。标准化设计分别从机房的标准化设计、系统的标准化拆分、构件的标准化设计三个层面着手。

2.1　机房的标准化设计

机房标准化设计又分为企业级和项目级两个层面，可分别应用到 EPC 工程和施工总承包工程。

（1）企业级

企业级标准化设计包含机房结构设计的标准化和机房内管道系统设计的标准化。将企业承揽的 EPC 项目中标准图使用率高且可以进行模块化设计的内容进行共性化标准设计；如设备机房通常有消防水泵房、柴油发电机房、制冷机房、换热站、生活水泵房等几大类，将各种类型设备机房的结构部分与安装部分进行标准化设计，形成企业级标准《装配式设备机房实施标准》。各项目视情况根据该标准选择性的进行直接使用、微调后使用、参考使用等方式执行。

（2）项目级

项目级标准化设计针对总承包工程，机房结构已确定，但管道系统深化设计尚未完成的情形。设计师可参照企业的《装配式设备机房实施标准》，结合项目结构特点对机房进行深化设计。

图 4 为机房设计方案，图 5 为现场完成情况。

图 4　机房设计方案

图 5　现场完成图

2.2　系统的标准化拆分

以空调制冷机房的水泵及相关的管道、管件、附件为例，将水泵的进出口管路、配件、阀部件、仪表、支座等按照统一的标准划分成一个个独立的子模块如图 6（a）所示。将各个模块中的管道管件根据管径分别进行标准化设计，如图 6（b）所示。增加非标准段作为管道长度方向的补偿，来解决因机房结构差异带来的主管安装标高不同的问题；使拆分的水泵进水阀组模块、出水阀组模块、管组模块等各个子模块的几何尺寸实现标准化统一化。其他类型的设备也可采用同样的方式设计和拆分，来提高设计重复利用率，降低设计成本。

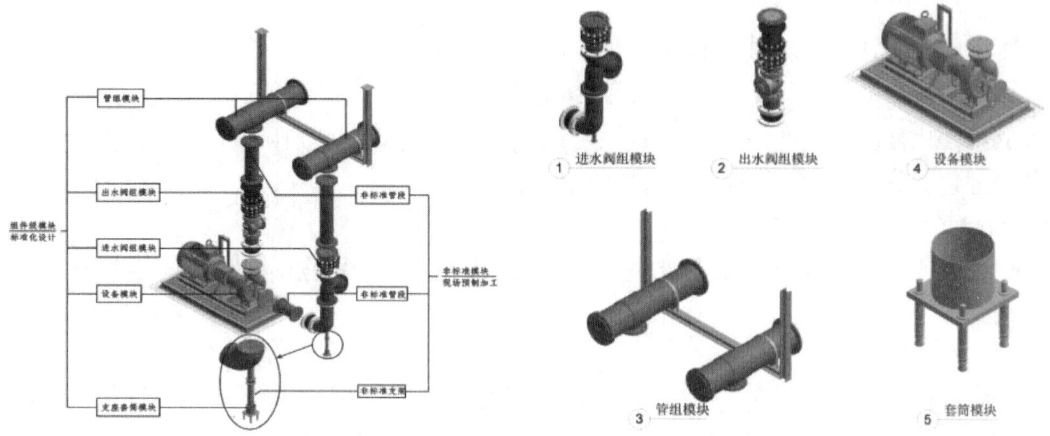

（a）拆分成标准化的模块　　（b）构件标准化三次拆分示例

图 6　标准化拆分

2.3　构件的标准化设计

对按照以上方式拆分的各个模块组中的构件，分别根据管件的类型，同时基于管道直径进行标准化设计。例如，对水泵进水口处弯头的设计（图 7），同时对短管段、直管段、管道支架、吊架等构件进行标准化设计。设计完成后，所有构件将在工厂内进行批量生产。这种基于统一标准设计生产出的构件，在其他的机房工程中可相互替换使用，极大地增加了构件的通用性，降低了生产成本，提升了工程的质量水平和生产效率。

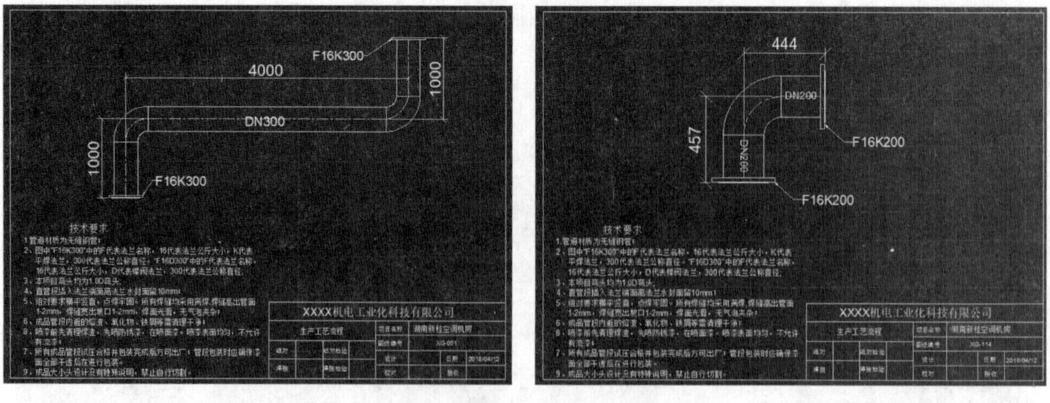

图 7　标准化构件设计示例

与此同时，构件在生产完成后出厂之前，利用气动工具将各个构件按照模块设计图进行预拼装（图 8），最终将预拼装完成的模块组，分组运输至施工现场，在施工现场安装施工时仅需对各个模块进行组装，现场安装工作量大大减少，同时也避免了现场安装过程易错漏、质量不高、施工效率低的问题。

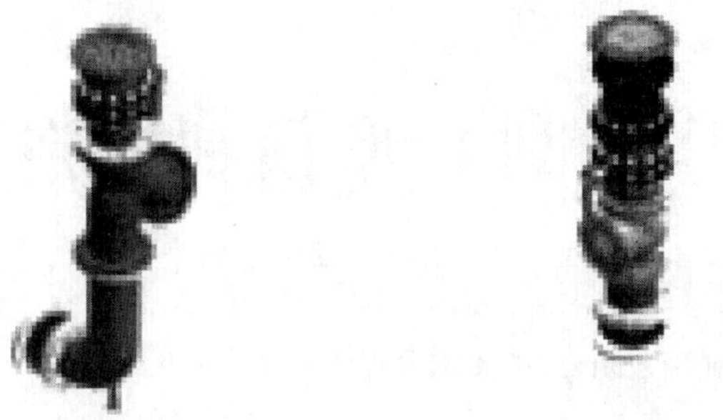

（a）进水阀组模块　　（b）出水阀组模块

图 8　预拼装模块

3　结束语

本文研究的目标是通过标准化设计、装配式的施工推动建筑行业机房安装标准化的进程，降低整体成本，提升施工质量以及效率，为装配式机房施工提供了一个切实可行的方向。

参考文献

［1］平经纬. Revit 族设计手册.

［2］清华大学 BIM 课题组，上安集团 BIM 课题组机电安装企业 BIM 实施标准指南［R］.

［3］建筑信息模型应用统一标准：GB/T 51212—2016［S］.

［4］建筑信息模型施工应用标准：GB/T 51235—2017［S］.

［5］建筑机电工程 BIM 构件库技术标准：CIAS11001：2015［S］.

［6］预制组合立管技术规范：GB 50682—2011［S］

浅谈工厂定制 L 形预制板施工方法

张 星

湖南艺光装饰装潢有限责任公司，长沙，412000

摘 要： 目前公共空间装饰装修中卫生间包管方式主要有四种，红砖包管、瓷砖包管、铝扣板包管和大芯板木龙骨包管。传统的包管方式施工成本高，施工时间长、施工难点大等。如：采用砌砖法包立管，存在比较厚，占用空间较多的问题；采用木龙骨加水泥压力板的方法，存在遇潮易吸水、发霉、变形等情况，瓷砖也容易炸缝。

我司研发的工厂预制加工、现场直接拼接安装、操作简单的包管方法操作简单，不会对材料、空间和时间造成浪费，是一种绿色、安全、高效、简洁的施工方法。本方法解决了传统的包管工艺中施工成本高，施工时间长、施工难点大等问题。

关键词： 塑薄、工厂定制、便捷实用。

1 施工工艺流程及操作要点

1.1 工艺流程（图 1）

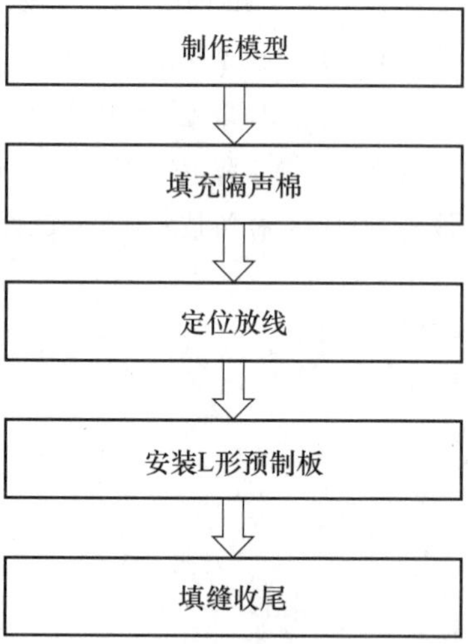

图 1 工艺流程

1.2 技术操作要点

（1）施工准备。

（2）组织各专业相关人员进行综合布置。

（3）对工程和施工用材按有关规范、规程进行检查验收。

（4）对使用的测距仪、水平仪等设备进行检查复验。

（5）选定合适的施工机具及配套设施。

（6）进行各工种的技术培训及安全教育。

（7）现场施工和管理人员充分了解、熟悉设计图纸、施工方法和操作要点，有事故预防措施和事故处理方案。

（8）结合实际现场量好通用尺寸

1.3 组织专业人员制作模型

专业施工人员去施工现场量好尺寸制作好常用规格尺寸的模型。在预制场地进行批量生产。注意的是预制场地必须在平整压实的场地上进行。考虑到现在都是电梯上楼，制作高度为 1250mm（图 2）。

在制作预制板过程中质量控制要点：

专业施工人员预制前必须进行配合比试验，以便保证混凝土板的防渗、抗冻、强度等要求；同时根据混凝土板尺寸制作振捣平台和钢模板；然后进行混凝土板制作（图 3）。

（1）专业施工人员对预制板进行集中合理养护。

（2）进行下一循环制板的时，先清洗钢模和隔膜。

图 2　制作模型

图 3　批量生产

1.4　填充隔声棉

随着人们生活水平的逐渐提高，住户们对装修及环境提出了较高的要求。但是卫生间、厨房及阳台的下水管道由楼上冲水带来的哗哗声影响到楼下住户们的正常工作、学习、休息。我公司特别考虑到这点，将包立管之前做隔声处理。首先将下水管道用隔声棉包裹好（图 4），再用胶带固定住隔声棉，隔声处理完毕后的整体效果（图 5）。

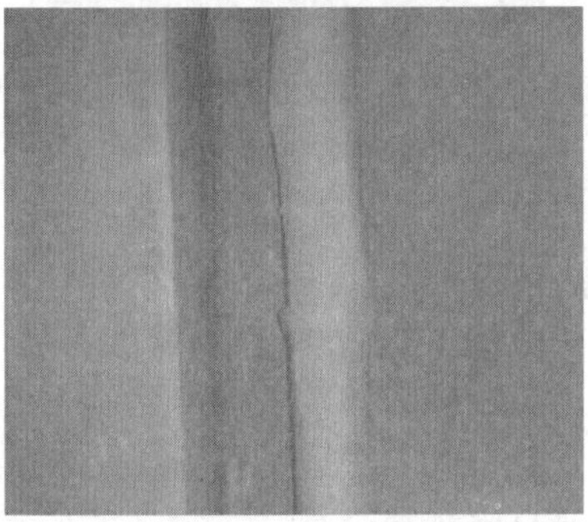

图 4　包隔声棉

图 5　隔声处理后效果

1.5　定位放线

专业施工人员利用激光水平仪和弹线器弹出主要控制尺寸线（图 6）。

专业施工人员利用激光自动安平标线仪将地面确定好的定位点引测到房顶和墙面上，使房顶上有准确的十字控制线（图 7）。

各工种共同协商，共同验收，根据图纸再次核对地面的定位点是否符合设计要求。位置定位在放线过程中进行进行精确调整，确保安装物品位置的美观及精度。

图 6　定位放线

图 7　房顶控制线

1.6　安装 L 形预制板

专业人员把在预制场地批量加工的预制板统一运输到施工现场。在施工现场直接进行批量安装。安装快捷，大大节约劳动力、材料。专业施工人员在安装预制板之前先确定检修口的位置，用专用工具在预制板上开洞，预留好检修口的位置。根据预先弹好的定位线安装预制板。与墙接触的位置用水泥瓷砖胶粘贴牢固，并用膨胀螺栓固定在两边墙上，用水泥填平。首先安装底下的预制板（图 8）。

然后安装上面的预制板（图 9）。

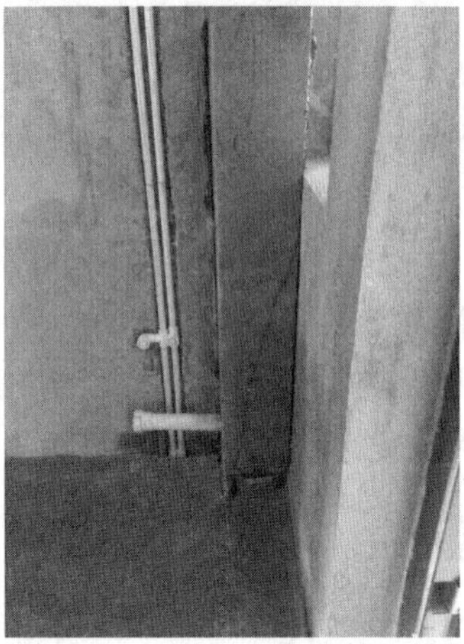

图 8

图 9

中间接缝的位置用纱布粘贴以防开裂，安装后进行填缝收尾处理。

2　性能指标

立管包管主要是用于卫生间、阳台等有下水管包管处，此方法运用现场量尺寸工厂化加工批量生产，合理利用了材料，减少对材料的浪费，量身定制减少对空间的浪费，大大节约空间。此方法现场成品安装，快捷、牢固，大大地节约劳动成本，缩短工期。

3　实施效果与创新点

（1）此方法打破常规的卫生间立管包饰施工方法，是一种新型的、快捷方便的施工工艺。

（2）此方法根据现场施工尺寸，工厂批量定制后再现场批量安装施工，大大节约人工、时间，空间，缩短施工工期，减少材料浪费，从而节约了成本和使用空间。使包出来的立管既美观又实用。

（3）本方法施工过程中在立管与定制包管之间加入隔声棉，降低立管产生的噪声，符合绿色施工、绿色建筑要求。

（4）包管材料采取工厂定制批量化加工，尺寸标准高度统一，为创优质工程奠定基础，也大大降低材料成本、运输成本。

（5）株洲市仁达大楼、栗雨城 · 香山美境 21 号栋酒店装修装饰工程及株洲市国投集团神农城总部大楼装修工程项目包立管均采用了该项技术，通过该技术的实施，达到了美观、稳定、快捷方便的预期效果。

4　关键技术水平

该方法严格执行《建筑施工安全检查标准》（JGJ 59—2011）、《建筑机械使用安全技术规程》（JGJ 33—2001）、《施工现场临时用电安全技术规范》（JGJ 46—2005）和有关地方标准。施工中，执行《建筑施工现场环境与卫生标准》（JGJ 146—2004），实行环保目标责任制，在施工现场平面布置和组织施工过程中，严格执行国家、地区、行业和企业有关环保的法律法规和规章制度。

该项方法根据施工尺寸，采取工厂定制批量加工，再将加工好半成品运到施工现场安装；大大的降低材料、人工和时间成本。在施工中直接安装，不用现场加工，噪声低，无废弃物，对环境基本不造成影响。该技术的预制板厚度约 1.5cm，不占用多余空间，更加美观。下水管的检修口可以预留。

5　关键技术应用

5.1　应用一

仁达大楼位于株洲市芦淞区沿江中路 68 号，工程总建筑面积为 63946.91m²，地上 32 层，地下 2 层，建筑物檐高 99.30m，地下 2 层为车库，1 ～ 5 层为商业裙楼，6 层为结构转换层，7 ～ 32 层为单位职工住宅。

本方法运用于该工程的一层至五层的酒店大堂、包厢、豪华酒店客房、套房里的卫生间立管速包；7 ～ 32 层 208 套高档住宅卫生间、阳台、厨房的包立管中，为业主创造效益 20 余万元。仁达大楼获得全国建筑工程鲁班奖，速包立管验证了方法的科学性和合理性。

短期效益。L 形预制板工厂定制成批速包立管方法，保证了在项目施工时前期先策划，后实施。比同类工程工期缩短近 10d；预制板安装厚度较薄，按照最佳尺寸合理地利用空间，不对空间造成浪费；按节约工期、人工费用等进行计算，节约 20 余万元。

长期经济效益。装饰工程按期高质的完成，为仁达大楼创建鲁班奖争取了时间、提供了支持。在整个施工过程中，L 形预制板工厂定制成批速包立管方法施工快捷，合理地利用空间，无一返工，取得的长远经济效益无法衡量，更为同类工程施工提供了施工快捷、安全、经济、可靠的经验，具有良好的推广价值。

社会效益。通过对该技术的运用，取得了很好的经济和安全效益，受到业主的一致好评，同时也为企业树立了良好的形象。

节能环保效益：该项方法由于提前策划，能大大地降低人工成本和时间成本，减少后期的返工时间和费用，节约大量的材料。施工噪声低，无废弃物，对环境基本不造成影响。

5.2　应用二

栗雨城·香山美境 21 号楼酒店装修装饰工程位于株洲市天元区香山美境小区内，工程总建筑面积 10839m²，1 ～ 6 层。本工程为 1 ～ 6 层的中高档酒店装饰工程，建设单位对施工工艺、质量、工期提出了较高的要求。

本方法运用于该工程的 1 ～ 6 层的酒店内部卫生间的立管速包施工。为业主减少了材料浪费、缩短施工工期及节约了空间，创造了良好的经济效益。

经济效益。采用传统红砖包管处理：

（1）红砖、水泥、河砂材料费用 2.0 万元；（2）人工费用 1.5 万元；（3）因材料浪费 0.5 万元；共计费用为 4 万元，整个工期为 5d。

采用 L 形预制板工厂定制成批速包立管方法处理：

（2）水泥、河砂、瓷砖胶材料费用 1.0 万元；（2）人工费用 0.3 万元；（3）因材料浪费 0.1 万元；共计费用为 1.6 万元，整个工期为 2d。

经济对比。采用 L 形预制板工厂定制成批速包立管方法处理：

节约费用 4 万元 − 1.4 万元 = 2.6 万元

缩短工期 5 天 − 2 天 = 3 天

该工程为高品质装修，对于隔声、环保方面尤为重视。在包立管过程塞入隔声棉有效阻隔了冲水带来的噪声，且大大降低成本，缩短工期，取得了良好的经济效益及装饰效果。

5.3 应用三

株洲市国投集团神农城总部大楼装修工程位于株洲市天元区神农城，本项目为 1 栋 16 层框架结构办公楼，本工程包含首层大堂和 5 ～ 16 层，总建筑面积约 17600m^2。所有包管施工工艺均采用工厂定制 L 形预制板成批速包立管方法，该技术施工快捷、观感美观、实用。根据计算，采用该技术节约费用 3 万元，缩短工期 3 天。

该项技术具有施工绿色环保、安全、快速、经济、可靠的优点，在同类工程中推广应用。

参考文献

［1］ 创建鲁班奖工程细部做法指导［M］. 北京：中国城市出版社.

［2］ 创建鲁班奖工程实施指南［M］. 北京：中国建筑工业出版社.

［3］ 施工现场临时用电安全技术规范：JGJ 46—2005［S］.

［4］ 建设工程施工现场消防安全技术规范：GB 50720—2011［S］.

［5］ 建筑内部装修设计防火规范：GB 50222—95（2001 修订版）［S］.

［6］ 建筑工程施工质量验收统一标准：GB 50300—2013［S］.

［7］ 建筑施工安全检查评分标准：JGJ 59—2011［S］.

浅析建筑女儿墙裂缝问题

成　浩

湖南省机械化施工有限公司，长沙，410015

摘　要：在建筑物中，女儿墙经常出现裂缝现象，本文对女儿墙裂缝发生的原因进行分析，总结了裂缝产生后的危害，并且在工作实际中总结归纳出一些事前、事中预防女儿墙裂缝的措施，以提高建筑工程的质量。

关键词：女儿墙；裂缝；成因；防治措施

女儿墙裂缝与渗漏是常见的工程质量通病，在其根部和转角处容易发生水平裂缝、斜向裂缝；在压顶部，容易发生垂直裂缝。出现裂缝后，均会在裂缝处积垢，经过日晒雨淋就会产生黑色的污迹，影响建筑物的美观，也破坏了防水层的整体性，容易引起屋面渗漏。雨水侵入墙体后，轻则影响墙面美观，重则使内外墙装饰层脱落，从而影响建筑物的使用功能和寿命。

1　女儿墙裂缝发生原因

1.1　地基不均匀沉降

各种因素引起的地基不均匀沉降，可导致墙面开裂。这种墙面裂缝通常都是发生在建筑物的底层，不过也有向上发展直到女儿墙的。

1.2　温度差异的影响

因为女儿墙暴露在外面，会经历夏天高温、冬天低温以及昼夜温差的环境影响，其与室内的温度形成较大的差距，从而会使得墙体出现不同程度的伸缩，出现内部不均匀的作用力，最后导致女儿墙裂缝的产生，造成墙体的破坏。

1.3　施工质量的影响

1.3.1　事前影响

（1）在实际施工过程中，对于砌体技术交底未全员普及、落实，为了节约成本和时间，存在偷工减料的情况，没能按照墙长大于5m（或墙长超过层高2倍）时以及墙体转角处增设构造柱。

（2）泛水未设置或者高度不够（未全面考虑屋面做法厚度），长期的雨水渗透导致女儿墙砌体材质与混凝土材质之间产生横向裂纹。

1.3.2　事中影响

（1）砌体材料未按要求浇水湿润。砌筑前浇水的目的是为了保证砂浆能够顺利完成硬化过程，达到设计强度。干砖遇到含水的砂浆肯定会“抢水”。烧结砖吸水率大，如果砌筑的时候不浇水，那么砖就会吸收砂浆里的水，导致砂浆不能正常凝结硬化，使砂浆强度降低，出现裂缝 。

（2）拉结筋未设置或者设置不正确；拉结筋是建筑工程中钢筋类型的一种，把它砌到墙的里面，摆在砖层当中起连接砌体防止开裂的作用。

（3）灰缝控制不规范出现通缝、假缝、透明缝等。

（4）在砌筑过程中，屋面扫尾往往施工人员不充足，导致砌筑砂浆不能在规定的时间内使用完。砌筑砂浆拌制后随时间延长，强度会变化，规律是：在一般气温（低于30℃）情况下，砂浆拌制2～6h后，强度减低20%～30%，10h后强度降低50%以上，24h降低70%，当气温较高（高于30℃）情况下，砂浆强度减低幅度会更大。砂浆强度下降是砌体开裂的原因之一。

2 女儿墙裂缝的危害

（1）女儿墙出现裂缝后，整体刚度降低，抗倾覆能力和稳定性相对减弱。对于上人的平屋顶，女儿墙一般较高，如果裂缝较多或较大则很不安全，遇有地震、强风或偶然的外界冲击力，就有可能塌落。

（2）女儿墙开裂后，特别是根部水平裂缝，会使屋面油毡泛水撕开，造成屋面漏水。女儿墙出现斜裂缝后，雨水可顺裂缝直接渗入屋面，保温层遇水后膨胀，使油毡鼓起。

（3）女儿墙出现裂缝后，其立面装饰面层起鼓，重者脱落。有严重的安全隐患。

（4）女儿墙开裂后期维修费用比较高，会增加项目成本。

3 女儿墙裂缝预防措施

因女儿墙裂缝会给建筑带来不同程度的危害，所以为了避免此类情况发生，可以在设计、施工过程中选择合理的方式来避免不必要的裂缝发生。

（1）保留伸缩缝。据《混凝土结构设计规范》（GB 50010—2010）8.1.1中，注4规定，如现浇挑檐、女儿墙、雨罩等外露结构的局部伸缩缝不宜大于12m。

（2）顶层圈梁通常设置在屋面板下，女儿墙要带有钢筋混凝土构造柱，并且间距≤4m，顶部需要整体浇筑。

（3）严格按照砌体施工规范执行，保证砌筑的质量。比如砌砖前要提前浇水，砂浆的饱满度要达到要求；砖墙的水平灰缝和竖向灰缝宽度一般为10mm，但不小于8mm，也不应该大于12mm。水平灰缝的砂浆饱满度不得低于80%。竖向灰缝宜采用挤浆或者加浆方法，使其砂浆饱满，严禁用水冲浆灌缝。

4 结论

综上所述，女儿墙出现的原因有多种，并且会产生不同程度的危害，所以对于女儿墙的裂缝，需要全面分析其产生的原因，并且在设计和施工的过程中，采取合理的应对措施，有效地预防女儿墙裂缝的产生，保证建筑物的质量、性能，延长其使用寿命周期。

参考文献

[1] 贝泰明. 砖混结构女儿墙裂缝质量问题与防治措施 [J]. 黑龙江科技信息，2011（27）：244.

[2] 李俊. 浅谈女儿墙裂缝的成因及防治方法 [J]. 河南科技，2013（23）：161～174.

[3] 王双志. 女儿墙裂缝的原因及防治方法 [J]. 山西建筑，2009，35（27）：155～156.

[4] 谭皓，张电吉，章国成. 女儿墙裂缝成因与防治措施 [J]. 江苏建材，2007（02）：54～56.

浅谈铝合金门窗渗漏控制要点

胡 进

湖南机械化施工有限公司，长沙，4130000

摘 要：门窗渗漏是非常常见的质量问题，门窗渗漏直接影响建筑工程的使用且维修困难。为了有效地预防铝合金门窗渗漏，在施工过程中每个环节都要按要求进行质量控制。

关键词：铝合金门窗施工；防渗漏；控制要点

门窗施工从主体施工时门窗洞口的预留开始，到整个工程验收并交付使用，持续时间长，期间穿插的工种繁多，且门窗渗漏后维修困难。为了防止门窗渗漏影响建筑使用，我们必须对施工过程中每个工序进行认真的质量检查，严格按照要求进行施工，确保工程质量，减少返修。下面简述铝合金门窗防渗漏的五个控制要点。

1 铝合金门窗材料和加工质量控制要点

铝合金门窗材料在设计时就需要进行结构设计和计算，保证门窗在正常使用的情况下不产生塑形变形、拉裂或破坏等现象。施工时用于门窗工程的各种材料要按要求进行进场验收，并按要求进行见证取样送检。铝合金门窗使用的各种胶应与其相接触的材料相容且粘结强度应符合要求。门窗加工先进行样板制作，制作过程中要加强监督检查，减小加工误差，进而减小门窗组装的间隙。门窗型材转角和拼接搭接处均需密封胶密封，拼装时产生的间隙和孔洞需注胶封堵。门窗下部框设泄水孔，以利于门窗框槽内水排出，防止积水导致的渗水。

2 铝合金门窗洞口留设质量控制要点

门窗安装在主体施工时需对门窗洞口进行预留。首先要根据图纸设计和规范要求确定门窗框的宽度和高度。然后确定门窗框与洞口的间隙，间隙大小需根据本工程的设计装饰层厚度和塞缝材料确定。一般抹灰和一些较薄的饰面砖装饰，门窗框与洞口间隙可控制在20～30mm之间。门窗洞口留设需要考虑门窗框的固定问题，当门窗固定在砌体上时，应根据门窗框固定点留设实心混凝土砌块。砖砌窗台时应先砌至窗台标高下100mm，然后采用现浇混凝土压顶，压顶应向外放坡且室内侧与室外侧高差控制在20mm左右，现浇混凝土压顶按要求设置钢筋网防止开裂。窗洞两侧压顶板伸入墙体400mm，伸入墙体部分应比外露部位略高。

3 铝合金门窗安装质量控制要点

门窗框安装前需对洞口尺寸进行复测，达到要求后才进行安装施工。门窗安装时应有控制线控制门窗框的位置、垂直度、水平度以及门窗与洞口之间的缝隙大小。门窗安装必须牢固，避免后期施工过程和使用过程中导致门框松动引起门窗渗漏，门窗外框采用双向固定片固定，其宽度不小于20mm，厚度不小于1.5mm的镀锌钢片。连接件布置要求：距门窗边框四角距离不大于 180mm，中间固定点不能超过 500mm，固定在砌体上时严禁使用射钉。玻璃密封与固定，玻璃安装在槽中间，两侧用橡胶密封条密封处理，密封条应留有伸缩余量，在转角处应斜面断开，断开处必须用密封胶密封粘牢。密封胶条或密封毛条应平整完好，不出现脱槽现象。

4 铝合金门窗框四周细部处理质量控制要点

门窗框与洞口之间的缝隙必须塞缝合格后再进行面层装饰，塞缝根据工地具体情况选用发泡剂或防水砂浆抑或防水砂浆发泡剂结合处理。发泡剂塞缝：首先要严格控制门框与洞口之间的缝隙，缝隙过大既不经济也达不到防水效果，打发泡剂质量需严格控制好，否则防水效果不佳，发泡剂应连续施打，打完后过 10min 用手挤压密实，发泡剂凸出部位禁止切割，需清理重新填充。塞缝使用发泡剂强度不足，门窗容易松动，宜选用防水砂浆和发泡剂结合处理，这方法对门窗有固定效果且防水效果也比较好。门窗底部及两侧底部 200mm 处采用防水砂浆填充，砂浆填塞过程要保证门窗框不变形并做好防污染门窗框措施，同时用于临时固定门窗框的垫块等杂物要及时清理干净并用防水砂浆填满，其余部位的缝隙按要求用发泡剂填满。门窗框室外侧与洞口墙体间应留宽度和深度为 8mm 的槽口并用防水密封胶密封。窗框竖向两侧外饰面层应向外做 10mm 泛水，上部外饰面按要求做滴水线或鹰嘴，窗台饰面在结构坡度的基础上做成内高外低 20mm 的顺水坡，防止雨水倒灌。

5 铝合金门窗成品保护控制要点

由于门窗工程经历的施工周期较长，门窗在安装完成后还有后续的施工，在施工过程破坏严重的门窗需要更换，此过程会扰动基层甚至破坏防水层，在返修的过程很难消除此类影响留下渗漏隐患。因此，做好门窗成品保护在门窗防渗漏中也是比较关键的程序。我们应当从材料进场开始，做好材料码放和保护，防止材料破损和污染。安装前确保门窗各构件无损坏和干净。安装完后的门窗禁止作为运料通道和禁止将物品搭载在门窗框上，并做好交底，加强作业班组成品保护意识。

参考文献

[1] 建筑施工手册 (第五版)[M]. 北京：中国建筑工业出版社，2013：1289-1292.

[2] 中国建筑科学研究院有限公司建筑装饰装修工程质量验收标准：GB 50210—2018 [S]. 北京：中国建筑工业出版社，2018.

[3] 李晖. 外窗渗漏原因及防治措施 [R] 江苏：苏通建设集团有限公司，2014：1 ～ 3.

浅谈建筑抹灰空鼓开裂的原因分析及预防措施

周小龙

湖南省机械化施工有限公司，长沙，410015

摘　要：建筑业正处在高速发展阶段，但同时技术和管理严重落后跟不上时代的发展，各种问题，尤其是现场的质量问题频频发生，墙体的抹灰也跟着发生了新变化，出现了不同形式的粉刷层空鼓开裂甚至脱落等质量事件，本文对工程施工中常出现的抹灰空鼓开裂质量问题进行分析，并提出防治措施及进一步加强建筑抹灰质量的具体办法。

关键词：建筑；抹灰；空鼓开裂

抹灰空鼓开裂既影响了房子的使用功能，又留下了安全隐患，给业主的生产、生活带来了严重影响。抹灰空鼓开裂后续的返修非常麻烦，不仅浪费人力、物力、财力，同时也影响了开发商和施工企业的声誉。因此，对粉刷层空鼓开裂原因进行分析及采取预防措施是非常必要的，意义重大。

1　建筑抹灰空鼓开裂质量问题原因分析

1.1　施工人员方面原因

（1）工程施工队伍素质过低。工人技术层次较低，操作不按规章程序进行，尤其是许多未经过专业训练的农民工涌入建筑行业，大多都是属于无证上岗。就目前统计，农民工、合同工占施工现场总数的2/3；直接从事操作的工人中，90%的都是流动性质的农民工，未经培训无法保障建筑抹灰的规范性施工。

（2）在施工过程中，没有建立健全完整的质量控制体系。工序与工序之间的交接措施不严格，前道工序留下的隐患，后道工序施工者不但不及时处理，甚至刻意隐蔽。墙体的灰缝不符合要求，灰缝的饱满度达不到要求，出现透明缝、瞎缝、假缝，一次性铺浆长度太长，使砂浆过早凝固丧失了工作性能；砌筑过程中没有对砌块进行严格挑选，将形状不规则的砌块砌到墙上去造成灰缝过厚，通缝现象；砌块没提前浇水湿润就干砖上墙；每天的墙体砌筑高度超过了规定要求；没有按要求设置拉结钢筋；梁与砌体交接的缝隙没有提前用水泥砂浆封堵；工种之间不配合，安装工不按要求随意在墙体上开洞造成墙体开裂；墙体抹灰前没有提前浇水湿润，墙上基层表面的灰尘和杂物没有清理干净；不同材质交界处没有设置抗裂钢丝网或者钢丝网不按规范设置；墙体粉刷一遍成活，粉刷过厚处没有加强抗裂措施；搅拌好的砂浆时间过长依然上墙；后续养护不到位；上述诸多原因致使抹灰层空鼓开裂。

1.2　材料原因

为了节省资金，最大可能地追求利润，如选用水泥、砂子、抗裂钢丝网等材料的质量低劣而造成水泥砂浆配合比不能达到技术要求，而造成了空鼓开裂等质量问题。

1.3　设计原因

图纸构造设计不合理，沉降缝的设计成了抗震缝或伸缩缝，墙体未设变形缝或长度太长，超过了规范允许的范围；墙体容易受力开裂的薄弱处未按规定进行构造处理，沉降不均匀以至抹灰后造成空鼓开裂。

2　预防控制抹灰空鼓开裂质量问题的措施

2.1　完善质量管理制度

要建立健全各项施工质量的规章制度，完善管理体系，严格按照国家和地方施工质量验收标准所规定的质量验收程序和验收办法进行验收。施工单位要严格执行自检、互检、专检制度，对于验收不合格的，坚决不允许进入下道工序的施工。

2.2　严格施工过程中的质量控制

施工前做好技术交底；提高全员质量意识，烧结砖上墙前，按规定提前 1 ～ 2d 浇水湿润，其含水率宜为 60% ～ 70%，墙体砌筑严禁干砖上墙。按规定要求错缝搭接，灰缝要饱满均匀，烧结砖砌体的水平灰缝砂浆饱满度不应低于 80%，严禁出现透明缝、瞎缝、假缝；墙体每天砌筑高度不超过 1.2m ；墙体按规定设置防裂缝构造措施；梁与砌体交接的缝隙要按方案要求封堵，顶砖要在墙体砌筑静置一段时间、墙体砂浆具有一定强度后进行，禁止墙体一次砌至顶；粉刷时要做好基层的处理；对墙体进行拉毛处理，不同材质交接处必须设置抗裂钢丝网；粉刷禁止一遍成活，要分层涂抹，抹灰厚度超过 35mm 的要采取增设抗裂钢丝网等加强措施；砂浆存放时间超过两个小时禁止使用；粉刷结束后，根据当时的气候条件，选择合适的方法进行养护。

2.3　严格建筑材料质量检查

材料质量是工程质量的基础，材料质量不符合要求，工程质量也就不可能符合要求。材料质量控制的主要内容：检查材料的性能；对现场取样送检不符合要求的材料禁止使用。抗裂钢丝网要选用正规厂家的产品，丝径和孔径要符合规范要求；砂浆的强度和配合比要符合设计要求。

2.4　严格审图

严格规范建筑图纸的审批手续，对不符合相关规范要求和质量通病防治要求的设计严格把关。图纸设计方面，要对容易造成空鼓开裂的薄弱环节提出相关的技术措施，制订合理的施工工法。

3　结束语

总之，造成抹灰空鼓开裂的原因有很多，我们要在施工过程中善于发现问题并找出原因，要做好事前、事中、事后的控制，尽可能把问题控制在源头。

参考文献

［1］ 湖南省住宅工程质量通病防治技术规程：DBJ 43T 306-2014［S］.

［2］ 砌体结构工程施工规范：GB 50924—2014［S］.

［3］ 尹万富. 浅论房屋建筑工程施工质量控制［J］. 中国高新技术企业，2009，6.

［4］ 浅析建筑工程粉刷层空鼓裂缝的原因分析及预防措施［J］. 中国科技投资，2016，6

寒冷地区隧道内消防工程施工技术的探讨

杜彬彬

湖南六建机电安装有限责任公司，长沙，410000

摘　要：近年来，我国的高速公路建设从平原向山区延伸，从普通地区向高寒地区进军。大批不同地区、不同环境下的隧道相继建成。由于施工环境、地质条件以及隧道类型的差异，隧道内的专业施工技术相应地根据特定的环境、路况条件等做调整，以减轻后期的运营维护成本，真正做到质量过硬，安全可靠，经济环保。

关键词：隧道；消防工程；施工工艺

由于隧道的特殊性，必须在隧道内设置必要的消防设施以供紧急情况下的报警广播、火灾救援、应急照明、排烟送风以及人员车辆疏散。隧道内常见的消防系统包括消火栓系统、泡沫灭火系统、火灾自动报警系统、应急电源及应急照明系统、灭火器、排烟系统、疏散逃生系统等。这些系统是否具有可靠性，是否能减轻后期的运营维护成本，其与施工过程中的一些细节密不可分。

我国的疆域辽阔，地形地貌条件复杂，气候环境差异大。而高速公路网络发达，基本上穿越了我国各种地形及各种气候带。这里主要结合吉林省辉白高速建设项目谈谈寒冷地区高速公路隧道内消防工程施工技术中应注意的一些问题。通过注重细节、科学组织做到精细化施工，以保证系统的可靠性及减少施工及后期的运维成本。

白山市位于我国东北三省之一的吉林省的东北部，每年的10月至次年的4月初为冬季，最低气温在0℃以下，6月至8月为夏季，温热多雨。辉白高速位于吉林省东部的通化与白山境内，穿越长白山腹地，处于吉林省最寒冷的地区。辉白高速全线总共10条隧道，最短隧道约1km长，最长隧道约3km长。隧道的长度、坡度及弯度均有所差别。下面通过不同的消防系统谈谈在该项目中消防施工技术应注重的一些问题。

该项目消防设计中包含的消防系统有火灾自动报警系统，水成膜泡沫消火栓系统，应急照明系统，疏散指示系统，防排烟系统及灭火器配置。在消火栓系统施工中的重点是管道施工及管道伴热及保温施工。消防管道安装在隧道右侧的电缆沟内，由于部分隧道道路存在一定的弯曲度，在管道安装过程中如何在弯曲的电缆沟内对管道支架进行准确定位成为了第一个要解决的问题，不能拉线弹线，一个一个点拿尺量定位又太费时费力。制作一个放点定位器显得很有必要。根据设计文件要求，支架外边距电缆沟外侧壁的距离为8cm，通过计算管道支架第一个固定点距电缆沟外侧壁为12cm，第二个固定点距外侧壁为29cm。根据尺寸，制作了一个简易的半自动漏灰放点器。这样就保证了每个支架的外边距电缆沟外侧壁均为8cm，且安装后的管道弯曲度跟电缆沟基本一致。这样既保证了安装美观同时又不会因误差的积累导致在某一处管道无法安装。同时，由于管道安装环境的特殊性，为保证管道接口有足够的抗震能力，除了利用管道下方的支架进行固定外，在管道上方我们采用$\phi 12$的镀锌圆钢进行焊接固定，为了保证施焊不影响镀锌管道的防腐性能，采取了在管道外面套一个圆形的钢环，将钢环与镀锌圆钢进行焊接的措施，从而达到固定管道又不影响管道本身防腐性能的效果。

管道伴热及保温系统的施工是非常重要的一个环节，由于项目地处中国东北，天气寒冷，冬季最低气温达到零下25℃以下，如果冬季伴热系统连续不工作2h以上，管道就有可能冻裂，因此必须保证伴热系统的可靠性以及管道保温的效果。为此，除了严格按照设计要求进行系统施工外，在伴热带施工的过程中，有几点是必须要重视的：一是伴热带与管道应尽量贴合，且采用8cm宽玻璃纤维带进行固定，这样能及时地补充管道的热损失。二是伴热带在管道伸缩器处应留有一定的余量，防止因管道伸缩而导致伴热带断裂。三是伴热带在阀门及隧道外应做加强处理，防止热损失大的地方管道结冻。同样地，为了使管道热损失减少，管道的保温效果好不好就非常重要了。保温好，热损失低，伴热系统工作时间短，耗电量低，能大大减少后期的运营成本。经测算，该项目10条隧道的伴热系统同时开启1个小时的耗电量约为500度，冬季在保证系统可靠的情况下最经济的温度区间在3～5℃至8～10℃之间，在环境最低温度为零下20℃左右时，系统一天正常的工作时间约10～12h。如果管道保温效果好，系统一天的工作时间少2h，一天就节约大概1000度电，一个月能节省电费2万多元。保温效果的好坏主要有两个因素：材料的保温性能和施工的严密性。这里主要从施工的严密性进行总结。一是保温橡塑应与管道紧密贴合，这也是施工的重难点所在，橡塑出厂时是一块1m长，4cm厚的长方体形状，且有弹性，如果直接将其包裹在管道上，因为橡塑自身的厚度原因，势必会出现里和外散的情况，而且因为材料本身的弹性问题，封口处直接用胶水是粘不牢靠的，也不能完全贴合。为此，在该项目的施工过程中先计算管道的外径周长及保温完成后的外径周长。对橡塑进行加工，将橡塑的两条对边切成斜角，然后再将其包裹在管道上，在包裹的同时用4cm宽铝箔胶带隔30cm进行一处固定，并及时用橡塑专用粘合胶将接口封上。最后在橡塑外面用整块的铝箔胶带进行缠绕固定。二是管道系统中的法兰、阀门和其他管道配件须以与相连管道的保温厚度和规格相同的保温材料进行保温。对所有有凸出的金属部件和阀杆须作彻底保温密封。

在消防施工过程中，不可避免地会有消防箱体、配电箱及控制箱的安装，常规的安装方式就是横平竖直，箱体表面与装饰面平齐或稍有凸出。在高速公路隧道中，由于路面可能存在坡度、隧道侧壁不垂直等情况，因此在有坡度的地方，箱体安装要注意适当倾斜，尽量保持箱体与道路坡度的一致，同时在不垂直的侧壁上安装时应尽量做到上平下凸，保证箱体在一个垂直面上。这样做的目的是保证箱体与后期隧道侧壁装饰的和谐美观，同时最大限度地保证箱门的受力均匀，以减少箱门在开关过程中变形。

本文结合寒冷地区公路隧道中一些较特殊地方的施工处理方法进行的探讨，对一些常规的消防工程施工方法没有一一赘述。从该项目最后的完成情况来看，整体还是不错的，通过一些小装置、小方法，节省了人力及工期，同时注重过程中的施工细节，减少运营维护成本，真正做到科学施工、精细施工、绿色施工，为项目带来实实在在可以看得到的效益。

浅析钢结构厂房吊装施工技术和安全措施

赵合毅

湖南北山建设集团股份有限公司，长沙，410005

摘　要：随着钢结构厂房的大量建造和使用，其施工技术和安全措施显得尤为重要，本文结合工程实践，浅要分析了钢结构厂房吊装过程中施工技术和安全措施。

关键词：钢结构厂房；吊装技术；安全措施

钢结构正在被越来越广泛地应用于大跨度结构中，并取得了良好的经济效果。与其他材料相比，钢结构具有如下特点：

（1）强度高、质量轻，在同样的荷载条件下，钢结构构件截面小，截面组成部分的厚度也小；

（2）塑性、韧性较好，钢结构在一般条件下不会因超载而突然断裂，适宜在动力荷载下工作；

（3）工厂制作，批量生产，保证质量，工地施工简便，施工周期短。

1　工程概况

长沙市轨道交通 3 号线一期工程洋湖垸车辆段联合车库钢结构工程 1 ～ 31/A ～ J 轴，建筑面积约 37785m^2，建筑高度 14m，跨度 27m，基础形式为预制管桩 + 承台基础，结构形式为门式刚架结构。材料：钢柱、钢梁采用 Q345-B，其余构件均采用 Q235-B。普通螺栓采用 Q235-A，高强螺栓采用 10.9 级摩擦型，锚栓采用 Q235-B，构件摩擦面处理为喷砂后除锈，摩擦面抗滑移系数 $\mu = 0.5$。

2　工程难点分析

钢结构跨度大、安装高度高，钢结构各单元件制作精度要求高，作业条件差而质量要求高，在安装过程中容易产生平面、立面挠度变形，影响钢结构正常受力及安全。如何确保其制作、安装精度是本工程的难点。

3　钢结构现场吊装技术

3.1　吊装前准备工作

选择 50t、25t 汽车吊作为吊装设备，确保场地的平整畅通不积水、吊车回转区域地面夯实，铺设碎石压平，熟悉起重设备及其他机械的工况及性能，搭设高空作业平台。

3.2　钢柱吊装与校正

以 A/1 钢柱为例，采用两台汽车吊递送法吊运，50t 吊为主机，25t 吊为副机。副机吊点选择在钢柱下面，起吊钢柱时配合主机起钩，随着主机的起吊，副机要行走或回转，在递送过程中，副机承担一部分荷重，将钢柱脚递送到基础上面，副机摘钩，卸掉荷载，此时主机满载，将钢柱就位。在平面位置、标高以及垂直度校正无误后固定柱脚，紧固螺栓，见图 1。需要强调的是，钢柱吊装完成后，施工人员要抓紧时间将用微膨胀混凝土对钢柱底板下面的空隙进行二次灌浆填实，以防脱空造成水平标高的误差。

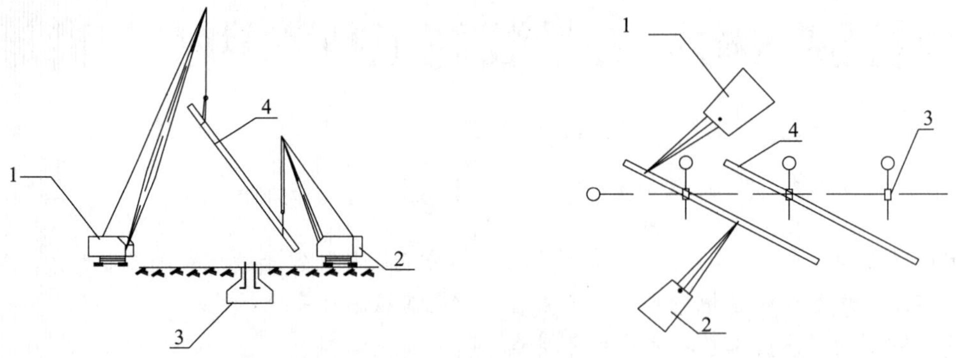

图 1　钢柱吊装示意图

1—主机；2—副机；3—基础；4—钢柱

柱子安装质量的好坏直接影响到屋面梁等其他构件的连接，必须将柱子校正好。首先，就钢柱的平面位置，应当先使用经纬仪从两个方向来检查钢柱的安装准线。同时，保证吊装前标高控制块的安放到位以便安装时能有效控制钢柱底部的标高。其次，检验垂直度的校正应当使用 2 台经纬仪沿着柱体的两个纵横轴线同时进行观察，施工人员应根据钢柱的允许偏差范围用千斤顶进行垂直度的校正，见图 2。

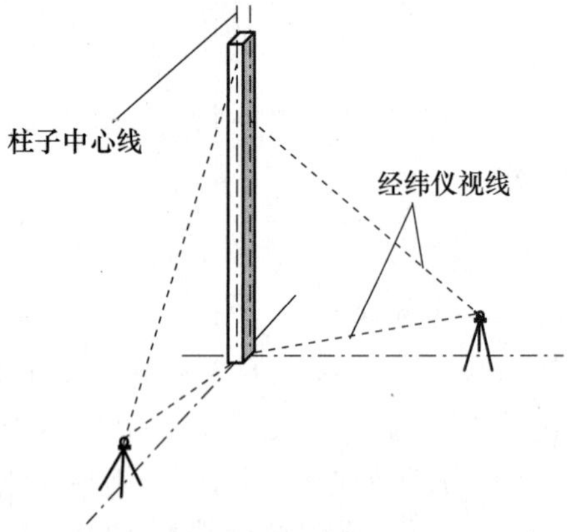

图 2　钢柱垂直校正测量示意图

3.3　钢梁吊装与校正

选择 50t 汽车吊作为屋面梁吊装设备，采用两点起吊法，绑扎点见图 3，即距屋面梁屋脊各 4m 处用 ϕ20 钢丝绳绑扎。起重机缓慢收索，待屋面梁离地约 30cm 时，旋转起重机并调整吊臂角度使屋面梁处于安装位置正下方，收索起吊屋面梁至柱顶，两端各 2 人用缆绳稳住屋面梁缓慢进入安装位置，插入撬棍，穿入高强螺栓拧紧、固定，当天安装完毕的屋面梁高强螺栓应终拧完毕，其外露丝扣不得少于 2 扣。第一榀屋面梁必须设置缆绳两道后方可松钩。

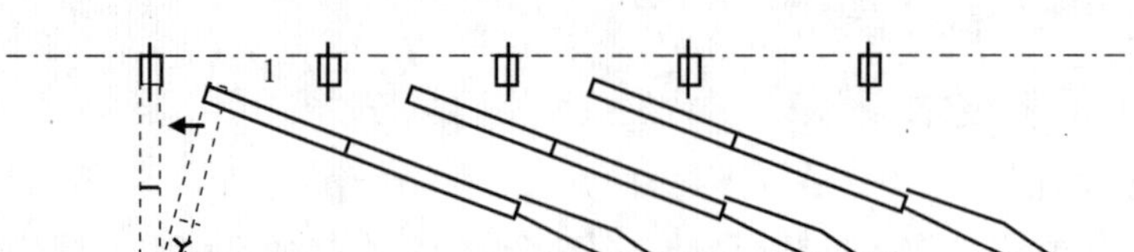

图 3　钢梁的起吊示意图

1—吊升前的位置；2—吊升过程中的位置；3—对位（就位）后位置

垂直度用线坠、钢尺对支座和跨中进行检查；每吊装一榀屋面梁经校正后，随即将与前一榀屋面梁间的支撑系统吊装上，每一节的钢构件经校正、检查合格后，即可用高强螺栓进行最后固定。

3.4　支撑系统的安装

支撑系统应配合钢结构吊装，在钢柱、钢梁吊装过程中穿插进行，流水施工，确保钢结构整体刚度和稳定性。

4　安全措施

4.1　安全技术措施

（1）吊装前须对吊车行走的路段进行场地平整，确保路基坚实平整、无积水；

（2）柱子吊装前须设置高空作业平台及处置保护装置的安全绳；

（3）钢梁吊装须坚持实施“有梁必有绳”的安全原则，不绑扎安全绳的不允许起钩吊装，施工作业人员穿戴双钩带绑腿的安全带，高空行走永远保持有一条挂钩在安全绳上，确保安全；

（4）对于现场施工孔洞部位，须及时做安全防护。

4.2　安全管理措施

成立项目经理为组长，安全员为副组长，吊装作业层为成员的安全领导小组。

（1）吊装作业人须持证上岗，信号工和司索工须熟知本工程的安全操作规程，司机与信号工须熟悉指挥信号，包括手势、旗语、哨声等；

（2）吊装前须检查吊车是否有可靠有效的超高限位器和力矩限位器，同时吊钩要有保险装置；

（3）一切安全防护措施须通过验收方可使用，安全防护设施须定期检查和维护；

（4）落实“早班会”制度，须对作业层进行安全交底，安全交底要有针对性，取得实效；

（5）落实“红袖标”制度，吊装作业中安全员须佩戴红袖标，展现安全管理有序；

（6）坚决杜绝同一垂直面的上下、立体交叉作业。

5　结语

本工程充分体现了分件吊装的优点，双机抬吊的配合使用对构件起重量、安全性大大提高。结合本工程实例，为大跨度、单层钢结构工程的施工积累了宝贵的经验及有效的施工方法。经过项目全体人员的共同努力，联合车库钢结构工程按时顺利完成，未发生安全事故，上述安全措施对于钢结构吊装安全进行起到非常有效的保障作用。

参考文献

［1］ 胡伯杭，臧成发. 单层钢结构厂房吊装技术的应用［J］. 安徽建筑，2001，3：83～86.

［2］ 钢结构工程施工质量验收规范：GB 50205—2001［S］. 北京：中国计划出版社，2001.

某酒店后张有粘结预应力施工控制要点

汤彦武　宋继武　刘华光　舒　刚

湖南望新建设集团股份有限公司，长沙，410100

摘　要：本文结合洪江市龙标酒店建设工程中有粘结预应力混凝土梁的施工过程及需要注意的问题，从后张有粘结预应力筋工程预埋、混凝土浇捣、张拉灌浆等谈谈自己对后张有粘结预应力施工控制要点的几点看法。

关键词：后张有粘结预应力；预埋；浇捣；张拉；灌浆

1　工程概况

本工程为洪江市城市建设投资有限责任公司建设的洪江市龙标酒店建设工程，裙楼部分大梁设计为有粘结预应力大梁。大梁跨度为17.8m/27.6m，梁宽400mm/500mm/600mm，梁高1200mm/1600mm/1800mm，混凝土强度等级为C40。预应力筋采用1860级“7Φ5”（直径为15.20mm）的低松弛钢绞线，锚具均采用1类锚具，张拉端为9孔、10孔群锚，固定端为挤压锚具。有粘结预应力大梁是本工程施工难度较大，技术要求较高的部位。

2　主要施工操作，预应力流程控制

有粘结预应力梁施工流程如图1所示。

2.1　钢筋工程及混凝土工程

（1）预应力筋预留孔道的施工过程与钢筋工程同步进行，施工时在柱子节点位置处，普通钢筋应按照要求的钢筋间距及位置布置，保证预留孔道顺畅通过节点。

（2）钢筋绑扎过程中应小心操作，确实保护好预留孔道位置，形状及外观。

（3）在电气焊接时，禁止电气焊火花触及波纹管，焊渣不得堆落在孔道表面，切实保护好预留孔道。

（4）浇筑混凝土时，振捣器不得触及孔道埋管，梁端混凝土必须振捣密实，严禁出现空洞、蜂窝、麻面。如出现波纹管损坏，应马上停止该部位混凝土的浇捣，损坏较小时可用胶带密封修复，如损坏部分已进混凝土，应拆除该波纹管清理，未清理干净处，用灌浆机从灌浆口处注入清洁水清洗管道，从出浆口出水，保持管道通畅。

（5）梁内拉筋应待预应力筋铺设完后再绑扎，以便预应力筋穿筋（波纹管）定位。

（6）梁内预应力筋穿完和定位好后，才可绑扎板底筋。

（7）钢筋焊接时严禁将预应力筋作为电焊搭接线，严禁预应力筋附近不采取保护措施进行烧焊作业。

（8）梁柱钢筋绑扎时，切忌猛放、猛插，防止将套管刺破。

（9）在进行钢筋绑扎时，对已铺设的波纹管一定要小心保护。

2.2　预埋孔道

（1）根据设计要求，采用圆形金属波纹管预留孔道，内径为ϕ80mm，接头选用内径为

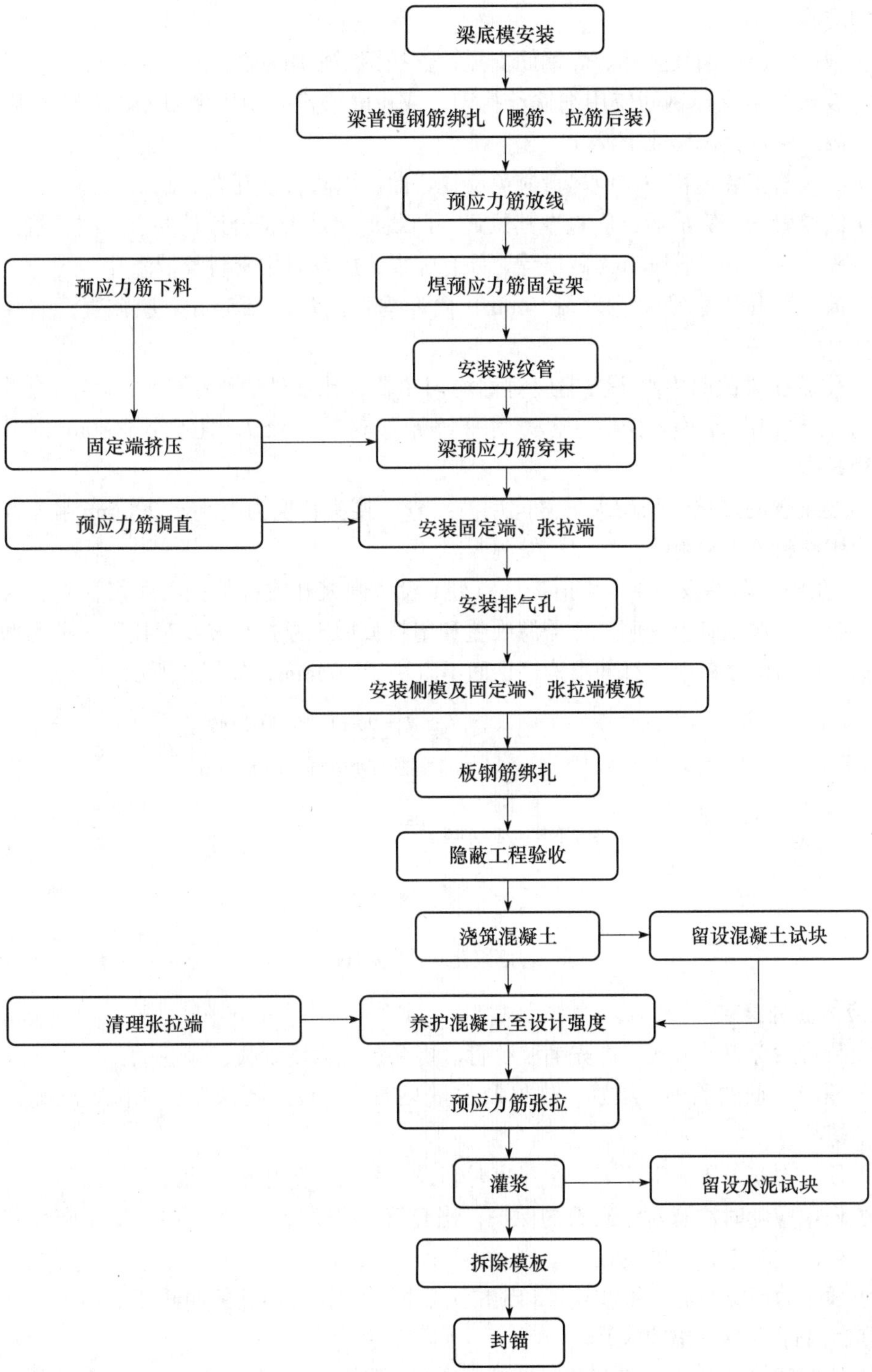

图1　有粘结预应力梁施工流程图

ϕ85mm 波纹管。

（2）纹管安装前，事先按蓝图“预应力梁设计说明”以及“预应力大梁曲线深化”所示预应力筋的曲线坐标在梁箍筋上定出曲线位置，当与其他管线冲突时，应先保证预应力波纹管位置的准确。

（3）根据定出的曲线坐标点焊钢筋支托，支托钢筋采用 $\phi12$。

（4）波纹管与支撑钢筋应用细铁丝扎牢，或每隔一定间距用倒 U 形筋点焊，以防浇筑混凝土时波纹管位置偏移或上浮。

（5）波纹管安装过程中，应尽量避免反复弯曲，以防管壁开裂。

（6）波纹管安装完成后，应检查其位置，曲线形状是否符合设计要求，波纹管固定是否牢靠，接头是否完好，管壁有无破损等。如有破损，应及时用密封胶带修补。

（7）波纹管位置水平偏差为 ±10mm，允许垂直偏差为 ±5mm。应顺直，曲线应平滑连续。

（8）孔道在梁截面中水平方向应对称均匀布置，孔壁外边缘距梁底、梁侧均不得小于50mm，孔道竖向净距不应小于孔径 d，水平净距不应小于 $1.5d$，且不小于 80mm（其中 d 为孔道外径）。

（9）波纹管的连接，采用大一号同型波纹管。接头长度为不小于 200mm 且不小于 $2D$，接头两边用密封胶带封裹严实，以免松脱漏浆。

（10）在构件两端及中部（管道最低点处）设置灌浆孔或排气孔。灌浆管或泌水管与波纹管连接时，在波纹管上开洞，覆盖海绵垫和塑料弧形压板并与波纹管扎牢，再用增强塑料管插在弧形压板的接口上，且伸出构件顶面不宜小于 500mm，如图 2 所示。

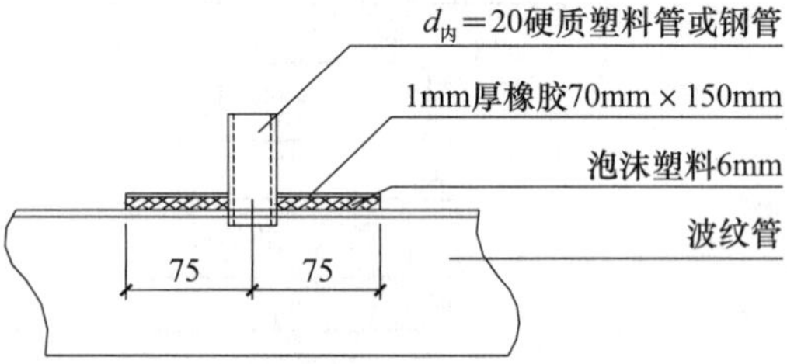

图 2　灌浆孔及排气孔（mm）

2.3　预应力筋的穿束

采用装管后穿束的方式：即先铺波纹管，再穿预应力钢绞线，应注意：

（1）预应力筋的品种、级别、规格及数量必须符合设计要求，保证位置准确，平面顺直，互不扭绞。

（2）预应力筋采用人工穿束。在穿束时套设子弹头，防止钢筋头划破波纹管。预应力筋在穿束过程中应随时注意对波纹管的保护，当套管（波纹管）有破裂时，用水密性胶带缠绕修补，破裂严重的应予以更换。

（3）预应力筋穿好后，将波纹管和预应力筋同时按预应力筋的曲线要求调整。

2.4　预应力筋张拉区（锚固区）

（1）按照图纸的位置及间距放置端部喇叭口，应保证预应力筋与喇叭口锚垫板的垂直，锚垫板安装好后须固定牢固，防止混凝土浇筑时移位。

（2）锚垫板应平整紧贴普通钢筋并用铁丝绑扎。

（3）各梁端部锚固区，普通钢筋布置应注意避让。

（4）张拉端及锚固端设置如图 3 所示。

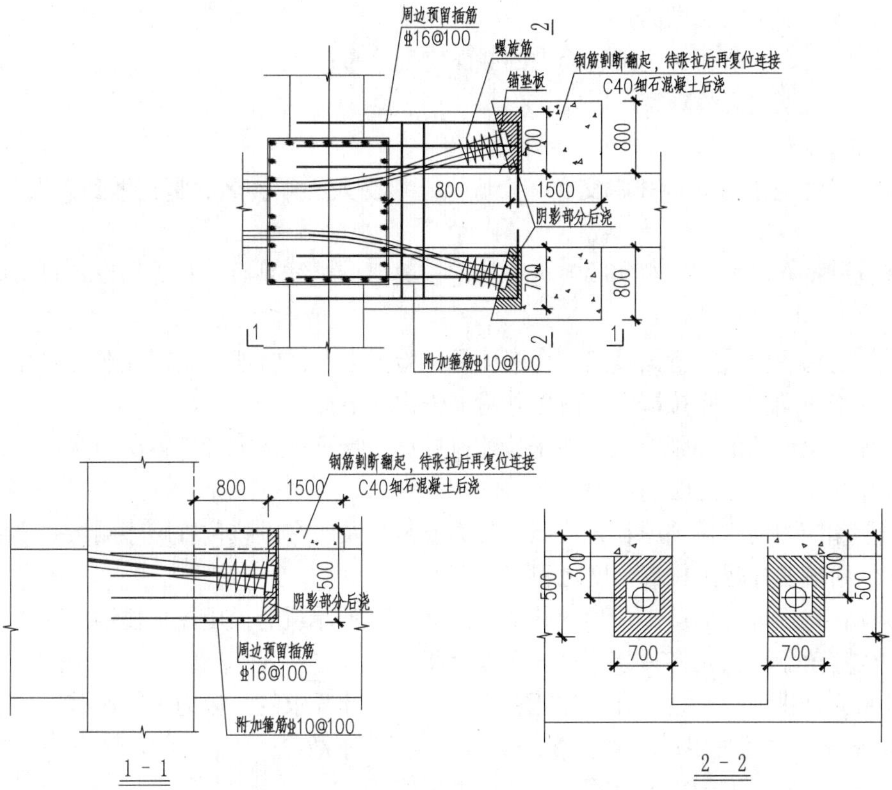

图 3　加厚板 1：梁外测宽加腋大样

（5）张拉端留置位置如图 3 所示。

2.5　预应力筋张拉

（1）张拉工艺流程

清理张拉端部→穿锚环→安装夹片打紧→安装千斤顶→张拉至初应力 10%σ_{con}→张拉至控制应力 50%σ_{con}→张拉至控制应力 100%σ_{con}→持荷→顶紧锚具→千斤顶回程→卸千斤顶→实测伸长值与计算值比较。

（2）预应力筋张拉前的准备工作

①检验张拉机具及仪表，材料及配套工具已准备齐全，千斤顶油表已标定完毕；

②计算预应力梁理论伸长值和张拉油表读数；

③预应力梁的侧模及非预应力楼板底模（不含梁底模）应在张拉前全部拆除，施加预应力时，混凝土应达到设计强度的 100%；

④拆除梁端模板，清理张拉端的混凝土及杂物，擦干净预应力筋上油污，把锚具夹片安装完毕，搭设好张拉操作平台，夹片要安紧打平；

⑤准备张拉记录表格。

（3）试张拉

在预应力工程普遍施工前，应先进行实际张拉测试，实测数据正常后，方能进入全面施工。本预应力工程要求进行下列测试，测试的部位在施工图设计时具体确定。

①预应力筋与孔道壁之间的摩擦系数 μ，孔道局部偏差的摩擦系数 κ（仅限于直线筋）；

②锚具变形和钢筋内缩值；

③柱顶变位和梁的反拱值；

④梁跨中及支座截面在施工过程中的截面应变分布；

⑤局部承压下的裂缝观察。

（4）张拉步骤

①有针对性地进行质量技术交底，交底人、接受人必须签名，真正做到人人明白做法、要求。

②张拉设备在进场前应在实验室进行标定，取得标定结果后填写进场设备报验单报监理审查。

③锚具进场后应及时将锚具出厂合格证及试验报告上报监理，监理批准后方可使用。

④清理张拉端。将张拉端穴模凿出并凿平张拉端垫板。

⑤计算理论伸长值和张拉力，在张拉前应根据千斤顶标定书计算得出与张拉力相对应的油表读数并在油表上做出明确标识。

⑥测量预应力筋张拉端原长，按照预应力筋编号及所在轴线位置顺序测量并详细记录每束预应力筋两端的外露张拉端长度之和 L_1。

⑦穿顶：将预应力筋从千斤顶的前端穿入，直至千斤顶的顶压器顶住锚具为止，如果需用斜垫片或变角器，则先将其穿入，再穿千斤顶。

⑧油泵启动供油正常后，开始加压，直至达到设计要求的张拉力。每次张拉伸长值均不能超过 160mm，并随时用尺测量检查，以免发生意外事故。

⑨撤顶：张拉至控制应力后回油，并撤去千斤顶。

⑩测量记录：测量预应力筋伸长后两端的张拉端长度之和 L_2，应精确到毫米。

⑪ 整理张拉记录：L_2 和 L_1 之差即为实际伸长值，用以校核计算伸长值。记录必须将张拉过程中发生的问题如实反映出来，包括：混凝土破碎、空洞、断丝断束及其位置、数量等情况。

（5）张拉质量控制

①按分批张拉的办法，对梁进行三级张拉，张拉至初应力 $10\%\sigma_{con}$ →张拉至控制应力 $50\%\sigma_{con}$ →张拉至控制应力 $100\%\sigma_{con}$ →持荷。

②张拉时应力控制为主，用伸长值进行校核。张拉伸长值应与理论计算值接近，相差幅度为 ±6%，如不符合，应立即停止张拉，查找原因后再继续进行。预应力筋的张拉宜对称进行。

除特别注明外，张拉控制应力均为 $0.75f_{ptk}$。要求有粘结筋同一孔应整束张拉，不得采用单根张拉法。张拉设备在使用前应进行标定，未经标定不得使用。在张拉前应对张拉端的混凝土质量进行检查，合格后方可进行张拉。

③预应力筋张拉，对于短筋可以一次张拉到位，对于长筋必须反复张拉至张拉控制应力，并且每次张拉伸长值均不能超过油缸最大行程。

④依据设计的张拉顺序和方向，依次进行各区梁板的预应力张拉；张拉前要认真检测承压板后的混凝土浇筑质量，检查承压板与预应力筋的垂直度，必要时，在锚板上加垫片，保证预应力筋、锚环、千斤顶的三对中，以防断丝事故的发生。

⑤张拉应力控制按设计要求进行，采取分级持荷超张拉至设计控制要求应力，以避免混凝土拉裂、减少摩擦损失和补偿预应力损失。

⑥启动张拉机，控制好加压速度，给油平稳，匀速缓慢张拉。操作手加荷要缓慢、均匀，持荷要平稳，量测人员要与加荷同步，量测统一准确，记录要完整。

⑦测量伸长值：加压至 $0.1\sigma_{con}$ 时测量千斤顶活塞初始长度 L_1，至 $1.0\sigma_{con}$ 时测量千斤顶活塞长度 L_2，$0 \rightarrow 0.1\sigma_{con}$ 时伸长推算值记为 L_0，计算伸长值则为 $L = L_2 - L_1 + L_0$；实测伸长值则为 $L = L_2 - L$，$+ L$，$- L_1 + L_0$；实测伸长值与计算伸长值进行校核，若偏差在计算伸长值的 –6% ～ +6% 区间，则继续张拉，否则应立即停止张拉，分析查明原因予以调整后，才能继续。张拉采取以应力为主，校核预应力筋伸长值。张拉顺序总体上采用对称张拉施工顺序。张拉时发生混凝土表面破裂或钢筋断丝、滑丝时，应停止张拉，查明原因，处理后再张拉，并做好原始记录，记录应精确到毫米。

（6）切断多余预应力筋

张拉完成后，用小砂轮机切除张拉端多余的预应力筋，预应力筋截留长度不少于 30mm。

2.6　孔道灌浆

①张拉完成后，方可进行孔道灌浆工作，灌浆工作在张拉后应尽早进行。

②灌浆前先用高压水检查孔道通气情况。

③灌浆前应做好水泥和外加剂的试配工作，水泥浆强度不应低于 M40 级，水灰比不应大于 0.45，可掺入适量无腐蚀性的微膨胀剂和减水剂。

④每一孔道灌浆应一次完成，应做好浆体的搅拌工作，及时往水泥浆槽中补充浆体，防止中间停顿。

⑤当孔道另一端流出浓浆时，才可封闭该出浆孔，然后保持压力 1 ～ 2min 后，关闭灌浆阀，拆除灌浆管，开始下一孔道灌浆。

⑥按班做试块，认真做好灌浆记录。

⑦每次灌浆完毕后，都应认真清洗灌浆机具。

⑧所有的灌浆工作完成后，拆除灌浆罩进行锚具封端工作。

2.7　封锚

张拉完毕后，应及时采用 C40 补偿收缩细石混凝土封锚，封锚前必须将锚具、锚孔清理干净，按设计要求进行封锚，凸出的锚头按照设计的大样图配置附加钢筋，对锚具进行封闭保护。封锚材料必须将锚具、预应力钢丝头全部封锚堵密实，不得留有空隙，筋头、锚具不得外露。最小保护层厚度不小于 50mm。用混凝土封闭张拉端部时，必须加强插捣，保证其密实性。

有粘结预应力梁底模及支撑拆除条件：孔道灌浆强度达到 25MPa；支撑于该梁上的上部结构能够自承重；连续梁某跨的相邻跨后浇部分施工完毕，且强度达到设计要求。

2.8　脚手架

楼面板四周脚手架，凡遇有楼面预应力筋张拉端时，脚手架板面高度应低于梁张拉端 400mm，便于预应力筋张拉。竖杆应避开梁张拉端。

2.9　吊装

起吊时应注意轻放，按编号堆放在相应的构件处，不得随意踩踏和摔搬。起吊用钢丝绳必须检查，波纹管或钢绞线要有必要的保护，以免刺破波纹。

3 质量控制措施

（1）通过设计图纸会审，施工单位根据设计的具体设计要求编制详细的施工作业方案，发现问题及时反馈设计单位处理。

（2）按确定的技术方案严格实施。

（3）各道工序完成后，通过施工单位自检，相关单位层层把关，每道工序合格后才进行下道工序作业，整个管理工作服从既定质量控制工作。

（4）设计和施工单位在施工的各个阶段密切配合。

（5）预应力筋、锚具、夹片进场前按规范要求进行检查和性能检验。

（6）预埋孔道、预埋件、预应力筋穿束的质量指定专人检查，严格控制其尺寸和偏差。

（7）张拉施工过程中严格按方案张拉。

（8）严格遵循灌浆质量的保证措施。

（9）做好完善的施工工序记录及施工内业资料。

5 结束语

正确的的检验、铺设、张拉有粘结预应力筋，合理的设置锚具，才能保证有粘结预应力混凝土梁施工圆满完成。实践证明，有粘结预应力混凝土梁施工技术在解决房建中混凝土梁结构方面极具优势，能够提高构件的延性、合理控制构件的裂缝等，加快了施工进度，从而在节约工程施工成本方面起到了一定的推动作用。

参考文献

[1] 浅谈后张有粘结预应力混凝土梁在房建中的应用.

[2] 建筑工程预应力施工规范：CECS180-2005 [S].

[3] 洪江市龙标酒店建设工程预应力施工方案 湖南望新建设集团股份有限公司洪江市龙标酒店建设工程项目经理部. 2018 年 11 月.

浅谈大体积混凝土温度控制与监测技术

汤彦武　宋维方　陈　猛　肖　广

湖南望新建设集团股份有限公司，长沙，410100

摘　要：在当前工业与民用建筑中，工程规模越来越大，基础结构形式也日趋复杂。高层建筑箱型基础或筏板基础都具有较大的钢筋混凝土底板，还经常会出现较大的深梁等，因此，大体积混凝土在施工中经常会出现。为此，本文通过株洲恒大悦珑台一期基础底板大体积混凝土温度监测和控制技术的使用，有效控制了裂缝，具有深刻的理论意义和广泛的实际应用。

关键字：混凝土；大体积混凝土；温度控制施工技术

伴随着经济的发展与科学技术的进步，建筑物的高度越来越高，规模越来越大，大体积混凝土的应用越来越普遍。如何在施工过程中采取有效措施保证大体积混凝土的质量显得尤为重要。大体积混凝土由于截面大、水泥用量大、内外温差大、温度收缩应力很容易导致钢筋混凝土产生裂缝。这种裂缝有表面裂缝和贯通裂缝两种，在不同程度上都属有害裂缝，因此要保证大体积混凝土的质量。

1　温控内容和措施

浇筑大体积混凝土时，为避免过大的温度应力、防止温度开裂，必须进行温度控制。温度控制的主要内容有：

（1）降低混凝土的最高温度和最大温升；

（2）降低混凝土内的温度梯度，使温度分布和温降尽量均匀；

（3）使混凝土内部温度变化按照预想目标发展。

为实现温度控制的目的及判别温控效果，一般将温度控制具体分为三大温差，并以此作为温控标准。三大温差即基础温差、上下温差和温度裂缝。

降低成型时混凝土的温度，主要措施有：（1）生产混凝土时，根据季节不同，须采用不同措施，提高或降低混凝土温度。尽量选择较适宜的气温浇筑混凝土，避开不利天气浇筑混凝土；运输工具如具备条件也应采取保温设施，以降低气候原因混凝土拌合物的影响。（2）在薄壁结构混凝土中埋设冷却水管，浇筑完成后，使用冷却水循环来降低混凝土内部温度。（3）设定合理拆模时间，拆模后及时对混凝土表面用养护剂或混凝土养护膜，及时覆盖保温被等。（4）改善混凝土约束条件，对大体积混凝土进行分割，设定合理且便于施工的施工缝，使混凝土温度有足够时间，交错释放水化热。（5）加强混凝土养护，常见的混凝土裂缝，大部分均是由不同深度的表面裂缝所引起的。所以，混凝土的保温对防止混凝土表面早期裂缝非常重要。混凝土的养护目的在于混凝土养护期内保持适宜的温湿条件，一方面使混凝土免受不利温、湿度变形的侵袭，防止有害的冷缩和干缩；另一方面使水泥水化作用顺利进行，以期在一定时间内达到设计强度和设计的抗裂能力。适宜的温度、湿度条件是相互关联的。

株洲恒大悦珑台一期基础底板混凝土浇筑是在10月份，中午温度已较高，各方慎重考虑后决定施工方案是用四台输送泵浇筑混凝土，每个混凝土布料点设三个振捣棒，主要利用晚上时间，用两个夜晚和一个白天（实际时间从第一天下午五点到第三天早晨九点半共约四十多个小时）浇筑完，大部分混凝土浇筑都避开中午时段，与此同时要求混凝土供应商做好温控措施。

2 温控点布置

（1）平面形状中心。

（2）中心对应的侧边及容易散发热量的拐角处。

（3）主风向部位。总之测温点的位置应选择在温度变化大，容易散热、受环境温度影响大，绝热温升最大和产生收缩拉应力最大的地方。

（4）测温点的竖向布置：一般每个平面位置设置一组 3 个，分别布置在混凝土的上、中、下位置，上下测点均位于混凝土表面 10cm 处，另外，在空气、保温层中各埋设 1 个测温点测量环境温度、保温层内的温度（图 1）。

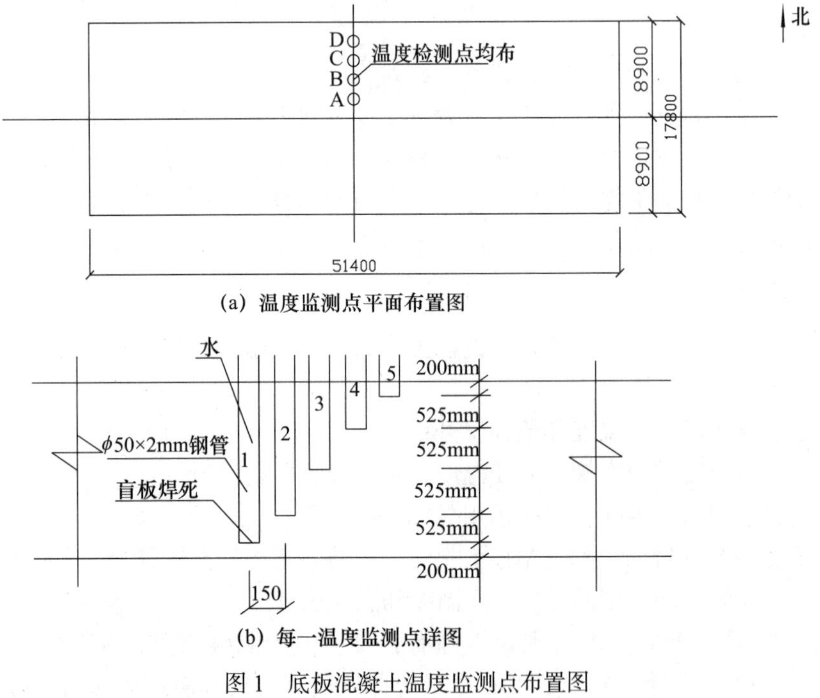

图 1 底板混凝土温度监测点布置图

3 温控监测

混凝土温度监测自 10 月 3 日凌晨 1 时开始，至 10 月 7 日下午 4 时，历时 110h，经过对收集数据整理分析，认为混凝土温度控制措施是有效的，达到了事前预期结果，主要体现在：

（1）绝对指标

①浇筑过程中，混凝土入模温度始终控制在 26℃以下，没有突破 28℃。

②监测到的最高温度为 69.6℃，出现在承台中心监测点的底部，出现时间为入模后 90h 左右，即浇筑的第 5 天，与预期结果相符。在 10 月 6 日温度基本达到峰值，10 月 7 时起开始逐渐下降。

（2）相对指标

混凝土养护环境温度（薄膜下）一般可达到 37 ～ 40℃，使用循环水浇筑混凝土表面，然后保温、保湿。

混凝土表面温度最高为60℃，内部同一点最高温度为69.6℃，内部与表面温差基本在8～10℃之间，表面与养护介质之间温度差最大21.5℃，小于25℃。

循环水的温度一般在47～53℃之间，水温与混凝土的温差一般在17℃以下，小于20℃。循环水管进出口温差基本在3℃以下，小于10℃，整个降温主要依靠循环水的流量指标实现。

混凝土温降小于每天2℃，通过调节循环水实现。

（3）温度监测的轨迹

经过现场换水监测，现有的降温措施效果是比较明显的。各点在入模后24h内温升明显，以后温升速率逐渐下降，符合图2中的一般规律。

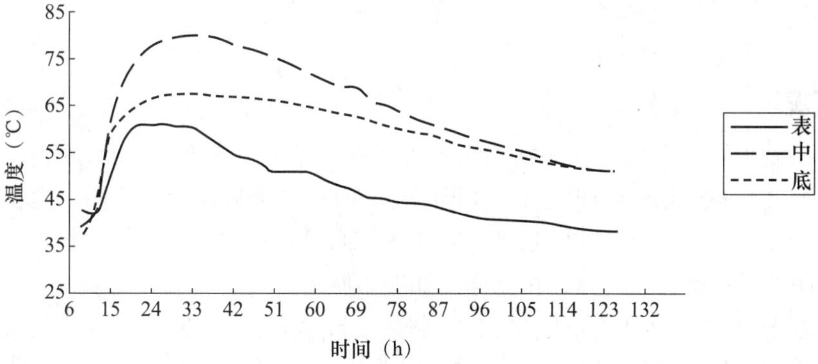

图2

综上所述，本次温度监控有效，在当前的条件下，是可以进行大体积混凝土浇筑的。需要注意的是，监控是一个动态过程，应注意环境温度的剧烈变化给混凝土养护带来的影响，随时加强措施以适应变化，满足事先设定的目标。主塔承台浇筑应吸取现有的成功做法，注意对混凝土的保温、保湿。

4　结语

综上所述，本次温度监控有效，在当前的条件下，是可以进行大体积混凝土浇筑的。需要注意的是，监控是一个动态过程，应注意环境温度的剧烈变化给混凝土养护带来的影响，随时加强措施以适应变化，满足事先设定的目标。

大体积混凝土施工是一个系统工程。不仅要有技术措施，而且还要有组织措施和管理措施，以保证施工处于受控状态；浇筑时应建立由施工、监理、甲方等多方共同组成的现场质量保证体系机构，这对保证混凝土的浇筑质量和连续施工有很好的作用；后期的监测、养护最为关键，在时间、人员、材料、设备上一定要予以保证。

参考文献

［1］ 大体积混凝土施工技术研究与分析［J］. 黑龙江交通科技，2010，12.

［2］ 浅析大体积混凝土温度控制技术［J］. 维普资讯. 2017-09-30.

［3］ 株洲恒大悦珑台一期基础底板大体积混凝土施工方案. 湖南望新建设集团股份有限公司株洲恒大悦珑台项目经理部，2018年5月.

南岳电视塔钢结构深化设计与研究

宋松树　陶湘涛　刘华光　宋继武

湖南望新建设集团股份有限公司，长沙，410100

摘　要：钢结构铁塔的深化设计涉及的影响因素较多，但深化设计方案一方面需综合考虑铁塔结构的安全可靠、施工便捷、另一方面也要满足共享要求，符合经济效益条件。本文简要分析南岳电视塔钢结构深化设计及选型方法，供施工技术人员参考。

关键词：电视塔设计；连接形式

1　工程概况

南岳调频发射塔工程位于南岳衡山上封寺东侧，结构总高度 115m，新建电视发射塔由发射机房底座（混凝土结构）和发射塔（钢结构）两部分组成；为集广播、电视发射，节目传送，卫星接收于一体，兼具建筑景观等功能的综合性广播电视发射塔。该塔结构设计外形流畅具有鲜明的时代特色，塔体建筑立面图如图 1 所示。

发射塔塔身结构为钢结构空间格构式形式，分塔塔身、井架、装饰球、天线桅杆四部分，所有构件通过螺栓进行连接。钢结构主体总从楼顶 11.3m 开始，总高度 115m，具体的结构总图如图 2 所示。

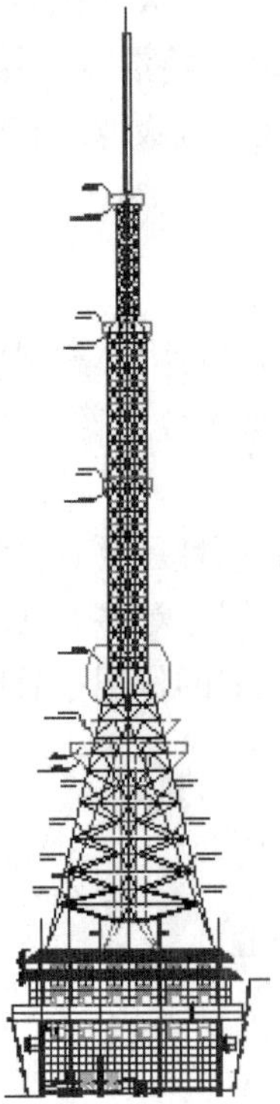

图 1　发射塔建筑立面图

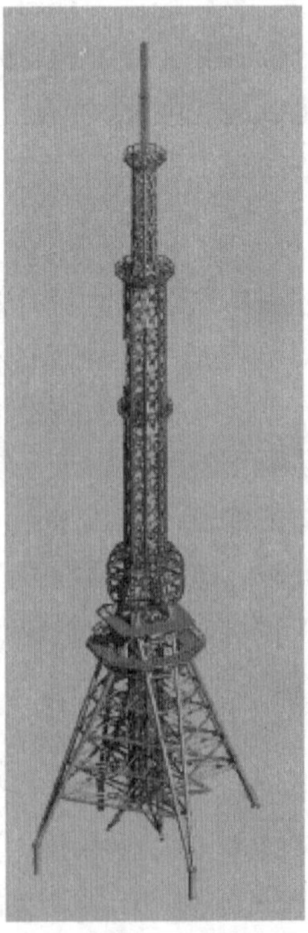

图 2　发射塔整体结构图

2　结构形式深化设计

2.1　塔身结构形式

塔身位于建筑塔下机房的屋顶，总高度 36m，为四边形塔桅钢结构，分为外塔架和井架两部分。塔架四根塔腿的钢柱从地面以“Y”字形分成两根钢柱一直延伸到 36m，在空间立面形成了八面的立体结构，并在 36m 处，8 根钢柱分别与相邻钢柱相交在一起，形成四边形平面结构形式。塔身内部为井架结构，井架由 8 根垂直于地面钢管柱组成的正八边形结构，钢柱之间通过横斜杆连接起来。外塔架与井架之间通过隔面构件连成一体。塔身样式图如图 3 所示。

2.1.1　塔身钢柱与基础预埋锚栓的连接形式

塔身基础预埋钢柱定位和连接对整个塔体的安装精度至关重要。本工程采用了两种基础形式，外塔柱四根钢柱基础采用基础承台内预埋钢柱的基础锚栓结构形式，预埋钢管深度为 4.28m，钢管规格为 $\phi930\times30$。井架钢柱基础采用预埋锚栓结构形式，埋置深度为 –2m。具体的连接形式如图 4 所示。

井架钢柱基础采用预埋锚栓形式，由四根 ϕ48mm 螺栓组装在一起，埋置深度为 2m，具体的连接形式如图 5 所示。

图 3　塔身外塔架结构形式

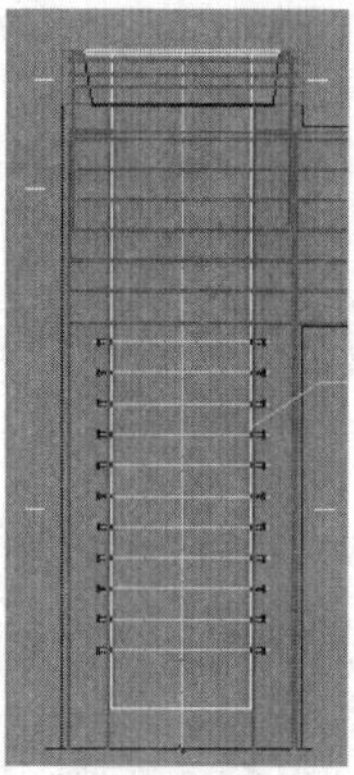

图 4　外塔架基础立面埋设图

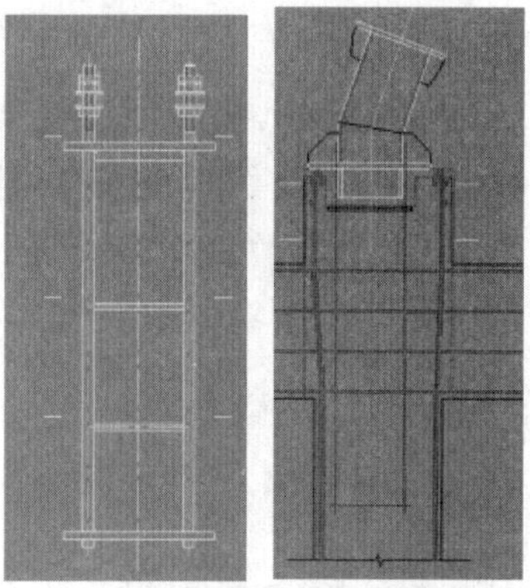

图 5　井架钢柱基础连接形式

2.1.2　塔身外塔架连接形式

塔架立面结构连接形式：塔身外塔架立面共有两种形式，“Y”立面形式和三角形立面形式。立面钢柱之间通过横杆及部分斜杆进行连接，立面具体的结构形式如图 6 所示。

图 6　塔架立面连接形式

塔架立面节点形式：塔架立面钢柱与横杆、斜杆连接形式主要为法兰连接，连接的主要形式如下：

（1）“Y”形节点形式。该节点形式为塔架底部钢柱的一种节点，样式如图 7 所示。

（2）横杆连接形式：外塔架钢柱立面共设置有 8 层横杆，钢柱与横杆之间通过法兰连接，具体的连接形式如图 8 所示。

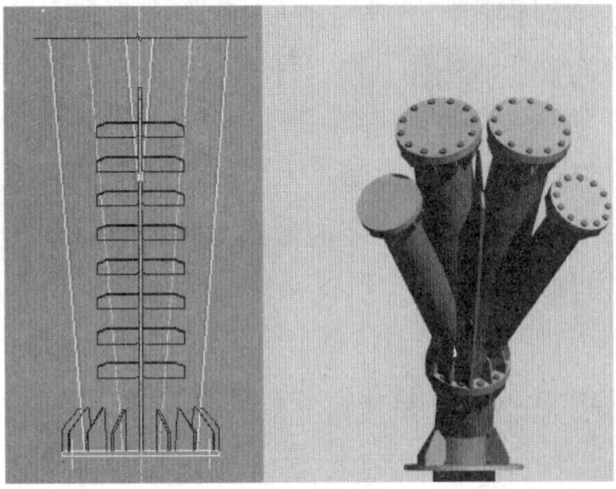

图 7　“Y”形节点形式

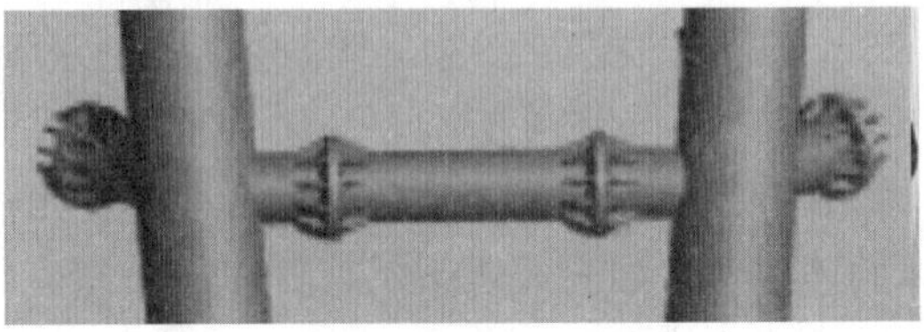

图 8　横杆连接形式

（3）斜杆节点形式：在塔架 34.4 ～ 40.55m 高度，塔架立面结构腹杆由横斜杆组成，横斜杆之间通过法兰进行连接，连接形式如图 9 所示。

（4）隔面构件连接形式：在每层横杆部位，沿钢柱及横杆节点设置上下两道斜撑，隔面构件将塔身和井道连接在一起，采用夹板的形式连接，连接的样式图如图 10 所示。

图 9　斜杆节点形式

图 10　隔面构件连接形式

2.2　井架结构形式

井架是由 8 根钢柱组成的正八边形结构形式，钢柱之间设置有横杆和斜杆，井道内设置走梯、隔面。井架的总体结构形式如图 11 所示。

2.2.1　井架主体结构形式

井架立面分两种结构形式，第一段高度为 4.2m，为变坡段，结构形式同外塔架类似，钢柱为 $\phi351\times14$ 钢管，斜杆为 $\phi245\times12$。4.2 ～ 36.5m 为正八边形结构形式，由 8 根钢柱及横斜杆连接而成，钢柱为 $\phi351\times14$ 钢管，斜杆为 $\phi114\times5$ 钢管，横杆为 HM194*15086*9，立面的具体形式如图 12 所示。

2.2.2　井架节点形式

（1）井架钢柱之间通过法兰连接，具体的连接形式如图 13 所示。

（2）井架横杆为 H 形钢梁，钢柱通过节点牛腿与横梁相连，腹板及翼缘板均采用节点连板的形式进行连接，连接样式如图 14 所示。

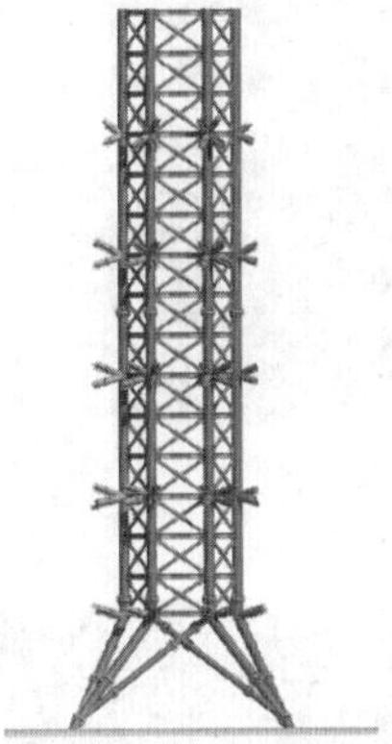

图 11　井架结构形式

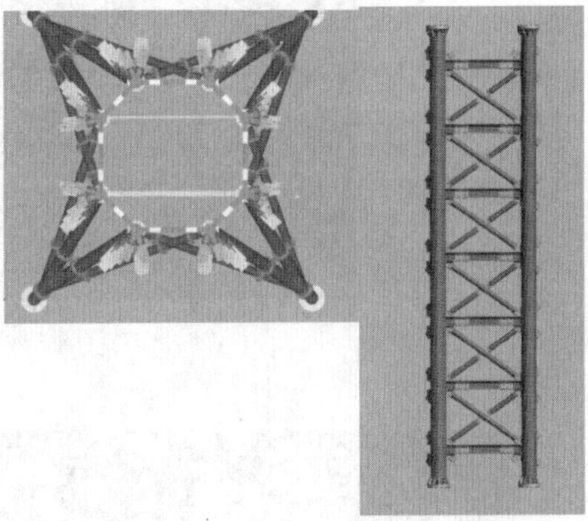

图 12　井架主体立面结构形式

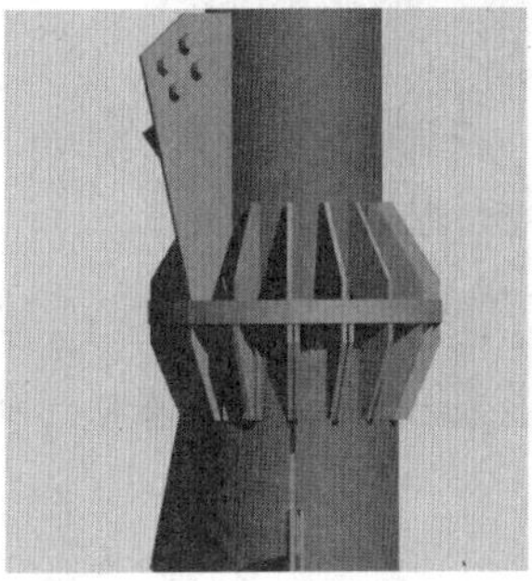

图 13　井架节点形式（1）

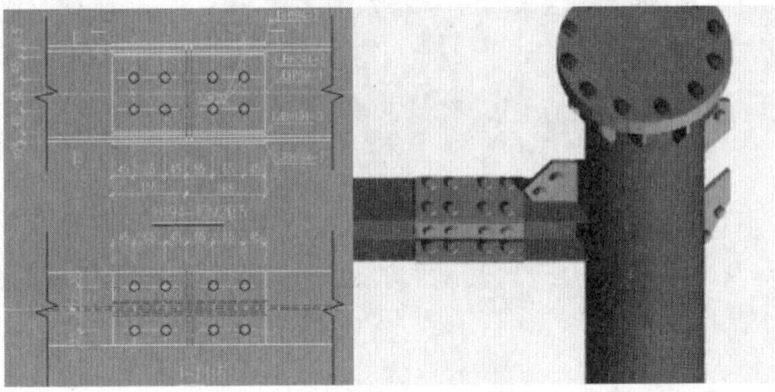

图 14　井架节点形式（2）

（3）井道斜杆

为 X 形连接形式，斜杆之间及斜杆与钢柱之间均采用 U 形板连接形式进行连接，连接形式如图 15 所示。

图 15　井架节点形式（3）

（4）井道隔面连接形式：井道隔面横梁为 H 形钢梁，连接形式为腹杆采用连板连接，翼缘板焊接的形式。具体的连接形式如图 16 所示。

（5）井道内走梯结构形式是在井道内设置沿井道柱一周的环形走梯，走梯的结构形式如图 17 所示。

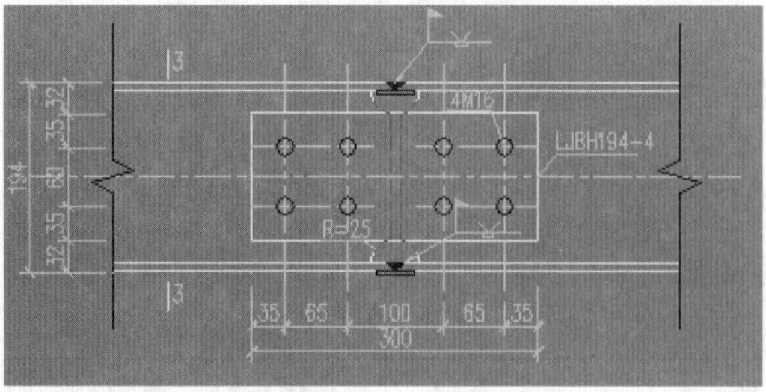

图 16　井架节点形式（4）

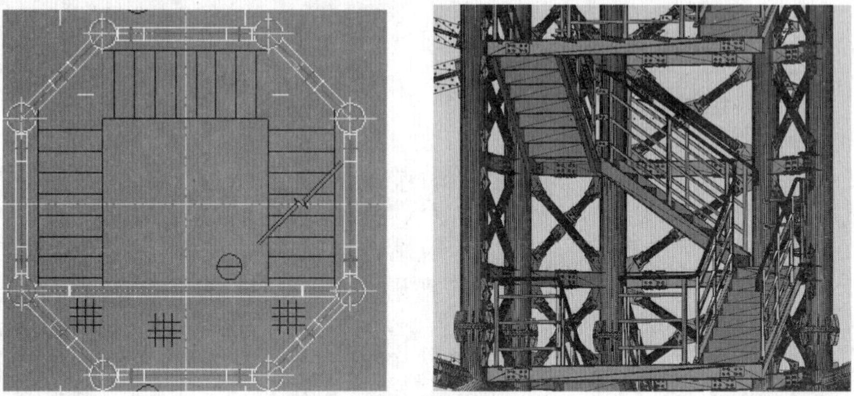

图 17　井架节点形式（5）

2.2.3　塔架过渡段结构形式

塔架过渡段位于标高 40.55 ～ 47.05m，该部分结构形式复杂，空间节点繁多，该结构从四边形结构形式转换成八边形结构形式，过渡段结构形式如图 18 所示。

图 18　塔架过渡段结构

2.3　装饰球结构概况

装饰球位于标高 42.5 ～ 50m、为简易塔楼结构，该部分装饰球仅作为装饰球体，不具有实际功能。装饰球共有五层，每层均通过悬挑水平结构组成，在底层和最上层设置有斜支撑对水平构件进行支撑。相邻两层之间的水平横杆之间通过斜杆连接成整体，装饰球的整体样式图如图 19、图 20 所示。

图 19　装饰球立面三维样式图

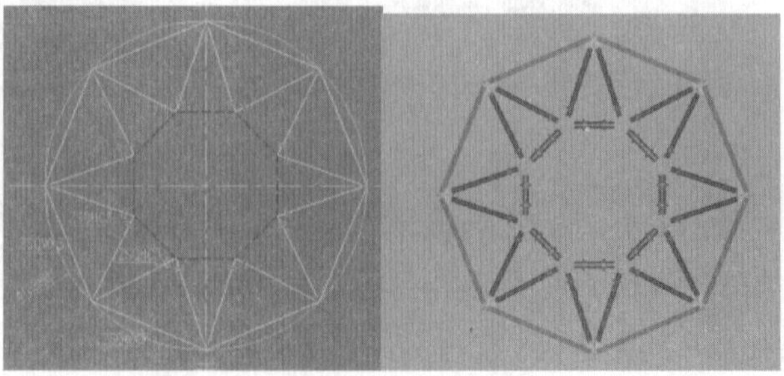

图 20　装饰球平面结构示意图

2.3.1　装饰球水平横杆连接形式

装饰球横杆为 $\phi159\times8$ 钢管，与塔柱之间采用法兰连接，悬挑端由 U 形插板连接，具体的节点连接形式如图 21 所示。

2.3.2　装饰球环梁连接形式

装饰球环梁由 2 根 25B 槽钢组装而成，与装饰球的水平横杆通过连板连接成一个整体，具体样式如图 22 所示。

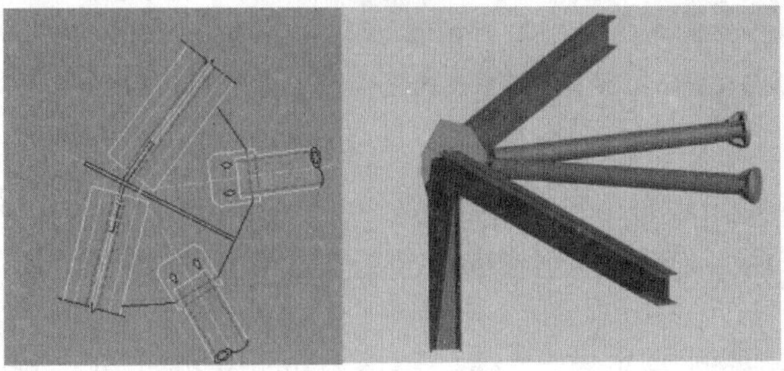

图 21　H 形钢梁节点形式图

图 22

2.3.3　装饰球立面斜撑连接形式

装饰球立面分为斜撑和竖向支撑两种形式，两种结构均为钢管结构，具体的样式图如图 23 所示。

2.4　桅杆结构概况

桅杆段标高从 47.05 ～ 126.3m，总高度为 79m，共分为三段，从 47.05 ～ 89.5m 结构形式为垂直于地面的正八边形钢管结构，其外接圆直径为 5266mm；从 89.5 ～ 105.05m，结构形式为垂直于地面的正八边形钢管结构，其外接圆直径为 3136mm；最顶端桅杆段为箱型柱结构形式，总长度 19.8m，共分三段。塔桅整体结构形式如图 24 所示。

2.4.1　桅杆段立柱连接形式

桅杆段为正八边形钢管结构，边宽为 2m，钢管柱规格 $\phi426\times14$ ～ $\phi530\times16$。钢柱之间为法兰连接形式。连接形式如图 25 所示。

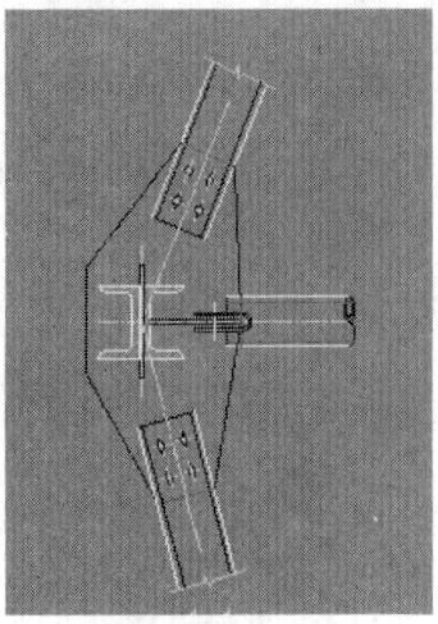

图 23

图 24　桅杆整体结构形式图

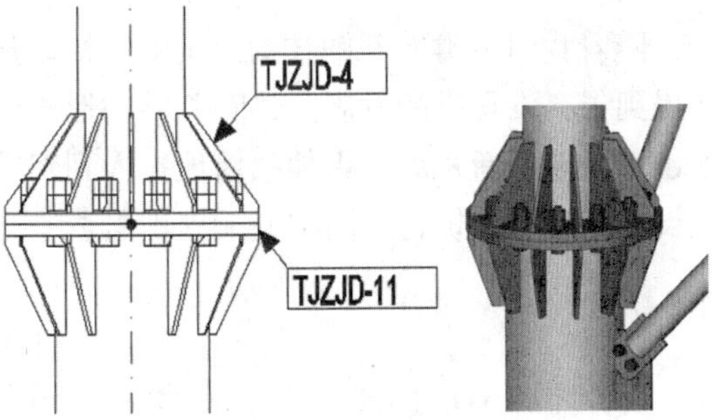

图 25　桅杆段钢柱连接示意图

2.4.2　桅杆段横斜杆连接形式

桅杆段横斜杆主要为钢管受力结构形式，节点处采用 U 形插板进行连接。具体的连接形式如图 26 所示。

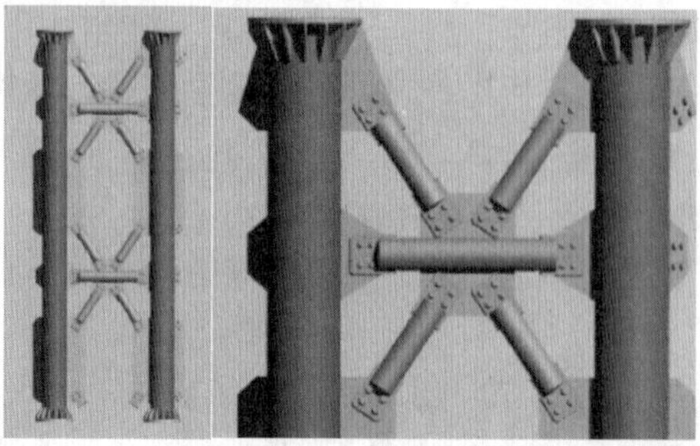

图 26　桅杆横斜杆 U 形插板连接形式图

2.4.3　隔面连接形式

在天线段从 47.05 ～ 89.5m，每隔 3m 设置一层内隔面，从 89.5 ～ 105.05m，每 2m 设置一层隔面；隔面为钢管结构形式，采用 U 形插板与钢柱进行连接，隔面的形式如图 27 所示。

2.4.4　桅杆段为箱型柱结构形式

总长度 19.8m，共分三段，第一段箱型柱长度为 7.6m，规格为 B950 × 30；第二段箱型柱长度 7.33m，规格为 B850 × 30，第三段箱型柱长度 4.92m，规格为 B850 × 30。由于该箱型柱构件质量较大，需要在深化设计阶段对箱型柱进行分段，将构件质量控制在 4t 以内，箱型柱之间通过法兰进行连接，具体的结构形式如图 28 所示。

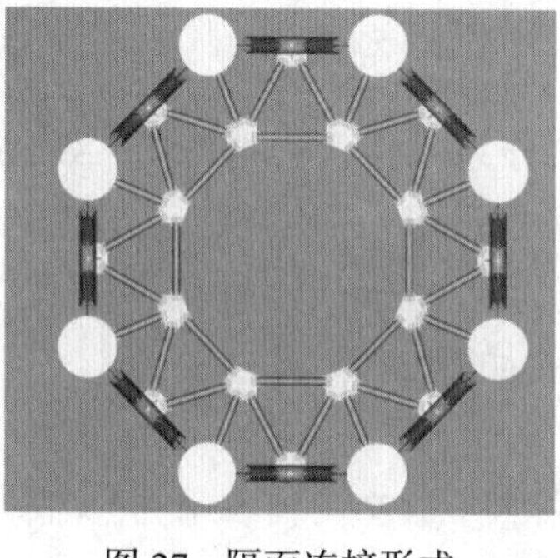

图 27　隔面连接形式

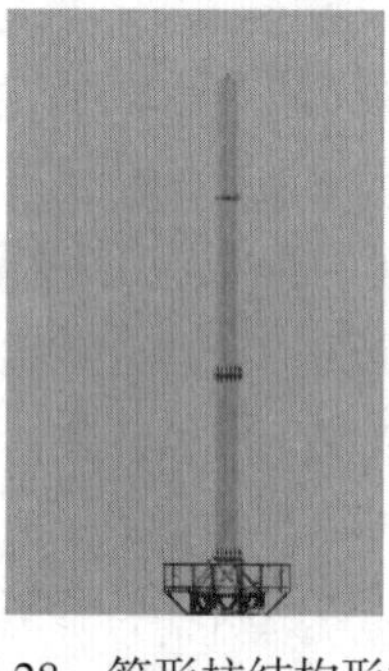

图 28　箱形柱结构形式

3　结束语

随着我国各类大型钢结构建筑的大批量建设，大空间、大跨度、超高钢结构的设计水平均得到了突飞猛进的发展。伴随着结构形式的多样化、复杂性发展趋势，各类先进的软件技术也不断地更新发展，更加频繁地投入到建筑结构设计中。通过南岳电视塔项目的钢结构深化设计的总结分析，为同类型工程积累了一定的设计经验，有一定得借鉴价值。

参考文献

［1］ 解析钢结构铁塔的标准化设计. 中国民航机场建设集团公司［R］. 2013，5.

［2］ 陆同为. 浅析钢结构通信铁塔的改造设计［R］. 2015.

［3］ 湖南望新建设集团股份有限公司南岳电视塔项目经理部. 南岳电视塔安装施工方案［R］. 2018，10.

某高层建筑墙体裂缝原因分析及研究

刘月升　李达卿

湖南望新建设集团股份有限公司，长沙，410000

摘　要：本文基于某高层建筑剪力墙和填充墙裂缝的发生，通过理论分析、试验研究和工程实践进行了裂缝机理和原因分析，并提出了处理意见，成功地解决了施工中的技术难题，可供参考与选用。

关键词：裂缝机理；温度裂缝；结构裂缝

1　引言

（1）某高层33层13轴交B-D轴客厅剪力墙和卧室剪力墙裂缝，斜裂缝长约2.7m左右，裂缝宽度＜0.3mm，呈45°倾角，已贯穿墙体。

（2）33层12轴交A-B轴阳台填充墙内出现一条60～70cm的斜裂缝，裂缝宽度＜0.3mm。

2　墙体裂缝机理与原因分析

（1）混凝土由原材料水泥、砂、石子、水、粉煤灰、矿粉及外加剂组合而成，其密度大于每一种单体材料，且每1kg水泥还要释放500kg的热量，导致混凝土的温升，在混凝土内部可高达80℃以上，造成混凝土结构内部与表面存在温差，温差越大拉应力越大，一旦超过混凝土极限拉应力就会开裂。这种由于温度升降引起的收缩称之为温度收缩。

（2）所有混凝土结构或构件都会存在约束，约束限制混凝土的收缩，因而产生收缩拉应力，如果拉应力过大或超过混凝土凝结硬化时的极限拉应力（混凝土凝结硬化过程的极限拉应力是一个变量，随着时间的推移，这个量的变化趋于平缓直到稳定），混凝土的抗拉强度极限约为抗压强度的1/10，在凝结硬化过程中还远小于这个值。

（3）由于混凝土材料的不均匀性，裂缝常常出现在最薄弱的截面，对于两端受约束的构件，如果构件一旦出现裂缝，就会很快发展，直到断裂出现通缝，此时构件内的应力可能全部消除，如果构件很长，在没有消除应力的地方可能同样会出现裂缝。对于底部受约束的情况，裂缝将首先在中间截面底部附近出现并向上发展。混凝土一旦开裂，裂缝继续发展所需的拉应力要比引起初始开裂的应力低很多，所以在 L/H 稍大的构件中，中间截面很容易整个断裂，但这并没有使整个构件的约束得到释放；在断成两段后，每一段在其底部仍受到约束，因此仍有可能在每段的中间裂开，如图1所示。

（4）某高层33层13轴交B-D轴剪力墙裂缝正是由于施工期间屋面温度变化导致剪力墙混凝土产生拉应力，加上该构件受上、下、左、右屋面楼板及墙体与柱的边界构件的制约，因此裂缝长度只发展到2.7m，没有全部拉通。在温度变化时，温度产生的拉应力大于混凝土的内应力，因此属于温度裂缝（图1）。

（5）12轴交A-B轴填充墙裂缝是由于填充墙一次砌筑过高和挑梁挠度变化所产生的斜裂缝。该裂缝从填充墙的根部伸向悬挑梁的端部，这是一个正常的结构裂缝（图2）。

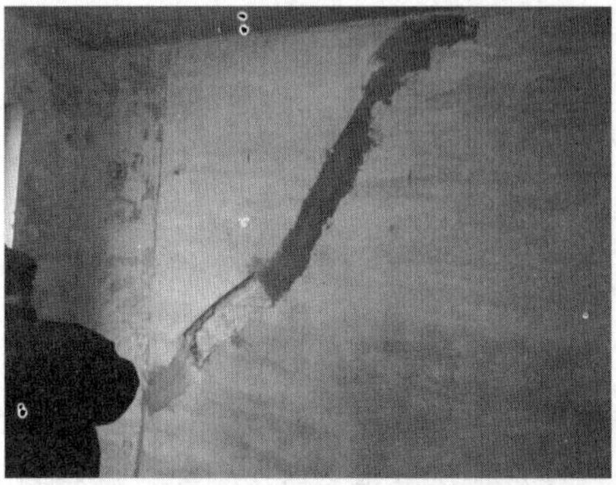

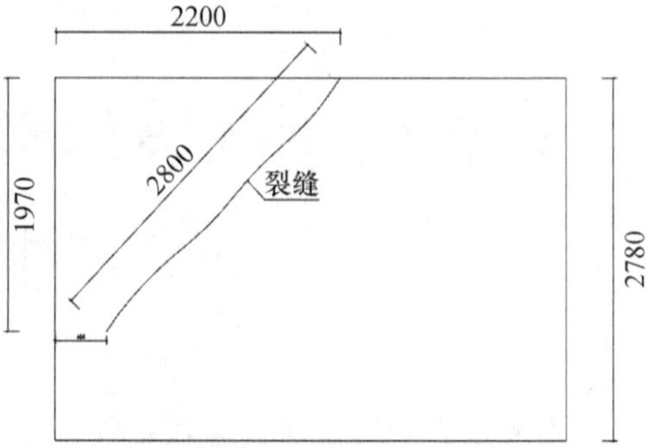

卧室墙面裂缝立面示意图

图 1　13 轴交 B-D 轴剪力墙裂缝

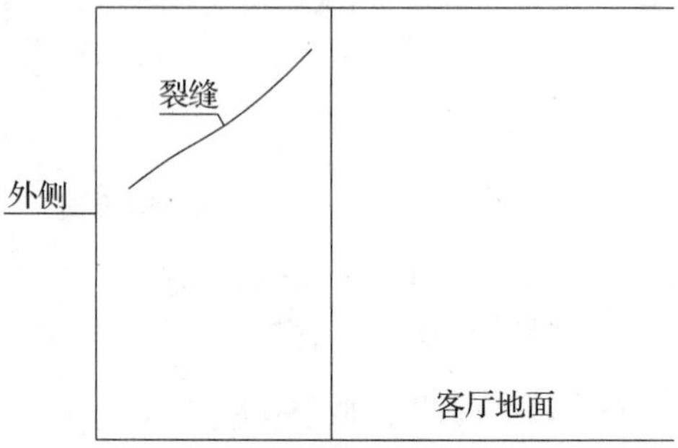

阳台填充墙裂缝立面示意图

图 2　12 轴交 A-B 轴填充墙墙裂缝

3　温度裂缝的防治措施

（1）降低水化热及释放速度

减少水泥用量，掺加适量的粉煤及矿料，采用低热水泥，这些都能降低水化热。普通硅酸盐水泥的水化热值约为 380kJ/kg，而矿渣水泥的水化热约低 40kJ/kg 左右，一般混凝土的比热约为 1kJ/（kg · K）。

用粉煤灰、矿渣等矿物掺合料取代部分水泥可以明显减少水化热，对早期混凝土防裂有重要作用。

（2）降低混凝土的浇筑温度

降低混凝土的浇筑温度对于提高硬化混凝土的 28d 强度和防止收缩开裂都有很大的好处，温度宜控制在 18 ～ 25℃。入模温度增加时，水化热释放速度加快，升温速度加剧造成的负面影响是多方面的：

①混凝土的用水量随之增加，否则不能满足原有的坍落度要求；

②坍落度损失增快，增加了工地现场加水的可能性；

③凝结时间加长，导致输送、抹面、养护上的困难，并增加施工缝成为冷接缝的可能性；

④使混凝土水分蒸发加快，塑性开裂的可能性增加；

⑤含气量的控制趋于困难。

（3）控制散热过程并防止混凝土表面的温度骤然变化，为防止温度的骤然变化混凝土冷却时的降温速度不宜超过 0.5 ～ 1 ℃ /h，否则就很有可能开裂。

（4）加强混凝土浇筑过程控制

①科学地安排施工工期与进度计划，合理地确定浇筑时间；

②混凝土浇筑完成后，如果没有达到强度的标准值，则施工时就不能进行板面作业和堆放材料。

③在浇筑混凝土时，必须安排护筋人员，对施压变形的罩筋或面筋进行修复，尤其注意楼板容易开裂的角部；

④为确保混凝土连续浇筑，施工作业人员应将浇筑的路线考虑充分，板面浇筑时必须用马凳铺设好临时道路；

⑤及时对浇筑后的构件表面覆盖塑料薄膜进行养护。

4　裂缝处理

以上两处裂缝均位于房屋顶层的局部剪力墙和填充墙，且裂缝的宽度小于 0.3mm，不会影响结构安全使用，但影响建筑物的观感质量，如不采取措施加以处理，则会进一步扩展引起混凝土的承载力、耐久性大幅度下降，甚至威胁建筑的安全，因此须对该裂缝进行处理。

（1）在抹灰层的表面沿裂缝开展处，采用切割机沿裂缝两侧各切 150mm 宽，然后凿除到剪力墙结构表面。

（2）用清水冲洗切槽内的灰尘后，采用 $\phi 0.65$ 的钢丝网 300mm 宽沿裂缝进行铺贴，确保钢丝网与结构墙的空隙距离为 5mm 以上。

（3）采用 1∶2.5 的水泥砂浆内掺 8%UEA 膨胀剂进行压实抹平。

（4）通过该表面处理方法，经过两个月的观察，没有发现裂缝的再发展，合理地解决了业主所担心的一切问题。

5　结束语

总之，随着社会经济的快速发展，人们对房屋的质量要求越来越高，房屋工程的质量必须满足用户的要求。但受到目前施工技术、施工中原材料以及浇筑时施工工艺等各种原因影响，导致最终工程质量不理想，造成某些墙体、楼板产生裂缝，给住户带来许多使用功能方面的问题。因此，我们在施工过程中只有严抓质量管理，不放过任何影响结构质量的因素，才能减少混凝土裂缝的发生。

超高大跨盘扣式支模架拆除新技术

许　霆　皮远明　李　诚　张治锋

中建五局第三建设有限公司，长沙，410004

摘　要： 为了缩短工期和加快模板周转速度，长沙伟创力 101 号生产厂房施工项目中创新性地采用了一种超高大跨盘扣式支模架拆除新技术。理论和实践证明，该技术不仅节省了材料和时间，而且具有足够的可靠性，值得推广应用。

关键词： 支模架；拆除；盘扣式；超大跨

通常，混凝土浇筑完毕，其强度等级达到规定值，模板支架即可拆除。一般遵循“先搭后拆，后搭先拆”原则，从顶层开始，逐层向下进行。这样既可保证模板拆除的顺利进行，也可确保架体拆除的安全性。然而有些工程，工期紧、跨度大、层高高，若仍先从可调托座拆除，然后拆除梁板模板，再逐层拆除盘扣支模架，将会降低模板的周转使用，增加施工作业的难度，导致工期延长。

长沙伟创力 101 号生产厂房施工项目中，工程人员在传统的拆除技术上大胆创新，采用了一种降低底座分区段拆除超高大跨盘扣式支模架的施工技术。该技术相比传统方法降低了拆除梁板模板及顶托难度，加快了拆模速度，缩短了模板周转周期，减少了拆架工序，提高了拆除效率，一定程度上节约了工期，取得了一定的经济效益和社会效益。

1　工程概况

长沙智能终端产业双创孵化基地项目（一期）位于长沙市望城经济开发区，内含数个建筑单体，其中 101 号生产厂房 127748.75m^2。根据生产厂房的施工图纸，一层夹层、二层、三层和屋面（一）模架搭设高度分别为 5.7m、10.2m、6.0m、5.85m、3.5m、6.0m，最大板厚为 160mm，最大截面梁为 400mm × 1100mm、500mm × 1300mm、400mm × 1300mm。其中二层梁板支模架属于超大跨模板支撑体系。101 号生产厂房盘扣式支模架整体布置如图 1 所示。

图 1　101 号生产厂房盘扣式支模架整体布置图

［作者简介］许霆（1990—），男，湖南邵阳人，硕士研究生，工程师。

2　技术方案原理概述

本技术方案是基于可调底座的盘扣式支模架，该支模架特点是承载力高、稳定性好、搭拆灵活。搭设时，盘扣式支模架大间距布置，以减少杆件数量，增大施工空间，加快搭拆速度。拆除时，采取分区段划分，在高宽比不大于3的情况下，拆除区段与区段外的连接横杆，使其组成一个独立区域，保证依次有序地拆除。在每个区段，将可调底座降低50～100mm，使梁板模板间留有50～100mm空隙，工人不必降低顶托则可利用其间隙拆除模板，加快施工速度。

3　技术方案验算

由于本技术方案中盘扣式支模架采用大间距布置，其节点的可靠性是承受荷载的关键，整体的稳定性是正常使用的保证。为了确保该技术方案的安全可靠，本文使用ansys软件对盘扣式支模架的节点受力和整体受力分别进行了验算。

3.1　轮盘节点验算

本工程中盘扣式支模架的连接盘厚度为9.5mm，材质为Q345B钢，承受剪切荷载，计算结果满足单个轮盘抗剪切受力不大于40kN，其等效应力和剪切应力均小于材料的许用应力值。计算结果如图2、图3所示。

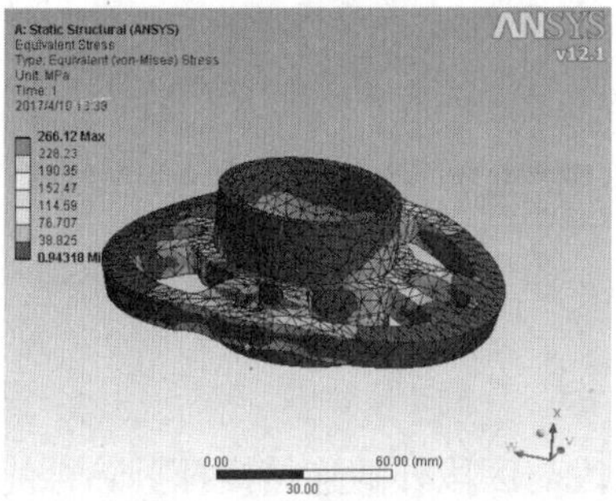

图2　连接盘等效应力图

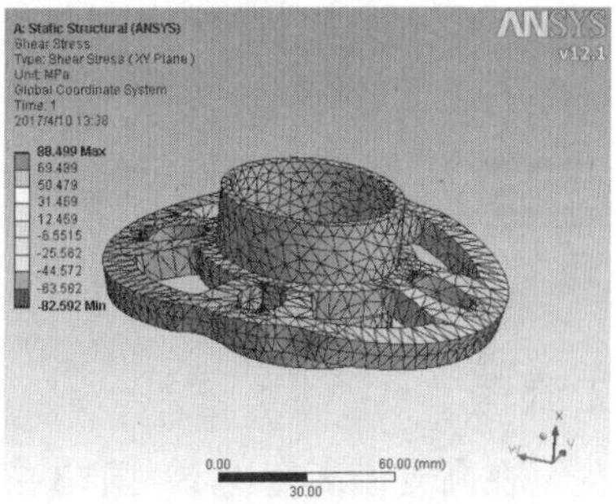

图3　连接盘剪切应力图

横杆铸钢头为35号钢，采用蜡模精铸，参照biljax公司产品承载实验，给铸钢头施加25kN拉伸载荷，各部件危险截面处应力和变形如图4、图5所示，其等效应力和等效变形均满足要求。

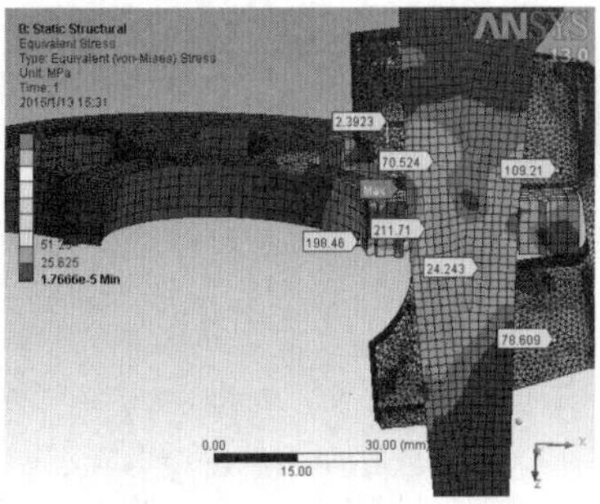

图4　铸钢头等效应力图

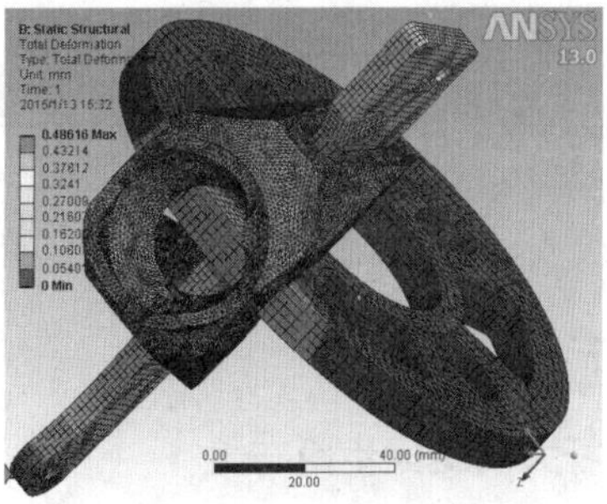

图5　铸钢头等效变形图

因此，轮盘节点的抗剪强度及抗拉强度满足设计要求。

3.2 盘扣式支模架整体验算

盘扣式支模架的钢管采用beam188单元模拟，立杆截面尺寸为D60.3mm × 3.2mm，横杆截面尺寸为D48.3mm × 2.5mm，其弹性模量为2.06 × 10^5MPa，密度为7850kg/m^3，泊松比为0.3，材料屈服强度为345MPa。横杆和立杆之间的约束为刚接，立杆底部的约束为铰接，计算模型如图6所示。

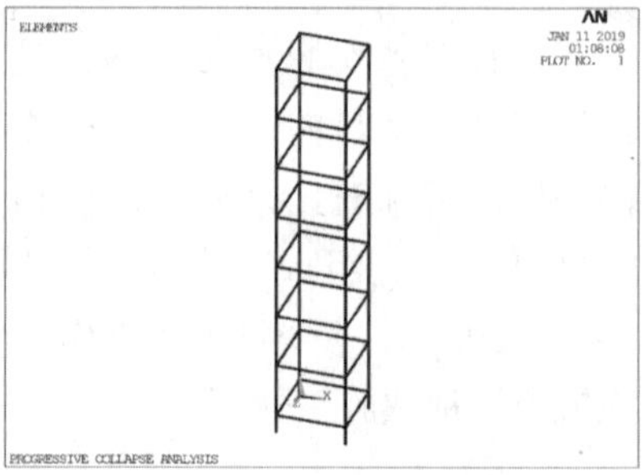

图6　结构计算模型

通过位移加载控制，模拟实际拆除过程中杆件的下降，分析结果表明：当释放三根立杆的竖向约束后，施加70mm竖向位移时，各杆件内力最大值约为287MPa，位于与未下降立杆相连的横杆杆端，结构性能满足要求。结构竖向位移、等效应力分别如图7、图8所示。

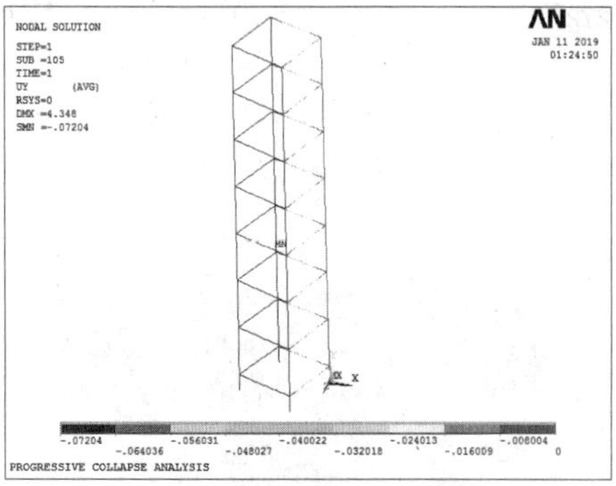

图7　结构竖向位移

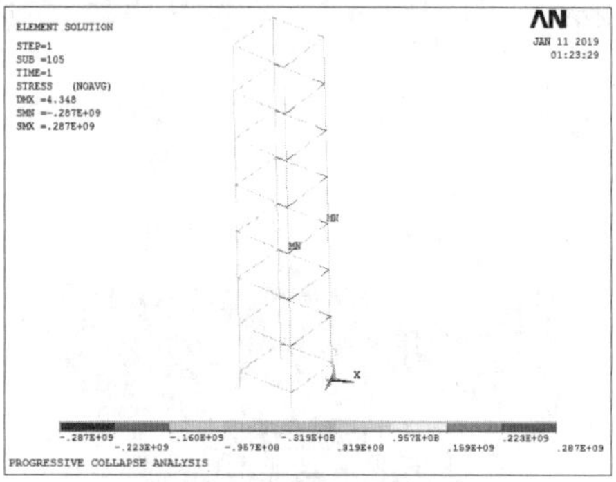

图8　结构等效应力

4 施工流程

首先，在高支模高宽比不大于3的情况下，将区段与区段外的连接横杆拆除，使其具有独立性，然后将盘扣架可调底座降低50～100mm，整个支模架与模板具有50～100mm间距，再拆除梁板模板，最后由上而下拆除盘扣架。拆除流程如图9所示。

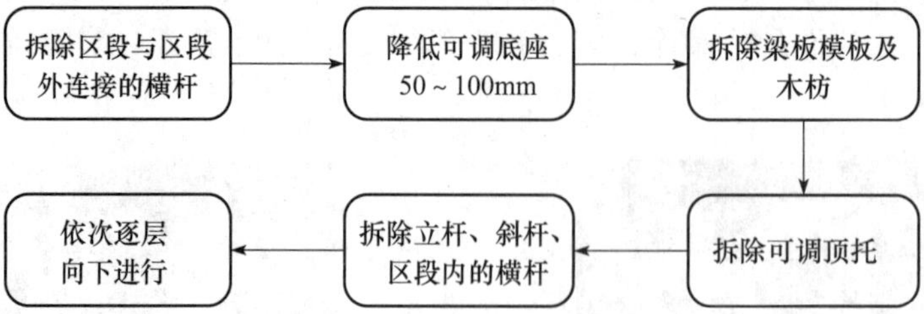

图9　拆除施工流程图

5 施工技术要点

5.1 立杆大间距大步距布置

壁厚6mm的盘扣架立杆较传统的支模架空间性大，安全性好，承载力强（单只立杆的允许承载力可以达到8～9t，极限破坏约16～18t）。根据承载力计算，立杆最大间距可达到3m，步距达到2m，如图10所示。相对传统支模架小间距、小步距，拆架体时可减少拆架的频率，加快拆架速度，为工程建设赢得宝贵时间。

工人在技术交底后，按交底情况在混凝土面上放线放点，按点位摆放底座，树立杆，连接横杆插销，固定立杆间距。

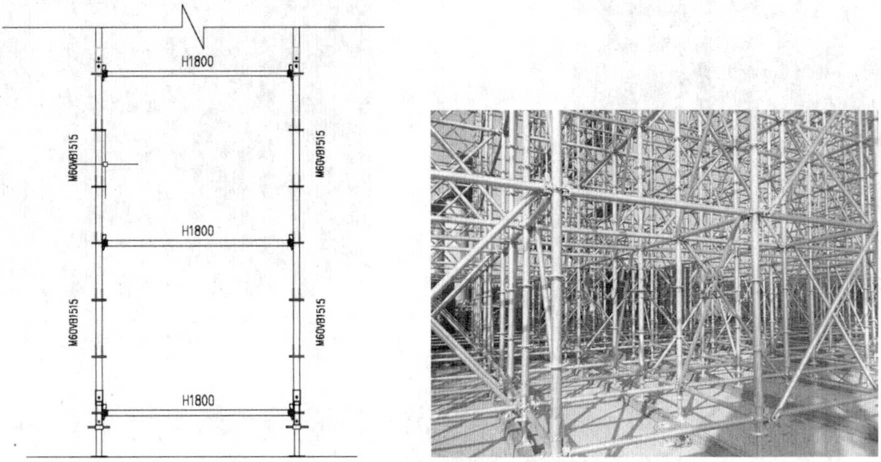

图 10　大间距、大步距布置盘扣式支模架

5.2　分区段划分

本技术方案可采取分区段划分，依次拆除，保证拆除有序、拆除合理。在高宽比不大于 3 的情况下，拆除区段与区段外的连接横杆，使横向和竖向后浇带组成一个矩形区域，每个区域形成一个独立的整体，如图 11、图 12 所示。

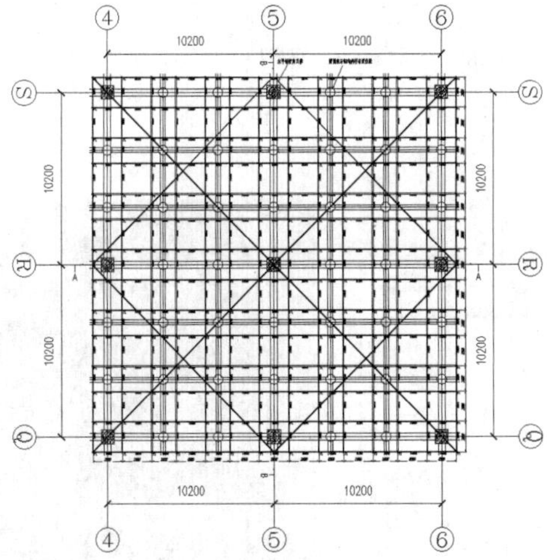

图 11　区段盘扣架平面图

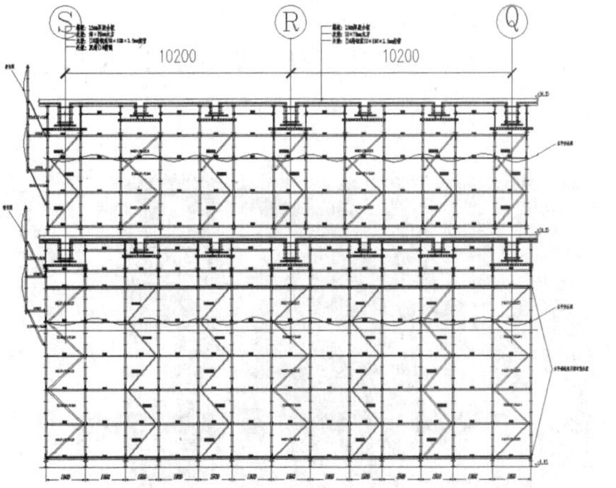

图 12　区段盘扣架立面图

5.3　降低可调底座

如图 13 所示，架子工用铁锤将该区段的可调底座敲低 50 ～ 100mm，使盘扣架整体垂直降低，与梁板模板间有 50 ～ 100mm 空隙。其高支模上中下布置 3 道水平网，在垂直降低过程中避免坠物。

5.4　便捷拆除模板

架子工经过专业培训且有特种作业证，带上“安全三宝”爬至架子顶部，无需敲低顶托，利用 50 ～ 100mm 的间隙拆除模板，加快模板周转速度，降低作业难度，如图 14 所示。

图 13　降低可调托座至 50 ～ 100mm

图 14　木工边拆模板边拆架子

5.5　手动葫芦吊运盘扣式支模架材料

梁板模板拆除完毕，手动葫芦采用化学锚栓锚入框架梁内。架子工由上至下拆除盘扣支模架，并将盘扣支模架的材料放置手动葫芦吊运的料斗内，随装随运，可减少架体上的荷载，保证安全性。

5.6　设置临时柱模固结点

柱模板应与作业区段支模架通过钢管扣件进行固定，从而在拆架时增强架体的稳定性。架体周圈外侧和中间有结构柱的部位，每个框架柱按水平方向上 3m 间距与支模架体设置一个柱模固结点，如图 15 所示。

5.7　后浇带处预留

拆除支模架时，后浇带处架体须预留，为保证架体稳定性，预留架体高宽比不大于 3，如图 16 所示。后浇带处架子拆除如上述方法。

图 15　临时柱模固结点

图 16　后浇带处预留

6　结语

本文介绍了一种超高大跨盘扣式支模架拆除新技术。通过 ansys 软件分别对轮盘节点、支模架整体进行受力分析，验证了该技术方案是安全可靠的。该技术已在长沙伟创力101号生产厂房施工中成功应用，它解决了超高大跨盘扣式架整体降落的难题，减少了施工难度，适用于跨度大、高度高、承载力大的盘扣支模架拆除以及模板快拆体系，尤其是工期紧，楼层高的工业建筑。相比传统的施工方法，其节约了人工费、实体材料的投入，提高了安全系数及施工效率，为今后架体拆除提供一个参照，具有较大的社会效益和经济效益。

参考文献

［1］中华人民共和国行业标准. 建筑施工承插型盘扣式钢管支模架安全技术规程：JGJ 231—2010［S］. 北京：中国计划出版社，2010.

［2］中华人民共和国住房和城乡建设部. 建筑施工临时支撑结构技术规范：JGJ 300—2013［S］. 北京：中国建筑工业出版社，2013.

［3］沈勤，刘洪亮. 承插型盘扣式钢管脚手架在创极速光轮游乐项目天幕工程中的应用［J］. 施工技术，2016，45（15）：27-29.

［4］谭进. 超高层建筑悬挑式脚手架拆除过程控制［J］. 建筑安全，2013，28（10）：42-44.

［5］何竞飞，吕志海. 盘扣式脚手架节点自松弛问题研究及改进设计［J］. 建筑安全，2016，31（04）：51-55.

大直径水平筋直螺纹快速安装工具的应用

曾喜安　冉旺盛　栾骐屹　颜　勇　吴掌平

中建五局第三建设有限公司，长沙，410004

摘　要： 直径超过 16mm 的钢筋一般会采用直螺纹套筒连接或电渣压力焊焊接方式，两种连接方式较绑扎搭接均耗费工时较长，降低工效。使用新型直螺纹快速安装工具安装直螺纹钢筋可大幅度降低钢筋连接时间，提升工效。

关键词： 大直径；水平筋；直螺纹连接；快速安装

随着建筑行业和土木工程技术的飞速发展，现代建筑为确保结构稳定性，地下车库板厚度较以往进行增加，地库顶板的钢筋直径较大，采用直螺纹安装数量大幅增加。传统的直螺纹安装使用直螺纹力矩扳手，两名专业钢筋工人进行直螺纹安装需要重复一个动作 30 余次，耗时需要 2min 以上，工效很低，且直螺纹力矩扳手长度较长，重量偏重，不变放入工具袋中携带，扳手零部件较多，容易发生损坏，导致直螺纹安装停滞。一旦操作人员未按照规定要求施工，将造成直螺纹安装不合格，影响结构安全。本文通过介绍首创汇都苑项目地库水平筋直螺纹安装实例，切合实际地论证应用直螺纹快速安装工具将大幅度提高直螺纹安装工作效率，为直螺纹快速安装工具在实际工程得以推广应用提供参考。

1　工程概况

首创汇都苑工程位于天津市河北区中山路与昆纬路交叉口处。本工程包括 2 栋 33 层住宅、2 栋 32 层住宅与 1 栋 2 层配套建筑（图 1）。工程总建筑面积 81258m^2，地下建筑面积 26300m^2。建筑高度 99.95m，地下室共计 3 层。地库基础板贯通筋为直径 18mm 与直径 20mm 的大直径热轧带肋钢筋，地下室负三层、负二层为人防区域，板贯通筋为直径 16mm 双层双向钢筋网，钢筋连接均需采用直螺纹套筒进行连接。负一层顶板大部分为消防通道，板贯通筋为直径 18mm 与直径 20mm 的大直径热轧带肋钢筋。

图 1　工程效果图

2　直螺纹快速安装工具应用部位

直螺纹快速安装工具适用于水平方向钢筋安装，特别是地下室基础及应用直螺纹的楼板钢筋安装。

首创汇都苑项目地下车库共计 3 层，采用钢筋型号为 HRBE400 钢筋，直径从 8mm 至 25mm 不等。特别是地库基础及负一层至负三层顶板水平方向钢筋主要型号为直径 16mm、

18mm 与 20mm。使用直螺纹快速安装工具进行钢筋连接的钢筋总数达 1252087.15t，占地下车库总钢筋用量的 57%。现场钢筋绑扎如图 2 所示。

图 2　现场钢筋绑扎照片

3　直螺纹快速安装工具技术参数

直螺纹快速安装工具采用自主设计和组装，原材料为钢筋或者铁棍及变径直螺纹套筒。采用直径 16mm 的钢筋或者铁棍，用钢筋加工机加工成“Z”字形，两个转角处均为直角。“Z”字形杆件中间部分直线长度为 200mm，手握摇把位置杆件直线长度为 150mm，与需安装钢筋连接位置摇把杆件直线长度为 100mm。在需安装钢筋连接位置摇把端侧位置，全部进行套丝。按照钢筋型号的不同，分别采用直径 16mm 套头，直径 16mm 变 18mm 套头，直径 16mm 变 20mm 套头，直径 16mm 变 25mm 套头，直径 16mm 变 28mm 套头，直径 16mm 变 32mm 套头，将套头与需安装钢筋连接位置摇把端侧进行固定，当丝扣拧至变径位置的丝扣数量在 2 丝扣左右时，在套筒与钢筋杆件连接处进行满焊，焊接必须牢固。同时在套丝位置安装双螺帽进行调节套头安装的长度（图 3～图 6）。本实用新型工具能提高直螺纹安装质量、组装及拆卸方便、成本较低、结构简单、提高功效、绿色环保，是可以推广应用的工具。

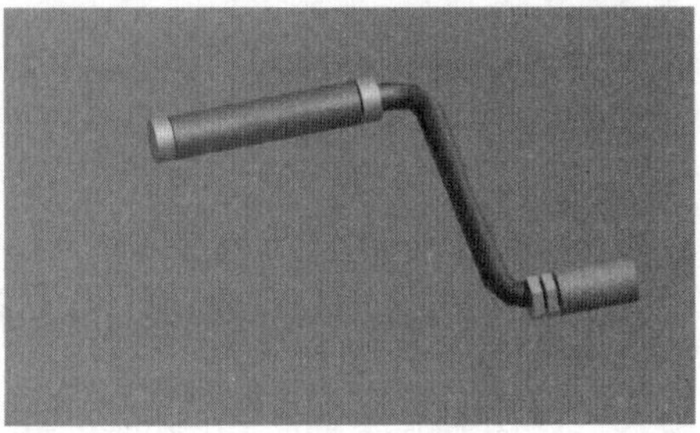

图 3　快速安装工具效果图

图 4　快速安装工具实体形象图

4　直螺纹快速安装工具的应用

现场采用直螺纹快速安装工具施工流程：

根据实际情况安装工具端部直螺纹变径套头→将直螺纹两端与钢筋对应→安装工具与远离直螺纹的一端进行安装→安装工具顺时针旋转至无法移动→拆除安装工具→检查直螺纹安装质量，根据项目情况选择安装工具端部直螺纹变径套头。

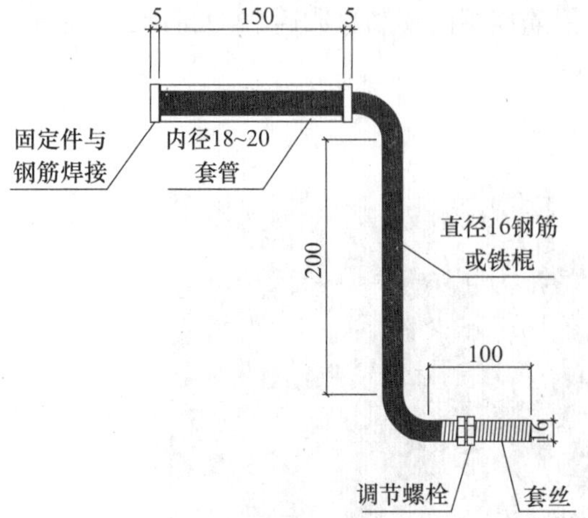

图 5　快速安装工具平面图（mm）

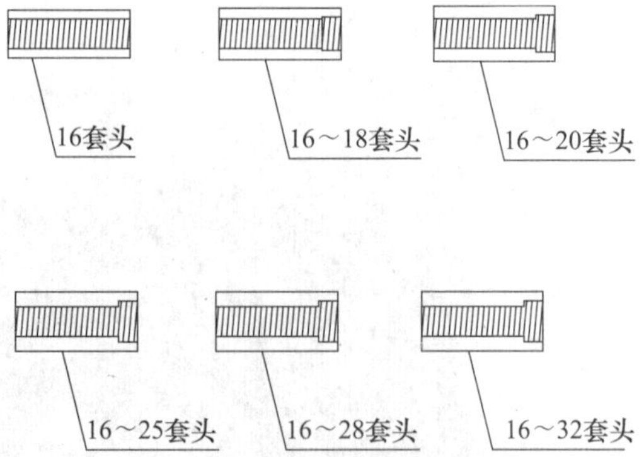

图 6　快速安装工具部件图（mm）

以首创汇都苑项目地库基础板水平筋施工为例，由技术部出图，现场配置直径 16mm、直径 16mm 变直径 18mm、直径 16mm 变直径 20mm 的直螺纹快速安装工具各 20 把。由项目部技术人员现场指导工人如何使用本工具，同时在安装前期，安排专人进行技术指导施工。现场操作工人将需要采用直螺纹连接的水平向钢筋手工套入直螺纹中，使直螺纹两端与两端需要安装的水平筋对应，如操作不熟练的工人可先将两端水平筋拧入直螺纹套筒约 2 丝扣左右再进行安装，然后在远离直螺纹一段将直螺纹快速安装工具固定在水平筋上，将被安装的水平筋使用模板或者木方垫起，操作工人手握摇把一端，快速顺时针摇动本工具至钢筋无法转动或者无法再次转动本工具为止，需要连接的水平筋即可连接完成（图 7）。之后固定已安装钢筋，逆时针拆除本工具即可，由项目质量员检查连接好的直螺纹套筒，检查质量是否符合规范要求。

图 7　快速安装工具现场使用图

5　直螺纹快速安装工具较传统直螺纹安装的优势

（1）制作方便、成本低

直螺纹快速安装工具所需要材料均为现场常见材料，现场施工需要时，可随时进行加工制作，避免了因直螺纹力矩扳手损坏导致无法进行直螺纹安装延误工期等问题，且制作成本较传统采用力矩扳手进行直螺纹安装低。

直螺纹快速安装工具采用的原材料为一根直径 16mm、长 500mm 的铁棍或钢筋，一个内径 18 ～ 20mm 的钢套管，两个调节螺栓。由现场钢筋工人在加工棚中即可完成工具的加工与焊接，所需现场加工成本每个不超过 5 元，而进行传统直螺纹安装需要 1 个操作工人同时采用 2 个钢筋扳手配合进行安装，力矩扳手购买费用市场价在 15 ～ 50 元 / 个之间，造价较高，且零部件较多，容易损坏。两者之间的成本相差 3 ～ 10 倍。

（2）安装快速，节省工期

直螺纹安装扳手较为笨重，正常采用直螺纹安装力矩扳手进行水平筋直螺纹安装需要2名钢筋工人进行配合，人工消耗较多。每安装一个直螺纹需要操作人员重复一个动作30多次，时间大约需要1min，且一旦操作人员未按规定要求施工，将造成直螺纹安装不合格，影响结构安全。采用直螺纹快速安装工具进行水平筋直螺纹安装，一人操作即可，也可两人配合进行施工。如两人配合施工，能极大地提高工作效率，每安装一个直螺纹套筒仅需15～30s，安装速度是传统直螺纹安装工具的4～6倍。通过首创汇都苑项目地库施工实例统计，原计划地库水平筋安装共需42d，通过采用直螺纹快速安装工具进行施工后，实际工期天数缩短为12d，为项目赶工贡献了重要力量。

（3）质量较轻，方便携带

每个直螺纹快速安装工具质量约在0.5kg左右，而力矩扳手质量约在1.5kg。直螺纹安装扳手分为两端，操作人员为携带及使用方便往往将把手卸掉，易造成安装力矩达不到工艺要求。而且直螺纹快速安装工具轻便小巧，体积、尺寸远小于力矩扳手，方便工人携带，极大地节约了工具包空间，减少工人负重，间接地提高工作效率。

（4）直螺纹质量控制简单

采用传统力矩扳手安装直螺纹后，检查直螺纹套筒安装是否合格需要采用力矩检测，当检测扳手发出"咔咔"响声时即可以确定直螺纹套筒拧紧，然后目测直螺纹丝扣外露数量是否合格。采用直螺纹快速安装工具进行直螺纹安装时，以旋转终点作为质量控制依据，然后进行目测直螺纹丝扣外露数量是否满足要求即可，极大地提高了直螺纹安装质量。

6　使用过程中存在的问题

（1）使用直螺纹快速安装工具可以将直螺纹丝扣全部填满，但有时会产生连接的两端钢筋丝扣不均匀现象，可能存在一端钢筋丝扣全部没入直螺纹中，另一端钢筋外漏4p以上的丝扣，需要采用力矩扳手进行二次微调；

（2）因目前技术条件有限，直螺纹快速安装工具只能安装水平方向的钢筋，无法安装竖向墙柱的钢筋；施工现场钢筋直螺纹安装无法全部应用本工具进行施工，不能完全脱离传统直螺纹安装力矩扳手。

7　结语

通过在首创汇都苑工程中应用直螺纹快速安装工具施工水平筋直螺纹安装，对比传统施工采用直螺纹力矩扳手进行直螺纹套筒安装大幅度缩短了施工时间，提高了工程质量，降低了安全风险，有效缩短了工期，取得了较好的社会效益和经济效益。现在越来越多的建筑地下车库采用大直径钢筋施工，本实用新型工具能提高直螺纹安装质量、组装及拆卸方便、成本较低、结构简单、提高功效、绿色环保，可以推广使用。本文对大直径水平筋直螺纹快速安装工具应用情况做了简单概述，供大家参考。

参考文献

[1]　钢筋机械连接通用技术规程：JGJ 107—2016 [S].

[2]　钢筋机械连接用套筒：JG/T 163—2013 [S].

[3]　高延性冷轧带肋钢筋：YB/T4260—2011 [S].

长沙冰雪世界百米深矿坑临时排水设计与施工技术

曾喜安　吴　智　郭朋鑫　赵金国　戴志勇　刘　波

中建五局第三建设有限公司，湖南长沙，410004

摘　要： 冰雪世界项目依托百米深矿坑而建，矿坑上宽下窄，坑内面积约2.7万平方米，坡角约80～90°，矿坑最大深度达100m，基坑排水是冰雪世界项目施工过程中的重大难题之一。通过切实可行的排水施工技术，包括暴雨流量的计算、水泵的合理选型、多级集水井的布设、以及依附地形而设的排水管道，成功地解决了百米深矿坑排水难题，有效地确保了坑内施工作业的进度。

关键词： 百米深矿坑；基坑排水；施工技术

随着房地产行业发展，我国建筑用地越发紧张，工矿区成为重点改造对象。对于工矿区工程的建造，处理矿坑积水是项目部施工过程中面临的重大难题之一。目前，处理方式多种多样，如在采矿前通过计算涌水量，制定帷幕注浆的治水方案[1]；利用现有斜井作为排水主要通道，设置接力水池及接力泵站，建立分段接力式排水系统[2]；亦有采用机械排水与锚杆注浆封堵断裂带相结合的方法防治矿坑水体[3]。本文将立足湖南长沙百米深矿坑建设冰雪世界，探讨基坑排水的相关技术。

1　工程概况

长沙冰雪世界工程位于采石形成的矿坑上。采石坑周边长直径约500m、短直径约400m，呈类椭圆形，经人工采石后深度近100m。上宽下窄，坡度较陡，坡角约为80°～90°，其平面面积上口约为150000m^2，下口约为27000m^2。建筑物±0.000，相当于绝对高程53.00m（黄海高程）。坑底最深处绝对标高为−42m，坑面处绝对标高为53m。

由于岩壁碎带及溶洞裂隙水较为丰富，距湘江水系较近，且坑底地势低洼，有大量渗水由岩壁流入坑底，周边施工用水以及雨水也排向基坑，矿坑的排水是冰雪世界项目施工过程中遇到的重大难题之一。

2　机械排水施工技术

2.1　暴雨流量计算

计算依据：（1）长沙市的暴雨强度计算公式；（2）现场提供的数据；（3）水泵按照功率110kW，扬程128m，流量200m^3/h进行核算；（4）沉淀池调节容积约500m^3，百年一遇降雨时不予考虑，五十年一遇降雨时应考虑调节容积。

根据暴雨程度，排干坑内降水所需时间如表1所示。表1中，因雨水百年一遇，持续1h的情况较少，本工程考虑雨水百年一遇，持续半小时的情况下能10h抽干坑内降水，或者雨水五十年一遇，持续半小时的情况下能8个小时抽干坑内降水，则每级水泵均应有4台能够在极端恶劣的天气下同时抽排水。

表 1　排干坑内降水所需时间

暴雨程度	抽干坑内降水时间（h）	雨水排水量（L/s）	降雨时段内雨水量（m^3）	水泵计算数量	水泵台数选择（台）
雨水百年一遇，持续半小时	4	3748.1	6746.58	8.43	9
	8	3748.1	6746.58	4.22	5
	10	3748.1	6746.58	3.37	4
	12	3748.1	6746.58	2.81	3
雨水百年一遇，持续 1 小时	4	3748.1	13493.16	16.87	17
	8	3748.1	13493.16	8.43	9
	10	3748.1	13493.16	6.75	7
	12	3748.1	13493.16	5.62	6
雨水五十年一遇，持续半小时	4	3455.2	6219.36	7.15	8
	8	3455.2	6219.36	3.57	4
	10	3455.2	6219.36	2.86	3
	12	3455.2	6219.36	2.38	3
雨水五十年一遇，持续 1 小时	4	3455.2	12438.72	14.92	15
	8	3455.2	12438.72	7.46	8
	10	3455.2	12438.72	5.97	6
	12	3455.2	12438.72	4.97	5

2.2　水泵选择

按照经济适用原则选用水泵，在矿坑的 1 号集水井中安装 6 台扬程为 120m、流量为 $200m^3/h$、电机功率为 110kW 的潜水泵。1 号集水井位于矿坑的西南角，深约 4m，面积约 $150m^2$，井底绝对标高为 –12m。其中 1 号、2 号水泵为第一组，3 号、4 号水泵为第二组，5 号、6 号水泵为第三组，每组水泵均为一用一备，但第三组 5 号、6 号水泵在一般情况下只启动一台，在暴雨恶劣天气下可同时启动两台。1 号、2 号、3 号水泵为现已安装好的旧水泵，其支管采用 DN200 焊接钢管。4 号、5 号、6 号水泵为新安装的 300DFQJ-120/6-110 型潜水深井泵，因水泵出口口径为 DN125，故支管采用 DN125 焊接钢管。1 号至 4 号水泵、5 号和 6 号水泵合用一根 DN200 的焊接钢管作为干管（图 1）。

所有水泵均采用控制柜自动控制，控制原理如下：

（1）1 号集水井中的 6 台水泵启泵流程如下：当水位高于 A 时，启动 1 号和 2 号水泵中的一台，当水位超过 B 时，再启动 3 号、4 号水泵中的一台，当水位超过 C 时，再启动 5 号、6 号水泵中的一台，当水位超过 D 时，再启动 5 号、6 号水泵中的另一台。

（2）1 号集水井中的 6 台水泵停泵流程如下：当水位降至 C 时，停止 5 号或 6 号水泵中的一台，当水位降至 B 时，再停止正在运行的 5 号、6 号水泵中的另一台，当水位降至 A 时，再停止运行中的 3 号或 4 号水泵，当水位降至 O 时，再停止运行中的 1 号或 2 号水泵，此时 1 号集水井中所有水泵均停止运行。O 点死水位必须高于水泵吸水口 0.5m（图 2）。

1 号集水井平面图及剖面图见图 3 和图 4。图 4 中，6 台水泵通过 ϕ10mm 的钢筋卧式固定于 ∟63mm × 6mm 的角钢井字操作平台上，角钢焊接于 16 号工字钢制成的钢框架上。钢框架悬吊葫芦吊，用以平衡干管（DN200mm 的焊接钢管）的自重。图中，2 号、3 号集水井分别通过 3 根 DN219mm 焊接钢管、1 根 DN114mm 焊接钢管将水排入 1 号集水井，汇入 1

号集水井的水经过一道沉淀，而后漫过 0.3m 宽的排水堰，最终排入市政管网。水泵出水口距坑底 0.3m。

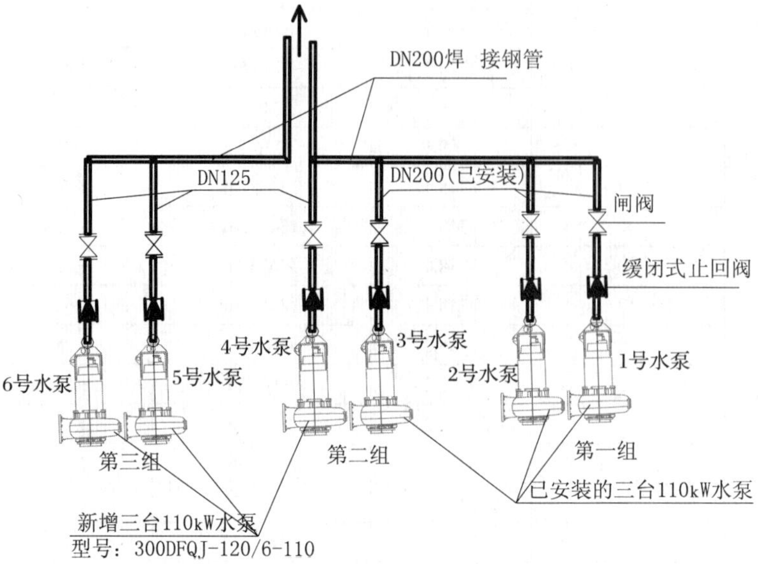

图 1　1 号集水井中水泵安装示意图

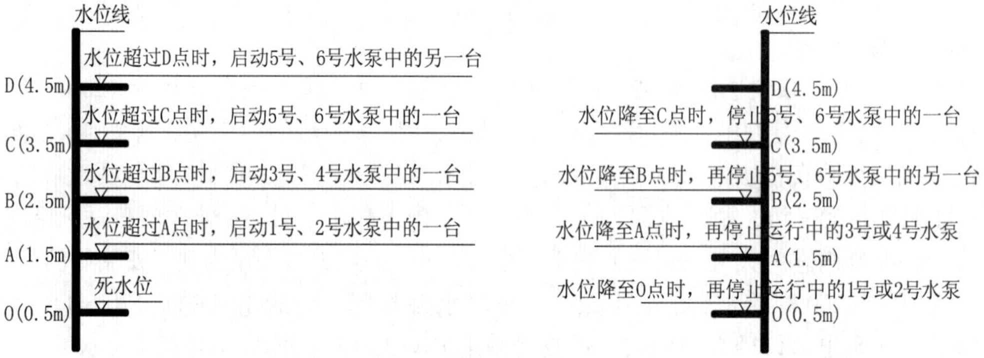

（a）启泵流程　　（b）停泵流程

图 2　1 号集水井启泵停泵流程

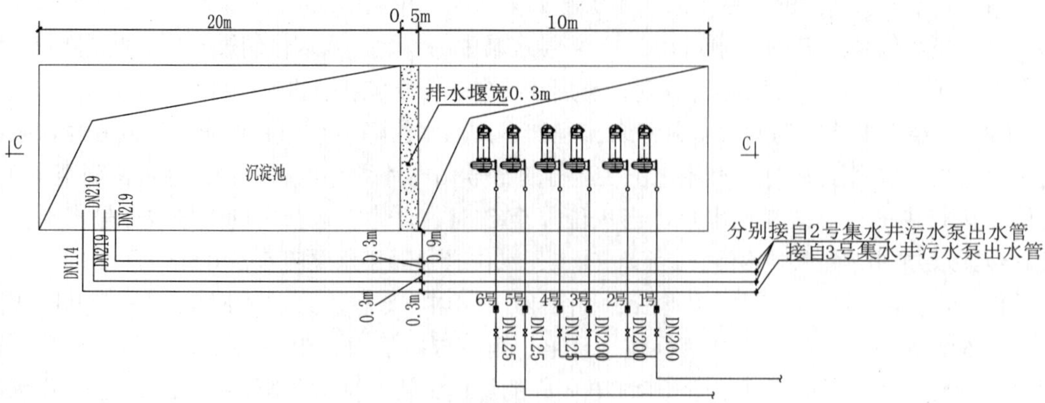

图 3　1 号集水井平面图

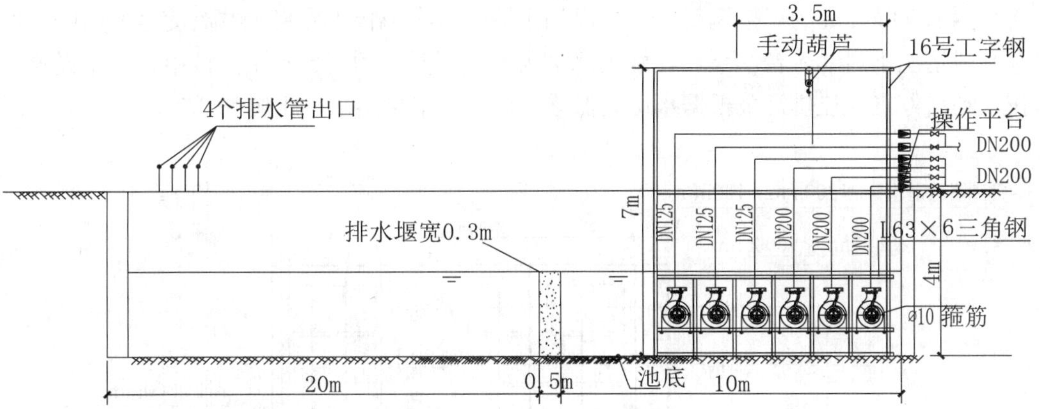

图4　1号集水井C-C剖面图

2号集水井紧靠矿坑南侧的挡土墙，长约11m，宽约5m，深约3.5m。在坑底2号集水井中安装3台55kW排污泵，3台55kW水泵设置四个水位自动启停点，让排污泵根据水位高低逐一启停。如若旧排污泵损坏，则新增200WQ250-40-55型潜水排污泵。2号集水井面积同样为500m^2，深约为6m，位于矿坑最南侧，井底绝对标高为−42m。

2号集水井中的3台排污泵启泵流程如下：当水位高于A时，启动一台排污泵，当水位超过B时，再启动一台排污泵，当水位超过C时，启动第三台排污泵。

2号集水井中的3台排污泵停泵流程如下：当水位降至B时，停止一台排污泵，当水位降至A时，再停止运行中的一台排污泵，当水位降至A时，再停止运行中的3号或4号水泵，当水位降至O时，所有排污泵均停止运行（图5）。

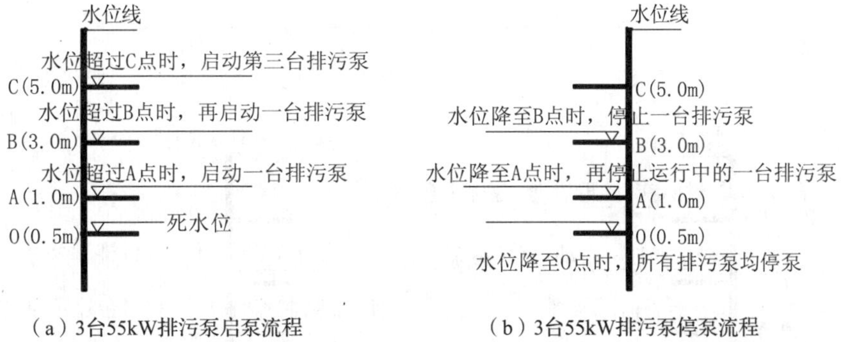

图5　2号集水井启泵停泵流程

2号集水井平面图、剖面图见图6、图7。3台排污泵悬浮与集水井中，距离坑底1m深。3台排污泵由不锈钢软管DN200mm×1500mm引出，而后外接橡胶软管DN200mm×8000mm。悬浮系统由浮桶、工字钢支架、工字钢吊架、葫芦吊组成。浮桶分3排布置，每排8个，每个浮桶直径为800mm，长为1200mm，由ϕ10mm的钢筋固定于16号工字钢支架上。3台排污泵的自重，通过固定于16号工字钢吊架上的葫芦吊进行平衡。水泵出水口距坑底0.3m。

如图8所示，在施工区坑底最低处，绝对标高为−41m，凿岩50m^2、深2.5m的坑，为3号集水井。集水井采用烧结页岩普通砖，墙厚240mm。在该坑中采用10号槽钢支架固定2台55kW的200WQ250-40-55型潜水排污泵，这组泵的支管采用DN200mm的焊接钢管，干管采用 DN300mm 的焊接钢管，干管沿挡土墙引至半山腰 1 号集水井沉淀池的南端，这组水泵一般情况下启动一台水泵，在暴雨恶劣天气下同时启动两台水泵。该组排污泵设置三个水位自动启停点，让排污泵根据水位高低逐一启停。水泵出水口距坑底 0.3m。

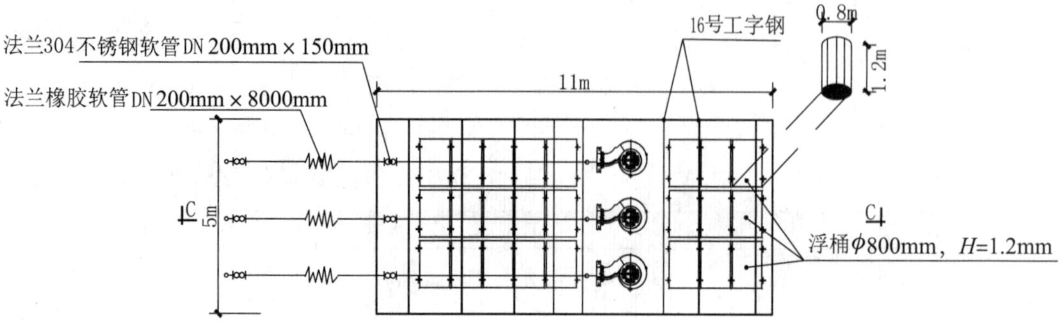

图 6　2 号集水井平面图

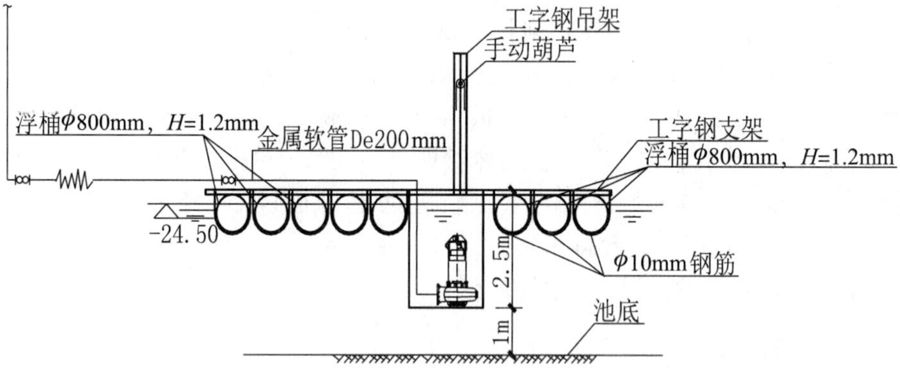

图 7　C-C 剖面图

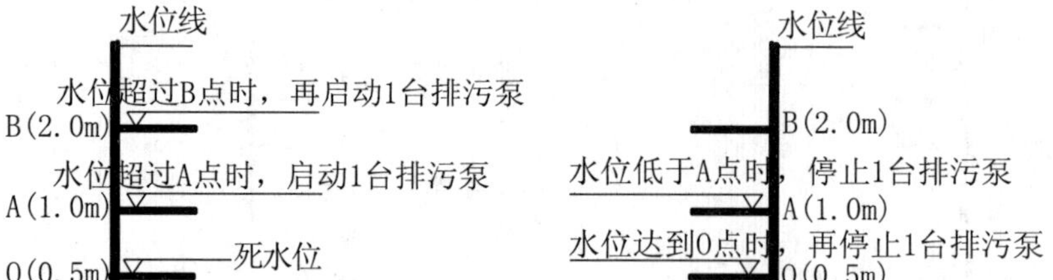

（a）2台排污泵启泵流程　　（b）2台排污泵停泵流程

图 8　3 号集水井启泵停泵流程

施工时，坑底岩壁渗水、雨水汇聚至 3 号集水井，经沉淀后，抽排至 1 号集水井；2 号集水井的水直接抽排至 1 号集水井。1 号集水井中的水经沉淀后排至市政管网。1 号、2 号、3 号集水井在矿坑中的平面布置如图 9 所示。

2.3　排水设施的安装

经过计算从 1 号集水井 110kW 水泵至市政雨水井的排水管道需 2 趟 DN200mm 的焊接钢管，管道沿矿腰 30° 倾角向上铺设。

对于矿坑腰部排水管道的安装加固流程如图 10 所示，矿坑腰部排水管道立面情况参见

图 10。

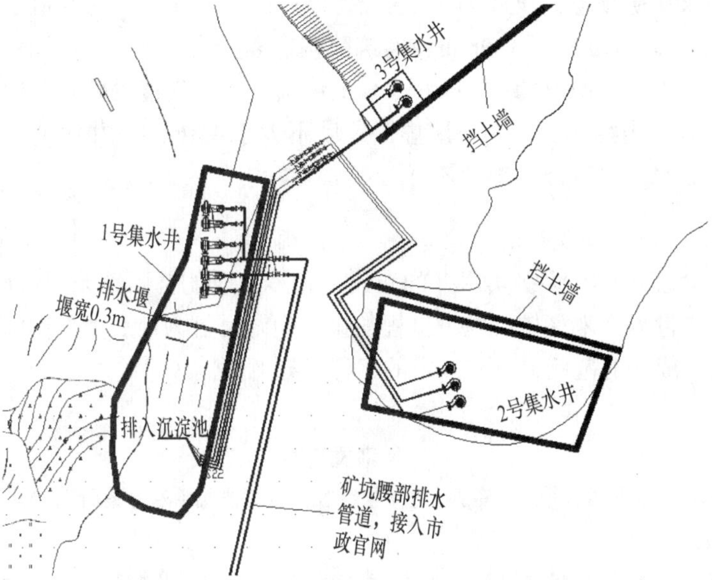

图 9　1 号、2 号、3 号集水井平面位置示意图

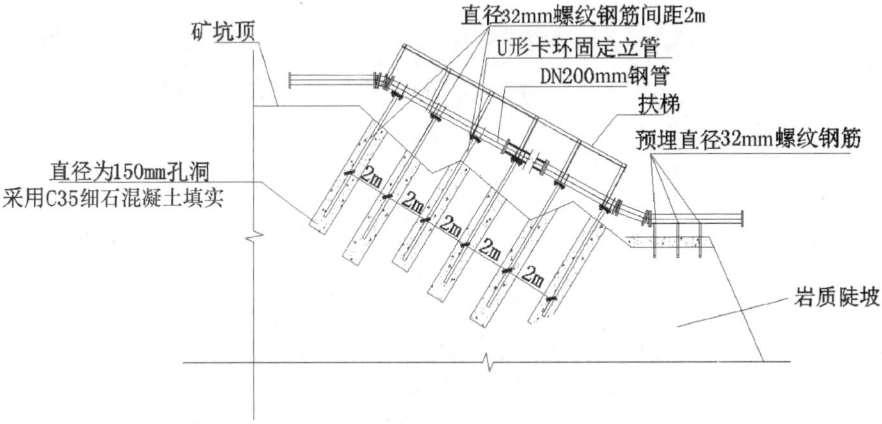

图 10　矿坑腰部排水管道立面图

（1）排水管沿 30° 倾角的岩壁敷设时，采用 ∟63mm × 6mm 三角钢支架作支撑，支架底部人工钻孔孔径为 150mm，预埋直径 32mm 的螺纹钢筋，并用超早强无收缩灌浆料填充，待强度达到要求后与槽钢支架满焊，经过计算确保支撑体系能够承受抽水时的冲击力。螺纹钢筋每排 2 根，每排间距 2m，锚杆长 6m，共计 250 根。

（2）焊接工字钢和角铁将管道加固。

（3）人工回填部分被雨水冲洗的土，并夯实。

（4）沿管道旁边砌筑一条排水沟。排水沟采用 240mm 砖墙砌筑，沟底 C15 混凝土垫层沿明沟两边各扩 100mm，内抹 25mm 厚 M7.5 砂浆，沟宽 400mm，深 600mm。

（5）在支架下面及四周用水泥砂浆抹面。采用 M7.5 砂浆，宽度 4m，厚度不低于 50mm。

（6）以上施工程序完毕，观察停泵时水锤对支架产生的损坏，直至安全为止。

（7）开凿一条从矿顶至矿坑底的人工通道，总长度 250m。人工通道采用石砌台阶，台阶踏步宽度 800mm，踏步高度 150mm。砌筑前基底素土先夯实，中间铺一层 240mm 厚石灰、碎砖或碎石和砂拌和而成的 1∶3∶6 三合土垫层，采用先铺设碎料后灌砂浆的方法，碎料应分层铺设，并适当洒水湿润。每层虚铺厚度不大于 120mm，并应铺平拍实，然后灌以 1∶2 ～ 4 的石灰砂浆，再行夯实镶砌料石。

3　现场实施

通过水泵的合理选型、多级集水井的布设，长沙夏季的暴雨期未对坑底作业造成影响，成功地解决了冰雪世界百米深矿坑施工过程的排水问题，且为今后类似超深陡峭岩质中的工程施工排水提供了成功的范例，具有一定的工程指导意义。

参考文献

［1］ 韩贵雷，于同超，刘殿凤，等. 中关铁矿涌水量计算及帷幕注浆治水方案研究［J］. 工程勘察，2009，2：313 ～ 318.

［2］ 朱志强，熊艳红，熊仕伟. 桃江锰矿矿坑排水方案的探讨［J］. 现代矿业，2010，2：139 ～ 140.

［3］ 程玉才，张亚林. 某露天矿凹陷开采矿坑水计算与防治［J］. 水文地质工程地质，1994，6：18 ～ 21.

电梯井内筒模板整体自动爬升技术在超高层建筑施工中的应用

宁志强　田　冰　张　质　周光泽　李任杰　吴　强

中建五局第三建设有限公司，长沙，410004

摘　要：超高层建筑施工中，电梯井垂直度控制是施工质量控制关键，电梯井内筒模板整体自动爬升技术在对传统支模操作进行机械化、模块化处理，有效解决了内筒剪力墙混凝土错台、胀模、尺寸偏差等诸多质量问题。同时，内模可以整体收缩和撑开，避免层层拆装，提高了操作工效，有效缩短了施工工期。一体化操作平台提供了半封闭施工空间，减少了安全隐患，具有高效便捷、经济安全等特点。本文通过项目具体案例就电梯井内筒模板整体自动爬升技术的设计原理、施工工艺、综合效益等方面进行了全面分析，总结了电梯井内筒模板整体自动爬升关键技术，供类似项目参考。

关键词：铝模自动伸缩系统；模板整体自动爬升系统；操作平台

1　工程概况

运达中央广场三期位于长沙大道与沙湾路交界处。总建筑面积约为15.4万平方米。地下4层，地上裙楼6层，局部7层，塔楼53层，建筑高度230.2m。塔楼为框筒结构、裙楼为框架结构。电梯井内筒设计尺寸为2600mm×2700mm、2850mm×2700mm等尺寸，井道为非全剪力墙，两侧采用构造柱固定电梯轨道的方式，二次结构施工时不设置圈梁，按照电梯深化设计，需严格保证井道正偏差0～+50mm（图1）。

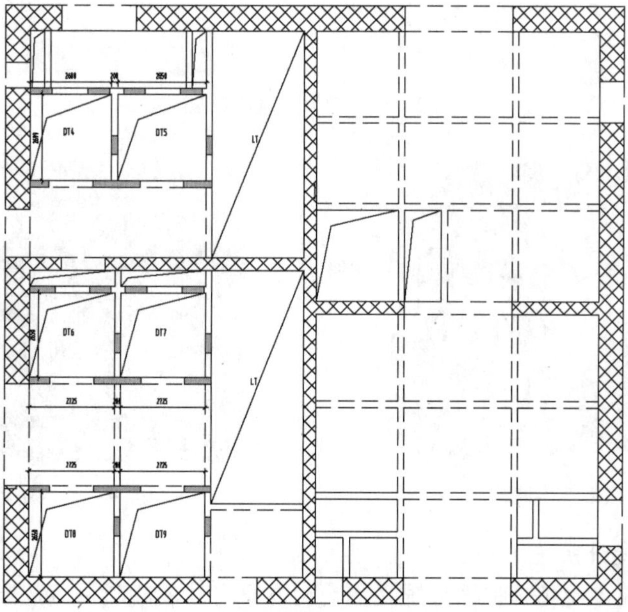

图1　电梯井平面图

项目建成后将与运达中央广场商业综合体项目组成双子塔楼，成为长沙市高铁新城板块地标性建筑，本工程质量目标是“确保芙蓉奖，争创鲁班奖”，每个构件的施工质量要求都很高。

2　电梯井内筒模板设计

2.1　铝模自动伸缩系统

电机转动丝杆分别带动两侧拉板及压板，使两侧滑动型材与其连接的滑块一起滑移，带动单元模板及角柱，从而实现装置的收缩运动或伸展运动，达到预期目的（图 2 ～图 4）。

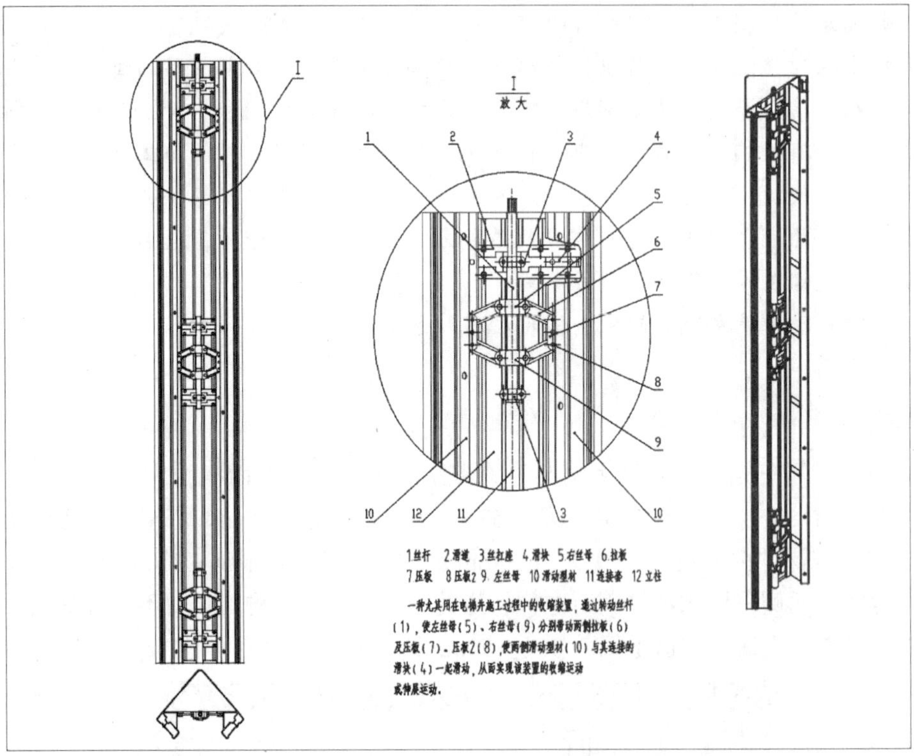

图 2　铝模自动伸缩系统图

图 3　铝模整体伸缩

图 4　铝模整体爬升

2.2　模板整体自动爬升系统

电梯井内筒模板自动爬升整体系统采用交替支撑方式实现整体逐层爬升。使用时需要将爬升机吊入电梯井道内，将上层和底层爪臂安装在井壁预留安装孔内。上层浇筑时，需要预留安装孔位。利用底层爪臂支撑，通过操作平台电机和减速机齿轮、齿条，首先爬升操作平台到合适位置，再通过上层爬升架电机正反转控制齿轮、齿条实现上层爬升架和底层爬升架的交替爬升，如图5所示。

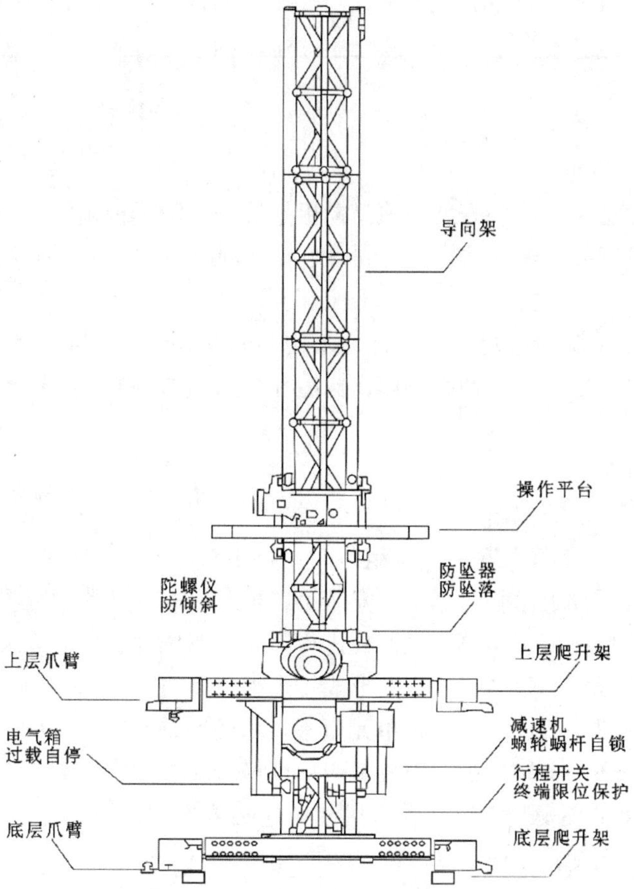

图5　电梯井内筒模板整体爬升系统

该爬升系统可远程无线遥控或有线遥控，操作方便。通过陀螺仪、防坠器、蜗轮蜗杆减速机、行程开关、电气过载保护等装置确保爬升安全。具体参数详表1。

表1　电梯井内筒模板整体爬升系统参数

项目		设计值		
爬升机高度		6m		
爪臂跨度		2～2.8m		
爬升架尺寸		2～2.8m	2～2.8m	高6m
操作平台电机系数	功率	转速	效率	制动力矩
	0.75kW	1390r/min	72.5%	36N·m
操作平台减速机参数		型号	规格	减速比
		NMRV	75	100：1
上层爬升架电机参数	功率	转速	效率	制动力矩
	1.5kW	940r/min	77.5%	29.4N·m

续表

项目		设计值			
上层爬升架减速机参数	型号	减速比	输出扭矩	—	
	YQSF87AM100/180/B/M1	180：1	2210N · m	—	

3　施工工艺

3.1　操作工艺流程

施工准备→筒模组装→底座安装→内筒模板吊装→内筒模板调整→涂刷脱模剂→预埋盒安装→穿墙丝、套管安装→电梯井模板加固→电梯井混凝土浇筑→模板脱模、爬升模板。

3.1.1　施工准备

根据电梯井尺寸及层高进行深化设计，采用3m高标准模板与1.2m高标准模板进行组合拼装，井道周围构造柱均采用预制铝模，构造柱间采用留洞处理，便于模板固定，确保整体模板的稳固性。

3.1.2　筒模组装（图6）

（1）组装上、下节内筒铝模

单元铝模板按照设计图纸逐块连接组装时，将下节一根角柱立起，与下节一张单元模板对齐对紧，用夹具手动上紧临时固定。安装第二根角柱与第一张单元模板进行夹具临时固定，然后安装第二张单元模板与第二根角柱进行夹具临时固定。沿着安装方向依次安装剩余角柱及单元模板，组成四面整体铝模板，形成一个整体，将角柱与铝模板连接固定。角柱上口粘贴双面胶。调平：用撬棍及铁锤将单元模板与角柱调整到同一平面，夹具上紧固定。在上节内筒模板安装吊环及预埋垫板。组模时应保证模板拼缝严密，夹具牢固，模板上口平整度一致，预埋垫板及吊环安装牢固。模板拼装场地必须平整，组模时应保证模板拼缝严密，夹具牢固，检查螺丝无漏紧、松动现象。

（2）上下节组对成一体

将上节内筒模板用塔吊平稳缓慢吊到下节内筒模板正上方，组成一个完整的电梯井内筒整体模板体系，电梯井内筒模板调试运行，检查模板撑开与收缩是否平稳、顺畅。上下两节筒体连接牢固，角柱丝杠及单元模板转动顺畅。吊装平稳勿碰撞损坏构件。

图6　筒模组装

图7　底座安装

3.1.3　底座安装（图7）

上下两道支撑钢梁共安装8个爪臂，转动自由、稳固，然后用钢丝绳固定牢固，塔吊整体吊装至电梯井筒内，8 个爪臂深入到提前预埋的塑料小盒内，然后将电缆与控制箱进行连接调试确保正常供电。上下层小盒位置确保同一平面，支撑梁表面平整，电箱供电正常。吊装下落时注意防止触碰到钢筋、墙体。上口抄平确保处于同一平面，接电处用防水胶布包裹严密。

首层电梯井模板安装前应采用脚手架搭设操作平台，要求脚手架搭设牢固、有足够的承载力支撑电梯井整体模板系统，脚手架上口应水平，然后安装电梯井底座，确保底座水平、稳固。脚手架平台搭设牢固，立杆、水平杆垂直平整，上口保持一个平面，保证底座水平（图 8）。脚手架平台必须具备稳定性承载力，上口抄平搭设确保处于同一平面。

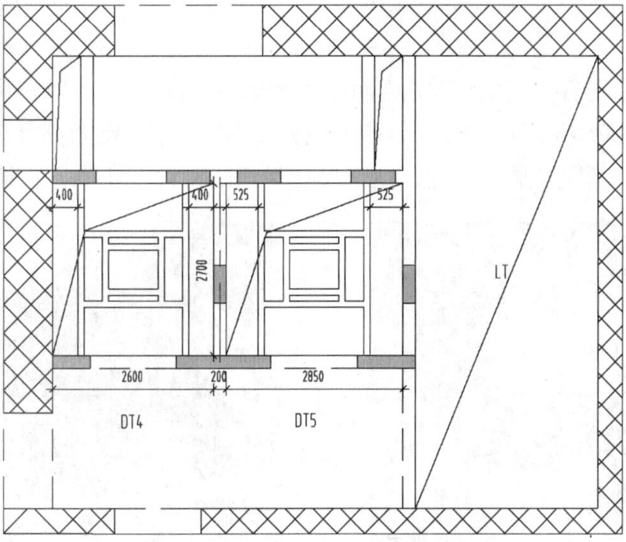

图 8　底座安装平面图

由于核心筒内电梯井道剪力墙部分较少，底座的安装只能承载在电梯构造柱之上，提前在构造柱之上预埋爪臂固定的塑料小盒，底座水平两道钢梁间距为 1800mm，调整合适距离，在构造柱上预埋孔洞，钢梁均承载在构造柱上。带钢梁固定底座位于已浇筑楼层板面 10cm 以下，起到老螺杆作用，所固定的铝模连接新旧混凝土接触面，确保井道平直（图 9、图 10）。

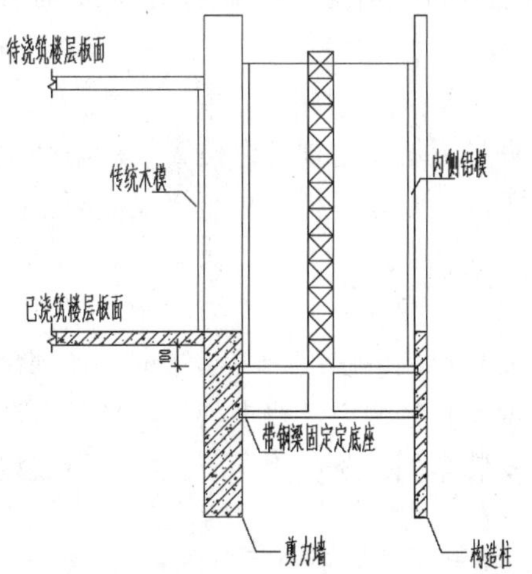

图 9　固定底座位置图

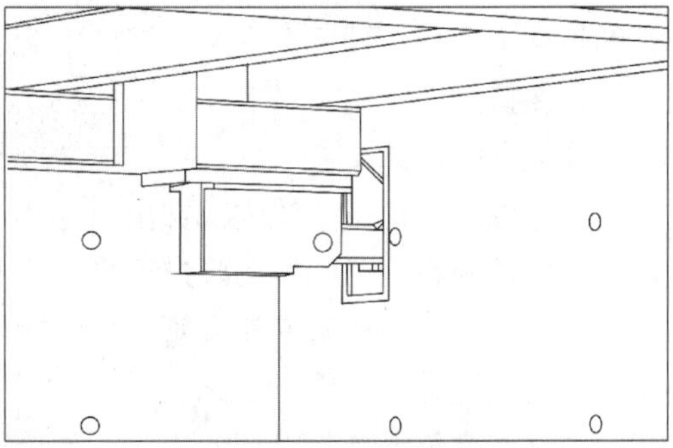

图 10　底座预埋示意图

3.1.4　内筒模板吊装

先用快速扳手转动角柱丝杠使电梯井内筒整体模板收缩至最小后，将吊环安装到铝模板上方四个预留孔处，再用钢丝绳及卡环与吊环连接，用塔吊吊至电梯井筒内平台底座上。吊装平稳，防碰撞损坏筒体构件。塔吊吊运应保持电梯井筒模处于垂直状态，起吊时确保钢丝绳长度一致，禁止倾斜造成模板磕碰、划伤（图 10）。

吊送完毕后，再用快速扳手转动角柱丝杠，将内筒模板和角柱调至同一平面。单元模板撑开至与角柱平齐，检查模板贴紧程度，对未贴紧的部分加适当的双面胶或者发泡剂，对凸出较大的混凝土做适当的修整，保证内筒模板整体系统与混凝土紧密贴在一起，避免漏浆或烂根现象发生。

3.1.5　内筒模板调整

内筒模板吊装完成后，利用钢尺、铅垂仪校验模板的垂直度、对角尺寸，用专用把手调节地脚螺栓，直到各项标准符合要求。内筒模板垂直度、截面尺寸符合设计要求。根据定位轴线，检查电梯井筒模位置是否准确；用钢尺拉对角线，检查筒模方正情况（图 12）。

图 11　内筒模板吊装

图 12　内筒模板调整

3.1.6　涂刷脱模剂

电机带动角柱转动至铝模板与角柱同一平面，然后用油灰铲及抹布进行清理，脱模剂搅拌均匀后，用滚筒及毛刷等工具涂刷模板表面，涂刷均匀，脱模剂为铝模专用脱模剂或者是机油。涂刷脱模剂前模板表面确保清理干净，如若遇到特殊情况（大风、雨雪天）需重新涂刷脱模剂，角柱位置处可用毛刷进行补刷。

3.1.7　预埋盒安装

按照设计图纸要求，将预埋盒用丝杆固定在预埋垫板位置。预埋盒位置、标高必须按照设计图纸准确预埋。预埋盒安装位置应准确，固定牢固，贴紧模板，防止浇筑混凝土时灌进灰浆，并保持预埋盒同一水平高度（图 13）。

3.1.8　穿墙套管、丝安装

先将穿墙丝从筒模系统内部穿出，穿出部分不要超过墙的厚度，将套管依次挂到穿墙丝上。按照内筒模板上已预留洞眼进行穿丝，丝杆长度及直径按设计要求均匀一致且保证丝杆水平。保证每道穿墙丝都安放套管，套管两侧胶杯安装牢固，避免因穿墙丝漏穿造成混凝土淌浆污染筒模龙骨及配件（图 14）。

3.1.9　电梯井内筒模板加固

根据模板拼装方案及现场定位轴线，安装外模板，将穿墙丝穿出外模板。电梯井内筒模板与外模应同时加固，避免单面加固时用力不均造成筒模位移，筒模加固时剪力墙加固件上的螺母必须加垫片。内筒模板垂直度、截面尺寸应符合设计要求。加固完成后，应统一校验模板，检查位移、轴线、垂直、截面尺寸等，检查夹具、螺母有无松动现象。浇筑混凝土前，内筒上口覆盖模板严密（图 15）。

图 13　预埋盒安装

图 14　穿墙套管、丝安装

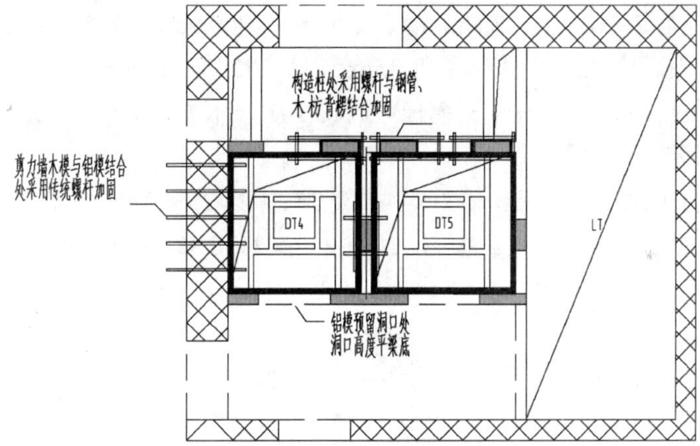

图 15　剪力墙、构造柱加固示意图

3.1.10　电梯井混凝土浇筑

浇筑混凝土时应严格技术交底，安排专人看模，杜绝出现过振、回振伤及模板和穿墙丝、预埋盒等现象。混凝土振捣合理，应周圈分层间隔浇筑。浇筑混凝土之前，检查电梯井筒模上盖模板覆盖严密，保护措施得当，禁止浇筑混凝土过程中，污染筒模及配件，造成施工不便，如有撒落，及时安排人员清理干净。混凝土自泵管口下落的自由高度不得超过 2m，如果超过 2m 时应采取加长软管或串筒方法。使用插入式振捣器应快插慢拔，振捣上一层时应插入下层 5 ～ 10cm，杜绝过振、回振，振捣棒不得触及钢筋和模板。柱墙混凝土应分层浇振捣，每层浇筑厚度控制在 500mm 左右。高度每次过 1.5m 间隔停歇 10 ～ 30min。混凝土下料点应分散布置循环推进，连续进行，并应控制好混凝土浇筑的延续时间。

3.1.11　模板脱模、筒体爬升

（1）脱模

当混凝土达到拆模强度后应尽早拆模，拆模时内外配合施工，并应注意成品保护，不得损伤电梯井内筒模板及成品混凝土表面。所有穿墙丝及螺母拆除后，启动机器，电机带动角柱转动，将铝模板与混凝土表面进行分离。模板爬升时保证或内模整体系统平稳。收模前应认真清理流渗、撒落在夹具、角柱、角柱丝杠、丝母等构件上面的混凝土灰浆，避免强行收模造成构件损坏。发现某一个角柱不动或者不同步时，可启动角柱电机选择单独一面收模。

（2）筒体爬升

混凝土浇筑完毕待混凝土达到一定强度时（夏天 6h 左右，冬天 12h 左右），拆除外模模板及穿墙丝，启动电机，使三角柱上的电机收模。收模完成后，电机转动通过导轨将上层爬升架慢慢升起，此时上层爬升架的爪臂随之自动收起，让上层爬升架到达下一层预留小盒安装位置，爪臂吸附机构断电，放开爪臂，将上层爬升架的爪臂落入预留小盒位置处。确定平稳后，电机反向转动通过导轨将下层爬升架慢慢升起，到达预留的爪座安装位置。吊运垂直平稳勿碰撞，涂脱模剂均匀，预埋盒安装牢固。线路供电正常，小盒平整内部干净无流浆残留，爪臂确保全部提起，爪臂滑轮转动正常。

4　效益分析

4.1　经济效益

运达中央广场 18 层以上主要为公寓标准层，间夹有避难层，设备层，层高 3.9m，电梯井内筒尺寸分别有为 2600mm × 2700mm、2850mm × 2700mm、2725mm × 2650mm，按照深化设计，电梯井模板高度 4.2m，人工单价 35/m^2。以 2725 × 2650mm 为例计算如下：

（注：模板 36/m^2，木方 7 元 /m^2，模板可周转 7 次，木方可周转 10 次，脚手架 9 元 /m^2；铝模租赁费用：每天 3 元 /m^2）

传统做法费用：$(2.725 + 2.65) \times 2 \times 4.2 \times 35 + (2.725 + 2.65) \times 2 \times 4.2 \times 36/7 + (2.725+2.65) \times 2 \times 4.2 \times 7 \times 5/10 + 2.725 \times 2.65 \times 9 = 2018.85$（元）。

铝模租赁费用：$(2.725+2.65) \times 2 \times 4.2 \times 3 \times 5 = 677.25$（元），配合人工费用 600 元，合计 1277.25（元）。

根据计算可以得知，铝模实际费用比传统支模费用节省了 1/3，为项目节省了成本，创造经济效益。

4.2　节能和环保效益

（1）工厂加工，现场组装，使用过程整体吊装，节约劳动力，节约施工时间，提高施工效率。

（2）计算机下料，定尺加工，减少废料，一次安装，可周转至完工，节约材料。

（3）本工程使用完毕后厂家回收，由专业人员拆卸，可根据构件的尺寸及所需加工电梯井的尺寸再次加工成形。

4.3　社会效益

本工程的质量目标是“确保芙蓉奖，争创鲁班奖”，所以对每个构件的施工质量要求都较高，通过采用电梯井内筒模板整体爬升技术可有效地保证井道质量，电梯井垂直度满足规范要求，高质量的表面效果，得到了建设单位、监理单位、电梯厂家的一致认可。

电梯井内筒模板整体爬升技术为新型施工工艺，是湖南省内首家建筑施工单位对该项技术的应用，可供其他现浇框架结构采用筒内模板整体系统施工借鉴。同时，我单位将本着为建筑行业飞速发展贡献一份力量的原则，组织各类观摩，提高爬升工程的社会影响和爬升企业的品牌效应。

5 结语

电梯井内筒模板整体自动爬升技术有效地解决了超高层建筑施工中电梯井道垂直度控制难度大，施工安全隐患大等难题，通过遥控器控制，实现电动爬升，操作简单，施工过程安全高效，成品质量佳，可在类似工程中推广应用。

参考文献

［1］山东方圆建筑材料有限公司. 电梯井内筒模板系统企业标准［S］. 山东，2017.
［2］李贵有. 电梯井内筒模板简易整体爬升技术［J］. 科技创新导报，2008（20）：193.
［3］赵彬红，张鲲. 改进电梯井模板施工工艺提高工程效益［J］. 福建建筑，2011（12）：84～86.
［4］雷志芳. 电梯井井壁多层板定型内模施工技术［J］. 山西建筑，2011，37（31）：88～90.
［5］赵斌，朱楠. 整体爬升模板在电梯井及闸门井中的应用［J］. 四川建筑，2016，36（03）：57～60.
［6］陈贻超，陈卫国，叶渝，颜斌，夏元云. 高层建筑小步距自爬升电梯井筒模板施工技术［J］. 施工技术，2012，41（17）：67～69+77.
［7］罗党龙，王晓研，沈柏昆，张立亭，郭存. 电梯井液压爬升模板在中华保险大厦项目中的应用与研究［J］. 黑龙江科技信息，2017（07）：249.

现浇梁柱与预制叠合板组合结构施工组织优化

杨　勇　杨　星　万　雷　吴杰钢

中建五局第三建设有限公司，长沙，410000

摘　要：成都市天府新区新兴工业园服务中心项目为西南地区第一个装配式公建项目。项目2号楼为框剪结构，包含公寓、商业、公交车站等功能，混凝土预制率为21%，地下室及地上1层至3层为全现浇，4层至11层采用现浇梁柱与预制叠合板、预制楼梯的组合装配式结构方式，层高3.4m，板厚120mm（图1）。单层含预制叠合板296块，叠合板最大尺寸为1.77m×5.62m×0.06m，通过侧面预留筋及预埋板面桁架筋实现同现浇梁及现浇板叠合层之间的连接（图2）。设计叠合板同现浇板交错布置，支模架体系搭设难度大，支架搭设、模板铺设及加固、叠合板吊装、现浇梁板钢筋绑扎等工序穿插较多，常出现相互制约、影响施工质量及工期的情况。项目在施工中进行多次试验和改进，优化工序，制定各个流程环节移交标准，为以后采用现浇梁柱同预制叠合板组合的装配式建筑项目施工组织提供了可靠可行的经验。本工法操作简单，改善了预制叠合板装配施工工序组织难关，提高了施工质量及进度。

关键词：现浇梁柱；预制叠合板；工序穿插

1　工艺原理

经过多次试验和改进，优化支架搭设、模板铺设及加固、叠合板吊装、现浇梁柱钢筋绑扎等工序，制定各个环节移交标准，在多工序穿插施工中形成标准流程，从而改善预制叠合板装配施工组织效率，提高施工质量及进度，降低建设成本。

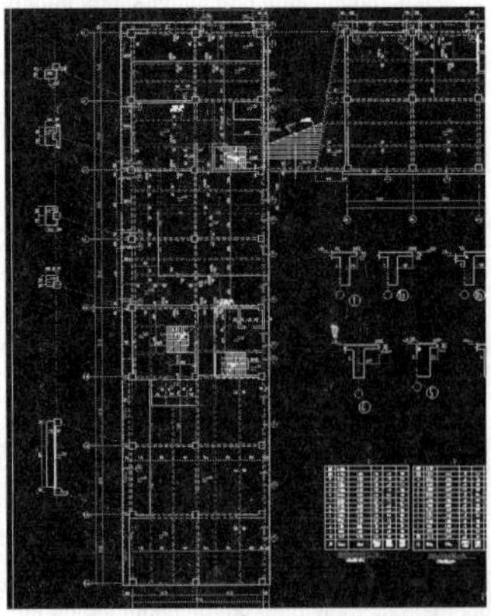

图1　2号楼结构平面布置图局部

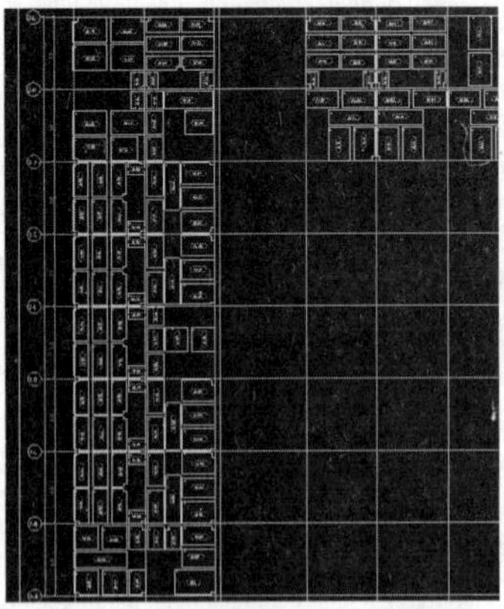

图2　2号楼叠合板平面布置图局部

2　施工工艺流程

现浇柱钢筋套入箍筋→支模架搭设→现浇柱钢筋绑扎及封模→架顶木方架设及标高复核→现浇梁支底模及钢筋绑扎→预制叠合板吊装→现浇梁及叠合层钢筋绑扎→安装余下侧模、板带模板并加固→浇筑混凝土。

3　操作要点

3.1　现浇柱钢筋套入箍筋

柱纵筋在连接前把箍筋预先套好在板面上柱纵筋预留接楂段上，根据设计图纸计算好所需箍筋的数量，待纵筋连接后、支模架搭设完成后逐段绑扎固定。

3.2　支模架搭设

选用承插型盘扣式钢管支架，配合其他构件组成整体支撑体系（图 3）。在局部受力较大、较集中的范围内采用局部加密，以保证其受力均匀。脚手架底部采用可调底座，调节基础平面高低误差，保证架体的安装精度。在局部横杆与立杆间拉有斜杆和水平拉杆，加强整体的稳定性（图 4）。脚手架的上部装有可调顶托，最大调节高度可达 300mm。支模架立杆组合：可调底座 +350mm 底杆 +2m 立杆 +0.5m 立杆 +0.2m 立杆 + 可调顶托。

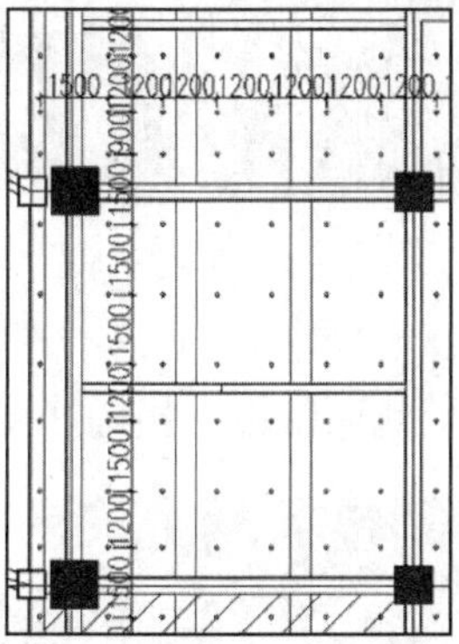

图 3　架体平面布置图局部

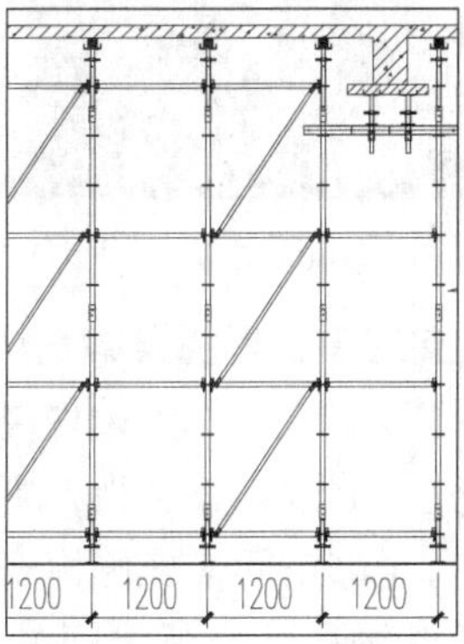

图 4　架体立面布置图局部

3.3　现浇柱钢筋绑扎及封模

受场地限制，柱筋绑扎、对接、柱模板安装均需利用叠合板支模架作为操作架高空作业。支模架搭设完成后，按设计图纸将柱筋绑扎完成后，开始柱模板安装。

柱模安装前，必须在柱子位置处放两条线，内线为柱子截面尺寸，外线为 20cm 控制线，模板线必须拉通线检查。根据柱模板定位线，在柱模下口焊限位钢筋（$\phi6 \sim \phi8$mm）。柱模采用 15mm 厚黑色双面覆膜模板，$\phi48$mm × 2.8mm 钢管背楞和外楞，M12mm 的对拉螺杆进行安装和加固，安装前进行柱内垃圾清理。模板就位后，采用钢管背楞进行柱子模板加固。柱模安装如图 5 所示。

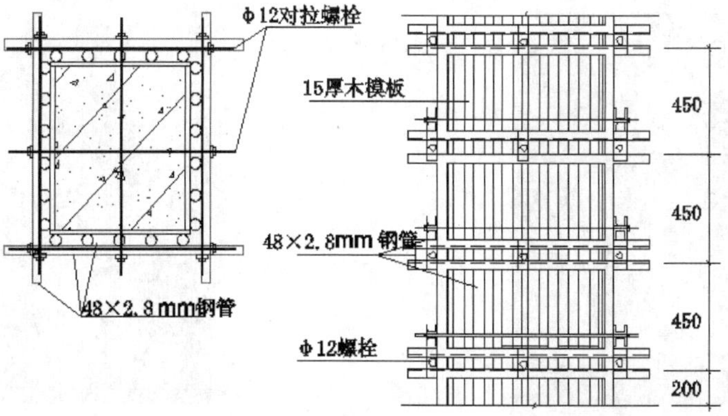

图 5　柱模安装示意图

3.4 架顶木方架设及标高复核

在支模架立杆顶部插入可调顶托，板底顶托直接插接于立杆上端，梁底顶托插入立杆上端布置的水平双槽钢内，顶托上方摆设 100mm × 100mm 木方；调整、复核木方顶面标高至设计叠合板底面标高（图 6、图 7）。

图 6　木方架设

图 7　支模架标高复核

3.5 现浇梁支底模及现浇梁钢筋绑扎

支模架搭设完成后，支设现浇梁底部模板，由于叠合板侧面留设有接槎筋要锚入现浇梁体，若此时先吊装预制叠合板，则在叠合板下方架体上没有足够空间实施侧模安装，且无法实现侧模板与预制叠合板之间的缝隙密闭封堵；若先将现浇梁两侧模板安装完成再吊装预制叠合板，则梁模板内钢筋工没有操作空间绑扎梁钢筋。因此，本步骤仅安装现浇梁底模及靠近预制叠合板一侧的现浇梁侧模，另一侧模暂时不能安装。现浇梁钢筋绑扎如图 8 所示。

图 8　现浇梁钢筋绑扎

3.6 预制叠合板吊装

叠合板吊装前，检查已安设现浇梁侧模板上端面是否平直，复核其标高是否符合设计叠合板底面标高。复核无误后，在其上表面粘贴双面发泡胶，以保证预制叠合板吊装到位后，板底同模板间缝隙封堵密实（图 9）叠合板吊装如图 10 所示。

图 9　模板断面粘贴双面胶

图 10　叠合板吊装

3.7　现浇梁及叠合层钢筋绑扎

叠合板吊装完成后，钢筋工可于未封侧模一边的支模架上搭设操作台，进行现浇梁及叠合层钢筋绑扎。

3.8　安装余下侧模、板带模板并加固

现浇梁钢筋绑扎完成后，安装现浇梁余下一侧模板及预制叠合板间板带模板，并进行加固（图 11、图 12）。

图 11　现浇梁模板安装完成并加固

图 12　预制叠合板间板带模板安装完成

3.9　浇筑混凝土

现浇梁、现浇板、叠合层钢筋绑扎完成后，封堵梁柱节点模板，开始混凝土浇筑。

4　结语

本施工组织通过充分利用施工现场有限空间，对现浇柱钢筋绑扎、现浇柱模板支设、预制叠合板及现浇梁支架搭设、现浇梁模板铺设、预制叠合板吊装、现浇梁板钢筋绑扎等流程进行优化排布，细化各工序移交标准，降低各工序穿插施工造成的制约影响，减少人工投入，缩短标准层施工工期，保障施工质量，提高了施工效率。该施工组织优化在施工过程中能产生较大的经济和社会效益，能促进装配式建筑的施工管理水平发展，在采用预制叠合板与现浇梁柱的装配式建筑工程中推广应用具有重要意义。

通过本项目预制混凝土结构施工实践可以发现，仅采用预制叠合板同现浇梁柱组合的结构形式的施工工序穿插较采用预制柱、预制叠合梁、叠合板组合的结构形式复杂，施工组织难度更大。提高建筑混凝土预制率对降低施工难度、节省人工成本具有显著作用。

参考文献

[1] 混凝土结构设计规范：GB 50010—2010 [S].
[2] 混凝土结构工程施工质量验收规范：GB 50204—2015 [S].
[3] 建筑施工模板安全技术规规范：JGJ 162—2008 [S].
[4] 建筑施工高处作业安全技术规范：JGJ 80—91 [S].

论砖混结构房屋墙体裂缝产生的原因与防治措施

唐大勇

湖南省郴州建设工程集团有限公司，郴州，423000

摘　要：砖混结构房屋在施工及运营过程中产生裂缝的原因较复杂，但主要是基础不均匀沉降和温度变化造成的。本文根据笔者的工程经验，通过对多个砖混结构房屋建筑中裂缝的研究，分析了这两个主要因素引起的裂缝特征、类型及其机理，提出了控制裂缝的方案与措施，为砖混结构房屋建筑建设中有效避免各类裂缝的产生提供依据。

关键词：砖混结构房屋；裂缝；不均匀沉降；温度变化

砖混房屋建筑在施工及运营过程中产生裂缝后，会影响建筑物的美观，有的还会造成建筑物的渗漏，使建筑物的强度、刚度、稳定性和整体性受到不同程度的削弱，有的砖混裂缝还会造成房屋的倒塌。对裂缝应该作具体分析，因为许多裂缝是不会影响结构的，或者说影响的程度是可以控制的。作者在多年从事房屋施工和管理工作中，所接触到的裂缝表现形式多种多样，产生的具体原因也较复杂，但经分析，往往是基础不均匀沉降、温度变化造成。

1　基础不均匀沉降而引发的裂缝

以某单位砖混房屋为例进行分析。砖混结构房屋建筑物地基基础的不均匀沉降，使墙体内产生附加应力。当墙体内应力超过砌体的极限强度时，首先会在墙体的薄弱处出现沉降裂缝，并将随不均匀沉降量的增大而不断扩大。在设计和施工中如果不注意这一特点，往往使建筑物产生裂缝。

1.1　裂缝产生的特征和类型

由于多层房屋的刚度较大、荷载也较大，当地基土中的内力变化小于上部结构传递给它的压力时，地基的膨胀力得不到发挥而产生裂缝，因此，由于基础的不均匀沉降引发的裂缝很少在 4 层及以上的房屋中出现，一般在房屋刚度较小的 3 层及 3 层以下的房屋中产生。

1.2　裂缝产生原因分析

由于场地工程地质条件复杂，土层常常与坡向一致。建房时往往要挖填方，造成地基土的不均匀，自然地貌和植被条件遭到破坏，地基土中含水量差异增大，因而造成建筑物的地基承载力差异过大，临坡面墙体变形比坡后墙体变形大，房屋的变形除了竖向下沉变形外，还有水平向外的位移。

斜裂缝的产生多是由于不均匀的土质承载力造成墙体受到较大剪应力，加上房屋的整体刚度不够，致使砌体受主拉应力而破坏。

墙体的竖向裂缝是由于墙的两端沉降量较大，如图 1 所示，基底中部的土压力大于两端土压力。中间沉降量较小，因而产生负弯矩，结构中上部受拉，端部受剪，反向的弯曲使墙端形成受拉而破坏。

1.3　控制裂缝的方案

要防止因基础不均匀沉降而产生的裂缝，应在下列几种情况下考虑沉降缝的设置：①基土中土质压缩性有明显的差异，应在分界处设置沉降缝；②当建筑物的高低差别较大，或由于其他原因，地基所承受的荷载差别较大时，应在荷载变化处设置沉降缝；③同一建筑物的地基处理方案不同时，在地基处理方法不同的部位设置沉降缝。

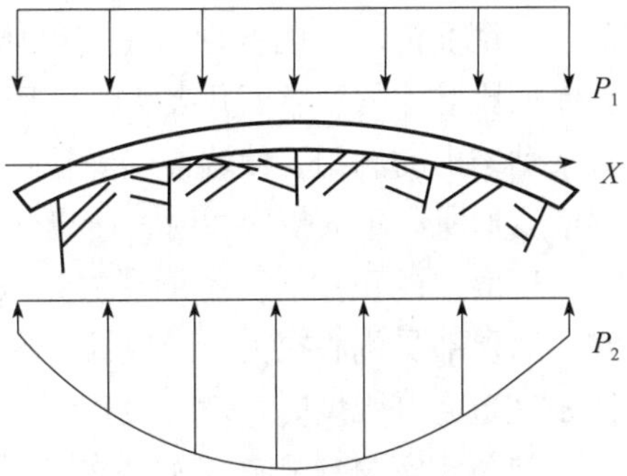

图 1　墙体竖向裂缝原因分析

2　温度变化造成的裂缝

2.1　裂缝产生的特征和类型

由于砖砌体的线膨胀系数和混凝土的线膨胀系数不同，诸多房屋或多或少地出现了斜裂缝或水平缝（图 2），特别在顶层两端处容易发生，有的造成刚性屋面开裂通缝，有的使外墙面开裂，导致雨水渗在顶层两端处，使内墙面或呈湿痕，或显霉斑、泛黄，有的造成电源线路的腐蚀，老化加重，给铁路运输和防火安全留下隐患。据统计，作者所在单位有此类裂缝的房屋达 260 栋，占同类房屋的 43.9%。

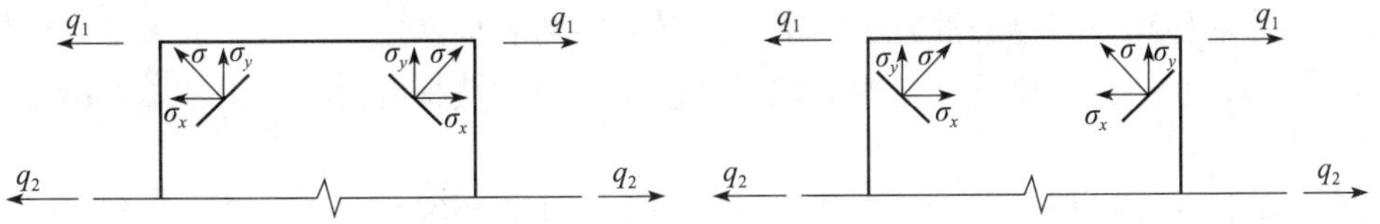

图 2　砖砌体产生斜裂缝受力分析

当墙体顶部的水平抗剪强度小于剪应力和主控应力时，则会产生水平裂缝，由于屋面上未做隔热处理，使屋面板温度升高较大，热量传递给板下大梁，大梁在高温状态下产生横向水平推力，使承受其重量的纵墙上端受到水平推力，因此，引起屋面与墙体连接处出现水平裂缝（图 3）。

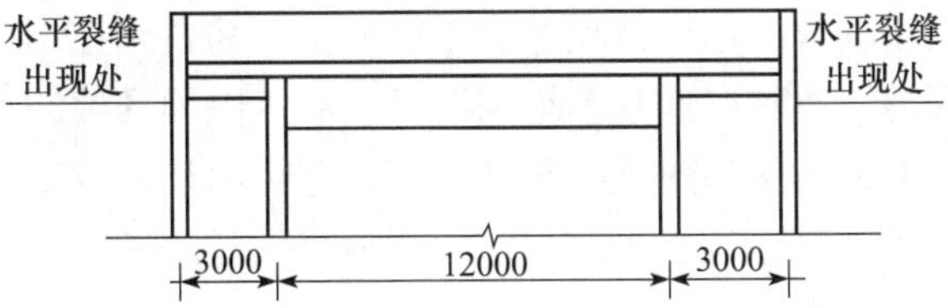

图 3　屋面与墙体连接处水平裂缝示意（mm）

裂缝一般分布在顶层纵墙两端的 1 ～ 2 个开间内，有时可能发展至房屋长度的 1/3 左右，裂缝由两端向中间逐渐升高，形成对称形裂缝。

2.2　裂缝原因分析

据分析，砖混结构建筑物顶层产生裂缝的主要原因有：

（1）温度变化的影响：此类房屋主要采用钢筋混凝土梁、预制板屋顶和刚性防水层作屋面处理，而墙体则采用砖砌体，因屋面受太阳照射时间长，屋面接受辐射热比墙体多。据有关资料显示，钢筋混凝土的膨胀系数为 10×10^{-6}，砖的膨胀系数为 5×10^{-6}，可见在相同温度下，钢筋混凝土的变形值是砖砌体的 2 倍。因此，在相同温差下，二者的膨胀伸缩不一，且屋面比墙体的温差变化要大，由于伸缩量的不一致，加上砖墙顶面与混凝土结合部受砌筑砂浆粘结力的制约，使墙体受剪拉力，产生剪应力和拉应力。当砖墙的拉应力小于混凝土因温度变形所产生的拉应力时，砖砌体便产生斜裂缝（正“八”字或倒“八”字)(图 2）。

砖墙上的正“八”字形裂缝是张力作用造成的。当墙体上下边沿所受拉力 q_1 与 q_2 不等时，墙顶部受偏心拉力，形成偏心弯矩，产生竖向应力 σ_y，当 σ_x 与 σ_y 组合而成的主控拉应力 σ 超过允许强度时，就形成正“八”字形，倒“八”字形裂缝。

（2）建筑材料和施工质量的影响。在顶层砖砌体中往往采用 MU7.5 号机制砖和 M5 砌筑砂浆，它们本身强度就不高，而有些施工在顶层砖墙砌筑的质量得不到保证，更加速了墙体裂缝的扩展。

2.3 控制裂缝的方案

从以上分析得知，产生温度裂缝的原因是多方面的，因此控制裂缝要从设计、施工和材质等方面进行。

（1）钢筋混凝土屋面加设通风隔热层是减少和稳定砌体温度裂缝的较好措施之一。在发现水平裂缝后，找出致裂的主要原因，并加设隔热层，第二年检查，裂缝未有扩展，已趋于稳定状态；

（2）顶层墙体均设置钢筋混凝土圈梁，以增加结构的整体性。

（3）屋面设置柔性分格缝，缝内嵌填柔性防水材料，使板的两端自由伸缩，减少顶板与墙体间的约束作用。

（4）增强局部抗裂性，可在易裂部位提高砌块和砂浆的等级，或加设部分补强钢筋。

（5）保证施工质量，施工人员要严格执行施工规范和操作规程，砌材在砌筑前要充分润湿，做好内外墙接槎，不留直槎，提高砌体砂浆的饱满度，保证砖和砂浆达到设计强度。

（6）温度裂缝一般属于稳定性裂缝，一旦出现，能量得到释放，残留变形不大，对结构的稳定和安全影响不大，经过一年就会稳定，适当做些修补便可正常使用。

3 结束语

在砖混结构中，由于其自身结构特点，施工中质量不易得到控制，再加上各地区地形条件的影响，容易出现裂缝，尤其以地基不均匀沉降及温度差异导致的裂缝。为此，有必要在设计及施工中加强对砖混结构房屋建筑的裂缝控制，避免出现建设工程质量缺陷及节约建设成本。

参考文献

[1] 中华人民共和国住房和城乡建设部. 砌体结构设计规范：GB 50003—2011 [S].

[2] 中华人民共和国住房和城乡建设部. 砌体工程现场检测技术标准：GB/T 50315—2011 [S].

[3] 中华人民共和国住房和城乡建设部. 民用建筑可靠性鉴定标准：GB 50292—2015 [S].

[4] 施楚贤. 砌体结构理论与设计 [M].

排水立管的消能装置设置问题探讨

黄景华

湖南省郴州建设工程集团有限公司，湖南郴州，423000

摘　要：现有部分高层建筑设计与施工在排水立管上设置了消能装置，但在实际使用中排水立管存在消能装置会发生立管堵塞、上一层卫生间污水外溢、本层噪声增大及部件易损坏等现象。本文对参考排水理论对排水立管内水流的流态和终限流速分析，结合现有相关规范对排水立管设计的要求与施工做法，提出排水立管应该取消设置消能装置或用特制管材管件替代的建议。

关键词：排水立管；消能装置；设置

1　部分设计与施工现状

（1）现有部分高层建筑的给排水设计施工图纸（图1）显示在排水立管上设置了消能装置（俗称消能弯、缓冲弯），一般是每间隔6层设置一个。

（2）在实际施工完成的高层建筑中，部分排水立管按设计要求安装了消能装置，甚至有些高层建筑的雨水排水立管上也设置了消能装置。消能装置的安装实例如图2所示。

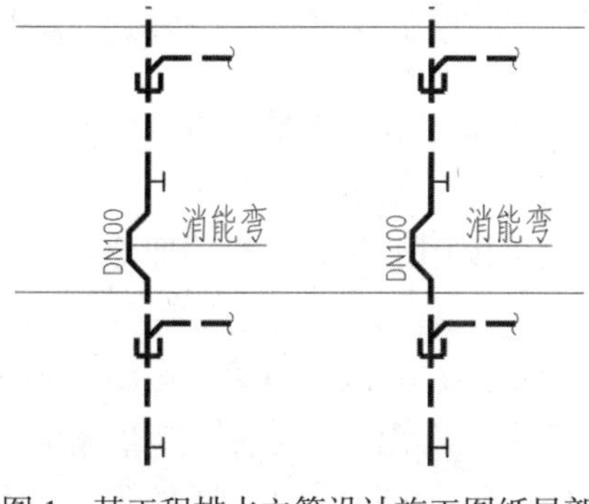

图1　某工程排水立管设计施工图纸局部

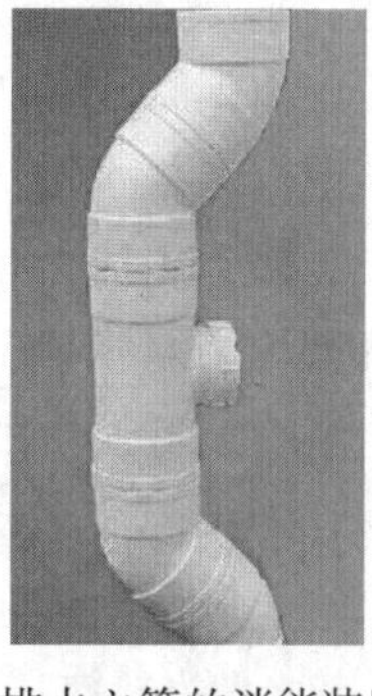

图2　排水立管的消能装置实例

2　实际发现的问题

（1）在实际完工投入使用的高层建筑中，消能装置未能起到设想中的减缓水流冲击、降低噪声的作用，反而发生了立管堵塞、消能装置的上一层卫生间污水外溢、本层噪声增大及部件易损坏等现象。

（2）以某高层住宅为例，地上18层，无专用通气管，排水立管分别在7层、13层设置了消能装置。在工程交工投入使用一年多后，有一个入住率较高的单元发生了部分楼层卫生间污水堵塞外溢的情况。经调查发现，外溢卫生间为8层，位于消能装置的上一楼层，堵塞点为消能装置处。因卫生间内的排水立管一般在装修时都进行了包裹装饰，事后的维修将花费大量的精力和资金。

（3）针对排水立管消能装置可能存在的问题，笔者对已交工的设置了消能装置的高层建筑的物业进行回访，物业管理方反映排水噪声大一般是排水立管消能装置安装所在的楼层，特别是主卧排水立管有消能装置的情况最为明显；偶尔会有消能装置被石块或坚硬物损坏的情况；有些室外雨水排水立管上设置了消能装置，其部件损坏，因高度原因更加难以维修处理。

3　问题分析及探讨

（1）经过对问题的分析，发现消能装置在很短的距离内做了两次转弯，造成水流局部急速变缓，引起管道内压力变化，特别是用水高峰期，极易产生局部正压，造成上层卫生间的水封破坏；而且实际使用中难免有异物进入排水立管，在通过消能装置时易受阻，容易发生堵塞；同时水流通过消能装置时产生的紊流及固体物扰动会加大噪声的产生。

（2）根据给排水相关理论，一般情况下排水立管中水流运动状态有：①附壁螺旋状态流——流量小时，水流附着管壁作螺旋运动，空气可以自由流通，气压稳定为大气压［图 3（a）］；②水膜流——流量增大至 1/3 ～ 1/4 充水率，水膜运动由变速运动到匀速运动，水膜形成后作加速运动，膜的厚度与下降变速运动的速度成反比，在足够长的管段上，当重力与摩擦力相等时，e 不变，v 亦不变，此时的流速为终限流速［图 3（b）］；③水塞运动——当流量达到充水率 1/3 以上时，隔膜流形成频繁，形成不易破坏的水塞，水塞引起立管气体压力激烈波动，形成有压冲击流，［图 3（c）］。

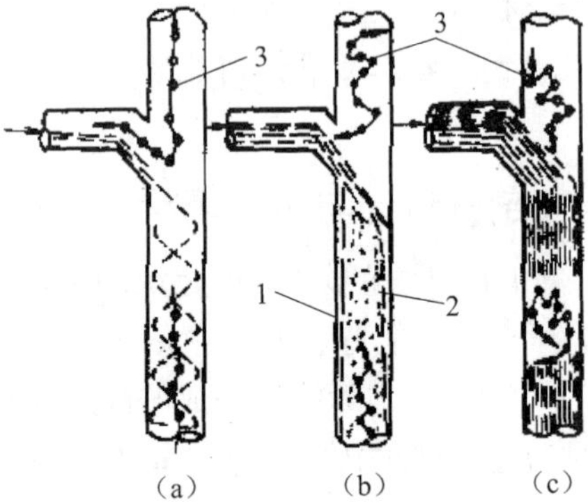

图 3　排水立管中的水流运动状态

（3）在我国现行给排水设计规范中，考虑到实际污水排放带有大量杂质、出流实际不稳定及立管负压段对横管出流的强烈抽吸而造成短时间高峰流量等因素，在排水设计中规定的排水立管临界流量约为水膜流临界流量值的一半，因此可以用水膜流的相关理论及计算方法来对排水立管的消能装置设置的问题进行探讨和论证。

（4）排水立管中水膜流运动的终限流速：立管内的水流并非做自由落体运动，而是在下降之初具有加速度，e 与 v 成反比。水流下降一段距离后，当水流受到的管壁摩擦阻力 P 与重力 W 达到平衡时，做匀速运动 $a = 0$，e 不再变化。这种一直降落到立管底部保持不变的下落速度。

终限流速计算公式：

$$v_t = 1.75\left(\frac{1}{K_p}\right)^{\frac{1}{10}} \cdot \left(\frac{Q}{d_j}\right)^{\frac{2}{5}}$$

式中　v_t——终限流速，m/s；

K_p——管壁粗糙度，m；

Q——流量，L/s；

d_j——排水立管内径，cm。

（5）排水立管中水膜流运动的终限长度：自水流入口到开始形成终限流速的距离。

终限长度计算公式：

$$L_t = 0.14433v_t^2$$

式中　L_t——终限长度，m；

v_t——终限流速，m/s。

（6）根据上述两个计算公式，以两种常用的排水立管材质（PVC-U管及铸铁管）均设专用通气管每层连接为例，可计算出常见的DN100排水立管中水流的终限流速与终限长度，见表1。

表1　常用排水立管的终限流速与终限长度计算表

排水管材质	管壁粗糙度（m）	内径（cm）	流量（L/s）	终限流速（m/s）	终限长度（m）
PVC-U管	0.000015	10	8.8	5.05	3.68
铸铁管	0.00025	10	8.8	3.8	2.08

由表1可看出，对应排水立管的最大设计排水流量而言，无论是常见的PVC-U材质还是铸铁材质立管，其达到终限流速的终限长度均不到4m，即水流从支管出口流入立管后，大约经过不到一层楼或稍多一点的高度，便保持水膜层厚度和流速不变，流速不再增加。显然，并非楼层越高，水流的流速越大。

（7）查阅设计规范、设计手册、给排水设计技术措施等资料，发现其均未提到排水立管的消能装置设置要求及原理。仅在已废止的国标图集96S341第28页的“立管简易消能装置”中有消能装置的相关安装说明，“立管简易消能装置设立位置由设计者确定”，其并未明确设置间距及其他要求。而最新版国标图集10S406已经取消了“立管简易消能装置”，仅有第62页的“消声管件”为特制的旋流降噪管件等。

4　结语

（1）综上所述，符合现行设计规范的排水立管其水膜流运动的终限长度均不到4m，部分设计施工图纸所列的每隔6层设一组消能装置的提法缺少理论依据；同时取消排水立管上的消能装置还能避免影响最大排水能力，节约安装面积、降低局部噪声且维护方便；故笔者建议无论高层或超高层建筑，排水立管均应该取消设置消能装置。

（2）如必须设置消能装置以达到减缓水流流速或降噪要求的场合，其消能装置的设置位置及间距应经过特别的分析和计算，或用特制的管材管件替代。

参考文献

［1］王增长，高羽飞. 建筑给水排水工程，第六版［M］. 北京：中国建筑工业出版社，2010.

［2］中国工程建设标准化协会组织. 建筑给排水设计规范：GB 50015—2003（2009版）［S］. 北京：中国建筑工业出版社，2007.

［3］国家建筑标准设计图集——建筑排水用硬聚氯乙烯（PVC-U）管道安装：96S341.

［4］国家建筑标准设计图集——建筑排水塑料管道安装：（10S406）.

［5］中国核电工程有限公司. 给水排水设计手册，（第2册）［M］. 北京：中国建筑工业出版社，2012.

浅析扣件式型钢悬挑脚手架在高层建筑施工中的应用要点

陈　琛　王　军

湖南省郴州建设集团有限公司，郴州，423000

摘　要：悬挑脚手架在高层建筑施工中的应用有利于节约材料、搭设方便、安全、稳定、可靠。现就高层悬挑脚手架搭设的关键要点进行归纳与总结。

关键词：高层；扣件式；悬挑脚手架；应用要点

随着我国城镇化建设如火如荼地展开，高层建筑早已普及，那么高层建筑施工安全保证尤为重要，规范规定双排落地式脚手架最大搭设高度不得大于50m，超过这个高度就要采用悬挑脚手架，悬挑脚手架在高层建筑中属于常见的一种施工工艺，其中扣件式型钢悬挑脚手架在高层建筑施工中已经得到广泛应用。

其优点是搭设方便快捷、安全稳定、节约材料和便于周转使用。现就扣件式型钢悬挑脚手架在高层建筑施工中的应用要点进行归纳和总结。

1　严把材料材质关

1.1　钢管材质要求

达到国家规范《直缝电焊钢管》(GB/T 13793) 的标准，钢材强度等级符合《碳素结构钢》（GB/T 700）Q235-A 级钢规定，一般选用外径 48mm，壁厚 3.5mm 钢管。

1.2　扣件材质要求

扣件规格必须与钢管外径（48mm）相同，脚手架扣件应符合《钢管脚手架扣件》（GB 15831—2006）的相关要求，其规格与钢管外径相同，钢管螺栓拧紧力矩达 65N · m 时不得破坏。严禁将外径 48mm 与 51mm 的钢管混合使用，钢管脚手架扣件必须有出场合格证明或材质检验合格证明，如图 1 所示。

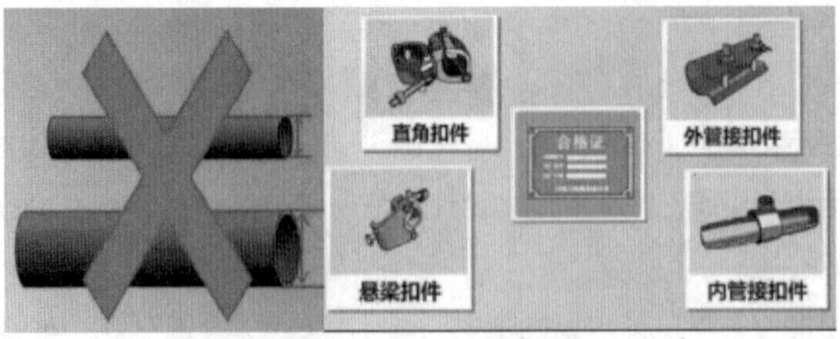

图 1　扣件形式及要求

1.3　悬挑梁型号规格及其构造要求

悬挑承力钢梁宜采用双轴对称截面的型钢，其材质要求符合《碳素结构钢》（GB/T 700）或《低合金高强度结构钢》（GB/T 1591）的规定，具体型号按设计计算确定，其截面高度不应小于 160mm，而且为了便于维护，每栋楼（每项目）只选用一种型钢，不得不同型号型钢混用，一般选用 18a 号槽钢或其截面高度不小于 16 号的工字钢。

型钢悬挑长度不宜大于 2.0m，其总长度要保证其固定端（锚固段）长度不小于其悬挑端长度的 1.25 倍，并且在悬挑钢梁与钢丝绳的吊拉位置应焊接 U 形钢筋拉环，拉环应穿过钢梁上翼缘板焊接固定于腹板两侧，其直径应按计算确定并应不小于 16mm，将钢丝绳与悬挑钢梁和主体结构连接的 U 形钢筋拉环应设置钢丝绳鸡心环。型钢上的钢丝绳拉结点也可以采用 150mm 长，直径 25mm 的钢筋与工字钢拉接（图 2）。

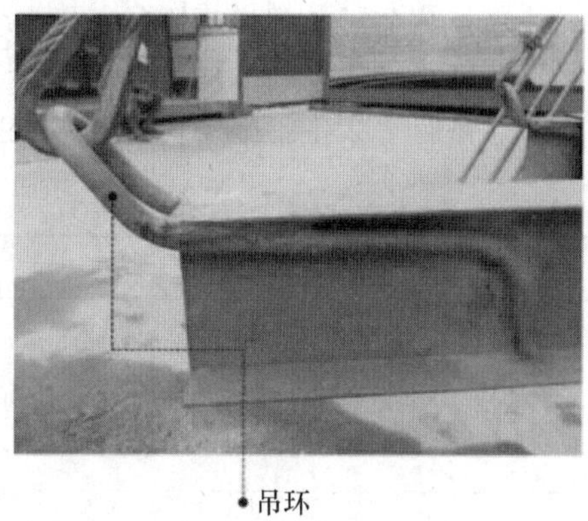

图 2　型钢悬挑端钢丝绳拉结点

悬挑架上应设置钢管脚手架的竖向立杆的定位杆，定位件在距离悬挑梁外端 100mm 处设置，可以竖直焊接长 150mm、直径 25 ～ 30mm 的短钢筋或短管（图 3）。

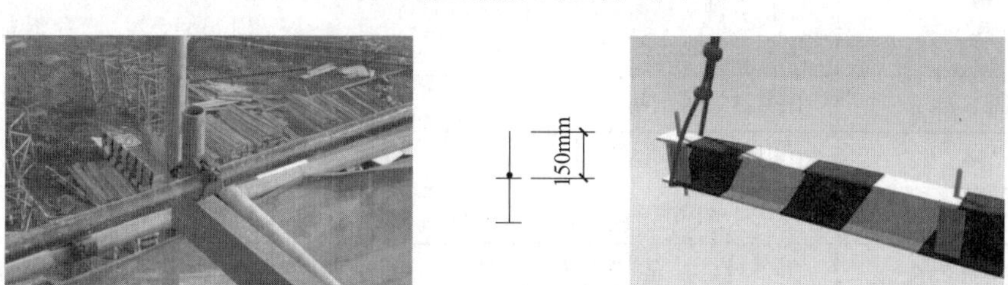

图 3　型钢悬挑梁外端立杆定位件

1.4　钢丝绳材质规格要求

根据《建筑施工扣件式钢管脚手架安全技术规范》（JGJ 130—2011）规定，悬挑梁前端吊拉卸荷的吊拉钢丝绳直径不应小于 14mm，一般选用 6×（19+1）规格钢丝绳。

1.5　连墙杆材质要求

材质符合《碳素结构钢》（GB/T 700）中 Q235-A 级钢规定，一般直接采用脚手架钢管。刚性连接的钢管端部外露扣减长度不小于 100mm。

1.6　钢压板选材要求

钢压板尺寸宽 × 厚不应小于 100mm×10mm，也可以采用螺栓角钢压板，其规格不小于 63mm×63mm×6mm，一般选用厚度不少于 10mm 的 200mm×55mm（长 × 宽）的压板。

1.7　U 形环及锚固螺栓、吊环制作要求

定型 U 形环和锚固螺栓选用直径不小于 16mm 的 HPB235 圆钢制作，并且采用冷弯成型制作工艺。U 形环上口端具有套丝，以便螺母安装和紧固；钢丝绳与建筑结构拉结的吊环应采用 HPB235 级钢筋，其直径不小于 20mm，如图 4 所示。

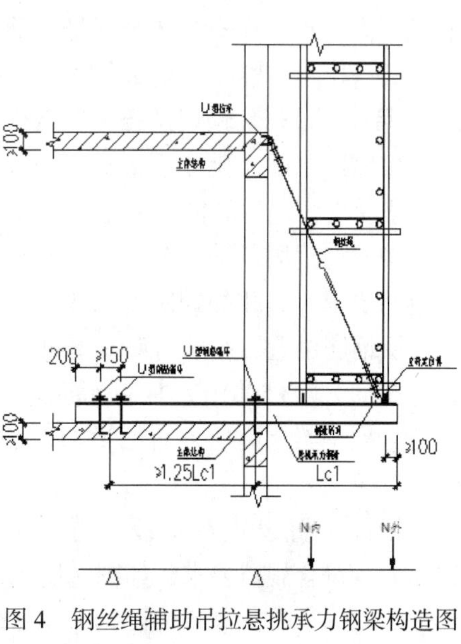

图 4　钢丝绳辅助吊拉悬挑承力钢梁构造图

1.8　密目式安全立网材质要求

密目式安全立网材质应符合国家技术监督局发布的《密目式安全网》（GB 16909—1997）要求。

悬挑脚手架主要施工材料参数见表 1。

表 1　悬挑脚手架主要施工材料参数表

名称	规格	备注
钢管	ϕ48mm × 3.5mm	符合规范《直缝电焊钢管》(GB/T 13793)的标准，钢材强度等级符合《碳素结构钢》（GB/T 700）Q235-A 级钢规定，一般选用外径 48mm，壁厚 3.5mm 钢管
扣件	十字扣、转扣、对接扣件	符合国家《钢管脚手架扣件》（GB 15831）标准要求，钢管螺栓拧紧力矩达 65N · m 时不得破坏
悬挑梁	采用双轴对称截面的型钢，其截面高度不应小于 160mm	一般选用 16 号、20 号工字钢或 18 号槽钢
悬挑锚固 U 形环	HPB235ϕ18 钢筋	固定端尾部不少于 2 个
卸荷环	HPB235ϕ20 钢筋	
卸荷钢丝绳	ϕ15.5-NAT-6*19+1	
密目式安全立网	2000 目 /100cm²	密目安全网，用于外脚手架封闭

2　悬挑脚手架架体搭设基本参数要求

2.1　绘制悬挑脚手架平面布置图（图 5）

2.2　明确搭设顺序

预埋件设置→安装悬挑主梁→悬挑主梁上下支撑杆件设置→立杆定位点设置→纵向扫地杆→立杆→横向扫地杆→横向水平杆→纵向水平杆→剪刀撑→连墙件→铺脚手板→扎防护栏杆→扎安全网。

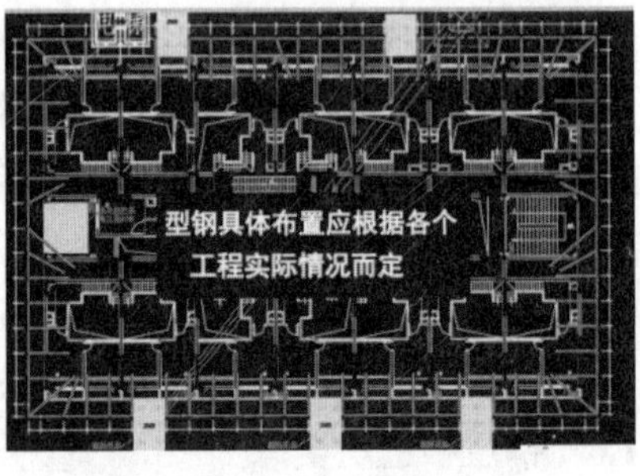

图 5　悬挑脚手架平面示意图

2.3　吊环、U 形环预埋及压板安装构造要求

按照绘制的悬挑脚手架平面布置图，在楼层模板安装完毕后进行定位放样，标注其位置。

按照型钢固定端 2 个（规范要求不少于 2 个）U 形钢筋拉环或锚固螺栓与建筑结构梁板固定的要求，其相邻间距宜取 150 ～ 200mm，将 U 形钢筋拉环或锚固螺栓预埋至混凝土梁板底层钢筋位置，要求与混凝土梁板底层钢筋焊接或绑扎牢固，并且要求满足《混凝土结构设计规范》(GB 50010）中对钢筋锚固的规定，如图 6 所示。

悬挑钢梁尾端宜设置两道 U 形钢筋锚环，U 形钢筋拉环与形钢间隙应用钢楔或硬木楔楔紧。

锚固位置设置在楼板上时，楼板的厚度不宜小于 120mm，本工程楼板结构厚度为 120mm，符合规范要求，如图 7 所示。

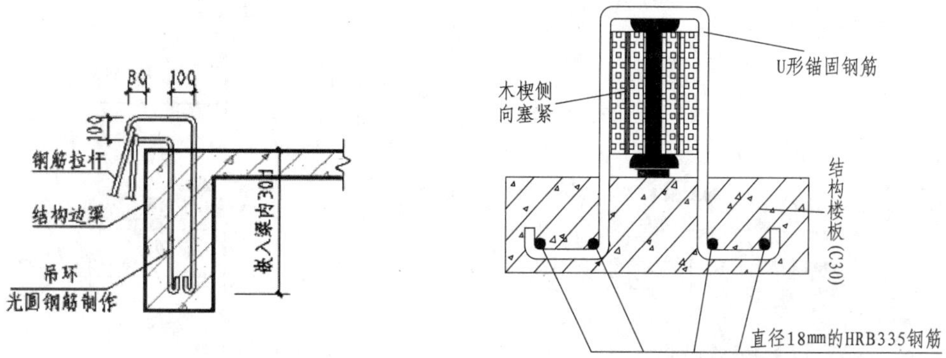

图 6　吊环及 U 形环大样图

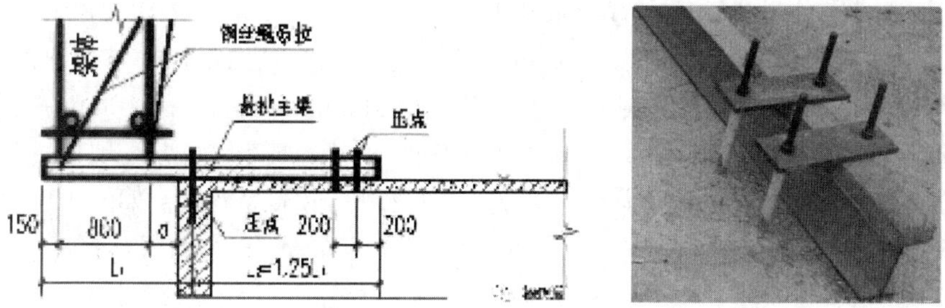

图 7　悬挑脚手架底座示意图

2.4　卸载钢丝绳安装要求

钢丝绳线夹的设置应按国家现行标准《建筑机械使用安全技术规程》（JGJ 33）的规定执行。钢丝绳张拉要求：钢丝绳间距同形钢、立杆间距，根据不同搭设高度分别计算钢丝绳的直径。钢丝绳与钢梁的水平夹角应不小于 45°，如图 8 所示。

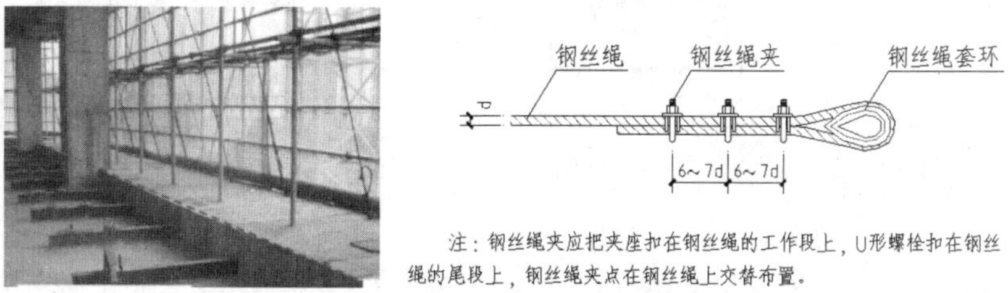

图 8　钢丝绳及绳夹使用示意图

钢丝绳每段不少于 3 个绳卡，绳卡间距为 6 ～ 7d（d 为钢丝绳直径），最后一个钢丝绳卡距绳头长度不少于 140mm；绳卡滑鞍（夹板）应在钢丝绳承载时受力一侧；U 形螺栓应在钢丝绳的尾端，不得正反交错；绳卡宜拧紧至尾端钢丝绳受压处直径高度压扁 1/3。

2.5　型钢铺设要求

按照绘制悬挑型钢首层楼层布置平面图作为现场铺设悬挑型钢的依据。根据平面图在建筑物四周布置型钢，型钢间距同立杆间距，每一纵距设置一根（按照设计，一般为 1.5m）。按照外架布置与建筑物间隙要求（一般取值 250 ～ 300mm）和内外立杆横向间距来调整型钢的悬挑长度，将 U 形环、锚固段螺栓与型钢之间采用木楔正反两个方向塞紧固定型钢位置，如图 9 所示。

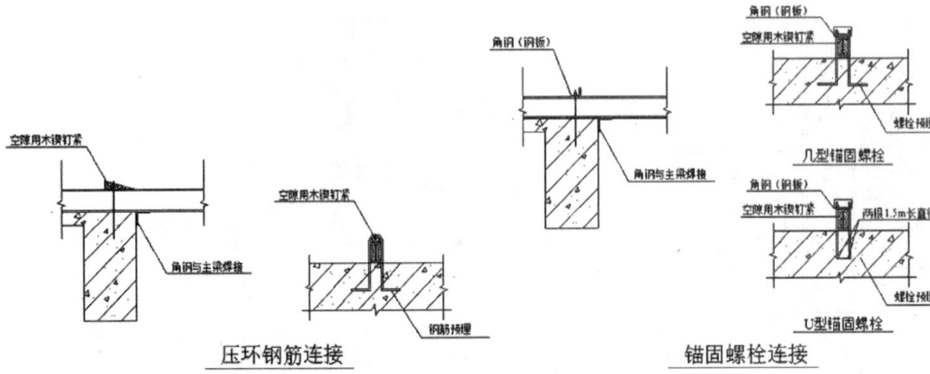

图 9　压环钢筋连接与锚固螺栓连接大样图

建筑结构阳角部位悬挑型钢布置要求如下：

阳角部位悬挑梁宜扇形布置，如果阳角处悬挑梁交会，无法保证伸入端长度，在交会处采用两侧悬挑梁与阳角处悬挑梁焊接，上下各增设 –200mm × 200mm × 10mm 钢板，所有接触点必须满焊，焊脚高度不得小于 8mm，且不得有气孔、夹渣、漏焊等现象；如果结构阳角部位钢筋较多不能留洞，可采用设置预埋件焊接型钢三角架等措施，如图 10 所示。

2.6　杆件搭设主要构造要求

2.6.1　扫地杆搭设主要要求

脚手架底部必须设置纵、横连杆，纵向连杆应用直角扣件固定在型钢顶面不大于 200mm 处的立杆上，横向连杆应用直角扣件固定在紧靠纵向连杆下方的立杆上，如图 11 所示。

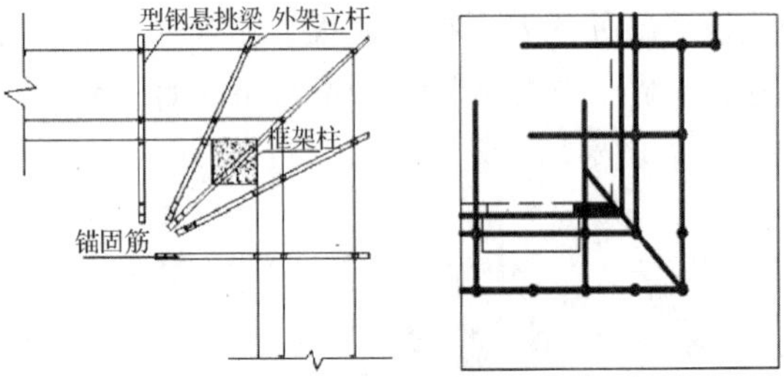

图 10　悬挑脚手架工字钢转角位置布置图

图 11　纵向扫地杆搭设示意图

2.6.2　立杆搭设主要要求

一次悬挑脚手架高度不宜超过 20 m。根据脚手架专项施工方案，确定脚手架立杆间距、内外立杆横向间距和水平杆步距等参数。一般取步距 1.8m，立杆纵向间距 1.5m，内外立杆间距 0.8m，内排立杆与建筑物的距离为 250 ～ 300mm。注：脚手架立杆顶端栏杆宜高出女儿墙上端 1.0m，宜高出檐口上端 1.5m，如图 12 所示。

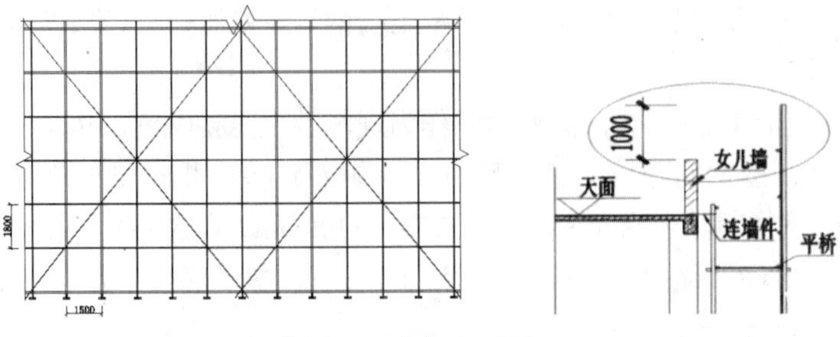

图 12　外架立面图

卸料平台、施工电梯处水平杆和安全网单独搭设，便于卸料平台和施工电梯的安装，洞口两侧采用双立杆加强，如图 13 所示。

脚手架阴阳角处形成“井”字架，增强脚手架的整体性（图 14）。

图 13　卸料平外架台洞口示意图

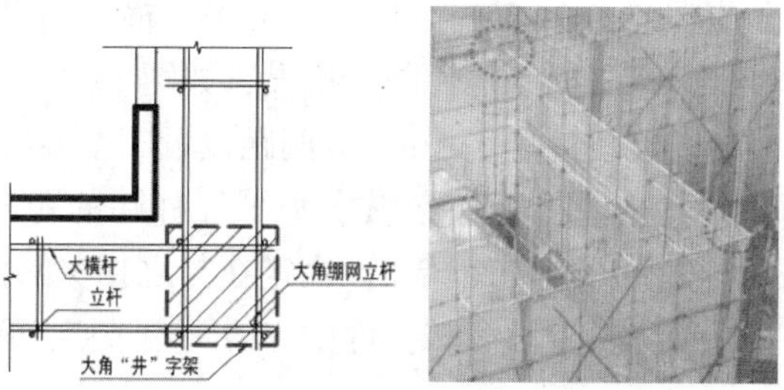

图 14　脚手架阴阳角处搭设示意图

2.6.3　纵、横向水平杆搭设主要要求

纵向水平杆（大横杆）设于横向水平杆（小横杆）之下，在立杆内侧，采用直角扣件与立杆扣紧，大横杆长度不宜小于 3 跨。

在封闭型脚手架的同一步中，纵向水平杆应四周交圈设置，并应采用直角扣件与内外角部立杆固定。

立杆接长必须采用对接扣件连接（顶层顶步除外），纵向水平杆接长宜采用对接扣件连接，也可采用搭接连接。杆件接长接头位置要求如图 15 所示。

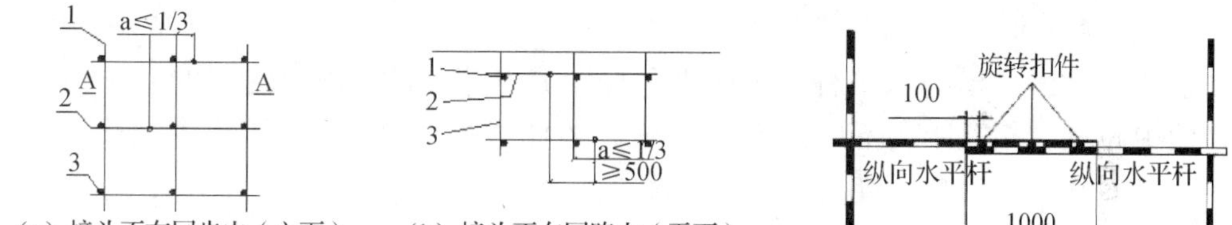

（a）接头不在同步内（立面）　（b）接头不在同跨内（平面）

1.立杆　2.纵向水平杆　3.横向水平杆

图 15　纵横水平杆、立杆对接接头布置

2.6.4　连墙杆布设要求

脚手架连墙件必须采用刚性连墙件，并直接与主体结构进行可靠连接。连墙件的设置要求应符合下列规定：应从每一悬挑段的第一步架开始设置，宜靠近主节点设置，偏离主节点的距离不应大于 300mm；连墙件与内排立杆和外排立杆分别用扣件连接；宜水平设置，不能水平设置时，应向脚手架一端下斜连接；连墙件设置间距按照两步三跨要求布置，通常竖向为间距 3.0m，水平间距为 4.5m，如图 16 所示。

图 16　脚手架连墙件设置示意图

2.6.5　剪刀撑搭设主要要求

悬挑脚手架外侧必须沿其全高和全长连续设置剪刀撑，每道剪刀撑布置不少于 4 跨，且不应小于 6m，斜杆与地面的倾角应在 45° ～ 60° 之间，剪刀撑、横向斜撑应随立杆、纵向、横向水平杆等构件同步搭设，如图 17 所示。

图 17　外脚手架剪刀撑设置示意图

搭接长度不应小于 1m，等间距设置 3 个旋转扣件固定；端部扣件盖板边缘至搭接纵向水平杆杆端的距离不应小于 100mm。剪刀撑应用旋转扣件固定在与之相交的横向水平杆的伸出端或立杆上，旋转扣件中心线距主节点的距离不应大于 150mm，如图 18 所示。

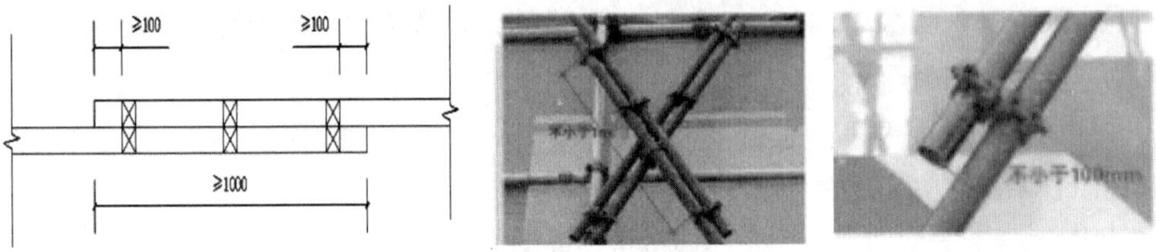

图 18　剪刀撑（立杆）搭接构造

钢管脚手架的转角部位、脚手架的端部、一字形和开口形脚手架的两端必须设置横向斜撑，横向斜撑应由底至顶之字形连续布置，如图 19 所示。

2.6.6　扣件安装要求

在主节点处固定横向水平杆、纵向水平杆、剪刀撑、横向斜撑时用的直角扣件、旋转扣件的中心点的相互距离不应大于 150mm；各杆件端头伸出扣件盖板边缘长度不应小于 100mm。对接扣件开口应朝上或朝内，螺栓拧紧扭矩力矩不小于 40N · m，并且不大于 65N · m，如图 20 所示。

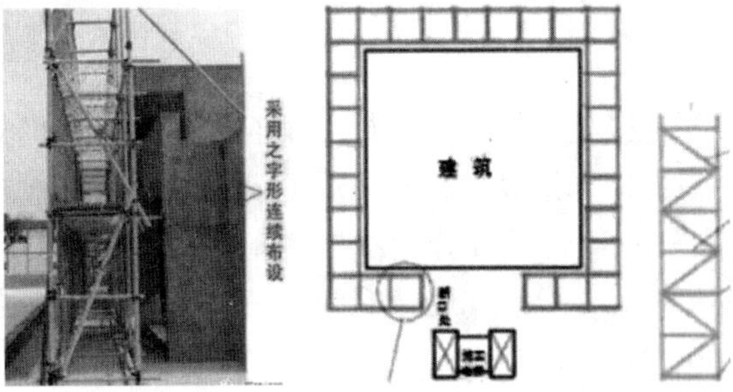

图 19　脚手架横向斜撑设置示意图

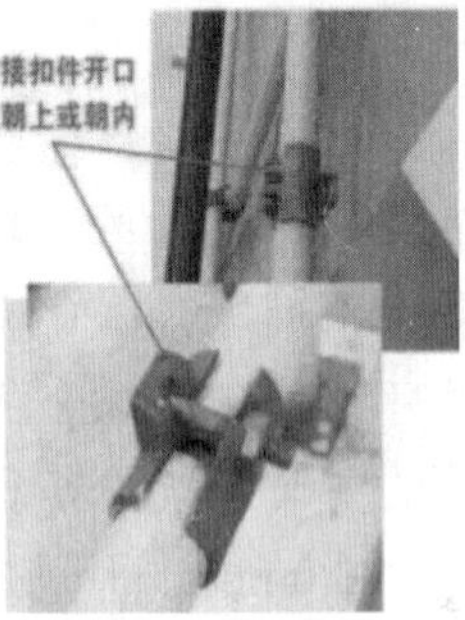

图 20　扣件安装要求

2.6.7　脚手板铺设要求

脚手板应设置在三根横向水平杆上。脚手板的铺设采用对接平铺，亦可采用搭接铺设。脚手板对接平铺时，接头处必须设置两根横向水平杆，脚手板外伸长度应取 130 ～ 150mm，两板脚手板外伸长度的和不应大于 300mm；脚手板搭接铺设时，接头必须支在横向水平杆上，搭接长度不小于 200mm，其伸出横向水平杆长度应不小于 100mm。如图 21 所示。

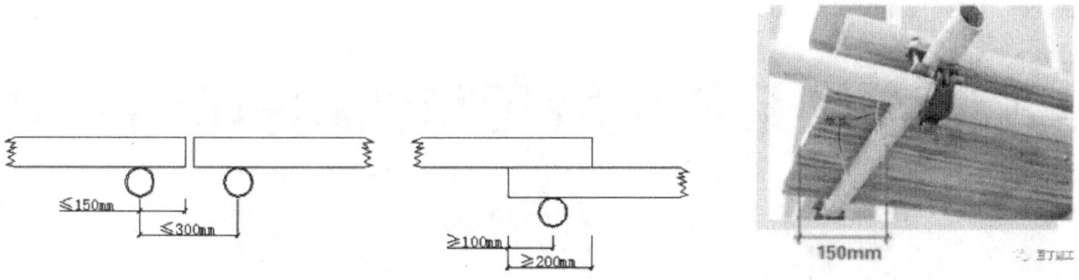

图 21　脚手板对接、搭接构造

2.6.8　防护栏杆搭设要求

脚手架外侧施工作业层必须在 0.9m 高位置设置两道防护栏杆和 18cm 高挡脚板，栏杆和挡脚板均应搭设在外立杆的内侧。脚手架内侧形成临边的 (如遇大开间门窗洞等)，脚手架内侧在 0.9m 高位置设置一道防护栏杆和 18cm 高挡脚板。

2.6.9　外架基本防护要求

（1）脚手架外立面安全防护：应采用 2000 目 /100cm^2 密目网全封闭围护。

（2）首层底部防护要求：钢管脚手架底部必须严密封闭，宜满铺木制脚手板，木脚手板拼缝应紧密，与脚手架绑扎牢固；当采用满铺竹笆片脚手板时，底部应采用 2000 目 /100cm^2 密目网兜底封闭，要求底部封闭牢固美观。

（3）脚手架架体内封闭要求

脚手架首层的内立杆与建筑物之间应采用脚手片或木板进行全封闭。施工层以下脚手架每隔 10m 以及底部用双层网兜进行封闭。如图 22 所示。

图 22　脚手架防护要求

3　结束语

悬挑脚手架已广泛应用于高层建筑施工中，在施工过程中严格按施工方案要求合理组织施工，确保搭设过程中的关键要点符合要求，在施工过程加强安全技术交底和安全教育，同时注重架体搭设验收质量，严把外架拆除过程安全操作。

参考文献

[1] 建筑施工高处作业安全技术规范 JGJ 80—2016 [S].

[2] 建筑施工安全检查标准 JGJ 59—2011 [S].

[3] 建筑施工扣件式钢管脚手架安全技术规范》JGJ 130—2011 [S].

[4] 杜荣军. 建筑施工脚手架实用手册 [M] 北京：中国建筑工业出版社.

[5] 赵雷，武仕，王守望，朱峻齐. 浅析悬挑脚手架在高层施工中的应用 [J]. 建筑安全，2018:3.

框架式稀索体系斜拉桥桥跨结构拆除关键技术

李亚民

中国水利水电第八工程局有限公司，长沙，410004

摘　要： 东莞疏港大道南阁大桥主桥位于通航河道，为双塔双索面框架式稀索体系斜拉桥，跨径组合（2×35＋108＋3×35）m，随着航道等级提升、交通流量增加及旧桥结构病害的发展，需对其实施拆除后重建，拆除时需满足河道间歇性通航。主桥上部结构采用了分级释放斜拉索索力、分步拆除构件的施工方法，运用绳锯、碟锯解体并辅助 400t 浮吊进行水上大吨位构件的吊装与转运。运用有限元仿真分析和 BIM 技术模拟，拆除时全程监控。

关键词： 框架式；稀索体系；斜拉桥；上部结构；拆除；绳锯；浮吊；关键技术

1　工程概况

南阁大桥旧桥位于东莞市 X236 线上，是连接道窖、厚街两镇的一条重要通道，横跨东江南支流东莞水道，内河Ⅲ级航道，建成于 1993 年，主桥为双塔双索面框架式稀索体系斜拉桥。该桥出现一定结构病害并有继续发展趋势，且通行能力不足、桥下通航净空不满足规划航道等级要求，需对其实施拆除后新建，拆除混凝土共计约 5192m^3，斜拉索 48.5t。待拆主桥梁特性见表 1 和图 1。

表 1　待拆主桥桥梁特性

桥长（m）	跨径组合（m）	桥梁宽度（m）	设计荷载	整体结构
283	2×35＋108＋3×35	净 10＋2×1.5 人行道，双向车道	汽车 -20 级、挂车 -100	塔、纵梁固结，与索共同构成空间框架体系，为挂梁、主梁提供支承
桥塔	斜拉索	纵梁	主梁及桥面板	
H 形塔，高 36.6m，最大断面尺寸 3m×1.7m	双索面稀索体系、平行钢丝结构，单侧塔设 10 根拉索，边跨 6 根 /145ϕ7mm，中跨 4 根 /211ϕ7mm	预应力混凝土结构，矩形截面，高 2.05m× 宽 1.36m，跨中设预应力混凝土横梁连接	主梁：工字形截面预应力混凝土结构，横桥向设四片 桥面板：后浇 20cm 钢筋混凝土结构	

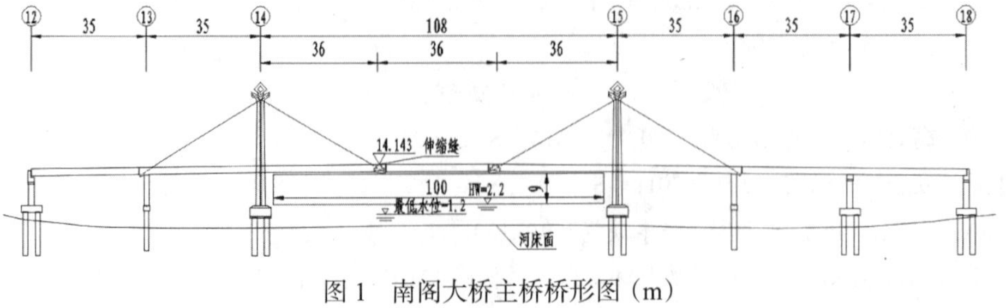

图 1　南阁大桥主桥桥形图（m）

2　施工难点

（1）本桥是国内首座采用机械法拆除的大跨度框架式稀索体系斜拉桥，且在繁忙水道上，拆除方法、施工组织、结构计算及监测等方面都无成熟经验可借鉴。

（2）结构特殊，施工安全风险高。框架式稀索体系斜拉索非常规结构，且年久失修，拆除前需对其健康状况进行全面、深入地了解，充分考虑结构病害对拆除施工的影响。高空放索、水上大构件吊装、大断面混凝土构件切除等作业施工安全风险大，施工管控要求高。

（3）作业时间受限，施工组织要求高。桥址所在的东莞水道，承担较重的通航任务，施工期仅能在有限时间内间歇性封闭航道。拆除作业实施前，需精心组织，合理细化封航时间段内拆除计划，并保障规定时间内完成计划任务、提高作业效率。

3　施工方案

根据南阁大桥结构体系特点，结合设备资源和通航要求，桥跨结构采用了和建桥时“逆序”的总体拆除方案，即分级释放斜拉索，交叉对称拆主梁，再解体框架结构。桥跨结构拆除施工工艺流程见图 2。

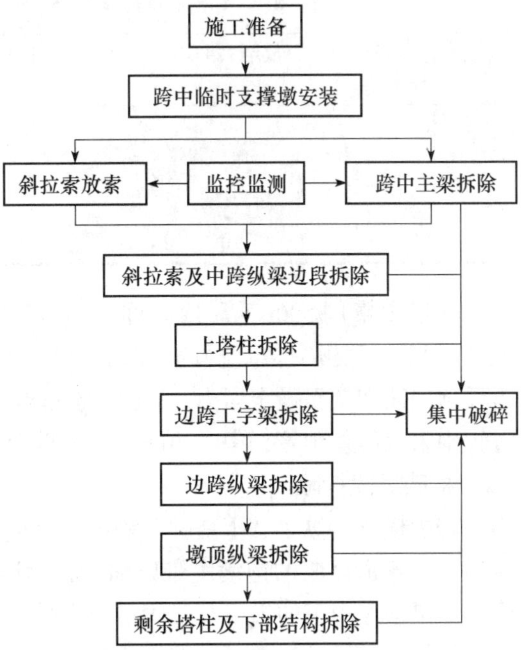

图 2　桥跨结构拆除工艺流程图

4　施工关键技术

4.1　斜拉索放索

因本桥的斜拉索长度较短，常用动测仪法难以测得准确索力值，采取了最直接的千斤顶油表读数法，在拆桥前分别对索力值进行实测，与理论成桥索力对照分析，输入到分析模型中（表 2）。

表 2　现状索力检测结果

主塔号	位置	单侧总索力（kN）		单侧索根数
		上游	下游	
14 号塔	边跨	9634	9755	3
	中跨	9432	9418	2
15 号塔	边跨	9522	9717	3
	中跨	9316	9377	2

斜拉索索力分 5 次释放，与主梁拆除交替进行，具体施工流程见表 3。

表 3　斜拉索分次放索施工流程表

步骤	①对称放空边跨中间拉索	②第 1 次：由初始值释放至 4400kN，拆除跨中外侧 2 片挂梁
图例		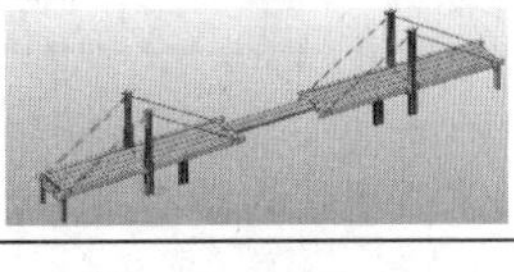

续表

步骤	③第 2 次：释放至 3500kN，拆除跨中中间 2 片挂梁	④第 3 次：释放至 2800kN，拆除中边跨外侧 2 片工字梁
图例	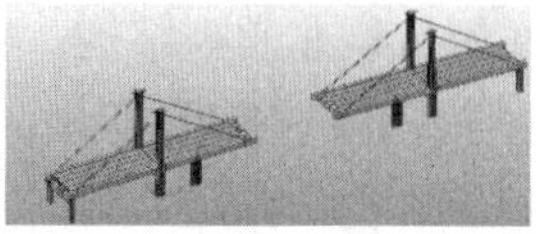	
步骤	⑤第 4 次：释放至 2200kN，拆除中边跨中间 2 片工字梁	⑥第 5 次：释放至 1500kN，纵梁设钢支撑，拆除跨中横梁
图例		

在塔顶采用 500t 千斤顶对称、同步进行放索，每阶段放索分加载、卸载、锚固三步。加载：张拉至锚固螺母刚好离开锚垫板、螺母能自由旋转；卸载：螺母向外旋转预设长度，千斤顶回油卸载至设定索力；锚固：监测索力值是否满足要求，螺母拧紧锚固，千斤顶回油。过程中采取偏差预警，中、边跨总索力偏差预警值为 100kN，主塔偏位预警值为 ±50mm。

4.2 框架纵梁拆除

跨中横梁、纵梁、上塔柱和斜拉索共同构成斜拉桥框架受力体系，纵、横梁里配置有预应力束。管道压浆的饱满度难以估计，为避免预应力束锚头切除后预应力失效的情况发生，根据纵梁预应力束的布束及锚固情况，采取设置临时墩、分段切除框架纵梁的方案（图 3）。

纵梁边跨预应力在中跨距主塔 14m 处锚固，设置有施工缝，在此处设切割面，将纵梁分为中跨中梁、中跨边梁和边跨纵梁 3 段。先在浮吊辅助下切除中跨中梁，并在施工缝位置设置临时墩（钢管桩 + 分配梁）进行支撑，再切除边跨纵梁，最后切除中跨边梁，以确保纵梁在拆除中处于可控状态（图 4）。

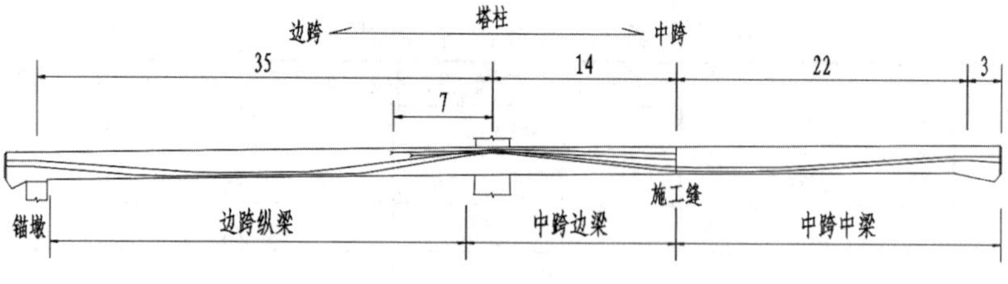

图 3　纵梁钢束布置图（m）

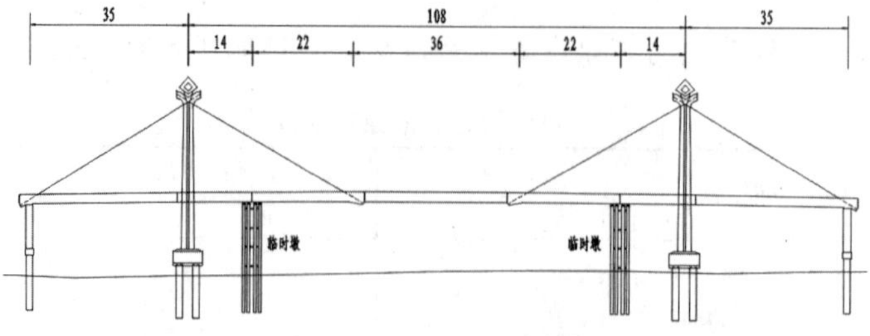

图 4　临时墩布置图（m）

4.3　大断面混凝土切分

塔柱、挂梁、框架梁等构件在拆除作业中切割占比时间长，提高切分效率是实现快速拆桥的有效途径。主跨结构中主梁端头、桥塔、纵横梁断面较大，采用液压金刚石绳锯机切割技术（图 5）。液压金刚石绳锯机切割是通过液压马达高速驱动带有金刚石串珠的钢丝绳索，绕被切割物体运转，高速磨削被切割物体，最终快速分离被切割物体，其切削速度可达 $2m^2/h$，有效节省了作业时间。

4.4　大吨位构件吊转

桥跨结构构件吊重大、杆件长，其中边跨纵梁单吊重量 245t、梁长 32m，选用自行式 450t 浮吊，抛锚船辅助抛锚（图 6）。吊绳采用 4 根 6×37、$\phi 60.5mm$ 纤维芯钢丝绳，吊点位置通过设计计算选定。构件吊离后，浮吊在负重状态下通过收放锚绳转运至岸边破碎场集中破碎。

图 5　绳锯高空切割塔柱

图 6　大吨位构件吊转

4.5　拆桥仿真分析

采用 MIDAS Civil 对拆桥全过程进行了仿真计算。桥塔、纵横梁采用梁单元模拟，斜拉索采用桁架单元模拟，现阶段索力值为实测，考虑混凝土的时间效应，分为 24 个施工阶段建立计算模型。通过模拟仿真分析，对拆桥方案进行优化，为监控和预警值提供理论依据（图 7）。

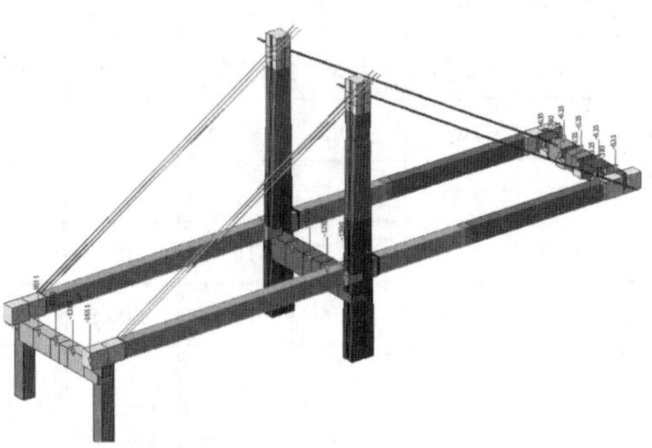

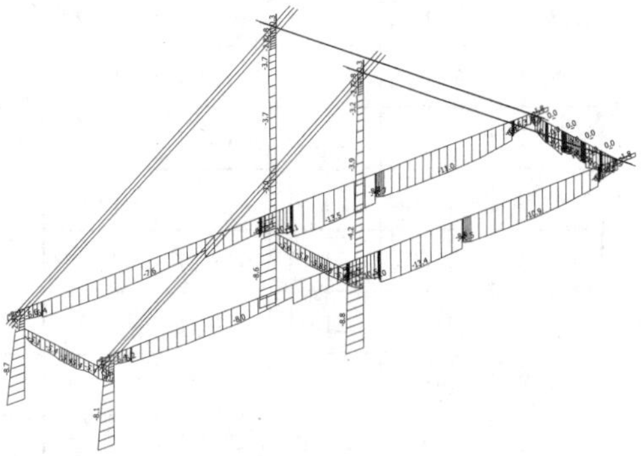

图 7　桥跨结构计算模型

5　现场施工监控

桥跨结构拆除实行了全过程监控，监控内容有：纵梁、主塔关键部位应力监控、纵梁沉降监控、主塔偏位监测、索力监测。选用快贴集成应变计和 DH3819 无限静态应变测试系统进行应力监测，采用 JMM268-1 索力动测仪结合塔端千斤顶读数监测斜拉索索力，主塔偏位、纵梁沉降采用全站仪、水准仪进行监测。

主塔偏位测点布置于塔顶，其他施工监控测点布置如图 8 ～图 9 所示。

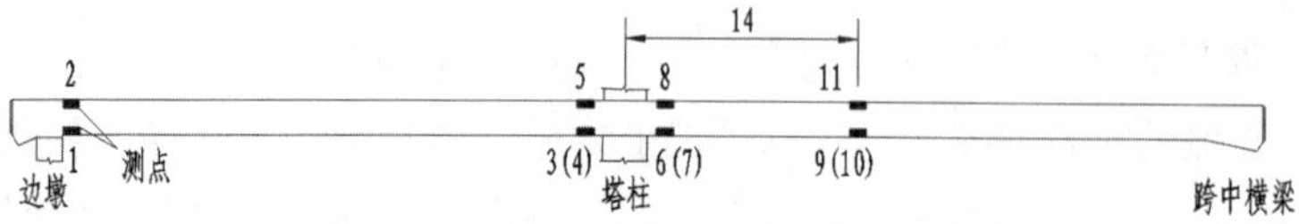

图 8　纵梁应力测点布置（m）

桥跨结构拆除过程中纵梁、塔柱应力实测数据见表 4，主塔偏移量及纵梁沉降见表 5。由表可知：

（1）主梁拆除过程中，塔柱、纵梁应力值均没有超过混凝土强度设计值，出现最大拉应力为 0.97MPa，低于设计值 2.51MPa，拆除过程安全、可控。

（2）斜拉索第 1 次与第 2 次放索后主塔偏移与理论值相差最大 25mm，其余工况下实测数值与理论值基本吻合。

（3）纵梁在施工过程中沉降幅度均处于结构安全范围内，最大值下沉 65mm，变形在较合理范围。

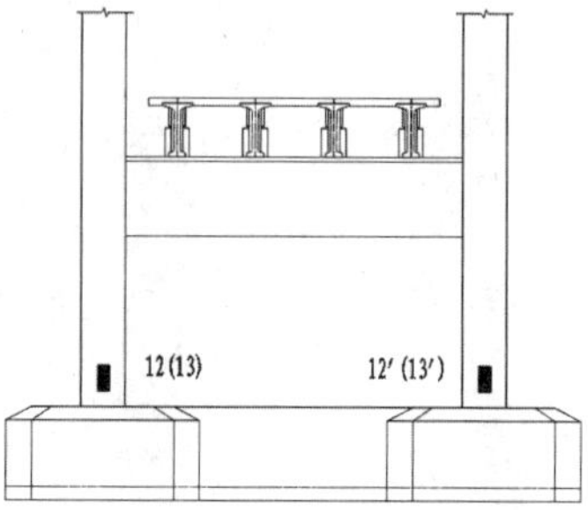

图 9　塔柱应力测点布置

表 4　14 号墩纵梁及塔柱应力理论与实测值汇总表

测点	成桥状态		拆除 GL1/4 后		拆除 GL2/3 后		拆除 ZT1/4 后		拆除 ZT2/3 后		拆除跨中横梁后	
	上游	下游	上游	下游	上游	下游	上游	下游	上游	下游	上游	下游
1	−3.62	−3.79	−13.52	−5.99	−15.86	−6.27	−16.48	−8.45	−16.76	−8.98	−16.16	−9.62
2	−6.89	−6.92	−19.54	−7.95	−18.08	−8.62	−15.56	−9.14	−14.88	−7.80	−17.93	−6.31
3	−6.19	−6.54	−9.56	−7.47	−9.64	−8.36	−7.99	−4.31	−6.45	−2.15	−4.65	0.60
4	−6.19	−6.54	−11.66	−7.62	−11.62	−8.62	−9.56	−12.14	−10.76	−10.95	−12.02	−8.23
5	−9.13	−9.81	−14.73	−13.46	−15.99	−15.92	−12.49	−22.95	−14.49	−24.36	−28.94	−26.04
6	−5.61	−7.62	−16.72	−11.99	−17.30	−15.01	−15.61	−6.45	−11.63	−3.58	−8.89	0.97
7	−5.61	−7.62	−14.00	−10.65	−14.79	−12.94	−12.84	−10.77	−9.62	−7.78	−7.59	−1.93
8	−8.44	−10.40	−21.31		−19.68		−17.08		−19.72		−29.17	
9	−9.23	−9.77	−21.45	−18.17	−21.54	−21.21	−18.91	−17.49	−17.27	−14.86	−20.59	−16.04
10	−9.23	−9.77	−21.08	−15.91	−21.79	−18.86	−19.67	−16.40	−17.97	−15.57	−20.09	−15.30
11	−6.18	−5.64		−13.43		−17.03		−21.57		−22.79		−21.04
12	−3.19	−2.10	−3.30	−8.22	−4.27	−9.65	−3.45	−12.21	−0.83	−14.51	−4.87	−18.70
13	−4.51	−3.42	−12.59	−9.41	−10.16	−9.86	−10.76	−10.47	−7.88	−8.02	−5.70	−8.58

表 5　主塔偏移量及纵梁沉降实测值汇总表

工况	主塔偏移（负号偏中跨，正号偏边跨 mm）					纵梁沉降（mm）				
	14 号上塔	14 号下塔	15 号上塔	15 号下塔	理论值	14 号上	14 号下	15 号上	15 号下	理论值
第一次放索	−20	−23	−25	−18	−4.2	−62	−59	−60	−49	9.1
拆 GL4、GL1	5	7	−2	3	6.4	−6	−10	−3	−7	53
第二次放索	−19	−25	−16	−27	−2	−43	−40	−37	−44	−23
拆 GL3、GL2	4	11	8	2	9.3	−4	−4	−2	−10	21
第三次放索	−12	−6	−8	−2	−9	−28	−36	−20	−20	−59
拆 ZT4、ZT1	5	9	3	5	7	−6	−10	−8	−11	−7
第四次放索	−9	−5	−7	−2	5.9	−56	−52	−65	−61	−33
拆 ZT3、ZT2	13	10	12	19	12	−11	−9	−14	−7	30
第五次放索	−5	−11	−1	−2	−6	−15	−12	−17	−11	−11
拆除跨中横梁	8	7	3	4	7.6	43	49	39	46	28

6　结语

南阁大桥主桥桥跨结构拆除工程于 2018 年 12 月 14 日开始，2019 年 1 月 8 日完成，历时 26 天。在综合通航要求、桥跨结构特征、设备资源情况以及旧桥病害等因素，采用有限元仿真分析、分级放索、大吨位浮吊吊转、大断面绳锯切割等技术，并在实施过程中全程监测，及时掌握桥跨结构的应力状况，保障了桥梁拆除安全，取得了良好的社会和经济效益。该项目作为大跨度框架式稀索体系斜拉桥桥跨结构拆除工程，尚属国内首次，对今后类似桥梁拆除工程具有很好的借鉴意义。

参考文献

[1] 康朝静. 病害预应力混凝土桥梁结构可靠性分析［D］. 郑州大学，2015 年.

[2] 崔玲枝. 高速铁路混凝土桥梁典型病害仿真分析及对策研究［D］. 西南交通大学，2018 年.

[3] 汪少波，王胤韬. 绳锯静力切割技术在临近地铁轨道工程基坑支撑拆除中的应用［J］. 施工技术，2015，22.

[4] 张成瑞，杨龙，朱新明. 预应力混凝土结构特点分析与静力拆除关键技术［J］. 工程质量，2018，7.

[5] 易汉斌，江祥林，吴后选，俞博. 某上跨线斜腿刚构分块切割拆除方案研究［J］. 中外公路，2015，2.

[6] 李干，张芹. 先张法预应力混凝土空心板经切割后其力学性能变化研究［J］. 中国标准化，2018，10.

[7] 郭杰鑫，朱晓亮. 废弃铁路 T 梁拆除方案比选与实施［J］. 施工技术，2018，S1.

[8] 朱慈祥，刘昂，易小锋，赵恒钎，肖一文. 通航条件下非对称组合结构斜拉桥拆除技术［A］. 中国公路学会养护与管理分会第八届学术年会会议论文集［C］. 2018 年.

[9] 张武，吴运宏，王戎躁. 斜拉桥快速换索施工技术［J］. 世界桥梁，2014，5.

[10] 杨光值，刘伟杰. 无损性钻切技术在三元桥快速大修改造中的应用［J］. 施工技术，2018，07.

[11] 李亚民. 跨高速连续梁主跨整体拆除施工技术［J］. 世界桥梁，2018，46（5）.

预应力控制地下室外墙收缩裂缝的技术探讨与实践

唐　娅[1]　梁　朋[1]　杨　颖[1]　李栋森[2]

1. 德成建设集团有限公司，湖南常德，415000

2. 常德市怀德建设监理有限公司，湖南常德，415000

摘　要：围绕地下室外墙裂缝控制，施工中采取了多种技术措施，但仍难以避免墙体混凝土裂缝。为此，笔者首先分析了裂缝的产生机理和分布规律，再侧重结合具体试点墙体，对长墙体的干缩变形及温度应力进行了计算分析，提出分阶段对墙体施加预应力控制裂缝的办法。通过实践，验证了预应力控制裂缝的显著效果，并对在实践过程中的不足之处进行了分析和总结，且提出了改进方向。

关键词：超长混凝土墙体；早期收缩裂缝；预应力；承压传力筋；实践

地下室超长混凝土墙体裂缝现象较为普遍，裂缝导致渗漏影响使用，还降低了结构的耐久性。一旦出现裂缝，迫使施工单位多次返修，影响了工程的如期竣工验收。

为了克服地下室超长混凝土外墙的裂缝，政府相关部门多次下发了针对性较强的措施文件。部分工程落实相关措施后取得了一定效果。

怎样才能进一步阻止或控制裂缝，笔者对裂缝的特征、形成的主要原因进行了描述和分析，认为对地下室混凝土墙早期施加预应力，是控制裂缝出现最有效的办法，且通过实践得到了验证。

1　裂缝特征、原因、应对措施

1.1　超长混凝土墙体裂缝特征

（1）裂缝出现的时间特征：对江南地区而言，低温季节浇筑的混凝土墙较高温季节出现裂缝要少；连续阴雨天浇筑的混凝土墙较连续晴天出现的裂缝要少。

（2）裂缝出现与混凝土的相关特性：超长混凝土墙用高强度混凝土比低强度混凝土出现裂缝要多；混凝土早期强度高比早期强度低出现的裂缝多。水胶比大的混凝土比水胶比小的裂缝多。

（3）裂缝出现的部位及形态发展特征：地下室外墙扶壁柱间距较长时出现的裂缝较多，一般裂缝呈竖向分布，中段较宽，上下段较小且走向尖灭；特别是当扶壁柱与建筑物的框架大柱共享时，在大柱两侧 50 ～ 100cm 范围内常出现贯穿性竖向大裂缝。在施工过程中，当拆模后 1 ～ 2h 常出现细微的竖向裂缝；随后，裂缝的数量增多、长度和宽度逐渐发展，5d 后裂缝变化趋缓。

1.2　裂缝出现的主要原因分析

（1）早期混凝土抗拉强度极低，其有限的水平钢筋在混凝土早期作用极有限，当混凝土受较大温差收缩时极易出现裂缝。

（2）混凝土外墙为竖向构件，相对平面构件的养护条件差，很难做到长时间的保水养护，从而出现干缩裂缝；当混凝土干缩裂缝出现，温差收缩裂缝易与之重叠而加剧裂缝的扩展。

（3）大柱两侧易出现贯穿性裂缝，原因在于大柱刚度远大于墙体刚度，当墙体收缩时，大柱临近的墙体位置应力集中而出现贯穿性裂缝。

1.3　控制裂缝的主要措施

（1）对于地下室混凝土外墙裂缝的特征、原因，针对性地增设水平钢筋，采用级配好、水胶比小的混凝土或纤维混凝土，在低温时间段浇筑混凝土，加强早期混凝土保水养护等措施行之有效。

（2）在混凝土早期时间段适当施加预应力应是最有效的措施，但技术性要求较高。

2　工程实践

2.1　工程概况

常德某商住小区占地面积约25200m^2，总建筑面积69685m^2。地下一层，建筑面积16424m^2，地下室为框架结构，层高4m，地下室外挡土墙厚300mm，混凝土设计强度C40，抗渗等级为P6。

为了获得分阶段对墙体施加预应力的效果，决定对地下室DA～DH轴70m长外墙施加预应力控制混凝土早期收缩裂缝的出现，见图1。

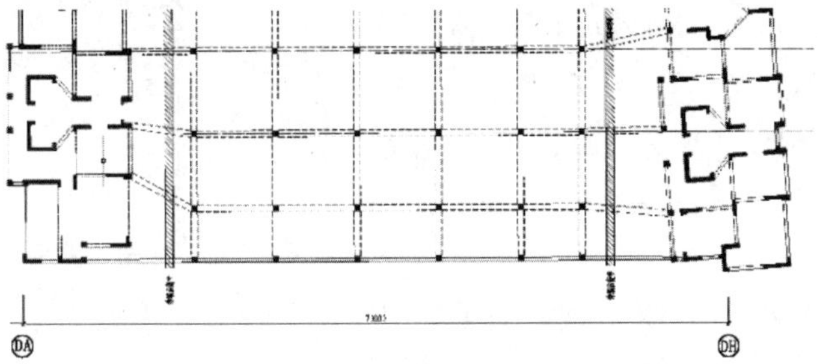

图1　平面布置图

2.2　技术准备

（1）实例计算如下：

①温度梯度的确定：墙体计算模型取地下室西侧DA～DH交D轴处外墙DQ1，全长70m，墙高4.0m，墙厚300mm，C40混凝土。本工程地下室外墙施工期间处于夏季，常德市最低日平均温度为22～24℃，最高日平均温度为33～37℃，极端温差为8～16℃，温度梯度ΔT按16℃计算，不考虑季节性温差影响。

②温度应力计算：按平面框架应力应变关系计算。由上述温差引起的最大拉应力为：

$$\sigma_{\max} = \frac{E\alpha\Delta T}{1-\mu}H(t)K_r(L,B,C_x,E)$$

式中，E为混凝土弹性模量，α为温度线膨胀系数 = 1×10^{-5}/℃，μ为泊松比0.15，H为松弛系数，松弛系数建议值0.3～0.5，K_r为约束程度系数。

混凝土强度随时间不断增长，分别计算C15、C20、C30、C40所在龄期的温度应力值，以便在张拉时选用。

C15 混凝土，$E = 2.20 \times 10^4 \text{N/mm}^2$，$\alpha = 1 \times 10^{-5}/℃$，$\mu = 0.15$，$H = 0.4$，$\sigma_{(16)} = 1.656\text{N/mm}^2$。

C20 混凝土，$E = 2.55 \times 10^4 \text{N/mm}^2$，$\alpha = 1 \times 10^{-5}/℃$，$\mu = 0.15$，$H = 0.45$，$\sigma_{(16)} = 2.160\text{N/mm}^2$。

C25 混凝土，$E = 2.8 \times 10^4 \text{N/mm}^2$，$\alpha = 1 \times 10^{-5}/℃$，$\mu = 0.15$，$H = 0.45$，$\sigma_{(16)} = 2.371\text{N/mm}^2$。

C30 混凝土，$E = 3.0 \times 10^4 \text{N/mm}^2$，$\alpha = 1 \times 10^{-5}/℃$，$\mu = 0.15$，$H = 0.5$，$\sigma_{(16)} = 2.824\text{N/mm}^2$。

C35 混凝土，$E = 3.15 \times 10^4 \text{N/mm}^2$，$\alpha = 1 \times 10^{-5}/℃$，$\mu = 0.15$，$H = 0.5$，$\sigma_{(16)} = 2.965\text{N/mm}^2$。

C40 混凝土，$E = 3.25 \times 10^4 \text{N/mm}^2$，$\alpha = 1 \times 10^{-5}/℃$，$\mu = 0.15$，$H = 0.5$，$\sigma_{(16)} = 3.059\text{N/mm}^2$。

（2）施加预应力按二级裂缝控制计算，要求第一次张拉值应满足第二次张拉前混凝土的抗裂要求：

$$\sigma_{ck} - \sigma_{pc} \leqslant f_{tk}$$

（3）预应力配筋及计算：计划在其前、后期，分两次两端张拉预应力。预应力筋按裂缝规律在墙体竖向中段三分之一处配置较密，上、下端配置较疏。温度伸缩后浇带用膨胀混凝土替代；沉降后浇带处根据预应力值增设水平抗压粗钢筋，用于预应力的有效传递。

取预应力筋为单根 ϕ15.2mm，按墙高范围计算预应力值。$A_p = 140\text{mm}^2$，$\sigma_{con} = 0.75f_{ptk} = 0.75 \times 1860 = 1395\text{N/mm}^2$，$\sigma_{pe} = 0.8\sigma_{con}$，则有效预加应力为：$\sigma_{pe} = 0.8 \times 1395 = 1116\text{N/mm}^2$，墙体换算截面（C40）为：$3800 \times 300 + 29390 - 2100 = 1167850\text{mm}^2$，两端张拉，张拉值设计值 $\sigma_{pc} = 140 \times 1116 \times n/1167850 = 1.395\text{N/mm}^2$，$n = 11$。考虑施工过程中的各种影响因素，决定采用 15 根预应力筋，实际预应力值 $\sigma_{pc} = 2.007\text{N/mm}^2$，布置如图 2 所示。

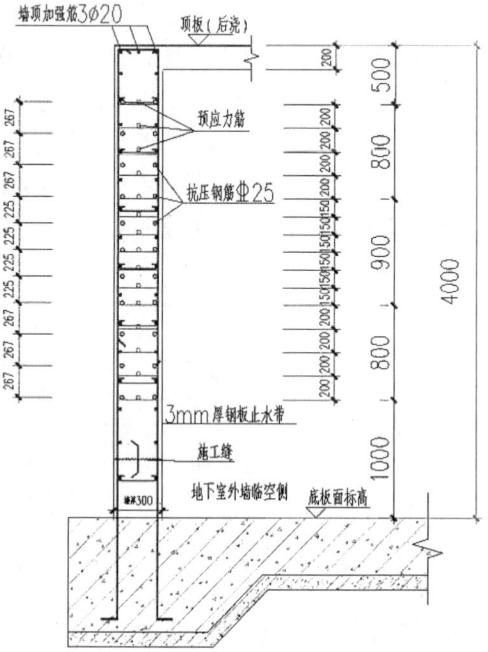

图 2　预应力筋布置图

（4）后浇带预留水平抗压粗钢筋计算：本工程地下室设置沉降后浇带两道，由于工期等因素，外墙在后浇带浇筑前即进行张拉，在后浇带位置根据预压应力值增设水平抗压钢筋，传递张拉预应力。采用 HRB400 级Φ25 钢筋。取锚固长度 $l_{cE} > 35d = 875\text{mm}$，本工程考虑长细比对柱承载能力的降低程度，按两端固接 $L_0 = 800\text{mm}/2 = 400\text{mm}$，$2r = 25\text{mm}$，$L_0/2r = 16$，$\phi$ 取 0.79。

根据公式 $\gamma_0 N_d \leqslant 0.9\phi\ (f_{cd}A + f'_{sd}A'_s)$，$1.1 \times 1116 \times 140 \times 15 = 2577.96\text{kN} = 0.9 \times 0.79 \times 360 A_s$，解得 $A_s = 10071.73\text{mm}^2$。Φ25 的受压钢筋根数取 22 根。对称布置于预应力筋外侧。

（5）混凝土局部受压承载力验算：

$$F_1 \leqslant 1.35\beta_c\beta_l f'_{cu}A_{ln}$$

对于无粘结预应力混凝土局部压力设计值取 1.2 倍张拉控制力和（$f_{ptk}A_p$）中的较大值。锚具承压板 140mm × 140mm，A_{ln} 取 19268mm^2。

从表 1 局压值来分析，计划第一次张拉在混凝土达到 C15 时进行，第二次张拉应在 C25 时进行，采取两端双控张拉。

表 1　承载力验算

强度等级	f'_{cu} (N/mm²)	$1.35\beta_c\beta_l f'_{cu}A_{ln}$ (kN)	预应力最大值 (N/mm²)	σ_{pc} (N/mm²)	f_{tk} (N/mm²)	σ_{16} (N/mm²)
C15	7.2	187.459	1115	1.583	0.91	1.656
C25	11.9	309.54	1395	2.007	1.27	2.371
C30	14.3	371.968	1395	2.007	1.43	2.824
C35	16.7	434.397	1395	2.007	1.57	2.965

2.3　施工工艺

（1）工艺流程

绑扎墙体钢筋→标注定位预应力筋→铺放并固定预应力筋→隐蔽验收→支墙模→分层浇筑混凝土→拆模且及时养护→标定张拉机具→两端张拉预应力筋→多余预应力筋切割→端部封闭处理。

（2）施工操作过程

①混凝土浇筑前期工作

钢绞线分布在墙体钢筋内侧中轴线处，为确保预应力筋沿水平直线铺设，在竖向钢筋绑扎完成前，制作安装梯子筋支架，水平间距 1m；沉降后浇带位穿入水平承压筋；预应力筋垂直间距中部为 150mm，上下段为 200mm，预应力张拉端留置在两端，锚垫板及弹簧筋安装后，封模板进行混凝土浇筑，参见图 3 ～图 5

图 3　梯子筋支架

图 4　张拉端制安

图 5　沉降后浇带抗压钢筋

②张拉期的相关情况

本试验段墙体在浇筑混凝土 24h 后，用回弹仪检测到其强度达到 C10；然而 48h 检测达到 C25；测得墙体内外温差为 15℃，当日气温为 22 ～ 38℃。鉴于此情况则立即进行一次性全预应力张拉，张拉采取了双控、两端张拉方式。

张拉前 1h，对墙外侧模板拆除，随即发现两后浇带外端墙体外侧各出现 2 条竖向微裂缝，其中段 40m 墙体出现了 6 条竖向微裂缝。在张拉过程的 6h 时间段，墙体两端段各增加了 1 条微裂缝，中间段增加了 3 条裂缝，且中间段中部原 2 条微裂缝扩展至 0.2mm，张拉后观察了 48h，其中段墙仍发现增加了 1 条微裂缝，此后未见新增裂缝。

对比该地下室相邻未施加预应力的外墙，试验段墙体裂缝数量减少 50% 以上。由此证明，在混凝土强度增长早期施加预应力，对控制裂缝有明显的效果。

（3）出现裂缝的原因分析及改进方向

根据本工程实际情况考虑裂缝产生的几个原因如下：

①现场施工的泵送商品混凝土早期强度高，48h 回弹仪测量混凝土强度达到 C25，未施加预应力前混凝土内部水化热的激剧变化是引起墙体收缩变形而产生裂缝的主要原因。

②该墙体混凝土早期强度发展过于迅速，使我们大意而失去了原计划在 C15 阶段施加预应力的机会。且认定在局压容许的情况下，宜在 C10 阶段进行第一次张拉部分预应力。

③在张拉的 6h 过程中，仍有裂缝出现，是预应力的递增未能及时赶超温差应力。

④墙体中间段较长，且有 6 根附墙柱，其裂缝较两端段多，附墙柱刚度较大是否影响了预应力的传递，有待今后进一步深入研究。

⑤模板与混凝土之间的摩擦力，具有阻止混凝土收缩的作用，则混凝土早期未张拉前不宜拆除墙体模板。

3　结语

墙体裂缝控制除落实好现有技术措施外，对混凝土早期施加预应力值得推广。笔者通过对墙体裂缝产生的机理和温度应力的计算分析，得到了多方面的启示，但在实际施工过程中的一些技术环节还需进一步做好周密的筹划，才能得到满意的效果。

参考文献

[1] 张玉明，吴京，孟少平. 超长预应力混凝土结构裂缝控制研究 [J]. 工业建筑，2006，36（5）：9 ～ 12.

[2] 王铁梦. 温度应力理论的若干问题 [J]. 工程结构裂缝控制，1997，8（1）：62 ～ 102.

[3] 孙田成，黎明，徐雷. 超长混凝土结构温度应力简要计算及工程实践 [J]. 建筑结构学报，2011，41（8）：166 ～ 170.

[4] 焦彬如，吴彦，陈黎明，郭昌生. 超长混凝土墙体温度应力计算及裂缝控制新技术研究 [J]. 土木工程学报，2011，44（9）：35 ～ 37.

预拌砂浆在薄抹灰技术的应用

李　涛　彭　锋

湖南省沙坪建设有限公司，长沙，410011

摘　要：我国预拌砂浆自20世纪90年代末开始推广应用，至今已20年。但是预拌砂浆使用量仅占砂浆用量的4.2%，远远少于预期。在预拌砂浆的各种应用中，薄抹灰技术效果最好，必然会成为预拌砂浆主要的应用之一，有大力推广的价值。本文通过对预拌砂浆薄抹灰施工的总结，介绍预拌砂浆的应用技术，为预拌砂浆的推广做出贡献。

关键词：预拌砂浆；薄抹灰工艺

1　预拌砂浆应用概况

1.1　推广效果

2007年6月6日，商务部、公安部、建设部、交通部、质检总局、环保总局6部门联合颁布了《关于在部分城市限期禁止现场搅拌砂浆工作的通知》(商改发〔2007〕205号)；国家标准批准发布公告2010年第6号（总第161号）发布了《预拌砂浆》(GB/T 25181—2010)在2011年8月开始实施；2013年国家发布的《绿色建筑行动方案》提出“大力发展预拌混凝土、预拌砂浆”，将预拌砂浆的发展上升到国家战略层面。

虽然国家和行业大力推广，但是效果并不尽如人意。有数据显示，2015年全国建筑业房屋建筑施工面积124.3亿m^2，大约需要使用砂浆9.94亿m^3，而全国预拌砂浆产量仅为7090万t，约为4171万m^3，预拌砂浆使用量仅占4.2%。全国有14个省预拌砂浆产量不足100万t，有3个省产量甚至为零。

1.2　推广难点

根据现状分析，预拌砂浆推广难点主要有以下几点：

（1）产品生产成本和价格高。

现拌砂浆所需要的场地、原材料、物流设施因陋就简，投入极少；预拌砂浆采用电脑控制，专业设施生产，配套的物流设施配送，投入的成本高，价格也随之上升。数据显示，预拌砂浆单价为现拌砂浆的1.5～2倍，高昂的价格降低了产品的销量，销量不足对企业的经营造成影响。

（2）企业投资持观望态度

由于市场和配套不完善，虽然国家大力推广，企业依然觉得时机不够成熟，不愿加大投资。砂浆内部湿拌砂浆和干拌砂浆之争，更是加剧了企业的观望情绪。

（3）不适合灵活方便的项目

预拌砂浆需要搅拌站搅拌后运输至现场，不够灵活；对施工方来说，用量小的话要付出额外的物流成本就高，用量大的话，因为需要在初凝前完成，所以需要加大人力投入，施工方接受不了。

（4）认知程度不够

政策宣传力度不够，社会各方将预拌砂浆归为绿色施工部分，在强制条件下才考虑使用。传统习惯势力依然存在，阻碍了预拌砂浆的推广。

（5）市场份额小

按照计划，预拌砂浆应全部取代现拌砂浆，但是建筑业大发展使得砂浆总用量水涨船高，据估计，到 2020 年预拌砂浆使用量达到 1 亿吨，只占砂浆用量的 5.9%，市场关注度不足。

2　预拌砂浆在薄抹灰技术中的应用前景

2.1　预拌砂浆薄抹灰技术的优势

在预拌砂浆的应用中，预拌砂浆在薄抹灰中的应用将是最主要的应用之一。

（1）从工程质量来说，预拌砂浆薄抹灰比一般抹灰有了显著进步，将成为高品质的代名词。

①薄抹灰砂浆对砂浆质量要求高，使用预拌砂浆能获得更好的抹灰质量。市场上已有薄抹灰专用的预拌砂浆。

②机械喷涂为电力驱动，砂浆上墙的压制力更强，砂浆与基层更紧密结合，与受到体力影响的人工粉刷相比，不容易产生脱壳、空鼓。

③机械喷涂连续，均匀，喷射力一致，整体性高，与人工的分块、间隙不连续的粉刷相比，不容易产生裂缝，减少裂缝造成的返工。

（2）从经济效益来说，预拌砂浆能让建设方和施工方都得到利益

①薄抹灰砂浆用量为普通抹灰的 1/3 ～ 1/4，即使采用预拌砂浆，相对于普通抹灰，单位面积的价格还有优势，受到投资方的青睐。

②机械喷涂大大提高了工效，根据实践，使用机械喷涂，能将整个工序从 32.5m^2/ 工日，稳定提高到 72.5m^2/ 工日，对于施工方而言，大大缓解了人工费上涨的压力。

（3）从推广效果来看，薄抹灰的推广成果和前景都让人振奋。

①喷涂机械国内已经大量生产，种类繁多，价格从 1000 ～ 20000 元不等，适合不同需求。一台喷涂机，一个项目就能收回投资，更容易被施工方接受，有了广泛应用的基础。

②薄抹灰工艺在万科、碧桂园多个项目中广泛使用，效果较好，前景明确，有取代普通抹灰的可能。

由此可知，预拌砂浆推广的难点在薄抹灰施工中不存在，必然会成为预拌砂浆的主要应用方式。

2.2　预拌砂浆薄抹灰的技术的难点和措施

预拌砂浆薄抹灰技术的推广也存在自己的难点，但这些难点都能得到解决。

（1）对砌体要求较高，需要采用高精度砌筑。

《砌体工程施工质量验收规范》（GB 50203—2010）规定，砖砌体混水墙平整度允许误差为 8mm，这已超过薄抹灰的厚度，不可能使用薄抹灰技术，只有高精度砌筑才能使用薄抹灰。高精度砌筑不普及是制约薄抹灰施工的最大问题。

随着建筑业技术进步，建筑业对砌筑的要求越来越高。2018 年 8 月浙江省住房和城乡厅批准发布了浙江省工程建设标准《蒸压加气混凝土砌块应用技术规程》（修订）（DB33/T1027—2018），标准中提出了精准砌块和精准砌块的应用及技术指标，精准砌块墙体应采

用薄层砂浆砌筑法砌筑。这标志着高精度砌筑已经进入发展的快车道，将不会成为薄抹灰的制约。

（2）对施工要求高。

薄抹灰厚度小，失水快，工序衔接不上的话，容易出现开裂。特别是机械喷涂施工快，人力施工慢，需要人工配合才能跟上机械的速度。

龙湖项目中，项目部除了加强培训外，还根据砂浆厚度薄，易赶平的特点，采用了扩大标筋间距，定制长靠尺刮平的办法，使赶平工作能跟上机械喷涂，确保流水施工顺利进行。相信随着薄抹灰的应用，更多更好的办法将会在工程从业人员手中出现，彻底解决这类难点。

（3）不能使用机械喷涂的位置多

阴阳角、踢脚线、洞口等面积小、环境复杂，不能使用机械喷涂，必须采用人工抹灰，不利于流水施工和材料安排。

这是建筑业单件性决定的，难以解决。在龙湖项目中，施工人员采用的办法是，喷涂时稍微超出所需砂浆。多余的砂浆刮入料桶中立刻用于人工抹灰，工序连接紧密，凝结时间相近。抹灰材料一致，不影响预拌砂浆的推广。

3　预拌砂浆薄抹灰应用的技术

以龙湖·水晶郦城为实例，对预拌砂浆薄抹灰的技术进行介绍。

3.1　工程概况

龙湖·水晶郦城工程位于长沙市岳麓区茶子山路与银杉路交会处西南侧。由长沙经致置业有限公司开发建设，中航长沙设计研究院有限公司地质勘察，中机国际工程设计研究院有限责任公司设计，重庆联盛建设项目管理有限公司监理，由湖南省沙坪建设有限公司承担施工，工程由1A号、1B号、2号主楼及地下室组成，总建筑面积约7.5万平方米，地下三层，地上33层，建筑高度95.6m，其中地上部分面积约5.6万平方米，地下部分面积约1.9万平方米。2017年7月4日开工，总造价9565万元。

3.2　预拌砂浆施工流程（图1）

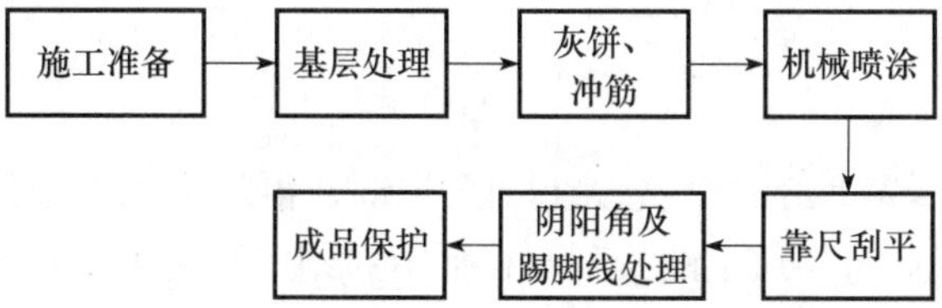

图1　施工流程

（1）施工准备

①预拌砂浆薄抹灰8人一组，1人负责清理墙面、补槽挂网工作，2人负责灰饼冲筋及阳角处理，1人负责上料和设备控制，1人负责喷涂，3人负责刮平和阴阳角、踢脚线等特殊部位的人工抹灰。

②对机械操作人员进行安全专项培训，确保不出现误操作导致的危险。

③机械为带搅拌功能的全自动喷涂机，对喷涂系统各组成设备进行试运转；工具有清洁工具、2.5m靠尺，1.4m靠尺、料桶、其他抹灰常用手工工具。

④预拌砂浆选用了湖南人建生产的加气砌块薄抹灰砂浆。开工前由湖南建筑材料质量监督检验授权站检验，检验报告显示砂浆保水率99.5%，干密度1640kg/m^3，分层度5mm，凝结时间4.6h，导热系数0.43W/m·K，抗压强度13.5MPa，粘结强度0.68MPa，拉伸粘结强度0.35MPa，收缩值1.05mm/m，均符合设计及规范要求。

（2）基层处理

①清理墙面：抹灰施工前将墙体表面浮层、水泥渣清理干净，无需洒水润湿。

②封堵线槽：抹灰前，所有线槽封堵完毕，开关口，预留洞口采用土工布封堵，防治喷涂堵塞开关或洞口，封堵面不得超过抹灰面。

③挂网：混凝土与砌体交界预留槽处、标筋处、预埋管线处容易出现裂缝，需要挂加强网；挂网的材料可采用镀锌钢丝网、镀锌钢板网、玻璃耐碱纤维网格布。

（3）灰饼冲筋及阳角处理

①灰饼冲筋

分别在门窗口角、垛、墙面等处吊垂直，在墙上弹灰线，横线则以楼层为水平基线或+50cm标高线控制，然后套方抹灰饼，并以灰饼为基准冲筋。

标筋宜做成3cm宽，厚度为抹灰厚度，两标筋间距不大于1.8m，且标筋离阳角不超过15cm。墙高低于3.5m时，只做立筋，大于3.5m时，需要做横筋。

②阳角护角：室内门窗口的阳角和门窗套、柱面阳角选用专用护角条，在粉刷4mm厚砂浆后，自上向下挂线，把护角锚固在墙体上，并向墙体压实，使水泥砂浆从网孔中涌出。

（4）机械喷涂

①作业前按操作要求对喷涂系统各组成设备进行试运转，连续运行2min以上无异常方可施工。

②将干拌砂浆和水按比例倒入料斗中，搅拌均匀后方可开始喷涂，搅拌时间不得低于120s。

③喷涂顺序先上后下，先里后外，确保无遗漏，一次喷涂完成。

④检查喷涂效果，喷涂量不足的及时补平。

⑤喷涂结束后及时清理机械各部件，确保无砂浆残余。作业区被污染部位和回弹落地的砂浆及时清理。

（5）靠尺刮平

两人先使用2.5m长靠尺刮平，先从上刮至中部，再从下刮至中部，最后用短靠尺刮平中部并检查效果，刮完后将靠尺上的浆刮至料桶中立刻用于阴阳角及踢脚线处抹灰。

（6）阴阳角及踢脚线处理

阴阳角处由于使用机器喷射容易出现堆积或飞溅，不适合机械喷涂，采用传统的人工抹灰作为补充。

（7）成品保护

水泥砂浆抹灰面层初凝后应适时喷水养护，养护时间不少于7d。

3.3　质量保障措施

（1）施工前对工作人员进行技术交底，并做好抹灰样板间。

（2）根据施工进度计划选择合适的机械，进场时检查质量证明文件，施工前对机械进行保养，避免出现机械故障导致的作业中断。

（3）预拌砂浆必须符合《预拌砂浆》(GB/T 25181—2010）的规定，选择已在本地备案的预拌砂浆生产企业，并与预拌砂浆搅拌站沟通，优化配合比。在监理见证取样按批次进行送检，合格后方可使用。

（4）预拌砂浆进场时通知监理，检查质量证明文件，检查保存容器。施工时，检查稠度，制作试块，到龄期后及时送检。

（5）机械喷涂施工必须符合《机械喷涂抹灰施工规程》（JGJ/T 105—2011），喷涂施工前检查墙面，确保墙面清理干净，无灰尘、油渍、油污；标筋表面平整、牢固。

（6）泵送砂浆连续进行，如需长时间中断，应间歇启动泵送设备，使砂浆流动。启动间歇超过 10min 或施工超过预拌砂浆的施工时间时，应立即清洗设备和管道。

（7）砂浆凝结后及时养护，养护时间不得低于 7d。

（8）其他项目符合《抹灰砂浆技术规程》(JGJ/T 220—2010）的规定。

3.4　安全措施

（1）对机械操作人员进行安全专项培训，确保不出现误操作导致的危险。

（2）输送泵开机前按照产品说明书检查安全装置的可靠性、管头及接头密封性。

（3）作业前按照操作要求对喷涂系统各组成设备进行试运转，连续运转的时间不得小于 2min，如有异常，不得作业。

（4）当采用电气办法在喷涂端控制设备启停时，控制电压采用 36V 以下的安全电压，并满足防水要求。

（5）喷涂作业时，严禁枪口对人。喷枪及管道堵塞时，先停机卸压，避开人群进行拆卸，卸压前严禁敲打或晃动管道。

（6）泵送过程中，当表的压力急剧上升，超过工作压力的时候，立刻停机卸压。故障排除前，输送泵不得启动。

（7）非专职检修人员不得拆卸或调整安全装置。

（8）不得在设备运行时进行维修；设备出现故障时不得继续运行。

（9）切断电源后再进行清理，并挂牌示意或专人看护。

（10）施工人员必须正确佩戴安全帽，在没有可靠安全防护设施的高处施工时必须系好安全带。室内抹灰采用高登上铺跳板时，宽度不得小于 2 块脚手板，间距不得大于 2m，移动时高登不得站人，作业人员不得超过 2 个。高度超过 2m 的脚手架由架子工搭设。

3.5　环保措施

（1）湿拌砂浆采用搅拌运输车运输，干拌砂浆搅拌时有防扬尘措施。

（2）喷涂时，喷枪与作业面的夹角和距离保持稳定，以无明显落灰为准。

（3）润滑用浆液和落灰及时收集并妥善利用，减少废弃物排量，但不得再用于喷涂。

（4）设置回收池，对清理后的污物进行沉淀回收，未经处理的废水不得随意排放。

4　结语

目前国内建筑市场，预拌砂浆应用前景广大，但是优点和难点并存，一直没有达到业内人士的预期。由上文可知，预拌砂浆工法简单、效率高，推广没有大的难度，值得大力推广。推广和完善预拌砂浆薄抹灰工法，是推广预拌砂浆最有力的途径。

超高层住宅附着式升降脚手架施工技术研究

张永琦　孙　超

中国建筑第五工程局有限公司，长沙，410004

摘　要：随着超高层住宅多样化发展，要求脚手架要拆卸移动方便，性能安全可靠。因此，超高层住宅的施工过程对脚手架的选用及其管理有着非常严格的要求。相对于传统的脚手架，附着升降脚手架有着独特的优势，它安装拆卸方便，耗材量少，经济性、适用性尤为突出，具有很强的优越性。本文以芜湖世茂滨江花园4号楼为实例，针对超高层住宅附着升降脚手架的施工技术性能做一个简单的探讨与研究，对类似工程有很好的借鉴作用。

关键词：超高层住宅；附着式升降脚手架

1　引言

超高层住宅在其主体结构和二次结构施工阶段，超高层住宅施工安全防护显得尤为重要，传统模式下采用脚手架作为主要安全防护手段，但由于其需要投入大量的人工和材料，并且搭设和拆除较为繁琐，极大地限制了工程建设进度，附着升降脚手架随结构高度攀升，一次性安装，仅需周转爬升轨道即可，其施工速度快，防护效果好，安全可靠性高，在超高层住宅建设中得到了广泛的应用。

2　工程概况

2.1　项目概况

芜湖世茂滨江花园工程位于安徽省芜湖市镜湖区滨江北路与新芜路交汇处，临近长江，该工程包括两栋超高层及临街商铺及人防地库；该项目总占地面积37，609m²；3号、4号楼为地上46层，地下2层，框剪结构，建筑高度133.87m；人防地库为地下一层，框剪结构；商铺为3层框剪结构。

以4号楼46层超高层住宅为例，为配合结构施工期间的钢筋绑扎、模板安装、混凝土浇筑等施工，且裙房结构后期施工，故地下室至一层施工时采用双排单立杆架子配合施工；二层及以上部分外防护采用附着式升降脚手架。

2.2　附着升降脚手架概况

本工程使用的YH8-12型附着导轨式升降脚手架，主体为定型主框架，搭设八步架，步高1.8m，安装完毕后架高为14.4m，架体宽度均为0.90m（内外排立杆中心距），八步架上搭设一步1.8m护栏。每步每榀均设有分步竖直斜立杆支撑作用于整体剪刀撑，为架体的一部分，无需长钢管搭设大剪刀撑。连墙件采取钢管拉结，每榀间设置一个连墙点。顶板浇筑时，在顶板下10cm预埋两根ϕ50PVC管。架体提升后，用钢管将架体与结构预埋钢管进行拉结。

作者简介：张永琦，1990年08月，男，本科，助理工程师，房建主任工程师，邮箱 zhangyongqi_youxi@163.com。

附着导轨式升降脚手架由六部分构成：架体主架构、升降系统、防坠系统、架体、电气控制系统、架体防护。

3　附着导轨式升降脚手架的搭设及组装

当主体施工到标准层后，开始组装架体，架体组装工艺流程如下：搭设找平架→安装水平支承桁架→安装主框架→随主体施工搭设架体→设置连墙件、铺设走道→搭设安全网和剪刀撑→安装附墙支座→安装电气控制系统→系统调试→组装验收。

3.1　搭设找平架

施工至安装层后，搭设用于支承附着导轨式升降脚手架的找平架，找平架在原结构施工时的临时双排外脚手架上搭设，需要注意的是，升降架内外排距结构外皮距离分别为400mm和1300mm，临时双排脚手架内外排立杆须错开此位置。

3.2　组装水平支承桁架

搭设完找平架后，即开始组装水平支承桁架，支承桁架与拟建结构之间的距离严格按设计要求控制好，并及时与主体施工人员取得联系，协商好标准层主体模板工程的支模空间，控制在设计要求范围内。

组装时应按主体施工的先后需要，尽量做到同时从两处以上的拐角开始组装。水平支承桁架一般由标准节连接而成，当折转处、分组处等水平支承桁架布设困难时，可用钢管搭接。

内、外侧支承桁架连接到一定长度后，组装小横杆连接内、外支承桁架。小横杆伸出架体外侧10cm。

组装前应明确塔吊附臂的具体位置，注意组装水平支承桁架时在有塔吊附臂的地方断开，并用短钢管连接，组装时架体外防护应保证超过主体作业面1.5m。

3.3　架体组装

随着主体工程的施工进度，安装固定附着支座，逐跨组装立杆、大、小横杆、铺脚手板，挂爬架密目安全网，先搭设二步（或三步）架体供主体施工使用。架体搭设随着主体的上升而逐步向上搭设，始终保证超过操作层一步架。

组装顺序：立杆→横杆→水平斜杆→竖直斜杆（小剪刀撑）→脚手板或钢板网→爬架密目安全网→底层密封板。

脚手板的要求：操作层要铺满、铺牢脚手板。

3.4　安装固定附着支座

当主体混凝土结构脱模后，将固定附着支座从导轨的临时固定处移到穿墙螺杆处，安装穿墙螺杆。

由于建筑主体结构的不同，少部分爬架离墙距离大于400mm标准尺寸50mm以上，防坠器无法紧贴结构混凝土面，需使用专用爬架钢制高强度防坠器垫块。

3.5 架体分组

为保证施工安全的情况下，将架体进行合理分组。架体分组时兼顾工作量均衡，即分组后各组间架体榀数基本均等，避免出现榀数过多和过少现象。

3.6 架体安全防护

集成防护附着升降架的安全防护分为六个部分：作业面防护、底部翻板、扶手栏杆、架体与结构间隙防护、挡脚板、架体分组后组间防护。

提升前，将封挂的密目安全网和连接短管解开，提升到位后再恢复。

3.7 安装配电线路

配电线路的安装必须由专业电工按设计安装，具体标准按现行有关标准。每组架体配置一台主控箱，每榀主框架配置一台分控箱，电缆线沿架体周长设置，并在组与组交接部位富余8m，以方便架体提升时使用。葫芦电机型号一致，相序相同，每次提升时葫芦链条预紧，架体提升时分控箱打开，主控箱同时送电，以保证架体同步提升。为保证电箱正常使用，避免雨水或现场混凝土污染，应配备电箱保护外壳。

3.8 同步升降控制系统

升降架的升降时能否保证同步是保证升降架使用效果的重要部分，为保证架体的同步升降，采取如下方法：

（1）升降动力装置采取升降速度偏差较小的装置——环链电动葫芦，本工程采取一次提升行程8m的环链电动葫芦，杜绝短行程升降装置的往复运动，减少误差。

（2）采取主机统一控制电动葫芦同时启动和关闭，确保每台葫芦的行程距离相等。

（3）架体布置时，各榀主框架尽量调整其负载范围均衡，避免各榀间重量变化过大，负载不均。

（4）各榀的下吊点均设置荷载探测装置，实时监控各点的负载变化情况，出现异常时，在最短时间内自动切断电源并报警指示，保障各点同步运行。

4 附着导轨式升降架的升降

4.1 固定吊挂件

吊挂件采用一根M33螺栓固定在结构混凝土上，吊挂件所在楼层混凝土强度需不低于C20，螺栓从墙外侧穿入，内侧加一个垫片两个螺母固定，螺母拧紧后保证螺栓伸出螺母端面至少3个丝扣。

将吊挂件固定好后，电动葫芦固定于吊挂件上，通过吊索或吊环将架体勾挂住，并张紧链条，使每个葫芦的受力情况基本一致。

4.2 架体的升降

架体在提升阶段提升时，应在每榀导轨主框架最上一个附着支座旁固定好吊挂件、挂好葫芦、链条的另一端应挂住架体的吊点位置，全部工作完成后，所有葫芦同步提升，提升到一定高度后，拆下最下面的附着支座，并装在最上面。继续提升，进行调平，两榀导轨承力架高差应控制在10mm内，每组架中最大高差应控制在30mm内，满足上述要求后，应立即盖好翻板，固定好顶撑。

架体在下降前，首先应挂好葫芦，然后将链条张紧，其后方可松掉所有扣件，慢速下降架子，当导轨脱出上部的固定附着支座后，应立即拆除该固定附着支座，将其安装于导轨下面附着支座对应位置的建筑结构上。当下降一层楼高度后，立即安装扣件。

同时升降的升降架必须做到同步升降，当不同步时应对不同步的升降架进行单独升或降来予以调整。

5　升降架的拆除

拆除顺序为：拆除电气设备→自悬臂结构开始从上向下逐层拆除作业面脚手板→逐层拆除安全网→拆除竖直斜支撑杆→水平斜杆→拆除水平横杆→拆除立杆→最后拆除导轨和水平桁架。

根据升降架的跨度和平面布置情况，从分组端头开始，将升降架逐榀确定分段位置，一榀为一段，每段以导轨为中心，然后根据分段情况进行加固处理。

根据分段情况，在第一榀架相应位置将水平支撑框架连接螺栓拧出，使第一榀架成为一个独立的整体。

6　结语

随着社会经济的快速发展，土地资源日益紧缺，超高层住宅成为诸多国家解决快速增长的城市人口居住问题的有效途径。虽然超高层住宅带来很多的益处，但是在施工方面却提出了全新的挑战，首当其冲的问题就是层数的加高使得在建设过程中使用的脚手架不得不提高自身的高度，在高度提升过程中，提升难度随之凸显。通过采用附着式升降脚手架爬升施工技术，芜湖世茂滨江花园超高层住宅施工顺利，该脚手架技术安全可靠、操作简单，不仅能满足施工要求，还能大大提高施工速度并给企业带来可观的经济效益和社会效益，也对今后类似工程施工提供了宝贵的现场应用经验。

参考文献

［1］ 王奎. 沈阳宝能项目附着脚手架施工技术应用［J］. 商品与质量，2017.

［2］ 王鹏. 高层施工升降平台在超高层中的应用［J］. 城市建设理论研究（电子版），2013.

［3］ 宋文强. 探究超高层建筑附着升降脚手架施工技术性能［J］. 四川建筑房地产导刊，2015.

渐变内收结构的附着升降脚手架的应用

黄鸿鹏　徐学东　赵生廷

中国建筑第五工程局有限公司，长沙，410011

摘　要：以具体工程为例，对渐变内收结构的附着升降脚手架的应用进行了介绍，着重阐述了施工过程中的工艺流程，应用效果中的注意事项。有效地解决了渐变内收结构附着升降脚手架垂直提升的问题，值得推广。

关键词：渐变；内收；附着；脚手架

1　引言

在城市高层、超高层建筑迅猛发展，超高层建筑逐渐增多，建筑物的外形复杂多样，附着式升降脚手架得到了越来越广泛的应用，对于渐变内收结构的附着式升降脚手架施工时面临架体分段爬升难题、弧形处难以做到全封闭防护、分段爬升架体安全等问题，给现场施工带来了很大困难。一般项目采用倾斜提升的方式解决这个爬升问题，结合华玺珠宝城项目，提出了渐变内收结构附着升降脚手架垂直整体提升的方法。

2　工程概况

华玺珠宝城位于合肥市包河区，建筑面积为 17 万 m^2，其中 B1 号楼地下三层，地上 31 层，标准层高 4.1m，建筑高度 157.55m。B1 号楼从 7 层开始每层内收一次，每次收缩尺寸 0.02 ～ 0.28m。为了确保附着升降脚手架在渐变内收结构中整体爬升，减少分段爬升的不安全性，通过方案论证，采用了垂直整体提升的方式。

3　施工工艺

施工准备→主体结构施工→架体安装→智能升降系统安装→爬升与特→殊部位处理→架体拆除。

4　施工准备

（1）根据施工规范要求，结合实际工程特点，制定了智能提升外脚手架专项施工方案，对结构受力验算经设计院同意，专家论证通过，并对操作人员进行技术交底。

（2）根据工程总进度计划编制智能提升外脚手架施工进度计划。智能提升外脚手架施工进度计划必须满足总进度计划的要求。

（3）绘制施工升降平台平面布置图（图 1）、立面图、预留预埋图、吊装图等相关图纸

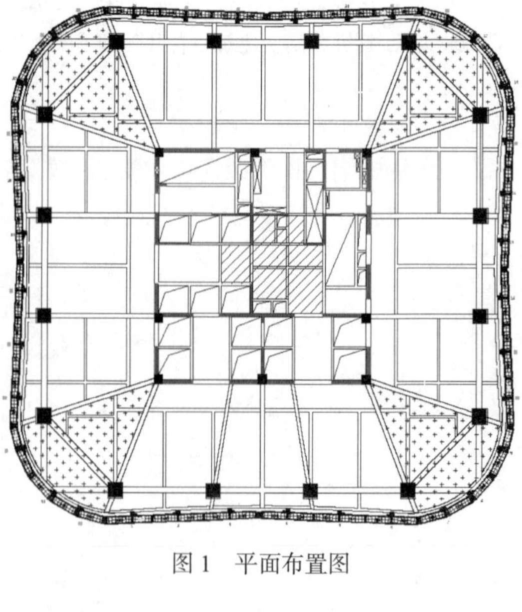

图 1　平面布置图

并报审。

（4）施工升降平台应充分考虑塔吊附墙位置、卸料平台的位置。

5 主体结构施工

本工程从 7 层开始每层内收一次，每次收缩尺寸 0.02 ～ 0.28m 不等；高层施工升降平台拟从 7 层开始搭设使用，从第 8 层开始预留预埋工作，第 8 层每机位处预留预埋一处型钢预埋孔，从第 10 层开始每机位每层均预留预埋 2 处型钢预埋孔，增加的型钢为提升系统使用，两孔水平距离在 0.15 ～ 0.25m 左右。6 层以下采用落地式钢管脚手架搭设找平架。

1）根据以上所述，对班组做好技术交底，按预留预埋图预埋型钢预留洞，预留洞采用内孔 0.05m、壁厚大于 0.002m 成品止水节，防止预留洞处漏水，预留孔左右位移误差应小于 0.02m。

2）爬架未附着前，当外架使用的，应在机位位置预留钢管连墙件，用于斜拉固定，斜拉角度 60°，预埋钢管建筑物边 2m。

3）找平架：升降架内外排距结构外皮距离分别为 300 ～ 400mm 和 1000mm，找平脚手架内外排立杆须错开此位置。落地式找平架搭设使用到施工作业平台附着 3 次，进行第一次爬升后拆除找平架。当楼层外边有上翻线条时，找平架搭设高度应高于上翻线条 0.2m（图 2）。

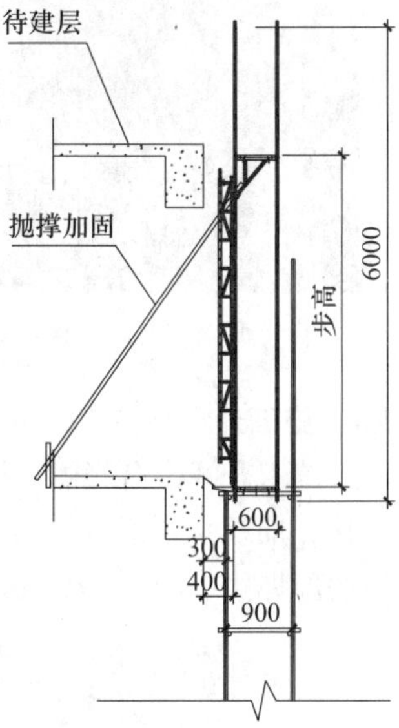

图 2 找平架节点大样

6 架体安装

6.1 现场组装

（1）架体的组装按工具化附着式升降脚手架平面布置方案的布设图进行，架体组装流向如图 3 所示。

（2）组装时先在地面组装底部 6m 架体，从结构转角处端部开始，以每个机位为一个单元，从架体转角处开始依次吊装。沿图所示流向组装完成后，再随楼层的施工进度组装其余架体。

（3）架体单元组装顺序为：立杆连接、型钢脚手板连接、外防护网、水平桁架及扶手架连接、安装完好架体。

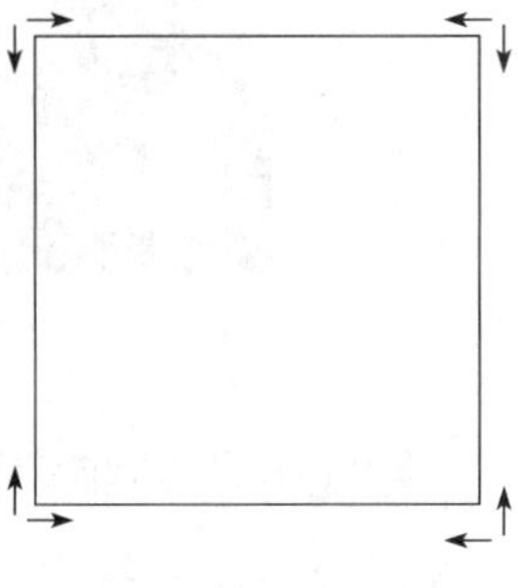

图 3 架体组装流向图

6.2 吊装作业

按分段吊装要求将待吊装段的两个已打开的架体折叠单元用螺栓组件连接好。待底部 6m 单元全部组装吊装完时，其余架体可随楼层增高在架上进行组装，或在地面上组装再吊装，组装顺序和架体单元组装一致（图 4）。

6.3 安装附墙固定附着支座

（1）当上层混凝土浇完并强度达到 10MPa 后，吊装并安装型钢。型钢采用 2 根 16 号槽钢通过 4 个 100mm × 100mm × 10mm 钢板焊接，两根型钢间隔 5cm 为宜，利用 2 根 ϕ30mm 穿楼板螺杆将型钢固定。穿楼板螺栓上下两侧各用一个垫片加两个螺母紧固，垫片尺寸不小于 100mm × 100mm × 10mm，拧紧所有螺母后，两侧外露丝扣不得少于 3 扣。

（2）每个防坠器通过 8.8 级 ϕ30mm × 180mm 的螺栓与钢梁面板连接（图 5）。

图 4　架体吊装

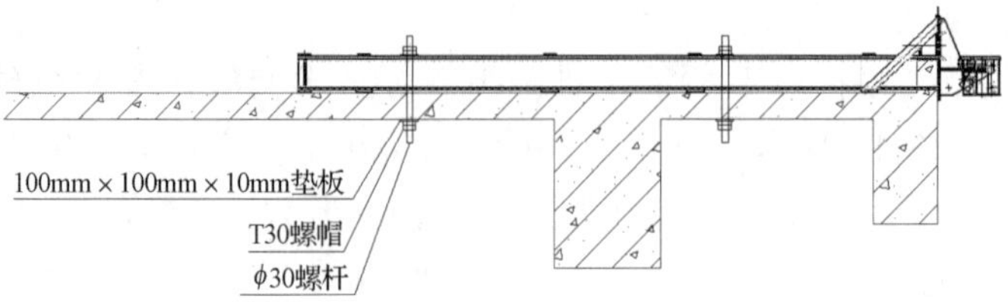

图 5　钢梁固定示意图

6.4　施工升降平台内外密封防护

施工升降平台底侧、操作平台与结构间隙处用花纹钢板制作成加长翻板结构与楼面无缝连接；加长翻板通过 14 号钢丝绳斜拉在架体上。考虑施工中翻板加长，翻板制作时应在翻板底部焊接 30mm × 30mm 方钢，使翻板具有一定的刚度（图 6、图 7）。

图 6　底侧全封闭示意图

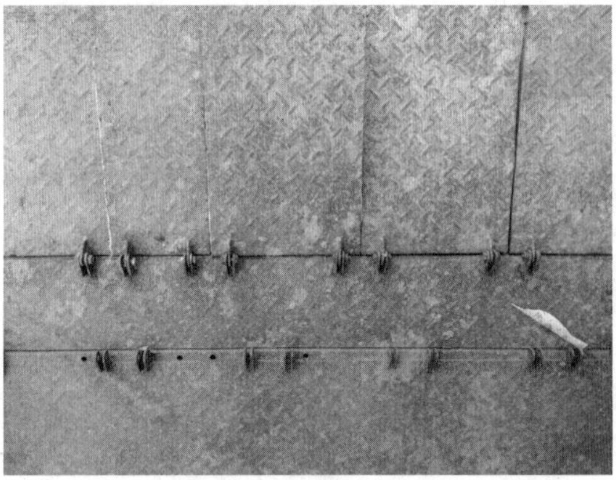

图 7　加长翻板示意图

7　智能升降系统安装

智能升降系统由重力传感器、智能分机箱、倒挂电动葫芦和上下吊挂件、倒链装置组成，通过吊挂件固定在槽钢悬挑梁上，形成独立的提升体系。

升降安全智能监控系统采用先进的计算机辅助集群控制技术，具有以下优点：采用电脑对升降过程自动进行实时安全监控，发现异常自动停机报警，大幅度提高了升降架的安全度；可对单个（组）或多个（组）机位集群控制，控制方式灵活、控制精度高、智能程度高；布线全部为插接件，系统布线无需专业人士；具有自动、手动控制自动切换功能，系统断开与计算机的通信后，自动切换为手动控制状态（图 8）。

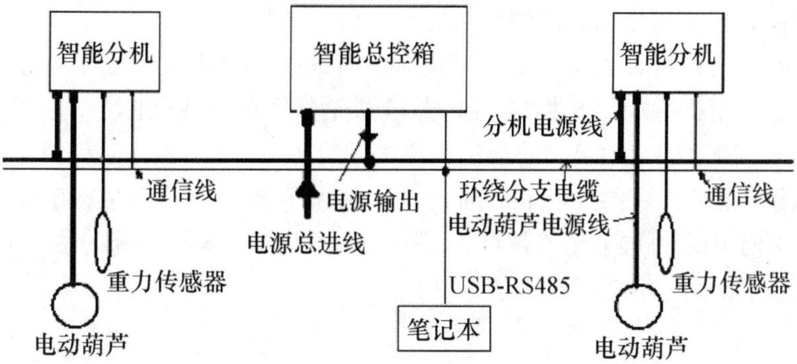

图 8　智能监控系统组成示意图

8　爬升与特殊部位处理

8.1　施工作业平台垂直爬升

本工程结构为弧形，且结构边线从 7 层起每层内收一次，至顶层最大内收距离为 1.4m。为使施工作业平台能够顺利爬升，附墙固定导向支座固定在型钢端部上，通过型钢悬挑调解，达到内收结构架体垂直爬升的目的（图 9）。

施工作业平台在正常使用时均由三个固定导向座附墙固定（爬升时确保两个），附墙固定导向座在投入使用前应有检验或检测合格证明文件。因本工程固定导向座固定于型钢上，当提升时，拆除最底下一个固定导向座，安装于最上层（图 10）。

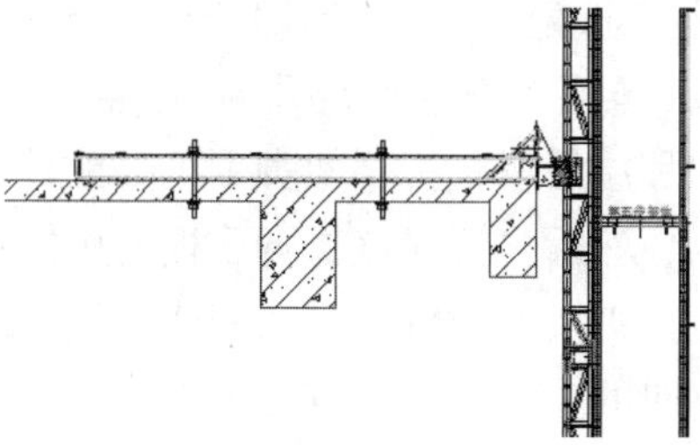

图 9　施工作业平台附墙详图

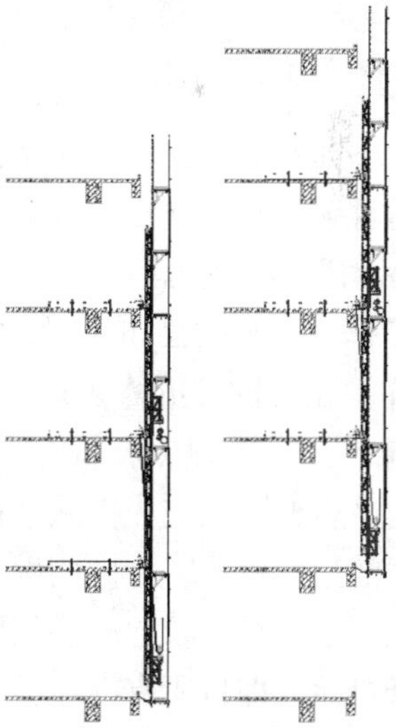

图 10　架体垂直爬升前后示意图

8.2　施工作业平台的爬升

施工作业平台在组装完成后要进行（施工作业平台首次安装完毕及使用前检查验收表）一次全面的检查验收。

本工程施工作业平台采用倒链电动葫芦升降，并配设专用电气控制线路，该电控专用线路设有漏电保护、错断相保护、过载保护、正、反转、单独升降、整体升降和接地保护，自动控制等装置，且有指示灯指示。线路绕建筑物一周架空布设在架体内。

8.3　施工作业平台与建筑物构造处理

（1）因结构内收和附着式脚手架垂直爬升，造成施工作业平台与建筑物间距逐渐增加。为解决此问题，采用折叠加长式翻板，通过 14 号钢丝绳斜拉在架体上，折叠加长式翻板长度应能覆盖附着式脚手架与建筑物的最远距离（图 11）。

（2）当型钢梁悬挑长度≥ 600mm 时，增加可调节刚性拉杆。结构施工时在梁上预埋 ϕ40mm 圆管，用于固定可调节刚性拉杆，其另一端固定在型钢梁端部的吊耳上（图 12）。

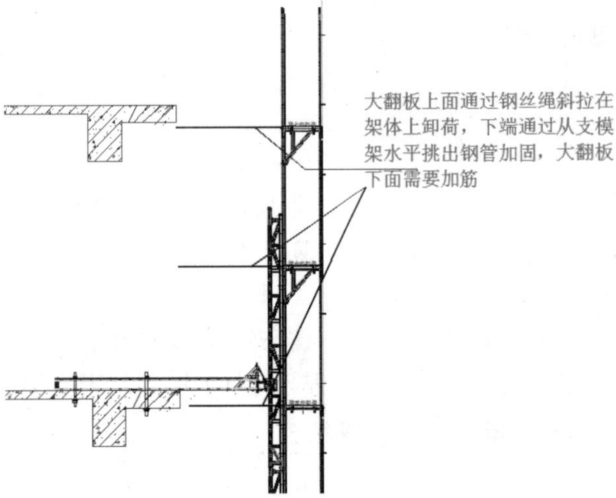

图 11　折叠加长翻板示意图

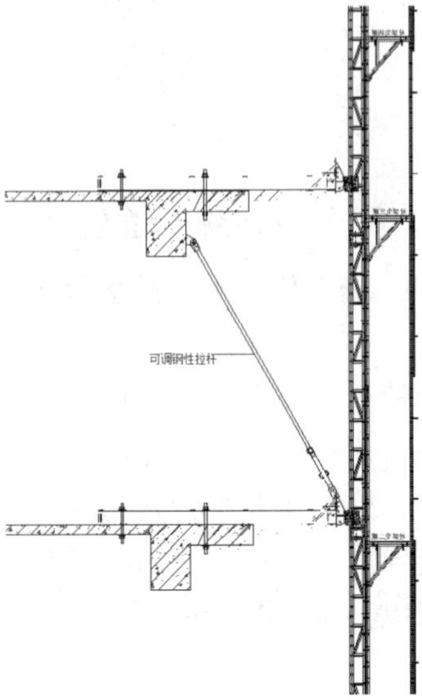

图 12　可调节刚性拉杆示意图

（3）由于弧形结构，为确保架体水平封闭，在水平方向加工异型脚手板，通过螺栓连接在标准单元脚手板上，立面空隙采用非标准网片防护。

8.4　过塔吊附臂位置处理

在施工作业平台平面布置时，在塔吊附臂位置处均布置有塔吊附墙处专用 2.4m 吊桥式折叠架，且保证吊桥式折叠架架体立杆与塔吊附臂最靠近处中心留有不少于 0.25m 的距离，吊桥式升降平台底层脚手板制作为可翻转型脚手板，当施工作业平台升降时遇到上几层塔吊附臂影响平台升降，应先拆除塔吊部附臂待通过的那层吊桥式折叠架脚手板处的外侧防护钢丝网中间的连接螺栓，并向两端往内折叠该防护网，然后再拆除该层脚手板的中间连接螺栓组件，再用手动绞盘拉起脚手板到两端立杆处固定，则塔吊附臂就可顺利通过该层脚手板了。待升降过后立即将所有拆除件和翻转件恢复到位即可。

8.5　与物料平台之间位置处理

施工作业平台采用配套的物料平台，自带升降设备的自己升降，利用自身的附墙导向支座和导轨固定的自升降式物料平台，存在施工作业平台结构与物料平台之间的干扰处理和防护封闭问题。

本工程物料平台与施工作业平台结构之间的技术处理措施为：拆除一个 2.4m 折叠架架体单元下面二层脚手板和外侧防护钢丝网，方便料台卸料。施工升降平台折叠架拆除脚手板和外防护钢丝网的两个端部在架体内安装端部封网。料台顶部密封由架体上层脚手板翻板密封。

9　架体拆除

架体拆除顺序与其组装顺序相反，具体操作步骤如下：

（1）将吊离用钢丝绳钩挂在分组处的架体折叠单元上节的吊钩上，塔吊稍往上提将其张紧。

（2）将塔吊挂住的架体折叠单元上节的连接螺栓拆除。先拆折叠单元上下节之间的立杆连接螺栓和钢丝网连接螺栓，再拆折叠单元上节单元与单元之间的连接螺栓。

（3）指挥塔吊将该折叠单元上节慢慢往上吊，待与其他折叠单元上节脱离后再吊放至地面平放。

（4）地面操作人员将该架体折叠单元上节的四根斜撑杆拆除后将其恢复到折叠状态，在折叠单元的两侧立杆贴近处用铁丝穿过立杆孔后绑紧。

（5）重复步骤（1）～（4），依次将高层施工升降平台的折叠单元上节拆除、吊离和恢复到折叠状态。

（6）将吊离用钢丝绳钩挂牢在分组处端部的导轨上节的小横杆上，在导轨与固定导向座配合处的上下方各装一个防止固定导向座滑动的扣件，塔吊稍往上提将其张紧，然后先拆除该处导轨上、下节连接处的连接螺栓，吊至地面再分门别类地码放整齐，然后依次将其他导轨及顶部固定导向座拆除。

（7）将吊离用钢丝绳钩挂在分组处端部的高层施工升降平台的折叠单元下节的吊环上，在导轨与固定导向座配合处的上下方各装一个防止固定导向座滑动的扣件，塔吊稍往上提将其张紧，然后先拆除该高层施工升降平台的折叠单元下节与暂未拆除的折叠单元下节的连接螺栓，再拆除固定导向座的附墙连接螺栓，指挥塔吊将该折叠单元、导轨下节和固定导向座慢慢往上吊放至地面平放，然后依次将其他导轨下节及固定导向座和架体折叠单元下节拆除。

8）地面操作人员将该架体折叠单元上节的四根斜撑杆拆除后将其恢复到折叠状态，在折叠单元的两侧立杆贴近处用铁丝穿过立杆。

10　结束语

在外围造型渐变内收的结构中，巧妙地运用板式支座，成功解决了渐变内收结构的附着升降脚手架垂直提升问题，减少了人工和材料的投入；各工序有序穿插施工，节约了工期；施工升降平台系统自带安全防护措施，减少了超高层作业施工平台安全费用的投入，降低了成本，经济效益显著，将会在以后类似工程施工中起到很好的借鉴作用。

参考文献

［1］中国建筑业协会建筑安全分会．建筑施工工具式脚手架安全技术规范［M］．北京：中国建筑工业出版社，2010.

［2］中国建筑科学研究院，江苏南通二建集团有限公司．建筑施工扣件式钢管脚手架安全技术规范［M］．北京：中国建筑工业出版社，2011.

［3］上海市建工设计研究院有限公司，南通市达欣工程股份有限公司．建筑施工高处作业安全技术规范［M］．北京：中国建筑工业出版社，2016.

浅谈一种地下室外墙后浇带快建体系

李治龙

中国建筑第五工程局有限公司，长沙，410011

摘　要：在建筑工程中，为满足临时加工场、道路转换施工需求，满足现代房屋建筑业日益发展对工期、造价、安全及绿色施工的需求，需提前完成地下室外墙后浇带体系施工。本文介绍了一种地下室外墙后浇带快建体系，重点阐述了地下室外墙后浇带快建体系施工要点，对建筑工程尤其是大面积地下室项目道路转换合理衔接，工期、造价、安全及绿色施工保障具有指导意义。

关键词：地下室外墙；后浇带；快建体系

1　引言

中安创谷科技园一期一标段工程项目，总建筑面积约 25.5 万平方米，其中 A1 号楼建筑高度 196m，占地面积 51060m^2，地下室单层面积 46170m^2，属于大面积地下结构[1]项目，是合肥市高新区重点项目。传统地下室外墙伸缩后浇带一般要求在地下室外墙混凝土浇筑完成 2 个月后再进行浇筑，若是沉降后浇带则需要主体结构完成沉降稳定后方可浇筑封闭，这样施工已不能满足现代房屋建筑业日益发展对工期、造价、安全及绿色施工的需求[2]，尤其不能满足大面积地下室项目施工的需求。因此，如何快速完成地下室外墙后浇带建设是现代房屋建筑业日益发展的迫切需求。

2　传统地下室外墙后浇带建设体系

2.1　传统地下室外墙后浇带建设体系时间

随着社会发展及科技进步，现如今建筑业高、大、新、尖项目的不断涌现，地下室深度越来越深，地下室面积越来越大。同时为保持工程质量与安全，在建筑施工过程中往往会涉及很多种类的后浇带，来解决沉降差、减小温度收缩及减少收缩应力。后浇带可分为沉降后浇带、温度后浇带、伸缩后浇带。后浇带混凝土的补浇时间，根据种类不同，规范规定除沉降后浇带外其他后浇带不少于 60d，沉降后浇带在封顶后 28d 等。

传统地下室外墙后浇带建设体系都是在设计或规范规定的后浇带补浇混凝土时开始的，在外墙后浇带补浇混凝土结束后，才进行后面工序施工。

2.2　传统地下室外墙后浇带建设体系工序

传统地下室外墙后浇带建设体系从后浇带补浇混凝土时开始，后浇带施工缝剔凿补浇混凝土后进行防水施工，最后进行地下室外墙回填土施工。具体施工工序如下：后浇带施工缝剔凿→支模→后浇带补浇混凝土→拆模→螺杆眼封堵→外墙基层处理→防水卷材施工→防水保护层施工→地下室外墙回填土施工（图 1）。

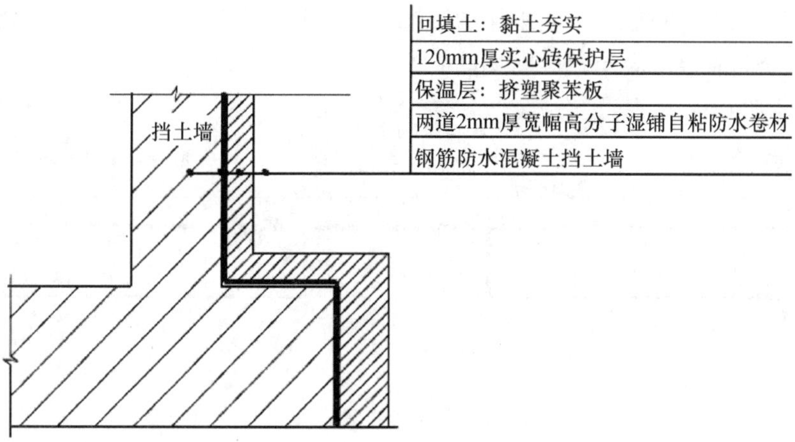

图 1 传统地下室外墙后浇带建设示意图

3 地下室外墙后浇带快建体系

3.1 地下室外墙后浇带快建体系简介

传统沉降后浇带的混凝土浇筑必须在主体结构完成后一定时间以后才能封闭，已无法满足现代房屋建筑业对工期、造价、安全及绿色施工的需求。

地下室外墙后浇带快建体系，即采用快速建造技术，利用钢板提前封堵后浇带，作为后浇带的外墙面模板，使基础主体完成后，可立即进行地下室外墙防水、土方回填等后续工序施工，缩短地下室降水时间，消除深基坑带来的安全隐患，既能缩短工期、降低造价，又符合绿色建造要求。

3.2 地下室外墙后浇带快建体系原理

把 5mm 钢板加工制作成长 1.5m、宽比后浇带宽 200mm 的长方形，钢板宽度方向两侧 50mm 宽做 60° 弯折。在筏板钢筋施工时，把制作好的钢板焊接在外墙后浇带钢筋外侧部位，底部锚入筏板 100mm，两侧锚入墙体 100mm，与筏板钢筋、墙钢筋交接处采取焊接固定，钢板和墙钢筋交接位置设置止水条。结构浇筑混凝土时把锚入部分的钢板与结构浇筑在一起。钢板随外墙钢筋一起施工，长方形钢板与长方形钢板间留设 5mm 缝隙，用于解决沉降、差减小温度收缩及减少收缩应力（图 2）。结构施工完成后，后浇带就被钢板封顶完成，立刻就能进行螺杆封堵、防水施工、外墙回填土施工。

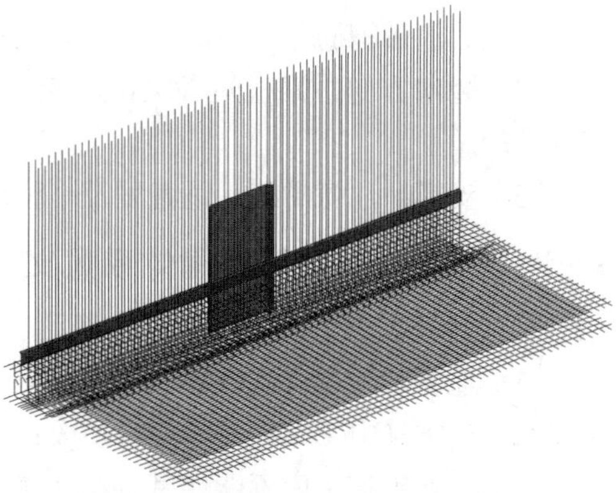

图 2 地下室外墙后浇带钢筋施工图

3.3 地下室外墙后浇带快建体系工序

地下室外墙后浇带快建体系施工，从外墙钢筋绑扎开始，固定钢板，浇筑混凝土，螺杆眼封堵，基层处理，防水施工，地下室外墙回填土施工，最后进行后浇带补浇混凝土（图 3）。具体施工工序如下：

钢板制作→地下室外墙钢筋绑扎及钢板固定→支模→混凝土浇筑→拆模→螺杆眼封堵→

外墙基层处理→防水卷材施工→防水保护层施工→地下室外墙回填土施工→后浇带施工缝剔凿→支模→后浇带补浇混凝土→拆模（图 4）。

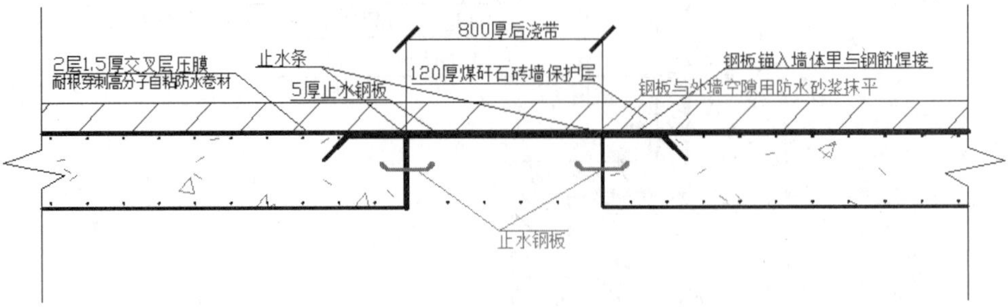

图 3　地下室外墙后浇带快建体系施工图（mm）

图 4　地下室外墙后浇带快建体系施工过程示意图

3.4　地下室外墙后浇带快建体系施工要点

（1）钢板厚度必须保证 5mm 以上，尺寸按要求制作，偏差在 10mm 内；钢板固定准确，轴线偏差 5mm，混凝土浇筑及支模中注意成品保护，防止偏位；

（2）后浇带施工缝剔凿时注意不要剔凿、破坏钢板，以保护防水卷材不受破坏；

（3）后浇带钢筋分开施工时，注意钢板成品保护，钢筋按图纸绑扎合格；

（4）竖向方向，钢板间必须留设 5mm 缝隙，用于解决沉降差、减小温度收缩及减少收缩应力；

（5）支模时注意拼缝、垂直度及平整度，否则漏浆在钢板上难以清理，影响防水施工。

4　地下室外墙后浇带快建体系意义

4.1　传统地下室外墙后浇带体系的不足

（1）地下室外墙后浇带体系开始施工时间迟，结束时间晚，增加基坑使用时间，基坑长时间暴露于空气中，导致安全隐患加大；

（2）影响下道工序不能在基础结构施工完成后立刻进行施工，基础土方不回填又影响后续工序的施工，延长工期，增加工程成本；

（3）基础结构长时间暴露于空气中，由于昼夜温差的存在，基础外墙易产生伸缩裂缝，加大质量隐患，增加维修成本；

（4）基础土方不回填，基坑降水无法停止，在雨雪季也要加大基坑排水，增加基坑降排水费用；

（5）阻碍建筑施工过程中基础阶段道路与正负零以上结构施工道路的转换，增加施工难度。

4.2　地下室外墙后浇带快建体系技术特点

（1）地下室外墙后浇带体系开始施工时间早，结束时间早，减少基坑使用时间，消除基坑安全隐患；

（2）地下室外墙防水层、保护层及室外回填可一体化施工，避免受到外墙后浇带干扰，保证防水整体施工质量，同时地下室内砌筑装饰工程可同步进行，加快了工程施工进度；

（3）提前完成基础土方回填，充分利用后浇带区域空间，合理规划三维布置，便于使用，尤其对于大面积地下室项目效果更佳，加速临时设施及道路转换；

（4）提前封堵后浇带，基础结构完成后即进行防水及回填施工，保证后续工序的施工，节约工期；

（5）基础土方回填后，基坑降水停止，在雨雪季也要免除基坑排水，节约基坑降排水费用；

基础土方回填后，避免基础结构长时间暴露于空气中，由于昼夜温差的存在，产生伸缩裂缝，从而消除质量隐患，节约维修成本；

有利于后浇带的保护，减少后期的二次清理，保持后浇带补浇混凝土质量。

5　结语

地下室外墙后浇带建设体系是整个建筑工程施工过程中不可或缺部分，直接影响地下室防水等级、建筑结构安全，也将直接关系到整个工程的施工进度、质量、安全。

地下室外墙后浇带建设体系施工方法没有对错之分，只有是否合理、适应，需要根据时代发展的新科技、建筑工程特点、施工具体需求，从技术方面和经济方面考虑以最优方法进行施工。根据现代房屋建筑业日益发展对工期、造价、安全及绿色施工的高需求，地下室外墙后浇带快建体系将会迅速普及。

参考文献

[1]　龚亮. 地下室外墙后浇带超前防护施工的研究[J]. 建筑施工，2013，35（11）：988～988.

[2]　徐成荣，白义洁，王道新，王建军. 地下室外墙后浇带超前封闭施工方法[J]. 科技经济导刊，2016（26）：51～52.

受限空间下大跨度不规则异型钢屋架安装施工技术

刘绪飞　鲍道四　潘泽娣

中国建筑第五工程局有限公司，长沙，410011

摘　要：公共建筑中钢结构屋架形式多样，施工安装方法有高空散装、整体吊装、滑移和提升等，本文总结了一种在受限空间下进行大跨度不规则异型钢屋架安装施工技术，为类似结构工程施工提供了重要参考。

关键词：受限空间；大跨度；钢屋架；施工

1　引言

随着人们对生活质量、环境要求的提高，采用新技术增强建筑的科技含量与时代信息特征已成为市场的主旋律。大跨度不规则异型钢屋架采用错综复杂不规则钢梁与异型玻璃相结合的方式，呈现出极具特色的地图形“天井”艺术效果，在满足环境保护、防火安全、节约能源、抗震设防等各规范标准的要求下，力求创造高质量的生活、游憩环境。

2　工程概况

安庆市博物馆工程钢结构屋架为大跨度不规则异型钢屋架，钢屋架南北向跨度为40.8m，东西向跨度为46m，钢桁架高度为1.3m，为焊接平面钢桁架。钢屋架位于建筑中心位置，距离建筑结构边缘最短距离为18m，因此采用外部吊装设备难以施工，除非采用大型或特大型吊装设备，但是需要较大的成本投入；由于此钢屋架下部有楼层结构板，难以采用吊装设备进入结构内部进行吊装；钢屋架下方中庭区域存在扶梯井和支撑梁等结构，无法提供完整空间进行地面拼装和整体提升。

考虑到场地条件和工程特点，以及以上各种施工方法的施工难度及成本投入，最终确定运用同步提升和高空单元散装相结合的施工方法进行钢屋架的施工，此方法不仅解决了受限空间下钢屋架的焊接和安装问题，而且能够有效保证施工安全和工程质量。

3　施工工艺流程（图 1）

4　施工准备

4.1　建立钢屋架 BIM 模型并进行施工模拟及安全验算

在施工前提前应用 Tekla 等 BIM 软件，建立钢屋架 BIM 模型（图 2），应用模型进行钢屋架安装施工模拟，并辅助进行施工安全验算，从而更好地指导现场施工（图 3）。

4.2　钢屋架构件工厂加工

运用已建立的钢屋架 BIM 模型生成构件尺寸清单（图 4），依据清单指导构件工厂精准加工（图 5）。

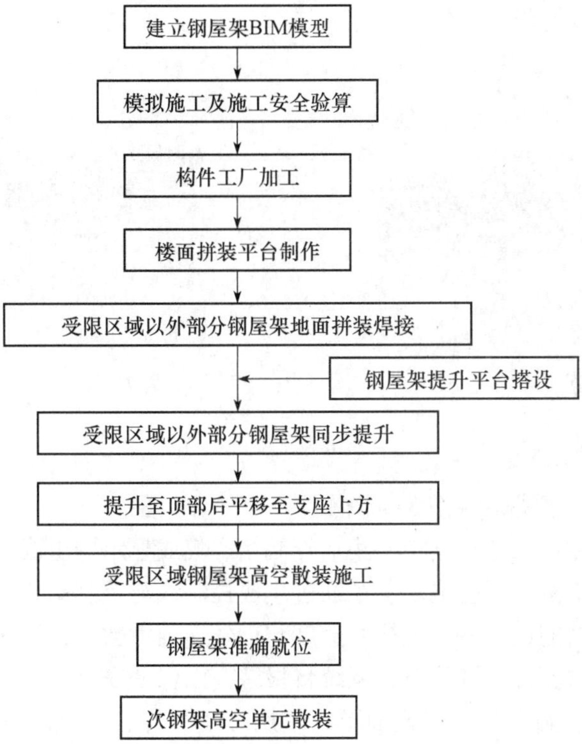

图1　钢屋架安装施工工艺流程图

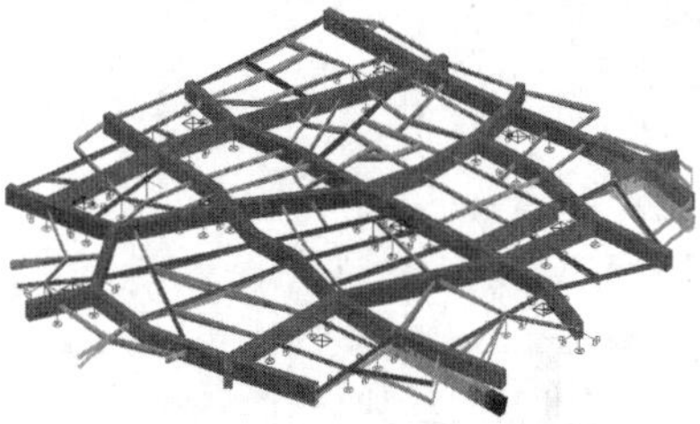

图2　钢屋架 BIM 模型

图3　施工模拟

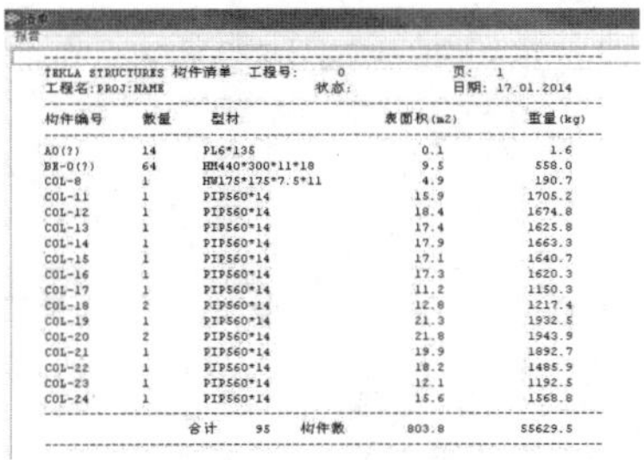

TEKLA STRUCTURES 构件清单　工程号：　0　　页：　1
工程名：PROJ:NAME　　状态：　　日期：17.01.2014

构件编号	数量	型材	表面积(m2)	重量(kg)
AO(?)	14	PL6*135	0.1	1.6
BE-0(?)	64	HM440*300*11*18	9.5	558.0
COL-8	1	HW175*175*7.5*11	4.9	190.7
COL-11	1	PIP560*14	15.9	1705.2
COL-12	1	PIP560*14	18.4	1674.8
COL-13	1	PIP560*14	17.4	1625.8
COL-14	1	PIP560*14	17.9	1663.3
COL-15	1	PIP560*14	17.1	1640.7
COL-16	1	PIP560*14	17.3	1620.3
COL-17	1	PIP560*14	11.2	1150.3
COL-18	2	PIP560*14	12.8	1217.4
COL-19	1	PIP560*14	21.3	1932.5
COL-20	2	PIP560*14	21.8	1943.9
COL-21	1	PIP560*14	19.9	1892.7
COL-22	1	PIP560*14	18.2	1485.9
COL-23	1	PIP560*14	12.1	1192.5
COL-24	1	PIP560*14	15.6	1568.8
合计	95	构件数	803.8	55629.5

图4　构件尺寸清单

图5　工厂加工

4.3　楼面拼装平台制作

构架在地面拼装，为方便找平及焊接，在构架下方设置简易支点。钢屋架支点高度400mm，底部使用两根200mm×200mm工字钢上下焊接牢固。钢梁宽度为400mm，所以工字钢底部应加长至600mm确保钢梁稳定性（图6、图7）。工字钢高度应与梁牛腿保持一致，如有少许误差，可使用方木进行调整，安装过程中应进行二次抄平。支点按主梁位置布置，精确找正，确保梁标高与设计一致。

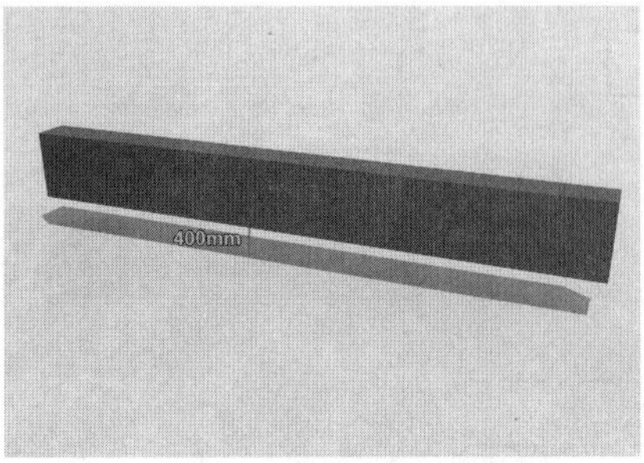

图 6　简易支点布置示意图一

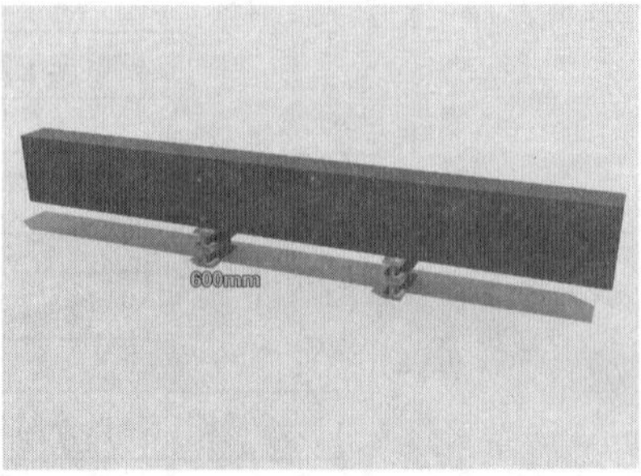

图 7　简易支点布置示意图二

5　钢屋架提升平台搭设

5.1　钢屋架提升系统主要构件（图 8 ~ 图 11）

钢屋架提升系统主要由电动葫芦、集成控制箱、集成显示器组成。电动葫芦直接承受荷载并有自锁装置防止滑链，所有电动葫芦通过集成控制线与控制箱相连，控制箱再与集成显示器相连。集成显示器能显示各吊点提升速度与钢丝绳内力数值，同时可以设置允许速度与允许内力，若实际受力超过允许值时，系统将报警，以保证安全。电动葫芦是一种轻小型起重设备，具有体积小，自重轻，操作简单，使用方便等特点。起重量一般为 0.1 ～ 80t，起升高度为 3 ～ 30m。它由电动机、传动机构和卷筒或链轮组成。

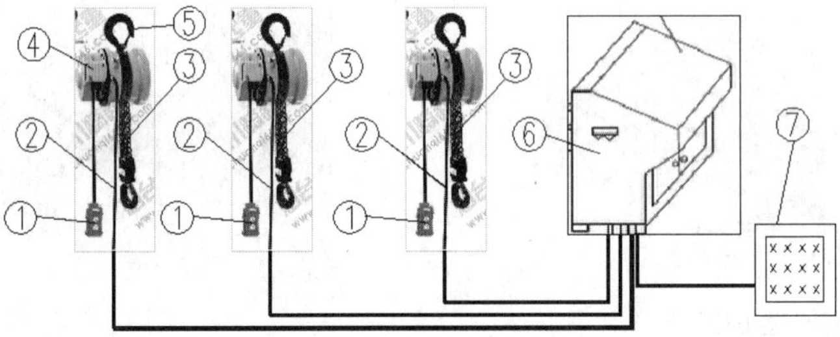

图 8　集成控制系统示意图

1—电动葫芦手动控制器；2—电动葫芦集成控制线；3—提升受力倒链；4—转动电机；5—挂钩；6—集成控制箱；7—集成显示器

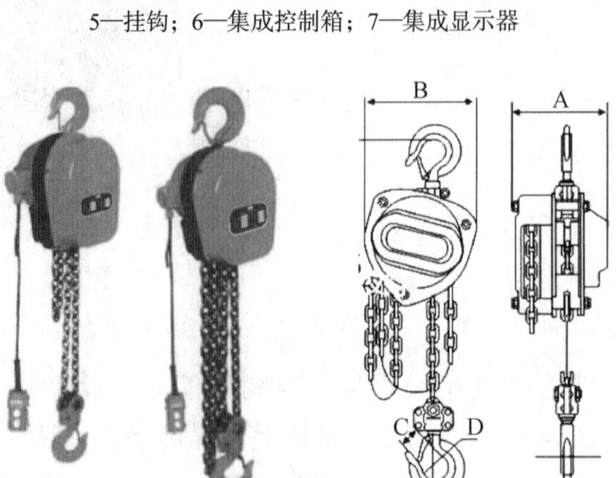

图 9　电动葫芦示意图

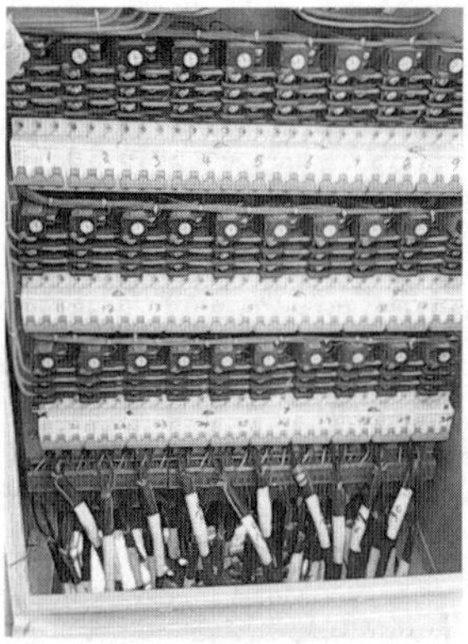

图 10　集成控制箱

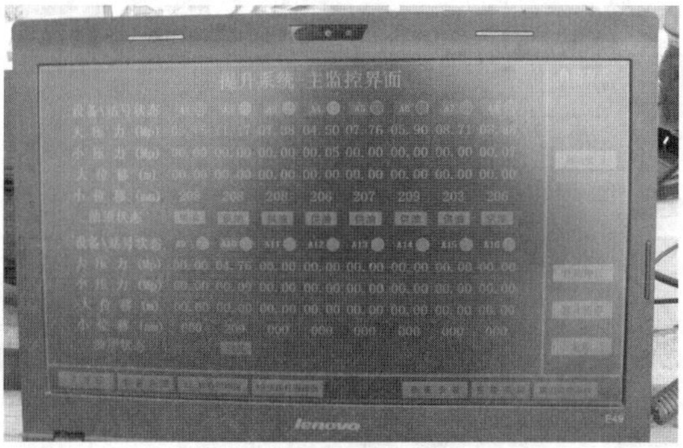

图 11　集成显示器

5.2　提升架布设

提升架采用单元钢架组成，布设组数根据总荷载计算，每组提升架限载 40t，吊装总荷载 200t，考虑安全系数 0.5，则需要提升架总数为 200/40/0.5 = 10 组（图 12、图 13）。当提升架布设于楼板时，应考虑楼板的承载力，经验算必要时，需对楼板采取加固措施。

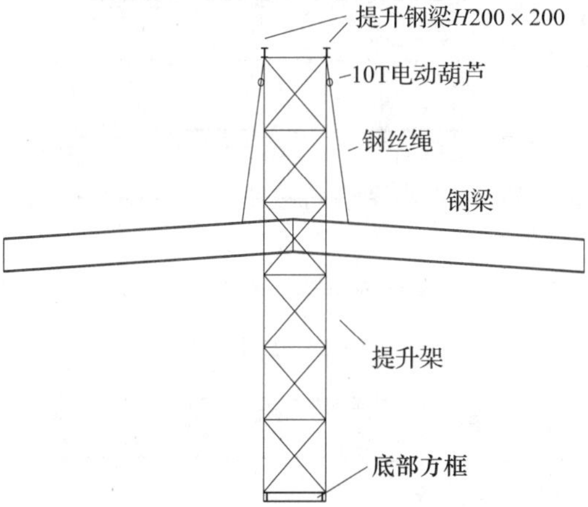

图 12　提升架提升示意图

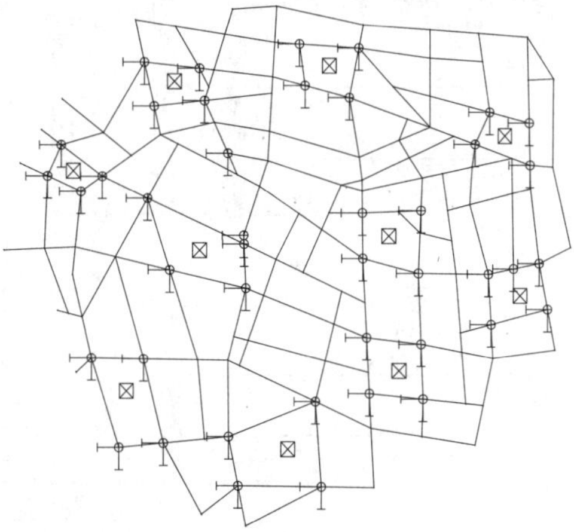

图 13　提升架布置图

6　受限区域以外部分钢屋架同步提升

6.1　提升同步控制措施

由于钢屋架采用整体同步提升，因此测量要与提升密切配合确保提升的同步性。在提升过程中，由于提升架位置固定，以提升架的位置钢结构水平投影为控制点，提升架处吊线坠与地面水平控制点相重合，说明提升的水平位置正确，在提升架上固定标尺作为提升高程控制的依据，如提升过程中某一拔杆处产生了偏差，应及时予以纠正。

在钢屋架提升到预定位置后，用免棱镜全站仪对其进行三维坐标校正测量。校正测量是对除提升架位置以外的钢屋架节点的空间位置进行复核，节点的型心的定位，采用免棱镜全站仪测量技术，在节点面上任意选取 4 个以上的点，测量其三维坐标，再拟算出型心坐标，再与计算机根据钢结构数学模型计算得出的数据与此次提升位置节点空间位置相比较，即可得出安装定位是否正确。

6.2 提升施工步骤（图 14）

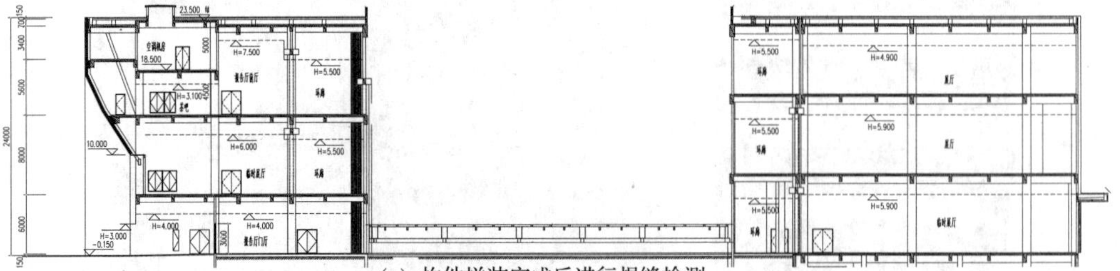

(a) 构件拼装完成后进行焊缝检测

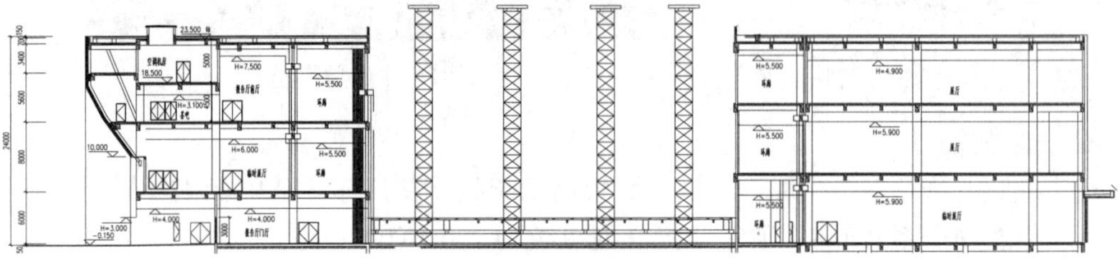

(b) 定位并安装提升架

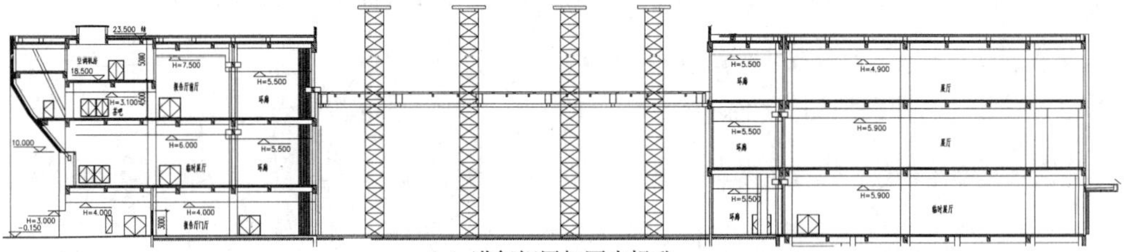

(c) 进行钢屋架同步提升

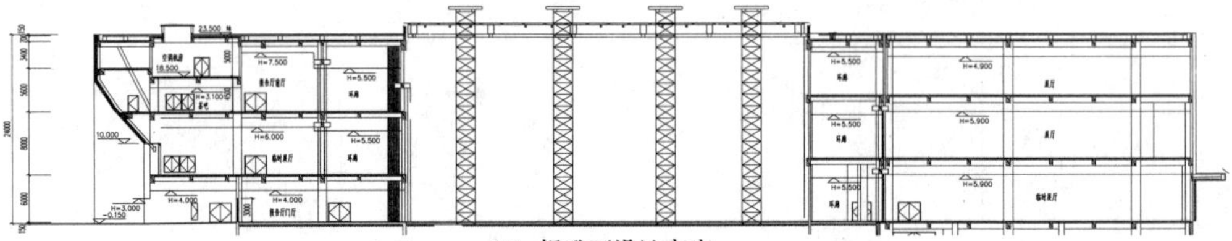

(d) 提升至设计高度

图 14　同步提升施工步骤

6.3 提升架的缆风绳设置

通过运用 BIM 技术模拟同步提升施工过程，进行钢屋架和缆风绳的碰撞检测，优化提升架最顶部缆风绳的地面拉结点位置，以避免提升过程中钢屋架构件与缆风绳产生交叉矛盾，影响提升施工。由于提升架高度较高，除提升架顶部设置缆风绳，还需设置一处缆风绳。经三维施工模拟，在最初提升前需在提升架三分之二高度位置设置缆风绳拉结，拉结的缆风绳可避开钢屋架提升路径；当提升至提升架二分之一高度时，停止提升，先在提升架二分之一高度位置设置缆风绳拉结，然后拆除提升架三分之二高度处的缆风绳。在同步提升过程中缆风绳需进行一次转换布置，以避免缆风绳与钢屋架提升路径的碰撞矛盾。同步提升过程中的缆风绳转换布置如图 15 所示。

6.4 钢屋架平移施工

钢屋架提升到预定标高后水平移动至混凝土柱顶，移动位移约 0.7m。移位时需在混凝土柱顶设置倒链提供水平拉力。提升架稳定性验算时已经将水平力考虑进去，故提升架稳定性满足平移的需要。平移时张紧葫芦 2（整个一排），葫芦 1（一排）缓缓放松，2 排葫芦一紧一松控制钢屋架缓缓向钢柱中心平移，直至就位。平移方法如图 16 所示。

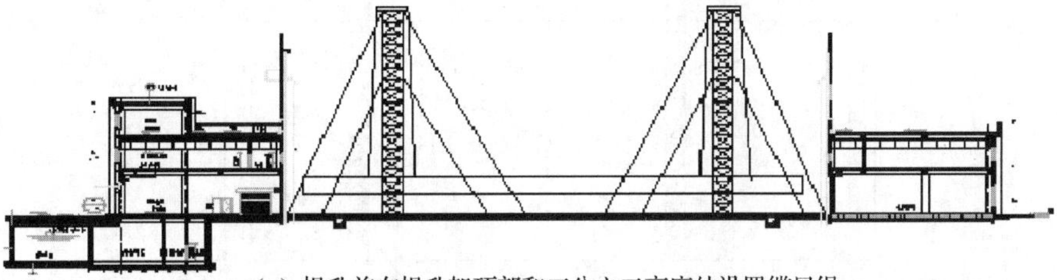

（a）提升前在提升架顶部和三分之二高度处设置缆风绳

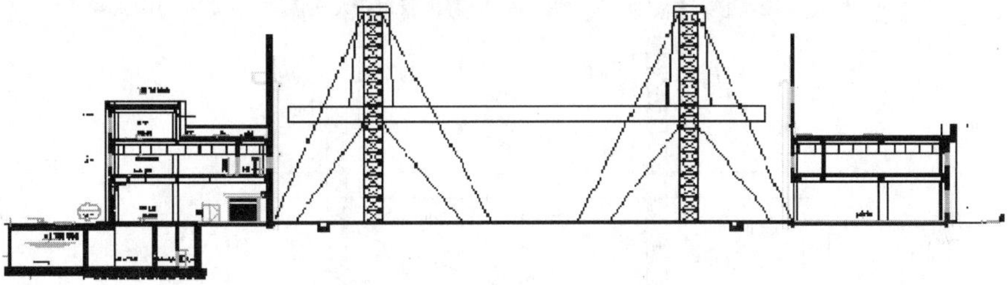

（b）提升至提升架一半高度时，停止提升，先在提升架二分之一高度位置设置缆风绳，再拆除提升架三分之二高度处的缆风绳

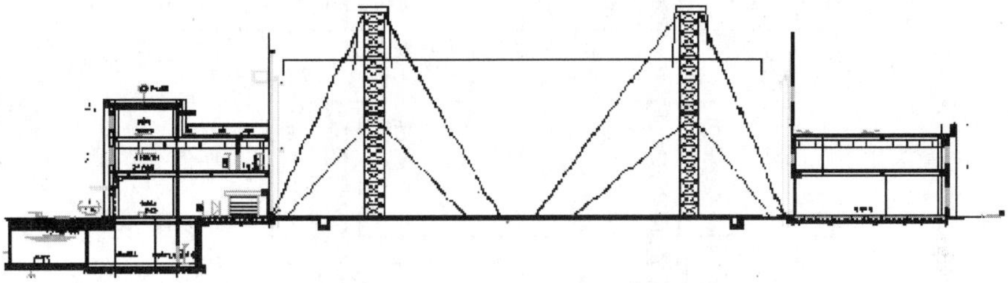

（c）然后一直提升至顶部，缆风绳禁止拆除

图 15　缆风绳转换设置

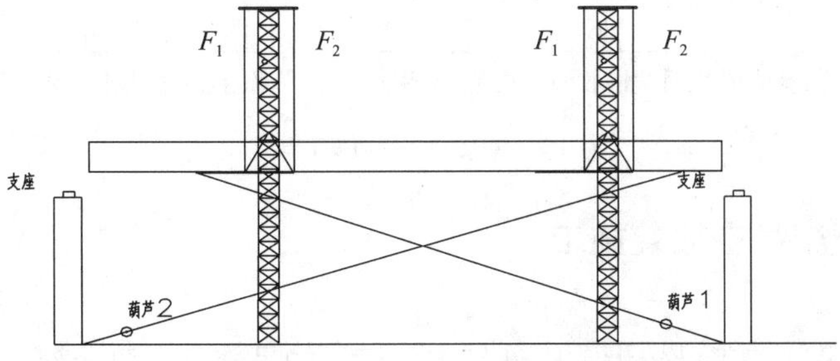

（a）钢屋架提升到指定标高点，提前已将钢屋架支座放置于柱顶但并未焊接

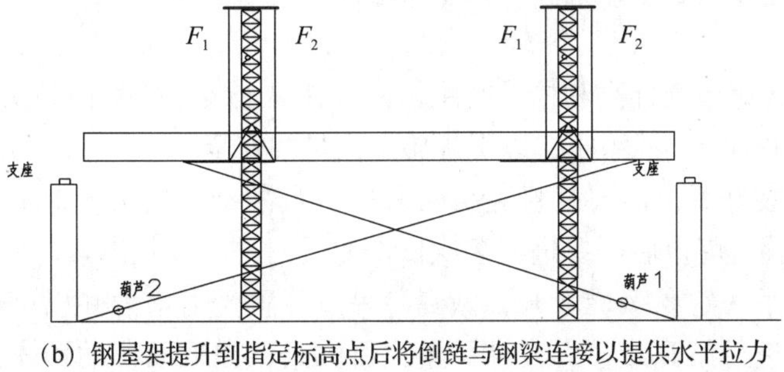

（b）钢屋架提升到指定标高点后将倒链与钢梁连接以提供水平拉力

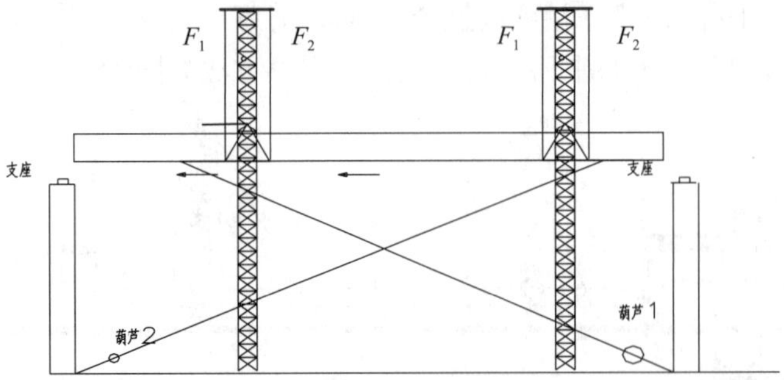

（c）拉紧倒链使钢屋架向支座方向移动，同时保持钢丝绳F_2长度不变，通过电动葫芦缓慢放松钢丝绳F_1使F_1伸长，葫芦1缓缓松弛，电动葫芦2缓缓张紧以保持钢屋架平移过程中水平

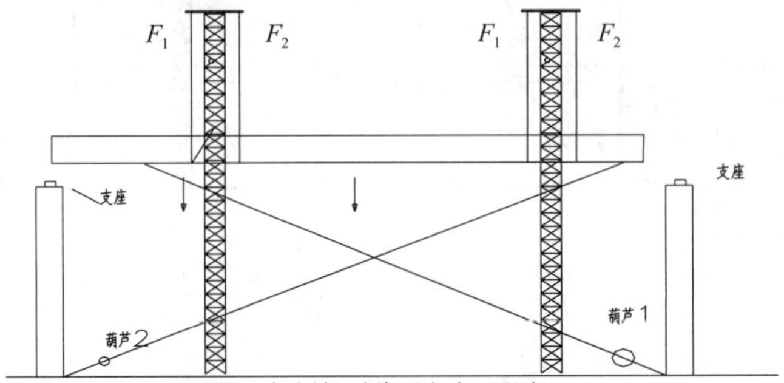

（d）钢屋架平移至支座正上方

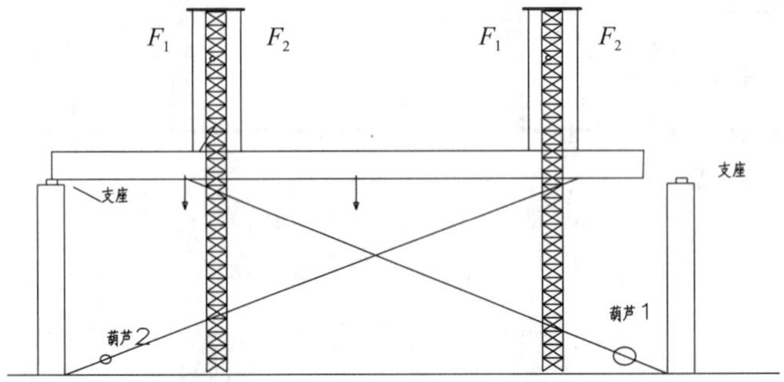

（e）通过电动葫芦同时缓慢放松钢丝绳F_1与钢丝绳F_2，钢结构水平移动完成，焊接支座

图 16　钢屋架平移施工步骤

7　受限区域钢屋架高空散装施工

7.1　吊装顺序

本工程钢结构吊装工程量较大，构件较多。钢梁的吊装是主要骨架，应遵循以下吊装的顺序原则：先地上连接、后整体就位；先横向结构、后平面构件。

7.2　吊装方法

钢梁在吊装前，应检查标高和柱子间距，并应在梁上装好扶手杆和扶手绳，以便待主梁吊装就位后，将扶手绳与钢柱系牢，以保证施工人员的安全。

钢梁现场先拼装好后，需要翻身起板时采用两点翻身起板法，人工用短钢管及方木临时辅助起板。钢梁翻身就位后需要进行多次试吊并及时重新绑扎吊索。吊车采用 QY25 汽车吊，试吊时吊车起吊一定要缓慢上升，做到各吊点位置受力均匀并以钢梁不变形为最佳状态，达到要求后即进行吊升旋转到设计位置，再由人工在地面拉动预先扣在大梁上的控制绳，转动到位后，即可用板钳来定柱梁孔位，同时用高强螺栓固定。第一榀钢梁应增加四根临时固定揽风绳，第二榀后的大梁则用屋面檩条及系杆加以临时固定，在固定的同时，用线坠检查其垂直度，使其符合要求。

在吊装钢梁时还须对钢柱进行复核，采用葫芦拉钢丝绳缆索进行检查，待大梁安装完后方可松开缆索。对钢梁屋脊线也必须控制，使屋架与柱两端中心线等值偏差，这样各跨钢屋架均在同一中心线上。工人采用吊笼悬挂在钢梁上进行焊接操作，焊接时需佩戴好安全带，挂好安全绳，以保证安全。

8 次钢架高空单元散装施工

本工程主钢架之间有多道次钢架，次钢架单根构件重量较轻。为便于施工，先将主钢架之间的次钢架构件进行地面焊接，拼接成一个个单元，然后将每个单元吊装至高空主钢架位置，与主钢架进行焊接，最终完成整个钢屋架的安装施工。

9 施工过程应力监测

在同步提升和平移的过程中须对钢屋架的各个构件进行内力分析监测，主要从结构变形、各个构件强度分析等方面进行监测分析（图 17）。

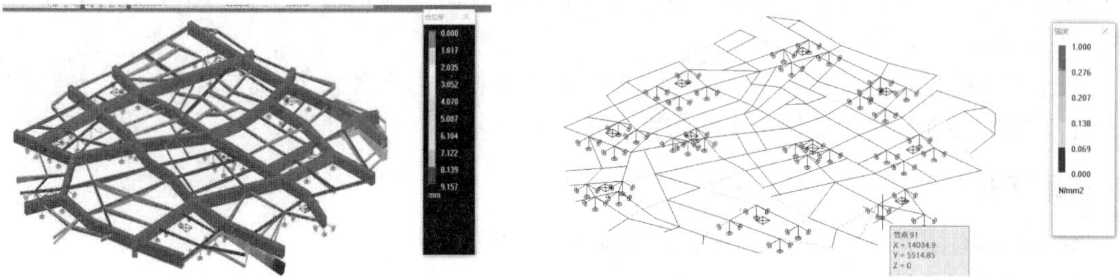

（a）最大综合变形9.157mm，满足要求

（b）最大应力比0.276<0.85（验算取值，即杆件内力与杆件材料强度比值），满足要求

图 17 施工过程应力监测

10 结语

通过采用 Tekla 软件建立钢屋架分析模型，解决了不规则异型构件精准加工的难题。综合应用同步提升和高空单元散装、智能控制等技术，并结合 BIM 技术，在钢屋架提升和水平移位过程中，实现了吊装过程的碰撞检测和施工工况分析，从而有效解决了受限空间下大跨度不规则异型钢屋架施工难题。该施工技术思路简洁，易操作，吊装方法创新，施工简便、加快工期、成本低廉，经济社会效益显著，对类似结构施工具有参考价值。

参考文献

[1] 何怀旭. 大跨度钢结构屋面吊装施工技术［J］. 福建建筑. 2014（10）：111 ～ 112.

[2] 吉劲松，管盈铭，肖佳炜. 扬州展览中心屋面钢结构吊装施工技术［J］. 建筑机械化. 2012，33（s1）：42 ～ 44.

[3] 王恒，魏成权. 大跨度钢屋盖高空定点拼装、累积旋转滑移技术［J］. 建筑钢结构进展. 2011，2（2）：24 ～ 32.

[4] 赵园涛，王耀. 国家体育馆钢结构屋架滑移工程［J］. 施工技术. 2007，6（6）：22 ～ 24.

复杂环境黄土塬山区的钢栈桥设计与施工

彭云涌　蒲　实　谈　超　康　顺　李新宇

中建五局土木工程有限公司，长沙，410000

摘　要：本文以国道 310 洛三界至三门峡西段南移新建工程为依托，利用有限元分析软件 MIDAS CIVIL 建立钢栈桥模型进行数值模拟，验证了钢栈桥结构设计的合理性，并详细介绍了钢栈桥的施工过程。钢栈桥采用独立基础与钢管桩结合的结构形式，有效解决了钢管桩在粉土中打设困难的问题，为类似工程提供参考。

关键词：钢栈桥；有限元分析；黄土塬山区

1　项目概况

国道 310 洛三界至三门峡西段南移新建工程周家窊隧道隧址区位于三门峡后关村，下穿 018 县道，属黄土塬地貌。

拟建钢栈桥位于大冲沟区域，土质主要为黄土状粉质黏土和粉土，具有湿陷性；地形起伏不平，冲沟发育，沟谷深切，山间植被茂密，根系发育。

2　有限元分析

本文采用有限元分析软件 MIDAS CIVIL 进行建模分析计算。

2.1　钢栈桥设计

桥台及基础采用 C30 钢筋混凝土现浇，具体尺寸见图 1。基础设置 ϕ25 钢筋弯钩预埋件与钢管桩连接。

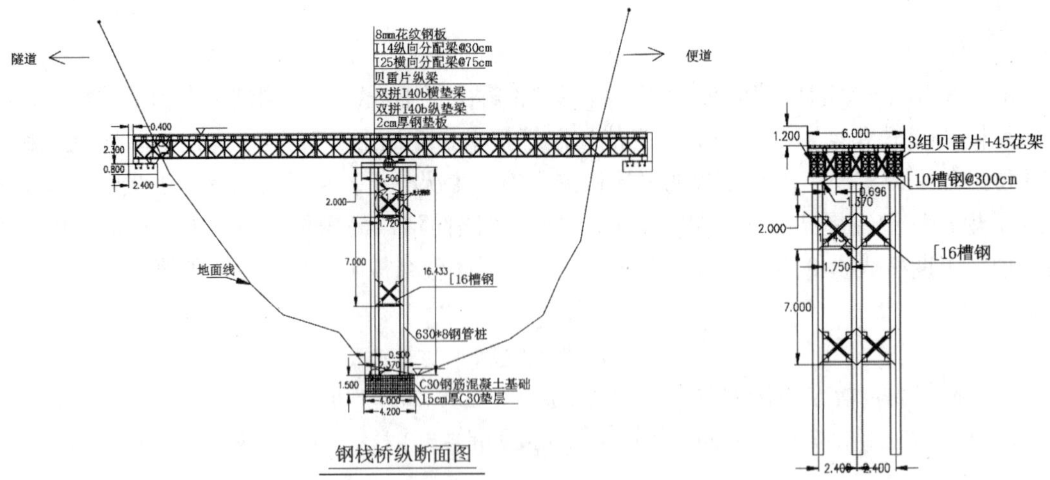

图 1　钢栈桥结构示意图

钢栈桥采用型钢组合的结构形式，标准跨径 21m。钢栈桥采用 ϕ630mm × 8mm 钢管桩作为桥墩，为加强基础的整体稳定性，在钢管桩之间设置［16 槽钢作为连接系；钢栈桥横桥向中心间距 300cm，在钢管桩上面设置二拼 I40b 型钢、三拼 I40b 型钢作为横纵垫梁；采用 3m 标准节贝雷片作为承重梁主梁采用 4 组贝雷梁，每组为 3 片贝雷片，承重梁上面设置 I25 型钢作为第一层分配横梁，中心距为 75cm，上面铺设 I14 型钢作为第二层分配纵梁，中心距为 30cm，桥面采用 8mm 花纹钢板进行满铺形成栈桥。栈桥两侧设置 ϕ60mm 钢管作为防护栏（图 2）。

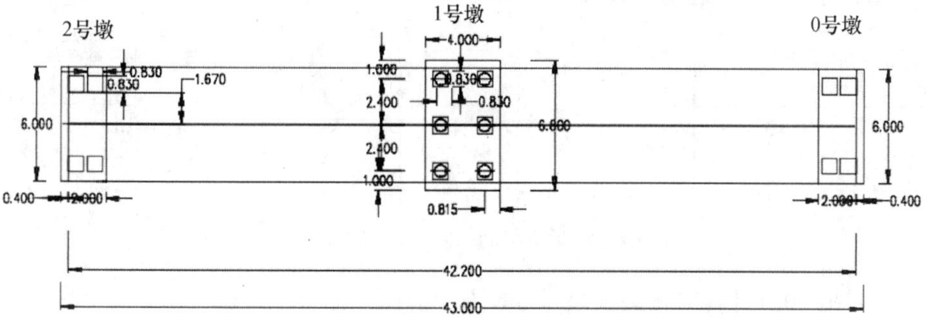

图 2　钢管桩桩位图

2.2　模型建立

钢栈桥模型采用有限元分析软件 MIDAS CIVIL 建立，共 5115 个节点，由 2644 个桁架单元，6408 个梁单元，2352 个板单元构成；依次对 0 号、1 号、2 号基础赋予一般支撑约束，对纵垫梁、横垫梁、贝雷片纵梁、横向分配梁、纵向分配梁、桥面板之间依次赋予节点弹性连接，各贝雷片之间连接处释放梁端约束 168 处；静力荷载工况定义自重荷载，移动荷载工况 2 种类型，一为两辆 80t 重载汽车前后间距 5m 走行于 5m 宽车道面上，另为 1 辆 80t 履带吊车吊 10t 重物于行车道上；定义支座沉降荷载工况分别对 3 个独立基础编辑沉降组分析，沉降量为 10mm。全桥模型如图 3 所示。

2.3　荷载及工况

2.3.1　结构自重

（1）8mm 钢板：62.8kg/m^2；

（2）I14 上分配梁：16.9kg/m；

（3）I25a 下分配梁：38.1kg/m；

（4）贝雷梁：270kg/ 片；

（5）2 拼 I40b 分配梁：147.6kg/m；

（6）3 拼 I40b 分配梁：221.4kg/m。

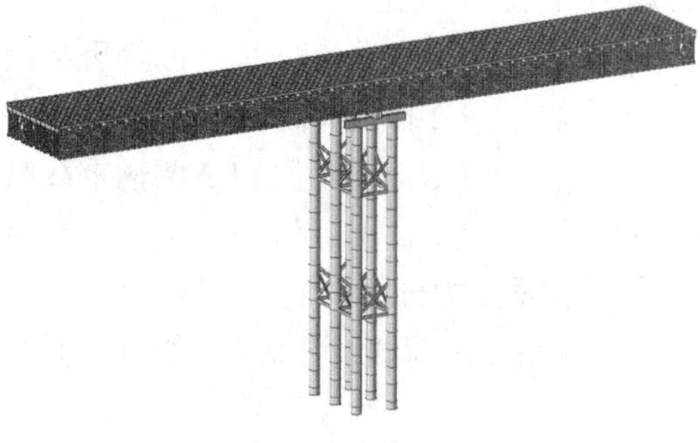
图 3　钢栈桥全桥模型

2.3.2　汽车荷载（表 1）

表 1　自卸车与履带车的主要技术指标

主要指标	单位	履带 -90	两辆自卸车
车辆重力	kN	900	1600
履带数或车轴数	个	2	12
各条履带压力或后车轴重力	kN	90kN/m	2 × 140
履带着地长度或纵向轴距	m	5	3.75 + 1.35 + 5 + 3.75 + 1.35
每个车轴的车轮组数目	组	—	2

续表

主要指标	单位	履带 -90	两辆自卸车
履带或车轮横向中距	m	4.1	1.8
履带宽度或每对车轮着地宽和长	m	0.7	0.6 × 0.2

（1）汽车荷载（轮着地宽度和长度为 0.6m × 0.2m，见图 4）。

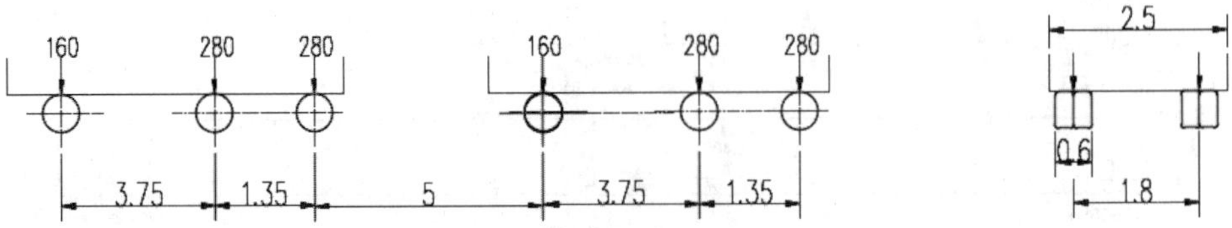

图 4　汽车荷载的纵向排列和横向布置

（2）履带吊 50t（计算时按最大吊重 50t 进行检算，见图 5）。

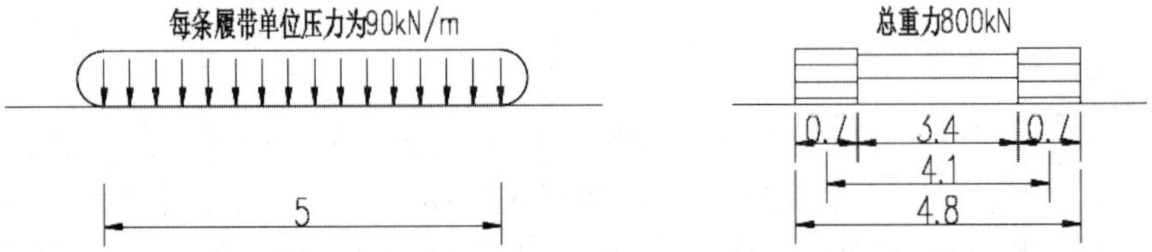

图 5　履带吊车荷载的纵向排列和横向布置

2.3.3　荷载工况组合

受力检算考虑恒荷载（自重荷载），活荷载（移动荷载、支座沉降荷载），荷载组合按下列四种组合方式考虑：

组合一：1.2 自重荷载 +1.4 两辆重载汽车荷载；

组合二：1.2 自重荷载 +1.4 履带吊车荷载；

组合三：1.1 自重荷载 +1.3 两辆重载汽车荷载 +1.3 支座沉降荷载；

组合四：1.1 自重荷载 +1.3 履带吊车荷载 +1.3 支座沉降荷载。

2.4　贝雷梁受力分析

（1）最不利荷载组合状态（组合一）下，受力分析模型如图 6、图 7 所示。

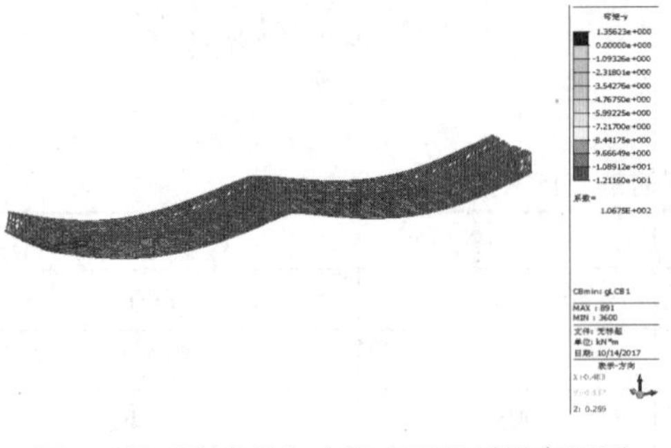

图 6　最不利荷载组合状态下贝雷梁弯矩图

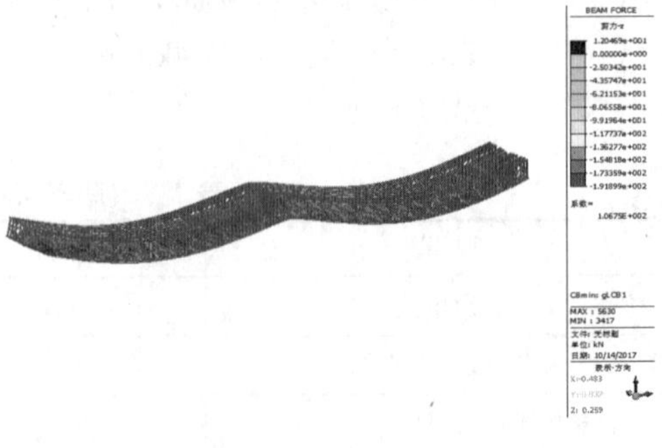

图 7　最不利荷载组合状态下贝雷梁剪力图

（2）组合应力状态情况最不利荷载组合（组合一）下，受力分析模型如图 8、图 9 所示。

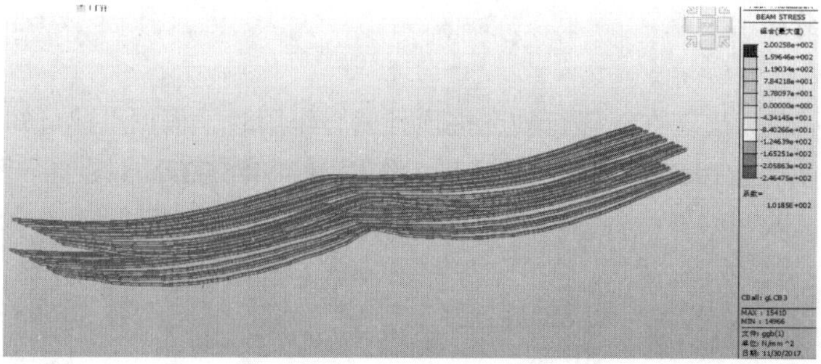

图 8　贝雷梁弦杆最大组合应力图

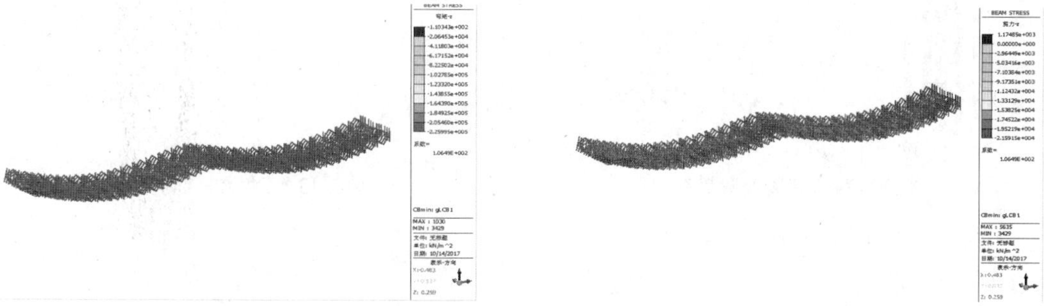

图 9　贝雷梁腹杆最大竖向应力图

（3）位移情况最不利荷载组合状态（组合三）下，受力分析模型如图 10 所示。

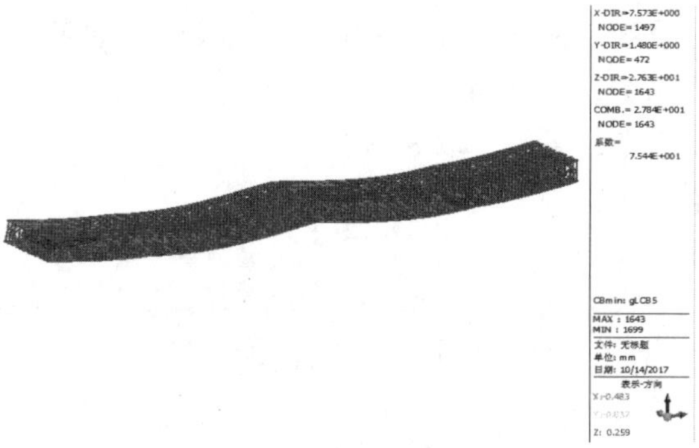

图 10　贝雷梁最大位移图

（4）分析结果

贝雷梁片受力分析如下：

变形：

$$h = 27.63\text{mm} < L/400 = 52.5\text{mm}$$

弦杆最大组合应力：

$$\sigma_{max} = 246.48\text{MPa} < [\ \sigma\ ] = 345\text{MPa}$$

腹杆最大竖向应力：

$$\sigma_{max} = 225.99\text{MPa} < [\ \sigma\ ] = 237\text{MPa}$$

$$\tau_{max} = 21.59\text{MPa} < 104\text{MPa}$$

受力满足要求。

2.5 钢管桩受力分析

2.5.1 单桩最大承载力

钢管桩最大承载力出现在车辆行驶在桩顶且偏心作用时，根据上述可知，最不利荷载组合时，桩顶最大弯矩为 10.33kN · m；桩底最大作用力为 485.33kN（图 11、图 12）。

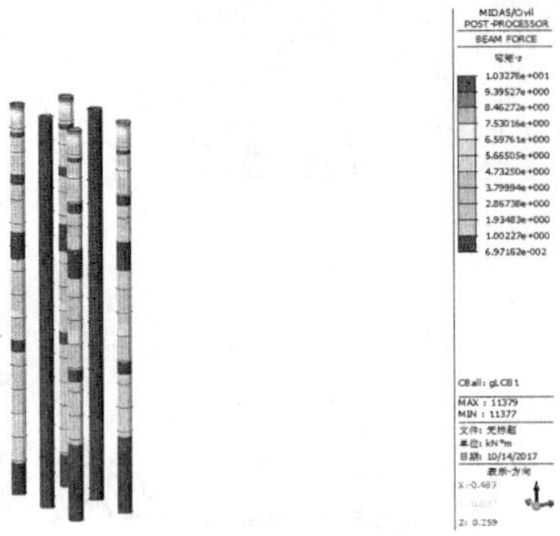

图 11 钢管桩最大弯矩图

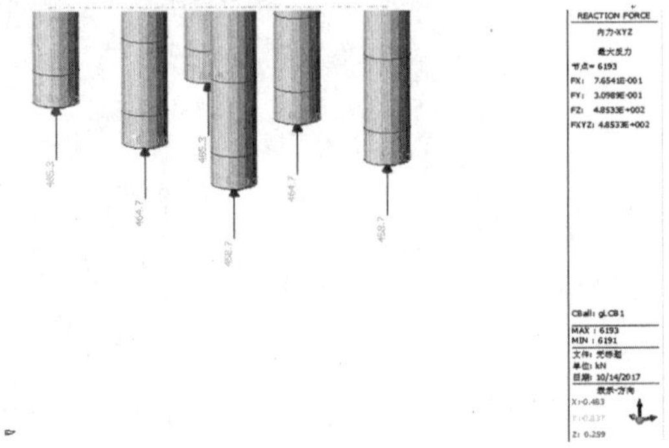

图 2-12 钢管桩内力图

2.5.2 钢管桩稳定性验算

（1）风荷载

根据《公路桥涵通用设计规范》，风荷载按下式进行计算：

$$F_{wh} = K_0 K_1 K_3 W_d A_{wh} \tag{1}$$

式中 F_{wh}——风荷载标准；

K_0——设计风速重现期换算系数，对于施工架设期桥梁取 0.75；

K_1——风载阻力系数，取 0.54；

K_3——地形、地理条件系数，取 $K_3 = 1.0$；

W_4——设计基准风压；

A_{wh}——迎风面积。

设计基准风压：

$$W_d = \frac{rV_d^2}{2g} \tag{2}$$

式中 r——空气重力密度；

V_d——高处 Z 的设计基准风速；

g——重力加速度，取 $g = 9.8\text{m/s}^2$。

$$V_d = K_2 K_5 V_{10} \tag{3}$$

式中 K_2——风速高度变化修正系数，取 1.08；

K_5——阵风风速系数，取 1.38；

V_{10}——桥梁所在地区的设计基本风速。

八级风作用时：

$$r = 0.012017e^{-0.0002Z} = 0.012017e^{-0.0005} = 0.01201$$

$$V_d = K_2 K_5 V_0 = 1.05 \times 1.38 \times 25.6\text{m/s} = 38.2$$

可得设计基准风压：

$$W_d = \frac{rV_d^2}{2g} = 0.89\text{kN/m}^2$$

单片贝雷片迎风面积：

$$A_{wh} = 0.4A = 0.4 \times 1.7 \times 3.0 = 2.04\text{m}^2$$

风载：$F_{wh} = K_0K_1K_3W_dA_{wh} = 0.73\text{kN}$

（2）水流力

钢栈桥所在位置无水流经过，故取水流力 $R = 0\text{kN}$。

$\phi630\text{mm} \times 8\text{mm}$ 钢管特性见表 2。

表 2　钢管特性表

规格（mm）	每米质量（kg/m）	截面面积 A（cm^2）	惯性矩 I（cm^4）	回转半径 i（cm）	截面矩 W（cm^3）
$\phi630 \times 8$	122.72	156.33	75612.4	22	4800.8

内支撑对撑钢管轴力为：$N = 485.33\text{kN}$，相应最大弯矩为：$M = 10.33\text{kN} \cdot \text{M}$，长度为 $L = 16.433$，弯矩作用下平面内和稳定性采用下式计算：

$$\frac{N}{\varphi_x A} + \frac{\beta_{mx} M_x}{\gamma_x W_{1x}\left(1 - \frac{0.8N}{N'_{Ex}}\right)} \leqslant [\sigma] \tag{3-4}$$

式中　N'_{Ex}——参数，$N'_{Ex} = \pi^2 EA/(1.1\lambda^2_x)$；

λ_x——钢管按两端铰接进行计算；

φ_x——弯矩作用平面内的轴心受压构件稳定系数；

M_x——所计算构件段范围内的最大弯矩；

W_{1x}——在弯矩作用平面内对较大受压纤维的毛截面模量；

γ_x——截面塑性发展系数，查表取 $\lambda^2_x = 1.15$；代入数据求得：

$$\frac{N}{\varphi_x A} + \frac{\beta_{mx} M_x}{\gamma_x W_{1x}\left(1 - 0.8\frac{N}{N'_{Ex}}\right)} = 48.77\text{MPa} \leqslant [\sigma] = 170\text{MPa}$$

满足要求。

3　钢栈桥施工

3.1　施工工艺流程

钢栈桥施工工艺流程如下：施工放样→桥台基础施工→钢管桩安装→平联及钢垫板安装→工字钢垫梁安装→贝雷梁拼装→安装横纵分配梁→桥面板安装→附属设施安装→竣工验收。

3.2　桥台基础施工

钢栈桥基础分 0 号、1 号、2 号基础，1 号、2 号基础由于地形限制机械无法进场，基坑由人工进行开挖，按照 1∶0.5 坡比分层放坡开挖，每层开挖深度约 50cm；0 号桥台采用挖机配合人工开挖，按照 1∶0.5 坡比进行放坡开挖，预留 30cm 由人工进行开挖，基坑顶面四周挖出排水沟防止雨水汇入基坑内。

3.3　钢管桩施工

钢管桩单根长 16.433m，采用 $\phi630\text{mm} \times 8\text{mm}$ 钢管桩，在钢筋加工厂制作完成后运至现场进行吊装焊接。预先将需起吊的钢管桩一端割出两个直径在 20mm 左右的吊装孔，用汽车吊吊钩将桩吊起，然后放入接桩的相应位置。

钢管桩与预埋件顶部钢板采用焊接方式进行连接，并在钢管桩周围成“十”字形布置 2cm 厚的加肋板。每排钢管桩焊接完成后，采用［16 槽钢、设置 2cm 厚钢板帮焊进行桩之间的连接，增加桩的稳定性。

3.4 贝雷梁安装

贝雷梁沿顺桥方向布置，采用四道双排单层贝雷架搭设。在后场将贝雷架预拼装成单层双排贝雷桁架梁，然后在桩帽上放好贝雷桁架梁的位置线，利用履带吊将贝雷桁架梁吊装就位。每片贝雷片都采用双［10 的槽钢加强支点，贝雷梁组与组之间采用［10 的槽钢剪刀撑连接，间距 3m，采用门式卡将贝雷架下弦杆卡在垫梁上。

3.5 分配梁安装

横肋分配梁采用 I25b 工字钢，间距为 750mm，沿横桥向布设，横肋分配梁与贝雷梁之间连接采用 U 形螺栓连接。纵肋分配梁采用 I14 工字钢，间距 300mm 铺设，同时与 I25b 连接采用点焊。

3.6 桥面板铺装及附属设施安装

桥面板采用 8mm 花纹板，与纵向分配梁之间采用间断焊接，同时每块钢板之间留 2cm 空隙。

栈桥栏杆采用 ϕ45mm × 3.5mm 直焊管焊接，高 1.2m，立柱间距 1.5m，焊在栈桥 I25b 工字钢上。

4 结语

复杂环境黄土塬山区钢栈桥设计中采用独立基础与钢管桩结合的结构形式，通过 MIDAS CIVIL 软件对钢栈桥结构进行数值模拟验证了栈桥结构设计的合理性，并成功应用于实际施工中，有效地解决了粉土中钢管桩打设困难的问题，为类似工程提供了成功的经验。

参考文献

［1］刘强，毛晓龙. MIDAS/Civil 在钢栈桥结构优化设计中的应用［J］. 中国水运（下半月），2014，14（6）：245-247

［2］公路桥涵设计通用规范：JTG D60-2015［S］. 北京：人民交通出版社，2015

［3］余常俊，沈柏安. 桥梁跨越“V”形深谷时悬索栈桥设计与施工［J］. 中外公路，2008，28（1）：129-132

RH+GH 在异型幕墙深化设计中的应用

周佳乐

中建不二幕墙装饰有限公司，长沙，410004

摘　要：世界经济的快速发展给建筑行业带来了新的理念，建筑物的生产方式在由人工逐步转变成机械化，建筑行业的工业化和信息化就是最好的例子。建筑信息化的产物是 BIM 技术（建筑信息模型技术），建筑工业化的产物则是装配式建筑，虽两者是建筑行业不同的发展方向，但两者之间也存在密不可分的关系。建筑信息化能够促使建筑工业化的发展，建筑工业化也需要强大的建筑信息化能力，两者相辅相成形成建筑行业新的发展趋势。

关键词：BIM；幕墙；深化设计；参数化

1　前言

建筑幕墙是建筑行业中最易于工业化生产的部分，其是由单个预制构件组合形成建筑的立面形态，符合建筑工业化生产的特性。同时，也因其蕴含着复杂的构件关系，深深地影响着建筑幕墙工业化的发展。传统的技术在面对较为复杂的建筑物幕墙结构时，很难表述出其相应的尺寸信息与位置信息，增加了建筑幕墙工业化的难度，为此，需要对传统幕墙技术进行相应的改进，添加新的技术元素来解决其存在的困难，BIM 技术则是一个非常符合其发展条件的新生力量。

本研究主要是对建筑幕墙项目进行深化设计，将 BIM 技术应用于建筑幕墙专业中，解决传统幕墙工业化所存在的问题，产生下列基于 BIM 技术应用成果。

第一，引用造型设计专业软件 Rhino，解决 BIM 技术阶段难以建立异型建筑物模型问题，为拟建项目建立出精确规范的建筑信息模型；

第二，引用基于 Rhino 软件平台参数化建模软件 Grasshopper，减少机械化的重复建模步骤，提高建模工作效率；

第三，运用 Grasshopper 参数化建模程序逆向运行提取建筑信息模型中的数据，将之用于指导预制构件的生产和实际项目的施工；

第四，利用 BIM 技术的可出图性，运用 Grasshopper 参数化平台，将建筑信息模型的构件进行拆分加工，批量出具拟建项目构件产品二维生产图；

第五，运用 Grasshopper 软件将施工数据储存于建筑信息模型中，解决 Rhino 软件模型内部不含数据的问题，为建设项目后期运维阶段应用 BIM 技术做铺垫。

2　BIM 技术特点

BIM 技术相较于传统的设计方式有着不可多得的天然优势。可以说其就是传统设计的新发展，解决了传统设计方式中的很多缺点，为行业的发展提供了新的发展方向。BIM 技术较于传统技术有以下几个特点：

2.1　可视化特性

传统的建筑设计和建造，都是以二维的图纸来表达建筑设计师以及建设单位的建设意图，用二维图纸来表达三维意图时总会有捉襟见肘。二维的施工图在施工过程中经常会发生设计错漏、构件冲突等问题，随之产生大量的设计变更，导致产生工程的延期、造价的提升等问题。BIM 是多维化的技术，其基本的表达方式就是一个含有多维信息的模型。在模型的建造过程中，其已经模拟了一次实物的建造过程，为其实际的建造提供了依据，也检查了设计图纸的错漏和构件冲突，保证建造建筑物的过程快速流畅。除此之外，它还能够制作成施工模拟动画，为施工的技术交底和安全交底提供了可视化的条件，能够使操作工人们很好地理解工作的重点和难点。

2.2　工作协同性

传统的设计方式通常是会按照专业分开设计，分成建筑、结构、水、电、暖、消防等专业，最终在施工时整合成实体建筑。因其在设计过程中，各专业之间没有进行有效的沟通，所以这种设计方式在施工过程中会产生大量的专业冲突问题，继而会产生设计变更，拖延建造工期。BIM 技术产生的模型，能够相互传递，互通信息，为参与项目的各方提供一个相互交流的平台，减少沟通障碍，解决相互之间的问题和矛盾。有些软件平台（如 Revit）更是提供了协同设计平台，各个专业用互联网的特性，在同一模型中进行同时设计，同时修改，一同出图，这样就能节省各方之间沟通所需要的时间，达到节约工期的目的。

2.3　参数化特性

传统的建筑行业中，所涉及到的数据信息都是零零碎碎的（如 CAD 图纸、计量计价产生的数据），零碎的数据虽然能组合到一起，但总是会出现非常多的问题，比如说数据的缺失、错误等。BIM 技术是建筑业信息化的产物，参数化是其最基本的特性，它以一个模型生产出各个阶段所需要的各种数据，并且能够保证数据的准确性，为材料以及预制构件提供参数，以及为后期的施工提供参数依据和保障，

2.4　建设模拟性

BIM 将原本需要在真实场景中实现的建造过程与结果，在数字虚拟中预先实现。BIM 可以对设计上需要进行模拟的一些东西进行模拟试验，例如：节能模拟、日照模拟、热能传导模拟等。在招投标阶段和施工阶段可以进行 4D 模拟，根据施工的组织设计模拟实际施工，从而确定合理的施工方案来指导施工。同时，还可以进行 5D 模拟，实现成本控制。后期运营阶段可以进行紧急情况处理方式的模拟，例如地震时人员逃生模拟及消防人员疏散模拟等。

2.5　设计优化性

传统方式的建设流程并没有什么合适的方式可以对设计方案进行优化，只能够按部就班地去进行各方面设计、计算、施工。当设计方案有修改时，其余各方需要重新进行设计、计算和修改施工方案，造成了大量时间和精力的浪费。基于 BIM 技术的设计优化，主要包括项目方案优化和特殊项目的优化。其能够把项目设计和投资回报分析结合起来，设计变化对投资回报的影响可以实时计算出来，还可以对施工难度比较大和问题、比较多的方案进行优化。

2.6　同步出图性

传统设计模式的表达便是出具二维图纸来指导施工。在目前的科技情况下，BIM 也不能做到脱离实际情况，它也是只能出具二维的图纸来表达设计师的设计意图。而 BIM 相比于传统 CAD 的最大优势，就是其在虚拟模式端的操作者可随机同步提供、阅读 BIM 模型内任一专业、任一节点、任一时间段的图纸、技术资料和文件，并出具所需的纸质版材料。当项目参与各方中有一方的资料变更或者设计图变更时，其余各方能第一时间接收到信号，及时

进行相关调整，减少各方之间因变更导致的冲突，在完成修改的第一时间能够自动出具相应的施工图版次，比传统设计的形式更加智能化。

BIM 还有非常多的特性和作用，如其所建立起来的模型后期还可以运用于宣传动画以及效果图的制作，还可以用于项目完工后的运营维护等。

3　RH + GH 的特点

3.1　Rhino 介绍

Rhino 简称 RH，Rhino 是款非常强大的软件，它拥有快速建立 3D NURBS 模型的能力，也能够建立复杂的曲面和实体，且不受复杂度、阶数以及尺寸的限制。其还能整合其他软件平台创建出来的模型，并做出相应的修改。最后，它所建立的模型还能够导出到 CAD，制做出二维的施工图。这也符合本项目后期大量的参数化构件出图所需要的功能。

3.2　Grasshopper 介绍

Grasshopper 简称 GH，Grasshopper 是一款 Rhino 的参数化软件，其非常像自动化软件程序，在编辑完成后，可以在犀牛空间里面一键建模、一键修改，就像 Revit 的族一样，提高了使用者的建模速度。同时，它比 Revit 的族更加方便的是，它的各个参数可以自己定制和修改，不会像 Revit 那般出现因各参数之间有某些冲突，导致族无法形成的状况。

3.3　RH + GH 的优势

RH 的强大的曲面建模能力，GH 参数化建模的强大的数据处理功能，成为曲面异型幕墙的首选 BIM 软件，也是 Revit 等其他 BIM 软件无法取代的。

4　柳东新区文化广场幕墙 BIM 运用过程

4.1　项目简介

本项目位于中国广西壮族自治区，项目总用地面积为 68951.9m²，总建筑面积为 195538.84m²，其中地上总建筑面积为 126256.30m²，地下部分总建筑面积为 69282.54m²。本子项内容为项目建筑幕墙的地上部分，地上部分每层均分为 A、B、C 三个区。A 区包含 A1 和 A2 两大部分，其中 A1 区功能为科技馆，A2 区功能为青少年宫。B 区包含 B1 和 B2 两大部分，其中 B1 区功能为群艺馆和大剧院，B2 区功能为文化配套中心（书店、影院）。C 区位于 A、B 区之间，主要功能为联系共享空间。A、B、C 三区之间均采用防火墙、防火卷帘或者甲级防火门完全隔离开，A、B、C 三区各自拥有相对独立的消防系统。

本工程的整体造型为蝴蝶体形建筑，建筑外墙与屋面形体为不规则的三维曲面形式，设计采用了专业三维软件 Rhino（犀牛）进行辅助设计，对外立面 GRC 幕墙和玻璃幕墙分格进行了控制，并通过剖切犀牛模型生成建筑各层平面和剖面轮廓，最终的成图是以此为基础绘制的 CAD 软件图纸。GRC 幕墙和玻璃幕墙的专项设计以建筑设计的犀牛模型为基础进行，GRC 挂板幕墙和玻璃幕墙分格设计均和建筑设计的模型一致，施工时严格按照建设设计提供的 Rhino（犀牛）模型控制最终的幕墙分格和定位图。

4.2　项目重难点分析

4.2.1　异型双曲面体建筑，项目难度大

区别于传统立方体建筑物或者圆形建筑物的是，本项目是以蝴蝶状的异型双曲面建筑物，其除却复杂外立面外，其建筑内部还存在着错层结构，有错层则代表着幕墙的主体结构的受力分布需要做一定的调整，其会对整个幕墙体系产生一定的影响。此外，为保证项目符

合建筑设计师对外观上的要求，整个项目外立面幕墙形态需要表现出其是一个整体，那么错层结构会在很大程度影响上其总体外观，增加了施工的难度。

4.2.2　预制构件无标准样式，加工难度大

建筑幕墙通常是由多个单构件组合而成的整体立面结构，其材质有面板材料、石材、玻璃、铝单板、铝塑板等材质，其大部分都是需要进行预制加工，后在现场吊装组合。本研究项目中的建筑幕墙板块是由玻璃和GRC组成，主结构龙骨和钢架则是由镀锌方通管组成，每个部位的长度都是不相同的，需要对其进行相应的位置测量和预安装，方可裁剪出合适的构件尺寸。而幕墙板块相比于主结构来说更加地复杂，其需要通过一定的规律组合形成异型双曲面的外观。按照常理而言，异型双曲面的板块数据都是不相同的，生成其所需要的相关数据量非常的庞大，传统的幕墙技术很难实现这样的要求。

4.2.3　构件位置错综复杂，难以准确施工

建筑幕墙结构对于土建结构来说是相对复杂的，其不但有着许多细小的构件，还有着非常复杂的三维位置关系。在普通的建筑幕墙项目中，其构件都按照三维正交的方式进行相关的布置，比较特殊的也就只是在二维情况下进行一定的角度旋转，用二维的信息表述出幕墙的具体布置情况并不是那么的困难。而在本研究项目中，建筑幕墙的各个构件都不是按照一定的二维关系进行排布的，其都是以现实三维形式进行相关布置的，普通二维图纸根本无法表达出该构件的具体布置方式和位置关系，导致相应构件无法进行准确施工，这样的情况对现场的施工造成非常大的困扰。

4.2.4　项目工期紧凑，施工进度难以把控

本研究项目在获取到建设权时，投资建设方对项目的相关进度提出了一定的要求，需要在一年左右的时间内完成相关的设计和施工工作。而拟建项目相对而言是比较复杂的，幕墙构件布置没有相应的规律性，施工经验上也没有相类似的案例，相对于工期的把控并没有相关的经验，如果需要准确地把控好拟建项目的相关进度，相对而言是比较困难的。

4.3　BIM 幕墙模型创建

通过设计院提供的建筑表皮模型、幕墙施工图、土建模型、钢构模型等对幕墙的龙骨、表皮、牛腿等幕墙构件进行建模（图 1）。

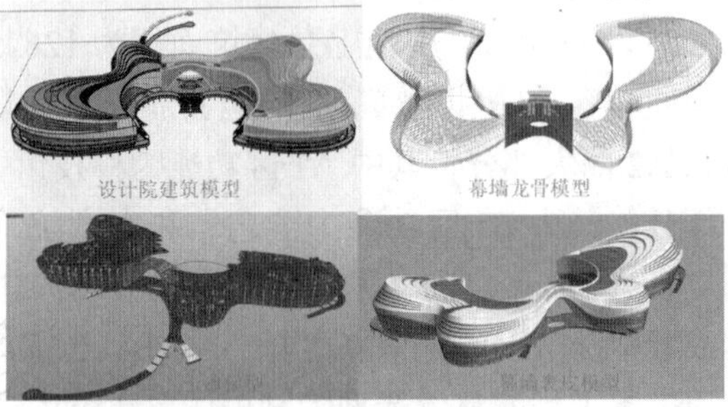

图 1　BIM 模型创建

4.3.1　龙骨建立

幕墙龙骨模型的建立有许多方式，本研究经对项目状况综合考虑采用 Grasshopper 参数化程序进行建模，以幕墙分缝线作为参考，幕墙施工为依据，通过 Grasshopper 编写参数化程序进行建模（图 2）。

4.3.2　牛腿建立

幕墙龙骨创建完成后，根据幕墙龙骨以及土建外圈梁对幕墙的链接牛腿创建，通过 Grasshopper 编写参数化程序根据龙骨距梁的距离不同生成不同节点的连接件（图 3）。

4.3.3　GRC 面板牛腿及背负钢架的创建

参考完成的幕墙龙骨，以及分割好的幕墙表皮，通过 Grasshopper 对 GRC 面板的牛腿进行批量创建（图 4）。

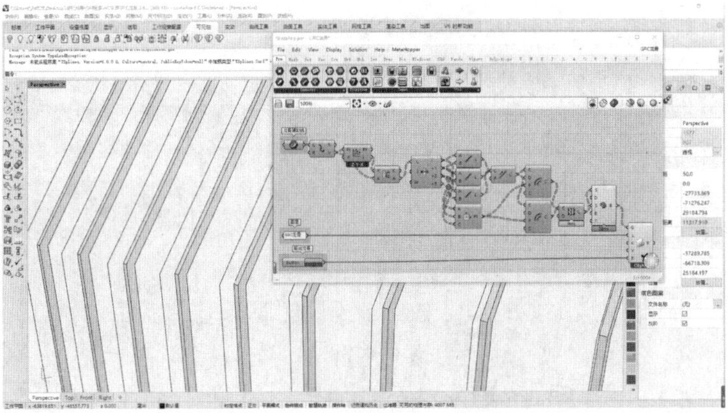

图 2　Grasshopper 程序生成龙骨

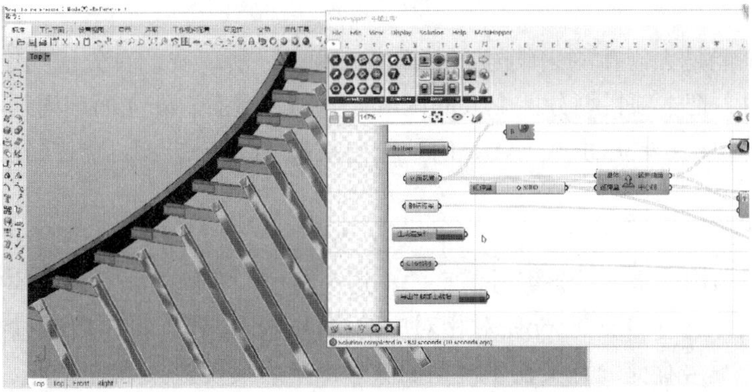

图 3　Grasshopper 程序生成牛腿

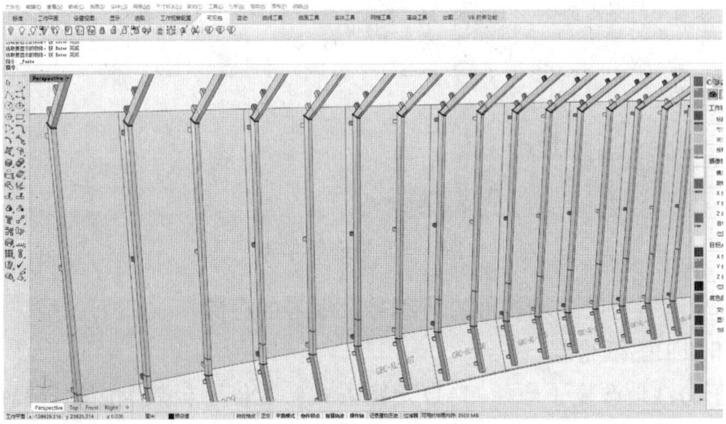

图 4　GRC 牛腿参照模型

幕墙 GRC 背负钢架因板块大小所采用的背负钢架尺寸也不相同，根据结构计算选取最优尺寸，通过 Grasshopper 对 GRC 面板的背负钢架进行批量创建（图 5）。

4.4　编号存储数据

所有构件经 RH 和 GH 创建完成后，我们需要对其进行编号和数据存储，方便后续的数据管理。

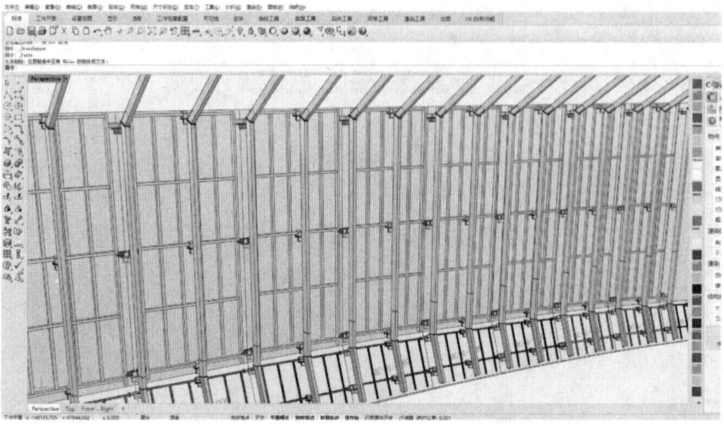

图 5　GRC 背负钢架参照模型

4.4.1　编号与编号存储

说起编号不能是无规律的去编号，那样毫无意义，所以我们首先应当定义好编号原则。通过观察本项目，把本项目划分四个大的区域，分别的屋面、外立面、内廷和连廊。其编码分别是屋面——AW，外立面——AL，内廷——AN，连廊——AL。根据分缝线走势对板块进行 UV 编号。

4.4.2　数据存储

模型中创建的构件是不具备编号信息的，这个时候，我们需要对每个构件进行编号的存储，存储的方法是通过 Grasshopper 对相对应的构件进行排序，排序后通过编码规则进行批量排序（图 6）。编号存储的意义在于模型的管理以及后续模型数据的管理。

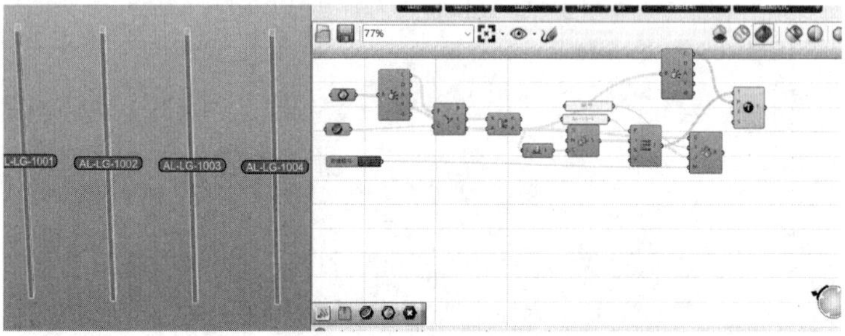

图 6　龙骨编号存储

参考龙骨编号对所有的幕墙构件进行编号及编号的存储。

4.5　数据导出和加工图纸绘制

通过 BIM 革命性地改变了原始 CAD 出图方式，数倍乃至数十倍的提高出图效率，以及出图的准确性。

4.5.1　牛腿龙骨导出加工数据表

通过存储的编号及龙骨牛腿自带的尺寸参数导出对应的加工数据表（图 7）。相比传统出图具有数据准确度高，出图速度块，工人看图时间短更加容易理解和接受等众多优点。

4.5.2　批量生成 CAD 加工图

层间防火玻璃造型复杂，和楼板梁柱等都有交接，难以用数据表格的形式表达，通过 Grasshopper 自动导出并标注好尺寸（图 8）。

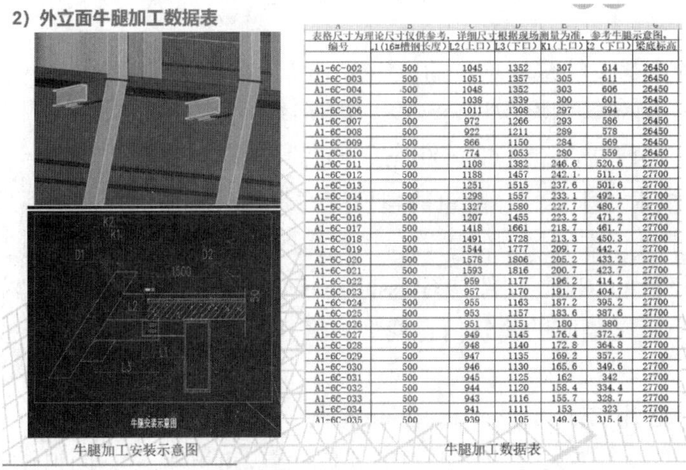

表格尺寸为理论尺寸仅供参考，详细尺寸根据现场测量为准，参考牛腿示意图。

编号	L1（16#槽钢长度）	L2（上口）	L3（下口）	K1（上口）	2（下口）	梁底标高
A1-6C-002	500	1045	1352	307	614	26450
A1-6C-003	500	1051	1357	305	611	26450
A1-6C-004	500	1048	1352	303	606	26450
A1-6C-005	500	1038	1339	300	601	26450
A1-6C-006	500	1011	1308	297	594	26450
A1-6C-007	500	972	1266	293	586	26450
A1-6C-008	500	922	1211	289	578	26450
A1-6C-009	500	866	1150	284	569	26450
A1-6C-010	500	774	1053	280	559	26450
A1-6C-011	500	1108	1382	246.6	520.6	27700
A1-6C-012	500	1188	1457	242.1	511.1	27700
A1-6C-013	500	1251	1515	237.6	501.6	27700
A1-6C-014	500	1298	1557	233.1	492.1	27700
A1-6C-015	500	1327	1580	227.7	480.7	27700
A1-6C-016	500	1207	1455	223.2	471.2	27700
A1-6C-017	500	1418	1661	218.7	461.7	27700
A1-6C-018	500	1491	1728	213.3	450.3	27700
A1-6C-019	500	1544	1777	209.7	442.7	27700
A1-6C-020	500	1578	1806	205.2	433.2	27700
A1-6C-021	500	1593	1816	200.7	423.7	27700
A1-6C-022	500	959	1177	196.2	414.2	27700
A1-6C-023	500	957	1170	191.7	404.7	27700
A1-6C-024	500	955	1163	187.2	395.2	27700
A1-6C-025	500	953	1157	183.6	387.6	27700
A1-6C-026	500	951	1151	180	380	27700
A1-6C-027	500	949	1145	176.4	372.4	27700
A1-6C-028	500	948	1140	172.8	364.8	27700
A1-6C-029	500	947	1135	169.2	357.2	27700
A1-6C-030	500	946	1130	165.6	349.6	27700
A1-6C-031	500	945	1125	162	342	27700
A1-6C-032	500	944	1120	158.4	334.4	27700
A1-6C-033	500	943	1116	155.7	328.7	27700
A1-6C-034	500	941	1111	153	323	27700
A1-6C-035	500	939	1105	149.4	315.4	27700

图 7　牛腿加工示意图和加工数据表

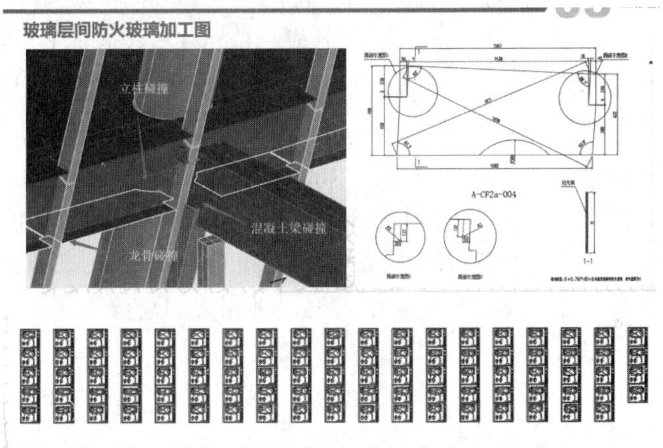

图 8　防火玻璃自动导出加工图

4.6　材料管理

施工单位最为关心的就是进度管理和材料管理，利用 BIM 技术，建立三维模型，管理材料信息，及时间信息，从而对整个施工过程的建筑材料进行有效的管理。

利用数据库存储建筑中的各类信息：材料、厂家、生产日期、到货时间等，根据这些信息生成材料明细表，按时间进度设置工程施工进度模拟动画。根据材料生成日期自作材料生产加工模拟动画。根据到场情况制作到场动画，利用数据管理软件显示所需的材料管理建立三维建筑模型，用软件实现材料管理与施工进度协调。与时间信息结合实现 BIM 技术在施工材料管理中的 4D 技术运用（图 9）。

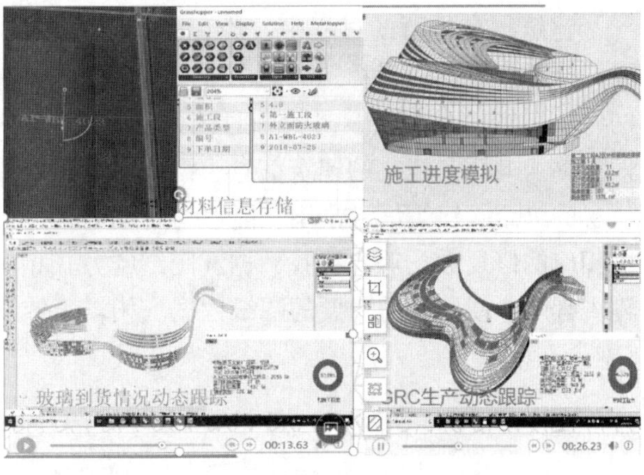

图 9　材料管理图

5 结论

本研究以柳东新区文化广场项目的应用为主线，对其进行相应的深化设计，解决了传统建筑行业中幕墙专业的一些技术难题，获得以下研究成果和结论：

研究成果一，选取 Rhion 加 Grasshopper，解决了异型项目建模难题。

目前的 BIM 技术对于异型体建筑的建模能力是相对较弱的，而本项目的不规则双曲面体便是一种建模相对较难的异型体建筑。在这样的情况下，引用了常用于工业设计、产品设计和建筑外观设计的 Rhino 软件与 Grasshopper 软件，利用其强大的建模功能以及参数化功能，为拟建项目建立相应的建筑信息模型，将其相关的模型信息用于拟建项目的建设过程中。

研究成果二，运用 Grasshopper 和 Rhino 搭配，缩短建模时间。

Rhino 软件本身具备强大的 3D NURBS 建模能力，能够建立如同拟建项目这般异型双曲面的建筑物。但其却有着非常复杂的建模步骤，建立这么复杂的建筑信息模型，需要消耗工作者大量的建模时间，Grasshopper 软件所特有的参数化建模很好地补足了其劣势。通过在建筑幕墙设计中寻找相关的规律，将其规律形成相应的 Grasshopper 参数化自动建模程序，可以大量减少工作者机械化的重复建模操作，缩短建立拟建项目建筑信息模型的时间。

研究成果三，运用 Grasshopper 提取 Rhino 软件中的建筑信息模型数据。

BIM 技术是建筑行业信息化的产物，而 Rhino 软件所建立的建筑信息模型当中所蕴含的信息相对较少，并且想要利用还非常困难。Grasshopper 软件的参数化能力不仅仅可以在建模上应用，也可以逆向将模型转换成相关信息。运用 Grasshopper 参数化程序提取项目建筑信息模型中的各项数据，为拟建项目的建设过程提供相关的建设数据。

研究成果四，运用 Grasshopper 软件和 Rhino 软件批量出具构件二维生产图。

传统建筑行业当中，对于加工图的绘制是相对繁杂的。从最初的手工绘制到后期的计算机绘图经历了非常大的变革，减轻了与建筑设计相关的工作人员的负担，也提高了图纸的美观性和标准性。但计算机绘图的工作量相对而言还是比较庞大的，当遇到像本项目这般没有标准图集的异型体建筑时，出具相应的一套图纸需要花费大量的人工去进行绘制。本研究运用 BIM 技术的可出图性，结合运用 Grasshopper 软件和 Rhino 软件进行批量出具构件加工图，解决了绘图量大的难题。

研究成果五，运用建筑信息模型储存数据，为后期运营工作做铺垫。

建筑物在运营的过程中，难免会出现各种各样的质量问题和损坏问题，遇到这些问题时，通常会选择去寻找相关的图纸和施工数据，进行一定的修复或改进设计施工，而建筑物的各项图纸信息庞杂，寻找相对较为困难麻烦。运用 Grasshopper 参数储存程序将拟建项目信息存入 Rhino 建立的建筑信息模型中，能够解决 Rhino 模型不含数据的问题。同时，蕴含信息的 Rhino 建筑信息模型，能够为后期运营过程所产生的各项问题提供一定的帮助，如提供相应的修复数据等。寻找数据和图纸的方式相对简单，只需要将所需图纸数据相关的构件输入程序，便可获得想要的图纸数据。相较于传统的方式既方便快捷而又准确无误。

超前管棚支护下三台阶法在原位扩建隧道工程中的应用

张正雨　罗伟庭　李　敢　邱　琼　王以杰　刘　莉

中建隧道建设有限公司，重庆，401320

摘　要：合理施工工法的选择是隧道扩容改造工程顺利进行的关键。本文依托重庆新宋家沟一号隧道改扩建工程，针对Ⅴ级围岩地段隧道扩建施工工法问题开展了具体研究。基于既有类似工程的调研分析，结合工程实际，将原设计的CD法优化为超前管棚支护下的三台阶施工工法，并通过数值模拟方法论证了其可行性，指出了优化后施工方案的关键工序控制要点。实践证明，超前管棚支护下三台阶法在Ⅴ级围岩原位扩建隧道施工中是可行的，各项监测指标处于合理变化范围之内，相对于其他相关工法，具有较为明显的技术、经济优势。

关键词：隧道；原位扩建；管棚支护；三台阶法

随着城市化进程的不断加快，城市人口越来越多，交通压力越来越大，道路拓宽是解决这一问题的途径之一。然而，在道路拓宽改造过程中，隧道的拓宽改造一直是工程师面临的难题，尤其是，隧道原位扩建方案至今仍为工程界广泛争议和讨论的话题[1]。

目前，国内外有不少在已有隧道周边加宽隧道或原址扩建隧道的成功案例，拓宽改造的形式多种多样。如，福州象山隧道为原四连拱隧道的外侧隧道原位扩建改造而成[2]；重庆渝州隧道[3-4]由道净宽10m扩建为17.5m，如图1所示；沈海高速泉州至厦门段高速公路大帽山隧道[4][8]原为双洞分离式四车道隧道，改建方案为在原两隧道中新建一个四车道大断面隧道，然后将右洞扩挖为四车道隧道，如图2所示；位于沈大高速公路大连市金州区区段内的韩家岭隧道[5]，原位扩建开挖宽度21.6m，开挖高度15.55m；位于福州市二环路东北段的金鸡山隧道[6-7]由单洞两车道拓宽为单洞四车道，如图3所示，扩建隧道的跨度达19.3m，断面开挖面积201m^2。

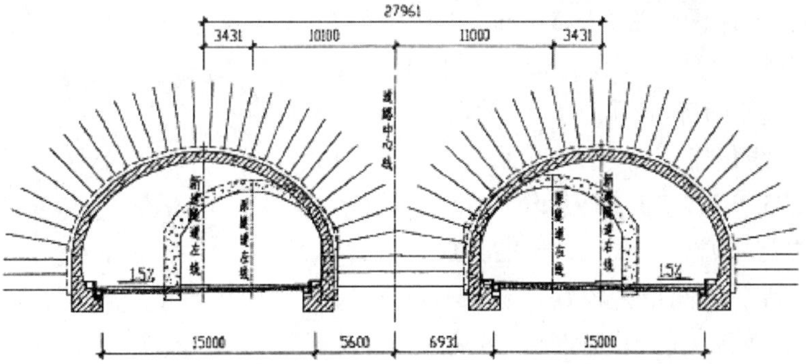

图1　重庆渝州隧道原位单侧扩建方案（m）

基金项目：中建五局科技研发课题（cscec5b-2016-70）。

基金作者简介：张正雨，工程师，从事土木工程施工与管理工作。E-mail：380937690 @ qq.com.

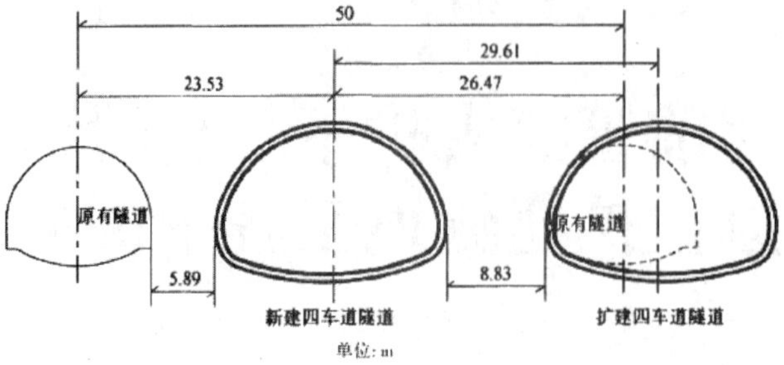

图 2　大帽山隧道拓宽改建方案（m）

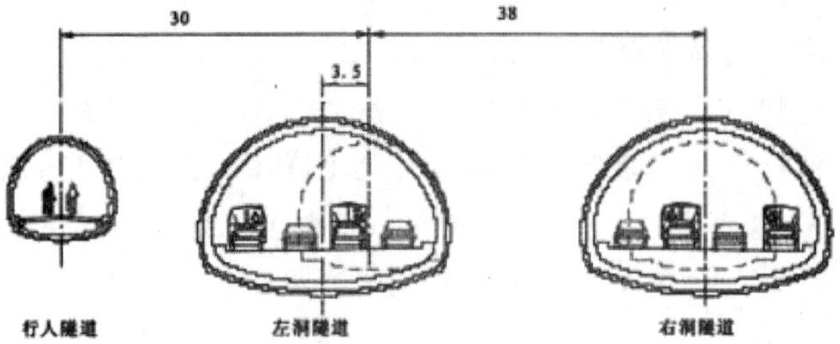

图 3　金鸡山隧道扩建横断面示意图（m）

相对于新建隧道而言，改扩建隧道施工面临的地应力场等边界条件存在显著差别，实际设计施工过程中对其施工工法的选择尤为重要。通过前述相关工程案例的调查统计发现，在既有隧道原位扩建工程中，Ⅲ级围岩一般采用上、下台阶法开挖；Ⅳ级围岩多采用 CD 法或 CRD 法开挖；Ⅴ级围岩主要采用 CRD 法或双侧壁导坑法开挖。相对而言，采用侧壁导坑法施工，在导坑和隧道之间会产生应力集中，不利于围岩的稳定[9]。而 CD 法和 CRD 法不仅工期长，而且成本高，不利于环保。可见，对于隧道改扩建工程的施工，施工工法的选择与合理设计，仍存在较大的优化空间与值得研究之处。

本文依托重庆宋家沟一号隧道扩容改造工程（改造后命名为新宋家沟一号隧道），针对Ⅴ级围岩地段隧道的改扩建施工工法开展具体优化研究与实践，以加快施工进度，并进一步丰富类似工程的实践经验。

1　工程概况

新宋家沟一号隧道左线为既有隧道扩建工程，由原来的两车道扩建为四车道。进口桩号为 ZK1 + 636.0，设计标高为 327.516m，出口桩号为 ZK1 + 795.5，设计标高为 332.226m，全长 159.5m，最大埋深 33m，进口 10m 明洞，出口 2.5m 明洞。宋家沟一号隧道左线位于观音峡背斜西翼，为单斜构造，岩层产状 275° ∠ 74° 。根据设计资料、该段地层大部分为泥岩与灰岩、泥岩与砂岩的夹层体。整体岩体力学性质较差，层间结合较好，裂隙不发育，岩体较完整，稳定性较好；隧道开挖时，可能产生掉块，岩层弱含水，坑道中有滴水现象，总体围岩评定为Ⅴ级围岩，采用 CD 法施工，支护结构及扩建前后横断面见图 4 及表 1。

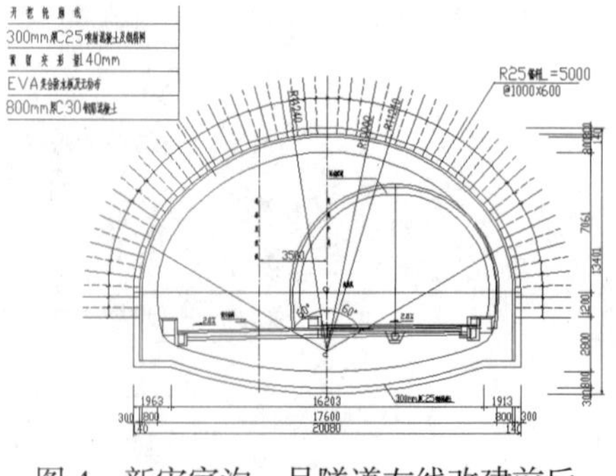

图 4　新宋家沟一号隧道左线改建前后横断面图

表 1　新宋家沟一号隧道支护设计与施工方法

里程	超前支护措施
ZK1 + 636 ～ + 651	二衬采用 80cm 厚 C30 钢筋混凝土
ZK1 + 651 ～ + 686	35m 长 ϕ108 超前管棚
ZK1 + 686 ～ + 765	ϕ42 超前小导管，L = 5m 每 4m 一环；HK240b 全环钢架，间距 0.6m；拱部 ϕ25 中空注浆锚杆、边墙 ϕ22 砂浆锚杆，间距 1.0m×0.6m，L = 5m；拱部及拱墙 ϕ6.5 钢筋网间距 15cm×15cm；C25 喷射混凝土厚 30cm；二衬采用 80cm 厚 C30 钢筋混凝土
ZK1 + 765 ～ + 785	20m 长 ϕ108 超前管棚
ZK1 + 785 ～ + 793	二衬采用 80cm 厚 C30 钢筋混凝土

2　方案优化与数值分析

正如前文所述，依托工程采用了 CD 法施工，其存在工期长、成本高等不足。为此，项目开工之初，针对该问题组织了优化论证，设计了基于超前长管棚支护下的三台阶开挖工法。为进一步分析所拟订的优化方案的安全性与合理性，选取典型断面，采用有限元法对其进行计算分析，并与原设计方案进行对比。

根据优化后的三台阶法和原设计 CD 法的关键施工步序，数值分析模拟过程如下：

（1）CD 法［图 5（a）］

S1：开挖土体①，进行隧道右侧上半部分喷锚支护，施作上半部分中隔墙；

S2：开挖土体②，进行隧道右侧下半部分喷锚支护，施作下半部分中隔墙；

S3：开挖土体③，进行隧道左侧上半部分喷锚支护；

S4：开挖土体④，进行隧道左侧下半部分喷锚支护，拆除中隔墙，施作仰拱。

（2）三台阶法［如图 5（b）］

S1：开挖土体①，台阶高度为 3.4m，施作隧道上部分喷锚支护；

S2：开挖土体②，台阶高度为 4.93m，施作隧道中间部分喷锚支护；

S3：开挖土体③，施作隧道下部分喷锚支护。

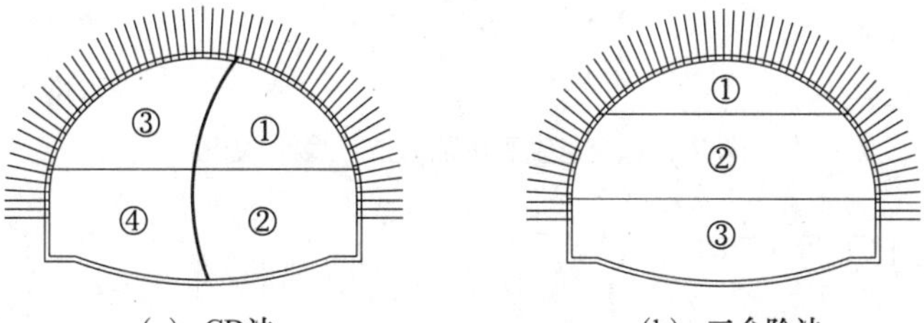

（a） CD法　　（b） 三台阶法

图 5　模拟工况

进而，可建立有限元模型，模型长 140m，高 85.9m，隧道埋深 32.5m。初期支护为 C25 喷射混凝土 +ϕ22 砂浆锚杆。地层条件分别为素填土、泥岩、砂岩，计算参数详见设计文件。相关计算结果见表 2 及图 6、图 7。从中分析可知：工序 S1、S2 中 CD 法的初支及围岩变形相对较小，而三台阶法在工序 S1 中即产生了较大的沉降，因此，相较于三台阶法，CD 法在施工过程中更有利于控制围岩及初支结构的变形和保障施工安全。但是，在施工完成后，两种工法产生的围岩及初支变形基本一致。考虑到三台阶法具有工序简单、施工速度快、造价低等优点，因此，在本工程实际中，采用三台阶法施工更具优势。

表 2　CD 法和三台阶法各工序初支最大沉降

施工方法	工序			
	S1	S2	S3	S4
CD 法	8.839	9.807	20.84	21.67
三台阶法	16.04	20.62	21.76	—

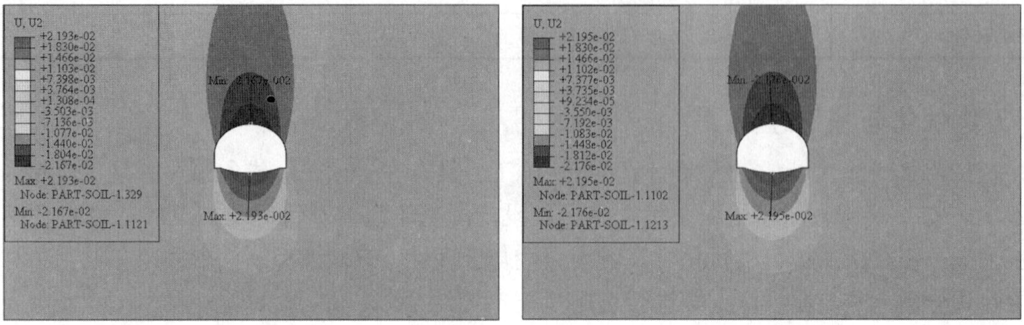

（a）CD 法　　（b）三台阶法

图 6　施工完成后围岩及初支位移场

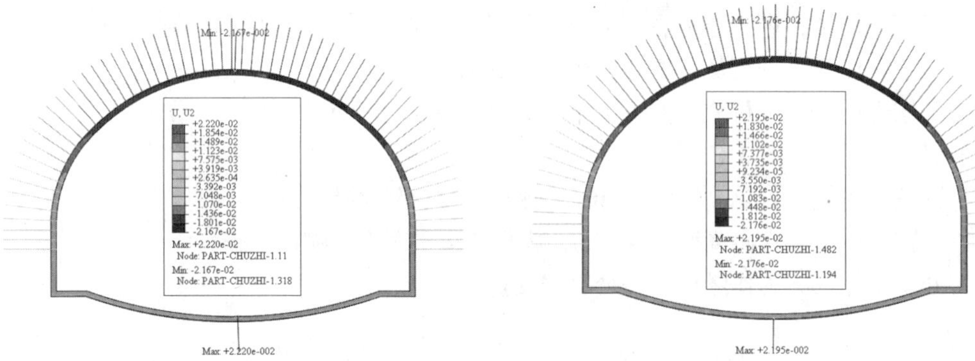

（a）CD 法　　（b）三台阶法

图 7　施工完成后围岩及初支结构变形

3　优化后关键施工工序控制

3.1　既有结构拆除

施工中涉及到原有衬砌结构的拆除。拆除时，先对既有隧道内进行填筑，填筑高度初步定为 4m，现场实际施工时，可进行适当调整。作为拆除既有结构的工作平台，拆除采用控制爆破及机械破除，每次拆除长度控制在 1.5m 以内，先拆拱券上部，再对称拆除两侧结构。拆除过程中设专人指挥机械，避免发生人员及机械伤害，拆除的钢筋及混凝土分类堆码整齐并分期运输。

3.2　超前支护

采用管棚及小导管两种超前支护方式。

（1）长管棚钢花管采用外径 108mm，壁厚 6mm 热轧无缝钢管，钢管前端呈尖锥状，尾端焊有加筋箍，管壁四周钻 ϕ14mm 压浆孔，节长 6m。管距环向中至中 40cm，倾角控制在 3.0°，方向与路线中线平行。隧道同一断面内的接头数不大于 50%，相邻钢管的接头至少错开 1m，长管棚布设范围 120°。

（2）超前小导管采用现场加工小钢管，外径 ϕ42mm、壁厚 4mm 的热轧无缝钢管，长 5m，前端加工成尖锥状，尾部焊 ϕ10 加劲箍，管壁四周按 15cm 间距梅花形钻设 ϕ6mm 压浆孔。小导管环向间距 40cm，外插角 10 ～ 15° 左右，纵向间距 3.6.m 施作一环，搭接不小于 1.0m，梅花形布置，小导管布设范围 120°，注浆自拱脚顺序向上。

3.3　洞身施工

施工中采用三台阶法开挖，采取微振控制爆破，机械配合开挖施工，将爆破振速控制在 2.0cm/s，每循环进尺 1.5m，上台阶分左右两部分进行开挖，左右侧以 5m 长一段交替开挖前进，上台阶长度为 5m，中台阶及下台阶长度均为 10m；待断面整体掘进 25m 后施做仰拱及二衬，根据围岩量测确定合理的衬砌时间，衬砌后根据施工进度需要施做水沟电缆槽。具体施工工序如图 8 所示。

（1）第一步：开挖①部，高度为 3.4m，并施作“一”的初期支护，架立 I20 临时钢支撑，临时钢支撑上设置 3 根 ϕ22 砂浆锁脚锚杆，间距 1m。

（2）第二步：①部掘进 5m 后，进行②部开挖，并施作“二”初期支护，拆除相应的临时钢支撑及锁脚锚杆。

（3）第三步：上台阶前进约 5m 后，进行中台阶的开挖，高度为 4.93m，首先进行③部开挖，施作“三”初期支护。

（4）第四步：进行④部开挖，拆除既有结构，并切除多余外露部分的锚杆，施作“四”初期支护。

（5）第五步：中台阶长度控制在 10m，然后开挖⑤部，高度为 3.7m，进行“五”初期支护。

（6）第六步：开挖⑥部，进行“六”初期支护。

（7）第七步：下台阶长度控制在 10m，然后开挖⑦部，进行“七”初期支护。

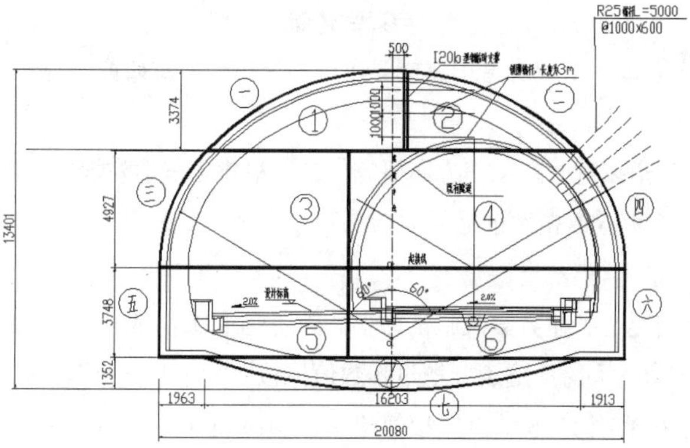

图 8　优化后三台阶法施工工序

4　实施效果

通过前述优化及现场实施控制，新宋家沟一号隧道整个施工过程开展顺利，监控量测结果表明，各断面变形均未超过规范允许值，如图 9 所示，结构整体处于稳定状态，并取得了良好的应用效果，产生了较为显著的经济效益，相关工法经济效益对比见表 3。

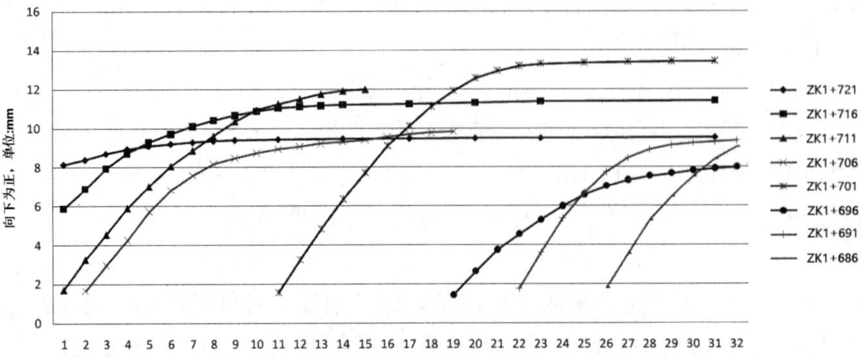

图 9　新宋家沟一号隧道左线拱顶下沉累计图

表 3　相关工法经济效益对比

工法	安全性	控制要点	月进度（m）
三台阶法	中	中	约 42
CD 法	中	多	约 30
CRD 法	高	多	约 20

5　结论与建议

（1）通过本工程的实际应用和检验，长管棚支护下三台阶法在Ⅴ级围岩原位扩建隧道施工中是可行的，相对于双侧壁导坑法、CRD 法和 CD 法等，具有成本低、施工速度快等优点。

（2）原位扩建隧道施工中首先要做好原隧道施工情况调查，有无冒顶、塌方、涌水等情况。针对原隧道冒顶、塌方和涌水区域，在施工时加强预加固措施，并提高初期支护刚度和强度，做好监控量测，尽早封闭成环。

参考文献

[1] 胡居义，陈礼彪，黄伦海. 2 车道隧道扩建成 4 车道隧道扩建形式研究［J］. 公路交通技术，2010，（5）：93-97.

[2] 臧万军，王钊. 象山隧道拓宽改造工程方案研究［J］. 福建工程学院学报，2016，14（6）：526-531.

[3] 周成涛，陈俊涛. 小近距隧道拓宽前后围岩应力应变分析［J］. 土木建筑与环境工程，2013，（35）：87-89.

[4] 陈陆军. 典型高速公路隧道扩建方案及施工力学行为研究［D］. 成都：西南交通大学，2010.

[5] 郝哲. 李伟. 刘斌. 韩家岭大跨度隧道开挖过程数值模拟研究［J］. 西部探矿工程，2005，（2）：96-98.

[6] 陈七林. 金鸡山隧道拓宽结构分析［J］. 福建建筑，2014，（9）：79-86.

[7] 杨利福. 陈七林. 杨艳. 金鸡山隧道拓宽方案离散元分析［J］. 武汉大学学报（工学版），2013，46（3）：339-344.

[8] 黄伦海，钱七虎. 公路隧道大断面改扩建施工开挖方案研究［J］. 现代隧道技术，2016，53（5）：145-153.

[9] 李煜川，方蕾. 某公路隧道的扩建施工方案［J］. 四川建筑，2008，28（5）：90-91.

浅谈新建医院项目隔帘、导轨集成吊顶的应用

郭 鹏 何 伟 张积善

中建五局装饰幕墙有限公司，长沙，410004

摘 要：随着新医改方案实施以来，全国医疗卫生建筑数量呈持续增长态势。为了进一步提高新一代医院建设的水平，大量的人性化配套医疗服务设施得以应用。医院集成吊顶隔帘、导轨系统以其私密性好，方便使用，灵活安装、安全牢靠、经济环保等特点在新建医院项目中得到广泛使用。因此隔帘及导轨的选型和安装是新建医院建设中一项重要的工作。本文重点从消防、安全、环保、院感控制和空间环境色彩搭配等多方面的需求对新建医院的隔帘、导轨集成吊顶的应用进行总结分析。

关键词：建筑技术；新建医院；集成吊顶；选型原则

1 前言

随着我国国民经济持续快速发展和居民生活水平的不断提高，人们对健康服务的需求也越来越大，医疗服务市场迅速扩展。新一代医院隔帘、导轨集成吊顶应运而生，并得到广泛使用和一致好评。传统医用隔帘轨道及输液轨道大多固定在吊顶中轻钢龙骨或木基层板上，存在固定点不稳定及人造板环保、防火等方面的隐患。目前大多新建的医院采用新型吊顶组合系统，通过T形组合龙骨及其辅件既方便快捷，又能准确牢固地固定隔帘轨道和输液导轨，保证了顶棚的稳定性，解决了传统方式固定医用导轨存在的弊端；同时通过新型龙骨系统，减少吊顶轻钢龙骨的使用，大大提高了施工效率，有效的节省了吊顶空间。

本文以句容市人民医院异地新建项目为例，从设计、采购安装、验收三个方面对新建医院项目隔帘、导轨集成吊顶的应用进行探析。

2 医院集成吊顶隔帘、导轨设计选型基本原则

医院集成吊顶隔帘及导轨的使用人群主要是医护人员、患者和陪护者，其中大部分是老人、儿童和体弱者，都是需要关心和照顾的特殊人群，因此医院集成吊顶隔帘、导轨的设计方案和材料选型需要遵循一些特殊的基本原则。

2.1 符合消防安全规范的原则

医院建筑是人群密集的公共场所，人员密度大，高度集中，并且医院内患者大部分是老人、儿童和体弱者，其火灾自救能力、逃生能力差，甚至有部分患者不具备逃生能力和自救能力，例如动手术的病人、严重骨折的病人和需要医疗设备维持生命的病重患者等。一旦发生火灾，疏散难度大、任务重，疏散时人员极易拥挤，甚至发生群死群伤的严重事故。

从国内医院火灾案例可以看到，隔帘是火灾燃烧物的主要物品之一，因此医院隔帘及导轨必须符合《建筑内部装修设计防火规范》(GB 50222—2017)[1]等消防安全规范的标准，要求医院隔帘达到防火B1级，并且需为永久性阻燃布料，即使用周期内经过多次洗消后仍然有较好的阻燃作用，其在空气中遇明火或在高温作用下难起火，不易很快发生蔓延，且当火

源移开后燃烧立即停止。

火灾导致人员伤亡的直接原因多是烟雾窒息所致，因此隔帘应尽可能挑选燃烧不产生或较少产生化学毒烟的材料。

导轨应尽可能选择不燃性金属材料，避免选用塑料材料。医院火灾大部分起火原因是电气设备所致，因此，采用电动隔帘导轨时电动机和电线需做好隔离保护措施，应使用不燃性材料如不锈钢板等将电动机与隔帘隔离，防止电动机短路产生火花引燃隔帘。隔帘导轨需避开照明和空调出风口，避免散热不良或高温烘烤起火。

2.2　较高质量安全标准的原则

医院是婴幼儿童、孕产妇、体弱行动不便者和生活无法自理的人群密集的公共场所，医院隔帘及导轨在设计和材料选型时应坚持较高的质量标准，以提高产品的安全可靠性，应符合国家或行业现行较高级别的质量标准和安全规范。

一般要求隔帘布的破裂强力：按《纺织品织物拉伸性能》（GB/T 3923.1—2013）[2] 测试断裂强力直向大于 400N，按《纺织品顶破强力的测定》(GB/T 19976—2005)[3]，顶破强力大于 2400N。隔帘布离地面 2m 以下不应有孔洞、缝隙等，避免牵挂导致摔倒。

导轨采用铝合金或不锈钢材质，厚度应大于 1.4mm，需为一体成型，减少拼接，导轨及挂钩等产品不应有危险锐利边缘及危险锐利尖端，棱角及边缘部位应经倒圆或倒角打磨处理。导轨安装需牢固，应固定于建筑物上，不能固定在石膏板等顶棚上，承重≥ 20kg/m。导轨尽量选择滑轮内置式 C 形轨道（图 1），尽量不要选用滑轮外置的 T 形轨道（图 2），确保每个滑轮承重≥ 15kg/m，避免坠落隐患。输液导轨需要具有锁止设置，吊杆固定后不能自动滑动。

图 1　C 形轨道

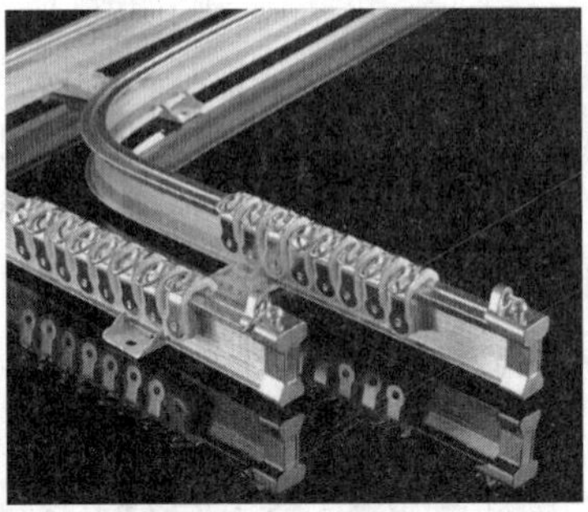

图 2　T 形轨道

2.3　高环保标准的原则

医院隔帘使用和接触人群多为婴幼儿童、孕产妇、体弱者，而且多数安装环境通风不理想，为了保障孕产妇、育龄妇女及婴幼儿等特殊人群的安全健康，所有隔帘材料环保指标需要达到《国家纺织产品基本安全技术规范》（GB 18401—2010）[4] 的 B 类或以上的环保标准（表 1），甲醛含量≤ 75mg/kg；无异味，不能检测出芳香胺等致癌物质。并且最大程度地保证产品出厂时，消费使用过程中无毒、无害，以实现安全、环保、健康、卫生的目标。所有滑轮等非固定零部件均经降噪处理，包括采用消声软垫等尽量降低噪声。

表 1　纺织产品的基本安全技术要求根据指标（要求程度分为 A 类、B 类和 C 类）

项　目	A 类	B 类	C 类
甲醛含量（mg/kg）≤	20	75	300
pH 值 [a]	4.0 ～ 7.5	4.0 ～ 8.5	4.0 ～ 9.0

续表

项　目		A 类	B 类	C 类
染色牢固[b]/ 级≥	耐水（变色，沾色）	3 ～ 4	3	3
	耐酸汗渍（变色、沾色）	3 ～ 4	3	3
	耐碱汗渍（变色、沾色）	3 ～ 4	3	3
	耐干摩擦	4	3	3
	耐唾液（变色、沾色）	4	—	—
异味		无		
可分解致癌芳香胺染料[c]（mg/kg）		禁用		

a 后续加工工艺中必须要经过湿处理的非最终产品，pH 值可放宽至 4.0 ～ 10.5 之间。

b 对需经洗涤褪色工艺的非最终产品、本色及漂白产品不要求；扎染、蜡染等传统的手工着色产品不要求；耐唾液色牢度仅考核婴幼儿纺织产品。

c 致癌芳香胺清单见附录 C，限量值≤ 20mg/kg。

2.4　符合院感控制要求的原则

医院的隔帘和纱窗等，必须便于清洁和拆洗消毒。隔帘材料应选用经国家认可的产品质量认证机构出具的具有抗菌性认证证明的产品；纱窗应采用 304 不锈钢材质。导轨等安装需要紧贴顶棚，避免存在缝隙积灰尘，内直角接缝要椭圆化填塞处理，便于清洁。

每扇隔帘布需采用一体成型无接缝织造而成，即每扇隔帘均为同一块布，不能由两块及两块以上的布拼接而成，医用隔帘应满足在 100℃以内高温下进行洗涤、消毒杀菌后保持不变形，不褪色，抗菌、阻燃性能不受影响。

为了便于拆洗，隔帘上沿布头需采用洗涤后不易生锈的铝合金或不锈钢金属材质鸡眼扣环制作（不采用白布带插勾缝制方式），并于每 0.2m 制作 1 个扣环，使用 S 形钩吊挂，该制作挂扣方式，拆洗安装速度较带插勾缝制方式快 5 倍以上（图 3）。

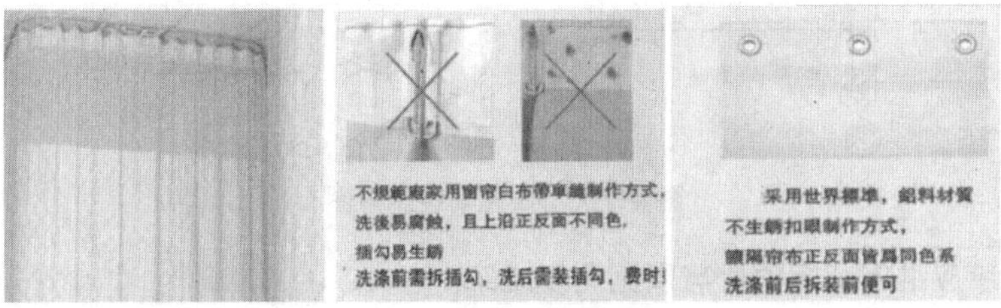

图 3　隔帘选用要求

2.5　环境亲和性及人性化的原则

医院隔帘设计需要与安装房间的使用功能和整体风格相互契合。色彩和造型的选择需要和房间空间的使用功能相吻合，与周围环境、灯光相搭配，营造与使用者心情和谐的亲和气氛及治疗环境。

例如产科家具选择暖色调，烘托温馨和谐的气氛，儿童输液室则选择青绿偏冷色调，营造宁静舒适的环境，儿童病房采用卡通图案，超声诊室的隔帘需使用避光性能的窗帘等。

同一科室或同一病区采用同一图案色彩搭配的窗帘与隔帘，使整个医疗空间协调一致，营造简约、宁静、高雅的医疗环境。医院的隔帘整体风格应与医院室内外装修风格相融合。医院隔帘的使用对象主要是医护人员、患者和陪护者，其中部分是行动不便的人群，隔帘设计应尽可能的体现对使用者的人性化关怀的理念，尽可能提高使用者的舒适性和便捷性。

例如骨科等病房，尽量采用电动窗帘，并且应在床头安装控制按钮，方便行动不便患者的控制。

3　医院隔帘及导轨的实施

3.1　医院隔帘及导轨的设计

由于医院隔帘设计需要与安装房间的使用功能和整体风格相互契合，并且与医院室内外装修整体风格相融合，因此医院隔帘及导轨的设计工作应与室内环境装修设计同步进行。

使用 BIM 模型技术统一进行室内环境一体化设计，可以将窗帘与隔帘、隔帘与整个医疗空间环境协调搭配，营造整体舒适、宁静、高雅的疗愈环境。并且使用 BIM 模型设计技术，可以实现隔帘导轨布局避开照明和空调出风口，提前为采用电动导轨的电动机预留安全的安装位置，可以让顶棚更加整齐美观，并能消除消防安全隐患。

在南方蚊子较多的地区，群众往往喜欢开窗通风，因此低楼层和靠近平台花园的楼层窗户在设计时应尽量同时设计防蚊纱窗的安装条件，例如设计使用平移推拉窗，应设计选用带防蚊纱窗安装轨道的窗框型材。

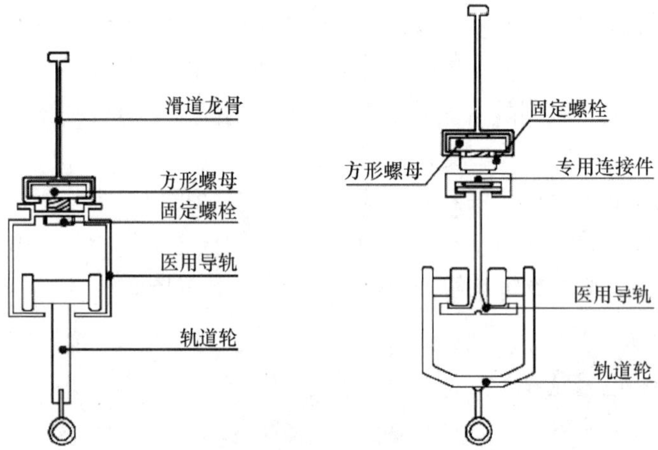

图 4　医用导轨安装示意图

3.2　导轨的安装应纳入装修项目与顶棚同步施工

为了隔帘导轨和输液导轨能达到安全的承重要求，需要使用膨胀钉、螺纹吊杆等直接固定在建筑结构上，如果顶棚装修施工完成后再进行导轨施工，将需要打开或破坏顶棚，为了避免类似的错误，隔帘导轨和输液导轨应纳入室内装修项目与顶棚装饰同步施工（图 4、图 5）。

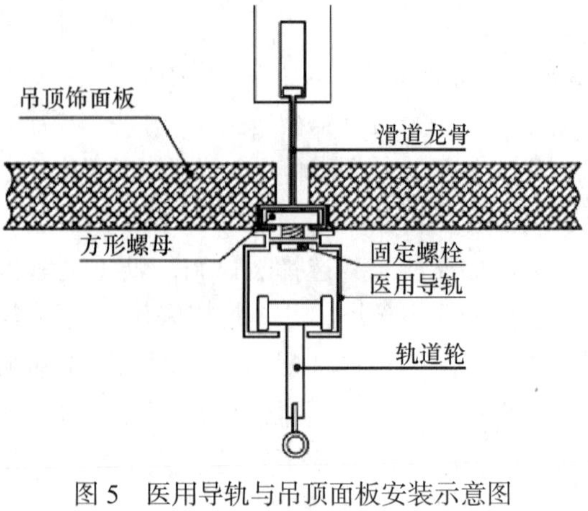

图 5　医用导轨与吊顶面板安装示意图

装修项目招标需求中对导轨的参数要进行细致的描述，包括轨道材质、重量、厚度、横截面尺寸、每米轨道配滑轮数、静音、承重等提出明确的要求。此外，部分房间需要安装双层窗帘，需要安装双轨道，应使用 BIM 模型核对，确保没有遗漏。

3.3　医院隔帘及导轨的招标采购

使用 BIM 模型测量统计各个楼层各种隔帘及导轨的数量，汇总形成招标采购清单，并对各种需求产品制定明确细致的参数要求。

按照国家或行业现行较高级别的质量标准要求编制招标文件货物技术标准和货物质量验收标准，保证货物的环保性、安全性。最后将成果汇总编制成为项目采购招标文件的商务技术需求清单，进行招标采购。

3.4　中标后的深化设计与选样

为了确保实际采购安装的隔帘设计效果，由中标厂商按照 BIM 模型设计方案的风格色调，进行深化设计及样品配对，每个产品提供多个符合质量标准和设计风格色调的样品，组织院领导和科室主任、护士长进行样品选样，最后确定每个产品的选样。

4　隔帘及导轨的验收

为了确保医院隔帘及导轨的产品质量和安全，需在招标文件中明确提出要求，乙方必须在投标文件中明确加工制造工厂地址，中标后不得变更加工制造工厂，必须无条件配合甲方对制造过程和使用材料进行监督抽检。

按照招标文件的规定，生产前对中标厂商实际生产场所进行检查评审，杜绝转包和分包，对原材料和配件进行抽检，原材料检测合格后，中标方方可进入生产阶段。

在生产过程中，不定时进行原材料、配件和半成品、成品抽样，抽样结果合格后方可以运输到安装现场。安装现场对安装工人的资质、原材料和配件进行抽检，全部合格后方可进场安装。

产品安装完成后，验收时还进行样品抽检和室内空气环境检测。全程所有抽样样品均委托具备 CMA 中国计量认证资质的质量检测机构进行检测，所有原材料及货物检测完毕，检测结果合格，才能编制“货物质量验收报告”。经过严格的检测，确保所有产品的质量和使用安全。

5　结语

医院集成吊顶隔帘、导轨系统以其私密性好，方便使用，灵活安装、安全牢靠、经济环保等特点，进一步提高了医疗服务水平，在新建医院建设中得到了广泛的应用。同时隔帘导轨集成吊顶的应用，还要满足消防、安全、环保、院感控制和空间环境色彩搭配等多方面的特殊需求，才能切合我国医院的实际使用需要，使医用集成吊顶的应用更趋理想。

参考文献

[1]　建筑内部装修设计防火规范：GB 50222—2017 [S].

[2]　纺织品织物拉伸性能：GB/T 3923. 1—2013 [S]. 北京：中华人民共和国国家质量检疫检验总局，2013.

[3]　纺织品顶破强力的测定：GB/T 19976—2005 [S]. 北京：中华人民共和国国家质量检疫检验总局，2005.

[4]　国家纺织产品基本安全技术规范：GB 18401—2010 [S]. 北京：中华人民共和国国家质量检疫检验总局，2011.

深化设计技术在大跨度空间异型桁架施工中的应用

曾　亮　戴志彬

湖南省工业设备安装有限公司，株洲，412000

摘　要：中国援建塞内加尔竞技摔跤场钢罩棚是该工程中极具难度和特色的分项工程。其结构复杂、空间曲线变化多样的特点对深化设计提出了严格的要求。在该工程中应用TEKLA软件建立深化设计三维模型，并将该模型应用于放样精度控制及碰撞校核、提取工程量、钢管相贯线下料详图、临时支撑体系建立、地面拼装胎架体系建立、模拟吊装及吊装空中对接精度控制等施工过程中。

关键词：深化设计；三维模型；管桁架；详图设计

援建塞内加尔竞技摔跤场屋面罩棚钢结构工程，结构形式为内外两道环向拱形空间钢管桁架＋径向直线扭变钢管桁架共同组成的空间钢管桁架体系。整个罩棚中间高、两端低，中部宽、两端窄；主拱仅两端拱脚支撑于地面混凝土基础上，理论计算跨度206.9m，中部最高点标高为50.466m；后拱中间支撑于看台外缘8个框架柱顶，柱顶标高最高为28.75m，两端拱脚支撑于钢筋混凝土基础上；整体造型如金腰带。在该工程中应用TEKLA建立深化设计三维模型，并将该模型应用于放样精度控制及碰撞校核、提取项目工程量、钢管相贯线下料详图、临时支撑体系建立、地面拼装胎架体系建立、模拟吊装及吊装空中对接精度控制等施工过程中。

1　放样精度控制及碰撞校核

根据设计院提供的桁架起拱数据，将主拱及后拱从两侧的拱脚往中间将每一个节点坐标在TEKLA模型中按逐渐增大的起拱要求建立。实现在施工前预起拱，施工时按深化图纸施工，保证桁架拱卸载后的拱度要求。

（1）钢罩棚主结构为空间曲线管桁架结构，前拱为五弦杆菱形截面，后拱及次桁架为三弦杆倒三角截面。桁架腹杆布置复杂繁多。通过TEKLA建立整体三维模型（图1），使钢罩棚的整体效果可视化，直观检查放样精度及腹杆的布置。通过碰撞校核检查整体模型各杆件间是否有干涉冲突（图2）。

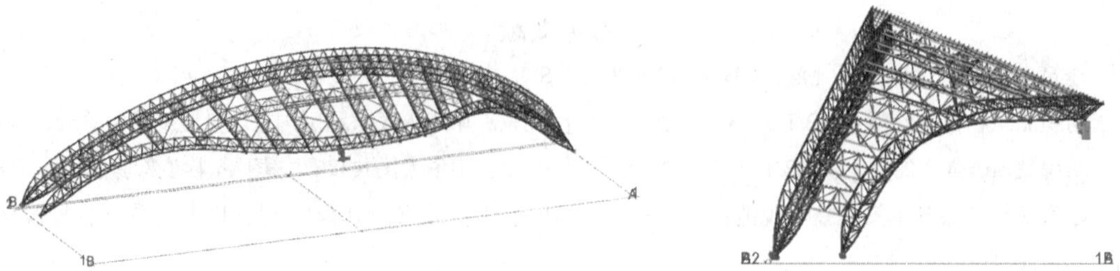

（a）后视图　　（b）侧视图

图1　三维整体模型

（2）建立屋面主次檩条、封檐主次龙骨、马道、天沟等次结构三维建模，检校檩条及封檐龙骨的整体平面的圆度和平滑度，并形成深化节点图，实现精准下料，保证安装精度（图3、图4）。

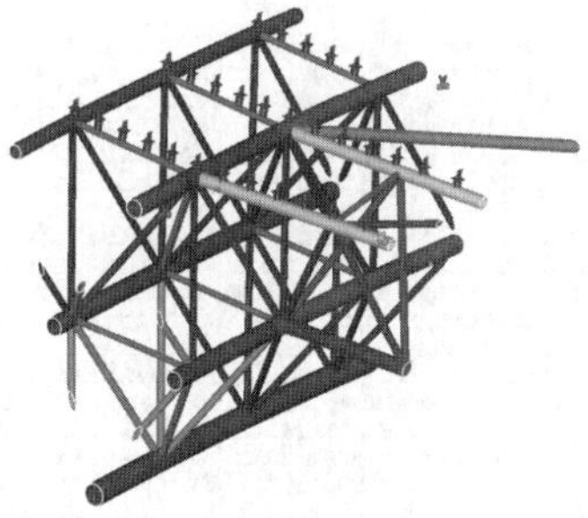

图 2　三维局部可视模型

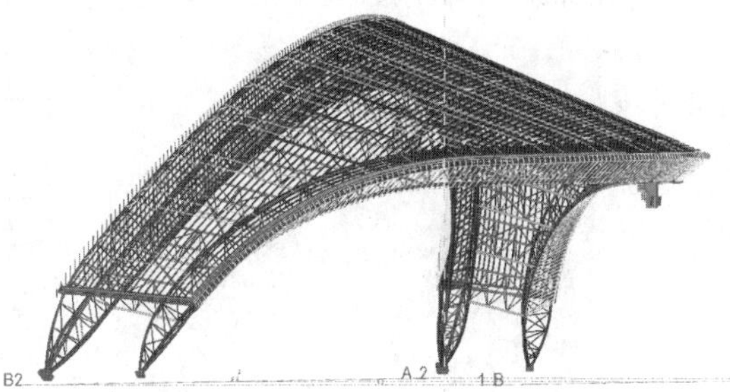

图 3　次结构系统三维模型（侧视）

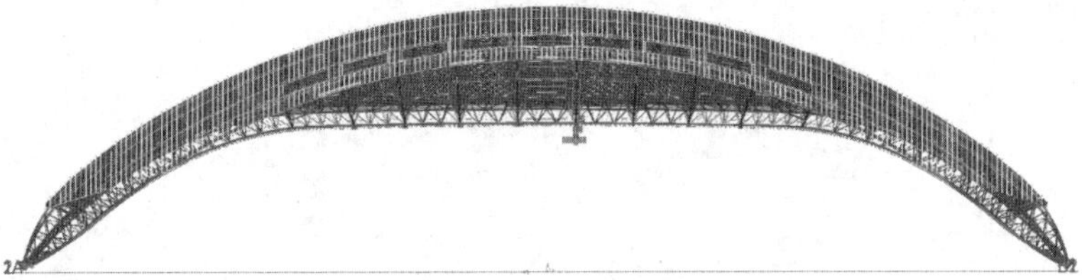

图 4　次结构系统三维模型（正视）

2　提取项目工程量

三维整体模型建立完善后，便可以直接提取准确的工程量，排版材料，控制损耗，编制采购计划。做到对材料成本精准把控。

2.1　杆件编号

本项目桁架圆管零件共 2300 余支，按照现场地面拼装方案，将每一榀桁架的零件在三维模型中分别编写特定编号，在车间下料时，可将每个单元桁架组成杆件集中堆放。杆件到达现场后，根据现场指定的拼装场地卸料，条理清晰，避免因杆件数量繁多、编号不清晰等因素造成现场二次运输倒料过多。

2.2　圆管下料

在下料阶段，将模型的弦杆信息导出下料清单，并通过相贯线下料编程软件，导出可直接用于相贯线设备下料的程序用于下料，机械开坡口，保证坡口质量（图 5）。

编号	规格(mm)	壁厚(mm)	中心距(mm)	管件最长(mm)	管件最短(	管件最短阶	中心线重(	最长重(kg	最短重(kg	数量
hg1-1	D508.00	12.0	10174.446	9903.754	9764.258	9764.258	1493.459	1453.725	1433.249	1
hg1-2	D508.00	12.0	3999.260	4000.378	4000.378	4000.378	587.032	587.197	587.197	1
hg2-2	D508.00	12.0	10927.691	10936.176	10936.176	10936.176	1604.024	1605.269	1605.269	1
hg3-1	D508.00	12.0	5240.479	5241.476	5241.476	5241.476	769.225	769.371	769.371	1
hg4-1	D508.00	12.0	8070.127	8073.528	8073.528	8073.528	1184.576	1185.075	1185.075	1
hg5-3	D508.00	12.0	10874.178	10882.552	10882.552	10882.552	1596.169	1597.398	1597.398	1
hg6-1	D508.00	12.0	11630.392	11640.742	11640.742	11640.742	1707.170	1708.689	1708.689	1
hg7-8	D508.00	16.0	5601.698	5603.262	5603.262	5603.262	1087.488	1087.791	1087.791	1
hg8-15	D508.00	16.0	6757.916	6759.200	6759.200	6759.200	1311.950	1312.200	1312.200	1
hg9-23	D508.00	20.0	9094.684	9101.776	9101.776	9101.776	2189.056	2190.764	2190.764	1
hg23-1	D508.00	12.0	10174.665	9905.739	9763.950	9763.950	1493.491	1454.017	1433.204	1
hg23-2	D508.00	12.0	3999.260	4000.418	4000.418	4000.418	587.032	587.202	587.202	1
hg22-2	D508.00	12.0	10927.691	10936.260	10936.260	10936.260	1604.024	1605.282	1605.282	1
hg21-1	D508.00	12.0	5240.479	5241.520	5241.520	5241.520	769.225	769.378	769.378	1
hg20-1	D508.00	12.0	8070.127	8073.600	8073.600	8073.600	1184.576	1185.085	1185.085	1
hg19-3	D508.00	12.0	10874.178	10882.478	10882.478	10882.478	1596.169	1597.387	1597.387	1
hg18-1	D508.00	12.0	11630.392	11640.756	11640.756	11640.756	1707.170	1708.691	1708.691	1
hg17-8	D508.00	16.0	5601.698	5603.228	5603.228	5603.228	1087.488	1087.785	1087.785	1
hg16-15	D508.00	16.0	6757.909	6759.194	6759.194	6759.194	1311.949	1312.198	1312.198	1

图 5　弦杆下料清单

弦杆下料程序如图 6 所示。

2.3　腹杆与弦杆的连接

为相贯节点，在 TEKLA 模型中，将所有的节点相贯口切割好，直接导出程序，用于相贯线设备下料，保证下料精度，且相贯口成形美观。腹杆下料表如图 7 所示。

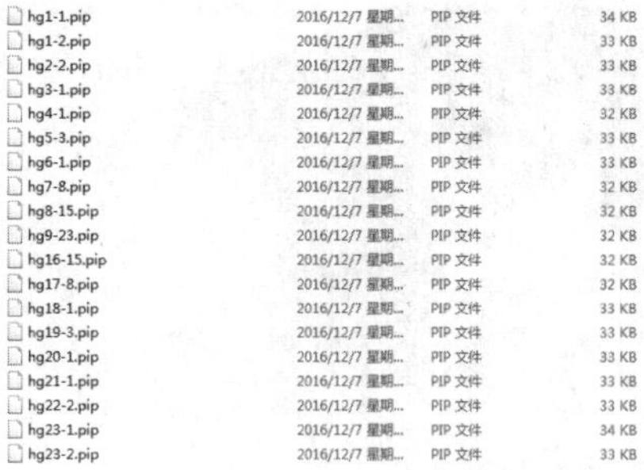

hg1-1.pip　2016/12/7 星期...　PIP 文件　34 KB
hg1-2.pip　2016/12/7 星期...　PIP 文件　33 KB
hg2-2.pip　2016/12/7 星期...　PIP 文件　33 KB
hg3-1.pip　2016/12/7 星期...　PIP 文件　33 KB
hg4-1.pip　2016/12/7 星期...　PIP 文件　32 KB
hg5-3.pip　2016/12/7 星期...　PIP 文件　33 KB
hg6-1.pip　2016/12/7 星期...　PIP 文件　33 KB
hg7-8.pip　2016/12/7 星期...　PIP 文件　32 KB
hg8-15.pip　2016/12/7 星期...　PIP 文件　32 KB
hg9-23.pip　2016/12/7 星期...　PIP 文件　32 KB
hg16-15.pip　2016/12/7 星期...　PIP 文件　32 KB
hg17-8.pip　2016/12/7 星期...　PIP 文件　32 KB
hg18-1.pip　2016/12/7 星期...　PIP 文件　33 KB
hg19-3.pip　2016/12/7 星期...　PIP 文件　33 KB
hg20-1.pip　2016/12/7 星期...　PIP 文件　33 KB
hg21-1.pip　2016/12/7 星期...　PIP 文件　33 KB
hg22-2.pip　2016/12/7 星期...　PIP 文件　33 KB
hg23-1.pip　2016/12/7 星期...　PIP 文件　34 KB
hg23-2.pip　2016/12/7 星期...　PIP 文件　33 KB

图 6　弦杆下料程序

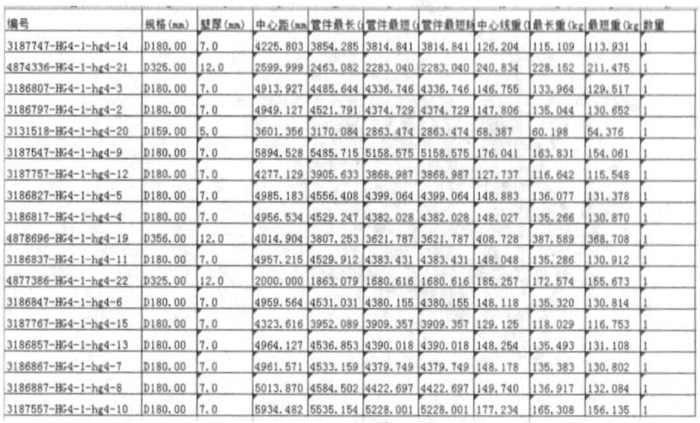

编号	规格(mm)	壁厚(mm)	中心距(mm	管件最长(	管件最短(	管件最短	中心线重(	最长重(kg	最短重(kg	数量
3187747-HG4-1-hg4-14	D180.00	7.0	4225.803	3854.285	3814.841	3814.841	126.204	115.109	113.931	1
4874336-HG4-1-hg4-21	D325.00	12.0	2599.999	2463.082	2283.040	2283.040	240.834	228.152	211.475	1
3186807-HG4-1-hg4-3	D180.00	7.0	4913.927	4485.644	4336.746	4336.746	146.755	133.964	129.517	1
3186797-HG4-1-hg4-2	D180.00	7.0	4949.127	4521.791	4374.729	4374.729	147.806	135.044	130.652	1
3131518-HG4-1-hg4-20	D159.00	5.0	3601.356	3170.084	2863.474	2863.474	68.387	60.198	54.376	1
3187547-HG4-1-hg4-9	D180.00	7.0	5894.528	5485.715	5158.575	5158.575	176.041	163.831	154.061	1
3187757-HG4-1-hg4-12	D180.00	7.0	4277.129	3905.633	3868.987	3868.987	127.737	116.642	115.548	1
3186827-HG4-1-hg4-5	D180.00	7.0	4985.183	4556.408	4399.064	4399.064	148.883	136.077	131.378	1
3186817-HG4-1-hg4-4	D180.00	7.0	4956.534	4529.247	4382.028	4382.028	148.027	135.266	130.870	1
4878696-HG4-1-hg4-19	D356.00	12.0	4014.904	3807.253	3621.787	3621.787	408.728	387.589	368.708	1
3186837-HG4-1-hg4-11	D180.00	7.0	4957.215	4529.912	4383.431	4383.431	148.048	135.286	130.912	1
4877386-HG4-1-hg4-22	D325.00	12.0	2000.000	1863.079	1680.616	1680.616	185.257	172.574	155.673	1
3186847-HG4-1-hg4-6	D180.00	7.0	4959.564	4531.031	4380.155	4380.155	148.118	135.320	130.814	1
3187767-HG4-1-hg4-15	D180.00	7.0	4323.616	3952.089	3909.357	3909.357	129.125	118.029	116.753	1
3186857-HG4-1-hg4-13	D180.00	7.0	4964.127	4536.853	4390.018	4390.018	148.254	135.493	131.108	1
3186867-HG4-1-hg4-7	D180.00	7.0	4961.571	4533.159	4379.749	4379.749	148.178	135.383	130.802	1
3186887-HG4-1-hg4-8	D180.00	7.0	5013.870	4584.502	4422.697	4422.697	149.740	136.917	132.084	1
3187557-HG4-1-hg4-10	D180.00	7.0	5934.482	5535.154	5228.001	5228.001	177.234	165.308	156.135	1

图 7　腹杆下料表

腹杆下料程序如图 8 所示。

3131518-HG4-1-hg4-20.pip　2016/11/14 星期...　PIP 文件　9 KB
3186797-HG4-1-hg4-2.pip　2016/11/14 星期...　PIP 文件　8 KB
3186807-HG4-1-hg4-3.pip　2016/11/14 星期...　PIP 文件　8 KB
3186817-HG4-1-hg4-4.pip　2016/11/14 星期...　PIP 文件　8 KB
3186827-HG4-1-hg4-5.pip　2016/11/14 星期...　PIP 文件　8 KB
3186837-HG4-1-hg4-11.pip　2016/11/14 星期...　PIP 文件　8 KB
3186847-HG4-1-hg4-6.pip　2016/11/14 星期...　PIP 文件　8 KB
3186857-HG4-1-hg4-13.pip　2016/11/14 星期...　PIP 文件　8 KB
3186867-HG4-1-hg4-7.pip　2016/11/14 星期...　PIP 文件　8 KB
3186887-HG4-1-hg4-8.pip　2016/11/14 星期...　PIP 文件　8 KB
3187547-HG4-1-hg4-9.pip　2016/11/14 星期...　PIP 文件　9 KB
3187557-HG4-1-hg4-10.pip　2016/11/14 星期...　PIP 文件　9 KB
3187747-HG4-1-hg4-14.pip　2016/11/14 星期...　PIP 文件　8 KB
3187757-HG4-1-hg4-12.pip　2016/11/14 星期...　PIP 文件　8 KB
3187767-HG4-1-hg4-15.pip　2016/11/14 星期...　PIP 文件　8 KB
4874336-HG4-1-hg4-21.pip　2016/11/14 星期...　PIP 文件　14 KB
4877386-HG4-1-hg4-22.pip　2016/11/14 星期...　PIP 文件　14 KB
4878696-HG4-1-hg4-19.pip　2016/11/14 星期...　PIP 文件　15 KB

图 8　腹杆下料程序

3　临时支撑体系的建立

根据吊装方案，桁架分段吊装，需设立临时支撑柱。通过 TEKLA 软件在钢罩棚模型添加临时支撑柱模型（图 9），一方面可将临时支撑柱深化出图，用于加工；另一方面可检验临时支撑柱各支撑点是否支撑在桁架对应的节点上，实现吊装就位实体模拟，并可以此完善支撑点细部节点（图 10）。

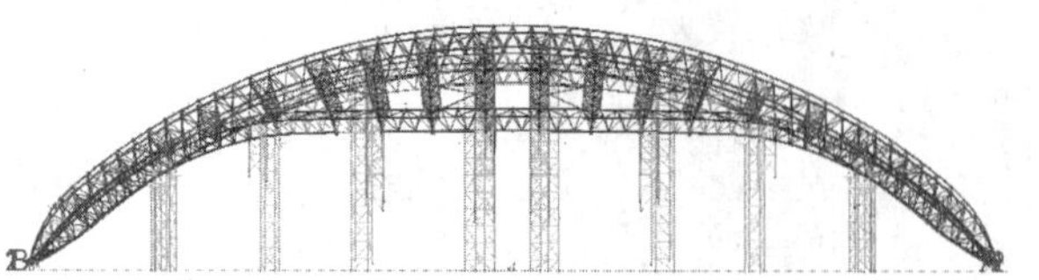

图 9　临时支撑模型

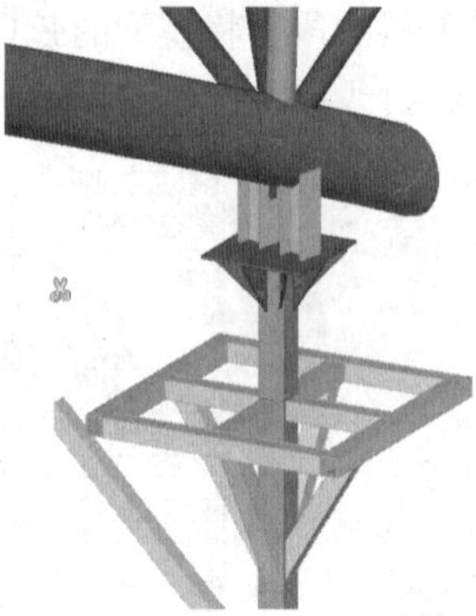

图 10　支撑细部节点图

4　地面拼装胎架体系建立

根据施工方案，前拱及后拱各分为九段吊装，每段长度约为 30 ～ 40m，因桁架的截面大，后拱桁架倒三角截面约为 4m × 4m，前拱截面约为 4m × 9m ；且桁架为空间曲线结构，若按照安装成形的角度在地面拼装，那每段桁架的最高点与最低点高差可达到 20m 左右，且桁架成形为弧形，拼装会非常困难，需要浪费很多的临时支撑胎架（图 11）。利用 TEKLA 软件，将每一段桁架，在整体模型中截取出来，水平摆放，并整体旋转桁架呈一条直线，使桁架处于一种最有利于地面拼装的状态，再根据摆放好的桁架建立相对应的支撑胎架（图 12）。这样按照桁架与胎架组合的单元形式，设计相对应的深化图纸，用于地面拼装施工，则大大降低了拼装难度和拼装操作高度，保证施工安全、节约胎架材料、节约施工成本。

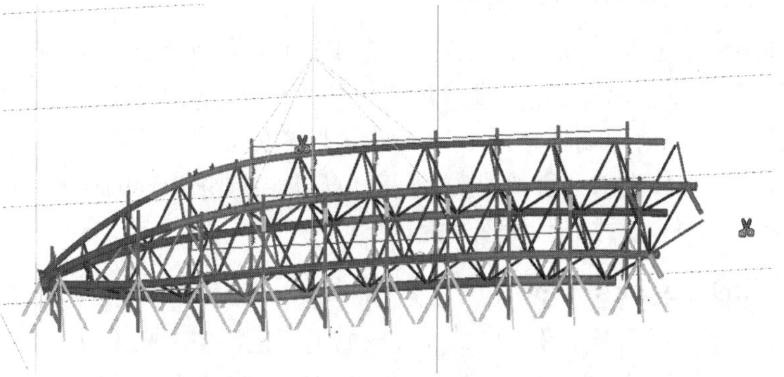

图 11　拼装胎架模型图

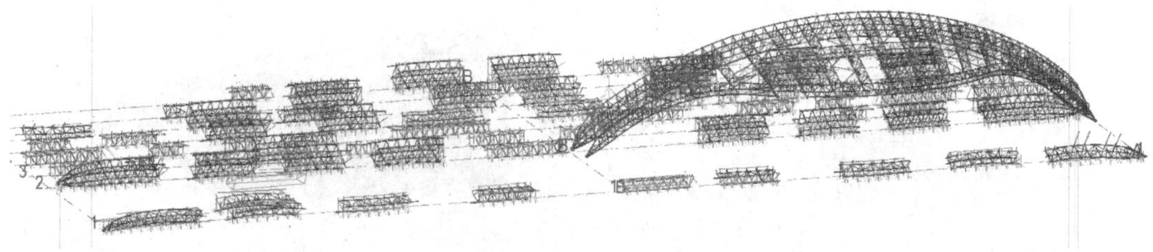

（a）

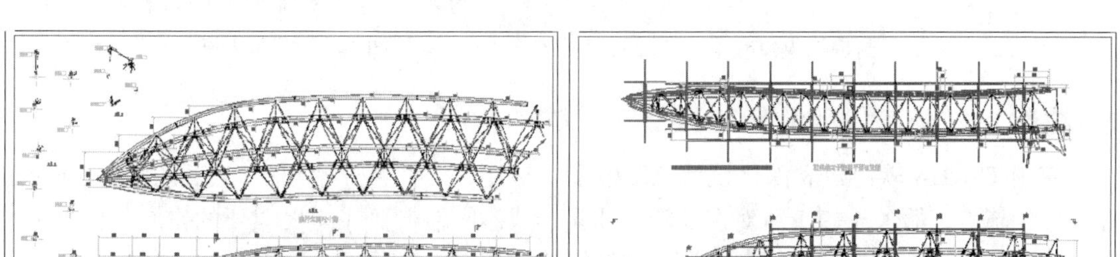

（b）

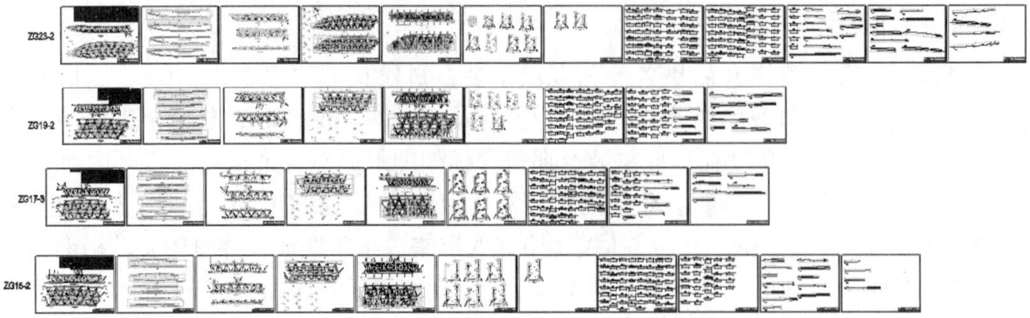

（a）

图 12　拼装模块模拟示意图

5　模拟吊装及吊装空中对接精度控制

在现场吊装阶段，根据对接点的位置，可在 TEKLA 模型中查询到相应的坐标值，本项目的吊装精度完全依靠坐标控制，根据 TEKLA 提供的对接点坐标值，在吊装就位过程中，全站仪测量员同步测量桁架端部坐标。在桁架初步就位以后，固定桁架，再将测量的坐标值，在 TEKLA 模型中放出来，直观观察当前就位坐标与理论坐标的偏差，将偏差值提取出来，指导下一步怎么微调，达到理论安装点位置。

6　为围护结构的建立提供基石

将 TEKLA 模型导入到犀牛软件中，在导入的桁架模型中建立主拱及后拱的封檐铝板模型及屋面板排版放样，给围护结构的建立提供精准的三维骨架（图 13、图 14），让 TEKLA 模型成为围护结构施工准备条件的基石。

图 13　封檐铝板模型

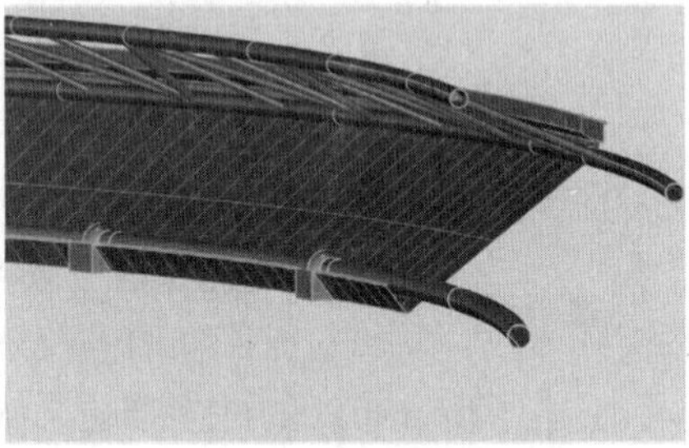

图 14　排版放样模型

7　结论

应用 TEKLA 软件建立深化设计三维模型，从计算工程量开始到最终工程安装完成全过程指导于施工，服务于施工。对保证施工质量、成本控制起到了至关重要的作用，也再一次证明了深化设计三维模型在大型空间异型管桁架结构施工中的强大作用力。

施工现场电焊机集中布线技术的应用

董洪迪

湖南省工业设备安装有限公司，株洲，412000

摘　要：针对传统分散布线的弊端，为规范现场安全文明施工，减少随意乱拉线行为，保证施工高效连续作业，项目对施工布线系统进行研究和改造，对锅炉施工焊把线采取集中布线原则，有效解决了传统布线的许多难题，从而提高施工效率，收到了良好的效果。

关键词：电焊机；集中布线；端子箱；安全文明施工

1　工程概况

长沙市生活垃圾深度综合处理（清洁焚烧）项目主体包括 6 台 850t/d 机械往复式炉排垃圾焚烧炉。每 3 台锅炉分别布置于 1 号主厂房及 2 号主厂房中，锅炉位置相对紧张，单台锅炉高度为 36.75m，炉膛宽度为 11.735m，锅炉内部炉排、水冷壁、过热器、蒸发器、烟气空气预热器等空间布局紧凑，单台锅炉总重达到 2600t，其中钢架重量达到 800t，机械炉排、燃烧系统重量达到 700t、受热面重量 500t，其他辅助配套设备达到 600t。锅炉安装工程量大，高空焊接工作量较大。因进度紧张，单侧厂房的锅炉施工采取连续流水线作业安装，两台锅炉安装的间隔时间有 1 个月，安装的高峰期时单侧锅炉班组达到 120 人，其中高压焊工和普焊工高峰期达到 50 多人，采用传统式布线容易形成“蜘蛛网”，不仅影响安全文明施工，同时易因交叉作业造成焊把线漏电，伤人和损伤关键设备，给施工带来不必要的麻烦，同时传统布线焊接到哪儿，焊把线就随机拉线到哪儿，容易和氧气乙炔管线缠绕，产生隐患。

针对传统分散布线的弊端，为规范现场安全文明施工，减少随意乱拉线行为，保证施工高效连续作业，项目对施工布线系统进行研究和改造，对锅炉施工焊把线采取集中布线原则，有效解决了传统布线的许多难题，从而提高施工效率，收到了良好的效果。

2　集中布线的设计

2.1　集中布线方案总体设计思路

集中布线系统以单台锅炉为例，锅炉安装施工主要分三大块：钢结构、受热面、辅机设备安装，其中钢结构和受热面安装焊接工程量较大，锅炉安装过程中主要是以逆变焊接为主，考虑钢结构和受热面同时施工，所以每台锅炉本体安装按 20 台逆变焊机设计，焊机集中布置在 14m 平台上三级箱旁，焊把线沿 14m 平台围栏敷设至锅炉 X9 轴线，沿锅炉平台和水冷壁间隙向上布置至锅炉顶层，焊把线延锅炉两侧分别布置，根据主要焊接量位置，分别在 14m 层、21m 层和 29m 层布置接线端子箱，14m 层供焚烧炉 X1-X8 轴线 21m 以下焊接使用和 14m 预制平台焊接使用，21m 层和 29m 层供受热面管排口焊接和钢架焊接，焊工在焊接施工时只要手持焊接短线插接在端子箱上，就可以进行焊接。焊接线接线图如图 1 所示，集中布线位置图如图 2 所示。

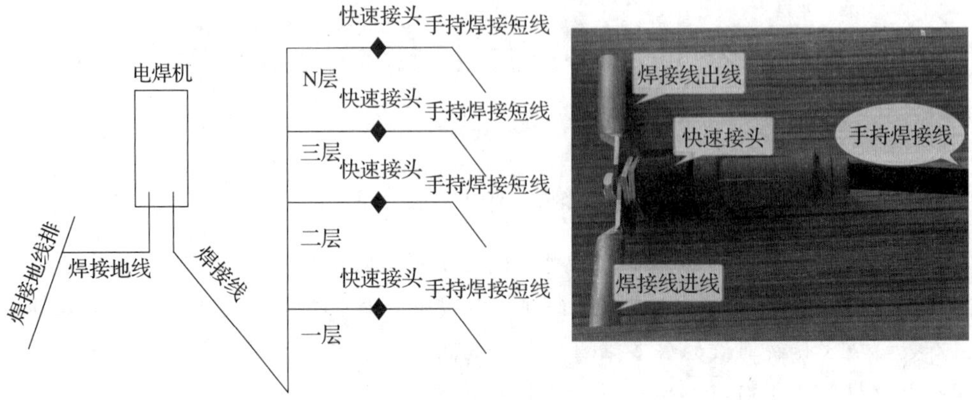

图 1　焊接线接线图

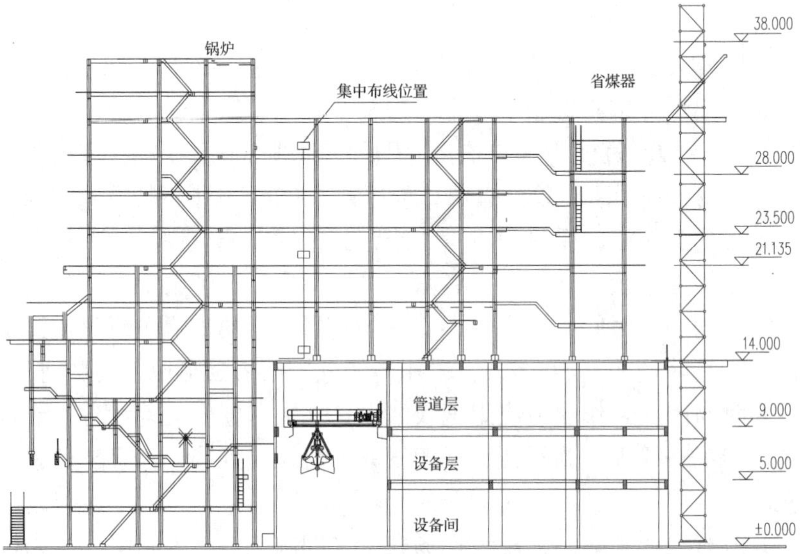

图 2　集中布线位置图

2.2　电焊机布置

现场施工分别在每台锅炉和预制场设置一个三级配电箱，每个三级箱内设置 24 个开关，用于接电焊机及其他工机具使用，每台锅炉配备三级箱布置在 14m 平台上，布置在炉左，电焊机靠近三级箱布置，电焊机全部上架，放在焊接棚内，焊机棚用 50mm × 5mm 角钢和 2mm 厚钢板制作，分上下两层，前端设置防雨棚，制作完成后涂刷两遍防锈漆，上下两层分别布置 10 台焊机。

2.3　端子箱布置

端子箱可采购非标的铁皮配电箱，也可采用木板制作。可根据施工现场情况进行选择，端子箱大小可根据接线端子多少确定。本项目端子箱采用木板制作，主要考虑焊接线破损容易漏电击穿铁皮，造成人员触电。端子排可用 10mm 厚电木板制作，宽度为 100mm，长度 110mm，用手枪钻加工 10mm 的孔固定快速接头（母）。端子箱分别布置在炉左炉右的 14m 层、21m 层和 29m 层，共计 6 个（图 3、图 4）。

（a）端子排　　（b）半成品端子箱

图 3　端子箱的制作

（a）安装中的端子箱　　（b）使用中的端子箱

图 4　端子箱的安装与使用情况

2.4　焊接地线布置

电焊机焊接地线统一接在接线排上，接线排采用 10 号槽钢制作，将 M10mm×30mm 螺栓焊接在槽钢上，槽钢与钢架相连，第二种焊接地线采用 70mm^2 铝线导线，长度控制在 5m 左右，一端接快速接头（公），一端压 OT-10-300A 开口铜鼻子。

2.5　焊接线布置

电焊机焊接线分别在炉左炉右布置，每侧布置 11 根焊接线，共计 22 根，20 根正常使用，2 根备用，焊接线采用 70mm^2 铝线导线，焊接线分为两种：第一种是连接焊接和端子箱；第二种是连接端子箱和端子箱。第一种焊接线，一端接快速接头（公），一端为 70mm^2 铜铝鼻子。第二种焊接线为两端都是 70mm^2 铜铝鼻子。每种的长度根据布线走向实际长度进行确定，可提前将两种焊接线预制好，压好鼻子、装好快速接头，现场安装时直接接线即可。

焊把线在 14m 平台外侧围栏布置，下垫木方，用绑扎带分开梳理整齐固定，竖直方向采用橡胶板或电气 PVC 管做隔离绑扎固定在平台次梁或者栏杆上。端子在下部进线，左右方向为左进右出的方式布置，保证布线外观的统一美观。

焊线布置完成后对每一个端子箱内母快速接头进行编号，炉左为 1-11 号，炉右为 12-22 号，同时对应的焊接线公快速接头处同样按 1-22 号进行编号，可用塑料电缆牌进行挂牌，方便接线时查找接头。

3　焊接线的使用

现场焊接施工时，焊工只需要将手持焊接短线直接插在端子箱内母接头即可进行焊接施工，当焊工从一个工作面转移到下个工作面时，只需要将手持焊接短线接到下一个工作面附近的端子箱内的母接头上即可，将母接头对应编号的焊接线接到自己使用的焊机上即可。此方法即方便快捷，也减少了来回拉设焊接线的劳动强度，主要是不改变焊工对焊接线的使用习惯，让焊工更容易接受，使用起来也更方便快捷。

每天下班后要求焊工将手持焊接线收回，并关闭焊机，现场每层端子箱位置放 2 瓶 5kg 干粉灭火器，以便焊接线等可燃材料起火时可以及时灭火。

当焊接线或者电焊机出现问题时应及时通知临时电工进行检查和维修，不可私自进行处理，防止发生人员触电事故。

4　施工过程中维护

此方案所使用的零配件都是工程施工中常用的五金件，容易购买和更换，维修简单，容易操作。施工中定期安排电工进行巡检，发现问题及时处理，特别是焊线破损及快速接头处接触不良烧坏的问题比较多，巡检发现应立即处理更换零配件，防止焊接线起火或者人员触电情况。

5　集中布线的优点

集中布线前期购买材料较多，人工布线及电缆头制作费用较高，比传统布线方式前期一次投入较高，但传统布线方式，按总工期内焊接线随意拉设，焊接线损耗量很大，相对应的施工成本按工程进程周期性增加。工程完工后，集中布线的焊接线可以二次使用，而传统布线焊接线基本不可以二次利用，所以按总工期内投入计算集中布线成本低于传统布线成本。

集中布线较传统布线方式主要体现在方便快捷，焊工转移作业面时不用再拉设很长的焊接线，只需手持焊接短线即可，比传统布线方式省时省力，提高了工人的工作效率。

集中布线可以在开工前提前做好规划，再根据不同的施工阶段，在不同的作业层安装接端子箱即可。比如钢架未吊装前即可将焊机接好，14m 层的端子箱接好，当钢架做到 21m 层，就可以把端子箱从 14m 层接到 21m 层，当钢架到 29m 层时再从 21m 层端子箱将焊接线接起来即可。焊接线全部采用铜铝鼻子和螺栓连接，安装拆卸方便。而传统方式需要一次性敷设很长的焊把线，在转移工作面时费时费力，又降低工作效率。

集中布线比传统布线方式更加安全，传统布线方式容易产生交叉形成“蜘蛛网”，当焊接线出现问题时不易排查，易产生安全隐患，特别是容易与氧气乙炔管线缠绕在一起，引起火灾等安全事故。而集中布线，焊接线统一走向，检查维护方便，当焊接线出现破损等问题时，可以及时排查出问题并进行处理，也不容易与氧气乙炔管线缠绕在一起，减少隐患。

6　结论

就本项目的实践与总结，集中布线系统优于传统布线方式，在经济性、安全性等方面具有较大的优势，在锅炉的安装中是值得推广应用。

10～35kV电缆终端头常见绝缘击穿原因分析及应对措施

周晓光

湖南省工业设备安装有限公司，株洲，412000

摘　要：通过引入电场线的概念，分析电缆终端头的电场分布情况，对电缆终端头绝缘击穿的原因进行定性分析，探讨了电缆终端头制作中的常见问题及应对措施。

关键词：电缆终端头；电场；电场线；绝缘；击穿

工业电气安装工程中的10～35kV电力电缆终端头制作安装工程，高压电缆在交接试验时和运行过程中时常会碰到终端头绝缘击穿的现象，在交接试验时发生绝缘击穿，虽然能被及时发现和补救，但仍然会造成损失；如果电缆在运行过程中发生绝缘击穿，则会导致供电中断、影响正常的工业生产，造成经济损失，严重时甚至会危及人员和设备的安全。因此，电气工程技术人员必须彻底弄清电缆终端绝缘击穿的原因，在施工过程中才能抓住关键点严把质量关，以减少不必要的损失，杜绝质量、安全事故的发生。

本文从电场线的概念入手，在了解高压电缆结构的基础上，分析正常情况下高压电缆中的电场分布、剥去外屏蔽层后的电场分布情况，从而了解高压电缆终端头绝缘击穿的原因；在明确故障原因的基础上，分析当前常见的几种电缆终端附件的工作原理，从而在工程实践中抓住关键点，避免施工操作错误，杜绝质量事故。

1　电场、电场线简述

要了解电缆终端头绝缘击穿的原因，需分析电缆终端头的电场分布情况。现对电场的基本性质进行简述，以便后续的定性分析。

电场的观点：电荷之间的相互作用是通过电场传递的，或者说电荷周围存在电场，电场线由正极指向负极。

用电场线描述电场：电场线上某点的切向和该点场强方向一致，电场线条数密度表示场强大小。

为了分析电缆终端头电场情况，通常用电场线及等电位线来形象化地表示电场分布状况，电场线和等电位线有以下特点：电场线与等位线直角相交（正交）；用电场线分析电场时，电场集中的部位电场强度高；用等电位线分析电场时，曲率半径愈小的地方场强越高。平板电容器电场线均匀分布情况如图1所示。

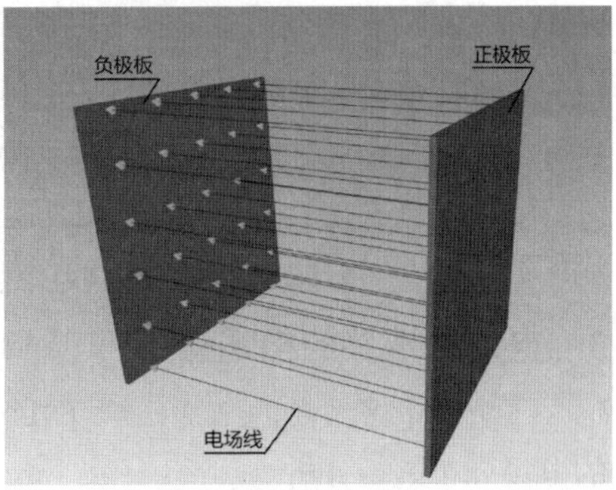

图1　平板电容器电场线均匀分布示意图

2　电缆的结构

欲分析电缆终端头的电场分布情况，还需了解电缆的结构及各部分的作用。

工程中常见的 10～35kV 电缆通常采用交联聚乙烯绝缘电缆，本文就此种电缆进行分析。交联聚乙烯绝缘电缆的线芯结构见图 2～图 4。

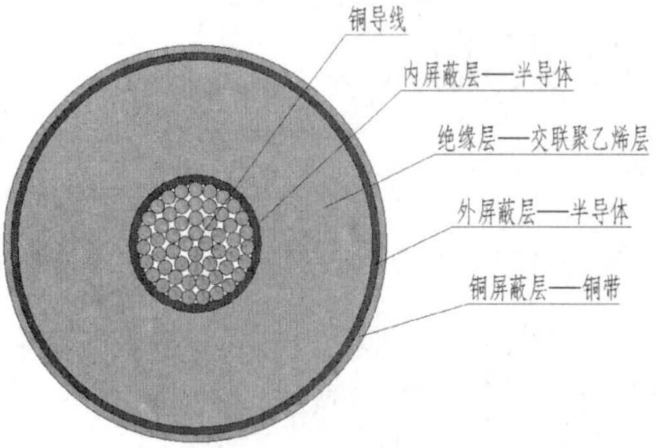

图 2　交联聚乙烯绝缘电缆线芯结构图

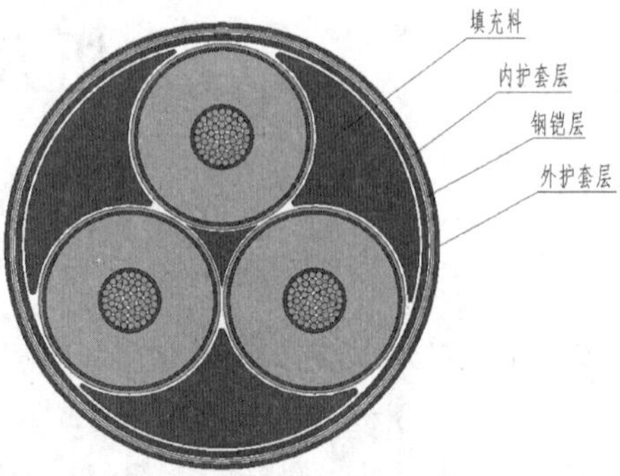

图 3　铠装高压电力电缆剖面结构图（剖面）

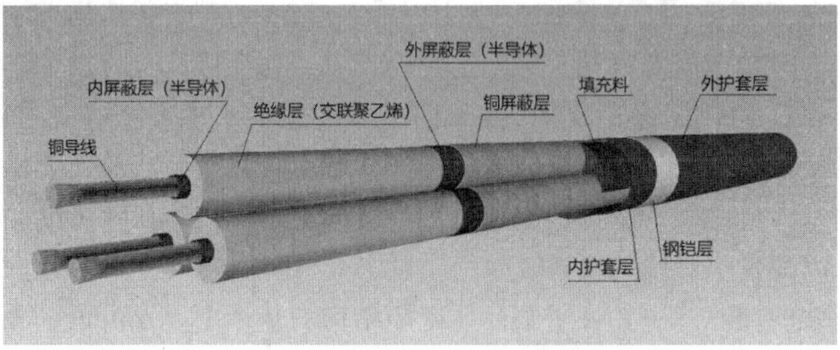

图 4　铠装高压电力电缆结构示意图

各主要部件作用如下：

（1）铜导线：导体起传导电能作用；

（2）内半导体层：又称内屏蔽层，在高压电缆结构上所谓“屏蔽”，实质上是一种改善电场分布的措施，电缆导体由多根导线绞合而成，它与绝缘层之间易形成气隙，导体表面不光滑，会造成电场集中，在导体表面加一层半导电材料的屏蔽层，它与被屏蔽的导体等电位并与绝缘层良好接触，从而避免在导体与绝缘层之间发生局部放电；

（3）主绝缘层：即交联聚乙烯绝缘层，起绝缘作用；

（4）外半导体层：又称外屏蔽层，由于绝缘表面和金属护层接触处也可能存在间隙，是引起局部放电的因素，故在绝缘层表面加一层半导电材料的屏蔽层，它与被屏蔽的绝缘层有良好接触，与金属护层等电位，从而避免在绝缘层与金属护层之间发生局部放电；

（5）铜屏蔽层：其作用是在正常运行时通过电容电流，当系统发生短路时，作为短路电流的通道，同时也起到屏蔽电场的作用。

3　电缆终端头的电场分布

了解了电缆线芯的结构，结合电场、电场线和等电位线的特点后，可对电缆及其终端头的电场分布进行分析。

3.1　正常情况下电缆的电场分布

正常情况下，导电线芯与屏蔽层之间形成径向均匀分布的电场，电场只有从（铜）导线沿半径向（铜）屏蔽层的电场线，没有芯线轴向的电场，电场分布是均匀的，见图 5、图 6。

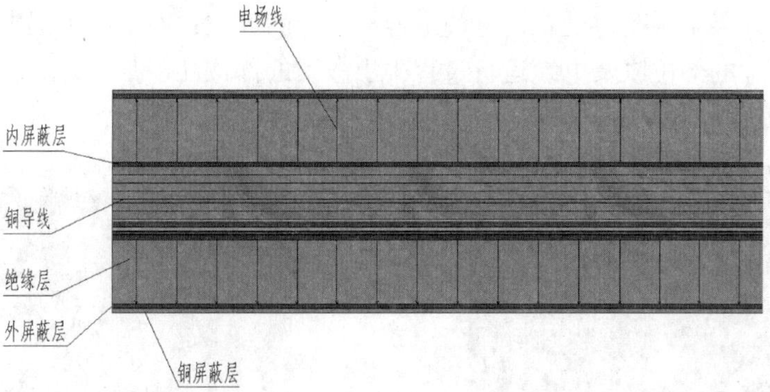

图 5　正常情况下电缆内部电场分布图（均匀分布）

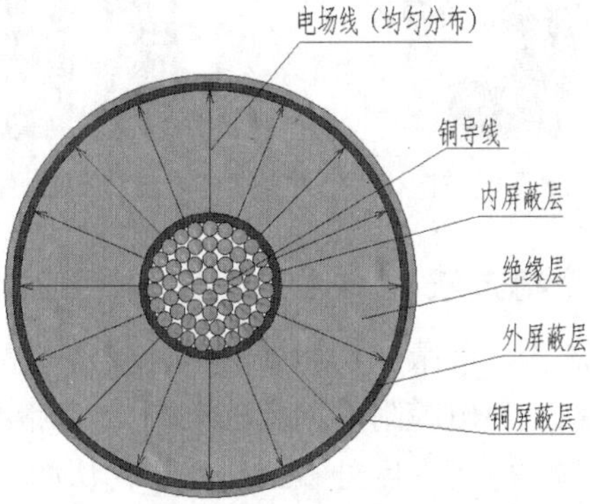

图 6　正常情况下电缆内部电场分布图（截面）

3.2　剥去屏蔽层后电缆电场分布

在制作电缆头后，剥去了一段外屏蔽层，改变了电缆原有的电场分布，其电场分布情况见图 7。

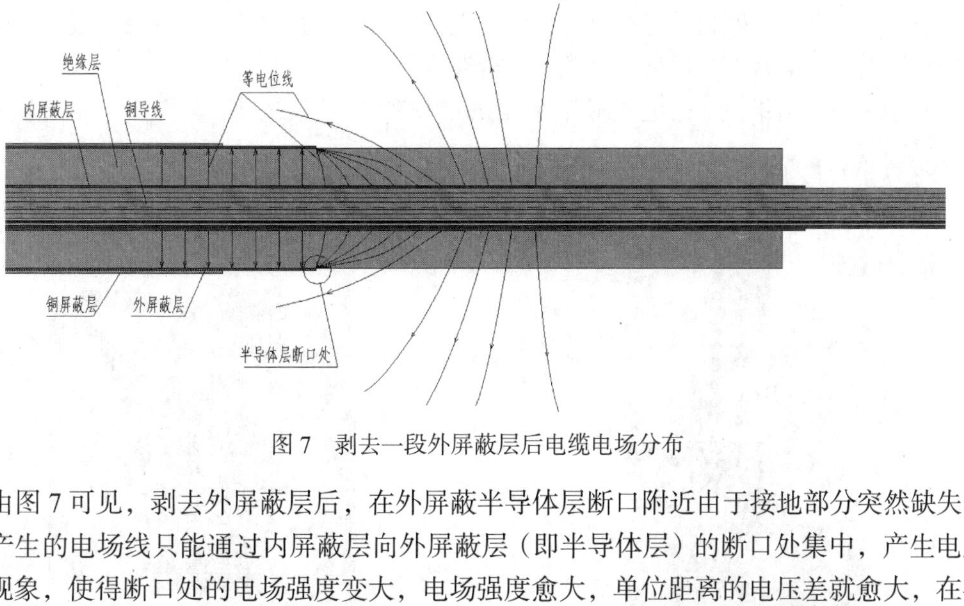

图 7　剥去一段外屏蔽层后电缆电场分布

由图 7 可见，剥去外屏蔽层后，在外屏蔽半导体层断口附近由于接地部分突然缺失，铜芯线产生的电场线只能通过内屏蔽层向外屏蔽层（即半导体层）的断口处集中，产生电应力集中现象，使得断口处的电场强度变大，电场强度愈大，单位距离的电压差就愈大，在半导体层断口附近的绝缘层材料长期处在高电场强度的环境中，必然导致绝缘材料加速老化，由此可以推断，在外屏蔽层断口处就是电缆最容易击穿的部位；而实际工程中对电缆进行交流耐压试验时，击穿的部位以及电缆运行过程中出故障的部位几乎都是外屏蔽层断口处，此处有明显的击穿痕迹，如图 8 所示。

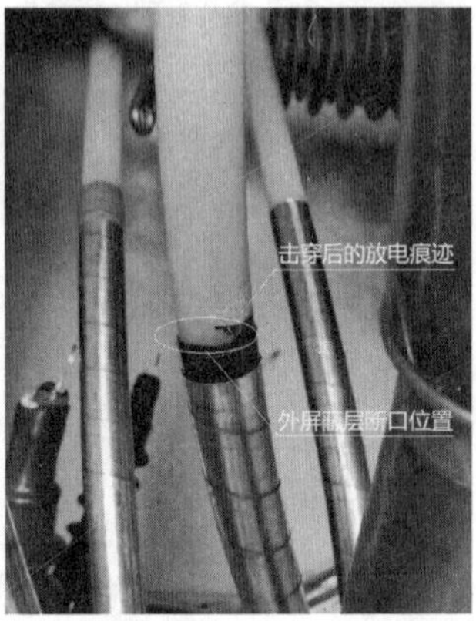

图 8　电缆运行过程中终端头击穿故障图片

4　电缆终端头电应力的控制方法

通过上述分析得知，要改善外屏蔽层切断处的电场线密度大的状况，需要对该处的电应力进行有效控制，电应力控制是对电缆附件内部的电场分布和电场强度实行控制，也就是采取适当的措施，使得电场分布和电场强度处于最佳状态，从而提高电缆附件运行的可靠性和使用寿命。为了改善电缆绝缘屏蔽层切断处的电应力分布，一般采用以下几种方法：

4.1　几何形状法

采用应力锥缓解电场应力集中。应力锥设计是常见的方法，从电气的角度上来看也是最可靠和最有效的方法。应力锥主要由绝缘和半导电两部分组成，其中绝缘部分用以增强电缆绝缘，半导电部分与电缆外半导电屏蔽层在断口处搭接结合，以控制外屏蔽层断口处电场分布，通过将外屏蔽层的断口处进行延伸，使零电位形成喇叭状，改善了绝缘屏蔽层的电场分布，减少了对绝缘的破坏，保证了电缆的运行寿命。

工程中采用应力锥设计的电缆附件有预制式终端、冷缩式终端，如图 9、图 10 所示。

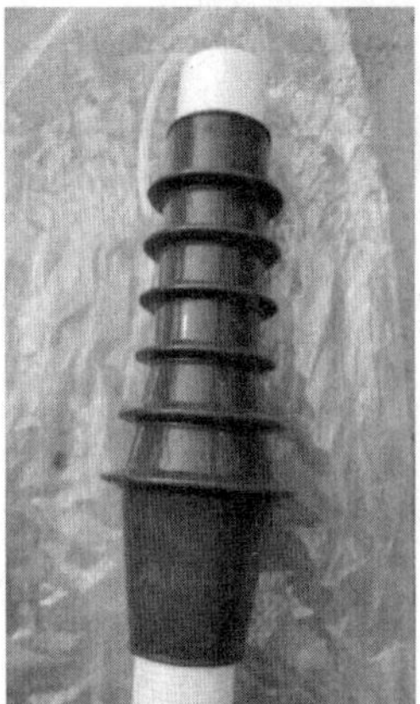

图 9　冷缩式终端应力锥外观图

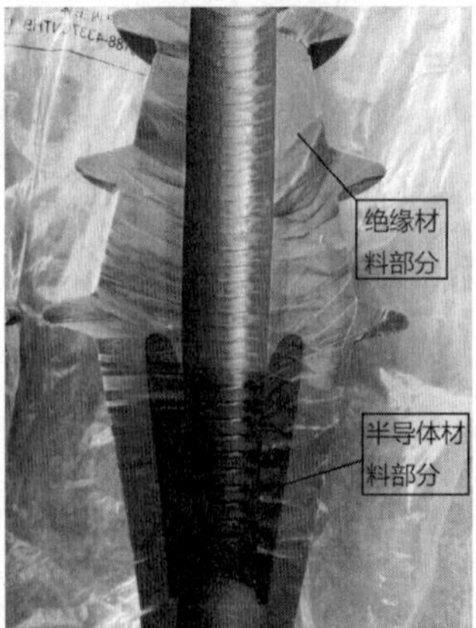

图 10　应力锥剖开内部结构图

采用几何形状法电缆终端电场分布情况见图 11。

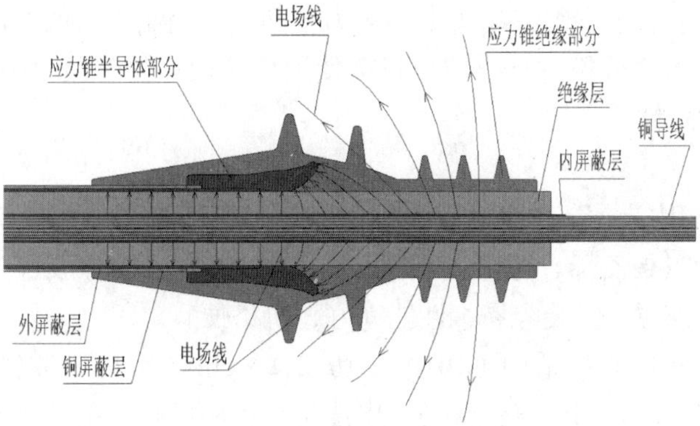

图 11　采用应力锥的冷缩电缆终端头电场分布图

由图 11 可见，电场线在外屏蔽层断口处被疏散到应力锥的半导电部分，有效防止了电场集中问题，保证了电缆终端的使用寿命。

冷缩电缆终端头经常出现故障的原因。施工人员由于不了解冷缩应力锥的作用，在制作电缆终端时未能合理控制冷缩应力锥收缩的位置，导致应力锥内部半导体部分未能与电缆外屏蔽层半导体断口处搭接上，使应力锥未能发挥疏散外屏蔽层断口处电场的作用，该处绝缘加速老化造成电缆终端头过早击穿的故障。

解决方案。技术交底时将原理讲透，施工时严格按照电缆终端附件说明书要求的外屏蔽层断口切剥长度施工，使应力锥半导体部分与电缆外屏蔽层半导体断口处可靠搭接。

4.2　参数控制法

采用高介电常数材料缓解电场应力集中。其原理是采用合适的电气参数的材料复合在电缆末端外屏蔽层切断处的绝缘表面上，以改变外屏蔽层切断处绝缘表面的电位分布，从而达到改善电场的目的。

目前应力控制材料的产品已有热缩应力管、冷缩应力管、应力控制带等，一般这些应力控制材料的介电常数都大于 20，体积电阻率为 108 ～ 1012Ω · cm。应力控制材料的应用，要兼顾应力控制和体积电阻两项技术要求。

采用应力管的电缆终端头电场分布见图 12。

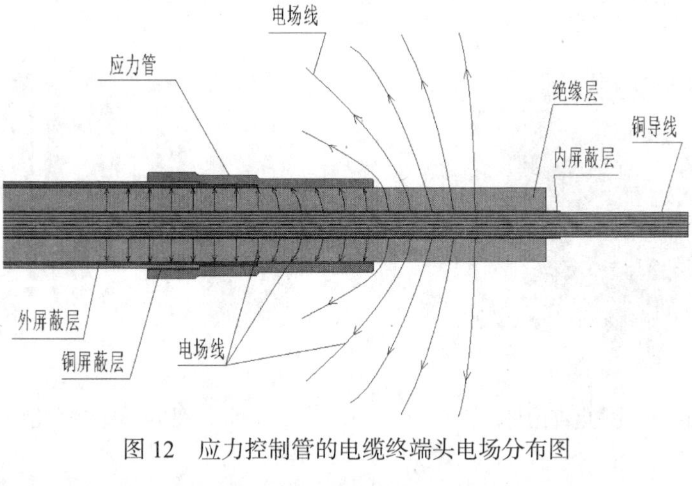

图 12　应力控制管的电缆终端头电场分布图

5　10 ～ 35kV 电缆附件

通过上述分析，了解了电缆终端头采用应力锥和应力控制管时的电场分布，现就工程中常用的电缆附件结合上述分析进行介绍。目前使用得比较多的产品种类主要有热收缩附件、冷缩式附件、预制式附件。

5.1　热收缩附件

该类产品主要采用应力管处理电应力集中问题，亦即采用参数控制法缓解电场应力集中。所用材料一般为以聚乙烯、乙烯 - 醋酸乙烯（EVA）及乙丙橡胶等多种材料组分的共混物组成。主要优点是轻便、安装容易、性能尚好，价格便宜。

应力管是一种体积电阻率适中（1010 ～ 1012Ω · cm），介电常数较大（20 ～ 25）的特殊电性参数的热收缩管，利用电气参数强迫电缆绝缘屏蔽断口处的应力疏散成沿应力管较均匀的分布。这一技术一般用于 35kV 及以下电缆附件中。因为电压等级高时，应力管将发热而不能可靠工作。

其使用中关键技术问题是要保证应力管的电性参数必须达到上述标准规定值方能可靠工作。另外要注意用硅脂（应力疏散胶）填充电缆绝缘半导电层断口处的气隙以排除气体，达到减小局部放电的目的。交联电缆因内应力处理不良时在运行中会发生较大收缩，因而在安装附件时注意应力管与绝缘屏蔽搭盖不少于 20mm，以防收缩时应力管与绝缘屏蔽脱离。热收缩附件因弹性较小，运行中热胀冷缩时可能使界面产生气隙，因此密封技术很重要，以防止潮气浸入，如图 13 所示。

5.2　冷缩式附件

冷缩式附件一般采用几何结构法或参数控制法来处理电应力集中问题。几何结构法即采用应力锥缓解电场集中分布的方式要优于参数控制法的产品。所用材料一般为硅橡胶或乙丙橡胶。

材料性能优良、无需加热即可安装、弹性好，使得界面性能得到较大改善，与预制式附件相比，它的优势为安装更方便，只需在正确位置上抽出电缆附件内衬芯管即可安装完工。所使用的材料从机械强度上说比预制式附件更好，对电缆的绝缘层外径尺寸要求也不是很高，只要电缆附件的内径大于电缆绝缘外径 5mm 左右就完全能够满足要求。因此冷缩式附件施工安装比较方便。其最大特点是安装工艺方便快捷，安装到位后，其工作性能与预制式附件一样。价格与预制式附件相当，比热收缩附件略高，是性价比最合理的产品，如图 14 所示。

图 13　热缩式电缆附件

图 14　冷缩式电缆附件

5.3　预制式附件

预制式附件主要采用几何结构法即应力锥来处理应力集中问题。所用材料一般为硅橡胶或乙丙橡胶。其主要优点是材料性能优良，安装简便快捷，无需加热即可安装，弹性好，使得界面性能得到较大改善，是近年来中低压以及高压电缆采用的主要形式。其不足在于对电缆的绝缘层外径尺寸要求高，通常的过盈量在 2 ～ 5mm（即电缆绝缘外径要大于电缆附件的内孔直径 2 ～ 5mm），过盈量过小，电缆附件将出现故障；过盈量过大，电缆附件安装非常困难（工艺要求高）。特别在中间接头上问题突出，安装既不方便，又常常成为故障点。此外价格较贵。

使用中关键技术问题是附件的尺寸与待安装的电缆的尺寸配合要符合规定的要求。另外也需采用硅脂润滑界面，以便于安装，同时填充界面的气隙。预制附件一般靠自身橡胶弹力可以具有一定密封作用，有时可采用密封胶及弹性夹具增强密封。

6　常见问题及措施

了解了电缆终端头的电场分布情况及电缆附件的结构、功能和特点，即可对工程中遇到的绝缘击穿现象进行分析，查找原因并整改。现对常见的问题进行阐述：

6.1　常见绝缘击穿的原因及措施

（1）由于安装过程中未按照要求进行施工，使得采用应力锥的电缆附件中的半导体部分或应力带部分未与电缆的半导体层在切口处有效搭接，导致电应力未有效疏散，使电缆绝缘击穿。应对措施：加强技术交底，严格执行附件说明书要求的切剥长度，禁止随意增加或减少半导体层的剥离长度，保证应力锥与半导体的搭接可靠且不突出于应力锥内半导体喇叭口。

（2）由于安装过程中硅脂涂抹不均匀，有气泡存在，导致电缆在耐压试验或运行时气泡处产生电晕，使温度升高，高温使得绝缘层破坏导致击穿。应对措施：均匀涂抹硅脂，保证绝缘层与附件的绝缘管紧密接触。

（3）由于在安装过程中半导体层切段口时切割较深，伤到了绝缘层，另外切口处容易进灰尘，由于与半导体层紧挨着，此处的打磨工作容易忽略，而这里又正好是绝缘的最薄弱环节，因此耐压试验时易击穿；应对措施：通过实践，可采用小圆挫在预定的外半导电层切断处挫一个圆周，这样一来可防止刀片切伤电缆绝缘、二来外半导电的断口为一个斜坡，平整光滑。

6.2　铅笔头问题

在制作终端头时，可以不削铅笔头。但是，如果电缆绝缘端部与接线金具之间需包绕密封带时，为保证密封效果，通常将绝缘端部削成锥体，以保证包绕的密封带与绝缘能很好的结合。在制作中间接头时，如果所装接头为预制型结构（含预制接头、冷缩接头），绝缘端部不要削成锥体，因为这种类型的接头，在接头内部中间部分都有一根屏蔽管，该屏蔽管的长度只比铜或铝连接管稍长，如电缆绝缘削成锥体，锥体的根部将离开屏蔽管，连接管部分的空隙将不会被屏蔽，从而影响到接头的性能，造成接头在中部击穿。如果所装接头为热缩型或绕包型结构时，绝缘端部必须削成锥体，即制成反应力锥，同时必须将锥面用砂带抛光，因为锥面的长度远大于绝缘端部直角边的长度，故而沿着锥面的切向场强远小于绝缘直角边的切向场强，沿锥面击穿的可能性大大降低，从而提高了接头的性能。

6.3 电缆接地问题

在制作电缆头时，将钢铠和铜屏蔽层分开焊接接地，是为了便于检测电缆内护层的好坏，在检测电缆护层时，钢铠与铜屏蔽间通上电压，如果能承受一定的电压就证明内护层是完好无损的。如果没有这方面的要求，用不着检测电缆内护层，也可以将钢铠与铜屏蔽层连在一起接地（提倡分开引出后接地）。

电力安全规程规定：35kV 及以下电压等级的电缆都采用两端接地方式，这是因为这些电缆大多数是三芯电缆，在正常运行中，流过三个线芯的电流总和为零，在铝包或金属屏蔽层外基本上没有磁链，这样，在铝包或金属屏蔽层两端就基本上没有感应电压，所以两端接地后不会有感应电流流过铝包或金属屏蔽层。

感应电压的大小与电缆线路的长度和流过导体的电流成正比，电缆很长时，护套上的感应电压叠加起来可达到危及人身安全的程度，在线路发生短路故障、遭受操作过电压或雷电冲击时，屏蔽上会形成很高的感应电压，甚至可能击穿护套绝缘。

7 结论

从电场分布的角度定性地分析了电缆终端头最常见的击穿原因，并有针对性的提出了施工过程中的应对措施。

框架结构房屋顶升技术关键工艺流程

郭杰标[1]　余　怡[2]　陈大川[2]

1. 湖南大兴加固改造工程有限公司，长沙，410000

2. 湖南大学土木工程学院，长沙，410082

摘　要：房屋顶升施工技术是根据托换理论改变其传力路径，使房屋在适当的位置与下部结构分离，形成可移动的整体；通过动力设备将房屋整体顶升一个新的高度，就位后再接筋加固的一种施工方法。本文重点论述了这一技术的关键施工工艺流程。

关键词：房屋顶升技术；托换体系；切割立柱

随着我国经济的飞速发展和城市的不断建设，会出现已经建成的建筑物由于环境或使用功能的改变，层高不能满足使用要求；过低的层高或低洼的地势严重影响房屋使用舒适度和实用性；古代建筑需保护等问题。此时，可以利用房屋顶升技术，在不破坏房屋上部结构的前提下，使建筑物满足使用要求，通过这种建筑物顶升技术的应用，可以有效地降低房屋重建产生的费用损失，避免了房屋拆除重建的巨大再投入。

下面详细介绍框架结构的房屋顶升技术的关键施工工艺流程。

1　关键工艺流程

施工准备→托换体系施工→限位装置的安装→切割立柱→顶升→断柱浇筑、加固。

1.1　施工准备

施工准备工作主要分以下部分：材料准备、机械设备、建筑结构加固、垫块的预制和运输、楼梯与地面和墙与柱间分离。

（1）主要材料：水泥、钢筋、石子、20mm 厚钢板等材料都必须符合规范要求并进行复试合格，预埋铁的制作严格按设计要求。

（2）主要设备：PLC 控制操作系统、液压泵站、200t 液压千斤顶、新型切割链锯、精密全站仪、钢卷尺、靠尺、专用钢尺、光栅尺、搅拌机、插入式振动泵。

（3）当建筑物有室内、外楼梯时，为了保证在不破坏楼梯的前提下进行顶升，因此根据设计必须对楼梯进行加固；外楼梯：主要采用在楼梯下增加一道连系梁后用型钢与上部结构焊接，形成斜拉体系；内楼梯：直接将最下梯段中部切断后用型钢与上部结构焊接，形成斜拉体系。

（4）混凝土墙与柱间分离：一般情况下，地下室原设计为了挡土墙和防水层，除地下车库进出口处外，其他柱间均设有 250mm 厚混凝土混凝土墙；所以为了方便整体顶升必须将柱、墙分离。

1.2　托换体系施工

1.2.1　植筋托换承台

利用对穿新旧混凝土的钢筋来抵抗冲切。这种方法施工简单，施工速度快，成本低。植筋起两个方面的作用：一是限制新老混凝土结合面的裂缝开展；二是直接用钢筋抗剪。该种方法能使柱子与托梁紧密结合起来。但其弊端也非常明显，主要是打孔穿钢筋对原结构损伤很大，在施工时会使截面减小，降低安全度，易造成危险（图 1）。

1.2.2　钢筋混凝土包柱式梁托换承台

通过托换梁与结构之间的新旧混凝土界面连接技术，使托换结构与原结构牢固地连接在一起并共同工作。钢筋混凝土结构顶升平台存在最大问题是：顶升完成、恢复柱后很难拆除该顶升平台。也曾遇到原柱混凝土强度不高，担心拆平台时损伤柱；若采用混凝土切割设备来割除平台，又大大增加了成本（图 2）。

1.2.3　易拆卸型钢托换承台

这种型钢顶升托换梁最大的特点是拆卸方便，并可多次周转使用。但其弊端也非常明显：为使柱与型钢托梁紧密结合，需对柱进行钻孔、穿螺杆，钢梁与柱的交接面还要抹结构胶粘结，安装完钢梁再收紧螺母，使之通过螺栓抗剪来传递荷载至新结构。因而，对原结构损伤较大、降低了安全度。采用该种托梁结构应对柱截面进行承载力验算（图 3）。

图 1　植筋托换承台

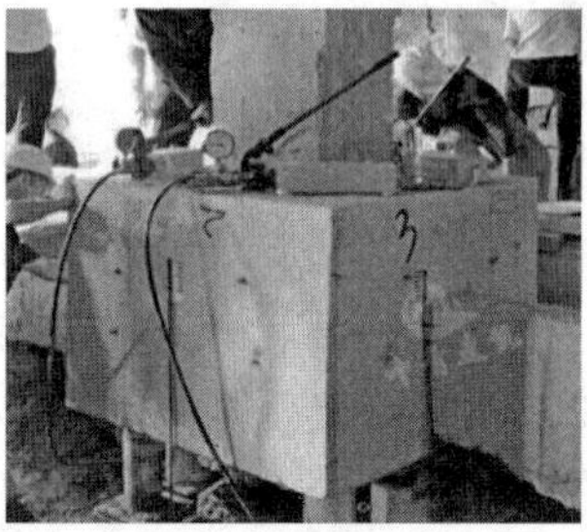

图 2　钢筋混凝土包柱式梁托换承台

图 3　易拆卸型钢托换承台

注意：

（1）下托换承台主要设置在外墙承台基础不能满足垫块支撑需要作房屋顶升时基础，除混凝土浇灌密实、强度必须达到设计要求外，上表面标高误差和平整度必须控制在 2mm 以内。

（2）上托换承台不仅是房屋顶升时承担上部荷载，而且在房屋四周设置水平限位处抱柱梁的侧面垂直度直接关系房屋的垂直度。

（3）托换体系施工完成后，当托换承台达到规定强度之后。将千斤顶就位，并进行第一次试顶。

1.3　限位装置的安装

为保证顶升过程中的稳定，避免房屋发生平动和转动，房屋四角柱托换梁两侧设置限位结构。中间各柱用槽钢作为连系梁进行拉接，以保证结构的整体稳定性。

（1）限位装置：主要采用∟160mm × 14mm 的角钢和扁铁焊接而成，下面与下抱柱梁的预埋铁焊接，侧撑为∟160mm × 14mm 的角钢。

（2）限位高度：顶升高度在 1.1m 以内一次到位即高度 = 1.36m + 顶升高度（地下净高 2.6m）。顶升高度为 2.1m，当顶升到 1.0m 时，将限位通过绑条焊的方式进行接长，并加焊第二道斜撑。

（3）限位高度的垂直度必须 2mm 以内，内侧面必须与上抱柱梁侧紧靠，如有空隙要用扁铁塞紧。在安装完限位后，将工字钢连系梁焊好。

（4）结构切割线上部结构中间各柱用槽钢连系梁进行拉接，连系梁均采用 I16 钢，槽钢两端固定在切割线上方的结构柱上。

1.4　切割立柱

（1）立柱切割前先要检查柱是否与墙分离，上下抱柱梁是否已经达到设计要求。在上述都满足时，将柱两支撑垫块自下垒积好，垂直度必须小于5mm，并按要求用钢筋将全部垫块预留的外露钢筋上下焊接连在一起。顶升高度2.1m时，垫块除满足上述要求外，必须提前15d用水泥砂浆进行砌筑。最上面垫块顶面与上抱梁底面间用钢板和扁铁塞紧。

（2）切割柱一般采用是新型切割链锯。它由两部分组成：一为高压油泵，一为切割机；高压油泵为动力（电动）通过高压油管与切割机相连，切割机是由支架和链锯组成，链锯的切割链条为中间钢丝芯外包橡胶，橡胶上每隔着10mm左右固定含有金钢石的钢块。通过安装支架角度来调节需切割的截面角度和高度。顶升柱截面均为水平面。冷却兼润滑采用水。立柱切割完毕立即将切下来钢筋混凝土柱块运走。

1.5　顶升

（1）根据顶升建筑平面图、上部结构和液压泵站的供应能力，将建筑基本划分几个区，每台液压泵站供应两个区的液压，同时对每个区内千斤顶进行编号。

（2）称重PLC控制操作系统是通过计算机程序将各千斤顶压力和行程及时反映在计算机上，由指挥员根据油泵的压力和行程进行调整，将所有千斤顶实行同步升、降。称重就是确定每一个千斤顶起始顶升压力。由于每根柱的上部承载不同，所以每个千斤顶起升压力必须一个一个进行测试，并将其数值记录在电脑中。

（3）顶升试顶后，若观察无问题，便进行正式顶升。

1.6　短柱浇筑、加固

（1）顶升完成后，重新将柱内断筋绑接或焊接，再浇混凝土。由于加高柱高，必须要对新筑立柱进行加固，在项目中一般采用加大截面法对框架柱进行加固（图4）。

（2）等新浇柱达到一定设计强度后，可以开始进行垫块拆卸和承台及连梁的拆除。

2　控制点

2.1　控制托换系统施工（以植筋托换承台为例）

托换梁和支承短柱在断柱和顶升的过程中承担全部的上部荷载，必须保证托换系统万无一失。须严格按照托换节点设计图纸施工，托换梁的纵筋必须连续贯穿柱子断面，施工时用钻机在柱中钻贯通孔，插入钢筋，灌注结构胶将钢筋锚固在柱中（图5）。

图4　支承短柱施工

图5　托换梁支承钢筋

2.2　控制断柱时的应力释放

顶升断柱时，大楼建成后经历了一次沉降变形过程，结构中除正常的内力外，还积累了一定的变形所产生的应力，这些应力的释放，对托换体系、支撑体系及原结构都有影响。

准备阶段：托换梁达到其设计强度后，切断原有混凝土柱，由短柱支撑上部荷载（图6）。

顶升阶段：托换结构和支撑短柱分离，千斤顶承受上部荷载（图 7）。

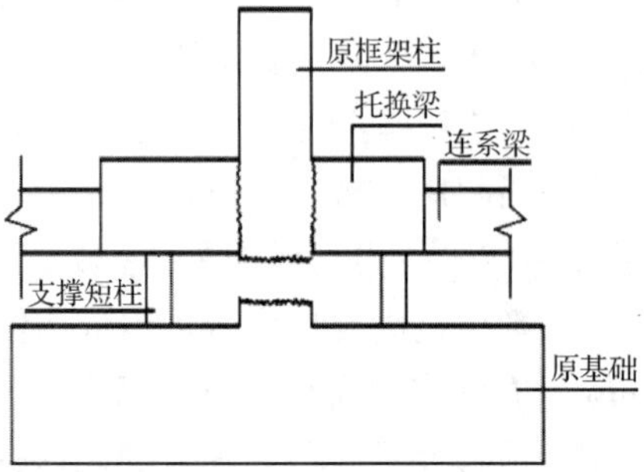

图 6　断柱阶段

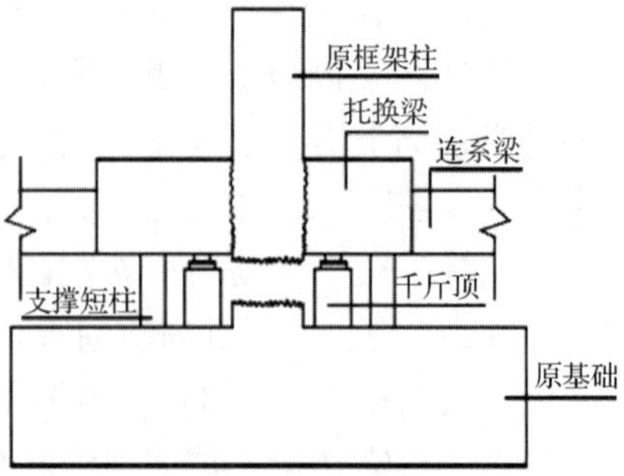

图 7　顶升阶段

2.3　控制顶升过程的同步

同步顶升是在顶升过程中，各个顶升点的顶升位移和顶升速度同步，从而使结构受力状态与正常状态相同。

控制措施：

（1）顶升过程中要密切检查千斤顶压力和顶升高度是否相一致。千斤顶压力的每次升、降，压力变幅值要控制在 2MPa 以内。

（2）千斤顶与原基础接触面必须剔除原有混凝土垫层，且将混凝土接触面打磨平整，保证千斤顶顶部钢板与原基础严密接触、受力均匀。

2.4　顶升监测系统的实时监测及信息反馈

采用“多次多级多区域微调顶升”，每次顶升，都要及时监测各项目，监测仪器与现场巡视检查相结合，根据监测结果，判断工程的安全性，在结构出现不稳定之前，及时采取补救措施，防止发生危险；以工程监测的结果及时指导现场施工，确定和优化施工参数，进行信息化施工。

3　未来展望

随着我国经济和城市建设的飞速发展，出于城市布局调整、重新规划以及大规模城市改造的需要，常常要增加建筑物层高。通过顶升技术的成功运用，实现了建筑升高，满足了空间使用需求，大大节省了工程改造费用，并节约了建筑材料，减少了建筑垃圾的产生，保护了环境。

尽管已有大量建筑物顶升的工程实例，但大多还停留在依赖工程经验阶段；特别是断柱顶升，尚缺乏成熟的顶升过程的力学分析方法，缺少位移控制、特别是水平位移控制的有效途径。

参考文献

［1］ 章佳娟. 底层整体顶升的力学分析与位移控制［D］. 江苏：东南大学，2016.

［2］ 张红军. 房屋整体顶升施工技术［J］. 城市建设理论研究（电子版），2012，（31）.

［3］ 郭丰刚，海江. 房屋整体顶升施工技术的要点分析［J］. 建筑工程技术与设计，2015，（19）：1582 ～ 1582.

［4］ 卢锐. 昆明阳光花园小区 9 号住宅楼顶升纠偏工程设计与施工实践［D］. 重庆：重庆大学，2008.

［5］ 李小波，李国雄. 整体顶升技术在房屋改建工程中的应用［J］. 施工技术，2001，30（2）：22 ～ 24.

［6］ 鲁海涛，王春盈，滕文川，等. 同步顶升技术在复杂建筑物竖向移位中的运用［J］. 城市道桥与防洪，2017，（8）：137 ～ 141.

第二篇

地基基础及处理

浅谈高速公路改扩建路基拼接施工技术

朱清水

湖南省第二工程有限公司，长沙，410000

摘　要：高速公路改扩建路基拼接施工技术，在要求施工速度快、施工质量高、沉降小的前提下，首先对需要拼接加宽的路基基底采用浅表淤泥清除换填开山石渣、地表夯击、压实的处置方法提高地基的承载力，减少新建路基的工后沉降；然后从路基填料、压实度来控制新老路基的沉降差，防止纵向裂缝的产生；最后加铺土工格栅来加强改扩建路基拼接部位的结合强度，减轻新老路基因材质、施工质量及路面结构层的差异等所引起的病害。

关键词：拼接施工；承载力；强度

1　引言

近年来，随着我国经济的快速发展，20 世纪 90 年代建造的主干道高速公路由于受建设时社会经济水平、技术水平和建设理念的制约，有一部分高速公路已不能满足社会经济与交通量快速增长的要求，急需拓宽改建。

相对于新建路基，老路基在改扩建时已基本或完全固结沉降到位，路基的物理力学性质有极大改变，特别是软土路基，强度明显提高，即使是还未完全固结稳定，路基土的性质也有较大的改善。在同等荷载的作用下，相对于拓宽路基，将发生一定的沉降增量，所以新建部分路基工后沉降远大于老路基的沉降，引起路基不协调变形。新建路基在自身荷载作用下会发生压缩变形，老路基已经通车运行一段时间，其压缩变形已经完成，而新填筑路基在施工结束后仍发生部分压缩变形。由于新老路基存在材质、施工质量及路面结构层的差异，如果控制不严，新路基在工程荷载的作用下极易产生较大的变形。

为避免因新老路基之间不均匀沉降而导致道路通车后路面出现纵、横向裂缝等病害，根据既有道路状况和沿线地质条件，我们通过对路基基底处理，减少新加宽路基的工后沉降量，控制新老路基的沉降差，防止纵向裂缝的产生；通过对新老路基结合部位的处理，加强新老路基的结合强度，减轻新老路基因材质、施工质量及路面结构层的差异等所引起的病害，并形成此工法。

高速公路改扩建路基拼接填筑示意如图 1 所示。

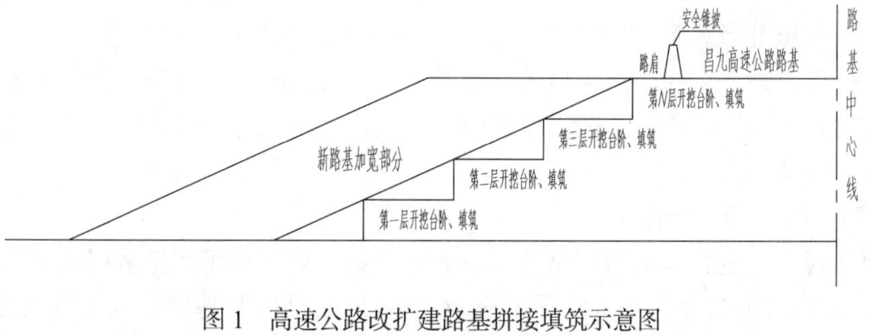

图 1　高速公路改扩建路基拼接填筑示意图

通过该工法的应用，取得了较好的经济效益和社会效果。

2　技术特点

（1）工艺简练，操作简单，用于处理改扩建路基效果显著；

（2）施工质量易于控制，通过相应的土工试验和测量观测等常规检测手段即可进行检测，工程技术人员容易掌握。

（3）具有施工快捷、组织合理、可广泛应用于公路改扩建施工中，尤其适合于交通量大，需要快速通车的高速公路改扩建施工中。

3　操作要点

3.1　施工准备

施工前复核导线点，三、四等水准点复测及加密。会同监理单位进行老路复测工作，结果报予设计单位进行纵断面拟合，以此确定改扩建路基拼接施工方案。然后审查和熟悉图纸、设计文件和施工技术规范，根据设计宽度进行测量放样。

3.2　老路基路肩挖除

（1）紧急停车道交通封闭

安保部门在施工前提前与交管部门联系，并于正式施工前完成交通封闭工作。

（2）拔除护栏桩

采用人工配合挖掘机拔除的方法，先用风镐或小型挖掘机在护栏桩底部挖坑，然后用挖掘机晃动护栏桩，最后用钢钎穿过护栏装配孔，并用钢丝绳连接到挖掘机斗齿上向上拔除。

（3）挖除硬路肩

采用挖掘机挖除老路硬路肩块，并直接安排运输车辆运走，严禁直接堆放到边坡上影响边坡排水的顺畅性。

3.3　基底处理

在新建路基工后沉降中，地基沉降占有较大比重，特别是软土地基路段。地质不良的软土地段应根据地质资料，采用有利于加快地基固结沉降或提高地基承载力的设计施工方案，有效减少工后沉降。

在进行软基处理时根据不同路段地质条件，一般路堤段、水塘、河沟等小范围采用浅表淤泥除后换填开山石渣、地表夯击、压实的处置方法。具体施工方法如下：清除路基范围内的原地表草皮及表土，挖除植物余根，疏干淤泥污水，同时对原老路排水沟的浆砌片石进行拆除。然后进行软基处理，当换填石渣厚度为 40cm 时，一次性铺筑。石渣施工控制指标为粒径≤ 20cm，压碎值≤ 20MPa。当换填石渣厚度为 70cm 时，分两层铺筑，施工顺序为：先粗平静压，再振压，然后精平碾压。检验标准是石渣的外观表现紧密，当无松散、无轮迹、最后一次碾压沉降观测，当沉降量≤ 3mm 时，则认为石渣碾压结束。

其他特殊路基地基，对于湿陷性黄土地基根据设计采取强夯方法处理，主要施工机械是强夯机。溶洞、采空区路段，一般采用加固洞穴或回填注浆等处理方法；主要施工机械设备有地质钻机、注浆机。

3.4　在老路基边坡上开挖台阶

施工时为保证新老路基的稳定结合，在老路基边坡处应采用开挖多层台阶方式衔接，进行错台填筑施工。在挖台阶时，使用小松 PC-240 挖掘机由路基底面向上开挖原路基边坡，每级台阶高 80cm，宽 200cm。阶底面设置向内 2% ～ 4% 的坡度，且确保无积水。开挖台阶与填筑路基同步进行。当台阶侧面变得松散、塌落而不能直立时改为开挖小台阶，高 30cm，宽 45cm。填料碾压及冲碾一定要压到台阶的根部，以保证新旧路基充分地结合为一体，从而进一步提高路基整体稳定性。台阶的开挖要随着填料进程进行。

3.5　新建路基填筑

控制改扩建部分路基填料。高速公路改扩建工程一般是在维持交通的基础上进行实施的，老路部分还需承担正常的交通。为减少施工对高速公路交通的影响，加快施工进度、确保工程质量，可通过大吨位振动压路机、冲击式压路机来碾压土体以及增加碾压遍数来减少土体本身孔隙率，增加路基压实度，减小路基本身沉降，同时也可填筑无机结合料改良土或 CBR 值较好的材料，如碎石土、砂砾等。对路堤较高、原地基承载力低的路段也可考虑采用轻质路基填料（如粉煤灰）以减轻路堤自重，减少土基荷载。

为减少新旧路基的沉降差，新填路基使用掺灰剂量 7% ～ 9% 改良土作为填料。在土中掺加适量的生石灰，降低了收缩性和膨胀性，提高了土的强度和稳定性，缩短了压实时间，加快了施工进度，有效地解决了用过湿土填筑路基产生的质量与工期矛盾，还可以消除日后使用中水稳定性不足的后患，保证了填土路基的压实度和工期，提高了路基的强度和水稳定性。经生石灰处理后的过湿土路基经检测压实度、弯沉等技术指标符合规范要求。生石灰处理过湿土优点是材料充足，治理方案简单，施工方便，造价不高，并能达到预期效果。

3.6　提高拼接部位压实度

（1）一般碾压与冲击碾压相结合

路基压实时，采用一般碾压和冲击碾压两种形式，局部采用液压强夯。在路基含水量接近最佳含水量时，首先使用 YZ25T 压路机自路基外缘向路基内缘逐层进行碾压，待填筑至路床顶面以下 150cm 处时，再使用 25kJ 冲击碾对路基全断面冲击碾压，填筑至路床顶面以下 20cm 处时，进行第二次路基全断面冲击碾压。这样，两种碾压方式相结合，就消除了一般碾压时的薄弱环节，特别是增加了新老路基的整体性，达到了减少新建路基工后沉降的目的。

（2）液压强夯

为进一步提高路基的整体强度，最大限度地减少新老结合部位的不均匀沉降等病害。对新老路基结合部位进行液压强夯，加速路基固结（图 2）。当新建路基施工至路床顶面以下 150cm 和路床顶面以下 20cm 时，分别进行夯实作业。夯实补强区域范围：新老路基结合处 4.5m 宽带状范围。4.5m 宽带状范围包括老路基 1.5m，新建路基 3m，利用高速液压夯实机对高速公路改扩建新建部分与原有老路基结合部位进行夯实补强，减少新路基工后沉降，尽量消除新老路基不均匀沉降带来的危害，加强新老路的结合，提高路基的整体强度和稳定性。

3.7　新老路基结合部位加铺土工格栅

路基施工时在新老路基间横向铺设土工格栅，以提高路基的整体性，通过对土工格栅在新旧土体结合处的联结作用，增大了土体内摩擦角，减少不均匀沉降和侧向位移，使新旧土体和土工格栅形成一个承重板体，提高了路基的整体强度和平整度，防止了反射裂缝的出现。

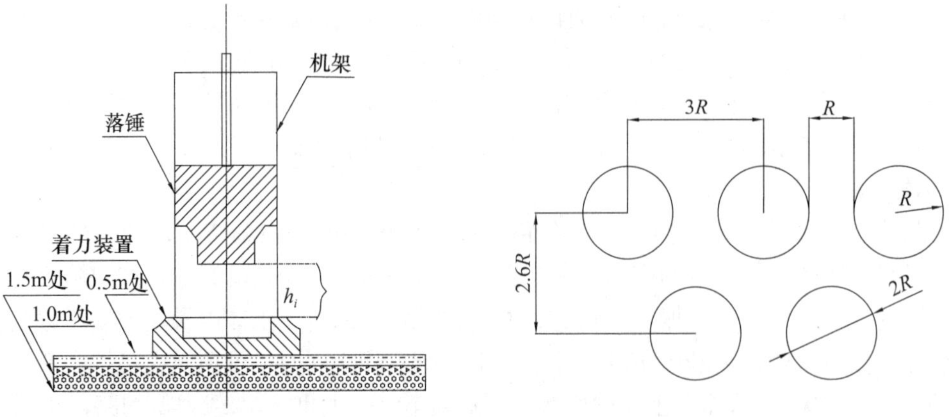

（a）不同土壤层厚处的夯实情况　　（b）底座边缘为间隙型

图 2　高速液压夯实机工作原理简图

h_i 为不同落锤高度。

为防止新老路基结合部位出现纵向拉裂和发生不均匀沉降，在结合部位每 1.6m 开挖台阶，设置一层土工格栅；待施工至路堤顶面以下 20cm、80cm 和 150cm 处另设置一层土工格栅。土工格栅采用双向高强合成涤纶纤维格栅，其网格尺寸为 24.5mm × 24.5mm，断裂强度径向≥ 80kN/m，纬向≥ 50kN/m，延伸率≤ 10%。因土工格栅铺设时对路基平整度要求较高，在铺土工格栅前的一层土，必须控制填料的粒径和碾压后的平整度，以利于土工格栅的顺利铺设。土工格栅在摊铺前尽量张紧，横向摊铺，绑扎搭接，搭接宽度≥ 15cm，锚固长度≥ 150cm，并采用U形钢卡钉钉入路基，使土工格栅固定。

铺设土工格栅后的铺料，既不能选用干密度偏小的材料，也不能选用粒料含量多的山皮土、石渣材料。实践证明，填料干密度偏小，碾压困难，影响施工进度；粒料偏大，会割断土工格栅经纬，造成力学损害，影响土工格栅使用的有效性。所以，最好选用强风化砂岩填筑。上料后，车辆不能在铺好的土工格栅上行驶，应从一端或两侧开始上料填筑，并逐渐使填料布满土工格栅。填料达到厚度要求后，使用平地机整平并注意防止刮出土工格栅，平整后采用先轻后重的碾压原则进行碾压，最终达到密实度要求，并能使路基与土工格栅形成一个连续柔性整体结构（图 3）。

图 3　土工格栅的铺设

4　安全措施

4.1　安全生产法律、法规

在施工中严格执行国家、行业的法律、法规，严格按操作规程、规范施工，确保安全生产、文明施工。主要执行的法律、法规有：

《中华人民共和国安全生产法》；

《中华人民共和国建筑法》；

《建设工程施工现场管理规定》(国务院第 15 号令)；

《工程建设重大事故报告和调查程序规定》(建部部第 3 号令)；

各相关专业、工种的安全生产操作规程。

4.2　施工安全保障体系及安全管理规定

（1）安全生产目标：无重伤以上责任事故，无重大机械设备事故，无火灾事故。实行专职安全员专管与群管、群防相结合，使工程施工中安全事故降到最低点。

（2）制定详细的交通管制方案和施工车辆行驶方案，特别注意夜间车辆通行安全，在封闭路段两侧均设置警示灯，以引导司机正确行驶。

（3）建立健全安全生产岗位责任制，逐级签订安全生产责任状，贯彻安全生产与经济挂钩的安全工作责任制。做到安全生产纵向到底，横向到边，分工明确，责任到人。按“安全生产，预防为主”的原则组织施工生产，做到消除事故隐患，实现安全生产。

（4）机械施工设专人指挥，加强对压路机、推土机等设备的检修，制定完善的设备操作规程；设备操作人员要具有特种人员操作证书。

（5）挖掘机作业是应保持水平位置，行走装置予以制动；铲斗工作没结束时，不准旋转大臂和走车。

（6）推土机、压路机等坡道行驶时，要低挡前进并不得换挡，也不准空挡滑行；横向行驶坡度不得超过 10°。两台以上设备在同一现场作业时，前后距离不得小于 8m，左右距离不得小于 1.5m。

5　环境保护措施

5.1　环境保护法律、法规

在施工中严格执行《中华人民共和国环境保护法》，严格执行国家、地方政府、行业对废水、废渣、废气、噪声、扬尘等环境保护方面的管理规定。

5.2　保护环境的目标和主要内容

环境保护和现场文明施工目标：必须达到现场文明施工标准化。施工场地决不能出现污水外溢、渗漏，并确保施工工地周围附近的正常生产和生活。

严格遵守环境保护法和工程的环保要求，在组织施工和管理中采取各种有效措施预防和消除因施工造成的环境污染。保护施工周边的生态环境。保持工地清洁，控制扬尘，杜绝材料的漏撒，要经常洒水，及时将施工和生活中产生的弃土、脏水、废弃物、废水、污水和废渣按环保要求处理。控制和减少施工噪声，临时住所驻地要建造厕所，卫生部门定期进行环境消毒和检查，预防疾病发生和流行，保证环境达标。

参考文献

［1］ 李亚东. 公路改扩建路基施工技术研究. 施工技术，2013.

水泥搅拌桩 +H 型钢 + 锚索基坑支护施工技术

喻小平　向宗幸

湖南省第三工程有限公司，湘潭，411101

摘　要： 本文介绍了一种基坑支护方法，即将 H 型钢插入水泥搅拌桩里做桩体，利用锚索来锚固桩端共同平衡侧向土压力，并调节桩顶位移量，采用水泥搅拌桩做 H 型钢桩间挡土墙和止水帷幕。随着开挖深度的增大，中间可增设腰梁和锚索，顶部设冠梁将整个H型钢桩连成整体。

关键词： 支护；H 型钢；水泥搅拌桩；锚索；腰梁；冠梁

伴随着我国城市化进程加快，城市高层建筑建设需求成倍增加，建筑物的形成规模及占地范围也在不断增大，构筑物之间的间距也越来越紧凑。同时，在建筑工程地基与基础施工中，基坑的深度和规模也越来越大，基坑支护工程的形式也多种多样，而基坑支护工程对于保证基坑内安全作业至关重要。因此基坑的挖掘和支护技术，更加需要选取科学的施工技术、加强施工的可靠性，在保证安全的前提下，尽可能节省成本费用。我公司将此施工技术用于湘潭县人民医院门急诊医技综合楼等项目的基坑支护施工中，效果较好，有效地缩减了施工周期，并回收利用了部分材料，节约了工程成本。现将该施工工艺总结如下。

1　工程概况

湘潭县人民医院门急诊医技综合楼工程位于湘潭县人民医院内，该工程建筑总面积约为 43870.19m^2，共计 1 幢建筑，建筑层数：地下一至二层，地下室建筑面积为 14458m^2，地上四层框架结构，建筑面积为 29412.03m^2。基坑开挖深度约 4.5 ～ 10.25m。

2　工艺原理

该技术是在水泥搅拌桩初凝前将 H 型钢桩插入水泥搅拌桩中，利用 H 型钢桩对水泥搅拌桩进行加筋，水泥搅拌桩做 H 型钢桩的桩间挡土墙和止水帷幕，利用预应力锚索来锚固桩端共同平衡侧向土压力，并调节桩顶位移量，随着开挖深度的增大，中间可增设腰梁和锚索，顶部设冠梁将整个 H 型钢桩和水泥搅拌桩连成整体，形成一个组合受力体系，如图 1、图 2 所示。

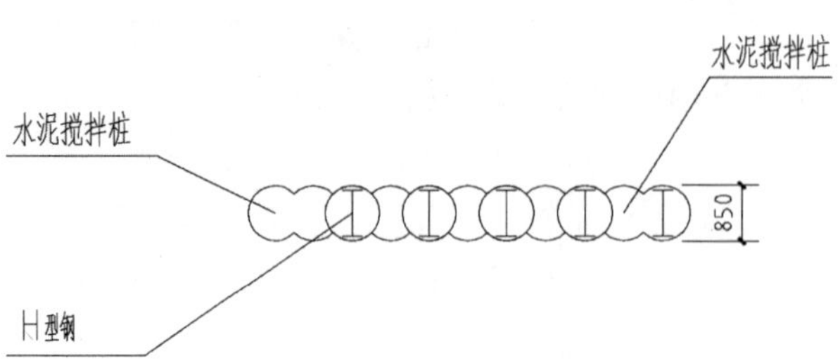

图 1　水泥搅拌桩 +H 型钢平面布置图

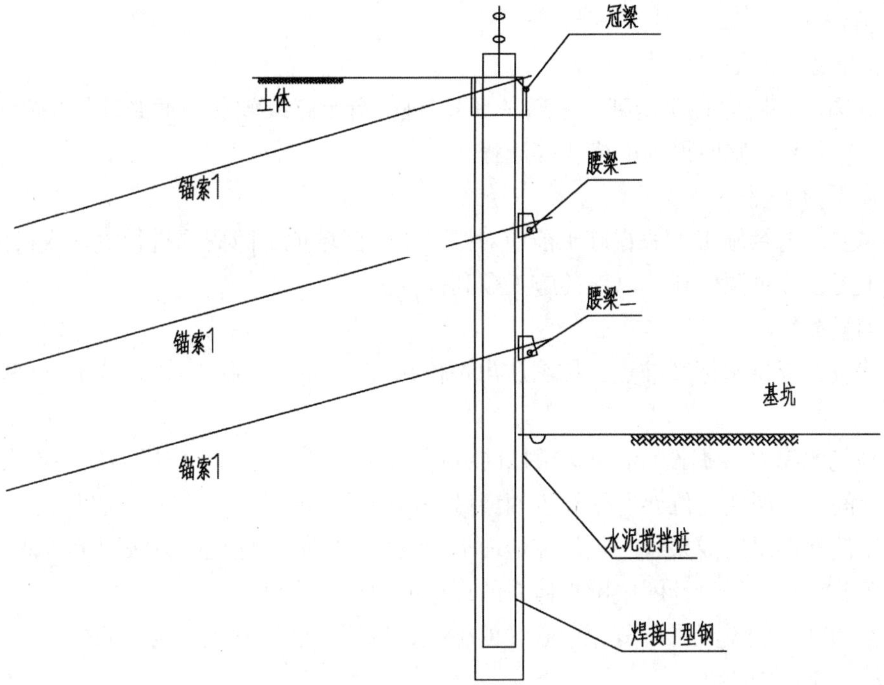

图 2　水泥搅拌桩 +H 型钢 + 锚索立面图

3　施工工艺流程及施工方法

3.1　施工工艺流程（图 3）

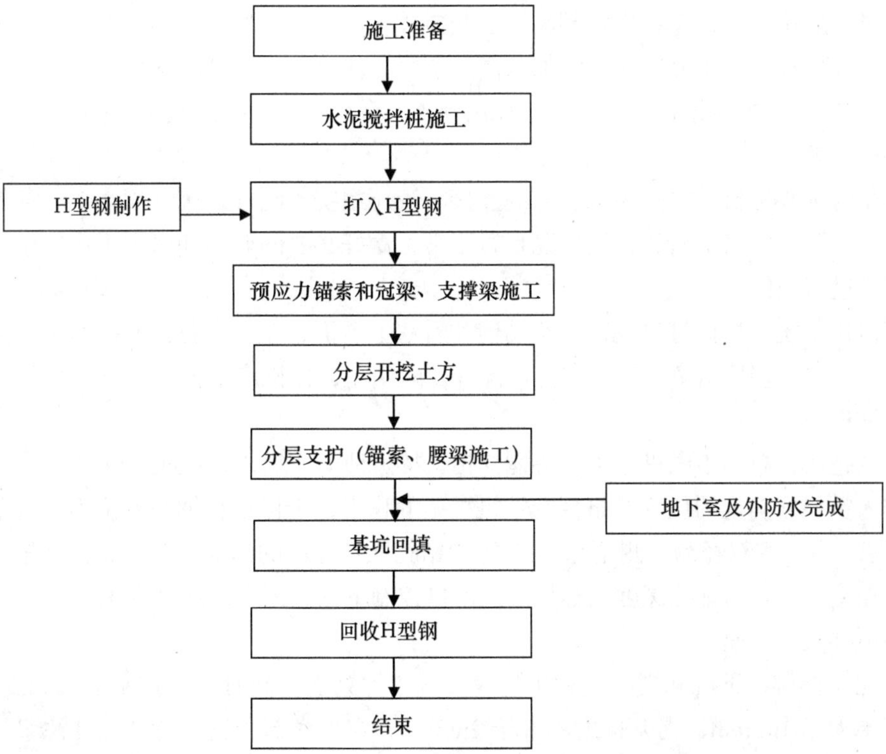

图 3　工艺流程图

3.2　施工方法

3.2.1　施工准备

设备进场前，场地必须达到“三通一平”，桩机行走路线软弱地面必须加垫料夯实、夯平，包括运输路线、临时设施的搭建等流程。

（1）障碍物清理

因技术要求连续施工，故在施工前应对围护施工区域地下障碍物进行清理或移位，并回填黏性素土至设计桩顶标高，以保证施工顺利进行。

（2）测量放线

根据建设方提供坐标基准点，按图放出桩位，设立临时控制桩，做好技术复核单，提请监理验收。

①由现场测量员根据设计图纸和测量控制点放出设计桩位，桩位平面偏差不大于2cm，并根据设计间距在两侧定位架上用红色油漆做好标记，保证搅拌桩每次定位准确。

②施工测量的最终成果，必须用在地面上埋设稳定牢固的标桩的方法固定下来。

③施工放样以工程设计图中围护体系的理论内边线为沟槽的内边线。

④在沟槽的两侧设置可以复原中心线的标桩，以便在已经开挖好沟槽的情况下，也能随时检查沟槽的走向中心线。

⑤施工测量的内业计算成果应详加核对，由测量计算者和复核校对者二人共同签名，以免计算出错，导致放样错误。

3.2.2　水泥桩搅拌施工

水泥搅拌桩采用ZKD85A-3型三轴水泥搅拌桩机，以水泥为固化剂，通过三轴螺旋钻杆对地基土进行原位上下、左右旋转翻滚式强制搅拌，其主要为切削土体，剪切力为主，在下沉搅拌、提升搅拌过程中喷浆，同时加入高压空气，使水泥土充分、均匀搅拌。三轴水泥搅拌桩采用ϕ850三轴搅拌设备进行套接一孔法施工，采用两喷两搅的施工工艺。

（1）桩机就位

组装架立搅拌桩机，检查主机各部的连接、液压系统、电气系统、喷浆系统各部分安装调试情况及浆罐、管路的密封连接情况是否正常，做好必要的调整和坚固工作，排除异常情况后，方可进行操作。

由当班班长统一指挥桩机就位，移动前，看清上、下、左、右各方向的情况，发现有障碍物应及时清除，移位结束后检查定位情况并及时纠正，桩机应平稳、平正。

（2）钻进

桩机调正后，启动主电机钻进，待搅拌钻头接近地面，启动空压机送气。

操作人员根据确定的位置严格控制钻机桩架的移动，确保钻孔轴心就位不偏，垂直度满足规范要求（可利用双经纬仪测定），同时控制钻孔下钻深度的达标，利用钻杆和桩架相对位移原理，在钻管上划出钻孔深度的标尺线，严格控制下钻、提升的速度和深度。

（3）搅拌及注浆速度

①水泥搅拌桩在下沉和提升过程中均应注入水泥浆液，同时严格控制下沉和提升速度。下沉速度不大于1m/min，提升速度不大于2m/min，在桩底部分适当持续搅拌注浆，做好每次成桩的原始记录。搅拌流程见图4。

②制备泥浆及浆液注入。

③在施工现场搭建拌浆施工平台，平台附近建水泥库，在开机前应进行浆液的搅拌，开钻前对拌浆工作人员做好交底工作。水泥浆液的水灰比为 1.5 ～ 1.6，每 m^3 搅拌水泥土水泥用量为 360kg，拌浆及注浆量以每钻的加固土体方量换算，注浆压力为 1.5 ～ 2.5MPa，以浆液输送能力控制。

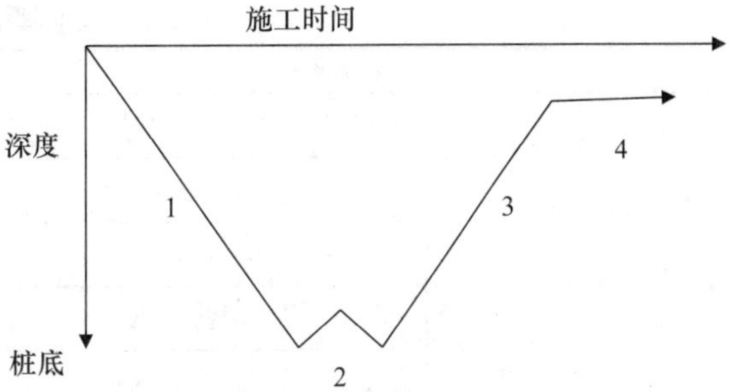

图 4　搅拌流程图

1—下钻喷浆搅拌阶段；
2—桩底部分适当持续搅拌注浆阶段；
3—提钻喷浆搅拌阶段；
4—转移到下一个桩位。

（4）钻至设计标高

当深度尺盘达到预定数量后，停止钻机，钻头反转，但不提升，等待送料。

（5）送料

打开送料阀门，关闭送气阀，喷送加固浆液。

（6）提升钻头

确认加固浆液已到桩底后提升搅拌钻头，一般在桩底停滞 2 ～ 4min，即可保证加固浆液到达桩底，提升到设计标高时停止喷浆，停止喷浆深度应结合搅拌提升的速度确定。在尚未喷桩的情况下严禁进行钻机提升工作。

（7）停止提升

打开送气阀门，然后关闭送料阀，保持空压机运转，搅拌钻头提升到桩顶时停止提升，在原位转动 2min，以保证桩头的均匀实心密实。

（8）停机，转移到下一个桩位。施工过程中由专人负责记录，记录要求详细、真实、准确。

（9）连续下钻，顺序施工。

三轴水泥搅拌桩施工按图 5、图 6 顺序进行，其中阴影部分为重复套钻，保证墙体的连续性和接头的施工质量，水泥搅拌桩的搭接以及施工设备的垂直度补正是依靠重复套钻来保证，以达到止水的作用。

①单侧挤压式连接方式：对于止水帷幕转角处或有施工间断情况下采用此种连接，如图 5 所示：。

②跳槽式双孔全套复搅式连接：一般情况下均采用该种施工进行施工，如图 6 所示。

（10）水泥搅拌桩质量控制

根据设计所标深度，钻机在钻孔和提升全过程中，保持螺杆匀速转动，匀速下钻，匀速提升，并采取高压喷气在孔内使水泥土翻搅拌和，在桩底部分必须重复搅拌注浆，保证整桩搅拌充分、均匀，确保水泥搅拌桩的质量（表 1）。

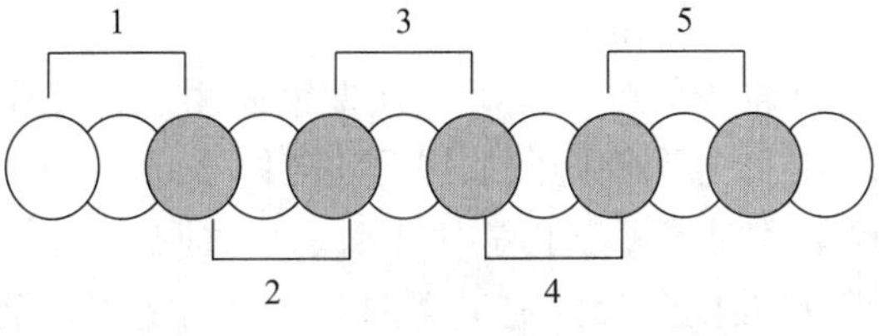

图 5　单侧挤压式连接方式示意图

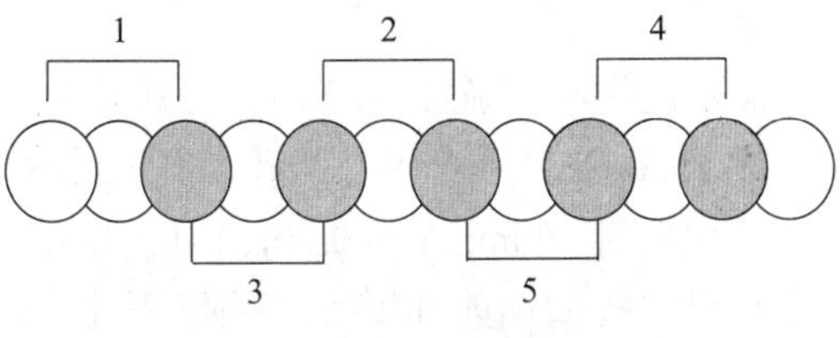

图 6　跳槽式双孔全套复搅式连接示意图

表 1　水泥搅拌桩质量控制指标

项目名称		设计要求或允许偏差	备注
水泥搅拌桩	水泥及外加剂	符合设计要求	
	桩体强度	符合设计要求	
	地基承载力	符合设计要求	
	机头提升速度	≤ 0.5m/min	
	桩底标高	± 200mm	
	桩顶标高	+100mm、−50mm	
	桩径、桩长	不小于设计值	
	垂直度	1/150	
	桩位偏差	20mm	
	水灰比	1.5 ～ 1.6	
	水泥用量	不少于 360kg/m^3	

3.2.3　打入 H 型钢

（1）H 型钢制作

① H 型钢采用定型材料，在工厂加工成定型产品后，运至工地进行接驳焊接，接头焊接材料：材质为 Q235B 时，用 E43 系列焊材。

②轧制 H 型钢接头采用腹板加强板进行对接的方式，腹板对接焊缝须清根焊透后磨平，再贴紧加强板焊接，翼缘必须焊透并达到一级焊缝标准。

③对接焊缝及拼接加强板如图 7 所示。

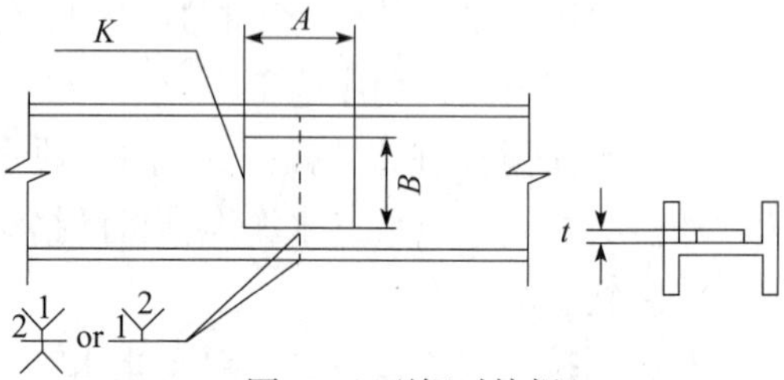

图 7　H 型钢对接焊

注：1. V 形坡口背向加强板，加强板覆盖处焊缝磨平；
2. 当 $S \geqslant 16$mm 时，采用双面 V 形坡口

（2）H 型钢插入

① H 型钢减摩

H 型钢的减摩主要通过涂刷减摩剂实现，涂刷步骤如下：

a. 清除 H 型钢表面的污垢和铁锈。

b. 使用电热棒将减摩剂加热至完全熔化，用搅棒搅时感觉厚薄均匀，方可涂敷于 H 型钢表面，减摩剂涂层不均匀容易产生剥落。

c. 如遇雨雪天，型钢表面潮湿，应首先用抹布擦去型钢表面积水，再使用氧气加热或喷灯加热，待型钢干燥后方可涂刷减摩剂。

d. H 型钢表面涂刷完减摩剂后若出现剥落现象应及时重新涂刷。

② H 型钢插入

a. 水泥搅拌桩施工完毕后，吊机应立即就位，准备吊放 H 型钢。H 型钢使用前，在距其顶端 25cm 处开一个中心圆孔，孔径约 8cm，并在此处型钢两面加焊两块各厚 2cm 的加强板，其规格为 400mm × 400mm，中心开孔与型钢上孔对齐（若工程中 H 型钢临时调动周转，加强板可在拔型钢前补焊）。根据高度控制点，用水准仪引放到定位型钢上，根据定位型钢与 H 型钢顶标高的高度差，在型钢两腹板处外侧焊好吊筋。

b. 型钢插入水泥搅拌桩部分均匀涂刷减摩剂。

c. 安装好吊具及固定钩，然后用吊机起吊 H 型钢，用线坠校核其垂直度。

d. 在沟槽定位型钢上设 H 型钢定位模具，固定插入型钢，型钢定位模具必须牢固、水平，而后将 H 型钢底部中心对正桩位中心并沿定位模具徐徐垂直插入水泥搅拌桩体内，采用线坠控制垂直度。

e. H 型钢下插至设计深度后，用槽钢穿过吊筋将其搁置在定位型钢上，待水泥土搅拌桩达到一定硬化时间后，将吊筋及沟槽定位型钢撤除。

f. 若 H 型钢插放达不到设计标高时，则采用振动锤振动压入。

j. H 型钢插放必须在水泥搅拌桩初凝前完成，一般控制在 120min 内完成型钢插入施工。

h. 型钢插入左右误差不得大于 20mm，宜插在靠近基坑一侧，垂直度偏差不得大于 1/200，底标高误差不得大于 200mm（表 2）。

表 2　H 型钢质量控制指标

项目名称		设计要求或允许偏差	备注
H 型钢桩	桩长	不小于设计值	搅拌桩结束后 120min 内插入
	垂直度	1/200	
	桩位	20mm	

3.2.4　*预应力锚索和冠梁、支撑梁施工*

（1）预应力锚索施工。

①测量放线。钻孔前先根据要求测放孔位，并用竹签进行标记。

②钻孔施工

a. 选择 MG-50 型锚杆钻机。

b. 钻机就位后，应保持平稳，导杆或立轴与钻杆倾角一致，并在同一轴线上，倾角 30° ～ 45°。

c. 施工中根据地质条件可选择两种钻头，土层中选用三角合金钻头，岩层中选用专用圆柱型钻头。

d. 成孔直径不小于 150mm（扩大头直径不小于 600mm），钻进时采用带 D150mm 钢套管跟进钻孔，钻杆在 D150mm 钢套管内钻至锚杆锚固端末端外 1m 处。在钻进过程中，应精心操作，精神集中，合理掌握钻进参数和钻进速度，防止埋钻、卡钻等各种孔内事故。一旦发生孔内事故，应争取一切时间尽快处理。

e. 扩大头锚索成孔：锚索成孔采用专业锚杆钻机带 D150mm 钢套管成孔至锚杆自由端和普通锚固端，然后换用伞状扩大头沿钢套管伸进至套管断头，伞状扩大头张开、缓慢进行伸进施工至锚索锚固端末端深度（即锚杆长度：自由端和锚固端之和），最后拔出套管即可（注水护壁成孔），然后插入锚索及注浆管进行注浆，并进行二次高压注浆。

f. 钻孔完毕后，拔管至锚固端末 6m，插入转杆进行高压旋喷注浆扩孔、长度 6m，重新插入 D60mm 钻杆至锚固端末，插入预制好的 ϕ15.2 钢绞线、钢套管，先在钢套管内进行高压一次喷射注浆至孔口流出浆液为止，待 4h 后进行高压二次注浆至孔口流出浆液为止。

③钻孔质量控制

钻孔是锚固工程施工中至关重要的一环，如果造孔速度慢，会直接影响到工程成本和经济效益；如果造孔质量差，则会影响到锚杆的安装、水泥浆的灌注质量，进而影响到锚杆与水泥浆以及水泥浆与孔壁的粘结力，致使锚杆达不到设计要求。因此，在锚固孔的钻凿过程中，必须严格按设计要求施工，以确保锚固孔成孔质量。

a. 锚杆孔距水平方向允许偏差 ±100mm，垂直方向孔距允许偏差 ±50mm；钻孔底部的偏斜尺寸不应大于锚杆长度的 3%。

b. 锚固孔深度应不小于设计长度（高出设计长度 0.5～1.0m），也不宜大于设计长度的 1%。

作为钻孔质量监控的一项措施，施工人员必须认真填写钻孔钻进的原始记录表，详细记录每个孔的进尺情况、地层变化、施工时间及其他特殊情况。

④锚索制安

a. 按设计要求制作锚索，锚索采用 ϕ15.2 钢绞线。锚索定中架或隔离架均按设计要求制作和安装，使锚索处于钻孔中心。锚索自由端须抹一层黄油，并密裹塑料布，套塑料软管、扎牢。

b. 本工程锚索必须严格按照设计图纸中对自由端和锚固端的要求执行，钢绞线锚固端架线环与紧箍环每隔 1.5m 间隔设置，紧箍环系 16 号铅丝绕制，不少于两圈，自由端每隔 2m 设置一道架线环，以保证钢绞线顺直。

c. 安放锚索杆体时，应防止筋体扭曲，注浆管宜随锚索一同放入孔内，管端距孔底为 50 ～ 100mm，筋体放入角度与钻孔倾角保持一致，安好后使筋体始终处于钻孔中心，锚索孔口外露 1200mm 以便张拉。

d. 若发现孔壁坍塌，应重新透孔、清孔，直至能顺利送入锚索为止。

e. 扩孔

采用高压旋喷进行扩孔，扩孔时浆压力不小于 20MPa，拔管速度为 0.1 ～ 0.2m/min、水泥采用 32.5R 复合硅酸盐水泥，水灰比为 0.4 ～ 0.5。

f. 注浆

注浆材料应根据设计要求确定，水泥采用 32.5R 复合硅酸盐水泥，水灰比为 0.4 ～ 0.5。注浆体强度不低于 30MPa，一次注浆压力为不小于 20MPa。采用二次注浆，二次注浆材料选用水灰比为 0.5 的纯水泥浆，注浆瞬时压力一般为 25MPa。

浆液应搅拌均匀，过筛，随搅随用，浆液应在初凝前用完，注浆管路应经常保持畅通，注浆前加入适量的速凝剂。

注浆管与锚索一起放入钻孔中，注浆管内端距设计孔底为 50 ～ 100mm，二次注浆管的出浆孔密封，保证一次注浆液不进入二次注浆管内。一次注浆时采用注浆泵将浆液经压浆管输送至孔底，再由孔底返出孔口，待孔口溢出浆液或排气管停止排气时，可停止注浆。一次注浆压力不小于 20MPa，二次注浆为劈裂注浆，压力一般 25MPa。待一次注浆初凝后进行二次高压注浆，约 4h 待注浆体强度达到 70% 后方可进行张拉。

锚索成孔采用套管跟进，到底后下入锚索，然后从第一次注浆管注入水泥浆至孔口流浆为止，然后拔出第一次注浆管，进行第二次注浆。

（2）冠梁、支撑梁施工要求

清理表层土方至设计标高，凿去桩头至设计标高，按图纸设计梁截面开挖沟槽，在沟槽内按设计要求绑扎钢筋、支模、浇筑钢筋混凝土冠梁、支撑梁。待混凝土强度达到 80% 后，方可进行下一道工序施工。

①冠梁的施工。表层土清理至冠梁顶设计标高后马上进行水泥搅拌桩的剔凿和 H 型钢的包扎（便于回收时拔出 H 型钢）。剔凿选用两台空压机进行，底部直接在土层上做一层 100mm

厚C15垫层，冠梁垫层施工完毕，必须用水准仪校验垫层表面高程，误差≤ ±30mm。冠梁放样及尺寸偏差要求同永久性结构构件。

②内部支撑梁的施工。内撑全部采用钢筋混凝土内撑。由于内撑梁跨度大，为防止土体下沉而导致内撑梁下挠，同时为保证表面观感质量，内撑梁侧模和底模全部采用胶合板模板进行支设。两侧用打入的钢管作为模板的支撑，在梁中部按照3%进行起拱，模板的底模标高、轴线以及浇筑标高全部采用龙门板进行定位。支撑梁下的格构柱采用钢筋混凝土灌注桩，模板支设完成后需要用水准仪进行检查。内撑梁的尺寸偏差要求同结构。

③冠梁和支撑梁的钢筋绑扎和混凝土浇筑与普通钢筋混凝土结构施工相同。支撑梁下的灌注桩格构柱施工与普通钢筋混凝土灌注桩相同。

（3）预应力锚索张拉、锁定

①待冠梁混凝土强度达80%，注浆体强度达到70%后，即可进行张拉，锁定于锚索部位的混凝土冠梁和锚定钢板之上，锁定时取设计值的锁定值，10d后即可进行张拉试验，以进一步确定锚索施工参数。

②锚索施工后，应进行验收试验，验收试验的锚索数量根据设计图纸按总量的5%进行。进行土层锚索验收试验时，加载宜按设计荷载的25%、50%、75%、100%、120%、150%依次进行。

③锚索张拉前至少先施加一级荷载（即1/10的锚拉力），使各部紧固服帖和筋体完全平直，保证张拉数据准确。

④锚固体与台座混凝土强度均大于21MPa时（或注浆后至少有7d的养护时间），方可进行张拉。

⑤锚索张拉至1.0～1.2设计轴向拉力值时N_t，土质为砂土时保持10min，为黏性土时保持15min，然后卸荷至锁定荷载进行锁定作业。锚索张拉荷载分级观测时间遵守有关设计或规范的规定。

⑥锚索锁定后，若发现有明显预应力损失时，应进行补偿张拉。

表3为预应力锚索质量控制指标。

表3　预应力锚索质量控制指标

项目名称		设计要求或允许偏差	备注
预应力锚索	钢绞线结构	7 ϕ5 钢绞线	
	钢绞线公称直径	15.20mm	
	抗拉强度	1860MPa	
	整根钢绞线的最大力	大于260kN	
	最大力总伸长率（L_0 ≥ 400mm）	≥ 3.5%	
	注浆水灰比	0.40～0.50	
	注浆压力	2.5～5.0MPa	

3.2.5　分层开挖土方

（1）土方开挖过程中，应分层开挖，要加强断面高程检查，避免超挖或欠挖。开挖至腰梁底部时应暂停，留出时间进行支护，即预应力锚索的腰梁施工，待支护完成后，支护结构混凝土强度达到设计强度的80%后，再进行下一层土方开挖。

（2）最后距底板垫层底面200mm时，用人工清土至底板垫层底面的土层。经相关单位验收合格后，立即进行垫层混凝土封底，以免土层长时间暴露风化，破坏土质结构。

（3）按设计边坡率开挖，并尽量保持坡面平顺。

（4）侧沟、截水沟等施工，要做到沟基稳定，沟形整齐，沟水排泄不对基坑产生危害，同时在整个基坑开挖过程中，始终要进行减压降水，确保基坑施工安全。

（5）在整个基坑开挖过程中要进行信息化管理，加强基坑施工监测，确保施工安全。

（6）土方开挖时要注意在靠近支护桩处预留 100mm，采取人工处理，以避免机械施工时碰到并损坏支护桩，致使支护桩失去支护与止水作用。

（7）基坑分层开挖每层不应大于 2m，在垫层底标高需预留 200mm 用人工清底平整，以防超挖。

3.2.6　分层支护（预应力锚索和腰梁施工）

水泥搅拌桩 +H 型钢桩随开挖深度的增加，根据设计在中间采用预应力锚索和腰梁进行分层支护。

（1）预应力锚索施工同上。

（2）腰梁施。

土方分层开挖至腰梁底标高 –500mm 以下后，待腰梁预应力锚索安放和注浆后，即可支腰梁模板，绑扎腰梁钢筋，浇筑腰梁混凝土。腰梁的支模、钢筋绑扎和混凝土浇筑与普通钢筋混凝土结构施工相同。

（3）预应力锚索张拉、锁定

预应力锚索的张拉与 3.2.4 节中冠梁的预应力锚索张拉相同。

3.2.7　基坑回填

基坑开挖到设计标高，加强基坑支护体系的监测。待地下室结构和外防水完成后，即可按设计要求进行基坑回填。回填过程中应按设计及施工规范要求，分层回填夯实，并分层检测回填压实系数，压实系数应≥设计压实系数。

3.2.8　回收 H 型钢

（1）清理场地

①拔 H 型钢前，先确定好设备行走路线和 H 型钢堆放场地，并清理场地上的障碍物。工作面上物件清理干净，以满足 30t 吊车起拔型钢为准，30t 汽车吊净重为 24.3t，后两轮间宽为 1.8m；与型钢留出 4.5m 以上距离，并有拔出 H 型钢后的堆放场地和运输 H 型钢的通道。

②清理冠梁上的余土、杂物，以保证千斤顶垂直平稳放置。

（2）拔出 H 型钢

①安装千斤顶将两个千斤顶（型号为：QD-200T）平稳地放在冠梁上，用吊车将 H 型钢起拔架吊起，冲头部分“哈夫”圆孔对准插入 H 型钢上部的圆孔，并将销子插入，销子两边用开口销固定以防销子滑落，然后插入起拔架与 H 型钢翼羽之间的锤型钢板夹住 H 型钢。

②型钢拔除开启高压油泵，两个千斤顶同时向上顶住起拔架的横梁部分进行起拔，待千斤顶行程到位时，敲松锤型钢板，起拔架随千斤顶缓慢放下置原位。待第二次起拔时，吊车须用钢丝绳穿入 H 型钢上部的圆孔吊住 H 型钢。重复以上工序将 H 型钢拔出。

③孔隙填充，为避免拔出 H 型钢后其空隙对周围民宅等建筑物的影响，拔出 H 型钢后须立即按照设计要求进行填充。

3.2.9 结束

H 型钢运往指定地点，施工机械退出工地，场地清理干净。

4　施工质量控制

（1）所有隐蔽工程记录，必须经有关部门签字认可后，方可组织下道工序施工。

（2）原材料、成品、半成品必须有出厂合格证，并经检验合格后才允许投入工程使用。加强成品、半成品的保护工作。

（3）切实落实材料送检制度，严格按规范要求进行材料抽样送检，每批购入材料都要取样选择，取样数量要符合规范要求。

（4）及时按施工规范要求取样制作混凝土试块，并做好记录。

（5）认真做好各部门分项施工的自检工作。在施工班组自检合格基础上再由专职质检员进行复检，合格后方能进行下道工序，并认真做好自检资料记录。

（6）做好工程保证资料的收集、整理工作，资料要准确、充足，如实地反映工程实际情况，绝不允许制假工程资料。

（7）把好测量定位关，保护测量标记。

（8）做好各分项工程的检查、检验工作，并做好检验记录。

（9）遵守国家施工及验收规范以及季节施工的有关规定。

（10）按照建筑安装工程质量评定标准，验收工程质量等级。

（11）按照建设单位及监理要求的验收程序，验收项目，进行质量过程控制做好自检和申报验收，并交验各种资料，填报各种表格。

（12）建立各级质量管理责任制和工作质量保证体系。

（13）水泥土桩采用钻芯法对桩身完整性进行检测，抽检数量不少于总桩数的 1%，且不得少于 5 根；对挡土部分结构桩芯取样进行无侧限抗压强度检测，抽检数量不得少于总桩数的 1%，且不得小于 3 根；施工过程中应对锚索进行抗拔检测，检测数量不少于锚杆总数的 5%，且同一土层的锚索检测数量不应少于 3 根。

5　安全措施

（1）基坑施工必须在基坑四周边坡顶设临边防护。采用 1.2m 高栏杆式防护，并搭设密目式安全网做到封闭式防护。

（2）临边防护栏杆离基坑边口的距离不得小于 50cm。

（3）本工程基坑采用集水井水泵排水，地面采用排水沟排水，防止雨水流入基坑。

（4）基坑边堆土、料具的堆放高度不得超过 1.5m，距基边距离应大于 1m。机械挖土应尽量做到随挖随运。

（5）基坑施工必须有专用通道供作业人员上下。

（6）设置的通道，在结构上必须牢固可靠，数量、位置满足施工要求，宽度 1.5m。

（7）施工机械由相关检测单位检查验收后进场作业，并有验收记录。机械设备下钻、起吊前应检查机械是否有障碍，严禁机械带病作业。

（8）施工机械操作人员按规定进行培训考核，持证上岗，熟悉本技术在内的安全技术操作规程，在开挖前对其进行技术交底，交底双方履行签字手续。

（9）水泥搅拌桩机下钻时应根据地质和钻进情况加压，不得为赶进度而盲目加压造成机械损坏。

（10）下钻或起吊时若机架摇晃、移动、偏斜或钻头内发生有节奏响声时，应立即停钻，经处理后方可继续施钻，未查明原因不得强行启动。

（11）每台电气设备、机械应分设开关和熔断保险，严禁一闸多机。各种电气设备均采取接零或接地保护，接零接地不准用独股铝线。单相 200V 电气设备应有单独的保护零线，严禁在同一系统中接零接地两种保护混用。

（12）凡移动式设备和手持电动工具均要在配电箱装设漏电保护装置。

6 环保措施

（1）项目部应建立环境管理小组，制定环境保护管理实施细则，明确各部门在施工期间环境保护工作中的职责分工。

（2）建立、健全施工期间环境管理体系和各项环境管理规章制度，并上墙广泛宣传、认真落实。

（3）施工现场进出场道路必须硬化，出口大门处设置清洗池和沉淀池，施工现场尽量避免占用道路。

（4）在工程开工前完成工地排水和废水处理机制建设，保证工地排水和废水处理设施在整个施工过程中有效性，做到现场无积水、排水不外溢、不堵塞、不对当地水源产生污染。

（5）所有设备必须经过验收合格才能使用，发现设备异响，立即检查、维修，确保设备处于正常运行状态。要注意保养机械，使机械维持最低声级水平；安排人工轮流操作高噪声的机械；对在声源附近工作时间较长的工人，可发放防声耳塞、头盔等，采取保护措施，使人工进行自身保护。优化施工时间，以便缩短施工噪声的污染时间，缩小施工噪声的影响范围，尽量避免夜间施工，以减少噪声对周围环境的影响。

（6）对易产生扬尘的作业面和装卸、运输渣土、水泥等材料过程，制定操作规程和洒水降尘制度，每日适当洒水，保持湿度，降低扬尘对周围环境的污染，堆土应进行遮盖；现场运来的水泥在卸车时要轻搬轻放，防止粉尘飞扬。水泥要采取码放措施，减少与大气的接触面积；生产垃圾必须倒在指定专设垃圾堆放地进行消纳，施工垃圾做到每天清运。

（7）严禁在施工现场焚烧任何废弃物和避免产生有毒有害气体、烟尘、臭气等有害物质，保证不破坏环境。

（8）基坑支护施工过程中对于散放材料的处理，要集成堆放成方，底脚料边用边清，无底脚散料。周转材料及设备集中分类堆放整齐，不散不乱，不作它用。

（9）合理使用水泥、H 型钢等材料，严格按设计要求施工，减少返工及废品。建议每周做一次材料、用工计划，并每周核查一次，尽量减少材料浪费，节约成本。

7 结语

基坑支护通过采用三轴桩做止水帷幕，H 型钢做桩体，利用锚索来锚固桩端共同平衡侧向土压力，并调节桩顶位移量，中间可随着开挖深度的增大可增设腰梁和锚索，顶部设冠梁、支撑将整个 H 型钢桩连成整体，能满足成桩速度快，止水效果好，安全可靠，节能环保，节约施工成本。

参考文献

[1] 建筑基坑支护技术规程：JGJ 120—2012［S］. 北京：中国建筑工业出版社，2012.

[2] 建筑桩基技术规范：JGJ 94—2008［S］. 北京：中国建筑工业出版社，2008.

[3] 型钢水泥土搅拌墙技术规程：JGJ/T199—2010［S］. 北京：中国建筑工业出版社，2010.

管棚与洞柱联合支护技术在浅埋暗挖工程中的运用

姚　强

湖南省第四工程有限公司，长沙，410119

摘　要：本文以哈尔滨民众街、民庆街地下人防工程为例，介绍了在城市中心区域，无法进行交通封闭的情况下，运用管棚与洞柱联合支护的施工技术方法，在地下暗挖工程中，能够有效地保障地下施工安全、缓解城市交通压力。

关键词：管棚；洞柱；支护；暗挖

1　引言

随着工程技术的不断进步，人防构筑物、商场、过街通道等已开始大量利用地下空间，然而城市交通压力的不断增加，直接制约着地下工程的开展，普通的明挖、盖挖等工艺无疑加剧了城市交通的拥堵，通过调查、研究、论证、实施，在地下工程中运用管棚与洞柱联合支护施工工艺组织施工，可以有效地降低地下工程施工风险、减少占道面积、缓解城市交通压力，能够获得较好的社会效益和安全控制效果。

2　工程概况

哈尔滨民众街、民庆街地下人防工程坐落于哈尔滨市道里主城区，由民众街、民庆街成L形组成。位于街道马路正下方，民庆街西起点位于新阳路，东至民众街，往北拐至通达街路口，为地下两层，主要功能为商业和停车库，民众街商业部分长度119.4m，宽60.6m，车库部分长79.8m，宽27.9m，民庆街车库长411m，宽17.4m，覆土厚度2.4～3.4m，总面积为33532.66m^2。

3　工艺原理

浅埋大空间管棚与洞柱联合支护施工工艺原理是在不进行大面积路面破除的情况下，进行竖井开挖，在竖井内施工顶部管棚及侧向管棚，管棚施工完成后进行主轴线上导洞开挖支护，再在主导洞内进行柱子挖孔作业，浇筑顶板、柱及柱基，然后开挖主轴线间副导洞，连接剩余顶板，形成以柱及顶板为支撑的地下空间体系。最后按逆作法施工剩余结构，形成地下主体结构。

4　施工方法

4.1　施工准备

（1）根据工程结构设计及工程所在区域及周边地质情况，对地下暗挖导洞截面尺寸、工字钢初期支护的选型进行设计、验算，确定合理的截面尺寸、钢格栅类型，保证施工过程的安全。

（2）管线勘察．对施工区域内各类管线进行探查，探明区域内管线种类、尺寸、埋深、走向及使用情况。

（3）确定合理的竖井开挖区域．竖井开挖区域的选择应满足施工便利、不影响主体结构施工进度、二次回填工作量小的要求，一般可选择结构出入口区域作为竖井工作面。

（4）根据初期支护设计图纸及现场实际情况，在平面图上确定各导洞平面布置、走向及尺寸。以我公司承建的某项目为例，各导洞布置及功能如图 1 所示.

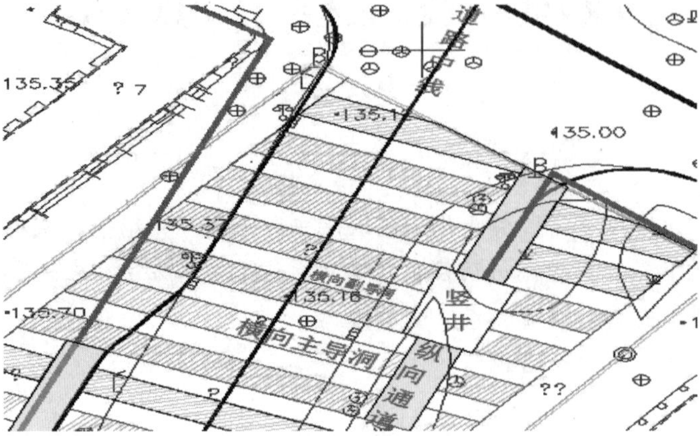

图 1　导洞平面布置图

注：纵向通道。一般沿构筑物长度方向或顺道路方向设置，通过在纵向通道内设置转向马头门，增加地下暗挖工作面。横向主、副导洞。一般沿构筑物宽度方向或垂直道路方向设置，通过主、副导洞的开挖完成顶板及柱的施工。

4.2　竖井施工

竖井开挖深度根据结构覆土厚度确定，H 为原始地面至结构顶板顶面标高 +50mm 预留沉降量。竖井现浇钢筋混凝土护壁根据 H 大小不小于 250mm，护壁高度范围内设置 HRB400ϕ22 ～ 32mm 锚杆，水平和竖向间距 1m，锚杆外端与护壁钢筋焊接。护壁下缘设 200mm 厚现浇导向墙，预埋 PVC 导向管，间距 400mm。竖井平面尺寸较大时，开挖时中心留核心土，便于护壁模板支撑体系固定（图 2）。

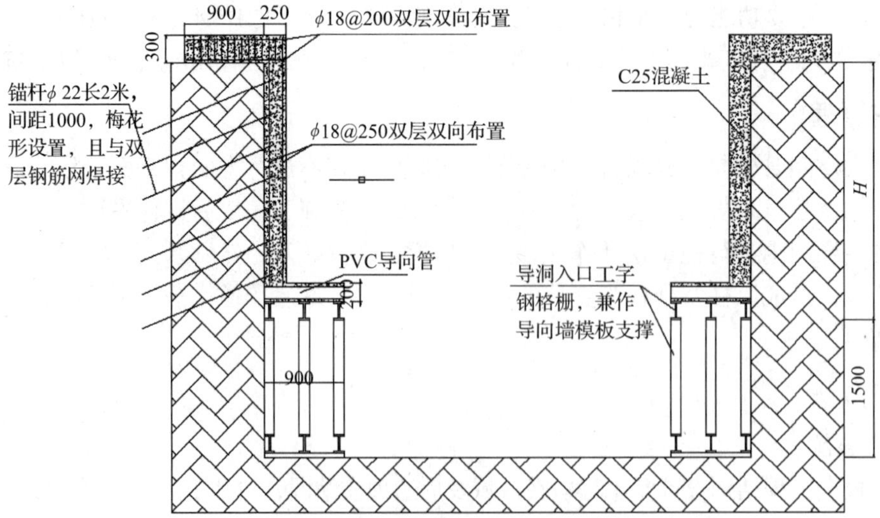

图 2　竖井施工图

说明：1. 导向墙底部标高由 H 决定，H 为相应轴线结构顶板顶面标高 +5mm 预留沉降量。

2. 导向墙底部支撑采用双层工字钢避免混凝土浇筑时产生沉降；

3. 侧墙混凝土浇筑为防止跑模，开挖时中间留核心土以方便打对口撑支撑模板。

4.3　纵向管棚施工

管棚施工采用水平定向管棚钻机经导向管钻进成孔，顶入 ϕ108mm 钢花管，采用不同节长的钢管间隔布置，保证相邻管棚焊接接头不在同一个垂直面上。管棚长度根据导洞长度全长铺设，一次成形。管内注满水泥砂浆，水泥砂浆配合比为 1∶（0.5 ～ 3）。钻机成孔时，依据已探明施工区域管线图，严格控制管棚打入仰角，防止破坏管线（图 3）。单根钢管注浆量控制：

$$Q=\pi\times r^2\times L+\pi\times R^2\times L\times\eta\times\alpha\times\beta \tag{1}$$

式中，Q 为注浆量；r 为钢花管半径；L 为钢花管长度；R 为浆液扩散半径；η 为地层孔隙率（砂土取 33% ～ 45%，黏土取 45% ～ 60%）；α 为浆液有效填充率；β—浆液损耗系数。

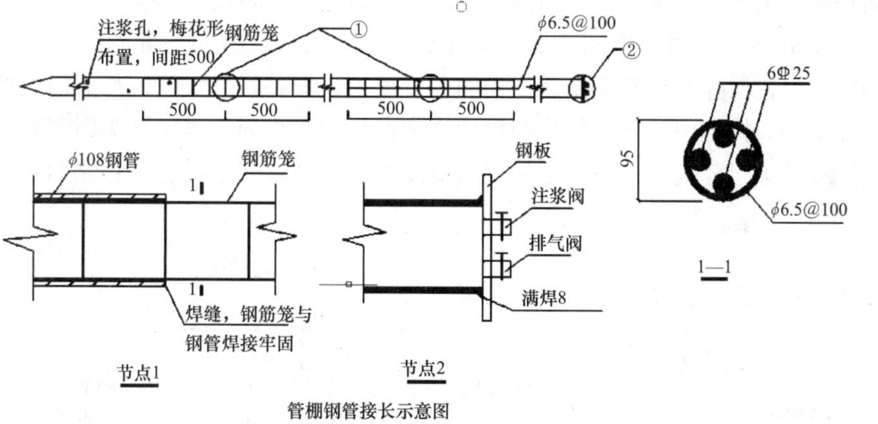

图 3　管棚钢管接长示意图（mm）

4.4　纵向通道开挖支护

纵向通道开挖采用人工配合机械开挖，洞内支护采用工字钢格栅支护。每次开挖进尺不超过 70cm，机械开挖后留不少于 15cm 宽的基面采用人工开挖修面，防止超挖。通道开挖采取边开挖边进行初支钢格栅支护，并喷射混凝土。开挖支护循环为：机械开挖→人工修面→测量→钢格栅立柱安装→横梁安装→仰拱安装→喷射混凝土。每榀钢格栅中心间距为 550 ～ 650mm，工字钢格栅之间环向设置 ϕ22@600mm 连接钢筋、ϕ8@200mm 钢筋网片。每循环初支钢格栅之间横向偏差 ±50mm，高程偏差 ±50mm，立柱垂直度偏差 ±2°（图 4）。

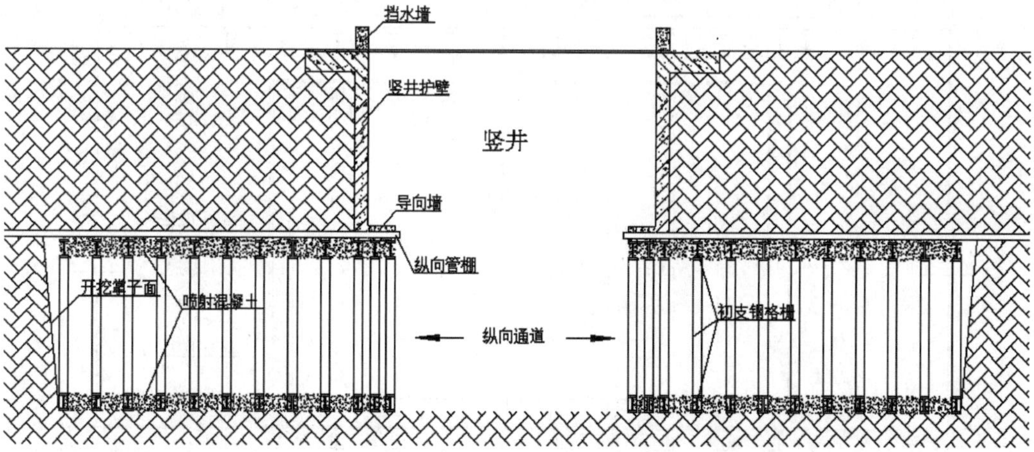

图 4　纵向通道支护剖面图

4.5 横向主导洞开挖支护

（1）横向管棚施工

纵向通道开挖支护完成，封闭掌子面后，在通道内搭设管棚机操作平台，施工顶部横向管棚及剪力墙侧向管棚，通过与竖井内施工的横向管棚结合，达到地下结构顶面管棚全覆盖。

横向管棚施工方法与纵向通道顶面管棚施工方法一致，钢管设计间距 400mm。横向管棚施工时，由于纵向通道初支钢格栅的影响，无法按设计间距施工时，保证管棚钢管间距不超过设计间距即可。

（2）转向马头门施工

转向马头门由 3 榀工字钢格栅组合而成，钢格栅立柱之间通长焊接。

根据确定的导洞平面布置图（图 1），在纵向通道内进行横向主导洞洞口放样并做好标记。根据标记位置凿除原初支钢格栅表面喷射混凝土，安装好马头门，马头门上部横梁与纵向通道初支横梁焊接牢固，下部仰拱与纵向通道仰拱焊接牢固，确定马头门安装牢固，验收合格后，拆除马头门范围内纵向通道初支钢格栅立柱，横向主导洞进口完成（图 5、图 6）。

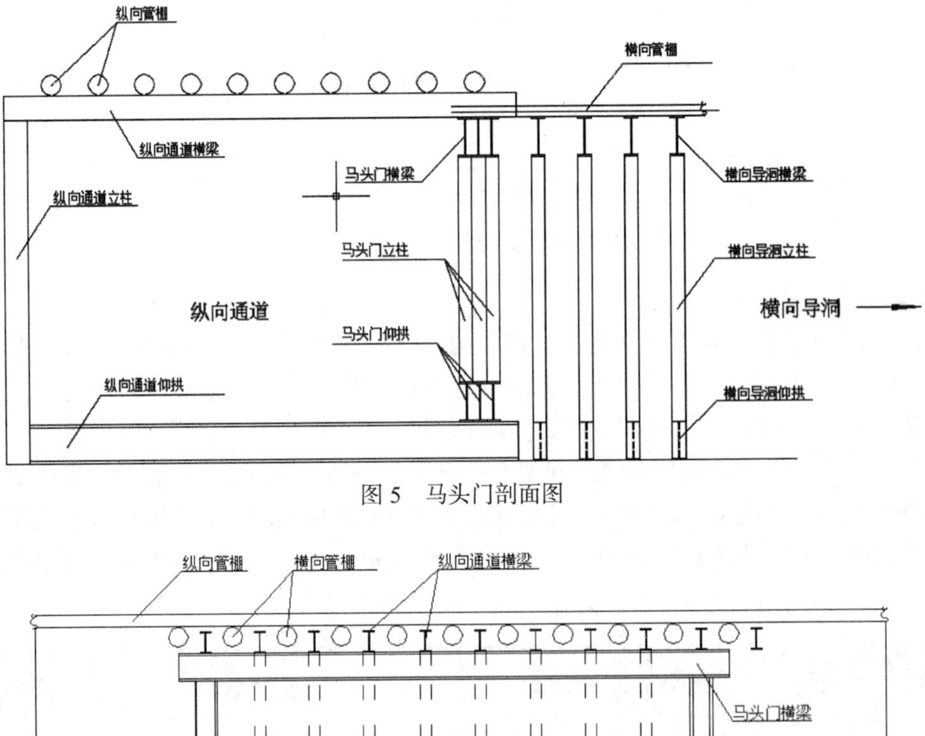

图 5 马头门剖面图

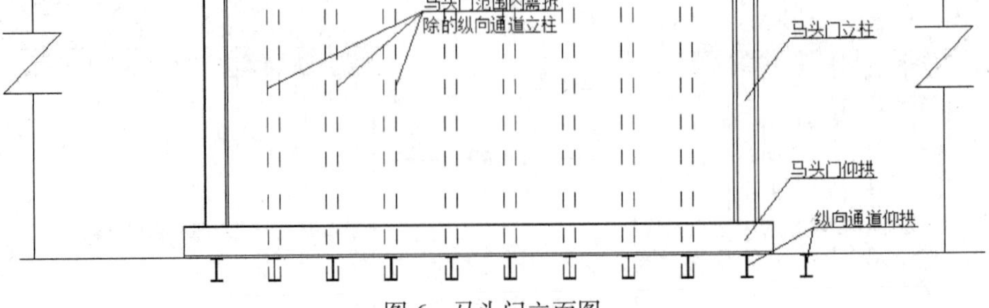

图 6 马头门立面图

（3）横向主导洞开挖、支护

横向主导洞为结构主轴线上导洞，开挖、支护方法与纵向通道一致。

主导洞初支钢格栅顶部横梁两端安装时伸出立柱，横梁两端焊接 230mm×230mm 连接钢板，连接钢板预留 4 个 ϕ24 螺栓孔。连接钢板用于后续施工中横梁连接。

4.6　洞柱开挖

每根轴线上主导洞施工完成后，进行导洞内结构柱作业面开挖。

根据主体结构柱柱底承台确定人工挖孔截面尺寸及位置，测量人员在主导洞底部仰拱面测出各开挖截面四角和结构柱中心位置，并做好护桩，孔边距初支工字钢立柱距离不小于 500mm。因开挖和结构柱施工需要，各洞柱工作面均需拆除部分初支仰拱，仰拱拆除数量每个工作面不超过 2 根，仰拱拆除部分与两侧仰拱连接加固（图 7）。

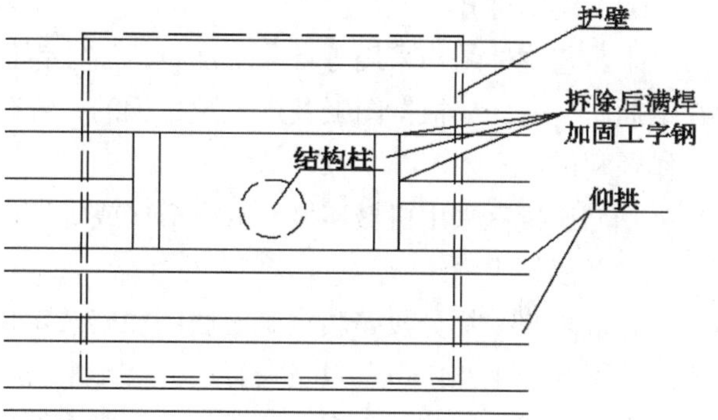

图 7　仰拱拆除加固

挖孔作业护壁采用钢筋混凝土护壁，护壁厚度不小于 10cm，ϕ6@200mm 双向钢筋网，每节护壁高度不超过 1m，节间预埋 ϕ20mm 连接筋连接上下护壁，连接筋环向间距 400mm，与钢筋网焊接，与上下节护壁连接长度不小于 20cm（图 8）。

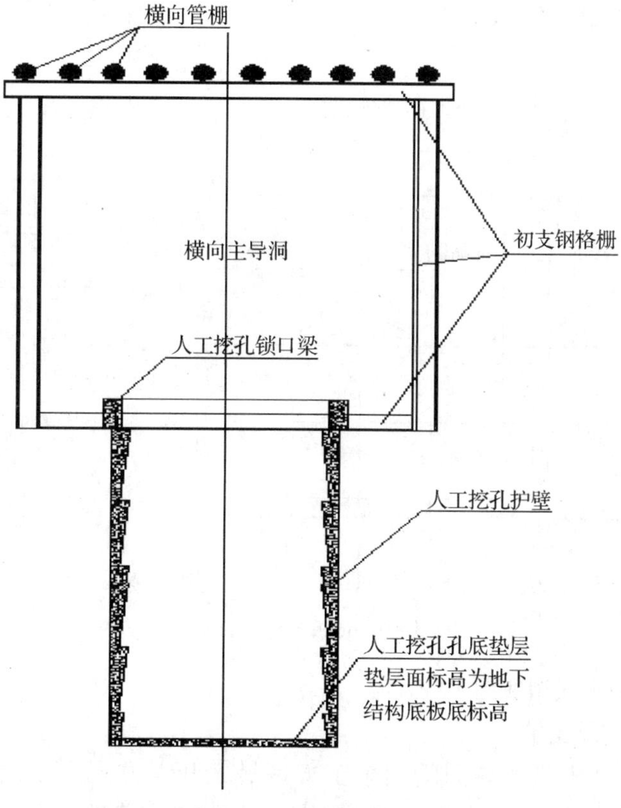

图 8　人工挖孔剖面图

4.7　柱基、柱基顶部混凝土浇筑

（1）结构柱安装定位

人工挖孔作业完毕后，孔底浇筑 15mm 厚垫层混凝土找平，当结构柱采用钢管混凝土柱时，垫层上预埋定位调平钢板，在定位钢板上投测钢管柱中心位置及外圆周线，在圆周线外侧焊接 3 个 ϕ20mm 卡位钢筋头。钢管柱按层高分段吊装，钢管柱垂直度偏差为 h/1000 且≤ 15mm。

（2）钢筋绑扎

本工艺主体结构采用分批分块浇筑，后续钢筋搭接部位多，且各工作面间不通视，因此在钢筋安装前，应根据图纸及规范预排钢筋，统一各工作面的钢筋排布规则，保证后续搭接工作顺利进行。

钢筋连接宜采用机械连接，减少搭接或焊接需预埋搭接长度的施工难度。

（3）混凝土浇筑

柱混凝土采用分段安装浇筑，底层柱安装定位完成后，即浇筑柱基混凝土，待柱基混凝土强度不低于 1.2MPa 后方可进行结构柱混凝土浇筑。

上层柱模板安装前，应对分段处进行凿毛处理，去除结合面浮浆，高压水冲洗。

顶板与首层柱一次浇筑，采用自密实混凝土，坍落扩展度 660 ～ 750mm，用汽车泵泵送。顶板每跨中设置一个混凝土进料口，进料口采用 700mm × 700mm 钢板，中心开孔，孔口焊接 1m 长混凝土泵管，泵管与钢板结合处设置水平活动闸阀，进料口钢板与普通木模拼接固定牢固。顶板每浇筑段两端端模上部预留观察口，用作观察顶板混凝土浇筑情况，待混凝土浇筑至观察口时封闭（图 9）。

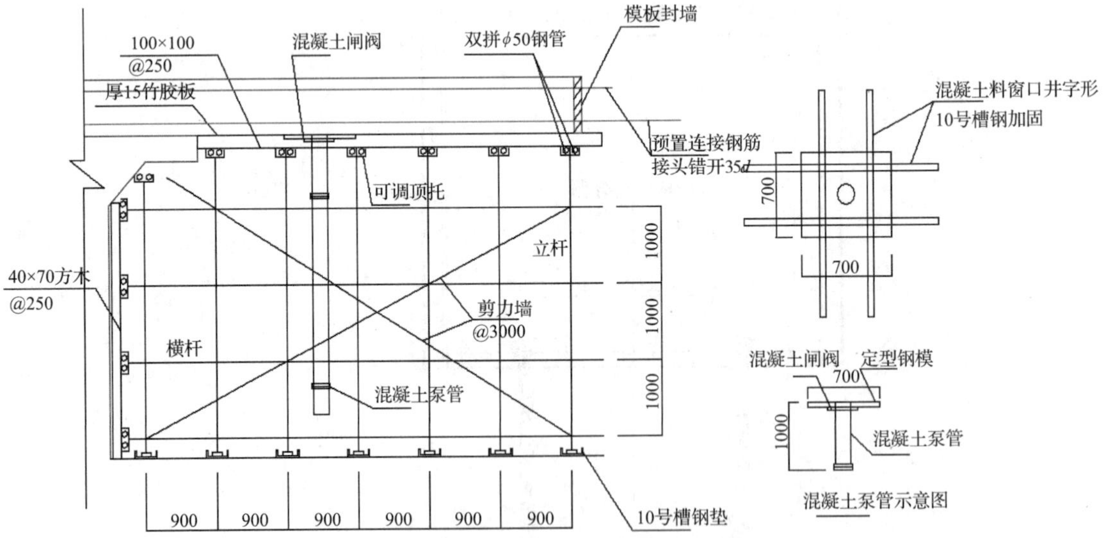

图 9　顶板支模（mm）

横向主导洞混凝土成型如图 10 所示。

4.8　横向副导洞开挖及支护

横向副导洞为两相邻主导洞间剩余土方区域，开挖方式同横向主导洞。副导洞开挖过程中仅需逐榀连接两侧主导洞工字钢横梁。副导洞横梁两端同主导洞横梁，预设

230mm × 230mm 连接钢板，主、副导洞横梁工字钢通过 4 个 M20mm 螺栓连接，两连接板应贴合紧密，否则应补焊加固。

图 10　横向主导洞混凝土成型图

沿结构剪力墙副导洞开挖支护时，应与主导洞开挖支护循环一致：连接顶部横梁、临墙立柱、底部仰拱。底部仰拱应与一侧主导洞仰拱连接成整体。

4.9　顶板混凝土连接

每条副导洞开挖支护完毕后，处理主导洞顶板混凝土施工缝，拆除初支立柱，进行副导洞内顶板钢筋、模板安装，浇筑混凝土，混凝土浇筑方法与主导洞一致。

4.10　逆作剩余结构

地下结构顶板连接全部完成后，剩余结构可按传统逆作法进行施工。

地下结构顶板完成后，地下空间主要支撑结构由管棚与初支钢格栅转换成结构柱及顶板，提高了地下作业人员和路面通行人员的安全系数。

5　结语

地下暗挖工程初支结构形成后，主体结构跟进速度是控制上部覆土沉降量的关键因素，哈尔滨民众街、民庆街地下人防工程采用管棚与洞柱联合支护技术，实现了初支结构与主体结构流水施工，大大缩短了地下空间支撑体系由初期支护转换为永久结构的间隔时间，缩短了上部覆土沉降的累积时间，保证了上部路面的正常通行及地下施工的安全，取得了良好的应用效果。

参考文献

[1]　姜平，张小兵，胡曦刚. 超长大管棚在地下人行通道浅埋暗挖法施工中的应用［J］. 工业建筑，2012（S1）.

[2]　赵朋。粉细砂地层浅埋暗挖车站施工关键技术研究［D］. 石家庄铁道大学，2016.

浅谈软地基条件下塔吊深基础的开挖与施工

李军林

湖南省第四工程有限公司，长沙，410119

摘　要：软地基条件下地下室施工，施工材料及周转性材料场内运输工作量很大，但场内临时道路的铺筑和维护，无论从经济上还是技术上可行性均较低。如何在地下室土方开挖前，将塔吊安装好并投入使用，将极大地提高施工效率，降低场内运输成本。

关键词：软地基；塔吊基础；槽钢桩；围檩

软地基条件进行地下室开挖施工操作难度很大，一般需先沿基坑周边打好支护排桩和止水帷幕，做好内支撑后才能分层开挖。施工中水平运输和垂直运输的工作量都会很大，但因软地基条件下场内道路在土方开挖前硬化成本太高且实施难度大，因此，在地下室基坑土方开挖前把塔吊安装好并投入使用，将极大地提高施工效率，降低场内运输成本。

塔吊基础基底面积小而开挖深度大，如何安全快速地完成塔吊基础施工，是地下室土方开挖施工前需要考虑的一个课题。作者以曾经施工的浙江省温州市某项目地下室工程施工的案例，阐述了在软地基条件下塔吊基础开挖与施工时的经验与体会。

1　工程水文地质资料

在勘探深度范围内，地层由杂填土、硬壳层黏土、淤泥、淤泥质黏土、黏土、粉质黏土、粉质黏土夹圆砾、卵石 8 个工程地质层和 10 个亚层组成，卵石层以上有 50 ～ 60m 深的软弱土层及淤泥土层。基坑开挖影响深度内地下水主要为孔隙潜水，赋存于杂填土、黏性土及淤积软土层，地下水径流条件复杂，主要由邻近地表水体及大气降水补给。勘测期间测得稳定地下水水位埋深 0.95 ～ 1.67m，高程为 2.79 ～ 3.61m；年变化幅度约 1.0 ～ 2.0m；浅部（3）-2 层粉砂夹淤泥土层中，具微承压水，含水层层顶深度 11.00 ～ 12.00m，厚 0.8 ～ 2.0m，其透水性受淤泥控制，承压水位在 6.0m 左右。

2　塔吊基础的设计

选定塔吊型号为 QTZ63C，塔吊基础承台尺寸按塔吊说明书要求：5000mm × 5000mm × 1300mm，因地基土持力层埋置较深，承台底下设四根直径 600mm 钢筋混凝土桩承重，桩底进入工程桩设计持力层，桩顶标高同承台底，桩主筋锚入承台 40*d*。塔吊基础简图如图 1 所示。

3　桩基础的施工

因本工程桩设计采用泥浆护壁正循环回转钻孔灌注桩，塔吊基础也采用同样施工方式，按常规的正循环回转钻孔灌注桩施工工艺执行即可，本文不再赘述。值得注意的是因本工程塔吊基础承台顶标高与设计地下室底板顶平，工程完工塔吊拆除后用来代替地下室底板使用。故标高控制一定要精确。由计算得出桩顶标高为 -11m，施工场地平整后地面标高 -1.5m，桩基混凝土水下灌注施工时应保证桩顶有足够高度的超灌量，方能保证桩基顶部混凝土的质量符合要求。

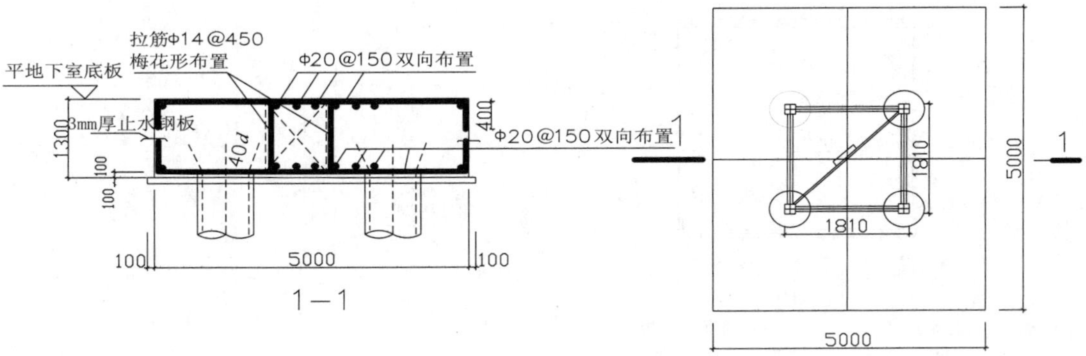

图 1　塔吊基础简图（mm）

4　基坑土方的支护与开挖

地面标高 –1.5m，基坑底标高 –11m，开挖深度 9.5m，为能减少成本，快速便捷地完成施工。我们采用上部放坡开挖，下部 18 号槽钢桩支护两级开挖的施工方案，如图 2 所示。

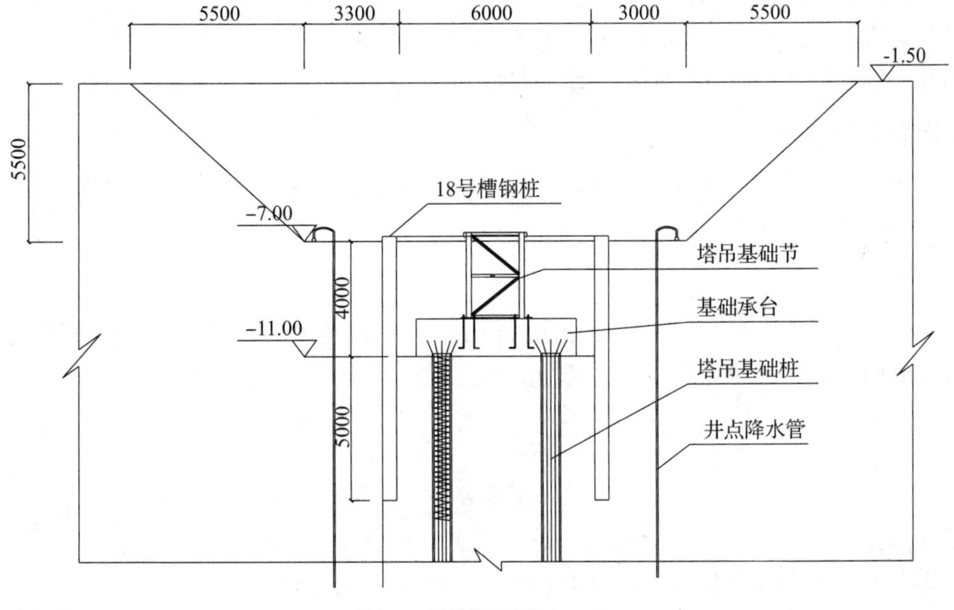

图 2　基抗剖面图（mm）

先按 1∶1 放坡开挖至 –7.0m 处，边坡用挖机拍紧夯实，留 3m 宽台阶，然后测量出槽钢桩位置，由人工配合挖机逐根压入预定位置。挖机压桩时应保证每根槽钢前后左右垂直度偏差不超过千分之五。待全部槽钢均压到位后，焊接第一道围檩和角撑。设两道围檩，顶部一道，往下 1.9m 处设一道，按先撑后挖的原则，逐层挖土至坑底标高。围檩设置如图 3 所示。

槽钢桩的材料选用 18 号普通槽钢，定尺长度 9m，压入土中 5m，外露 4m。设两道围檩，间距 1.9m，围檩及角撑用两根 18 号槽钢拼接焊。施工时不得生拉硬拽，不得让槽钢产生较大的初始弯曲。

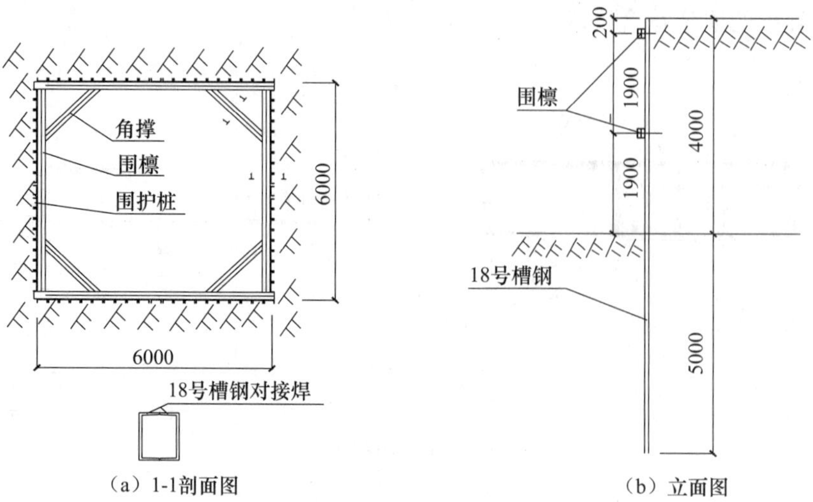

图 3　基坑围护示意图（mm）

5　施工降水与排水

本工程的地下水多为孔隙潜水，且水量并不大，原计划的井点降水系统没有用上，仅采用集水井、明沟排水就能满足基础施工过程中的排水要求。如遇地下水流量较大的砂质土层，则先用轻型井点或管井井点降水后再进行基坑开挖。

6　支护结构的拆除

待地下室基坑开挖至接近底面时，拆除围檩，用挖机可轻松拔出槽钢，稍作修整即可再次使用，基本上不会有什么损耗。

7　结束语

该开挖施工类似塔吊基础基坑等开挖面积小，开挖深度大的基坑，用放坡加型钢桩支护两级开挖的施工方法，能高效、安全又经济地完成施工，在软弱土地层施工具有一定的参考价值。

参考文献

［1］ 支护结构计算：建筑施工手册，第四版［M］. 北京：中国建筑工业出版社.
［2］ 赵鸿杰. 房屋建筑工程基坑支护施工技术［J］. 中华建设，2016（01）.
［3］ 谭永虎. 建筑工程深基坑支护施工技术要点分析［J］. 四川水泥. 2015（10）.

真空预压法加固 F2 赛车场软基

易根平　熊三进

湖南省第五工程有限公司，株洲，412000

摘　要：改革开放以来，我国的经济得到高速发展，工程建设也得以大规模实施，软土地基的处理也成为市政道路及高等级道路的主要施工重点。本文重点介绍株洲 F2 赛车场如何运用现代施工技术处理软土路基，对软土路基进行科学、有效地研究及施工处理，从而提高路基的刚性承载力。赛道建设工程面大，施工平整度、压实度要求高、质量控制严，施工建设周期短。为此，用优化设计，不同地质采用不同的专项施工处理方案来加强赛道地基的整体刚度。真空预压法加固赛车场软基，控制赛道地基不均匀沉降，实施后效果良好，取得不错的经济、质量效益。

关键词：软土地基；压实度；沉降

1　工程概况

株洲国际赛车场工程位于天元区株洲汽车博览园内（重汽路以东、吉利路以北、栗雨西路以南，武广高铁以西），施工总工期为 335 天。赛道工程：总占地面积约 53 万 m^2，赛车场内所修主赛道总长约 3.77km，逆时针方向行进，最高时速 272.25km/h，共有 14 个弯道。赛道的标准宽度为 12.0 ～ 20.0m，赛道中心线最小半径 13.3m。主赛道纵断面共设有 8 个上坡和 6 个下坡，最大上坡坡度为 6.6%，最大下坡坡度为 4.75%，赛道发车直道区域采用单向路拱横坡，横向坡度为 2.5%，弯道区域采用单向横坡、横向坡度为 2.0% ～ 8.0%。主赛道最大高差为 25.85m。

2　地质条件

本工程地质勘察报告由湖南省勘察设计院提供（编号：KC18-X-X）岩土工程详细勘察报告。赛道拟建场地分布岩土层较差的有：人工填土、耕植土、粉质黏土、淤泥质粉质黏土等。

株洲 F2 国际赛车场赛道工程项目施工区域内水田、鱼塘较多，主要地质构造为淤泥粉质黏土、耕植土，鱼塘的软弱黏土沉积相对较多，土的含水量大、压缩性高、强度低、透水性差。考虑到施工条件、造价成本、施工效率等因素，经技术讨论采用真空预压法组合加固软基技术。施工平面布置图如图 1 所示。

为了保证工程严格按照合同工期要求完成，积极配合建设方的后续工作安排，给原本难度就很大的赛道工程，增加了新的困难。作为赛道施工第一步的软基处理就变得更加重要，本工程此次运用真空预压法处理软基约 6654m^2。处理地质为淤泥质粉质黏土和耕植土，其他根据土检测情况而定。

3　真空预压法组合加固软基技术

3.1　特点

真空预压法软基处理技术主要是在要加固的软基区域内埋置排水板或砂井，并在加固地基上铺砂垫层并埋设滤水管，在其表面上覆盖密封性好、不透气膜，使软土与大气隔绝。用真空装置通过滤水管进行抽气，抽出膜内空气，降低膜内气压，与大气产生气压差，形成气压梯度，产生了促使大气由高气压区流向低气压区的力，这部分力变成了作用在软基上的荷载。随着气压差的增大，作用在软基上的力随着增大，透水层中的孔隙水加速排出，使软基的孔隙比变小，从而产生固结。软基体积的变化，导致超静孔隙水压力逐渐消失，地下水位降低，加速沉降效率，提高加固的效果。

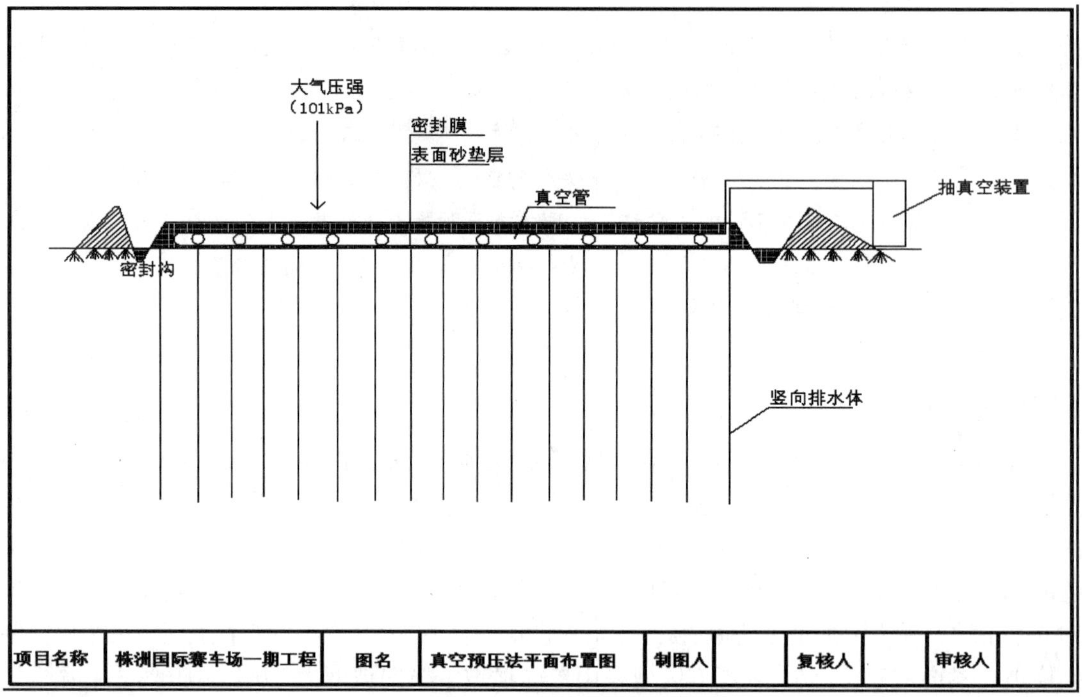

图 1　施工平面布置图

根据项目现场施工条件、施工环境，以及较短的工期要求，质量要求，真空预压法不需要堆载，节省费用。减少了施工过程中的工序，节省了运输、堆载材料、能源等费用。预压时间短、施工成本低、加固效果好、符合绿色环保、科学创新、可持续发展的施工理念。

3.2　施工工艺

3.2.1　施工流程

真空预压法的工艺流程为：地质勘察→施工准备→排水优化→砂垫层及滤水管施工→埋置竖向排水体、真空分布管→覆盖密封膜→压膜沟回填、膜上覆水→安装真空装置（真空泵）→抽膜内空气→土体排水→观测→软基加固。

3.2.2　主要工艺

为确保砂垫层上薄膜的密封性，项目部通过成本计算、效果试验，研究决定采用 4 层聚氯乙烯薄膜覆盖。离软基处理外 2m 的位置开挖 1m 左右的压膜沟，放入覆盖好的薄膜后，用土回填压实。为保证回填土的气密性好，回填土采用粉质黏土或黏土，并分层夯实。最后在薄膜上全面覆水，使作用在软基上的压力增大，又确保了薄膜的密封性及延缓了薄膜的氧化。

3.3 技术要求

（1）抽真空期间的真空管内真空度应大于 90kPa，膜内真空度宜大于 80kPa。

（2）滤水管须埋置在排水砂垫层中，保证其上覆盖 200mm 的砂层。

（3）空抽时真空吸力压强值应根据软基面积和地质等确定。

（4）软基表面铺设砂垫层，厚度约 500mm。

（5）为保证密封膜的气密性，薄膜搭接长度 50mm 以上，至少覆盖 3 层膜以上。

4 地基处理结论

株洲 F2 国际赛车场软基加固实践工程，地基处理加固面积约 6654m^2，处理的赛道区域内路段软基较深且软土层含水量大，渗透性差，压缩性高，承载力低。处理区域为淤泥质粉质黏土和耕植土，土为灰黑色，主要成分为粉质黏土，含有机质，具腥臭味、软塑、饱和。施工前对加固区四周进行清理，特别不能有草根、树枝及垃圾等，然后利用机械在施工区的东、南、西、北侧开挖压膜沟槽、铺设砂垫层、滤水管，膜上覆水，抽出膜内空气，形成气压梯度，加速孔隙水排出，达到了预期的加固效果。后期通过机械碾压处理赛道区域内路基，压实度可达到 96%，符合设计要求。

5 结束语

21 世纪是经济飞速发展的时代。为不断满足人民日益增长的美好生活需求，建筑行业也面临改革与挑战。建筑行业发展的趋势就是必须走绿色施工、节能减污、可持续发展的道路。研究新技术、创造新理念，改进施工工艺，丰富建筑材料，创造被大众所接受的高品质建筑，是建筑行业发展的趋势和必然。在不断的进步与摸索中，真空预压法技术也将更加成熟。

参考文献

[1] 株洲国际赛车场一期工程施工图. 上海同济设计院.

[2] 公路工程技术标准：JTG B01—2014 [S]. 北京：人民交通出版社出版.

[3] 建筑地基处理技术规范：JGJ 79—2012 [S]. 北京：中国建筑工业出版社出版.

[4] 建筑业 10 项新技术，2017 版 [M]：北京：中国建筑工业出版社.

基于深基坑支护施工在房建工程中的运用研究

黄　涛

湖南省第五工程有限公司，株洲，412000

摘　要： 文章对目前我国房屋建筑工程中深基坑支护应用背景、深基坑支护的构成、类型和特点进行介绍，并分析目前房建工程中应用深基坑支护施工技术所存在的问题，针对这些问题以及常用的深基坑支护技术，提出了提高深基坑支护技术实际应用效果的有效措施，以供参考。

关键词： 深基坑支护施工；房建工程；应用

1　引言

在经济和建筑行业快速发展的同时，为满足相应的空间需要，对地下室工程的要求越来越高。而在地下室工程的建设中，比较常用的施工技术就是深基坑施工技术。此技术是对多种技术进行结合的同时，实现了地下室施工整体水平的提升并且保证了基坑工程施工质量及安全。本文就基于房屋建筑中深基坑支护的构成和特点来分析施工中的常见问题，寻找对深基坑支护技术进行提升的有效措施。

2　深基坑支护构成、类型和特点

房屋建筑工程中所应用的深基坑支护体系主要由挡土系统、挡水系统以及支撑系统三部分组成。挡土系统主要起到对外部土体压力进行抵挡的作用，所用的形式一般为支护排桩形式或者是支护挡土墙。挡水系统则主要起到防止水系对基坑边坡稳定性产生不利影响的作用。支撑系统则主要起到对限制围护结构的位移来确保基坑安全的作用。

在房屋建筑工程中比较常用的深基坑支护类型有排桩内支撑支护、组合型支护以及排桩拉锚支护三种类型。其中排桩内支撑施工技术在深基坑工程中应用比较广泛，表现出的特点主要是：首先可以实现对水平支撑的合理设置，主要表现在将此水平支撑布设在开挖 9m 深度位置的基坑两侧；其次是具有较大的支护平面刚度的特点，可以实现在施工现场加固水平支撑下的周边梁板来便于后续施工；最后就是具有较高的施工效率，而且可以缩短施工工期以及提高工程施工整体经济效益。

3　深基坑支护技术施工中存在的常见问题

3.1　边坡施工技术水平偏低的问题

在目前的房屋建筑工程深基坑施工中，应用的各类施工机械设备数量和种类在不断增多，但是也对周边支护施工提出更高的要求。深基坑在实际施工过程中往往普遍存在建筑施工企业配备的技术管理人员未到位或是专业分包作业队伍业务水平较低，技术交底不充分，分层分段开挖不符合设计规范要求，挖机手的操作水平有限等问题，造成边坡在开挖过程中出现欠挖和超挖现象，而阻碍支护作业开展。这会降低工程质量，甚至出现无法通过验收而进行返修的问题。

3.2　土层开挖后边坡支护不及时，专业班组间协调的问题

一般的工程项目施工中，基坑工程会采用专业分包的模式进行施工，而土方和支护的专业分包会由不同的专业队伍完成。这会造成施工过程中的协调难度增大，尤其是在工期进度要求紧张的时候更为明显，土方的开挖过快导致支护不及时，或是开挖顺序混乱或是支护的工作面不够等，都将可能引起基坑边坡的失稳甚至坍塌。在冬雨期施工时，更加难以协调和管理，无法保证工程的质量和工期的要求，并且可能会引发安全事故和留下质量隐患。

3.3　喷射混凝土强度和厚度不达标的问题

房屋建筑工程的深基坑工程施工中，比较常用的是体积小但喷射距离远的混凝土机械和设备。但是此种设备在应用中对原材料的质量要求比较高，如果出现所用原料与设备不匹配的问题就会影响混凝土的喷射厚度以及强度。

3.4　边坡顶面未按要求处理的问题

绝大多数的房建工程位于城市繁华地段，由于地下的管线错综复杂，周围的静动载，表面的杂填土层等各种因素，会对基坑工程边坡的稳定产生不利影响。而且很多施工单位进场后，为了抢施工进度和节约施工成本，未对基坑周边进行处理就开始放坡开挖。例如无排水截水措施、表面杂填土区域未进行硬化、材料堆载离基坑边坡过近等。

3.5　工程监督力度不足的问题

在房屋建筑工程的深基坑工程施工中，需要施工单位严格控制监督工作的开展来确保工程施工质量。但是由于目前实际施工中普遍对此工作的重视不足并导致此工作无法有效开展，而且由于施工单位中没有进行相应监督机制，导致无法实时掌握深基坑工程施工的实时情况，而且在施工中出现问题时也难以及时发现和处理，因此就会导致施工单位的经济损失问题。

4　提升深基坑支护技术的实际应用效果

4.1　深基坑支护技术的应用

房屋建筑工程施工中比较常用的深基坑施工技术主要有以下几种形式：

一是深层搅拌桩支护方式。此种支护技术就是通过专业的搅拌设备来混合地质中的软土以及水泥等材料，通过二者相互反应来使软土硬化，形成具有较强整体性和强度的壁状挡墙。此种支护技术主要在饱和软黏土层和砂土层中应用，具有较强的实用性而且噪声也比较小，表现出良好的止水能力。

二是土钉墙结构。此种结构主要起到确保基坑边坡整体稳定性的作用，其主要就是对现场的天然土进行利用和二次处理，在此基础上进行结构加固，并且与喷射面板技术进行结合来形成重力挡土墙以实现对外部压力的抵抗。

三是采用地下连续墙围护结构技术。此种方式主要就是对泥浆所具有的保护作用进行充分利用来实现对基坑内部的保护。其基本操作就是挖槽之后进行混凝土浇筑施工，确保浇筑之后的钢筋混凝土性能满足设计要求，发挥其防水防渗作用。其最大的优点就是稳定性比较好，且强度较高，比较适合在施工环境比较复杂且地质条件比较差的房建工程中应用，且在应用中也具有较小的噪声。

4.2　加强施工各个部门之间的协调

房屋建筑工程中的深基坑设计和施工所涉及的部门较多，因此在深基坑施工中需要做好

各部门之间的工作协调，通过树立和明确共同的建设目标，保证深基坑工程质量满足相应标准，实现整体施工质量的提升。还要在实际工程施工中提高领导人员对此工作的重视，通过部门相互之间的有效衔接，防止发生施工中的工程“断层”问题。

4.3　明确责任分配工作

由于房屋建筑的深基坑工程施工中涉及的部门较多，而且每个施工环节中不同工种和工序，施工人员也各不相同，这就需要做好整个建设过程中的责任分工，不仅要做好对施工原材料的质量控制工作，还要通过设备操作人员责任的明确和控制来提高喷射混凝土的质量。这样做可以在出现质量问题时也便于追究责任，通过施工中责任目标的明确来实现喷射混凝土质量的提升以及整体工程施工水平的提升。

4.4　做好土方施工管理工作

在房屋建筑深基坑工程施工中，土方的施工组织要有明确的思路和方案。尤其要针对其中比较容易出现的问题来进行支护工作的交底。不仅要将土方与外界环境的暴露时间尽量控制和减少，实现对土方结构变形概率的降低，还要在土方施工中的各阶段中通过科学方法并结合土方施工和支护工作，实现对土方施工管理工作的有效开展。

4.5　做好相关部门的监管工作

监管工作的开展对于提高深基坑工程施工质量具有重要作用，可保证工程施工质量符合国家相应标准要求。通过对上述有效措施的监管来提高工程施工质量，实现工程施工成本的有效降低以及施工单位经济效益的提高。

5　结语

深基坑支护技术在房建工程中的应用越来越广泛的同时，针对此技术应用中出现的边坡施工技术水平低、土层开挖后支护不及时、喷射混凝土强度和厚度不达标、边坡顶面未按要求处理以及工程监督力度不足等问题，提出了针对常用深基坑支护技术所实施的做好相关部门协调、做好责任分配、加强土方施工管理以及施工过程和质量监管等措施来实现深基坑支护实际效果的提升，充分发挥深基坑支护技术的作用来确保各项施工工作的顺利开展。

参考文献

[1] 伍炳宁，褚夫堂，张英华. 关于深基坑支护施工技术在土建施工中应用分析[J]. 中国房地产业，2017（15）.

[2] 李旋. 深基坑支护施工技术在建筑工程中的应用研究[J]. 建材与装饰，2017（45）.

[3] 朱强. 基于建筑工程中的深基坑支护施工技术研究[J]. 绿色环保建材，2017（7）.

桥梁断柱整体顶升工艺研究与实践

彭　勇　陈家广　张明清　李栋森

常德市怀德建设监理有限公司，常德，415000

摘　要：桥梁断柱顶升远比桥梁换垫难度大，断柱顶升越高风险越大。本文结合工程实例制定了较为科学合理的断柱顶升工艺，为顶升桥梁很顺利地精准就位起到了重要作用。对于顶升支座、截面的形式、逆作法安装桥垫、防侧移措施等，本文结合实践做了较详细介绍，可供参考。

关键词：钢箍筒；混凝土承台；断柱顶升；防侧移；PLC 控制

洞庭湖畔常德市是明星旅游城市，城区内有多条水系，为了能使游船顺畅航行，决定将多年前修建的低高程桥梁断柱顶升抬高。

承接桥梁改造工程的施工单位项目部，因无断柱整体升高桥梁的施工经验，特委托我公司咨询部门为其制订专项施工方案。方案的执行，使万达桥等多座桥梁顺利地完成了断柱整体升高。

1　工程概况

1.1　万达桥主体设计

桥梁中心桩号位于本市沙港路 $OK_1120.6m$ 处，全长 58m 宽 20m，桥梁上部结构采用 3×16m 预应力简支空心板，桥面连续；下部结构采用钢筋混凝土桩柱接盖梁式桥墩，重力式 U 形桥台；桥墩采用钻孔灌注摩擦桩基础。桥台采用 U 形扩大基础。原桥下距水位净高为 1.5m，见图 1。

图 1　桥梁改造前情况

1.2　桥梁改建设计

万达桥桥下净空不满足 2.5m 的通航要求，需要断柱整体升高 1m。因需增高墩柱，则桥长变为 60m。

由于桥下为桩柱接盖梁式桥墩，无桩承台作为顶升支座，设计要求在两端桥台内侧和桥墩柱两侧清除淤泥后，再对下部的软弱地基进行旋喷注浆加固，且浇筑 6 条长 27m、宽 3m、高 1.5m 的 C20 毛石混凝土，其上再浇筑 200mm 厚 C30 钢筋混凝土，即以此作为顶升支座基础。

设计断柱采用绳锯，待顶升到 1m 后再在断柱的上、下截面植筋焊接，然后装模浇筑自密实 C40 混凝土接柱。

2　合理化建议

（1）因新建基础在顶升重荷作用下会出现一定沉降，这对顶升极易造成不利，建议取消原设计的 6 条地基注浆和毛石混凝土基础。且由我方自行在桩柱节点的裙边位设计符合工艺要求的小型钢箍筒混凝土承台，这可利用原桩受力避免了沉降，也可节约新增基础大笔费用，同时简化了断柱顶升工艺（建议得到设计院认可）。

（2）设计要求绳锯断柱，顶升到位后，再在断柱的上、下截面植筋焊接、装模浇筑自密实混凝土。由于顶升工艺是千斤顶直接顶盖梁，钢管支柱必须紧邻结构柱，绳锯条易擦伤钢管支柱，则绳锯不宜采用；其次每根断柱上、下截面共需植筋 52 ф 25，上截面植筋难度较大、施工时间长且不安全。为此建议采用小型风镐断柱，留设边搭接缝，对原柱伸出的立筋进行双面绑条焊接，这一措施简化了施工操作，提高了截面抗剪能力（建议得到设计院的认可）。

3 顶升工艺设计与理念

顶升施工平面布置：按顶升荷载、各顶升阶段的行程、钢梁容许挠度等要求经受力分析和计算后，选定在每个墩柱位，设置一个抱柱钢箍筒混凝土顶升承台，此位布置 4 台 DYG200—200 千斤顶；两端桥台扩大阶梯基础，此位各布置 9 台 DYG200—200 千斤顶；每条桥台位和每条墩柱位各布设一台油泵，共计 4 台，各油泵线路均与 PLC 电脑集成控制系统相连。

3.1 墩柱位的承台及钢管组合支架体系设计

3.1.1 钢箍筒混凝土顶升承台设计[1]

桥的桩径为 ϕ1200mm，墩柱直径为 ϕ1000mm，墩柱间系梁顶面平桩柱节点。工艺要求千斤顶直接顶在 1.4m 宽盖梁底范围内。经计算决定在桩柱节点以上位设置长 1.7m、宽 1.7m、高 0.8m 的 C35 钢筋混凝土承台；因单凭桩的裙边混凝土抗压强度不足，则在承台内设置壁厚 12mm 的抱柱钢箍筒共同工作。

钢箍筒是由两个半圆弧合围组成，连接位各使用 9 根 ϕ18mm 高强螺栓，对其扭力矩要求≥ 100N · m；对应承台四角位，分别在钢箍筒上焊 3 ф 25 牛腿钢筋，其外侧焊 3 根ф 25 环筋加强锚固，其他部位设置构造钢筋，参见图 2、图 3。

3.1.2 墩柱位 ϕ250 钢管组合支架体系设计[2]

（1）按墩柱位盖梁底距新浇筑的承台间距，支架的相应高度定为 2140mm（边柱）和 2290mm（中柱）；钢管立杆中轴线间距定为 1200mm。

（2）考虑施工过程中的断柱和接柱的操作要求，支架体系各钢管立杆之间不得设置剪刀撑来保证支架体系的稳定，为此在支架上部设计桁架式连接件，保证支架体系的稳定，见图 4。

3.2 抗顶升侧移措施

在桥面结构顶升的过程中，各个受力支撑点均为近似铰点，抗水平力很差，为了防止桥面结构在顶升过程中发生整体横向侧移，则在横向各钢管组合支架之间设置 2ϕ150 钢管斜向支撑在下部原系梁上；为了防止整体纵向位移，则在预应力空心板端的原桥台顶植筋浇筑高截面高 1000mm、宽 250mm 的 C30 混凝土挡墙，挡墙与预应力空心板端的间隙为 20mm；当顶升出现纵向移动时，可迅速在墩柱与支架的间隙和预应力空心板端与挡墙的间隙中插入硬木楔。

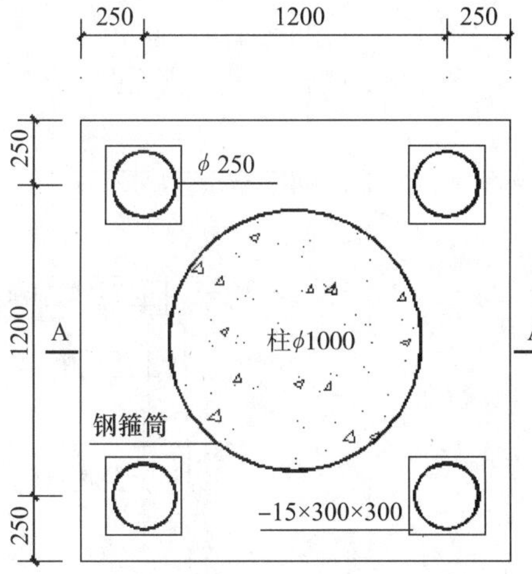

图 2　顶升承台平面图（mm）

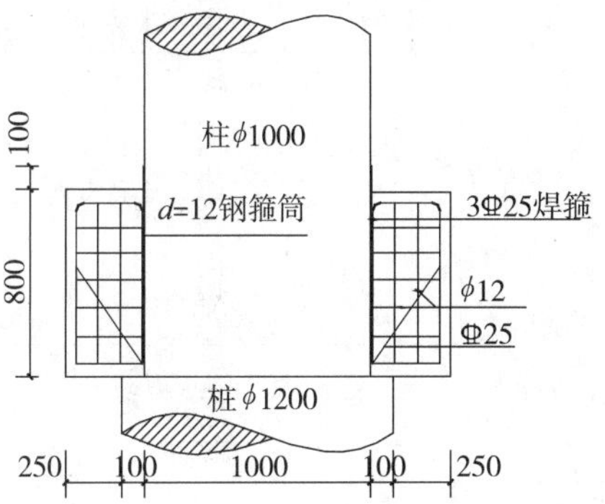

图 3　A-A 顶升承台剖面图（mm）

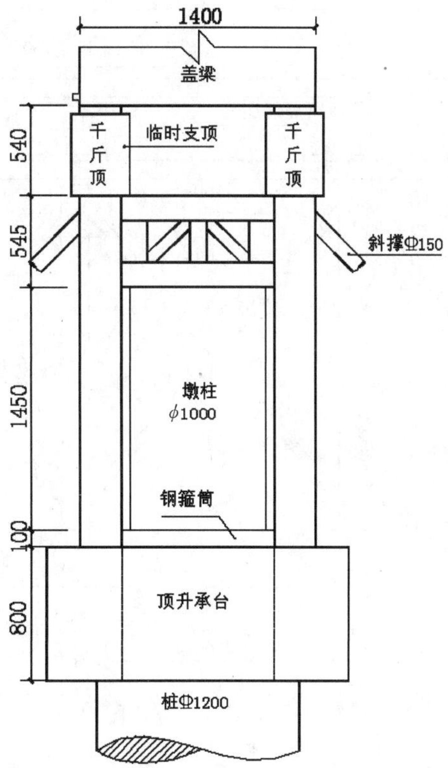

图 4　钢管支架（mm）

3.3　桥台位阶梯基础扩宽、钢管立柱的布设及构造

（1）两端桥台位对预应力空心板顶升的荷载设计值均为 4083.60kN，原阶梯基础不能满足顶升荷载和钢管立柱安放的要求，同时为了便于脚手架的搭设，经核算后决定扩宽原桥台基础 1m，其混凝土为 C30。

（2）沿桥台相邻位设置 9 根 ϕ250 无缝钢管立柱，钢管高度为 3511mm，横向间距 2500mm，钢管中线距桥台内壁 400mm；钢管之间设置∠ 50° 角钢剪刀撑；钢管立柱与桥台壁间植 ϕ14 U 形钢筋抱箍连接，且塞硬木楔，以确保钢管柱的纵、横向稳定，参见图 5、图 6。

（3）钢管立柱顶部设置钢垫板和 1 条 I16 工字钢梁，千斤顶安放在工字钢梁上，另在预应力空心板下植筋固定千斤顶上部的 I16 工字钢梁，预应力空心板底与工字钢梁的间隙用铁片塞紧，见图 5、图 6。

3.4　断柱位、断柱高度及形式的确定

（1）断柱位选择柱承受剪力较小的新浇承台上 100mm 位；为了保证原柱钢筋焊接的搭接长度，断柱的高度定为 500mm。

（2）为了接柱的新老混凝土施工缝位仍有足够的抗剪能力，施工接缝采用阶梯形截面，见图 7。

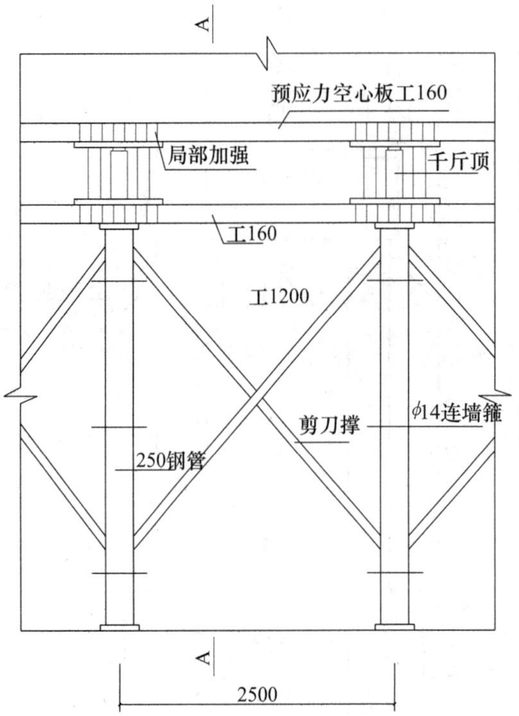

图 5　桥台位支柱立面图

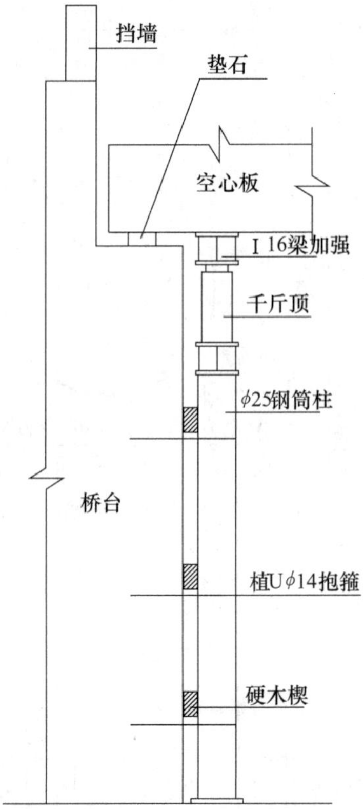

图 6　A-A 剖面图

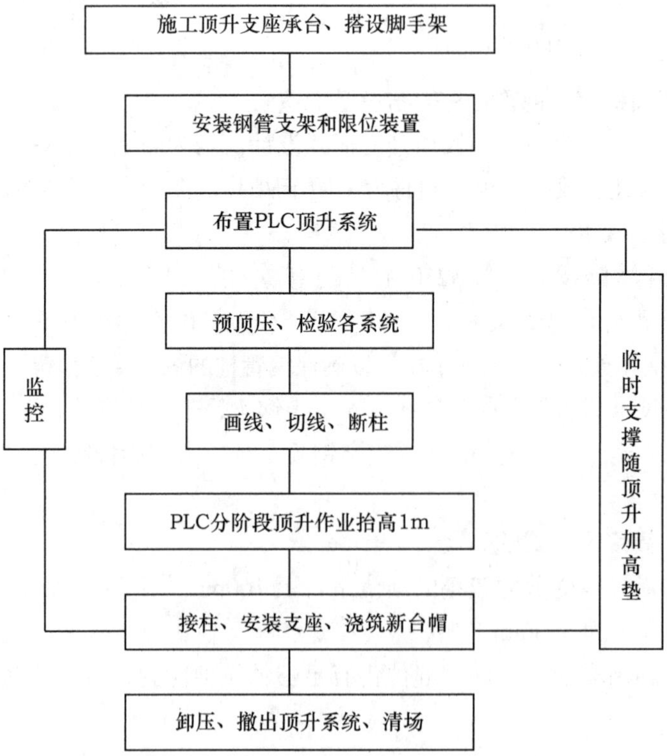

图 7　施工流程

4　施工

4.1　主要施工工艺流程（图 7）。

4.2　顶升前的施工准备

（1）现场检测原桥梁各部位的标高、中轴线位、相关构件的截面尺寸等，以便调整钢管支架的高度和抱柱钢箍筒尺寸，同时为顶升过程中的监控提供依据。

（2）解除顶升桥面结构构件的一切约束，即将人行道护栏、伸缩缝、人行道内的管线与桥梁断开或移除；清除桥面所有堆积物。

（3）围堰抽干桥底积水；挖除淤泥，令底部系梁露出；清洁桥墩柱和桥台壁；运入需用的设备和器材，且按平面布置图分类堆放。

（4）搭设顶升位扣件式钢管脚手架、布设安全护栏，要求架体符合规范 JGJ 130—2001。

（5）按方案设计的要求，施工钢筋混凝土承台、桥台位阶梯基础扩宽、桥台顶部的混凝土限位挡墙。

（6）安装顶升支撑体系，且要求安装后严格检查焊接质量、支柱的垂直度、千斤顶位垫块的平整度等。

（7）安装各顶升位的千斤顶和临时支撑等，要求杆件垂直，支座位平整；接通高压油管和安装位移监控系统；调试 PLC 控制系统。

4.3　预顶压

各项准备工作完成，未断柱之前应进行预顶压。其目的是检验各支撑系统的承载能力、变形情况；检验顶升系统等的可靠性。预顶压力值：墩柱位的顶压力定为设计计算荷载值；桥台位的顶压力为标准值的 90%。

预顶压持力 1h，此间仔细检查各受力构件的变形情况和顶升系统有无异常，且做好记录、拍照等。

预顶压卸载后，读取此时液压表、限位器、百分表的数据，做好记录，以便正式顶升时作为“初始零”状态的相对数据。

4.4　断柱

断柱方法是先按方案设计指定位画出阶梯形限位线，用手提式切割机沿线切入混凝土约 20mm 且不得伤及主筋，其目的是使今后接柱的接缝表面平整美观；用小型风炮机凿除柱切线范围内混凝土，要求各凿除界面平整；在露出立筋的中位切断钢筋，见图 8。

图 8　凿柱示意图

4.5　分阶段整体顶升桥梁[3]

（1）本次用的千斤顶最大行程为 250mm，为防止可能出现个别部位需调整顶升高度，决定按 5 个顶升阶段进行顶升，即每个阶段行程为 200mm。各顶升阶段间隔时间≥ 1h，作为单级应力释放时间。

令设置的 PCL 系统控制相邻液压顶升组的行程误差在 1mm 内，当达到警戒值时，其控制系统将自动关闭单向阀，对其他液压顶升进行自动补压，消除误差，另单向阀会自动打开同步工作。

（2）操控人员根据分级顶升的各项数据，按阶段重新设定 PLC 液压系统的压力和行程高度。在进行第 1 阶段顶升时，起始顶高 2mm，达到设定高度且系统自动保压后，专业人员应仔细观察被顶升部位桥梁构件的变化和顶升设备的运行情况，如有异常情况及时汇报给技术负责人，采取有效应对措施；若情况正常，则完成第 1 阶段的行程。在各顶升阶段过程中，临时支撑应随千斤顶升高而跟进垫高，以防千斤顶突然失控回落造成事故。

当 5 个顶升阶段完成，即顶升总高达到设计的 1m 后，停止顶升，令 PCL 系统保持恒定的压力，顶紧临时支撑，参见图 9。

图 9　断柱顶升

4.6　接柱、安装支座、浇筑新增高台帽

（1）接柱

顶升到位后，用同原柱ф 25 竖筋进行剖口对接焊，再在剖口焊位两侧焊 400mm 长的ф 20 钢筋，且应保证焊接 100% 可靠；清洁混凝土截面→绑扎螺旋箍筋→安装筒形柱模板→浇灌自密实混凝土→ 8h 后拆除模板，用手提式切割机修饰混凝土表面（淋湿混凝土），用塑料膜封闭养护。

（2）逆作法安装支座垫石、浇筑新增高台帽

随着桥台位的预应力空心板升高，垫石仍嵌固在原台帽上，而橡胶垫块则自动脱落。为了保证预应力空心板的原位受力状态，在顶升达到要求高度后，利用出现的 1.18m 的空间，可人力托起新预制的垫石和橡胶垫块安放到预应力空心板的原支承点位，随即用 ϕ48mm 钢管和配套的 ϕ38mm 螺旋顶托将垫石和橡胶垫块向上垂直顶紧；浇筑微膨胀混凝土台帽至垫石底部上约 20mm，见图 10。

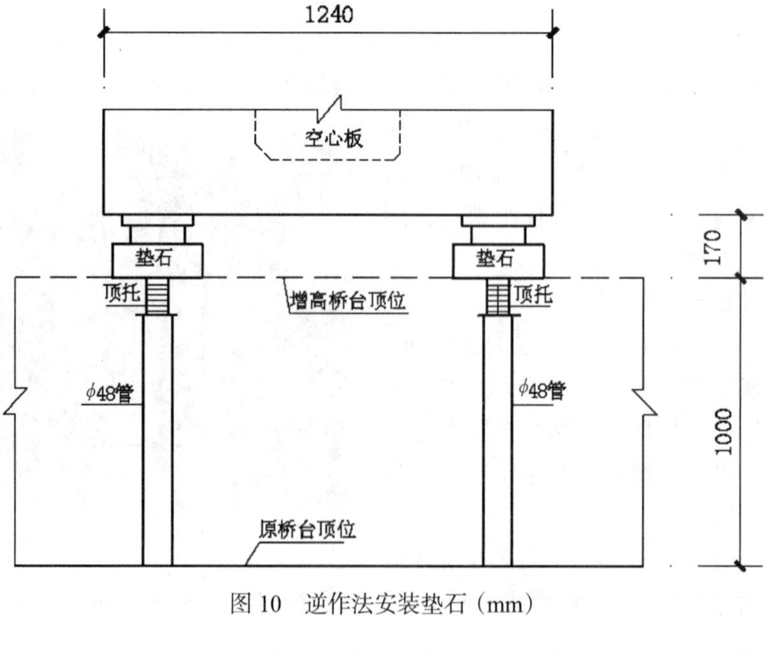

图 10　逆作法安装垫石（mm）

4.7　卸压受力体系转换

在接柱、新增高台帽混凝土强度达到设计要求后，拆除临时支撑；开启 PLC 系统，令千斤顶油缸以每分钟 1 ～ 2mm 下落，当顶升系统仪表显示无压力值时，则上部结构荷载已转换到桥梁下部结构上。着手撤出液压设备、拆除支架体系、凿除墩柱承台、清理施工现场。

5　结语

桥梁断柱高行程顶升技术含量高，风险较大。本桥断柱整体顶升方案制定后，经过多位省内安全专家评审，均一致表示认同。由于方案对顶升的各个重要环节考虑周密，顶升工艺科学合理，使顶升全过程十分顺利。断柱整体顶升桥梁从开始至结束，未出现 PLC 控制系统报警，经湖南省建设工程质量检测中心跟踪检测，未发现桥梁任何部位有异常现象。

在工艺编制过程中对原改造设计提出了合理化建议且得到认可后，节约基础直接费用 117 万元，相应缩短工期 38d。

该桥梁断柱整体顶升方案稍作调整应用到本市其他桥的整体顶升抬高的过程中，也获得了圆满成功。

参考文献

[1] 混凝土结构设计规范：GB 50010—2010，2015 年版 [S].
[2] 钢结构设计手册：GBJ 17-88 [S].
[3] 建筑施工手册（第三版），第 4 册，混凝土结构吊装工程 21-6-4-2 顶升法。

旋挖灌注桩处治软基的工艺与质量控制研究

许 霆 皮远明 李 诚 张治锋

中建五局第三建设有限公司，长沙，410004

摘 要：以长沙某工程中旋挖灌注桩处治软土地基为例，探究了旋挖灌注桩的施工工艺与质量控制标准，对完善旋挖灌注桩施工技术标准以及进一步推广应用具有重要意义。

关键词：旋挖灌注桩；施工工艺；质量控制

软土在我国广泛分布，尤其以湖南、江苏及两广等东南区域分布最普遍[1]。其具有压缩性大、含水率高、天然地基承载力低等显著特点，不能直接作为房建工程地基，通常需要采取一定措施进行加固，达到设计地基承载力。

目前地基处理的方法有很多种，例如强夯法[2]、换填垫层法[3]、水泥土搅拌法[4]等。而旋挖灌注桩作为一种较为先进的桩基技术，引入国内的时间较晚，但应用范围扩展很快，目前在公路、铁路、房建等领域得到了广泛推广[5]。与传统的桩基技术相比较，旋挖灌注桩施工具有机械化程度高，作业效率快，施工精度高节约人力成本，噪声少，较为环保，适用范围广等优点[6]。但在不同领域中应用，其相关技术要求和质量控制标准需要进一步的研究。本文以长沙某房建工程为例，系统探讨软土地基中旋挖灌注桩的工艺要求和质量控制要点，为完善其施工关键技术标准以及进一步推广该方法提供了参考。

1 工程概况

长沙某项目位于望城经济开发区，规划净用地面积 413474.95m^2。主要以生产厂房、倒班宿舍、餐厅、动力站房及配套用房等为主要布局，形成“办公、研发、生产、配套”的完备生产体系。结合室内土工试验获取各土层物理力学参数详表 1 所示。

表 1 土层物理力学参数

参数	土层 1	土层 2	土层 3
埋深	0 ~ 5m	5 ~ 12m	12 ~ 20m
含水量（%）	33.5 ~ 47.2	38.8 ~ 52.4	33.4 ~ 53.6
饱和度（%）	91.2 ~ 96.4	90.3 ~ 100	93.6 ~ 100
压缩系数（MPa^{-1}）	0.25 ~ 0.48	0.26 ~ 0.57	0.28 ~ 0.59
黏聚力 /kPa	30 ~ 55	32 ~ 57	35 ~ 56
摩擦角（o）	11.2 ~ 20.4	11.5 ~ 20.1	9.4 ~ 20.6

由表 1 可知：项目区域土层为软土，天然地基承载力较低。本工程拟采用旋挖灌注桩进行加固处理。

2 旋挖灌注桩施工工艺

2.1 埋设护筒

为防止孔口出现坍塌，在下钻前需在孔口位置设置护筒。本工程中护筒每节长 2m，直

作者简介：许霆 (1990—)，男，湖南邵阳人，硕士研究生，中级工程师，主要从事特殊土地基处理方面的工作。

径比设计桩径大 0.1m，用 6mm 钢板制作。若地质情况较差，可将其接长。护筒由人工开挖放入孔中，同时注意要高出地面约 0.5m。护筒上部开设 2 个溢浆孔，以便溢出的浆液通过孔流出，然后经处理后可回收再利用。最后钢护筒底部及四周用黏土回填并分层夯实，避免底部出现坍塌或渗漏等问题[5]。

2.2　泥浆制备

本工程中泥浆制备的材料选用膨润土。首先在搅拌机中加入规定水量，再加入规定量的膨润土以及外加剂，然后搅拌 5min 后将泥浆放入池中待用。通常，制浆量为 2 倍的混凝土桩体积。在钻孔施工时，泥浆比重还要结合地层和施工情况及时调整，以保证成孔质量。

2.3　旋挖钻成孔

钻机的钻头选用双开门筒状钻头。钻机开始钻进时，要缓慢钻进，当达到护筒以下 1m 时，可提到常规速度。钻进时每回次进尺控制约 0.6m，并通过控制盘来监控垂直度，如有偏差应及时进行纠正[6]。在出渣时要同时向孔内注浆，使孔内水头始终不低于护筒底 0.5m。

2.4　清孔

钻孔过程中孔壁难免会掉渣，而这些沉渣会对浇筑混凝土后的成桩质量造成很大影响。因此在成孔后对其进行检查，各项指标都符合要求后应进行清孔。清孔要及时且质量要到位，通常采用正循环回转钻的方法。通过探测泥浆指标来判断孔底沉渣厚度，若不符合规定要求，则进行二次清孔，直至符合要求。

2.5　钢筋笼骨架的制作与安装

钢筋笼在加工棚集中分节焊接制作，要确保钢筋表面洁净以及试焊合格。钢筋笼吊装采用汽车吊，吊绳要一样长。钢筋笼应对准孔位并垂直缓慢的下放，防止钢筋笼破坏孔壁。安放好后，在钢筋笼中设 4 根 $\phi16$ 钢筋吊环并与钢护筒顶部焊接固定，以防在浇筑过程中发生浮笼现象[6]。

2.6　导管安装

导管管径要与桩径匹配，本工程中采用内径 25cm 的钢导管。导管使用前要进行抗压测试和水密承压测试，各项性能满足要求后方可使用。导管底应高于孔底 0.3 ～ 0.5m 左右，以便首次浇筑时能够顺利排出隔水栓。

2.7　混凝土灌注

混凝土灌注前，必须严格检查混凝土的强度等级及配合比，控制混凝土的坍落度在 200 ± 20mm 范围内，满足要求后方可进行灌注作业[6]。浇筑首盘混凝土时，用量不应少于 1cm^3，使导管底端能被混凝土埋入 0.8m 以上。浇筑混凝土采用直升导管法，保证作业过程导管一直处于埋深 2 ～ 4m 范围。若埋深过浅则由于混凝土喷出后不密实容易断桩，若埋深过深则由于下部混凝土硬化容易导致断管。在浇筑到桩顶前要进行充分振捣。

2.8　吊出护筒和拔出套管

混凝土灌注作业结束后，利用振动锤配合拔出套管，然后利用吊车缓慢垂直地吊出钢护筒。检查并冲洗干净后，可在下一个旋挖灌注桩作业中继续使用。

3　质量控制要点

3.1　桩位控制

首先由测量工程师根据设计院提供的基准点在厂区周边合适且稳定的位置做好控制点，根据桩位定位图和控制点测放出钻孔桩桩位并做好标记，再次进行复测。经复测验收合格后方可开钻。

3.2 桩斜控制

在软弱不均的复杂地层，加上工程人员的操作方法不当，常常导致钻孔倾斜。因此，在钻机钻进前，可以通过安装支架作为导向，然后对中整平，以此保证孔位的精确和钻杆的垂直。钻机钻进时要匀速给进，并同时测定孔斜，要保证孔斜率小于 1%，孔中心偏差小于 0.1m。要有专人负责监控，一旦发现孔斜过大，立即采取纠斜措施。

3.3 桩径控制

要合理选择钻头直径，护筒内径不应小于钻头直径 0.1m。在软土地层中，经常发生缩孔，因此需采用优质的泥浆护壁。

3.4 桩长控制

施工中对地面标高与各项设计高程都要搞清，正确进行换算。土层中钻进，锥形钻头的起始点要准确无误，根据不同土质情况进行调整[7]。

3.5 桩顶控制

当混凝土灌注至最后一斗时，应准确探明浮浆厚度，计算调整末斗混凝土容量，水下混凝土灌注要高于设计桩顶标高 0.5m[7]。

3.6 成品保护措施

（1）安装和移动钻机运输钢筋笼以及浇筑灌注混凝土时均应注意保护好场地的轴线控制桩机水准基准点。

（2）在开挖基础土方时，应注意保护好桩头，防止挖土机械碰撞桩头，造成折桩或倾斜。

（3）旋挖灌注桩施工完成后，不得在其周围随意堆放重物，防止桩身变形。

（4）严格按施工规范施工，保证混凝土施工的养护时间，在养护期间禁止施工及机动车辆通行。

（5）对完成工序严格进行防护，防止后续工序施工过程，将已完成的部位破坏。

（6）为避免缩径、桩身倾斜等问题，要规划好桩机行走路线以及打桩顺序，如采用跳一钻一的方式。

4 结语

旋挖灌注桩是一种较先进工艺方法，在工程应用中具有良好经济与环保效益，因此值得广泛推广。但在应用时，需要根据工程的实际情况，合理地安排施工，严格按照工艺要求并把控好质量控制要点，从而保证工程质量。

参考文献

［1］ 高广运，时刚，冯世进. 软土地基与深基础工程［M］. 上海：同济大学出版社，2008.

［2］ 梁海涛. 强夯法在软土地基处理中的应用探讨［J］. 山西建筑，2018，44（24）：51 ～ 53.

［3］ 赵云，张来飞. 换填垫层法在风机机位地基处理中的应用［J］. 云南水力发电，2018，34（02）：152 ～ 153 + 160.

［4］ 吴荣峰. 软土地基处理水泥土搅拌桩施工工艺简述［J］. 山西建筑，2017，43（02）：76 ～ 77.

［5］ 巫海波，韩志文. 沿海复杂地质条件下旋挖灌注桩施工技术［J］. 广东土木与建筑，2018，25（11）：64 ～ 66 + 69.

［6］ 杨书伟. 旋挖灌注桩基础在工程施工中的应用［J］. 山西建筑，2015，41（16）：48 ～ 49

［7］ 阮跃平. 旋挖钻孔灌注桩施工质量问题分析及相关措施［J］. 河南建材，2014（02）：136 ～ 138.

浅嵌岩超长超高剪力墙基础抗倾覆锚索施工技术

宁志强　吴　智　郭荣俊　郭朋鑫　赵金国　李　璐

中建五局第三建设有限公司，长沙，410004

摘　要：结合矿坑生态修复利用工程——冰雪世界工程浅嵌岩超长超高剪力墙基础抗倾覆锚索施工实际情况，具体介绍了冰雪世界复杂地质条件下基础锚索的施工工艺及质量控制要点，并提出了施工过程中应注意的事项，证明了该项技术的实用性及优越性，值得今后类似建筑工程提供参考。

关键词：抗倾覆锚索；施工工艺；质量控制点；常见问题

1　抗倾覆锚索概述

文中所谈到抗倾覆锚索与平时接触抗浮锚杆是不一样的，抗浮锚杆是指抵抗建筑物向上位移的各种桩型的总称，一般埋在地下室结构底板或承台内，而抗倾覆锚索是抵抗建筑物竖向构件倾覆的措施，一般在独立基础外面。

2　工程概况

本工程位于长沙市岳麓区坪塘镇山塘村一狮峰山地段，坪塘大道东侧、清风南路南侧，主要由冰雪世界主体及其地库组成。深坑冰雪世界位于采石形成的矿坑上，采石坑为周边长直径约 500m、短直径约 400m 的类椭圆形，深度达 100m。上宽下窄，坡度较陡，其平面面积上口约为 150000m^2，下口约为 27000m^2。其主体结构主要由下部竖向支撑结构、16m 标高水平结构和上部屋盖三部分组成。主功能区位于 16m 标高（相对标高 -37m）平台，利用坑底及岩壁区域 48 根钢筋混凝土墩柱和 12 道剪力墙作为竖向支撑，墩柱、剪力墙高度为 36 ～ 60m 不等。墩柱主要尺寸有 1200mm × 1200mm、2000mm × 2000mm、2200mm × 2000mm、2500mm × 2500mm、3000mm × 3000mm、3500mm × 3500mm 及 ϕ4300mm、ϕ2200mm；剪力墙厚度有 1000mm 及 1200mm 两种，剪力墙长度最长达 24m。

坑内地基情况良好，为微风化灰岩（属坚硬岩），岩体较完整，基本质量等级为Ⅱ～Ⅲ级（质量指标较好为 RQD = 80 ～ 90），承载力达 70 ～ 80MPa。冰雪世界基础形式均采用柱下独立基础及墙下条形基础，嵌岩深度 1500mm。柱下独立基础深度从 1500 ～ 15000mm 不等，平面尺寸最大为 6000mm × 6000mm；墙下条形基础深度从 800 ～ 2200mm 不等，宽度 1500 ～ 2800mm 不等。因墩柱及剪力墙高度较大（最大达 60m），为确保结构稳定性，在冰雪世界基础区域共设置 135 根抗倾覆锚索，将独立基础与地基连成整体。

3　关键施工技术与工艺

3.1　锚索设计概况

预应力锚索采用无粘结自由锚索，预应力锚索设计钻孔 ϕ165mm，设计预应力 1380kN，设计长度≮13m，其中自由段≮6m，锚固段≮7m，钢绞线采用UPS17.80-1860高强低松弛无粘结钢绞线，配筋为9Φ^s17.8。锚索注浆采用P·O42.5R普通硅酸盐水泥，水泥净浆水灰比0.4，内掺聚丙烯腈纤维，掺量为2kg/m³，浆体强度40MPa（注浆管采用ϕ25软管）。每根锚索再套上具有一定强度的波纹管，波纹管不得有破损。锚墩采用15mm厚钢板作为锚墩。具体设计详见图1～图3。

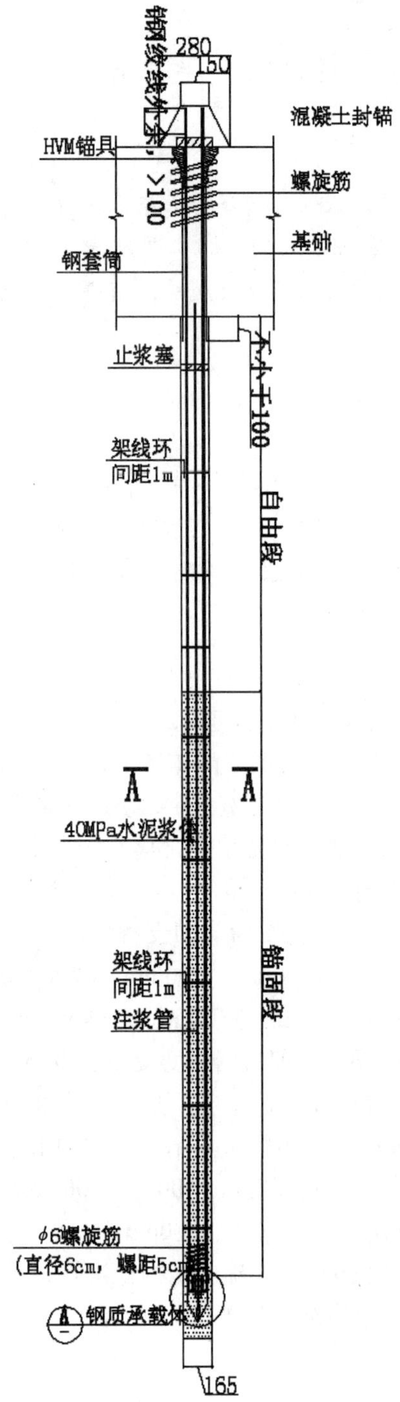

图1　墙条基锚索大样图（mm）

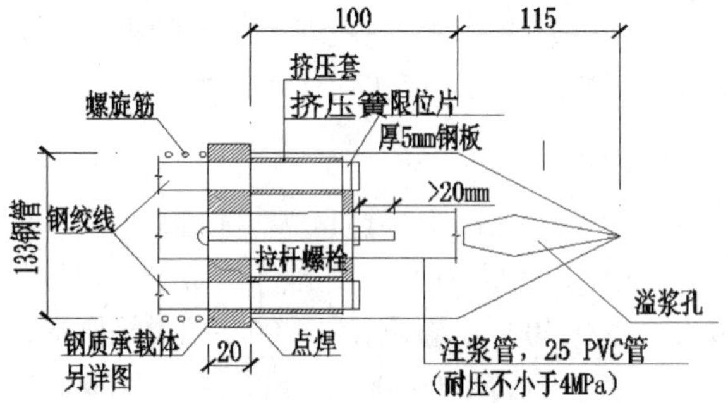

图2　Ⓐ导向幅大样图（mm）

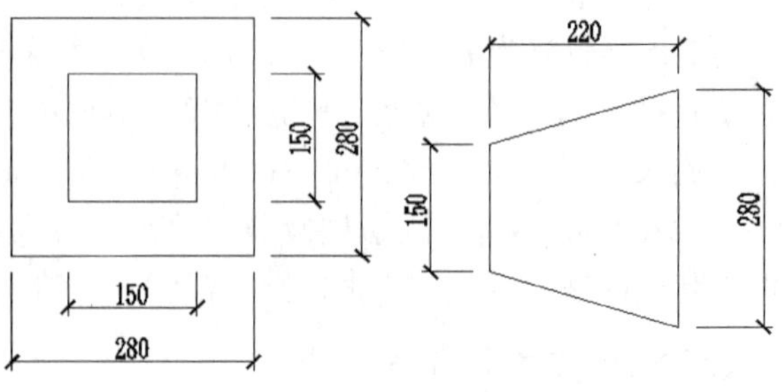

图3　锚头封锚混凝土（C50）大样（mm）

3.2　锚索施工方法及工艺要求

孔位测放→施作锚孔→锚索体制作及安装→灌浆→预埋钢套筒→基础施工→钢垫板安装→张拉→锁定→补浆→外锚头保护→封锚。

3.2.1　孔位测放

根据设计布置要求，将锚孔位置准确测放在基槽底面，并用红油漆在施工部位标明锚索开孔位置。测放孔位时同时测量孔口位置标高，作为计算锚索制作下料、安装位置控制依据。

3.2.2　施作锚孔

（1）施工流程：平整场地→钻机就位→钻机调整→冲击成孔钻进→终孔。

（2）工艺要点：

①冲击钻进：钻进过程中，根据地层软硬差异，适时调整空压机送风压力和风量，调整钻进压力和速度，同时保证孔内岩屑及时、顺利排出孔外，软弱地层空压机风压要小，钻进速度要稍慢；硬质岩石风压要高，钻进速度要加快。

②终孔：从设计基础底标高至孔底深度计算孔深满足设计要求，继续钻进 300 ～ 500mm 作为沉渣段，而后即可以提出终孔；停止继续钻进，上下来回提、放钻具进行扫孔，一方面排出岩屑，另一方面保证钻孔孔径、垂直度满足规范和施工要求。

3.2.3　锚索体制作及安装

（1）施工流程：钢绞线检查→钢绞线的长度确定及切割→止浆环及进、回浆管安装→进行承载体和挤压套安装及隔离架安放→锚索体安装。

（2）工艺要点：

①钢绞线的长度确定及切割：钢绞线长度 = 基础底以下孔深 + 基础厚度 + 外露长度（锚墩厚度 + 张拉千斤顶高度 + 工具锚板及工作锚板厚度 + 预留长度，对监测锚索尚应加上测力计高度）。将钢绞线放在工作平台上，摊开理直，根据实际钻孔深度及锚具长度用钢尺丈量，采用砂轮切割，严禁电弧切割。

②锚索体安装：钢绞线成束后，检查其长度、组装直径是否符合要求，钢绞线有无交叉和重叠等，合格者方可使用。而后采用塔吊配合人工方式将锚索体（含注浆管）缓慢从孔口送入。在将锚索体推送至预定深度后，用钢尺量出孔外露出的钢绞线长度，计算孔内锚索长度（误差控制在 50mm 范围内），确保锚固长度，同时检查排气管和注浆管是否畅通，否则应拔出锚索体，排除故障后重新安装。核查无误后在孔口将锚束体固定，使锚束垂吊于孔内。

3.2.4　灌浆

锚索灌浆采用 P · O 42.5R 普通硅酸盐水泥，灌浆浆材配合比为 0.40 : 1（为保证锚索质量，可适当添加膨胀剂）。

灌浆采用低压或静压注浆，注浆压力控制在 0.4MPa，注浆管的出浆口应插入距孔底 300 ～ 500mm 处，浆液自下而上连续灌注，且确保从孔内能顺利排水、排气。注浆管应能在 1h 内完成对单根锚索的连续注浆，直至孔口溢出新鲜浆液，且结束前应稳定 5 ～ 10min。注浆结束后，不得随意敲击锚索，也不得在锚索上悬挂重物，需及时做好试件进行标准养护，达到规定龄期后由试验室进行抗压强度试验。

3.2.5　预埋钢套筒

因冰雪世界基础尺寸较大，预应力锚索需贯穿基础将基础与地基连成整体，故而在基础高度范围内需预埋同等高度的钢套筒，以便在基础施工完成后在其顶面进行张拉、封锚。

（1）施工流程：锚束端头固定→基槽施工清理→预埋钢套管→垫层施工。

（2）工艺要点：

①锚束端头固定：锚索注浆完成后，将锚束端头用铁丝绑扎牢实，防止绞线分叉，基坑开挖时严格保护，防止破坏钢绞线。

②预埋钢套管：基槽开挖完成后，在施工垫层前，将锚束穿入钢管内（钢管规格为 $\phi165\times4$），钢管上端焊接 HVM 锚具，下端埋入垫层底下 300mm，钢管与基础面筋、底筋点焊固定，防止混凝土浇筑过程中跑位。钢管长度根据垫层厚度、基础厚度、锚具厚计算确定，原则是锚具垫顶与基础顶面齐平。基础混凝土浇筑前，需确保钢管位于锚索孔中心，并保持垂直；同时将钢管顶部用纤维袋封堵，防止混凝土流入钢管内。

3.2.6　基础施工

按照设计图纸绑扎钢筋，支模并进行加固，验收合格后进行混凝土浇筑并养护。

3.2.7　锚索张拉

（1）施工流程：钢垫板安装及锚具安装→机具率定→分级理论值计算→外锚头混凝土强度检查→张拉机具安装→预紧→分级张拉→锁定。

（2）锚索张拉待锚固灌浆抗压强度达到 15MPa 时，才能对预应力锚索进行张拉和锁定。锚杆正式张拉前，应取 0.1 设计轴向拉力值 N_t，对锚杆预张拉 1 ～ 2 次，使其各部位的接触紧密，杆体完全平直。

（3）正式张拉时按一定的张拉速度进行（一般为 40kN/min）。锚杆张拉到 1.1 ～ 1.2 设计轴向拉力值 N_t 时，保持 10min，然后卸荷到锁定荷载进行锁定作业。

3.2.8　外锚头保护及封锚

预应力筋张拉锁定并经检查合格后，应及时补封注浆，孔道内水泥浆应饱满、密实。在补封注浆结束后，切去工作锚板预留 100mm 以外多余的钢绞线，安装防护罩，注环氧树脂然后施工封锚混凝土。锚头防护罩内注满环氧树脂后施工混凝土保护层，混凝土等级为 C50。

4　关键质量控制点

（1）钻孔的孔位、孔深、倾斜度应按设计要求进行严格控制，其孔距偏差允许为 ±10cm，倾斜度及方位角允许偏差为 ±2°，有效孔深的超深不大于 20cm，且每钻进 5m，用测斜仪校正一次，保证孔位达到设计和规范要求。

（2）锚索入孔时索体的弯曲半径必须大于 5m。

（3）锚固段和张拉段交界处的止浆环必须能承受大于 0.5MPa 的注浆压力，且不漏浆，止浆环处钢绞线与止浆环之间必须密封好，止浆环充气压力 ≥ 0.5MPa，并用压力表检查有无漏气现象。

（4）锚索上安装的各种进、回浆管应保持通畅，管路系统耐压值不低于设计灌浆压力的 1.5 倍。

（5）对于张拉合格并锁定后的锚索，在相隔 24h 至 72h 时间内，按 5% 的比例随机抽检锁定吨位。实测值不得大于设计值的 5%，并不得小于设计值的 3%。

（6）灌浆结束标准：①灌浆量大于理论吸浆量；②回浆量比重不小于进浆量，稳压 15min，孔内不再吸浆，即进、排浆量一致。

（7）锚索锚固端、张拉端灌浆必须采用灌浆自动记录仪。

（8）封孔灌浆的沉缩部分复灌后不得有脱空现象。

（9）在锚索张拉注浆体强度达到70%以前，其20m范围内不得进行爆破作业。

（10）工具锚夹片与工作锚夹片两者不可混用，工具锚夹片使用一般不宜超过10次。工作锚板、限位板和工具锚板之间的钢绞线一定要保持顺直，不能相互扭结，以保证张拉的顺利进行。

5　锚索施工常见问题分析

冰雪世界整体地质条件良好，但局部区域存在岩石破碎带及溶洞，锚索施工过程中受阻在所难免。

5.1　岩石破粹带处理

在岩石破碎带进行钻进，过程中极易垮孔，造成卡钻、埋钻等；成孔后由于孔壁不稳定，下锚索过程中石块容易掉落，造成堵孔。

可采取注浆措施改善破粹地层稳定性：在孔内预埋注浆管至破粹带底部，封堵孔口，向孔内注入水泥浆，使水泥浆渗入岩石缝隙，一方面对破粹带孔壁进行固结，提高孔壁稳定性；另外对破粹带空隙进行封堵，减少地下水向锚孔内渗流，为尽量减少注浆量，亦可在浆液中掺入适量水玻璃、早强剂等加快浆液的凝固速度。

5.2　溶洞处理

冲击钻进过程中，如遇岩层中出现溶洞，极易形成坍塌，很难成孔，从而严重影响施工质量及施工进度，针对不同类型溶洞需采取对应的处理措施：

（1）固体充填物溶洞：可采取水泥浆注浆措施。在孔内预埋注浆管至溶洞底部，封堵孔口，向孔内注入水泥浆。

（2）空溶洞或水充填溶洞：可向孔内灌注细石混凝土，直至溶洞填满或溶洞段完全堆积混凝土为止，待混凝土达到一定强度稳定后，再进行锚索成孔施工。

6　结束语

通过在矿坑生态修复利用工程——冰雪世界工程的应用，抗倾覆锚索具有以下特点：①整体结构轻便，占用空间小，施工作业面不大，不影响土方开挖和基础施工，大大地提高了施工进度；②充分利用岩体自身强度，从而节省大量的工程材料，具有显著的经济效益；③预应力锚索柔性大，有良好的抗震性和延性，可以深层加固，同时能够主动控制岩体变形，调整岩体受力状态，有利于岩体稳定。浅嵌岩超长超高剪力墙基础抗倾覆锚索施工，不论从施工材料、建设周期、安全性能还是环境保护方面都显得较为优越，既能保证工程实体质量，又能取得良好的经济效益和实用价值，充分体现出绿色施工的“高效、节能、环保”的理念。

参考文献

［1］ 建筑地基基础设计规范：CB50007—2011［S］. 北京：中国建筑工业出版社，2011.

［2］ 预应力混凝土用钢绞线：GB5224—2014［S］. 北京：中国质检出版社，2014.

［3］ 预应力筋用锚具、夹具和连接器：GB/T14370—2015［S］. 北京：中国质检出版社，2015.

浅析结构无损性拆除技术在基坑支撑拆除中的应用及优势

冉旺盛　栾骐屹　颜　勇　曾　波　吴掌平

中建五局第三建设有限公司，长沙，410004

摘　要：深基坑工程支护普遍采用临时混凝土内支撑形式，在地下室施工阶段需进行破除。采用传统锤机破碎法工期较长，会产生较大的扬尘和噪声；使用结构无损性拆除技术进行混凝土内支撑拆除将大幅度缩短工期，经济环保，几乎无噪声及扬尘产生。

关键词：静力拆除支撑；重要建；构筑物；基坑监测

我国的建筑施工水平发展迅速，建筑深基坑项目越来越多。目前对于基坑支护体系加固普遍采用混凝土支撑梁，常用的拆除技术为破碎拆除支撑。绳锯结构无损性拆除技术起步较晚，但优势明显。[1]本文通过介绍首创汇都苑项目3号楼拆除支撑施工，为结构无损性拆除技术在拆除支撑中提供了施工案例。

1　工程概况

首创汇都苑工程位于天津市河北区中山路与昆纬路交会处（图1）。本工程包括2栋33层住宅、2栋32层住宅与1栋2层配套建筑。工程总建筑面积81258m^2，地下建筑面积26300m^2。建筑高度99.95m，地下室共计3层，局部2层。其中3号楼混凝土支撑梁采用绳锯静力拆除支撑技术。

图1　工程效果图

2　工程特点

（1）3号楼西侧距离天津市中山路地铁3号线A出入口仅3.2m，施工工期严峻且对拆除工程中支护结构位移要求极高。

（2）3号楼南侧距离已建成的“巨腾公寓”仅12m，施工过程易对周边住户居民造成施工噪声和粉尘污染。

3　结构无损性拆除技术拆除支撑应用准备

（1）技术准备

①支撑梁切割长度深化

本工程共两道支撑梁，第一道支撑梁切割长度主要视吊车的吊运性能及车辆装载情况确定。第二道支撑梁受第一道支撑影响，充分考虑支撑梁间孔洞大小，保证切割后的支撑梁能顺利吊出，且第二道支撑梁分段长度不大于3m（图2、图3）。

②吊车选型及吊装位置

本工程选用SAC3000型吊车300t[2]，吊车总长18.23m，支腿展开宽度8.6m×8.965m，吊车位于基坑北侧靠东，吊车距离基坑最远位置约 43m。吊车位置如图 4 所示，吊车起吊性能如图 5 所示。

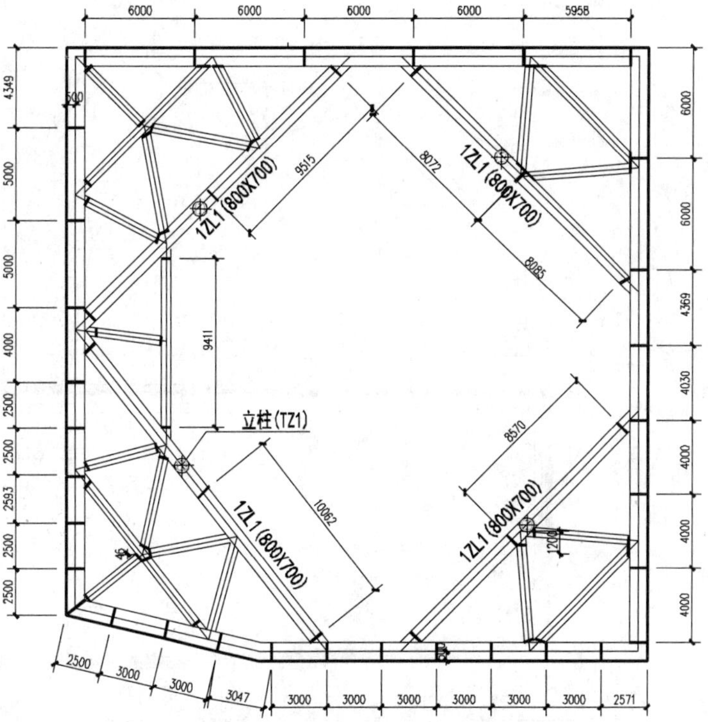

图 2　第一道支撑梁切割分段图（mm）

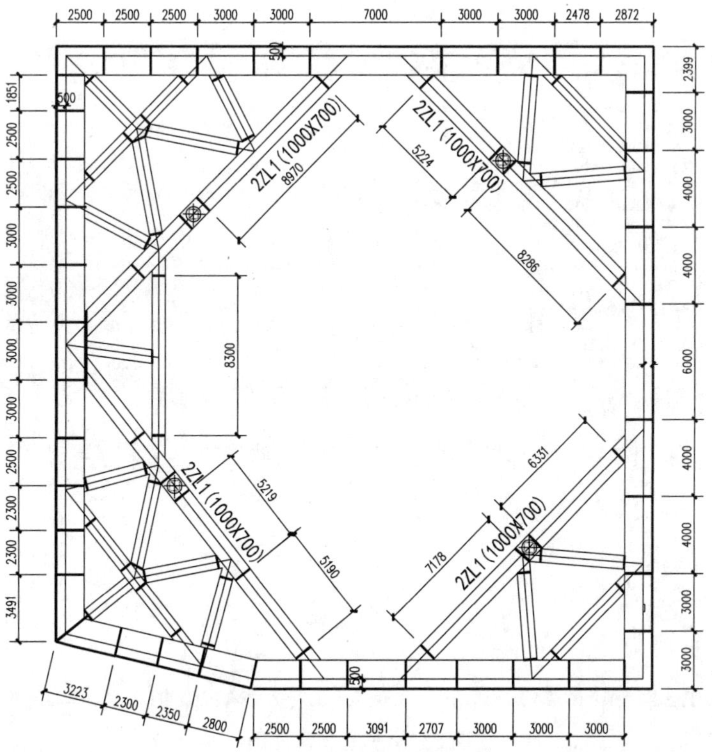

图 3　第二道支撑梁切割分段图（mm）

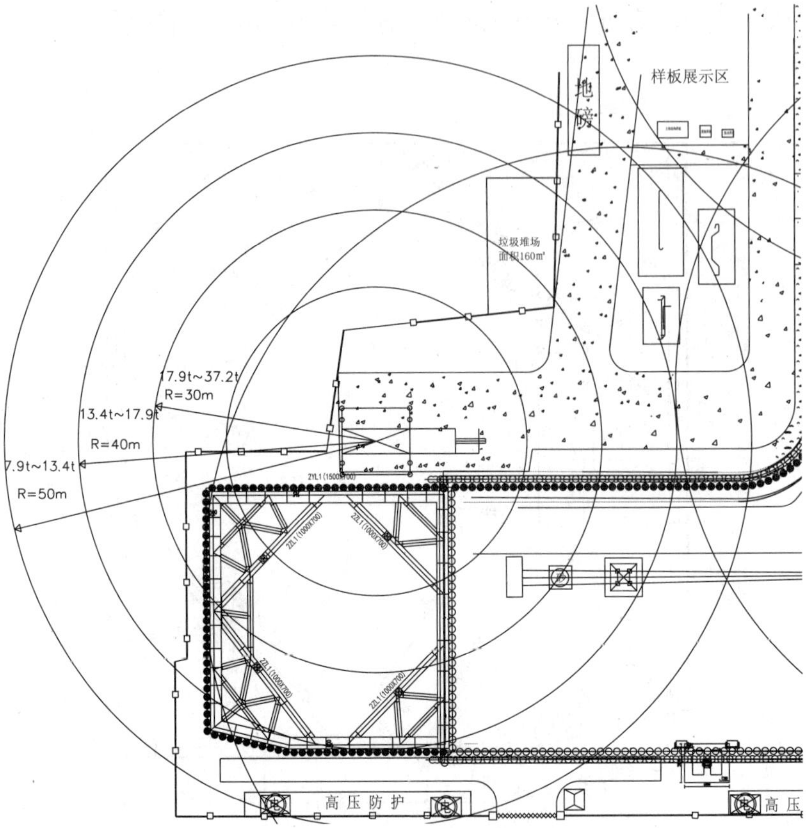

图 4　吊车位置平面图

	15.4*	15.4	20.3	25.3	30.2	35.2	40.2	45.1	50.1	55	60	64.9	69.9	74.8	80
3	300.0	170.0	153.0												
3.5	210.0	170.0	153.0												
4	190.0	170.0	153.0	145.0											
4.5	180.0	159.0	135.4	133.0											
5	170.0	149.0	135.4	133.0	118.1										
6	150.0	135.0	135.4	117.0	106.1	92.2									
7	135.0	122.0	120.6	104.2	95.4	83.5	73.8								
8	120.0	111.0	109.3	94.4	86.4	76.4	68.0	58.1							
9	110.0	101.7	99.9	87.0	79.3	70.4	62.7	57.0	45.0						
10	95.0	93.3	92.1	79.6	73.1	64.9	57.8	53.0	45.0						
11	87.0	84.2	83.1	73.3	67.4	60.5	53.7	48.8	43.3	34.0					
12	75.0	73.0	72.1	68.8	62.1	56.7	50.4	45.8	40.9	34.0	26.0	20.0			
13			63.4	64.2	58.2	53.1	47.2	42.9	38.7	34.0	26.0	20.0	15.4		
14			56.4	60.1	54.6	49.8	44.3	40.9	36.9	34.0	26.0	20.0	15.4		
16			45.8	52.4	47.8	45.1	40.1	36.4	34.0	32.6	26.0	20.0	15.4	12.8	10.8
18			36.7	43.7	43.2	40.6	37.0	32.7	31.3	29.5	26.0	20.0	15.4	12.8	10.8
20				37.2	36.7	36.8	33.5	29.7	28.6	27.0	25.4	20.0	15.4	12.8	10.8
22					31.6	32.4	30.9	27.3	26.4	24.9	23.4	20.0	15.4	12.8	10.8
24					27.4	28.3	28.5	25.2	24.3	22.9	21.6	20.0	15.4	12.8	10.8
26					24.1	24.9	25.8	23.2	22.6	21.1	20.1	19.1	15.4	12.8	10.8
28					17.9	22.1	23.0	22.0	21.2	19.8	18.5	17.9	15.4	12.8	10.8
30						19.7	20.6	20.6	19.6	18.1	17.4	16.6	15.4	12.8	10.8
32						17.6	18.5	19.3	18.3	16.3	16.3	15.6	14.4	12.8	10.8
34							16.7	17.6	16.9	14.7	14.8	14.6	13.7	12.3	10.8
36							15.1	16.0	15.4	13.3	13.5	13.7	13.0	11.7	10.8
38							10.3	14.6	14.0	12.1	12.2	12.5	12.4	11.1	10.5
40								13.4	13.3	11.3	11.2	11.4	11.6	10.4	10.1
42								12.2	12.8	10.8	10.2	10.4	10.8	9.5	9.6
44									11.7	10.5	9.3	9.6	9.9	8.8	8.8
46									10.7	10.0	8.6	9.2	9.6	8.1	8.2
48										9.2	8.2	8.8	9.2	7.5	7.5
50											7.9	8.4	8.5	7.0	7.0

图 5　吊车起吊性能图

③机械及器具配置计划（表1）

表1　机械、设备及主要施工材料配置表

序号	设备名称	单位	数量	备注
1	切割机液压动力站	台	4	切割设备动力站
2	绳锯机头	套	4	梁切割配套设备
3	SAC3000 吊车，300t	台	1	吊装
4	水钻孔机	台	4	打吊装孔
5	水管	m	350	散水降尘、刀具降温
6	平板汽车	台	2	切割梁块运输
7	风镐	台	2	用于格构柱柱头破除

（2）现场准备

回顶架搭设。施工方根据每段混凝土支撑梁的梁高、梁宽、地下室平面图、层高等情况，采用 PKPM 施工计算软件进行安全计算，在混凝土支撑梁下方搭设回顶架进行支撑。

回顶架立杆底部垫 5cm 厚木跳板，第二道撑立杆选用 1.8m 立杆，第一道撑立杆选用 1.2m 与 1.8m 立杆组合（图6），支撑架无法用横拉杆相连位置用 A48.3×3.6m 钢管整体相连，支护桩切除位置搭设操作架。回顶架搭设参数详见表2。

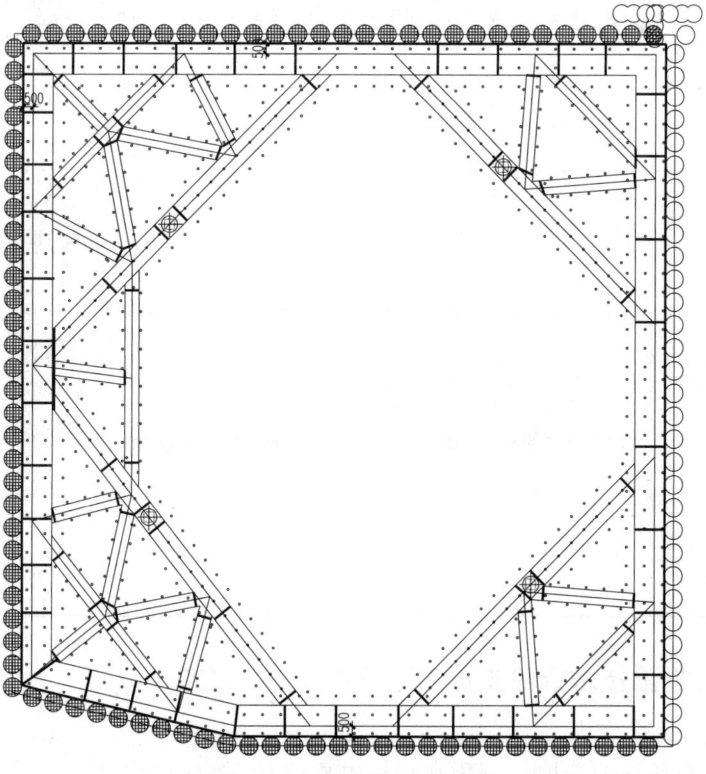

图6　支撑立杆平面布置图

表 2　回顶架搭设设计表

梁宽（mm）	梁高（mm）	设计参数	剖面图
≤ 800	≤ 700	（1）支架搭设高度为 3.25m。立杆梁跨度方向间距 = 0.9m； （2）垂直梁立杆间距 0.8m （3）水平杆的步距 h = 1.2m （4）梁底部 2 根立杆，主楞采用 2 根 40mm × 40mm × 3mm 方钢	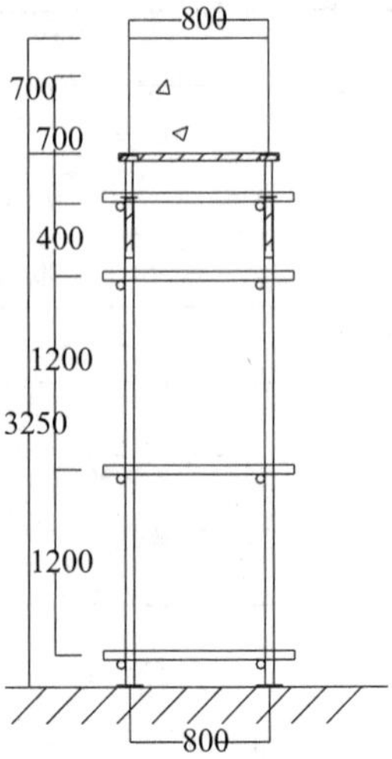
1000	700	（1）支架搭设高度为 3.25m。立杆梁跨度方向间距 l = 0.9m； （2）垂直梁立杆间距 0.8m； （3）水平杆的步距 h = 1.2m； （4）梁底部 3 根立杆，主楞采用 2 根 40mm × 40mm × 3mm 方钢	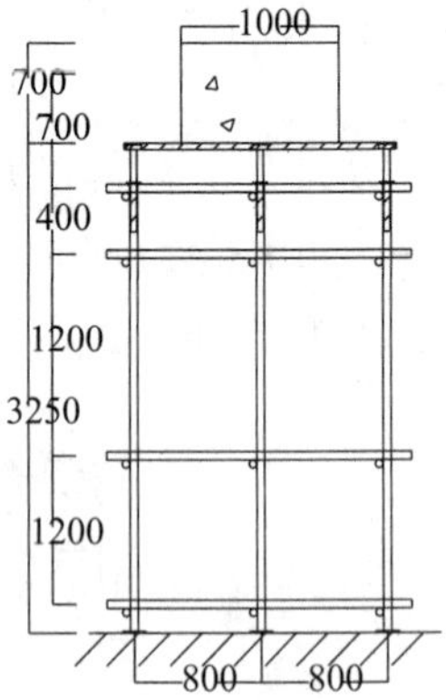
1500	700	（1）支架搭设高度为 2.55m。立杆梁跨度方向间距 l = 0.9m； （2）垂直梁立杆间距 0.8m； （3）水平杆的步距 h = 1.2m； （4）梁底部 3 根立杆，主楞采用 2 根 40mm × 40mm × 3mm 方钢	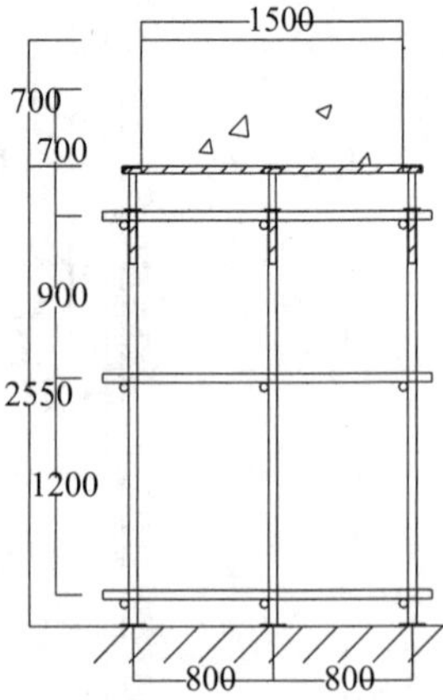

4　结构无损性拆除技术拆除支撑工艺介绍及施工方法

（1）绳锯拆除工艺原理[3]

金刚石绳锯拆除法是金刚石绳索在液压电机驱动下绕切割面高速运动研磨切割体，完成切割工作。由于使用金刚石单晶作为研磨材料，故此可以对石材、钢筋混凝土等坚硬物体进行切割。切割采用的是液压泵站，前期利用金刚石绳把要切割的钢筋混凝土支撑梁绑扎固定，然后利用液压泵站驱动锯架上的气缸，在切割的过程中气缸不停地往锯架上方行走，待气缸行走到一定位置之后，所要切割的混凝土块即切割完成。切割过程中不但操作安全方便，而且振动和噪声很小，被切割物体能在几乎无扰动的情况下被分离。切割过程中高速运转的金刚石绳索需靠水冷却，并将研磨碎屑带走（图7）。

（2）洗洞、安装机具、绳锯切割

链锯切割采取分段切割，每段铣2个洞，形成吊装孔，便于起吊，腰梁位置每段交界处铣洞（图8）。

图7　绳锯切割机图

图8　水钻铣洞

切割前，标出各梁段切割断面的位置，切割断面选择在支护桩分界线5cm处，以避免切割混凝土时破坏结构顶板，同时利于链索来回转动。切割剩余部分厚度保证在5cm以内。

梁段切割时，提前架设好链式切割机，安装导向轮，接通水、电等。切割过程中不断在切缝内打入钢楔，防止切缝变形卡住切割链条（图9、图10）。

图9　绳锯安装

图10　绳锯切割

（3）人工剔凿格构柱周边

支撑与竖托桩交界处绳锯切割完成后，留有部分混凝土无法割除，需用人工风镐破除，此处需搭设操作平台。

①在支撑梁的范围内均搭设满堂防护操作脚手架，顶标高低于梁底 100mm，确保稳定、牢固；操作脚手架向支撑梁的外侧延伸 700mm，并搭设两道水平防护栏杆；脚手架立杆间距 1000mm，脚手架横杆步距为 1000mm（图 11）。

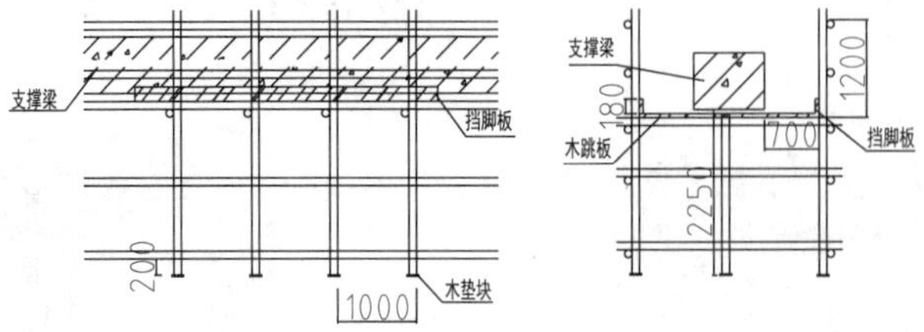

图 11　操作平台搭设图

②支撑梁拆除：用风镐对混凝土表面进行剔除，露出箍筋，用气割将箍筋割断，再进行内部混凝土破碎，在混凝土全部脱落后将相连钢筋分段割断。

③在支撑拆除后，先将格构柱割除。用电拉葫芦等类似设备将钢格柱吊紧，分 2 节进行割除。

④最后将割除后的钢格柱吊至指定地点。

⑤格构柱的拆除工期不影响整个施工进度，土建队在施工上层时，可以安排工人在地下室分节割除。

⑥格构柱拆除时，使用气割焊于根部割除，避免拆除后仍有部分凸出楼面导致二次切割。

（4）切割碎块吊装

支撑梁切割完成后，由吊车将碎块吊运至板车上，运出场外。

5　基坑监测

（1）监测内容

本工程支撑拆除采用第三方机构对基坑进行监测，并加强基坑监测频率，监测内容主要包括：地铁相关监测（表 3、表 4）、道路沉降监测、立柱垂直沉降监测、坑外水位监测、立柱水平位移监测、周边地下管线和周边建筑物监测。第三方监测的同时施工项目部也对基坑进行监测。

表 3　地铁相关监测报警值

监测项目	变化速率		累计变化量	
监测项目	控制值	预警值	控制值	预警值
隧道、车站结构竖向位移监测	0.5mm/d	0.4mm/d	5mm	4mm
隧道、车站结构及轨道道床水平位移	0.5mm/d	0.4mm/d	5mm	4mm
轨道道床竖向位移	0.5mm/d	0.4mm/d	5mm	4mm
隧道纵向差异沉降监测	0.5mm/d	0.4mm/d	0.4‰ × L	0.4‰ × L × 80%
隧道收敛监测	0.5mm/d	0.4mm/d	5mm	4mm
车站出入口沉降监测	0.5mm/d	0.4mm/d	8mm	7mm

表 4　监控控制值

监测项目	预警值	
	变化速率	累计变化值
	（mm/d）	（mm）
周围建筑沉降	± 3	± 20
立柱垂直沉降	± 3	± 20
坑外水位	-500	-1000
立柱水平位移	± 3	20
地面沉降	± 5	± 20
周边地下管线	± 3	± 20

（2）监控控制值[4]

（3）监测项目的实施

①楼座及围护体系的水平、沉降位移监测

a. 楼座及立柱顶部水平位移

水平位移采用电子全站仪现场观测，观测时采用极坐标法。在基坑外相对稳定且不受施工影响的地点布设控制点，作业开始时先对控制点进行观测，作业过程中定期对控制点观测，检验其稳定性。

b. 立柱深度水平位移

支撑拆除时，测斜管随着支护结构的变形而产生变形，通过测斜仪逐段测量倾斜角度，就可得到测斜管每段的水平位移增量。监测时将测斜仪探头轻轻滑入预埋的测斜管底部，自下而上每隔 50cm 向上拉线读数，测定测斜仪与垂直线之间的倾角变化，得出不同深度部位的水平位移。

c. 竖向位移

沉降监测基准点的布设，在基坑外相对稳定且不受施工影响的地点布设基准点作为沉降监测的基准点。定期监测基准点的高程变化，检验其稳定性。测量采用独立高程系统，以某一基准点为起算点，严格按照二级水准测量要求采用环形闭合路线进行观测，联测其余基准点构成水准网，进行平差。

②周围建筑物、周围道路、地面沉降位移监测

在距建筑工地 300m 以外埋设三个基准点或以水准点为该工程沉降观测基准点，定期由二等水准往返测法检测基准点的高程变化，检验其稳定性，作为沉降监测的控制环。

③坑外地下水位监测

地下水位监测主要观测基坑开挖过程中基坑外的观测井的地下水位变化情况，以确定基坑外地下水位对基坑内的渗透情况。

地下水位监测采用能够满足监测需要的 TGCS-2 水位仪进行监测，将水位计的探头沿水位管下放，当碰到水时，上部的接收仪发出蜂鸣声，通过信号线的刻度读数，直接测得地下水位距管口的距离。基坑监测布点、周边环境监测布点如图 12、图 13 所示。

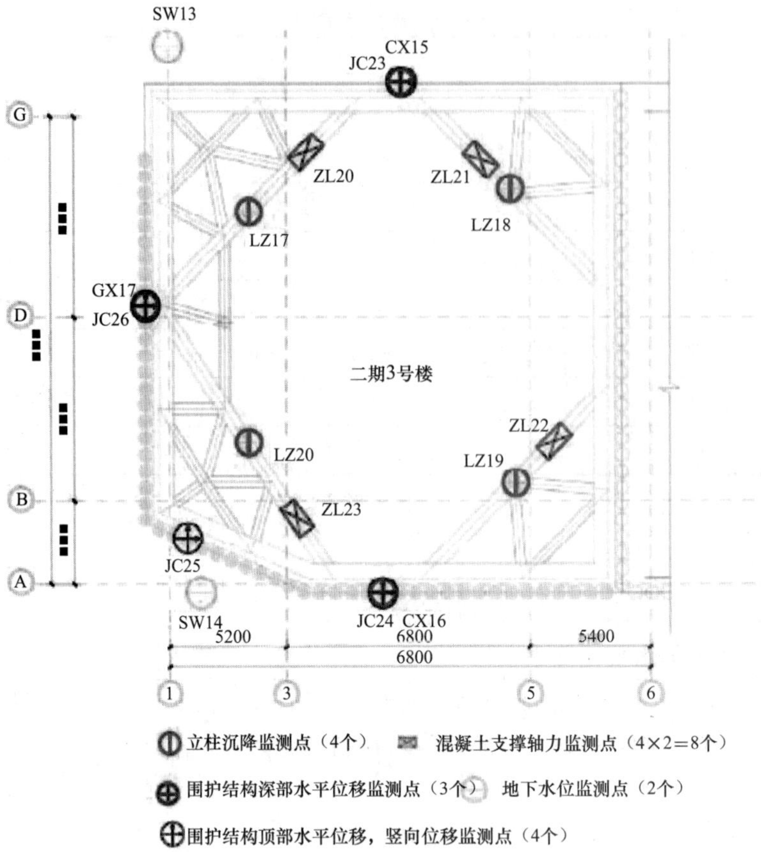

图 12　基坑监测布点图

图 13　基坑周边环境监测布点图

6 结构无损性拆除技术的特点

（1）操作简单

绳锯切割设备安装完成后只需等待切割即可，无需其他操作。

（2）安全性高，对原结构无破坏

采用绳锯切割进行混凝土支撑梁拆除不涉及挖机等危险设备，极大地降低安全隐患。同时因切割位置已经技术深化，切口平直整齐，对原结构不会造成破坏。

（3）噪声低、无粉尘

传统锤机破碎混凝土支撑无论是锤机破碎过程中还是切割支撑内钢筋的过程中都会产生极大的噪声和扬尘。采用结构无损性拆除技术进行支撑拆除施工，施工设备所产生的噪声不超过 60dB，同时在拆除过程中绳锯设备上增加挡泥板，所产生的扬尘远低于传统锤机破碎法施工。

（4）对周边已有建、构筑物影响小

以首创汇都苑项目 3 号楼施工为例，通过基坑多项监测数据表明，采用绳锯切割混凝土支撑梁对周边已有的建、构筑物影响微乎其微。尤其是对天津中山路地铁 3 号线的影响，通过监测，地铁通道口在施工过程中最大位移仅 3mm（控制值 8mm）。

（5）成本低，经济高效

以首创汇都苑项目 3 号楼为例，成本方面对比见表 5。

表 5 成本对比表

工艺	机械费（元）	材料费（元）	人工费（元）	总费用（元）	节省费用（元）
绳锯切割混凝土围檩	80000	24000	8000	88000	173000
混凝土破碎拆除混凝土围檩	240000	0	45000	285000	

工期方面从回顶架搭设至支撑梁块吊运至场外共需 10d，采用传统混凝土锤机破碎方法，从开始破碎至清理完成至少需要 20d 时间，无损性拆除节省一半的工期。

7 结语

在首创汇都苑项目 3 号楼施工对绳锯拆除支撑梁的应用中发现，绳锯切割技术工期短、效率高、安全无污染等，使项目取得了良好的社会效益和经济效益，同时通过该项目案例，也为结构无损性拆除技术的发展提供了施工实例经验。

参考文献

[1] 建筑业 10 项新技术（2018）应用指南［M］.

[2] 三一重工 SAC3000-300 使用说明书.

[3] 超硬磨料制品：GB/T 30470—2013［S］.

[4] 建筑基坑工程监测技术规范：GB 50497—2009［S］.

聚乙烯泡沫塑料片材在深基坑侧墙防水保护层中的应用技术

宁志强　田　冰　张　质　周光泽　蔡洋

中建五局第三建设有限公司，长沙，410004

摘　要：传统回填防水保护材料挤塑板（XPS）在使用过程中存在施工不便、粘结不牢、强度不高、环境污染等不足，而聚乙烯泡沫塑料片材具有施工简单，性能稳定，粘结性好，成本低等优点。该片材在运达中央广场三期工程深基坑侧墙中的应用，充分体现了其节能环保，保质创效的优点，得到了设计师、业主、施工单位的一致好评。

关键词：聚乙烯泡沫塑料片材；挤塑板（XPS）；防水保护层

1　传统回填防水材料挤塑板（XPS）简介

传统回填防水保护材料——挤塑板（XPS）是以聚苯乙烯树脂或其共聚物为主要成分，添加少量添加剂，通过加热挤塑而制成的具有闭孔结构的硬质泡沫材料，吸附性较差，密度大，可粘性较弱，所以一般XPS板的保温外立面容易开裂、空鼓、脱落，同时由于XPS板的柔性不足，导致表面打磨找平不容易控制，异型板也不容易在现场加工。

2　聚乙烯泡沫塑料片材简介

聚乙烯泡沫塑料（PE）是以聚乙烯树脂为主体，经过改性后进行化学交联发泡的密孔式独立气泡结构的新型材料，经过化学交联发泡后提高了材料的物力机械性能，耐老化性能，耐热性能，并且有更好的高弹性和高韧性，密度小，加工性能好，易于成型，价格较便宜。

针对防水功能，聚乙烯泡沫塑料片材主要具有以下两个突出特点：

（1）吸水率极低，几乎不吸水。

（2）水蒸气渗透系数极小，几乎不透水蒸气。正由于其优良性能，其应用范围较广，可用于地下室、地铁、轻轨、隧道等防水保护。

3　聚乙烯泡沫塑料片材对比传统方法的优势

聚乙烯泡沫塑料片材相较于传统回填防水保护材料——挤塑板（XPS）具有如下特点：

（1）施工工艺简单，易操作，不易破碎、脱落。

（2）无毒、无害，是最佳环保型建材。

（3）吸水率低、压缩强度高、缓冲性能优越。

（4）所具有的闭孔式结构同时具有良好的保温性能，真正达到“一材两用”。

（5）耐腐蚀，抗老化性能高，适用于各种胶粘剂。

（6）具有优良的延伸性能和抗拉强度，不会破碎、脱落，节省资源，浪费少，能适应各种建筑环境中地下曲面复杂结构，形成一个完整的防水保护体系。

4　工程实际应用

4.1　工程概况

运达中央广场三期位于长沙大道与沙湾路交界处。由公寓式酒店、写字楼、商业裙楼和地下室部分组成，总建筑面积约为 15.4 万 m^2。塔楼为框筒结构、裙楼为框架结构。地下 4 层，基坑深度 18.4m。地上裙楼 6 层，局部 7 层，塔楼 53 层，建筑高度 230.2m。地下室侧墙防水采用 1.5mm 厚 CPS 防水密封膏 +3mmCPS 防水卷材。

本工程 ±0 标高为 34.9m，常年地下水位标高介于 28.06 ～ 33.70m，基坑支护采用支护桩＋锚索和止水帷幕形式。

4.2　工程重难点

（1）质量标准高，本工程从开工即确认质量目标为"鲁班奖"，对防水施工质量要求极高，需在施工过程中杜绝渗漏隐患。

（2）地下水位高，常年地下水位距地下室底板水头高达 17.2m，水压力大，对防水卷材的性能有极高要求，不允许发生破损。

（3）操作空间小，支护桩与地下室外墙边间距 1m，冠梁与地下室外墙边间距仅 0.5m，防水卷材及防水保护层操作空间狭隘。同时，基坑回填时只能采用竖向填筑法，不能采用水平分层填筑，对防水保护层材料强度及粘结性能要求高。

4.3　聚乙烯泡沫塑料片材施工工艺与方法

4.3.1　工艺流程

基层清理→材料进场验收→涂胶→粘结聚乙烯泡沫塑料片材→检查验收。

4.3.2　施工方法

（1）侧墙、搭接施工方法（图 1、图 2）

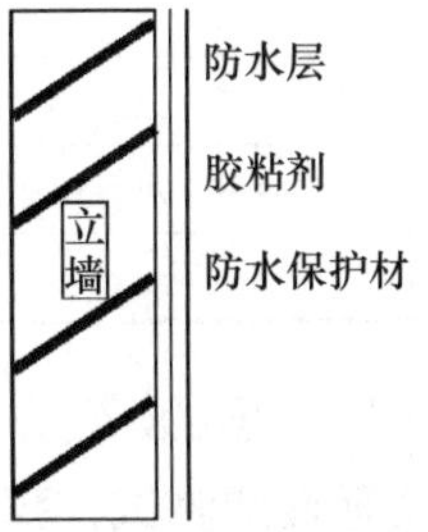

图 1　侧墙施工做法

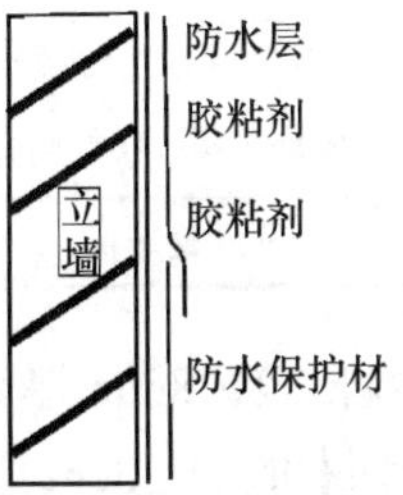

图 2　搭接施工做法

（2）阴阳角施工方法（图 3、图 4）

（3）穿墙管施工方法（图 5）

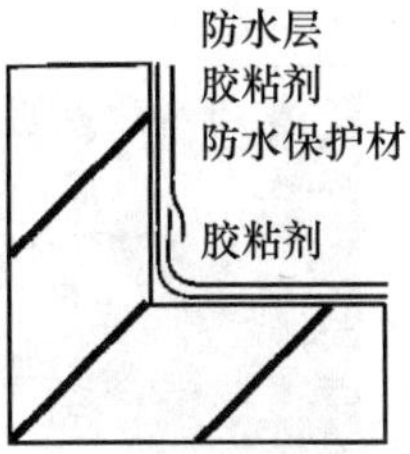

图 3　阴角施工做法

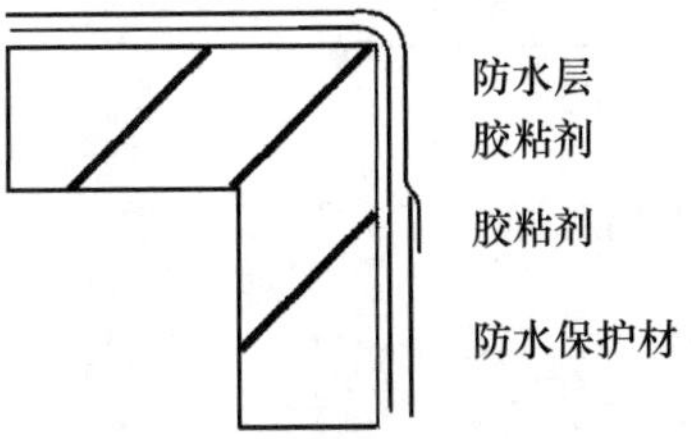

图 4　阳角施工做法

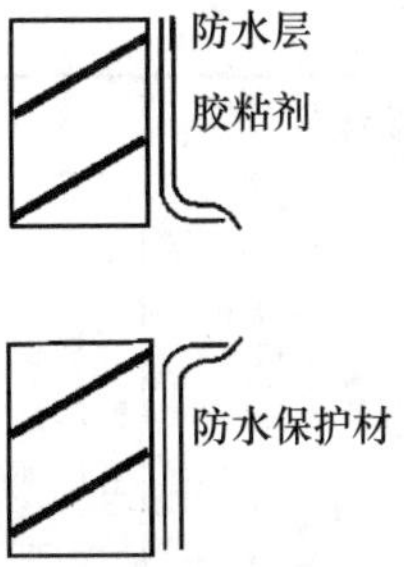

图 5　穿墙管施工做法

4.4 施工注意事项

（1）防水材料层要清理干净，用滚刷将胶粘剂条形涂粘（或点粘）在防水层（柔性防水卷材）的表面上。

（2）均匀涂胶，涂层不宜过厚，涂胶后需凉置 5 ～ 10min（视天气因素而定），待胶膜不粘手后即可粘合聚乙烯泡沫塑料片材。

（3）待聚乙烯泡沫塑料片材与防水层粘结后，粘结处用橡胶棒滚压，增强粘结效果。

（4）接缝处可直接搭接，搭接宽度不少于 10cm、均匀涂胶，涂层不宜过厚，涂胶后需晾置 5 ～ 10min（视天气因素而定），待胶膜不粘手后即可粘合聚乙烯泡沫塑料片材。

（5）粘合后，保持聚乙烯泡沫塑料片材的表面平整，应尽快回填。

4.5 经济可行性分析

（1）原材料单价（表 1）

表 1 原材料单价

材料名称	单位	单价（元）	备注
8mm 厚聚乙烯泡沫塑料片材	m^2	7.6	
10mm 厚聚乙烯泡沫塑料片材	m^2	9.5	
12mm 厚聚乙烯泡沫塑料片材	m^2	10.5	
胶水	桶	214	每桶 8L，可涂刷约 $300m^2$

（2）经济性分析（表 2）

表 2 经济性分析

材料名称	每 m^2 成本
8mm 厚聚乙烯泡沫塑料片材	7.6 元 +214 ÷ 300 元 = 8.3 元
10mm 厚聚乙烯泡沫塑料片材	9.5 元 +214 ÷ 300 元 = 10.21 元
3cm 厚聚苯板	9.1 元

根据经济性比较，8mm 厚聚乙烯泡沫塑料片材价格比聚苯板低 0.8 元 /m^2，10mm 厚聚乙烯泡沫塑料片材价格比 3cm 厚聚苯板高 1.11 元 /m^2。经过实际性能测试，我们与设计方及业主的沟通，本工程实际采取 8mm 厚聚乙烯泡沫塑料片材，防水效果经过验证均达到合格标准，同时节省成本，为三方创效。

4.6 实际施工效果对比（表 3）

表 3 两种材料效果对比

名称	效果对比	现场施工图对比
聚苯板	1. 板材状，粘贴不方便。 2. 容易脱落。 3. 质地较硬，容易破损，损耗较大。	

续表

名称	效果对比	现场施工图对比
聚乙烯泡沫塑料片材	1. 条状，从上往下施工，粘贴方便，大大缩短工期，效率高 2. 粘结牢固，不易脱落 3. 柔性片材，抗折、抗拉强度性能好，不易破损，浪费少	

5　结语

通过在运达中央广场三期深基坑中的应用实践，从产品性能、经济性对比等方面进行了分析，聚乙烯泡沫塑料片材具有成型质量好、材料节约多、工程成本低、环境污染少等优点，可供类似项目借鉴采用。

参考文献

[1] 李金龙. 建筑工程地下防水施工技术策略研究［J］. 山西建筑，2018，44（07）：91-92.
[2] 吕向东. 建筑工程地下室防渗漏施工技术的探讨［J］. 建筑知识，2017，37（08）：78.
[3] 郭典，张炜玮. 屋面卷材防水渗漏的原因分析与质量控制［J］. 建筑工人，2015，36（09）：40-42.
[4] 徐小龙，姚传勤，白蓉，李闰生. 挤塑板在基础防水保护层中的应用［J］. 低温建筑技术，2016，38（03）：106-107.
[5] 陆汉时，杨金兴. 基础侧立面防水保护层施工新法［J］. 建筑工人，2016，37（03）：29-30.
[6] 地下防水工程施工探析［J］. 山西建筑，2015，41（16）：78-79.
[7] 王维刚. 简析建筑施工中新技术的应用［J］. 黑龙江科学，2014，5（04）：258.

超长超重地下连续墙钢筋笼整体吊装施工技术

李　杨　李誉亮　匡九林　潘冬明　尹超辉

中建五局第三建设有限公司，长沙，410004

摘　要：超长超重地下连续墙钢筋笼吊装工程操作困难，危险性大，技术要求高，成为地下连续墙施工中的重难点。本文以武汉首地航站楼新建服务业设施项目超长地下连续墙施工为背景，通过对地下连续墙钢筋笼吊装过程中纵、横向桁架筋的受力分析，确定吊点布置及机械选型，可为类似工程提供参考。

关键词：地下连续墙；钢筋笼；整体吊装；吊点设置；吊机选型

随着中国经济的快速增长，人民生活日益提高，建筑业得到迅速发展，对地下空间利用越来越多，超深基坑的支护成为建筑行业的重点，地下连续墙“两墙合一”的支护形式日益成为被广泛采用的超深基坑支护形式。建筑机械的发展促使超长地下连续墙的成槽施工成为易事，但由于地下连续墙往往设计配筋率大，其超长超重钢筋笼吊装成为施工中的难点。实际施工中，超长钢筋笼常采用分段吊装的方式，其吊装时间长，下放过程中的钢筋笼对接施工存在接头处理不当、易引起槽段塌孔等问题，影响地下连续墙成型质量。本文将结合武汉首地航站楼项目地下连续墙施工中对超长超重地下连续墙钢筋笼整体吊装的实例分析，为类似工程提供应用参考。

1　工程概况

首地航站楼新建服务业设施项目位于武汉市青年路与范湖路交会处，是中央商务区的门户工程，项目基坑周长450m，支护采用地下连续墙“两墙合一”+两道环形内支撑的形式，由于一侧紧邻地铁2号线范湖站且此段地铁区间线沉降较为严重，故地下连续墙采用落底设计，墙厚800mm，嵌固深度进入中风化层不少于1m，墙长44.4～45.2m，槽段宽度6m。地下连续墙钢筋笼成型宽度为6m，长度45.3m，质量为44t。本工程施工地质条件较差，为保证施工质量，缩短成槽后晾槽时间，钢筋笼吊装采用双机抬吊方式进行整体吊装的方法（图1）。

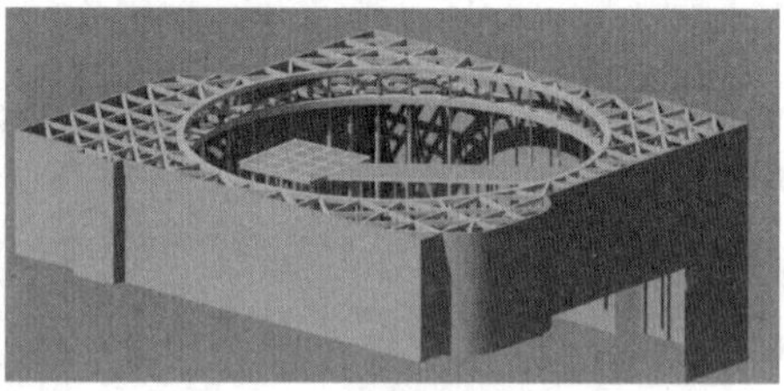

图1

2　超长超重钢筋笼吊装分析

2.1　机械选型

选择计算主吊机垂直高度时，不仅要考虑主吊臂架最大仰角75°和钢筋笼的最大尺寸、重量，而且还要考虑钢筋笼吊起后能旋转180°，不碰撞主吊臂架，即满足BC距离大于标准段钢筋笼一半宽度3.0m的条件，另留置1.2～1.4m的安全距离。因此：

AC（计算）$= BC \times \tan 75° = 2.73 \times 3.73 = 15.666\text{m}$（$BC = 4.2\text{m}$）

AC（实际）$= b + h_1 + h_0 + h_2 = 15.779 + 1.026 + 1 + 7 = 24.805\text{m} > 15.7\text{m}$ 满足要求。

图 2 中，b 为起重机滑轮组定滑轮到吊钩中心距离，取 15.779m；h_0 为起吊扁担净高，取 1m；h_1 为扁担吊索钢丝绳高度，取 1.026m；h_2 为钢筋笼吊索钢丝绳高度，取 7m；h_3 为钢筋笼长度，取 45.3m；h_4 为起吊时钢筋笼距离地面的距离，取 4.036m；C 为起重臂下轴距地面的高度，取 3.4m。

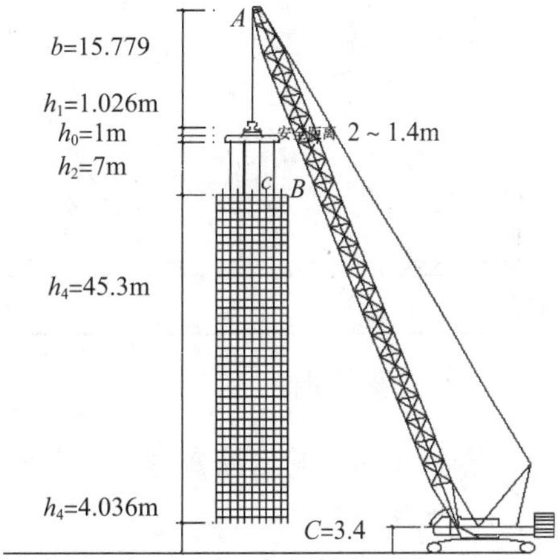

图 2

（1）主吊机起重臂长度及作业半径

起重臂长度 $L =（AC + h_3 + h_4 - C）/\sin\alpha =（24.8 + 45 + 4–3.4）/\sin75° = 71.8\text{m}$

作业半径 $R = L*\cos\alpha = 15.5\text{m}$

在以上吊装中，吊车最大起吊高度 $H = h_0 + h_1 + h_2 + h_3 + h_4 = 57.063\text{m}$

（2）主机选用：中联 QUY300 履带式起重机，主臂长度为 72m 时，工作半径为 16.0m；主臂起重量为 68.8t。考虑履带吊行走工况下，实际吊重小于等于额定吊重，$68.8 \times 0.7 = 48.16\text{t}>42.5\text{t}$（最大实际吊重），则主吊选型符合要求。

（3）副机选用：考虑施工过程中，需要提拔接头箱（锁口管）约 35t，故考虑副吊采用 QUY180 履带式起重机。

2.2　吊点选择

如果吊点位置计算不准确，对钢筋笼会产生较大挠曲变形，使焊缝开裂，整体结构散架，无法起吊。因此吊点位置的确定是吊装过程的一个关键步骤，现以 44.5m 长的钢筋笼为例作以下阐述。

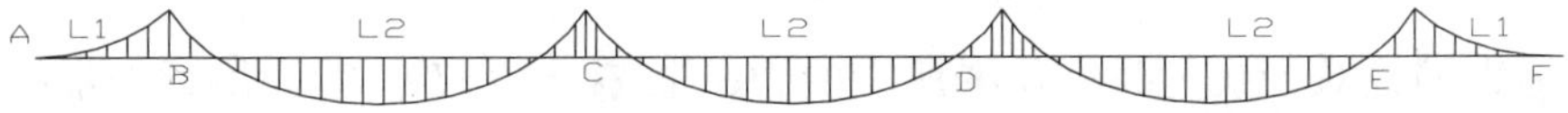

根据弯矩平衡定律，正负弯矩相等时所受弯矩变形最小的原理，计算如下。

$$+M = -M$$

式中，$+M = 1/2qL_1^2$

$-M = 1/8qL_2^2 - 1/2qL_1^2$

M 为弯矩；q 为均布载荷。

故：$L_2 = 2\sqrt{2}L_1$

又：$2L_1 + 3L_2 = 45.3\text{m}$

$L_1 = 45.3 \div（2 + \sqrt{2}）= 4.32\text{m}$

$L_2 = 2\sqrt{2}L_1 = 12.22\text{m}$

因此选取 B、C、D、E 四点起吊时弯矩最小，实际吊装过程中 B、C 中心是主吊位置，AB 距离影响吊装钢筋笼。根据技术数据和实际吊装经验，可调整 A、B 重合，其他各点位置调整如图 3。

2.3　受力分析

（1）双机抬吊扶正时受力分析

$T_1 = 117\text{kN}$；$T_2 = 103\text{kN}$。

（2）单机吊装就位时受分析（图 4）

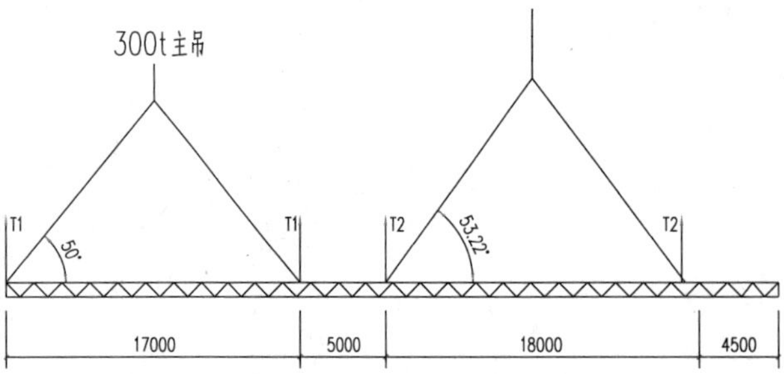

图 3

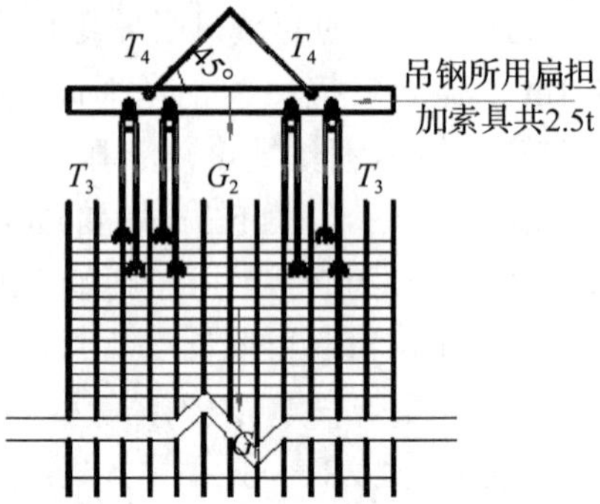

图 4　单机吊装钢筋笼示意图

根据单机吊起钢筋笼时，受力平衡得：$T_3 = 55\text{kN}$，$T_4 = 164.4\text{kN}$。

2.3.1　钢丝绳验算

（1）主吊扁担上部钢丝绳验算

钢丝选用直径 $\phi 60.5\text{mm}$，共 4 根，钢丝绳公称抗拉强度 1700N/mm^2，钢丝绳破断拉力总和不小于 2320kN。钢丝绳在钢筋笼竖立起来时受力最大。

钢丝绳容许拉力 $[F_g] = 237.8\text{kN} > T_4 = 164.4\text{kN}$

（2）主吊扁担下部钢丝绳验算

钢丝选用直径 $\phi 36.5\text{mm}$，共 8 根，钢丝绳公称抗拉强度 1700N/mm^2，钢丝绳破断拉力总和不小于 856.0kN。钢丝绳在钢筋笼竖立起来时受力最大。

钢丝绳容许拉力 $[F_g] = 92.02\text{kN} > T_3 = 55\text{kN}$。

（3）副吊扁担上部钢丝绳验算

$$4 \times T'_4 \times \sin 45° = 2T_2 + G'_2$$

式中，T_2 为钢筋笼双抬扶正时钢丝绳所受的力，取 $T_2 = 10.3T$；G_2 为吊索加扁担重量，取 $G'_2 = 1.5T$；

钢丝选用 6 × 37 + 1 直径 $\phi 39.0\text{mm}$，共 4 根，钢丝绳公称抗拉强度 1700N/mm^2，钢丝绳破断拉力总和不小于 959.5kN。

钢丝绳容许拉力 $[F_g] = 98.35\text{kN} > 42\text{kN}$

（4）副吊扁担下部钢丝绳验算

$$T'_3 = 3.23T\ (\text{副吊单根绳子})$$

钢丝选用直径 $\phi 36.5\text{mm}$，钢丝绳公称抗拉强度 1700N/mm^2，钢丝绳破断拉力总和不小于 856.0kN。

钢丝绳容许拉力 $[F_g] = 87.74\text{kN} > 32.3\text{kN}$

2.3.2　吊攀验算

钢筋笼上吊攀（采用一级钢）验算

$$A_s = K \times G/(n \times 2 \times f_c) \times \sin\alpha$$

式中，A_s 为吊点钢筋截面积（cm^2）；K 为安全系数取 2；G 为钢筋笼重量 44000kg；α 为 90°；N 为钢筋笼主吊吊点个数取 8；f_c 为钢筋抗拉强度设计值：一级钢 2100kg/cm^2。

钢筋笼主吊吊攀：$A_s = 2 \times 44000/(8 \times 2 \times 2100) \times \sin 90° = 2.62\text{cm}^2$

取 $D = 2.8\text{cm}$，$A_g = 6.15\text{cm}^2 > 2.62\text{cm}^2$，符合要求。

综上可知，本工程钢筋笼吊攀钢筋取 $\phi 28$。

2.3.3　卸扣验算

卸扣的选择按主副吊钢丝绳最大受力选择。主吊卸扣最大受力在钢筋笼完全竖起时，副吊卸扣最大受力在钢筋笼平放吊起时。

（1）主吊卸扣选择

$$P_1 = (44 + 2.5)/2\sin 60° = 26.8\text{t}$$

主吊扁担上部选用高强卸扣 55t，2 只。

卸扣受力计算：$P_2 = Q/8 = 44/8 = 5.5$t；主吊选用 8 个 20t 卸扣。

（2）副吊卸扣选择

根据计算，副吊受力最大 $2T_2 = 20.6$t。

$$P_3 = 20.6/2\sin 60° = 11.9\text{t}$$

副吊高强卸扣 32t，2 只。

卸扣受力计算：$P_2 = Q/8 = 20.6/8 = 2.6$t；副吊选用 4 个 10t 卸扣。

2.3.4　吊车双机抬吊系数（K）整体验算

（1）主吊行走工况：

$$N_{主机} = 68.8\text{t}，N_{索} = 2.5\text{t}，Q_{吊重} = 40\text{t}，$$

$$K_{主} = (40 + 2.5)/68.8 = 0.617 < 0.7$$

主吊 300t 履带吊满足要求。

据据《建筑机械使用安全技术规程》（JGJ 33—2012）第 4.2.11 条“履带吊短途负载行驶时，不得超过允许起重量总和的 70%”。

注：主机作业半径控制在 16m 以内。

（2）双机抬吊工况

双机抬吊时，主吊承重 23.4t，副吊承重 20.6t

$N_{副机} = 29.6$t，$N_{索} = 1.5$t，$Q_{吊重} = 20.6$t，

$K_{副} = (20.6 + 1.5)/29.6 = 0.75 < 80\%$。副吊 180t 满足要求。

注：副吊作业半径控制在 16m 以内。

据《建筑机械使用安全技术规程》（JGJ 33—2012）第 4.2.9 条“采用双机台吊作业时，单机的起吊载荷不得超过允许载荷的 80%”。

2.3.5　扁担横梁验算

扁担采用 65mm 厚 45 号钢板，采用 $\delta = 65$mm 钢板加工成尺寸为：4800mm × 600mm，将［16 槽钢与钢板焊接，焊缝高度大于 8mm 焊缝要平整、牢固，如图 5 所示（GB/T699—1999 标准规定 45 号钢板拉伸强度为 600MPa，屈服强度为 355MPa，抗剪强度为 410MPa）。

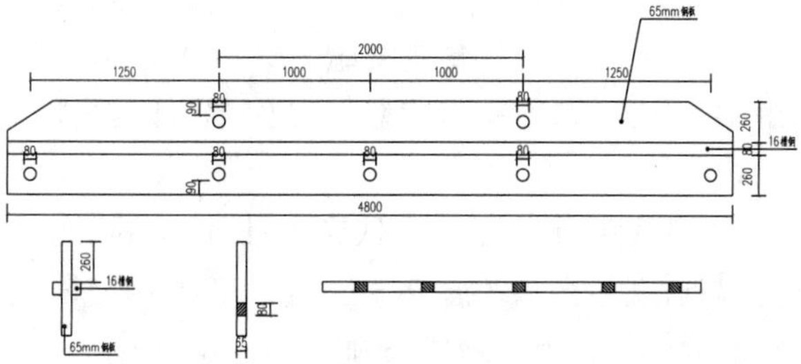

图 5

从最大拉伸考虑，扁担可承受最大起吊质量为 17160t，从扁担最小截面承受最大剪力来考虑，钢扁担可起吊重量为 1385.8t。而从单孔周边最大承载来考虑，钢扁担可起吊最大重量为 $213.2 \times 2 = 426.4$t 和 $213.2 \times 3 = 639.6$t.。

故比较以上可知，此种型号的扁担可起吊最大重量为 639.6t（横向三点吊）或 426.4t（横向两点吊），取安全系数为 8，则此种型号扁担起吊重量应为 $\leqslant 639.6/8 = 79.95$t 或 $\leqslant 426.4/8 = 53.3$t。

本项目地下连续墙钢筋笼总重量均小于 53.3t，故扁担横梁满足起吊要求。

3 钢筋笼吊装方法

钢筋笼吊放采用双机抬吊扶正、单机吊装就位。以 300t 作为主吊，一台 180t 履带吊机作副吊机。起吊时必须使吊钩中心与钢筋笼重心相重合，保证起吊平衡。主吊机用 23m 长的钢丝绳，副吊机用 30m 长的钢丝绳。

钢筋笼吊放具体分六步走：

第一步：指挥 300t、180t 两吊机转移到起吊位置，起重工分别安装吊点的卸扣。

第二步：检查两吊机钢丝绳的安装情况及受力重心后，开始同时平吊。

第三步：钢筋笼吊至离地面 0.3 ～ 0.5m 后，应检查钢筋笼是否平稳，后 300t 起钩，根据钢筋笼尾部距地面距离，随时指挥副机配合起钩。

第四步：钢筋笼吊起后，180t 吊机向左（或向右）侧旋转、300t 吊机顺转至合适位置，让钢筋笼垂直于地面。

第五步：指挥起重工卸除钢筋笼上 180t 吊机起吊点的卸扣，然后远离起吊作业范围。

第六步：指挥 300t 吊机吊笼入槽、定位，吊机走行应平稳，钢筋笼上应拉牵引绳，下放时不得强行入槽

4 实施效果

武汉首地航站楼新建服务业设施项目基坑支护施工中，在 40 天内总计完成 80 幅地下连接墙，吊装作业过程中未发生任何安全质量事故。通过理论计算与实践，成功解决了本工程超长超重地下连续墙钢筋笼快速吊装的难题，积累了丰富的施工经验并取得了较好的社会经济效益。

5 结语

建筑机械的发展，为超深地下连续墙的施工提供了更为便捷的途径，在武汉首地航站楼项目的实际应用总结中发现，通过对超长超重地下连续墙钢筋笼吊装的施工设计，合理地计算确定机械选型、吊点设置、钢丝绳、吊攀及扁担的选用，能够有效控制钢筋笼的变形，确保吊装过程的安全，达到钢筋笼整体一次吊装的效果，为类似工程提供了可借鉴的工程技术经验。

参考文献

［1］ 王志华，魏春林，王善谣，祝强，魏文晖. 超大型地下连续墙钢筋笼吊装过程动态数值模拟现场试验研究［J］. 施工技术. 2016（20）.

［2］ 张锟. 超深、超大地下连续墙吊装过程研究［J］铁道建筑技术. 2014（09）.

［3］ 董建忠，沈斌. 地下连续墙钢筋笼吊装参数的验算与选择［J］探矿工程（岩土钻掘工程），2017，44（02）.

［4］ 赵运梅. 超深地下连续墙钢筋笼吊装施工计算方法研究［D］武汉理工大学，2015.

大跨度钢混结构拱涵在山区城际快速道路高填方路基中的应用

杨　成　张明杰　赵　蒙　吴掌平　任自力

中建五局第三建设有限公司市政分公司，湖南长沙，410000

摘　要：结合贵州省某城际快速道路工程实例将大跨度钢混结构拱涵与混凝土拱涵进行分析对比，总结了大跨度钢混结构拱涵通道在山区城际快速道路中应用的优势及特点，并介绍了钢波纹拱涵通道的施工经验，为大跨度钢混结构拱涵在山区高填方路基下的推广应用提供借鉴。

关键词：城际快速路；大跨度；钢混结构拱涵；高填方

拱涵通道是公路工程中重要的组成部分之一，目前贵州山区高填方拱涵通道大部分为混凝土结构，混凝土结构在使用中出现不同程度危害，尤其是在贵州山区的高填方、大跨径填石路基中，大跨度钢混结构拱涵由基础和侧墙（混凝土结构）及拱顶（波纹钢板件拼装而成拱形结构）组成。波纹钢板是由碳钢板加工而成的管壁带有波形截面的柔性材料且波纹钢板表面经抗腐蚀处理，具有良好的力学性能和抵抗地基不均匀沉降引起的混凝土破裂问题，与混凝土涵相比，基础、侧墙不变，只是拱顶改为波纹钢板拼接，不但具有安装方便、提高工作效率、缩短工期的优点，还具有耐久性、经济性等优点。

1　工程实例

贵州省某城际快速道路有 4 个 U 形沟谷的大跨度高填方路段，原设计采用混凝土拱涵，满足过人及过车的需求，但由于队伍前期进场设计图纸迟迟未发到施工单位手中，以及一些征拆等原因，导致施工进度比原计划慢很多，为加快施工进度，将混凝土拱涵基础及侧墙不变，将拱顶改为波纹钢板拼装，拱涵在满足过人及过车需求的同时缩短工期，加快施工进度。其技术指标如表 1 所示。钢混结构拱涵洞身构造图如图 1 所示，波纹钢板件及钢架配件平面布置图如图 2 所示，钢混结构拱涵横断面图如图 3 所示。

表 1　模型计算参数

序号	波纹钢板件形式	波形代号	波距（mm）	涵顶填土高度（m）	壁厚（mm）	波峰波谷半径（mm）	适用内径 D 或跨径 S（m）	热镀锌平均厚度（mm）	拼装采用的高强螺栓规格
1	拱形	A	68	30.31	4.0	17.5	7.5 ~ 15	≥ 84	M16
2	拱形	C	125	30.61	5.0	40	7.5 ~ 30	≥ 84	M20

作者简介：杨成（1989—）男，甘肃人，中建五局第三建设有限公司市政分公司铜仁项目总工程师，工程师，从事土木工程施工技术与管理工作。

通信地址：湖南省长沙市中意一路 158 号中建大厦 16 楼中建五局三公司。

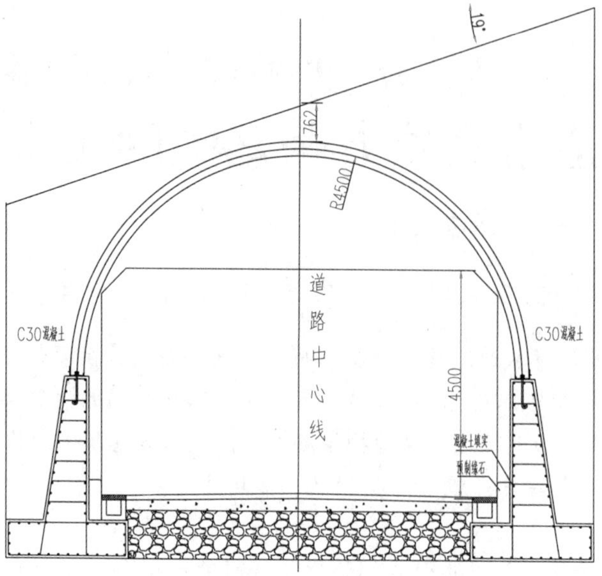

图 1　钢混结构拱涵洞身示意图

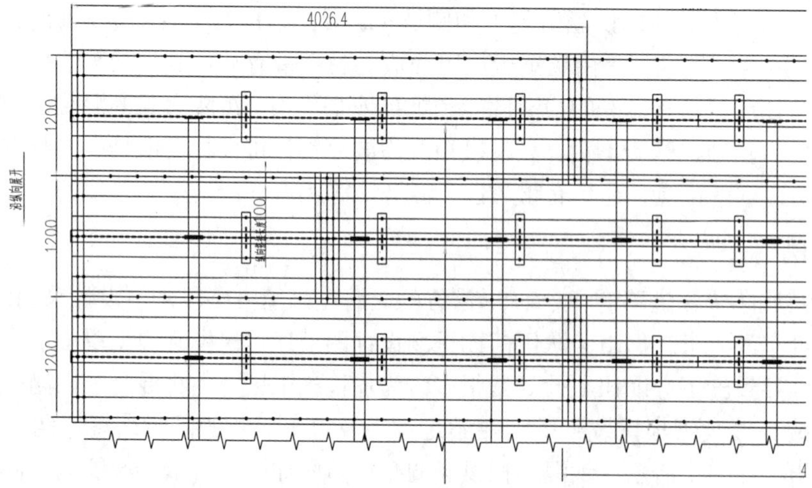

图 2　波纹钢板件及钢架配件平面布置图

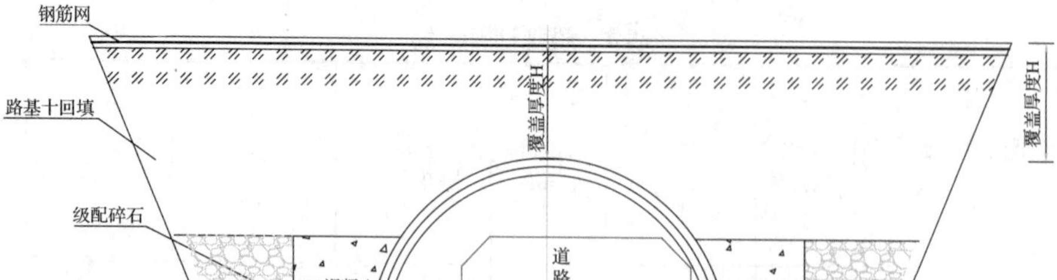

图 3　钢混结构拱涵横断面图

2　施工工艺

2.1　工艺原理

钢混结构拱涵采取的施工工艺为直接填筑法，拱涵多位于U形槽内桥梁端头，属于高填方填石路基段，最高填方高度达到30.61m，由于T梁的架设要经过钢波纹拱涵处，所以采用直接填筑法。

2.2　施工工艺

施工准备→测量放样→基坑开挖→地基承载力检测→基地处理→基础施工→墙身施工→波纹钢板件拼装连接→翼墙、八字墙施工→涵背回填→成品检测、验收。

2.2.1　施工准备

施工准备包括人员准备、资源准备。

①人员准备

结合贵州省某城际快速道路工程实例，拱涵施工前应设1名波纹钢板件拼装指挥员、1名现场技术员，2名测量工程师负责关键节点的测量，同时配置合适的施工人员。

（2）资源准备

①施工所用的材料包括波纹钢板件、水泥、钢筋、碎石、砂、片石等备料，必须经进场验证，各种进场材料产品合格证齐全，工地试验室应对各种材料抽检试验。

②钢混结构拱涵施工前应配齐所需的施工机械及测量设备。

③钢混拱涵施工前必须对到现场的波纹钢板及配件进行检测，尤其尺寸及表面防腐材料是否达到要求。

2.2.2　测量放样

施工前组织测量人员根据设计文件放出管涵轴线，打好中边桩，在涵管中轴线和基础范围边缘撒上白色灰线，测出原地面高程。

2.3　施工方法

2.3.1　基坑开挖

采用人工配合机械开挖的办法，基坑开挖应设置临边防护，基坑底视情况设置钢板桩防护（图4、图5）。

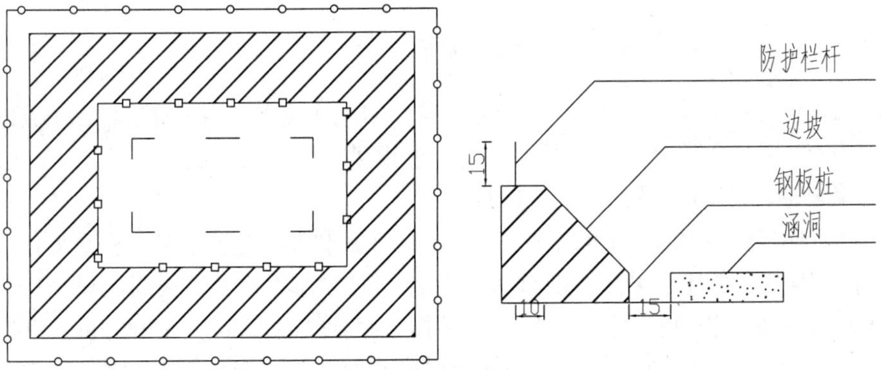

图4　开挖较深、边坡土质较差基坑防护示意图

2.3.2　垫层施工

管涵基础下设置20cm级配碎石垫层，垫层填筑时应填筑并压实，压实度不小于规范要求。

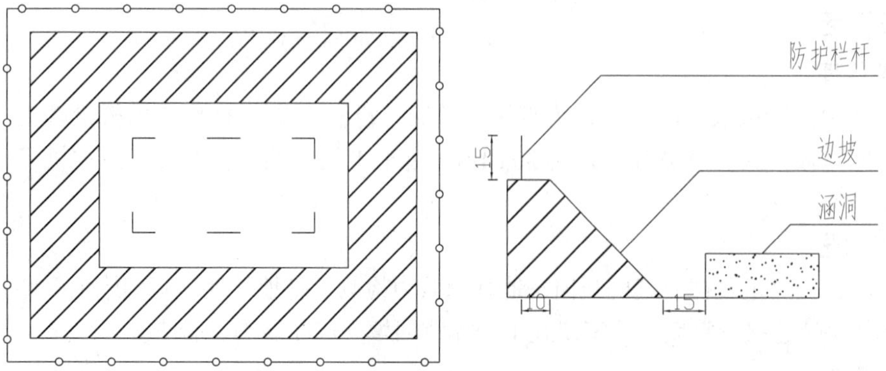

图 5　开挖较浅、边坡土质较好防护示意图

基地处理合格后，铺设 20cm 级配碎石垫层，垫层填筑时应填筑并压实，压实度不小于规范要求。级配碎石垫层压实完成之后浇筑 C20 混凝土整平，便于拱涵基础施工。

2.3.3　拱涵基础及墙身施工

钢筋骨架绑扎完成之后，需按照设计图要求预埋地锚，地锚位置需定位准确，安装牢固可靠（图 6）。

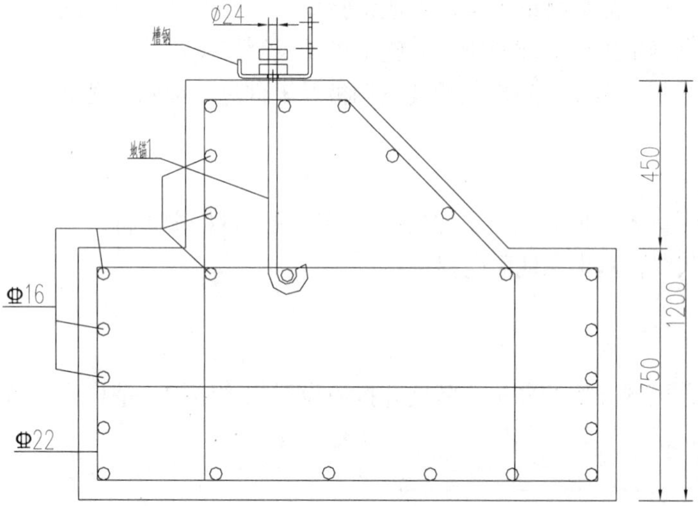

图 6　地锚示意图

钢混结构拱涵基础采用分层、分段浇灌成型的施工方法，第一次浇至底板内壁以上 30cm，第二次浇筑剩余部分。墙身模板采用组合钢模板，涵洞墙身模板安装时，按沉降缝设计位置，做到两端竖直、平整，上下贯通。

1-8 × 4.5 型钢混结构拱涵墙身高度为 3.83m，简单支撑不能满足施工安全要求，采用钢管支撑体系。钢管支撑体系采用 $\phi48$ 脚手架钢管，支撑方法为沿模板四周设横向支撑，间距为 600mm。横向钢管外侧设竖向支撑及斜撑，竖向支撑间距为 1500mm，每道竖向钢管为两根，斜撑间距为 1500mm，每道竖向钢管为两根，为保证模板稳固，在墙身两侧模板间设 M12 对拉螺栓，间距 500mm × 1500mm，涵身内侧模板间设 $\phi48$ 钢管撑杆，间距 1500mm × 1000mm。所有竖向钢管顶部用 $\phi48$ 钢管拉杆固定，间距 1500mm。1-8 × 4.5 型涵洞模板及支撑方式如图 7 所示。

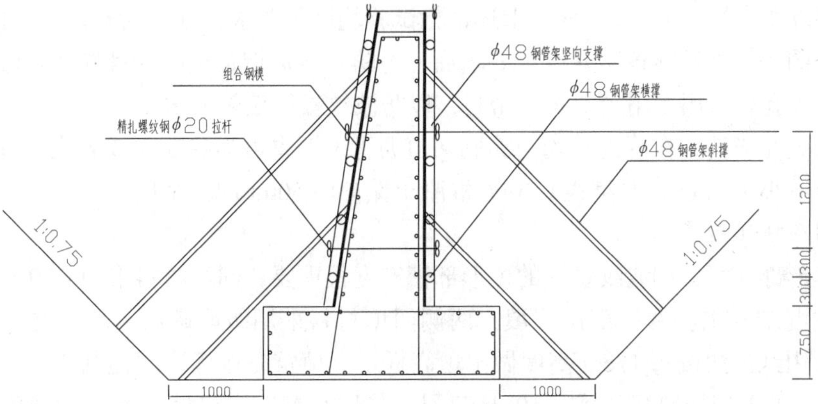

图 7　1-8×4.5 型涵洞模板及支撑方式示意图

2.3.4　波纹钢板拼装

（1）检查涵管底部平整度、标高及基础预拱度的设置，确定涵管的位置、中心轴线、中心。

（2）以中心轴线、中心为基准，第一张波纹板定位，以此为起点向两侧延伸，直至涵管进出口两端；第二张板叠在（搭接长度为 50cm）第一张板上面，对正连接孔。螺栓由内向外插入螺孔，对面套上垫圈螺母，用套筒扳手预紧螺母。

（3）拼装环形圈，由下向上顺次拼装；搭接部分上板覆盖下板，圆周向连接采用阶梯形，即上面二块板的连接叠缝与下面二块板的叠缝错位，连接孔对正后，用螺栓由内向外插入螺孔，用套筒扳手预紧螺母。

（4）每节钢波纹管拼成形后，要测定截面形状，达到标准再继续拼装，达不到标准应及时调整。圆周向拼装到环形圈合拢时，测定截面形状，采用定位拉杆固定，调整预紧螺栓，拼装波纹管（图 8）。

（5）涵管拼装全部完成后，用顶扭气动扳手，按扭力矩 135.6 ～ 203.4N · m 紧固所有螺栓，依次序，不得遗漏，紧固后底螺栓用红漆标示。所有螺栓（包括纵向和环向接缝）应在回填之前拧紧，保证波纹管的重叠部分紧密地嵌套在一起（图 9）。

图 8　大跨度钢混结构拱涵现场拼装图

图 9　大跨度钢混结构拱涵拼装完成图

（6）为保证达到螺栓扭力矩的要求值时，在回填之前随机抽取结构上纵向接缝上 2% 的螺栓，用顶扭扳手进行抽检试验。如果有任一螺栓扭力矩值范围达不到规定值，则应抽检纵向和环向接缝所有螺栓的 5%。如果上述抽检试验均满足要求，则认为安装是合格的。

（7）外圈搭接处螺栓拧紧并符合要求后，为防止波形钢板板缝和螺栓孔处渗水，在钢板连接处和螺栓孔处采用专用密封材料密封，以防波纹板连接处渗水。

（8）安装完毕后，在管内外均匀涂刷两道沥青，沥青可为热沥青或乳化沥青，沥青涂层的总厚度应不小于 1mm，并浇筑 C30P6 混凝土保护层 50mm 厚（图 10）。

2.3.5 两侧及顶部回填

（1）楔形部回填：钢波纹管涵的楔形部密实度很重要，回填材料采用 C30 混凝土。

（2）钢混结构拱涵两侧部位回填：两侧回填材料采用级配碎石，填土之前，可在波纹管涵两侧面用红油漆按每 15cm 高度做出填高标示，填筑时按标注线控制。在管身最大直径两侧 50cm 外可采用压路机压实，50cm 范围内采用小型夯实机械夯实，以避免大型机械设备对管涵的撞击。靠近管体周围 0.5m 范围内，不允许有大于 50mm 的石块等硬物。填筑时应分层填筑、分层压实，每层压实厚度为 15 ～ 20cm，压实度应于 93% ～ 95% 之间，达到要求后方可进行下一层填筑。填筑必须在涵管两侧对称同步进行，两侧的回填高差不得大于 30cm（图 11）。

图 10 大跨度钢混结构拱涵现场拼浇筑图

图 11 大跨度钢混拱涵现场填土施工图

（3）钢混结构拱涵上方当回填厚度小于 50cm 时采用手扶振动压路机压实或采用小于 6t 的静碾压路机压实，压实度应介于 93% ～ 95% 之间。当涵管顶填土大于 50cm 后，方可采用大型压路机施工，每层厚度 20cm，压实度应 93% ～ 95%。

（4）对有端部挡墙的涵洞，从涵洞两端向结构的中心进行回填；对没有端部挡墙的涵洞，从涵洞的中心向两端进行回填。

2.3.6 翼墙施工

（1）翼墙 C30 混凝土在施工前，应准确计算混凝土的具体数量，涵洞翼墙采用分段一次浇灌成型的施工方法，翼墙模板支撑方式参考墙身模板支撑方式。涵洞翼墙模板安装时，翼墙模板沉降缝按设计位置设置，做到两端竖直、平整，上下贯通，沉降缝的填塞符合设计及规范要求。

（2）浇筑混凝土时，应振捣密实，并预留锚栓孔洞。

2.3.7 锥坡施工

（1）锥坡墙身采用 10cm 砂砾垫层，30cmM7.5 砂浆浆砌片石。

（2）锥坡底部采用 M7.5 砂浆浆砌片石，底部素土压实系数≥ 95%。

（3）锥坡两侧回填土压实系数按道路要求且不小于 90%。

（4）锥坡铺砌片石在使用前必须浇水湿润，表面如有泥土、水锈，应清洗干净。砌筑锥坡基础的第一层砌块时，由于基底为黄黏土，必须碾压达到 95% 的压实度，形成比较好的整体性时，直接座浆砌筑。砌体分层砌筑，各砌层的片石应安放稳固，片石间应砂浆饱满，粘结牢固，不得干砌、堆砌或架空。砌筑时，底浆应铺满。竖缝砂浆应先在已砌石块侧面铺放一部分，然后于片石放好后填满捣实。

（5）在砌筑片石时不能有通缝出现，确保墙体的整体性。砌体勾缝可采用平缝或凹缝，M10 水泥砂浆勾缝，勾凹缝时，砂浆应嵌入砌缝内 20mm 深。缝槽深度不足时，应凿够深度后再勾缝。

（6）浆砌砌体，应至砂浆初凝后，洒水养生 7 ～ 14d。养护期间应避免碰撞、振动或承重。

施工完工图、施工效果图如图 12、图 13 所示。

图 12 大跨度钢混拱涵翼墙施工完成图

图 13 大跨度钢混拱涵施工完成效果图

2.4 施工控制技术

（1）施工时间控制

钢混拱涵施工不受季节的影响，安装时间短。

（2）防腐控制

波纹钢板件材料均为金属结构，购置板件和螺栓等均采用热浸镀锌处理，其厚度大于或等于 84μm，现场施工时如导致局部防腐涂层出现损坏，应及时采取补救措施，如增加涂层。

（3）地基承载力要求

路基填土高度大于 15m，需要对地基承载力做具体要求。如覆土高度 12 ～ 16m 时，地基承载力为 250kPa，如覆土高度 16 ～ 20m 时，地基承载力为 300kPa。否则根据情况按换填或碎石桩处理。

（4）洞身两侧填土应对称、均衡、分层夯实，压实度不应小于 96%，填土夯实质量不易保证的范围内（涵底以侧壁以外 1.5m 为准，向上按 1 : 1 的坡度至涵洞结构顶面）采用级配碎石回填。

（5）地基土质变化较大、基础埋置深度不一或地基容许承载力发生较大变化以及路基填挖交界处均应加设沉降缝。

（6）施工过程中，对填土高度大于 0.5m 的涵洞，在箱顶覆土厚度小于 0.5m（不含路面铺装层）时，严禁任何重型机械和车辆通过。

（7）管身接缝的螺栓应交错布置。

3　现场施工数据检测

在贵州某城际快速道路工程应用净宽为 8m，净高为 4.5m，基础高为 80cm，侧墙高度为 3.83m、总跨度为 82.8m，覆土高度最高为 30.61m 的大跨径高填方钢混结构拱涵，在填土时在拱顶布设观测点 1、拱脚布设观测点 2、观测点 3，观测点根据填土高度每 8m 测量一次，数据记录见表 2，覆土完成后在拱顶布设观测点 1、拱脚布设观测点 2、观测点 3，每隔 15m 布设一组沉降观测点，取覆土最高（30.61m）跨中位置一周、一个月、2 个月、3 个月、4 个月沉降观测数据记录见表 3。

表 2　钢混拱涵沉降观测值

沉降观测点	沉降观测点位置	涵顶填土高度（0m）	涵顶填土高度（8m）	拱顶土高度（16m）	涵顶填土高度（24m）	涵顶填土高度（33m）
1	拱顶	0	0.003	0.006	0.07	0.071
2	拱脚	0	0.002	0.004	0.05	0.05
3	拱脚	0	0.002	0.004	0.05	0.05

表 3　覆土（30.31m）完成后钢混拱涵沉降观测值

沉降观测点	沉降观测点位置	覆土完成后 1 周	覆土完成后 1 个月	覆土完成后 2 个月	覆土完成后 3 个月	覆土完成后 4 个月
1	拱顶	0.07	0.07	0.065	0.071	0.07
2	拱脚	0.05	0.05	0.044	0.052	0.05
3	拱脚	0.05	0.05	0.044	0.052	0.05

由表 2、表 3 可知，随着钢混结构拱涵顶部填土增加，管顶沉降也在增加，但是当填土达到一定高度后再继续填土时，其沉降值增加的幅度相对较小，因为土体也承担了大部分的压力，拱涵承担的力所占的比率逐渐减小，由于拱涵跨度较大，填土较高，拱涵变现量也较大，随着时间的增加，拱涵顶部沉降最大 71.05mm，其变形满足《公路涵洞通道用波纹钢管(板)》(JT/T791—2010）要求。

4　结语

该文结合贵州省某城际快速道路，拱涵通道多位于 U 形槽内桥梁端头的高填方路基段，最高填方高度达到 30.61m，最大跨度达到 158m，采用大跨度钢混结构拱涵与传统混凝土拱涵相比，钢混结构拱涵不但具有较好的力学性能和抵抗地基不均匀沉降引起的混凝土破裂问题及抗腐蚀能力、且安装方便提高工作效率、缩短工期还兼具耐久性、经济性环保性等优点。

参考文献

［1］郭万江. 金属波纹涵管施工技术研究［H］. 河北省赤城县交通局，2015（3）：5 ～ 7.

［2］陈昌伟. 波形钢板结构及其在公路中的应用，［J］. 公路. 2000. 7：48 ～ 54.

［3］吴少梅. 青藏铁路金属波形管涵的应用研究，［J］. 铁路设计标准. 2002. 4：45 ～ 47.

［4］钢波纹管涵在南方山区高速公路的中的运用，2012（04）-0242-03.

［5］公路涵洞通道用波纹钢管（板）：JT/T 791—2010［S］.

叠合式地下连续墙防水施工技术

李　杨[1]　李誉亮[1]　匡九林[1]　王永超[2]　项志斌[3]

1. 中建五局第三建设有限公司，长沙，410004
2. 湖北首地房地产开发有限公司，武汉，430000
3. 北京东方华太建设监理有限公司，武汉，430000

摘　要：城市综合体中常采用地下连续墙＋叠合式内衬墙“两墙合一”的支护及地下室外墙形式，但地下连续墙与地下室底板及地下连续墙与叠合墙之间的防水施工效果严重影响地下室空间的使用功能及结构耐久性。本文结合武汉首地航站楼项目，介绍底板预备注浆止水措施、喷涂速凝橡胶沥青防水涂料的优势以及施工工艺。

关键词：地下连续墙；叠合式内衬墙；复杂基层；喷涂速凝橡胶沥青；预备注浆

随着中国建筑业的迅速发展以及城市用地的紧缺，地下建筑成为城市综合体拓展空间的必选项。由于建设场地的狭小及对空间利用率的要求，地下连续墙＋叠合式内衬墙的“两墙合一”结构成为城市综合体项目中广泛采用的超深基坑支护及地下室外墙形式，但由于地下连续墙施工方法的特殊性，其墙体存在或多或少的渗漏缺陷。如果地下结构防水措施做得不好，使地下结构内部处于潮湿的环境下，会加速地下结构的碳化速率；地下水会对混凝土地下结构产生腐蚀作用，同时地下水会在水头和渗流的共同作用下对地下结构产生力的作用导致混凝土的疲劳损伤，影响地下结构的耐久性能[1]。此外，地下室存在渗漏情况会严重影响建筑的使用功能。为避免此类形式的地下结构出现渗漏情况，除了控制地下连续墙自身的施工质量，其墙体的防水施工也是重要一环。

叠合墙是将地下连续墙与内衬墙做成一个整体，即通过把地下连续墙内侧凿毛或用拉结钢筋将地下连续墙与内衬墙连接起来，使之在结合部位能传递剪力[2]。这就使得地下连续墙开挖完成后的基层面处理较为粗糙，且墙面有大量的构造钢筋，使得地下连续墙与内衬墙之间无法施工普通防水卷材；对这种墙体防水普遍的做法是采用水泥基防水涂料，但是由于水泥基防水涂料施工基层要求平整且其施工完成后无延展性，内衬墙施工时易造成水泥基刚性防水层的破坏。此外，地下连续墙与地下室底板结合位置通常的处理方式是增加膨胀止水条，施工中易受到扰动而造成防水失效。

首地航站楼项目位于武汉市青年路与范湖路交会处，是中央商务区的门户工程，项目基坑深度14m，地下结构采用地下连续墙＋叠合式内衬墙“两墙合一”的形式，项目原设计地下连续墙与内衬墙之间的防水层为两道1.2mm厚的自粘胶膜防水卷材，由于叠合墙的特性，此防水做法无法实现，为此我们创新地采用2.4mm厚喷涂速凝橡胶沥青防水涂料，此做法满足地下结构一级设防的要求，同时在地下连续墙与底板之间埋设预备注浆止水管，保证结合位置不渗不漏。

1　喷涂速凝橡胶沥青防水涂料

1.1　喷涂速凝橡胶沥青防水涂料机理

喷涂速凝橡胶沥青防水涂料是一种采用特殊工艺，将超细、悬浮、微乳型的改性阴离子乳化沥青和合成高分子聚合物配制而成的 A 组分与特种固化剂（B 组分）混合、反应后生成的一种性能优异的防水、防渗、防腐、防护涂料。简而言之，喷涂速凝橡胶沥青防水涂料是由 2 种以上高性能改性乳化橡胶沥青和化学促凝催化剂组成，是具有迅速初凝固结特征的双组分系统[3]，其成膜机理见图 1。

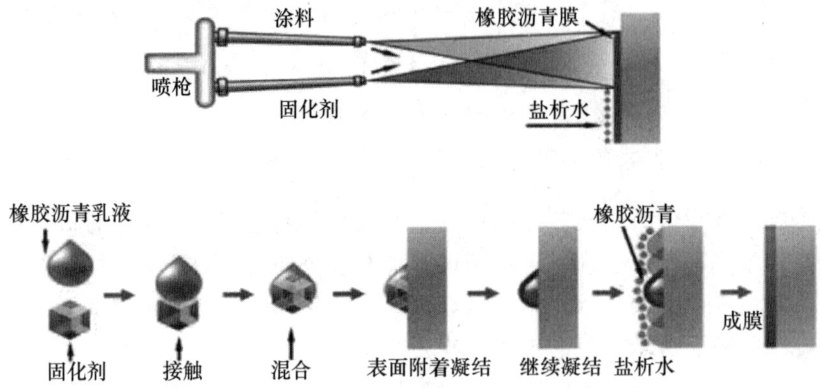

图 1　橡胶沥青涂料成膜示意图

1.2　喷涂速凝橡胶沥青防水涂料材料特性

（1）具有优异的抗拉伸性

该产品断裂伸长率在 1800% 以上，拉伸强度可达 2MPa，保持率高于 95%，能够适应基层的形变，可解决防水材料因应力变形、膨胀开裂等引起的防水渗漏问题。

（2）具有良好的粘结强度

该产品可以喷涂在不同的基层上，与混凝土剥离强度不低于 4.0N/mm，与木头和金属板剥离强度不低于 2.0N/mm，可牢固地附着在混凝土、木材和金属等各种材料表面，不脱落。与后浇筑的混凝土亦可产生较强的附着力（表 1）。

表 1　防水涂料与后浇筑混凝土粘结强度

<table>
<tr><th colspan="2">检测项目</th><th>标准要求</th><th>检测结果</th></tr>
<tr><td rowspan="5">与后浇筑混凝土剥离强度（N/mm）</td><td>无处理</td><td>⩾ 2.0</td><td>2.8</td></tr>
<tr><td>水泥粉污染表面</td><td>⩾ 1.5</td><td>2.7</td></tr>
<tr><td>泥沙污染表面</td><td>⩾ 1.5</td><td>2.7</td></tr>
<tr><td>紫外线老化</td><td>⩾ 1.5</td><td>2.7</td></tr>
<tr><td>热老化</td><td>⩾ 1.5</td><td>2.5</td></tr>
<tr><td colspan="2">与后浇筑混凝土浸水剥离强度（N/mm）</td><td>⩾ 1.5</td><td>2.8</td></tr>
</table>

（3）具有优异的自愈性

该产品具有液体橡胶的特性，对刀、尖锐物的刺破有很好的自愈性，水密性优异。

（4）具有优异的耐穿刺性能

该产品喷涂成膜后，可形成高强度防水膜，具有优异的耐穿刺、耐硌破、耐撕裂性能。

（5）具有耐化学腐蚀性

该产品具有优异的耐酸、碱和盐性能，在酸、碱和盐环境下放置 168h，拉伸强度保持率达到 95% 以上，断裂伸长率高于 1000%。

（6）具有优异的耐高低温性能

既具有良好的低温弯折性，又具有优异的耐高温性能，可根据不同区域工程的需要，调整低温柔性在 -15℃到 -40℃之间，满足工程的需求，产品耐高温在 180℃以上。

（7）具有优异的耐水性

该产品具有良好的防水性能，喷涂成膜后可以承受高的水压，高静水压 3MPa 条件下 1h 不渗水。

（8）可在潮湿基面施工

该产品可以在潮湿，无明水的基面施工，喷涂后瞬时成型，即可进行下到工序，缩短了施工周期，降低了施工成本。

（9）具有优异的抗老化性

该产品含有抗紫外老化剂和较高比例的功能性高分子，赋予产品优异的抗老化性，在人工加速气候老化处理和紫外线处理 250h 的条件下，拉伸强度保持率达到 95% 以上。

（10）具有突出的环保和安全性

该产品在生产、施工和使用中，均不使用有机溶剂，无毒无味、无废料、无废气排放、无污染；在整个施工工程中，无需加热，常温施工，无明火，保证了施工的安全性和可靠性。

2　地下连续墙墙面防水施工工艺

2.1　工艺流程

基层清理→节点处理（附加增强层及阴阳角各类管道口等）→大面喷涂施工→干燥养护→完成面渗漏检测→组织验收。

2.2　施工方法

（1）清理基层，破除基面大块混凝土，确保基面无浮土、浮浆、浮尘，基层可潮湿但无明水，无酥松、起砂、起皮现象；

（2）基层清理完成后，需进行局部找平处理，使基面满足 $D/L \leqslant 1/6$（D 表示凹槽深度，L 表示凹槽宽度）；

（3）细部结构处理：基层转角应做成 $R50$ 圆角，且整齐平顺；

（4）穿墙管道处应加节延伸完成；

（5）防水附加层施工；

穿墙套管处、施工缝及后浇带等部位做防水附加层处理，附加层采用 2.4mm 厚喷涂速凝橡胶沥青防水涂料（附加层长度≥ 250），具体详见图 2；

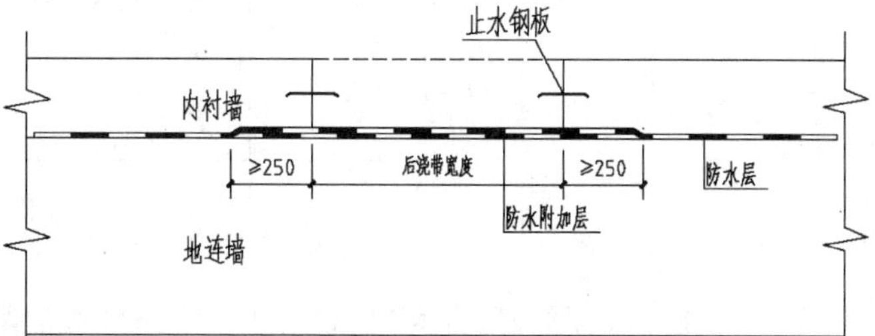

图 2　附加层处理（mm）

（6）大面防水层施工：

基层处理、细部节点及附加层施工完成后，即可进行防水大面积喷涂施工；

大面积喷涂宜分区完成，500 ～ 1000m^2 为一区域进行施工，施工时需连续喷涂至设计厚度。每道喷涂厚度为 0.25 ～ 0.5mm，上下应交替改变喷涂方向，下一遍覆盖上一遍一半宽度，以保证涂层厚度均匀，无漏喷现象。具体操作要求如下：遵循“先细部、后大面，由远及近，由低到高”的原则，一般需喷涂 4 ～ 6 次达到设计厚度，上下两遍涂膜需互相垂直，厚薄一致。喷枪距离喷涂基面距离宜为 600 ～ 800mm，A、B 组分在距离基面的 150 ～ 200mm 处交叉混合，喷枪与基层应垂直；

（7）干燥养护与保护层施工

防水材料喷涂完成，待其干燥成型后，即可进行防水保护层施工。

3　地下连续墙与底板结合处防水构造

（1）底板钢筋绑扎完毕后，在地下连续墙和底板连接部位设置同底板钢筋固定的注浆管，注浆管布置见图 3；

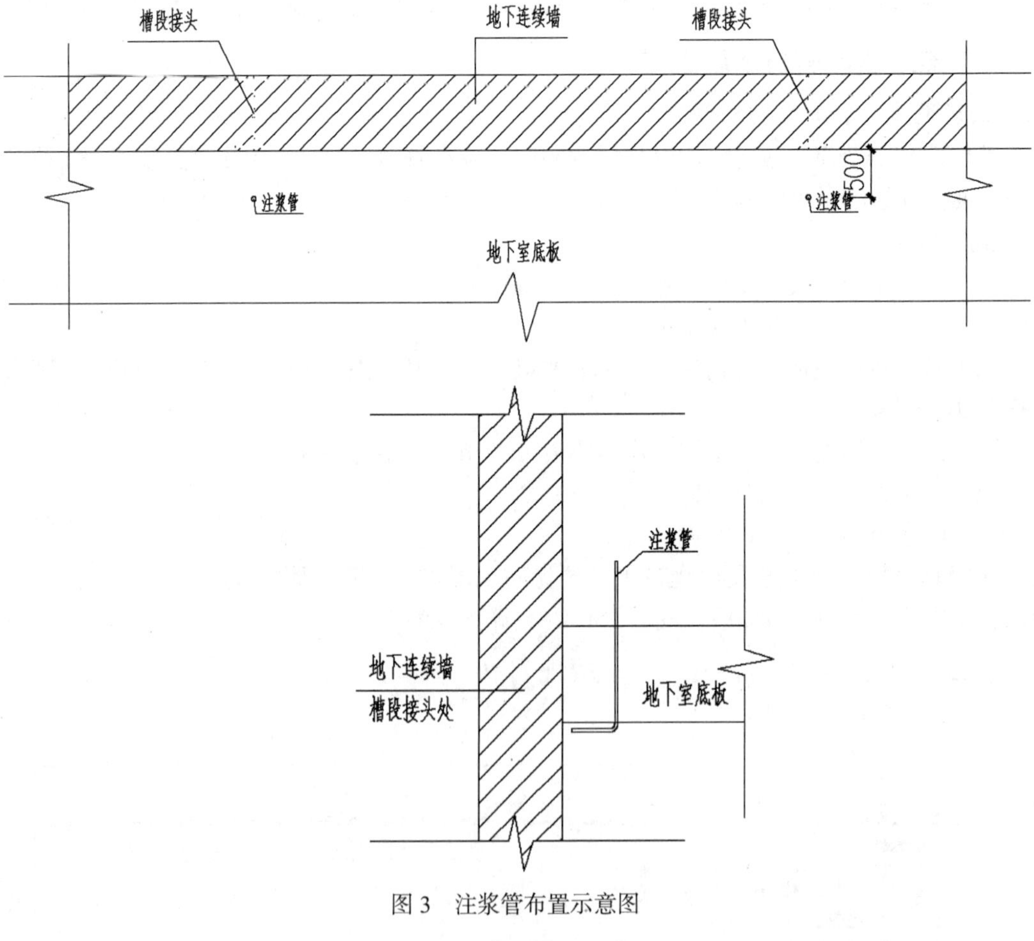

图 3　注浆管布置示意图

（2）对注浆装置顶部开口做好临时封闭，浇筑底板混凝土；

（3）待主体施工完毕，地下连续墙与主体结构间无差异沉降后，检查地下连续墙和底板连接部位的渗水情况，并在地下连续墙上进行渗水标记；

（4）打开同渗水标记相邻的注浆装置的临时封闭，并进行高压注浆止水。

（5）注浆材质选用：水泥 - 水玻璃浆液，水泥与水玻璃质量比 1.2 : 1[4] 此时浆液扩散性及堵漏效果较好。注浆压力达到 3 ～ 10MPa 停止注浆。

4　实施效果

武汉首地航站楼新建服务业设施项目地下结构施工中，采用喷涂速凝橡胶防水涂料及预备注浆止水措施，成功解决了地下结构“两墙合一”的防水施工难题，防水施工效果显著，未出现明显渗漏点，极大地保证了地下结构的结构安全及使用功能。

5　结语

叠合式地下连续墙与复合式地下连续墙相比，能够提升地下空间的利用率，但其防水施工难、效果差的缺点，往往使其不能成为建设工程中的首选结构形式。但采用喷涂速凝橡胶沥青防水涂料及预备注浆注水措施能够很好地弥补叠合式地下连续墙的防水缺点，这一防水施工技术值得广泛推广应用。

参考文献

［1］郑顺，郑永来. 地下水对地下结构耐久性能影响综述［J］. 中国建筑防水，2014（21）：23 ～ 26.

［2］来翔飞，浅析地铁车站叠合墙与复合墙的结构受力与优缺点［J］. 城市建设理论研究（电子版），2013，（21）.

［3］姜伟. 喷涂速凝橡胶防水涂料的特性及应用［J］. 新型建筑材料，2012，39（10）：60 ～ 63.

［4］宗正阳，水泥 - 水玻璃止水浆液在裂隙中扩散堵水机制研究［A］，经济 · 管理 · 综述，2017（10）：182.

红砂岩路基填筑施工技术应用研究

熊　伟　王　杰

湖南天鹰建设有限公司，常德，415000

摘　要：结合 S240 常张高速河洑互通至桃源火车站公路工程路基施工实践，浅谈红砂岩路基填筑的施工技术，为今后施工提供参考。

关键词：红砂岩；路基填筑；施工技术；首件工程

S240 常张高速河洑互通至桃源火车站公路工程起点位于陬市镇高湾村常张高速公路河洑互通，终点止于深水港乡学堂坪，路线全长 28.080km。其中红砂岩分布主要在白洋河（K17 + 477）至终点桃源火车站（K28 + 080）段。

地质报告显示，在白洋河至终点段存在强风化泥质砂岩或砂质泥岩，根据地勘报告，泥质砂岩或砂质泥岩呈砖红色，天然强度 1.0 ～ 2.5MPa，地基容许承载力 $[\sigma_0] = 300 \sim 500$kPa，水稳性较差，该类岩土被称为红砂岩。

1　红砂岩特性分析

1.1　红砂岩分类

红砂岩按强度和崩解特性划分为如下三种类型：

一类红砂岩（泥质）：岩块天然单轴饱水抗压强度 $R_a = 2 \sim 10$MPa，或在 105℃温度下烘干后浸水 24h 内崩解成渣状、泥状、渣泥状或渣粒状；

二类红砂岩（硅质）：岩块天然单轴饱水抗压强度 $R_a = 10 \sim 15$MPa，或在 105℃温度下烘干后浸水 24h 内崩解成大块状、块状、块粒状或粒状；

三类红砂岩：岩块天然单轴饱水抗压强度 $R_a > 15$MPa，或在 105℃温度下烘干后浸水 24h 内不崩解，或仅在某些尖棱尖角处有少量崩解，且崩解量不大于总量的 1%。这类红砂岩与普通岩石无区别，强度高、水稳定性好，用来填筑路堤时可按一般填石路堤对待。

本工程红砂岩经抗压强度试验测得抗压强度平均值为 1.3MPa，判定为一类红砂岩，掺杂有少量二类红砂岩，也按一类红砂岩对待，不能直接用作路基填筑，需通过崩解处理后，用黏土包边，用于路基中部填筑。

1.2　红砂岩的主要施工特性

红砂岩具有遇水崩解和膨胀、高吸水性、透水性与难蒸发性、低粘结性、易风化性、不均匀沉降性等特性，介于未风化岩石与黏土之间。用于路堤填筑的红砂岩材料同其他筑路材料一样都需要在现场摊铺压实成形，使材料具有满足要求的密实度，填基具有足够的强度和稳定性，因此红砂岩路基必须进行良好的人工压实。

2　常见质量病害

红砂岩常见病害可分为沉陷和坍落两类。常见病害分析如下：

一是路基填料不良（红砂岩崩解不完全），填筑施工方法不当，压实不足，在荷载与自然因素的作用下，均可能发生沉陷，直接导致路面损坏；

二是易风化的红砂岩边坡设计不当或防护不良，均可能造成路基边坡的坍落。由于红砂岩为极易风化的崩解沉积岩，因此用红砂岩修筑的路基边坡在温度与水的共同作用下极易发生风化剥落的病害，如果不及时处理，风化向边坡深部发展，引起边坡坍落等病害，给公路留下质量隐患。

3　处治原则

3.1　不适用路段

（1）路堤高度超过 20m 路段；

（2）构造物回填区；

（3）填挖结合段；

（4）原地面陡坡段；

（5）浸水路堤、地下水位以下及低洼易积水地段，软基换填路段；

（6）一类和二类红砂岩只作为高速公路和一级公路 93、94 区填筑。

3.2　处理红砂岩的两个基本原则

（1）消除红砂岩的活性

红砂岩浸水崩解性的强弱和红砂岩膨胀率的大小，称为红砂岩的活性。浸水崩解愈强，膨胀率愈大的红砂岩，其活性愈大。用来修筑路堤时，活性愈大的红砂岩形成路基病害的可能性愈大。

（2）红砂岩的崩解处理

经崩解处理后的红砂岩不仅活性减少，而且岩石软化，强度降低，便于碾压。因此用崩解处理后的红砂岩修筑路堤不仅可以提高工效，保证工程质量，而且可以减少甚至消除病害的发生。

4　处治方案

一类红砂岩强度低极易破碎，二类红砂岩通过爆破解小后细料占有相当部分的比例，与石质有明显区别。一般两类红砂岩混合使用较多，且红砂岩在大吨位压路机的激振作用下，最初的填石结构的特性发生了变化，变为了土石混填结构，松铺层厚按 40cm 控制。三类红砂岩按填石路基施工工艺处理。

一、二类红砂岩崩解后进行液塑限、颗粒分析及 CBR 试验检测，如不满足路基填料的指标要求，则只能做弃方处理。

5　首件工程施工

根据《湖南省干线公路建设实施“首件工程认可制”指导意见》的要求，对红砂岩路基填筑的施工工艺均按“首件工程认可制”的要求施工，首先组织试验段施工，经检测试验段的施工成果满足规范要求后，再大面积的推广。

5.1　填料崩解

路基开挖红砂岩路基填料后，在开挖现场进行崩解处理，以满足每层填料数量的要求，为加速崩解，采用挖掘机破碎及洒水车洒水。崩解时间不少于 7d，崩解后块状红砂岩含量不大于 50%，且粒径不大于 25cm（压实厚度的 2/3），方可运料出场。

5.2　包边土填筑

施工前首先在路基两侧坡脚线内按技术要求用黏土包边，以防雨水对已形成的红砂岩的侵蚀及冲刷。黏土填筑宽度 3m，方便运输车辆进出，做成向内的横坡度，以保证边线处黏土得到充分压实。每层厚度 20cm，按 1/2 红砂岩路基填筑厚度，成台阶填筑。

5.3　运输上料

取填土前，对土场的填料进行含水量测验。当含水量过大时，采用在取土场内挖沟拉槽降低水位和用推土机松土器拉松晾晒相结合处理。当填料的含水量在最佳含水量 2% 范围时，开始采用挖掘机装土，汽车运土，卸至路基方块内。

根据自卸车的每车虚方量（$15m^3$），对试验段表面进行分格，用石灰撒出分格线，定出长方块（按松铺厚度 40cm，计算出长方块的边长 $L = 7.5m \times 5m$）。即确保填筑时每一车倾倒一个方格。

在路基中心线、坡脚处，每隔 15m 设置 1 个钢筋指示桩，指示桩上用红油漆标明松铺厚度，并用尼龙线对拉连接，以示标高位置（图 1）。

施工中避免将不同类型的红砂岩同层填筑，对于填料中少量的大块硬质岩，采用挖机进行剔除或破碎，以确保路基压实的均匀性。

图 1　红砂岩路基填筑挂线控制松铺厚度

5.4　初平、耙压

经过崩解处理的红砂岩填料倒入方格后根据测量放样采用推土机进行初平，然后采用 220 马力以上的三齿推土机勾松、耙压，耙压遍数不少于 3 遍。对于填料中少量的超粒径硬质岩应剔除或人工破碎，以保证路基压实的均匀性，记录推土机整平后的松铺厚度。

5.5　含水量检测

在碾压前要对填料进行含水量检测，红砂岩填料在碾压前含水率应控制在最佳含水率 ±2% 范围（最佳含水率 10.1%，实测含水率 9.0%，可以进行碾压）。对已完成路段采用灌砂法进行压实度检测，含水率用酒精燃烧法或烘干法测试。

5.6　羊足碾碾压

在推土机碾压后，用羊足碾压实 2 遍，行驶速度控制在 2 ～ 3km/h，基本可以保证岩石粒径控制在 20cm 以内。压实沿路线纵线推进，从两侧往中间进行压实，粗细粒料分布不均时，用装载机或挖掘机适当补料填平。同包边土接合部交错碾压咬合，防止漏压造成纵向分离（图 2、图 3）。

图 2　羊足碾压效果（一）

图 3　羊足碾压效果（二）

5.7　平地机精平

平地机精平路基，根据纵横断面高程放样，采用水准仪配合平地机实时精平的方式，以保证压实厚度不超高，对部分压实后坑槽进行填料补缺，便于压路机的压实到位。

5.8　压路机碾压

填料含水量达到要求后，采用22t振动压路机碾压。压实作业的施工顺序为：先压路基边缘，后压路基中间，先慢后快，按“先静压，后振动，最后静压”的操作规程进行碾压。碾压作业时，行间（横向）重叠0.3～0.5m，碾压区段间（纵向）应重叠1m以上，碾压重复有序进行，达到不漏压，无死角，确保碾压均匀，碾压结束时表面没有明显的轮迹。

拟订压实方案：静压1遍压路机行驶速度1.5km/h，弱振碾压1遍行驶速度2km/h，强振1遍行驶速度4km/h，检测压实度；强振2遍行驶速度4km/h，再检测压实度；强振每增加一遍，测一次压实度，直至满足路基填土压实标准。

5.9　压实度检测

在压实遍数达到试验求证的各碾压遍数时，进行压实度检测，试验采用灌砂法检测压实度（图4）。

图4　红砂岩路基填筑压实度检测

施工中静压1遍压路机行驶速度1.5km/h，弱振碾压1遍行驶速度2km/h，强振1遍行驶速度4km/h，压实度效果能达到92%以上；强振2遍行驶速度4km/h，压实度效果能达到94%以上。

5.10　施工测量

达到设计压实度要求后测量压实后的标高并计算松铺系数，根据测量数据分析得出以下结论：

松铺系数平均为1.12，松铺厚度控制在40cm左右，压实厚度宜控制在36cm左右，施工中可采用此参数进行辅助控制；强振1遍和强振2遍沉降差为2mm。

6　结论

（1）一类和二类红砂岩可以作为一级高速公路的93、94区填料，但必须保证在路面底基层与红砂岩之间铺筑不小于30cm优质黏土封层，路基两侧做不小于1.5m宽的包边土，每侧路基施工加宽不小于50cm。

（2）首件工程采用灌砂法检测压实度，根据得出的结论，确定能达到最大压实干密度的松铺厚度、压实机械型号及组合、压实速度及压实遍数、沉降差等参数，施工阶段采用沉降差和工艺参数相结合的双控方法，同时配合外观检查。

（3）通过首件工程施工得出结论，可指导红砂岩路基填筑施工，全线推广。

参考文献

［1］红砂岩填方路基施工工艺标准：FHEC～LJ-19-2007［S］.

［2］李宏. 红砂岩筑路材料的工程性质研究［J］. 云南交通与科技. 2007.

老厂房内建新蒸汽轮机基础深基坑施工技术

黄建湘

湖南东懋建筑工程有限公司，衡阳，421009

摘　要：本文介绍了钢管混凝土桩和 H 型钢水平支撑复合支护在特别复杂的粉质黏土层深基坑中的施工。描述地质情况和 72 年老蒸汽轮机机房情况，老蒸汽轮机机房内废钢筋混凝土设备基础的切割。介绍小型螺旋钻机引孔静压钢管桩及桩内灌注 C30 混凝土和钢管与引孔之间注水泥浆，深基坑开挖过程中对钢管桩采用二层水平 H 型钢水平支撑及焊接，经过变形观测该深基坑支护方案保护了蒸汽轮机机房纵、横向主要承重砖墙基础的安全，老裂缝不发展。总结该方法对老汽轮机机房承重砖墙基础的保护效果和施工难点。

关键词：废弃的钢筋混凝土设备基础切割；地质概况；钻孔静压钢管桩；注水泥浆；钢桩 - 钢梁支护；深基坑支护结构和老墙基础变形观测

1　工程概况

白俄罗斯戈梅利第一热电站改造项目老蒸汽轮机机房内拆除报废的汽轮发电机基础、旧设备基础、旧桁车梁、部分蒸汽轮机运转层平台结构。建设部分新的钢柱钢梁 - 混凝土平台、新的汽轮发电机基础、安装新的钢桁车梁。新建 1 × 50MW 汽轮发电机基础地下一层标高 –5.450m，基础底板底标高 –6.540m，基础顶标高 + 0.485m，4m 超厚 C8/C10 混凝土垫层底标高 –10.540m，基坑深 5.09m，周长 46m，见图 1。基坑边坡支护采用小型螺旋钻机成孔静压 $\phi 273 \times 8$ 钢管桩，钢管桩内浇灌 C30 细石混凝土，钢管桩周围注水泥浆形成土中夹水泥幕墙结构，内含钢管混凝土桩结构 + H360 × 8 × 13 型钢水平支撑复合支护方案（图 2）。

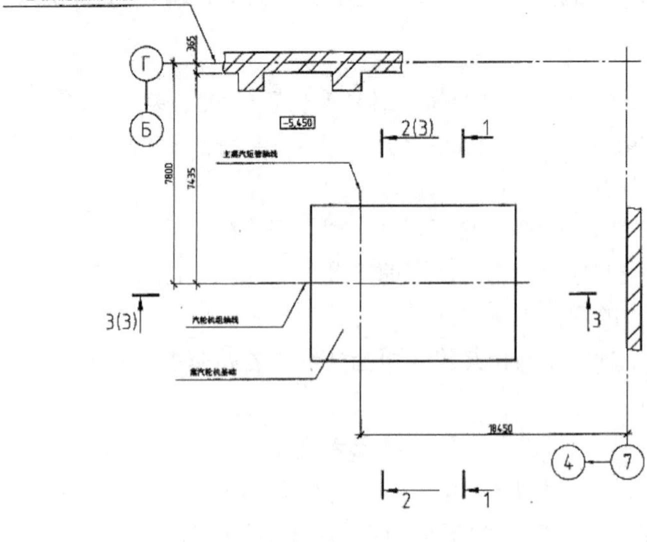

图 1　蒸汽轮机基础布置图

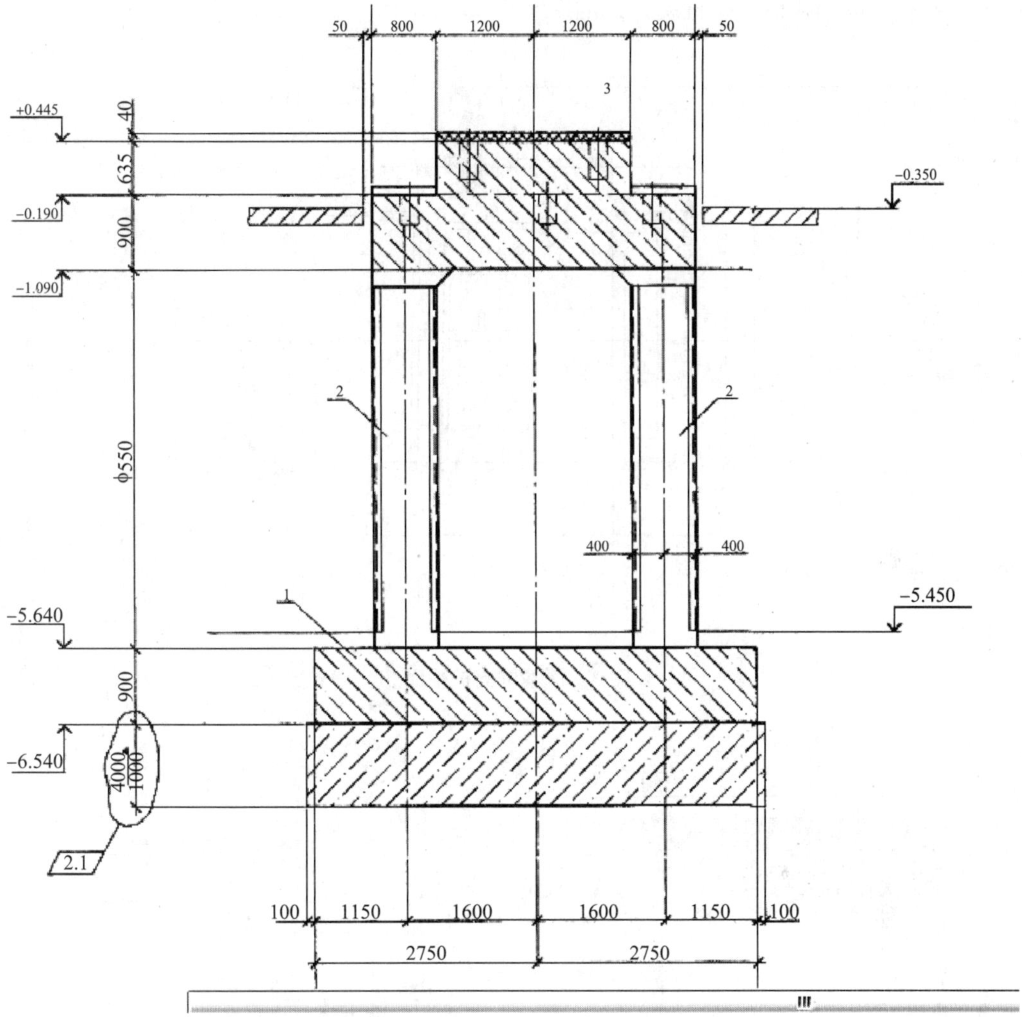

图 2

该工程环境条件极为复杂，新建蒸汽轮机基础距底标高 –7.540m，72 年老蒸汽轮机机房是普通砖承重墙基础，基础底标高 –8.0m，净距离只有 1.2m，且老承重墙体有 0.5mm 宽的老裂缝。基坑采用 10t、5t 的小型挖土机人工配合垂直开挖。

根据蒸汽轮机基坑地质报告，场地内为粉质黏土，其设计特征值见表 1。

表 1　设计特征值

序号	土层名称	厚度（m）	γ（kN/m^3）	c（kPa）	ϕ（°）	m（MN/m^4）	K_{max}（MN/m^3）	分算 / 合算
1	粉质黏土	15.00	18.4	29.60	18.10	7.7	0.0	分算

地下水位埋深 15.00m。

E = 21MPa，地下水对混凝土弱腐蚀。在 –9.2m ～ –10.00m 局部有含淤泥软弱夹层。

2　深基坑支护设计方案

根据新蒸汽轮机基础基坑地质报告，结合周围特殊的环境条件，该基坑边坡支护方案充分考虑土中夹水泥幕墙结构内含钢管桩混凝土桩 + H 型钢支撑体系安全可靠、经济合理、迅速灵活的施工优势，支护方案见图 3 ～图 5。

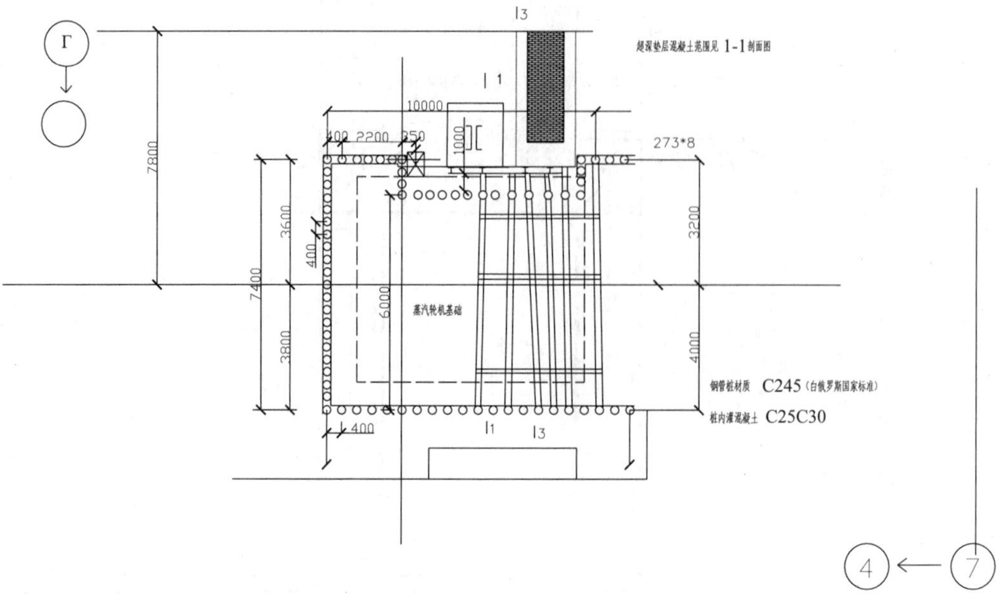

图 3　深基坑支护平面

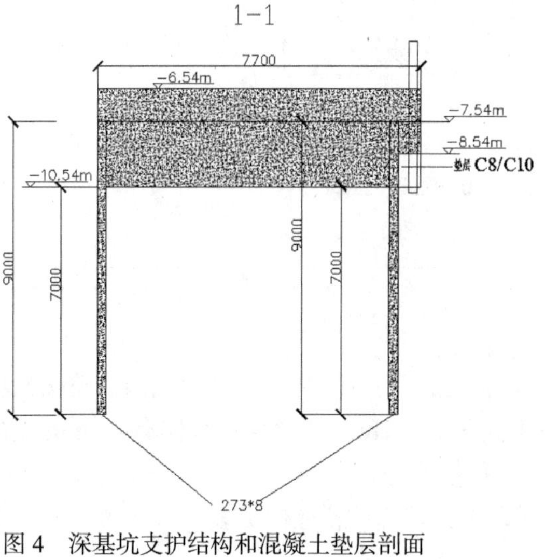

图 4　深基坑支护结构和混凝土垫层剖面

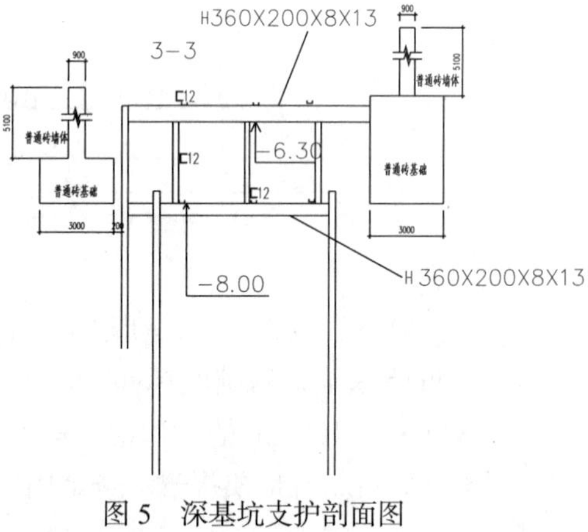

图 5　深基坑支护剖面图

（1）钢管桩 $\phi273\times8$，长 10m，为了增加钢管桩的抗弯刚度和抗剪切能力，在钢管内浇灌 C30 大流动性混凝土，并在每根钢管桩上焊接 3 根 $\phi32\times3$ 钢管用于钻孔和钢管之间的注水泥浆。

（2）水平 H 型钢支撑设计

深基坑的南、北侧偏西各有 1 道与蒸汽轮机机房纵向承重墙连接的已经开裂横向承重墙，距新建蒸汽轮机基础混凝土垫层只有 0.2m，此横向承重墙宽 3.0m、5.1m 高，在此基础外边各 0.5m 范围采用两层水平各 6 根 H360 × 200 × 8 × 13 支撑（图 5），第二层 H360 × 200 × 8 × 13 水平支撑浇灌到混凝土垫层中。

（3）该基坑的支护方案经过白俄罗斯国家电力设计院基础结构设计专家复核验算满足该国规范要求。

3　施工技术措施

3.1　施工机械选择

该深基坑旁边有很多带电的电缆，且有2台蒸汽轮机正在运行，几乎没有施工场地，已经运行50年的桁车允许最大起重量10t，不允许使用大吨位的打桩机和压桩机。我们选择白俄罗斯一家基础公司的一台9t重的螺旋钻孔机，10t、5t重小型挖土机各1台，载重5t翻斗车6台，4.0MPa水泥注浆4台，锯片2m直径的混凝土切割机1台，用于切割老混凝土基础，链条锯切割机4台，混凝土钻孔机4台。

3.2　施工工艺流程图（图6）

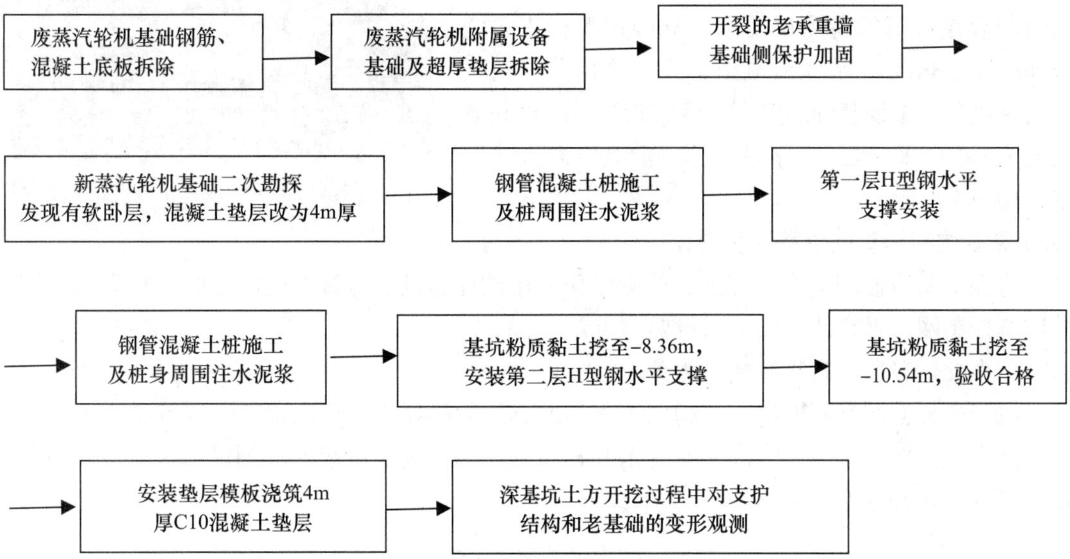

图6　施工工艺流程

3.3　施工方法

（1）10t挖土机挖除地下室负一层废弃蒸汽轮机基础表面粉刷层；机械切割废弃蒸汽轮机基础钢筋混凝土基础12m×6.5m×1.2m底板；汽动风镐拆除部分蒸汽轮机运转层平台；机械切割废弃设备基础6.9m×6.1m×1.6～2.0m素混凝土基础垫层；用10t桁车吊运至5t翻斗车上，运输至指定的弃土场内。

（2）在Γ轴线有裂纹的横向承重墙处外边各1.5m范围用老蒸汽轮机机房桁车吊9t重量的铸钢块压13根HM300×200×8×12型钢至-9.54m，并且浇筑C30内含ϕ14@150钢筋800mm厚钢筋混凝土墙。新的蒸汽轮机基础范围内进行地质勘探，发现-9.2～-10.0m范围内有30%的面积是软弱夹层，设计院将蒸汽轮机基础垫层从1.0m厚改为4.0m厚，浇筑C10混凝土。

（3）5t挖土机挖除粉质黏土挖至-7.54m，钻孔方法为每隔5根桩施工1根钢管桩，钢管桩间距500mm。用9t重的螺旋钻孔机钻ϕ360的引孔至-17.3m，下放一节焊接好3根ϕ32×3注浆钢管的ϕ273×8长9m钢管，钢管在坡口焊接接长至12m，并将注浆钢管焊接好。用 9t 重的螺旋钻孔机将钢管压至 –17.540m 底标高，再用 9t 重的螺旋钻机 ϕ200 钻头将钢管内黏土清理干净，立即向钢管内浇灌 C30 大流动性混凝土。钢管混凝土桩施工完成 1/2 后，钢管桩与引孔之间压注水灰比 0.5 的水泥浆，注浆压力控制在 1.0 ～ 1.5MPa，形成钢管混凝土桩 + 土中夹水泥幕墙结构。

（4）钢管桩周围水泥注浆全部施工完成后，在两凸出来有裂纹的横向承重墙之间安装第一层 6 根 H360 × 200 × 8 × 13 的支撑，并用斜面垫铁将 H 型钢与墙体顶紧，H 型钢上下翼缘之间用 12 的槽钢等焊接成一个稳定的平面结构。然后粉质黏土挖至 –8.36m，在蒸汽轮机机房横向承重墙相对的 2 根钢管桩之间安装第二层 6 根 H360 × 200 × 8 × 13 的支撑，并用斜面垫铁将 H 型钢与钢管桩顶紧，四周围焊，角焊缝厚度 8mm。二层 H 型钢之间用 12 的槽钢等焊接成一个稳定的空间结构。

（5）粉质黏土挖至 –10.54m，经过地质工程师验收符合设计图纸持力层要求，立即用混凝土泵浇筑 4m 厚 328m^{3}C10 垫层混凝土，为了确保蒸汽轮机机房纵横向承重墙基础的安全，将钢管混凝土桩和第二道 H360 × 200 × 8 × 13 水平支撑浇灌到混凝土垫层中，如图 7 所示。

图 7　深基坑支护完成和土方开挖完成情况

3.4　深基坑和承重墙位移测量方法

为保证所有监测工作的统一，监测工作采用整体布设、分级布网的原则。首先布设统一的监测控制网，再在此基础上布设监测点。

3.4.1　垂直位移监测高程控制网测量

沉降变形监测基准网以 3 个稳固高程基准点作为起算点，组成水准网进行联测。

基准网按照国家一等水准测量规范和建筑变形测量规范一级水准测量要求执行，精密水准测量的主要技术见表 2。

表 2　精密水准测量的主要技术要求

每千米高差中误差（mm）		水准仪等级	水准尺	观测次数	往返较差、附合或环线闭合差（mm）
偶然中误差	全中误差	0.2	因瓦尺	往返测各一次	$\pm 2\sqrt{L}$
± 0.2	± 0.4				

注：L 为往返测段、环线的路线长度（以 km 计）。

外业观测瑞士徕卡 LS10&LS15 自动对焦高精度电子水准仪（标称精度：± 0.2mm/km）往返实施作业。

本高程监测基准网使用瑞士徕卡 LS10&LS15 自动对焦高精度电子水准仪及配套因瓦尺，外业观测严格按规范要求的一等精密水准测量的技术要求执行。为确保观测精度，制定如下观测措施：

（1）作业前编制作业计划表，以确保外业观测有序开展。

（2）观测前对瑞士徕卡 LS10LS15 自动对焦高精度电子水准仪及配套徕卡因瓦尺（GPCL2）进行全面检验。

（3）观测方法：按一等水准测量规范要求进行观测

（4）测站视线长、视距差、视线高要求见表 3。

表 3　测站观测要求

标尺类型	视线长度		前后视距差	前后视距累计差	视线高度
	仪器等级	视距			视线长度 20m 内
因瓦	0.3mm	≤ 20m	≤ 0.7m	≤ 1.0m	0.5m

（5）测站观测限差见表 4。

表 4　测站观测限差

基辅分划读数差	基辅分划所测高差之差	上下丝读数平均值与中丝读数之差	检测间歇点高差之差
0.3mm	0.5mm	1.5mm	0.7mm

垂直位移基准网外业测设完成后，对外业记录进行检查，严格控制各水准环闭合差，各项参数合格后方可进行内业平差计算。内业计算采用严密的平差方法和可靠的软件系统进行计算，高程成果取位至 0.01mm。

3.4.2　监测点垂直位移测量

按国家一等水准测量规范要求，历次垂直位移监测是通过工作基点间联测一条一等水准闭合或附合线路，由线路的工作点来测量各监测点的高程，各监测点高程初始值在监测工程前期两次测定（两次取平均），监测点本次高程减前次高程的差值为本次垂直位移，本次高程减初始高程的差值为累计垂直位移。

3.4.3　围护结构和坑外墙体侧向水平位移测量

采用轴线投影法。在某条测线的两端远处各选定一个稳固强制对中基准点 *A*、*B*，经纬仪架设于 *A* 点，定向 *B* 点，则 *A*、*B* 连线为一条基准线。测量观测时，在该条测量线上的各监测点设置觇板，由经纬仪在觇板上读取各监测点至 *AB* 基准线的垂距 *E*，某监测点本次 *E* 值与初始 *E* 值的差值即为该点累计水平位移，各变形监测点初始 *E* 值均为取 6 次平均的值。

采用瑞士徕卡 TS30 全站仪测量。

3.4.4　支撑轴力监测

为掌握 H 型钢支撑的设计轴力与实际受力情况的差异，防止围护体的失稳破坏，须对支撑结构中受力较大的断面、应力变幅较大的断面进行监测。在被测断面的左右两侧埋设应力计，H 型钢支撑受到外力作用后产生微应变。其应变量通过振弦式频率计来测定，测试时，按预先标定的率定曲线，根据应力计频率推算出 H 型钢支撑所受的力。计算公式：

$$F_g = K(f_i^2 - f_0^2)$$

采用 ZXY- Ⅱ型振弦式频率读数仪作为二次读数仪，将由公式计算得的 *F* 作为 H 型钢支撑轴力。

3.4.5　钢管桩垂直位移监测

由于基坑内土方的开挖，坑内土体卸载造成坑底土体回弹，带动钢管上升，回弹量的大小关系到围护结构的稳定性。采用瑞士徕卡 LS10LS15 水准仪测量。

综上所述，布设的各类监测点情况及数量见表 5。

表 5 监测点情况

监测项目	测点数量	备注
围护顶部垂直、水平位移监测	10 点	
围护结构侧向位移监测	14 点	在钢管桩上布置
坑外墙体侧向和垂直位移监测	6 点	
H 型钢支撑轴力监测	12 组	24 只钢构件应力计
钢管桩垂直位移监测	20 点	

3.4.6 施工监测频率

根据工况合理安排监测时间间隔，做到既经济又安全。拟订监测频率为见表 6。

表 6 监测频率

监测内容	围护施工	基坑工程开挖	蒸汽轮机基础 4m 厚度垫层混凝土浇筑后
围护顶部垂直、水平位移监测	—	1 次 /1 天	
围护结构侧向位移监测	—	1 次 /1 天	
坑外墙体侧向和垂直位移监测	—	1 次 /1 天	1 次 /5 天观测共 30 天
H 型钢支撑轴力监测	—	1 次 /1 天	第一道水平支撑观测 1 次 /3 天共 9 天
钢管桩垂直位移监测	—	1 次 /1 天	

注：1. 现场监测将采用定时观测与跟踪观察相结合的方法进行。
2. 监测频率可根据监测数据变化大小进行适当调整。
3. 监测数据有突变时，监测频率加密到每天 2、3 次。
4. 各监测项目的开展、监测范围的扩展，随基坑施工进度不断推进。

3.4.7 报警指标

监测报警指标一般以总变化量和变化速率两个量控制，累计变化量的报警指标一般不宜超过设计限值。本工程报警指标初步拟定见表 7。

表 7 报警指标

项目	报警指标	
	总变化量	变化速度
围护顶部垂直、水平位移监测	累计 9 ㎜	0.5mm/d
围护结构侧向位移监测	累计 9 ㎜	1mm/d
基坑外边承重墙体侧向位移监测	累计 1.5 ㎜	0.5mm/d
基坑外边承重墙体垂直位移监测	累计 1.5 ㎜	0.5mm/d
H 型钢支撑轴力监测	设计值的 60%	

3.4.8 测试主要仪器设备

主要采用仪器设备见表 8。

表 8 监测设备

序号	设备仪器名称	规格型号	使用项目
1	水准仪	瑞士徕卡 LS10LS15 水准仪	垂直位移监测
2	全站仪	瑞士徕卡 TS30 全站仪	水平位移监测

续表

序号	设备仪器名称	规格型号	使用项目
3	频率接收仪	国产 ZXY	应力观测
4	振弦式传感器	国产系列	轴力、压力观测
5	电子手簿	PDA	现场记录
6	笔记本电脑	Acer	数据处理
7	打印机	HP477dw	输出设备

4　该深基坑施工效果

在基坑开挖及水平支撑结构施工过程中，经过对深基坑每天一次的观测：围护顶部垂直、水平位移只有 4mm、围护结构侧向位移 4.5mm、基坑外边承重墙体侧向和垂直位移 1.5mm，每根桩抗弯刚度 $EI = 8180\text{kN} \cdot \text{m}^2$，钢管混凝土桩强度和刚度满足施工要求，无水平支撑基坑内侧土体抗力安全系数：15.01，有两层水平支撑基坑内侧土体抗力安全系数：15.58，老蒸汽轮机机房 72 年承重墙体老裂纹没有发展。节省了工期，达到了确保老蒸汽轮机机房纵、横向承重墙基础的安全。

参考文献

[1] 建筑基坑支护技术规程：JGJ 120—2012 [S].

[2] 建筑基坑工程检测技术规范：GB50497—2009 [S].

[3] 水工建筑物水泥灌浆施工技术规范：DL/T5148—2012 [S].

[4] 建筑变形测量规范：JGJ 8—2007 [S].

[5] 国家一、二等水准测量规范：GB/T 12897—2006 [S].

[6] 国家三角测量规范：GB/T 17942—2000 [S].

沥青混凝土桥面铺装病害的机理研究

吕　芳[1]　秦正红[1]　李文雅[1]　罗　杰[2]　陈　青[1]

1. 长沙市市政工程有限责任公司，长沙，410007

2. 湖南省交通科学研究院有限公司，长沙，410021

摘　要：随着社会的进步和国家工程建设领域的发展，我国建设的桥梁越来越多，桥梁结构的耐久性问题日益受到人们的关注，在实际工程中也常出现诸如立交桥桥面渗水、铺装层剥落、桥面板破碎等问题。本文就沥青混凝土桥面铺装病害的原因做了深入研究，可为该领域相关人员提供参考。

关键词：沥青混凝土桥面；桥面铺装；病害；原因

桥梁结构的耐久性问题日益受到人们的关注，在实际工程中也常出现诸如立交桥桥面渗水、铺装层剥落、桥面板破碎等问题。调查分析表明，其中以混凝土主梁内的钢筋锈蚀问题最为严重。钢筋混凝土桥梁结构中，如果混凝土保护层过薄、开裂或密实性较差，一旦桥面铺装层损害，失去防水作用后，水便渗入桥面板，桥梁长期处于侵蚀环境中，使得钢筋逐渐锈蚀，影响结构的抗拉和抗弯能力，严重影响结构寿命。

1　沥青混凝土桥面病害类型分析

沥青混凝土桥面与路面和水泥混凝上桥面相比，损坏形式的主要区别有：①铺装层内部产生较大的剪应力，引起不确定破坏面的剪切变形，或者由于面层与桥面板层间结合面粘结力差，抗水平剪切能力较弱，在水平方向上产生相对位移发生剪切破坏，产生推移、壅包等病害；②因温度变化并伴随桥面板或梁结构的大挠度而产生的裂隙，在车辆荷载及渗入的水的作用下产生面层松散和坑槽等破坏。

桥梁的桥面沥青面层病害主要有以下几种主要形式：

（1）裂缝类。荷载或环境因素造成了沥青桥面的开裂，破坏了桥面结构的完整性。

（2）变形类。桥面结构仍保持其完整性，但由于材料的稳定性等原因，使桥面形状发生了变化。

（3）耗损类。由于轮胎与桥面的作用，使桥面表层材料部分或全部丧失。

（4）其他，如修补等。

各类损坏又可进一步具体表现为：

（1）泛油。桥面出现泛油后，车辆过桥时粘轮，下雨时易打滑，使行驶安全度降低。

图 1　沥青混凝土铺装层开裂

（2）裂缝。有纵缝、横缝或网裂（图 1）。

（3）高低不平、产生跳车。一般出现在桥跨结构物的连接部位（图 2）。

（4）松散、露骨。桥面出现锯齿状的粗糙状态（图 3）。

图 2　剪切破坏发生推移

图 3　面层松散

2　沥青混凝土桥面面层破坏的原因

桥面沥青混凝土面层的损坏原因主要有：

（1）桥面沥青面层是一个复杂的受力体系，它直接承受车轮的冲击荷载，同时参与主梁结构的变形，主梁的形式及沥青面层本身的构造也会影响其应力的分布。如：对于连续梁桥拱桥及悬臂梁桥等桥型结构，由于荷载的作用而产生负弯矩或拉力，使沥青面层受到拉力的作用，在负弯矩区产生裂缝。此外，随着材料科学的发展，桥梁结构的改进，使桥梁的主梁能以较柔的结构达到受力的要求，高等级公路大跨径桥梁的横向宽度越来越宽，在设计计算中往往注重于主梁纵向的计算分析，对桥梁横向刚度重视不足，横向构造措施不利也使面层承受过多的次内力。

（2）温度、面层结构与材料设计的影响

同一般路面结构相比，桥面的夏季温度更高，冬季温度更低，相同的气候条件下对桥面面层材料的影响更严苛。因此，在普通路面中使用良好的材料，用于桥面往往会由于温度影响产生损坏。桥面的面层材料应满足高温不软化，低温不脆断，并保持与桥面良好的粘结性及变形适应能力。此外，设计时还应注意级配、空隙率和沥青用量等问题。否则，由于温度变化及桥面板或梁结构产生过大挠度引起沥青混凝土铺装层的开裂，在车辆荷载的作用下，水渗入后极易造成面层松散和坑槽等破坏。

（3）施工质量的缺陷

提高桥面面层的施工工艺水平也是提高桥面使用性能的重要方面。施工工艺对桥面面层的影响主要体现在以下几个方面：

①桥面不平整，在摊铺沥青混凝土之前凹凸不平，甚至有钢筋露出，施工中不进行处理直接摊铺面层后，在行车和温度荷载的作用下，这些地方铺装层内产生局部应力集中，首先出现结构性的点损坏，然后逐渐向四周扩散，从而造成相应病害；

②梁顶清理不利，造成面层与混凝土梁结合不佳；

③由于桥梁上部结构在施工中支架的沉降及预应力反拱无法十分准确地预测，或由于施工工艺控制不当，施工中主梁顶面标高与设计值相符是比较困难的，一般在测量主梁顶面标高后对其进行调整以保证桥面铺装的厚度，如果调整不好，就会造成铺装层平整度达不到规范要求，厚度不均，局部厚度偏小；

④施工过程中出现离析、压实不足等现象。

（4）交通荷载及其他原因所引起的损害

随着运输业的发展，汽车的载重、轴重及轮载成倍增加。车辆超载造成桥面铺装层结构应力增大，加剧了结构的损坏。车辆超载严重，是桥面严重损坏的一个重要方面。

桥面在复杂条件下工作，而水的渗入加速了对桥面的破坏。水损害常以沥青混凝土的软化和剥落两种形式出现，软化常以黏聚力的降低为特征，剥落则是指粘结力丧失导致沥青胶结料和骨料的分离。由于空隙率过大或面层开裂导致水分渗入，水渗入到沥青面层中和水泥混凝土桥面与沥青面层的界面之间，在行车荷载及温度变化下产生水损害，从而出现唧浆、网裂、剥落、松散、坑洞等现象；另一方面由于界面之间存在动水压力，降低了界面之间的粘结强度，造成沥青层脱落、起皮等现象，使铺装层失去强度和防水能力。如果防水层进一步被破坏，渗水将直接腐蚀桥梁结构及钢筋，从而危及桥梁的安全。总而言之，导致水泥混凝土桥面、沥青混凝土面层损坏的原因是多方面的，但归根结底，水是沥青面层诸多病害的主要原因，尤其是早期损坏的主要诱因之一。

因此，水是目前混凝土桥面沥青混凝土面层破坏的重要诱因，在桥梁结构与柔性铺装层之间的粘结层，对桥面铺装结构起着至关重要的作用，不但要起到粘结上下层的作用，同时还应能防水，因此对材料的物理力学性能有很高的要求。如果采用普通沥青作为粘层油，软化点较低，粘韧性不足，高温条件下易产生推移、壅包、波浪和车辙等病害。因此切实做好桥面的防排水工作至关重要。

参考文献

［1］ 王福寿，武有军. 高速公路桥面病害防治探讨［J］. 山西交通科技，2003.

［2］ 陈甫勤. 公路桥面裂缝和铺装层损伤分析［J］. 桥梁建设，1998.

［3］ 公路沥青路面设计规范：JTG D50—2017［S］.

［4］ 公路沥青路面施工技术规范：JTG F40—2004［S］.

浅谈复合人工地基质量检测新方法——雷达探测

李文雅[1]　秦正红[1]　吕　芳[1]　罗　杰[2]　张明新[1]

1. 长沙市市政工程有限责任公司，长沙，410007

2. 湖南省交通科学研究院有限公司，长沙，410021

摘　要： 在工程建设中，当天然地基不能满足结构物对地基的要求而又不能另选其他场地时，就需要对天然地基进行处理，形成复合人工地基，以保证结构物的安全与正常使用。目前，对于桩体复合地基的检验方法集中于对施工记录的检查，桩体及复合地基的荷载试验。对于部分类型的桩体复合地基，还只能采用低应变动力试验和开挖检查的方法等。而本文阐述了一种用雷达探测来检测桩体复合地基质量的方法。

关键词： 复合人工地基；质量检测；雷达探测

在工程建设中，当天然地基不能满足结构物对地基的要求而又不能另选其他场地时，就需要对天然地基进行处理，形成复合人工地基，以保证结构物的安全与正常使用。复合人工地基的形式分为竖向增强体型和水平向增强体型两种基本型式。

竖向增强体习惯上也称为桩，有时也称为柱。竖向增强体复合地基通常称为桩体复合地基。目前在工程中应用的竖向增强体有碎石桩、砂桩、水泥土桩、石灰桩、灰土桩、钢筋混凝土桩等。

水平向增强体复合地基主要是指通过在地基中铺设各种加筋材料，如土工织物、土工格栅等而形成的复合地基，它对于增强软弱地基的承载力，减少地基不均匀沉降，防止土体侧向剪切挤出破坏具有良好的效果。水平向增强体复合地基工作性状与加筋体的结构构造、长度和强度，以及加筋体与土体间接触的方式和力学性质等因素有关。而且，这种复合地基的破坏可具有多种形式，影响因素也很多。到目前为止，有许多问题还未解决，设计计算方法尚不成熟。

桩体复合地基即竖向增强体复合地基，已在各种不同情况的地基加固工程中得到广泛应用。桩体复合地基在实际工程中主要起的作用包括提高地基承载力、减小地基沉降或者增加地基抗滑稳定性等，而这些性能的发挥与复合地基的施工质量息息相关。

目前，可根据复合地基的不同类型，采用不同的检测方法［《建筑地基处理技术规范》（JGJ 79—2012）］，检测方法集中于对施工记录的检查，桩体及复合地基的荷载试验，对于部分类型的桩体复合地基，还只能采用低应变动力试验和开挖检查的方法。

通常的桩体复合地基检查和检验方法侧重的是对复合地基置换率和承载能力的检查，这对于提高地基承载力、减小地基沉降为设计目的的复合地基而言能满足要求，而对于还有增加地基抗滑稳定性目的的复合地基而言，如路堤下的复合地基，这样的检验方法就不能满足要求了，因为这样的检验方法不能对复合地基的桩长进行有效的检测。

复合地基能增加地基抗滑稳定性，是因为其具有足够桩长的复合地基能够在可能的地基滑动范围内增大地基的黏聚力和内摩擦角，从而提高整个地基的抗滑性能，保证地基及其上建（构）筑物不发生失稳破坏，可见，复合地基的桩长是必须得到保证的。

目前进行桩长检测的方法主要是采用动力试验的方法。这种方法虽然比较成熟，但存在需要对桩体逐一检测的缺陷，不适合快速检测，并且不适合散体材料桩的检测。

影响复合地基抗滑性能和承载力的另一个重要因素是桩身完整性，对于复合地基桩身完整性的判定目前还缺乏有效的质量控制和检测手段，因此需要采用新型的方法对复合地基的质量进行检测和控制。

雷达技术是近年来开发的一种无损物理探测技术，是利用传播介质的电性特征变化来探测地下结构的均匀性、物质组成及物理性质的变化，尤其地基土中含水量、介质结构等变化以及空洞、埋藏物的分布变化等异常现象。该方法可以准确、高效地评价地下介质组成和结构信息的二维连续变化情况。正是基于此原理，虽然复合地基的桩体可能为柔性材料、散体材料，但是其明显破坏了原始地层的连续性，探地雷达可以有效地反映桩身几何尺寸，而目前常规的检测方法都不能对这类柔性桩体和散体桩进行桩身质量检测，因此，有必要利用这种新技术来进行复合地基质量控制和检测。

地质雷达探测技术是一种用于确定地下介质分布的广谱电磁探测技术，根据回波信号解释地下目标。其探测方法分为连续探测和单点探测，前者多用于地面沿测线连续移动形成连续剖面，后者普遍用于地面和地下探测。单点探测布置方法比较灵活，根据探测范围、目标大小及控制精度布置工程量和工程密度，根据具体的探测场所布置一些测点、测线或测网。探测密度可根据需要灵活改变。应用地质雷达可对探测区域内实施全方位探测，从不同的方位角和仰俯角探测，以便形成多平面、多剖面纵横立体控制。地质雷达利用一个天线向地下发射高频宽带电磁波，另一个天线接收来自地下介质界面的反射波；电磁波在介质中传播时，其路径、电磁场强度与波形将随介质的电性质及几何形态而变化。因此。根据接收到的波的时间长短、幅度与波形资料，可推断介质的结构。地质雷达工作频率较高，电磁波在介质中传播时以位移电流为主，因此，高频宽带电磁波在传播过程中频散很小，其速度基本上由介质的介电性质决定。地质雷达的发射、接收天线之间距离很小，甚至合二而一。当地层倾角较小时，反射波的全部路径几乎是垂直地面的，因此，在不同位置点上反射时间的变化反映了该地层的构造形态。

双天线地质雷达有多种工作方式，目前常用的测量方式主要有两种：剖面法和宽角法。

（1）剖面法

图 1 所示是双天线地质雷达的发射天线（T）和接收天线（R）以固定间隔沿测线同步移动的一种测量方式，称为剖面法。

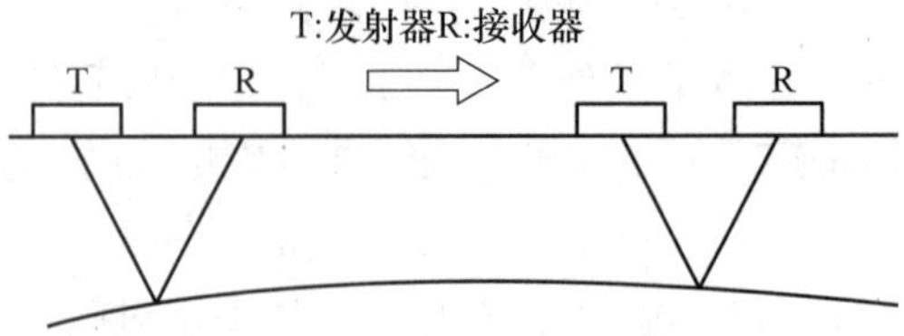

图 1　剖面法反射界面示意图

发射天线和接收天线同时移动一次，便获得一个记录。当发射天线与测量天线同步沿测线连续移动时，就可以得到由多个记录组成的地质雷达时间剖面图像。横坐标为天线在地表测线上的位置，纵坐标为雷达脉冲从发射天线出发经地下界面反射回接收天线的双程时间。地质雷达的记录图形常以脉冲反射波的波形为记录形态。波形的正负峰分别以黑白色表示，或者以灰阶或彩色表示。这样同相轴或等灰度线即可形象地表征出地下反射面的起伏变化情况。当地质雷达探测来自深部界面的反射波时，由于信噪比过小，不易识别。这时可采用类似地震勘测中的多次覆盖技术，即改变发射—接收天线之间的距离对同一测点进行重复测量，然后把所得测量记录中测点位置相同（共深点）的记录进行叠加，来提高所得记录对地下介质的分辨率。

（2）宽角法

当一个天线固定在地面某一点上，而另一个天线沿测线移动，记录地下各个不同层面反射波的双程走时，这种测量方法就称为宽角法（图 2）。它是通过求取地下介质的电磁波传播速度来进行地质勘测的一种方法。

地质雷达对地下目标进行探测时，由于所探测的目标物与周围介质存在电性上的差异，所以发射天线所发射的电磁波传播到地下目标物时，便会形成反射，接收天线接收到这种反射波后，经数据采集、记录、处理后，将所探测到的剖面显示在屏幕上，通过对剖面的特征识别来解释确定地下目标的位置与埋深。图 3 和图 4 为地质雷达可探测到的地质现象及剖面示意图。

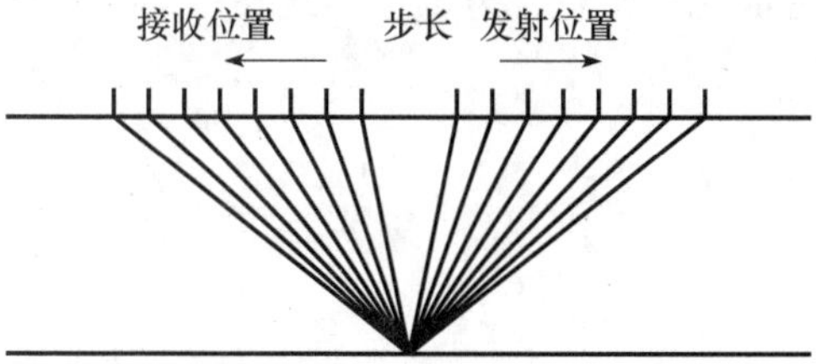

图 2　测量法示意图

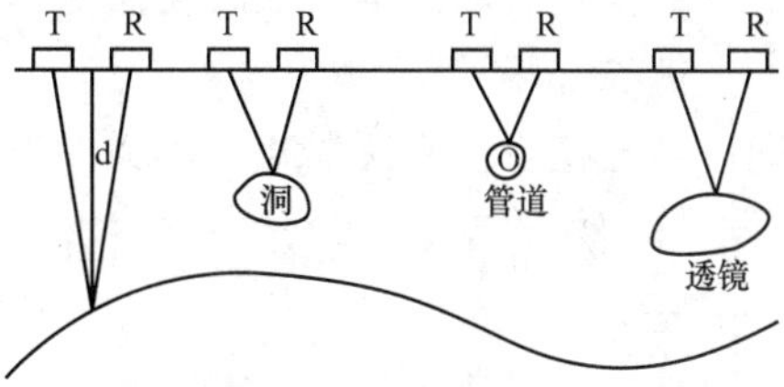

图 3　地质雷达探测地质现象示意图

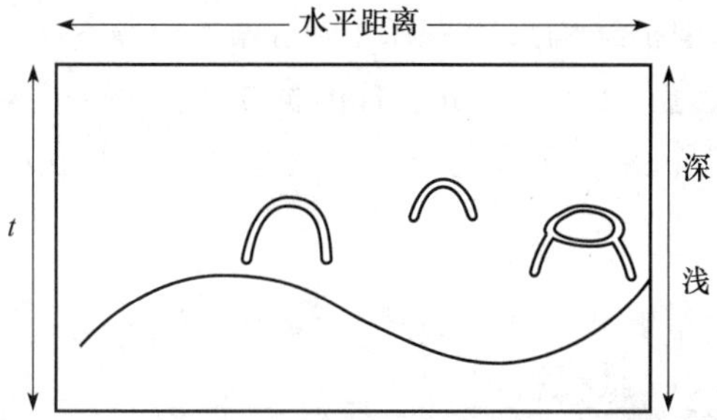

图 4　地质雷达探测地质现象剖面示意图

雷达检测技术作为工程施工质量监控、竣工验收的质量无损检测、保养维修阶段的定期监测等，尤其在公路建设中，用途广泛、效果理想。改革开放以来，我国建设突飞猛进，复合地基技术在公路建设中被广泛应用，但原有的勘察和工程质量检测手段效率低、代表性差、成本高，并且对工程有破坏。相对这些弊病，雷达检测具有速度快、精度高、应用范围广、无破损等明显的优点，对这种新方法的研究和应用必将使复合地基质量控制和检测技术得到提高，并极大地改善工作效率，从而创造巨大的社会和经济效益。

参考文献

［1］ 建筑地基处理技术规范：JGJ 79—2012［S］.

［2］ 龚晓南. 复合地基理论及工程应用［M］. 北京：中国建筑工业出版，2013.

［3］ 张淑荣. 徐涛，朱德强. 地质雷达在公路上的应用概述［J］. 黑龙江交通科技，2015. 1.

［4］ 刘康和. 地质雷达在水利工程质量检测中的应用［J］. 长江职工大学学报，2011. 3.

［5］ 李大心. 探地雷达方法与应用［M］. 北京：地质出版社，2014.

板岩地层下半盖挖法地铁车站竖向支撑体系关键施工技术

王修春

湖南省沙坪建设有限公司，长沙，410002

摘　要： 在城市主干道中修建地铁车站，为不影响交通，有时更多地采用半盖挖法进行地铁车站的施工，竖向支撑体系是半盖挖法车站施工成功的关键。本文结合工程实例，介绍了板岩地层下半盖挖法地铁车站中的竖向支撑体系的关键施工技术，为类似的地铁车站结构设计和施工提供了借鉴。

关键词： 半盖挖法；地铁车站；基坑；竖向支撑体系

1　工程概括

丝茅冲站为长沙 3 号线一期工程的第 15 座车站，车站位于车站北路与德雅路交义路口，为地下二层岛式车站、设停车线。埋设于车站北路，呈南北向布置，道路宽约 33m，现状为双向 6 车道（图 1）。主体围护结构采用直径 1200mm 钻孔灌注桩 + 内支撑系统支护。车站外包总长 485.5m，基坑深约 17.8 ～ 21.0m、标准宽 20.9m、停车线宽 10.8m。为满足交通疏解的要求，基坑顶设置钢筋混凝土铺盖与第一道支撑合筑，车站采用半盖挖顺作法施工。基坑安全保护等级为一级。

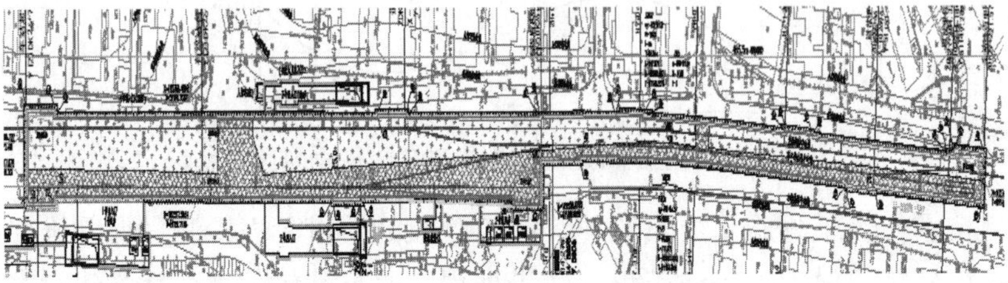

图 1　半盖挖法车站平面布置图

注 1：图中阴影部分为铺盖板位置。

2　竖向支撑体系关键施工技术

半盖挖法地铁车站与明挖法车站施工工艺基本相同，但在半盖挖铺盖板上同时开放交通，因此竖向支撑体系显得尤为重要。半盖挖法标准断面剖面图如图 2 所示。

竖向支撑体系为铺盖板主要受力构件，其主要作用为承受上部车辆荷载，在施工时需特别注意保证其施工质量。竖向支撑体系主要由钢立柱、横向支撑构成，其薄弱部位为钢立柱，其可能发生的破坏主要为受压屈曲破坏和偏心受压而失稳。因此在施工中应特别注意钢立柱的施工质量。

2.1　钢立柱施工关键技术

本工程钢立柱采用 $\phi 609$ 钢管，壁厚 16mm，嵌固深度为 3m；采用 800 旋挖钻机成孔，成孔嵌固深度为 7m。嵌固深度范围设钢筋笼，内浇筑 C30 水下混凝土，为保证混凝土浇筑质量，在钢管上梅花型布设 ϕ100@500 孔洞。钢立柱平面位置允许偏差 50mm，垂直度允许偏差 1/150。

在施工中需特别注意钢立柱垂直度的控制。因为钢立柱为竖向受压构件，在稍有偏心情况下会使构件成为偏心受压，承载能力将大大降低。施工中的控制措施主要有：（1）在使用旋挖钻机成孔时，确保机械的基础平整、稳固，避免机械在施工时发生偏位、倾斜，必要时可采用钢板铺垫；成孔时启用机械的自动纠偏功能；成孔完成后用测量绳测量成孔的净空，确保钢管及钢筋笼顺利下放。（2）钢管下放时中心点对齐，并在垂直方向用吊绳监测钢管的垂直度，及时进行调整。（3）下放至设计标高后采用特制的钢架固定上部，防止移动。

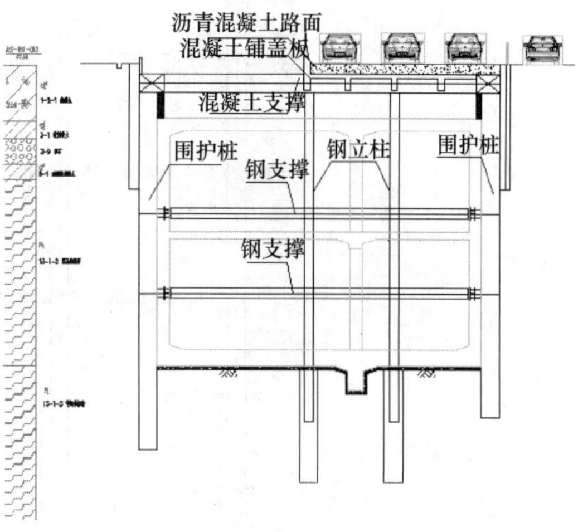

图 2　半盖挖法标准断面剖面图

在钢管内浇筑 C30 微膨胀混凝土，提高立柱的刚度和稳定性。

2.2　钢立柱与支撑梁的连接

钢立柱与支撑梁之间的可靠连接，是保证钢立柱发挥作用的关键。

本工程采用钢管 ϕ684 上部焊接封闭钢板，厚度 16mm，封闭钢板上部焊接 9 ф 25 钢筋进行锚固，锚固长度为 35d（875mm），将钢立柱与支撑梁连接在一起（图 3）。

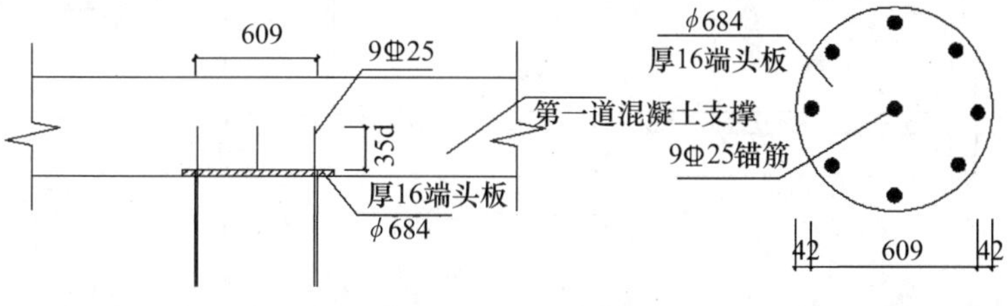

（a）钢立柱与支撑梁连接　　（b）立柱顶锚筋布置图

图 3　钢立柱与支撑梁连接大样图（mm）

在支撑梁钢筋绑扎时，将立柱顶锚筋包裹其中，共同浇筑混凝土，使其形成一个整体，增加结构的整体稳定性。

2.3　钢立柱的竖向加固

钢立柱作为竖向受压构件，由于基坑开挖深度较大，立柱受压可能发生屈曲破坏，因此需在竖向进行加固（图 4）。

本工程钢立柱竖向采用 28b 槽钢进行剪刀撑连接（图 5），水平向采用 40C 槽钢进行水平向连接（图 6），将槽钢与钢管进行可靠焊接。

这样，钢立柱中部与其他构件形成可靠连接，增加支点，提高钢立柱的竖向稳定性。

2.4　其他注意问题

针对竖向支撑体系的保护，在施工中应注意其他的问题：

（1）在进行土方开挖时，挖机应避免碰撞钢立柱，施工时专人盯防，防止立柱发生扰动。

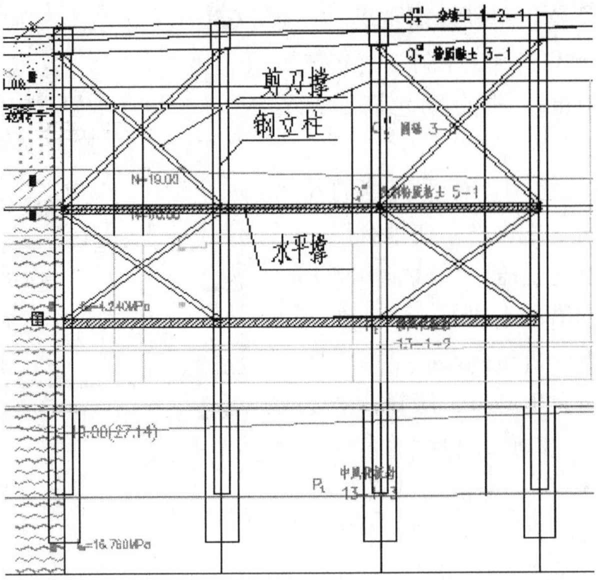

图 4　钢立柱竖向加固图

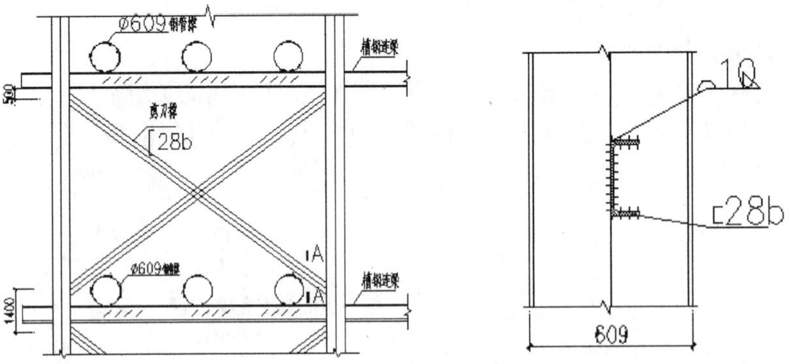

图 5　水平撑大样图

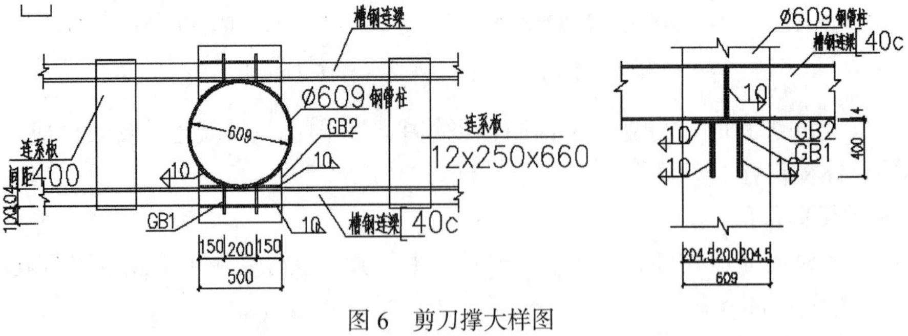

图 6　剪刀撑大样图

（2）土方开挖至设计标高后，及时施工和架设支撑，防止围护桩发生较大横向变形，引起立柱扰动。

2.5　钢立柱与底板、顶板的防水处理

由于钢材与混凝土材质的不同，钢立柱与底板、顶板的连接部位成为整个车站防水的重点，在施工中严格控制施工质量。连接部位分为钢管外防水和钢管内防水。

本工程在钢管与底板混凝土接触处，首先采用10mm厚的聚合物水泥防水砂浆和水泥基渗透结晶型防水材料进行表面处理，然后在钢管周边焊接两道10mm厚止水钢板。止水钢板必须满焊，饱满无夹渣，对所有钢板进行全数仔细检查，如有砂眼、漏焊处，必须进行补焊，直至满足要求。为保证止水钢板下混凝土浇筑密实，可在钢板上留有透气孔。

钢管内部，在钢立柱拆除后，同样焊接止水钢板，铺设与底板同样的钢筋，钢筋两端焊接在钢管内部，然后浇筑与底板同强度等级的微膨胀混凝土。

钢立柱与顶板混凝土间的防水施工方法基本与底板防水相同，同样采用防水砂浆、防水层和止水钢板防水的形式。具体见图7、图8。

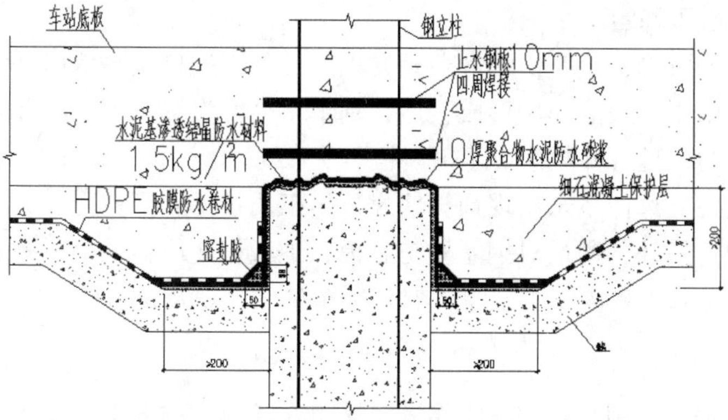

图7　钢立柱与底板外防水大样图

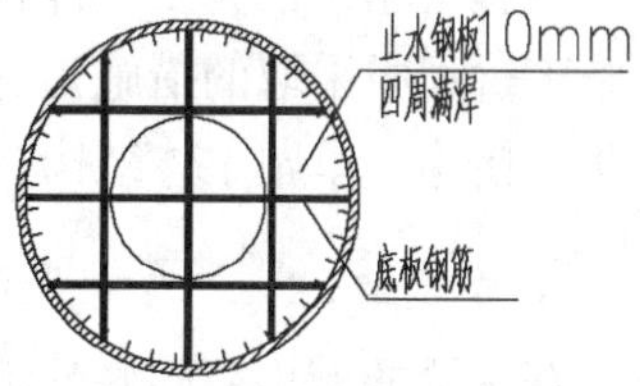

图8　钢立柱与顶板内防水大样图

3　基坑盖板竖向支撑体系质量监测

为保证基坑盖板的安全稳定，设计图纸要求钢立柱最大沉降不超过10mm。根据基坑土方开挖和主体结构施工阶段的监测数据，对比钢立柱和铺盖板的沉降变化情况如图9所示。

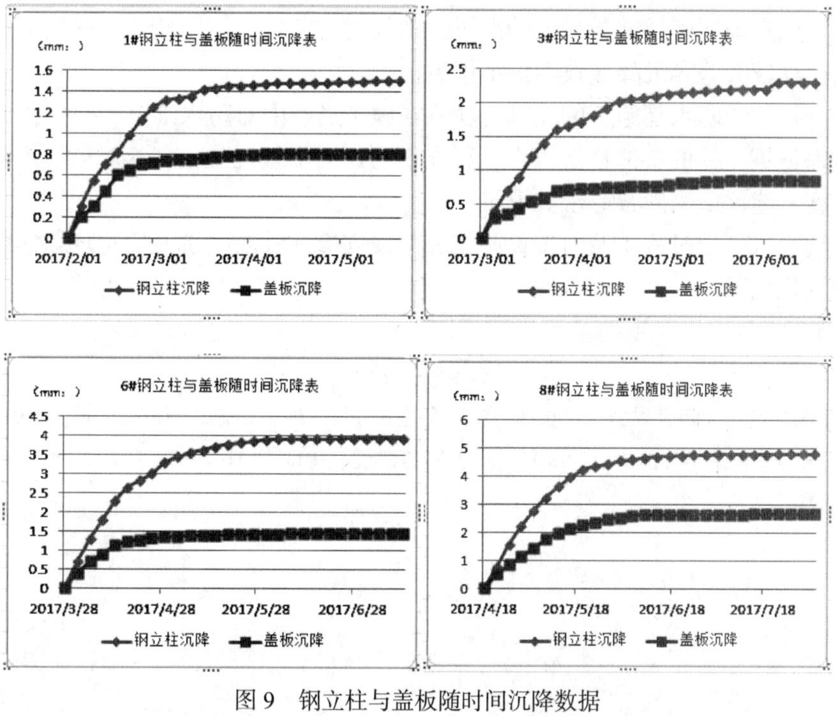

图9　钢立柱与盖板随时间沉降数据

分析沉降数据可以发现：

（1）铺盖板竖向支撑体系中钢立柱的最大沉降为4.8mm，小于设计图纸要求的10mm，施工质量满足要求；对应位置的铺盖板的沉降为1.5mm，与钢立柱的竖向沉降差别不大，对整个基坑的横向支撑体系影响很小，不会产生较大的破坏变形。钢立柱的沉降较小，主要原因为嵌入中风化岩或微风化岩中，其下岩层抗压强度较高，未发生较大的压缩变形。

（2）钢立柱的大部分沉降主要发生在土方开挖阶段的前期，其后逐渐趋于稳定。这是由于钢立柱主要为端部受力，土方开挖后侧壁摩阻力较小，对钢立柱基本不会分担承载力；铺盖板下的土方开挖后，铺盖板处于悬空状态，上部荷载主要由钢立柱及侧面围护桩承担，这时沉降发生的速率较大，其后逐渐趋于稳定。

（3）铺盖板沉降远小于钢立柱的沉降。这是由于铺盖板受钢立柱与围护桩共同承担，围护桩整体刚度较大，且密集排列，由于盖板的作用形成整体，基本不会发生沉降，因此铺盖板沉降主要是由于钢立柱沉降引起的，且沉降数值小于钢立柱。

现整个车站已完工，铺盖板竖向支撑体系未出现预警情况，施工质量得到了验证，表明在施工过程中采取的措施是有效的。另外，通过对钢立柱与底板、顶板相交位置采取了有效的防水措施，车站主体结构在该部位未出现渗漏水现象，保障了车站的美观及耐久性。

4　结论

在狭窄的城市空间修建地下工程，采用半盖挖法既能满足城市交通疏解的要求，又能节约工期、降低成本，其他工程可以借鉴。本工程采取的措施有效地保证了半盖挖法条件下基坑支护体系的安全和稳定。结合工程实例提出如下几点经验和建议：

（1）采取有效措施保证竖向支撑体系的稳定是半盖挖法施工成功的关键。在土方开挖过程中注意对钢立柱的保护。

（2）本工程由于两侧围护桩及中间钢立柱均嵌入岩层中，因此沉降变化不大。在桩底地基承载力不大或者地层条件差异较大情况下，建议对桩基进行沉降验算，必要时可限制上部荷载，防止出现较大差异沉降导致围护结构失稳。

（3）钢立柱位置防水是施工的关键，注意在施工过程中对防水细节的把控。

（4）为保证钢立柱的整体稳定，本工程在钢立柱内浇筑混凝土，这对后期拆除钢立柱造成一定的难度，建议采用砂石等密实填筑。

（5）基坑土方开挖过程中及时架设施工和架设支撑，并对基坑及周边环境实施监测，做到全过程信息化施工。

参考文献

[1] 广东省重工建筑设计院有限公司. 长沙市轨道交通3号线一期工程施工图设计 [R]. 2014年9月.

[2] 阮国勇. 某地铁车站半盖挖法设计研究 [J]. 隧道建设，2011，[31]：694-700.

浅谈高大支模的设计与施工技术的应用

聂庆宝

湖南省沙坪建设有限公司，长沙，410000

摘 要：本文以湖南汽车工程职业技术学院新校区综合大楼工程项目为例，主要通过对型钢 - 钢筋混凝土框架结构的支模设计与施工技术的应用，介绍扣件式钢管脚手架在高大支撑体系中的应用，阐述钢混结构高支模的施工技术要点、施工方法和安全控制措施等问题。

关键词：型钢 - 钢筋混凝土结构；超高、超跨度、超荷载；支撑体系荷载计算；叠合梁混凝土浇筑

随着我国改革开放和科技的日益进步，城市现代化建设中出现了许多建筑规模较大的混凝土结构，越来越追求更大的跨度与空间，大跨度及大空间同时也衍生出大量的大截面构件和型钢 - 钢筋混凝土构件。该类构件跨度大，支撑高度高，自重及施工过程中的荷载也很大。尤其是超高度、超跨度、超荷载为一体的支模板系统，无疑对支模系统的强度、刚度和稳定性等要求更加严格。高支模大体积混凝土施工一旦发生坍塌事故，必将造成重大安全事故，这已经引起了建筑业的高度重视。

近年来，建筑业对此类构件的支撑系统作了专门的定义：混凝土构件模板支撑系统高度超过 8m，或跨度超过 18m，施工线荷载大于 10kN/m^2，或集中线荷载大于 15kN/m 的模板支撑系统，统称为高大模板支撑架。

本文通过具体工程实例，详细介绍高支模系统从设计到施工的技术过程，从而保证高支模工程的安全以及可靠性。通过专门的设计计算及论证，并提出更为严格的构造要求，保证施工作业的正常进行。高支模施工技术要求较普通支模施工技术更能保证结构的强度、刚度和安全性，同时因其综合性的考虑了材料性能、活载、恒载等各种因素，也能更好地保证构件的质量。

1 工程概况简介

本工程为结构形式为框架 - 剪力墙，总建筑面积 69331.50m^2，本项目建筑地下 1 层，地上 11 层。–1 楼层高 5.1m，首层层高 6.8m，标准层 4m。

该支模系统位于综合大楼 B4 单体（13 轴～ 18 轴交 Q 轴～ K 轴），地下室顶板标高为 –1.2m，三层楼板标高为 10.5m，支模高度为 11.7m。最大柱截面 1100mm × 900mm。大跨度主梁截面为 700mm × 2300mm（H1900mm × 300mm × 40mm × 40mm）、900mm × 2300mm（H1900mm × 300mm × 40mm × 40mm），型钢 - 钢筋混凝土梁最大跨度达 27m。700mm × 2300mm 梁集中线荷载为 52.01kN/m，900mm × 2300mm 梁集中线荷载为 = 66.87kN/m，均大于 20kN/m，属于超荷支模（图 1）。

2 支模系统设计

2.1 支模系统选型、选材

材料进场之前必须由项目部组织验收，顶托及脚手架管必须满足《建筑施工扣件式钢管脚手

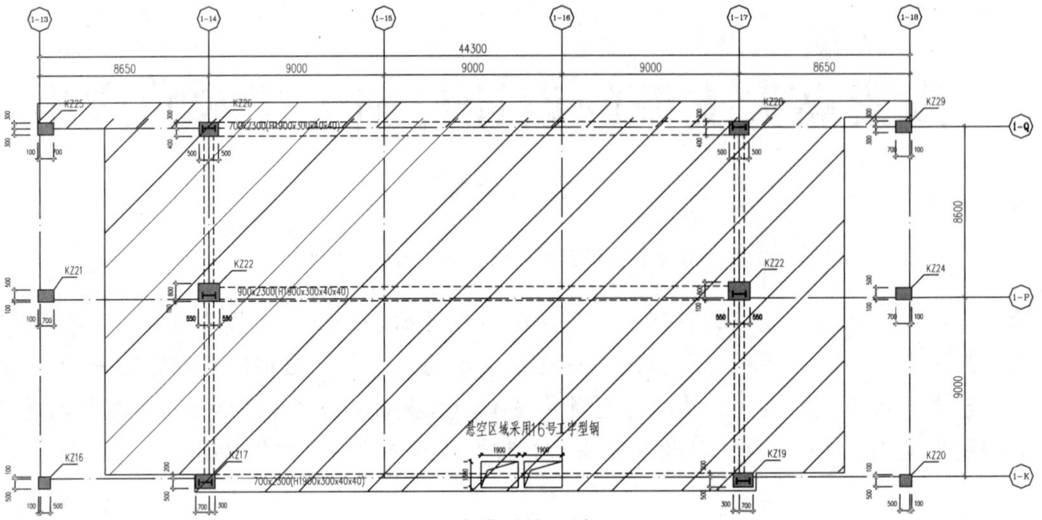

图 1　支模系统区域

说明：1. 本区域地下室顶板属于覆土人防顶板，静荷载标准值按人防设计说明取 70kN/m²。

2. 700mm × 2300mm 梁、900mm × 2300mm 梁底承重立杆部分采用 10mm 厚钢板垫，其对应的地下室顶板梁按专项方案加固。

架安全技术规范》（JGJ 130—2011）、《建筑施工模板安全技术规范》（JGJ 162—2008）要求的取样检测项目，必须表面平整光滑、顺直，无锈蚀、裂纹、分层、划道、压痕、硬弯现象，租赁厂家必须提供产品质量合格证明书以及脚手架租赁合格材料备案证明书等，扣件材料必须符合住房城乡建设部《钢管脚手架扣件标准》要求，有生产许可证，规格与钢管相匹配，不得有裂纹气孔、疏松、砂眼等缺陷。18mm 厚木胶板、60mm × 80mm 枋、ϕ48mm × 3.2m 钢管，扣件，ϕ36mm × 0.5m 顶托、底座，ϕ16 螺杆、蝴蝶扣、铁丝、16 号槽钢、1200mm × 2400mm × 10mm 钢板等。

2.2　支模系统的设计

2.2.1　板支模设计

板支模高度为 11.5m，板厚 0.2m，满堂支模体系经验算纵横间距按 0.9m × 0.9m 布置，步距 1.2m。板底木方按 200mm 间距布置，立杆下垫松木板，满堂架底部、中间和顶部设置三道连续水平剪刀撑，满堂架四周设置竖向连续剪刀撑。

2.2.2　柱支模设计

本工程高大支模部位结构如图 2 所示，高大支模区域最大柱截面尺寸为 900mm × 1100mm（H700mm × 300mm × 40mm × 40mm）。木方按 200mm 间距布置，双钢管柱箍间距 400mm，中部同向设置 2 根 M16 对拉螺杆，避开型钢位置。

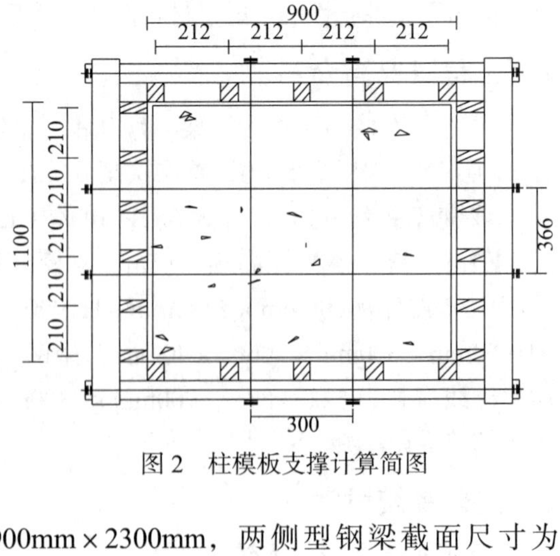

图 2　柱模板支撑计算简图

2.2.3　梁支模设计

高大支模区域最大型钢梁截面尺寸为 900mm × 2300mm，两侧型钢梁截面尺寸为 700mm × 2300mm，如图 3、图 4 所示。

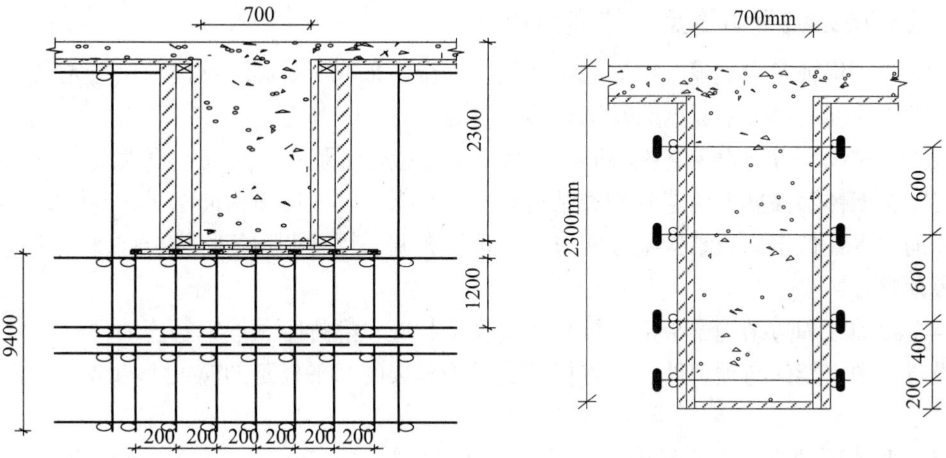

图 3　700mm × 2300mm 梁支撑设计简图

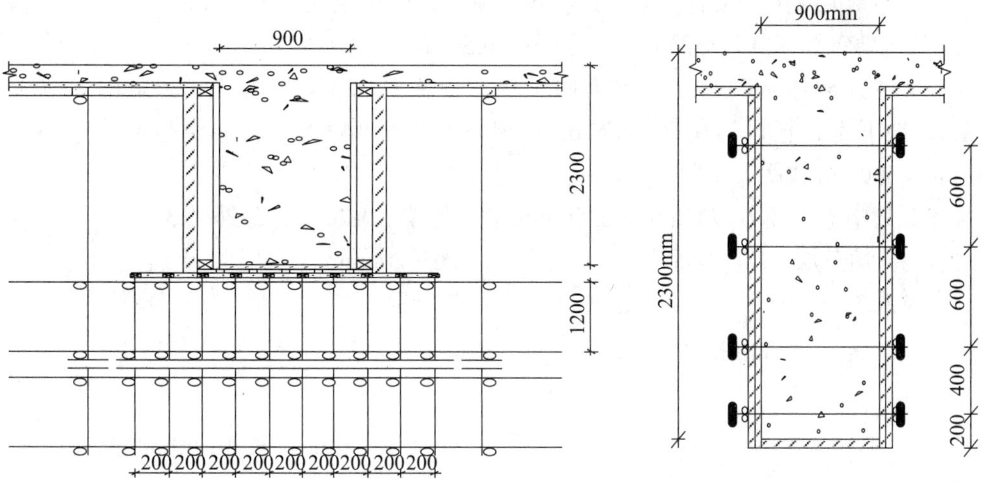

图 4　900mm × 2300mm 梁支撑设计简图

梁底支撑经验算按表 1 设计支模及加固。

表 1　梁支模及加固方案

型钢梁截面尺寸	梁底	梁底支撑架	梁侧支撑	其他说明
700mm × 2300mm（H1900mm × 300mm × 40mm × 40mm）图 3	5 根立放木方间距均等设置，外龙骨梁托采用 16 号槽（1.2m）托顶	立杆按 200mm × 500mm 间距布置，步距 1200mm，梁底设 7 道承重立杆，沿梁跨度方向立杆间距 500mm	木方 @200mm，外龙骨采用双钢管，布置 4 道对拉螺栓，竖向间距依次为 200mm、400mm、600mm、600mm	立杆下满垫钢板；梁两侧设竖向连续剪刀撑；地下室对应部位加固架体按 200mm × 500mm 布置，步距 1200mm，设 9 道立杆
900mm × 2300mm（H1900mm × 300mm × 40mm × 40mm）图 4	5 根立放木方间距均等设置，外龙骨梁托采用 16 号槽（1.8m）托顶	立杆按 200mm × 500mm 间距布置，步距 1200mm，梁底设 10mm 道承重立杆，沿梁跨度方向立杆间距 500mm		立杆下满垫钢板；梁两侧设竖向连续剪刀撑；地下室对应部位加固架体按 200mm × 500mm 布置，步距 1200mm，设 12 道立杆

3　保证支模系统整体稳定的构造措施

（1）为了保证高大支模架体的稳定及结构安全，采取所有高大支模部位柱先浇筑，待其柱达到部分强度后再上梁板钢筋及浇筑梁板混凝土。

（2）沿柱高度方向设钢管抱箍同满堂脚手架连接保证稳定，且间距不大于 1.2m。

（3）在架体沿高度方向遇到周边结构梁板时，需调整相应纵横向水平杆步距，保证调整后纵横向水平杆位于周边结构梁板相应标高位置，并采用可调顶托将纵横向水平杆与周边结构梁板顶紧。

（4）提前在周边结构梁板部位按高大支模架相应立杆排距预埋钢管连墙件，在高大支模架搭设过程中将架体与预埋件进行连接，高低跨模架的水平杆延伸应大于两跨，保证满堂架整体稳定性。

（5）架体顶端应设置纵横向水平杆，顶部自由端≤ 0.5m，可调顶托伸出钢管的外露丝扣长度≤ 200mm。

（6）型钢混凝土梁按叠合梁设计浇筑混凝土，以次梁底面（900mm 高）为界限分层，增加 1m 长抗剪钢筋 ϕ20@ 箍筋间距，上下各 0.5m 长。

（7）主梁架体基础为地下室人防顶板，顶板厚 300mm、梁为 6000mm × 1000mm，跨度 9m，地下室顶板设计荷载 70kN/m^2；地下室顶板 14 ～ 15 轴后浇带部位经验算立杆按 500mm × 500mm 排距，步距 1200mm，设置一排 8 双立杆加固。

（8）其中 Q 轴部位 700mm × 2300mm 梁下托梁长 1200mm，外挑 350mm；对外挑板部位回填土换填分层夯实，然后回填级配片石，浇筑 200mm 厚垫层混凝土。

支模系统节点及平、立面做法如图 5 ～图 7 所示。

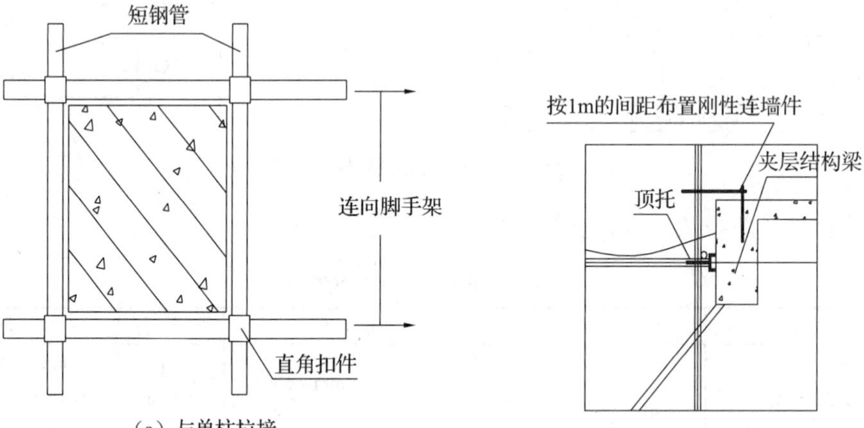

（a）与单柱拉接（按1200mm的步距设置）　　（b）节点2

图 5　支模系统节点示意图

4　模板安装工艺及施工技术

4.1　柱模板安装

根据地面柱截面控制线确定柱模板的外边尺寸，在投放柱定位控制线时，除控制线外还需要将柱截面线往外侧放大 20cm 作为校正柱定位准确性的标准。接头位置混凝土凿毛，用钢丝刷冲洗干净，柱子钢筋绑扎完毕后，在柱子的立筋上套上混凝土垫块控制保护层厚度。

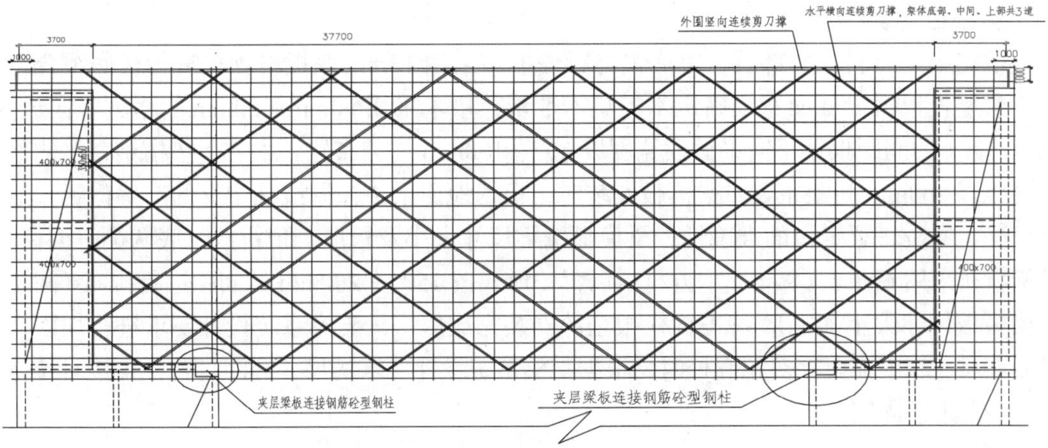

图 6　支模系统平面示意图

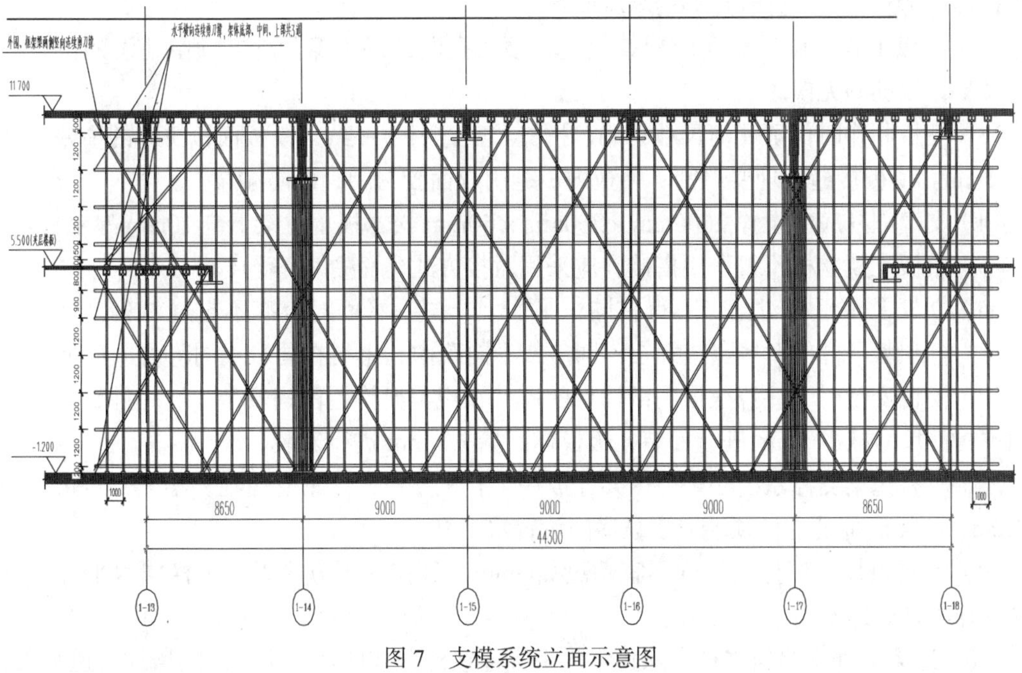

图 7　支模系统立面示意图

四面柱模板按柱子尺寸大小，预拼成一面一片，两两对称，模板后背方采用 60mm×80mm 木方材料以背楞形式按 150 ～ 200mm 的间距进行排布（间距根据柱单面尺寸大小确定），待四侧模板全部安装完成后，按等分的比例尺寸打孔，放置塑料导管，穿对拉螺杆（需要时），套上柱箍以进行初步固定，此时视柱高度要求将其与满堂高大支模架（梁板模支撑体系）相连作为柱模的临时支撑，再用线坠或经纬仪校正调直后紧固。柱模阳角拼缝采用企口，且模板每边宽统一为木方厚度，穿柱对拉螺杆外穿 PVC 套管。对于与梁板同时安装的柱，其模板在梁口部位采用整板裁口，裁口大小及高低与梁位置相符，柱加固后，其沿高度方向上、中、下设钢管箍同满堂脚手架连接保证稳定，且间距不大于 1.2m。在配置柱子模板时在柱子底部的一边留出清扫洞口，清扫洞口留设 200mm×200mm，待柱子模板校正好后用水把积在柱子底部的木屑、灰尘等冲洗干净，然后封上模板。在柱模板底钉压脚线。

4.2 梁模板安装

根据施工材料配置部署，梁底模与梁侧模均采用 18mm 厚板材预先进行板底组合与拼装，梁底板根据梁截面宽度确定木板垫木数量，垫木采用 60mm × 80mm 的木方竖向放置，垫木（方）的间距根据不同梁截面宽度以 50 ～ 100mm 均匀布置，木方下垫槽钢，梁侧面木方间距以 200mm 间距布置。梁模板安装时，根据地面梁边控制线确定梁的准确位置，通过吊线确定并校正梁定位的准确性；梁模板按梁尺寸大小及板厚，预拼成一底两侧三面模板，模板背枋采用 60mm × 80mm 木方材料以背棱形式按 150 ～ 200mm 的间距进行排布（间距根据梁模板尺寸大小确定），待三面模板全部安装完成后，按支模系统设计要求进行加固，在梁截面尺寸较大需要穿对拉螺杆时，根据支模系统设计要求的尺寸间距打孔，焊接对拉螺杆在型钢上进行固定。

4.3 模板支撑技术要求

（1）模板及其支撑体系应具有足够的强度、刚度、稳定性，支模架（模板支柱和斜撑）的支撑面应平整压实，并有足够的承压面积。

（2）模板工程在施工后还应检查预埋、预留孔洞，以确保预埋、预留孔洞的位置、尺寸、数量，须准确无误。

（3）模板制作时保证几何尺寸精确，拼缝严密，材质一致，模板面板拼缝的高差、宽度应≤ 1mm。模板接缝处理要严密。模板内板缝用双面胶封闭，以防漏浆。

（4）支模立杆底部设置 2000mm × 200mm × 50mm 松木板，主梁下垫 10mm 厚钢板。

（5）模板支模立杆不得采用搭接，应采用对接方式（解决偏心受压）。

（6）立杆及水平杆对接点不得在同一平面上，同一平面对接率不超过 50%，且相互错开，且立杆和水平杆的对接点错开在不同步或不同跨内，不得在同步或同跨内进行对接。

（7）模板安装时，注意根据图纸构件的尺寸在规范允许范围内安装，统一柱、梁截面模板根据构件尺寸减少 5mm 进行安装，板模标高抬高 5mm 进行安装。

（8）所有边梁支撑系统必须与内架连成一个有机整体，严禁支撑在外架上，步距严禁超过 1.2m，顶托底部的立柱顶端应沿纵横向设置水平杆。

（9）可调顶托螺杆伸出长度不宜超过 200mm，且在其下方应设置纵横向水平杆；梁的两侧立杆离开梁边不超过 250mm。

（10）边梁的外支撑斜立杆，除正常水平杆连接外，在两道水平杆之间增加一道水平杆，向内连接两根立杆；梁底的支承立杆必须与支模体系同步搭设，并与支模体系连成一个整体。

（11）模板工程支模立杆搭设时保证上下层立杆对齐，在搭设上层立杆时下层支模架及模板不得拆除。

（12）在高大支模架最顶层的一道水平杆位置设操作平台，操作平台满铺竹架板与水平杆用铁丝固定，在相邻水平杆间加设两道钢管支撑竹架板；所有大于 4m 的梁板均按构件净跨度的 0.1% 起拱。

5 混凝土浇筑施工技术

（1）为了保证高大支模架体的稳定及结构安全，按大体积混凝土浇筑标准实施，三层结构梁板混凝土与型钢柱均采用自密实自流微膨胀 C40 细石混凝土浇筑。高大支模部位混凝土分两次浇筑，第一次浇筑至梁柱接头处；待其柱混凝土达到设计强度后再进行下一步施工。

第二次梁板混凝土分层浇筑：先浇筑大梁混凝土平框架次梁底（900mm 高），再浇筑至结构板底，最后再浇筑楼面混凝土，终凝前进行二次磨面压光。为确保模板支架施工过程中均衡受载，采用从中间向两端连续浇筑的方式。

（2）混凝土浇筑完毕后，常温下在 12h 之内覆盖土工布或麻布袋保温保湿养护，高温下 6h 之内覆盖养护。梁板等水平构件应不间断浇水，保持湿润，墙体采用涂刷养生液养护。保证这些关键构件始终处于湿润状态，养护时间为浇筑后不少于 7d，以确保结构混凝土强度。

6　支撑系统拆除

（1）拆模时间规定：模板拆除前，应由施工员填写《模板拆除申请表》，技术负责人审批后方可进行拆模。模板拆除时设置临时警戒线，并派专人监护。注意梁板混凝土施工时要留置同条件养护试块，利用同条件试块强度作为拆摸的依据，确保工程质量和安全。

（2）侧模拆除：在拆除侧模时混凝土强度要达到 1.2MPa（依据拆模试块强度而定），保证其表面及棱角不因拆除模板而受损后方可拆除。

（3）底模支架拆除时，混凝土强度应符合表 2 要求。

表 2　拆模时混凝土强度要求

构件类型	构件跨度（m）	达到设计混凝土立方体抗压强度标准值的百分率（%）
板	≤ 2	≥ 50
	>2，≤ 8	≥ 75
	>8	≥ 100
梁、拱、壳	≤ 8	≥ 75
	>8	≥ 100
悬臂构件	—	≥ 100

（4）拆模的顺序应遵循"先支后拆""先拆不承重的模板，后拆承重部位的模板""自上而下对称拆模，先拆侧向支撑，后拆竖向支撑"的原则。

7　监测方法及要求

（1）根据有关高支模体系的规定，项目部准备在现场采用钢尺、线坠、水准仪和经纬仪和红外线仪器对高支模系统进行施工过程的监测。

（2）由于框架梁的自重较大，故观测点以框架梁为主要观测对象。

（3）由于本工程高大模板支顶采用扣件式钢管脚手架，间距较密，且框架梁在建筑物内部，采用的观测设备受到很大的限制，为此本工程的沉降观测采用了线锤 + 钢尺的形式来测量其沉降值、位移偏量。

（4）观测的基准点设置在建筑物外围，测量时将基准点引测至建筑物内。

（5）观测点布置：本工程高大支模的观测点分沉降观测点及位移观测点，其中每条主框架梁的跨中设置一个观测点。

（6）观测方法：将观测基准点引测至一个约 50cm 高的角钢上，并将其底座通过螺栓固定在底板上；测量时，用钢尺测量线锤、焊接钢筋的标高，并在角钢上作原始标记。

（7）测量时间：模板的沉降测量由专人专职负责。在开始浇筑前测量一次，记录此值并以此值为初始值；在浇筑时测量一次，并与初始值相对比，得出沉降、位移量；浇筑完成后观测一次；模板的沉降测量到浇筑完成后 24h 后观测一次；第四层结构楼面浇筑后完成 1 次监测，拆架前监测 1 次。

8 结束语

本案支模体系属于超高、超跨度、超荷载支模施工，严格按照流程编制高支模专项方案，方案经过各参建单位、建设主管部门和专家组共同论证后实施，施工过程中全程跟踪检查并最终验收，模板支架整体稳定可靠，符合设计及规范要求，高支模区域混凝土分层分部位浇筑，模板支架按规定拆除，未发现质量缺陷和大小安全事故，未发生二次加固现象，沉降数据偏差在规范容许范围内。地下室顶梁板未出现裂纹倾向，确保了构件的施工质量和安全控制，为今后同类型结构工程施工积累了经验。现结合本项目工实例提出几点经验和建议，可作为类似工程的设计及施工起到一定的借鉴作用。

（1）本案例支模系统持力层为地下室顶板，型钢混凝土梁属超荷载部位，需对地下室顶梁板部位重新加固，按要求进行受力验算，防止对结构产生剪切破坏。

（2）超荷载梁部位的钢管必须达到设计壁厚，租赁市场的架料壁厚无法得到保障，需从厂家专门定制，防止架体失稳发生倒塌。

（3）在搭设过程中针对扣件的紧固要求，采购专门的电子扭力扳手符合，保证每个扣件受力均匀性。

（4）经计算分析，钢管的承载力较大，其平面间距主要受木方的强度和刚度影响，为防止钢管梁托因受力过大变形，大跨度型钢混凝土梁下采用 16 号槽钢做梁托代替双架管设计。

（5）因本案是钢筋 - 型钢混合结构，柱子外围设计的是双排钢筋，绑扎完成后振动棒无法下落，采用的是微膨胀自流细石混凝土，可以很好地保证混凝土的浇筑质量。

（6）由于顶板跨度较大，支模高度较高，且混凝土浇筑采用泵送施工，考虑脉冲水平推力和输送混凝土速度快所引起过载及侧压力，为保证混凝土在浇筑过程中的稳定性，混凝土浇筑需分部位分层施工，高梁部位设计成叠合梁，以次梁底（高 900mm）为界限分层，梁两侧增加 1m 长抗剪钢筋：ϕ20@ 箍筋间距，上下各 0.5m 长，从而增加主梁在该部位的应力。

参考文献

［1］建筑施工扣件钢管脚手架安全技术规范：JGJ 130［S］.

［2］钢管脚手架扣件：GB15831［S］.

［3］扣件式钢管模板高支撑架设计和使用安全.

［4］专项施工方案专家论证记录.

［5］关于印发《危险性较大的分部分项工程安全管理办法》的通知（建质［2018］37 号）.

［6］关于印发《建设工程高大模板支撑系统施工安全监督管理导则》的通知（建质［2009］254 号）.

［7］中国中建设计集团有限公司设计. 湖南汽车工程职业技术学院新校区汽车综合大楼施工图纸. 2016 年 12 月.

探究黄河冲击平原深基坑降排水施工关键技术研究

任卫国　郭克来　金　涛　林建文　郭　希　马彩云

中国建筑第五工程局有限公司山东公司，济南，250011

摘　要：地下水是建筑工程基础施工阶段影响工程进度、安全、质量、成本的重要因素，降排水施工的成败对基础施工起到至关重要的作用。但其施工部署安排、设计图纸优化、施工工序控制、施工成品保护等较为复杂，对于发生基坑底部涌水现象的应急处理要求极高。本文结合国家健康医疗大数据北方中心数据中心项目一期工程降排水施工的经验，介绍降排水施工的主要控制节点，形成有效的施工技术，以解决黄河冲击平原超深基坑降排水施工的难题。

关键词：黄河冲击平原；管井降水；基坑涌水；深基坑；坑中坑；流水作业

1　引言

地下水是建筑工程施工过程中影响地质稳定的重要因素，地下水控制直接影响周边建筑物和在施项目的安全。建筑工程基础施工阶段降排水如果不能做好，不仅会影响在施项目的正常进展，而且会导致周边建筑物产生倾斜或者裂缝，直接影响到建筑物的正常使用，甚至会造成建筑物倒塌或者群死群伤。黄河冲积平原地下水丰富，地质条件较为复杂，建筑工程施工时地下水控制成为工程施工的重难点工作，降排水施工对工程能否顺利进行起到至关重要的作用。

2　应用背景

国家健康医疗大数据北方中心数据中心项目一期工程 3 号机房楼地上 10 层地下 1 层，位于山东省济南市槐荫区吴家堡街道济齐路以北变电东路以西，所处地形地貌为黄河冲击平原，基坑开挖深度 8.0m，坑中坑开挖深度达到 11.4m，地下水位埋深 1.5 ～ 2.0m，基础施工阶段降排水施工是本阶段的重难点。

本工程由于处于黄河冲击平原地貌，地下水位埋深较浅，开挖深度较深，地下水控制成为基础阶段施工的重难点，对于项目的工期、安全及质量起到至关重要的作用。根据所处的位置及地质条件，本工程采用管井降水，基坑周边止水帷幕采用三轴水泥土搅拌桩。

3　深基坑工程降排水施工的重点及难点分析

止水帷幕方面：根据项目所处位置及水文地质条件，选用合理的截水方案，不仅直接影响降排水的效果、基础施工阶段的安全、进度和质量，而且直接影响到工程的总体进度。本项目的施工重点在于控制止水帷幕的施工质量和基坑支护土钉施工对止水帷幕造成的破坏。

降水方面：本工程基坑内共 10 个集水坑，2 个电梯底坑，坑中坑最大开挖深度达到 11.4m，坑内的降水成为桩头处理、垫层施工、防水施工及后续分项工程施工的关键节点。

应急处理方面：由于降排水施工属于地下工程，受地质条件、水文条件影响较大，很难保证在降排水施工的过程中不发生基底涌水的现象。针对降排水施工过程中制定的应急处理方案是处理基底涌水的指导性文件，在人、机、料、法、环方面做到提前部署，发生突发事件后能快速而有序地进行处理。

4 黄河冲击平原地貌下深基坑工程降排水施工关键技术

4.1 设计方案优化阶段

为了能保证施工图纸的准确性和指导性，实现精细化施工，我们采用了图纸二次深化技术。

（1）根据基坑设计单位提供的降水井平面布置图，结合结构施工图中集水坑、电梯底坑的位置，在满足降水井、疏干井间距及数量的要求下，调整降水井及疏干井的布置位置，保证集水坑、电梯底坑等坑中坑位置有疏干井，以满足基坑内最低点的降水需求。

（2）在方案优化阶段，根据水文地质条件及场区地形地貌，合理布置降水主管、支管的布置位置，合理选用水泵型号及水管材料，以满足降水要求。

4.2 降水井施工技术

井点测量定位→挖井口、安护筒→钻机就位→钻孔→回填井底砂垫层→吊放井管→回填井管与孔壁间的砂砾过滤层→洗井→井管内下设水泵、安装抽水控制电路→试抽水→降水井正常工作→降水完毕拔井管→封井。

4.3 降水井与桩基施工、土方开挖穿插施工技术

（1）降水井与桩基穿插施工

为了满足降水周期要求，降水井必须在土方开挖前 30 天投入使用，因此降水井必须与桩基施工穿插作业。本工程桩基采用桩端、桩侧复合后注浆的方式，考虑到注浆对降水井的影响，采用流水作业的形式安排桩基、后注浆、降水井流水作业，避免桩基后注浆堵塞降水井。

（2）降水井与土方开挖穿插施工

土方开挖阶段降水井需要根据土方开挖进度将井管下降，为了保证土方开挖阶段的需求，必须安排降水小组进行跟踪作业。另外，土方开挖阶段要注意对降水井的成品保护，降水井位置设置明显的警示标志，避免土方开挖阶段施工机械对降水井造成破坏。

4.4 基底涌水处理技术

（1）降排水工程不同于主体结构施工，地下情况在未开挖前不明朗，受地质水文及周边环境影响较大，因此，在降水施工前必须制订应急处理方案，在人、机、料、法、环方面提前做好部署与安排。

（2）本项目在降排水施工阶段的应急管理小组见图 1。

（3）本项目在降排水施工阶段的应急管理物资：

坑中坑位置出现涌水现象时先准备好以下应急物资，然后再按照本节（5）进行施工：

① 5.5kW 污水泵 3 台以上；② 80mm 以上直径排水管，长度结合现场污水排放点距离确定；③污水排放点；④大挖机 2 台，小挖机 1 台；⑤ 2.0kW 清水泵 4 台以上；⑥无砂管 20m；⑦石子 15m^3；⑧沙袋 500 个；⑨砂浆 10m^3；⑩红砖 2000 块；⑪照明灯具 3 个。

（4）本项目针对坑底涌水的应急处理办法：

①坑中坑位置开挖至设计标高以下 500 ～ 1000mm；②安装无砂管、下水泵；③回填砂石；④砌筑挡土墙，挡土墙外侧用钢管做支撑；⑤进行垫层及防水施工。

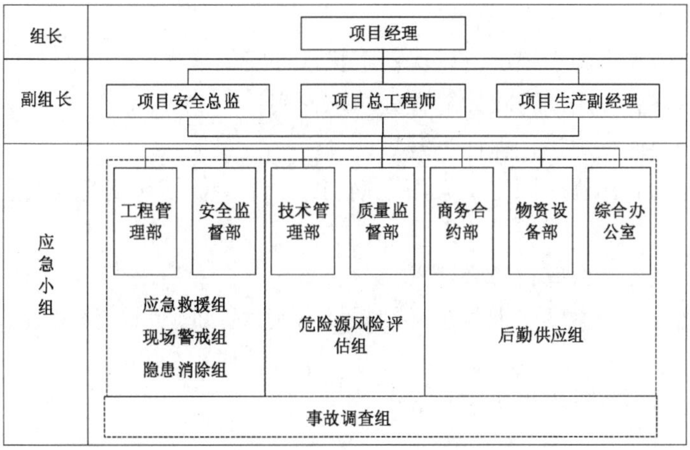

图 1　应急管理组织

4.5　降水井接井施工技术

基础垫层施工完成后，底板防水施工前，降水井接井是施工过程的关键环节，接井是基础阶段整体施工中的关键工作，该部位的防水处理又是底板防水质量的关键部位。

4.6　降水井封堵

4.6.1　封井步骤

垫层浇筑→套管安装→底板防水施工→底板混凝土浇筑→地下室墙顶板浇筑→管井封堵。

4.6.2　封井大样

管井套管采用 $\phi300\times5$ 焊接钢管，钢管的上平高于筏板上平 50mm，外部焊接双层止水环，第一道止水环在管根部起 50mm 处，第二道止水环在管中部。止水环宽 50 ～ 100mm，垫层施工完成后将管井破至垫层平，将钢管放入管井，深入 50mm，下部止水环放在垫层上，用油膏塞缝并用砂浆固定。底板防水覆盖下层止水环，并在钢管上翻高 150mm。地下室顶板混凝土浇筑完成后开始封堵管井，首先将管井内的水抽干，然后用级配砂石或石碴回填至垫层底，然后用比底板混凝土（C35P6）高一个等级的（C40P8）微膨胀混凝土将钢管内部灌实，浇筑上平高度低于筏板 50mm，再用 50 ～ 100mm 厚和钢管内径同大的钢板贴在混凝土面上用焊条将管内周圈满焊封死，为防止钢板生锈，再用混凝土将上边露铁部分封住（图 2）。

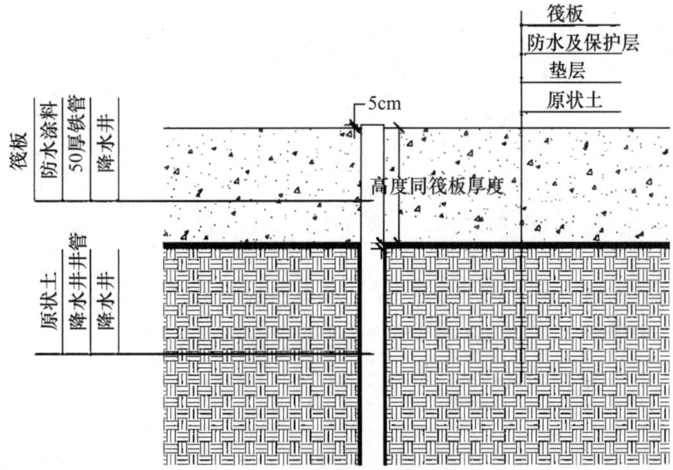

图 2　封井示意图

4.6.3 注意事项

（1）管井破除后不得高于垫层，以保证下止水环安放平整；

（2）钢管安放好后，用油膏将接缝等处填塞密实；

（3）止水环必须连续焊接，保证不漏焊；

（4）钢筋绑扎时制作临时固定支架固定钢筋，上下层板筋在钢管处按照结构设计说明加强处理；

（5）管井内填级配砂石或石碴必须密实；

（6）内部高强度等级微膨胀混凝土必须振捣密实，保证质量，浇筑后如果漏水，用水不漏堵死；

（7）露铁部分盖混凝土不少于 50mm。

5 结论

为了保证黄河冲击平原地貌下深基坑工程降排水能够满足施工需求，方案优化、合理穿插、成品保护、应急管理是保证施工顺利进行的关键，由于现场施工环境复杂，工人素质参差不齐等，较多的不可控因素无疑给施工控制带来了极大的困难和挑战。本文针对施工前方案优化、施工过程中工序管控、合理穿插施工、应急管理、成品保护等施工管理技术进行了，较为系统地分析和探讨，指出了在具体工程中应根据工程特征与环境条件，综合利用多种关键施工技术进行施工过程中的质量控制。上述措施已经在国家健康医疗大数据项目一期工程中得到应用，实践证明是有效可行的。本案例为黄河冲击平原地貌下深基坑工程降排水施工提供了较为系统的解决方案、方法和途径，对保证此类结构施工质量将具有重要的理论意义和工程实际价值。

参考文献

[1] 地下水水位控制与管理实践，水利部水资源管理中心编制. 2019-03-01.

[2] 中华人民共和国国家标准. 建筑地基基础施工质量验收规范：GB50202—2002 [S].

高压线下软弱地质地下连续墙施工研究及实践

罗文艺　曾　恩　陈　燚　黄　蜀　刘　高

中建五局土木工程有限公司，福州，350000

摘　要：高压线下施工，由于安全净空受限，同时受软弱地层等因素影响，施工难度较大。文章介绍了福州地铁4号线化工路站施工情况，设计了一种软弱地层地下连续墙防缩孔、塌孔的“三轴搅拌桩+旋喷桩”的综合槽壁加固方案，阐述了高压线低净空下冲桩机多孔成槽的快速施工工艺，解析了净高受限条件下长深钢筋笼的分节制作和吊装设计原理，总结了一套高压线下软弱地质地下连续墙施工工艺流程及质量安全控制关键点，为后续类似工程提供参考依据。

关键词：高压线；软弱地质；多孔成槽；槽壁加固

随着国家经济高速发展，国民生活水平不断提高，对城市交通基础设施要求逐步提升。城市地下轨道交通既能缓解交通压力又可节省城市空间，但由于施工区域多在繁华、交通流量大或建筑群周边，环境复杂，影响施工，特别是高压线等重大危险源周围，施工难度大、危险性高。国内目前无详细及整套的技术文献报道，本文结合福州地铁4号线化工路站实际施工内容，介绍了一种高压线下软弱地质地下连续墙施工技术，为后续类似工程提供参考依据。

1　工程概况

化工路站为福州市轨道交通4号线第13个车站，位于晋安区前横北路与化工路十字交叉口北侧，设计总长度为205m，标准段宽为19.7m，基坑最深处为17.97m，采用明挖法施工，基坑选用800mm厚地下连续墙+内支撑的围护结构形式，墙深29.225m。

1.1　高压线与围护结构关系

榕南线110kV高压线靠近基坑西北角，净高13m，要求安全距离垂直方向5m，水平方向4m。具体情况如图1所示。

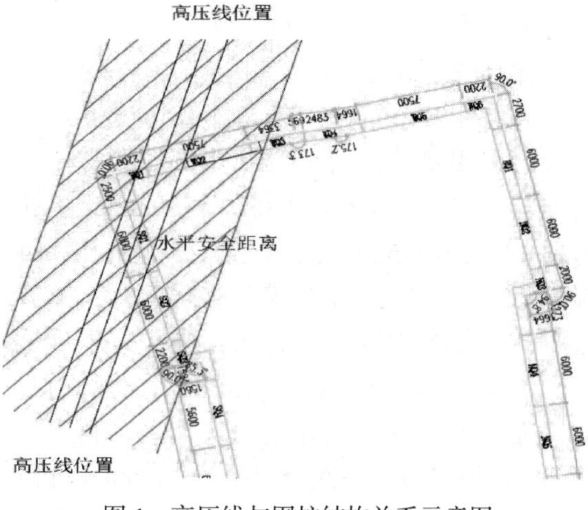

图1　高压线与围护结构关系示意图

1.2　地质概况

由图2可知北端场地内高压线下地下连续墙施工范围自上而下主要地层为淤泥、粉质黏土及淤泥质土。

1.3　水文概况

根据勘察报告，场地内地下水分为上层滞水、残积土及风化岩层中的孔隙-裂隙水和基岩裂隙水三种。车站范围内地下水初见水位埋深为1.30～4.30m，初见水位标高为2.07～6.16m；稳定水位埋深为1.40～5.10m，稳定水位标高为2.28～6.46m。

2　地下连续墙施工设计

2.1　软弱地层处理设计

对于高水位下软弱地层成槽，因地层较弱，泥浆护壁难以起作用，容易出现大面积塌孔缩孔等质量安全问题，因此在导墙施工前需对软弱地质进行加固处理，同时考虑受高压线净空影响，综合设计“高压旋喷桩 + 三轴搅拌桩”处理方案，在起到加固地层作用的同时，形成止水隔离帷幕（图 3）。

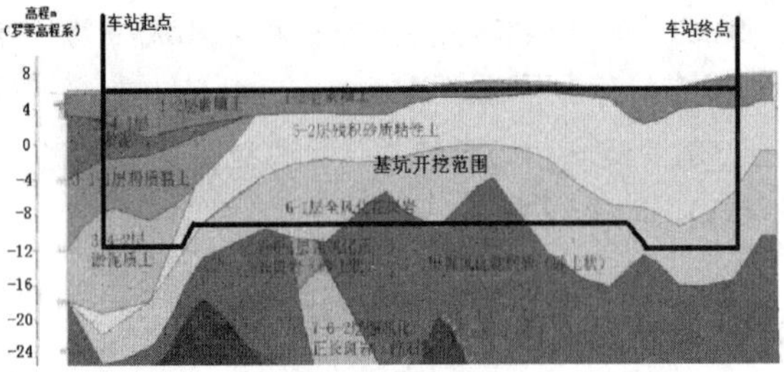

图 2　化工路站地质分层图

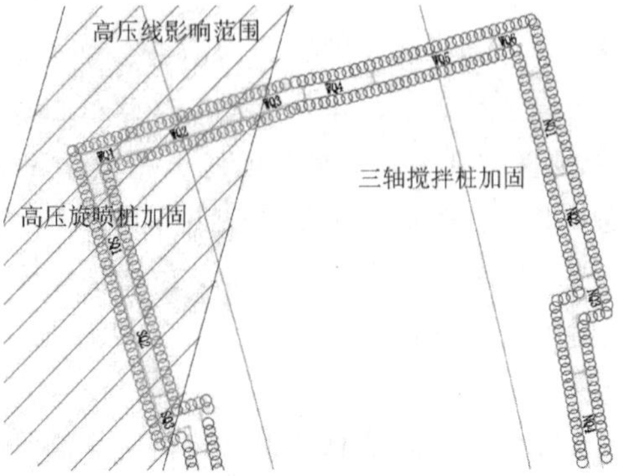

图 3　槽壁加固桩位布置图

三轴搅拌桩尺寸 ϕ650@450，采用 P · O 42.5 普通硅酸盐水泥，水灰比 0.8，并加入适量膨润土，掺量为水泥用量的 5% ～ 8%，钻机钻进搅拌速度为 0.5m/min，重复搅拌提升速度为 0.8 ～ 1.0m/min，加固范围为地下连续墙顶至淤泥层下 2m。地下连续墙外侧采用套接 - 孔法，水泥掺量 15%；内侧三轴搅拌桩搭接 200mm，水泥掺量 12%。

高压旋喷桩尺寸 ϕ650@450，搭接 200mm，加固深度与三轴搅拌桩一致，采用 P · O 42.5 级普通硅酸盐水泥，掺量 350kg/m³，水灰比为 1.0，压力 20 ～ 40MPa。

2.2　高压线下成槽设计

为保证安全及施工效率，高压线下地下连续墙采用跳冲法，两台冲孔机从两端往中间施工。相邻主（副）孔间距 1500mm，主孔与副孔间距 750mm，先施工 1、5 号主孔，再施工 2、4 号主孔，最后施工 3 号主孔；随后按①④、②③顺序施工副孔，成孔采用反循环出渣及泥浆循环方式。最后采用方锤修孔，方锤靠近土体的两侧焊接两块钢板，利用其两侧 90° 刃口将槽壁残余岩土清理干净，方锤侧面焊接刷壁器，方锤每次前进距离不大于 50cm，在修槽同时进行刷壁施工，节约施工时间（图 4）。

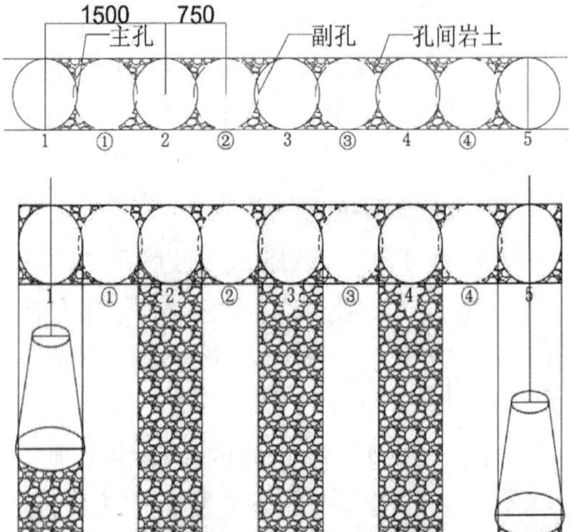

图 4　地下连续墙成槽原理示意图

2.3　高压线下钢筋笼设计

（1）钢筋笼分节吊装长度设计：高压线距现地面仅为 13m；《施工现场临时用电安全技术规范》（JGJ 46—2005）要求垂直净空安全距离 5m；地下连续墙槽深 29.225m；钢筋笼完全

吊起时，起重垂直高度的最小值由以下几项相加：

$$H = h_0 + h_1 + h_2 + h_3 + h_4 \leqslant h_5$$

式中，h_0 为折臂吊顶部到吊钩底部长度，取 0.5m；h_1 为吊钩底部到钢筋笼吊点钢丝绳长度，取 0.4m；h_2 为下部钢筋笼伸出槽段的距离，取 0.5m；h_3 为钢筋笼长度；h_4 为起吊时钢筋笼距地面高度，取 0.5m；h_5 为最大吊起高度，取 8m。

计算后得 $h_3 \leqslant 6.1$m，故钢筋笼分节为 6m + 6m + 6m + 6m + 4.725m。

（2）吊车选型：计划采用 50t 吊机，臂长 10.8m，回转半径 7m，起重量 20t，安全起重系数取 0.8，载荷重量按允许起重量 70% 计算，则有 $20 \times 0.8 = 16t > 6t$，$20 \times 0.7 = 14t > 6t$，8.22m > 7.9m。故采用 50t 折臂吊能满足吊装要求。

（3）钢筋笼制作与吊装（图 5）

①为确保钢筋笼制作过程中工字钢焊接质量，采用特制工字钢加工模架平台，如图 6 所示。

图 5　钢筋笼成品及起吊图

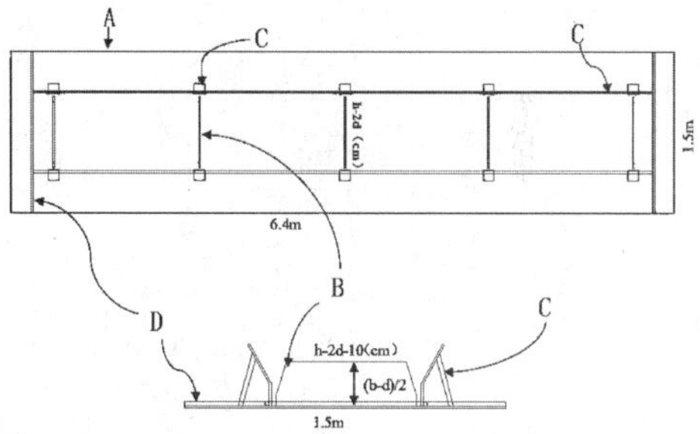

图 6　工字钢加工模架平台

其中：

A—底部钢板平台；

B—高度定位腹板；

C—宽度限位翼板；

D—长度标识钢筋。

②制作过程中，将每段钢筋笼预先连接，确保整体对接无误。裹丝时，将一端扩大 1 个连接器长度，另一端扩大 0.5 个连接器长度，选用定制的加长直螺纹套筒，连接器长度 10cm（ϕ28）。连接形式如图 7 所示。

加工时，通过直螺纹套筒将钢筋连接起来，验收后拆分钢筋笼，将连接器旋至螺纹长的一段，随后进行吊装（图 8）：

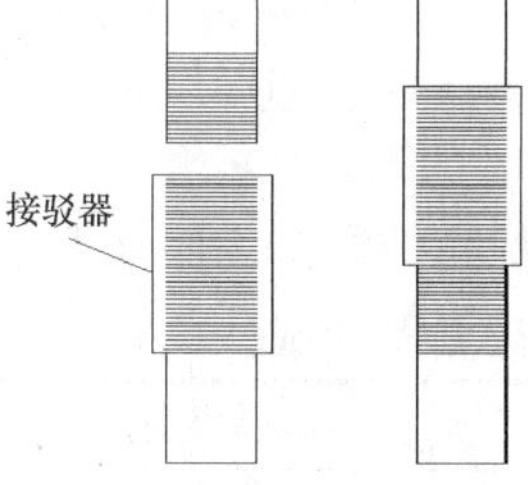

图 7　钢筋接驳器连接示意图

图 8　钢筋笼分节吊放及对接

A. 将第一节吊至槽段上方，缓慢下放至导墙面，固定；

B. 吊运第二节钢筋笼，钢筋笼在槽段上方就位准确后，旋出连接器，分级分批次拧紧套筒，由两端向中心成对连接，先将套筒连接上，起到一定的限位作用，再用管钳拧紧到位。半丝处的外漏螺纹不宜超过 2p。安装完成后用扭力扳手校核扭矩，ϕ28 主筋扭矩值应等于 320N · m，完成连接；

C. 同时清理导管通道，检查导向筋，焊接工字钢；

D. 补焊水平筋及连接处保护层垫块，将链接好的两节钢筋笼下放；

E. 依次吊放第 3 ～第 5 节钢筋笼；

F. 下放锁口管及导管。

2.4 施工工艺流程设计

根据现场地质情况及相关施工要点，高压线下软弱地质地下连续墙施工工艺流程设计如图 9 所示。

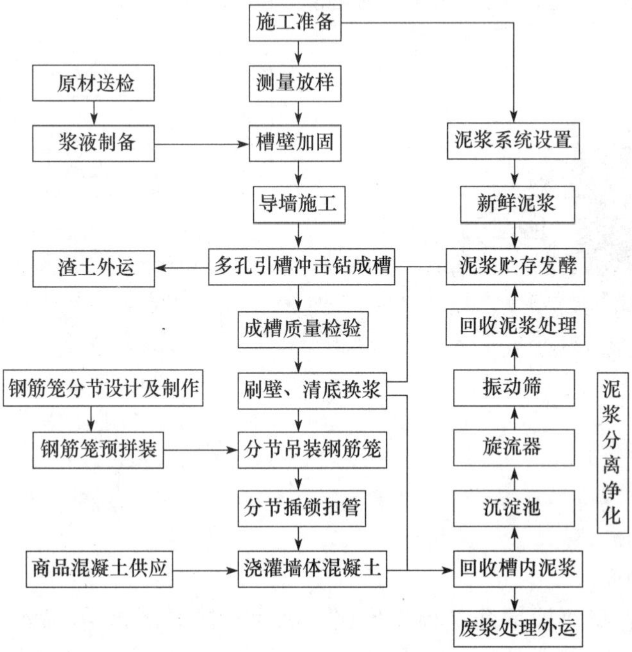

图 9 施工工艺流程图

3 质量安全防护措施

3.1 质量措施

（1）钢筋笼质量控制

①从原材料进场开始，严查检验报告及材质证明文件，按批送检，确保原材料满足规范要求；

②钢筋笼胎模架除尺寸需满足要求外，现场用水准仪进行标高控制，确保水平；

③焊接要求，避免烧伤钢筋的同时还需区分全数点焊及梅花点焊区域；

全数点焊区域	梅花点焊区域
有支撑处上下各 1m 范围；吊点位置上下 500mm 范围内； 侧边收口筋与主筋交点	非加密区；吊点上下 500mm 范围以外

④工字钢检查下料尺寸，拼接时注意检查接缝平整度、顺直度和焊缝质量；

⑤ X 形剪力筋相交处需断开，采用同规格钢筋搭接焊；

⑥测斜管与声测管的安装布设，以及笼子下放完成后，灌水检查完整性和可用深度；

⑦检查每幅钢筋笼对应的钢板尺寸和锚固钢筋长度，安装时按照设计图纸确定预埋位置。

（2）钢筋连接质量控制

①钢筋下料时重点注意直螺纹钢筋接头需错开 50% 且错开接头安装时应保持在同一截面；

②直螺纹钢筋车丝完后端头需采用砂轮机打磨平整，并进行防锈保护覆盖，连接安装前检查套筒长度与车丝长度，连接后检测扭力值、外露丝扣等指标。

（3）成槽质量控制

①成槽后，检查槽深、槽宽、槽壁垂直度，下测绳，进行槽深测量，同时采用超声波对槽壁是否塌孔进行检验。槽壁完整无塌孔超声波检测成像如图 10 所示。

UDM100超声波成孔（槽）检测记录

项目名称：化工路E05	实测孔（槽）深（m）:27.612	检测日期：2018-04-18　14：46
孔（槽）号：E05	设计孔（槽）深（m）:27.1	设计孔径（槽宽）（mm）:800

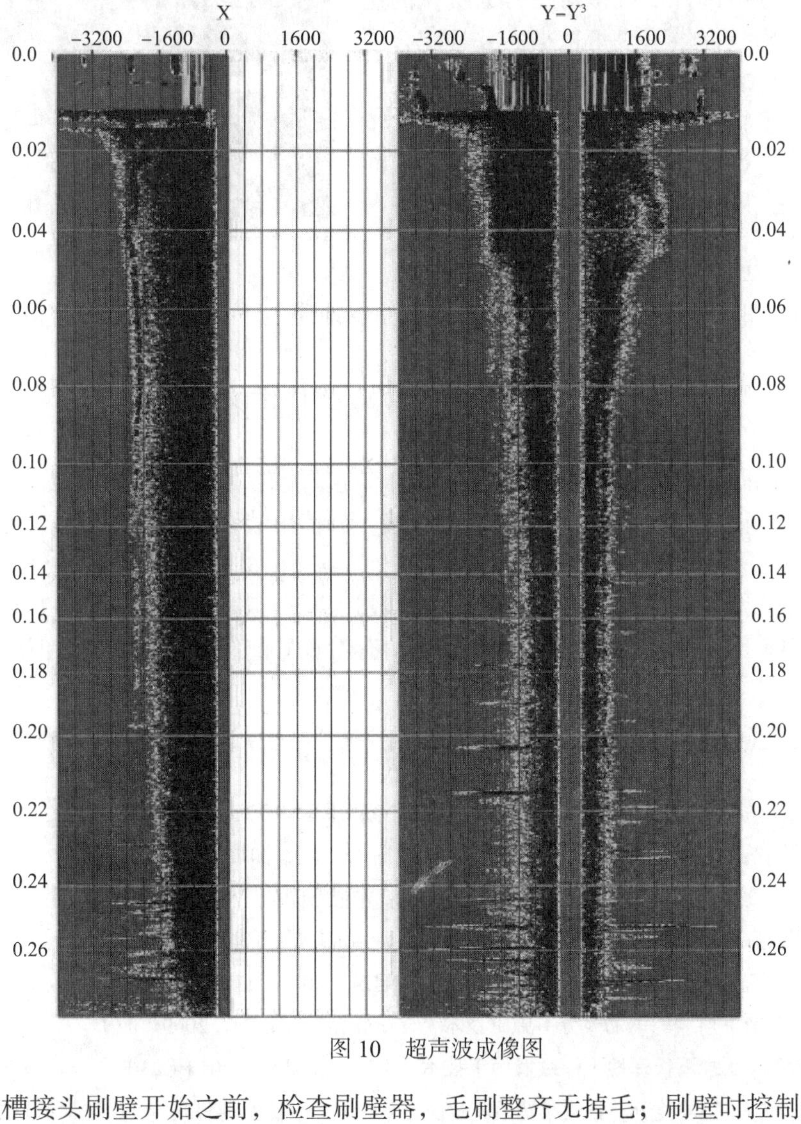

图 10　超声波成像图

②成槽接头刷壁开始之前，检查刷壁器，毛刷整齐无掉毛；刷壁时控制好深度和次数；

刷至壁上和毛刷不带泥土为合格，刷壁完成后采用成槽机进行清底。

3.2 安全措施

施工区域靠近 110kV 高压电线，且涉及大型吊装机械，施工时应注意以下几点：

（1）钢筋加工过程中注意用电，一机一闸，持证上岗，机械保护罩安装到位，各用电设备保险丝确保灵敏有效，电箱接地符合规范要求；

（2）吊装过程中，专人指挥；每日检查钢丝绳，吊钩等吊装机具情况，发现损坏及时更换；

（3）施工过程中，安排专人注意设备与高压线距离，保护高压线的同时确保安全施工；

（4）夜间施工照明布置必须满足施工要求；

（5）特种作业人员必须按照国家有关规定经过专门的安全作业培训，并取得特种作业操作资格证书后，方可上岗作业。

4 信息化应用

地下连续墙施工前，项目利用 BIM 技术进行建模。将多种吊装方案进行了模拟对比，为机械的选型及吊装方案的确定提供了决策依据。并且配合项目的 VR 体验馆（图 11），利用模型对项目管理人员及劳务班组进行了技术交底以及安全交底，让施工人员提前熟悉施工过程，避免不必要的差错，从而提高施工效率，确保施工安全。

图 11 VR 体验馆

5 结束语

通过对福州市地铁 4 号线化工路站高压线下软弱地质地下连续墙施工技术研究和实践，证明：

（1）高水位软弱淤泥层采用旋喷桩及三轴搅拌桩进行加固处理，能够有效防止淤泥层在成槽时易塌孔、缩孔等问题，并加快成槽速度；

（2）高压线下采用多孔冲槽工艺在净空不足的情况下能有效提高成槽速度确保成槽质量；

（3）高压线下采用“正反丝直螺纹及套筒连接，分节吊装，整体拼装”工艺可解决高压线下净空不足的问题。

在实际施工过程中，有效地解决高压线位置较近，施工净空不足导致施工困难这一问题，同时确保了施工进度、施工质量及施工安全，有着较好的经济效益，对类似的条件施工有着借鉴作用。

参考文献

［1］ 建筑机械使用安全技术规程：JGJ 33—2012［S］. 北京：中国建筑工业出版社，2012.

［2］ 陈建兰. 高层建筑地下连续墙施工研究［J］. 现代装饰（理论），2012（02）.

［3］ 李焕亮. 地下连续墙施工质量存在的问题与控制［J］. 科技创新与应用，2012（04）.

［4］ 柴元四. 福州地铁东街口站地下连续墙钢筋笼吊装设计［J］. 山西建筑，2012（13）.

［5］ 刘强军. 500kV 高压线下钻孔桩施工技术［J］. 山西建筑，2011（13）.

［6］ 陈友建. 高压线地下连续墙钢筋笼分节施工技术［J］. 铁路技术创新，2009（07）.

［7］ 牛永宝. 110kV 高压线下长深地下连续墙施工技术［J］. 土工基础，2018（03）.

［8］ 李振武. 超长大吨位钢筋笼分节技术难题及其解决方案［J］. 公路交通科技（应用技术版），2017（02）.

复杂环境下黄土塬山区施工便道规划设计与修筑

刘　桥　彭云涌　聂海柱　谈　超　白大壮

中建五局土木工程有限公司，长沙，410000

摘　要：黄土塬山区沟壑纵横、地势起伏不平，施工便道修筑难度大、成本高。本文以国道310洛三界至豫陕界段南移新建工程第四标段施工便道修筑为例，阐述了在黄土塬山区便道规划选线与便道设计参数的确定以及相应的修筑方法，通过合理的规划设计以及修筑技术，加快了便道修筑进度并降低了成本，为后续在该地区修筑便道提供了一些参考。

关键词：黄土塬；施工便道；规划设计；修筑

我国地域辽阔，在西部地区存在大面积黄土塬，随着国家提出“一带一路”战略，西部地区高速公路、铁路建设比例将大幅度提高。鉴于黄土塬山区沟壑纵横，冲沟发育，沟深坎陡。为确保各种人员、机械、材料能够顺利进场施工，打通施工的“生命线”，施工便道的规划设计与修筑尤为重要。

1　工程概况

河南省国道310洛三界至豫陕界段南移新建工程第四标段起讫桩号为K77＋968～YK88＋376，全长10.8km，为一级公路，包含1座特大桥、2座大桥、1个隧道、一个服务区、若干涵洞等，桥隧长度占比40%。

项目处于“关中黄土”的东部区域，是河南省黄土分布最广，湿陷性强，典型的黄土塬地貌。该地形特点沟壑纵横、冲沟发育、沟谷切割强烈且多呈“V”形，地势起伏不平高差大，植被茂盛，土质为湿陷性黄土，洞穴多。受地理位置限制，项目桥隧比大，高墩桥梁、高填深挖路基、湿陷性黄土隧道分部，地形条件复杂，施工便道修筑难度极大。

2　便道规划设计

2.1　便道选线方法的确定

由于黄土塬地区沟壑错综复杂，地势起伏高差大，基本没有可利用的原有道路。施工便道选线非常关键，新建便道尽量不占农田，少开挖山体，宜建在永久红线范围内，减少临时征地。同时本标段施工便道修筑考虑因素多，对于桥位区，便道需要到达每个墩台，同时不能侵占每个墩的施工平台；对于隧道处，便道需到达每个隧道口，由于湿陷性黄土隧道自稳能力差，在黄土隧道覆土50m内，便道不能从隧道顶面经过。为此，项目部初步拟订了便道实地选线、图纸选线、勘测选线和勘测与无人机航拍结合选线几种方法。项目部需要通过分析四种便道选线的优缺点，结合现场实际确定最优的便道选线方法（表1）。

表 2-1　便道选线方法比选

比选方案	便道选线方法	优点	缺点
方案一 实地选线	实地选线，边修便道边根据现场实际情况定线	工作简便，省去了便道选线时间，前期修筑便道快	未充分勘察地形，便道修筑后期调整量大，由于视野受地形树木影响使便道选线存在片面性和局限性。较为盲目修筑，存在便道设计不合理、修筑经济费用高的现象
方案二 勘测选线	测量勘测地形，绘制地形图后再选线，然后去现场放样	能详细了解现场实际地貌，便于便道规划，根据平、纵、横三方面因素，使便道规划合理经济	这种方法野外勘测工作量很大，体力劳动强度高，野外测设工作受气候和季节的影响大，便道选线时间较长，野外勘测人员存在安全风险
方案三 图纸选线	根据设计图纸地形选线，然后去现场放样	便道选线快，工作量小，根据设计图纸能快速规划线路	设计图纸地形不够清楚、详细，尤其黄土塬地区部分窑洞、暗穴、深谷等图纸中未显示，便道修筑调整量大
方案四 人工勘测与无人机相结合选线	人工勘测并配合无人机航拍地形，绘制地形图确定路线，然后去现场放样	能够更细致更全面了解地形地貌，便于全面布局，便道选线合理经济，可以减少测量人员在不良地形测绘所带来的安全风险，也为测绘提供了更大的便捷	一般无人机设备拍照清晰度稍低，无人机在山区航拍距离地面较远精度较低，需要配合人工勘测，才能更充分地了解地形地貌，并且该方法受天气影响较大

通过分析比选，结合现场实际复杂地形情况，为了更合理优化便道设计修筑，项目部确定了人工勘测和无人机航拍相结合这种便道规划路线方法。

2.2　便道设计参数的确定

根据山岭重丘区公路技术标准和我公司多年的便道修筑经验，结合黄土塬地势起伏不平，沟壑纵横的复杂地形条件和黄土直立性较好、遇水易沉陷的特性，以及汽车爬坡性能和便道摩擦系数等，设计出便道修筑参数值，见表 2。

表 2-2　便道设计参数表

名称	设计值	
道路等级	四级公路及以下	
设计速度	≤ 20km/h	
道路宽度	≥ 6m	
极限最小平曲线半径	≥ 15m	
停车视距	≥ 20m	
纵坡	≤ 16%	
最大坡长	$14\% < i \leqslant 16\%$	≤ 50m
	$12\% < i \leqslant 15\%$	≤ 100m
	$9\% < i \leqslant 12\%$	≤ 150m
	$6\% < i \leqslant 9\%$	≤ 300m
	$i \leqslant 6\%$	—

续表

名称	设计值	
便道路面结构	i>6%	混凝土路面
	i ⩽ 6%	泥结碎石路面
横坡	一般路拱横坡	2%
	超高	4%
会车道	长	⩾ 15m
会车道	宽	⩾ 7m
排水沟	0.3m × 0.3m	
路堑边坡坡比	⩽ 1：0.3	
路堤边坡坡比	⩽ 1：0.75	

2.3　勘测规划设计实施

根据黄土塬地区施工便道规划结合便道设计参数要求采用人工勘测和无人机航拍选线：

第一步现场调查，通过无人机航拍了解桥位区、隧道洞口等各结构物位置。根据无人机航拍照片初步了解现场地形地貌，确定便道经过的大致地理区域（图 1）。

第二步：由于黄土塬地形复杂，很多沟谷、洞穴等在设计图纸上未显示，则根据选线第一步确定的便道大概经过区域，由项目测量人员再次详细地勘测地形，包括每道沟壑、每个台阶、每个坎子以及每块农田、每条沟渠、每个洞穴等。当遇到沟深坎陡的地方（图 2），勘测人员无法到达时，用无人机倾斜摄影技术配合勘测，根据无人机拍摄照片，通过计算机处理后的 DEM 模型（包含了 GPS 数据和高程）绘制详细的地形图。

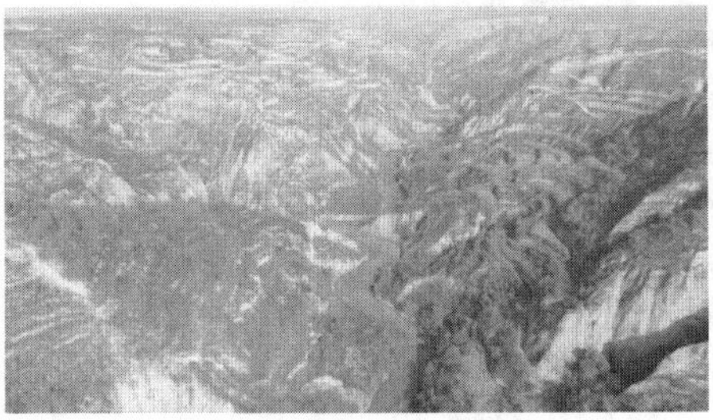

图 1　无人机航拍地形地貌

图 2　人工详细勘测地形

第三步，根据勘测绘制的详细地形图，并运用建立三维模型，确定便道的线路起点、终点高程，规划出便道经过的线路，尽量避开基本农田、深沟谷、陡峭悬崖、洞穴等，减少土方开挖回填量。通过两点的高差和便道长度计算纵坡。根据汽车行驶动力、满荷载重量、汽车轮胎与地面的摩擦阻力等情况，本标段便道纵坡一般控制在 10% 以内，特别困难的地方坡度不宜超过 16%，若坡度不满足要求，可采用“S”形绕行增加便道长度，延缓坡度（图 3）。

第四步，便道线路确定下来后。每条便道均应设置里程桩号，一般每隔 10m 设置一个桩号，地形起伏大的地方可适当加密桩号。然后根据地形图中的原地面标高和便道路面设计标高，绘制每个桩号对应的横断面图。断面图若出现高填、高挖方，线路和坡度可局部调整，确定一条最佳路线。

3　便道修筑

根据规划设计的便道路线，按照测量放线→协调征地→清表→土方挖填→坡度局部调整→路基碾压→路面结构施工→附属设施施工。

3.1　测量放线征地

根据规划的便道路线，按照里程桩号，放样出便道的边桩。由于黄土塬地形起伏大，植被茂盛，传统的钉木桩法做标记在该地区不易被发现，应采用红塑料带或者彩旗作为放样标记。放样完成后，根据所施放的桩位进行协调征地，征地时需考虑弃土等用地，尽量做到各种临时用地一起办理。

3.2　清表

临时征拆结束后，便道清表采用挖掘机、推土机作业并人工配合，自卸车运输的施工方法，将施工范围内的树木、灌木丛、杂草等进行清理。根据设计及相关规范要求做到具备边坡土方开挖和回填碾压条件，现场的清表深度 30cm。清理完毕后，对挖除树根、坟茔、石头造成的坑穴填平压实，对于机械不能清理的部位进行人工清除。

3.3　土方开挖及碾压

便道清表完成后，测量技术人员按照里程桩号把每段开挖深度、填土高度向现场施工人员技术交底。然后组织挖机、推土机进行开挖回填，鉴于黄土塬为湿陷性黄土，该土质均匀直立性较好，所以放坡开挖，坡比可控制在 1∶0.3 ～ 1∶0.5，减少开挖土方量。填方区因土质松散，坡比一般为 1∶0.75，并要分层压实。为减小对周边环境的影响，做到绿色施工，土方开挖时需用自卸汽车进行转运，严禁抛挖（图 3、图 4）。

图 3　施工便道规划

图 4　便道修筑

3.4　面层施工

本标段处于多山区及峡谷地段，高差大，运输车辆长期处于爬坡状态，对便道路面抗滑系数要求高，同时本区域为湿陷性黄土地区，下雨天气土层易沉陷。结合现场便道坡度实际情况以及根据我公司多年的便道施工经验，在满足车辆通行的情况下，减少成本投入。当便道纵坡不大于 6% 时，路面结构采用 40cm 泥结碎石摊铺（图 5）；当便道纵坡大于 6% 时，路面结构为 10cm 碎石垫层 + 20cmC25 混凝土硬化。

本标段因部分便道纵坡较大，防滑措施非常重要，项目部对于混凝土路面纵向坡度 $<$ 10% 时，采用拉毛处理（图 6），拉毛深度应为 2 ～ 4mm，槽宽 3 ～ 5mm，槽距 15 ～ 25cm；坡度 $\geqslant$ 10% 时进行凿面处理，每隔 50cm 一道凿面，凿面宽度 30cm，凿面需

把混凝土表面浮浆及松软层全部剔除掉，大部分露出粗骨料，骨料外露 75% 以上。根据便道坡度，通过不同的表面处理方法，增大了路面的抗滑能力。

图 5　泥结碎石路面

图 6　便道混凝土面层拉毛处理

3.5　辅助结构施工

湿陷性黄土经雨水浸润易沉陷，施工便道一定要做好排水设施，防止基层浸水沉降。同时山区便道两侧应做防撞墩或栏杆，涂刷反光漆。在急弯、陡坡、平面交叉口处设指示标志和安全警示标志，在路边醒目位置设置限速牌，转弯位置设计凸面广角镜。

4　结语

黄土塬地区地形复杂，施工便道修筑难度大，国道 310 南移新建工程第四合同段根据无人机航拍和人工勘测选定的便道路线，结合实际地形合理地选择设计参数和修筑方法，在不到四个月的时间内快速打通了青龙涧河特大桥、桥南大桥、周家窑隧道进出口（图 7）以及周家窑大桥施工便道，通过合理优化便道纵坡设计与路面结构减少了三万多方土方填挖量和近千方混凝土路面浇筑。便道选线规划合理、设计参数优化以及修筑方法得当大大减少便道修筑工期和成本投入。为后续在黄土塬地区修筑施工便道提供了经验和借鉴。

图 7　周家窑隧道出口便道

参考文献

［1］ 杨博，张伟. 复杂地形条件下高速公路施工便道的规划与施工［J］. 珠江水运，2018.

［2］ 吴越江. 山区高速公路施工便道规划与优化［J］. 公路交通科技（应用技术版），2014（4）.

［3］ 盛泽. 山区高速公路施工便道的选线与施工［J］. 湖南交通科技，2012，25（1）.

［4］ 王鸿鹏. 浅谈高速公路施工便道施工工艺［J］. 北方交通，2011（2）：16-17.

某地下室预应力张拉引起的裂缝损伤分析

陈依苒[1]　王　剑[2]

1. 湖南大学设计研究院有限公司

2. 湖南大学土木工程学院，长沙，410082

摘　要： 某单层地下室在结构基本完工，未进行地下室顶板防水和覆土处理时，检查到该地下室的混凝土柱、顶板、剪力墙等出现开裂、渗漏等现象。本文对其进行损伤分析，为预应力混凝土结构施工提供相关参考。

关键词： 预应力；无梁楼盖；裂缝控制

钢筋混凝土无梁楼盖是一种不设梁、楼板直接支承在柱上、楼面荷载直接通过柱子传至基础的板柱结构体系。传统的无梁楼盖需要较大的板厚才能承受各类荷载的作用，而预应力无梁楼盖可以有效地减小楼板厚度，使结构自重降低，控制楼板裂缝宽度和跨中挠度，增加结构耐久性。但不规范的施工会导致楼盖的开裂，因此，正确的设计与施工对预应力无梁楼盖是至关重要的。

1　地下室概况

地下室共一层，为现浇钢筋混凝土框架结构，底板采用钢筋混凝土板，顶板采用有柱帽的预应力无梁实心楼盖体系（局部为现浇梁板结构）。

地下室的主要功能为地下停车库，层高 3.4m，塔楼范围以外顶板设计覆土厚度为 1.5m，以满足抗浮配重需求，施工期间设计采取施工排水等抗浮措施。

地下室建筑结构的安全等级为二级，设计使用年限为 50 年。抗震设防烈度为 6 度，抗震设防类别为丙类（标准设防类），地下室与塔楼相邻 20m 以内所有框架梁、框架柱和剪力墙的抗震等级均为三级，纯地下室其余范围抗震等级均为四级。地基基础设计等级为甲级，本工程塔楼范围外地基采用柱下独立基础和墙下条形基础。地下室顶板厚度为 300mm。

本工程基础垫层采用 C15 素混凝土；墙、柱、底板混凝土强度等级为 C35，地下室顶板和梁混凝土强度等级为 C35。

地下室主体结构施工中采用的混凝土均为商品混凝土，泵送或塔吊吊运施工。地下室平面布置图见图 1。

此次现场检测时该地下室结构已大部分完工，地下室顶板上部未覆土。

2　现场检测和调查结果

根据《建筑结构检测技术标准》[1]《混凝土结构现场检测技术标准》[2]《建筑工程施工质量验收统一标准》[3] 和《混凝土结构工程施工质量验收规范》[4] 对现场进行检测鉴定。

2.1　平面布置及施工情况调查

（1）平面布置调查

经现场调查及按委托方提供的相关设计图纸进行核对，地下室现有平面布置与设计图纸基本相符。顶板个别部位后浇带位置与设计图纸存在局部偏差。

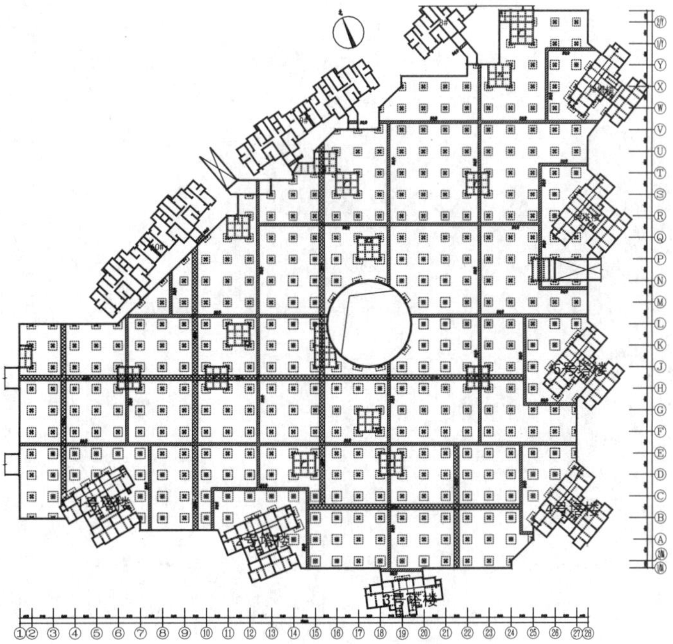

图 1　地下室平面布置图

（2）施工情况调查

据相关资料反映，该地下室混凝土每批次浇筑完成后约 20d 左右进行了预应力张拉。

2.2　构件变形检测

采用水准仪对地下室顶板整体结构相对标高进行测量，了解顶板结构的变形情况，检测结果表明，整体顶板大部分位置无明显异常变形，但发现个别位置存在施工偏差稍大的现象。

采用经纬仪对地下室框架柱柱角垂直度（倾斜值）进行测量，了解地下室竖向承重构件的变形情况，检测结果表明，框架柱柱角垂直度偏差大部分在相关规范规定的范围之内，部分构件偏差较大，其中最大值为 39mm。

2.3　混凝土强度检测

采用回弹 - 钻芯法对地下室混凝土柱、柱帽、梁、塔楼负一层剪力墙等构件的混凝土强度进行现场检测。

检测结果：所检测构件中大部分构件的混凝土抗压强度满足设计强度要求，个别构件混凝土抗压强度不满足设计强度要求。

2.4　混凝土构件裂缝、破损情况检测调查

（1）混凝土顶板

对地下室顶板的开裂情况进行普查，部分裂缝分布、形态如图 2 所示。

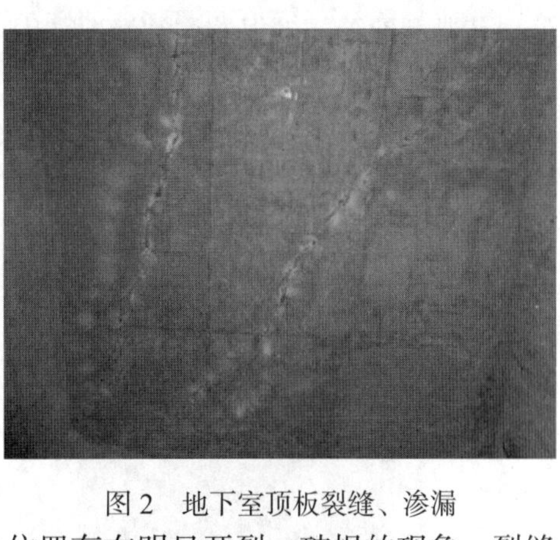

图 2　地下室顶板裂缝、渗漏

从调查及图 2 可以看出，地下室顶板裂缝大部分位置存在明显开裂、破损的现象，裂缝宽度约在 0.1 ～ 0.5mm 之间，部分裂缝已贯穿顶板截面，导致渗漏。地下室顶板裂缝见图 3。

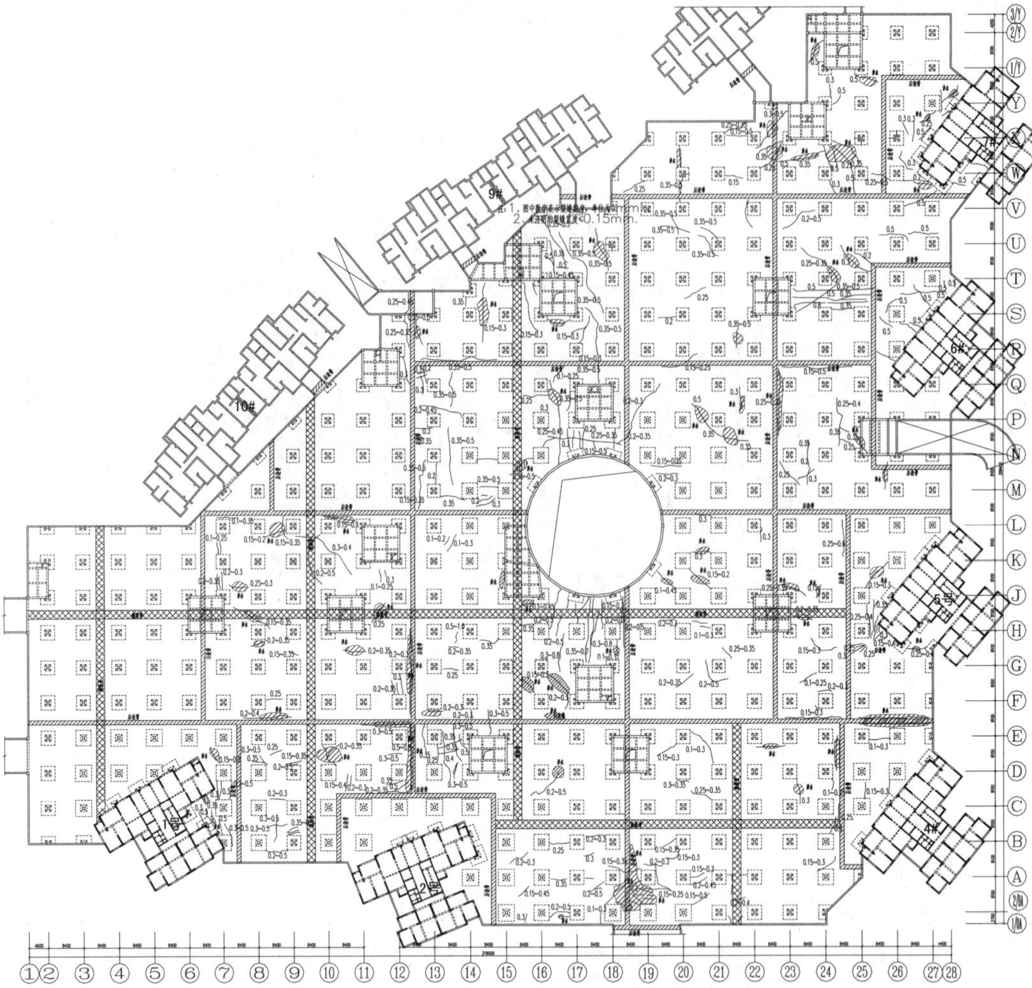

图 3　地下室顶板裂缝示意图

（2）混凝土柱

对地下室的混凝土柱进行调查，发现大部分混凝土柱、柱帽等部位存在开裂、破损现象，其典型裂缝、破损的详细情况如图 4、图 5 所示。

从调查及图 4、图 5 可以看出，大部分柱身、个别柱帽存在开裂现象，裂缝主要分布在柱上部及柱下部，东、西面主要是水平裂缝，南、北面主要是斜向裂缝，裂缝宽度约在 0.1 ～ 1.0mm 之间，部分裂缝已贯穿柱截面。

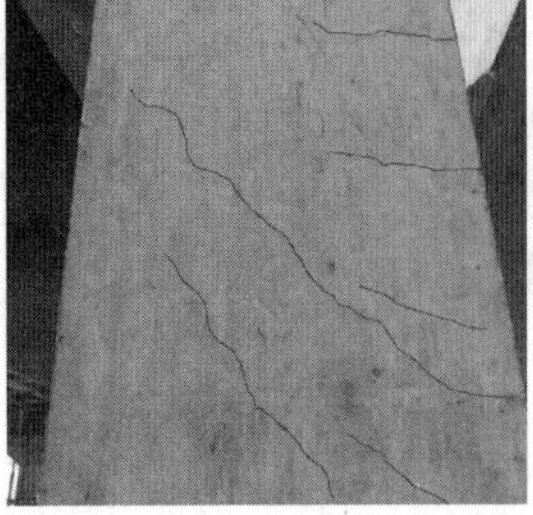

图 4　柱下部斜向裂缝

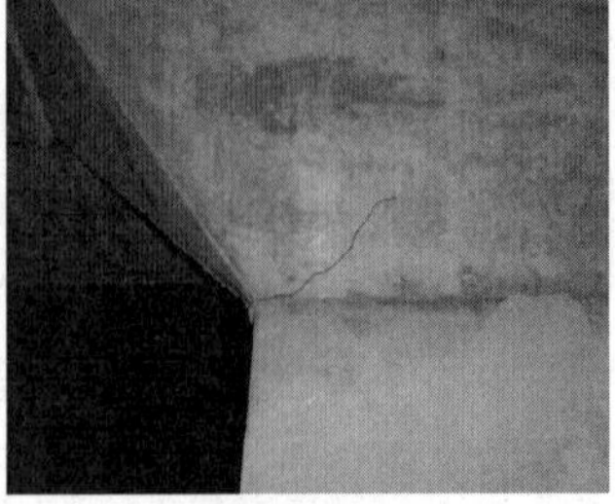

图 5　柱帽斜向裂缝

（3）混凝土墙

对地下室相邻塔楼相交处的混凝土墙进行检测调查，发现部分塔楼个别混凝土墙存在开裂现象，其裂缝分布、形态、宽度如图6所示。

图6　剪力墙竖向裂缝、渗漏

从调查及图5可以看出，地下室混凝土剪力墙裂缝大部分为竖向裂缝，裂缝宽度约在0.1～0.5mm之间；部分裂缝已贯穿墙截面，导致渗漏。

3　裂缝原因分析

（1）地下室设计覆土区的柱裂缝分布有序，各浇筑批顶板张拉预应力筋时，预应力筋锚固端的局压在顶板边（沿后浇带）产生了部分水平拉应力，随着顶板预应力传递到柱顶部，致使柱产生水平向、斜向开裂，温度应力等对裂缝的产生和发展有一定的影响。

（2）地下室邻设计覆土区的塔楼墙柱，由于相连的塔楼间地下室为预应力无梁楼盖，且地下室顶板预应力筋锚固端均水平锚固于邻设计覆土区的塔楼墙柱的上部梁内，张拉预应力筋时预应力筋锚固端的局压在邻设计覆土区的塔楼墙柱上部产生了部分水平拉应力，致使地下室邻设计覆土区的塔楼墙柱上部位置产生竖向、斜向开裂。

4　处理措施

为确保地下室被检测区域的结构安全和正常使用，根据《混凝土结构设计规范》[5]和《混凝土结构加固设计规范》[6]，建议采用注浆灌缝、局部置换、增大截面、高性能水泥复合砂浆钢筋网、粘贴碳纤维等方法对发生破损和存在施工质量缺陷的构件进行加固修缮处理。加固修补所使用的钢筋原材料、聚合物砂浆等，应按设计要求选用，并应符合现行材料标准的规定。

加固修缮未实施到位前，地下室顶部的土方回填，绿化、道路等应暂缓施工，必要时在破损较严重的混凝土柱周围设置临时支撑措施。

5　结语

通过对该地下室楼板的鉴定分析，明确了预应力无梁楼盖施工中存在的问题，在设计阶段需要考虑顶板预应力对柱子的剪力，以及锚固产生的局部压应力，在施工阶段需要对工程质量进行严格把控，并对以后类似工程的施工提供相关经验。

参考文献

［1］建筑结构检测技术标准：GB/T 50344—2004［S］. 北京：中国建筑工业出版社，2004.

［2］混凝土结构现场检测技术标准：GB/T 50784—2013［S］. 北京：中国建筑工业出版社，2013.

［3］建筑工程施工质量验收统一标准：GB 50300—2013［S］. 北京：中国建筑工业出版社，2013.

［4］混凝土结构工程施工质量验收规范：GB 50204—2015［S］. 北京：中国建筑工业出版社，2015.

［5］混凝土结构设计规范：GB 50010—2010［S］. 北京：中国建筑工业出版社，2010.

［6］混凝土结构加固设计规范：GB 50367—2013［S］. 北京：中国建筑工业出版社，2013.

地铁工程对砌体历史建筑物的影响及风险分析

陈明思[1] 彭文开[2] 陈大川[2]

1. 湖南大兴加固改造工程有限公司

2. 湖南大学土木工程学院，长沙，410000

摘　要： 城市化不断推进，地铁作为解决城市交通问题的重要方式，在各个城市发展中必然成为重点工程项目。而地铁的施工不可避免地对地面临近周边建筑造成影响，尤其对砌体建筑危害更大。本文就长沙地铁4号线盾构施工对某砌体建筑的破坏为例进行风险评价，并根据评价结果和实际破坏情况对其地铁施工提出相关建议和管理措施，为之后类似工程情况提供参考。

关键词： 地铁施工；砌体建筑；风险评估；施工管控

城市化建设的推进，地铁工程已经成了城市基础建设的重要组成部分。而在地铁施工过程中经常需要穿越建筑区，这往往不可避免地对周边建筑物造成影响或破坏，甚至对地铁隧道施工本身产生危害，继而使邻近地铁工程的周边建筑物的环境安全问题成为了地铁施工过程中的重点与难点[1]。

其中砌体结构建筑对地铁施工的敏感性更为突出，砌体建筑是指其主体结构由砌块和砂浆砌筑而成的建筑，材料之间粘结力差，结构抗弯、抗拉强度较低，对变形与振动抵抗能力较弱，尤其是无筋砌体结构抵抗能力更弱，很容易因地铁施工产生影响和破坏。本文以长沙4号线穿越某砌体结构建筑为例，基于综合风险指数评价体系对建筑进行安全风险评估并结合实际工程破坏情况简要分析破坏原因进而提出相关施工管控措施建议，为类似地铁工程施工提供参考和理论支撑。

1　地铁施工对砌体建筑的影响及风险控制机理

长沙4号线湖阜段经过的路段建筑分布密集，结构多样，有教学楼、实验楼、政府机关大楼等公用建筑，还有大量历史遗迹、历史建筑和文物保护单位。从地铁隧道工程角度来看，这些建筑物及其基础对于新建地铁隧道工程具有风险隐患。是地铁施工中需要考虑的风险源，建筑物与隧道结构施工存在着多层次、多方位的相互作用，共同形成一个隧道-建筑物综合安全风险组合体。而从建筑物的角度来讲，地铁隧道临近建筑物的工程环境上，尤其是在历史建筑物附近是施工中必须关键控制的难点和重点，是风险的控制要点。若设计施工不当或保护不足，可能影响到历史建筑的原本价值，造成对历史建筑外貌的破坏、结构的开裂、倾斜、不均匀沉降等破坏，甚至彻底丧失其使用功能，产生极大的经济损失和社会不良影响。所以对于历史建筑必须做好风险控制和保护，保证其建筑自身的完整、健康和安全，减少损失[2]。

2　安全风险评价模型

2.1　理论基础

隧道施工对周边建筑物的风险研究国内处已有之。方法主要分两种：①施工造成沉降对建筑物的影响的风险分析。如 Burland（2002）、吴艳霞（2012）等使用工程实际或有限元模拟的方法研究隧道施工的沉降对建筑物的影响进行分析。②以建筑物本身风险为角度，如 Aliahmadi（2010）、吴国贤（2011）于丹丹（2013）、陈大川（2015）等。运用模糊层次分析法、综合风险指数矩阵分析法或模糊贝叶斯网络法等风险分析方法对建筑物风险进行研究[3]。

本文联系隧道与建筑物的互相作用，基于“地铁及地下工程建设风险管理指南”采用的层次分析法和风险矩阵法结合隧道沉降和历史建筑的重要性与特殊性，建立一套科学的安全风险管理评价模型[4]。

2.2　地铁施工邻近历史建筑物安全风险评估流程

在地铁隧道施工过程中，相邻砌体历史建筑的结构风险的大小与建筑和隧道施工的位置关系、建筑体自身、盾构施工的条件等因素相关。历史保护建筑物安全风险评估流程如图 1 所示。

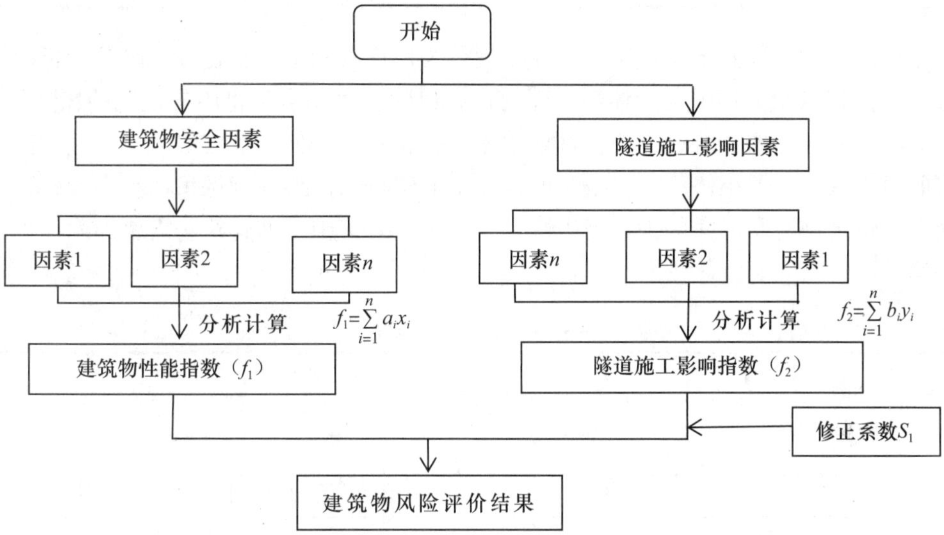

图 1　城市地铁施工对邻近建筑物的风险评估流程图

2.3　风险因素选取及风险等级划分

2.3.1　风险因素指标体系建立

地铁施工对周边历史建筑物的影响，主要是因为地铁盾构施工造成的土体不均匀受力导致的土体变形和地面不均匀沉降引起的，是地铁隧道和建筑物共同作用的结果。所以安全风险因素的选用不仅从隧道和建筑物本身因素选取，还应考虑隧道与建筑物的位置关系，如图 2 所示。

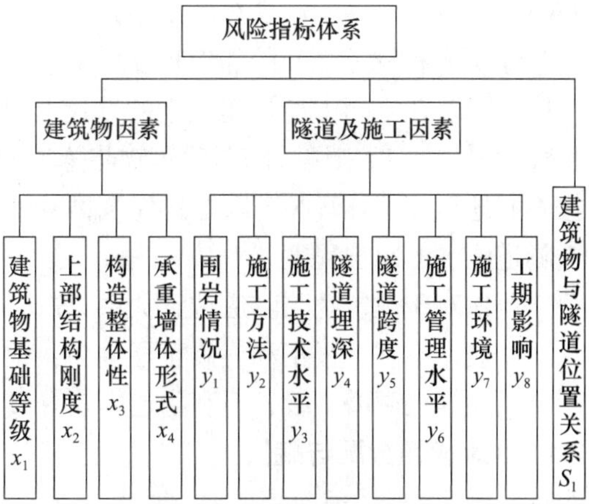

图 2　风险因素指标体系

2.3.2　安全风险等级划分

施工前，必须对地铁隧道工程周边建筑物进行调查和结构的检测，包括结构的基础、结构形式、建筑外貌和使用情况等，再进行风险分析和评估。因而，在基于基本调查和检测的情况下，参照美国空军采用的原始风险矩阵风险概率的依据说明（表 1），结合指数和风险分级标准采用表 2 的规定（1 到 5 级逐步降低）。

表 1　原始矩阵的风险概率说明

发生可能性	非常不可能	不可能	可能在项目中期发生	可能	极可能
风险概率范围（%）	0 ～ 10	11 ～ 40	41 ～ 60	61 ～ 90	91 ～ 100

表 2　指数及风险因素分级标准

等级		1	2	3	4	5
定量描述		0 ～ 10	11 ～ 40	41 ～ 60	61 ～ 90	91 ～ 100
定性描述	结构性能	有利	较有利	一般	不利	很不利
	隧道性能	可忽略	较低	一般	不利	很不利

根据长沙地铁工程安全管理实践，参考现行《地铁及地下工程建设风险管理指南》的相关规定，考虑到地铁工程中对砌体历史建筑危害风险较大特点，将历史建筑的风险划分为 5 个等级（表 3）：①一级很小，施工前建筑物不需要保护，不修；②二级较小，施工前建筑物需要采取简单保护，需小修；③三级一般，施工前建筑物需要仔细保护，需中修；④四级较大，施工前建筑物需要加固保护，需中修；⑤五级很大，施工前建筑物需要加固保护，需大修或平移[5]。

表 3　风险等级标准

风险		结构性能等级				
		1	2	3	4	5
隧道影响等级	1	一级	一级	二级	二级	二级
	2	一级	二级	二级	三级	三级
	3	二级	三级	三级	四级	四级
	4	三级	四级	四级	四级	五级
	2	四级	四级	五级	五级	五级

2.3.3　作用修正因素对安全风险等级的调整

建筑物和隧道之间的邻近程度取决于两者的邻近程度，这反映在两者的位置、距离的大小以及隧道在空间中通过建筑物的方式之间的关系。上述所有因素都将直接影响建筑物的损害程度[7]。一般来说，随着建筑物与隧道的间距的减小而影响逐渐增大，超出 30 ～ 50m(依据不同地形和土体环境）以外的建筑物基本不会受到危害。因而建筑物与隧道越接近，受地铁隧道施工的影响程度越大[8]。

所以对于建筑物与隧道位置关系（S_1），根据其平面和立面相对距离，划分为很有利、有利、一般、不利、很不利，修正原则为：很有利和有利隧道影响风险等级不调整、一般隧道影响风险等级调增一级、不利隧道影响等级调增二级、很不利隧道影响等级直接评为五级。

2.4　因素权重分配与赋值

2.4.1　因素权重分配

各个风险因素对历史建筑的影响程度是各有不同的。不一样的评价过程、不同的风险因素对互异评价对象的评价方法影响有差别，不同的风险因素也存在差异［8］。而考虑到隧道和建筑的相互影响作用关系，本文采用综合安全风险矩阵法，按照层次分析法和专家打分法对每个不同因素进行赋值并构建矩阵计算权重。赋值及计算过程详见表 4。

表 4　权重分配表

判断矩阵					权重向量	一致性检验
结构性能	x_1	x_2	x_3	x_4		
x_1	1	3	2	5	$\begin{bmatrix}0.48\\0.16\\0.27\\0.09\end{bmatrix}$	满足要求
x_2	1/3	1	1/2	2		
x_3	1/2	2	1	3		
x_4	1/5	1/2	1/3	1		

判断矩阵									权重向量	一致性检验
隧道影响	y_1	y_2	y_3	y_4	y_5	y_6	y_7	y_8		
y_1	1	2	3	1/3	1/3	4	5	6	$\begin{bmatrix}0.15\\0.10\\0.07\\0.29\\0.05\\0.03\\0.02\end{bmatrix}$	满足要求
y_2	1/2	1	2	1/4	1/4	3	4	5		
y_3	1/3	1/2	1	1/5	1/5	2	3	4		
y_4	3	4	5	1	1	6	7	8		
y_5	3	4	5	1	1	6	7	8		
y_6	1/4	1/3	1/2	1/6	1/6	1	2	3		
y_7	1/5	1/4	1/3	1/7	1/7	1/2	1	2		
y_8	1/6	1/5	1/4	1/8	1/8	1/3	1/2	1		

其中判断矩阵重要标度及含义见表 5。

表 5　判断矩阵标度值及其含义

标度值	含义
1	表示两因素一样重要
3	表示一个因素比另一个因素稍微重要
5	表示一个因素比另一个因素明显重要
7	表示一个因素比另一个因素强烈重要
9	表示一个因素比另一个因素绝对重要
2，4，6，8	上述判断的中间值
各数的倒数	因素 i 与 j 比较的判断 u_{ij}，则因素 i 与 j 比较的判断 $1/u_{ij}$

2.4.2　影响因素赋值

按照表 2，结合各个因素自身状况和对建筑物的影响程度进行赋值，详见表 6。

表 6　因素赋值表

因素	有利（1～10）	较有利（11～40）	一般（41～60）	不利（61～90）	很不利（91～100）
X_1	桩基础	钢筋混凝土基础	砖砌条形基础或毛石混凝土、素混凝上	条石基础	砖混、毛石基础

续表

因素	有利（1 ～ 10）	较有利（11 ～ 40）	一般（41 ～ 60）	不利（61 ～ 90）	很不利（91 ～ 100）
X_2	长高比＜ 2.0	长高比［2.0 ～ 2.5）	长高比［2.5 ～ 3.0）	长高比［3.0 ～ 3.5）	长高比≥ 3.5
X_3	平面布置、支撑、抗侧力系统等构造科学、完善	平面布置较合理，支撑、抗侧力系统等较完善	未经正规设计，但平面布置较合理，设有一定支撑、抗侧力系统	平面布置不合理，局部有薄弱环节，支撑系统或抗侧力系统不能有效传递侧向作用	结构布置不合理，传力路线严重不当；支撑系统或其他抗侧力系统无法传递各种侧向作用；或无抗侧力系统
X_4	配筋砌体	砖砌实心墙	砖砌空斗墙	混凝土空心砌块墙、土坯墙	毛石墙体
Y_1	围岩稳定，无坍塌，可能产生岩爆	暴露时间长，可能会出现局部小坍塌，侧壁稳定	拱部无支护时可产生小坍塌，侧壁基本稳定，爆破振动过大易坍塌	拱部无支护可能产生较大坍塌，侧壁有时失去稳	围岩易坍塌，处理不当会出现大坍塌，侧壁经常小坍塌
Y_2	盾构，施工方法合理，断面形状及受力条件合理，无应力集中	盾构，断面形状及受力条件较合理，无过大的应力集中	暗挖，断面形状及其受力条件较合理	暗挖，断面形状及受力条件差	明挖，断面形状及其受力条件很差，在洞室周围出现很大应力集中
Y_3	特级或一级施工企业，类似工程施工经验丰富，技术力量强大	一级施工企业，类似工程施工经验较丰富，技术力量较强	二级施工企业，类似工程施工经验一般，技术力量一般	三级施工企业，类似工程施工经验较弱，技术力量薄弱	三级施工企业，无类似工程施工经验，技术力量严重不足
Y_4	>30	20 ～ 30	15 ～ 20	10 ～ 15	＜ 10
Y_5	＜ 6	6 ～ 9	9 ～ 12	12 ～ 15	>15
Y_6	甲级监理企业，类似工程监理经验丰富，技术力量强大	甲级监理企业，类似工程监理经验较丰富，技术力量较强	乙级监理企业，类似工程监理经验一般，技术力量一般	乙级监理企业，类似工程监理经验较少，技术力量薄	丙级监理企业，无类似工程监理经验，技术力量严重不足
Y_7	很好	良好	一般	较差	恶劣
Y_8	宽松	一般	进展	紧张	抢工期

3　工程评估实例

长沙地铁 4 号线，线路全长 32.5km，起于月亮岛路站，止于桂花大道站，共设站 23 座，以其中某区段为背景，下穿某主体为砌体结构的建筑。隧道采用盾构法施工，双线圆形断面隧道，采用预制钢筋混凝土管，外直径 6m，内直径 5.4m，管壁厚度 300mm。采用屏蔽施工，埋深 11.3m，与该建筑地基基础最小垂直距离约 9.2m。地铁隧道施工环境位于中风化灰岩地层，属Ⅳ级围岩。

该砌体建筑主体为 5 层砖混砌体结构，6 层为钢结构。建筑面积约为 6200m^2，结构和支撑布置较合理，长高比约为 3.0，基础情状况较好，基础为砖砌条形基础，承重墙由 240mm

普通砖卧墙和主要为三顺一丁方式组砌。建筑物在施工前整体状况良好，但因该地下岩溶发育，影响隧道施工，在地面产生不均匀沉降，使得该砌体建筑出现较大受力裂缝，结构受损需要进行再次加固。

4　某历史建筑风险分析结果及对应管控措施

依据工程概况及各影响因素情况，按上述综合风险指数矩阵评价体系分析，分析过程见表7。

表7　工程实例评估过程及结果

赋值	基础指数和	修正	风险等级	风险结果
$X_1=50$	$f_1=\sum_{i=1}^{4}a_ix_i=44.5$		一般 三级	五级 （风险很大需加固）
$X_2=55$				
$X_3=30$				
$X_4=40$				
$Y_1=90$	$f_2=\sum_{i=1}^{4}b_iy_i=74.6$	间距较小 不利 调增一级	不利 四级	
$Y_2=10$				
$Y_3=20$				
$Y_4=90$				
$Y_5=90$				
$Y_6=30$				
$Y_7=95$				
$Y_8=70$				

根据风险评估结果，对于地铁隧道施工下穿某砌体结构建筑的风险分析结果为五级，风险很大需要在地铁施工前对建筑物进行加固，评价结果符合现实情况。由此建议在地铁隧道施工过程中应采取以下保护措施：

（1）施工前应对砌体建筑实际现状进行调查检测，根据调查结果采取相应合理措施进行保护，若风险等级较高则应当对该建筑进行风险点（地基、一层墙体或其他结构风险控制处）加固保护处理；

（2）隧道穿越房屋前，采用注浆加固土体，严格控制地面沉降；在施工过程中应及时进行土体支护和二次背衬注浆，控制注浆的压力，可进行多次补浆。

（3）施工的安全风险管理按照特别风险控制点进行控制管理和进行风险评价，制订施工期建筑物安全应急预案；

4）现场监测、测量位置的布置、监测方法频率包括：砌体建筑主体砌体监测和该砌体建筑地下屏蔽区混凝土监测项目监测。监测位置的布置与正常屏蔽间隔一致，但频率需要加密。此外，还应在该砌体建筑周边进行地面沉降检测。

5　结语

在日益城市化的现代都市，城市开发不断向前推进，交通问题更是城市规划与发展的核心问题，且地铁又是解决城市交通问题最优解决方法之一。然而地铁往往在城市密集处施工，难免对周边建筑造成危害，且砌体建筑的结构安全风险问题尤为突出，所以如何保护地铁施工周边砌体建筑的结构和使用安全，维持其完整性就成了一个难题。本文就长沙地铁4号线下穿某砌体结构建筑为例，通过综合指数风险矩阵评价法，对砌体建筑进行风险分析并得出风险评价结果和对应管控建议措施。为砌体结构建筑在类似隧道施工的环境下的风险分析及管理的处理方法和施工保护措施提供有效的参考。

参考文献

[1] 朱王凯旋，王雨，张琳等. 地铁区间施工对既有建筑物的影响研究［J］. 中国安全科学学报，2014，24（4）；92～97

[2] 刘翔. 隧道施工对临近砌体结构房屋安全风险的研究［D］. 湖南大学，2015.

[3] 侯艳娟，张顶立，张丙印. 城市隧道施工穿越建（构）筑物风险管理体系［J］. 地下空间与工程学报，2011，7（05）：989～995.

[4] Eskesen S D, Tengborg P, Kampmann J, et al. Guidelines for tunneling risk management: international tunneling association working group No. 2［J］. Tunneling and Underground Space Technology, 2004，19（3）：217～237.

[5] 钱七虎，戎晓力. 中国地下工程安全风险管理的现状、问题及相关建议［J］. 岩石力学与工程学报，2008（04）：649～655.

[6] 吴贤国，陈晓阳，丁烈云，骆汉宾. 地铁隧道施工邻近建筑物安全风险等级评价［J］. 施工技术，2011，40（07）：78～80.

[7] 陈大川，刘翔，何蓓，曹荣伟. 长沙城际铁路隧道沿线砌体房屋安全风险研究［J］. 中国安全生产科学技术，2015，11（06）：87～94.

[8] 陈龙. 地铁隧道施工临近建筑物安全风险评价［A］. 第二届全国智慧结构学术会议论文集［C］. 中国城市科学研究会数字城市专业委员会智慧结构学组、中城科数智慧城市规划设计研究中心. 北京：国建信文化发展中心，2016，5.

某近现代历史建筑平移技术方案设计与质量控制

刘劲松[1]　李　婵[2]　李登科[1]　方向明[1]

1. 湖南大兴加固改造工程有限公司

2. 湖南大学土木工程学院，长沙，410000

摘　要：以某近现代历史建筑平移为例，通过介绍其平移前的方案设计以及平移过程中关键技术要点的质量控制，为今后同类建筑物平移施工提供了新的实践和理论经验。

关键字：平移技术；方案设计；质量控制

建筑物整体平移技术既能有效地保存有价值的现有建筑，又不影响城市规划的灵活性，还具有工程造价低、工期短、对人们的工作和生活影响小、建筑垃圾少等显著优点，在国内外得到了广泛的应用[1]。作为一种建筑新技术，所采用的工艺技术以及具体的施工方法对结构安全产生的影响较大。为此，在施工前非常有必要对其进行设计、制订具体平移及施工过程质量控制方案，以保证结构安全和平移工作的顺利进行。

1　工程概况

湘江宾馆项目中的保护建筑（以下简称“保护建筑”）位于长沙市开福区中山路与建湘路交会处西北角的中山路2号。该保护建筑于1954年兴建，用途为湖南省人民政府交际处宾馆；后期对该建筑进行了多次改造。2009年12月，湘江宾馆经报省国资委批准，拟对现有土地资产进行综合性开发，在调查用地容量指标前，申请对用地内原2号楼进行移位保护。该保护建筑的移位，应保持建筑的原真性，最大限度的保护历史信息和原有风貌。

保护建筑主楼占地面积约2014m²，建筑面积约6564.8m²，重量大约8000多吨。建筑物现状如图1所示。

（a）北侧立面外景　　（b）南侧立面外景

图1　保护建筑现状情况

2　施工原理

建筑物平移的基本原理就是在建筑物基础的顶部或底部设置托换结构，在地基上设置行走轨道，利用托换结构来承担建筑物的上部荷载。然后在托换结构下将建筑物的上部结构与原基础分离，在水平牵引力的作用下，使建筑物通过设置在托换结构上的托换梁沿底盘梁移动。

3　工艺流程（图 2）

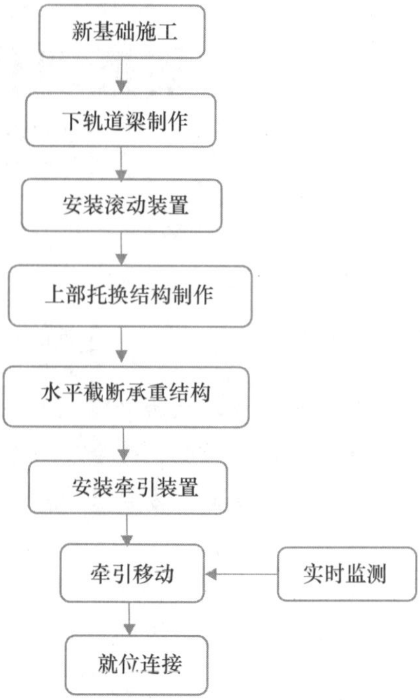

图 2　工艺流程

4　施工方案设计

平移方案设计以安全、平稳、技术可靠为出发点，具体工艺设计如下：

（1）轨道基础及新基础采用整体性好、刚度大的钢筋混凝土条形基础。

（2）行走机构的选择：目前建筑物的平移采用滚动机构和滑动机构两种，国内外已经实施的平移工程中 95% 以上都是采用的滚动行走机构。由于湘江宾馆 2 号楼重达 8000 多吨，且滑动机构控制复杂，经过全面分析对比，根据我们的工程经验及国内外大量的工程实例[2]，我们采用直径 60mm 的实心钢滚轴作为本工程的行走机构。

3）动力设备的选择：为了保证整个建筑移动的同步性，防止因移动距离和移动速度不均匀在建筑物内产生附加的内力，动力设备采用大吨位的同步液压千斤顶，计算机自动控制的多油路伺服液压稳压控制台，液压控制台的各个油路相互独立、供油压力在额定工作压力范围内任意可调和固定（图 3）。计算机可以通过位移监控点的位移传感器反馈精确的移动距离（精度 0.1mm）和移动速度，自动调增或调减相应千斤顶的供油压力。

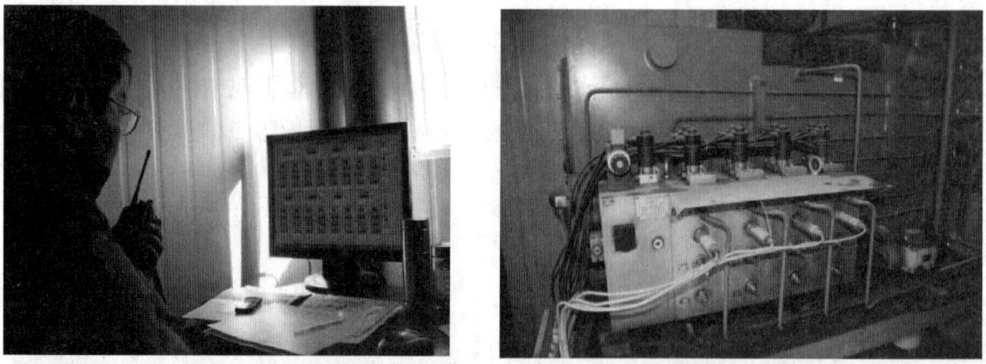

（a）计算机控制系统　　（b）液压伺服泵站

图 3　动力设备相关仪器

施力点的布置原则：后端的多台 100t 顶推千斤顶的施力点在各个轴线的上轨道梁的后端，前端的多台 100t 牵引千斤顶的施力点根据建筑物各纵向轴线的阻力分布均匀布置。

5　平移工程施工质量控制

5.1　下轨道控制

下轨道的设计，要满足地基承载力和地基变形的要求，综合考虑平移对其的影响。对下轨道进行地基处理以减小建筑物移动过程中的沉降量是至关重要的。

控制措施如下：

（1）下轨道平整度控制。用2m直尺检查，高差应控制在2mm以内，下轨道顶的整体高差应控制在5mm以内。在浇筑下轨道找平层前，必须先用精密水准仪在下轨道梁顶设置标高控制点，控制点的间距不大于1000mm，控制点应牢固可靠。

（2）下轨道标高控制。施工中对每1m下轨道的施工，先进行前后内外四条距离标识线的建立，然后计算标识线的对应标高，将标高施放到标识线上，按标高支模板，一次成型浇筑混凝土，拆模后再按照标识线上的标高检查混凝土表面标高和此段轨道的倾斜率，符合要求后再铺设下轨道钢板、滚轴、上轨道钢板、绑在上轨道钢筋、浇筑上轨道混凝土，完成该1m段托换施工。

5.2　上轨道控制

上轨道宜对称进行，不得使建筑结构受力不匀；每条梁宜一次性浇筑完成；如需分段，接头处应按施工缝处理，施工缝宜避开剪力最大处。

控制措施如下。

（1）上轨道与原梁、柱接触部位处，应将原结构梁、柱表面进行凿毛，凿毛面清洁干净后，涂刷界面处理剂。

（2）上轨道主筋接头不宜采用绑扎连接，连接构造应满足现行规范要求。

（3）对施工时凿开的墙洞应及时进行修复处理。

5.3　切割控制

应控制切割过程对原结构无破坏影响。

控制措施如下。

（1）托盘结构系统与底盘结构系统的混凝土强度达到设计强度方可开始对移位建筑墙或柱进行切割。

（2）切割前应检查托换结构体系的可靠性；卸荷装置应在截断施工前安装完毕，必要时可施加预应力，以减少支撑结构变形对卸荷的影响。

（3）切割的顺序必须按设计要求及施工技术方案或施工组织方案要求进行。

（4）切割过程中，应对墙、柱及托盘梁系和底盘梁系的受力状态及变化进行严密监测。

（5）每一段墙体切割完成后，进行破碎剔凿施工，将上下轨道间已切断的墙体剔除至轨道表面，剔凿过程中严禁扰动上轨道间的原墙体。

图4　现场切割图

5.4 平移控制

为了观察和考核整个平移施工系统的工作状态和可靠性，整个平移分为三个阶段：平移准备阶段、试平移阶段和正式平移阶段[3]。

5.4.1 试平移阶段

控制措施如下：正式平移前先进行试平移，根据理论分析初步确定每个轴线的平移阻力，并根据理论阻力及千斤顶的数量初步确定每个轴线上千斤顶的供油压力。

根据试平移确定的供油压力分别向千斤顶同时供油，推动建筑物向预定的方向移动。移动过程中位移传感器实时地将每个轴线的精确移动距离转换为电信号并反馈到监控计算机：

（1）若各轴线的移动速度（距离）全部一致，则计算机向伺服液压控制台发送的调控信号为零（不调控油压）。

（2）若某个轴线的移动速度变慢，则计算机根据位移传感器反馈来的信号控制伺服液压控制台调增相应油路的供油压力，提高该轴线千斤顶的动力及该轴线的移动速度。

（3）若某个轴线的移动速度变快，则计算机根据位移传感器反馈来的信号控制伺服液压控制台调减相应油路的供油压力，降低该轴线千斤顶的动力及该轴线的移动速度。

5.4.2 平移阶段

移位时，应遵循均匀、缓慢、同步的原则，控制移位速率。

控制措施如下：每个行程开始后，所有油路千斤顶同步稳定出缸，待千斤顶行程结束后同步回油收缸（满行程 220mm，每次控制出缸约 200mm），回油到底后继续出缸进行下一个行程，按此步骤重复出缸、收缸，直至平移到位。

在建筑物移动方向的前后端分别设置多个位移传感器，传感器通过信号电缆连接到控制计算机，平移过程中每个位移传感器及时地将各个控制点的实际位移量以电信号的方式反馈到控制计算机，若各控制点位移量不一致，计算机控制系统会自动调整相应千斤顶的供油压力，以保证各控制点位移量的一致。

图 5　千斤顶出缸

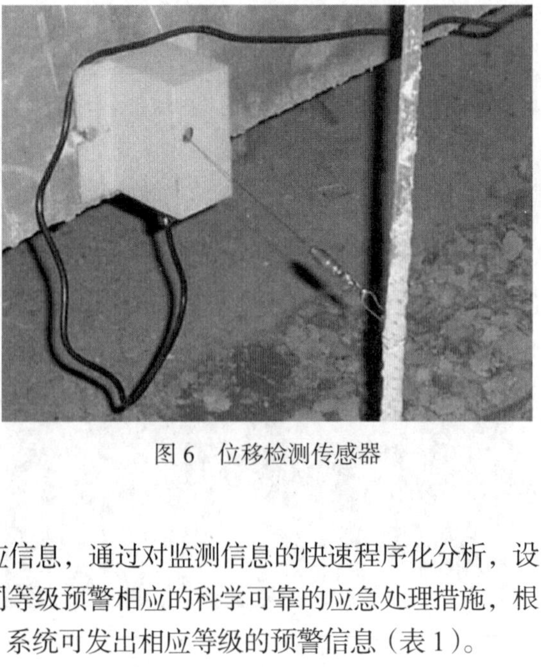

图 6　位移检测传感器

5.5 监测控制

实时采集平移过程中结构的整体和局部响应信息，通过对监测信息的快速程序化分析，设定绿、橙、红三个等级的预警阈值，配备与不同等级预警相应的科学可靠的应急处理措施，根据工程实际情况，当某项指标超过设定阈值时，系统可发出相应等级的预警信息（表 1）。

表 1　位移 / 倾斜 / 沉降监测控制

监测内容＼预警阈值／处理措施	绿色	橙色	红色
位移	位移差＜ L/1000 或建筑物移动速度＜ 60mm/min	位移差≥ L/1000 或建筑物移动速度≥ 60mm/min；	位移差≥ L/600
控制	正常平移	继续平移，适当降低速度，在上轨道梁上增设临时侧向支撑或限位装置，在平移过程中通过上轨道梁侧向支撑纠正位移差	停止平移，按原平移路线反向推回轨道后，按橙色预警措施纠正位移差
倾斜	建筑物倾斜率＜ 4H/1000	4H/1000 ≤建筑物倾斜率＜ 6H/1000	建筑物倾斜率≥ 6H/1000
控制	正常平移	在下轨道顶增设砂层和钢板，及时找平纠正倾斜量后，继续平移	停止平移，加固基础和下轨道梁，纠正建筑物倾斜量
下轨道沉降	下轨道沉降量＜ 15mm	15mm ≤下轨道沉降量＜ 40mm	下轨道沉降量≥ 40mm
控制	正常平移	在下轨道顶增设砂层和钢板，及时找平不均匀沉降量后，继续平移	停止平移，加固基础和下轨道梁

6　结论

随着科学技术的发展，我国的房屋平移技术得到了快速发展，采用整体平移技术避免了建筑物再造过程中的环境污染、资源损耗，合理利用了资源。[4]但是在实际的应用过程中，方案设计的选择以及具体施工方法的质量控制还是会对平移施工质量造成影响，因此需要采取必要措施来解决相应问题，合理利用资源。

参考文献

[1] 周广东，李爱群，李杏平，等. 高层建筑结构平移施工全过程实时监测分析［J］. 建筑结构，2012，: 139 ~ 143.

[2] 赵士永. 古建筑群整体移位的关键技术和理论分析［D］. 天津大学，2013.

[3] 李文丽. 既有建筑物整体平移施工控制技术［J］. 天津建设科技，2010，7 ~ 9.

[4] 吴昶，刘景龙，张健健，等. 文保建筑平移施工技术［J］. 居业，2016，88 ~ 89.

第三篇

绿色施工技术与施工组织

BIM技术在大型人工岛中市政工程的应用

顾嘉懿　吴奇龙　龚关建　柏　柳　谭梦龙

湖南建工集团有限公司，长沙，410004

摘　要：本工程为PPP模式，地质条件差，路段大多需要软基处理，采用BIM技术建立高精度模型，结合进度计划和计价文件，实现材料的精准管控。因工程采用新工艺较多，运用BIM技术制作施工工艺动画，对施工人员及班组进行可视化技术交底。项目资料最后以数字化模型交付，方便业主后期运营维护。

关键词：市政BIM技术；组价优化；软基处理

1　引言

随着我国城市化建设进程的不断推进，我国市政工程的数量也随之不断增长。市政工程一般涉及的范围都非常广泛，同时其施工过程也较为复杂。在市政工程施工作业的过程当中，施工作业人员需要综合考虑多方面的因素如信号、消防、监控等。这就对市政工程施工作业人员的综合素质提出了新的要求标准，施工作业人员要想提高市政工程的效率和质量就必须采用最先进的技术，同时有机分析影响市政工程质量的因素，而BIM技术就是一种有助于提高市政工程质量的先进技术。鉴于此，本文浅谈推进BIM设计技术在市政工程之中应用的方法。

2　工程概况

2.1　项目概况

马鞍岛环岛路项目位于中山市翠亨新区，地处珠江三角洲地理中心，区位条件优越，文化底蕴深厚，产业基础良好，生态环境优美，是沟通珠江口东西两岸城市群的战略节点。项目采用PPP建设模式，道路全长约20.87km，工程总投资约为26亿元。涉及软基处理、道路、桥梁、交通、给排水、绿化等多个专业。

2.2　项目特点

（1）该工程为PPP模式，采用BIM技术建立高精度竣工模型以数字化形式交付，方便业主后期运营维护。

（2）为避免利润严重流失，依托各专业BIM模型，结合进度计划和计价文件，实现材料的管控和计价的准确性。

（3）项目实施位置地质条件差，新工艺、新工法实施较多，如排水固结法软基处理，污水顶管施工工艺，利用BIM技术，按施工工艺要求建立模型，制作成工艺动画，对施工人员及班组进行可视化技术交底。

（4）本项目全部路段大多需软基处理，施工过程需要进行沉降监测，利用BIM技术建立软基沉降监测模型。

3　BIM 技术辅助

3.1　精细化模型

该项目中的人工岛分为三个标段，第一、二标段为道路标、第三标段为桥标。人工岛以其独特的造型、复杂的外观和先进的工艺，在传统的设计中对其数据分析以及模拟均无法实现。通过建立 BIM 模型，运用相关软件进行工程的分析及模拟，如图 1 ～图 2 所示。

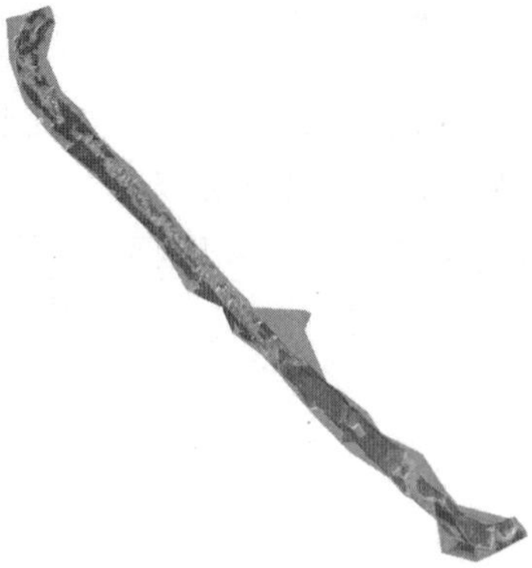

图 1　三维地质模型

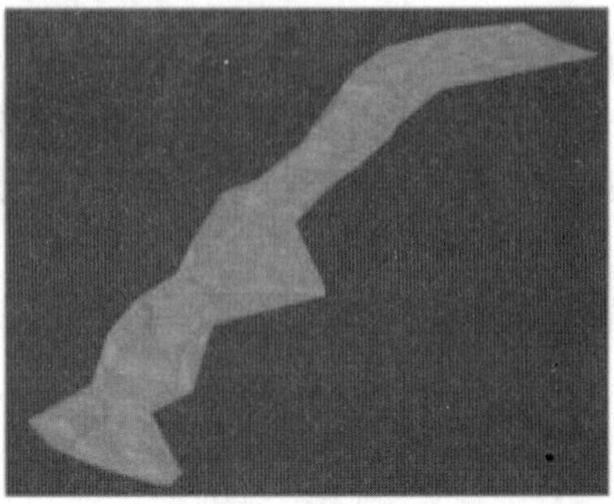

图 2　原始地型图

据统一的建模标准，建立三维地质模型与道路模型，对道路进行装配，参数化驱动建立的道路模型，对设计施工图中的道路平面、高程控制参数进行复核；精准提取 BIM 模型各部分工程量，取代了传统的以横断面取平均值乘以距离的算量方式，有效避免了工程量误差风险。

建立桩基、桩帽模型以及完整的道路细部构造模型，如图 3 所示。辅助现场实际施工，减少因碰撞而造成不必要的返工和损失；建立道路构件 27 个，隔离护栏族 16 个，交通、照明族 36 个，柔性柱族 15 个。将所建模型存档，便于建模过程中及后期调用，解决了传统的纸质版资料易损失、易损坏等问题；导出模型工程量，为工程预算、工程进度款申报等提供 BIM 依据。

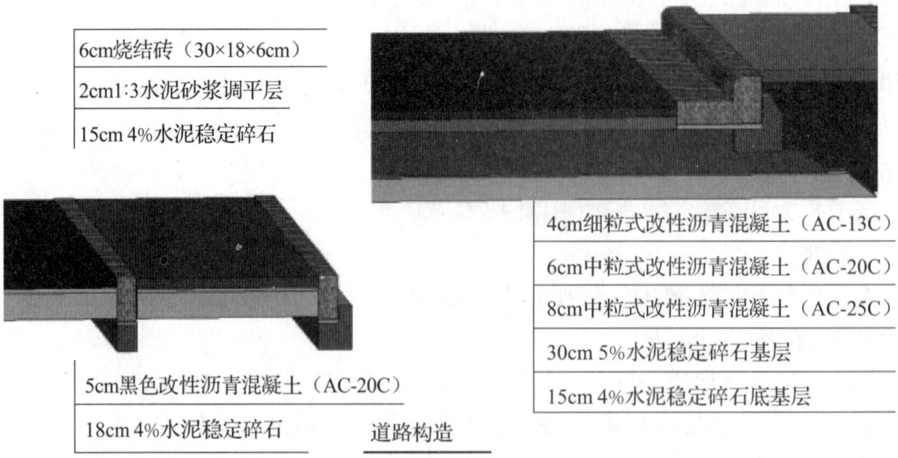

图 3　道路细部构造模型

3.2　虚拟建造优化布桩

本工程项目道路设计线路穿越不同的区域，地质、水文条件复杂，有大量桩基施工及给排水地下管网，排水管道施工需要大量的钢板桩进行支护，设计要求桩基布置根据位置、区段不同，桩基间距有多种，且须结合管网位置进行布设（管线下必须布设一根），现场实际布桩需考虑较多因素，给布桩带来较大难处。

通过 BIM 技术辅助施工建立了桩基模型及给排水管网模型，利用 Navisworks 软件实现可视化桩基检查与管道碰撞，优化制定最佳布桩图，减少因碰撞而造成的不必要返工和损失，指导现场实际桩基施工，如图 4 所示。

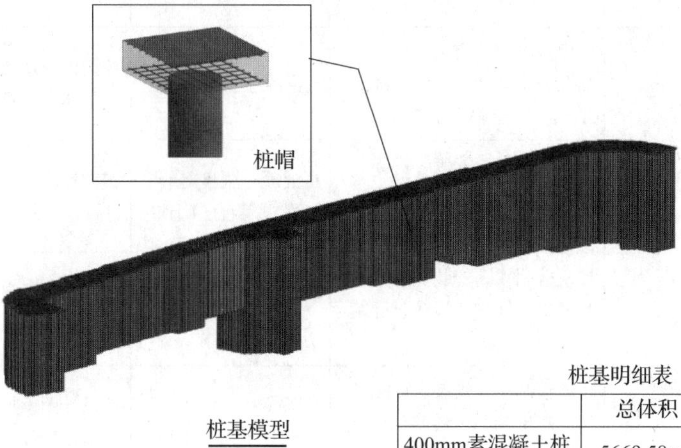

桩基明细表

	总体积	总长度
400mm素混凝土桩 700mm高压旋喷桩	5669.58m^3	413256.55m

图 4　桩基模型

3.3　软基监测

本项目道路地质构造体系属于华南褶皱的粤北、粤东北、粤中坳陷带内的粤中坳陷。地下存在大量淤泥，全线软基需进行软地基处理，软基处理方法有 CFG 桩、PHC 桩、高压旋喷桩、塑料排水板。地基处理范围广、面积大、处理方法多、质量要求高，道路软基占比本工程造价 40% 以上。而软基处理中，施工过程需要进行沉降监测，项目沉降监测采用沉降板，位移监测采用测斜管和边桩，分层沉降标，沉降测环布置在淤泥地面、淤泥中和淤泥层顶部三个位置，根据场地布置的各监测项目、边界位移监测项目等每 2 天监测一次。

BIM 中心根据勘察单位提供的勘察报告及第三方测量提供的第三方原地面测量数据，建立原始地形模型，结合平、纵、横断面，对道路地形进行分析，根据地质特点确定具体施工工艺，制定具体可行的软基处理施工方案。利用 BIM 技术建立软基沉降监测模型，布置好监测点，用于辅助监测点现场实施。在 BIM 三维场景中，可根据现场实测沉降数据对模型进行调整、动态展示软基的沉降过程，分析沉降原因，如图 5 所示。

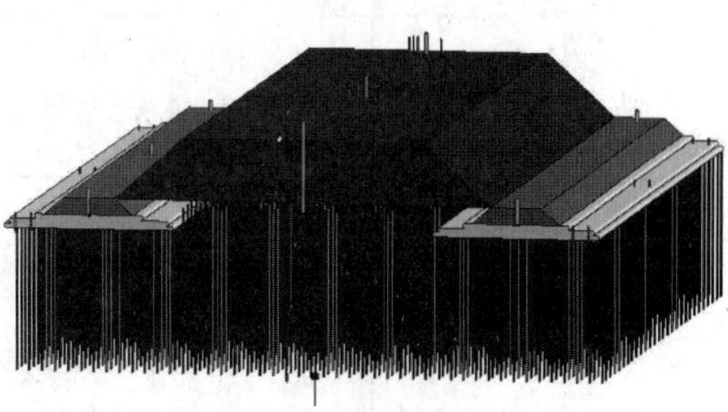

图 5　软基监测

3.4　组价、材料管控优化

本工程各部件工程量需拆分计算，例如桩顶设计标高以上与桩间土方的反开挖计价不一，需在 BIM 模型建立前，依据清单文件及《市政工程工程量计算规范》，与商务部确认构件拆分规则，确立项目建模标准，保证模型清单工程量的准确性、可计价性，见表 1。

表 1　组价清单（市政建模标准）

项目编码	项目名称	计量单位	工作内容	项目特征	工程量计算规则	是否建模
C.3	现浇混凝土构件	—				
040303001	混凝土垫层	m^3	1. 模板制作、安装、拆除 2. 混凝土拌和、运输、浇筑 3. 养护	混凝土强度等级	按设计图示尺寸以体积计算	√
040303002	混凝土基础	m^3	1. 模板制作、安装、拆除 2. 混凝土拌和、运输、浇筑 3. 养护	1. 混凝土强度等级； 2. 嵌料（毛石）比例	按设计图示尺寸以体积计算	√
040303003	混凝土承台	m^3	1. 模板制作、安装、拆除 2. 混凝土拌和、运输、浇筑 3. 养护	混凝土强度等级	按设计图示尺寸以体积计算	√
040303004	混凝土墩（台）帽	m^3	1. 模板制作、安装、拆除 2. 混凝土拌和、运输、浇筑 3. 养护	1. 部位； 2. 混凝土强度等级	按设计图示尺寸以体积计算	√
040303005	混凝土墩（台）身	m^3	1. 模板制作、安装、拆除 2. 混凝土拌和、运输、浇筑 3. 养护	1. 部位； 2. 混凝土强度等级	按设计图示尺寸以体积计算	√
040303006	混凝土支撑梁及横梁	m^3	1. 模板制作、安装、拆除 2. 混凝土拌和、运输、浇筑 3. 养护	1. 部位； 2. 混凝土强度等级	按设计图示尺寸以体积计算	√
040303007	混凝土墩（台）盖梁	m^3	1. 模板制作、安装、拆除 2. 混凝土拌和、运输、浇筑 3. 养护	1. 部位； 2. 混凝土强度等级	按设计图示尺寸以体积计算	√
040303008	混凝土拱桥拱座	m^3	1. 模板制作、安装、拆除 2. 混凝土拌和、运输、浇筑 3. 养护	混凝土强度等级	按设计图示尺寸以体积计算	√
040303009	混凝土拱桥拱肋	m^3	1. 模板制作、安装、拆除 2. 混凝土拌和、运输、浇筑 3. 养护	混凝土强度等级	按设计图示尺寸以体积计算	√
040303010	混凝土拱上构件	m^3	1. 模板制作、安装、拆除 2. 混凝土拌和、运输、浇筑 3. 养护	1. 部位； 2. 混凝土强度等级	按设计图示尺寸以体积计算	√
040303011	混凝土箱梁	m^3	1. 模板制作、安装、拆除 2. 混凝土拌和、运输、浇筑 3. 养护	1. 部位； 2. 混凝土强度等级	按设计图示尺寸以体积计算	√
040303012	混凝土连续板	m^3	1. 模板制作、安装、拆除 2. 混凝土拌和、运输、浇筑 3. 养护	1. 部位； 2. 混凝土强度等级； 3. 结构形式	按设计图示尺寸以体积计算	√

续表

项目编码	项目名称	计量单位	工作内容	项目特征	工程量计算规则	是否建模
040303013	混凝土板梁	m^3	1. 模板制作、安装、拆除 2. 混凝土拌和、运输、浇筑 3. 养护	1. 部位； 2. 混凝土强度等级； 3. 结构形式	按设计图示尺寸以体积计算	√

该工程全长20.87km，距离跨度大、建设周期长、材料管控困难，而在项目生产成本费用构成中，材料所占比例最重。材料管理是项目管理中的重中之重；加强材料管理，降低材料消耗是控制工程成本最重要的手段，对项目的盈亏起着决定性影响；利用BIM模型，结合施工程序及工程形象进度周密安排材料采购计划；快速、准确地拆分、汇总并输出任一细部工作的消耗量指标；保证施工的连续性，能用好、用活流动资金、降低库存、减少材料二次搬运。材料员提取各施工阶段的实际用量，对比实际工程与模型工程量，进行纠偏分析。

基于BIM 5D平台与BIM模型。利用Revit模型生产构件明细表，进而对部分预制构件提前生成下料单。将模型与相应清单与5D平台进行关联，由商务BIM工程师按照时间节点对于楼层、构件类型精确提取材料用量，避免出现由于多报而导致材料浪费。实时将材料计划用量与实际用量进行对比，与技术科、施工科分析量差来源，可依此采取针对性管理措施，通过找出最贴近实际生产的损耗率，方便后续工作对现场材料用量的控制。

3.5　可视化交底

本工程项目重难点较多，施工前应做好充分的施工准备与交底工作，应全方位地考虑在施工中会遇到的难题并给出解决方案。顶管施工是本项目的一个施工难点。BIM动画工程师与项目技术人员对接，通过动画模拟施工工艺流程。让施工人员全面了解施工过程，实现技术交底，提高交底质量，保证施工质量，确保施工现场按照施工工艺有序的执行，将施工过程中的质量、安全控制难点提前做好设防（图6）。

图6　CFG桩钻孔图

顶管施工作为本项目一重难点施工方法。本工程中主要运用了泥水平衡式顶管施工，设备主要由以下几大部分构成：泥水分离设备（沉淀箱及分离器等）、进水泵、排泥管、进水管、基坑旁通、流量计、排泥泵、进排泥泵控制柜、进排泥软管、流量调节器。通过BIM

技术结合施工作业指导书，将重难点工序制作成工艺动画，对施工班组进行可视化技术交底，快速而准确地表达施工步骤，从而大大减少误读，避免质量问题、安全问题，减少返工和整改。

4 结语

环岛路项目实施位置地质条件差，新工艺、工法实施较多，按施工工艺要求建立模型，制作工艺动画；对施工人员及班组进行可视化交底，快速而准确地表达施工步骤，从而大大减少了误读，避免了质量问题、安全问题，减少了返工和整改。在组价、计价中，BIM 商务工程师利用 BIM 技术准确拆分模型工程量，保证模型的可计价性，将 BIM 技术应用在项目管理中，在降本增效、节约工期等方面取得了显著成果，提升了项目的管理水平，创造了巨大的后续价值。

参考文献

［1］ 余萌. BIM 技术在市政道路设计中的应用研究［J］. 建材. 2016（02）.
［2］ 叶建勋，谭潇. 基于BIM技术的施工技术、组织和管理［J］. 广东土木与建筑，2018，25（07）：76 ～ 78.

BIM 技术在垃圾发电厂 SCR 脱硝技术中的应用

蒙海洋[1]　李志伟[1]　秦素玲[1]　刘　威[2]

1. 湖南工业设备安装有限公司，株洲，412000

2. 湖南建工集团有限公司，长沙，410004

摘　要： 随着我国经济建设的不断发展，垃圾发电厂工程越来越受到人们的关注。在深圳宝安垃圾发电厂一期新增 SCR 脱硝技术改造项目实施中应用 BIM 技术，可以更直观、更准确、更便捷地把控项目整体情况。施工过程中，钢结构安装、管道安装、设备安装等各项施工工序紧密结合，互相穿插，施工难度大。应用 BIM 技术，将各专业模型进行整合，提前发现施工过程中可能出现的问题并及时解决，为项目顺利开展提供优质服务。

关键词： BIM 技术；钢结构及管道系统优化；吊装施工模拟；信息化管理

1　引言

目前，我国在建筑领域已步入数据化时代，通过建立以 BIM 模型为载体的项目信息化管理，加强从施工准备到建设完成的管控，已成为项目施工管理的发展方向。通过 BIM 模型整合，实现项目整体可视化，并进行钢结构深化设计、管道系统优化、设备吊装模拟以及项目信息化管理等方面的应用，为项目全面把控安全、质量、进度、成本等方面提供可靠依据。

2　工程概况

本工程位于广东省深圳市宝安区，建设规模为 3 × 400t/d 的生活垃圾焚烧炉以及配套的烟气 SCR 脱硝设施。

钢结构总重量达 280 多吨，包含 SCR 钢结构厂房、设备支撑钢架、厂房外护封闭板等，主体构架为全钢结构桁架体系，由立柱、横梁、垂直支撑、水平支撑以及各层平台楼梯组成，如图 1 所示。

图 1　项目整体模型

管道系统包括饱和蒸汽系统、冷凝水系统、冷却水系统、压缩空气系统、氨水系统、再生风系统、稀释风系统以及密封风系统；脱硝系统包括 SCR 反应器、GGH、SGH、氨喷射、烟道、吹灰、压缩空气、电气系统、照明、通信、接地、暖通、给排水、还原剂制备等。

大型设备主要包括 GGH、SGH、增压风机、反应器进、出口烟道等。CGH 总重量约 117t，分 4 台热交换器、4 个烟气接口、中间烟道及连接板、支撑管分别运输现场组装。其中单台热交换器外形尺寸为 4600mm × 3290mm × 2500mm，重量为 25t，其他单件重量均不大于 5t，单件吊装最高高度为 29m。施工现场作业空间有限，各项设备布置紧凑，各专业作业呈立体交叉形式。

3 BIM 技术应用

通过创建整体模型，对各专业进行优化，保证专业间施工工序的合理性、准确性。将项目整体分解成各单元，再将各单元信息进行分类、细化、归整及实时更新，保证项目信息的全面性、可靠性。

3.1 钢结构深化设计

本工程钢结构部件采用高强螺栓连接并对其加焊，连接形式为铰接。施工前期，根据施工图纸可知，钢结构系统节点多，参数化程度高，通过 Tekla 软件进行钢结构模型的创建，可大大提高建模速度，模型可通过 IFC 格式导入 Revit 中，将模型完美整合，避免二次建模、重复工作，如图 2、图 3 所示。

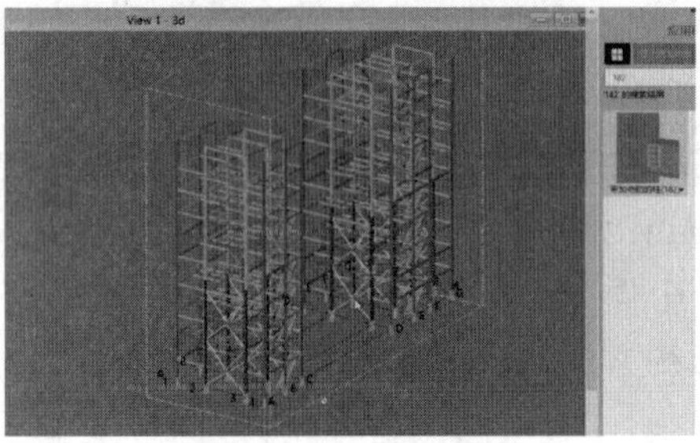

图 2 钢结构模型

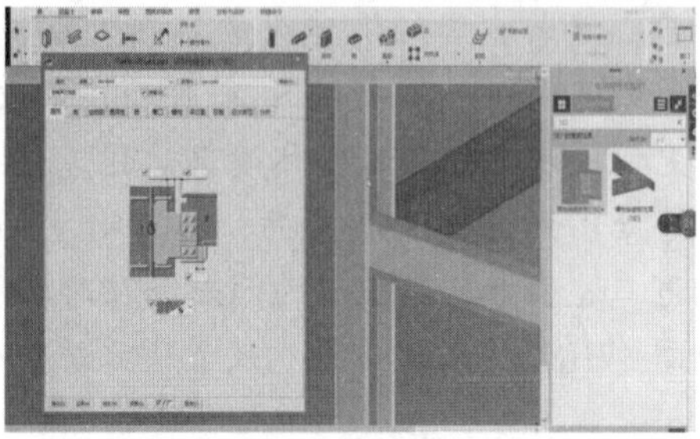

图 3 钢结构节点布置

对钢结构模型进行碰撞校核，从碰撞报告中发现中立柱、横梁、垂直支撑、水平支撑之间存在多处碰撞。项目部提前与设计单位进行沟通，通过直观的模型以及准确的数据分析，共解决碰撞问题十余处。通过此办法，提前发现设计图纸中存在的问题并解决，才能更好地指导现场施工，保证项目整体进度不受影响，进而实现项目效益最大化，如图 4 所示。

3.2 管道系统优化

本工程管道系统多达十几个，大部分管道系统分布在钢架内部，布置紧凑，施工作业空间有限，现场指导施工难度较大。通过 BIM 技术创建各系统模型，并对各系统之间进行碰撞校核，若出现管道碰撞、预留位置不足、管道走向需变更等问题，项目部第一时间与设计单位沟通，共同商讨解决方案，并及时更新模型。在各系统优化完成后，通过整体模型将各系统单独导出或整体出图，在施工的过程中，根据模型所提供的信息，严格把控管道型号、标高、走向等，为指导现场安装提供了可靠的依据，如图 5 所示。

图 4 钢结构碰撞点

图 5 钢架内部各管道系统

3.3　吊装施工模拟

本工程主要吊装作业有以下几点：钢架的拼装、管道的吊装以及 GGH、SGH、SCR 等设备的吊装。吊装作业危险性较大，且吊装所需机械台班费用较高，因此吊装作业是项目管理的一大重点。通过 BIM 技术对吊装作业进行可视化分析，可提前规避安全风险，合理利用机械台班。

本项目施工现场作业空间有限，需合理地布置及安排，才能保证吊装作业安全顺利进行。项目部多次实地测量，按照测量结果调整模型，尽可能真实地在模型中还原施工作业现场，并在此模型中进行吊装模拟分析，保证数据的可靠性。根据现场收集的信息以及项目模型提供的数据，确定货车停放位置以及吊装作业区域。将整体拆分为各个单件，并进行编号，根据各单件之间的空间位置，确定合理的吊装顺序。本项目需要吊装的设备较多，且尺寸大小不一，根据吊装模拟提供的数据，可提前规避吊装过程中可能产生的安全问题。本项目按照优化后的吊装方案，制作吊装动画，模拟吊装过程，展示吊装要点，对施工班组进行三维技术交底，如图 6 所示。

图 6　吊装施工模拟动画

3.4　项目信息化管理

项目信息化管理离不开各项数据的支持，数据的全面性、准确性及时效性成为管理过程的重点。通过 Tela 软件对钢架中各构件进行信息化统计，将各构件的节点、长度、重量等信息反馈到项目工程部，进而全面控制材料的进场、施工工序的安排及机械台班的使用。在建模的过程中，将相关信息录入模型中，如钢材型号、管材型号、管件规格、阀门规格等，考虑到施工过程中还存在着许多不确定因素，各项信息必须及时更新，以便能快速检索到最准确的内容，为项目精细化管理提供了保障，如图 7 ～图 8 所示。

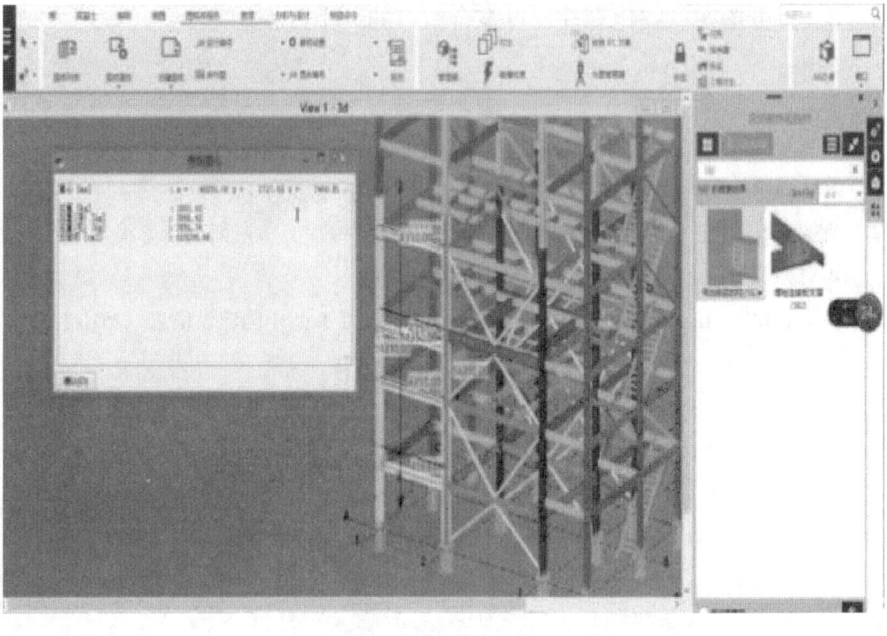

图 7　单个构件信息提取

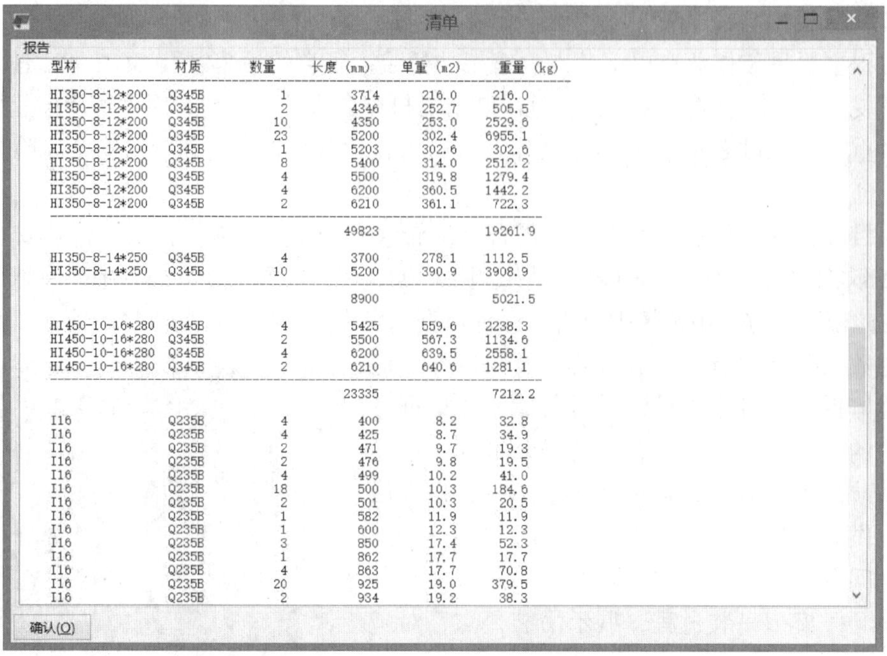
清单
报告

型材	材质	数量	长度（mm）	单重（m2）	重量（kg）
HI350-8-12*200	Q345B	1	3714	216.0	216.0
HI350-8-12*200	Q345B	2	4346	252.7	505.5
HI350-8-12*200	Q345B	10	4350	253.0	2529.6
HI350-8-12*200	Q345B	23	5200	302.4	6955.1
HI350-8-12*200	Q345B	1	5203	302.6	302.6
HI350-8-12*200	Q345B	8	5400	314.0	2512.2
HI350-8-12*200	Q345B	4	5500	319.8	1279.4
HI350-8-12*200	Q345B	4	6200	360.5	1442.2
HI350-8-12*200	Q345B	2	6210	361.1	722.3
			49823		19261.9
HI350-8-14*250	Q345B	4	3700	278.1	1112.5
HI350-8-14*250	Q345B	10	5200	390.9	3908.9
			8900		5021.5
HI450-10-16*280	Q345B	4	5425	559.6	2238.3
HI450-10-16*280	Q345B	2	5500	567.3	1134.6
HI450-10-16*280	Q345B	4	6200	639.5	2558.1
HI450-10-16*280	Q345B	2	6210	640.6	1281.1
			23335		7212.2
I16	Q235B	4	400	8.2	32.8
I16	Q235B	4	425	8.7	34.9
I16	Q235B	2	471	9.7	19.3
I16	Q235B	2	476	9.8	19.5
I16	Q235B	4	499	10.2	41.0
I16	Q235B	18	500	10.3	184.6
I16	Q235B	2	501	10.3	20.5
I16	Q235B	1	582	11.9	11.9
I16	Q235B	1	600	12.3	12.3
I16	Q235B	3	850	17.4	52.3
I16	Q235B	1	862	17.7	17.7
I16	Q235B	4	863	17.7	70.8
I16	Q235B	20	925	19.0	379.5
I16	Q235B	2	934	19.2	38.3

确认(O)

图 8　钢结构材料信息清单图

4　结语

随着建筑领域信息化的迅速发展，以 BIM 技术应用为基础的项目信息化管理已成常态化。在施工过程中，通过直观的模型、准确的信息以及生动的施工模拟为项目管理提供了优质的服务。本项目优先对钢结构及管道系统进行深化设计，提前将问题找出并解决，确保施工的流畅性。再根据施工现场作业环境，进行吊装施工模拟，确定合理的施工工序，并进行可视化的施工交底，保证吊装方案的可行性。最后在 BIM 技术的支持下，将项目整体信息进行整合运用、拆分落实、细化管理、再整合留存的一个过程。

参考文献

［1］姚明球，王军丽. 国内 BIM 应用现状如何［J］. 施工企业管理. 2013（12）：29-30.

［2］朱佳佳. BIM 技术在国内的应用现状探究［J］. 电子测试. 2013（17）：97-99.

［3］王雪青，张康照，谢银. 基于 BIM 实时施工模型的 4D 模拟［J］. 广西大学学报（自然科学版）. 2012（04）：814-819.

［4］张建平. 基于 BIM 和 4D 技术的建筑施工优化及动态管理［J］. 中国建设信息. 2010（02）：18-23.

汕头市苏埃通道工程 BIM 技术应用

——国内综合难度最大的大直径海底隧道

陈　劲[1]　黄　震[1]　胡湘龙[1]　刘桓兵[2]

1. 湖南建工集团有限公司，长沙，410004

2. 湖南万通建设集团有限公司，长沙，410004

摘　要：汕头市苏埃通道工程，超大直径盾构隧道、超强烈度抗震要求、超级复杂地质结构、超大规模河涌明挖。项目充分利用 BIM 技术的参数化、可视化、协调性、模拟性、优化性、可出图性和参数化性，减少设计错漏和建造过程中的返工，保障施工安全，提高项目降本。

关键词：BIM 技术；隧道参数化设计；地质模拟；机电深化

1　引言

随着我国城市基础设施的不断规划和建设，以及信息技术的不断发展，BIM 技术在隧道建设的应用也逐渐加深。通过利用 BIM 技术可以根据隧道的尺寸、结构，对其断面进行随时调整，这样可以有效地避免设计图和现实发生不符的现象发生。另外，隧道要进行结构稳定性、安全性分析，同时对防火、疏散、通风等功能要求较高。这些都基于专业的分析模拟软件，而 BIM 模型的建立有助于相关的分析研究。

2　工程概况

苏埃通道工程全长 6.68km，按 I 级公路技术标准，并兼具城市道路功能，双向六车道标准，主线设计行车速度 60km/h，南、北两岸采用互通立交与城市道路连接；海底段采用盾构法施工，盾构隧道内径为 13.13m，外径 14.5m，是目前国内综合难度最大的大直径盾构法施工。

3　BIM 技术应用

苏埃通道的 BIM 技术开展由业主、设计、施工单位参与，BIM 咨询单位实施，为了保证模型的精度和在项目不同阶段的延续性，针对项目的特点，编制了模型创建标准、设备设施分类及编码标准和交付标准，保证最终成果交付时 BIM 模型精度和信息深度。

3.1　BIM 参数化设计

隧道工程主体构造不同于民建工程。隧道主体结构主要围绕路线设计中心线进行生成，而路线设计中心线一般为空间曲线，Revit 本身不能完全满足建模要求，需搭配其他软件进行创建。项目以 Civil 3D + Revit + Dynamo 的工作模式，对地下隧道工程项目进行参数化设计。如图 1 所示。

（1）道路设计中心线获取

利用 Civil 3D 软件进行路线设计，通过平曲线和竖曲线的参数化设计，建立真实的三维路线空间线。将路线文件输出为 Landxml 格式，通过 Revit 插件 Extensions 与 Civil 3D 进行交互，将三维路线导入 Revit 中，通过 Dynamo 识别三维曲线进行后续设计。

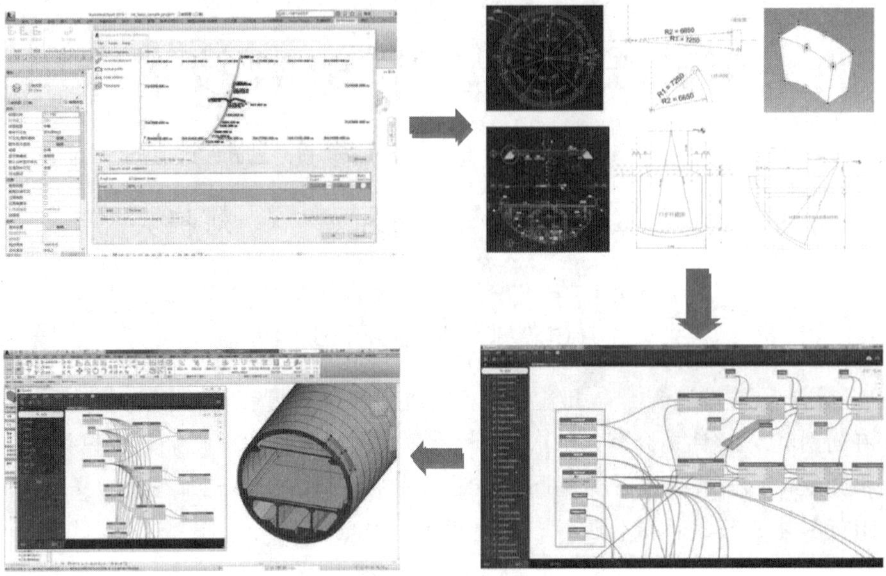

图 1　隧道主体结构参数化设计流程

（2）建立控制参数及草图设计

基于图纸对隧道衬砌、口子件、防撞侧石、路面等截面进行参数化轮廓线创建，只有建立足够的、合理的参数，才能实现模型的参数化驱动修改。

（3）Dynamo 参数编程设计

结合 Civil 3D 中获取的道路中心线和 Revit 中创建的参数化截面轮廓，在 Dynamo 中对其进行参数化编程设计，将道路中心线进行分段处理，并在分段位置处放置对应截面轮廓。其主要参数需设为可调整数据，如分段距离（数量）、桩号位置、轮廓截面族等，方便后续模型生成及修改。

（4）Revit 模型生成

Dynamo 中形成 Revit 模型主要分为两种模式：一种是在 Revit 中做好族，在 Dynamo 中通过编程设计规律放置该族；另一种则是通过 Dynamo 直接创建实体形状，再利用“ Direct Shape. By Geometry”或者是“ Import instance. By.Geometry”转换成 Revit 模型。隧道段模型可用第一种方式生成，而明挖段由于前后截面有参数变化可选择第二种方式生成。

基于 BIM 技术的路线设计，是将路线的平曲线和纵断面集成到同一应用平台实现联动设计，相互关联平曲线和纵断面线的空间几何关系。通过构建通道断面装配模型，基于路线以放样融合的形式实现通道参数化设计，并且在后期设计变更的过程中，可对变更模型进行参数化管理。提升了三维可视化设计程度。使用 BIM 可视化编程技术对盾构隧道管片进行设计，构建自适应管片模型，设置相应参数信息，快速导出各管片详细尺寸，并统计各管片工程量，便于后期管片预制及材料供应。

3.2　管线综合优化

由于路线设计是空间三维曲线，需要兼顾多专业协同和空间的复杂性，对机电专业的设计提出更大挑战。针对该项目特点，制定了机电建模样板，各专业 BIM 工程师分别建立了各专业机电模型，进行碰撞检查。通过碰撞检查，汇总统计碰撞问题，对于一般性的碰撞问题，通过调整管线标高、管线路径等方式进行优化；对于涉及专业众多的非一般性碰撞问题，反馈至相关单位，通过 BIM 协调会议，由各参与单位共同讨论研究，决定最优方案，最终出具相应的深化设计模型并反馈至设计单位。

项目除本身的众多机电管线需要优化之外，还需要对原有地下管线进行迁移。原有地下管线包括电力、光纤、给水等各类管线。通过现有地下管线探测，建立现有地下管线模型并进行分析，模拟不同阶段管线搬迁的状态和隧道的建设状态，使得管线搬迁方案的目的性更加明确、直观，设计出最优的管线拆改方案，如图 2 所示。

图 2　隧道机电模型

3.3　BIM+ 出图

实际施工过程，工人很难做到边施工边查看模型，按图纸施工还是最常用最方便的途径。为此，BIM 实施团队依据各专业出图规范，制定相应的 BIM 模型出图标准，对模型进行处理，分专业进行三维出图，涵盖围护结构、主体结构、预留预埋、管线综合、机房等多个方面，方便施工人员对项目的快速理解，避免出现施工错误如图 3 所示。

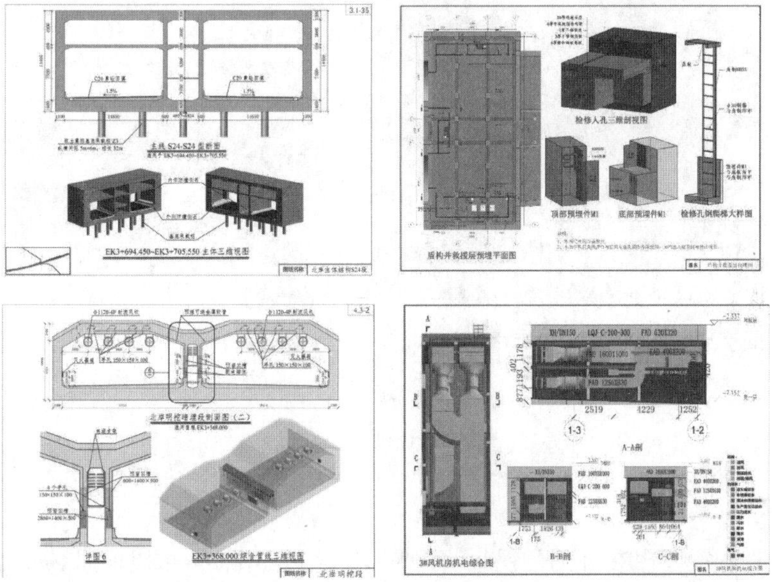

图 3　BIM 各专业出图

3.4　地质模拟

针对本项目复杂多样的地质情况，工程师们基于地勘数据，真实模拟地质分层走向，利用不同颜色区分地质分层，将隧道主体模型与三维地质模型相结合，实现隧道沿线任意位置地质纵断面剖切，结合主体结构模型中管环的里程信息，即可推算出当前掘进处离下一个风险点的距离，如图 4 所示。

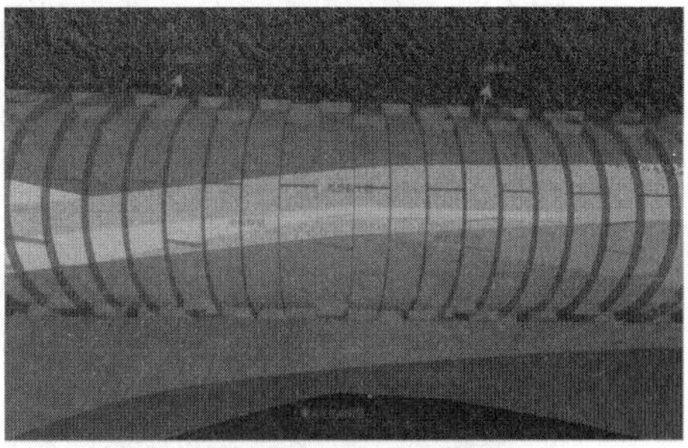

图 4　地质纵断面图

3.5　进度管理

利用 Navisworks 软件，将模型与进度进行关联，为项目部管理人员直观展示各工区、各区域的进度推演情况，有效地解决各工区之间出现的工序重合、交叉、延误等问题。提前发现模拟中存在的问题，制定应对措施，直观展现各专业进度关系，优化进度计划，指导资源调配和施工部署。通过进度模拟，发现原工期排布中南岸后配套段 04 节至 06 节基坑开挖及主体结构施工安排时间过短，没有考虑混凝土养护时间，重新调整后无法保证重要施工节点于 9 月 19 日盾构始发井结构完工，为保证此节点目标，将盾构井后配套主体结构两道 ϕ609 换撑改为一道 ϕ809 换撑。经模拟分析，每段主体结构节省 9d 的拆装时间，整个后配套节省 54d 的工期。利用手机 APP，将项目进度动态实时上传至 APP 上，项目部管理人员即可通过 APP 了解到现场的进度情况，对比进度计划，若出现进度滞后则及时进行分析，寻找解决方法，确保整体工期计划不受影响，如图 5 所示。

图 5　进度动态发布

4　结语

Dynamo 是一个基于 Revit 的可视化编程平台，通过 Dynamo 可以根据 Civil3D 的线路生成、调整和放置 Revit 的族，更快地解决设计细节，提高模型精准度，为后续施工指导提供有效依据。Dynamo 不仅可实现隧道模型的创建，在地质模型、桥梁平纵横模型、弯桥箱梁及纵向预应力钢束等复杂桥梁模型上，Dynamo 也是不错的选择方式。通过 BIM 的深入应用，使项目人员充分认识到，BIM 应用必须切合实际施工进行，基于高质量的 BIM 模型，结合专业知识进行模型应用，辅助施工，通过数模分离，提取数据信息，协助项目管理层高效精准治理项目痛点。

参考文献

[1] 余萌. BIM 技术在市政道路设计中的应用研究 [J]. 四川建材. 2016（02）：149 ～ 151.

[2] 叶建勋，谭潇. 基于 BIM 技术的施工技术、组织和管理 [J]. 广东土木与建筑，2018，25（07）：76 ～ 78.

BIM助力机电安装深化落地
——梅州·世界客商文化中心

黄　蕊[1]　王依寒[1]　苏霁康[1]　盛　卓[1]　邓钰霖[2]

1. 湖南省第二工程有限公司，长沙，410004
2. 湖南建工集团有限公司，长沙，410004

摘　要：本项目设备区空间有限，而各机房的专业众多，管线汇集，交错复杂，布置难度大。综合考虑机电各专业的安装空间要求以及后期维护因素，通过BIM技术建模设置综合支架，实现空间充分利用。与设备厂家沟通，了解各机电设备的重要参数，对主要设备实行1∶1建模，进行各机房的虚拟建造，使设备布置合理，保证了施工质量。相对于传统施工方法，通过BIM技术手段所生成的施工模拟、动画演示等成果，其表达的信息量大，施工流程清晰，施工步骤详细，直观易懂，对难点、节点施工更方便。收集了项目各专业的技术交底内容并制作成工艺卡二维码，建立了完整的技术交底工艺卡信息库，对进度计划模型与实际进度模型进行分析、预演，检查进度计划的执行情况，使工程达到质量优良、施工便利、节约成本的良好效果。

关键词：BIM机电；管综优化；施工模拟；进度管理

1　引言

BIM（Building Information Modeling）技术是一种应用于工程设计、建造、管理的数据化工具，通过对建筑的数据化、信息化模型整合，在项目策划、运行和维护的全生命周期过程中进行共享和传递，使工程技术人员对各种建筑信息做出正确理解和高效应对，为设计团队以及包括建筑、运营单位在内的各方建设主体提供协同工作的基础，在提高生产效率、节约成本和缩短工期方面发挥重要作用。BIM具有可视化、协调性、模拟性、优化性的特点。它可以帮助实现建筑信息的集成，从建筑的设计、施工、运行直至建筑全生命周期的终结，各种信息始终整合于一个三维模型信息数据库中，设计团队、施工单位、设施运营部门和业主等各方人员可以基于BIM进行协同工作，有效地提高工作效率、节省资源、降低成本，以实现可持续发展。

2　工程概况

2.1　项目概况

世界客商文化中心选址在梅州市梅江区芹洋半岛品牌战略发展区，由奥园集团（梅州）有限公司建设，湖南省第二工程有限公司承建，以传统客家围屋意象为出发点，以“聚”字为设计创意，层层向上，四方汇聚，蕴含四海客商相聚之意。该中心总建筑面积48203m^2，设计楼高5层，地下一层、地上5层，结构总高度为32.25m，采用现代经典建筑的对称布局，建筑典雅、稳重、大气，是世界客商大会为发扬世界客商精神、传承世界客商文化而筹建的一座标志性建筑，如图1所示。

2.2　管线布置概况

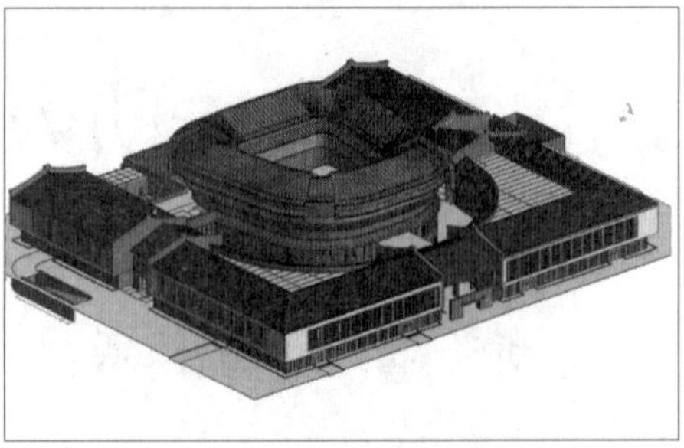

图 1　项目模型

走道区域的管线布置。以地下室走道区域为例，地下室设备区走道各专业管道集中，管线综合布置难度大。走道综合管线：一根 DN40 给水主管、四根 DN150 消防给水主管、两根 ϕ500mm 空调水管、一根 1000mm × 800mm 的风管、两根 800mm × 150mm 和一根 600mm × 150mm 桥架和两根 1000A 母线槽，地下室的生活水泵房、消防水泵房、制冷机房以及冷却塔场的管线布置也是本工程的重难点。因设备区空间有限，而各机房的管线汇集，交错复杂，布置难度大。

3　BIM 技术

梅州客商文化中心分为六个单体，结构复杂、造型奇特。其中包括弧形不规则屋顶、弧形梁、框梁等一系列复杂构件，外墙造型样式多，施工过程稍有不慎就会出现偏差。运用 BIM 建模，形成总体结构样式 4D 效果图，直观地呈现建筑物的内外部结构，形象地展现各专业工程设施的位置关系，解决了 2D 平面技术无法解决的各专业设施位置冲撞的矛盾。

3.1　走道区域管线深化设计

以地下室走道区域为例，地下室设备区走道各专业管道集中，管线综合布置难度大。走道综合管线设计由一根 DN40 给水主管、四根 DN150 消防给水主管、两根 ϕ500mm 空调水管、一根 1000mm × 800mm 的风管、两根 800mm × 150mm 和一根 600mm × 150mm 桥架和两根 1000A 母线槽组合而成。我司综合考虑机电各专业的安装空间要求以及后期维护因素，通过 BIM 技术建模设置综合支架，实现空间充分利用，达到质量优良、施工便利、节约成本的良好效果。

项目部通过利用 BIM 模型准确统计出各专业工程的材料用量，明确各种材料的具体使用时间，按需及时采购进场，避免因材料积压而占用资金，节约成本费用。将空调、给排水、消防、强电、弱电等各专业线路的支吊架综合在一起，统筹规划，整合成一个统一的支吊架系统。优化后的管线综合支架比各专业使用单一的支吊架节省钢材 2887.6kg，如图 2 所示。

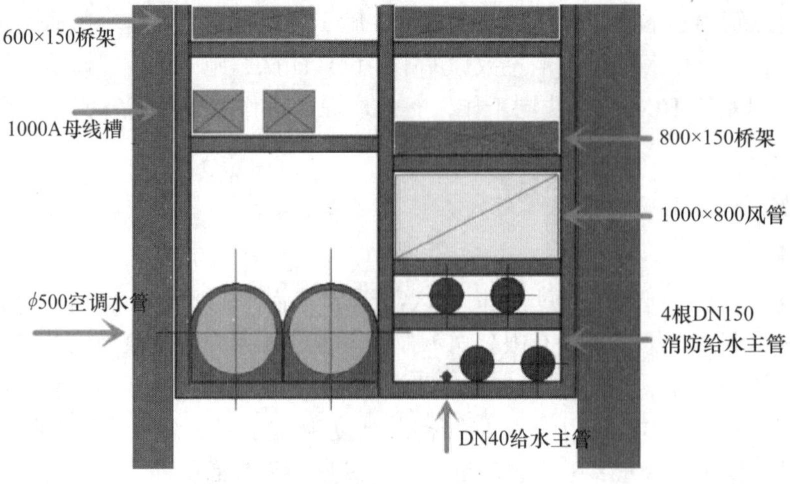

图 2　走道综合管线平面布置（mm）

3.2　地下室管线优化设计

地下室的生活水泵房、消防水泵房、制冷机房以及冷却塔场也是本工程管线布置的复杂部位。设备区空间有限，而各机房的专业众多，电缆桥架布局复杂，各类管线汇集，密密麻麻重叠交错，辨识困难，布置难度大。项目 BIM 工程师通过与设备厂家沟通，了解各机电设备的重要参数，对主要设备实行 1∶1 建模，进行各机房的虚拟建造，使设备布置合理、管线排列美观、检修方便，避免返工，保证了施工质量。项目采用 BIM 深化设计，将各专业模型进行整合，发现各专业间管线碰撞 1300 余处，据此优化调整各专业管线、设备的位置及标高，使管线排布更加规范合理，实现了空间充分利用。根据管线穿过墙、梁、板的部位，生成预留洞口报告，指导现场预留洞口施工，减少返工，提高施工效率。针对生活水泵房、消防水泵房等管线复杂的部位进行综合管线布置，使管线排布美观实用，如图 3 所示。

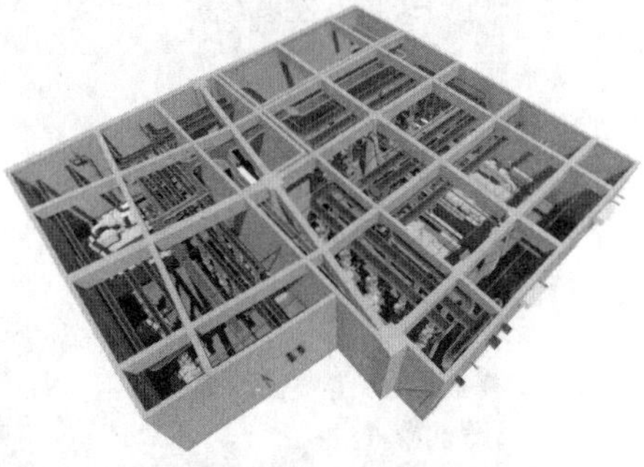

图 3　优化后的机房管线排布模型

3.3　可视化交底

相对于传统施工方法，通过 BIM 技术手段所生成的施工模拟、动画演示等成果，其表达的信息量大，施工流程清晰，施工步骤详细，直观易懂，对难点、节点施工更方便。而可视化交底是目前项目 BIM 应用最常见的应用点，项目管理人员及施工人员通过三维可视化交底，对管线布置位置、预留孔洞信息、管理目标有直观的了解。

根据建筑与结构设计正式图纸建立主体建筑与结构模型，然后根据风、水、电图纸建立风水电专业管线模型。通过碰撞检测优化各专业管线布局，以指导现场施工。复杂节点部位建立综合支吊架模型，对综合支吊架预制提供精确参数，提高机电安装工程品质。基于 BIM 模型的碰撞检测结果、模型参数信息、工程量表、漫游视频、预留孔洞信息等 BIM 应用成果对现场技术人员进行可视化交底，如图 4 所示。

图 4　机房可视化交底视频截图

3.4　二维码信息化管理

BIM 工作人员将二维码技术引入现场管理，利用 BIM5D 软件生成具有构件属性、实测实量数据等明细信息的构件二维码，打印成防水耐磨的构件卡张贴在现场对应的部位，现场作业人员直接扫码即可快速查看该构件信息。为了推动二维码应用点的顺利实施，工作站成员定期协助项目测量员采集实测实量数据，让工作站切实融入项目工作流程。

工作站收集了项目各专业的技术交底内容并制作成工艺卡二维码，建立了完整的技术交底工艺卡信息库，目前共制作了 19 张技术交底工艺卡，并将工艺卡张贴在施工现场，供管理人员和作业人员随时扫码查阅。二维码技术的运用极大地方便了现场信息传递，如图 5 所示。

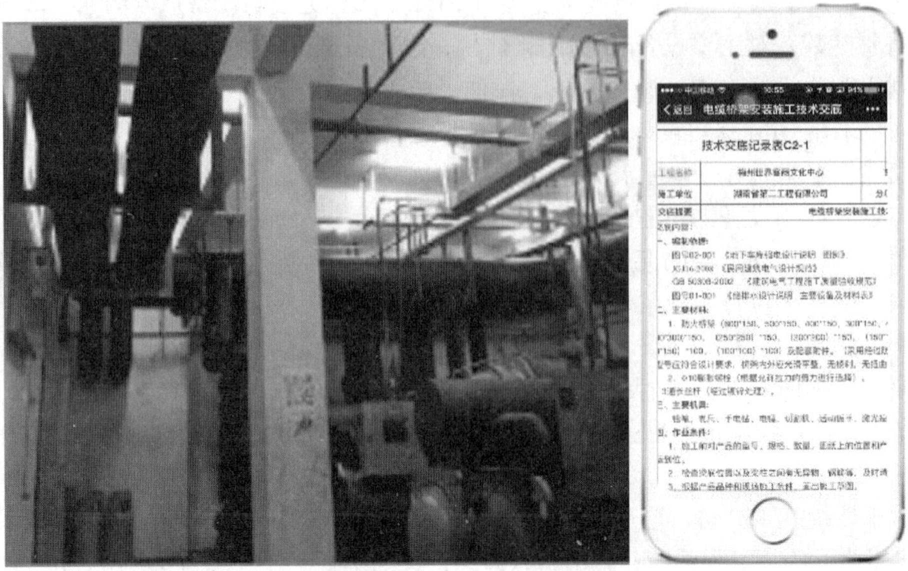

图 5　技术交底二维码工艺

3.5　进度管理

利用 5D 平台将建筑、结构模型和施工进度计划进行关联，软件自动生成项目施工模拟动画。对进度计划模型与实际进度模型进行分析、预演，检查进度计划的执行情况，结合场地布置、资源需求量计划，所需资金、人力、物资、机械的占用情况，查看进度节点对应的模型部位，分析进度计划的可行性，工作任务的进度是否超前或滞后，为优化调整项目进度提供直观的参考。

施工过程中进行实际进度信息与进度计划模型的比较，若实际进度慢于计划进度，进行纠偏优化或调整计划进度。本案例中实际进度滞后，需进行优化，制订赶工措施。赶工措施需结合项目的特点，滞后工作是否为关键工作，资源配备情况，选择不影响质量安全的最低成本的方案。

根据施工过程中工作站人员根据施工日记和进度报告，按时录入实际进度完成情况，将有偏差的部位提交项目管理层，实现监督和调整进度的完成情况和下阶段的纠偏措施，如图 6 所示。

4　结语

通过对建筑相关信息模型的建立，BIM 可以完成对项目整体的虚拟演示，模拟现场施工，确定合理的施工工序，直观地反映施工效果，使项目机电专业与各相关专业和管理方的沟通、协调、决策都在可视化状态下进行。通过数据管理平台，可以实现项目各管理方的协同工作。项目各方基于网络实现文档、图纸和视频的提交、流转、审核、审批及发放、实现信息共享，在此过程中实现施工质量、成本和进度的管理和监控，从而进行有效的施工管理。

1.上传进度照片

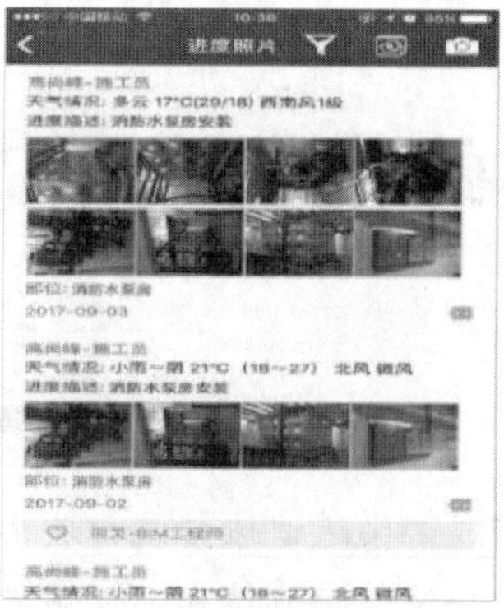

2.文字描述和说明

3.及时分析并找出延期的原因

4.进行评论和照片分享

图6　移动端进度管理流程

参考文献

[1] 樊水利. 机电设备安装工程的项目管理浅析 [J]. 化工管理，2013 (20)：154.

[2] 阳汉桥. 机电安装工程的项目管理 [J]. 中国高新技术企业，2007 (12)：163 ~ 168.

[3] 叶建勋，谭潇. 基于BIM技术的施工技术、组织和管理 [J]. 广东土木与建筑，2018，25 (07)：76-78.

[4] 刘超，陈胜. BIM技术在地下综合管廊施工全过程中的应用与研究 [J]. 中国标准化，2018，(14)：61-62.

蜂巢格室生态护坡施工技术

王　山

湖南省第三工程有限公司，湘潭，411101

摘　要：市政道路或者渠道边坡传统护坡形式大多采用片石护坡、喷锚、挂网、喷浆或预制砌块等结构形式。传统的护坡技术不仅施工程序复杂，操作困难，施工较慢，成本较高，还不符合生态环保的要求。本施工技术介绍了一种蜂巢格室生态护坡施工方法，不仅节省材料、提高工效，还符合生态环保要求，美观大方。

关键词：蜂巢格室；生态护坡；施工技术

市政道路边坡或者沟渠整治边坡的传统护坡形式大多采用片石护坡、喷锚或预制砌块等结构形式。传统的护坡技术不仅施工程序复杂，操作困难，施工较慢，成本较高，还不符合生态环保的要求。蜂巢格室土工材料是基于蜂窝约束技术和高分子合金技术，应对土壤稳定与强化难题的生态、经济的革命性材料。通过系统中相互连接的巢室所形成的高强度三维网格来约束和稳定土体，蜂巢约束系统显著提高了土体性能。

蜂巢格室生态护坡施工技术是当今一种比较先进的土体稳定技术。我公司通过在湘潭市河东风光带二期项目，红旗渠水系改造等多个边坡工程中应用此施工工艺，均取得了很好的效果。现将该施工工艺进行总结并形成本施工技术。

1　工程概况

红旗渠水系改造工程位于湘潭市岳塘区经开区。现状红旗渠全长 4.1km，总占地面积 37 万 m^2，红旗渠最窄处为 3.4m，最宽为 33m。本次改造为一期工程，长度约为 1000m，工程内容包括对红旗渠进行基础治理、截污清淤、结合两侧规划进行景观打造，改善渠道水体质量，塑造优美的滨水空间。

2　工艺原理

蜂巢格室生态护坡施工技术利用高分子材料经超声波焊接而成的蜂巢式三维网状物，在其格室内填充泥土等材料，其具有强大侧向限制和刚度的结构，能有效解决边坡土体稳定难题（图 1）。

3　施工特点

（1）蜂巢格室作为一种新型的土工合成材料，具有较高的侧向限制和防滑、防变形，有效地增强路基的承载能力和分散荷载作用。

（2）蜂巢格室孔眼有对土的锁定及加筋补强作用，加大土体的摩擦、锁定和阻抗作用，约束土体的侧向移动和沉降，有效地阻止土体的位移、沉降，提高其稳定性。

（3）较传统的混凝土结构和片石护坡结构，使用蜂巢格室网格护坡绿化，配植根系发达的草种，既可固土护坡，又可绿化、保护生态环境，符合低碳环保、生态绿化的要求。

（4）具有伸缩自如，运输体积小，连接方便，施工快捷、省力的特点。

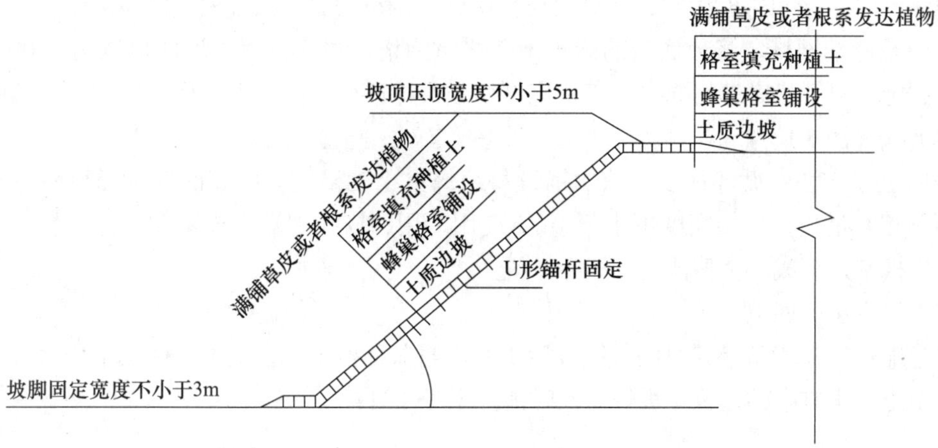

图 1　工艺原理示意图

4　施工工艺流程及施工方法

4.1　施工工艺流程

施工准备→边坡整理、测量放线→蜂巢格室材料铺设、固定→格室土方回填→植被种草→边坡质量验收。

4.2　施工方法

（1）施工准备

正式施工前，将施工所用的材料、人员、机具到位，技术人员熟悉图纸，了解地质情况、边坡坡度、蜂巢格室护坡铺设宽度及长度等相关参数，并对操作人员进行技术交底和安全交底，达到开工的条件。

蜂巢格室材料进货时检查质量证明材料，同时检查其外观质量，包装质量，运输过程中是否有破损等，合格后方可进货。进场后妥善保管，及时取样进行复检，经有资质的检测单位到位复检合格后方可使用。在运输过程中，运抵工地后应避免暴晒，防止粘结成块。

（2）边坡整理、测量放线

清理坡面石头、杂草、杂物等。修整坡面和坡口，需由上至下，尽可能将坡面清理平顺，以使蜂巢约束格室能够与坡面紧密地结合在一起，以利于材料的铺设，达到平整美观的效果。

对于施工坡面，按照规定的尺寸“放线”定格，沿着坡面横向和纵向分别进行楔桩拉线，以保证施工坡面平直及外部美观。

（3）蜂巢格室材料铺设、固定

蜂巢格室材料铺设。拉开网格平放于坡面，蜂巢格室与基面贴紧平顺，铺设时应避免张拉受力、折叠、打皱等情况发生。应力求平顺，松紧适度，不得绷拉过紧。发现有损坏，应立即修补或更换（图 2）。

图 2　蜂巢格室材料铺设

对坡面中间的网格进行锚固作业，固定采用 U

形钉进行锚固。顶部固定后，将张拉后的蜂巢格室网格左右两侧的边部予以固定，再将其最下端的底口用 U 形钉临时固定，然后对坡面中间的网格按设计尺寸安装定位。

锚固最低端网格。将最底端的蜂巢土工格室网格之边缘，埋入坡底填压沟，并用 U 形钉进行固定，对于最底端的蜂巢土工格室网格之边缘进行锚固。填土后，拔掉最下端固定所用的 U 形钉（图 3）。

按照上述方法，循环往复，依次铺设每组蜂巢土工格室。相邻的各组蜂巢格室必须对齐，两侧相互搭接，搭接宽度不小于 1m。使用专用的搭扣把端头连接在一起，使相邻各组蜂巢土工格室连接成一个整体。

（4）格室土方回填

尽量缩短蜂巢格室暴露时间，铺设后 12h 内履盖种植土。格室土方回填采用适合绿植生长的种植土，土方中的建筑垃圾等需及时清除干净（图 4）。

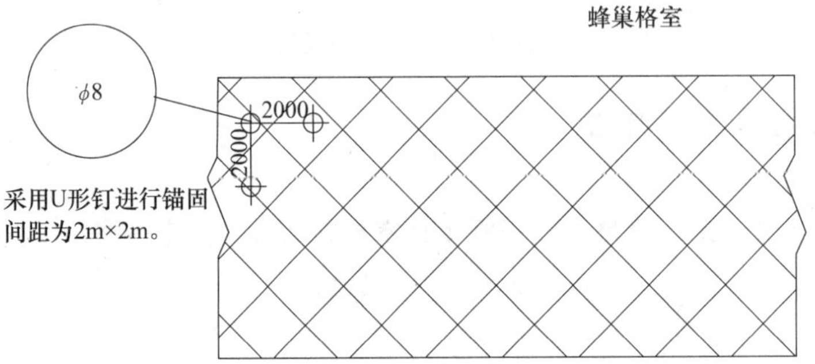

图 3　坡面防护 U 形钉固定示意图

（5）植被种草

按照设计要求铺设草皮或播撒草籽，播撒均匀，并做好适当养护。

（6）边坡质量验收

边坡完成后（图 5），组织建设、监理等单位进行质量验收。检查边坡是否稳定，蜂巢格室基础面平整度是否平顺，固定是否牢固，绿化等是否满足验收要求。

图 4　格室土方回填

图 5　蜂巢格室护坡完成后照片

5　施工质量控制

5.1　材料质量控制

蜂巢格室材料的质量重点检查下列内容：外观尺寸、断裂强度、屈服强度、片材厚度、片材透水开孔率等。

5.2　施工过程中质量控制

（1）检查蜂巢格室拼装工艺、拼装程序是否符合标准规定。

（2）检查锚杆锚固深度是否符合设计要求。

（3）检查填充腐殖土是否符合标准规定。

（4）抽查蜂巢格室基础面平整度是否符合设计要求。

（5）施工过程中需勤量测，发现偏差，及时纠偏校正。

6　安全措施

（1）施工前做好班组安全交底和安全教育，严格遵守施工操作规范和安全技术规程，确保施工安全。

（2）施工所用各种机具和劳动用品经常检查，及时排除安全隐患，确保安全。

（3）施工现场用 2.5m 高围挡封闭施工，夜间设置警示灯，主要出入口安排专人值班。

（4）施工过程中，临时用电严格按照三相五线，一机一闸一漏执行，杜绝违章操作。

（5）建立边坡检测点，发现边坡垮塌、开裂等异常情况，及时示警，及时组织人员疏散。

（6）与气象和水务部门沟通联系，如遇到大雨和洪水，停止施工，组织人员和机械撤离。

（7）施工过程中，安全管理人员做好巡查，排查安全隐患，督促落实整改。

7　环保措施

（1）边坡成形后，及时进行蜂巢格室生态护坡施工，避免雨水冲刷边坡，造成水污染。及时进行植被、种草，绿化边坡，控制扬尘，保护环境。

（2）施工过程的垃圾必须清理干净，每次施工后的残料、塑料包装不得随地乱扔、乱倒，污染环境，严格做到工完场清。

（3）渣土运输采用符合环保要求的渣土运输车，防止渣土抛撒现象。

（4）出入口设置自动洗车平台，防止车辆轮胎带泥上路。

（5）因工程需要夜间施工时，及时办理相关夜间施工许可，对周边居民进行告示，并对灯光照明和噪声采取相应防护措施，尽量减少影响周边居民的正常生产和生活。

8　结语

与传统片石护坡相比，采用蜂巢格室生态护坡人工费减少约 60%，材料机械费用节约 60%，材料损耗率降低 4%。蜂巢格室生态护坡技术能减少人工和机械材料费用，降低了材料损耗率，缩减工期；并具有控制扬尘和节材节电的环保效果，具有良好的社会效益和环保效益。在类似河渠护坡、路基护坡以及植被挡土墙等工程施工中，可广泛推广应用。

参考文献

［1］ 土工合成材料塑料土工格室：GB/T19274—2003［S］. 北京：中国建筑工业出版社，2016.

［2］ 建筑边坡工程技术规范：GB50330—2013［S］. 北京：中国标准出版社，2012.

［3］ 蒋德松，蒋冲. 城市岩质边坡土工格室生态防护技术及其应用［J］. 湖南大学学报（自科版），2008，35（11）：12-16.

［4］ 刘桂东. 蜂巢固土植生系统在硬质边坡复绿工程中的应用［J］. 天津建设科技，2017（02）：71 ～ 73.

现浇复合保温剪力墙外墙施工技术

韩宗勇

湖南省第三工程有限公司，湘潭，411101

摘　要： 随着我国建筑节能的全面推进，墙体的构造与材料也在向着多样化发展，本技术介绍了一种现浇复合保温剪力墙外墙施工方法，这种方法由 CL 网架板两侧浇筑混凝土后形成的一种保温复合墙体，具有保温节能、自重轻、优化工序、技术先进、保温层与建筑主体同寿命等优点。

关键词： 保温结构一体化；节能；环保；优化工序

近年来，随着我国房屋建筑规模的不断扩大，建筑行业已成为能耗的大户，尤其是外围护结构中外墙的热损耗量最大。现浇复合保温剪力墙外墙由 CL 网架板、实体剪力墙等组成。该结构具有保温节能、自重轻、优化工序、经济合理、技术先进、保温层与建筑主体同寿命等优点。我公司通过在固安孔雀城雅景园项目、OLED 宿舍楼项目总承包工程等多个剪力墙项目中应用此施工工艺，均取得了很好的效果，现将该施工工艺总结并形成本施工技术。

1　工程概况

固安孔雀城雅景园项目，位于河北省廊坊市固安县，建筑总面积 138074.56m^2，包括 10 栋高层住宅楼。本工程外墙采用现浇复合保温剪力墙，共计 24590m^2。

2　工艺原理

现浇复合保温剪力墙外墙是由两层或者两层以上的钢筋网片，中间夹保温板，用三维立体或水平斜插钢筋（腹筋）焊接成的空间骨架（CL 网架板）见图 1，加上构造措施与实体剪力墙组合后，经两侧浇筑混凝土后构成现浇复合保温剪力墙外墙，详见图 1 ～图 3。

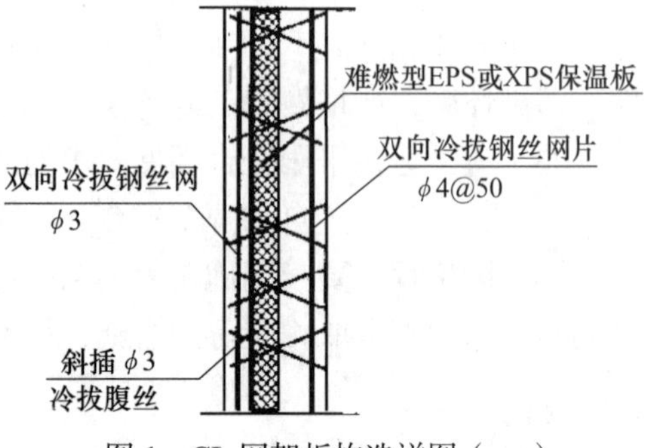

图 1　CL 网架板构造详图（mm）

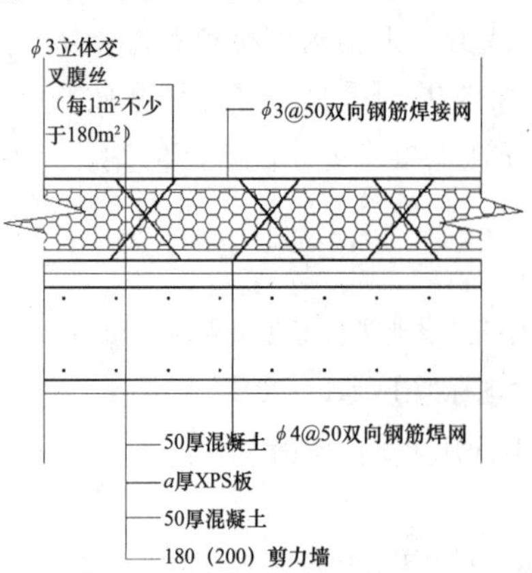

图 2　现浇复合保温剪力墙外墙构造详图（mm）

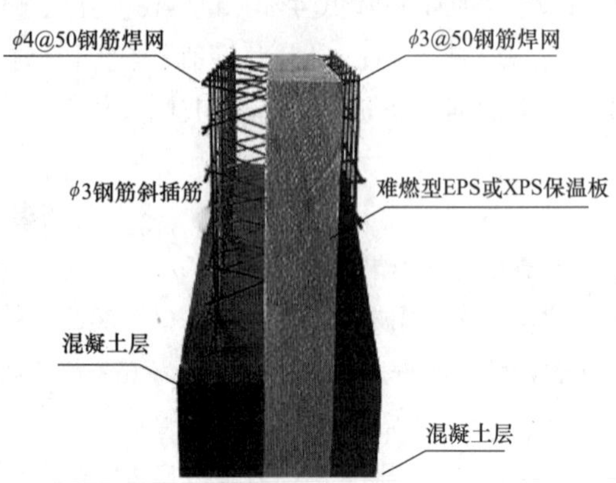

图 3　现浇复合保温剪力墙外墙示意图（mm）

3　施工工艺流程及施工方法

3.1　工艺流程（图 4）

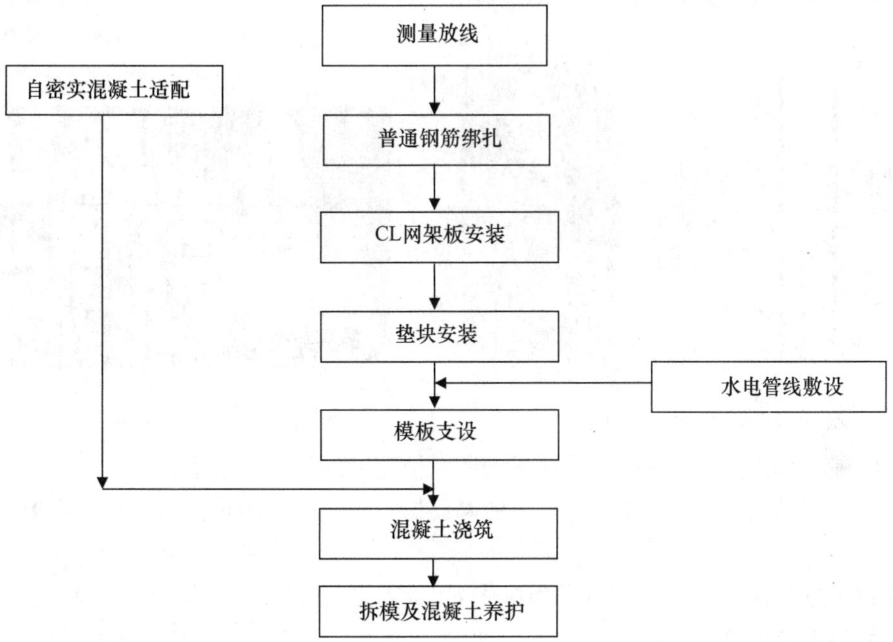

图 4　工艺流程图

3.2　操作要点

3.2.1　测量放线

用经纬仪将主要控制中心线投测到建筑物的周边。用钢尺量出墙体、柱边线和墙体、柱的控制线，并弹上墨线，经验线合格后，根据所弹的墙、柱边线，在其竖向钢筋上距楼面30mm 处，利用端钢筋焊上控位支点，控制墙柱模板的正确位置。

3.2.2　普通钢筋绑扎

（1）现浇复合保温剪力墙外墙钢筋按照设计和图集要求进行绑扎。在首层 CL 网架板与基础圈梁或下层墙体竖向连接处，提前按设计图纸及相关图集要求，在外侧混凝土内的钢筋焊接网处及内侧混凝土的受力钢筋部位留设竖向的搭接用附加 $\phi6$ 光圆钢筋，用于固定 CL 网架板，见图 5。

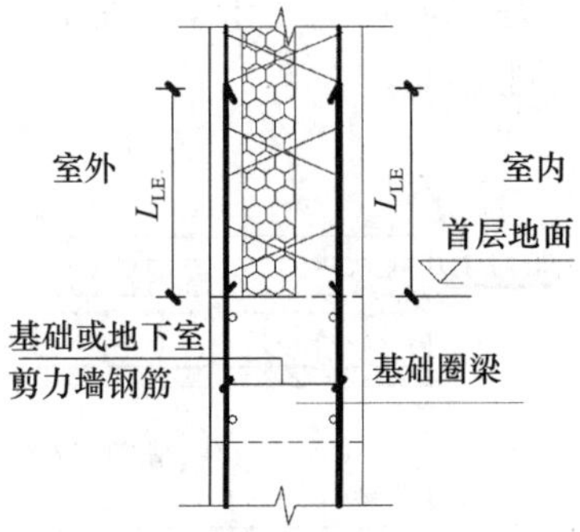

图 5　与基础圈梁的连接构造

（2）钢筋安装绑扎前，应在楼地面相应位置用墨斗进行定位放线，标明墙身、边缘构件（暗柱）、门窗洞口的位置线及控制线。

（3）根据位置线及控制线整理预留钢筋（图 6），按照施工图纸及相关规范要求，进行边缘构件（暗柱）及普通剪力墙、短肢剪力墙等普通钢筋的安装及绑扎。

3.2.3　CL 网架板安装

（1）吊装

① CL 网架板比较轻、体型大，吊装时容易发生因风压而引起的不稳定。因此，吊装一

般采用吊篮集中吊装。吊篮所有边框均采用 ϕ48 钢管制作，然后用 ϕ12@200mm 钢筋焊接在边框上作为护栏，吊篮地面采用 ϕ16@200mm 钢筋焊接。吊篮的外形尺寸为长 × 宽 × 高（根据 CL 网架板宽而定），具体做法如图 7 所示。

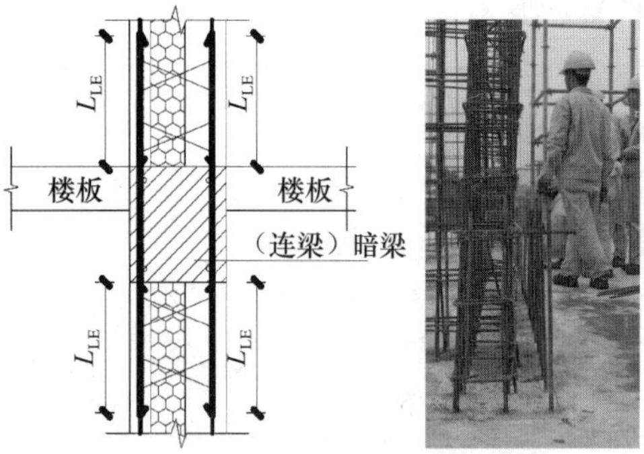

图 6　楼面处预留钢筋

图 7　CL 网架板吊篮图

② CL 网架板吊装时，一定要根据板的所在位置的编号装入吊篮进行吊装。

③不得采用吊索直接锚入 CL 网架板的网筋进行吊装，以防止钢筋网片的变形。

（2）安装

①应根据施工段划分，利用塔吊集中将 CL 网架板吊到所需安装的楼层面，然后按编号进行分块吊装安装到位。

②墙板就位时，应对准墙板边线，尽量一次就位，以减少撬动。如果就位误差较大，应将墙板中心吊起调整，同时确保墙板垂直度。

③墙板就位后，应做临时固定，宜同时进行预埋件的焊接和墙板锚片及附加锚筋的绑扎。将 CL 网架板靠剪力墙内侧立面的 ϕ4 钢丝网与剪力墙钢筋箍筋绑扎牢固。

④ CL 网架板水平向连接，可采用墙板水平钢筋直接锚入边缘构件的做法，亦可采取另设带肋钢筋或搭接锚片与边缘构件连接，其锚入边缘构件内锚固长度及与焊接网片搭接长度均应该满足规范和设计要求（图 8），边缘构件的箍筋与 CL 网架板内的水平钢筋宜采用 ϕ6 以上钢筋。

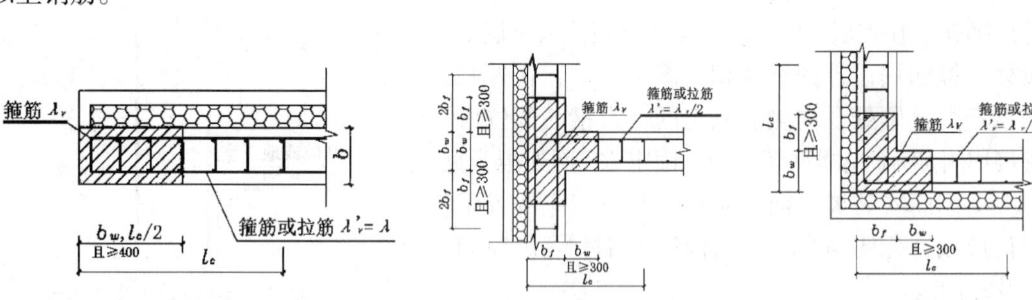

图 8　现浇复合保温剪力墙外墙边缘构件构造（mm）

⑤ CL 网架板垂直向连接，墙板在楼层及地梁处连接应满足等强度要求，内外侧采用预留插筋方式，插筋间距不大于 150mm，且采用带肋钢筋，按照设计要求，插入构造墙框柱、中柱，与主筋和 CL 网架板的网筋进行绑扎牢固，达到可靠连接，同时锚入长度及构造筋的外露长度应符合强度。

⑥现浇复合保温剪力墙外墙外架连墙件、悬挑脚手架、悬挑钢梁需要穿过墙体时，应先在 CL 网架板上画好预留孔洞的大小，采用手轮锯在 CL 网架板上切出预留孔洞，然后将制作好的预留木盒卡入 CL 网架板的预留洞口内。

⑦现浇复合保温剪力墙外墙的边缘构件（暗梁、暗柱）及外门窗出现冷桥的部位应采取保温措施，并应保证其内表面温度不低于室内空气露点气温。现浇复合保温剪力墙外墙与楼板交接处可采取以下措施进行保温处理（图 9）

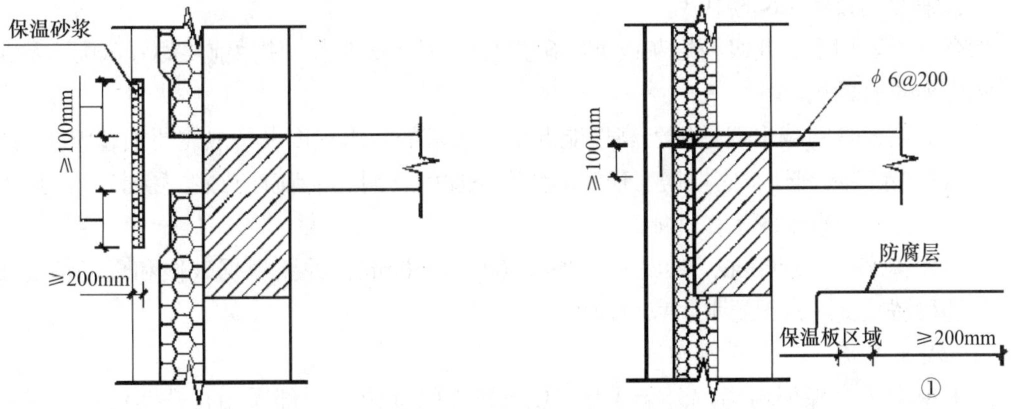

图 9　现浇复合保温剪力墙外墙楼板节点构造

3.2.4　垫块安装

（1）根据混凝土的浇筑厚度，采用专用预制垫块，两面对称安装，纵横间距不大于 350mm，且绑扎牢固，避免 CL 网架板位移和变形，同时，为控制墙体厚度，根据墙厚，采用 ϕ12mm 的钢筋作横撑，纵横间距不大于 800mm。

（2）预制垫块时，在高出钢筋部位预留一穿铁丝孔道，绑扎时产生一个垂直于保温板方向的力，可以防止垫块在这个方向位移，绑扎点选在空间交叉钢筋和外侧水平钢筋的焊接点处，可以预防垫块在平面上的位移，见图 10。

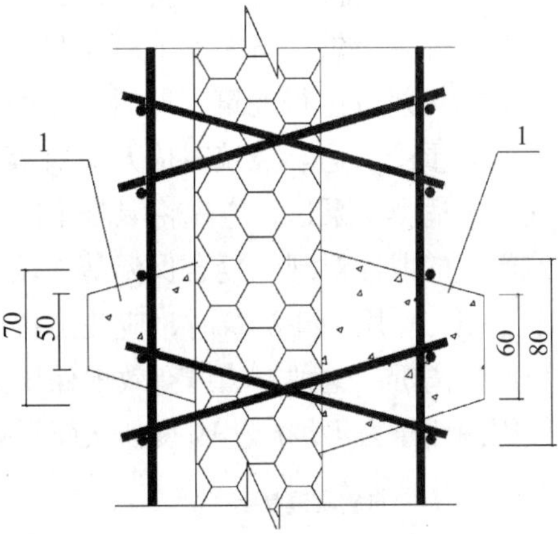

图 10　CL 网架板混凝土垫块详图（mm）

3.2.5　模板支设

CL 网架板安装就位后要进行墙体大模板的支设，其施工工艺可参照大模板施工工艺标准及相关施工方法即可。而与此相关的工艺标准及施工方法最大的不同之处就是该现浇复合保温剪力墙外墙要使用自密实混凝土浇筑，因此要求模板的任何一个部位都不得留有缝隙和孔洞，以防止漏浆，结合现场施工经验，总结以下措施：

（1）大模板就位时，在墙柱底部先浇筑 30 ～ 50mm 厚同强度等级的砂浆，将模板与楼板的接缝堵严，防止混凝土跑浆造成蜂窝、麻面或烂根等质量缺陷。

（2）在门窗洞口的木框上用螺丝固定增设钢板护角，采取加厚木板边框和增加对角支撑，以保证木框的整体刚度和防止角部变形漏浆。

（3）在所有模板的拼接缝部位均采用海绵密封条。

（4）局部部位必要时可采用粘贴塑料胶带或打密封胶等措施。

（5）洞口阴角等死角部位要留设通气孔，浇筑时注意观察，混凝土充满后立即封堵。

3.2.6　自密实混凝土试配

（1）自密实混凝土材料要求

水泥：宜采用 42.5MPa 硅酸盐水泥、普通硅酸盐水泥、矿渣硅酸盐水泥。

石子：粒径 5 ～ 10mm 级配良好的卵石或碎石，优先选用卵石。

砂：细度模数≥ 2.6 的中砂。

掺合料：掺加Ⅰ、Ⅱ级粉煤灰或磨细矿渣及少量膨胀剂等，使用前要做好试配，尽量选用需水比小的粉煤灰。

外加剂：通常的减水剂达不到高性能混凝土要求的减水程度，一般需要加超塑化剂（高效减水剂）。除减水剂外，应根据工程实际情况添加引气剂、早强剂（或缓凝剂）、泵送剂等。

（2）自密实混凝土的工作性能

坍落度：260 ～ 280mm，扩展度（15s）600 ～ 750mm，并要根据气候和现场情况进行调整，且和易性良好，无泌水、离析现象。

3.2.7　混凝土浇筑

（1）现浇复合保温剪力墙外墙采用 CL 网架板的部位应全部采用自密实混凝土进行浇筑，其他内墙体及构件可采用普通混凝土浇筑。当采用两种混凝土进行浇筑时，应先浇筑普通混凝土，然后再浇筑现浇复合保温剪力墙外墙的自密实混凝土。普通混凝土与自密实混凝土的交接部位应设在垂直于现浇复合保温剪力墙外墙的边缘构件外侧。该位置应在模板支设前铺设孔径为 10mm 的钢丝网，见图 11。

（2）浇筑自密实混凝土时，浇筑宜按图 12 进行。浇筑顺序：1 → 2 → 3 → 4。先从结构的角部开始浇筑，自密实混凝土呈金字塔形流动，当流动水平距离 20m 左右时移至 20m 以外的结构部位进行浇筑，然后对这两次浇筑的中间部位进行浇筑。浇筑时应两边同时进行，不能侧重于一边。浇筑时应及时观察两侧混凝土浆面高差，并控制在 400mm 之内。自密实混凝土适合于泵送，应先将混凝土卸在溜槽上，再使其流淌到模板中，从而减少因巨大的落差产生的惯性对现浇复合保温剪力墙外墙内的 CL 网架板的冲击力和扩大浇筑点，以利于混凝土填充。用吊斗浇筑时，应使出料口和模板入口距离尽量小，必要时可加串筒或溜槽，以免产生离析。这种方法可有效地保证混凝土对保温板两侧产生的侧压力基本均衡，防止保温板因两侧压力不均产生断裂，从而影响保温性能。

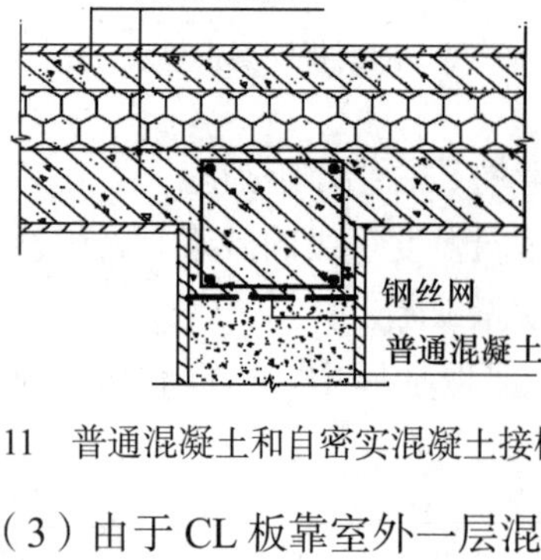

图 11　普通混凝土和自密实混凝土接槎处

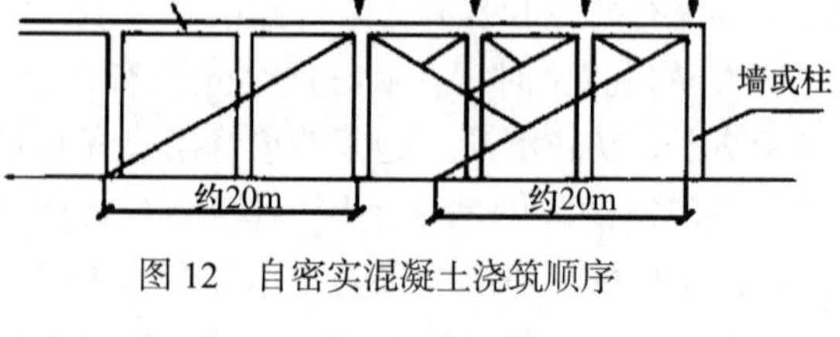

图 12　自密实混凝土浇筑顺序

（3）由于 CL 板靠室外一层混凝土厚度仅为 50mm，为了达到成型后自密实混凝土表面观感良好，可以实行模板外的辅助振捣，一般可采用皮锤、小型振动器或振动棒随着混凝土的浇筑从下往上振动。对钢筋构造复杂的暗柱和现浇复合保温剪力墙外墙中部，可在浇筑时使用螺纹钢筋对保护层部位混凝土适当插捣，插捣时不得触及保温板及立体交叉筋。

3.2.8　拆模及混凝土养护

（1）侧面模板拆除，混凝土强度能保证表面及棱角不因拆除模板而受损伤时方可拆除，梁板底模拆除时的强度应符合设计和规范规定（符合《混凝土结构工程施工质量验收规范》（GB 50204—2015）中拆模规定时方可拆除。）

（2）拆模时不得硬砸或撬棍硬撬，以免损坏表面棱角。

（3）现浇复合保温剪力墙外墙中的混凝土截面较薄，通常室外一侧只有 50mm，为了防止产生干缩裂缝，应在拆模后及时涂刷养护剂或适时洒水养护。养护时间宜比普通混凝土延长 24h 以上。

（4）模板拆除后应对穿墙的预留洞口和螺栓孔进行封堵。封堵前应先填入与保温板等厚的保温材料（预留洞口封堵前应凿除预留的木盒），再用干硬性砂浆或细石混凝土将孔洞两端填实，并在外表面涂刷水性有机硅等防水涂层。防水涂层直径不得小于孔洞直径的 3 倍。

4　施工质量控制

（1）现浇复合保温剪力墙外墙质量标准及检验方法，按照国家标准《混凝土结构工程施工质量验收规范》（GB50204—2015）执行。

（2）现浇复合保温剪力墙外墙外观质量标准见表 1。

表 1　现浇复合保温剪力墙外墙外观质量标准

项目	质量要求
混凝土强度	混凝土强度必须符合设计要求
外观	无蜂窝、空洞、缺棱掉角、起皮、裂纹、烂根、CL 网架板外露等缺陷
接槎	层间顺直不显接槎、颜色一致

（3）现浇复合保温剪力墙外墙一般项目允许偏差见表 2。

表 2　现浇复合保温剪力墙外墙一般项目允许偏差

项目		允许偏差（mm）	检验方法
轴线位移		5	钢尺检查
垂直度	层高	8	经纬仪或吊线、钢尺检查
	全高（H）	H/1000 且≤ 30	经纬仪、钢尺检查
标高	层高	0，-10	经纬仪或拉线、钢尺检查
	全高（H）	H/1000 且≤ 30	钢尺检查
截面尺寸		+8，-5	钢尺检查
表面平整度		8	2m 靠尺和塞尺检查
预埋设施中心位置		预埋件	钢尺检查
		预埋螺栓	钢尺检查
		预埋管、预留孔	钢尺检查

续表

项目	允许偏差（mm）	检验方法
预留洞中心线位置	15	钢尺检查
两侧混凝土厚度	0，+5	钢尺检查
保温板及钢筋网相对位移	10	

注：检查中心线位置时，应沿纵横两个方向检测，并取其中的较大值。

5 安全措施

（1）用塔吊吊运 CL 网架板时，必须由起重工指挥，严格遵守相关安全操作规程。

（2）遇到 5 级以上风的天气，严禁高空室外作业。

（3）施工用电安全：施工用电必须遵守安全用电规章制度，按指定配电柜专人接线操作，非电工严禁操作。

（4）施工人员进场前进行安全培训，合格后方可上岗；执行安全一票否决制，违反安全规定者责任自负。

6 环保措施

（1）严格遵守国家、地方及行业相关标准、规范：《建筑施工现场环境与卫生标准》（JGJ 146—2013），《建筑施工场界噪声限值》（GB12523—2011）。

（2）保温板材料符合国家现行相关标准，并符合设计的节能要求。

（3）加强环保意识，严格执行有关文件或环保审批手续。

（4）按照施工总平面布置，材料构件按规格堆放，模板、钢管等要码放整齐。

7 结语

现浇复合保温剪力墙外墙在施工过程中利用 CL 网架板的钢丝网和斜插腹筋与剪力墙受力钢筋相组合，形成墙体的骨架，在两侧浇筑混凝土后具有受力和保温的双重作用，达到了同步设计、同步施工、同步验收的技术要求，实现了建筑保温与结构同寿命的目的，同时缩短了工期，降低工程成本。

参考文献

[1] CL 现浇复合混凝土剪力墙施工技术［J］. 城市住宅. 2014（06）.

[2] CL 剪力墙结构体系的施工技术［J］. 天津建设科技. 2007（03）.

[3] CL 建筑体系的应用实例［J］. 建设科技. 2008（22）.

建筑工程节能施工技术初探

周海兵

湖南省第四工程有限公司，长沙，410000

摘　要：现阶段，随着我国的社会经济发展，人们对环境保护的意识不断地提高。建筑工程的建设项目增多，必然会对环境造成一定的污染和损害，因此，在具体的工程建设中，一定要结合节能环保的施工技术，对资源进行有效利用，进而加大对环境的保护力度，有效地减少施工对环境的污染程度。本文简要分析了建筑工程节能施工技术的应用原则、意义、主要内容。

关键词：建筑工程；节能施工技术；探究与思考

建筑工程本质上是消耗巨大资源的一个项目工程，因此，在建筑工程施工时，一定要加大对节能技术的应用，更好地推动建筑工程环保功能的全面实现，让建筑工程朝简约、科学、合理的方向发展，彻底实现节能施工技术的价值与意义。从某种程度上来说，实施节能施工技术也是有效地提高建筑工程经济和社会效益的手段。总体来说，在建筑工程中实施节能技术具有深远意义和价值。环境保护及节能技术问题已经成为全世界的一个焦点问题，而我国建筑工程的节能施工技术和发达国家相比还存在较大差距，因此，我国更应当加强建筑工程中的节能施工技术，不断地提升建设施工的质量，尽可能地减少对资源的占有。

1　建筑工程节能施工技术的应用原则及意义

1.1　选择节能的材料

众所周知，建筑工程中最重要的就是建筑材料的选择。要想彻底实现节能施工技术的应用及预期的节能效果，首先就要从施工的材料入手，对材料进行再创新和利用，针对一些已经具备节能效果的材料，还要继续提高其利用率，提升建筑工程节能技术的实际效果。例如，在进行门窗施工时，通常情况下要选择密封性能较好的材料，除了能够有效地提升建筑的保温措施，还能够满足节能的要求，使得节能技术得以实现。除此之外，在房屋建筑功能满足了基本的使用功能和节能效果的前提下，还要有效地提升房屋建筑的整体功能以及保温隔热的效果，为人们提供更加舒适、安全的生活空间和环境。

1.2　严格执行节能技术的规范操作

要想保证建筑工程能够顺利有效地完成，就必须在施工过程中利用好节能技术，其必须建立在标准化和操作规范的基础之上，这样才能真正发挥出节能材料的实际经济效益。通常情况下，在建筑工程的施工过程中，都会产生出很多废弃的材料，如果这些废弃物无法得到妥善的处理，那么就会造成一定的资源浪费。因此，在施工过程中，一定要加大对可再生资源的循环利用，逐渐降低对不可再生资源的消耗。除此之外，在建筑设计环节，需要特别注意的就是对自然光线的设计和利用，并通过科学的方法、精准的分析和计算，选择低耗能的灯具来进行空间的照明。最重要的就是要严格遵守节能技术的规范操作和技术实施标准，保证施工中的每一环节都能按照节能设计而顺利完成。

1.3 节能施工技术的意义

节能施工技术是对现有资源进行循环利用的同时，保证施工的质量、工作效率以及施工时间。节能施工技术得到了越来越多施工企业的认可，从建筑工程的设计到工程的结束，节能施工技术强调的是提高资源的利用率，实现对资源的节约和保护。目前，应用在建筑工程中最多的节能技术就是太阳能、天然材料的循环再利用。所以说，节能施工技术并不只是一项简简单单的施工技术。节能施工技术的意义在于：第一，节能施工技术能够充分降低对能源的消耗，还能加强对可再生资源的循环利用，为社会经济发展提供支持。第二，在北方，由于冬天气候过于寒冷，建筑要通过暖气来保证室内的温暖，而传统的暖气系统是会排放出大量废气、废液，给周围的环境和空间带来影响，而节能技术的应用能够有效地减少对废气、废液的排放量，有效地保障了生态系统环境的平衡。第三，节能施工技术可以有效地缩短建筑工程的施工时间，提升了工作效果，为施工企业的经济效益提供支持。

2 建筑工程节能施工技术的主要内容

2.1 建筑工程节能技术的设计思路

对建筑工程的设计师来说，在设计中要结合外界的环境，最大程度保障建筑环境能够获得适应性的提高和保障。建筑工程节能技术的主要内容包括工程的分布以及体量的控制等。在此基础之上，要坚持对各种的可再生资源进行科学、合理的利用，比如说，利用光、风、太阳能等；要针对最新型的节能材料加以科学的使用，让传统的施工技术在缺陷方面得到合理地填补，把材料的利用率最大化地提高，尽可能地减少对不可再生资源的消耗。因此，对于建筑工程的设计师来说，在进行节能施工技术的规划时，要尽可能地选择具备节能性、环保性的材料作为建筑施工的原材料。

2.2 建筑工程节能材料的选择

在建筑节能技术的实施及应用的过程中，一定要保证工程的施工质量，并在此基础之上，选择合理、科学的施工材料。例如楼板的选材，可以选择蒸压混凝土板和空心板，这两种是比较常见的节能材料，但是在屋面和墙体的施工过程中，一般情况下要选择 EPS 聚苯板、中空玻化微珠和 XPS 挤塑板，门窗要使用中空节能玻璃、节能窗框和中空覆膜节能玻璃等。

3 建筑工程节能施工技术应用措施

3.1 墙体材料的节能施工技术

通常情况下，建筑工程中的墙体节能材料是空心砖，节能施工首要任务就是要对空心砖的排列方式及方向进行总体布局和研究，并保证墙体的完整性，如果出现空心砖因模数原因局部有空隙的情况，就可以利用实心砖来填砌。实心砖施工时要防止裂缝和漏风情况发生。墙体的粉刷要特别注意预防开裂现象，提高灰缝饱满度。

3.2 墙体保温的节能施工技术

房屋墙体的保温一般会设在墙体的外侧或者是内侧。将墙体保温层设置在墙体的外侧，可以节省室内空间，而且也不会影响到室内装修的美观，但缺点就在于会受到外部自然环境因素的影响，造成保温系统出现漏水、掉落、裂缝等问题。保温体系安装到墙体内侧能够保证不会受到外界自然环境因素的影响，但是会对墙体内部的视觉效果造成一定的影响，严重的还会影响到保温效果。

3.3　门窗安装的节能施工技术

在建筑工程节能施工中，对门窗的安装是有着非常高的技术要求，尤其是门窗材料的选择。选择质量好的门窗材料，对于节能施工技术的应用是有帮助的。比如说，塑料单框双玻材质的门窗，这类门窗的质量和性能较好，而且其导热系数也是相对稳定的。而像一些钢、铝等材质的门窗导热系数是非常高的，不应该作为首选。

4　总结

综上所述，建筑工程节能施工技术是一个复杂的过程，要严格按照建筑工程的节能施工标准进行施工，综合利用好墙体节能施工技术、保温节能施工技术。为了更好地提升节能施工技术在建筑工程中的利用率，需要进一步加大对整体施工水平和施工质量的监管力度，实现建筑工程节能的可持续发展，保障建筑施工企业提高经济效益，同时加强社会效益和社会影响力。

参考文献

［1］ 王莹. 房屋建筑工程节能施工技术初探［J］. 绿色环保建材，2018(03)：28.

［2］ 肖铭镇. 房屋建筑工程节能施工技术初探［J］. 四川建材，2018，44(03)：100 ～ 101.

［3］ 张亮. 房屋建筑工程节能施工技术初探［J］. 南方农机，2018，49(11)：231.

BIM 技术在钢网架屋面施工过程中的应用

——以株洲汽车交易中心项目为例

陆 殊

湖南省第五工程有限公司 BIM 中心，株洲，412000

摘 要： 在钢网架结构应用范围越来越广、造型越来越复杂的今天，其施工技术和管理无疑给施工单位带来了更多的挑战。传统钢结构施工在构件深化、材料采购、构件制作、构件安装阶段管理模式粗放，而通过“利用 BIM 技术进行深化设计、安装模拟、预制加工、智能放样于一体的集成式应用”实践，节约了施工成本、缩短了施工工期、确保了施工安全、显著提高了工程质量，为施工企业利用 BIM 技术进行钢结构施工精细化管理提供了思路和过程，具有一定的实践价值和现实意义，有利于 BIM 技术的推广。

关键词： 钢网架结构；BIM 技术；钢结构；BIM 集成式应用

1 前言

1.1 关于网架结构

网架平面形状灵活，可设计成各种形状。按腹杆的设置不同可分为交叉桁架体系、四角锥体系、三角锥体系和其他一些体系。网架的弦杆与边界相垂直时称为正放网架，与边界斜交时称为斜放网架。世界各国在大、中型屋盖中都已成功地建造出很多网架结构，例如加拿大和日本的博览会展馆、美国芝加哥国会大厅及英国伦敦的飞机库等，平面尺寸都很大，总用钢量也比较经济，苏联还在网架中采用了预应力。总之，网架结构已成为世界上应用较普遍的新型结构之一。我国从 20 世纪 60 年代开始研究和采用，近年来，由于电子计算技术的迅速发展，解决了网架高次超静定结构的计算问题，促使网架结构无论在形式方面还是实际工程应用方面，发展都很快。目前主要用于大、中跨度的公共建筑中，例如体育馆、飞机库、俱乐部、展览馆和候车大厅等，中小型工业厂房也开始推广应用。跨度越大，采用此种结构的优越性和经济效果也就越显著。

1.2 什么是 BIM

根据美国国家 BIM 标准（NBIMS）对 BIM 的定义：

（1）BIM 是一个设施（建设项目）物理和功能特性的数字表达；

（2）BIM 是一个共享的知识资源，是一个分享有关设施的信息，为该设施从概念到拆除的全生命周期中的所有决策提供可靠依据的过程；

（3）在项目的不同阶段，不同利益相关方通过在 BIM 中插入、提取、更新和修改信息，以支持和反映其各自职责的协同作业。

简单说来，BIM 就是通过数字信息来仿真模拟建筑物所具有的真实信息，不仅包含诸如梁、柱、门、窗等三维几何形状信息，还包含大量的非几何形状信息，如建筑构件的材料、质量、价格和进度等，这些信息是常见二维 CAD 和三维 CAD 所无法提供和展现的。可以说，“BIM 不仅仅是一个设计软件或一个图形化的工具，它是一个数据管理平台，是基于三维实体数据库，实现建筑生命周期中各个阶段、各个专业的各种相关信息的集成”。

它主要特点有：Visualization(可视化)、Coordination(协调)、Simulation(模拟)、Optimization(优化)。

1.3　当前现状

传统钢结构在工程施工各阶段管理不精细，信息交换不及时、不准确，易造成大量人力、物力浪费，进而引起施工效率低下。且钢结构在信息化进程中，主要存在的问题是大量的项目信息存储在钢结构生命周期各个阶段。由于各个阶段分别使用各自的“模型”而导致的“信息孤岛”现象已经成为钢结构生产效率提升的障碍。钢结构建筑通常是集设计、制造、安装、维护于一体，更容易消除信息孤岛现象，采用 BIM 技术将解决此问题。本文以株洲汽车交易中心项目为实例，具体阐述 BIM 技术在该工程钢网架屋面施工过程中的应用。

2　项目介绍

2.1　项目简介

株洲汽车交易中心位于湖南省株洲市天元区汽车博览园内，由 A、B、C 三个展馆组成，其中 A、B、C 三个展馆屋面均采用网架支撑金属板材屋面。

网架结构平面呈不规则多边形，设计为正放四角锥螺栓球节点网架，檐口局部三层网架设计，采用多点下弦支承。网架最大跨度 60m，总投影面积 18435.37m^2，其中 A 馆 11034.59m^2，B 馆 3079.99m^2，C 馆 4320.79m^2。钢结构分部工程总用钢量 1991.31t。

屋面采用结构找坡，网架矢高为 1.84 ～ 4.5m。网架杆件、封板、锥头、套筒等材料采用 Q235B 钢，螺栓球采用 45 号钢，高强螺栓采用 40Cr 材质。主次檩条采用 Q235B 矩形镀锌钢管。

2.2　重难点分析

（1）网架加工构件数量多，加工精度要求高，有 13951 根杆件，2766 个螺栓球；

（2）安装面积大，构件数量多，安装可能存在构件偏移，累计误差控制难度大；

（3）施工场地狭小，钢结构安装施工中，不具备大型吊装设备的使用条件；

（4）施工工期紧张，施工现场多工种交叉作业，如何确保施工安全及互不干扰，使施工安排、管理方面难度提高。

2.3　应用 BIM 技术的原因

管理效益：通过 BIM 技术的应用，升级项目管理机制，实现信息共享和协同作业，提高综合效益。

企业需求：企业在发展过程中自身也需要借助先进的信息技术手段，优化管理流程，更新管理思路。

市场需求：随着市场经济的深入发展，市场要求企业借助现代化的信息技术手段转变管理思路和管理方式。

以 BIM 技术为突破口，充分利用 BIM 技术可视化、协调、模拟等特点，着力解决项目钢结构施工中的重难点，打造钢结构建筑标杆项目，确保实现项目进度、质量、安全目标。

3　BIM 技术应用——技术篇

本项目 A、B、C 三个展馆屋面均采用网架支撑金属板材屋面。网架结构平面呈不规则多边形，设计为正放四角锥螺栓球节点网架，檐口局部三层网架设计，采用多点下弦支承。

网架最大跨度 60m，总投影面积 18435.37m^2。钢结构分部工程总用钢量 1991.31t。屋面安装面积大、构件数量多，安装累积误差控制难度大。为减少返工，加快施工进度，实现钢结构精准定位，本项目利用 BIM 技术集钢结构深化设计、安装模拟、预制加工、智能放样于一体的集成式应用，见图 1。

3.1　深化设计

本项目网架加工构件数量多，加工精度要求高，有 13951 根杆件，2766 个螺栓球。特采用 Revit 在统一标准下进行建模（图 2），BIM 模型达到 LOD300 标准，完成包括钢结构在内的所有模型共 36 个，所有构件 123067 个，并按照设计规范、行业标准、规程等，考虑必要的施工措施后对模型进行深化设计。

将所有模型整合至 Navisworks 平台，用钢结构模型与其他专业进行碰撞检查，出具冲突检查报告，并对钢网架屋面及复杂节点进行了深化设计。图纸会审共优化设计 11 项，提出图纸会审问题 324 个，出具深化设计图纸 89 张，解决碰撞问题 1362 处。

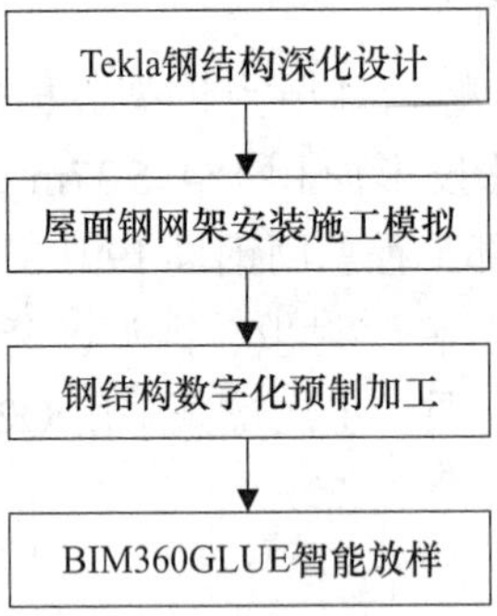

图 1　钢结构 BIM 集成式应用流程

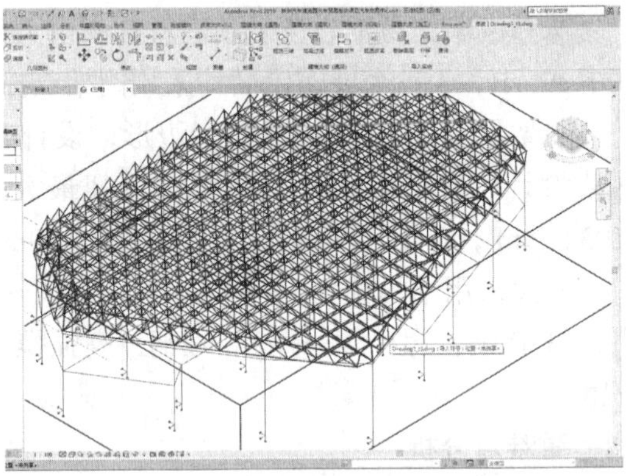

图 2　屋面钢网架 Revit 模型

3.2　方案模拟

本项目网架安装采用高空散装法，由于安装面积大，构件数量多，安装累计误差控制难度大，安装前利用 BIM 技术进行施工分区及预拼装模拟，并从施工工序、方法和工期计划等多方面考虑形成模拟报告，优化钢结构安装方案。

另外，还对构件轴线、节点坐标偏移值和网架挠度等进行验算分析，避免吊装过程中发生问题，确保网架的稳定性和安装精度。

吊装分析步骤：线模型导出→进行网架工况分析，得出准确的分析结果→出具了各种分析报表→利用 BIM 的可模拟性将钢网架分区域提升步骤进行模拟演示（图 3、图 4）。

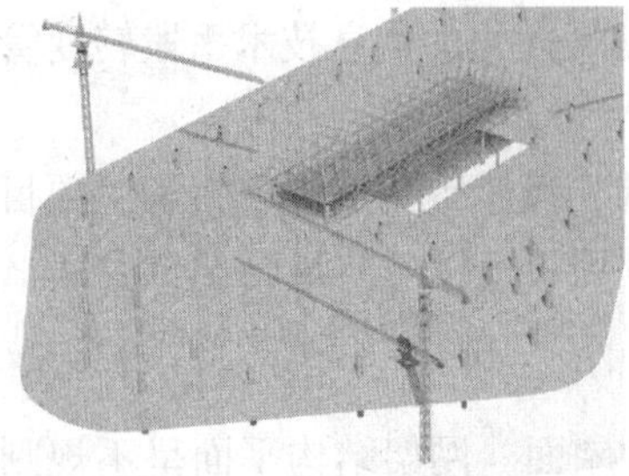

图 3　预拼装模拟 1

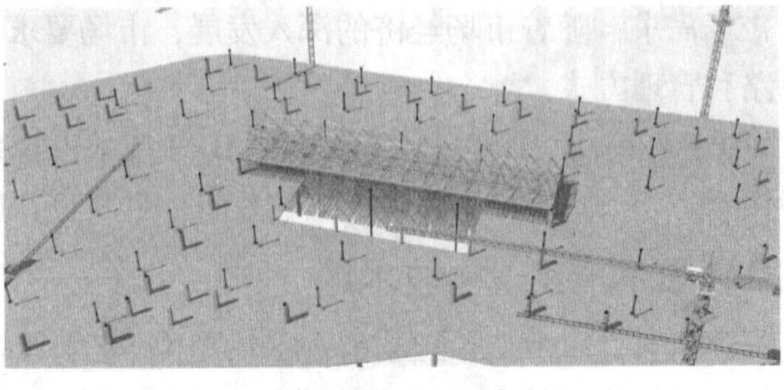

图 4　预拼装模拟 2

3.3　预制加工

基于Revit模型输出构件的深化图纸和CNC数控文件，加工中心根据数据进行下料、切割、焊接、钻孔等批量制作。总包单位BIM小组通过BIM技术搭建管理平台，以模型和信息采集为基础，依靠BIM模型构件ID的唯一性，制定二维码和预制加工图（图5），将构件的属性参数、生产厂家、ID等信息借助平台生成二维码，然后通过后台服务器将钢结构BIM模型放置在云平台，各单位人员可通过移动端设备扫描二维码对钢构件的信息进行实时读取和传输。工厂可扫描二维码，对构件准确加工下料，总包方扫描二维码可监控钢结构构件的出入库，了解掌握现场材料余量，保证供给，确保现场施工；劳务队扫描二维码可准确获取杆件安装位置信息，指导现场构件准确快速安装（图6）。

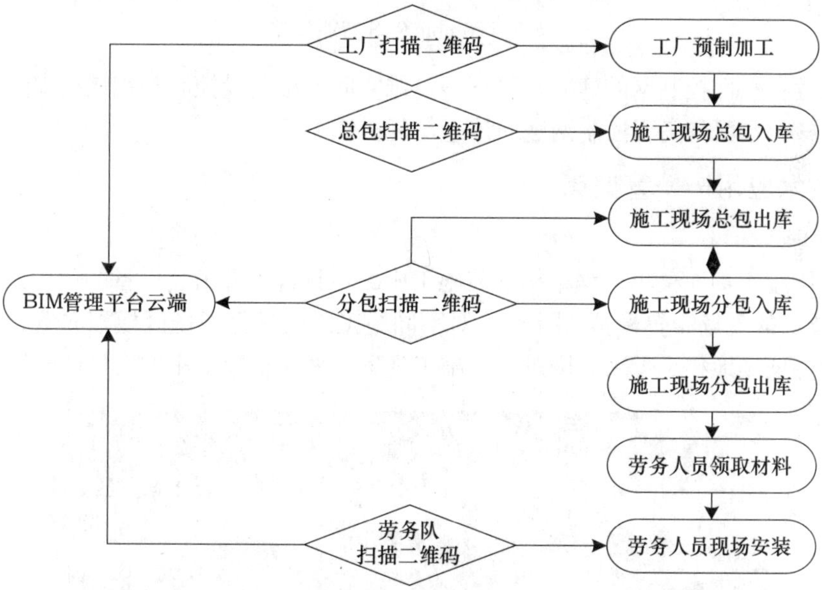

图5　二维码管理流程

图6　工厂数字化加工现场

3.4　智能放样

本项目网架结构作业面广、量大且安装精度要求高，而测量作为施工的依据，在施工过程中进行的一系列测量工作，衔接和指导各工序的施工，贯穿于整个钢结构施工过程，是钢结构施工的关键技术工作之一。通过高精度的测量和校正使得钢构件安装到设计位置上，满足绝对精度的要求，因此测量控制是保证钢结构安装质量以及工程进度的关键工序。

本项目采用Trimble RTS放样机器人，使用Autodesk Revit建立3D模型，通过Trimble RTS放样机器人的3D模型化施工放样实现在施工坐标系统内3D模型数据的精准放样（图7）。

图 7　Trimble RTS 智能放样

放样流程：平面控制网的建立与复核→三维空间定位测量控制与钢结构安装→三维空间位置复测校核→平面与高程控制网竖向传递与复核。

4　BIM 技术应用——管理篇

4.1　场地管理

由于工程施工场地狭小，钢结构安装施工中，不具备大型吊装设备的使用条件。本项目基于 BIM 技术的现场布置模拟（图 8），对不同施工阶段进行了场区模拟布置，合理调整布局，最大化降低场地狭小带来的困难，为施工现场的平面布置工作提供最佳的解决方案。

图 8　三维场地布置模型

运用工程现场设备、设施资源库创建工程场地模型与建筑物模型后，依据工程进度计划，模拟各个阶段的施工现场，直观、高效地调整和优化现场平面布置。使平面堆场的设置，塔吊的使用分配，工序的衔接科学合理。

4.2　进度管理

本项目在进度管理方面采用 PDCA 管理循环。借助 BIM 技术建立钢结构网络进度计划，然后将进度计划与钢结构模型在 Navisworks 平台上进行挂接。在此基础上将模拟建造进度与实际建造进度对比分析，找出进度计划提前或滞后的原因，为进度计划的调整提供依据。利用 BIM 技术在监理例会上辅助汇报施工进度，并通过动画模拟辅助调整施工安排（图 9）。

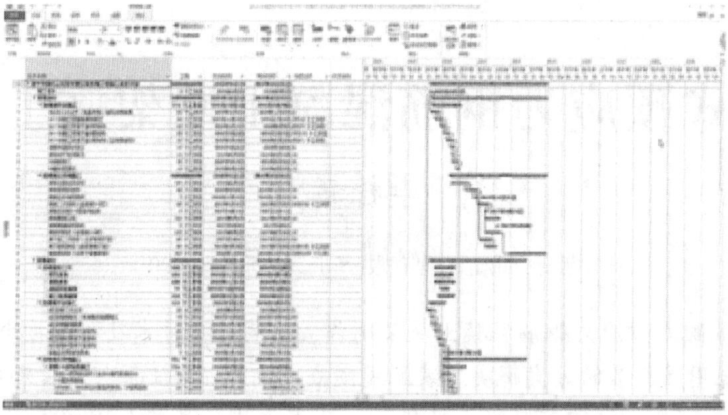

图 9 Project 进度计划表

4.3 质安管理

施工现场多工种交叉作业，如何确保施工质量及安全显得尤为重要。运用广联达 BM5D 移动端 APP，从云端获取设计图纸，将现场质量安全问题照片与 BIM 模型进行云标识，责任班组进行整改，逐一销项，闭合质量安全问题，最终形成销项报告。

从云端获取钢结构深化模型和图纸，将其与现场钢构件进行对比复核，若发现问题及时整改；可通过手机移动端随时监控所有构件有关工程资料的准备情况，加强质量管控。

本项目移动端应用于现场质量安全的管控，及时掌握各工序间的施工进度情况和工程材料的准备情况，现已实现全方位管控现场质量安全。

5 结论

经过总结，BIM 技术在本项目钢网架屋面施工过程中应用的成果主要有以下几个方面：

（1）基于 BIM 技术的深化设计，将图纸问题解决在前期，减少施工过程中二次返工。

（2）通过 Navisworks 进行施工方案模拟，使分段吊装、空中对接的安装方法得以实现，比传统搭设脚手架安装的工期缩短约 2 个月。

（3）通过工厂的预制加工，保证了整个网架 13951 多根杆件的加工精度要求，减少了现场加工环节，节约施工场地，同时有效缩短施工工期。

（4）施工现场通过精细化协同管理和数据化管理，提高了施工协调组织能力和管理水平，为项目保质保量完成打下了坚实的基础。

本项目以工业化管理理念为基础，采用 BIM、物联网、大数据、GIS 等信息技术，建立钢结构工程可视化模型应用体系、施工全过程追溯体系、产品质量保障体系，推行信息化、智能化的项目管理为手段，践行建筑工业化道路，配合公司 BIM 发展规划，推广项目 BIM 应用，将现有 BIM 应用经验进行共享，加快建筑业信息化的发展，打造“数字钢构”。

参考文献

［1］贺明玄，沈峰. 中国建筑金属结构协会钢结构分会年会和建筑钢结构专家委员会学术年会论文集［C］. 北京：中国建筑金属结构协会，2014：73 ～ 74.

［2］冷平. 施工技术［C］. 北京：亚太建设科技信息研究院，中国建筑技术研究院，中国建筑工程总公司，中国土木工程学会，2017：94.

装配式预应力钢筋混凝土屋架施工技术

李桂新

湖南省第五工程有限公司，株洲，412000

摘　要： 介绍了装配式预应力钢筋混凝土屋架制作、安装施工技术及相关技术措施，并成功应用于工程实例，采用最经济的方案解决了装配式预应力钢筋混凝土屋架制作和安装的技术难题。

关键词： 装配式；预应力；钢筋混凝土屋架；工具式支模；吊装加固铁夹

装配式结构具有跨度大、面积利用率高、工艺布置灵活、能适应工艺更新、通风采光容易解决、在较大程度上减少建筑垃圾等优点，广泛地应用于工业厂房。本文以湖南中烟工业有限责任公司浏阳片烟醇化仓库建设项目为例，阐述作为装配式结构的重要组件——预制预应力屋架截面尺寸控制的新型支模施工技术，该技术解决了预制构件截面尺寸控制的难题；同时新型吊装加固铁夹取代屋架吊装侧面临时绑扎加固的传统工艺，杜绝吊装质量事故。以上两种新型技术的结合应用是本文介绍的核心技术。

1　工程概况

湖南中烟工业有限责任公司浏阳片烟醇化仓库建设项目位于湖南省浏阳市长沙国家生物产业基地（浏阳市北盛镇环园村），毗邻浏阳生物医药园，项目场地东侧为永社公路，西侧距捞刀河约 3km，南侧紧邻浏阳生物医药园。本项目由 15 栋片烟醇化库房（101 ～ 108）、综合管理用房、辅助动力用房组成。总用地面积 520 亩，总建筑面积 89946.4m^2，总造价 2.2 亿元。库房预应力屋架为 30m 跨度 144 榀，24m 跨度 396 榀。

2　模板支撑设计

2.1　方案比选

（1）传统方法

若采用预埋永久性钢筋内撑，可用钢筋加工中的短废料制作，但本工程屋架数量大，所需短废料钢筋量大，预计采用 ϕ14钢筋需要17.46t。如果用钢筋原材料制作，会因内撑无法回收，造成浪费、增加成本。

若采用木方内撑，一是木材消耗量大，二是因振捣导致木方移位，三是部分木方容易遗漏在混凝土中，导致屋架弦杆的有效截面减少（木方的抗压强度与混凝土相差甚远），在预应力张拉时产生应力集中造成屋架混凝土压坏而报废。

若采用模板外撑，则需使用钢管、扣件搭设支架，存在速度慢、材料用量多、控制精度低等缺陷。

（2）优选方案

将模板的内外支撑设计成可周转、重复利用的工具式内撑和定型支模外夹。内支撑构件取材为Q235的等边角钢∠25×3，相比于传统的施工方法，不仅对屋架弦杆截面尺寸控制精准，还可以代替构件侧面的钢筋保护层垫块，钢筋位置控制准确，能有效提高构件施工质量；工具式内撑和定型支模外夹的多次重复使用，避免了传统方法的浪费，能有效节约材料、减少用工量、降低施工成本，具有良好的经济、社会、节能、环保效益。

2.2　新型模板支撑设计

结合屋架钢筋保护层厚度25mm，选用Q235的等边角钢∠25×3按图1所示尺寸制作好工具式内支撑（以30m跨预应力屋架为例），当工具式内支撑安装完成后，25mm的角钢定位杆可代替屋架上下弦钢筋侧面的混凝土保护层［$H=320$为30m跨屋架梁上弦高度，$H=220$为30m跨屋架梁下弦高度，即图1（a）为用于上弦内支撑、图1（b）用于下弦内支撑］；选用60mm×80mm木方，配合ϕ10对拉螺杆按图2所示尺寸制作好定型支模外夹［图2（a）为用于屋架上弦内支撑、图2（b）用于下弦内支撑］，通过内撑外夹的支模，形成稳定可靠的支模体系。

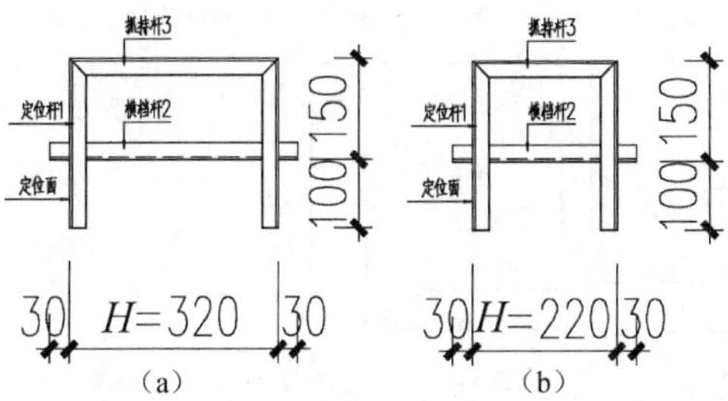

图1　工具式支模内撑正立面图（mm）

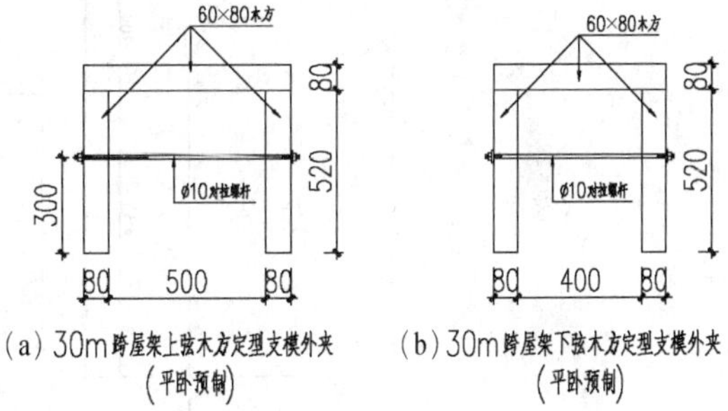

图2　木方定型支模外夹正立面图（mm）

3　钢筋混凝土预应力屋架预制施工

3.1　工艺流程

钢筋混凝土预应力屋架预制施工工艺流程如下：

工具式内支撑、木方定型支模外夹制作定位放线、砌砖胎模→绑扎钢筋、预制腹杆及安装、预留、预埋安装→梁侧模预安装→工具式支模内支撑、木方定型支模外夹定位安装钢筋、预留、预埋、模板验收浇筑混凝土工具式支模内支撑、木方定型支模外夹拆除并回收→模板拆除→混凝土养护→预应力张拉→灌浆。

钢筋混凝土预应力屋架平卧预制模板安装见图3。

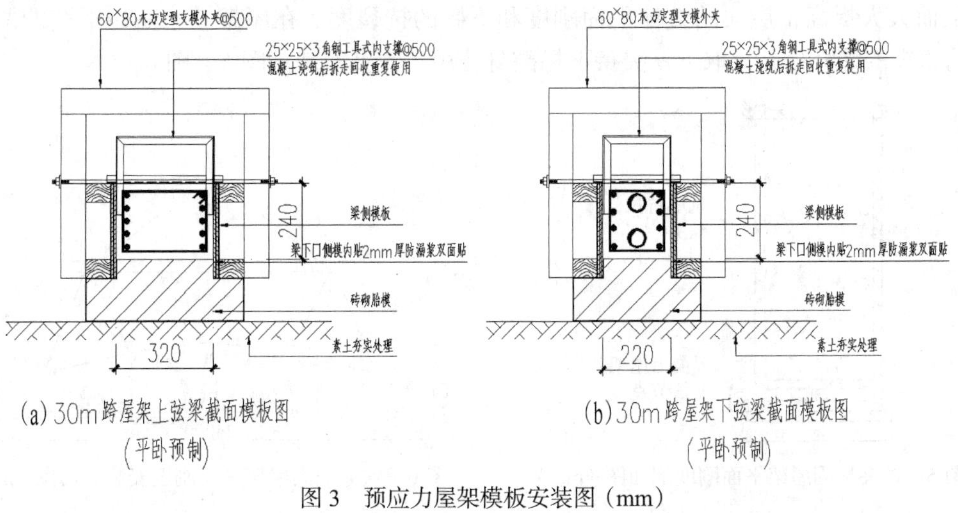

图3　预应力屋架模板安装图（mm）

3.2 实施效果

本工程 30m 跨度预应力屋架 144 榀，24m 跨度预应力屋架 396 榀，相比传统用预埋永久性钢筋内撑的方法，节约钢材 16.5t、节约钢筋保护层垫块 68580 个，经济效益显著提高，屋架截面尺寸控制准确，质量显著提高。

4 新型吊装加固铁夹施工技术

4.1 抗剪抗扭铁夹制作

按照图 4 制作抗剪抗扭铁夹。

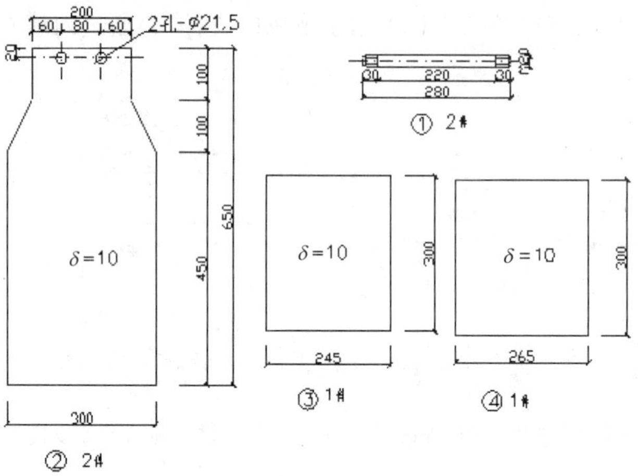

图 4 铁夹零件（mm）

4.2 工艺原理

钢筋混凝土预应力屋架一般都在现场叠层制作，屋架吊装时需脱模、翻身扶直。采用加固铁夹吊装时，首先利用滚筒平移屋架代替原搭设井字架的工艺方法。利用滚筒滑动原理，使整榀屋架向屋架上弦方向平行位移 220 ～ 280mm 左右，让屋架两端点留出支撑空位。再采用两个专门用于屋架翻身扶直的如图 4 加固铁夹，放置在屋架下弦各 1/4 节点处，作为下弦临时着力点。在屋架翻身过程中，由于铁夹作用于屋架下弦与地平面之间，使得屋架两端支座与两铁夹始终保持在一直线上，因而屋架下弦在翻身过程中始终处在一条直线上而不弯曲，从而大大提高了屋架的整体平面刚度和下弦的抗裂度。在屋架立直后，下弦的两端着实，将铁夹的螺杆松开，取下铁夹待下榀翻身使用。铁夹安装见图 5、图 6。

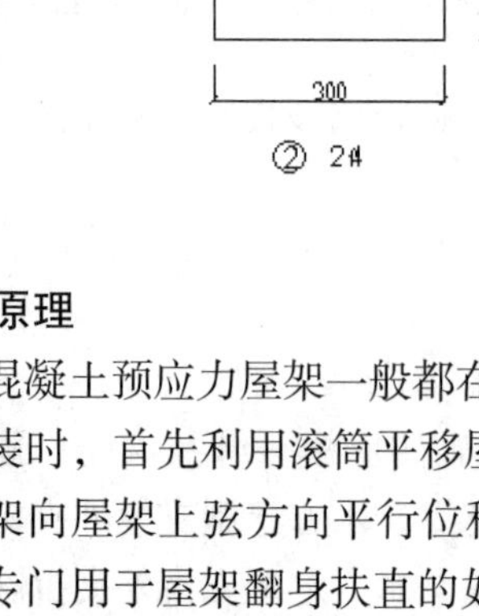

图 5 铁夹加固屋架平面刚度剖面图（mm）

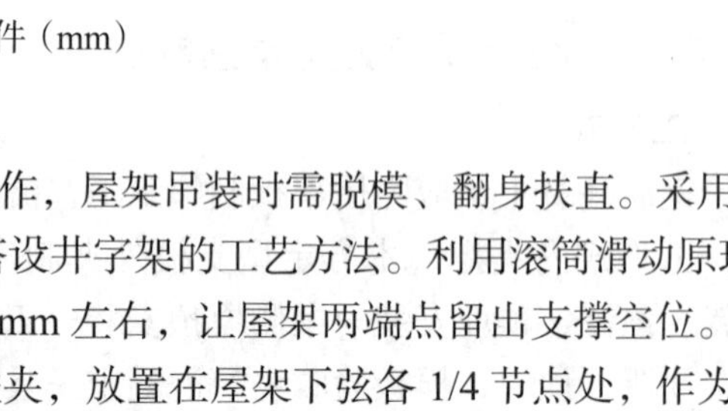

图 6 铁夹加固屋架平面刚度安装立面图（mm）

4.3　工艺流程

屋架预制、加固铁夹制作→混凝土屋架翻身扶直：将吊钩对准屋架上弦中点，根据屋架的重量选用适当的钢丝绳及卡环，用卡环将钢丝绳卡在屋架上的起重吊环处，启动吊钩，使钢丝绳受力绷紧，停止起钩。观察上弦缝隙，如无缝隙，可用铁凿凿屋架上粘结处，以便脱模。脱模后，吊车继续起钩，在屋架至屋架上弦离地面（下一榀屋架）300mm 高时停止，在脱模吊环处水平垫入垫木，垫木紧贴屋架上弦，使屋架上弦各处处于同一平面上，松吊钩。用钢丝绳在适当位置重新对屋架进行捆绑。吊车起吊，使屋架上弦与垫木分开约 30 ~ 50mm 时完全拿去垫木。吊车停止不动。在屋架各节点处塞上滚筒（可使用长 50 ~ 80mm、直径 25 ~ 30mm 的圆钢代替），滚筒数量不少于屋架节点的 4/5，水平横向放置，与屋架下弦平移方向一致。将吊车缓慢松钩，松钩至屋架下弦与地面相差 50 ~ 80mm，吊车停止作业。在屋架下弦两端支座处用撬棍将屋架往上弦方向撬动，利用滚筒滑动原理，将屋架向屋架上弦方向推动 220 ~ 280mm。安装铁夹：将事先做好的铁夹分别插入屋架下弦 1/4 节点处（必须放在节点上），将固定螺栓拧紧。在屋架两端外边各放置一块 10mm × 5mm × 2mm 的垫木，以起到屋架擂起时的缓冲作用。屋架翻身扶直、铁夹脱落、屋架就位临时固定：在铁夹安装完毕，屋架两端外边用垫木垫好后，开始对屋架进行翻身作业。翻身时，先将吊车吊钩基本上对准屋架平面的中心，然后起吊，在专业人员的统一指挥下，缓慢匀速起吊，直至将屋架完全扶直。将专用铁夹螺栓松开，取下铁夹，屋架的翻身扶直工作完成。

4.4　实施效果

有效地解决了屋架翻身扶直时由于屋架下弦自重及侧面刚度低等原因造成的开裂问题，保证了施工质量，减少了传统工艺中用于配合屋架翻身的人工费用及捆绑用铁丝、木、竹、铁管等材料费用和操作时间，且铁夹可重复利用。

5　结语

本工程屋架预制采用工具式支模内撑与定型支模外夹的支模体系以及屋架吊装采用新型吊装加固铁夹的施工技术，540 榀预应力屋架制作、安装无一出现问题，在保证工程质量安全的同时，工作效率显著提高，经济效益良好，符合绿色施工的宗旨，是一种可推广的新型实用技术。

参考文献

[1] 混凝土结构设计规范：GB 50100—2010 [S]. 北京：中国建筑工业出版社.
[2] 混凝土结构工程施工规范：GB 50666—2011 [S]. 北京：中国建筑工业出版社.
[3] 国家建筑标准设计图集：04G415-1 [S]. 北京：中国建筑标准设计研究院.
[4] 建筑施工手册（第五版）[M]. 北京：中国建筑工业出版社.

绿色施工在绿色建筑中的重要性

杨志刚

湖南省第五工程有限公司，株洲，412000

摘　要：近年来，我国经济不断地发展，生活水平越来越高，市场需求给建筑施工带来了更多的机遇和挑战。城市中耸立的高楼，纵横交织的地铁……但是，凡是建筑施工，都会给环境带来影响。在城市建设的同时能否兼顾绿色环境和绿色生活呢？答案是肯定的。本文对绿色建筑和绿色施工的实施进行阐述。

关键词：绿色建筑；环境问题；绿色施工

"绿色建筑"的"绿色"通常被称为"环保建筑"或"屋顶花园"。它意味着建筑物不能破坏自然和环境，而且要充分利用自然和环境资源，也可以理解为建筑与环境的协调过程。绿色建筑施工则是在设计与施工时利用光能、风能等自然能源，尽最大的可能减少对能源的消耗和对环境的污染。绿色施工是在保证工程质量和保证工程安全的前提下进行的。通过科学的管理方法和先进的技术，实现节能、节地、节水、节材、环保。

1　绿色施工的意义

绿色施工是以保护环境为核心的施工组织和施工方法，由环境保护、物资资源节约、节水与水资源利用、节能与能源利用、节约用地与建设用地保护几方面构成。要实现绿色施工，首先要系统化。系统化是一个系统的工程，就是要对施工进行系统的组织和设计，包括准备施工、开始施工、后期设备维修和施工完成后施工场地的生态环境复原等。第二是社会化。传统的建筑施工，主要靠建筑企业和现场施工人员具有节约资源和保护环境的意识，而今天的绿色施工要求全社会都要达成绿色建筑的共识，支持和监督绿色工程全过程的执行。第三是信息化。在施工中工程量是变化的，固定的机器种类和机器数量不能和变化的工程量相适应，造成机器不匹配，从而很难实现高效率、低耗能和保护环境的目标。最后是一体化。实施一体化施工主要有两种方式：一是使用多功能机器进行一体化作业，俗称一机作业，把烦琐的工作变得简单；二是改变运输的方式，使用清洁的能源，降低环境的负荷，避免二次运输，提高效率，降低成本。

2　施工过程的环境控制

2.1　场地环境

（1）施工场地：通过合理的布局，尽量减少施工对现场和周围环境的影响和破坏，废弃挖土和材料以及建筑垃圾应找专门的场所进行放置，应尽可能对土地进行回填处理，采取防止水土流失的措施，用淤泥栅栏和沉淀池对沉淀物进行控制。

（2）降低环境负荷：施工结束后的废弃材料要分类处理，尽量减少污染物排放对土壤的危害。例如，仓库、油库、垃圾站等场所应采取措施防止渗漏和防渗，避免危险货物、污染物和固体废物中有害物质的泄漏。施工结束后，将施工过程中受损的植物和土壤恢复原貌。

（3）保护水文环境：岩土工程检测和基础工程施工前要做好地下水污染的防护措施，提前保护场地内和周围的地下水资源与自然水体，减少施工活动对水质和水量的危害。优化施工降水方案，尽可能少地抽取地下的水资源，还要保证回灌水的质量。

2.2　节能

（1）降低能源耗损：通过改善能源的使用方法，有效地控制施工过程中的能源消耗。根据现场情况合理分配施工任务、积极推广节能的新技术、新方法。

（2）提高用能效率：制定一个较为合理的施工能耗标准，提高施工能源的利用率，以保证施工设备满负荷运转，尽量少做无用功。严禁使用不合格的临时用电设备，以免造成人员伤亡或财产损失。

2.3　节约用水

提高用水效率：应充分利用节约用水的工艺和节水设备及设施。加强用水管理，应对施工用水进行严格的数量统计。

3　绿色建筑施工中的问题

相较美国和其他发达国家，我国的施工技术还比较落后，我国的绿色节能战略和建筑行业的相融度不高，具体的条例和要求都欠缺。在监管过程中，监督的方式还存在一定漏洞，监督力度不够，这样就对绿色施工的全面推广带来了较大的影响。在施工过程中，部分施工单位对绿色节能的了解不够，也不重视绿色节能，甚至根本不去应用；建筑单位对绿色建筑的认识不够，导致购买的建筑材料不符合绿色标准。同时，与传统的建筑技术相比，绿色施工相对复杂，耗时也更长，施工效率相对低。因此，虽然我国积极鼓励绿色节能施工，还是有部分建筑企业不愿意积极应用，或绿色节能施工技术落后，缺少绿色节能相关的专业人才，所以在施工实践中的效果不好，甚至导致工程半途而废，给企业带来损失。

4　绿色建筑的实施

绿色建筑节能主要包括门窗、屋顶、墙体三个方面。

从门窗设计的节能研究来看，在建筑物的围护结构中，窗户、天窗、阳台门等被称为透明围护结构。透明外壳的隔热性能较差，是影响室内环境和建筑节能的主要原因。根据统计，在冬季供热的情况下，玻璃窗所损失的热量约占加热负荷的30%～50%。夏季，阳光由玻璃窗进入室内，太阳辐射热所消耗的空调制冷能耗占20%～30%。门窗建筑节能有以下两种方法：

（1）控制阳光。合理控制阳光，通过玻璃可以起到良好的节能效果，冬季可减少采暖能耗，夏季可减少空调制冷能耗。

（2）减少热传递。相对墙体材料而言，玻璃的厚度较薄，传热的效率高，易于热能的传递。为了提高玻璃的节能性，就需要降低玻璃和其制成品的传热系数，尽量减少建筑物内外的热传递。例如，吸热玻璃是一种吸收太阳能的平板玻璃，吸热玻璃内的金属离子可以选择性地吸收太阳能，并通过呈现不同的颜色对热量进行释放。又如，热反射玻璃是一种对太阳光具有反射作用的镀膜玻璃，其表面镀一层或多层金属或金属氧化物薄膜。这些薄膜能在一定程度上对太阳光产生控制作用，有效地反射太阳光线，使室内的人感到清凉舒适。

从建筑的屋面类型和隔热设施来说，不同的建筑形式，可以采用不同的屋面隔热形式以达到节能的目的。

（1）采用浅色的外部装饰，减少吸热。

（2）增大热阻与热惰性。

（3）采用通风和隔热的屋顶。

（4）使用保温屋顶。

（5）使用绿色屋顶隔绝热量。在屋顶或者屋外的墙上种植一些植物，不仅可以美化环境，还可以降低室外的噪声，保持室内的温度，减少空气污染，可以说是一举多得。

从墙体材料来说，我国部分企业仍采用黏土砖作为外墙的承重材料，黏土砖是建筑工程中使用范围最广、使用数量最多的墙体材料。但黏土砖的制造对能源消耗较大，达不到建筑节能的要求，造成资源的严重浪费，所以对普通黏土砖进行改革，推出新型空心黏土砖，推广新型墙体材料是非常重要的。

我国目前仍然处于全面发展时期，房屋建设还将持续增长，这正是在建筑行业推广绿色施工的大好时机。绿色施工技术是当前建筑行业最重要的技术之一，建筑单位在施工时应加以重视，在墙体、门窗、屋面以及地面采用绿色节能技术，保护环境，节约成本，实现共赢。

5 结束语

科学有效的建筑施工是保证建筑工程质量的重要前提，也是影响建筑单位施工建设效益的重要因素。绿色施工是在绿色节约的原则指导下尽量降低建筑工程的施工成本，减少对资源的浪费和对周边环境的污染。绿色施工是绿色建筑全寿命周期中的一个组成部分，也是创建绿色建筑的重要保证，是可持续发展思想在工程施工阶段的应用，对促进建筑业可持续发展具有重要意义。目前，绿色施工在项目施工过程中的贯彻落实还处于起步阶段，施工人员的绿色施工意识还不强，社会的关注度还不高，配套措施尚待进一步落实，但随着建筑行业不断发展进步，可持续发展战略的进一步实施，绿色施工必将在建筑领域中逐步推广，实施绿色施工也将成为社会的必然选择。

参考文献

［1］ 郝军. 从形式到精髓——绿色建筑设计的发展与思考［J］. 绿色建筑发展，2017，（8）：34 ～ 37.

［2］ 牛季平. 绿色建筑与城市生态环境［J］. 工业建筑，2009（12）：16 ～ 17.

［3］ 张勤. 推行绿色建筑建设生态城市［J］. 今日国土，2005（12）：9 ～ 10.

浅谈空调机房噪声与振动的治理措施

袁春芝

湖南天禹设备安装有限公司，株洲，412000

摘　要：根据空调机房制冷主机和空调循环水泵等设备噪声及振动的传播特性，结合对噪声和振动治理的案例，分析其产生的原因和治理效果。

关键词：空调机房；噪声和振动传播；减振；降噪

1　引言

随着人们生活水平的不断提高，中央空调系统在各类公共建筑及民用建筑中已得到广泛使用。但由于空调机房设备众多，一些大中型建筑的空调冷、热源设备的功率均较大，空调机房受建筑面积的限制，如果设置不当或受到施工安装工艺水平的影响，在运行中会产生较大的机械噪声和振动，对周围环境产生一定的影响。因此，对空调机房噪声与振动的治理，是一个带有普遍性的解决噪声污染的问题。

2　案例概述

本市某住宅小区总建筑面积为72800m^2，其中地下室为连体车库，建筑面积为12460m^2。地上为5栋24层，每栋总高度98m，空调主机房设在靠近5号楼东向外墙的地下一层，在机房上方设有一个4000mm×10000mm的真空玻璃覆面的防爆孔。

空调主机房安装有2台2637kW的离心式冷水机组和1台1406kW的螺杆式冷水机，2台4200kW燃气式热水锅炉，5台90kW冷却水泵，5台110kW冷冻水泵和2台35kW热水泵。

该工程于2017年3月施工完毕并通过竣工验收交付使用，2017年5月进行空调制冷试运行，但在设备试运行阶段中，靠近机房上方的5号楼部分住户反映，该住宅楼1～3层在空调主机运行时室内有明显的振动感，水杯放在桌上都能感到有明显的移动，倒满水的水杯看到有明显的振波。白天，1～3层的住户能清楚地听到从机房防爆孔传出的设备运转声音，特别是到了夜间，6层以上的住户也能听到空调机房传来的机械运转噪声，引起住户的多次投诉。

3　原因分析

3.1　噪声和振动源

经过多次对空调主机房现场进行观察、检验和测试，发现如下振动和噪声来源：

主要的噪声源有：空调制冷主机压缩机噪声；机房通风系统轴流排风机的噪声；空调冷却水泵、冷冻水泵和热水循环水泵运转噪声；燃气热水锅炉燃烧机噪声等。

主要振动源有：主机、水泵与设备基础连接处的振动；空调水系统管道与墙面及楼顶面刚性连接所产生的振动；管内水流摩擦所产生的共振等。

3.2 形成的原因

经分析，形成的主要原因是机房设备、管道未采取减振降噪措施。空调主机设备和水泵与基础的连接均为刚性固定连接；进出水管道与设备和水泵的连接使用的是刚性较大的不锈钢波纹管接头；所有管道的支、吊架均采用的是刚性支吊架，直接固定在地面、楼板和梁上，导致振动的直接传递；机房顶面防爆孔四周为开放式，未进行封堵，造成噪声的直接扩散；机房墙面未做降噪吸声措施等。

4 治理措施

针对不同的治理工艺，分别编制了专项的施工技术方案，并应用 BIM 技术指导施工。

4.1 减振措施

将连接空调制冷主机的管道拆开，在基座下方将原设备生产厂家提供的橡胶垫块改为双层的减振橡胶板，重新对设备进行校平校正后，再重新配管连接安装。

把连接空调冷却泵、冷冻泵、热水泵的进出水管道拆开，拆除原水泵底座与设备基础固定连接的螺栓，将水泵吊开；根据水泵规格大小分别增加一个减振平台，平台采用钢筋混凝土现场制作，待达到强度要求后将水泵与减振平台先行连接，水泵与减振平台连接时下垫橡胶块，再用螺栓与减振平台预留的螺栓孔固定；减振平台下方设 4 个阻尼式弹簧减振器，再与设备基础用螺栓连接牢固；阻尼减振器的型号根据各水泵的质量进行选用，水泵安装完毕后经校平校正后，再恢复原有管道的连接（图 1）。

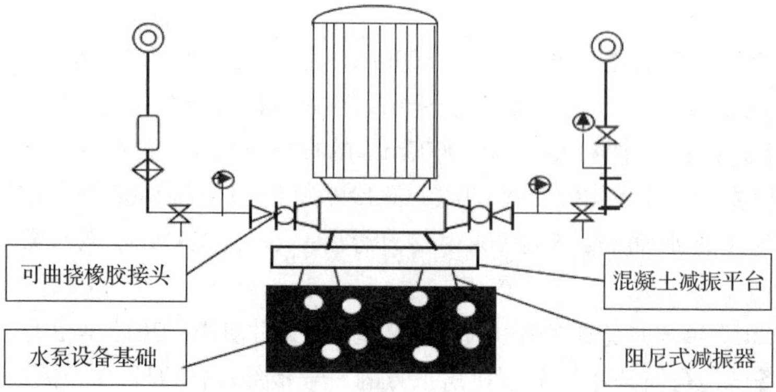

图 1

因原空调主机及水泵与管道连接处的不锈钢波纹软接头刚性较大，更换为柔性较好的可曲挠橡胶软接头，以减少设备直接传递到管道系统上的机械振动。

将原直接焊接在管道上的落地式管道支架拆除，改成在中间设置橡胶减振器的减振支架，再在支架底部用钢板与楼地面固定牢固，以减少管道直接传递给楼面的振动（图 2）。

将原固定在梁上和楼板上的管道刚性吊架全部改为弹簧减振吊架，以减少通过梁板直接传递的管道振动。

将 2 根从机房进入地下车库的 DN450 冷冻水主管道，在出机房外墙后 1000mm 处，增设 1 个波纹软接头，以进一步减少管道振动的传递。

管道穿越墙体的套管，周围缝隙采用聚氨酯发泡材料填充密实，两端再用防火圈封堵（图 3）。

图 2

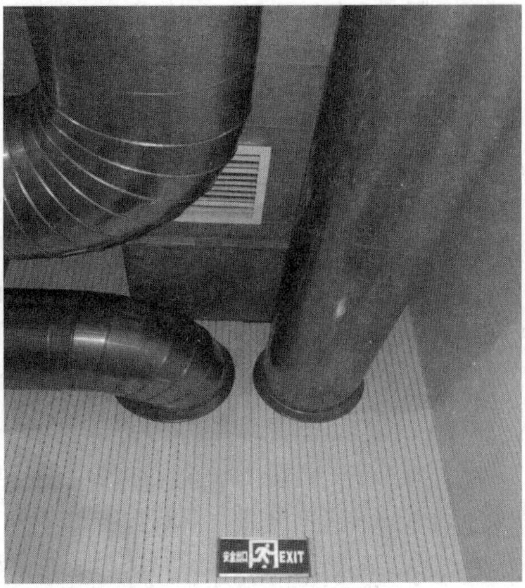

图 3

4.2　降噪措施

因本工程的空调水泵电机功率均较大，是机房噪声的主要来源，需重点进行控制。根据机房条件，对空调冷、热水循环泵组，分别在外面设置一道隔声屏，隔声屏采用不锈钢薄板制作，内覆 50mm 吸声棉，这样大大减少了水泵运转时噪声的直接传播和扩散（图 4）。

在两台热水锅炉燃烧机上方增设一个半弧型消声器，以吸收燃烧机燃烧时产生的轰鸣声。

在机房四周墙壁、楼板和柱子上安装隔声毡和多孔吸声板，吸收机房设备的运转噪声。隔声毡由无味的 EPDM 橡胶与其他有机矿物质制成，环保而且无异味，对低频和高频声音均有良好的隔声效果，能有效地抑制各种噪声的传播（图 5）。

图 4

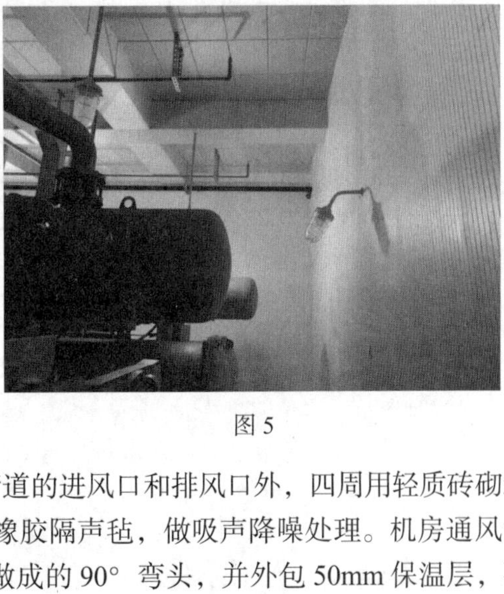

图 5

在机房上方的防爆孔处，除保留机房通风管道的进风口和排风口外，四周用轻质砖砌筑密实，外墙粘贴陶瓷面砖，墙内面安装 EPDM 橡胶隔声毡，做吸声降噪处理。机房通风管道的进、排风口增加一个向下的不锈钢薄钢板做成的 90° 弯头，并外包 50mm 保温层，减少噪声的扩散与传播。

5　治理效果

经过 40 多天的综合改造治理，对各系统重新进行电气检测、单机调试、管道试压冲洗和联合试运行，合格后进行带负荷调试运行。此次降噪治理的检验效果如下：

（1）制冷主机运转平稳，已无明显振动。

（2）水泵基座无明显振动，水泵运转产生的振动已经过阻尼式减振器有效衰减，水泵基座无明显振动。

（3）管道与设备连接处，靠近设备一侧略有振动感，但经过橡胶软接头减振后，管道端已无振感。

（4）因在大型水泵及燃烧机安装消声器后，机械的运转噪声明显降低，只有正常平稳的运转声音。

（5）晚上在 5 号楼 1 ～ 6 层的各层进行实地检测，已听不到原来机房传来的振动和明显的噪声，用分贝仪检测的噪声低于 45dB。

经过以上的整改与治理，原来扰民的振动与噪声基本得到治理与根除，为以后解决空调机房的振动和噪声的问题积累了经验。

6　总结

空调安装工程应重视对环境噪声的控制，在进行图纸会审时，应会同各方提出空调设备的减振与降噪措施。

在对机房、冷却塔等设备选址时，应尽量远离住宅区域，如条件限制时，应采取隔声、降噪措施。

施工中应严格按照施工规范要求进行施工，对容易产生振动的设备、管道，必须采用减振材料和施工工艺，对开放式的空调设备应设置隔声装置，减少噪声传播。

在设备选型时应首先采用低噪声、环保的产品，降低噪声源。管道支吊架尽量采用落地式支架或者弹簧减振吊架。

参考文献

［1］ 中华人民共和国国家质量监督检验检疫总局，中华人民共和国住房和城乡建设部. 通风与空调工程施工质量验收规范：GB 50243—2016［S］. 北京：中国计划出版社，2017.

［2］ 中华人民共和国建设部，中华人民共和国国家质量监督检验检疫总局. 建筑节能工程施工质量验收规范：GB 50411—2007［S］. 北京：中国建筑工业出版社，2007.

浅谈 BIM 技术指导地砖、墙砖下料

黄翠寒

湖南艺光装饰装潢有限责任公司，长沙，410000

摘　要：建筑装修属于高耗能、高污染、高危险行业，而在装饰装修施工过程中消耗的资源、产生的建筑垃圾，对环境的污染均影响巨大。随着国家治理环境力度的加大，装饰装修工程在施工过程中实现绿色施工也是大势所趋[1]。墙面砖和地面砖是装饰装修工程中的重要组成部分，墙面砖、地面砖材料的耗损、排布的美观是评判装修工程水平高低的一个重要参数。精准的地砖和墙砖的下料贯穿整个装饰装修的全过程，下料的精准度直接影响装饰的质量和成本。在装饰装修工程中采用 BIM 技术指导地面砖和墙面砖的下料和施工，既保证了墙面砖、地面砖排版的美观性、降低材料损耗，同时又确保了工程的一次成优。

关键词：BIM 技术；地砖；墙砖；下料

1　装饰装修工程瓷砖下料的现状

目前公共空间装饰装修中的墙面砖和地面砖施工均是按照设计图纸估计大概需要的数量，再根据估算量进行下料，最后再进行墙面砖和地面砖的铺贴。传统墙面砖、地砖铺贴方式材料浪费严重，根据单个房间或者某个区域进行单独下料，对于加工过程中产生的剩余材料不能很好地再次利用，造成大量的材料浪费[2]（图 1）。

图 1　施工完成之后的瓷砖尾料

2　项目介绍

新桂广场·新桂国际项目位于湖南省株洲市荷塘区新塘路与玫瑰路交会处东北角。项目主要由 1 号办公楼、2 号住宅楼和两层地下车库组成。总建筑面积 54567.71m^2，其中地上建筑面积 40554.28m^2，地下建筑面积 14013.43m^2。1 号办公楼为地上 26 层，建筑高度 99.75m；2 号住宅楼为地上 24 层，建筑高度 72.45m。

项目特点：

（1）项目地处繁华地段，材料运输不太便利，易影响周边居民的正常生活；（2）装饰装修专业内容多而烦琐，各专业之间交叉点多，需要二次深化设计；（3）精装修工程是整个工程的最后一道专业工程，机电安装专业或弱电专业等进行调整，都需要对精装的墙地面进行相对应的调整；（4）装饰装修工程工期紧、材料多，材料管控难度大；（5）业主、公司及项目部对项目的整体要求高。

3 BIM 技术指导瓷砖下料的优势

BIM 技术指导地砖、墙砖下料先根据实测实量的尺寸，运用 BIM 技术进行前期的地面砖、墙面砖的排版设计，将二维的图纸布局“搬”至三维空间进行布置，提前预览墙面砖、地面砖的布局。使完工后的墙面砖和地面砖布局美观，材料利用合理，墙地砖的耗损降到最低（图 2）。

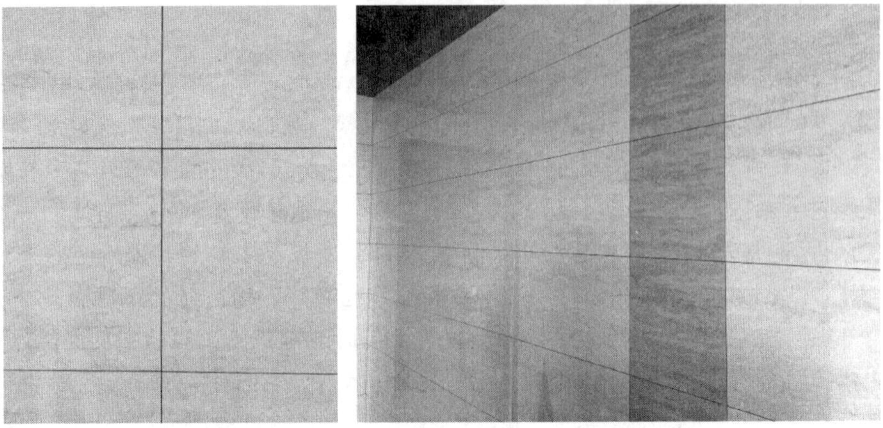

图 2 BIM 技术指导墙砖排版后完工效果

4 BIM 技术如何指导瓷砖下料

4.1 工艺原理

基于工程特点，前期的施工策划、墙砖地砖的下料及各工种的相互配合是施工的重要组成部分，它要充分考虑后期的施工过程。根据施工工艺及设计图纸的要求，结合 Revit 软件进行建模，对地面中的地漏口、墙面的开关、插座等进行提前布置，绘制详细的布置图。通过 Revit 软件进行三维建模，精确计算定位，将所有墙砖、地砖模拟现实施工工序建立三维模型，使墙面砖、地面砖排版一目了然，然后将每块砖进行编码，标注规格型号、使用区域，最后再根据定位进行施工。这样满足排版美观要求的同时又能保证墙面砖、地面砖的准确下料，减少瓷砖的耗损和避免重复返工。

4.2 工艺流程和操作要点

4.2.1 施工准备

（1）结合现场实际情况校核设计图纸中墙面砖和地面砖的具体位置及尺寸；

（2）组织各专业相关人员进行综合布置；

（3）仪器配备（表 1）。

表 1 仪器配备

名称	型号	数量	用途	精度
红外线测距仪	H-D610	2	现场测距	± 2mm
纤维皮卷尺	30m	2	距离测量	3mm
钢卷尺	5m	5	距离测量	1mm
钢卷尺	7.5mm	2	距离测量	1mm

4.2.2　工艺流程（图3、图4）

现场实测实量
↓
绘制实测实量建筑图
↓
建立地面砖三维排版图
↓
对三维地面砖进行分类、编码、标注规格及使用区域
↓
导出地面砖工程量清单
↓
将导出的地面砖工程量清单表下单给瓷砖加工厂
↓
加工完的瓷砖分类码放并附地面砖工程量清单表
↓
运输工人依据工程量清单表分批将瓷砖上楼运到指定区域
↓
泥工依据工程量清单表及地面砖三维排版图开始施工

图3　地砖下料流程图

现场实测实量
↓
绘制实测实量建筑图
↓
建立墙面砖三维排版图
↓
对三维墙面砖进行分类、编码、标注规格及使用区域
↓
导出墙面砖工程量清单
↓
将导出的墙面砖工程量清单表下单给瓷砖加工厂
↓
加工完的墙面砖分类码放并附墙面砖工程量清单表
↓
运输工人依据工程量清单表分批将墙面砖上楼运到指定区域
↓
泥工依据工程量清单表及墙面砖三维排版图开始施工

图4　墙砖下料流程图

（1）现场实测实量

为了保证瓷砖下料的准确性，减少加工瓷砖的误差。根据现场实际情况，对原有建筑图纸和结构图纸进行现场实测实量，尽量将误差降到最低值（图5）。

图5　现场实测实量建筑图纸

（2）绘制实测实量建筑图

由于土建施工质量检测的标准和装饰施工质量检测的标准并不统一，为了将误差值降到最低值。首先查看原有建筑图纸核准结构是否有更改（虚线区域为变更区域），然后根据现场情况实测实量绘制的建筑图纸（图6、图7）。

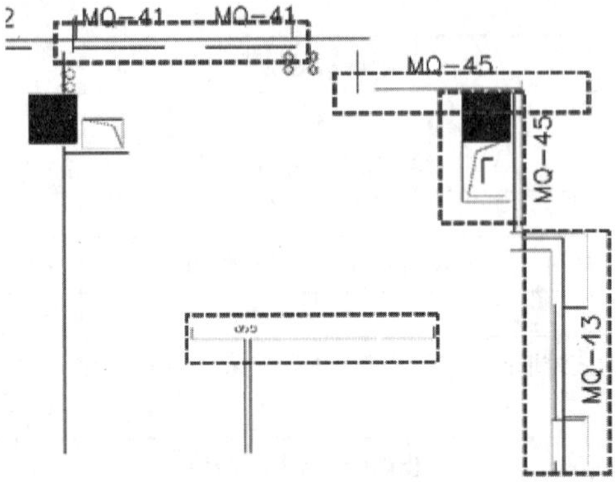

图 6　原有建筑图纸

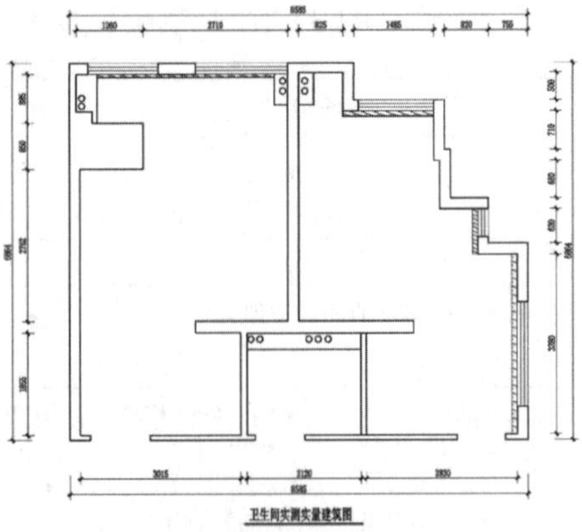

图 7　绘制的实测实量建筑图

（3）建立地面砖、墙面砖三维排版图

据现场实测实量绘制的建筑图纸链接到 Revit 里面，利用绘制的实测实量建筑图完成地面砖和墙面砖的排版（图 8）。

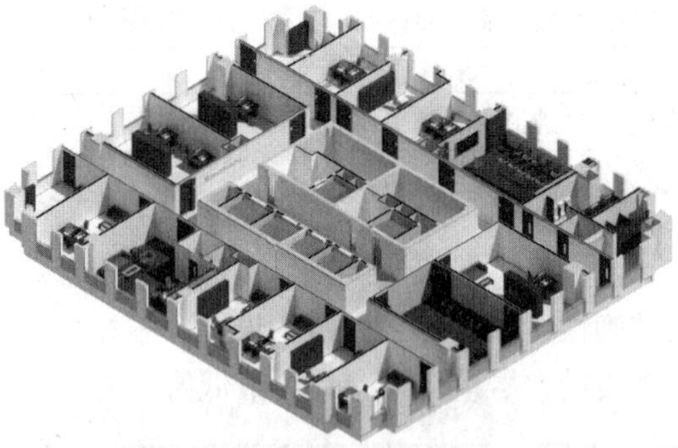

图 8　依据 Revit 软件搭建地面砖、墙面砖三维排版图

（4）对三维地面砖、墙面砖进行分类、编码、标注规格及使用区域

在搭建的三维地面砖、墙面砖模型中输入分类、编码、标注规格及使用区域的基本信息，做到地砖和墙砖的位置准确定位，减少在瓷砖在加工过程和运输搬运过程中的遗漏及错位（图 9）。

图 9　地面砖、墙面砖分类、编码、标注规格及使用区域

（5）导出地面砖、墙面砖工程量清单表

利用 Revit 软件导出工程量清单，出 CAD 版电子图及三维图对工人进行可视化交底，防止因铺砖展开面大、交底不到位造成的排砖错误问题，提高施工效率，有效节约用工成本[3]。

（6）将导出的地面砖、墙面砖的工程量清单表下单给瓷砖加工厂

将导出的地面砖的工程量清单、墙面砖的工程量清单，配合方位图纸给瓷砖加工厂师傅进行地砖和墙面砖的下料（图 10、图 11）。

6F 800*800地砖下料表

施工部位	规格	数量（片）	方量（m²）	备注
01-办公室	800*800	27	17.28	
	700*800	4	2.24	
	250*800	8	1.6	
	150*800	1	0.12	
	350*800	3	0.84	
	250*600	1	0.15	
	250*250	1	0.063	
	800*800	1	0.55	切砖200*450
02-办公室	800*800	32	20.48	
	410*800	16	5.25	
	220*410	2	0.18	
	220*800	4	0.70	
03-办公室	800*800	38	24.32	
	220*800	4	0.70	
	430*800	1	0.344	
	800*800	1	0.51	切石上角砖（竖向）270*（横向）350
04-办公室	800*800	39	24.96	
	220*800	6	1.056	
	170*800	1	0.136	
	220*350	1	0.08	
	170*350	1	0.05	
09-办公室	800*800	60	38.4	
	540*800	10	4.32	
	340*800	10	2.72	
	100*800	8	0.64	
11-办公室	800*800	28	17.92	
	715*800	4	2.288	
	220*800	8	1.408	
	150*715	1	0.11	
	350*800	3	0.84	
	250*600	1	0.15	
	250*250	1	0.063	
12-办公室	800*800	40	25.6	
	50*800	8	0.32	
	220*800	5	0.88	
13-办公室	800*800	39	24.96	
	220*800	4	0.704	
	450*800	1	0.36	
	220*450	1	0.10	
14-办公室	800*800	32	20.48	
	480*800	7	2.69	
	130*800	1	0.10	
	220*800	7	1.23	
	130*350	1	0.05	
16-办公室	800*800	32	20.48	
	420*800	16	5.376	
	220*800	5	0.88	
	220*400	2	0.18	
	800*800	32	20.48	

图 10　给加工厂师傅的地面砖下料单

08F—干挂瓷片加工砖下单表

	规格	数量（片）	备注
1	600*1125	4	该片砖为阳角砖，不拉槽
2	600*1109	1	
3	600*700	3	1块600*1200的瓷砖加工成1块600*700的瓷砖和1块600*490的瓷砖
4	600*490	3	
5	[redacted]		
6	600*684	36	1块600*1200的瓷砖加工成1块600*684的瓷砖和1块600*484的瓷砖
7	600*484	4	
8	600*683	8	1块600*1200的瓷砖加工成1块600*683的瓷砖和1块600*482的瓷砖
9	600*482	4	
10	600*1122	1	
11	600*420	7	1块600*1200的瓷砖加工成1块600*420的瓷砖和1块600*720的瓷砖
12	600*702	3	
13	600*1182	4	该片砖为阳角砖，不拉槽
14	600*1010	4	该片砖为阳角砖，不拉槽
15	600*680	4	
16	600*1012	12	该片砖为阳角砖，不拉槽
17	600*1013	4	该片砖为阳角砖，不拉槽
18	600*971	4	1块600*1200的瓷砖加工成1块600*971的瓷砖和1块600*95的瓷砖
19	600*95	4	
20	600*570	4	
21	600*1163	4	
22	600*1080	4	该片砖为阳角砖，不拉槽
23	600*628	4	1块600*1200的瓷砖加工成1块600*628的瓷砖和1块600*95的瓷砖
24	600*95	4	
	合计	202	

图 11　给加工厂师傅的墙面砖下料单

（7）加工完的瓷砖依据地面砖、墙面砖的工程量清单表分类码放

加工砖工人依据瓷砖下料单完成的加工砖，根据瓷砖编码图分类、分区域码放，方便运输工人分楼层、分区域、分批次运输到指定区域（图 12）。

图 12　瓷砖分类、分区码放

（8）运输工人依据地面砖、墙面砖的工程量清单表分批将瓷砖上楼运到指定区域，方便泥工开始瓷砖的铺贴施工。

（9）泥工依据工程量清单表及排版图开始施工

泥工核准运输工人运输的瓷砖，确认无误，并且确认瓷砖没有损坏之后，依据瓷砖编码图、确定好起铺点，开始瓷砖铺贴施工的相关步骤（图 13）。

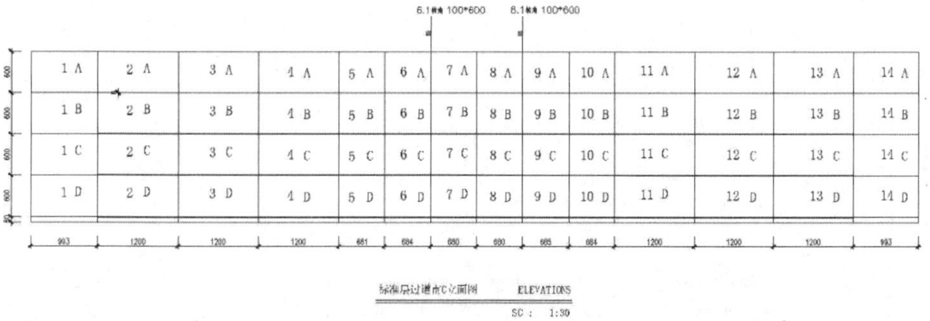

图 13　瓷砖编码图

5 效益分析

5.1 经济效益分析

由于我方墙面装饰采用的是 600mm × 1200mm 的大块瓷砖，易碰损。假设不使用 BIM 技术进行瓷砖排砖策划，我方瓷砖的耗损率将达到 10%。运用 BIM 技术进行瓷砖排版将瓷砖耗损率下降到 8%，直接节约经济价值约 30 万元。

5.2 社会效益分析

新桂广场·新桂国际项目不仅是 BIM 应用项目，更是公司 BIM 技术在装饰装修行业的试点项目。随着 BIM 技术在新桂国际项目应用的成功，一些社会媒体、网站等相继也进行了多方面的宣传和报道，来项目观摩的企业和社会团体也是日渐增多，让企业和项目知名度得到了大幅度提升，在获得良好社会效益的同时，也十分有利于 BIM 技术在装饰行业的推广和运用。

6 结语

利用 BIM 技术的数字化与模拟性，通过建筑信息模型对整个项目的地砖铺贴进行模拟，计算出每个地砖的精确尺寸，在整个项目的地面、墙面区域进行地砖、墙砖分析、计算、剩余材料的匹配[4]。在加工厂直接根据 BIM 计算出的地砖、墙砖精确数据尺寸进行地砖、墙砖的下料。利用 BIM 导出的位置图，直接将加工好的地砖、墙砖运转至施工区域，按照导出的施工图进行编号施工，减少二次搬运。将地砖材料的浪费降至最低，达到节省材料、高效施工的目的。

参考文献

［1］万云华. 装饰装修工程施工中绿色施工的研究［D］. 昆明：昆明理工大学，2009.
［2］麻倬领. BIM 技术在装饰工程中的应用研究［D］. 河南：河南工业大学，2018.
［3］于津苹，杨超然，周永杰，高平. BIM 技术建筑外墙装饰工程量提取与应用［J］. 工程管理学报，2016，30（2）：43 ～ 48.
［4］欧阳业伟. 基于 BIM 的装饰工程量计算研究［J］. 建筑经济，2018，39（4）：40 ～ 44.

BIM 技术在某商业综合体地下室中的应用

——顶板放坡及异型支模体系

刘著群[1]　李红喜[1]　张明亮[2]

1. 湖南省第六工程有限公司，长沙，410015

2. 湖南建工集团有限公司，长沙，410004

摘　要：本文针对地下室结构顶板标高和找坡错综复杂及裙楼影院支模难度大的问题，利用BIM 技术，建立了项目地下室结构模型及裙楼 1 号多功能厅高支模技术交底模型。通过对地下室顶板结构模型的模拟，发现局部位置按照图示标高和三向找坡方式将无法实现，对地下室顶板局部进了调整和合理优化，既满足业主要求，同时降低施工难度，起到降本增效的作用。1 号多功能厅层高 12.45m，支模架立杆底部大部分位于台阶形楼板上，建立高支模 BIM 交底模型进行预搭设，对高支模施工方案进行技术交底，不仅确保了支模架搭设的安全性，同时也极大地提高了班组的施工效率。

关键字：BIM 技术；地下室顶板；高支模；技术交底

1　引言

近年来，随着 BIM 技术的快速发展，其应用的核心价值不仅在于建立模型和三维效果，更逐渐成为项目施工中解决重点难点的重要工具，其三维可视化、可模拟性等优点越来越受施工人员的青睐，以往在二维图纸无法体现或难以想象的复杂结构形式，尤其是在一些大型商业综合体地下室结构的施工中，BIM 的价值充分体现出来[1～4]。

本文以某商业综合体项目为例，利用 BIM 技术解决地下室结构顶板图纸多处标高不明确和三向找坡能否实现的问题，通过建立模型，对地下室顶板进行模拟优化；并结合高支模专项方案，集中解决 1 号多功能厅高支模立杆底部标高定位困难的问题[5]。

2　工程概况

项目工程位于株洲市天元区天台路与黄河路交接处东北角。项目建成后将融合商业零售、商务办公、公寓住宅、综合娱乐、酒店餐饮等功能，形成相互依存、高效互动的城市综合体，打造一个高层住宅、高层商务公寓等建筑形态围合而成的高档生态住宅，开创以人为本的智能生态人居典范（图 1）。项目总建筑面积 163288.53m^2，项目建设主要内容为地下三层地下室，地上四层裙楼 22.5m，A 座企业家大厦 99.9m，B 座 CBD 商务大厦 85.00m，C 座 CEO 公馆 55.45m。

图 1　项目效果图

地下室体量大，普遍采用结构找坡的形式，负三层至负一层结构楼层找坡高差均有 0.5m，地下室顶板斜向找坡高差达

1.05m，标高及找坡错综复杂，施工难度极大。本工程存在的主要技术特点及难点如下：

（1）地下室结构顶板放坡极为复杂，为三向找坡，而且顶部图纸多处标高不明确，对后续施工造成困难很大，对施工质量和工期造成影响，很有可能对功能产生极大不利。

（2）裙楼 1 号多功能厅属于高支模范畴，由于台阶形楼板，模板支撑架搭设定位及立杆下料困难，为确保支架搭设符合规范的要求，并保证高支模方案合理极为重要。

3　BIM 技术应用

3.1　模型建立及图纸会审

地下室共为三层，根据设计图纸，运用 Revit 软件建立地下室结构 BIM 模型（图 2），包括基础、剪力墙、柱、梁、板等，发现图纸问题 14 处，并形成图纸问题报告（图 3），及时与建设方、监理方及设计单位沟通，协调解决图纸问题，避免了返工、窝工。

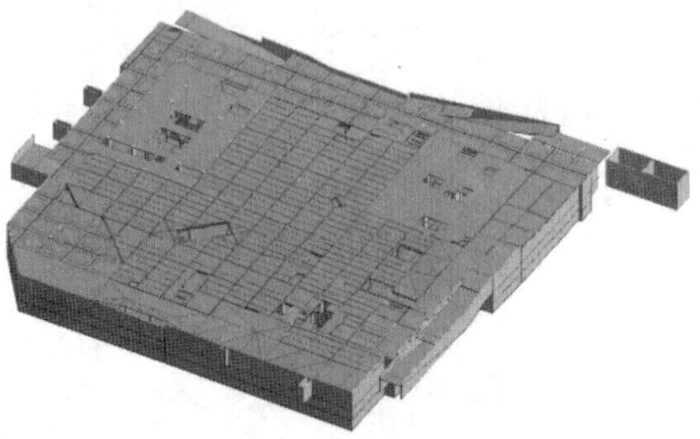

图 2　地下室 BIM 模型

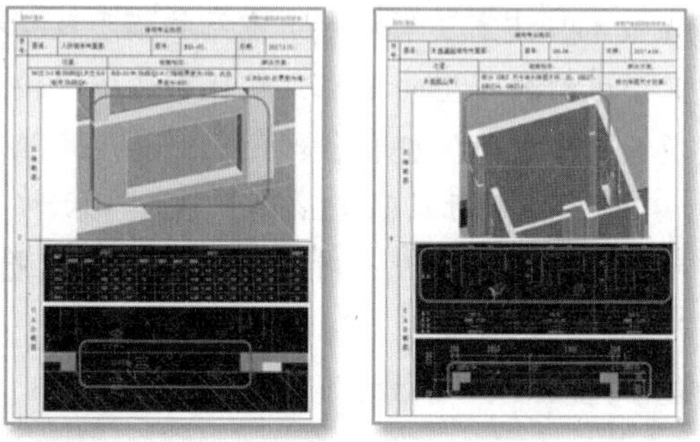

图 3　地下室图纸问题报告

3.2　BIM 技术助力地下室顶板放坡和标高方案调整

本工程地下室顶板原设计为三向找坡、楼板加腋，且单独标注的标高区域多达 12 处，如图 4 所示，箭头表示放坡方向。先期项目部曾组织现场技术人员、施工管理人员多次进行讨论研究，二维图纸不能直观反映问题，存在较多不同意见，如不及时提出合理化的指导建议与甲方沟通，仍按原图施工，可能出现较大问题。

（1）地下室顶板放坡优化及标高方案调整

为解决这一实质性问题，确保工期和质量，利用 Revit 软件，逐步建立了地下室模型，并对地下室顶板进行还原，发现局部按图 4 所示标高放坡将无法实现，并形成问题报告（图 5），及时反馈，最终经研究对地下室顶板提出了合理化建议。

通过研讨决定，建设方就提出问题及时制定了修改方案，出具了调整后施工图纸（图 6）。通过 BIM 模型建立，使得图纸疑问及设计问题直观，极具预见性，更具有说服力，规避了因设计问题可能造成的失误，不仅满足业主方使用功能需求，也大大降低了施工难度，节约了大量人力、物力、财力，并合理节约了工期。

（2）辅助模板支模精准定位

根据修改方案，对地下室顶板模型进行了调整，因为调整后顶板放坡为单向对角斜向放坡，不同于以往正交方向单向 X 方向或 Y 方向，较难实现精准定位板放坡，为解决这一问题，通过定位柱顶标高，来定位梁板模板标高，从而达到精准定位的需求。

用 Revit 软件对调整后的模型负一层柱顶标高进行标注，出具施工图纸（图 7），组织交底，供作业班组更准确的施工，提高施工效率。

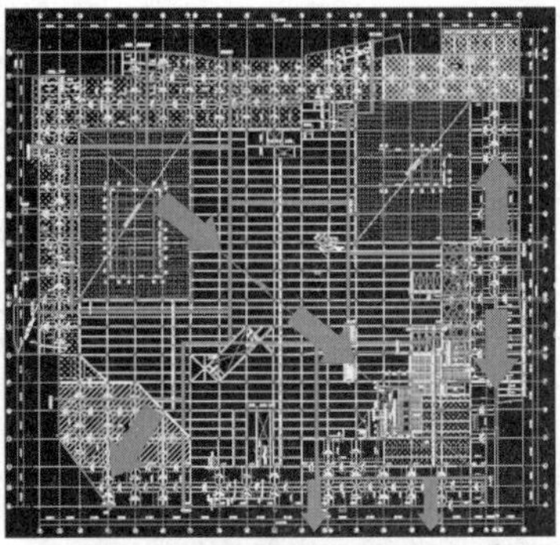

图 4　地下室顶板原设计图

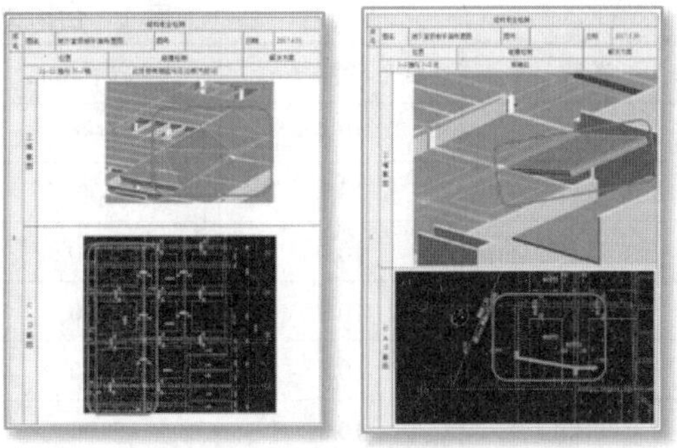

图 5　地下室顶板标高问题报告

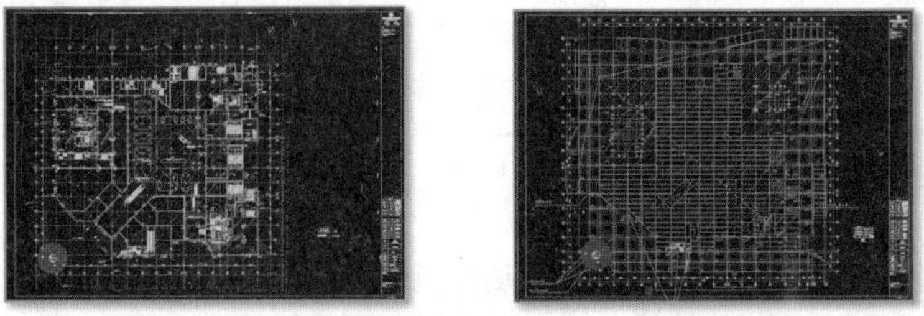

图 6　顶板方案调整后的建筑及结构施工图纸

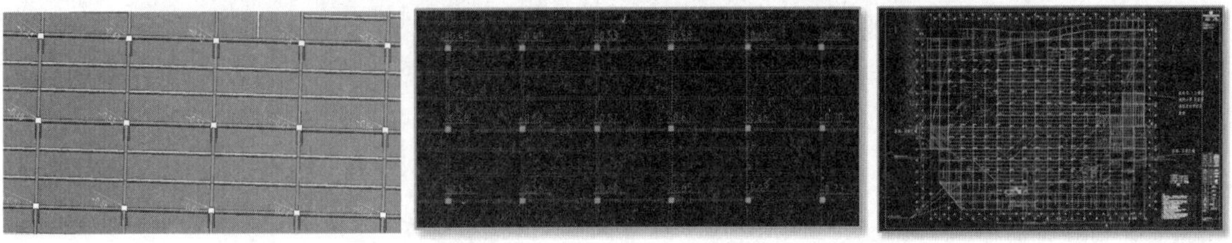

图 7　采用 Revit 出具地下室顶板标高注释图

3.3　BIM 技术助力高支模施工方案技术交底

裙楼 1 号多功能厅，层高 12.45m，楼板厚度 150mm，梁尺寸 300mm × 1500mm，跨度 34.8m。楼板支撑架的底部支撑位于台阶式楼板，通过采用 BIM 技术建立 1 号多功能厅高支模模型（图 8），对台阶楼板处立杆进行定位，统计下料长度（图 9、表 1），不仅做到班组按照规范和要求搭设确保安全，同时可使立杆下料精准，节约材料避免损失。

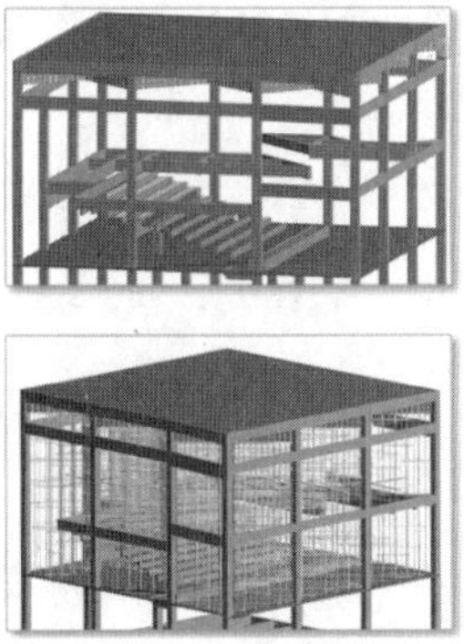

图 8　高支模模型

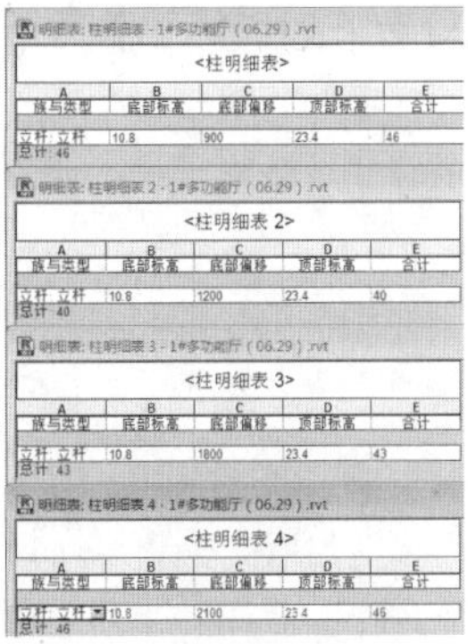

明细表：柱明细表 - 1#多功能厅（06.29）.rvt

<柱明细表>

A	B	C	D	E
族与类型	底部标高	底部偏移	顶部标高	合计
立杆：立杆	10.8	900	23.4	46
总计：46				

明细表：柱明细表 2 - 1#多功能厅（06.29）.rvt

<柱明细表 2>

A	B	C	D	E
族与类型	底部标高	底部偏移	顶部标高	合计
立杆：立杆	10.8	1200	23.4	40
总计：40				

明细表：柱明细表 3 - 1#多功能厅（06.29）.rvt

<柱明细表 3>

A	B	C	D	E
族与类型	底部标高	底部偏移	顶部标高	合计
立杆：立杆	10.8	1800	23.4	43
总计：43				

明细表：柱明细表 4 - 1#多功能厅（06.29）.rvt

<柱明细表 4>

A	B	C	D	E
族与类型	底部标高	底部偏移	顶部标高	合计
立杆：立杆	10.8	2100	23.4	46
总计：46				

图 9　台阶处立杆明细表

表 1　台阶处立杆明细表汇总

阶数	底部参照（m）	偏移量（mm）	顶部参照（m）	立杆长度（m）	立杆总数（根）
一阶	10.8	600	23.4	13.2	102
二阶	10.8	900	23.4	13.5	46
三阶	10.8	1200	23.4	13.8	40
四阶	10.8	1500	23.4	14.1	43
五阶	10.8	1800	23.4	14.4	46
六阶	10.8	2100	23.4	14.7	46
七阶	10.8	2400	23.4	15.0	45
八阶	10.8	2700	23.4	15.3	37
九阶	10.8	3000	23.4	15.6	50
十阶	10.8	3480	23.4	16.08	16

4　总结

项目针对地下室体量大，地下室顶板放坡复杂且多处标高不明确的状况，通过借助 BIM 技术三维可视化、可模拟性特点，建立了地下室模型，并对地下室顶板进行还原，提出合理化建议并及时与建设方沟通，避免可能造成的损失，在质量安全、物力、财力、工期方面，成效显著。同时，发现裙楼 1 号多功能厅高支模搭设复杂，为了更好地提高施工效率，采用 BIM 建立了高支模模型，并出具了台阶处立杆数量和下料长度，确保搭设安全和减少材料损失。

参考文献

［1］常丽玲，张明亮，江波，等. BIM 技术在深基坑支护预应力锚索施工中的应用［J］. 土木建筑工程信息技术，2017，9（3），31 ～ 37.

［2］沈维龙. BIM 技术在商业综合体项目中的运用［J］. 智能建筑与智慧城市，2016，54 ～ 57.

［3］王亚中，李伟，李洪义，等.BIM 技术在长春万豪东方广场城市综合体工程施工质量控制中的应用［J］. 施工技术，2015，44（增刊），765 ～ 769.

［4］李明明，吴义忠，吴晨捷，等. BIM 技术在杭州富阳“三馆合一”项目双曲空心屋面楼盖施工中的应用［J］. 土木建筑工程信息技术，2017，9（6），1 ～ 8.

［5］谢斌. BIM 技术在房建工程施工中的研究及应用［D］. 西南交通大学，2015.

BIM 技术在中南汽配城建安工程项目施工中的应用

曹　旭　钟　婷

湖南省第六工程有限公司，长沙，410015

摘　要：随着各地 BIM 政策的出台，人们逐渐认识到 BIM 等新技术对建筑施工的重要性。文章结合项目实际，以中南汽配城建安工程为例，重点探讨和研究 BIM 技术在大型土木工程项目建设和管理中的应用，旨在不断提升智能建造技术水平，促进建筑业的稳步发展。

关键词：BIM 技术；进度管控；精细化管理

1　引言

BIM 技术是一种集成各种相关信息的工程数据模型。为了提高工程管理的效率，降低现行工程造价，用数字化表达整个工程的功能和特点尤为重要。现阶段，越来越多的工程面临着施工技术复杂、工期紧、信息量大等挑战，BIM 技术在建筑业生产力创新中逐渐显示出巨大的价值。

2　工程概况

中南汽配城建安工程位于长沙市星沙经开区，占地面积约 13 万 m^2，工程总建筑面积约 22 万 m^2，工程合同工期为 360 日历天，工程总造价约 4.75 亿元。项目三区与四区场地中间为武广高铁线正上方，场地整体西高东低，整体坡向东侧，最高处约为 61.5m，最低处为 41.3m，四区部分存在高差突变，高差变化约为 5m。项目综合 BIM 模型如图 1 所示。

图 1　项目综合 BIM 模型

3　BIM 技术在项目施工中的应用

3.1　三维场布方案策划

项目部人员利用三维场布模型，直观地对场布方案进行优化，将原有规划 8 台塔吊增加为 9 台塔吊。塔吊间交叉作业属于多塔施工，将塔吊等长期设施设置在最小的位置内，布置时要充分考虑现场大型机械设备安装和重型车辆的进出场问题，同时满足现场消防要求，合理设置交通出入口，解决现场高峰期的交通压力，减少开工后现场机械、建筑物、材料之间的碰撞问题及间距不符等问题。现场塔吊布置如图 2 所示。

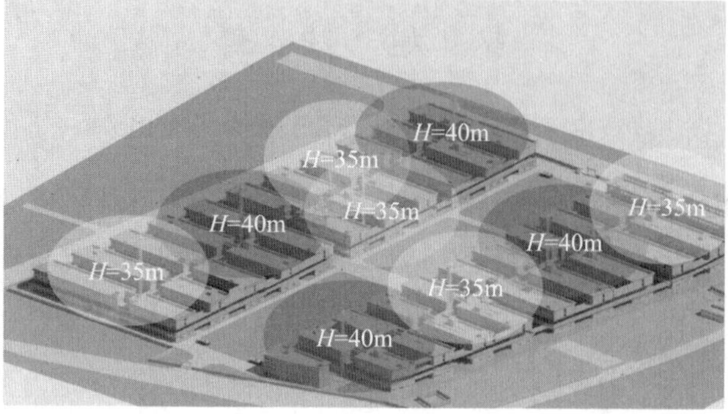

图 2　施工现场塔吊布置图

3.2　现场文明及绿色施工

采用 BIM 技术建立标准化的文明工地。现场临时设施及路面设计以绿色施工为指导，注重降低资源消耗、废物排放和环境影响。根据公司 CI 策划建立标准化大门、围挡、五牌一图、宣传标语等族构件。

在保证施工质量和安全的基本要求下，通过科学管理和技术进步，最大程度地节约资源，减少影响环境的施工活动，实现能源节约与能源利用、物资资源利用、水资源利用和土地资源保护等。目前项目四区已成功申报“湖南省绿色施工示范工程”，于 2018 年 12 月底作为长沙县扬尘治理标杆项目进行观摩，因此绿色施工是本项目施工的重点之一。

项目部引进自动喷淋系统，PM 值达到限值时，喷淋装置自行启动进行扬尘治理（图 3）。

图 3　自动喷淋系统

3.3　BIM + 无人机

与卫星或载人飞机数据采集技术相比，无人机航空摄影测绘技术具有数据采集速度快、成本低、受外界影响小等优点。本项目利用大疆 4Pro 对原始地貌进行全方位拍摄，如图 4 所示，经计算机处理后提取原始数据。同时，结合 BIM 建模方法，将三维 CAD 模型导入 Revit 软件中，形成“原始地形模型”，模拟土方开挖和回填，使现场管理人员能够直接有效地进行土方开挖分析和计算，实现土石方平衡计算的准确性和精细化，对工程造价控制起到重要作用。

图 4　无人机测绘分析

3.4　远程管理

基于 BIM 技术的应用，可以实现工程资料信息的集成，主要包括成本、材料、进度、设备等方面的信息，其对于工程量数据的准确实现有重要的作用。本项目使用 EBIM 管理平台进行项目日常工作管理，目前已应用模型管理、图纸管理、资料管理、质安管理、签证变更、合同管理等，现场施工状况可随时在移动端以照片及文字形式传输记录至云平台（图 5）。

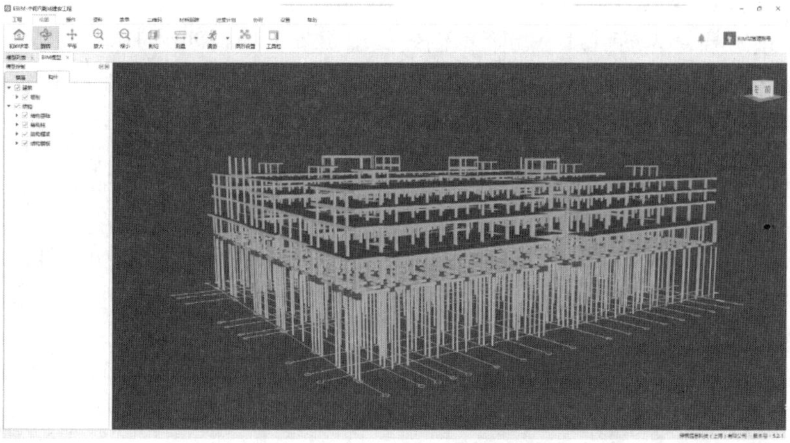

图 5　EBIM 管理平台资料管理

3.5　二维码管控

劳务班组粗犷式的施工方法和工艺流程早已无法满足项目部、甲方对工程质量的要求。劳务班组需按照项目部的质量要求进行施工，考虑工人的综合素质水平及用文字、二维图片的方式交底的局限性，采用 BIM 技术编制三维可视化图集，同时将技术交底、作业指导、施工图纸、施工方案、施工工艺等文件生成二维码，并制成展板，如图 6 所示，工人们在施工中可随时用手机扫码查看、学习。

图 6　现场二维码技术交底学习

3.6　BIM + VR

随着行业的快速发展，项目 BIM 人员也在积极探索行业“BIM +”新科技，其中场景虚拟现实因技术门槛低而受到广泛欢迎。项目部根据现场施工状况，如图 7 所示，分阶段进行施工场景 VR 制作，形成电子资料档案。体验者通过移动端扫描二维码仿佛亲临现场，在虚拟空间中自由漫步，沉浸式感受虚拟现实。

2018年10月24日　　2019年01月24日

图 7　施工一线场景 VR

4　结语

本项目通过 BIM 技术进行施工进度管理，在保证质量和安全的前提下，为项目缩短工期，管理精细化要求及时计算和对比，PDCA 周期越短，管理越精细化，将 BIM 技术与项目管理全面渗透融合，为项目及公司降本创效做出贡献。项目四区工程已进入省级绿色施工工地优先立项名单，成为长沙县扬尘治理标杆工地，BIM 技术的应用提升了企业竞争力，受到了当地政府和业主的广泛好评。

参考文献

［1］陈浩. 基于 BIM 的工程项目集群技术及生产管理［M］. 北京：中国建筑工业出版社，2018. 1.

［2］张明亮，黄宗贵，周瑾，等. BIM 技术在隆平水稻博物馆项目施工中的应用［J］. 建筑技术，2017，48（5）：504 ～ 507.

［3］常丽玲，张明亮，江波，等. BIM 技术在深基坑支护预应力锚索施工中的应用［J］. 土木建筑工程信息技术，2017（3）：35 ～ 41.

［4］陈浩. 湖南建工集团在 BIM 应用中走过的哪些弯路［R］. 建筑业企业 BIM 应用分析暨数字建筑发展展望，2018.

［5］中华人民共和国住房和城乡建设部. GB/T 51212—2016［S］. 北京：中国建筑工业出版社，2017. 7.

［6］中华人民共和国住房和城乡建设部. GB/T 51235—2017［S］. 北京：中国建筑工业出版社，2018. 1.

［7］中华人民共和国住房和城乡建设部. GB/T 51269—2017［S］. 北京：中国建筑工业出版社，2018. 5.

城市轨道交通装饰装修工程墙面环保瓷板施工方法运用

殷新强

湖南六建装饰设计工程有限责任公司，长沙，410015

摘　要：我国建筑装饰装修行业发展经历了萌芽期、初步形成期与快速发展期后，现已步入稳定发展阶段。人们对建筑装饰装修施工技术、施工质量的要求越来越高，这也推动了装饰装修行业向着专业化、标准化、品牌化的方向发展。因此要想实现装饰工程在保质保量环保的前提下快速投入使用，就要清楚认识到施工方法的重要性，要研究这些问题，改善管理机制，研究制订相应的方法，才能确保装饰装修工程长远发展。

关键词：轨道交通；墙面；环保；瓷板；施工方法

1　城市轨道交通墙面施工概述

随着生活节奏的加快，每个城市都在快速发展城市轨道交通，方便人民群众出行。城市轨道交通装饰墙面施工要与配套单位交叉施工导致施工周期长，为了保证最后的装饰装修能又好又快地完成，降低交叉作业而产生安全、质量等问题的概率，现针对城市轨道交通的墙面环保瓷板施工予以介绍。

环保瓷板施工方法：

（1）钢龙骨与挂件安装

通过对结构墙面或柱面、横梁等立面进行测量，对设计图纸造型进行分析，对施工现场测量数据与图纸进行比对，确定连接件、高强度螺栓、每根主、副龙骨的长度、厚度、间距、大小、材质，并计算出质量。保证安装的龙骨与瓷板能够达到规范要求。

钢龙骨与挂件种类很多，随着技术的不断改进，干挂工艺可以利用高强度螺栓与耐腐蚀、强度高的柔性连接件和钢龙骨挂接，再将 25 ～ 35mm 厚的饰面板挂在建筑物结构的外面表面，饰面板与结构之间留出 40 ～ 50mm 的空隙。干挂饰面板的尺寸一般控制在 1 ～ $2m^2$ 之间，厚度为 20 ～ 35mm，常用的 25mm 左右。其质量为玻璃的 4 ～ 5 倍，铝板的 5 ～ 8 倍。干挂饰面板可以挂在砖墙面、混凝土墙、柱面、钢型材或铝合金型材横梁和立柱上。

（2）瓷板与安装

瓷板在建筑装饰工程中是一种新环保材料，但陶瓷是建筑行业中最古老的装饰材料之一。陶瓷，或称烧土制品。是指以黏土为主原料，经成型、焙烧而成的材料。陶瓷强度高、耐火、耐久、耐酸碱腐蚀、耐水、耐磨、易于清洗，加之生产简单，故而用途极为广泛。随着现代科学技术的发展，陶瓷在花色、品种、性能等方面有了巨大的变化，为现代建筑装饰工程带了越来越多的实用性装饰材料，如搪瓷钢板、陶瓷板、大规格纤瓷板等。对于瓷板的尺寸，多由工厂定型生产，所以在施工前一定要根据现场实际情况与设计进行精心计算和排列。瓷板在厂家生产过程中四周有折边，折边上有上下共 4 个挂钩，挂钩与现场副龙骨进行直接安装，方便快捷。瓷板的优点：

（1）在施工方法上不像水泥贴饰面板或饰面砖那么烦琐，用红外线定位大面积弹线保证整个墙面黄金分割，减少施工误差，提高施工现场工作效率，加快施工进度周期。提高施工现场安全系数，减少高处作业死亡率。

（2）钢龙骨挂件为挤压成型，强度大、牢固性强，挂件组合可以调整整个墙面倾斜度，保证了饰面板的垂直要求。当墙面有造型、跨度较大、结构与结构之间尺度存在施工误差、墙面装饰工程空间结构复杂的情况下也可以方便运用。

（3）引入主龙骨与副龙骨配合的便捷连接方式，免去了绝大部分转接件、主龙骨、副龙骨间的焊接，避免了焊接应力的附加变形，保证了龙骨韧性和强度。

（4）施工方法快速便捷，能够提高工效，加快施工进度，降低劳动强度，减少其他辅材量，工时费，精度高，瓷板厚度在 1.5 ～ 2.5cm，降低了工程成本。

（5）瓷板的色彩、光泽、图案、性能和力学指标好、价格低、质量轻、耐火等级和防腐级别高、使用年限长，拆卸方便，可拆卸后反复使用，使用率达到 90% 以上，拆卸后回收率达 95% 以上。

（6）加工收口方便，无须其他配套材料收边收口，可生产任意方式转角收口（如：90° 转角、45° 转角、倒圆转角等）。

2 环保

人类社会已经面临环境污染和能源危机的挑战，在装饰施工工程中，由于施工人员缺乏环保意识，或者缺少必要的施工环保措施，导致装饰施工过程中的材料浪费，污染和破坏了我们的环境，因此，想要实现建筑装饰装修行业的发展就要清楚地认识到环保的重要性，所以我们要从每一个环节做好。瓷板施工方法的运用打破了常规施工的固定连接法，减少焊接，可以减少废料与有害气体的产生，减少对环境的污染，减少火灾发生，使用定制挂钩加工件与 U 形副龙骨进行连接。施工简单科学，速度快，不仅提高施工现场的工作效率、加快工作周期，提高施工现场的安全系数，减少伤亡（减少工人高处作业时间），还可以节约措施费用，减少材料成本、人工成本、安全成本、管理成本。施工工艺先进、可操做性强、工序衔接紧密，工效高，质量就容易保证，并能产生明显的经济效益，以达到绿色环保施工要求。

3 结语

综上所述，该技术在长沙轨道交通 1 号线、2 号线、3 号线、4 号线一期公共区装饰装修工程成功应用，提高了长沙轨道交通的建筑艺术品位，提高了施工效率，使施工单位得到可观的经济效益（图 1）。

图 1　环保瓷板施工过程

参考文献

［1］ 孙文勇. 石材幕墙干挂施工方法选择［J］. 山东冶金，2008.

［2］ 乔世军. 干挂瓷板的施工工艺［J］. 河南建材，2011.

［3］ 马建兴. 对墙面装饰干挂石材和瓷板工艺的思考［J］. 山西建筑，2008.

［4］ 罗卫. 大规格纤瓷板在外墙装饰中的施工技术［J］. 江西建材，2017.

关于新型陶土板幕墙环保快捷施工工艺的探讨

陈博矜　李智讳

湖南六建装饰设计工程有限责任公司，长沙，410015

摘　要： 新型陶土板幕墙丰富了幕墙表现形式，赋予了幕墙传统文化气息。陶土板内置矩形空腔，上下边自带通长翼缘和槽口，不需现场开槽，配合特制的铝合金槽式挂件，陶土板易调整，精确度高，安装环保快捷，劳动强度低，质量稳定可靠，经济和社会效益显著，值得推广。

关键词： 新型陶板幕墙；通长翼缘和槽口；铝合金槽式挂件；构件式幕墙

陶土板是一种新型的墙体饰面材料，是以天然陶土为主要原料，经过高压挤出成型，低温干燥并经过 1200 ～ 1250℃的高温烧制而成，具有绿色环保、无辐射、色泽温和、无光污染等特点。近年来，新型陶土板幕墙在国内受到人们的青睐，它将中国传统陶文化与现代幕墙融为一体，丰富了幕墙的表现形式，赋予了幕墙文化气息。我公司有幸在一项目中成功运用了新型陶土板幕墙环保快捷施工工艺，现将之与大家探讨。

1　工艺特点

（1）陶土板表面平整，四角方正，颜色一致，永不褪色，化学性质稳定，耐候性好。

（2）陶土板上下边自带通长翼缘和槽口，不需现场开槽，劳动强度低，无扬尘。

（3）铝合金槽式挂件由两部分组成：副挂件用螺栓通过长条形孔与横梁固定，可调节挂件前后的位置；主挂件前端为 U 形槽，与陶土板连接处设有橡胶垫片，可将陶土板牢固地卡在槽内。主、副挂件连接处设有螺栓和弹簧垫片，螺栓拧进拧出可调节挂件上下位置，以控制陶土板垂直度。陶土板易调整，精确度高，安装快捷。

（4）陶土板内置矩形空腔，较石材、瓷板密度更小，劳动强度低。

（5）可定制幕墙压顶、立面转角、沉降缝、外窗等部位收口板件，完成后的幕墙精致美观。

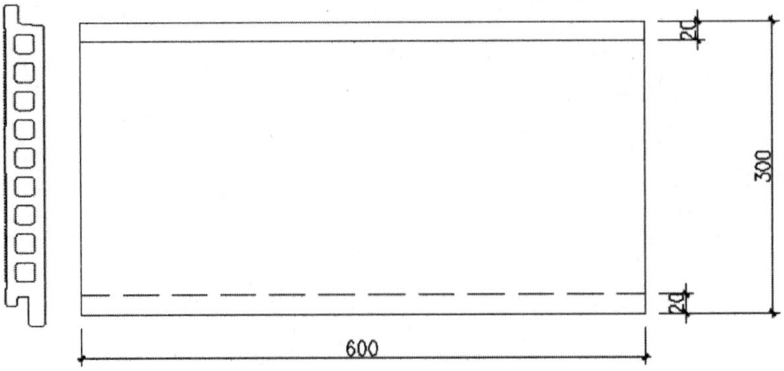

图 1　陶土板大样图（mm）

2　适用范围

适用于有抗震要求的建筑幕墙及室内外墙面装饰装修工程。

3　工艺原理

本施工工艺采用构件式幕墙安装方式。后置预埋件（300mm × 200mm × 8mm热镀锌钢板）通过4个M12mm × 160mm化学锚栓与建筑混凝土主体固定；若主体为砖墙，则使用4个 ϕ12mm对穿螺杆将后置预埋件与砖墙固定。双钢角码转接件一肢与后置预埋件焊接，另一肢通过2个M12mm × 100mm不锈钢螺栓与立柱（80mm × 60mm × 4mm热镀锌方管）连接。横梁（50mm × 50mm × 5mm热镀锌角钢）与立柱焊接固定，横梁水平间距同陶土板板高。使用铝合金槽式挂件将陶土板（厚度不小于30mm）与横梁连接固定。其工艺原理见图2。

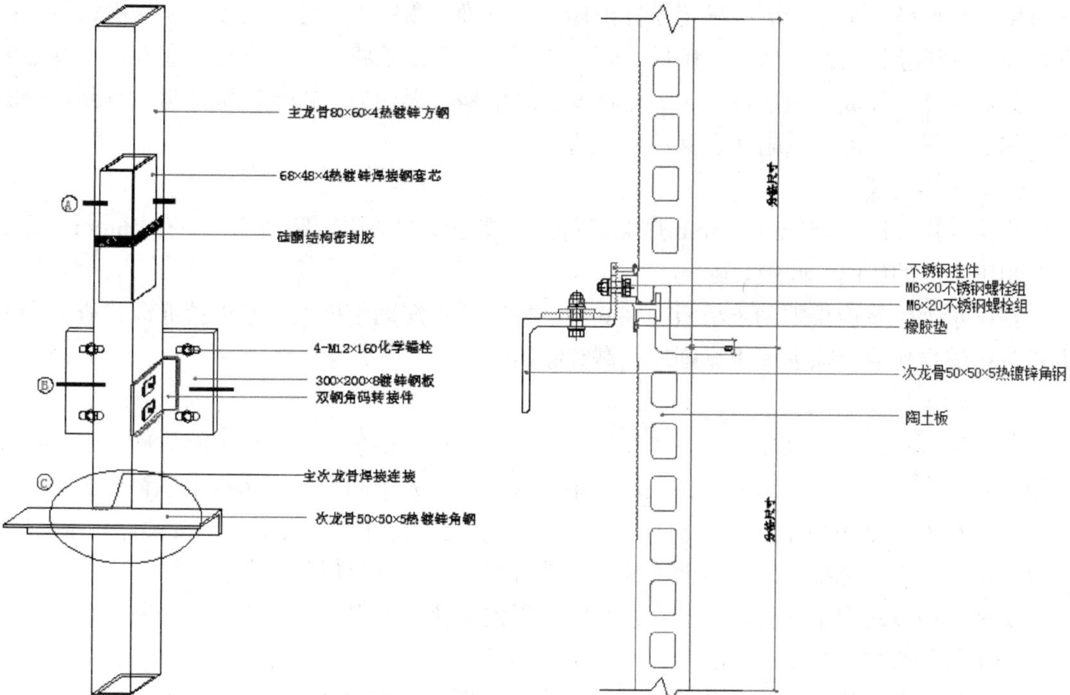

（a）　　　　（b）

图 2　新型陶土板幕墙工艺原理图（mm）

4　工艺流程及操作要点

4.1　施工工艺流程

测量放线→后置预埋件安装→立柱安装→横梁安装→陶土板安装→打胶收口。

4.2　操作要点

（1）测量放线

依据幕墙设计图纸中板缝和窗侧边收口位置，结合建筑物整栋整面外角尺寸确定该面居中立柱竖向位置并用墨线标明，以此为依据确定该面其余立柱竖向位置。在建筑物顶外围结构标记建筑标高，根据该标高引测每层分层线并用墨线标明。以分层线为依据确定单根立柱标高与结构楼层标高的关系，再根据立柱竖向位置和顶标高确定后置预埋件位置并进行安装。

（2）后置预埋件安装

①用 ϕ14mm钻头在外墙测定位置钻孔，孔深110mm，然后用专用压缩空气机清理孔内灰尘，清理3次，确保孔内无灰尘。

②使用玻璃管锚固包固定 M12mm × 160mm 化学锚栓，将其圆头朝内放入锚固孔内并推至孔底，然后使用电钻及专用安装夹具，将螺杆强力旋转插入孔底，凝固期间不得扰动。

③安装300mm × 200mm × 8mm热镀锌钢板（Q235B）。将300mm × 200mm × 8mm热镀锌钢板套入4个已安装好的化学锚杆，然后使用 ϕ12mm螺帽、40mm × 40mm × 4mm热镀锌方垫片将其与外墙固定。螺帽应拧紧，紧贴钢板，螺杆露出螺帽不少于5匝。

（3）立柱安装

根据立柱竖向位置确定转接件与后置预埋件连接位置后，点焊固定，利用线坠对立柱垂直度进行调整，依据分层线确定立柱顶标高。在确定第一根立柱安装准确无误后，将上层立柱与下一层立柱对接，就位准确后点焊，并用不锈钢螺栓将上、下立柱与立柱连接套心紧固，如此循环，完成一组立柱安装。立柱安装完毕检查无误后，进行转接件与后置预埋件的满焊作业，除去焊渣并涂刷环氧富锌漆两遍。

（4）横梁安装

横梁采用50mm × 50mm × 5mm热镀锌角钢。在施工现场用台钻钻孔，钻孔 ϕ6mm，要求孔在角钢一肢的中间，间距150mm。

横梁水平位置应根据陶土板板高在立柱上标明，点焊固定横梁，整面拉通线检查无误后方可进行满焊作业，除去焊渣涂刷环氧富锌漆两遍。

（5）陶土板安装

①拉通线确认幕墙完成面，首先将铝合金槽式挂件在横梁上固定好，然后两个人抬起陶土板，将陶土板下端槽口卡入挂件上口，第三人站在两人中间安装陶土板上端铝合金槽式挂件，并将挂件下部槽口卡住陶土板翼缘。三人互相配合进行陶土板安装。按设计要求留缝，板缝应横平竖直，宽窄一致，板面平整度、垂直度偏差应符合规范要求。

②陶土板安装自下而上进行。误差在同一层内消化，不得向上累积。

（6）打胶收口

板缝注胶前先嵌入泡沫棒，并在板缝两边陶土板上贴美纹纸，再注入硅酮密封胶，刮平后除去美纹纸。

5　应用实例

株洲炎陵神农湾酒店建设项目（续建项目），陶土板幕墙面积约 5000m^2，高度 23m。开工日期 2017 年 4 月，竣工日期 2018 年 10 月。运用本施工工艺施工的陶土板幕墙，与主体结构连接牢固，表面平整，垂直度、接缝高低差符合规范要求，色泽一致。

6　结束语

与石材幕墙、瓷板幕墙相比，新型陶土板幕墙质量更可靠、安全更可控、进度更有保障、全寿命周期成本更低，经济和社会效益明显，应用前景广泛，值得我们进一步深入学习和研究。

BIM 技术在绿色建筑设计中的探讨

宋路军[1, 2]　张明亮[3]

1. 湖南望新建设集团股份有限公司，长沙，410100；
2. 长沙定成工程项目管理有限公司，长沙，410100；
3. 湖南建工集团有限公司，长沙，410004

摘　要：随着城市的不断发展，现代化建设中的绿色建筑理念得到了广泛的认可与提倡，并将 BIM 技术逐步应用于绿色建筑设计。本文通过对 BIM 技术的理念、特点进行分析，介绍了 BIM 技术在绿色建筑中的应用，及如何实现真正的绿色建筑设计。

关键词：BIM 技术；绿色建筑；建筑设计；工程应用

随着城市建设的不断发展，建设的规模越来越大，我国的建筑业正在随着社会的发展，逐步进入信息化、现代化时代，目前我国正处于建筑业转型的重要时期。随着建筑业的发展，绿色建筑的理念也已深入人心。绿色建筑强调的是保护环境、减少污染，绿色建筑将会对我国的节水、节能等方面的提升有很大的帮助。BIM 技术作为我国建筑行业目前最受欢迎的技术之一，它受到了业内人士的广泛关注。在绿色建筑设计中结合 BIM 技术，将促进我国在绿色建筑设计上的进步，进一步加快我国建筑行业发展的步伐。

1　绿色建筑及 BIM 技术简述

我国经济快速地增长，导致了对自然环境的破坏，能源、资源的紧缺日益凸显。可持续发展为我国提供了一条发展的道路，绿色建筑设计便是可持续发展的体现之一。绿色建筑设计即是在节能、节水、节地、节材以及保护环境的基础上进行设计，尽最大的努力，节省资源，保护环境，减少污染，为我国居民提供舒适的居住空间和居住环境。因为绿色建筑在节能上占据了很大的优势，因此，很多国家在对绿色建筑设计方面进行了大力的推广，并且已经取得了在发展经济的同时保护环境的突出成绩。绿色建筑设计就是在满足所需功能的基础上实现节能以及保护环境的目标。

BIM 技术是一种建筑信息模型的技术理念，是一种搜集建筑工程项目的详细数据并通过三维建模设计以及分析来进行项目设计、施工以及运营的过程。BIM 技术不同于传统的二维图纸建筑设计，传统的二维图纸建筑设计缺乏精确严谨性。BIM 技术容纳了工程的具体过程，增加了视觉上的直观形象，从而避免了一些可能出现的失误，同时也提高了传统二维图纸建筑设计所缺乏的精确性以及严谨性。此外，BIM 技术将建筑施工时各个环节整合为了一个整体，从而也提高了对于建筑信息的管理以及运用。

2　BIM 技术的优势及发展现状

BIM 技术的应用已成为我国建筑行业发展的必然趋势。首先在传统的二维图纸建筑设计中各专业图纸之间缺少必然的联系。一个模型需要用不同的图纸来表现不同的方面，且有时并不能完全展现出建筑设计的详细数据。在设计过程中一个数据出现错误将会导致其他数据也会随之出现差错。因此，无法通过以数据信息来分析建筑上的缺点，更无法判断实施建筑的时空关系。而采用 BIM 技术建立的三维模型则可以通过不同的平面、立面以及空间建筑图展现出来。在设计过程中关键设计数据出现改变，其他相关联数据也会相应地进行改变，从而使建筑设计可以直观地展现出来，大大缩减了建筑设计的时间与劳动成本，这样也便于设计者的工作开展。其次，BIM 技术更大的优势是体现在数据的详细分析上。这些数据分析将通过 BIM 平台传递，给建筑设计工作者带来工作上的最大的便利。BIM 技术将数据分析模型和管理行为模型进行相应的分配，使建筑过程中的设计理念以及方法发生了很大的改变。除此之外，BIM 技术给建筑设计相关人员提供一个便于交流的平台，使工作人员可以更好地沟通。因此，BIM 技术将在一定程度上推动建筑设计的管理模式进一步完善。

BIM 技术为建筑行业带来便利的同时，也在实际应用中存在较多的问题。首先，建筑行业全方位掌握 BIM 技术的人才较缺。从事 BIM 技术的人才不仅要掌握理论知识和熟练的操作外，还要具有一定的建筑设计、运营管理经验，这样才能在现实生活中结合实际情况制定合理的 BIM 方案。其次，目前很多较小的建筑单位仍旧采用传统的绘图设计方式，从而在一定程度上限制了 BIM 技术的推广。此外，国内还没有形成 BIM 技术应用的条件。再者，BIM 技术中的数据缺乏标准。由于我国对于 BIM 技术研究较浅，并不能够将 BIM 技术与实际中的建筑联系在一起，从而导致了 BIM 技术在应用时数据缺乏的现象。

3　BIM 技术在绿色建筑设计中的应用

3.1　节能、能源利用以及环境的保护

首先，BIM 技术数据和信息对建筑后续的建设以及流程进行详细的分析，能够及时地反馈建筑的质量、进度和相关成本。BIM 技术设计能够确保热能符合我国的要求，若建筑物没有达到要求，则 BIM 技术将会及时判断耗能多少，从而进行相应的调整。在相同的情况下，对不同的建筑进行耗能判断是 BIM 技术常用的一种计算手段。在 BIM 相关软件中，将建筑工程的相关数据输入进去，利用热工性能资料制表，即可模拟出此建筑的结构数据，将得出的数据与国家标准数据进行对比，得出建筑的最好数据水平。BIM 技术在绿色建筑设计中，能够快速得出相关数据，减少等待时间，并且可以保证该数据的可信程度。其次，BIM 技术应用也能够进一步提高建筑物的采光效果，从而避免了光污染。目前大多数的建筑都采用了反射能力较强的材料来装饰外墙，这种材料可以利用日光产生出一种光反射，从而导致光污染。BIM 技术将会根据设计图以及建筑效果等信息来分析出周围环境，分析出光污染的情况，从而避免在设计绿色建筑时所出现的误差，达到优化室外环境的效果。为了改善建筑室内外的舒适程度，也应该提升建筑物的通风程度，BIM 技术则可以通过模拟风环境的试验，分析建筑物周围的通风情况是否在国家的规定范围之内。若模拟数据出现偏差，则可在第一时间进行调整。

3.2　绿色建筑设计的搭建

使用 BIM 技术进行绿色建筑设计，可将各个专业人员参与到设计的每个环节当中。在传统的建筑设计中，大部分都是分专业来进行。先是进行方案设计，再是进行结构的设计，最后是施工图设计。不同的专业将会形成自己独立的团队来进行相应的工作，不同的阶段将会由不同的工作人员来分别进行。这样的独立性工作，每一部分只有一部分的专业人员参与，从而在工作中可能会导致没有其他专业人员的参与而出现的一些单个问题。最终导致方

案不够完美，从而推翻之前所有的设计来重新进行，这样不仅影响到了建筑的设计效率，也使建筑设计质量有所下降，甚至出现一些安全隐患与功能性的缺失。而 BIM 技术的应用将会使不同领域的专业人员进行有效的交流，利用自身的专业知识来进行互相分析，从而使设计工作更加顺利地进行，各个专业设计的相互配合程度增强。

3.3 BIM 技术在绿色建筑设计中的运营管理

在绿色建筑设计的最初规划阶段，BIM 技术将会通过对数据的分析，掌握客户的需求，从而对建筑方案进行准确有效的分析。同时，BIM 技术可以展现建筑施工进度，并且可以直观地反映出建筑的施工过程，有利于建筑单位对施工进度的管理以及建筑资源和工程质量的管理。BIM 技术应用不仅仅体现在绿色建筑的设计上，也体现在绿色公共建筑的运营阶段，BIM 技术可以制定建筑使用过程的维修计划，对重点设备进行维护工作的记录，保证建筑工程设备的完好性。

3.4 提高绿色建筑材料的利用率

建筑材料直接关系到建筑的绿色环保性。因此，在选建筑材料时，应注重建筑材料的可循环利用性。在建筑选材上，BIM 技术即可对建筑材料进行可循环利用率分析。通过 BIM 技术建立建筑材料的分析表，判断建筑材料是否符合绿色环保的要求，这样能确保居民的安全，也能够减少环境污染。因此，BIM 技术在绿色建筑选材上也具有一定的优势。

4 结束语

绿色建筑已成为当今建筑业发展的主流方向，而 BIM 技术则是发展绿色建筑设计时不可缺少的一门技术，它减少了建筑的建设成本以及维护成本，也能满足人们对于建筑的功能需求，同时也保护了环境，节约了资源，减少了污染。BIM 技术不仅是绿色建筑设计的一个良好基础条件，同时也有利于绿色建筑稳定快速的可持续性发展。

参考文献

[1] 张敏，张丁丁，王元丰. 国内外绿色建筑的发展及其评价体系的研究 [A]. 既有建筑综合改造关键技术研究与示范项目交流会 [C]，2009：87 ～ 90.

[2] 侯德才. 浅谈 BIM 技术在绿色建筑中的设计应用 [J]. 低碳世界，2007，(28)：196 ～ 197.

[3] 王瑶. BIM 技术在绿色建筑中设计的应用 [J]. 住宅与房地产，2016，(18)：54.

[4] 汤闯，李晓琳. BIM 技术在绿色建筑设计中的应用研究 [J]. 哈尔滨职业技术学院学报，2017，(01)：101 ～ 103.

基于 BIM 平台下的绿色施工管理

周洪波　王先财　陈　猛　刘应良

湖南望新建设集团股份有限公司，长沙，410100

摘　要：绿色施工是指工程建设中，在保证质量、安全等基本要求的前提下，通过科学管理和技术进步，最大程度地节约资源与减少对环境负面影响的施工活动，实现四节一环保（节能、节地、节水、节材和环境保护）。而智慧工地云平台则是助推各个环节向绿色指标靠得更近的先进技术手段。

关键词：策划管理；四节一环保；BIM 云平台

1　绿色施工策划管理

1.1　项目基本概况

项目基本概况包括项目名称、建筑类型、规模、基坑深度、占地面积、项目经理、项目技术负责人、组织机构、工程重点难点等信息。

1.2　项目信息二维码展示

将项目基本情况信息生成二维码并粘贴在施工场地外部，扫码后，可实时查看项目基本信息。

1.3　绿色施工方案管理

展示绿色施工目标、绿色施工实施措施、技术措施以及管理制度等。

1.4　绿色施工培训管理

（1）填报绿色施工培训记录，在系统内形成培训记录表。

（2）与人员库数据库关联后，可在人员信息中查询该员工参与的培训记录。

1.5　绿色施工资料管理

汇总绿色施工相关资料文件，可通过电脑平台和手机端分类上传各类绿色施工资料文件。

1.6　绿色施工 BIM 模型展示

在网页端展示 BIM 轻量化模型，包括建筑 BIM 模型、结构 BIM 模型、场地 BIM 模型。

2　节能监控管理

2.1　施工机械设备管理

合理配置施工机械设备，进行科学管理，合理确定保养周期，确保施工机械设备的正常运行，降低故障出现概率，减少维修成本，提高利用率，从而帮助企业实现经济效益的最大化。

登记设备信息后，生成设备二维码，设备管理人员通过手机扫描二维码，可在移动端填报设备的维护记录。其他人员通过手机扫描二维码，可在移动端查询此记录（图 1）。

图 1　手机查询界面

2.2　用电智能管理

（1）通过智能电表自动采集用电量，利用内置 IC 卡与无线采集器回传数据，含主要施工设备用电、主要机具用电、办公区用电以及生活区用电，系统网络设计图如图 2 所示。

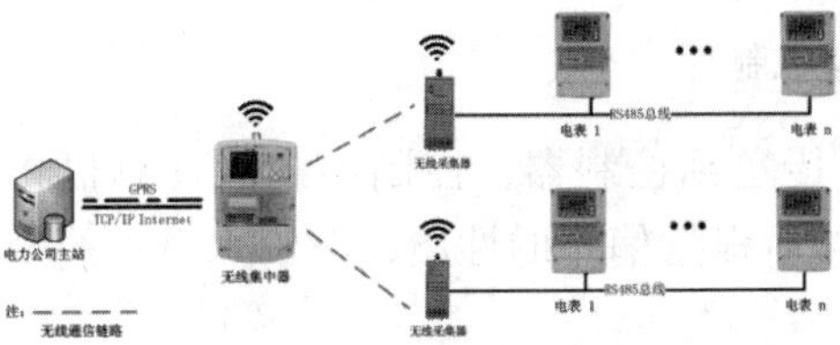

图 2　系统网络设计图

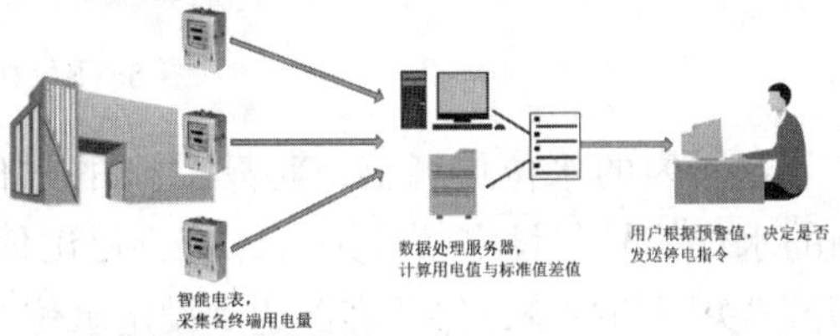

图 3　系统自动统计图

（2）自动统计并形成施工现场耗电指标（按每万元产值）、生活区、办公区耗电指标（按人均），在场地耗电量超过一定阈值时，报警询问是否断电（图 3）。

（3）生活区及办公区进行各时间段用电量数据统计，并形成各区每日电能损耗时间分布示意图（图 4）。

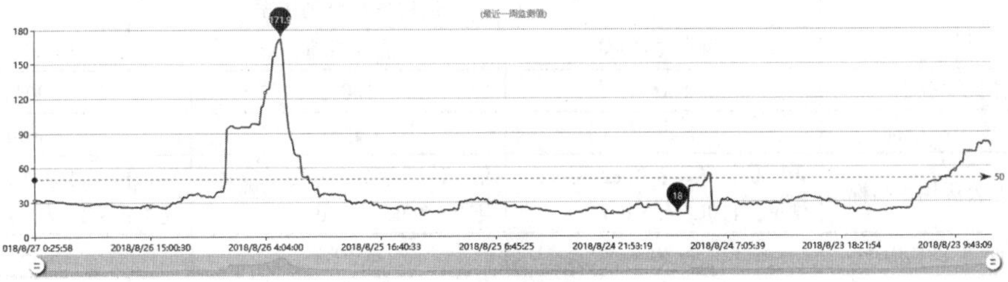

（a）电能日分布图

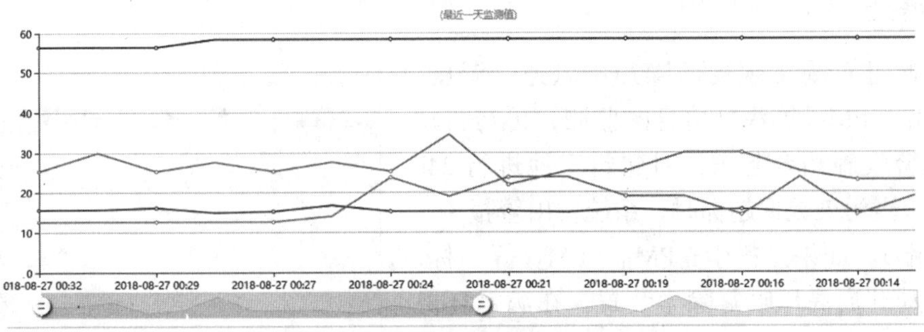

（b）各区电能分布对比图

图 4　用电分布图

3 节水监控管理

3.1 雨水收集智能控制

项目施工现场各区设置蓄水池与排水池，蓄水池用于收集地下水及雨水，排水池通过排水阀与蓄水池相连，由传感器控制排水开关。设置传感器实时监控水量，通过屏幕实时显示监测水量。蓄水量超过一定额度后，程序打开排水开关，将水排入可用水水池，将排水池内水用于施工现场。在 BIM 模型中显示雨水收集池以及雨水过滤装备的位置，平台上显示、监测池中剩余的水量（图 5）。

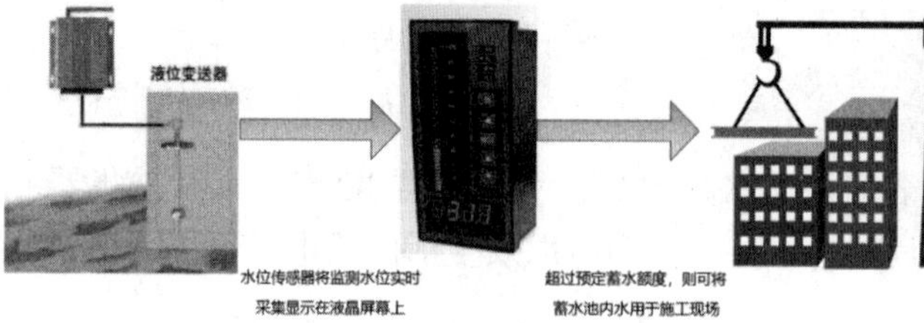

图 5 雨水收集智能控制图

容器内的水位传感器，将感受到的水位信号传送到控制器，控制器内的计算机将实测的水位信号与设定信号进行比较，得出偏差，然后根据偏差的性质，向给水电动阀发出“开”“关”的指令，保证容器达到设定水位。

3.2 用水智能管理

应用平台对施工现场用水量进行计算和分析，通过智能水表读取生产区、生活区、施工区、雨水收集（道路、绿化）用水数据，传输到数据库服务器存储，并且能够对数据进行查询分析汇总，进行用水指标的统计（表 1）。

表 1 节水与水资源再利用各项指标

项目	损耗率及再利用率		
	陕西省参考标准	企业标准	现场目标值
节水器具配置率	100%	100%	100%
施工现场用水指标	1.4t/m^3	1.4t/m^3	1.4t/m^3
生活区、办公区用水指标	春、秋、冬季：40L/ 人 · d 夏季：110L/ 人 · d	春、秋、冬季：30L/ 人 · d 夏季：60L/ 人 · d	春、秋、冬季：25L/ 人 · d 夏季：55L/ 人 · d
循环水的收集再利用率	> 30%	> 30%	> 35%

4 环境监控

系统通过对施工现场的噪声、风速、湿度、粉尘、PM_{10}、$PM_{2.5}$ 等污染信息的监测，再与自动喷淋及预警设施结合起来，对建筑工地进行 24h 实时监测。当污染数据超标时，系统发出警报（平台和移动端）。如果是粉尘、PM_{10}、$PM_{2.5}$ 等超标，系统会自动开启高压喷雾除尘装置，在满足环保要求时，系统警报消除，自动关闭高压喷雾除尘装置（图 6）。

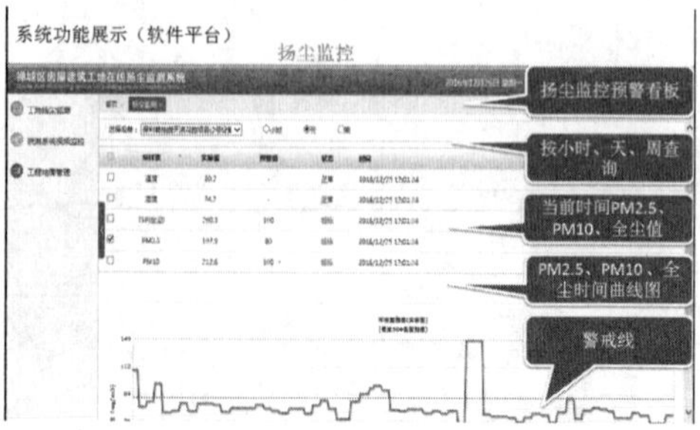

图 6 扬尘监控

4.1　在线监测分析

监测设备上传数据后，系统提供在线监测功能，对工地现场的 $PM_{2.5}$、PM_{10}、TSP、噪声等参数进行监测，系统对各参数提供曲线分析、超标计算、超标处理等功能。

4.2　数据警戒

系统将监测到的数据与监管部门设定的警戒值在同一界面绘制曲线，如果有超出警戒值的数据，系统可直观地展示出来（图 7）。

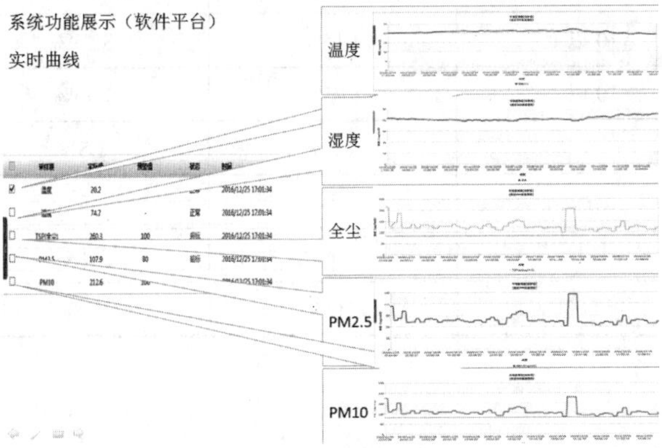

图 7　数据监测

4.3　统计分析功能

系统对监测结果进行统计分析，实现对工程项目扬尘、噪声高频度等参数的监管。

4.4　手机实时监控

可通过手机端查看施工现场环境监测数据，并可通过手机启动或关闭喷淋设备和高压喷雾除尘装置。

5　节地监控管理（表 2）

- 施工现场的三维场地布置 BIM 模型展示。
- 施工现场及周围的交通流线 BIM 模型展示。
- 通过 BIM 模型自动统计出现场交通面积比率、绿化面积比率等。

表 2　节地与土地资源保护各项指标

<table>
<tr><th>项目</th><th colspan="2">现场总面积</th><th colspan="2">各项占地面积</th><th>占地比率</th></tr>
<tr><td>绿化面积占现场总面积</td><td colspan="2" rowspan="4">×××××m^2</td><td colspan="2">×××××m^2</td><td>××%</td></tr>
<tr><td>生活区占现场总面积</td><td colspan="2">×××××m^2</td><td>××%</td></tr>
<tr><td>办公区占现场总面积</td><td colspan="2">×××××m^2</td><td>××%</td></tr>
<tr><td>生产区占现场总面积</td><td colspan="2">×××××m^2</td><td>××%</td></tr>
<tr><td>原有建筑物占现场总面积</td><td colspan="2"></td><td colspan="2"></td><td>无</td></tr>
<tr><td rowspan="3">场地道路布置情况</td><td colspan="3">双车道宽度：≤ 6m</td><td colspan="2">双车道宽度：≤ 6m</td></tr>
<tr><td colspan="3">单车道宽度：≤ 3.5m</td><td colspan="2">单车道宽度：≤ 3.5m</td></tr>
<tr><td colspan="3">转弯半径：≤ 15m</td><td colspan="2">转弯半径：≤ 15m</td></tr>
</table>

6　节材管理（表 3）

- 混凝土结构钢筋优化排布 BIM 模型展示。
- 二次结构砌体、其他装修材料的自动排布 BIM 模型展示。

表 3　节材与材料资源再利用各项指标

项目	单位	损耗率及利用率		
		陕西省标准	企业标准	现场目标值
钢材	10 以上	3.15%	3.15%	2.5%
	10 以下	1.75%	1.75%	1.25%
现浇混凝土		1.5%	1.5%	0.9%
复合模板周转次数	次	5	5	7
周转设施料		70%	70%	80%
主材购买地	≥ 500km	70%	70%	85%

7　结束语

建筑技术和信息技术相结合，建筑是主体，BIM 是信息技术在建筑中的应用，赋予建筑“绿色生命”。应当以绿色为目的，以 BIM 技术为手段，用绿色的观念和方式进行建筑的规划、设计，采用 BIM 技术在施工和运营阶段促进绿色指标的落实，促进整个行业的进一步资源优化整合。我们可以相信传统制图方式会被逐渐淘汰，以 BIM 为开端的协同绿色设计革命已经悄然开始。

参考文献

[1] BIM 技术在绿色施工中应用 [A]. 中国建筑 2013 年技术交流会论文集 [C], 2013.
[2] 建筑工程绿色施工技术应用 [J]. 中国建材科技，2015，05.
[3] “绿色金典”商住小区二标段绿色施工方案 [R]. 湖南望新建设集团股份有限公司“绿色金典”商住小区二标段项目经理部.

外剪力墙结构与CL网架板保温一体化施工技术

邹仁凯　陈　影　曾喜安　吴掌平　徐世文

中建五局第三建设有限公司，长沙，410004

摘　要： 随着建筑业的发展及国家建设要求，“节能性住宅”迅速占领建筑业并得以全面绽放，建筑节能以前所未有的速度和传播深度在建筑领域中掀起一波新的热潮。众所周知，作为一种新型的复合混凝土外保温结构体系，CL网架板结构体系以其与建筑同寿命的保温方法、混凝土剪力墙应用的新概念等特点取代了传统的外墙保温施工工艺，不仅在施工速度上占有明显优势，而且不存在后期保温脱落及维修的风险，并使建筑结构与节能概念完美结合。其产品可工厂化生产，并凭借着较高的性价比、低污染、低能耗等特点正在成为我国住宅项目建设中不可或缺的建筑结构形式之一。

关键词： 外墙保温；CL网架板；节能环保；经济高效；建筑结构与节能一体化

1　工程概况

石家庄恒大林溪郡工程位于石家庄市鹿泉区中石化油库路与京昆高速交叉口西北方向，获鹿镇西马庄村内。本工程总建筑面积182652.25m^2，其中地上建筑面积131843.81m^2，包含13～16号楼4栋高层住宅、11栋多层住宅，高层地上楼层数17～18层，多层地上楼层数层6～11层；地库建筑面积50808.44m^2，包含1～16号楼住宅的地下1～2层部分（图1）。

图1　工程效果图

2　工程特点

（1）安全可靠：CL建筑体系把保温层复合进了结构墙体中间，保温和结构融合成一个体系，避免了后期保温层脱落，甚至火灾等隐患发生；CL网架板是一种立体空间桁架，自重轻，且通过与两侧混凝土有机连接，提高了建筑的整体性，具有突出的抗震性能。

（2）经济高效：保温层与主体结构具有相同的寿命周期，减少了后期保温层的老化维修、翻新等成本；CL 网架板实现建筑工业化，节省了人工费用，省去了钢筋制作安装、外保温施工等工序，实践证明能缩短工期 2 个月以上，大大提高了工效。

（3）质量优异：保温工程同主体结构一同施工，降低了后期外粘保温材料导致的空鼓、开裂、渗漏，甚至脱落等隐患；采用自密实混凝土，混凝土表观质量好，后期外墙装饰面成活质量好。

（4）节能环保：采用 CL 建筑体系的建筑物蓄热能力强大，不仅能够做到“冬暖夏凉”，而且在停止供暖或制冷后温度变化缓慢，节约了能源的消耗；材料生产集中工厂化，节材环保；后期无需维修与更换，无建筑垃圾产生，经过测算，每户在 50 年的使用期内可免去保温维修资金至少为 10000 元，减少建筑垃圾 6m³；采用自密实混凝土，减少了噪声污染。

3　施工工艺流程及操作要点

3.1　工艺流程

CL 外墙保温体系施工工艺流程，如图 2 所示。

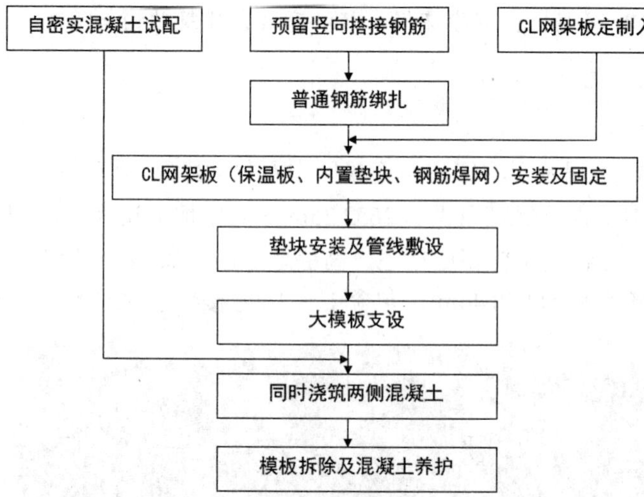

图 2　CL 复合剪力墙施工顺序流程图

3.2　技术操作要点

3.2.1　CL 网架板订购、进场

CL 网架板为非标准块时，需要根据施工图中 CL 复合剪力墙的布置情况、节点详图结合施工缝留设情况对 CL 复合剪力墙中的 CL 网架板进行分解、编号、绘制简图、提样。其中 CL 网架板编号应制定统一的方法，包括楼号、楼层、位置在内的多个信息。

CL 网架板的编号除填写到订单上之外，还应同时标注到 CL 网架板各面及施工图中的平面图上（图 3），以便于对号安装，此项工作由项目专人负责。

CL 网架板进场后根据设计图纸，将不同型号的网架板分类堆放，避免安装时挑选混乱，搭设临时护架，且采用斜立式存放，做好防水、防潮、防风的防护措施。

3.2.2　混凝土垫块的制作、养护

CL 网架板两侧采用混凝土浇筑，应在保温板两侧放置控制保温板侧向位移的专用垫块，

以保证 CL 网架板钢筋焊接网保护层厚度以及钢筋焊接网与保温板间距，该方法安装简便快捷、牢固可靠。

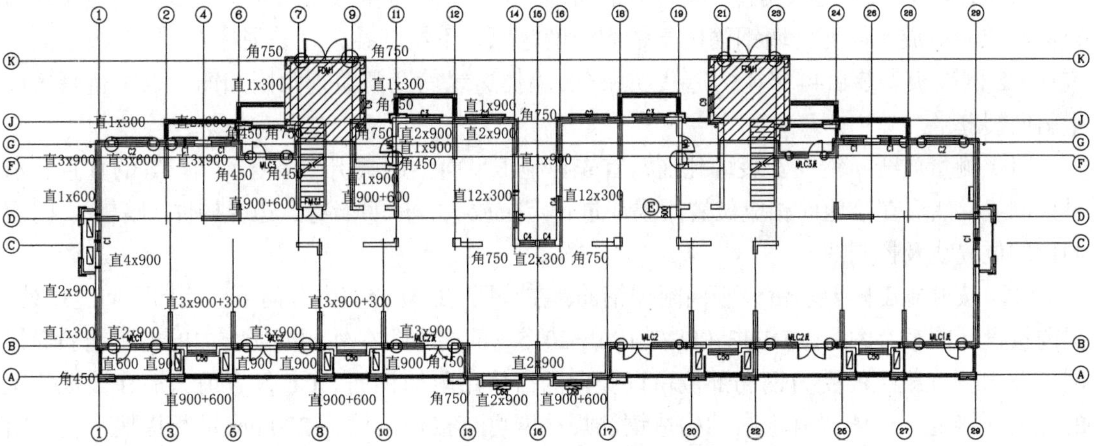

图 3　CL 网架板平面布置图

传统 CL 网架板在进行安装时，必须进行垫块设置，根据放置时间分为内置垫块、前置垫块与后置垫块。其中内置垫块采用塑料垫块，是生产时放置在网架板中的垫块；后置垫块是成品的塑料卡件，但在进行专用垫块设置时，一方面，存在局部专用垫块遗漏问题；另一方面，存在垫块滑落或者集中堆积到一处，造成局部垫块过多，影响混凝土浇筑。

本工程中的 CL 复合网架板为新型网架板，并根据图纸设计要求，通过深化 CL 网架板自带垫块长度来控制保温板侧向位移（图 4）；CL 网架板自带垫块的另一个作用是保证钢筋保护层，减少混凝土浇筑过程中因侧压力对保温板的影响。

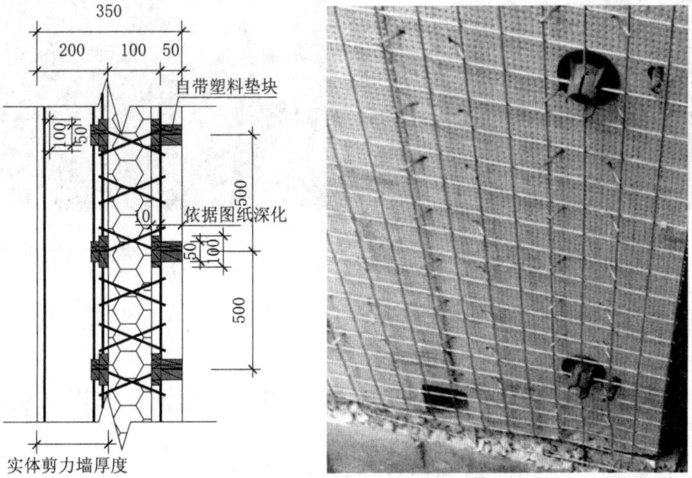

图 4　垫块细部布置详图（mm）

CL 复合网架板内置垫块参数如下：

（1）内置垫块位于钢筋焊接网十字交叉处，垫块呈矩形或梅花形均匀分布，中心行距及列距均为 500mm。

（2）内置垫块为 PVC 材质，具有足够的刚度和强度，能可靠固定保温板的位置和控制钢筋的保护层厚度。

3.2.3　实体剪力墙、边缘构件（暗柱）钢筋绑扎

将实体剪力墙、边缘构件（暗柱）钢筋绑扎置于 CL 网架板安装前，主要是考虑 CL 网架板安装后造成实体剪力墙钢筋由于锚固长度等原因不易绑扎，且易损坏 CL 保温板。但是应在 CL 网架板安装后再绑扎构造柱筋和 CL 墙体边缘筋及门窗拐角附加筋，以防止墙角产生斜向裂缝。

（1）测量放线：钢筋安装绑扎前，首先在施工平面上逐层引测墙身、洞口等的垂直和水平控制线；然后在楼地面相应位置用墨斗进行定位放线，标明墙身、边缘构件（暗柱）、门窗洞口的位置线及控制线。

（2）按照施工图要求留设竖向附加钢筋：在首层 CL 复合剪力墙与下层墙体竖向连接处，提前按设计图纸及图集［DB13（J）/T 196—2015］的要求，在外侧混凝土内的构造钢筋焊接网处及内侧混凝土的受力钢筋部位留设竖向的搭接用附加钢筋。CL 复合剪力墙在楼板位置的竖向连接处，外侧混凝土内的构造钢筋焊接网可直接伸出楼板 200mm 进行搭接，也可附加搭接钢筋。搭接钢筋应在 CL 网架板安装前绑扎在 CL 网架板上部，为保证附加钢筋的位置及间距，可在其上部端头绑扎水平临时固定钢筋，如图 5 所示。

（3）钢筋绑扎：根据位置线及控制线整理预留钢筋，按照施工图纸及相关规范要求，进行边缘构件（暗柱）及普通剪力墙、短肢剪力墙等普通钢筋的安装及绑扎，如图 6 所示。

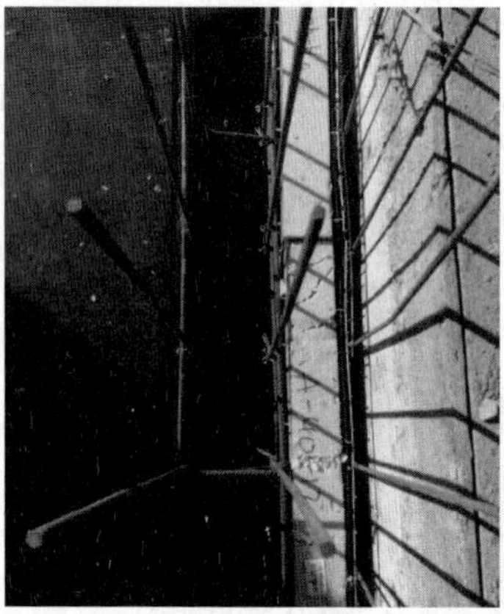

图 5　现场预留竖向钢筋示意图

图 6　现场钢筋绑扎意图

3.2.4　CL 网架板吊装、就位

（1）吊装

① CL 网架板运输使用塔吊配合吊篮进行集中吊装、运输，不得采用吊索直接锚入 CL 网架板钢筋进行吊装，以防止钢筋网片的变形。

② CL 网架板吊装时，一定要根据板的所在位置的编号装入吊篮进行吊装。

（2）安装

①根据现场施工区域划分，利用塔吊集中将 CL 网架板吊到所需要安装的楼层，然后按编号进行分块吊装安装到位。

②墙板就位时，应对准墙板边线，尽量一次就位，以减少撬动。如果就位误差较大，应将墙板重新吊起调整，同时确保墙板垂直度。

③预埋件焊接和墙板锚片、附加锚筋的绑扎

CL 网架板的安装应按逐间封闭、顺序连接的方式进行。墙板在临时固定后，将 CL 网架板的受力钢筋焊接网与边缘构件箍筋及附加锚筋绑扎牢固，并在受力钢筋焊接网一侧设置拉结筋，CL 网架板与暗柱钢筋锚固见图 7。

④ CL 网架板固定后方可进行墙身内的管线、电箱及预埋件的敷设和安装。

⑤ CL 网架板安装结束后，按照 CL 结构工程施工质量验收规程《河北省工程建设标准》（DB13（J）44—2003）中有关 CL 网架板安装要求进行自检，然后报监理公司检查验收，并做好隐蔽工程验收记录，再进行下道工序施工。

CL 网架板安装的允许偏差及检验方法见表 1。

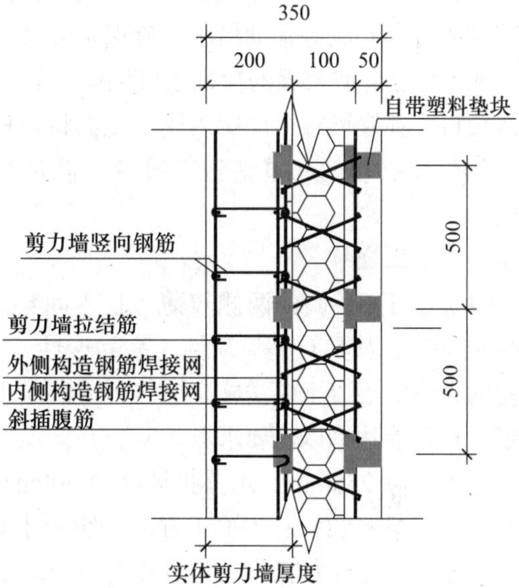

图 7　CL 网架板与暗柱 / 剪力墙钢筋绑扎节点图（mm）

表 1　CL 网架板安装的允许偏差及检验方法

项目	允许偏差（mm）	检验频率	检验方法
表面平整度	5	任取 3 处	2m 靠尺、钢尺检查
垂直度	5	任取 3 处	吊线、钢尺检查
保温板距轴线位置	4	任取 3 个点	钢尺检查
保温板间隙	≤ 20	任取 3 个点	钢尺检查
距门、窗洞口保护层厚度	± 5	任取 3 个点	钢尺检查

3.2.5　模板安装、加固

在CL网架板安装就位后要进行墙体大模板的支设，本工法模板采用规格1830mm × 15mm × 15mm木胶合板，其中大模板安装的施工工艺基本同模板施工工艺：模板背楞采用40mm × 90mm木方，木方净间距200mm，且所有阴阳角及模板拼缝处均加设木方加固，拼缝处加海绵条封浆。大模板表面必须平整光滑，脱模剂涂刷均匀并不流坠。对拉螺杆水平间距500mm，竖向离地面200mm，离顶端300mm，中间500mm均分。水平方向背棱由两根 ϕ48.3mm × 3.6m钢管组成，间距500mm，整个支撑系统必须满足刚度要求，保证模板不变形。

CL 结构体系与普通剪力墙结构最大的区别就是 CL 复合剪力墙采用自密实混凝土浇筑。因此，要求模板的任何一个边角部位都不得留有孔洞和缝隙，以防止漏浆现象的发生。具体措施如下：

①在大模板就位时，大模板下部铺垫砂浆或就位后砂浆勾缝，防止大模板下部跑浆；

②在门窗洞口的木框上用木螺丝固定增设钢板护角，采取加厚木板边框和增加对角支

撑，以保证木框的整体刚度和防止角部变形漏浆；

③在所有模板的拼接缝部位均采用压海绵密封条的措施，局部部位必要时可采用粘贴塑料胶带或打密封胶等辅助措施，确保不漏浆；

④ CL 复合剪力墙的模板上穿墙螺栓孔应由室内侧向室外侧打孔，室外侧模板底部应留设清扫口，在穿墙螺栓固定后用吸尘器将模板内的保温板碎块清扫干净后封堵；

⑤外墙、楼梯、电梯施工缝处，需进行墙体螺杆预留预埋，采用上部木方下伸加固措施。

3.2.6　混凝土浇筑

（1）由于 CL 墙体两侧较薄，且中间穿插着斜向腹丝，CL 复合剪力墙必须采用自密实混凝土浇筑，其具有高流动性、高黏聚性、抗离析性、高填充性的特点。根据现场的需要，使用的自密实混凝土泵送施工应符合《混凝土泵送施工技术规程》(JGJ/T 10—2011）》的相关规定，且性能达到以下要求：

坍落度 ≥255mm；坍落扩展度 ≥600mm，一般为 700mm，以保证混凝土的和易性和流动性；含气量＜2.0%；混凝土强度等级介于 C25 和 C30 之间。

除 CL 复合剪力墙外，其他普通剪力墙及构件采用普通混凝土浇筑，浇筑时先浇筑普通混凝土构件，后浇筑 CL 复合剪力墙自密实混凝土。普通混凝土与自密实混凝土的交接部位应设在垂直于 CL 复合剪力墙的边缘构件外侧。

自密实混凝土具体材料配合比、原材要求参考见表 2。

表 2　自密实混凝土配合比

材料用量	水泥		水		砂		石		外加剂		掺合料			
									FW-6B 早强防冻剂		粉煤灰		矿粉	
用量（m^3）	300	kg	200	kg	778	kg	913	kg	11	kg	100	kg	100	kg
每盘用量	600	kg	400	kg	1556	kg	1826	kg	22	kg	200	kg	200	kg
骨料规格	砂规格：中砂 石子规格：5～10mm						外加剂掺量	减水剂：GK-4A						

（2）自密实混凝土浇筑时应严格控制粗骨料粒径，初次浇筑前应对泵车及混凝土输送管道进行清洗，浇筑时应在泵车进料口设置筛网，浇筑点应设置在墙体相交部位的边缘构件处。CL 复合剪力墙构造层模板的上口应设置 500mm 高挡板，使混凝土以较慢的速度入模，不应使混凝土自输送管口下落后直接落入模板内。

优先使用泵送及采用大开口漏斗浇筑，以免较薄一侧产生混凝土不饱满状况。浇筑时，应及时观测两侧混凝土浆面高差，混凝土较薄一侧应高于厚侧上升，应控制在 400mm 以内，防止保温层向外侧移位，如图 8 所示。

CL 同一浇筑点宜采用推移式连续浇筑，在多个浇筑点之间切换时应在前层混凝土初凝之前浇筑次层混凝土。

（3）CL 复合剪力墙进行自密实混凝土浇筑时，严禁将振捣棒插入模板内振捣。可采用振捣棒在模板上沿、外侧部位采用手持振捣器（图 9）进行辅助振捣，可用螺纹钢筋进行插捣。

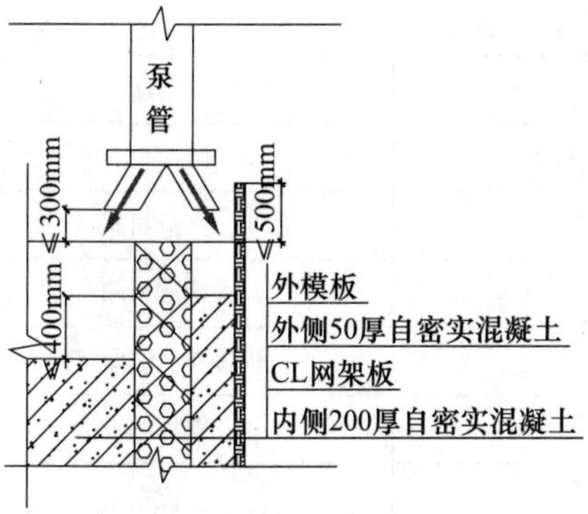

图 8　泵送自密实混凝土浇筑示意图（mm）

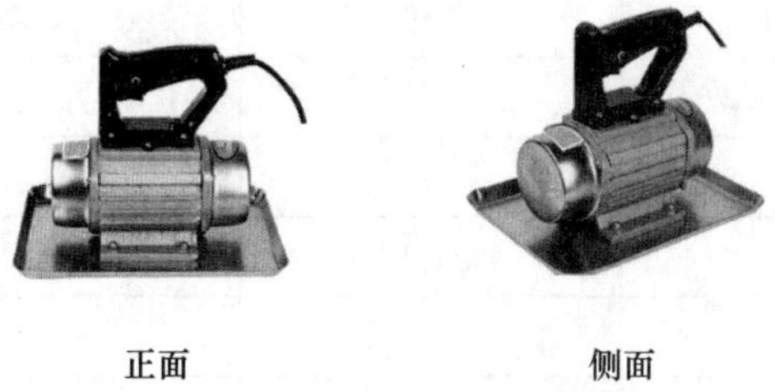

图 9　手持振捣器图

（4）CL 复合剪力墙的拆模时间应比普通剪力墙延迟 24h。模板拆除后，应立即采取塑料薄膜覆盖或喷涂、涂刷养护剂等养护措施，养护时间不得少于 14d。

（5）外墙装饰层施工前应对螺栓孔进行封堵。封堵螺栓孔应先填入与保温板等厚的保温材料，再用干硬性砂浆或细石混凝土将孔洞两端填实，并在外表面涂刷防水涂层。

4　材料与设备

4.1　材料

主料：CL 保温板、钢筋焊接网。其性能指标见表 3、表 4。

表 3　CL 保温板性能要求

项目		性能要求		试验方法
		XPS 板	EPS 板	
吸水率（%）		≤ 1.5	≤ 4.0	GB/T 8810
透湿系数［ng/(m·s·Pa)］		≤ 3.5	≤ 4.5	GB/T 8810
尺寸稳定性（%）		≤ 2.0	≤ 3.0	GB/T 8811
导热系数［W/(m·K)］		≤ 0.030	≤ 0.041	GB/T 10294
表观密度（kg/m^3）		—	≥ 20	GB/T 6343
熔结性	断裂弯曲负荷（N）	—	≥ 25	GB/T 8812
	弯曲变形（mm）	—	≥ 20	

表 4　钢筋焊接网规格及性能要求

钢筋直径（mm）		3	4	5	6	7 ～ 10
钢筋间距（mm）		50、100	100	100	100、150	200、250
间距允许偏差（mm）		± 10				
焊点开焊数量	总数量	≤ 1%				
	任一钢筋	≤ 50%				
	最外钢筋	不允许				

辅料：自密实混凝土、普通混凝土、木胶合板、木方、钢管、螺杆等。

4.2　施工设备与机具（表 5）

表 5　施工设备与机具需求表

序号	机具设备名称	规格 / 型号	用途
1	塔吊	TC6013A-6/TC5613-6	吊运材料
2	吊篮	现场制作	吊运材料
3	圆盘锯	MJ106	切割材料
4	电焊机	YT250A	焊接垫片 / 焊接网
5	手提电钻	M-651A	模板钻孔
6	墨线		定位放线
8	扫帚		作业面清理
9	吸尘器	DC62	作业面清理
10	线坠		质量检查
11	橡皮锤	750	辅助振捣
12	锤子	1.5P	加固

5　质量控制

（1）CL 外墙保温体系施工质量应符合以下规范要求：

《CL 建筑体系技术规程》(DB42/T 744—2011）；

《建筑工程施工质量验收统一标准》(GB 50300—2013）；

《建筑节能规程施工质量验收规范》(GB 50411—2007）；

《混凝土结构设计规范》(GB 50010—2010）；

《混凝土结构工程施工质量验收规范》(GB 50204—2015）；

《自密实混凝土应用技术规程》(JGJ 283—2012）；

《钢筋焊接网混凝土结构技术规程》(JGJ 114—2014）；

《混凝土泵送施工技术规程》(JGJ/T 10—2011）。

（2）CL 网架板进场时，应具备原材料合格证、产品合格证等质量证明文件，并按检验批对其力学性能及保温板性能进行复检。

（3）CL 网架板的表观质量标准（表 6、表 7）。

表 6　CL 网架板的表观质量要求

项目	要求
钢筋焊接网	平整，无明显翘曲、变形，最外面钢筋上的焊点不应漏焊、脱焊
腹筋	数量不少于 95 个 /m²，分布规律，距网架板周边距离不应小于一个网格，三维方向斜插，腹筋表面防腐涂层应均匀、光滑、连续，无目视可分辨的小孔、裂缝、脱皮及其他有害缺陷
保温板	无破损、掉角，拼接处粘结牢固

表 7　CL 网架板允许偏差及检验方法

项目	允许偏差（mm）	检验频率	检验方法
长度、高度	±10 和规定尺寸 ±0.5% 的较大值	长、高各取 3 个点	钢尺检查
总厚度	±5	周边选取 6 个点	游标卡尺检查
周边特殊节点尺寸	±5	长、高各取 3 个点	钢尺检查
焊接网钢筋直径	±0.05	任取 3 处	千分尺检查
焊接网钢筋间距	±10 和规定尺寸 ±0.5% 的较大值	任取 3 处	钢尺检查
腹筋直径	±0.05	任取 3 处	千分尺检查
腹筋防腐层伸出长度	±5	任取 3 处	钢尺检查
保温层厚度	±2	周边选取 6 个点	游标卡尺检查
保温层距钢筋焊网间距	±5	任取 3 处	钢尺检查

（4）自密实混凝土强度等级、坍落扩展度和扩展时间应符合设计要求，混凝土拌合物不得出现外沿泌浆和中心骨料堆积现象。

自密实混凝土运输、浇筑及间歇的全部时间不应超过混凝土的初凝时间，统一施工段的混凝土应连续浇筑，并应在底层混凝土初凝之前将上一层混凝土浇筑完毕；当底层混凝土初凝后浇筑上一层混凝土时，应按施工技术方案对施工缝的要求进行处理。

自密实混凝土浇筑完毕后，应在 6h 内及时采取塑料薄膜覆盖或喷涂、涂刷养护剂等养护措施，养护时间不得少于 14d。

（5）CL 建筑体系施工完成后的质量标准见表 8。

表 8　CL 复合剪力墙构造层混凝土尺寸允许偏差及检验方法

<table>
<tr><th colspan="3">项目</th><th>允许偏差（mm）</th><th>检验方法</th></tr>
<tr><td colspan="3">轴线位置</td><td>5</td><td>钢尺检查</td></tr>
<tr><td rowspan="3">垂直度</td><td rowspan="2">层高</td><td>≤ 5m</td><td>8</td><td>经纬仪或线坠、钢尺检查</td></tr>
<tr><td>> 5m</td><td>10</td><td>经纬仪或线坠、钢尺检查</td></tr>
<tr><td colspan="2">全高（H）</td><td>H/1000 且≤ 30</td><td>经纬仪、钢尺检查</td></tr>
<tr><td colspan="3">厚度</td><td>±10</td><td>留设检查孔或钻芯、钢尺检查</td></tr>
<tr><td colspan="3">表面平整度</td><td>8</td><td>2m 靠尺和塞尺检查</td></tr>
</table>

（6）为保证 CL 复合剪力墙施工质量，项目部从材料进场到施工过程及成品保护进行严格控制并明确相关工序责任人，指定质量保证体系，如图 10 所示。

6　安全措施

（1）当风力大于 5 级时，不宜进行 CL 网架板的吊装及安装工作。

（2）CL 复合剪力墙的施工应满足以下消防安全的要求：

①施工现场 CL 网架板的存放不宜大于 1 层的用量且远离火源，存放时间较长时，应采用不燃物进行覆盖或喷涂防火界面剂；

② CL 网架板安装开始后，施工操作面严禁电焊等明火作业；

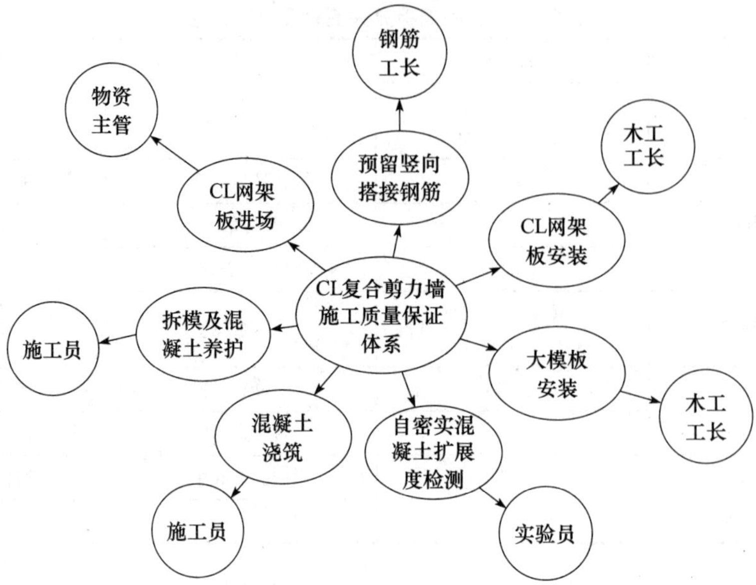

图 10　CL 复合剪力墙施工质量保证体系图

③ CL 网架板固定后应及时进行模板支设和混凝土浇筑；

④ CL 网架板的存放场地和施工操作面应配备足够的消防器材。

7　环保措施

（1）CL 体系中的网架板及相关构件提前下料，递交订单，实现生产工厂化，节约能源；进场后根据施工段与编号分类堆放，并在堆放处悬挂标牌，内容清晰，标示醒目，现场文明整洁。

（2）剩余的碎保温材料，放入指定仓库或地点，对能回收的要采取回收措施，严禁随处乱扔乱放。

（3）做到工完场清，物品集中堆放，体现节约能源的效果。

（4）采用塔吊喷淋系统，雾霾水炮等环保器械，避免粉尘、有害气体挥发到空气中，设置隔声措施，尽量避免夜间施工。

8　效益分析

CL 保温体系作为一种新型结构体系，形成了建筑工厂化，环保节能，省时高效，实现了墙体改革，保温层与结构层复合为一体，有效地解决了目前普遍采用外墙粘贴保温层技术易产生的渗漏、脱落、火灾等隐患和寿命短所造成后期产生大量建筑垃圾和大量维修投资的问题，提高了建筑物的实体质量和安全性能，并且提高了工效。虽然目前掌握这种工艺的施工队伍数量存在不足，施工经验有待丰富，但是 CL 建筑体系具有的良好经济效益与社会效益，其应用前景十分广泛。

8.1　经济效益

工期是一个项目管理的核心之一，工期长短基本决定了整个项目盈利情况与过程管理水平。CL 建筑体系实现建筑工业化，节省了人工费用，省去了钢筋制作安装，外保温施工等工序，缩短工期 2 个月以上。此外，保温工程与主体结构使用寿命期相同，后期无需维修与更换保温，无建筑垃圾产生，经过测算，每户在 50 年的使用期内可免去保温维修资金至少为 10000 元，建筑垃圾 6m^2。

下面对普通高层建筑 CL 外墙保温体系和外贴外保温工程做经济对比分析（表 9）。

表 9　普通高层建筑 CL 结构体系和外贴外保温比较表

项目	CL 外墙保温体系		外贴外保温	
结构形式	与结构一体化		墙体结构外粘贴	
保温层保护厚度	40 ～ 50mm 厚细石混凝土		3 ～ 5mm 抗裂砂浆	
使用寿命	与结构同寿命		设计寿命 20 ～ 25 年，实际寿命 10 年左右	
防火等级	大于 A 级		A 级防火	
裂缝情况	无空鼓、裂缝出现		易出现空鼓、裂缝、大面积脱落	
施工方式	与主体结构同时浇筑一次完成		主体结构完成后二次粘贴	
工期	与主体结构同期完成		需要考虑二次粘贴施工工期	
外饰面粘贴	可直接粘贴块材外饰面		不能直接粘贴块材外饰面	
维修管理	建筑物全生命周期无需维修管理		建筑物设计使用年限内需维修 3 ～ 5 次	
保温材料	XPS		酚醛防火板	
材料单价	600 元 /m^3		2000 元 /m^3	
保温材料厚度	60mm		50mm	
附加材料	40 ～ 50mm 细石混凝土、3mm 钢丝网片		网格布、抗裂砂浆、锚固件、粘结剂等	
材料造价	140 元 /m^2		125 元 /m^2	
毛利润	20 元 /m^2		人工费	17 元 /m^2
附加造价	50mm 混凝土增加人工费	10 元 /m^2	二次措施费	10 元 /m^2
	垫块	5 元 /m^2	分摊维修费	7 元 /m^2
			工期时效	0. 1 工日 × 100 = 10 元 /m^2
合计	175 元 /m^2		169 元 /m^2	

通过此表可以看出，虽然 CL 外墙保温体系在现场施工费用方面略高于外贴保温工艺，但是材料单价远低于外贴保温工艺，后期无需维修成本与垃圾处理，且施工进度远快于外贴外保温工艺，因此 CL 外墙保温体系具有优越的经济效益。

8.2　社会效益

CL 外墙保温体系材料生产集中工厂化，省事高效，节材环保。

CL 外墙保温体系是把保温层复合进了墙体中间，保温和结构融合成一个体系，避免了后期外贴外保温工艺导致的空鼓、开裂、渗漏、脱落，甚至火灾等隐患发生；CL 网架板是一种立体空间桁架，自重轻，且通过与两侧混凝土有机连接，提高了建筑的整体性，具有突出的抗震性能。

采用 CL 建筑体系的建筑物蓄热能力强大，不仅能够做到“冬暖夏凉”，而且在停止供暖或制冷后温度变化缓慢，节约了能源的消耗，取得了良好的社会效益。

9 工程应用实例

石家庄恒大林溪郡项目总承包工程总建筑面积 17.6 万 m^2，分为 16 栋建筑单体，其中 1 ～ 5 号楼和 12 ～ 16 号住宅楼使用 CL 外墙保温体系，施工面积为 9.67 万 m^2。由于项目工期紧，施工任务重，16 栋单体平行施工，管理难度大等，通过采用 CL 外墙保温体系，从项目整体施工上大大缩短了工期，降低了过程管控难度，同时杜绝了保温材料脱落等风险。

参考文献

[1] 王春梅，黄渊. 高性能自密性混凝土在 CL 结构体系中的应用［J］. 山西建筑. 2012（33）：126 ～ 127.

[2] 渠运国，杨修茂，单玉坤. CL 剪力墙结构体系的施工技术［J］. 天津建设科技. 2007（03）：15 ～ 18.

[3] 胡帅，李新国，王宏伟. CL 保温体系中混凝土的研究及应用［J］. 商品混凝土. 2014（02）：53 ～ 56.

[4] 冯斌，吕芳. 内蒙古地区 CL 建筑体系与砖混结构体系的经济性比较研究［J］. 内蒙古工业大学学报（自然科学版）. 2013（03）：220 ～ 224.

[5] 马铁虎，郭二增. CL 建筑体系的应用实例［J］. 建设科技. 2008（22）：38 ～ 40.

[6] 范小平. CL 建筑结构体系在住宅建设中的应用［J］. 低温建筑技术. 2015（11）：77 ～ 79.

[7] 白良君. CL 结构体系节能建筑施工监理之浅谈［J］. 门窗. 2014（11）：347 ～ 347.

[8] 李云峰. CL 建筑体系设计要点概述［J］. 建设科技. 2015（21）：20 ～ 23.

[9] 张喜臣. 以 CL 建筑体系技术推动建筑产业现代化［J］. 建设科技. 2015（21）：40 ～ 41.

[10] 李云峰. CL 现浇复合混凝土剪力墙施工技术［J］. 城市住宅. 2014（06）.

精准砌块自保温及内外墙复合保温技术的研究与应用

周　坤　蒲小平　王　威　潘冬明　尹超辉

中建五局第三建设有限公司，长沙，410004

摘　要： 建筑能耗中，外围护结构的热损耗占比较大，因而建筑采用墙体节能一体化技术是建筑节能技术的重要环节。精准砌块自保温及内外墙复合保温技术的产生，能满足冬冷夏热地区建筑节能设计要求，该技术在民用建筑进行了大量的实践，效果十分理想。自保温砌块材料指的是无须在砌体内外侧增加保温措施，单靠砌体自身的绝热性能即可使其砌筑的墙体满足建筑节能设计要求。内外墙复合保温技术指的是剪力墙内外侧增加保温措施达到节能要求，从而取消外墙内保温施工较为烦琐的热桥部位。

关键词： 精准砌块；自保温；一体化

1　简述

随着社会进步和经济的发展，能源的需求与供给之间的矛盾日益突出，国内建筑领域能耗约占总能耗的 30% ～ 35%，且单位建筑面积能耗较高，能源利用率较低，因而提高能源有效利用开展建筑节能工作具有积极的现实意义。在建筑能耗中，外围护结构的热损耗占比较大，因而建筑中采用墙体节能一体化技术是建筑节能技术的重要环节。

2　工程概况

鄂州市航空都市区工程位于鄂州市杨叶镇白沙村，包括 115 栋小高层住宅，地上 10 ～ 11 层，总高度 32 ～ 35m，局部地下一层车库。规划建设用地面积约 378642.20m^2，总建筑面积为 68 万 m^2，其中地上建筑面积 58 万 m^2，地下建筑面积 10 万 m^2，保温施工体量很大。为保证施工质量，节约工期，外墙采用自保温砌块材料及内外剪力墙复合保温技术。

3　加气混凝土精准砌块简介及其主要性能

精准砌块是指以磨细砂为硅质材料，生石灰等为钙质材料，铝粉（膏）为发气剂，经过高温高压蒸汽养护而制成的砌块，且外形尺寸允许偏差为长度为 –3 ～ 0mm、宽（厚）度为 ± 1mm、高度为 ± 1mm。精准砌块具有优良的隔热、隔声、防火等性能，对实现墙体材料的革新和推动建筑节能发展有着重要意义。

3.1　隔热性能

加气混凝土精准砌块导热系数小（表 1），B04 ～ B06 级导热系数控制在 0.11 ～ 0.15W/（m · K），用作建筑外墙时不需要增加保温材料。通常用 250mm 厚的砌体材料就能满足 70% 的节能要求，建筑能耗显著下降。

表 1　精准砌块性能参数

<table>
<tr><th rowspan="2">强度等级</th><th rowspan="2">密度级别</th><th rowspan="2">导热系数［W/（m·K）］</th><th rowspan="2">蓄热系数［W/（m^2·K）］</th><th colspan="2">立方体抗压强度（MPa）</th><th rowspan="2">劈压比</th><th rowspan="2">平均干密度（kg/m^3）</th></tr>
<tr><th>平均值不小于</th><th>单组最小值不小于</th></tr>
<tr><td>A2.0</td><td>B04</td><td rowspan="2">≤ 0.11</td><td rowspan="2">2.06</td><td>2.0</td><td>1.6</td><td rowspan="5">0.16</td><td>425</td></tr>
<tr><td rowspan="2">A2.5</td><td>B04</td><td>2.5</td><td>2.0</td><td>425</td></tr>
<tr><td>B05</td><td rowspan="2">≤ 0.13</td><td rowspan="2">2.61</td><td>2.5</td><td>2.0</td><td>525</td></tr>
<tr><td rowspan="2">A3.5</td><td>B05</td><td>3.5</td><td>2.8</td><td>525</td></tr>
<tr><td>B06</td><td rowspan="2">≤ 0.15</td><td rowspan="2">3.01</td><td>3.5</td><td>2.8</td><td>625</td></tr>
<tr><td>A5.0</td><td>B06</td><td>5.0</td><td>4.0</td><td>0.12</td><td>625</td></tr>
</table>

3.2　隔声性能

加气混凝土精准砌块隔声性能好，根据墙体厚度和干密度级别的不同，计权隔声量可达 38 ～ 49dB，可应用于较高隔声的墙体（表 2）。

表 2　精准砌块干密度级别

精确砌块干密度级别	砌体厚度（mm）	计权隔声量（dB）
B05	100	38
	120	39
	150	40
	200	42
	240	43
B06	100	39
	120	40
	150	41
	200	43
	240	49

3.3　防火性能

加气混凝土精准砌块的原材料是硅酸盐材料，防火性能好，100mm 厚墙体耐火极限为 3h，属于 A 级防火材料，可广泛应用于防火要求高的建筑工程中（表 3）。

表 3　精准砌块耐火极限

砌体厚度（mm）	耐火极限（h）	燃烧性能
100	3	不燃
150	4	不燃

3.4　轻质性能

加气混凝土精准砌块是多孔状的加气产品，其绝干密度按设计等级 B04 ～ B06 级控制在 320 ～ 570kg/m^3，是红砖的 1/4，混凝土的 1/5，且砌体采用专用粘结剂，粘结灰缝小于 2 ～ 3mm，灰缝影响导热系数取 0.9，砌体相对密度轻，是理想的轻质墙体材料。

3.5　经济性能

加气混凝土砌块质量轻，外形美观，几何尺寸精确，采用外墙砌体自保温可省去内外保温材料，内外复合保温省掉热桥部位，保证户内空间尺寸，经工程实例分析计算，住宅建筑可节约建筑成本 72 元 /m^2，为国家节省大量能源，经济效益显著。

4　内外复合保温施工技术

施工工艺：砌体排版→测量放线→砌筑→顶缝填塞→内外墙保温施工→节能验收检查。

（1）砌体排版

砌体施工前可提前排版，根据每面填充砌体墙高度绘制。将 L 形墙体拉结角铁位置、窗洞尺寸大小定位清楚。

（2）测量放线

首先将砌筑砌块的楼、地面清扫干净，以保证所弹墨线清晰准确；同时进行吊线，在梁、柱上弹上墨线，在柱上弹皮数线。

（3）砌筑

砌筑砌块需用专用粘结剂。搅拌时用电动搅拌器搅拌；砌筑两端第一块砖时，在柱上抹上拌制好的粘结剂；砌筑时用橡皮锤及水平尺检查，带上通线；要保证灰浆饱满，横平竖直。及时刮去溢出的粘结剂。抹粘结剂时用专用带齿小铲，将水平缝和砌块顶缝一次刮抹；砌第二皮砖时，首先将砌块上的灰尘清理干净，在柱和砌块上满刮粘结剂，而后砌筑在墙端部并与混凝土墙柱连接面每隔二皮设置“L”形连接件，铁件放在中间，与柱的连接采用射钉固定；与砌块连接用铁钉固定；砌丁字墙和拐角时要严格遵循交丁顺砌的砌筑工艺，要保证一定的交丁间距，不可通缝。

（4）顶缝填塞

砌好的墙与混凝土梁底部应留 20mm 间隙，用微膨胀防水砂浆灌封；用裁纸刀将多余的砂浆平齐墙面削掉。

（5）内外墙保温施工

结构混凝土墙体为 200mm 厚，精准砌块为 250mm 厚，填充墙外部凸出混凝土墙面 1.5cm，内部凸出 3.5cm。外墙砌体施工完成后，混凝土墙面用保温砂浆进行施工，内侧 35mm 厚，外侧 15mm 厚。精准砌块内外抹一道 5mm 厚抗裂砂浆，保温砂浆抹平精准砌块完成（图 1）。

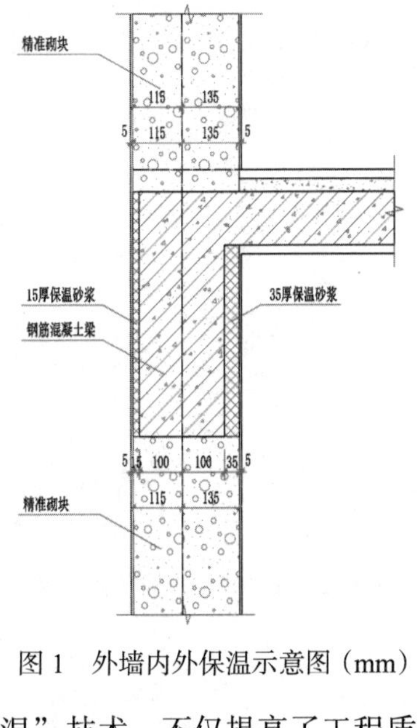

图 1　外墙内外保温示意图（mm）

5　实施效果

应用“加气混凝土精准砌块自保温”和“内外墙复合保温”技术，不仅提高了工程质量，解决了砌体及抹灰的质量通病，而且省掉了热桥部位，节省了建筑工程造价，增加了房屋实际使用面积，加快了施工进度，降低了施工强度。通过鄂州航空都市区安置小区、武汉复地汉正街、武汉时代新世界等工程项目的应用证明：“加气混凝土精准砌块墙体自保温”和“内外墙复合保温”是保温节能墙体和建筑施工技术的创新，是实现建筑墙体一体化切实可行的重要措施。以上工程项目的工程质量得到了业主和社会的一致好评，社会效益和经济效益显著，是值得大力推广应用的创新型建筑节能墙体自保温施工技术。

6 结语

“加气混凝土精准砌块墙体自保温”和“内外墙复合保温”改变了现有建筑节能体系，是推广建筑节能与实施墙体材料革新的重要导向。大量的研究成果与实践表明，目前在冬冷夏热地区已具备了推广应用这类体系的成熟施工技术。《蒸压砂加气混凝土精准砌块墙体自保温系统应用技术规程》（DB42）的出台与实施，整合并吸纳了近年来加气混凝土精准砌块砌体结构技术的最新成果与成熟经验，是砌体结构与建筑节能领域的一项重大突破与创新，为“加气混凝土精准砌块自保温”与“内外墙复合保温”的推广与应用提供了有力技术支撑与保障。

参考文献

[1] 朱怀勇. 建筑节能与墙体保温的相关分析 [J]. 2014. 5 ~ 8.

[2] 杨帆. 建筑节能与墙体保温的关系分析 [J]. 2012. 3 ~ 6.

[3] 李能. 建筑节能墙体保温的分析和常见质量问题 [J]. 2013. 4 ~ 12.

[4] 蒸压加气混凝土砌块砌体结构技术规范：CECS289—2011. 4 ~ 21.

[5] 砌体结构设计与构造：12SG620 [S]. 2 ~ 6.

[6] 蒸压砂加气混凝土精确砌块墙体自保温系统应用技术规程：DB42/7 743—2011 [S]. 2 ~ 7.

浅析玻璃幕墙在道州文体公园体育馆的应用

张泷引　龙　兵

湖南省郴州建设工程集团有限公司，郴州，423000

摘　要：本文以道州文体公园体育馆现场施工为例，简述玻璃幕墙施工中的材料要求及选用、施工常见问题及处理措施。通过规范施工保证玻璃幕墙达到设计要求，质量达到预期目标。

关键词：材料；质量控制；施工工艺

随着我国城镇化进程加快，建筑行业竞争日益激烈，不断有新工艺和新技术被应用在玻璃幕墙的施工中。作为一种新型的外墙装饰材料，玻璃幕墙环保美观，经济效益较好。现阶段，玻璃幕墙被广泛用于高层商业、体育场馆等建筑上。然而近几年因钢化玻璃破裂引发的事故频频出现，且部分事故造成了一定的人员伤亡。钢化玻璃虽然是一种安全玻璃，却事故频发，这不得不引起人们的高度重视。因此我们从玻璃幕墙的材料、质量控制、施工工艺几个方面阐述玻璃幕墙工程存在的一些问题并提出解决办法。

1　工程概况及玻璃幕墙概述

道州文体公园体育馆位于永州市道县，工程总占地面积5375.36m^2，建筑总面积10007.24m^2，建筑高度23.75m。本工程玻璃幕墙采用的立面外观形式为全明框玻璃幕墙，玻璃幕墙是指由支承结构体系和玻璃面板组成，相对主体结构有一定位移能力、不分担主体结构所受作用的建筑外围护结构或装饰结构。墙体有单层和双层玻璃两种。玻璃幕墙具有很强的装饰性，具有新颖耐久、美观时尚、装饰感强等特性。

2　玻璃幕墙材料选用及质量控制

玻璃幕墙主要使用材料有玻璃、密封材料、型钢和结构胶等。要想提升幕墙工程质量，必须要保障原材料的质量水准达到国家标准。钢化玻璃主要存在的问题是自爆，自爆是指在无直接机械外力作用下发生的自动性炸裂，自爆是钢化玻璃固有的特性之一。所谓的钢化玻璃“自爆”主要是由于玻璃中存在的微小的硫化镍、单质多晶硅、三氧化二铝等杂质。在外应力的连续作用下，超出玻璃的许用应力，而产生的具有“蝴蝶斑”状态的破损。因此，材料进场前要进行严格的抽样检测或检查；对于材料的化学成分、力学性质要着重分析，在投入施工前要进行相关检测，检测合格后方可进场。材料进场后，应妥善保管好材料的出厂合格证及相应的材料检测报告。

3　玻璃幕墙施工工艺及常见问题

本工程玻璃幕墙采用的立面外观形式为全明框玻璃幕墙。具体施工工艺如下：本工程玻璃幕墙面板采用6mmLow-E + 9A + 6mm中空钢化玻璃，结构梁位置面板采用6mmLow-E + 9A + 6mm中空均质钢化彩釉玻璃。铝合金明框立柱通过M6不锈钢螺栓使铝合金压板和铝合金龙骨连接实现玻璃面板的固定，满足幕墙隔热保温要求。压板和龙骨之间放置 PA66GF25 隔热垫块，横梁采用贯通的 M6 不锈钢螺栓与立柱连接，立柱与主体结构通过 M12 不锈钢螺栓与 140mm × 70mm × 8mm 镀锌钢角码（L = 100mm）连接，镀锌槽钢焊接于后置埋件上，镀锌槽钢设置长孔，满足现场误差调节要求，且上下两立柱间采用铝合金套芯连接，上下两立柱间及幕墙横梁与立杆的连接处留有适当的伸缩余量，以适应相应形变。玻璃开启扇为隐框式上悬窗，通过不锈钢螺钉机械固定在龙骨上，保证受力要求的同时，提高了开启扇的安全度。玻璃幕墙主体在龙骨上，保证受力要求的同时，提高了开启扇的安全度。玻璃幕墙主体结构连接的镀锌槽钢和幕墙立柱之间、幕墙立柱和横梁的连接部位均设置耐热的硬质有机垫片，用于消除摩擦噪声及防止不同金属之间的接触腐蚀。垫块采用硬质橡胶，长度不小于 100mm，厚度不小于 5mm，支撑于玻璃边 1/4 处。玻璃幕墙与层间楼板、隔墙间采用防火隔离层封堵，防火隔离层采用 1.5mm 厚镀锌钢板，钢板上铺设不低于 100mm 厚防火岩棉以保证与楼板或墙体形成封闭的隔离带，防止窜烟窜火。铝合金明框立柱和横梁前端与玻璃之间用泡沫棒、硅酮密封胶处理，形成室外防水面。

玻璃幕墙施工中常见问题：

（1）龙骨焊接不规范，焊缝不饱满。

（2）施工中使用不合格的胶条或者过期的密封胶。胶条与铝合金槽口的尺寸不匹配，不能将玻璃和铝合金框的缝隙密封严实。密封胶过期后，其粘结力下降。

（3）密封胶施工前，未对基材表面进行充分清理，其表面处理不符合施工要求，导致密封胶和铝合金及玻璃的粘结性下降。

（4）幕墙周边、压顶铝合金泛水板搭接长度不足，封口不严，漏注密封胶等。

（5）施工不当造成的玻璃破裂。玻璃是一种非常脆的材料，而幕墙中使用的型材和五金件是刚性材料。玻璃幕墙安装时，未按要求设置弹性铺垫材料，玻璃和型材直接碰触，容易产生破裂。在玻璃的夹接处，弹性垫片漏放或太薄，玻璃边缘和铝合金槽口的尺寸不匹配等都会造成玻璃的破裂。

处理措施：

（1）加强施工作业人员安全质量责任意识，学习规范操作，做到不跳过、不漏过、不放过。现场施工时必须由专人进行指挥和技术指导，对于不规范操作及时提出并进行现场整改。

（2）严格把控原材料的进场，对于质量不合格及超过使用期限的材料坚决不能进场。相关人员应定期抽查，对于违规使用不合格材料的要进行返工，并给予处罚。

（3）使用密封胶前，应对基材表面进行清洁处理，并经相关人员确认后，方可进行施工。

（4）施工作业前，应提前进行材料计算，并且根据现场实际情况进行调整，对于长度搭接不足的，应重新下料，尽量保证周边的完整性，避免出现接口。

（5）加强施工人员与现场安装人员的技术培训，做到所有施工步骤顺利进行，相关人员应进行排查，避免材料损耗，排除安全隐患。

4　结语

玻璃幕墙工程应由有相应幕墙专项施工资质的企业承接。应建立健全管理制度和质量管理体系。加强施工人员、现场制作安装人员的培训，让有关人员真正掌握与幕墙工程相关的技术规程和标准。幕墙施工企业应严格检查施工质量，上道工序不合格决不允许后续工序施工。现场监管部门应加强施工企业和施工现场的监督管理，规范施工企业行为，对幕墙施工企业进行动态管理，确保施工质量。

要提高玻璃幕墙工程的质量，保证玻璃幕墙的安全使用，应从整个幕墙施工的全寿命周期阶段进行质量控制。从材料的安全性到施工的规范性，甚至于施工完成后保修期维护的完整性都应做到有效地控制；相关的从业人员应加强对标准规范的学习，增强安全、质量责任意识。

参考文献

[1] 董晔蕾，试述建筑玻璃幕墙工程施工要点及其管理措施 [J]. 智能城市，2018，4（05）：114.

[2] 徐海峰. 建筑玻璃幕墙工程施工要点及管理措施 [J]. 居舍，2019（01）：134.

[3] 林宝琳. 当前玻璃幕墙工程中存在的问题及防治 [J]. 福建建材，2018（10）：70 ～ 71.

[4] 付天骏，林宝琳，陈菁菁，谢景新. 门窗幕墙用钢化玻璃破裂原因分析 [J]. 福建建材，2017（04）：67 ～ 68.

装配式叠合楼板在高层住宅中的应用

邓芳波　王　硕

湖南省郴州建设工程集团有限公司，郴州，423000

摘　要：装配式建筑施工是近些年逐渐兴起的新型建筑形式施工工艺，具有生产工厂化、质量标准化、工人专业化等特点。相比传统的建筑施工工艺，在质量控制、节约劳动力、减少施工用地占用、节约材料、绿色环保等方面都有较大优势。但其作为新工艺、新技术，在推广过程中需不断改进，逐渐完善。

关键词：装配式；叠合楼板；桁架钢筋；预应力；住宅；高层建筑

近些年，在国家政策和市场竞争的引导下，越来越多的开发商选择采用装配式工艺进行施工，其中又因装配式叠合楼板技术难度小、对施工现场设备要求低等特点，成为各大开发商的首选。本文以紫宸澜山续建工程 D 号楼的叠合楼板施工为背景，简要阐述装配式叠合楼板工艺在施工过程中的优缺点。

1　工程背景

本工程由湖南省郴州建设工程集团有限公司承建，项目位于郴州市南岭大道 501 号，北临南岭大道，南靠刘仙岭，依山而建。项目占地 65 亩，规划建筑面积 20.6m^2，项目内共有 A、B、C、D、E、F 六栋高层住宅。采用装配式叠合楼板施工工艺的 D 栋楼位于小区的最高处，D 栋楼建筑面积 15597.77m^2，建筑高度为 99.45m^2，结构形式为桩基础、框架剪力墙结构。

2　设计情况

本工程建设单位下达设计任务书时已确定采用装配式叠合楼板工艺。针对这一新工艺，设计单位进行了专业化设计，出具了“工业化结构设计总说明”，明确了装配形式为叠合楼盖现浇剪力墙结构，竖向承重结构采用现浇剪力墙，水平楼盖结构的楼板采用叠合式受弯构件，其中楼板为叠合楼板。总说明中对叠合楼板的具体要求如下：

（1）叠合楼板的现浇层厚度不应小于 60mm，预制板的厚度不应小于 60mm；叠合板的宽度不宜大于 3250mm。对于楼板较厚及整体性要求较高的楼盖、屋盖结构或悬挑结构，宜采用桁架钢筋叠合楼板。桁架钢筋直径不应小于 6mm，中心间距不应大于 800mm，深入到现浇层的上部钢筋高度不应小于 40mm。

（2）叠合楼板端支座处，预制板内的纵向受力钢筋宜从板端伸出并锚入支撑梁或墙的现浇混凝土层中，锚固长度不应小于 5d 或 100mm 的较大值，且宜伸过支座中心线。单向预制板的板侧支座处，钢筋可不伸出，在现浇混凝土中设置附加钢筋；附加钢筋面积不宜小于预制板内同向钢筋面积，在现浇混凝土层内锚固长度不小于 1.2l_a，在支座内锚固长度不应小于 5d 及 100mm 的较大值，并须伸过支座中心线。

（3）叠合楼板与梁或剪力墙之间应通过现浇层进行连接，当叠合板的预制板搁置在梁上或剪力墙上时，搁置长度不宜小于 10mm，具体见图 1。

（4）叠合楼板现浇前，应在叠合楼板下设可靠支撑，使预制构件在二次成型浇筑混凝土的重量及施工荷载下，不至于发生影响内力的变形。

（5）为了保证板粘接强度，应严格按施工缝的处理措施来处理板预制层与现浇层结合面，包括清除垃圾、水泥浮浆层，在结合面形成凹凸差不小于 4mm 粗糙度的毛面，充分湿润。

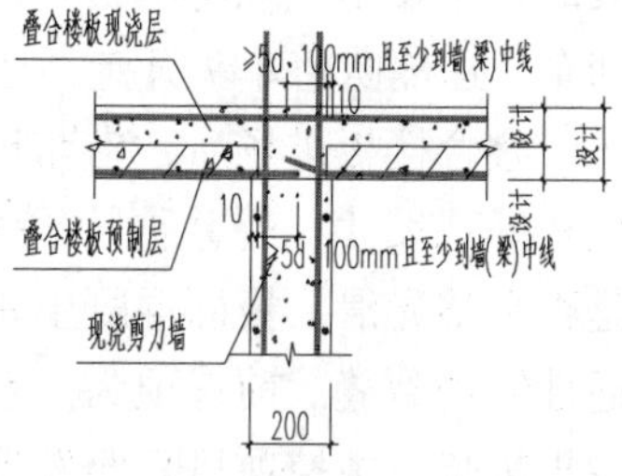

图 1　叠合楼板与现浇构件节点图

本工程的叠合楼板供应单位根据设计单位出具的结构施工图，进行深化设计。除楼梯间、电梯前室、卫生间等有防水或特殊要求的部位外，其余部位均深化设计为叠合楼板，叠合楼板平面布置图详见图 2。

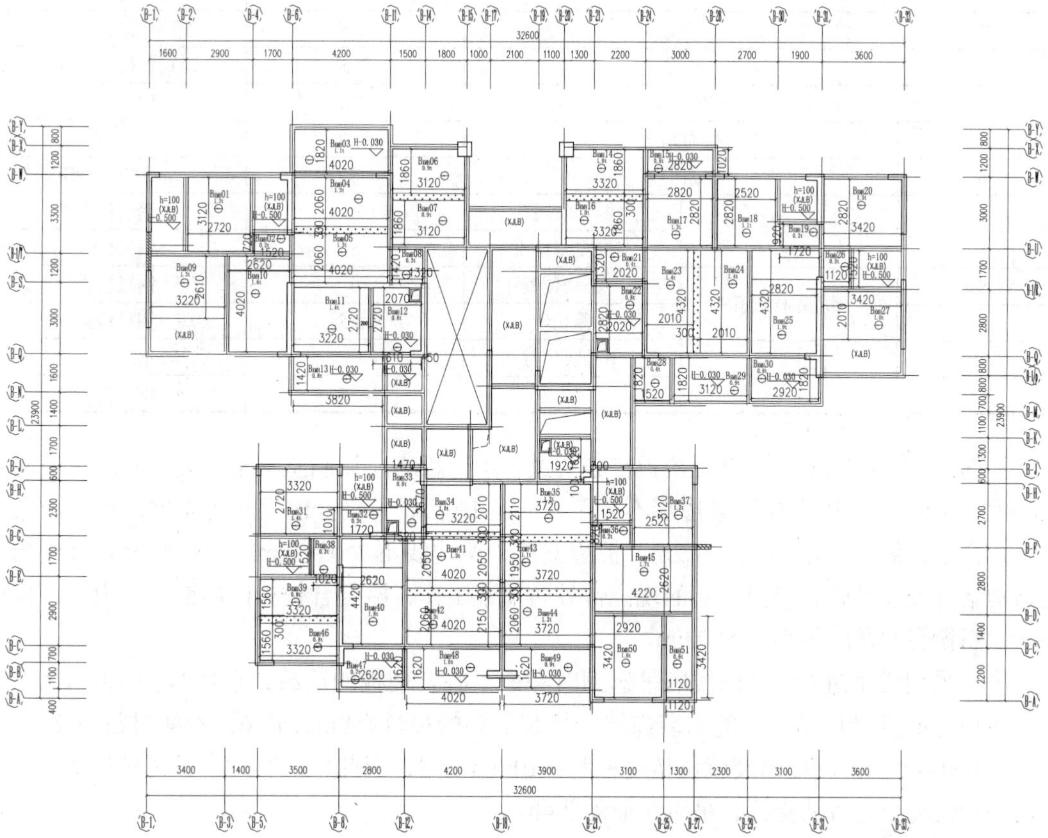

图 2　D 栋楼预制楼板平面布置图（mm）

3　施工方案

3.1　工艺流程

本工程采用传统木模钢管支撑架的模板体系、分体式模板。施工工艺流程为：楼面分中放线→绑扎墙柱钢筋→安装墙柱模板→浇筑墙柱混凝土→拆除墙柱模板→安装梁板模板→吊装叠合板→绑扎梁板钢筋→浇筑梁板混凝土。

为保证施工进度，施工时各工序需紧密配合。因郴州城区白天禁止拖挂车进城，预制板进场时间需提前计划，在梁板模板安装完成前一晚进场。预制板出厂时按后吊先装、先吊后装的顺序装车，现场吊装时依次起吊就位即可，因此除特殊情况外，叠合楼板运至现场后不卸车，运输队将车头开走，车皮待预制板吊装完后再开走。

叠合楼板进场后，由监理单位组织建设、施工、生产单位进行进场验收，进场验收主要检查外观尺寸、观感质量，按表 1 要求执行。预制楼板的观感质量主要检查：板底混凝凝土是否平整光滑，板面混凝土是否刻槽、密实，桁架钢筋外露高度是否满足要求，板底有无贯通性结构裂缝。前三项为一般项目，后一项为主控项目，一般项目缺陷若非特别严重可处理后再吊装，主控项目只要发现有裂缝，该块板就作报废处理，禁止使用。

表 1　预制混凝土构件尺寸偏差要求

序号	检验项目		允许偏差（mm）	测量方法
1	板高		± 5	钢尺检查 3 点
2	板宽		± 5	钢尺检查 3 点
3	板厚		± 5	钢尺检查 6 点
4	板对角线差		10	钢尺检查
5	板面翘曲		*L*/750	拉线，钢尺
6	表面平整		5	2m 靠尺，塞尺
7	预埋件	中心线位置	10	钢尺检查
8		与混凝土面平	3	钢尺检查
9	预埋螺栓或孔	中心线位置	5	钢尺检查
10		外露长度	± 5	钢尺检查
11	预留孔洞	中心线位置	15	钢尺检查
12		尺寸	± 5	钢尺检查

根据设计总说明要求，叠合楼板在施工过程中，板底应设满堂支架，支撑间距纵横向间距不大于 1.5m，板边支撑距梁边线不大于 0.5m。施工现场叠合楼板底的支撑按现浇板的要求进行搭设，纵横间距不大于 1.2m，板边支撑距梁边线不大于 0.2m。为做好叠合楼板与现浇结构结合处以及叠合楼板之间的现浇带处防漏浆工作，沿叠合楼板四周铺一道模板，模板伸入预制板底的宽度不小于 500mm。

吊装采用塔吊进行，D栋楼塔吊选型时考虑了叠合楼板的荷载，选用TC6012A-6A型塔吊，各项性能满足预制楼板的吊装需要。吊装需要的吊具有8m长 ϕ16钢丝绳4根；1.2～1.5t吊钩、卸扣4个。预制板吊装就位精度控制在10mm以内，因此，吊装时塔吊司机和楼面作业人员需紧密配合，听从指挥，吊装作业需要4h。

吊装完成后绑扎梁钢筋和楼板上部钢筋。根据节点图，预制板的钢筋伸入梁截面上部，导致梁钢筋绑扎时穿底部纵筋、套箍筋、绑扎底筋与箍筋等工作都较困难。工人稍不注意就会被预制板的预留钢筋划伤。为便于操作，部分工人将预制板钢筋掰弯，待梁钢筋绑扎完后再将其复位。根据 D 栋楼面梁板钢筋绑扎情况，同等作业人数、技术水平条件下，绑扎梁板钢筋这一工序，采用叠合楼板比全现浇楼板要多花 1/3 的工时。

钢筋绑扎完成后进行楼面混凝土浇筑。预制板上既不能堆放较大的施工荷载，也不能承受较大振动，因此施工面不能放置布料机，楼板不能设置地泵管。混凝土垂直运输只能采用塔吊，塔吊运送的运输效率要慢于地泵。混凝土浇筑时楼板厚度控制也很关键，因为，预制板的厚度为 60mm，桁架钢筋伸入上层现浇板的高度为 40mm，桁架钢筋上还有分布筋和支座负弯矩钢筋，以本工程中 ϕ6mm 的分布筋、ϕ8mm 的支座负弯矩钢筋、15mm 厚现浇板钢筋保护层为例，理论上板厚已达到 129mm。本工程以施工楼板的平均板厚达到 140mm，而设计楼板厚度为 120mm。

3.2 施工过程中遇到的几个问题

叠合楼板作为新兴工艺，在施工过程中并非一帆风顺，会遇到各种各样的问题。这与工艺自身有关，也与工程各参建单位的施工技术、经验及相互沟通协调有关。D 栋楼装配式叠合楼板在实施过程中主要遇到以下几个问题：

（1）预制板开裂的问题。在 D 栋楼开工前，项目的另一栋楼原计划采用预应力叠合楼板施工。进场的几批预制板在验收时未发现裂缝，但进行吊装时发现板底有贯通裂缝发展，且该问题经多次换板都未解决，最终改为全现浇施工。经各单位讨论分析，预应力板开裂原因是：预应力板养护成型后，混凝土一直处于预应力筋的收缩压力之中，但在运输时，车辆在未完全减速时通过道路上的减速带使预制板受到较大的振动，造成预制板混凝土损伤；板平放时受力状态未改变，裂缝未发展，起吊后在重力作用下，板底受力状态由压缩变为弯拉，裂缝就发展成通缝。

（2）预制装配式与铝模板施工配合的问题。根据建设单位最初规划，项目各栋楼均采用预制叠合梁、板的施工工艺，而施工单位则计划各栋楼均采用铝模板支模体系。但在铝模板拼装完成吊装叠合梁时遇到了难题，因铝模板和预制叠合梁分别由不同的厂家严格按设计图纸加工生产，成型后的尺寸均为设计尺寸，偏差精度都在 ±1mm 以内。因此现场吊装时，预制叠合梁与铝模之间没有足够的间隙可以让叠合梁放入铝模拼装成的梁模内，造成叠合梁无法就位。后经现场多方商讨，仍未解决该问题，无奈之下才改为 D 栋楼采用的墙、柱、梁现浇、楼板预制叠合的工艺。

（3）预制板尺寸控制问题。根据设计施工图，D 栋楼从二层楼板开始采用叠合楼板。二层预制板吊装后，发现预制板伸入墙、梁的长度超过了设计要求 1cm，达到了 6cm。如按此施工的话，会对竖向构件产生较大影响，各参建方现场讨论后决定，将预制板全部吊下楼面，将尺寸调整到符合设计要求后再次吊装。经事后调查发现，预制板生产单位在进行预制板深化设计时，未认真核对结构竖向构件的尺寸，按 4 ～ 10 层墙柱尺寸生产了 2 ～ 3 层预制板。造成该问题的主要原因是深化设计时未认真核对图纸，但也侧面反映叠合楼板尺寸控制会对现场施工产生重大影响。

（4）运输的问题。首先是场外运输方面，各大城市都存在全天或分时段禁止货车进城，像本项目所在地就是 5：00 ～ 22：00 禁止货车进城。这对预制板的进场运输计划造成较大影响，如预制板需要提前进场则会占用施工场地。其次是场内运输方面，该项目依山而建，D 栋楼位于场内最高处，通往该栋楼的场内施工道路坡度较大，运输叠合楼板的拖挂车无法行走，经建设单位协调，借用隔壁已交付小区的道路才解决了该问题，否则就需进行场内转运。

其他问题还包括前文已叙述的增加现浇梁钢筋绑扎难度、降低混凝土浇筑效率、增加板厚等问题。

4 叠合楼板的优缺点对比

4.1 装配式叠合楼板的优点

（1）环境友好。相比较于传统的现浇模式，预制叠合楼板采用工厂化生产的方式，让生产过程变得更加可控，有效地减少施工现场建筑垃圾的产生，对周边环境来说是一个福音。现场的安装过程也可大量减少模板、木方等资源的消耗，有利于环境保护。

（2）节约资源。由于叠合楼板的制作采用模具，只需要一个模具就可以制做出大量相同尺寸的叠合楼板，相比较于传统现浇工艺对模板的裁剪、组装、丢弃，可以节省更多的木材资源。

（3）缩短施工时间。得益于工厂化的流程生产，工厂在短时间内就可以生产出大量的叠合楼板。现浇建筑完成一层作业就需要等待水泥凝结完毕才能进行下道工序施工，这个间歇虽是工艺需要但也存在时间浪费，而装配式建筑就不需要工艺间歇，一个楼面生产完马上可以进行下一个楼面构件生产。

（4）减少噪声污染。传统的建筑施工方式，木工、钢筋工、泥工等工种轮番上阵，施工现场嘈杂不堪，尤其是混凝土振捣、旋挖桩施工时，噪声能传几里地，因此每个工地都无一例外会因噪声扰民而被投诉。而每年高考、中考的时候，各地政府都会发出禁工令，这也反映了传统建筑方式噪声大的问题，因为所有的施工过程都集中在施工现场完成，噪声源也都汇集在一起，装配式建筑工厂生产预制件则不存在这个问题。

（5）质量更加可控。装配式建筑的预制件由工厂实行标准化生产，大部分工作由机械设备实施，厂内的作业人员、管理人员都经过专业化培训、学习，确保预制构件产品质量可控。相比传统建筑施工工艺，装配式建筑在生产过程中就可以剔除不合格产品。

4.2 装配式叠合楼板的缺点或不足

根据 D 栋楼叠合楼板的施工情况，总结出现阶段的叠合楼板存在以下缺点或不足：

（1）造价高。本工程的叠合楼板为远大住工与建设单位直接签订合同，根据合同约定叠合楼板的合同价超过 2000 元 /m^3，而由施工单位现场浇筑的钢筋混凝土构件价格在 700 元 /m^3 以内，叠合楼板的造价是传统工艺的 3 倍。

（2）影响施工进度。因叠合楼板钢筋伸入梁截面内，造成现浇梁钢筋绑扎不便，梁板钢筋绑扎需多花工时；预制楼板采用塔吊吊装，占用了现场主要施工设备；因采用叠合楼板，而不能使用地泵、布料机等效率更高的混凝土浇筑设备，也间接地延误了施工进度。

（3）预留孔、预埋件设置不方便。叠合楼板的预留孔必须在深化设计时就准确确定位置、尺寸，如出现偏差现场将很难调整。D 栋楼采用的是落地架 + 悬挑架的外架形式，搭设悬挑架这一层需预埋大量的 U 形扣，叠合楼板既不能工厂预制，也不能现场钻孔，现场悬挑架这一层只能采用传统的全现浇施工。

（4）楼板厚度较难控制。因预制板中有桁架钢筋，桁架钢筋高出预制板较多，现场安装上部钢筋、水电线管后如仍按设计要求的钢筋保护层厚度施工，楼板总厚度就会超过设计要求。

5 结语

根据“十三五”规划，要大力推进建筑产业现代化、发展建筑产业工人队伍，因此预制装配式建筑取代传统施工是大势所趋，但现阶段预制装配式建筑的不足对于追求效益与进度的各大开发商而言是不可忽视的，虽然国家大力推行，但收效甚微。因此我们应当在实践中积极探索，不断改进，使这一新工艺得以全面推广。

参考文献

［1］ 唐芬，赵彬，谭新明，等. 预制装配式建筑施工要点集［M］. 北京：中国建筑工业出版社，2018.

［2］ 装配式建筑设计标准：JGJ/T 398—2017［S］. 北京：中国建筑工业出版社，2018.

整体装配式剪力墙高层建筑施工关键技术研究与应用

龚学武

中国电建地产集团有限公司，北京，100048

摘　要：在某保障性住房装配式高层建筑施工实践中，依托该工程深入开展了整体装配式剪力墙建筑关键技术和施工工艺研究与应用，集成采用了一系列科技创新成果，使项目节能减排降耗效果显著，经济与社会效益明显。

关键词：装配式；高层建筑；关键技术；现浇剪力墙；叠合楼盖

1　概述

当前我国正处于快速城市化发展时期，自“推动建筑工业化”被住房城乡建设部《绿色建筑行动方案》列为十大重要任务之一以来，建筑业的全面化、工业化转型升级已成为社会经济发展的必然趋势，与此同时装配式建筑特别是整体装配式剪力墙高层建筑也得以迅猛发展。

针对现浇剪力墙 + 叠合楼盖装配整体式高层建筑施工关键技术难点，改进完善了“竖向受力结构现浇、水平结构叠合、非结构部分预制”，其做法等同现浇技术，研究总结了一系列装配式高层建筑施工关键技术，具有科技含量高、低污染、低能耗、用工量大幅减少、作业条件改善、劳动强度小、生产效率高、精度高等特点。

2　主要技术特点及难点

该保障性住房项目由 6 栋高层住宅楼、2 栋幼儿园及 4 栋商业楼组成。其中 6 栋高层住宅楼均采用整体装配式剪力墙高层建筑结构，竖向受力构件采用内浇外挂的等效现浇剪力墙结构体系（外剪力墙均采用外侧叠合板与剪力墙叠合现浇）；水平结构体系采用由叠合梁和叠合板组成的叠合现浇楼盖体系；外墙围护采用内含保温隔热的预制板，通过柔性连接外挂于现浇剪力墙或梁上；内隔墙采用预制构件或轻质填充内墙墙板。

装配式建筑经济合理及可靠的拆分及深化设计是工程实施的重点；PC 构件高精度制造、运输及成品保护、高精度安装和板缝控制是施工控制难点；高层建筑防开裂、外墙防水抗渗、隔热保温和施工关键工艺及质量控制是工程实施重点和难点；密封材料选择与细部构造防开裂处理是确保工程质量的重要环节和难点；塔机群交叉作业控制难度大，群塔防碰撞交叉作业是工程难点；经济可靠、安装便捷的外围安全防护体系选型与设计是确保安全的重点和难点，需采用可靠技术措施保障拟建建筑具有整体性、耐久性、安全性、保温性和高效性等卓越性能。

3　主要关键技术及施工工艺

工程施工采用了集成建筑技术和并联施工技术，解决防水抗渗、隔热保温、提升精度的难题，使得建筑具有整体性、耐久性、安全性、保温性、高效性的卓越性能；采用整体装配式高层建筑防水抗渗关键技术方案，实现了集成建筑全方位的防水抗渗。采用“L”形结构式柔性连接外墙，隔绝墙体渗漏；工厂 PC 生产时预留窗洞，精密模具控制尺寸精度，避免窗户渗水；对整体装配式高层建筑施工过程中高精度控制技术进行研究，如何保证 PC 构件之间、PC 构件与现浇混凝土之间、楼层与楼层间的高精度控制；采用装配式现浇剪力墙结构铝合金模板体系，解决了装配式现浇剪力墙叠合结构施工质量和安全控制难题，提高了剪力墙混凝土外观质量；开发新型整体装配式高层建筑外围防护措施，解决了无外脚手架条件下的装配式现浇剪力墙叠合结构快速施工安全防护难题；研发新型插销式移动围栏和外墙安全围挡体系，采用与预制构件连为一体的可移动轻型结构，不需搭设外墙脚手架，适应装配式结构高效吊装施工，技术经济性好。

3.1　现浇剪力墙＋叠合楼盖的整体装配式高层建筑体系典型节点构造和工艺改进

“现浇剪力墙＋叠合楼盖装配整体式高层结构体系”（图 1）预制构件包括预制外墙（外挂板），预制内墙、预制隔墙、预制梁、预制叠合板以及预制楼梯六类。竖向受力结构（剪力墙以及边缘构件）全部为现浇，外墙采用保温隔热的夹心三明治外挂板通过外伸钢筋连接附着于剪力墙、梁等承重结构上，楼板、梁采用预制与后浇混凝土进行叠合，隔墙、内墙、楼梯全部采用预制构件进行装配。

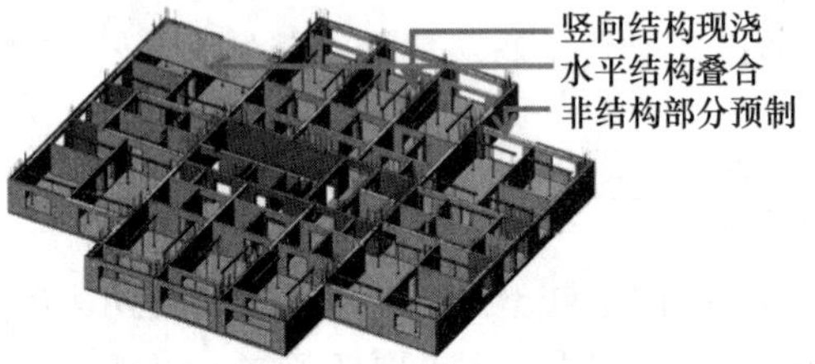

图 1　现浇剪力墙＋叠合楼盖的装配整体式高层建筑结构

（1）三明治外挂板结构由内叶板、外叶板和保温层三部分组成，板与板之间通过干接缝逐个拼接形成外墙围护结构，主体施工时整个建筑外立面为预制清水墙的效果。因其结构内部夹有挤塑板，保温效果显著，其在主体机构施工时充当着外剪力墙的外模板作用，实现免外架、免外模施工。

（2）外挂板连接节点均设置在剪力墙的区域，通过一字形钢板或者 L 形钢板进行螺栓连接（图 2、图 3），内侧剪力墙浇筑后完成连接区的隐蔽覆盖。墙板上下端采用企口设计（图 4），顶部外凹内凸，这种内外高差，可以阻止外侧雨进入室内，从构造上避免层间的渗漏问题。

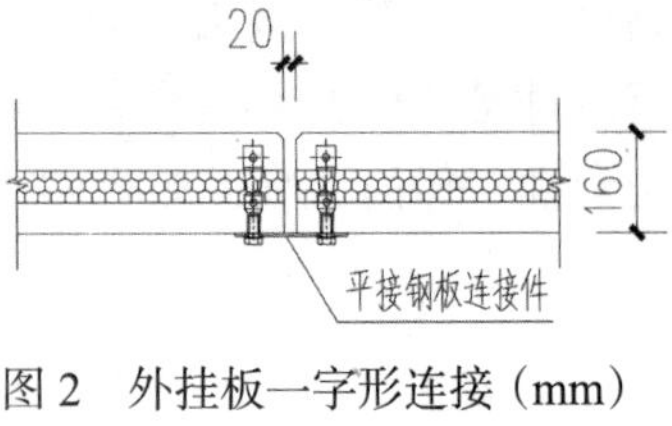

图 2　外挂板一字形连接（mm）

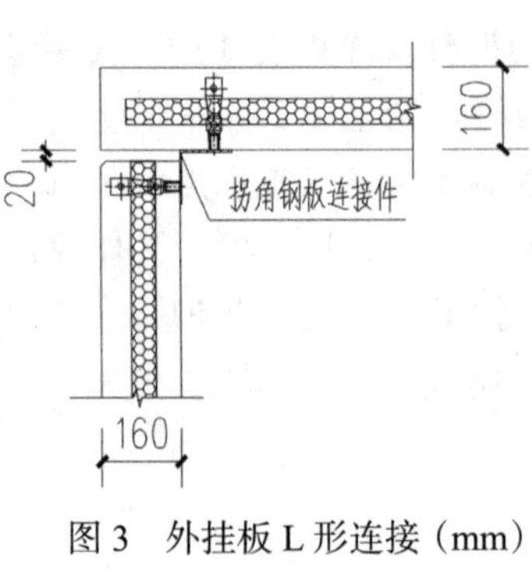

图 3　外挂板 L 形连接（mm）

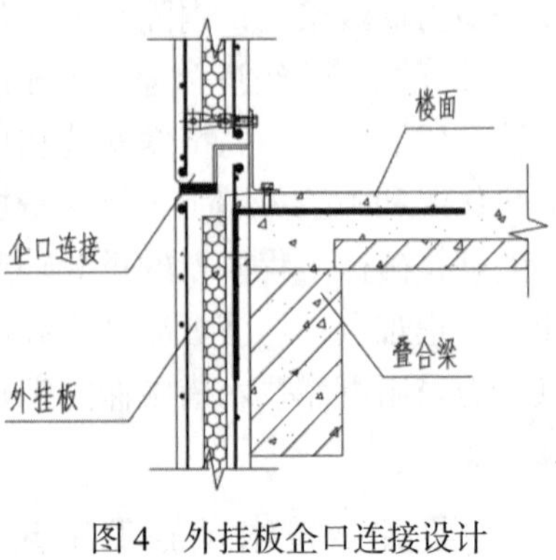

图 4　外挂板企口连接设计

（3）预制内墙结构上包含预制叠合梁、预制隔墙两部分。隔墙部分采用夹心混凝土板（内填充挤塑板）代替传统的砌体结构，通过桁架钢筋与梁整体预制，这种预制隔墙密度约为 1400kg/m³ 左右，不会额外增加结构荷载，而且房间的保温、隔声效果比砌体好很多。隔墙两端嵌入挤塑板，阻止了隔墙与现浇墙板结构的竖向连接，这种设计有效避免了隔墙对结构构件的约束，使结构传力明确，抗震性能更优越。叠合梁的部分预制到楼板底，梁两端出筋满足锚固要求，与后浇混凝土接触的端面采用水洗形成粗糙效果以保证节点连接质量，端部开设键槽以满足抗剪要求。

（4）预制内墙板顶部梁与楼板通过后浇混凝土形成整体（图 5），内墙两端的前后侧压槽设计作为后期接缝处理工作面（图 6），墙板安装后在两块墙板拼缝的凹槽位置挂钢丝网并抹抗裂砂浆，这样做能够大大减少接缝处裂缝的产生。

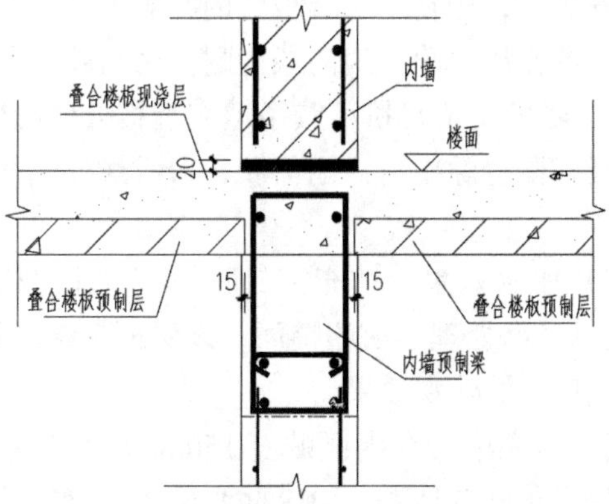

图 5　预制内墙板与楼板连接节点

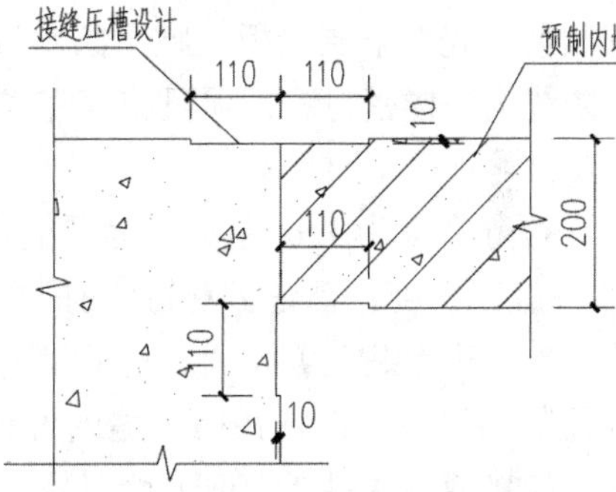

图 6　预制内墙接缝压槽设计（mm）

（5）预制叠合板涉及三类结构，包括预制楼板、预制空调板和预制阳台。叠合板的板端外伸用钢筋锚入剪力墙或者梁中，板顶设置桁架钢筋进行抗剪，这种设计能最大程度地实现等同现浇体系（图 7）。

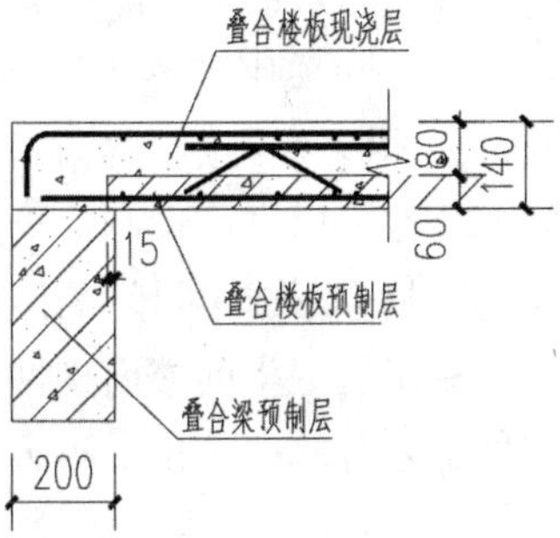

图 7　预制楼板连接节点（mm）

（6）预制叠合板厚度均为 60mm，当作为楼板构件、空调板构件和阳台构件时，后浇混凝土的厚度分别为 80mm、60mm、90mm，以满足各种功能的需要，三类结构件均采用叠合板，施工上能最大程度地实现标准化和通用性。空调板和阳台板在结构上均有降板的要求，通过这种叠合的设计不但实现了构件减重，还通过后浇混凝土达到防水要求（图 8、图 9）。

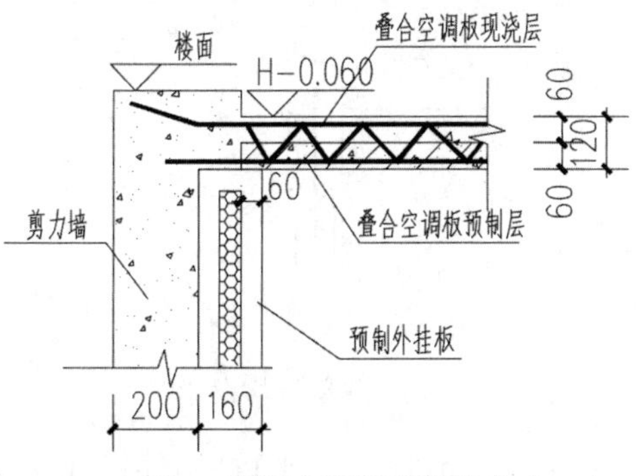

图 8　预制空调板连接节点（mm）

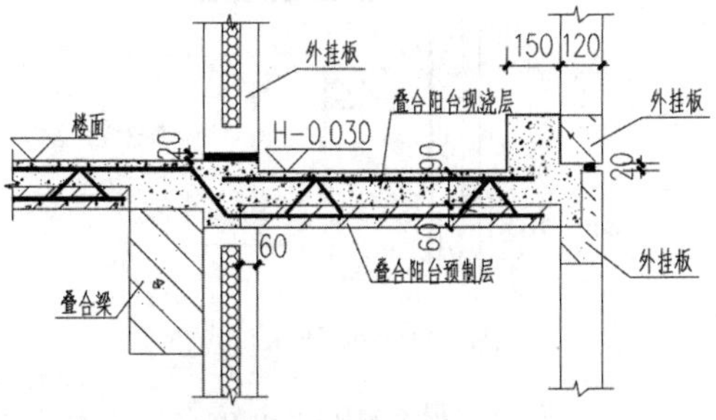

图 9　预制阳台板连接节点（mm）

3.2　防水抗渗构造设计优化

项目的 PC 构件防水主要包括了外墙防水和厨房、卫生间防水两大板块。采用建筑防水与构造防水相结合的方式并设置多道抗渗防线，重点解决了外墙的水平接缝、竖向接缝、门窗洞口、预留孔洞以及厨房、卫生间的水电洞口、隔墙底部水平接缝的防水难题，全方位防止墙面、楼面渗漏，实现了整个项目雨期外墙零渗漏、厨房卫生间蓄水试验无漏点的良好效果。

外墙水平接缝分构造防水和建筑防水两个方面，构造防水采用企口设计，上下层墙板对接后形成一条折线形缝隙，上下错缝并形成高差，从建筑构造上避免雨水内渗。建筑防水设有三道防线：第一道防线为防水砂浆，上层墙板安装前，先在下层墙板的内叶墙上铺一层防水砂浆，通过挤压使墙板缝隙密实，起到整体封闭的作用；第二道防线为耐候密封胶，上层墙板安装前，先在下层墙板上粘上防水胶条，上层墙板安装时挤压胶条填充墙板外侧缝隙；第三道防线为耐候密封胶，项目施工完成后在墙板外侧缝隙中打入耐候胶，形成最外侧的封闭系统（图 10）。

水平接缝宽度为 1cm 左右，为了能更好地实现密封效果，填充密封胶的深宽比严格按照 1∶1 的施工深度，且施工密封胶前先对接缝进行打磨处理形成粗糙面，以保证粘结质量。打胶前在墙板边缘贴上美纹纸，施工完毕后能形成良好的外观效果。

外墙竖向接缝均设计在剪力墙的位置，墙板安装完毕后在内侧贴上 150mmSBS 防水卷材封闭竖向接缝，通过浇筑剪力墙混凝土将接缝处进行隐蔽覆盖，SBS 防水卷材在浇筑剪力墙混凝土时还起到防漏浆的作用，竖向接缝的外侧防水做法同水平接缝。这种设计隔断了竖向接缝的渗水通道，能够完全有效地避免外界雨水渗入。

卫生间采用了整体预制沉箱设计解决防水问题，沉箱整体预制并在顶部一圈外伸钢筋，通过外伸钢筋将预制沉箱锚入预制叠合梁及楼面系统。这种优化设计使最容易出现质量问题的部分在工厂进行预制，再到施工现场整体拼装，拼装完成后通过后浇混凝土实现构件的整体化，整个形成半封闭的体系，达到良好的防水效果。

厨房、卫生间楼面构件通过现浇使楼面整体化时，在隔墙底部需要浇筑 200mm 的反坎，这种工艺有效地防止了厨房、卫生间的积水渗入到室内（图 11）。

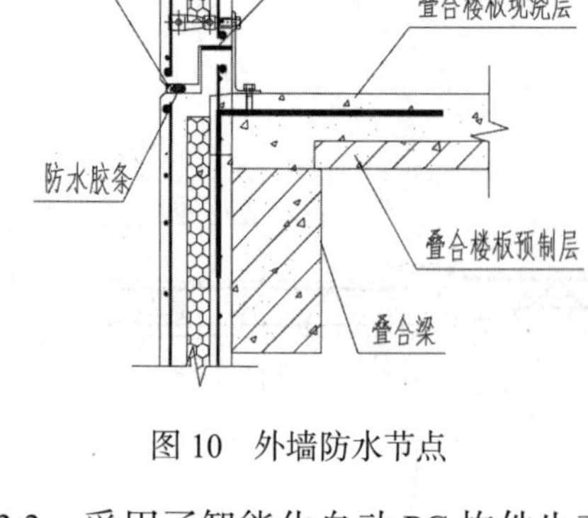

图 10　外墙防水节点

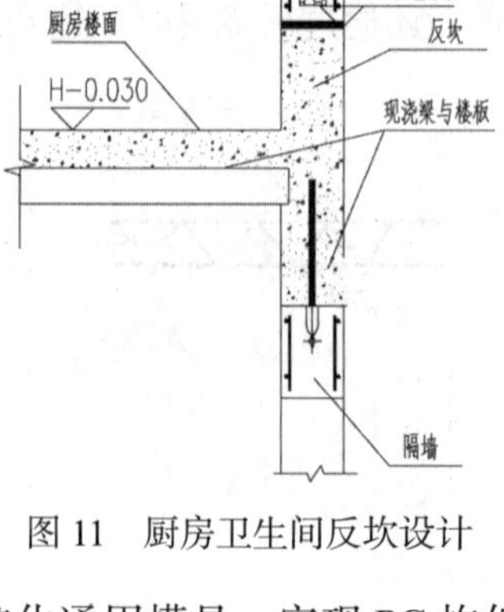

图 11　厨房卫生间反坎设计

3.3　采用了智能化自动 PC 构件生产线和成套标准化通用模具，实现 PC 构件标准化、工业化制造采用了柔性流水 PC 生产线，磁性挡块可灵活拼装模具，全自动装潢、布筋、布料、振动、养护，减少工人劳动强度同时大大缩短了工程周期，保证产品质量，提高劳动生产率；采用大规模工厂化流水线生产预制构件，加工精度和质量是现场操作无法比拟的，建筑误差从厘米到毫米，提升一个数量级，天花墙面致密平整（图 12）。

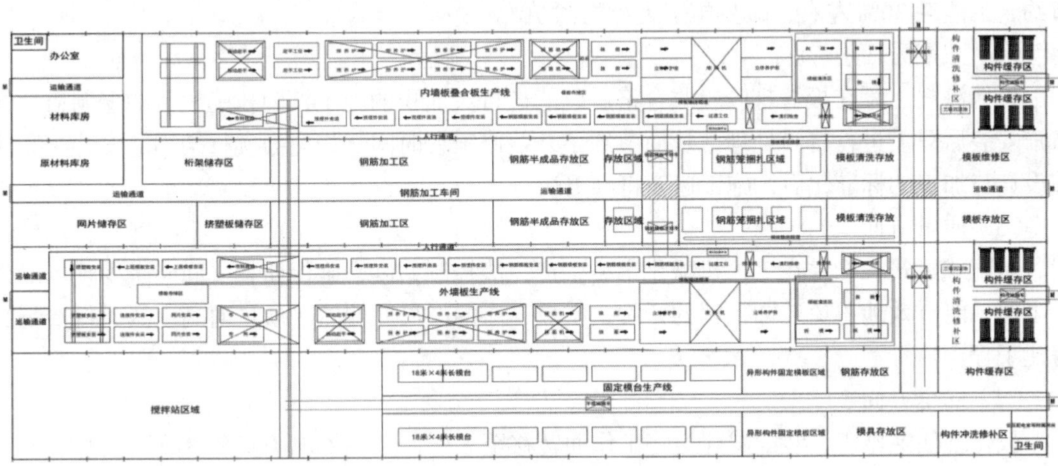

图 12　预制构件生产线工艺图

3.4　PC 构件高精度生产与施工控制技术研究与应用

PC 构件高精度制造、安装和板缝控制是装配式建筑施工控制难点，本工程依托项目，系统研究了 PC 构件的生产制作、安装以及标准化施工工艺，包括外挂板、内隔墙、叠合板、楼梯板等高精度生产、精确定位与固定等关键技术，以及安全吊装、支撑体系和现浇剪力墙与叠合楼盖混凝土施工关键技术与工艺，实现了 PC 构件之间、PC 构件与现浇混凝土之间、楼层与楼层间的高精度控制。

3.5　研究应用防开裂、防水抗渗关键技术

外墙出现渗水的主要原因来自各个节点接缝的处理不到位，尤其在室内外气压、风力作用下形成移动水并渗透到室内。故针对研究装配式住宅建筑外墙板缝及各节点处的填充、防开裂、防渗漏处理技术，以确保工程质量。

项目研究采用了“L”形结构式柔性连接外墙，隔绝墙体渗漏；工厂 PC 生产时预留窗洞，精密模具控制尺寸精度，避免窗户渗水；采用整体浴室底盘一次性模压成型技术，解决卫生间漏水顽疾。

3.6　研究采用了与内浇外挂装配式现浇剪力墙结构相配套的铝合金模板体系，解决装配式现浇剪力墙 + 叠合结构施工质量和安全控制难题，提高剪力墙混凝土外观质量。

3.7　研究开发了新型整体装配式高层建筑外围防护措施，解决无外脚手架条件下的装配式现浇剪力墙叠合结构快速施工的安全防护难题。

3.8　研发了新型插销式移动围栏和外墙安全围挡体系，采用与预制构件连为一体的可移动轻型结构，不须搭设外墙脚手架，适应装配式结构高效吊装施工，技术经济性好。

3.9　研究采用了 BIM 5D+ 大数据云平台装配式综合信息管控技术，采用 BIM5D 技术进行施工全过程管理、施工进度控制和空间碰撞分析、优化设计，实现装配式建筑 BIM 技术深度融合应用。

4　实施效果及经济、社会效益

（1）项目的高效实施有效提升了劳动效率、节约了工期，节能减排降耗效果显著。

工期缩短约 22.8%，同时节约劳动力 46.2%。在节能减排方面，预制混凝土技术的使用可节约钢材 10% 左右；节约木材 80% 左右；节约模板 50% 左右，节约水资源 50% 左右；节约施工能耗 30% 左右；减少施工废弃物约 70%。

（2）工期方面

外墙涂料工程在板缝打胶验收合格后就能进行大面积的施工，因精确预留的窗洞口，在窗户安装后只需进行打胶处理，从而节约了外装修工程时间。如全面实行结构、安装、装修等设计与加工的标准化后，施工速度将会更快。

（3）质量方面

装配式建筑各构件在工厂机械化定型生产，能控制精度、确保质量。同时减少现场湿作业工序，能有效地避免装饰工程的开裂、空鼓、渗漏、尺寸偏差等质量通病，从而打造精品房建工程。

（4）安全方面

较传统住宅施工，装配式建筑将工作面转移至工厂，减小了现场安全事故发生的概率。

5　结语

（1）本项目针对现浇剪力墙＋叠合楼盖的整体装配式高层建筑结构连接设计形式、装配式结构体系构件分解和深化设计进行了研究，改进完善了现浇剪力墙＋叠合楼盖的整体装配式高层建筑关键节点构造和工艺，采用了全断桥、防火夹心隔热保温体系，有效、可靠、耐久，节能舒适，“五节一环保”成效显著，实现了工业化生产和标准化建造的目标。

（2）采用了自动化 PC 构件生产线，实现 PC 构件标准化、工业化制造。采用柔性流水 PC 生产线，磁性挡块可灵活拼装模具，全自动装潢、布筋、布料、振动、养护，减少工人劳动强度同时缩短了工程周期，保证产品质量，提高劳动生产率。

（3）依托工程开展整体装配式高层建筑施工关键技术与施工工艺研究及应用，集成采用了一系列科技创新成果，研究解决了防开裂、防水抗渗、隔热保温、高精度安装等关键工艺和质量控制难题，研究开发新型整体装配式高层建筑外围防护措施，解决无外脚手架条件下的装配式现浇剪力墙叠合结构快速施工安全防护难题。研发新型插销式移动围栏和外墙安全围挡体系，采用与预制构件连为一体的可移动轻型结构，不需搭设外墙脚手架，适应装配式结构高效吊装施工，节能减排降耗效果显著，经济与社会效益明显。

（4）研究应用了 BIM5D 技术进行项目施工全过程管理、施工进度控制和空间碰撞分析、优化设计，实现装配式建筑 BIM 技术深度融合应用。

参考文献

［1］叶浩文，王兵，田子玄. 装配式混凝土建筑一体化建造关键技术研究与展望［J］. 施工技术，2018，47（06）：66 ～ 69.

［2］史文彦. 装配整体式剪力墙结构的设计要点和工程实例［J］. 建筑技术开发，2019（05）：7 ～ 9.

基于 BIM 技术的卫生间精细化施工

尚高峰　唐　娅　梁　朋

德成建设集团有限公司，常德，415000

摘　要：墙面砖及地面砖装饰效果的好坏，除面砖自身的质量外，与铺贴时平面拼缝排布和颜色匹配的合理与否具有重要关系。若能利用 BIM 技术进行三维设计、水电安装与铺砖配合，以标准化排布方案指导施工，通过熟练工人实施，就能达到粘贴牢固、减少材料损耗、提高观感质量的综合效果。本文以常德财鑫投融资服务中心工程为例，利用 BIM 技术指导卫生间陶瓷地面砖、墙面砖施工，取得了良好效果，同时达到优质工程要求。

关键词：拼缝排布；三维策划；材料损耗；观感质量；优质工程

墙地砖装饰施工是建筑装修工程的重要组成部分。其细部节点繁多，传统的施工方式与现场管理条件难以实现精细化，施工现场对原材料切割的随意性较大，较普遍地存在着浪费及损耗的现象；同时，装饰装修与水电预留的工序衔接随意，很难做到统筹规划。

基于 BIM 技术的可视化特性，可以指导施工，以达到先试后建、消除设计错误、排除施工过程中的冲突及风险、对比分析不同施工方案的可行性、实现虚拟环境下的施工周期等目的。通过 BIM 模型的虚拟场景与实际的施工或管理现场结合共同来指导、操控现场施工，能够很好地解决传统建筑施工管理存在的问题。主要包括以下几个方面：

（1）现场指导跟踪。BIM 模型和 3D 施工图能够提供准确、直观的 BIM 数据库指导施工。

（2）BIM 模型可以为施工组织安排提供可视化模拟分析，对施工中复杂区域或工序交叉区域提供可视化显示，为施工方案的制定提供帮助。

（3）通过 BIM 技术可以在施工前协调各班组的分工配合，有效控制施工质量，提高施工效率，避免返工和浪费。

1　工程实践

常德财鑫投融资服务中心工程位于常德市北部新城，朗州路与月亮大道交会处的西北角地块。项目总建筑面积为 95376m^2，地下 1 层，地上裙楼 3 层，双塔楼 24 层，建筑高度 99.8m，为框架剪力墙结构，设计使用年限 50 年。本工程共有 146 个卫生间，卫生间楼地面采用 300mm × 300mm 陶瓷防滑地面砖，墙面采用 300mm × 600mm 釉面瓷砖。

该工程实行创优目标管理，确保省优质工程，争创“鲁班奖”工程。因此对各工序精细化程度要求高。各种管线、设备布置要合理有序，卫生间器具、马桶、小便斗、开关、插座、洗脸台、地漏、拖把池等必须与装饰密切配合。地砖、墙砖的排列，与器具的安装标高方位共同考虑，形成共同施工图，然后各专业按各自确定的设计方案进行施工，最终达到美观的效果。

2　技术准备

2.1　整体策划

该项目利用 BIM 技术于施工前将水电预留洞口、卫生器具、所有墙地砖的空间位置预先做好定位及统计。利用三维图纸指导施工，确保铺贴质量的同时以便施工班组能够将更多精力专注于提升铺贴观感。在满足规范的前提下，通过 BIM 技术对本项目卫生间装饰装修工程进行预排，获得多个方案进行比较，从而提升美观性；降低了材料的损耗率，从而达到的材料合理管控的目的，实现最大程度的资源节约，达到绿色施工的目的。

2.2 材料准备

墙面砖铺贴前应进行挑选，检查砖的尺寸、色号，并应浸水 2h 以上，晾干表面水分。

2.3 技术要求

本项目饰面砖、地面砖排布过程中主要参考《住宅装饰装修工程施工规范》(GB 50327—2001）及公司创奖创优标准。

铺贴前应进行放线定位和排砖，非整砖应排放在次要部位或阴角处。每面墙不宜有两列非整砖，非整砖宽度不宜小于整砖的 1/3。铺贴前确定水平及竖向标志，垫好底尺，挂线铺贴。墙面砖表面应平整、接缝应平直、缝宽应均匀一致。阴角砖应压向正确，阳角线宜做成 45° 角对接。在墙面凸出物处，应整砖套割吻合，不得用非整砖拼凑铺贴。洗脸台板上口与墙砖对齐，台板立面挡板与墙砖对齐，镜子上下水平缝对齐、两侧对称，竖缝对齐；门上口和水平缝对齐，立框和砖模数对齐；小便器、落地、上口、墙缝、两边和竖缝对齐；电气开关、插座，上口水平缝对齐。地漏设置在砖的中心；墙的排砖与电器位置不能各行其道；阴阳角方正、无小半块砖；地漏等细部处理精细。

3 操作流程

以该项目 2 号卫生间为例进行墙地砖排布，地面砖采用 300mm × 300mm 防滑地面砖、墙砖采用 300mm × 600mm 白色瓷砖、前室洞口采用门槛石、男女卫生间内室采用过门石。前室横向由中心向两边收砖，内室对前室通缝，纵向由前室向内室收砖。工艺流程操作如下：

（1）结合施工图纸和现场实际情况，对空间尺寸进行测量。

（2）根据实测实量数据确定具体安装厚度（包括面砖与底子灰厚度）。

（3）确定面砖的排布（施工）顺序以瓷砖压向决定面砖排布（施工）顺序，要求位于门口位置正视，侧墙压横墙，墙砖压地砖。

（4）结合创优要求，确定细部做法：墙地砖对缝；块材面砖不能有小于 1/2 的砖；门洞口边需整体排版；地漏、蹲位、洗手盆、小便池等安装与瓷砖同缝对称；利用 Revit 进行初步排布，调整排水口、地漏及隔板在原图纸上的位置；标示具体尺寸。

（5）对 BIM 软件排布出的结果，与项目部技术人员一起进行现场验证，选取最佳方案用于指导施工，见图 1。

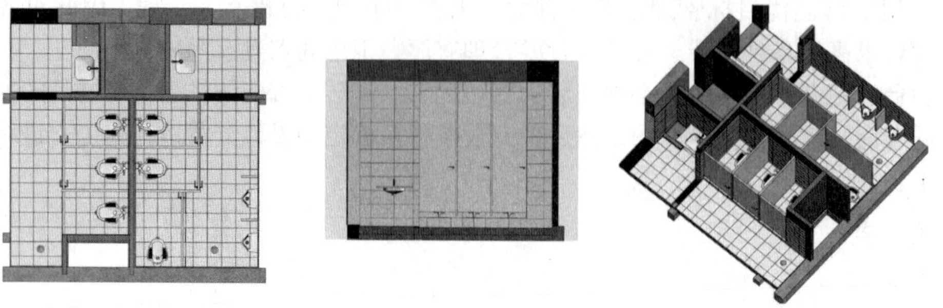

图 1 卫生间墙地砖三维排布图

（6）出具预留洞口定位图纸、墙地砖排布图纸，对现场水电安装班组及装修班组工人进行交底。

（7）现场工人按照三维图纸进行精细化施工，技术人员参照三维图纸进行各工序的验收，见图2。

图2　卫生间墙地砖按三维图纸施工

4　结语

实践表明，BIM技术在本项目卫生间装修实施过程中具有以下特点：

（1）提升铺贴观感。基本消除不满足规范要求的砖块，使墙地面通缝更加工整、美观。

（2）降低了材料的损耗率。通过BIM排版后，砖尺寸的种类减少，切割量减少，提升质量管理。利用排版布置图将责任人落实到个人，形成审核—铺贴—检查的闭环式质量管理过程。

（3）提升了质量管理的效率。利用BIM三维模型可视化技术交底，直观展示排版布置的方案，避免了传统技术及二维布置图的交底不清所造成的错误。

（4）限额领料。精确统计每层的材料用量，减少材料二次搬运，从而加快施工工期。

BIM技术在装饰装修工程的应用占有比较明显的优势，但在实施过程中最大的障碍是将BIM工具和现有的工作流程完全结合起来。BIM的特点是系统性，需要各个专业共同参与、共同协作，才能取得更好的效果。因此,BIM技术的普及应用需要有足够的人才做支撑，才能更高效地完成BIM全过程工作。

参考文献

［1］ 住宅装饰装修工程施工规范：GB 50327—2001［S］. 北京：中国建筑工业出版社，2001.

浅议 BIM 技术结合放线机器人在施工项目中的应用

严 伟

湖南南托建筑股份有限公司，长沙，410007

摘 要：建筑产业现代化和 BIM 技术的推广应用是我国建筑业发展和改革的重要任务和目标，BIM 技术是推进建筑业信息化的重要手段，为产业链贯通、工业化建造提供技术保障，住建部副部长易军说："谁掌握了 BIM，谁就掌握了未来"。我公司在中锐·领秀豪庭 1 栋项目施工当中，引入了 BIM 的教学和应用，从 BIM 教学和应用当中，逐步掌握 BIM 技术和解决立体曲线结构竖向（任意点）平面坐标问题，结合新出现的放线机器，来展现 BIM 技术在施工测量放线阶段的应用。

关键词：BIM 技术；放线机器人；施工测量放线；立体曲线结构

1 工程概况

中悦·领秀豪庭 1 栋综合楼位于长沙市暮云镇芙蓉南路与南湖路交会处东北角，总建筑面积 19461m^2，地上 17 层，基础形式为天然浅基础，主体结构为框架剪力墙结构。

该工程建设方提供的规划图中，1 栋综合楼的定位点共有三个：（1）1 轴交 A 轴 $X = 3102297.451$，$Y = 400760.808$；（2）1 轴交 D 轴 $X = 3102304.557$，$Y = 400779.074$；（3）10 轴交 D 轴 $X = 3102257.214$，$Y = 400797.493$；如图 1 所示。

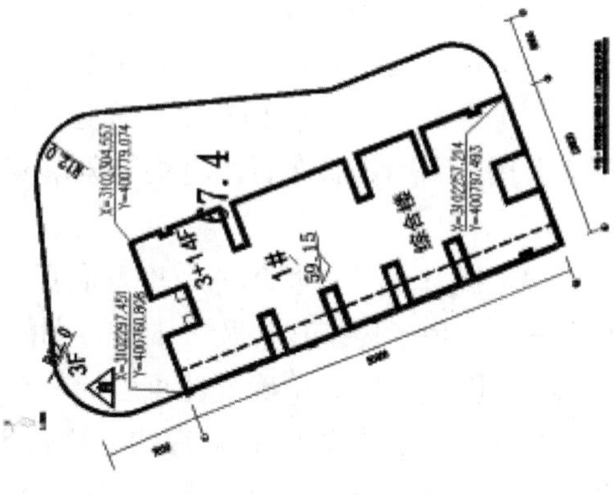

图 1

2 BIM 技术在施工测量放线中的应用

2.1 BIM 的主要特征

相比 CAD 设计图纸，BIM 技术的主要特征是参数化以及可视化。

参数化：参数化是 BIM 从 CAD 中脱颖而出的最鲜明的特征，基于参数化建造的模型拥有更加完整的信息，应用参数化这一特征构建的三维可视化模型是一个包含着项目所有构件属性的信息系统，且该模型能够根据变更的内容变换属性，维持相互间的空间及逻辑关系。

可视化：BIM 的可视化是一种能够同构建之间形成互动性和反馈性的可视，建筑信息模型所展示的结果是与建筑工程或实物的实际空间尺寸和构件属性严格统一的，在模型可以达到精度的范围内，将所有设计所表达的信息直观地反映出来。

2.2 BIM 的参数化特性

首先按中悦·领秀豪庭 1 栋综合楼的设计图纸进行结构和建筑的建模，在建模中进行参数的设置，将建模提供的规划坐标参数准确地设置到 BIM 模型中，打开结构模型，点开基础平面图，进行参数标注，可以看到模型的三个定位坐标参数显示的与规划图（图 2）相符。

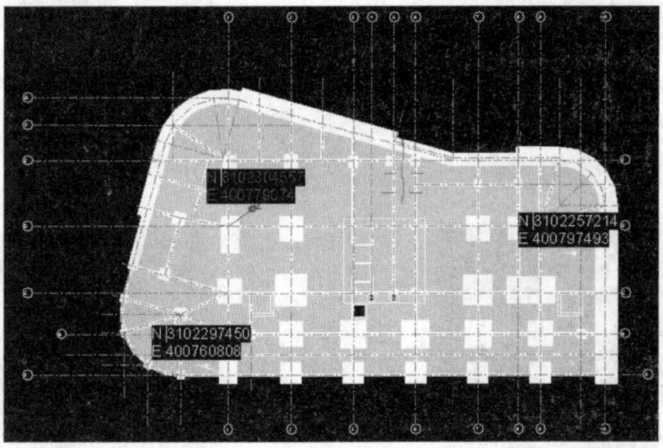

图 2

打开基础三维视图，对 2 轴 /D 轴 J-9 承台四个角点的坐标及长、宽、高进行标注（图 3、图 4）。

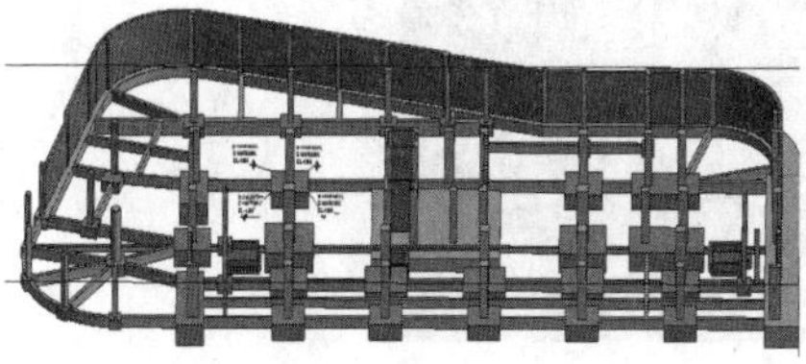

图 3　基础平面布置图（三维）

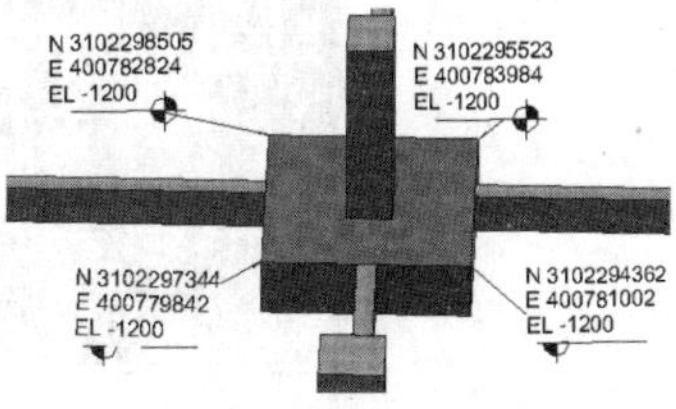

图 4　基础平面布置图（三维）2/D 轴 J-9

对 2 轴 /D 轴 J-9 承台放入到总规划图中进行坐标标注（图 5、图 6）。

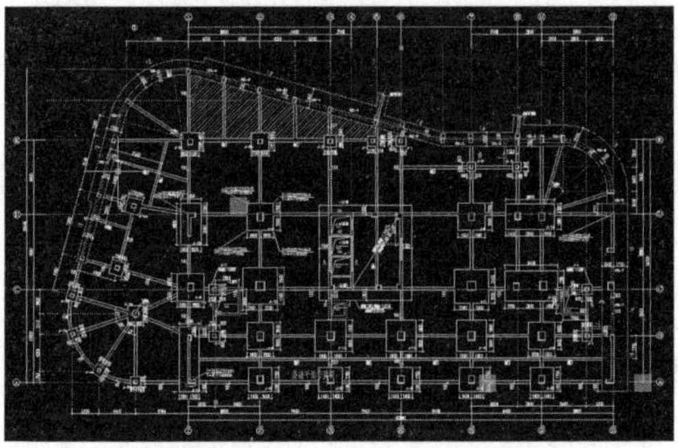

图 5　基础平面布置图（二维）

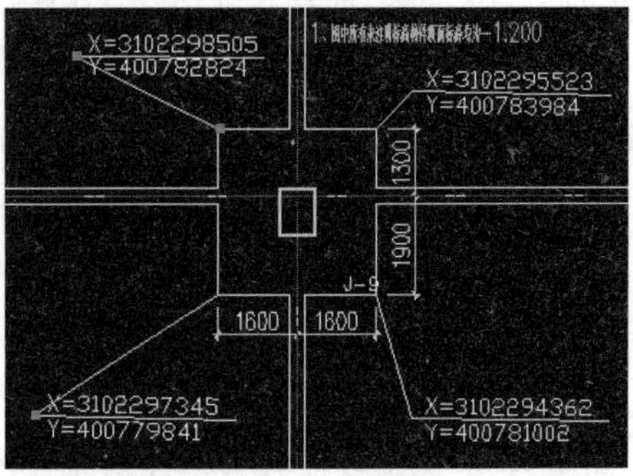

图 6　基础平面布置图（二维）2/D 轴 J-9

在图 5、图 6 的二维视图中可以看到 J-9 承台设计的长、宽、高为：3200mm × 3200mm × 1200mm，以及 *X*、*Y*、*Z* 的坐标；在图 3、图 4 的基础三维视图中可以看到 J-9 承台的 *X*、*Y*、*Z* 坐标数据完整准确且长、宽、高尺寸数据同样完整清晰。

打开 5 层建筑三维视图对 3 轴 /A 轴 C2425 窗的左下角和右下角点进行参数标注（图 7、图 8）。

把五层建筑图纸放入规划平面图相应位置对坐标进行标注（图 9、图 10）。

通过图 9、图 10 及图 11 我们可以看到 C2425 窗的窗台高度、坐标数据与图 7、图 8 所示 C2425 窗的坐标、标高数据完全一致。

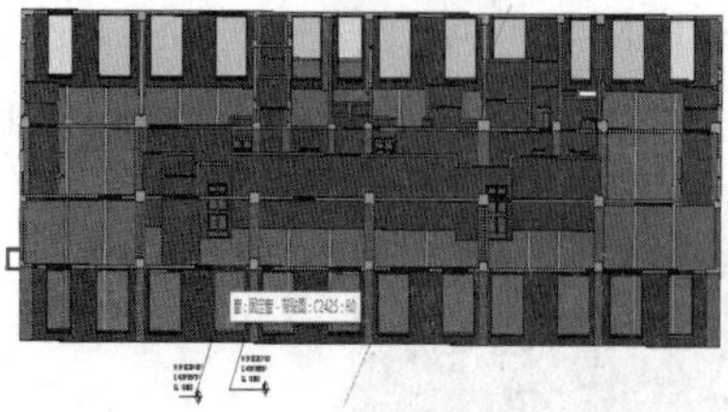

图 7　5 层建筑平面布置图（三维）

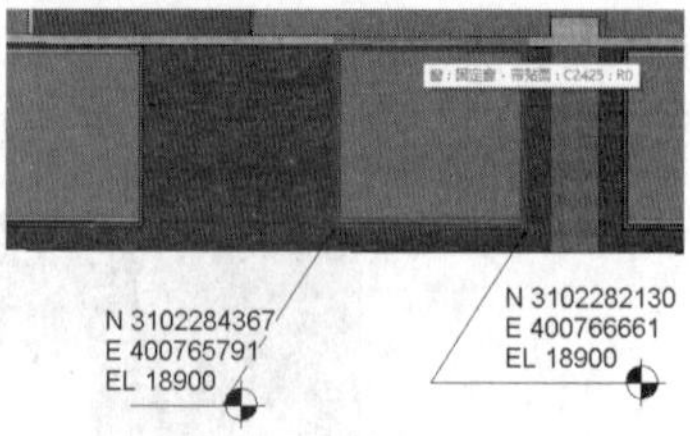

图 8　5 层建筑平面布置图（三维）3/A 轴 C2425 窗

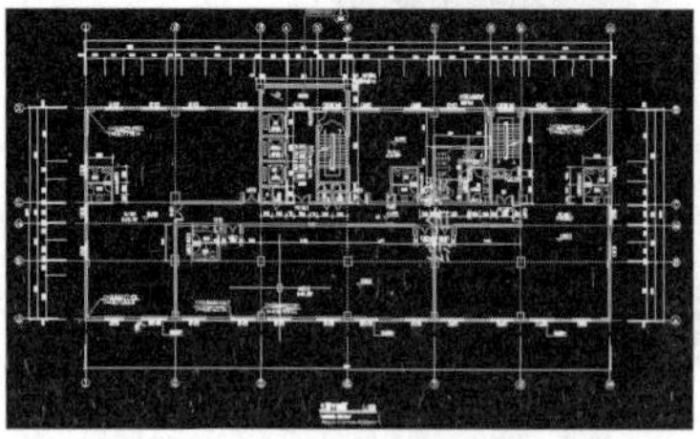

图 9　五层建筑平面布置图（二维）

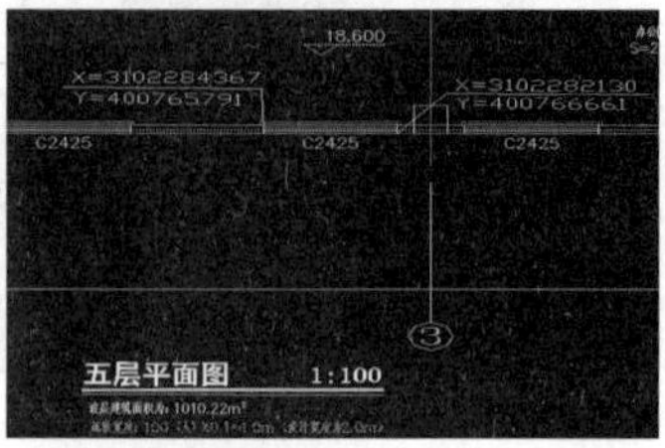

图 10　五层建筑平面布置图（二维）3/A 轴 C2425 窗

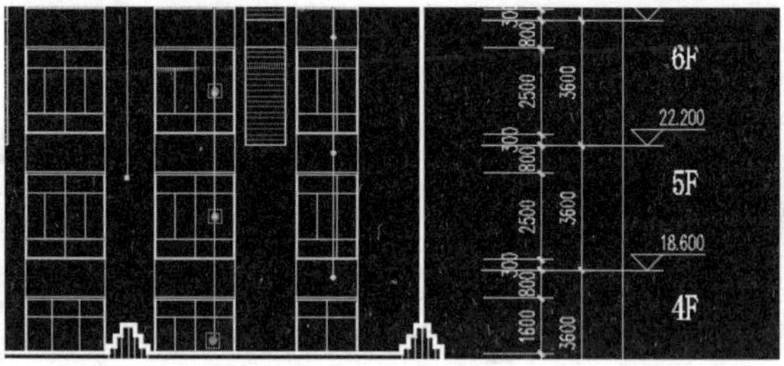

图 11　1-10 轴立面图

通过以上所述，我们可以了解到使用 BIM 技术后，可以对基础承台、门窗洞口进行精准的放样，还可以引伸到只要对建筑物构件精准建模，就可以对水电预留预埋及装饰装修进行精准地放样，真正做到施工测量放线的精细化施工，精细化管理。

3　BIM 技术和结合放样机器人测量放线

BIM 技术在中悦 · 领秀豪庭 1 栋综合楼的应用还处于试验性阶段，主要利用建好的三维模型对工程人员进行可视化的交底，让他们从原来要从平面、立面、剖面的设计图纸通过理解提取三维信息，到现在把三维信息非常直观地展示给他们，使他们更易于理解和把握设计图纸，避免犯错。下面介绍一下使用 BIM 模型进行现场放样的流程。

3.1　使用 BIM 模型进行现场放样的流程（图 12、图 13）

图 12　放样流程

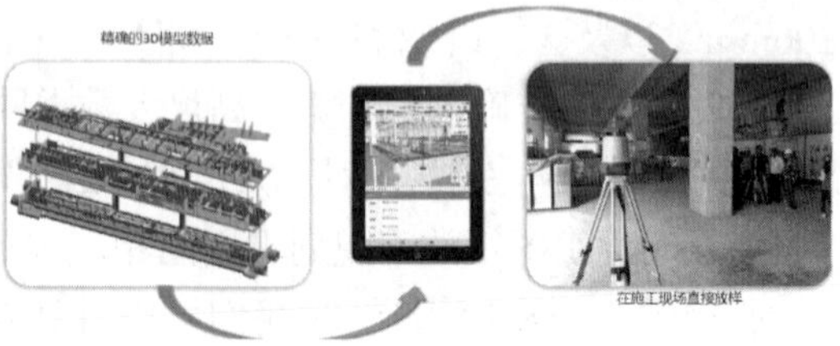

图 13　现场放样

3.2　模型、数据导入及现场测量放样

（1）从 BIM 模型中设置现场控制点坐标和建筑物结构点坐标分量作为 BIM 模型复合对比依据，在 BIM 模型中创建放样控制点。

（2）在已通过审批的建筑 BIM 模型中，设置各建筑或结构构件点位布置，并将所有的放样点导入 CeoBIM-Smart Layout（基于 BIM 的智能放样测量系统）软件中。

（3）进入现场，使用 BIM 放样机器人对现场放样控制点进行数据采集，定位放样机器人的现场坐标。

（4）通过平板电脑选取 BIM 模型中所需放样点，指挥机器人发射红外激光自动照准（或者可以通过锁定和跟踪棱镜）来进行点位放样，实现"所见点即所得"，从而将 BIM 模型精确地反映到施工现场。

4　绘图软件 CAD 解决了平面曲线结构放线坐标问题，而 BIM 技术解决了立体曲线结构竖向（任意点）平面坐标问题

如由我公司施工的湖南华强文化科技有限公司投资兴建的太空飞梭工程为八角十六边形变截面钢筋混凝土筒中筒结构，建筑总高度 111.35m。该工程建筑设计新颖、结构复杂，如果该工程用 BIM 技术建模后，就可获得立体曲线结构竖向（任意点）平面坐标，比 CAD 仅解决平面曲线结构放线坐标问题具有优越性。

5　结束语

BIM 技术，在建筑施工过程中的应用给人们带来了一种直观、感性的认识，现场一线生产人员和管理人员不再需要将二维的平面、立面、剖面图纸通过想象和理解转化为三维图形，从而消除因理解误差而在施工过程中犯下的错误，避免返工，大大提高了工作的效率。同时在施工管理过程中，使我们的工作更加轻松，更有乐趣。而 BIM 放线机器人的产生是工程定位放线放样中的重大技术革新，从而使任何复杂形状的点位控制变得更方便、更快捷、更精准、更直观。

BIM 技术博大精深，我所学到和掌握的还只是 BIM 技术的沧海一粟，真正掌握和应用还需要建筑人不断的去学习、去思考、去应用、去检验。

参考文献

[1] 鹏锦. 拓普康 LN100 放样机器人介绍.
[2] 田毕. 中国 BIM 高级研修班（第四期）结业汇报.
[3] 百度文库. BIM 技术在建筑施工全过程中的应用.
[4] 百度文库. BIM 技术在土方工程中的应用.
[5] 唐琛. 异型高耸构筑物外伸大平台支模施工技术.

新型装配式混凝土框架结构无梁柱节点的研究

王海崴[1]　王本淼[1]　程志军[1]　张明亮[2]
马　锋[1]　杨承惁[3]　卜明华[4]

1. 湖南标迪夫节能科技有限公司，长沙，410000
2. 湖南建工集团有限公司，长沙，410000
3. 中南大学，长沙，410000
4. 湖南省建筑设计院有限公司中，长沙 410000

摘　要：装配整体式混凝土框架结构参照日本和德国技术，主要做法一是节点区域预制，二是梁、柱各自预制为线性构件，节点区域现浇。混凝土框架结构梁柱节点，有若干根柱钢筋和若干根交叉梁钢筋，集中在梁柱结合部位，由于结合部位的空间受限，所以梁和柱的钢筋无法很好地连接。为了保证装配式混凝土框架结构的整体性，简化结构形式和连接方式，提高施工进度和施工安全，降低工程造价，对装配式混凝土框架结构梁柱节点采取预制装配方式是一条关键的技术途径。为了满足上述条件，在装配式混凝土框架结构的梁、柱、楼板等主要构件的基础上，增设一个菱形状预制混凝土支座体受力构件；同时将传统的装配式混凝土框架结构梁、柱、楼板分别改进变型，实现在梁柱接合部位无钢筋连接点，再后浇楼板上翼缘叠合层形成整体。

关键词：框架结构；梁柱节点；强柱弱梁；受力构件；支座体；凸形梁；空腔楼板；柱框；永久性模具

1　前言

为了调整建筑产业结构，提高建筑质量，加快建设速度，实现节能环保，降低工程造价，国家提出大力推广装配式建筑，明确了具体的实施计划，到 2025 年，我国装配式建筑占新建建筑的 30%。目前的预制装配式混凝土结构项目中，主要采用装配式混凝土剪力墙结构，部分项目采用了装配式混凝土框架结构，装配式混凝土框架 - 核心筒结构有少量应用。由于装配式混凝土结构体系设计基于“等同现浇”的设计理念，其设计方法与现浇混凝土结构基本相同。

2　常用的装配式混凝土结构体系

目前，在工程实践中，常用的装配式混凝土结构体系有剪力墙结构、框架结构和框架 - 核心筒结构。由于目前我国装配式建筑主要用于住宅，因此，简述这三种结构体系在住宅类建筑的适用范围、应用量差异。

（1）装配式混凝土剪力墙结构。一是部分或全部预制剪力墙承重体系，通过竖缝节点区后浇混凝土和水平缝节点区后浇混凝土带或圈梁实现结构的整体连接；竖向受力钢筋采用套筒灌浆、浆锚搭接等连接技术。外墙板一般采用预制三明治墙板技术，它由内叶墙板、夹芯保温层、外叶墙板三部分组成，内叶墙板和外叶墙板之间通过拉结件联系，可实现外装修、保温、承重一体化。这种做法是行业标准《装配式混凝土结构技术规程》（JGJ 1—2014）中推荐的主要方法，可用于高层剪力墙结构。二是叠合式剪力墙，即将剪力墙从厚度方向划分为三层，内外两层预制，通过桁架钢筋连接，中间现浇混凝土；墙板竖向分布钢筋和水平分布钢筋通过附加钢筋实现间接搭接。三是预制剪力墙外墙模板，即剪力墙外墙由预制的混凝土外墙模板和现浇部分组成，其中预制外墙模板设桁架钢筋与现浇部分连接，可部分参与结构受力。

（2）装配整体式混凝土框架结构。主要参照日本和德国技术，柱竖向受力钢筋采用套筒灌浆技术进行连接。主要做法分为两种：一是节点区域预制（或梁柱节点区域和周边部分构件一并预制），这种做法是将框架结构施工中最为复杂的节点部分在工厂进行预制，避免了节点区各个方向钢筋交叉避让的问题，但要求预制构件的精度较高，且预制构件尺寸比较大，运输比较困难；二是梁、柱各自预制为线形构件，节点区域现浇，这种做法的预制构件非常规整，但节点区域钢筋交叉现象比较严重，这也是该做法需要关注的最为关键的环节。行业标准《装配式混凝土结构技术规程》（JGJ 1—2014）中推荐了这种做法。

（3）装配整体式混凝土框架 - 核心筒结构。目前正在进行装配整体式混凝土框架 - 核心筒结构体系的研究，研究重点是核心筒与外框架相互作用、现浇核心筒与主梁连接、外框架节点、高层无明梁板组合。

3　新型装配式混凝土框架结构预制梁柱节点

3.1　现有框架结构体系存在的问题

一般来说，装配式建筑混凝土框架结构梁柱节点，均在梁柱结合部位进行连接。钢筋通常的连接方法分为绑扎、焊接、机械连接和注浆连接等，梁柱结合部位只能采用注浆连接。若干根柱钢筋和若干根交叉梁钢筋集中在梁柱结合部位，由于相应梁柱钢筋所配置注浆器的体积远远大于梁柱结合部位的有效空间，所以梁和柱的钢筋无法很好地进行连接，导致很多能够采用装配式混凝土框架结构的工程项目，被迫采用施工难度大、建筑造价高的装配式混凝土剪力墙结构，由此带来一系列问题。

理论上，框架结构构件规整、受力明确，是最适于采用预制装配建造方式的结构体系。但基于我国现有装配式建筑技术现状，对装配式建筑框架结构的整体实施方式、梁柱节点、梁板的叠合形成、装配式楼板的双向受力特性、连续板带及楼板拼缝等问题还没有形成系统化的解决方案，框架结构的推广应用也因此受到限制。

为了保证装配式混凝土框架结构的整体性，简化结构形式和连接方式，提高施工进度和施工安全，降低工程造价，对装配式混凝土框架结构梁柱节点采取预制装配方式是一条关键的技术途径。

3.2　总体思路和实施方式

装配式混凝土框架结构预制梁柱节点的总体思路是：装配式建筑混凝土框架结构梁柱节点预制，取消现浇，在确保强柱弱梁和装配式建筑结构安全性的前提下优化柱钢筋的连接，同时根据梁端弯矩确定梁钢筋的连接。

为了满足上述条件，在装配式混凝土框架结构的梁、柱、楼板等主要构件的基础上，增设一个菱形状预制混凝土支座体受力构件；同时将传统的装配式混凝土框架结构梁、柱、楼板分别改进变型：①将梁改变成为凸形梁，把楼板叠合在凸形梁中间，目的是解决梁板叠合高度和美观的问题；②将楼板改为空腔楼板，减轻楼板的重量，同时为装配式建筑多功能应用夯实基础；③将柱改为柱框与现浇组合，柱框安置在绑扎柱钢筋骨架的外围，作为永久性模具，柱钢筋连接点从梁柱结合部位转移到柱框中，分层组装保持柱的通长状态；④关键是菱形状预制钢筋混凝土支座体，要增强梁柱结合部位受剪和受冲切能力，将后浇混凝土的柱和梁受力钢筋连接点分散在柱框的中间和预制钢筋混凝土支座体之外的主梁装配端上；柱受力钢筋穿过预制钢筋混凝土支座中间方形柱孔往上延伸，把柱钢筋连接点转移在柱框中；预制钢筋混凝土支座的对角线实际上就是主梁的一部分，在预制钢筋混凝土支座中，配置形成受力岛状态的辅助钢筋，实现在梁柱结合部位无钢筋连接点；⑤为了匹配楼板，将预制钢筋混凝土支座同样做成凸形支座，实现强柱弱梁，再后浇楼板上翼缘叠合层形成整体（图 1、图 2）。

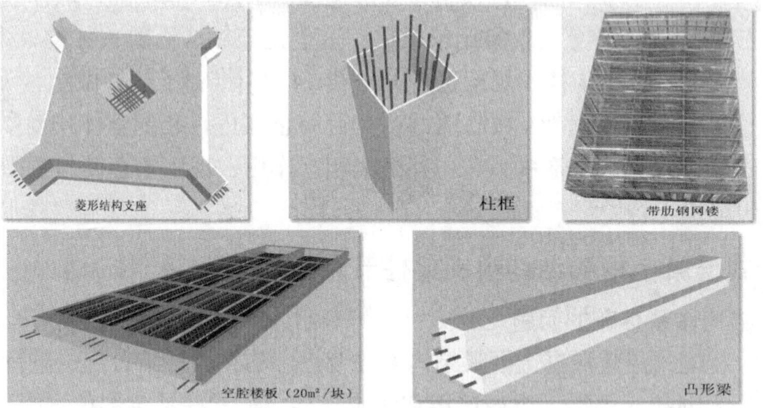

图 1　各类预制构件

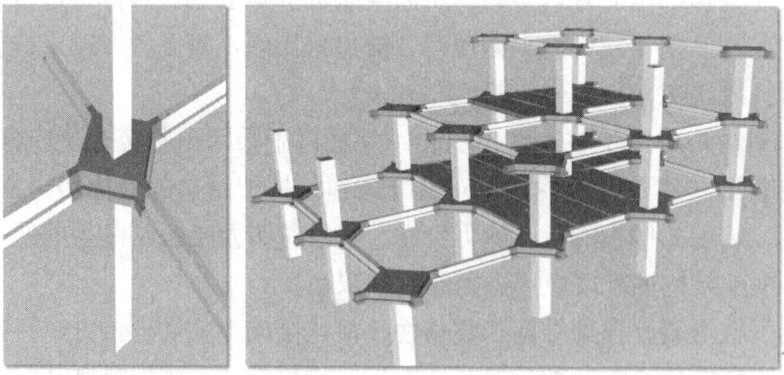
图 2　新型装配式混凝土框架结构节点连接示意

3.3　性能和效益

新型装配式混凝土框架结构预制梁柱节点技术的应用，大大减少支撑杆件，进一步提高了装配速度，同时可以实现错位施工，确保装配式建筑的施工安全。相关构件的改进变形，可更好地保证装配式结构质量。足尺结构性能试验和工程实践表明，采用这种新型装配式混凝土框架结构预制梁柱节点技术，结构力学性能良好，造价可在现有装配式框架结构基础上降低两成；可广泛应用于装配式混凝土框架结构、装配式混凝土框架核心筒结构中；逐步减少装配式混凝土剪力墙结构体系的用量，真正实现国家推行装配式建筑、解决提高建筑质量、加快建设速度、实现节能环保、降低工程造价的初衷。

浅谈铝合金模板外墙保温一体化施工关键技术

李健男　张　旺

中国建筑第五工程局有限公司，长沙，410000

摘　要：随着国家对建筑节能的要求越来越高，保温新材料、新工艺的应用是一个发展趋势。在保障施工质量的前提下，我们提出了外墙不需要铝模辅助，并直接采用保温板加固且不内置铝模板的施工方式。此项做法通过改变加固体系以保证外墙实测效果及便于下道工序施工，并有效地解决了各节点的渗漏隐患。本文通过反复试验及现场的实际施工情况，提出铝合金模板外墙保温一体化的关键施工技术及防治措施。

关键词：外墙保温一体化；固定形式；施工关键技术；防渗漏

1　引言

目前，我国房屋建筑规模十分巨大，但建筑节能整体水平较低，与发达国家的节能设计标准差距较大。我们根据叠合板的各项性能，提出了以一体化保温板代替模板加固施工的设想，即外墙不需要木模及铝模辅助直接采用保温板加固施工，但此做法没有任何实例可以进行参考借鉴，存在极大的质量风险，我们通过不断地试验，并结合现场施工效果，通过改变外墙加固体系的方式使其质量得到了保证，现结合施工技术及现场施工经验，对铝合金模板外墙保温一体化做出探讨。

2　应用背景

由中建五局总承包的威海华辉东方城项目，X-25、X-26号楼4层及以上标准层外墙均采用铝合金模板外墙保温一体化工艺。标准层层高为2.8m，保温板标准尺寸为2800mm×600mm×70mm。

外模含保温区域，采用一体化保温板代替模板加固施工，加固体系为65型对拉片，对拉片设置从地面向上200mm、250mm、600mm、600mm、600mm，（根椐层高设计）对拉片间距不大于600mm，并设置背楞，普通背楞为50mm×50mm×3mm的方形钢管，我们按照外墙尺寸把主背楞和次背楞设计成整体拼装式，由销钉连接，背楞通过连接卡具与模板连接，住宅共两道。铝模板采用对拉片代替传统木模板的对拉螺杆的固定形式，不仅易于固定，而且拆模完成后省去了螺杆眼封堵这一工序，便于施工（铝模板外墙保温一体化形式及拆模后对拉片样式如图1所示）。

3　施工的重点及难点分析

3.1　材料方面

保温模板切割不平整，拼装后缝隙较大。通过采取工厂排版、预制、减少现场切割次数的方式，拼缝施工质量有明显提升；施工中采用的铝模厚度为4mm，其刚度符合施工要求，但角铝做框为凸出结构（图2），且模板为预制板，若铝框受到损坏，则会造成不必要的经济损失。通过加强施工中的过程保护，有效地避免了损坏情况的发生。

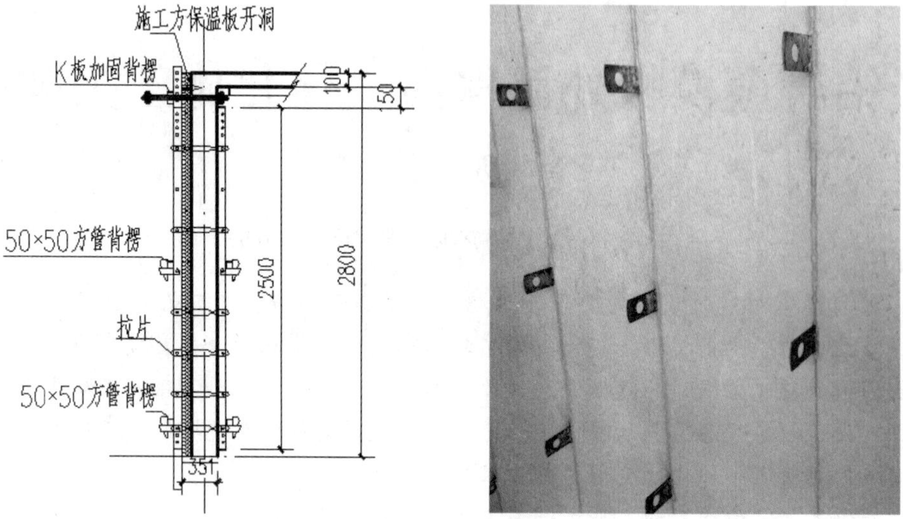

图 1　铝模板外墙保温一体化及拆模后对拉片样式（mm）

3.2　外部构件支撑及加固方面

首先，空调板等外部构件为悬挑构造，其受力稳定性难以保证。在现场施工中，其上下部模板由扣件固定，为独立构造，且下部设置独立支撑，有效地解决了受力及失稳问题。其次，外墙铝模板为厂家预制好的整块板，因此其吊装与安装存在难点，且因保温板的物理性能不能满足对拉螺杆的强度要求，因此不能采用传统的模板加固方式。现场通过将外侧背楞根据配模图定制为整体拼装式，由销钉连接，对拉片进行加固的方式，有效地保证了混凝土浇筑过程中不产生胀模、跑模而影响构件的外观质量。

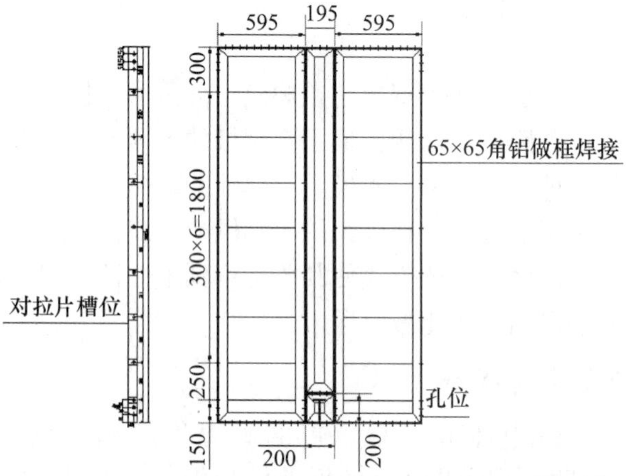

图 2　外墙角铝做框槽钢开洞尺寸图（mm）

3.3　企口处理方面

现场的施工铝模板为整块成型的模板，因此不利于企口转接处施工。我们通过与厂家的屡次交涉，通过采用成品型材加工制作，使企口型材采用螺丝固定在主模板上的方式（图 3），有效地解决这一难题。

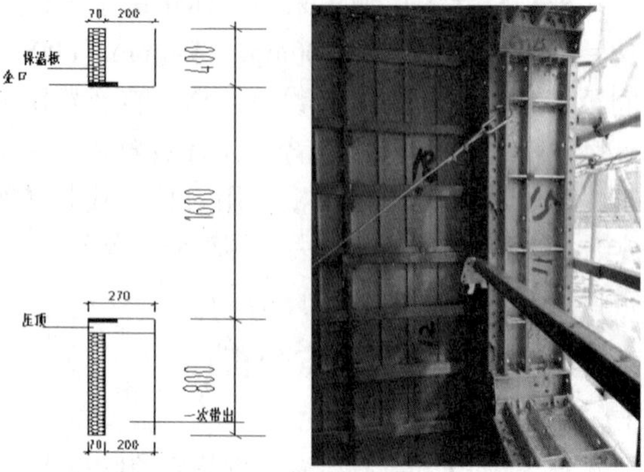

图 3　企口处理（mm）

3.4　外墙防渗漏方面

保温板拼接不严密、外墙预留孔洞、外墙转角处的防渗漏施工成为我们目前面临的难题之一。我们通过一系列的防渗漏技术优化，既有效地完成了防渗漏施工，也取得了不错的经济效益。

4　结构施工关键技术

4.1　运用三维模型进行深化设计的技术

为了保证施工图纸能准确地指导现场施工，我们根据设计院和铝模厂家提供的图纸对铝模板施工做了深化设计。铝模板厂家运用了三维模型仿真技术，建立三维模型，将保温板固定形式、外侧梁下挂高度、模板排布距离、悬挑工字钢等问题直观地反映出来（外墙深化如图4所示），将可能发生的问题在施工前解决，创造较大的经济效益。

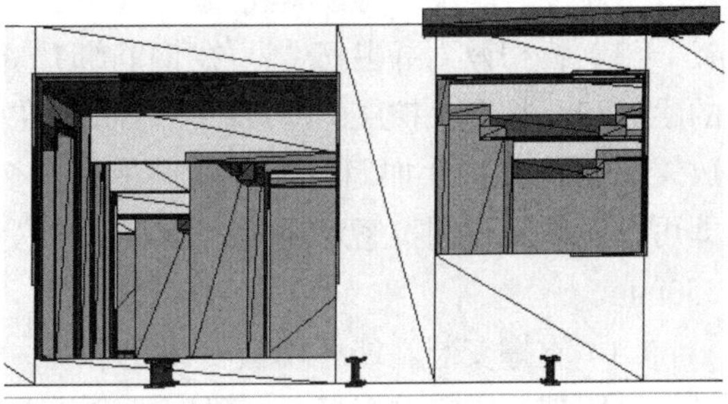

图4　外墙三维模型

4.2　外墙保温板固定技术

保温板安装之前，安装固定连接件，连接件的数量6个/m^2。连接件为ϕ10mm的塑料铆钉。安装孔距为保温板外边缘不小于50mm，间距不大于500mm，呈梅花形布置。门窗口多为主规格尺寸裁割后的非主规格尺寸，故在门窗洞口处增设连接件。任何一块非主规格保温板上都要增设连接件。

钢筋绑扎完毕后，模板支设之前，要进行墙身预埋管和预埋盒及预埋件的固定。管线敷设的同时，在外墙钢筋网架上按照施工方案要求的间距及规格安装垫块，用扎丝固定在主筋上，以保证墙体的平整度，防止浇筑混凝土时位置偏移。

4.3　外墙保温板阳角处理技术

复合保温外模板安装时，先安装阳角、再从一边向另一边按顺序进行安装。复合保温外模板安装就位后，立即将连接件和墙身的钢筋进行绑扎固定。在墙角处把两块板拼接在一块，保证拼接缝隙严密（考虑浇筑混凝土时避免漏浆，可在拼缝处加设海绵条），同时将两个角上连接件用扎丝连接起来，增强稳定性，两连接件距离复合保温板内侧至少50mm（阳角形式如图5所示）。

图5　阳角连接（mm）

4.4　模板安装技术

（1）校核控制线。复核定位钢筋位置，以保证模板安装对准放样线，检查模板表面是否干净并涂刷好脱模剂。

（2）模板安装

①墙柱模板安装。先安装一侧角部模板，用支撑临时固定，再继续安装整面模板，完成

后安装另一侧模板，按要求插好销钉固定。外墙面用保温板代替铝合金模板进行固定安装。

②梁模板安装。先进行梁底模两端通过阴角模板与墙、柱模板固定；安装梁底模板，同时安装早拆头及可调钢支撑，靠销钉传递剪力时，销钉销满，再安装梁侧模板，侧模板与底模板用连接角模及销钉锁紧连接。

（3）背楞及对拉片安装。在钢筋绑扎验收合格之后，为控制外侧保温板与内模板之间的距离和混凝土保护层的厚度，一般需要在两板之间的主筋上放置垫块，垫块呈梅花形均匀放置。防止对拉片加固时内外侧模板受力变形。同时需注意对拉片加固时拉紧到合适位置即可，无须无限制拉紧对拉片。接着用背楞整拼板进行加固处理。梁侧设一道背楞，距梁底250mm。

（4）支撑安装。墙柱模板安装完毕后，安装斜向支撑，斜支撑一端固定在背楞上，另一端用膨胀螺栓固定在楼板上。梁底模安装完毕后，梁底设单排可调钢支撑。

（5）复核、校正。对墙、柱模板的水平标高及垂直度作初步调整，并进行校正。调节梁底模的水平，中间位置支撑按要求设置起拱高度。

4.5　外墙防渗漏技术

本项目采取的是外墙保温板直接作为模板使用，虽然劳务班组技术娴熟，拼缝严密，但保温板拼缝处依然存在较大的渗漏隐患。若按传统方式只在外墙保温板处满铺纤维网格布或钢丝网，但这样不仅需要投入大量的材料，增加工序完成时间，而且防渗漏效果一般。

本项目通过先在拼缝处嵌入发泡胶，随后在保温板拼缝处铺设网格布，既节省了材料，又对易渗漏部位完成两道防护。在现场施工中，本项目对外墙、窗口连接处、外墙转角处、外墙孔洞均采取如上方法，不仅加强了外墙结构的基础处理，有效地避免了抹灰工序完成后因热胀冷缩所产生的空鼓、开裂，又起到了良好的防渗漏的作用。实施方法如下。

（1）外墙模板拼缝处加设纤维网格布，避免拼缝渗漏风险（图6）。

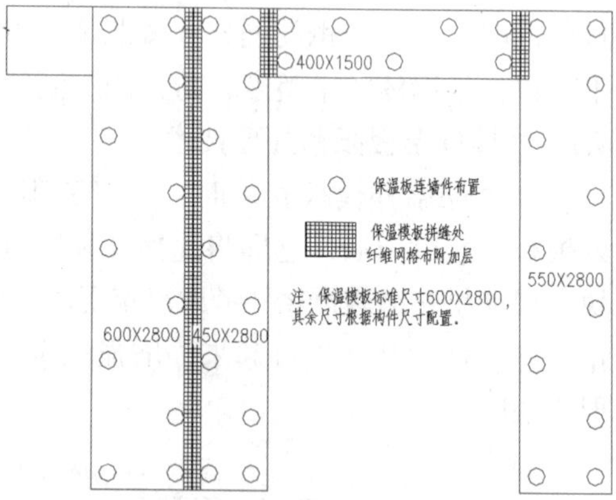

图6　保温板拼缝处（mm）

（2）外墙窗口部位防渗漏施工做法（图7）。

（3）外墙转角处防渗漏优化做法（图8）。

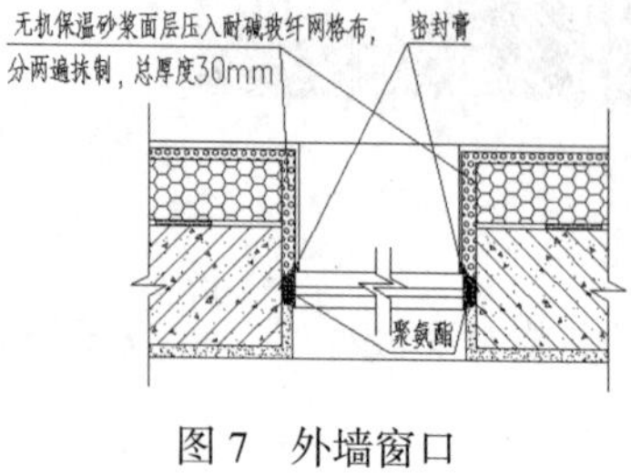

图7　外墙窗口

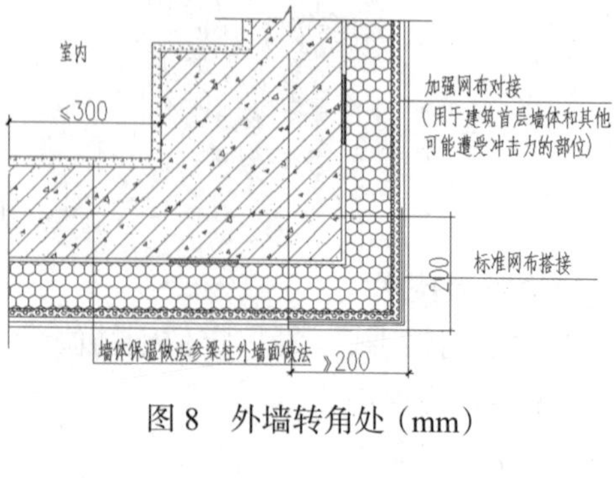

图8　外墙转角处（mm）

（4）工字钢孔洞封堵节点的处理做法（图9）。

①预留孔洞的同时，在其内部模板各中心线位置放置预留塑料条，形成闭合样式。

②取出孔洞内钢管及预埋件，并将杂物、垃圾清理干净。

③放置遇水膨胀止水条，孔洞周壁凿毛，并浇水湿润周边范围 50mm 以上。

④支洞口两侧模板，模板超出洞口上方 50mm。

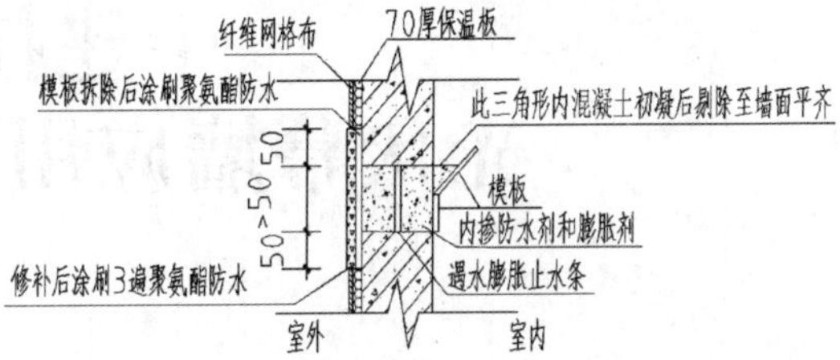

图 9　工字钢孔洞封堵节点详图（mm）

⑤浇筑高于墙体混凝土等级一个强度等级的细石混凝土（掺防水剂和膨胀剂），充分插捣密实，混凝土两侧模板在 2 ～ 3d 后拆除。

⑥拆模后，凿除表面凸出的多余混凝土，并修补好混凝土缺陷。

⑦在墙外侧孔洞及周边分三遍涂刷聚氨酯防水，涂刷范围超出孔洞周边 50mm。

5　结语

铝模板外墙保温一体化系统与当今其他外墙外保温节能系统相比具有预制化、标准化、减少施工工序、保温性能好等特点，是一种综合性价比优越的外墙外保温节能体系。本文结合试验和现场实际施工经验，阐述通过加固方式、安装技术、防渗漏优化技术三个方面的管控，能确保铝合金模板外墙保温一体化施工的质量，并取得了不错的经济效益，有利于工程项目的成本管控。铝模板外墙保温一体化的实际应用，肯定还有一些其他的管控措施与办法，工程各具特性，还需进行具体的比对分析。本文提出的铝模板外墙保温一体化施工工艺已在威海华辉东方城项目取得了有效的现场施工效果，极具推广意义。

参考文献

[1] 铝合金结构设计规范：GB 50429—2007 [S] 北京：中国计划出版社，2007.

[2] 组合铝合金模板工程技术规范：JGJ 386—2016 [S] 北京：中国建筑工业出版社，2016.

[3] FS 外模板现浇混凝土复合保温系统应用技术规程：DB13（J）/T 156—2016 [S] 河北：河北标办，2016.

[4] 非承重砌块自保温体系应用技术规程：DBJ/T 14—079—2011 [S] 山东：中国建筑工业出版社，2011.

[5] 外墙外保温应用技术规程：DBJ 14—035—2007 [S] 山东：中国标准出版社，2007.

中建技术中心
光伏幕墙应用及系统效率分析

欧名文

中建不二幕墙装饰有限公司，长沙，410004

摘　要：本文主要论述了北京中建技术中心光伏幕墙项目的应用，包括各个主要环节的设计和选型等。同时，通过科学地选择系统效率的测试方案和相关测试仪器，运用有效的分析计算方法，得出光伏幕墙系统的效率。

关键词：可再生能源；光伏幕墙；数据采集；系统效率

1　前言

太阳能作为一种洁净的可再生能源，有着化石能源不可比拟的优越性。中国的太阳能资源十分丰富，为各种太阳能利用系统提供了巨大的市场。由此，建筑界提出“21 世纪建筑”的一个概念，从消耗能源的建筑到生产能源的建筑转变，太阳能光伏建筑一体化便成为建筑光伏市场的一个热点。在建筑中注入绿色元素逐渐成为建筑发展的趋势，因此，代表建筑太阳能应用最先进、最具潜力的光伏幕墙发电系统将是绿色建筑的主角。

2　项目简介

中建技术中心试验楼光伏幕墙工程位于北京顺义区。本工程是在中建技术中心实验楼门厅立面幕墙上，安装 55 块单晶硅光伏幕墙组件，组件规格为 1628mm × 985mm，单块组件功率为 75W，透光率约为 70%，装机功率为 4125W。采用三相并网逆变器就近并网，实现光伏发电即发即用，提高能源利用率（图 1）。

图 1　项目建成全景

3　北京中建技术中心光伏幕墙应用

3.1　光伏幕墙组件设计

太阳能电池是把太阳能转换为电能的介质，本项目选择用的是单晶硅太阳能电池片做成的双玻光伏幕墙组件，单晶硅电池片具有光电转换效率高的特点。根据厂家提供的电池片参数，设计光伏幕墙组件见表 1。

表 1　光伏幕墙组件技术参数

产品型号	CD-BIPV-18/6P75 单晶硅
产品尺寸	1628mm × 985mm
电池片规格	156mm × 156mm 单晶
电池片排列	6 列 ×3 行

续表

产品型号	CD-BIPV-18/6P75 单晶硅
STC 标准功率	75W
工作电压	9.10V
工作电流	8.25A
开路电压	11.31V
短路电流	8.76A
短路电流温度系数（α Isc）	+ 0.049%，℃
开路电压温度系数（β Uoc）	− 0.34%，℃
最大功率温度系数（γ Pmp）	− 0.41%，℃
组件效率	4.1%
透光率	70%
玻璃类型	3.2mm 超白钢化 + 电池片 +3.2mm 普通钢化 +12A+6mm 彩釉钢化玻璃
总重量	60kg

注：STC，标准测试环境，即辐照度 1000W/m^2，组件温度 25℃，光谱 AM1.5。

3.2　并网接入

本系统设计采用 380V 低压并网接入，设置在门厅配电间照明配电箱总进线端，回路编号 1-WLM2。

4　系统测试与数据采集

4.1　测试方案

被测试光伏幕墙的位置位于门厅立面。通过对光伏幕墙出口电压、电流的监测，实时环境气象站的监测，通过数据采集器的汇总分析，并与计算机实时通信，保存记录实时监测数据，为确定光伏幕墙系统的效率提供原始计算和分析数据。

具体的测试方案为：在光伏幕墙出口电压、电流装设直流电压、电流采集模块，在门厅光伏幕墙正上方的屋顶上安装有环境气象站，各采集模块选取一竖排四种不同材质类型的幕墙组件，进行室内外两侧温度测试布点，在室内侧顶上的混凝土梁表面进行温度布点、在室内侧 3.5m、7.5m 标高处进行室内温度的测试布点，在门厅楼顶上安装六要素气象传感器，以上各个传感器实时地把数据传输给自动气象站，并在电脑上通过环境监测系统软件对自动气象站实时数据和历史数据查看、保存和处理。

本试验周期为 15d，数据采集仪采集时间间隔为 1min，数据记录时间为全天 24h。

4.2　测试设备介绍

4.2.1　六要素气象站

包括环境温度、太阳辐射、湿度、风速、风向、室内照度测量。其中太阳辐射传感器与光伏幕墙平行安装，测量立面光伏幕墙表面辐射量；照度传感器安装与室内立面上，测量室内立面照度值（图 2）。

图 2　六要素气象站

4.2.2 环境数据采集仪

本测试共采用两台 FY-CJ2 型数据采集器（自动气象站），包括 3 组直流电流通道、3 组直流电压通道、六要素气象站 6 通道。

FY 系列自动气象站是针对气温、相对湿度、土壤温度、土壤湿度、雨量、蒸发、风速、风向、气压、太阳总辐射、光照度、二氧化碳等气象要素的观测而设计的一款智能化、可配置、高性能自动观测站（表 2）。

表 2 环境数据采集仪参数

名称	测量范围	分辨率	准确度	备注
风速	0 ～ 70m/s	0.1m/s	±（0.3 ± 0.03V）m/s	气象要素可根据需要进行选配
风向	0 ～ 360°	1°	± 3°	
大气温度	– 50 ～ + 80℃	0.1℃	± 0.2℃	
相对湿度	0 ～ 100%RH	1%RH	± 3%RH	
总辐射	0 ～ 2000W/m^2	1W/m^2	± 2%	

4.3 测试平台搭建

测试平台组成硬件包括传感器、计算机、自动气象站、仪器箱安装等。软件界面共有“设置”“数据”“窗口”“工具”和“管理”五个菜单。在软件界面的左侧有四个气象站监测界面，分别对应一台环境数据采集仪。单机每个监测界面，均可查看对应监测自动气象站的实时数据、历史数据，以及实现对自动气象站参数的软件设置。双击每个监测界面可以对自动气象站的名称、串口地址、传感器名称、传感器参数等进行配置。

5 光伏幕墙的转换效率分析

项目建成并调试完成后，对其进行了冬季 20d 的不间断监测，监测期间室内暖气运行温度保持在 22℃。在此期间，选取了 12 月 24 日（晴天）、25 日（晴天）、26 日（阴转多云）、1 月 6 日（晴转多云）四个典型日的测试数据进行了分析。其分析的结果如下：

5.1 计算方法

（1）光伏幕墙系统效率 η 可以通过公式（1）计算获得：

$$\eta = \frac{Q}{H} \tag{1}$$

式中，Q 表示发电量，指单位面积的光伏电池在一定的时间内接受太阳辐射能，而转化成的电能，单位 J/m^2。H 表示单位面积的光伏电池在一定的时间内接受到的太阳辐射能，单位 J/m^2。

（2）光伏幕墙的发电量，可以通过公式（2）计算获得：

$$Q = \frac{P \cdot t}{A} \tag{2}$$

式中，P 表示所测光伏幕墙组串的实时直流侧功率，单位为 W；t 表示相对应的测试时间，单位 s；A 表示光电幕墙中接受太阳辐射的电池片面积，单位 m^2。

（3）单位面积太阳辐射能的计算可以通过太阳辐射照度传感器测量得出。

5.2 数值分析处理

如图 3 所示，为光伏幕墙在一天的测试周期内所测得实时电流 I_{pv2}、电压 U_{pv2} 的曲线，再经过计算获得的实时功率 P_{pv2} 的曲线。

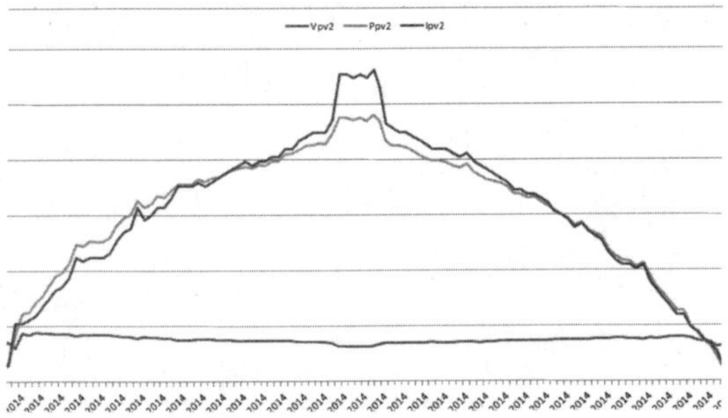

图 3　直流电流、电压测试记录

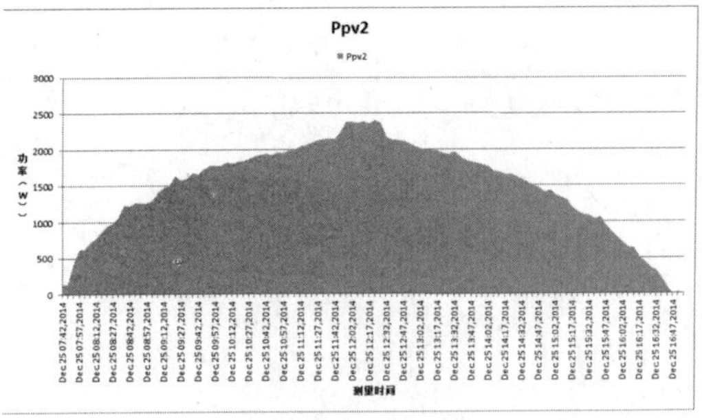

图 4　发电量

由图 3 得出的实时功率 P_{pv2} 的曲线和时间轴所形成的封闭区域的面积就可以得到测量时间内总的发电量 Q 值，如图 4 所示。

由测得的实时太阳辐射强度的曲线和时间轴所形成的封闭区域的面积就可以得到测量时间内，单位面积的光伏电池在一定的时间内接受到的太阳辐射能 H，如图 5 所示。

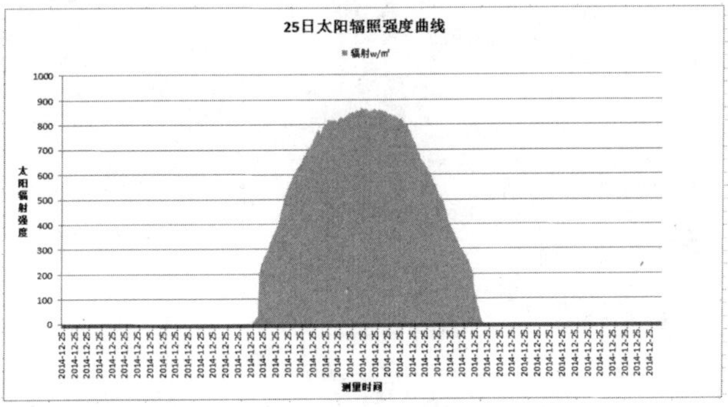

图 5　太阳辐射曲线图

6　计算结果（表 3）

表 3　系统效率计算表格

符号	数值
A	$19.27m^2$
Q	$2623.40kJ/m^2$
H	$20040.6kJ/m^2$
光伏幕墙系统效率 $\eta = \frac{Q}{H}$	13.1%

实际典型日的选取，太阳辐射照度量为 20040.6kJ/（m^2·d），最终测试获得的单晶硅光伏幕墙系统转换效率为 13.1%。

参考文献

[1]　赵国臣，Ralf Ritzler. 光电幕墙技术 [J]. 新型建筑材料，2000（11）：42 ～ 44.
[2]　王思成. 与建筑结合的光伏发电技术与工程 [J]. 中国建设动态（阳光能源），2007（1）：50 ～ 53.
[3]　崔俊奎，赵军. 光电幕墙技术在太阳能建筑一体化中的应用研究. 建筑节能（新能源与环境），2008（8）.

第四篇

建筑经济与工程项目管理

浅谈建筑数字化交付中对建筑信息编码的探索

石　拓　罗　吕　李亦星　黄　伟　虢梦尧

湖南建工集团有限公司，长沙，410004

摘　要：随着BIM技术的逐渐普及，BIM已经在建筑行业的设计、施工、运维阶段开始展示出其强大的实力。在运维阶段，将BIM与设备运行管理、能源管理、安保系统、租户管理等相结合，对建筑的空间、设备资产等进行科学管理，对可能发生的灾害进行预防，降低运营维护成本。为更好地服务于建筑运维，BIM模型需要承载大量的基础信息，因此，对建筑信息进行分类和编码使各项信息变得系统化、标准化、规范化，为建筑信息的管理利用提供一个统一的框架，规范其使用便显得尤为重要。

关键词：BIM运维；数字化标准；信息编码

1　引言

严格意义上来说，我国目前还没有适用于建筑运维阶段使用的BIM统一编码体系，使得建筑项目运维阶段的BIM数据交付、信息存储与传递等处于混乱状态，给建筑的设备设施管理、成本分析和数据积累形成了巨大的障碍，因此，亟待建立BIM运维应用的编码体系。

2　两种主流分类体系

建筑信息分类的基本办法有2种，即线分类体系与面分类体系。以下对2种分类体系分别进行介绍。

2.1　线性分类法

线分类法也称层级分类法，是指将分类对象按所选定的若干分类标志，逐次地分成相应的若干个层级类目，并排列成一个有层次、逐级展开的分类体系。BIMer们熟悉的IFC标准所采用的重力流原则即是线性分类法的一个实例。线分类法有2个基本原则，即：

原则一：上一层要完全包含下一层，不能出现无关的其他小类别。比如“风机”大类里必须包含所有的离心风机，不会出现“动力柜”。

原则二：不同类别里不能有重复的项目。如柴油发电机被归类到强电系统，给排水系统就不能出现该项目。

在建筑运维阶段，最常见的管理办法便是将建筑分专业、分系统、分设备进行管理，如能源管理系统、通风空调系统等，因此在对所有构件进行分类时，我们发现如果使用线性结构的方法便会造成很多重复项目，假设空调水系统使用了水泵，同时给排水系统、消防喷淋系统也使用了水泵，这便违背了第二个原则，如图1所示。

为避免出现重复，采用线性分类法便需要在命名的时候进行区分，如图2所示。

仅水泵类型这1个特征的描述便造成了编码数量急剧增加，并且编码十分冗长，而建筑行业涉及的专业、系统众多，单纯采用线性分类法是无法满足使用要求的。

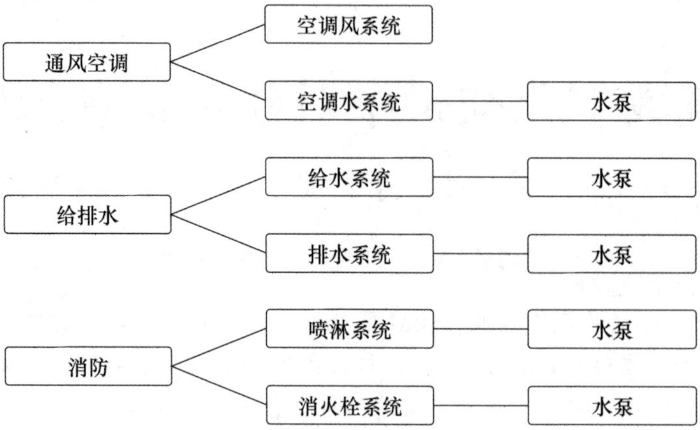

图 1　构件线性分类 1

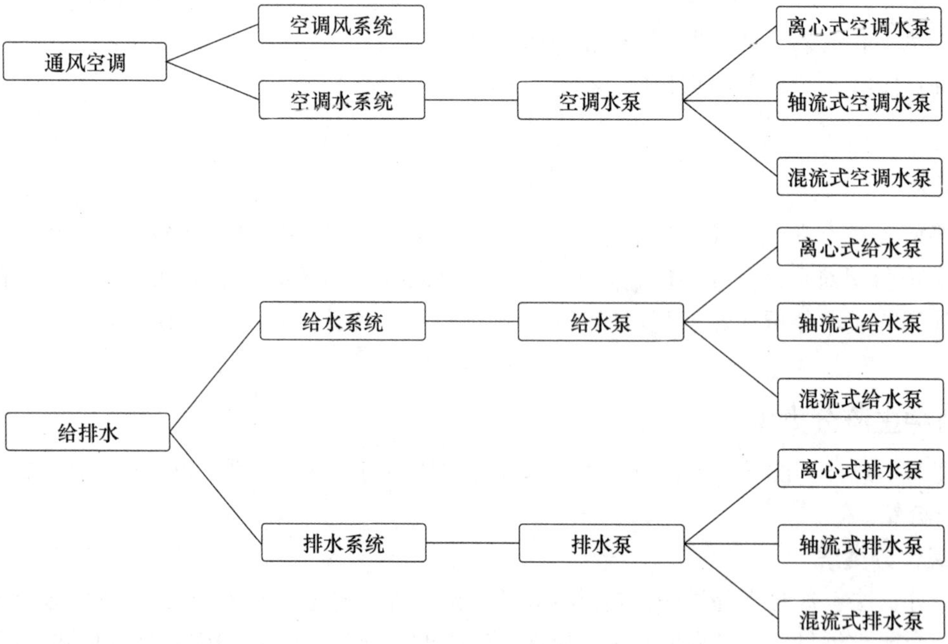

图 2　构件线性分类 2

2.2　面分类法

面分类法又称平行分类法，是指将所选定的分类对象的若干标志视为若干个面，每个面划分为彼此独立的若干个类目，排列成一个由若干个面构成的平行分类体系。面分类法分类时所选用的标志之间没有隶属关系，每个标志层面都包含有一组类目。

在上述例子中，可以将互相平行的“特征面”单独分组编码，互不干涉。需要的时候，在对应的特点组里挑出特定的编码，组合在一起。

如图 3，专业、子专业、族类别、族被分别放到 4 个不同的编组里，用“—”号组合到一起，暖通专业离心式空调水泵的编码就是：“A01—B01—C01—D01”。

专业组A	子专业组B	族类别组C	族组D
暖通01	空调水系统01	水泵01	离心式01
给排水02	给水系统02		轴流式02
消防03	排水系统03		混流式03

图 3

此处理方式的优势显而易见：每一个分类

组都是独立平行的，且互相没有从属关系，不用担心编码会重复；同时要增加新的特点，只需要在相应分组添加编码，对其他分组不影响。

然而，这样分类的方法无法充分利用编码空间，并且会出现大量错误，如强电专业中，空调水系统的消火栓箱是不存在的。

2.3　综合对比

表 1　线性、面分类方法对比表

分类体系	优势	不足
线性结构	层次分明，条理清楚	编码冗长易重复
面分类法	独立分组，编码唯一	浪费编码空间

通过表 1 可以看出，线性结构的分类办法适用于分级管理，各级之间分工明确。而面分类法则关注到了所有参与各职能方，但与国内传统的工程分类习惯有较大差异。因此，需要取长补短，各取所长，将两者的优势特性进行结合。

3　湖南建工数字化交付编码体系研究

BIM 的引入对建筑工程有里程碑的意义，这个趋势也是不可阻挡的，为此，湖南建工 BIM 中心结合国内建筑行业的编码习惯，采用线性结构的方式对建筑构件进行分类编码，同时，充分利用面分类法的优势，并与 revit 软件的分类规则有机结合，编制了一套适用于建筑交付及运维，并支持 Revit 自动编码的数字化交付编码体系。

3.1　设计原则

（1）唯一性。一个代码唯一标识一个编码对象。

（2）稳定性。代码应相对稳定，在一段时间内部应改变。

（3）可扩充性。为后续增加新的编码对象而留有余地。

（4）简明性。编码结构应尽量简短，长度尽量短，以便节省机器存储空间和减少代码的差错率。

（5）可操作性。编码应便于理解、识别、浏览和查询。

3.2　分类规则

（1）编码的分类结构按照专业、系统进行编码分类。其结构为“专业 - 子专业”，使所有构件均能清楚归类。

（2）构件采用 Revit 分类的原则，按照“族类别 - 族 - 族类型”分类，使所有构件适用于 Revit 自动编码。

（3）鉴于同一类构件在建筑工程中存在重复出现的情况，增加“实例编码”进行区分。

（4）构件编码分为专业、子专业、族类别、族、族类型及实例 6 组，各组编码相互独立，同时，各组之间利用 IFC 标准及线性分类原则，约束各组之间的从属关系，各级之间采用“—”串联，形成的编码如下所示：

专业编码—子专业编码—族类别编码—族编码—族类型编码—实例编码。

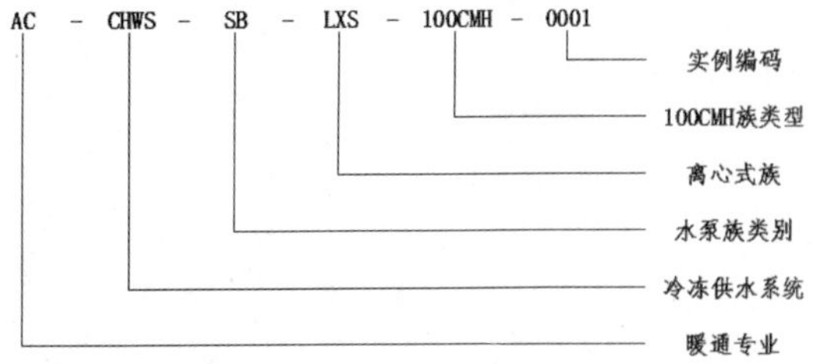

图 4　构件编码体系

编码采用英文大写字母 + 阿拉伯数字组合的办法，如图 4 所示。

4　总结

湖南建工 BIM 中心目前正在开发的数字化交付与智能运维平台是以上述编码体系为基础，对 1125 类实体构件进行了编码，此外，该编码体系还对非实体类信息进行了覆盖，例如 893 类维保方案。通过实践应用，该编码体系具有以下特性：

第一，更具操作选择。如需查看暖通水泵，则在一级编码里面选择 AC 编码，同时在三级编码中选择 SB 编码，如此筛选出的所有构件即暖通专业所有水泵，而给排水、消防专业使用的水泵不会混入其中。

第二，扩容性好。在使用新的构件时，只需将其按照一定特点归类至相应层面的分类里，同时，按顺序向下编码即可，若需增加构件新的特征描述，可通过增加其他编码或分组（如技术参数、非几何数据等），对其他分类的编码无影响。

第三，高效检索。如需检查新风系统时，只需知道新风系统属于暖通专业，就可以完全忽略其他几个专业里的构件，搜索量大大减少。

第四，数据分级管理。如需单独查看冷水机组，则在“族类别”中调取“冷水机组”，其内容包含了螺杆式、离心式等所有冷水机组，且无需再往下逐层查找。

信息分类与编码标准化是进行信息交换和实现信息资源共享复用的重要前提，既要在逻辑上满足处理需要、扩充需要，同时结构上要易于理解与使用。BIM 运维目前仍处于发展阶段，仍有丰富的应用需求、场景尚待挖掘与应用，势必将有更多的信息、设备与事件类型需要被考虑，湖南建工数字化交付编码体系也将持续丰富和健全。

参考文献

[1] 信息分类和编码的基本原则与方法：GB/T 7027—2002 [S]. 2002.

[2] ISO 12006-2 Building construction-Organization of information about construction works-part2 : framework for classification of infomation [S]. 2001.

[3] OmniClassTM. A Strategy for Classifying the Built Environment [S]. USA，2012.

[4] 侯永春. 建设项目信息分类体系研究 [D]. 南京东南大学，2003.

数字化交付与智能运维平台在专业系统监控中的应用

邹　权　黄　洵　唐义斌　聂　雷

湖南建工集团有限公司，长沙，410004

摘　要：如今摩天大厦监控设备数量多，而且分散，纯粹人工监测、控制的话，不仅工作量大，而且效率低、反应慢，很难达到精确管理的目的，数字化交付与智能运维平台——专业系统监控能够较好地解决这些问题，使设备合理、安全地运行，使建筑物内保持舒适、安全的环境，并实现高效节能的要求，节约人力和能源。

关键词：数字化交付；智能运维；系统监控；设备节能

专业系统监控是数字化交付与智能运维平台 V3.0 中一个强大的智能监控功能模块，它采用“感、传、知、用”等物联网技术手段，综合利用无线传感、云计算、大数据等技术，通过互联网、无线通信网、专网等通信网络，对机电设备设施、器材、人员等状态进行智能化感知、识别、定位与跟踪，实现实时、动态、互动、融合的设备信息采集、传递和处理，通过信息处理、数据挖掘和态势分析，为设备运行管理和运营维护提供信息支撑，提高社会化监督与管理水平。

数字化交付与智能运维平台——专业系统监控包含：消防系统监测、冷热源系统监控、给 / 排水系统监控、变配电系统监控、电梯监控系统等。

1　专业系统监控的功能与价值分析

1.1　功能分析

（1）通过自动监测和远程集中控制解决电气设备多和散的问题，实现实时监测、及时报警，实时控制。

（2）通过自动累计设备运行时间和平衡设备使用频率，使各种设备得以平均使用，实现集中维护。

（3）通过设定操作保护，限制错误操作；通过自动顺序控制，保证操作的正确性；通过自动执行事故预案保证故障得到正确处理。

1.2　价值分析（以某酒店空调系统节能为例）

（1）全年有 98% 的时间是在设计负荷的 80% 以下运行。

（2）全年有 80% 的时间是在设计负荷的 55% ～ 60% 以下运行。

机组及空调器在实际运行中安全系数较大，如果按空调实际最大负荷为设备容量的 85% 考虑，则可以得到：

①现有的空调机组大约有 98% 的时间是在设备容量 65% 的负荷下运行。

②现有的空调机组大约有 80% 的时间是在设备容量 45% 的负荷下工作，有 90% 的时间是在设备容量 50% 的负荷下工作，如选用 2 台空调机组有 90% 的时间仅需 1 台工作。根

据负荷计算，1 台空调机组的制冷是可达到空调最大负荷的 62.5%，在实际运行时，夏季有 90% 以上的时间仅需开启 1 台机组，另外 10% 的时间需同时开启 2 台机组。

在 24℃与 25℃不同室温下，夏季累计负荷相差 833836kW · h，即室温变动 1℃，负荷相差 8.3%，若采用定值控制将室温控制在设定值，则可以减少负荷 8.3%，商业用电按 1.2 元 / 度估算，折合节省费用 8.3 万元。

除上述节能效果外，按时间设定程序的启停、最优启停控制、对照明系统的照度控制、水泵的节能运行控制等也能产生一定的节能效果。

2 专业系统监控内容

2.1 消防系统

（1）监测内容（只监不控）：①室内消火栓和自动喷淋系统水压 / 流量。②高位消防水箱和消防水池水位。③室内温度、烟雾浓度监测。④正压送风口、排烟风口启闭状态监测。

（2）联动控制内容：①对每个监测报警点进行三维空间定位，并与视频监控联动。②远程数据传输以及数据曲线分析，历史记录查询，报表打印功能。③提供标准化数据通信接口，与消防信息化管理平台无缝对接。

2.2 冷源系统监控（图 1）

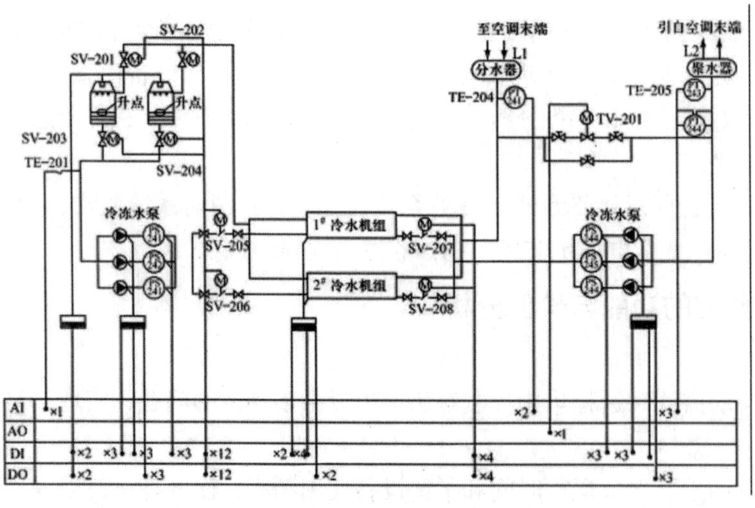

图 1 冷源系统监控

（1）监控内容：①机组手动、自动状态、运行状态和故障状态、启停控制。②冷冻水泵、冷却水泵的手动、自动状态，运行状态，故障状态，启停控制。③冷冻水泵、冷却水泵累计运行时间，发出定时检修提示。④冷冻水总管（冷冻水 / 空调热水）供、回水温度压力和回水流量。⑤分集水器温度、压差，旁通阀开度调节。⑥冷却塔风机的运行状态，故障报警，手动、自动状态，启停控制。

（2）联动控制内容：①定时控制：按照预先编排的时间程序控制系统启停。②根据控制器内部存储的机组累计运行时间，对机组进行时间均衡调节，系统为优先权设计；需要启动时，开启累计运行时间最短的机组；需要关闭时，关闭累计运行时间最长的机组。③按照正确顺序一次联锁启停设备启动顺序为：对应冷却水、冷冻水管路上的阀门立即开启；冷却塔风机、冷却水泵、冷冻水泵的启动延迟 2 ～ 3min 启动；制冷主机延迟 3 ～ 4min 执行。停止顺序为：立即切断主机电源；冷却塔风机、冷却水泵、冷冻水泵的启动延迟 2 ～ 3min 关闭；对应冷却水、冷冻水管路上的阀门立即关闭。④根据空调水供、回水总管压差，PID 调节旁通阀开度，保持集分水器供水压力稳定。⑤中央站彩色动态图形显示、记录各种参数、状态、报警，记录累计运行时间及其他的历史数据等。

冷源监控功能见表 1。

表 1　冷源监控主要功能表

监控内容	功　能
冷负荷需求要求	根据冷冻水供、回水温度和回水流量测量值，自动计算建筑物空调实际所需冷负荷量（常用方式）； 根据主机运行电流的大小（主机厂家推荐）； 根据旁通管流量方向和大小（一般使用于变流量系统）
冷水机组台数控制	根据建筑物所需冷负荷量，自动调整冷水机组运行台数，达到节能目的
冷水机组联锁控制	启动：冷却塔蝶阀开启，冷却水蝶阀开启，开冷却水泵； 冷冻水蝶阀开启，开冷冻却水泵，开冷水机组； 停止：停冷水机组，停冷冻水泵、冷冻水蝶阀； 关冷却水泵，关冷却水蝶阀，关冷却塔蝶阀
冷冻水压差控制	根据冷冻水供回水压差，自动调节旁通调节阀，维持供水压差恒定
冷冻水温度控制	根据冷冻水温度，自动控制冷却塔的启停台数
水泵保护控制	水泵启动后，水流开关监测水流状态，如故障则自动停机； 水泵运行时如果发生故障，备用泵自动投入使用
机组定时启停控制	根据事先安排的工作及节假日作息时间表，启停机组； 自动统计机组各水泵，风机的累计运行时间，提示定时维修
机组运行参数	监测系统内各检测点的温度、压力、自动显示、定时打印及故障报警
水箱补水控制	自动控制进水电磁阀的开启和关闭，使膨胀水箱水位维持在允许的范围内，水位超限进行故障报警

2.3　给、排水系统监控（图 2、图 3、表 2、表 3）

（1）监控内容：①生活水泵运行状态，故障报警；②潜水泵运行状态，故障报警、手动或自动控制；③集水井的超高、低液位检测报警。

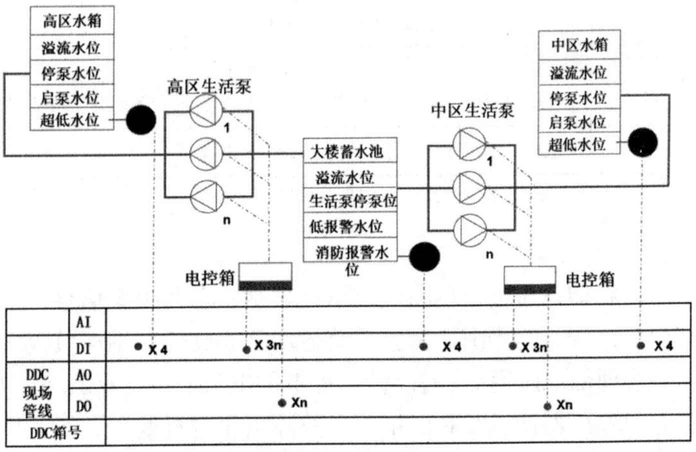

图 2　给水系统监测

（2）联动控制内容：①监视水泵的运行状态，故障报警状态；②累计水泵运行时间；③监视集水井的超高、超低液位状态，超过设定液位时，进行液位报警。④水泵的节能运行与联动控制。

表 2　给水系统监控主要功能表

监控内容	功能
系统监测及报警	生活水箱水位低于启泵水位时自动启动生活泵 主活水箱水位高于停泵水位时自动停止生活泵 根据工艺要求，确定水泵运行台数和控制策略 自动统计设备工作时间，提示自动维修 根据每台泵运行时间，自动确定运行泵及备用泵 生活水箱水位低于报警水位时自动报警 生活水箱水位高于溢流水位时自动报警 如果取消水箱，可采用恒压供水

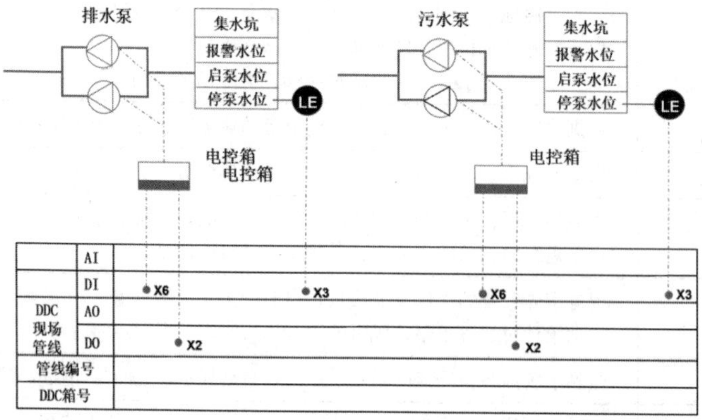

图 3　排水系统监测

表 3　排水系统监控主要功能表

监控内容	功　能
水位自动控制	集水坑水位高于启泵水位时自动启泵排水； 水位低于停泵水位时自动停泵； 水池水位高于报警水位时启动备用泵
设备启停控制	自动统计设备工作时间，提示定时维修； 根据每台泵的累计运行时间，自动确定运行和备用泵
参数监测及报警	水坑、水池水位高于报警水位时自动报警

注：两用一备的污水泵、排水泵 BAS 监控系统，可根据具体应用取舍。

2.4　变配电系统监控（图 4、表 4）

监控内容：①系统启动后通过彩色图形显示，显示状态和报警信息，显示每个测量参数值；②各参数都有列表报告、趋势图显示和报警显示；③软件对用电负荷进行累积计算，并打印报表，以供物业管理部门所用；④对高低压配电的电流、电压、频率、功率因数、频率、电量等进行监测；⑤对变压器油温、高温报警、故障报警进行监测；⑥对发电机运行状态及故障、电压、电流、功率因数、频率、用电量等进行检测并做记录、统计和比较。

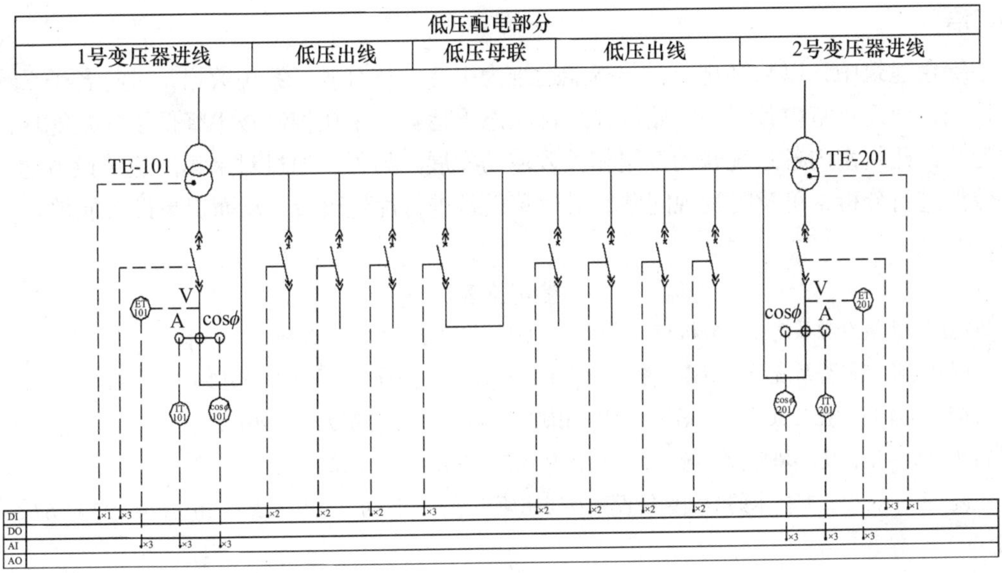

图 4　变配电系统监控

表 4　变配电系统监控主要功能表

监控内容	功　能
系统监测及报警	参数超限报警、设备故障报警； 显示记录电流、电压、用电量等各种参数； 监测配电箱（柜）开关状态

2.5　电梯监控系统（图 5、表 5）

电梯监控系统的对象包括客梯、消防电梯等多种类型电梯设备，其监控内容如下：①电梯运行状态（DI）；②电梯故障报警（DI）；③系统实现的监控功能；④电梯运行状态监视及显示（动画）；⑤开列历史记录及维护保养清单。

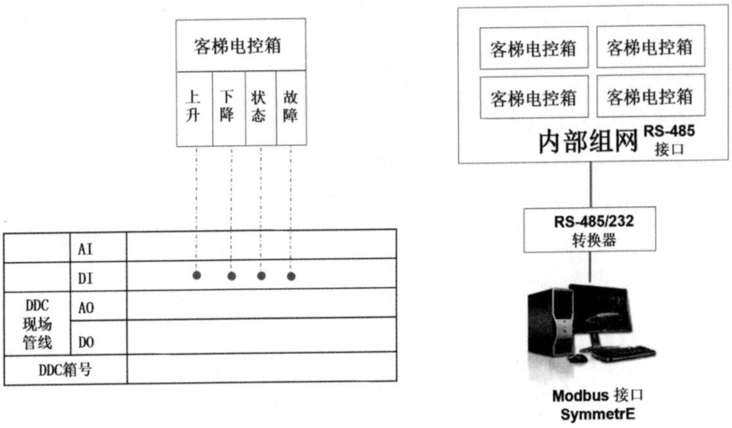

图 5　电梯监控系统

表 5　电梯监控系统主要功能表

监控内容	功　能
系统监测及报警	自动监测电梯状态、故障及紧急状态报警

3　结语

在绿色建筑中，以数字化交付与智能运维为平台，整合各子系统数据，进行各子系统的联合控制，使建筑室内各子系统始终在最优状态下运行。采用控制技术降低了建筑能耗，促进大型公共建筑室内各系统联动控制相关领域的发展。另外，通过对采集的建筑设备运行及能耗数据进行分析，可及时发现问题，对建筑设备进行优化改造，从而提高设备能效。

参考文献

[1] 姚旭辉. 建筑冷源系统能耗分析与节能研究［D］. 北京建筑大学，2016.

[2] 许国凡. 监控报警系统维护亟需专业队伍［J］. 中国公共安全（综合版），2012（10）：114～122.

[3] 吴楠. BIM 技术在公共建筑的运维管理应用研究［D］. 北京建筑大学，2017.

[4] 雷潇. 大中型机房环境监控系统［J］. 中国新通信，2018，20（16）：119.

[5] 王晓. 基于远程监控技术的消防系统设计及应用研究［J］. 消防界（电子版），2018，4（22）：67～68.

论建设工程造价控制

曾携男

湖南省第五工程有限公司，长沙，410000

摘　要： 随着社会经济的发展，基本建设规模日益增长，建筑科技、施工工艺、建筑材料不断更新，促使建设工程造价管理工作必须不断更新和提高。本人从事了几十年工程经济工作，从一个普通的预算员到如今负责公司预结算审核负责人。主要负责审核并修改预算编制内容是否完整、项目是否漏项、计量单位是否有误、项目的特征描述是否完整、措施项目计算是否准确，重点把控对造价影响较大的内容；并结算编制资料是否齐全并真实、工程量及定额套用是否有误，取费是否与施工合同约定相同、人工及材料价差调整是否有误、增减项目及工程量计算是否正确、变更及签证的计价及取费是否与合同约定相符，变更材料价格是否办理确认手续等工作。作者对建设工程造价管理，建设工程成本实施合理、合规控制的工作心得总结出来，为他人提供借鉴。

关键词： 建设工程；造价；控制

1　建设工程造价控制的目的

建设工程造价管理工作是基本建设中一项至关重要、综合性强的管理职能。其涉及面广，从政策制定、施工技术、规范、标准、施工管理等到人、材、机、政策变化、市场波动等。建设工程造价控制是建设工程施工管理工作中的重要环节，旨在对工程造价实施合理、合规控制，以达到真实反映工程成本的目的。

2　对建设工程项目全过程实施造价控制

2.1　投资立项阶段

（1）基本程序：①编制和报批项目建议书，②进行可行性研究，③报送项目申请报告。

（2）主要内容：①投资立项，②投资估算，③资金筹措，④经济效益预评价，⑤征地拆迁。

2.2　勘察设计工作阶段

（1）基本程序：①初步设计，②技术设计，③施工图设计。

（2）主要内容：①设计方案优化及限额设计，②初步设计和概算，③施工图设计和施工图预算，④设计变更。

2.3　招投标阶段

主要内容：①招投标管理，②工程量清单计价及工程量清单，③合同管理。

2.4　施工阶段

主要内容：①施工开工准备，②施工质量与安全，③施工工期，④施工工程签证与索赔，⑤施工材料及设备采购，⑥施工进度款，⑦监理，⑧检测，⑨财务管理。

2.5 竣工验收

主要内容：①竣工验收，②竣工结算和决算，③后评价。

对建设工程每个阶段所发生的费用实施有效控制是建设工程造价控制的必然手段和措施，并具有较高专业性、针对性、时效性。

3 建设工程造价管理工作范围、职责

（1）可行性研究投资估算、建设项目建议书、项目经济评价报告的编制与审核。

（2）建设项目概算编制与审核，对设计方案进行比选、优化设计、限额设计等工作进行工程造价分析与控制。

（3）建设项目合同价款的确定：包括招标工程量清单、上限值及投标报价的编制和审核。

（4）合同价款的签订与调整，包括工程变更、政策性变化、工程洽商和索赔费用的计算。

（5）工程中间结算、已完施工进度款支付的编制与审核。

（6）工程结算及竣工结算报告的编制与审核。

（7）工程造价经济纠纷的鉴定和仲裁的咨询。

（8）了解并掌握工程造价信息服务等。

4 建设工程造价控制阶段

基本建设的特点：工作程序复杂、涉及的专业较多、生产周期长、露天作业、生产流动性单一，因此建设工程实施过程存在多个阶段的造价控制。

（1）可行性研究、市场调查、决策立项阶段；

（2）项目报批、审批阶段；

（3）扩初设计阶段；

（4）设计概算阶段；

（5）土地征收、青苗补偿、折迁补偿等阶段；

（6）地质勘探、测量阶段；

（7）施工图设计阶段；

（8）招（投）标阶段；

（9）工程施工阶段；

（10）工程竣工结算阶段。

5 建设工程造价控制方式

建设工程造价控制的主要工作就是对建设工程各个阶段、环节所发生的与工程造价相关方面的问题实施正确评审和有效控制。各阶段工作内容、性质不同，其控制的方法不同，依据各阶段工作内容、性质实施相对应控制。

5.1 可行性研究、市场调查、决策立项阶段

一个建设项目的投资建设的首要工作就是可行性研究，预测是否符合市场需求。怎样才能达到其投资目的继而扩大再生产，这是至关重要的一个问题。所以对建设项目确定的研讨必须面向市场、深入市场，了解市场行情、市场供、需情况及变化规律，掌握建材市场近几

年价格指数变化情况。

5.2　扩初设计阶段造价控制

（1）概算的编制与审核应依据《建设项目设计概算编制规程》（CEC/GC2—2007）有关规定进行。

（2）设计概算的编制。单位工程概算可用概算定额法、概算指标法、类似工程预算法编制；设备及安装单位工程概算可按预算单价法、扩大单价法编制。

（3）坚持设计任务发包采用招标制，依法、公平、公正择优选择设计单位，杜绝一切利用关系、权力指定设计单位。

（4）设计概算的编制与审核应内容全面、费用构成准确、完整、计算合理。

（5）设计概算应考虑建设项目施工条件等因素对投资的影响；按项目合理工期预测建设期价格水平；考虑资产和贷款的时间价值等动态因素对投资的影响。

（6）提供设计概算书供建设单位确定项目建安投资及造价控制目标。

（7）参与建设单位、设计单位、相关部门对扩初设计的研讨、论证会议。依据扩初设计方案、建设单位意图，对扩初设计方案提出造价控制方面可行性意见供建设单位对扩初设计方案决策参考。

（8）依据建设单位提供的各种扩初设计方案，分别编制扩初概算。

依据扩初设计研讨会议最终确认的设计方案对原概算进行调整。调整概算应详尽分析、说明。所调整的内容在调整概算中要逐项与原概算对比，并编制调整前后概算对比表，分析主要变更原因。

（9）以建设单位（投资方）最终确认的调整概算书、造价书作为施工图设计标准控制值。

5.3　土地征收、青苗补偿、折迁补偿阶段控制

土地征收、青苗补偿、折迁补偿除按政策规定办理外，因为涉及的地域、环境不同而不同，而且问题复杂，如土地征收，对土地征收的区域不同所征收费用而不同；青苗补偿按栽种的植物不同而不同，如：稻田、树林、花木、鱼塘等。在征收过程中，有的被征收户为获取更多的补偿，在原没有种植的地域加种苗木或搭建房屋；对陈旧、无用的房屋、工棚进行扩建装修，以增加苗木补偿费和房屋折迁费。这种情况的发生，给建设工程造价控制工作带来难度。对土地征收、青苗补偿、折迁补偿阶段实施造价控制有以下主要方面：

（1）熟悉掌握土地征收政策及各种补偿标准。

（2）适时与当地政府各相关部门对所征收的原始地域、地貌进行勘察，对需拆迁物（房屋、管线、苗木等）实况用书面记录、拍照或录像记录，并经政府参与部门签署（盖具公章）认可，以作为有效证明资料。

（3）聘请具备资质的专业评估机构对所需折迁物进行价格评估。

（4）依据政策、标准，签订土地征收、折迁补偿、青苗补偿合同。

土地征收、青苗补偿、折迁补偿等工作复杂而繁琐，涉及面广、情况多样化，没有绝对的定论，所以在这里不作过多的阐述。

5.4　工程地质勘探、测量控制

对工程地质勘探、测量的准确程度直接影响施工图设计方案，施工图设计方案又对工程造价起决定性作用。

（1）对建设项目所在地域、地貌情况、工程性质、特点、使用功能等地质勘探、测量方案全面考虑。

（2）对地质钻探方案进行合理控制，做到既不盲目加密钻探点位，浪费资金，又不减少不该减少的钻探点位来节约勘探费用。地质勘探方案应依据建筑物规模、特点、性质等全方位综合考虑，以获取真实有效的地质资料。

（3）对高程测量尽可能采用较小的方格网数据，获取较为精确的土方计算数据。

如 2018 年我公司在建的一安置房工地，因地质勘探欠全面，在双向 20m 范围没有地质勘探资料。原设计为钢筋混凝土独立基础，在基础土方开挖到最后 4 个基础时，发现有溶洞、溶槽，对此，设计变更对该 4 个基础修改为人工挖孔桩。依据原设计图，当时整个施工情况为：依据经批准的施工方案，塔吊已安装好；基础支模钢管、模板、工程用材已进场，按原计划只等该 4 个基础施工完，整个基础工程全部完工。因地质勘探资料欠全面，导致基础设计变更，造成工程增加费用及工期延误。增加工程费用情况如下：

① 4 个独立基础变更，设计变更为 4 根人工挖孔桩。因工程量太小且临近春节，难以找到施工队伍，所找到的施工队人工费比市场价高出 2 倍多（当时市场正常日工资 260 ～ 280 元，此时桩基队伍要价 680 元 / 每工日）；

②因地质为风化岩，挖孔桩需采用爆破施工，增加的费用：

a. 办理炸药使用许可证费用；

b. 爆破施工费（导线、硝胺、电雷管市场价）。

③人工明挖出渣施工费；

④工期延误 50d，导致增加成本：

塔吊停置费；

支模钢管、扣件租赁延期费；

窝工费；

增加施工现场管理费；

增加财务费。

5.5　施工图设计阶段造价控制

建设工程项目的设计对工程造价有着至关重要的作用，它是奠定工程造价的灵魂。对施工图设计阶段的造价控制主要有以下几个方面：

（1）按照建设资金计划、概算书造价严格控制设计标准。

（2）坚持设计任务发包采用招标制，依法、公平、公正择优选择设计单位。

（3）依据测量数据及市政排水情况（市政主排水标高），合理确定建筑物 ±0 标高，尽可能减少余土外运或借土回填，选择最佳的场内土方平衡设计方案。

（4）设计方不得对材料、设备指定生产厂家，硬性规定单一品牌。

（5）建设单位对设计单位全面交底，明确建筑物的功能、性质、特点、使用要求及装饰标准，尽可能减少施工中的设计变更。

（6）在工程招、投标前对设计施工图进行严格、详细审核，避免因设计问题引起的设计变更而增加工程费用。

5.6　招、投标阶段

（1）现时招、投标工作中存在的问题

①招标工程量清单发生人为的漏项、错算。

②设计图未经图纸会审，因设计问题给招、投标控制价、投标报价的准确性带来隐患。

③招标文件编制质量低劣，同一内容前后多次重复或前后矛盾、缺乏条理性，让人难以理解，增加招、投标工作难度。

④有的招标文件明显有违反政策规定之处，而负责审核招标文件的部门办事草率、执行政策规定不力，没有将招标文件不当之处予以修正。

⑤对招标质疑不予重视，没有适时安排招标质疑专题会议。更有甚者，对投标人提出的招标质疑用口头回复，没有给予有效书面答疑。

⑥设计施工图与招标图不符。

⑦设计施工图与施工现场地质、地貌情况不符；

⑧有的工程项目由于招标前期准备工作未完善，就急于进行招、投标工作。在招标工作中采用模拟工程量清单招标，招标文件清单描述不全面、描述错误等。最终导致只是名义上招标，工程投资管理没有明确的计划。

以上因素都是造成招、投标工作失去意义，对工程造价控制、资金计划、施工管理等造成混乱局面。

（2）招、投标控制

克服招、投标工作中存在的问题，确保建筑市场良好运行，对招、投标做如下控制：

①依据工程规模，给予招、投工作必需的、充足的工作时段，便于参与招、投人员有充分的时间熟悉设计图纸。与设计方沟通，全面了解、掌握设计内容，确保招标工程量清单、招标控制价的准确性。不因招、投标时间段不合理而导致招标工程量清单、招标控制价发生漏项、错算。

②招标控制价编制前，对工程所在地进行踏勘，了解地域、地貌情况。向建设方索取工程所在地地貌水准标高、测量成果资料，确保土方工程量计算的准确性。

③选择工程造价专业技能较高的从业人员承担招标清单量及控制价编制。

④招标文件是招投标工作中的要约、施工合同签订的依据，必须严格按照相关法律、法规、政策标准进行编制。

⑤政府行业职能部门必须对招标文件进行严格审查，杜绝招标文件中的违规条款、条款重复、前后矛盾的弊端。规范招标文件的合法性、条理性。

⑥招标答疑是招标文件的补充，与招标文件具有同等效力。为加强招标文件及招标答疑资料的严肃性、合法性，招标答疑不能以电子版替代、更不能口头回复。在工程造价管理工作中，电子版资料不能作为有效文件。对招标答疑必须采用书面答复并盖具招标人名章。有关设计文件、招标文件及补充内容、答疑纪要等。

⑦招标清单工作内容描述详尽，不因招标清单描述缺陷而影响招、投标报价的准确性，确保招（投）标工作质量。

⑧对没有达到招标条件的工程项目，应杜绝实施招标。对按规定应实施招标的项目工程，要进行实质性的招标，这主要取决于政府职能管理。

5.7　施工阶段工程造价（成本）控制

现时对建设工程的造价控制往往只注重竣工结算，而忽略施工阶段的造价控制。对工程施工实施过程跟踪能有效、及时对工程造价予以控制，杜绝不合理费用发生，及时反映工程价款变化情况，是对工程成本控制的重大举措。

施工阶段是建设工程造价管理工作的重点，施工合同评审、合同签订、施工期工程竣工验收为建设工程施工全过程跟踪阶段。

（1）施工合同签订前的工作

①审查施工合同内容是否符合《合同法》《建筑法》及相关法律法规。

②审查施工合同是否与招标文件一致，杜绝阴阳合同。

③审查合同工程结算方式、合同价款调整办法是否明确、是否符合国家、省、市相关规定。

④审查合同施工期限、工程质量、安全文明施工在合同中是否明确。

⑤对合同承包性质的审查：施工合同承包方式，如“成本加酬金合同、固定单价合同、固定总价合同、BT 合同、PPP 合同”，在合同中是否明确。

⑥施工合同工程价款（进度款）的支付方式、时间，如按月支付、分段支付、BT 回购方式等约定是否明确。

⑦对可转化为价款责任的合同约定条款进行审查，增强当事人的索赔与反索赔意识。

⑧合同当事人双方的职责是否明确，对违约应承担的责任条款是否明确。

⑨对工程变更，招标清单漏项、错算，工程签证等引起的合同价款调整方法是否明确。

⑩施工过程中因工程变更、合同承包范围外签证、其他技术文件等引起增加的工程费用是否追加工程款项的支付在合同中是否明确。

⑪施工合同承包范围外计日工单价是否明确。

⑫审查合同责任缺陷期保修责任是否明确；保修期是否符合国家保修规定。

（2）房屋建筑基础工程土方施工测量控制

建设工程施工的首要工作应对施工区域原地貌进行水准高程复测量和建筑物定位测量，规模较大的建筑群体工程应做方格网水准高程测量。如复测量结果与建设方提供的测量报告有差异时，应进行再次测量复核。监理方、发包人必须全程参与测量工作，及时索取测量成果，并对测量成果进行确认。

（3）道路工程施工测量控制

①道路工程的施工，监理方应派驻测量专业人员常驻施工现场。

②道路工程施工首要工作应对施工区域原地貌进行方格网高程测量和道路定位测量，建设单位如原有测量成果，承包人也应进行复测量，其测量成果经发包人、监理方认可。如施工单位复测数据与建设单位原有测量数据出现差异，应重新复核，求得正确数据。

③道路路基土方挖方区开挖施工完毕，必须进行高程测量，其测量成果经发包人、监理方签署认可后方能进入下道工序施工。

④填方区土方回填、片石换填、土质改良等填至设计标高时应进行高程测量，其测量结果经发包人、监理方书面认可后方能进入下道工序施工。

⑤对施工中的测量工作，监理方应派驻专业测量人员全程参与，发包人及时索取测量成果。

⑥对道路工程的建设，发包人可委托第三方专业测量单位承担测量工作。

（4）土方工程施工控制

①土方工程施工前，应由发包人指定借土区、弃土区，处理好借、弃土区联系工作，承担相关费用。

②借、弃土区的地点确定属建设单位职责范围内工作，在发包人无能力完成此项工作的情况下可委托承包人办理。

③承包人受发包人委托联系的卸、弃土区，必须办理好以下工作。

a. 承包人联系的借、弃土区必须及时呈报发包人，承包人、发包人、监理方共同了解借、弃土区所在区、村、镇的借土供需量，弃土容积量，借、弃土的收费情况。

b. 承包人与借、弃土区所在地村、镇签订借、弃土费用合同，并在合同中明确借、弃土费用必须由收费方提供有效税票。发包人、监理方对借、弃土费用合同进行鉴证。

c. 承包人、发包人、监理方对借土回填、弃土外运其运距进行测定，并办理书面确认手续。

d. 承包人支付的借、弃土费用在结算中必须提供借、弃土费用合同和有效借、弃土费用税票。

（5）已完施工统计进度报表（进度款申报表）把控

已完施工进度统计报表（进度款申报表）的申报，首要任务是对已完形象进度的核实，形象进度完成情况核实准确，才能保证已完工程量的准确性。已完施工进度统计申报按以下办法把控：

①按已完施工进度统计报表（进度款申报表）中形象进度完成情况对照施工现场核实当期实际完成的施工形象进度情况。

②已完施工形象进度核准后，依据政策、标准、施工合同、投标文件对已完施工进度统计报表（进度款申报表）进行计算。

③对已完施工进度统计报表（进度款申报表）的呈报，造价人应按合同承包范围内、外分别呈报，如新增项目、签证项目、变更调整项目等，保证已完施工进度统计报表（进度款申报表）呈报的条理性、合理性。

④应抵扣的工程预付款（如果有、且发包人确已支付）。

⑤依据施工合同约定的优惠条件（如果有），对工程进度款按合同约定比例相应优惠。

⑥经审定的进度款支付比例按施工合同约定执行。

⑦依据施工合同约定（如果有），对增加的施工合同承包范围以外的工程内容需进行优惠。

⑧对施工合同承包范围以外新增项目的组价按施工合同约定及相关政策、标准办理。

⑨招、投标文件中的暂列金额、不可预见费，不能作为进度款申报依据。

⑩承包人所呈报的“进度报表”必须同时提供电子版和书面版，电子版与书面版保持一致。

（6）签证单的规范性

签证的概念：承包人应发包人要求完成施工合同范围以外的零星项目以及非承包人责任事件等工作，按实际发生的事件向发包人提交签证报告，由发包人签署、确认。

签证报告是施工中发生的经济技术文件、是施工合同文件的补充、是办理工程结算的依据。对签证报告作如下方面把控：

①派驻工程造价专业人员参与工程施工造价管理工作。

②以施工合同承包范围、投标文件工作内容、相关政策标准为依据，对签证报告进行排查是否符合签证范围。

③签证事项内容是否明朗，其计量单位、数据是否正确。

④签证报告格式是否规范，对签证报告进行统一编号、署名日期，避免重复编号及重复签证。

⑤视工程情况，对较复杂的部位、隐蔽部位的签证需进行拍照或录像，以证明签证事件的真实性。

⑥对签证事项必须到施工现场计量的，由发包人组织承包人、监理方、造价咨询方对照实物进行计量，做好计量记录及办理确认手续。

⑦签证报告不得有更改之处，如有发生，建设方、监理方必须在更改之处签字、加盖公章。

⑧发包人应对签证报告原件留底、并建立签证报告台账。

（7）暂定价材料、设备、暂定项目价格询价与确认

①对招、投标文件中的暂定价材料、设备，暂定价项目，建设单位应在相应的分部分项目工程施工前60天，发包人组织相关单位进行市场调查、询价，对询价结果进行决策并书面确定，并编写询价记录。暂定价材料、设备、暂定价项目的询价不及时，则影响工程施工，造成停工、窝工、机械停置，最终导致工程成本增加。

②对暂定价材料、设备、暂定价项目的询价，发包人、承包人、监理方、造价咨询方共同参与询价。依据现行工程结算审核方式和审核程序，邀请政府相关主管部门参与询价，以简化后期结算审核工作的复杂性。

③暂定价材料、设备、暂定项目采取市场调查、咨信调查，坚持“货比三家”的原则进行询价；按设计要求及材料、设备的使用功能进行询价。

（8）工程索赔

索赔事件的发生，系合同当事人在履行合同期间存在缺陷责任或某项文件（包括技术文件）、地质情况与设计不符等因素导致施工合同不能正常履行，造成当事人受到损失。索赔事件发生后，由受损失方在规定时间内向责任方提交索赔报告。索赔事件的处理原则上由合同当事人协商解决。如涉及到政策、标准（定额）方面问题，应由建设单位委托相关专业单位对索赔报告进行审查，按以下方法办理：

①索赔事件发生后，受损失方在规定时间内提出索赔报告，其中包括索赔理由、证据，索赔范围及内容，详尽的索赔计价书等；

②提交监理方审查；

③提交责任方审查；

④建设单位委托相关专业单位依据监理方、责任方明确后的索赔报告对索赔事件进行事实调查、施工现场踏勘、计量、取证；

⑤建设单位委托相关专业单位分别与当事人、监理方沟通，进一步了解索赔事件真相、索取相关资料、有效证据；

⑥对索赔报告中所涉及的材料价格、设备租赁费用等进行市场调查、信息调查，以确保其价格的真实性、合理性；

⑦依据国家、省、市相关政策、标准以及索赔证据、索赔事实对索赔报告进行全面审查；

⑧为对索赔当事人高度负责，对经专业工程师审核的索赔报告，建设单位委托相关专业

单位应组织相关专业、专家对索赔报告再次进行联合会审，获取精准结果；

⑨将索赔报告审查结果反馈当事人、监理方，并召开专题会议。将审查依据、审查方法、相关证据、索赔事项真像等写成书面详细报告。当事人、监理方对审查结果无异议，出具《索赔报告审查成果报告书》；

⑩如当事人对审查结果有异议、不予认可，可提交政府仲裁部门申请仲裁或向工程所在地法院提起诉讼。

（9）调整项目预算和新增项目预算编制

①施工过程中因某项文件、调整计划、设计变更、工作联系单、技术核定单、工程洽商、签证报告、招标清单漏项、错算等因素引起的工程量调整和新增项目影响合同价款。对影响合同价款因素应编制调整预算和新增项目预算，准确反映工程造价变化情况，及时合理调整工程资金计划，不因资金问题而影响工程施工或索赔。

②调整预算、新增项目预算一般由承包人编制、相关部门进行审核；调整预算、新增项目预算也可委托造价咨询机构编制；

（10）施工现场计量

①施工现场计量有仪器测量和人工计量两种方式，仪器测量一般用水准仪、经纬仪、全站仪、GPS、GIS 采集器。

②对工程变更、签证报告等工作内容且必须在施工现场采用人工计量的，应由发包人、承包人、监理方等共同到施工现场进行计量，做好计量记录，并共同对计量记录进行签署认可。

6　编制施工图预算

施工图预算是以经审查的施工图为依据，根据建设工程造价管理办法、住房城乡建设部及质量监督检验检疫局联合发《建设工程造价咨询规范》(GB/T 51095—2015)、《建设工程工程量清单计价规范》(GB 50555—2013)、湖南省住房城乡建设厅湘建价［2014］113 号文《湖南省建设工程工程量清单计价办法》《湖南省建设工程消耗量标准》及相关配套文件等定额标准现行计价办法、价格信息、建设地区的自然及技术经济条件等资料编制。

6.1　施工图预算编制的内容

按照通过审查的施工图计算工程量，按照施工期的预算定额（消耗量标准）规定的分项工程内容，正确套用和换算预算单价，计算人工费、材料费、机械费、企业管理费、利润、规费和税金。

6.2　施工图预算编制的原则

（1）必须实事求是地计算工程造价，做到既不高估多算重算，又不漏项少算；

（2）必须深入了解，掌握施工现场情况，做到工程量计算准确，定额套用合理；

（3）必须遵守国家现行有关预算编制的各项政策和具体规定。

6.3　施工图预算编制步骤

（1）熟读施工图纸；

（2）依据计算工程量；

（3）依据施工期计价文件套用定额；

（4）依据施工期计价文件计算企业管理费、利润、规费和税金；

（5）计算单位工程总造价；

（6）对编制完成的预算进行内部复核，以保证预算的准确性；

（7）计算技术经济指标；

（8）出具编制预算书。

7　编制工程竣工结算

竣工结算是建设工程造价控制最终环节，是工程造价控制的重中之重。工程造价人应具有高度的责任感和良好的职业道德，严格执行国家、省、市相关政策、标准，确保工程结算结果的真实性、合理、合规性。

7.1　编制依据

国家有关法律、法规、规章制度、建设工程造价管理办法和相关的司法解释，施工发承包合同及补充合同、有关材料及设备采购合同，招标文件、中标报价书及其组成内容，工程竣工图、施工图会审记录，经批准的施工组织设计及设计变更，工程联系单、工程洽商和相关会议纪要、经批准的开工及竣工报告、建设工程造价管理办法、住房城乡建设部及质量监督检验检疫局联合发《建设工程造价咨询规范》（GB/T 51095—2015）、《建设工程工程量清单计价规范》》（GB 50500—2013），湖南省住房和城乡建设厅湘建价［2014］113 号文《湖南省建设工程工程量清单计价办法》《湖南省建设工程消耗量标准》及相关配套文件等定额标准等现行计价办法、价格信息及影响工程造价的相关资料。

7.2　编制要求

（1）工程结算一般经过发包人或有关单位验收合格后方可进行。工程结算应以施工发承包合同为基础，对合同约定的工程价款及原合同价款进行调整。工程结算应该查设计变更、签证单等相关工程结算资料的合法性、有效性、真实性和完整性。对有疑义的工程项目，应视现场条件和实际需要核查隐蔽工程。

（2）建设项目由多个单位工程构成的，应按建设项目划分标准的规定，将各单位工程竣工结算汇总，编制相应的工程结算书，并撰写编制说明，工程结算编制应采用书面形式，有电子文本要求的应一并报送与书面形式内容一致的电子版本，工程结算应严格按工程结算编制程序进行编制，做到程序化、规范化、结算资料必须完整。

（3）较为完善的工程竣工结算资料

①工程竣工结算报告应包含的资料见表 1。

表 1　工程竣工结算资料

序号	资料名称	分数	控制条件
1	工程批准文号	1	原件
2	施工合同	1	原件
3	中标通知书		原件
4	投标文件	1	原件
5	招标文件	1	原件
6	竣工验收备案表	1	原件
7	工程竣工结算报告		

续表

序号	资料名称	分数	控制条件
7.1	工程结算书（书面）	2	书面版
7.1.1	分部分项工程清单计价书	2	书面版
7.1.2	工程量计算式	2	如用软件计算，不需计算式
7.1.3	工、料、机汇总表	2	书面版
7.1.4	工、料、机单价表	2	书面版
7.1.5	单价分析表	1	电子版
7.1.6	造价汇总表	2	书面版
7.1.7	竣工结算电子版	1	
8	竣工图	1	原件
9	经批准的施工组织设计（施工方案）	1	原件
10	开工前地貌测量（成果）记录）	2	原件、复印件各一份
11	图纸会审记录	2	原件、复印件各一份
12	隐蔽记录	2	原件、复印件各一份
13	设计变更	2	原件、复印件各一份
14	工作联系单	2	原件、复印件各一份
15	技术核定单	2	原件、复印件各一份
16	工程洽商	2	原件、复印件各一份
17	签证单	2	原件、复印件各一份
18	其他相关资料、技术文件	2	原件、复印件各一份

②对工程竣工结算所有资料是否齐全、是否符合结算要求。所有资料必须为原件，复印件不能作为结算依据。

7.3 编制程序

工程结算应按准备、编制和定稿三个工作阶段进行，并实行编制人、校对人和审核人分别签名盖章确认的内部审核制度。

（1）结算编制准备阶段：收集与工程结算编制相关的原始资料，熟悉工程结算资料内容，进行分类、归纳及整理；召集相关人员参加工程结算预备会议，对结算内容和结算资料进行核对与充实完善；

（2）结算编制阶段：根据竣工图及施工图以及施工组织设计进行现场踏勘，对需要调整的工程项目进行观察，对照及必要的现场实测和计算，做好书面或影像资料；按既定的工程量计算规则计算需调整的分部分项、施工措施或其他项目工程量；按招标文件，施工合同规定的计价原则和计价办法对分部分项、施工措施或其他项目进行计价：

①各专业工程师到达施工现场进行踏勘，了解施工情况；

②依据竣工图对照施工现场核实施工情况；

③对门、窗、栏杆、面砖等主要装饰材料，电缆（线）、开关插座、配电柜（箱）、灯具、管网、给排水、消防、通信系统等主要材料，设备等规格、型号进行核对；

④编制结算可能需多次到施工现场落实施工情况，及时与项目经理沟通、了解施工情况；

⑤室外附属工程、绿化、挡土墙、围墙、室外管网、路灯等工程，依据竣工图、相关技术文件对照施工现场实物对工程量进行核对；

⑥对管网、路灯，绿化苗木的规格、型号、品牌，到施工现场进行核对；

（3）结算编制定稿阶段：由结算编制项目负责人对初步成果文件进行检查核对；由结算编制项目负责人审核批准，提交经编制人、校对人、审核人分别签名盖章确认的正式结算编制文件。

7.4　编制方法

工程结算的编制应区分施工合同类型，采用相应的编制方法：

（1）采用总价合同的，应在合同价基础上对设计变更、签证单等合同约定进行调整，并需核实总价合同内的任务是否全部完成；

（2）采用单价固定的，应计算竣工图以内的各分部分项工程量，依据合同约定的方式确定分部分项工程项目价格，并对设计变更、签证单及施工措施等内容进行调整；

（3）采用成本加酬金合同的，应依据合同约定的方法计算各分部分项工程量及设计变更、签证单及施工措施等内容的工程成本，并计算酬金及有关税金。

7.5　编制内容

（1）工程结算采用工程量清单计价应包括：工程项目的所有分部分项工程量以及实施工程项目采用的措施项目工程量；为完成所有工程量并按规定计算的人工费、材料费和设备费、机械费、间接费、利润和税金；分部分项和措施项目以外的其他项目所需的各项费用；

（2）采用工程量清单的工程结算还应包括：设计变更费用及合同约定的其他费用。

7.6　编制的成果文件形式

（1）工程结算成果文件的形式：工程结算书，其中封面包含工程名称、编制单位和印章、日期等；签署页包含工程名称，编制人、审核人、审定人姓名和执业公章等，目录，工程结算编制说明，工程结算相关表及必要的附件；

（2）工程结算计算式、工程结算汇总表；分部分项结算书及必要的相关表格。

（3）对编制完成的结算进行内部复核，以保证结算的准确性。

（4）出具编制结算书，并向建设单位及时递交完整的工程结算成果文件。

8　结束语

做好建设工程造价管理工作、加强建设工程成本控制的方法远远不止这些，本文介绍的只是建设工程施工造价管理工作中的基础工作。做好建设工程造价管理工作最重要的是要不断提高工程造价从业人员的专业知识与实际工作技术能力，了解施工工序，强化职业道德教育。严格遵循相关政策、标准，加强、提升行业统一执法力度，杜绝建筑市场各种不良现象，确保建筑行业健康、稳步发展。

关于施工现场开展应急演练存在的问题与思考及所采取的措施

秦　维　熊　海

湖南省第五工程有限公司，长沙，410000

摘　要： 通过对施工现场开展应急演练活动中所发现的问题进行分析，进一步进行反思，并寻找解决措施；有效地提高施工现场应急演练活动的效果，从而更好地提高现场作业人员风险防范意识和自救互救能力，提高在紧急情况下妥善处理事故的能力。

关键词： 施工现场；应急演练；问题；思考；措施

应急演练作为应急预案中的一个重要环节，可以发现企业及项目所编制的应急预案存在的各种问题，能提高预案的实用性、科学性、可操作性；施工现场的应急演练，主要是针对建筑施工生产行业中存在的一些比较普遍与明显的安全隐患进行；因此，在施工现场积极进行应急演练活动是很有必要的。国家与施工企业对现场应急演练的重视程度越来越高，国家出台了相关的规范，企业也制定了相关的制度。但是，对施工现场来讲，应急演练的具体开展仍然存在一些问题，未能将该活动落到实处，产生实实在在的效果；下面结合自己在实践中的工作经验来谈几点看法：

1　施工现场开展应急演练时存在的问题

1.1　应急演练形式化

施工项目部的应急演练是安全检查中的一个必检项目，项目部往往为了应付检查，而开展一两次演练；所开展的应急演练未能从项目的实际情况及特点出发，有些甚至从计划到过程实施，完全照搬照抄，根本就不符合现场的实际，只求搞完活动完成任务，留点影像资料做做样子而已。对于施工现场作业人员来讲，应急演练就是走形式、走过场，根本没有参与感，更别说全身心投入演练和学习了。

1.2　应急演练计划不周密、不详细，准备不足

项目部在编制计划时，由于考虑的问题不全面，造成几个方面的缺陷：一是演练时间过短或过长，时间过短很多需要宣传的东西未能体现出来，达不到演练的效果；时间过长则未能体现出应急演练的“急”字来。二是进行演练的时间节点选择不正确，在基础完成后，才进行坍塌演练；在主体完工后才开展高处坠落或物体打击方面的应急演练；未能对现场的人员起到提前的警示及示范教育作用；三是项目部对这方面缺少重视，不愿投入太多成本，所计划的物资及人员过少，造成在实际演练过程中，缺少一些必要的硬件设施与条件，未能生动地将演练场景体现出来。

1.3　演练范围不广、较单一，频率太少

在选择进行演练的时候，选择消防防火演练的居多，触电、高处坠落、物体打击等方面较少，特别是坍塌、中毒、爆炸、倾覆、机械伤害、危险化学品等方面的就少之又少了，能

进行一场综合型演练的就更微乎其微了。同时，有些项目自开工至完工全过程只开展一次应急演练，根本没有进行定期的演练；有些项目工期长，甚至连一年一次的基本演练都没有进行。

1.4　应急演练缺乏总结与改进

应急演练结束后，便像完成任务一样的收场，未能听取一下现场参观人员、参演人员、相关方人员的意见与建议，未能对活动开展进行一个有效的自查自评工作。对于演练过程中存在的优缺点，所取得的经验及教训，未能进行一个很好的总结。对于总结出来的问题与建议，未能继续寻找一个持续改进的办法与措施，并落实。

2　应急演练存在问题的思考与分析

2.1　应急演练方面知识的宣传与培训太少

目前，工地上对安全方面的宣传知识正在日益增多，旨在让大家引起重视；项目部也经常通过安全教育、安全生产月、悬挂横幅、挂图等多种方式进行宣传及培训。但是更深入地对应急演练进行宣传及培训的内容还比较少，导致很多施工现场的管理人员及作业人员没有得到了解，有些人员甚至还从未接触过。

2.2　对现场进行应急演练的重视度不够

很多项目管理人员认为，只要通过安全教育、安全交底、安全宣传等形式就可以达到效果，因而，不愿意把精力放在应急演练上面。对于现场的作业人员而言，多一事不如少一事，每天完成自己的工作量，工作时注意就行了，也没有太多的心思参与进来。

2.3　相关的规范规定及指导性文件不多

目前国家、行业及各企业对于应急预案方面都有了相关的规定及制度，但是作为应急预案中重要的环节，施工企业在对于怎样开展应急演练，如何更好地落实应急演练，尚缺少制度化及一些更加细节性的指导文件与资料。

3　应急演练存在问题以及改进措施

3.1　提高对应急演练活动重要性的认识

国家安全生产监督管理总局于 2011 年公布了 1 项安全生产行业标准——《生产安全事故应急演练指南》（AQ/T 9007—2011），于 9 月 1 日正式实施；国家安全生产应急救援指挥中心于 2016 年下发了关于征求《煤矿安全生产应急管理人员培训大纲》和《生产安全事故应急演练基本规范》修改意见的函，决定修订《生产安全事故应急演练指南》（AQ/T 9007—2011）并更名为《生产安全事故应急演练基本规范》，目前正在征求意见中；从行业标准到国家标准，可以看出国家对应急演练的重视正在逐步增强，越来越走向正规化；企业在编制应急预案管理制度的同时，应对制度进行细化，对应急演练制度化，相应地编制一些指导性文件，引导项目在施工过程中，加强与提高对现场应急演练的重视度。

3.2　做到有组织、有计划、有准备地进行应急演练活动

项目部在组建后，应立即成立以项目负责人为首的应急救援管理小组，根据现场的实际情况编制应急救援预案，针对预案的内容，同时结合项目自身的特点，制订全面、合理、有效、切实可行的应急演练计划；计划中应对开展应急演练的时间、地点、物资、人员等工作做出详细的安排，然后遵照实施。

3.3　增加应急演练知识宣传培训及多类型的实际演练

应急演练知识的宣传培训，项目部可以采取知识讲座、发放宣传小册、播放视频的方式

进行，也可以在工地现场采用悬挂横幅、挂图、宣传栏等形式进行，让施工现场人员了解现场进行应急演练的重要性，培养人员的兴趣。施工现场的安全事故发生时往往比较突然，存在安全隐患的点面也比较多，比较集中的主要体现在坍塌、中毒、防火、高处坠落、触电、机械伤害、物体打击、倾覆、环境污染、危险化学品、灾害天气等方面。因此，项目部应该对这些潜在的或是可能发生的情况积极开展相应的应急演练活动，可以开展单项的，也可以将各方面因素综合考虑，开展综合型的演练。

4　总结

个人觉得，施工现场开展应急演练活动，不但有助于提高现场作业人员的安全意识，让大家学到更多的安全知识，同时，也会更有效、更直观地提高施工现场作业人员在面对突发事件时的处理能力，从而避免事故的扩大，避免更多的人员伤亡及财产损失。

参考文献

[1] 生产安全事故应急演练指南：AQ/T 9007—2011 [S].
[2] 陈长秋. 浅谈应急演练的必要性 [J]. 学术论坛. 2014

电力建设工程的土建施工管理措施探讨

白　科　邝　政　江石康

湖南省第五工程有限公司，长沙，410000

摘　要：电力建设工程与普通的建设工程相比具有一定的特殊性，对施工中的安全、质量保证以及工期保证的要求进行有效的管理，是确保电力建设工程顺利开展的前提。根据电力建设工程的质量严肃性、施工特殊性以及影响因素多变性，本文从现阶段电力建设工程施工中存在的一些具体问题出发，根据施工过程中人员流动性强、质量管理意识不足以及施工团队协调较难的具体情况，提出了要强化电力建设工程施工质量管理、严格控制电力建设工程的成本管理、优化电力建设工程施工安全管理以及强化团队管理的监督意识等措施，确保电力建设工程的顺利开展。

关键词：电力建设；土建施工；管理措施

在我国社会经济高速发展的时代背景之下，电力建设对大众的生活、工作影响逐渐提高，社会发展已经难以脱离电力。电力建设工程直接影响到大众的日常生活，随着社会对电力的需求不断增大，目前我国的电力工程项目也越来越多。在电力工程建设过程中，落实好土建施工管理，影响着我国电力建设工程的顺利开展。然而，电力建设工程中的土建施工管理涉及到的专业内容颇多，是一项工程复杂、规模巨大、资金投入较多的工程，在实际的土建施工过程中需要应对各种突发的施工问题，需要通过科学合理的土建施工管理措施予以应对，从而提升电力建设工程的施工水平和施工质量。

1　电力建设工程施工管理特点

1.1　工程质量的严肃性

在电力建设工程中，土建施工质量出现问题会引发连锁效应，可能会使得电力建设工程的工期变得不可控，从而增加电力建设工程的资金投入；也可能会直接影响到电力建设工程的质量与安全，甚至对后期的投入使用产生影响，或是在施工过程中发生安全事故，形成不可挽回的后果。

1.2　工程施工的特殊性

在电力建设施工过程中，往往会出现一些较为常见的施工问题。对于这类问题，土建施工单位就要从施工中不断总结、归纳，提炼出有效的解决办法，从而及时解决一些相关的问题，提升电力建设工程的施工效率与施工质量。而对于一些不常见的、突发的施工问题，则要在原有问题预防机制上提升管理水平，针对特殊性的问题进行有效处理。电力建设工程施工中，难以避免地会因其电力建设的特殊性而出现一些特殊性的问题，因此针对这样的特殊问题，需要电力建设工程的技术人员进行深入研究，减少此类问题发生。

1.3　影响因素的多变性

在电力建设工程施工过程中，能够影响其质量管理的因素复杂多变，进而造成电力建设工程施工的管理难度增加，从中产生的变化难以得到有效控制。在施工过程中出现的问题还会随着时间的变化而不断变化，更增加了控制管理电力建设工程的难度。因此，针对一些具体的问题，需要及时采取应对措施，有效解决问题，避免因质量问题造成连锁影响。

2　电力建设工程中土建施工管理存在的问题

2.1　工程作业条件与要求更加复杂

目前，我国电力建设工程受到各种外界环境因素的影响，条件恶化，使电力建设工程施工越来越复杂。一方面，电力建设工程的作业环境基本都是露天的，会受到自然环境中风雨、雷电等特殊天气情况的影响，从而导致电力建设工程的工期、质量控制难度增大，影响到电力建设工程的管理。另一方面，电力建设工程的功能性与分散性较强，在土建施工过程中需要不断强化协调管理，对土建施工管理的要求较高。

2.2　施工团队管理难度增大

由于电力建设工程施工的外部环境恶劣，施工难度较大，施工周期较长，在具体的施工过程中，往往会出现人员流动较大的问题，难以找到固定的、专业的施工人员来进行操作，影响到整个电力建设工程施工的质量与效率。另外，由于施工团队新进人员较多，进一步增添了施工团队的管理难度，提升了人员的管理培训成本，导致电力建设工程施工管理需要应对的问题增多。

2.3　电力建设工程土建施工管理安全问题多

安全问题是电力建设施工中不可避免的内容之一，在电力建设工程施工中，常常要应对各种各样的安全隐患[1]。首先，由于电力建设工程施工的环境复杂多变，人员流动性又相对较强，对施工安全的影响就会增大，从而导致一些不可避免的潜在安全问题。其次，电力建设工程施工不仅是一项土建施工工作，更是一项电气设备施工工作，在具体的工作环节中需要将二者有机结合起来，多种工种调配，常常发生工人集聚的情况，从而出现一些安全问题。只有有效解决电力建设施工过程中的协调管理问题，确保各项施工有序进行，才能缓解电力建设工程中的安全隐患。

2.4　在工程配合上存在问题

与普通土建施工不同，电力建设工程施工过程中需要加强对土建施工的重视。首先，要确保电力设施安全，保证电力项目安全运行。在土建施工过程中，要促使电气工程施工与土建施工有效配合，在进度管理方面协调一致，充分满足电力项目安装要求。现阶段，在具体的电力建设工程施工中，往往就是因为土建施工管理不当，而发生一些土建与电气配合不到位的问题，影响到电力工程建设的稳定性。

3　电力建设工程土建施工管理措施

3.1　强化电力建设工程施工质量管理

对于电力建设工程来讲，质量管理是主要的管理工作内容之一，是电力建设工程的重中之重。质量管控是电力建设工程中建筑企业管理能力与资源配置能力的重要体现。在电力建设工程管理中，土建施工质量会直接影响到后期电力工程的运行效率。因此，在土建施工管理中，务必着重管理土建施工质量，严格把控施工过程中的质量检查环节，同时根据具体的工程建设要求与施工环境，制订电力建设工程施工标准体系，引导建设工程管理人员与施工人员树立起良好的质量管理意识，重视质量管控，强化细节沟通，提升电力建设工程施工质量。

3.2 严格控制电力建设工程的成本管理

电力建设工程施工涉及的施工项目较多，对材料、设备的需求呈现多样化的特点，这对建设工程施工的成本管理提出了更高要求。因此，在具体的施工环节中，建筑施工单位要进行科学合理的成本管理，避免资金浪费，或是出现资金管理风险[2]。在目前的电力建设工程施工中，大部分施工人员尚未具备良好的成本控制意识，对材料、设备的使用都较为随意，针对这样的情况，需要加大电力建设工程施工的成本管理，严格把控施工材料的应用和施工设备的使用和维护，进一步优化电力建设工程施工的进度安排和施工调配，有效促进建设工程施工的协调性。与此同时，还要根据成本管理需要，构建完善的成本管理体制，以严格的制度要求，提升电力建设工程中的成本管理效率，通过奖惩机制来培养施工人员的成本管理意识，把控电力建设工程的成本。

3.3 优化电力建设工程施工安全管理

随着社会经济的不断发展，我国各个地区都将电力建设工程列为了重要的发展建设项目，投入了大量的人力物力资源，推动地方电力建设工程的落实。在具体的电力建设工程实施中，其土建施工任务相对比较复杂，要求建筑施工人员必须在施工过程中严格控制施工的安全性，确保建筑施工处于较为安全的环境中。在进行土建施工之前，可以通过全面的现场勘察，做好施工前期准备工作。另外，可以通过对施工人员进行全面的专业培训，提升建设施工人员的专业素养，促使其在施工过程中加强对施工安全的重视程度。另外，在电力建设工程中，还可以通过健全施工管理制度，来确保建设工程施工在有效的制度管理下进行，确保安全管理得到落实。

3.4 强化团队管理的监督意识

除了通过内部培训、制度管理等方式，在电力建设工程施工中加强外部监督，也是电力建设工程施工中不可忽视的内容[3]。在日常管理工作中，可以通过强化团队管理的监督意识，提升土建施工管理的有效性，将一些可以避免的管理疏漏，扼杀于萌芽状态，另外，通过加强施工管理人员的责任意识，将土建管理落实在具体的工作环节中，也能促使电力建设工程中土建施工管理的有效性得到提高。

4 结语

在电力建设工程中，土建施工管理是影响建设工期与建设质量的因素之一，通过科学合理的土建管理，能够确保电力建设工程顺利开展，提升其建设施工的安全性。随着我国经济的不断发展，电力建设工程不断增多，针对土建施工过程中出现的一些问题，我们要将科学合理的土建管理落实到具体的施工环节中，对其成本控制、人员管理、素质提升以及施工安全等进行有效的管理，从而提高电力建设工程的施工效率，保障其施工质量。

参考文献

［1］王浩，王宣. 电力建设工程现场施工的安全管理措施［J］. 工程技术研究，2018（04）：179～180.

［2］林远洋. 试论电力建设工程中电气专业与土建专业施工配合的建议措施［J］. 通讯世界，2015（10）：136～137.

［3］黄峥. 试析电力建设工程中的土建施工管理策略［J］. 企业技术开发，2013，32（21）：171～172.

进度管理在建设工程施工阶段的应用分析

邝　政　白　科　江石康

湖南省第五工程有限公司，长沙，410000

摘　要：进度管理是建设工程管理的重要组成部分之一，通过科学严谨的进度管理，能够确保建设工程施工的效率与安全，同时保证建筑质量。因此，本文基于建设工程施工中进行进度管理的重要性，分析了现阶段进度管理过程中存在的一些具体问题，并由此进行了一些应用探讨，提出了提升建设工程施工进度管理有效性的方法，为进度管理在建设工程施工中的应用提供了理论参考。

关键词：进度管理；建设工程施工；应用分析

近年来，我国城市建设进程不断加快，对建设工程施工的要求进一步提高，科学技术手段的更新对建设工程施工效率与质量有所促进。进度管理是建筑施工三大控制的重要内容之一，是确保建设工程施工顺利进行的关键因素，也是影响建设工程施工工期的重要内容。在我国城市建设发展的过程中，现阶段的建设工程施工项目规模逐渐扩大，要求在有限的土地范围内，实现最大化建筑空间，这就需要高效调配建设工程施工内的人员、物料、设备等，还要确保施工质量。然而，建设工程施工需要应对的不确定因素较多，其施工环境具有极大的不稳定性，因而进度管理成为了建设工程施工中必不可少的环节。当进度管理出现失误时，就会影响到建设工程施工的效率与质量，甚至引发建设工程施工安全问题。

1　建设工程施工中进度管理分析

1.1　进度管理概述

进度管理指的是在建设工程施工过程中，基于建设工程的具体情况与建设目标，结合科学有效的管理办法，制订出合理的建设施工计划。进度管理不仅能对建设工程施工的具体情况进行掌控，还能避免施工过程中出现较大的失误，从而引发建筑安全问题。另外，在建设工程施工中，出现具体的施工问题时，还能根据进度管理进行各阶段施工问题的排查，从而找到问题根源，有效解决建设工程施工中的问题，进一步优化建设工程质量，提升施工效率。

1.2　进度管理的作用与意义

首先，进度管理有利于对施工单位进行风险管控。在建设工程施工中，其资金流动较大，承建单位需要通过垫付款项的办法，确保建设施工的有效进行。合理科学的进度管理，能够高效调配建设施工中的资金，控制人力成本与机械设备成本，管控建设施工的资金风险。

其次，进度管理还能确保建设工程施工中监理单位工作的连贯性。监理单位可以通过取样抽查来对建设工程施工的质量进行把控，进而规范建设工程施工的各项细节，避免出现质量问题。

最后，进度管理还是有效控制施工安全的重要途径。建设工程施工环境中存在大量的不确定因素，重型机械进场作业会进一步增加施工现场的危险性。进度管理，则能从宏观的角度对施工现场进行合理调配，有效缓解施工人员的工作压力，同时降低施工工作强度，保障施工现场的安全。

2　建设工程施工中进度管理与控制存在的问题

2.1　施工进度管理目标不明确

近年来，我国建设工程施工在技术与质量上不断提高，建筑工程管理水平也逐渐得到强化。然而，受到管理理念的限制，进度管理在建设工程施工中的应用还存在一些具体的问题，尚未形成科学严谨的管理体系，其在建设工程中的作用还未发挥到极致。其中，最明显的问题就是施工进度管理缺乏明确的管理目标。由于建设工程施工的管理人员进度管理意识不强，使得在建设工程施工中的进度管理没有清晰的指向性，进度管理进行的较为随意，没有具体细化到各个环节，导致进度管理过于宽泛，建设工程施工中的具体工作内容没有监督，从而影响到建设工程施工的整体进度。

2.2　施工进度管理手段有限

建设工程施工结构复杂，内容广泛，因此建筑管理涉及方方面面。提升建设工程施工的质量与效率，需要对整个建设工程进行把控，既要有宏观的管理，又要有细节的掌握，确保建设工程管理的科学性与严谨性。目前，建设工程施工中进行进度管理的手段较为单一，大部分的工程管理人员都有专业管理知识不够的问题，其管理经验严重不足，使得进度管理难以有效施展，出现一些突发事件，管理跟不上，不能及时、有针对性地进行解决，从而使得整个施工进度缓慢，进度管理效果不佳。当进度管理没有确切的管理手段来进行针对性管理的时候，就会出现进度管理过于盲目，影响建设工程施工的质量与施工的效率，引发一系列相关问题[1]。

2.3　施工进度管理制度不完善

完善的进度管理制度是落实建设工程施工进度管理的前提与基础，是保证进度管理质量的重要依据。在建设工程施工过程中，开展全面有效的进度管理需要以管理制度为指导，促使建设工程施工中的各项具体内容都能得到管控，进而提升施工质量和效率，推动建设工程施工顺利进行。与此同时，科学的进度管理制度，还能为工程管理人员提供进度管理的方法，针对具体的制度要求，确保建设施工的工期在可控范围内。现阶段，我国建设工程施工已经逐渐意识到进度管理的重要性，能够按照一定的工期要求进行进度管理，但是却只局限于某一具体施工环节中，缺乏整体的进度管理，对制度建设不够重视，这些使得工程管理人员难以在制度保障下进行进度管理，缺乏建设工程施工的连续性。除此之外，缺乏完善的施工进度管理制度，会造成工程管理人员盲目性地开展工作，甚至忽视建设工程施工中的细节把控，从而对整个工程造成影响。

3　建设工程施工中进度管理的应用分析

3.1　做好施工前的准备工作

做好建设工程施工的前期准备工作，是落实进度管理的基本前提，也是确保施工进度管理科学严谨的重要因素。在进行建设工程施工之前，首先要对建设施工过程中需要用到的设计图纸进行评审，勘察施工场地，详细讨论施工过程中需要注意到细节，并且要根据现场环境、施工要求等进行调整，促使建筑设计图纸与具体施工能够有效契合，根据实际的施工要求，合理调配资金、人力、物力等，在工程施工中做好成本控制。在工程施工中做好全面的准备工作，才能确保建设工程施工能够有计划、有目的的展开，在实际的施工环节中把控各个阶段的施工进度，合理的进行进度管理，提升工程施工的整体效率与质量。

3.2　进一步提升工程管理人员素质

工程管理人员是进行进度管理的主体，是负责进度管理的责任人。因此，提升工程管理人员素质，是确保进度管理有效实施的主要因素之一。在具体的管理工作中，建筑企业要重视工程管理人员的专业素质培养，通过各种各样的培养手段，提升其对业务知识的掌握能力，并将进度管理纳入员工考核之中，促使工程管理人员能够主动提升自己的管理专业素养。除此之外，建筑企业还可以通过提升工程管理人员聘用门槛的方式，整体提升管理队伍的素质能力，侧重吸纳管理经验丰富、技术水平高超的管理人员进入到工程管理队伍中来，确保工程进度管理有效落实。

3.3　落实好进度管理工作责任制度

在建设工程施工管理中，建筑企业要尽快落实进度管理工作责任制度，将主体施工单位与分包施工单位统一纳入到进度管理范围内，进一步健全工程施工进度管理考核制度，确保工程进度管理在各项施工环节中得到应用[2]。例如，在与分包单位签订施工分包合同时，就要明确各自的施工责任与义务，将工期延误、质量监控不过关等问题详细划分到合同之中，管控建设施工过程中的细节内容，注明建筑企业可以通过进度协调会，整体管理建设工程施工的进度。在制定严谨的进度管理工作责任制度之后，就可以在具体工作中详细落实各项进度管理工作。

3.4　在施工过程中做好进度管理工作

在建设工程施工的过程中，要提高对建设施工阶段进度管理的重视程度，积极做好施工阶段的进度管理工作。首先，工程管理人员要对施工过程中的材料、设备、人员等进行管理，确保基础的材料、人力等得到管理，避免在这些部分出现遗漏，影响到建设施工的进度。其次，工程管理人员还要监督管理施工过程中的技术应用，提升建设工程施工质量，避免因为质量验收不过关，而出现返工的情况，导致建设工程施工进度延后。最后，工程管理人员的进度管理还要将安全管理纳入进来，确保建设工程施工在安全有效的环境下进行，促使建设工程施工能够顺利开展[3]。

3.5　对主要工期管理进行重点把控

针对复杂的建设工程结构，工程管理人员要在进度管理中分清主次，对主要的工期进行重点监督把控，对关键工序进行管理，确保整体的建设工程施工质量与效率。对于建设工程施工中的重点环节，工程技术管理人员要给予一定程度上的支持，保障建设工程施工进度管理具有科学性。

4　结语

进度管理是建设工程施工中的重要内容，是确保建设工程施工质量与效率的主要因素。随着我国建设工程施工要求的不断提高，只有做好科学的施工进度管理，才能促使建设工程成本与周期得到平衡，推动建设工程施工顺利进行。

参考文献

[1] 张绍杰. 项目管理在电气工程建设中的应用价值和策略 [J]. 企业改革与管理，2019（01）：198 ~ 199.
[2] 刘君. 加强建筑工程管理中进度管理的研究 [J]. 住宅与房地产，2018（30）：114.
[3] 蒋武韧. 建筑工程施工进度管理及控制措施 [J]. 建材与装饰，2018（33）：161 ~ 162.

浅谈装饰施工质量管控

罗文智

湖南艺光装饰装潢有限责任公司，长沙，412000

摘　要：随着我国经济的快速发展，人们对生活品质的要求也越来越高，在住宅方面，不仅要求安全、绿色的居家环境，同时也要体现出自己的居住品位特点，因此建筑装饰装修工程也随之大行其道，成为了当今社会中人们最关注的热点之一。装饰装修工程作为建筑工程的一项主要任务，也是最后一项任务，承担着提升居住品位、满足现代化居住要求的使命，它关系到千家万户居民的切身利益，同时也关乎业主的健康安全以及使用便捷程度。

关键词：装饰施工工程；质量管理

1　建筑装饰工程的概念与特点

（1）所谓建筑装饰工程是指必须通过装饰施工队伍施工的工程。建筑装饰理念是指通过各种手段，使性能符合人们对建筑物审美要求的预期行为在头脑中的反映。它是建筑装饰的指导思想。

（2）建筑装饰的特点：住宅建筑室内装饰的特点是现场很小、没有堆放材料的地方和足够的工作面，各工序不可能并行施工或分段施工，只能按顺序施工。

工期相对较短、使用材料品种多而复杂、施工分包单位多、同步施工工序多且容易产生交叉干扰、工期变更频繁等，这些都给质量控制工作增加了难度。建筑装饰工程的现状：重施工、轻决策和设计阶段的投资控制思想及传统习惯；施工合同签订不严谨、不规范；设计变更、施工签证随意、不规范；竣工结算高估冒算、相互扯皮现象严重。

2　建筑装饰工程的质量管理

作为一个工程项目，特别是装饰工程，其施工工艺复杂、材料品种繁多、各施工工种班组多。这要求现场施工管理人员务必做好技术准备。

首先，必须熟悉施工图纸，针对具体的施工合同要求，尽最大限度去优化每一道工序，每一分项（部）工程，同时考虑自身的资源（施工队伍、材料供应、资金、设备等）、气候等自然条件，认真、合理地做好施工组织计划，并用横道图或网络图表示出来，从大到小，由面及点，确保每一项工程都能纳入受控范围之中。

其次，针对工程特点，除了合理的施工组织计划外，还必须在具体的施工工艺上作好技术准备，特别是高新技术要求的施工工艺。技术储备包括技术管理人员、工长及技术工人的新技术、新工艺培训，施工规范，技术交底等工作。只有拥有高素质的技术管理人员，洞悉具体的施工工艺才能确保施工过程的每一工序尽在掌握之中，了然于心，做好各方面突发情况的处理准备方案，以保证能按时保质地完成。通过有计划有目的的培训，技术交底，可以使施工技术工人、工长熟悉新的施工工艺，新的材料特性，共同提高技术操作和施工水平，进而保证施工质量。

3　装饰装修工程施工质量中存在的问题

装饰装修是指在原建筑结构基础上，进行软硬件装饰，以满足人们的生活需求并增加美感。装饰装修需要对建筑环境进行二次设计、布置以及施工，其主要是为了满足人们对居住环境的高层次要求。一般的家居装修工期较短，施工也较为简单，但是其设计则要满足业主的个性化需求，装修材料也受到市场发展的影响。装饰装修工程需要对室内设计、美术等具有一定的鉴赏能力。现阶段国内的装饰装修行业出现较多的问题，尤其是施工质量问题，这成为了限制行业发展的重要原因。

施工中产生的环保及室内污染问题：（1）建筑装饰装修工程一般是室内装修或者住宅装修，其装修范围较小，而室内环境质量的好坏也主要根据室内的空气、软硬件质量等因素来考虑。现代装修需要进行多方面的装饰及施工，主要包括墙体墙面粉刷、地板及墙砖的铺装、吊顶的设计、电线及管线的布置安装、室内功能区的划分、家居物品的摆放等。而在施工中，以墙体粉刷及吊顶安装对室内环境质量的影响最大。当装饰装修所用材料的不达标或操作不当，使得室内环境受化学因素，如甲醛、苯、氨、挥发性气体的影响较大。另外，由于管线路设计不合理，极易产生辐射、噪声、渗漏等情况。（2）对原有建筑结构改造较大，增加了建筑物的不稳定因素。住宅装修一般是对室内的软件环境进行调整和装饰设计，但是由于人们对于空间的个性需求，往往会对室内建筑硬件进行一定程度的调整改造，其常见的改造包括墙壁打孔、拆除墙体、房间分隔、扩大门窗内径、改变建筑承重等，这些装修措施对原来的建筑结构体系改变较大，使房屋结构不坚固、抗震能力减弱、减弱了房屋的承载，使得其稳定性降低。（3）室内布线的不合理，留下安全隐患。装饰装修工程势必会对室内的线路布局进行重新调整以及二次设计，线路布置的不合理极易导致电气漏电、短路、受潮、火灾等情况的发生，并且不利于再次布线；另外管道的不合理也将导致水管的淤塞、渗漏、锈蚀等情况发生。

4　装饰装修施工质量管理的具体措施

（1）建立规章制度，全面完善质量保证体系。①建筑工程队应该设立严格且合理的施工制度，唯有以此为据，才能更好地加强施工过程中的质量管理与控制。施工制度要细致，比如说，工程队负责人对整个工程整体负责，各个小分队的负责人对各个小分队的工作要负责，对其质量问题要做到监管和整改，每个人也要对自己做得工作负责，使自己的工作和工作要求相符。当然，设计图纸的设计员也要对自己的工作负责，使设计的产品在实施建设的过程中不存在问题，就是出现了问题，也要做好及时有效的补救措施。每个负责人都要对自己负责的板块进行跟踪记录，即便出现问题，也可以追究到负责人。验收机构必须严格按照国家和地方施工质量验收标准所规定的质量要求、验收程序和验收方法进行验收，不得出现因疏忽而出现的部分细节没有验收，或者因个人原因只进行简单的验收。②施工单位还需要对材料质量进行定期的检查和反馈。在验收过程中，施工单位需要重点检查材料的检验报告和合格证；对于需要进行复试的材料，要在投入使用之前及时进行复试，复试合格后才能投入使用。原材料、配件和设备如果进行现场验收，一定要履行签字手续，真正做到责任落实到人。

（2）重视施工现场质量管理。施工现场的质量保证也是相当重要的。施工负责人作为施工现场质量管理的监督者，对施工现场的质量管理负有极大的责任。施工负责人应该全方位地权衡施工现场的各个方面，及时解决出现的突发问题。并对其质量和存在的问题进行汇总，做出详细的指导说明，确保整个工程按时高质量的完成。

5 结语

建筑装饰工程的施工管理对于建筑装饰工程的施工质量以及整个建筑物的质量都起着举足轻重的作用，必须重视和加强建筑装饰工程的施工管理工作并贯穿于整个建筑装饰工程施工的始终。总而言之，施工现场的管理是一项较为复杂的工作，必须事无巨细，随时做好防备工作，方方面面均需有所准备，同心协力，才能按时保质地完成施工任务。

参考文献

[1] 李先遣. 浅谈建设工程室内装修环境质量控制 [J]. 安徽建筑，2005（6）.
[2] 邓海英. 浅谈装修工程的施工质量管理与监督 [J]. 现代阅读，2011（5）.
[3] 王彩屏. 建筑装饰工程质量监控中的技术管理要点 [J]. 科技资讯，2008（3）：33.
[4] 徐勇. 关于建筑装饰工程质量监控问题的探析 [J]. 中国建筑科技；2007（10）：167.

浅谈施工现场技术管理

周　焕

湖南省第六工程有限公司，长沙，410000

摘　要：在建筑工程施工中，技术管理是相当重要的一环，也是责任重大的管理岗位。它不仅仅是日常的技术工作管理，更是与建筑施工中的质量、安全息息相关。在做技术管理工作时，务必要做精、做细，确保建筑工程的顺利完成。本文对平时的技术管理工作进行总结，提出技术工作的注意事项，以确保技术工作有条不紊地开展。

关键词：建筑工程；隐蔽验收；施工技术；资料

建筑工程施工技术管理工作是运用科学的方法，结合现行的规范、程序去完成工程技术工作，在施工中按照相关工程技术指标和我国的技术规范、政策、法规，科学组织技术工作，建立良好的工程技术秩序以保证生产过程总体符合技术规程、规范，达到技术管理的要求。

项目技术负责人是一个相当重要、相当要有责任心的岗位。项目上的大小事情都与技术相关，这就要求技术工作必须落到实处，任何事情要做到有章可循，将自身责任最小化，做到合理避责。同时确保施工符合科学技术发展规律，保障施工有序进行，防止施工过程出现问题。因此我们在进行技术管理工作时，注意各个方面管理要点。本文以塔吊基础、塔吊设备安装、桩基施工、基坑支护、模板工程、钢筋工程、混凝土工程等方面的注意事项进行阐述。

1　塔吊基础施工注意事项

（1）基础施工前根据地勘报告并结合现场实际情况，根据塔吊说明书中塔吊基础所需的承载力要求，确定塔吊基础形式[1]。

（2）如若采用天然地基做塔吊基础的，必须请有资质的检测单位进行钎探试验，确认持力层达到设计要求，同时邀请监理单位到现场予以见证，留下影像资料。

（3）如若塔吊基础采用桩基＋承台基础时，根据地勘报告挖至持力层，并进行桩的抗拔计算。

（4）塔吊基础绑扎钢筋完成后，请监理单位现场进行验收，并请其在隐蔽验收记录上签字。同时防雷接地务必预埋到位并有相应的检测记录。

（5）塔吊基础浇筑混凝土时注意其强度等级要求并留设混凝土试块，塔吊安装使用前将混凝土试块送至有资质的检测单位进行试压，检测其强度是否合格。

2　塔吊设备安装注意事项

（1）塔吊设备安装前，安装资料先行，技术负责人审查完成后，及时到相关单位签字盖章，同时提前告知当地安监部门。

（2）塔吊现场安装时，项目部安全员务必到场，同时对安装工人的证件进行核查，确保人证合一。

（3）存在群塔作业的，注意塔吊的初装高度以及塔吊之间交叉作业的情况，并编制好群塔作业防碰撞施工方案。

（4）塔吊安装完成后，由具有资质的检测单位及时进行塔吊检测工作，并出具相应的检测报告，同时在1个月内完成备案及使用登记。

（5）塔吊使用登记完成后，及时组织租赁单位、安装单位、监理单位及建设单位进行联合验收，并完善签字手续。

3 桩基（灌注桩）施工注意事项[2]

（1）桩基施工前认真核对地勘报告，初步确认桩基开挖深度，大概挖到设计要求的持力层时，及时联系地勘、设计、监理、建设单位及质监部门进行现场验槽，同时完善签字手续，在召开验槽会议时做好签到、会议纪要并拍摄好照片；避免后续桩基检测持力层不符合设计要求而引起不必要的经济责任纠纷。验槽时如若地勘单位现场确认达到持力层，而地勘报告显示与实际不符时，及时与建设单位、监理单位与地勘单位确认，并向建设单位提交工作联系单，尽量使我们自身规避责任。

（2）桩基施工过程中，及时做好施工记录，记录好桩长、桩顶标高等数据，并找监理、建设单位及时完善签字手续。

（3）钢筋笼施工制作时，认真核对设计图纸，对照图纸要求检查钢筋的直径、数量，尤其注意加劲箍筋的设置。

（4）混凝土浇筑前，认真核对设计图纸，确定好超灌厚度，同时在桩孔内留设好控制标高。混凝土提交计划前，确认混凝土所用水泥的类型，地下水丰富的有可能设计上会要求混凝土采用抗硫酸盐水泥。做到混凝土搅拌站提供的资料与设计图纸相符。

（5）桩基施工时每根桩的桩底岩样务必留底，并编号；每根桩的混凝土浇筑，都务必留置混凝土试块。

4 基坑开挖及支护注意事项

（1）基坑开挖前务必要有基坑设计图纸，这样基坑在开挖前可提前完成降水井的设置。避免施工单位自己去找设计单位进行基坑设计，建设单位委托的设计对施工更有利。遇到土质不好、工作面不够的情况导致无法按原设计施工时，要联系建设单位和要求设计单位现场处理并调整设计方案，这样能减轻我们自身的责任。

（2）基坑开挖及支护超过5m的深基坑时，及时编制好专项施工方案并组织好专家论证，程序上不能犯错。深基坑支护时，必须做到分层开挖分层支护，切勿一次性开挖到底后再进行支护，这会导致大型的机械设备无工作面，造成从外面运土来造“人造工作平台”，这样成本及进度不划算。

（3）基坑施工过程中，如若遇到建设单位要求施工单位不按图纸施工的，施工单位需要在第一时间将建设单位调整的方案写好联系单并落实签字手续，同时要求建设单位及时地补充设计变更文件，避免施工单位承担责任。

（4）基坑支护完成后，要设置好沉降及位移观测点，同时建议建设单位联系好第三方检测单位。项目部自身的沉降观测要做到实处，切不可编造数据。

（5）基坑支护完成后，及时组织好基坑验收工作，并落实好签字手续。对验收程序不了解的可咨询当地安监部门。

5　模板工程注意事项[3]

（1）在施工前必须编制好模板工程专项施工方案，做好方案的技术交底、安全技术交底工作。遇到高支模时，及时编制高支模专项施工方案并组织专家论证。

（2）支模架搭设过程中落实检查，确保方案与现场实际一致，同时搭设要求要与规范一致，特别注意纵横向扫地杆和剪刀撑的搭设。

（3）支模体系在混凝土浇筑前，落实好签字手续，请劳务班组自检签字后交项目部，项目部请监理单位验收后落实签字盖章。

（4）模板工程施工前，技术部门可以优化图纸，将其中300mm以内与剪力墙连接的砌体墙、100～200mm厚的门垛、门洞过梁等与主体结构一并施工的完成，如若设计图纸中没有明确，需与设计单位联系确认并签字认可。

6　钢筋工程注意事项

（1）认真阅读结构设计总说明，确认钢筋是否带“E”、焊条要求以及其他结构要求。

（2）对钢筋班组及时地做好技术交底，交底内容务必做到细致、专业，交底内容应结合结构说明和图集。

（3）钢筋原材进场后及时地进行见证取样和送检，每个楼层混凝土浇筑前确保检测单位出具焊接报告，如电弧焊、电渣压力焊、闪光对焊。

（4）钢筋施工时，加强对现场的检查，做到事前、事中控制，过程中仔细检查。如钢筋型号、绑扎间距、保护层厚度的控制、垫块的垫设要求、拉钩、搭接长度、锚固长度及方式等进行仔细检查。

（5）地下室底板、顶板及屋面层及时邀请质监部门到现场进行检查验收，其他楼层的可向当地质监部门了解其监督计划。

（6）钢筋隐蔽验收合格后及时地完善隐蔽验收记录。

7　混凝土工程注意事项

（1）地下室混凝土浇筑前，提前确认是否有大体积混凝土，如果有需编制大体积混凝土施工方案。

（2）地下室及主体结构混凝土浇筑前，仔细阅读结构说明，确认混凝土的类型、强度等级等事项。如桩基混凝土水下灌注，有可能需要采用抗硫酸盐水泥；地下室底板、外墙、顶板有可能需要掺入一定量的抗裂膨胀剂及抗裂纤维。因此技术部门要及时提醒施工部门，并与材料部门保持沟通，确保混凝土公司的混凝土资料与设计图纸相符。

8　其他方面注意事项

（1）地基验槽时，及时落实验槽签字手续，避免出现问题时无证据，切实保护好自身权益。

（2）对进场的每个班组、每个人员及时地做好安全技术交底及安全教育，并落实签字、按手印的程序。

（3）外脚手工程在搭设时，落地架首盘架、悬挑架及时找监理单位进行验收，验收合格后完善签字手续，同时在施工时，项目部要跟踪检查，确保搭设的脚手架与施工方案一致。

技术管理工作的好坏，很大程度上决定了企业经营效益和企业竞争实力。工程施工必须具备一定的技术装备和技术条件，而这些技术条件和技术装备需要企业的技术管理水平支撑和技术力量支持，两者相互作用。好的技术管理可以十分充分地发挥施工人员及材料、设备的潜力，在保证工程质量、安全的前提下，正确的施工技术管理能降低工程成本，提高经济效益和提升市场竞争能力，并能切实维护好我们自身的利益。

参考文献

［1］ 塔式起重机混凝土基础工程技术规程：JGJ/T 187—2009［S］. 北京：中国建筑工业出版社，2009.

［2］ 建筑桩基技术规范：JGJ 94—2008［S］. 北京：中国建筑工业出版社，2008.

［3］ 建筑施工模板安全技术规范：JGJ 162—2008［S］. 北京：中国建筑工业出版社，2008.

建筑工程项目管理的探讨

刘　凯　杨曙臣　何金文　李　斌　陈　意

湖南省第六工程有限公司，长沙，410000

摘　要：当今社会，建筑工程项目已成为经济发展的重要组成部分。目前建筑施工企业数量不断增加，竞争日趋激烈，企业要想在竞争中处于不败地位，必须管理好工程项目，以增强自身竞争能力，本文就建筑工程的项目管理略作探讨，以供大家参考。

关键词：建筑工程；质量管理；成本控制体系；质量保证体系；施工

1　建筑工程的成本管理

随着工程项目管理在建筑业中逐步推广和普及，项目的成本管理也逐渐被施工企业所重视，项目成本管理已成为施工项目管理向深层次发展的主要标志和不可缺少的内容。

1.1　建立完整的成本控制体系

工程中标后，应由专门人员在开工前对项目进行分阶段的造价编制，相关管理人员应指导项目确定整个工程的责任成本，并将整个工程的责任成本分散成各阶段的成本控制，各部门各自负责自身成本控制，并且从项目经理抓起，由项目经理对各分部经理的工程进行总体监督，分部经理则对所辖员工进行监督管理。通过树状分类管理体系，可要求各管理部门有高度的成本控制意识，进而做好成本控制工作，以避免施工过程中因疏忽引发复工从而浪费人力、物力。

1.2　对持有资源的成本管理

一是人员安排。根据工程的进度需求进行人员安排，保证固定人员能够落实到位，紧急工程可临时外聘，但将大幅增加人力成本，因此要统筹规划，全盘考虑，尽量避免临聘现象。施工企业应该根据自身情况，培养一批专业素养高、多技能的技术人员，便于调节各工序的松紧状态，以防人手紧缺，可节约人工费用成本，并加快工期进度。二是材料管理。材料采购中，采购部应做好市场调查和价格比对工作，并尽量减少中间环节，寻求与厂家直接沟通的平台，降低采购成本。三是机械设备管理。要提高设备的利用率，避免窝工、停工，做好机械设备维护和保养，尽量减少各个环节的费用支出。

1.3　做好其他成本控制工作

在现行招标体系中，最低中标原则导致大幅降低企业盈利水平，企业主要利益来源于建筑工程成本控制、费用索赔、设计变更和工程签证。因此，施工企业应注重收集施工过程资料，牢抓设计变更事项和索赔机遇，争取更大利益的索赔和签证。

2　建筑工程的质量管理

建筑工程的质量管理总体而言可概括为：确定目标，明确责任，分解落实；针对难点，组织攻关；样板示范，摸索经验；跟踪控制，严格把关。

2.1　建立质量保证体系

为把质量管理工作落实到处，必须建立可行的质量保证体系。企业和项目是质量保证体系有效运行的关键。企业要依照 ISO9000 标准建立覆盖工程全过程的、切实可行的质量保证体系。要不断加强各层次领导的质量管理意识，充分发挥工程师和技术人员的作用，建立一个以项目经理为中心、技术负责人为主、质量监督员、各班组长具体负责的职责分明的执行机制，对现场施工质量管理工作进行合理分配，完善及落实各质量管理制度。

2.2 控制施工环境与施工工序

在工程施工过程中，影响质量的因素是多方面的。包括质量管理环境，如质量保证体系、质量管理制度；工程技术环境，如本地地质状况等。因此要根据具体的项目对影响质量的因素进行有效控制。施工工序是影响施工质量的最主要因素，因此必须加强对施工工序的质量控制，把事后控制转向以预防为主，采用数理统计法对施工各工序进行统计分析，以判断质量是否合格。

3 建筑工程的安全生产管理

建筑工程的安全生产管理，就是施工项目在施工过程中组织安全生产的全部活动，通过对生产因素的具体控制，使生产因素不安全的行为和状态减少或消除，不引发事故，从而保证施工项目的正常运行。

3.1 坚持安全与生产同步

管生产必须抓安全，安全寓于生产之中，并对生产发挥促进与保障作用。坚持“四全”动态管理，安全工作不是少数人和安全机构的事，而是一切与生产有关的人的共同事情，缺乏全员的参与，安全管理不会有生机，效果也不会明显。生产组织者在安全管理中的作用固然重要，全员性参与安全管理也是十分重要的。因此，生产活动中对安全工作必须是全员、全过程、全方位、全天候的动态管理。

3.2 坚持控制人的不安全行为与物的不安全状态

分析事故的成因，人、物和环境因素的作用是事故的根本原因，从对人和物的管理方面，去分析事故、人的不安全行为和物的不安全状态，都是酿成事故的直接原因。

3.3 制定安全管理措施

加强施工工程的安全管理，制定确实可行的安全管理制度和措施十分重要。它是管理的方法和手段，对生产各因素状态的约束和控制，根据施工生产特点，安全管理也具有明显的行业特色。要落实安全责任，实施责任管理，加强安全教育，例行安全检查。

4 充分运用先进的管理手段

随着计算机的普及和应用软件的迅速发展，目前已开发出不少用于项目管理的软件以及专门用于成本控制及管理的软件，这不仅可大大提高管理人员的工作效率，而且在辅助管理人员进行设计、决策管理等方面也起到了十分重要的作用。

参考文献

[1] 尹建国. 浅谈建设工程招投标中存在的问题及应对措施［J］. 机电信息，2005,（05）
[2] 伍育斌. 建筑工程施工管理之我见［J］. 中小企业管理与科技（上旬刊），2010,（06）
[3] 石岩峰，卫宏. 工程项目施工的精细化管理措施及意义［J］. 山西建筑，2010,（33）
[4] 金丽华. 浅谈项目管理在制造业成本控制方面的应用［J］. 经营管理者，2008,（15）
[5] 廖碧辉. 建筑工程施工项目成本控制［J］. 山西建筑，2009,（31）

医院建筑装饰和安装阶段的施工配合认识实践

曹小平

湖南六建装饰设计工程有限责任公司，长沙，410000

摘　要：我国建筑建设技术水平的不断提高，为我国城市建筑的多样性提供了保障。医院作为人群密集区，其建筑的整体质量关系到人们的生命安全。因此在施工阶段应当注意做好各个环节的衔接配合，确保建筑施工有序进行。本书将对医院建筑装饰的安装施工配合及管理进行分析。

关键词：医院建筑；装饰施工；安装配合；管理措施

医院建筑相对于一般建筑存在着一定的特殊性。因其人员密集度相对较高，且需要在建筑内安装和摆放各种医疗仪器设备，因此在建筑整体安全性得到保证的同时，还需要具备良好的功能性特点。目前我国建筑技术水平在快速发展阶段，医院建筑装饰施工管理是否科学合理也受到了重点关注。因此在本文中，笔者对医院建筑装饰的施工管理进行分析，尤其对安装阶段如何与建筑装饰施工进行良好的配合，确保建筑整体质量得到充分保障提供一些思路。

1　医院建筑装饰安装施工的特点分析

对医院建筑施工中的装饰安装环节进行深入了解，有助于加强安装与装饰施工等各个环节的流程配合，并在此过程中使用恰当的技术方式来进行建筑施工。医院建筑相对于一般的建筑，其内部的装饰施工和布局有一定特殊性，如何在施工过程中将实际安装操作与前期的相关规划设计进行良好结合，避免施工过程中出现安装失误等问题是施工的重点。

从实际来看，可以将医院建筑的安装施工进行工程阶段划分。考虑到医院内需要有充足的医疗空间，并且需要医疗空间具备良好的换气性和温湿度调整功能，因此，在实际安装阶段应当选择合适的装饰施工材料进行安装。医院内的导医台等区域，则应当在不会遮挡人员通行的前提下尽可能的放置在进门区域，方便医护人员工作。医院装饰安装施工相较于一般建筑的内部装饰施工，要考虑到病人、老人或儿童的需求，因此对楼梯间、楼梯扶手等设计和安装施工时，应当进行适当的调整。设置成双层的扶手可以解决和满足成人、儿童等不同人群的需要。通过上述特点分析可以看出，医院建筑的内部装饰以及安装施工必须密切配合，并确保施工人员能够严格按照设计图纸开展施工作业，从而通过良好的安装施工配合，保障医院建筑项目的有序进行。

2　医院装饰与安装施工存在配合不足的分析

医院建筑在装饰安装施工的过程中，能否做到良好的施工配合，确保安装施工各个流程与前期设计规划形成一致，对于保障医院建筑使用上的安全性、稳定性及功能性都十分重要。现阶段，在医院装饰安装施工的各个阶段，其施工配合仍然存在着一定问题。这些问题的存在，将直接威胁到医院建筑的整体建设水平。笔者认为，其施工配合不足的原因主要有以下两点：

（1）装饰安装建设施工与前期规划方案的统一性有待提高。在医院建筑装饰安装施工前，需要通过现场的勘察和分析规划，制定出相应的施工图纸，图纸当中需要包含有施工的整体进度、施工技术选择、格局、预案以及装饰等相关内容。建筑施工人员需要按照设计图纸中的内容开展施工作业。而现阶段，由于部分施工团队在医院建筑的安装施工过程中，没有严格按照设计施工图的内容进行施工操作，导致医院建筑装饰与安装阶段的实际配合度受到影响，最终影响了医院建筑装饰的质量。例如在对电梯间进行装饰安装时，由于没有严格按照前期设计图纸的内容进行安装操作，导致电梯间的通道相对变窄，当人流大时，便影响人员的通行。

（2）相关项目负责人对安装施工配合的管理有待加强。医院的装饰施工和安装阶段的配合是否默契，能否按照标准化的流程推进施工内容，需要相关项目负责人投入足够的精力来进行管理。其管理的严格性和规范性也应当得到足够的重视。现阶段，部分施工单位在开展和落实施工项目管理的过程中，没有一套相对完善的管理体系，导致管理工作无法发挥出实际作用。这对安装阶段的施工配合带来了一定的影响。

3　强化医院建筑装饰安装施工配合水平的几点建议

3.1　做好前期规划准备，加强人力物料管理水平

要确保医院建筑装饰施工安装阶段得到良好的配合，确保各个施工环节衔接紧密，避免施工漏洞，则必须要做好前期的规划准备工作。前期的规划准备工作必须要落实到实处，相关负责人必须对医院建筑装饰的各个细节进行全面的了解，确保实际安装施工符合相应的技术要求，也符合医院的实际需求。另外，不断加强人力以及物料方面的管理，尤其是提高材料采购环节的流程把控，可以确保在装饰安装的过程中不会出现材料质量问题或选择了错误的施工流程。在物料的管理方面，管理人员应当对原材料供货商的资质进行审核，确保供货商的材料符合我国相关建筑装饰材料质量标准，同时也符合医院建筑装饰的需要。

3.2　全面提高建筑装饰施工人员的技术水平

针对医院建筑装饰工程的实际情况，相关负责人应当选择合适的施工安装团队来进行合作。施工技术人员的技术水平将直接影响到医院建筑装饰工程的整体质量。为此，相关负责人除了需要做好前期的施工团队选择，确保施工团队拥有相关施工资质，另一方面，施工技术人员也应当紧跟时代步伐，针对医院建筑装饰设计方案的情况进行分析研究，并制定出安装施工的整体流程，对安装阶段的不同细节进行分析。只有不断加强装饰施工技术人员的综合素质能力，才能够有效保障建筑安装阶段施工配合的紧密性，避免配合失误造成严重后果。

3.3　对施工安装阶段进行全面管理把控

在医院装饰安装阶段，相关施工管理人员应当进行全方面的管理把控，并确保管理工作能够贯穿安装施工的始末，对安装施工的各个环节进行技术检查，确保施工项目各个环节配合无误，工程项目有序进行。要做到这一点，就必须对装饰安装工程的总进度进行把控，并按照相应计划方案进行逐步实施。在管理工作中，管理者应当确保装修工程的每一步都按照设计方案进行推进，并对其中可能会出现问题的环节进行严格把关。一旦发现安装施工配合不当的情况，应及时予以指出，并采取合理的方式进行解决。

3.4　建立健全管理制度体系，严格执行管理细则

医院作为提供民生服务的重要地点，其建筑内部的设计以及装饰等要体现良好的便利性和功能性。因此在建设施工过程中，相关技术工作人员应当确保安装阶段的技术细节恰当，确保工程项目的整体质量符合相关建筑质量标准。为此，在安装阶段为了最大化加强施工配合，必须严格执行有关管理规定，因此，建立健全相应的管理制度内容则显得至关重要。笔者认为，施工管理的规章制度应当落实到实处，并将施工配合过程中易发生失误的问题进行分析总结。按照常见问题对规章制度的内容进行科学合理的修改，确保管理制度能够应用于医院建筑装饰施工中。

4　结束语

综上所述，随着我国建筑建设水平的不断提高。相关从业工作者应当做到与时俱进，不断提高施工技术水平和施工现场管理水平。医院建筑装饰对施工安装阶段有着较高的技术要求，同时也要求施工阶段各个技术环节能够做到紧密衔接，有效配合。这些都需要相关从业工作者进行思考和总结。只有切实加强施工阶段的配合，才能够保障医院建筑装饰安装的有序进行。

参考文献

[1]　劳延聪. 医院建筑总体规划与设计研究 [J]. 技术与市场. 2019 (01): 148 ～ 149.

[2]　张欢，麦粤帮，路建岭. 浅谈医院建筑室内墙地面装饰材料的选用 [J]. 建材发展导向. 2014 (16)

[3]　吕德涛. 医院建筑工程各阶段的质量内涵分析 [J]. 中国建材科技. 2018 (01)

[4]　杨斌，周大志，胡锴. 医院建筑施工管理的影响因素及对策分析 [J]. 住宅与房地产. 2017 (23)

智慧工地的三检制度探讨

李　涛　易　宏

湖南省沙坪建设有限公司，长沙，410000

摘　要：三检制度是质量控制的重要制度，但是实施多年，还是经常出现执行不认真、流于形式的情况；智慧工地经过6年的发展，仍浮于表面，未能落地。因此如何发挥智慧工地的优势，做好三检制度的落实工作，对智慧工地的落地有着重要的参考价值。本文从需求分析、系统组成、内容管理、信息处理四个方面认真探讨，以供参考。

关键词：智慧工地；三检制度

1　前言

智慧工地自2013年兴起以来，6年间发展得如火如荼，但是还是不尽人意。一方面是行业各方从发展意义、系统构成、关键要素、技术支撑多方面进行了深刻的研究，理论越来越完善，功能越来越强大；另一方面是工地现场管理人员认为智慧工地对施工帮助有限，常常出现看着挺好、用着太累，不做不行、做了没用，投入清晰、产出糊涂的困惑。

究其原因，智慧工地依赖于信息技术发展，施工现场的管理人员对新技术了解有限；而智慧工地的系统开发者们对现场管理理解不深，产品无法满足现场管理者的需求。因此，仔细分析现场管理的薄弱环节，详细描述自己的需求，探讨利用智慧工地技术实现的方式，是现场管理者们在智慧工地发展中的任务。

本文从三检制度入手，仔细分析智慧工地中三检制度的需求，探讨智慧工地系统的组成、管理设想及流程，希望能给开发者们以启发。

2　需求分析

智慧工地三检管理系统有五大需求：

（1）吸引工人参与的需要。三检制度的有效落实，需要一支人员数量足够、人员专业能力和实际动手能力强的质检员队伍，而这正是施工企业所缺乏的。要落实三检制度，最好的办法是吸引工人参与，让工人承担部分管理任务。因此，如何发挥智慧工地的优势，采用多种互动方式，吸引工人参与，是需要探讨的问题。

（2）适应工地环境需要。工地噪声大、灰尘多，露天作业更有防雨和防晒要求。如果没有精心设计，容易出现设备损坏，导致整个施工系统故障，系统将成为无皮之毛。因此，如何规划系统组成，确保系统安全，耐用，是需要探讨的问题。

（3）信息快速输入需要。自检、互检、交接检在人工定额中均存在不可避免的中断时间。传统三检制度采用填写检查表格的方式，复杂耗时，面对工期压力时容易流于形式。因此，如何精心设计操作界面，确保信息输入快速化，是一个需要探讨的问题。

（4）大量信息输入需要。自检、互检、交接检的人员众多，工序众多，信息复杂。只有尽可能多的完成输入信息，才能利用大数据的技术，发挥智慧工地的优势。因此，如何设计软件，确保信息快速输入，满足大量信息输入的需求，是需要探讨的问题。

（5）信息处理的需要。大量的信息输入必然会带来大量的无效信息或有效但杂乱的信息。只有对信息进行处理，才能迅速得出结果和有效处理措施。因此，如何利用信息处理技术，对大量的信息进行处理，从而去挖掘效益，这是需要探讨的问题。

3　系统组成

三检制度管理系统应该分为终端、移动端、工作站三个部分，其中终端为离工人最近的输入和输出平台，移动端为个人手机的操作平台，工作站作为数据储存。

3.1　终端设备探讨

（1）作用。终端设备作为与工人最接近的输入端和输出端，它的任务是收集第一手信息，并作为结果公告，还能查询历史结果和个人记录。

（2）需求分析。

①耐用：为了收集第一手信息，终端必须在离工作面不远的地方，能在风雨、扬尘、噪声、杂物、振动甚至出现碰撞的环境下正常工作。

②便捷输入：作为施工间隙操作的设备，收集信息的方式必须是高效的。而且为了方便经验丰富但年龄偏高的工人操作，必须采用简易登录、简易输入的模式。

③查看方便：作为露天显示设备，需要满足多人查看，快速查看需求。且工地常有夜间加班，需要能在夜间正常使用。

④移动及防盗：工作面经常变动，终端需要能跟随工作面变动而移动，但是工地人员变动频繁，不能彻底封闭，有防盗要求。

（3）根据需求和作业，笔者对终端设备做了些设想，希望能抛砖引玉。

①位置：按照湖南省沙坪公司推进的标准化工地中，设置有集装箱式茶水间。如果设有集装箱式茶水间，可以将终端设备固定在茶水间（图1）；如果没设集装箱式茶水间，简易设置应在临时茶水间或者吸烟区。这样即方便工人使用，也能借助茶水间的安全措施保护设备，工人在休息时间就可以参与和了解整个系统运行。简单的休息交流更好地让工人在思想碰撞中激发灵感。

图1　集装箱茶水间

②大小：显示屏大小应当与常用平板电脑规格相似，有利于降低成本。终端设备应有硬塑外壳，外壳顶部略大于显示屏及操作部分；保护壳底座应适当放大加厚，利于底座稳定。终端设备高度以适合站立操作为宜，整体大小根据工地实际情况调整，以方便2个人抬动为佳。

③输入设备：设备为工作间隙使用，工人手上难免有油污、不建议使用方便的触屏输入。建议使用按钮式对固定选项进行选择，或麦克风式语音输入；登录设备可以利用成熟的人脸识别、工牌二维码、智能安全帽、定位手环等方式登录。文字输入最好由移动端处理。

④保护设施：设备应配置简易防护罩保护显示屏与操作设备，防尘防雨；设置在集装箱外的终端设备，还应粘贴夜光标识、与周围钢管连接的防盗报警锁。

3.2　移动端探讨

满足大量信息的需求，弥补终端设备的不足。可利用成熟的智慧工地管理平台，需要增加相应功能（图 2）。

3.3　信息中心探讨

满足信息处理的需求，可利用成熟的智慧工地工作站，但需要增加相应模块（图 3）。

图 2　信息化管理平台

图 3　信息中心

4　内容管理

内容管理既要满足工人的参与（要求简单易操作），又要能高效地完成三检制度，这部分内容至关重要。

4.1　吸引力设想

吸引力可以参照以下几个方面来设计：

（1）趣味文字：检查对象的描述和选项可以由文字工作者加工，以幽默、俏皮的文字为主，互检可以增加流行的吐槽式选项，降低质检的抵触心理，达到获取大数据的目标。

（2）论坛式处理：采用网络论坛式的置顶、高亮加粗、加精等方式，使用年轻人习惯的方式来进行交流的同时，完成重要问题的聚焦。

（3）参与积分奖励：积极参与的应有积分奖励，积分可以换取荣誉称号、日用品、聚餐或其他奖励。积分跟随实名注册的账号，同时还可以用于对优秀评论的加分、需求协助后的赠与，避免工地人员流动造成积分无效的情况。

（4）合理化建议奖励：对采用的合理化建议进行物质和精神奖励，用以提高工人参与的积极性。

4.2　高效性设想

高效性保障设想如下：

（1）自检是施工过程中的自我检查，也是自我控制性的检查，因此，自检内容应该由技术负责人设定，班组长根据实际情况及技术交底选择检测项目，施工班组全员参建。为了达成高效自检的目的，除了需要专业检测设备检测的内容，还应当尽量设置简洁，多采用选项、评分式来输入检测结果。

（2）互检是在施工过程中互相检查监督，以此取长补短，提高施工水平，检查内容由技术负责人设定，检查者自行选择。也可以设置其他选项，由检查者自行填写。可以对优秀的工作成果进行表扬，对不足的成果进行批评，还可以对自检和交接检的检查结果进行打分，根据打分结果发现问题和工人关注点。

（3）交接检即是下道工序顺利进行的有力措施，有利于分析质量责任和奖惩制度的进行。检验内容应由技术负责人设定，下一道工序作业班组根据需要选择检查项目，班组长根据实际情况向技术负责人申请修改选项。检查出隐患后，在上道工序的班组无作用时间或无作用面整改时，委托下道工序的班组进行整改，使流程不出现中断。委托可以用积分作为补偿，增加团队合作，提高凝聚力。

（4）作为补充，应该设置合理化建议功能。合理化建议功能分为安全建议、质量建议、成本建议。合理建议通过筛选后，可以让工人选择支持或者反对，作为管理者决策的参考。

（5）所有的检查选项应该根据工地的实际情况、工人、管理者的反馈，及时的修改，从而增加三检制度的活力。

5　信息处理

信息处理是智慧工地三检制度系统的核心，至少包括权限管理、管理流程、重要信息处理、无效信息过滤、成果总结。

5.1　权限管理

权限至少分为四个级别，根据实际需要增加。

（1）管理员：权限为模块增加或减少、检查内容修改、信息价值判定规则、积分奖励、委托发布、公告管理等。信息专管员拥有最高的全部权限；项目经理、技术负责人、安全和质量专管拥有部分权限。

（2）主要检查者：权限为文字、语音输入、固定选项选择、附上照片等。监理工程师、九大员、自检拥有该权限。施工班组成员在自检和交接检时拥有该检查权限。

（3）次要检查者：能使用合理化建议模块的所有功能，等同于论坛成员。在其他模块只能使用固定选项，避免冗余信息的输入。除前两种权限的均属划分为该权限，非自检交接检时的班组成员拥有该项权利。

（4）权限调整：积极参与者、发送高效信息多的可以提升权限；消极参与，发送大量无效信息的可以降低权限。权限的调整在工地例会决定后执行。

5.2　管理流程

（1）新建检查项：选定工序和施工区域，拟定检查项目和固定选项；由技术负责人和信息专管员负责确定内容。在对应的系统后台设定好对应的流程检查人及后续流程的节点核查人员。按照默认的流程程序一步步按设定好的流程往下走。

（2）检查项选择：根据现场进度情况，选择需要检查的项目（钢筋、模板、混凝土、水电等子分项工程），由施工员（质量员）或班组长负责。每天更新检查情况，及时上传到系统平台。

（3）自检：在施工过程中进行检查，可拍摄照片、视频甚至申请监控。检查完后填写检查结果。每个工种的工人应该对自己的工作范围负责，描述或拍摄完成后的工作面成果，及时上传。

（4）互检：根据后台设定的流程同时通知质量员、施工员、安全员、班组负责人来检查完成情况。系统会根据之前导入的BIM模型，自动定位那片区域轴线范围，结合地图自动导航去工地检查，并且有时间倒计时提醒。相关人员在现场根据实际情况检查工作成果，并对每个区域的成品进行打分，结果有合格，或者是不合格。如果结果为不合格，需要填写不合格的原因，并在规定的时间内完成整改。

（5）交接检：在工序转换时，下一班组对上一班组施工进行检查。不同的班组按照系统默认的后台程序来工地检查，在系统页面进行确认，或者不确认且补充不合格的理由。

（6）检查处理：按照检查结果，系统自动推送检查完成后的情况，对施工班组进行奖惩处理。

（7）结果公布：每周或者每月进行奖惩的排名在系统手机端和终端发布通告，还可以结合手机短信的形式发布到关联的个人的手机上。有推广价值的可以采用置顶、终端滚动播放等措施。

5.3 重要信息处理

（1）重要信息划分：根据大家反馈的内容，可以划分成多种信息类型：反映安全隐患的信息、反映质量隐患的信息、反映成本控制的信息、反映进度措施的信息或者其他相关的项目部信息。

（2）处理方式

①流程处理：如果存在隐患的安全及质量问题，由检查人发起相关流程推送到指定的整改人员，整改人员在规定的时间内进行问题整改，在整改完成后拍摄完成后的照片，再由检查人核对整改后的情况进行确认，确认完成后，一个完整的问题处理及回复流程就闭合完毕。

②聚焦处理：对于未能短时间解决的问题，采用置顶、甚至公告的方式进行聚焦，甚至可以一日内进行多次手机推送提示，做到问题的轰炸从而避免隐患深藏。

③奖惩记录：每周记录对班组成员的奖惩结果，调整积分。

5.4 低效信息处理

由于信息输入量大，必然会出现大量无效信息，必须对其进行处理，避免效率降低。

（1）权限处罚：对发布无效信息的人员进行降低权限、暂停发言的处罚，从源头减少无效信息。系统管理人员每天进行一次信息的筛选，选出有用的信息，删除无用的信息。对多次发布不相关信息的人员权限降低或者暂停使用。

（2）同类信息合并：信息类似、部位相似的进行合并，删除多余的及重复的信息，仅进行统计记录。

5.5 成果总结

经过系统一段时间的使用和后台数据记录，我们可以实现如下的成果总结：

（1）通过每周的质量评比，可以发现所有班组的合格率是多少，甚至可以知道个人的合格率是多少。我们可以优选合格率高的人留用，进入我们公司的合格班组及合格人员名单库，为公司的长期发展累积人才。

（2）通过安全检查，我们知道项目目前存在的安全问题、每周突发的安全问题、经常发生的安全问题以及某个班组及个人重复出现的问题。我们可以有针对性地处理这些高发问题，预防及避免事故的发生。

（3）通过问题的累积记录，我们可以知道质量及安全的高发问题以及高频率的问题，从而制订对应的措施及方案防治。进行针对性较高的专项方案的交底，甚至可以做到个人的制定性交底。多次违反质量及安全问题的人员可以进行处罚或者是开除处理。

（4）寓教于乐，提高了全员参与度，通过畅所欲言，集中全员的智慧及经验，解决工地的质量、安全、成本、进度等问题，从而加快管理人员、工友、班组的融入度。积分制度的推出，让大家都积极参加的工作中，建言献策。

（5）高速及快速的检查模式，让自检、互检、交接检即高效又高速地完成，其责任划分明确，不推脱，不推诿。

6　结语

本文从三检制度的需求出发，探讨了智慧工地三检制度系统的组成和内容管理，设想了一个智慧工地三检制度的模型。模型通过权限管理、积分管理、信息处理与智慧系统的其他模块（人员管理、设备管理、监控系统、危险管理）接轨，发挥了智慧系统大数据的优势，可行性较高。

智慧工地作为工地发展的趋势，将是一个大的系统变革，如何更好地完成原有管理任务以及标准化、如何提高效益，需要我们不断的探讨、验证、磨合。希望本文短短的篇幅，能为这个变革做出贡献。

参考文献

[1] 付涧梅. 莫让“智慧工地”变空壳［J］. 中国铁道建筑报，2019（1）10.

[2] 张应会. 建筑企业实施质量“三检制”过程中存在的问题与对策［J］. 工程质量，2018（7）.

[3] 张书堂. 浅述施工“三检”制度［J］. 土木建筑学术文库，2008（9）227～229.

BIM 技术在建筑施工中的应用研究

张跟柱

中国建筑第五工程局有限公司，长沙，410000

摘　要：针对建筑施工过程中按照平面图纸施工容易出现问题的情况，以中科大高新园区项目为例，建立了三维 BIM 模型，利用标准化模型优化了临时建筑布置方案，通过三维场布给出了施工区域划分方案，进行了施工进度仿真模拟；对危险源区域及高支模区域进行识别，给出了相应方案和工程量统计；进行了二次结构深化设计，得到了砌体及轻质隔墙布置方案和工程量，给出了角柱钢筋布置方案，制作了全景方案；提高了施工效率；体现了 BIM 技术在施工过程中的应用价值。

关键词：BIM 技术；三维场布；进度模拟；深化设计

1　引言

随着 BIM 技术在建筑工程领域中的应用及建筑信息模型相关处理软件功能的不断更新和完善，BIM 技术在中国已进入应用阶段，建筑信息模型技术的应用为建筑行业带来机遇的同时也挑战着传统设计理念与思维；BIM 是融合工程各阶段信息数据的三维仿真模型，建筑信息模型具有可视化、协调性、一体化性、模拟性、参数化以及信息完备性等特点[1]；BIM 技术贯穿建筑的全生命周期。针对施工企业，BIM 技术在施工过程中的应用主要在三维模型建立及图纸会审，三维场布，各专业工程量计算及成本管理，施工模拟，碰撞检查，管线综合、深化设计，施工进度管理，渲染出图等方面[2]；BIM 技术能够有效控制项目各阶段施工质量、施工安全、工期节点完成情况及各阶段施工成本管理。本文结合中国科学技术大学高新园区项目实际情况，将 BIM 技术应用在参数化建模、临建策划、三维场布、深化设计、危险源识别、角柱钢筋定位上，研究如何更好地将 BIM 技术应用落实到项目施工过程中，为 BIM 技术在其他项目推广应用奠定基础。

2　工程概况

2.1　项目简介

中国科学技术大学高新园区项目位于石莲南路、燕子河路、创新大道和柏堰湾路围合区域，北邻中国科大先进技术研究院，西接中科院量子信息与量子科技创新研究院，规划总用地约 102 万 m^2。中科大高新园区（一期）项目占地面积约 40 万 m^2；主要建设图书教育中心、师生活动中心、南二食堂、9-1 学生公寓、9-2 学生公寓、9-3 学生公寓、南一食堂、体育馆，总建筑面积约 15.56 万平 m^2，地上 13.08 万 m^2，地下 2.48 万 m^2，包括框架结构、框架剪力墙结构、钢结构。图书教育中心为本工程中心建筑，总建筑面积 68284.7m^2，地上建筑面积 51284.7m^2，地下建筑面积 17000m^2，地上 13 层，地下 1 层，塔楼为钢筋混凝土框架 - 剪力墙结构；南侧 A 单体及北侧 B 单体为钢筋混凝土框架结构；东侧 C 单体为钢结构。塔楼主要为教学、报告、图书阅览功能；南侧单体主要为会议、报告功能；北侧单体主要为教学功能；东侧单体的屋面为种植屋面（图 1）。中科大高新园区建成后将为量子国家实验室及相关配套高科技设施提供良好的试验空间，为培养高层次、高质量的创新型人才提供舒适的环境。

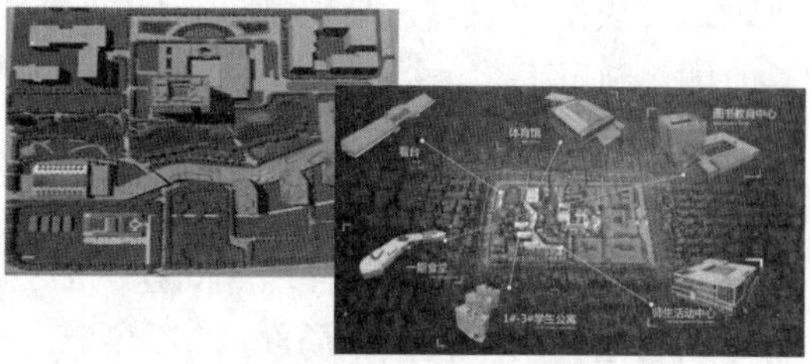

图 1　中科大项目效果图

2.2　工程重难点

本工程部分区域结构施工较为复杂，而且复杂节点的设计图纸存一些问题；深化设计涉及专业较多、工作量较大，施工过程中多专业交叉作业，施工工艺复杂导致项目协调难度较大；钢结构施工复杂，二次结构工作量较大，复杂节点施工质量较难把控；综合管线支吊架较多、布置困难；机电管线与土建交叉碰撞点较多；角柱钢筋错综复杂；加之工期紧、质量要求高，项目管理难度较大。

3　BIM 技术综合应用分析

BIM 技术的应用能很好地解决本工程遇到的难题，建筑信息系统模型作为承载建筑全生命周期的工程数据载体，通过集成不同时间段各 BIM 子模型及相关数据组成模型体系；BIM 参数化模型不仅能够在投标阶段直观形象地将三维建筑清晰的展现给业主看，提高技术标书评分，而且在施工前期对设计院图纸进行梳理，及时发现和解决图纸存在的缺陷；三维场地布置能够提高场地利用效率、临建标准化模型可以优化临建布置；通过施工进度模拟、深化设计及全景方案等辅助制定技术方案，提高施工效率，节约成本和工期。

3.1　项目信息模型的建立

本项目 BIM 技术主要应用于施工管理阶段，相关应用点以各专业信息模型为依托；在项目施工前期建立图书教育中心结构、建筑及机电模型，体育馆、食堂、3 栋学生公寓及师生活动中心土建模型。结构模型主要包括基础、柱、梁、板、剪力墙、楼梯等基本构件；建筑模型主要包括非承重墙、门、窗、防护栏杆、地坪、防火卷帘、百叶窗、雨篷等构件；机电模型包括强弱电系统、暖通空调系统、给排水系统及喷淋消防系统等。三维建筑信息模型图如图 2 所示，图 2（a）为图书教育中心地上部分模型，图 2（b）为图书教育中心机电模型，

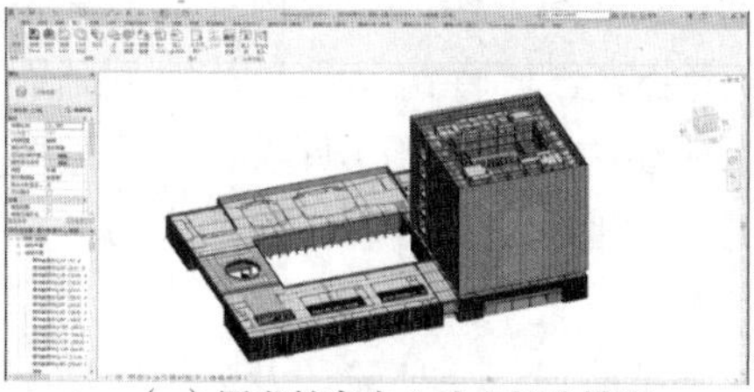

（a）图书教育中心地上部分模型

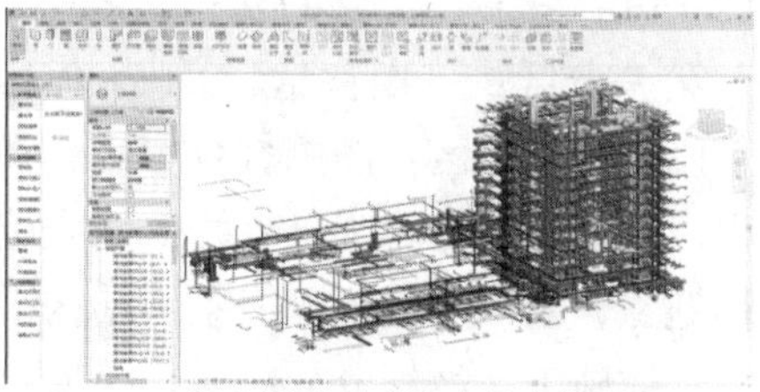

（b）图书教育中心机电模型

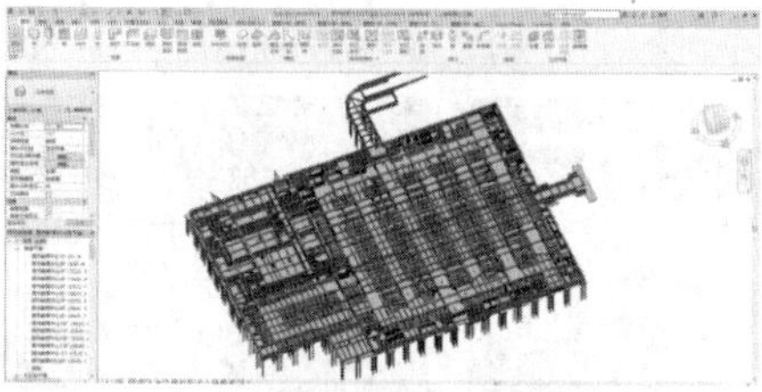

（c）图书教育中心地下部分

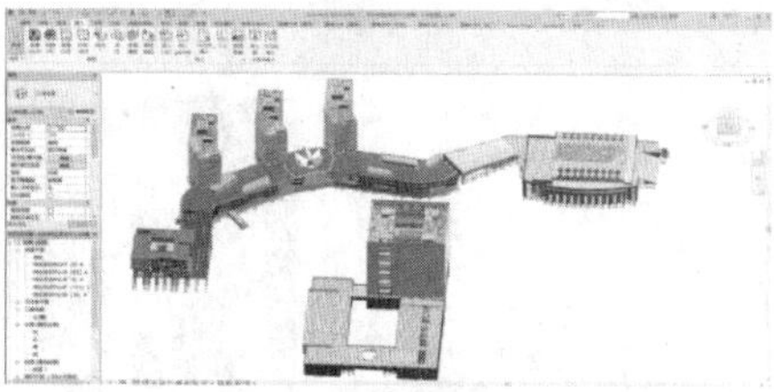

（d）全部建筑物组合模型

图 2　三维建筑信息模型图

图 2（c）为图书教育中心桩基础及地下室部分模型，图 2（d）中科大高新园区一期工程全部建筑组合模型。通过三维模型进行图纸会审及可视化交底能够及时发现图纸中存在的问题，提前优化施工工艺，提高施工效率，节约工期。

3.2　BIM 标准化临建模型

由于传统的临时建筑依靠二维 CAD 图纸进行建设，施工场地布置局限性较大，施工过程中经常遇到空间布局不合理等问题，加之临建设计过程中并非所有部位都能考虑到位，从而导致场地利用率较低，局部返工，浪费大量资源[5]。利用 BIM 技术对临时建筑进行三维建模，能够直观地反映项目部临时建筑整体布置效果，从各个角度对比分析临建布置方案，调整临建的尺寸及位置，进而确定最佳布局方案，有效控制临时建筑的施工成本，提高临建施工进度和施工质量，优化施工工艺，减少临建返工，为后续项目部现场临建建设提供指导。中科大项目三维临建规划方案如图 3 所示，临时建筑 BIM 模型均采用标准化定型尺寸，提高模型重复使用率，标准化应用简洁方便，降本增效，既可保证现场施工生产质量，又能展示施工企业的良好品牌形象。

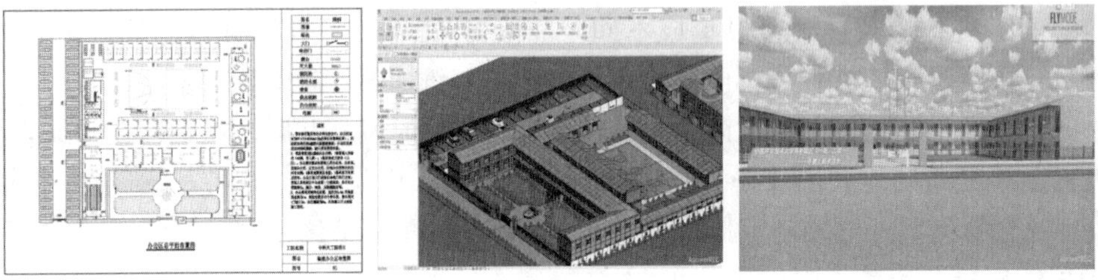

图 3　三维临建规划模型图

3.3　三维场地布置优化

中科大高新园区项目三维场地依据总平面图、安全生产制度、文明施工规范、消防保卫、设备安置及现有场地条件等方面标准进行布置；项目工程体量较大，建筑物平面分布范围广，对整个施工协调配合要求高；本项目三维场布区域划分以土方工程、地下室结构、主体结构、装修施工为关键线路，进行工程总体施工流程段的布置。主体施工阶段以图书教育中心最高的 13 层塔楼及 12 层的 9-1 ～ 9-3 号学生公寓的主楼地上结构及地下室结构施工为关键线路。第一分区：一期食堂、9-1 ～ 9-3 学生公寓、体育馆、看台及地下车库等，同时分 4 个施工段；第二分区：图书教育中心、师生活动中心及地下车库等，同时分为 2 个施工段；本工程以现场临时道路为分界线，优先施工主楼地下室部分，拟按两个劳务六个施工队伍组织平行施工，主楼与地下车库主体结构平行施工，地下部分按后浇带划分成块分块进行流水施工；具体施工区域划分如图 4（a）所示，基坑阶段、主体阶段及装饰阶段三维场地布置如图 4（b）所示。

（a）三维场地分区图

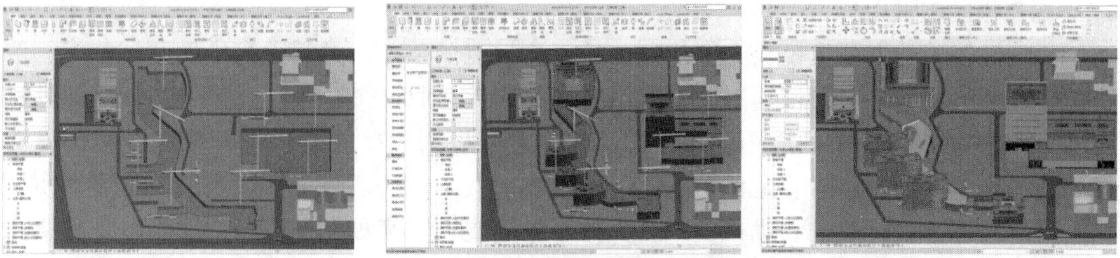

（b）基坑阶段、主体阶段及装饰阶段三维场地布置图

图 4　三维场地布置模型

3.4　施工进度模拟

施工进度管理是工程项目管理的重难点，传统的施工进度主要采用横道图和网络图等方法进行管理，这种方法很难准确分析复杂建筑物各构配件施工进度之间的关系，也无法对项目进度进行精确地模拟，不能对施工过程中潜在影响工期的施工段进行分析，传统的施工进度管理方法已不能满足中大型项目建设的需求[6]。随着 BIM 技术的不断发展和相关软件性能的提升，BIM5D、Navisworks、Fuzor 开始应用在施工进度管理中。在 BIM 三维参数化模型基础上匹配时间维度形成 4D 进度模拟，实现了项目管理与施工进度在空间和时间上同步进行，优化进度计划及施工方案，提高施工进度管理效率。本项目采用 Project 软件编排进度计划，将进度计划编辑到 Fuzor 模拟软件 4D Simulation 中与模型构建进行精确关联，按照计划中的流水段进行施工模拟，通过模拟建筑物逐步完成的过程，及时发现可能存在问题的施工区和施工流水段，实时地调整施工计划和施工工艺，优化施工方案和关键线路，在保证施工安全、质量、进度等条件下缩短施工工期，降低施工成本；施工进度模拟如图 5 所示。

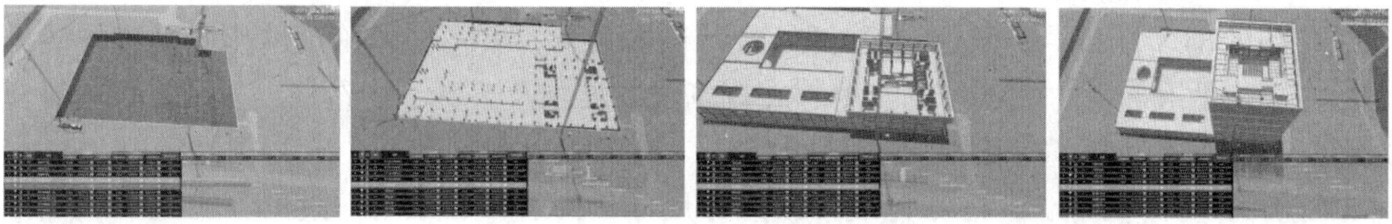

图 5　图书教育中心施工进度模拟图

3.5　危险源识别及临边防护

安全生产是施工企业的生命线，及时识别施工过程中的危险源至关重要；为了提前发现危险源并制订相应的防护措施，保证安全施工质量及效率，本文以图书教育中心为例，基于结构及建筑三维参数化信息模型，应用 BIM 技术对建筑信息模型危险源进行识别，图书教育中心危险源识别及防护方案如图 6 所示，通过 Revit 明细表能够统计出临边及洞口防护栏杆工程量，管理人员能够根据 BIM 参数化危险源数据库制订施工安全管控方案，对安全管控方案虚拟仿真施工及可视化交底，降低了施工过程中的风险，提高了施工效率。

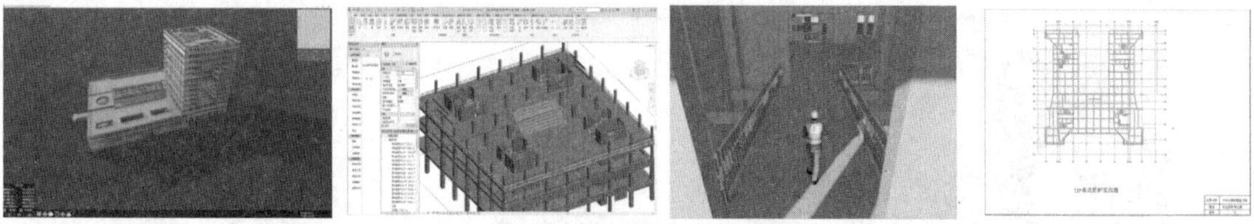

图 6　图书教育中心危险源识别图

3.6 高支模区域识别

危险性较大的混凝土模板支撑工程是施工中控制的重点，尤其是高支模区域施工。传统的高支模区域识别主要依据二维 CAD 设计图纸，识别难度较大而且容易遗漏部分区域。随着 BIM 技术在施工中的应用和推广，高支模区域识别也在探索和应用 BIM 技术，高支模三维模型构件也渐趋标准化和规范化，利用 BIM 技术相关软件能够直观地展示高支模布置方案，对方案进行改进和优化；中科大体育馆高支模方案如图 7 所示，本区域支模架采用 ϕ48mm × 2.8mm 钢管架，立杆水平间距为 800mm，步距为 1500mm，扫地杆距离地面 200mm，底部设置有 8 号槽钢垫块，竖向剪刀撑每 4 ～ 8m 设置一道，每三道水平杆设置一道水平剪刀撑，在不超过 10m 的位置设置水平安全滤网；对于板面局部存在管井洞口等无法完成支模架体系搭设的区域，在无法避开洞口的前提下采用 8 号工字钢悬挑作为支撑；在高支模区域进行立杆加固，遇柱抱柱，遇梁抱梁，局部预埋连墙件进行加固。工程技术人员通过施工方案结合高支模漫游动画对现场工人进行可视化交底，准确把握高支模施工中的关键点，提高交底效率，保证高支模施工质量及安全。

图 7　高支模区域识别图

3.7 二次结构深化设计

传统的砌体排布主要依据 CAD 图纸进行简单处理，其不能精确地给出具体砌体砖排布的主要参数和布置方式，使施工时存在现场材料堆积及浪费、构造柱尺寸及位置不符合规范、灰缝与系梁不符合图集要求等问题[7]。本工程以图书教育中心为例，应用 BIM 技术对砌体墙及轻质隔墙进行深化设计，砌体尺寸、构造柱、系梁、过梁、灰缝及芯柱等均按照《砌体填充墙结构构造图集》（12G614—1）进行设置；建筑砌体墙深化设计如图 8（a）所示，主体砖采用 600mm × 200mm × 250mm 的蒸压加气混凝土砌块，塞缝砖采用 240mm × 115mm × 90mm（P 型）烧结多孔砖，塞缝砖砌筑方式为 45° 斜砌方式，水平灰缝和竖直灰缝厚度设置为 10mm，通过 Revit 明细表能够提取砌块、系梁及构造柱等构件工程量。轻质隔墙深化设计如图 8（b）所示，对轻质隔墙进行了准确定位，优化了附着在楼梯下部的不规则轻质隔墙，并进行了深化设计出图，给出了图书教育中心轻质隔墙全部工程量。此方案提高了施工效率和砌体原材料利用率，同时三维可视化方案交底也提高了交底效率与施工效率，改善了现场施工环境。

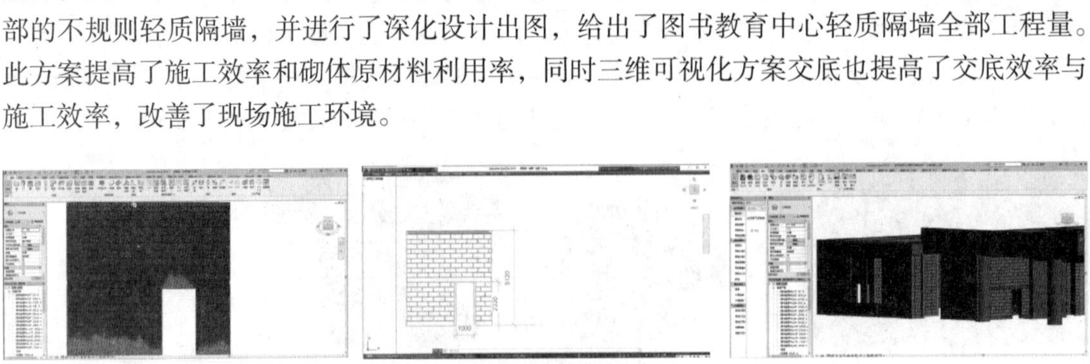

（a）建筑砌体墙深化设计

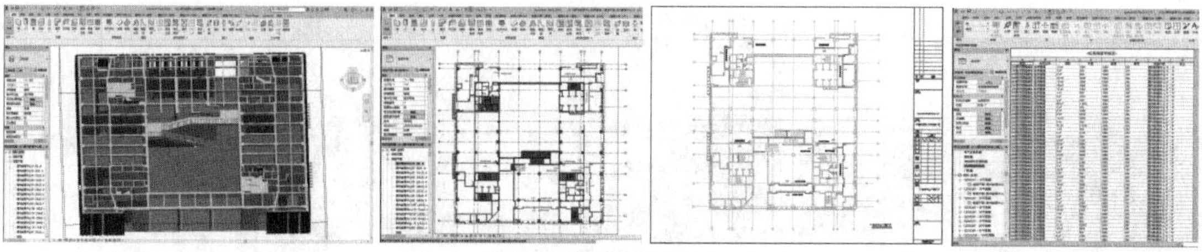

（b）轻质隔墙深化设计

图 8　二次结构深化设计图

3.8　角柱钢筋参数化模型

现场钢筋施工一般都是依据二维图纸，平面图纸很难清晰直观表达钢筋空间层位关系，对于梁、板及柱等多构件相互交叉的复杂节点，钢筋施工困难问题更加突出[8]；本工程角柱钢筋均采用 Revit 软件建模，角柱钢筋建模时参考 18G901—1 图集标准，钢筋布置模型如图 9 所示，模型中给出了每根钢筋的准确位置、钢筋尺寸、锚固长度、连接方式，提前发现不同层位钢筋弯锚碰撞问题，对存在问题的钢筋进行适当调整，优化角柱钢筋布置方案及施工工艺；利用 BIM 技术对复杂节点钢筋施工方案进行交底，提高了钢筋材料利用效率和施工效率，降低了施工成本，实现 BIM 技术在钢筋施工领域的应用价值。

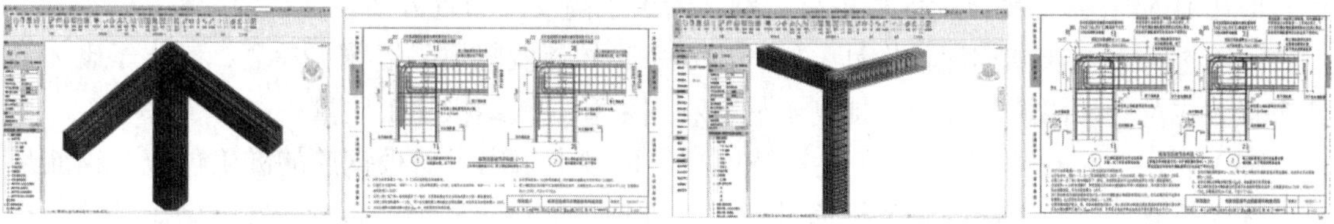

图 9　角柱钢筋三维模型图

3.9　全景方案制作

利用全景方案能够在三维虚拟建筑物中实时、全方位观察待建工程的整体布局；将中科大高新园区一期工程全部建筑模型及景观道路等导入 Lumion 软件中，按照设计图纸坐标进行准确定位，对建筑、结构及装饰等构配件赋予真实材质，导出符合 720 云尺寸要求的全景图像，利用无人机拍摄现场实际进度照片，然后通过相关处理软件形成符合要求的全景图像。在 720 云平台上操作相关图片，设置全景方案视角及添加热点，一级视角和二级视角之间应设置来回两个相互通道，完成后生成全景方案。全景方案所需数据量小，制作过程简单，而且容易展示；全景图像既能在移动端及 PC 端查看，又能够结合 VR 设备体验三维虚拟现实场景。全景图像如图 10 所示，通过对建筑物使用功能及空间分布来提前检查各构配件的合理性；最后将全景方案发布给项目各参与方，提高各方对工程的整体把控能力。

（a）建筑信息模型全景图像

（b）实际进度全景图像

图 10　整体全景图像

4　结语

（1）建立了中科大高新园区项目三维参数化 BIM 模型；利用 BIM 标准化模型和三维场布模型对临时建筑及施工场地进行了规划，给出了最佳临时建筑及施工场地布置方案，提高了临建施工进度和施工质量，减少了临建返工。

（2）利用 Fuzor 软件 4D Simulation 结合工程时间进度计划与模型进行关联，通过模拟建筑成长过程及时发现施工中潜在的问题，及时调整施工计划以优化施工方案和关键线路，保证施工工期。

（3）应用 BIM 技术对建筑信息模型危险源进行识别，给出临边及洞口防护方案及工程量；应用 BIM 技术对高支模区域进行识别，给出了高支模布置方案。

（4）进行了二次结构深化设计，综合确定了砌体墙及轻质隔墙相关参数，给出了砌体最佳布置方式及轻质隔墙工程量，提高了材料利用率和二次结构施工质量。

（5）利用 Revit 软件建立了角柱钢筋模型，模型中给出了每根钢筋的准确位置、钢筋尺寸、锚固长度等，对存在问题的钢筋进行适当调整，优化角柱钢筋布置方案及施工工艺；提高了钢筋材料利用效率和施工效率；制作了全景方案，提高相关人员对工程的整体把控能力。

参考文献

[1] 郭红领，潘在怡. BIM 辅助施工管理的模式及流程 [J]. 清华大学学报（自然科学版），2017，57（10）：1076 ～ 1082.

[2] 张建平，李丁，林佳瑞，颜钢文. BIM 在工程施工中的应用 [J]. 施工技术，2012，41（16）：10 ～ 17.

[3] 曾兵建. BIM 技术在房建工程施工中的应用研究 [J]. 价值工程，2018，37（34）：251 ～ 253.

[4] 王凤起. BIM 技术应用发展研究报告 [J]. 建筑技术，2017，48（11）：1124 ～ 1126.

[5] 刘剑峰. BIM 在建筑工程临时建筑中的应用 [J]. 施工技术，2017，46（S1）：502 ～ 505.

[6] 王婷，池文婷. BIM 技术在 4D 施工进度模拟的应用探讨 [J]. 图学学报，2015，36（02）：306 ～ 311.

[7] 董大泽，徐向辉，郭虎，周旋，谢琨，杨奎. BIM 技术在前海嘉里项目二次结构深化中的应用 [J]. 施工技术，2017，46（S1）：530 ～ 532.

[8] 刘玉柱，杨凯，杨陈，郑自远，刘晶晶. BIM 技术在航天医院门诊外科大楼钢筋工程中的应用 [J]. 土木建筑工程信息技术，2017，9（02）：67 ～ 72.

湖南省建筑行业新材料、新产品、新技术的推广应用情况

李　银　方　辉

中机国际工程设计研究院有限责任公司，长沙，410000

摘　要：伴随着我国城市化的高速发展，传统的建筑行业在市场和政策的推动下，建筑新材料、新产品、新技术方面的成果不断涌现，包括高性能混凝土、高性能钢筋、减（隔）震产品与技术、装配化技术等，它们在建设工程项目中得到广泛应用。本文通过问卷和文献调研的方式，对目前湖南省内的建筑“三新”技术进行总结和归纳，按照新材料、新产品、新技术的类别分别给出本省的应用推广情况，总结出在设计、施工和维护方面存在的问题，希望能够给建筑设计界和工程界一定的参考和帮助。

关键词：建筑行业；新材料；新产品；新技术

1　概述

建筑行业作为我国的支柱产业，对我国经济建设的发展和国民经济的提高有着重要的影响。面对逐步消失的人口红利，传统劳动密集型的建筑行业在市场和政策的推动下，发生了日新月异的变化。根据2017年10月住房城乡建设部发布的《建筑业10项新技术》(2017版)[1]，建筑业的新技术归纳为以下10项：地基基础和地下空间工程、钢筋与混凝土、模板脚手架、装配式混凝土结构、钢结构、基于BIM的管线综合、绿色施工技术、防水卷材与围护结构节能、抗震加固与监测、信息化技术。

2　湖南省“三新”技术应用情况

湖南省位于长江中游，是经济欠发达的内陆省份。本文通过调查，给出近几年湖南省内建筑“三新”技术的应用情况和存在的问题，提供给建筑设计界和工程界参考。根据问卷和文献调研情况，近几年湖南省建筑新材料、新产品、新技术发展概况见表1。

表1　湖南省建筑新材料、新产品、新技术发展概况

	子项	是否纳入相关标准	存在问题
新材料	高强混凝土（强度等级≥C60）	已纳入国标	1. 新拌混凝土黏度大，施工困难；2. 胶凝材料用量大，水化温升高；3. 自收缩大，开裂风险高；4. 脆性大，韧性差
	高强钢筋HRB500	已纳入国标	仅结构梁有应用，另外钢厂缺货
新产品	电涡流阻尼减震器	未纳入	暂无相关标准
	钢筋沥青基础隔震支座	已纳入地方规程	湖南省抗震设防烈度为6、7度区，隔震支座需求较少
新技术	装配式建筑	已纳入国标	问题较多
	防屈曲约束支撑	已纳入国标	无

“三新”技术的应用情况和存在问题详述如下：

2.1 高强混凝土（强度等级≥ C60）

目前高强混凝土广泛应用于建筑工程中，高度大于 100m 的建筑，底层剪力墙和框架柱均会采用高强混凝土。其优点包括：强度高变形小，在相同荷载条件下，可减少截面尺寸，降低结构自重，增加使用面积，降低工程造价等。

根据调查，实际工程应用的高强混凝土，强度等级一般不超过 C60，主要原因包括[2]：（1）新拌混凝土黏度大，施工困难；（2）胶凝材料用量大，水化温升高；（3）自收缩大，开裂风险高；（4）脆性大，韧性差。针对以上缺陷，建议采取的措施如下：在高强混凝土中掺入优质高效减水剂和适当颗粒级配的掺合料，可降低高强混凝土的黏度，在混凝土强度等级相对较低时，还可掺入部分优质引气剂，减小混凝土颗粒间的摩擦力，提高了混凝土的流动性；采用具有水泥水化放热调控作用的高性能混凝土外加剂，可控制混凝土水化硬化过程中的水化放热量；通过控制混凝土中毛细管的负压，可取得优异的减缩抗裂效果，微膨胀补偿收缩办法也可提高混凝土体积稳定性；采用微细、异形、高强高纤维可显著降低混凝土的脆性，增强高强混凝土的抗裂能力。

2.2 高强钢筋 HRB500

高强钢筋 HRB500 抗拉强度是 HRB400 的 1.2 倍，在工程应用时可节省钢筋用量，但是在实际工程中却很少使用，2018 年中机国际工程设计研究院有限责任公司仅在湘潭中心大厦工程的底部剪力墙筒体和框架柱中使用了 HRB500 高强钢筋，后续由于钢厂供货不足，设计修改为 HRB400。根据调研，其他设计院较少采用 HRB500 高强钢筋。

高强钢筋存在以下三点缺陷，影响其市场应用：（1）建筑结构中，一般竖向构件（剪力墙、柱）配筋率由构件最小配筋率确定，能够充分发挥高强钢筋抗拉承载力的只有结构梁，高强钢筋的应用范围受到限制。（2）高强钢筋的受拉锚固长度较长，在混凝土等级相同的前提下，HRB500 高强钢筋的锚固长度是 HRB400 的 1.22 倍，因此梁纵筋的锚固对于竖向构件的截面提出了更高的要求。（3）高强钢筋应用很少，导致钢厂供货不足，市场的产业链不健全，经济效益得不到发挥。

2.3 电涡流阻尼减震器

电涡流阻尼减震器一般由质量块、弹簧和阻尼器组成，通常应用于桥梁和楼板结构的竖向振动控制上。当结构在外力作用下发生振动时，质量块给结构一个反向的惯性力，控制结构的振动，并通过阻尼器耗能。传统的调谐质量阻尼器一般采用黏滞型油阻尼作为耗能机制，油阻尼器存在易漏油、不利于维护、阻尼与刚度耦合、疲劳寿命较短等缺陷。电涡流阻尼机制代替油阻尼器，它利用电磁感应原理制成，当导体板切割永磁体产生的磁感应线时，会产生一个阻碍两者相对运动的反向作用力，并在导体板内产生电涡流，通过导体板发热消耗振动能量。对比油阻尼器，电涡流阻尼器具有耐久性好、阻尼易调节、无附加刚度等优点。

2016—2018 年应用电涡流阻尼减震器的项目有 8 个：湖南张家界大峡谷玻璃桥项目、广东湛江输电塔减震项目、大岳高速洞庭湖大桥项目、大连西延伸线斜拉桥项目、株洲攸县水云桥项目、浏阳河汉桥项目、深圳世界之窗项目以及吉首美术馆项目。根据产品安装后的测试结果以及主体结构运营过程中管理单位的反馈情况，产品减震的效果很好。安装本产品能够减少主体结构的用钢量，提高主体结构及附属构件的使用寿命，经济效益显著。

该产品的设计施工参考标准是《桥梁用粘滞流体阻尼器》(JT/T 926—2014)[3]，在设计、施工和维护过程中，目前存在着无电涡流阻尼专用标准可依的问题，迫切需要制订电涡流阻尼标准以指导设计、施工和维护。

2.4　钢筋沥青隔震支座

钢筋沥青隔震支座包括现浇形成的钢筋沥青隔震层和预制形成的钢筋沥青隔震墩，设置于基础与上部结构之间，用于减少地震作用，提高房屋抗震安全性能。2014 年由湖南省住建厅主持，湖南大学主编了《多层房屋钢筋沥青基础隔震技术规程》(DBJ 43/T 304—2014)[4]，最近该规程又在修订，主要把原来的弹性隔震拓展到弹塑性隔震。“钢筋沥青隔震”技术具有传统的“橡胶隔震支座”同样的隔震效果，但价格只有传统的“橡胶隔震支座”的 5%，是比美国、日本的隔震技术更好的、具有中国自主知识产权的技术。

湖南省抗震设防烈度为 6、7 度区，多层房屋使用的隔震支座基本没有市场需求，建议把该技术进行市场拓展，推广到全国抗震设防烈度不低于 8 度的地区，如四川、云南、西藏、甘肃等省市地区。

2.5　防屈曲约束支撑

防屈曲约束支撑，兼具普通钢支撑和金属耗能阻尼器的双重功能。在常遇地震作用下处于线弹性变形范围，作用与普通钢支撑相似；而在罕遇地震作用下拉压性能稳定，会率先屈服吸收地震能量，提高结构的抗震性能。屈曲约束支撑拉压承载能力相当、延性与滞回性能好，既可以为结构提供很大刚度和承载力，又可以通过钢材屈服耗散地震能量来保护主体结构，是一种优良的结构抗震构件，值得进一步推广应用。

根据调研，湖南省大部分地区为抗震设防低烈度区，且房屋高度普遍较低，地震作用较小，所以应用不多。防屈曲约束支撑仅在长沙世茂广场项目超高层办公塔楼中使用[5~6]，该塔楼地上 75 层，地下 4 层，建筑总高度为 348.3m，采用钢管混凝土框架 + 钢筋混凝土核心筒 + 伸臂桁架 + 环桁架的混合双重抗侧力结构体系。结构为超限高层建筑，存在 6 项一般不规则项。该塔楼伸臂截面较大，对伸臂节点的连接、核心筒抗剪承载力的设计均有较高的要求；如果伸臂桁架采用普通钢支撑，其在中震、大震作用下会发生屈服，且需要在核心筒内置钢桁架，施工不便且造价较高。采用防屈曲约束支撑，既保证了支撑不屈服，确保结构安全，又方便施工，节省造价，取得了优良的经济效益。

2.6　装配式建筑

2.6.1　项目应用

2016—2018 年，采用装配式建造技术的项目有 13 个

(1) 住宅项目 (6 个)：鸿德西街二期、湘潭恒大养生谷项目、长沙金科集美天辰项目、中海珑庭 (武警地块) 住宅小区项目、金茂梅溪湖 B51 地块酒店式公寓、望城澳海望洲府二、三、四组团；

(2) 学校项目 (4 个)：长沙火炬中学、长沙马坡岭小学、望城石子岭学校、道县东门初中 (原东门小学)；

(3) 其他公建项目 (3 个)：常德湘雅医院医疗值班楼、娄底社会福利院老年养护楼、娄底娄星区工业集中区“产学研平台”项目。

2.6.2　使用效果

(1) 已建成并投入使用的项目目前均处于正常、安全、平稳运营阶段；

（2）从长期来看，采用了外墙预制构件的项目由于防水胶的使用寿命周期（10 ～ 15 年）与建筑设计使用年限（均不低于 50 年）不一致，存在后期维护维修的问题；

（3）对于采用内墙预制构件的项目而言，由于预制构件与预制构件之间、预制构件与现浇构件之间为新老混凝土接合，长期的热胀冷缩会导致裂缝的产生。

2.6.3　经济效益

（1）装配式建筑与传统建筑相比减少的项目主要内容：现浇构件混凝土、现浇构件模板、砌体工程、抹灰工程、外墙保温、现场安装预埋、垂直运输费、安全文明施工费；

（2）装配式建筑与传统建筑相比增加的项目主要内容：PC 构件的制作和运输、PC 构件安装、套筒灌浆、外墙嵌缝打胶、现浇层与预制构件内管线的连接、后浇节点部位增加的钢筋、隔墙处灌浆孔内的混凝土及钢筋；

（3）由于混凝土预制构件的价格较传统现浇的高，且目前产业化施工工艺有待改善和提高，产业化施工用工存在较大缺口，装配式建筑的建安成本较传统现浇建筑高；预制构件费用尤其是竖向预制构件的费用增加导致装配率越高，其增量成本也越多；

（4）以现场湿作业、劳动生产率低、施工过程产生大量建筑垃圾、高消耗、高投入、低收益为特点的传统现浇生产方式，已经难以适应国家提出的绿色环保发展要求；装配式建筑由于不用在现场大兴土木，现场作业的粉尘、噪声、污水大大减少，可以达到节水、节能、节材、节地，同时也没有以往脚手架和大量湿作业，工人可大幅度减少，非常符合国家的节能减排和绿色发展目标。

2.6.4　设计、施工和维护中存在的问题

（1）设计

因建造模式的转变，原项目现场现浇的构件大部分转移至构件加工厂生产，且装配式建筑要求全装修，容错率非常低。因此构件、机电、内装设计和成本分析可在设计阶段完成，从传统的建筑设计、结构设计、机电设计、二次深化设计的设计模式改变为多专业的并联式设计模式，与此相对应则需延长设计周期。

（2）施工

①装配式混凝土结构施工前，应根据设计要求和施工方案进行必要的施工验算，未经设计允许不得对预制构件进行切割、开洞；

②施工单位应校核预制构件加工图纸，对施工预留和预埋进行交底；

③在项目实施过程中，需按照各种 PC 构件的不同重量合理考虑塔吊设置；

④混凝土浇筑质量不过关，存在蜂窝、麻面，或者保温板处存在空洞；

⑤窗边混凝土漏浆严重，甚至出现空洞，存在渗漏隐患；

⑥钢筋定位控制不到位，导致浇筑完混凝土后出现露筋；

⑦预埋件锚固钢筋焊接时位置过于靠上，导致预埋件锚固长度不够；

⑧连接件位置不合适，混凝土高于连接件，后期现场连接件无法固定牢固；

⑨灌浆孔预埋倾斜，给后期灌浆带来难度；

⑩线管预埋时固定不牢导致混凝土浇筑时移位，裸露出混凝土表面；

⑪叠合楼板厚度超厚，导致桁架筋顶部与板顶之间间距过小，无法穿管。

（3）维护

防水胶的使用寿命周期（10 ～ 15 年）与建筑设计使用年限不匹配，需定期有组织有计

划地维护与维修；同时应对建筑进行全过程的质量追溯，利用数字化信息建立动态监测系统。

3　结语

通过问卷和文献调研，总结出湖南省建筑行业新材料、新产品、新技术的推广应用情况，为加快建筑产业升级，促进建筑业持续健康发展提供参考和帮助。

参考文献

［1］中国住房和城乡建设部. 建筑业 10 项新技术（2017 版）［M］. 北京：中国建筑工业出版社，2017.

［2］孙伟，缪昌文. 现代混凝土理论与技术［M］. 北京：科学出版社，2012.

［3］王梁坤，施卫星，张全伍. 电涡流 TMD 在某连桥减振中的应用研究［J］. 结构工程师,2017,33（04）：154 ～ 159.

［4］多层房屋钢筋沥青基础隔震技术规程：DBJ 43/T 304—2014［S］. 长沙：湖南科学技术出版社，2014.

［5］北京清华同衡规划设计研究院有限公司. 长沙世茂广场项目办公塔楼抗震专项论证报告［R］. 2013-10-28.

建筑工程分包管理存在的问题与对策

左　鹏

湖南仙厦建筑有限责任公司，株洲，412000

摘　要：分包管理是建筑工程管理中的重要组成部分，随着我国建筑工程事业的不断发展，对建筑工程中的分包要求也越来越来高。然而由于没有健全的管理机构、完善的管理制度、丰富的分包工程管理经验，面对工程中大量分包，总承包企业的管理漏洞也逐渐凸显。本文在相关背景下，阐述工程项目管理及分包管理的内涵，在我国工程项目管理中工程分包控制现状及问题的基础上，探讨如何加强工程分包控制的对策建议。

关键词：工程；项目管理；分包控制

1　引言

随着世界经济一体化进程的加快，建筑业将面临更加激烈的市场竞争环境。建筑业企业只有转变传统的落后生产管理模式和竞争模式才能在全球建筑业竞争中取得竞争优势。

然而，随着市场竞争的加剧，工程建设项目业主变得越来越专业化，对质量和服务水平也不断提出新的要求。大型建筑企业将低端业务逐渐从企业内部剥离出去，中小型企业也逐渐走上专业化的道路。同时由于建筑行业生产的不稳定性，企业的管理层与劳务层的分离也成为建筑行业的必然选择。建筑企业的工程建设生产活动从企业内部逐渐转变为供应链中企业的合作生产活动。大型建筑企业成为工程总承包商或施工总承包商，而中小型企业成为专业分包商或劳务分包商。目前，建筑业已基本形成工程建设总承包企业、专业承包企业和劳务分包企业的协作生产的企业格局，但建筑工程分包必须在工程项目管理指导下进行科学管理。

2　我国建筑工程分包管理现状及问题

我国目前的项目管理还处于发展阶段，基本上都是质量方面的监理，由承包商从中进行协调和管理，这与我国国情是相适应的。总分包制的优点是合同关系简单，便于总包统筹考虑，有利于充分发挥总包单位的技术和管理优势以及分包商的专业特长。但目前，工程分包市场混乱，管理无力，造成工程分包现象弊端百出。具体问题有以下几个方面：

2.1　法律滞后执法不严

现有涉及工程分包的相关法律文件，因缺乏系统性和可操作性或法律效力太低而难以施行。如《建筑法》《招标法》中禁止再分包的规定，就否定了多元化发包模式并严重制约了工程分包的发展，且与加入 WTO 以后的我国市场需求相悖。国外成功经验和国内范例证明：某些重大与复杂项目无论采用工程总承包中任何一种发包模式，其中必然涉及电梯、空调、消防、幕墙、装饰、智能化等专业工程，因此实施从设计、采购、安装直至施工的专业协作是非常必要的。建筑工程一般采用“分判制”，一个建筑工地的分包商至少有 30 家以上，多的时候有 100 多个。由此可见，分包非但不可避免，而且往往要经过“二判”“三判”方可到位。此外，执法不严问题依然存在。多年来，惩治转包、挂靠和违法分包往往以罚代管，收效甚微；更有綦江彩虹桥的转包行为，在法律责任面前竟毫发无损而导致的负面效应。

2.2　总承包模式发展的限制性

总承包未成主流，分包难成“气候”。一是长期以来，工程总承包这一国际通行做法在国内没有得到很好的发展，导致依附于工程总承包而兴起的工程分包，呈现“大河没水小河干”的状态；二是由于受多种因素制约，绝少有工程能够达到像金茂大厦那样的专业化协作水平，即仅在施工现场就有 40 多个中、外分包商参战；三是部门封锁、行业垄断和地方保护，共同掣肘了工程总承包及其专业分包的发展。国际通行做法是交钥匙工程总承包模式，在欧美、日本等发达国家，开发商去银行贷款，银行不是直接将钱给开发商，而是给了总承包单位，开发商只是共同监督款项的使用，这就很好地解决了拖欠工程款的问题，也为总承包单位实行工程分判奠定基础。

2.3　政策的不明朗性

政策不明朗，令工程分包积极性受限制。其一，现行的某些政策忽略了工程分包客观存在的作用，给挂靠以可乘之机。同时，由于缺乏财务账目等方面的鉴别标准，致使千变万化的分包、挂靠真伪难辨。其二，设立分包企业的注册资本明显偏高，令人望而却步。其三，专业分包一般均为包工包料，由于重复缴纳增值税或营业税，加重了分包企业税赋负担。其四，政府对小型企业缺乏应有的关怀。诚然，分包企业由于专业性强，且受资源有限的影响而实力较弱，在市场上往往处于不利地位，特别是比照发达国家对小型企业的政策性关注上为我们所不及。其五，工程保险尚未涉足分包。在发达国家，凡未购买保险的总承包商、分包商，无法参加工程竞标。美、英、德等国的工程投保率则接近或达到了 100%，而我国目前办理工程保险的项目尚不足 10%。

3　案例分析：A 公司的“X”工程项目

3.1　A 公司简介

A 公司是一家以建筑为主，以房地产、加工制造为辅的综合性企业。公司具有房屋建筑工程施工总承包一级资质、装饰装修工程施工一级资质、专项工程设计甲级资质、机电设备安装工程专业承包一级资质等，具备承包大型工业与民用建筑、土木工程、市政公用设施、专业配套工程等建设项目的组织施工能力，是全国建筑装饰行业百强企业。

3.2　“X”工程简介

“X”工程项目部主要负责小湾孔雀沟砂石加工系统设计及施工任务，该工程为自行设计，自行施工的工程，合同造价为 5.70 亿元，系统建安合同造价 0.77 亿元；但系统开工后，加工系统所处地理位置发生重大地质变化，导致系统场地范围大面积压缩。项目部在业主的大力支持下，顶着巨大的经济压力，圆满地完成了系统的建安工作，并受到业界的一致好评。建设安装期，项目部共先后使用了近 70 家工序分包商，5 家劳务分包商，10 余家专业运输分包商，签订了 100 多个分包合同，使用了 1000 多个农民工；运行期间，则有 12 家工序分包商，3 家劳务分包商，4 家专业运输商；共使用劳务民工 340 人，各分包商内部则约有 400 人。这些施工队伍、施工水平和管理水平，对项目部以及分包管理和风险管理提出了严竣的考验。因此，选择合理的分包方案也需要经过周密的分析研究。

3.3 “X”工程项目中存在的问题

3.3.1 进度问题

分包商往往并不关心进度，而只关心利润，“抽一鞭子走一步”；为此，各项目部根据不同的项目特点，采取了相应的激励措施（如专门会议、奖励措施等等），但总是事倍功半；这是很多项目部分包管理的一大“颈瓶”。

3.3.2 质量问题

质量上，施工过程中，由于监控不力，或者监控脱节，缺乏有效的监控体系和机构，认为质量工作就只是质量部门的事，分包商就会利用这些空子经常偷工减料（比如混凝土降低水泥掺量、减少混凝土厚度、加大钢筋间距等等），使施工质量无法保证，造成质量隐患和安全隐患。

3.3.3 成本问题

成本上，因不想增加投入，分包商按旧方法施工而不使用新的工艺方法，造成成本增加；而这个增加的成本，分包商是摊进分包单价中的；或者是因管理不到位，让分包商钻空子，赚了不应赚的钱，从而间接增加项目部成本。

3.4 A公司工程分包管理体系的完善措施

3.4.1 进度控制

为保证施工进度，保证大坝混凝土高强度的砂石料需求，项目部加强管理力度和资源投入，建立相应的进度控制力度，当然相应增加了成本。

（1）建立健全计划编制制度，由技术部门专人编写施工季度进度计划、月进度计划，由生产部门根据月季计划编制周计划及天计划（即24h计划）。所有计划由项目总工程师审核批准，图1为在24h计划下安排的施工流程，并以此作为施工进度的控制标准。

（2）制定切实可行的激励机制

根据运行情况，依次对各工序进行奖励或惩罚。为此，项目部每年拿出专项资金100万元以上。加大资源投入，在能满足生产需要的基础上，有意识地增加备用设备和人员，确保项目部能24h连续工作。料场在足够的挖掘机能保证正常生产的基础上，专门组织备用挖机。加工系统在生产人员足够的情况下，培养一些专门人员，以作备用。

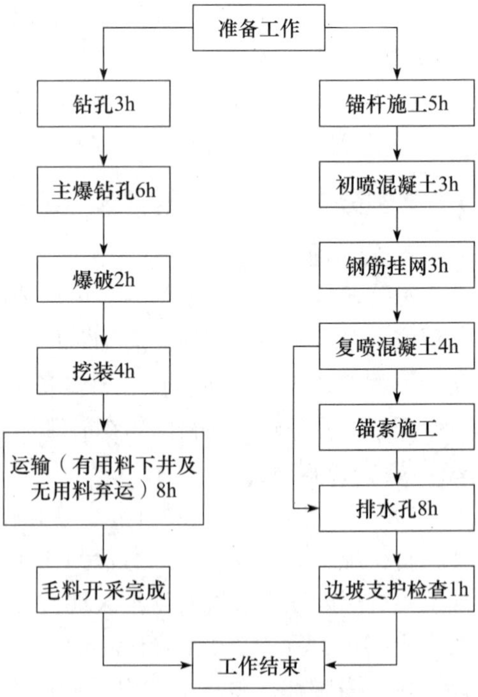

图1　进度控制流程图

3.4.2 质量控制

（1）全面提高劳务从业人员的综合素质

政府、企业以及社会联动，积极创办各种培训机构，以政府出资为主，多渠道筹集培训经费，建立培训基金，对建筑劳务从业人员进行免费培训。培训的内容，既要有专业知识、安全技术操作规程，也要有法律法规等方面的知识，从而提高从业人员的综合素质。积极开展从业人员技能鉴定和严格持证上岗制度，提高标准，严格考核，加强监督，严格管理，推动建筑业发展。

（2）实行全过程控制

施工项目成本的发生涉及项目的整个周期。因此，要从投标开始至中标后的实施及竣工验交全过程实行成本监控。在投标阶段，做好成本预测，签好合同；在中标后的施工过程中，优化施工组织设计和施工方案及分包方案，提高劳动生产效率，制定好成本计划和成本目标，采取技术和经济相结合的手段，控制好事中成本；在竣工验收阶段，及时办理工程结算及追加的合同价款，做好成本的核算和分析。此外，还应加强合同管理，搞好工程索赔，提高项目成本的管理水平。

3.4.3　成本控制

（1）建立完善的成本监控体系

制定一套符合市场实际的内部施工定额，用来管理签订的合同、施工组织设计或施工方案、材料市场价格等；编制成本计划和下达成本监控指标给分包商，同时用来作为分包商业绩考核的重要依据之一。在组织上，首先要确定项目部层面成本管理的牵头部门和责任人，代表项目部行使分包成本监控职权；其次要分别明确项目部、各专业成本管理的责任人，下达成本监控责任指标，要把成本指标分解到所有相关部门、个人及所有分包商，实行全项目部控制。在政策上，要实行责、权、利相结合，这是成本监控目标得以实现的重要保证。在成本监控过程中，项目经理及各专业管理人员都负有成本责任，相应地享有一定的权限，包括用人权、财权等。如物资采购人员采购材料时，在保证功能和质量的前提下，应享有选择供应商的权力，以确保材料成本相对最低。只有责、权、利相结合，才能使成本监控落到实处。

（2）监控材料成本

包括材料用量控制和材料价格控制两方面。材料用量的控制包括：坚持按定额确定的材料消耗量，实行限额领料制度，各施工队只能在规定限额内分期分批领用，如超出限额领料，要分析原因，及时采取纠正措施；改进施工技术，推广使用降低材料耗费的各种新技术、新工艺、新材料；在对工程进行功能分析和对材料进行性能分析的基础上，力求用价格低的材料代替价格高的材料；认真计量验收，坚持余料回收，降低料耗水平；加强现场管理，合理堆放，减少搬运，降低堆放、仓储损耗。选用最经济的运输方式，以降低运输成本，控制运输费用。

4　建筑工程分包管理问题的完善建议

4.1　完善立法，推广分判制体系

可以借鉴新加坡《工业关系法》，制定我国集系统性、完备性和可操作性于一体的分包法律制度，以界定工程分包关系并适应市场发展需要，确保工程分包行为及其监管行为在法律轨道上的运行。依据 WTO 原则，探索并引入香港特区的“分判制”，对现行法律涉及的分包条款应尽快做出修改或通过司法解释进行补充、完善；政府采购中工程分包适用何种法律，应予以明确；对不同主体间同一违法行为所承担的行政责任，在相关专业法律中应协调一致。首先，认真执行 2018 年发布的《工程总承包管理办法》。其次，联合有关部委向国务院报告，制定工程项目融资、财务担保以及相关的税收政策等。再次，虽然从长远看，单位的工程总承包资质会消亡，代之以市场选择，但在从计划经济向市场经济过渡阶段，采取市场准入制度是避免混乱的较好办法。因此需要研究制定颁布《工程总承包资质标准》《工程总承包市场准入管理办法》《工程总承包项目经理持证上岗管理规定》，以及国外工程公司进

入我国工程总承包市场的准入办法。

4.2　强化市场总分包机制

一是随着总分包制的推进，工程分包将大量增加，其所占据的市场份额也将日益扩大。因此，严格市场准入并促其进入二级市场“阳光交易”至关重要。二是有效监管分包招标并分类指导。即凡政府投资工程，在必须经由总包商组织并严格禁止业主肢解发包的前提下，通过竞争性招标确定分包商；私营和民间项目招标与否，则由业主确定。三是培育风险保障机制。借鉴发达国家做法，强制性推行分包工程支付担保和分包商履约担保制度，依靠信用保证体系来确保工程分包交易安全，以保障分包商履约后顺利收款。四是发挥协会作用，推动专业分包。各地建筑业协会应增设分包专业委员会，协助政府研究、制定分包指导政策、自律规则和发展方向等，还要适当降低分包企业注册“门槛”。五是新颁《分包合同示范文本》依然局限在施工承包范围内，有待于借助“菲迪克条款”制定工程总承包条件下的分包合同范本，以指导和规范专业分包活动；尽快将《监理合同范本》中工程师具有“选择工程分包人的认可权”调整为审查权，并与相关法律法规和其他合同范本相协调。六是在鲁班奖的评定上给分包企业以“国民待遇”，使其能够在建功立业后分享荣誉。

4.3　完善建筑业机制

一是强化竞争机制，从源头上确保工程总承包公开、公平和公正。二是加强建筑市场稽查机制。对于未按工程总承包规模和标准发包的项目，特别是政府工程，要给予严肃查处。三是运用好市场价格机制。工程总承包纯粹是市场化运作，既不能套定额，也没有固定费率可取。因此，要提倡和推行国际通行的投标报价方法。四是营造诚信机制。据工商部门统计，当今市场合同履约率仅为 50% 左右，诚信危机严重地损害了建筑市场的正常秩序，破坏了社会的法制基础和市场竞争的“三公”原则。因此，首先要从政府工程做起，逐步建立起信用保证体系。

5　结束语

加强对建筑工程中的分包管理，是建筑企业自我完善，提高自身竞争力的客观要求，同时也是适应市场发展，规范我国建筑市场的必然要求。随着我国目前市场经济的不断发展，必然会涌入大量的国外先进的建筑企业，同时在我国的建筑市场上也会出现更多的新兴企业，必然带来建筑市场上更为激烈的竞争。这就意味着，我们必须要不断地加强和完善建筑工程分包管理体系，提高自身的专业性和竞争力，才能更好地促进企业的发展，从而推动我国建筑市场的发展。

参考文献

［1］于川. 建筑工程项目分包管理工作的探究［J］. 价值工程，2014，29：99 ～ 100.
［2］刘昕鹏. 建筑工程中劳务分包管理与质量控制［J］. 中国建材科技，2014，S2：137.
［3］刘日华. 浅谈建筑工程管理中的分包管理体系［J］. 门窗，2014，12：94.
［4］关于修改《房屋建筑和市政基础设施工程施工分包管理办法》的决定［J］. 建筑技术开发，2014，11：76.
［5］王恺，王亚菊. 国外建筑工程分包管理探讨［J］. 水利水电施工，2014，05：107 ～ 109.
［6］仝娜. 浅析建筑企业劳务分包管理风险识别及防范［J］. 现代经济信息，2015，05：380.
［7］来盛罡. 建筑企业劳务分包管理问题分析［J］. 民营科技，2015，04：67.

装配式建筑施工现场影响因素

刘　凯

湖南仙厦建筑有限责任公司，株洲，412000

摘　要： 建筑企业的安全生产、健康发展已经成为关系我国经济发展和社会稳定的一项重要因素。安全是质量和效益的前提，只要有事故发生，不论大小轻重，都将给工程建设的顺利进行带来阻碍，给企业的效益带来损失，给社会带来负担。而且，一些重大和特别重大的施工安全事故将会直接影响到社会的稳定。近年来，装配式建筑项目增多，我们在谋求经济发展，大力推行装配式建筑发展，建设社会主义和谐社会的同时，加强对装配式建筑工程安全生产管理工作的研究和探讨是非常必要的。

关键词： 装配式建筑；安全视角；施工现场；安全等级评价

1　装配式建筑相关概述

1.1　装配式建筑的概念

装配式建筑是指把传统的大规模现场制作转移到工厂进行，将在工厂大批量加工制作好的建筑构件和配件（如楼板、墙板、楼梯、阳台等），以安全的运输方式运抵施工现场，通过可靠的机械化连接方式在现场装配安装而成的建筑。

1.2　装配式建筑的施工特点

与传统现浇施工方法和工艺相比，装配式建筑有如下特点：

（1）工作效率提高，减少施工人员数量。装配式建筑构件基本都是在工厂加工完成，既保证质量，又能减少施工人员数量，有利于降低施工成本，便于施工人员管理，施工现场中的不安全因素大大减少，降低安全事故发生的可能性。

（2）减少建筑外立面的工作量，利于实现节能减排、绿色安全施工。由于装配式建筑使用的 PC 构件在工厂集中制造后，运输到施工现场进行安装，施工现场几乎不需要进行内、外墙抹灰和脚手架工程，出厂构件已完成涂刷、保温层、门窗安装等外立面工作，大大减少建筑外立面的工作量和材料堆放量，既减少了钢筋、混凝土的用量，又降低了现场施工的危险性，确保施工安全，更让施工现场的环境质量大幅度提升，减少扬尘、噪声、空气污染及建筑垃圾等。

（3）运输吊装机械标准高需求大。需要运输吊装的构件质量和数量都多，对运输吊装的设备要求提高。要根据构件的大小、装配部位及安装高度等参数选用相适应的运输吊装机械设备，防止在运输吊装过程中发生碰撞损坏，并对构件进行适当的防护。在施工过程中，要计算构件的安装强度，必要时对构件要采取加固措施。

（4）装配式建筑建设周期短，冬季依然可以施工。构件存放在工厂内，其组装方式是机械化吊装，组装速度快，不受低温、雨雪等天气因素影响。

（5）施工现场堆放构件量较大，工程所需预制构件量大、件大，现场堆放地点需经过仔细认真规划，保证堆放的安全性及合理性，在不影响正常施工材料运输前提下，堆放位置的便利性是正常装配施工的保证。

（6）现场施工中预制构件的尺寸、预留孔位置和连接固定精度都要求比较高。例如构件在工厂内制作，门、窗等其他洞口预留预埋处已完成，其构件连接牢固程度不仅决定了建筑的质量，也影响着施工安全，所以要保证构件连接的施工工艺。如外墙构件临时支撑设备（即斜向支撑钢管、三角定位件）的质量及使用方法需有指导说明，施工过程中，每个连接处都要逐个细致检查等。

（7）施工工序复杂、难度大。装配式建筑施工主要有两种工序，一种是装配式构件随结构同步安装施工，另一种是先进行结构施工再安装混凝土构件。

装配式构件随结构施工同步安装时，首先吊装外墙构件，再对现浇柱、梁进行施工，而预制构件安装时的临时固定对技术有一定的要求，技术成熟才能对吊装误差有良好的控制。同一楼层施工完成，下一楼层的预制构件随后进行安装。先进行结构施工再安装混凝土构件则首先对部分梁柱进行施工，再安装预制外墙板及楼梯。两种方式均需要现浇施工和吊装施工紧密配合，施工人员、机械与设备合理协作，构件堆放和吊装互不影响，形成互不干扰的有机结合。

同时，其安全防护要求更加严格。安全封闭使用的安全围挡，可用方形管以及镀锌钢丝网封闭。围挡可设计为随安随用、随用随拆，即为一个预制外墙构件吊装完毕后，拆除该围挡，再对上一楼层进行围挡安装，与普通建筑安装脚手架的方法大不相同。预制构件吊装时，吊装操作下方应划定安全区域，作为禁入区。

2 基于安全视角下装配式建筑施工现场影响因素

2.1 预制阶段的施工安全风险

预制阶段的施工安全风险主要存在于工厂生产过程中的风险问题，一般集中在原材料和生产工艺技术方面，因此要系统辨识预制阶段构件的质量风险，需要在掌握上述技术准备的前提下根据一般预制混凝土构件生产阶段存在的质量风险问题进行系统识别。根据构配件生产工艺要求，结合工厂实地踏勘以及专家调研分析等方法，包括现场施工问题反馈等，可以将预制准备阶段的风险分为以下几项：

（1）原材料质量风险。购货进场的钢筋、混凝土原材料质量问题，受供货厂家的影响较大。如购进的原材料中水泥质量、骨料及砂砾的粒径级配、掺合料质量、外加剂质量等，又例如钢筋原材料进场存在质量、尺寸偏差及力学性能不达标等。此外混凝土各原材料之间的配合比等也直接影响混凝土的强度、和易性、坍落度等力学特性的因素。

（2）构件尺寸误差风险。模板对于混凝土构件的尺寸大小影响较大，若采用容易胀模，或者不稳定、变形较大的模板，则构件的精确尺寸无法得到保证。尺寸过大虽不会影响构件的使用安全性能，但浪费原材料，甚至导致构件在现场无法准备安装定位；尺寸过小则可能影响构件的使用安全性能，且也会造成无法定位安装。

（3）浇筑振捣误差风险。浇筑过程应该遵循一定的浇筑方法，特别大体积混凝土工程，在工厂生产中经常采用人工振捣的方法，因此混凝土的质量受人工因素影响较大，振捣不密实则混凝土的强度达不到预期效果，振捣方式不对容易引起混凝土出现早期的裂缝，出现孔洞、麻面、蜂窝。

（4）钢筋制作误差风险。预制构件厂家在制作生产构件过程中，由于生产人员操作不当，导致钢筋下料尺寸、焊接及绑扎质量、钢筋间距、保护层厚度等出现无法满足设计及规范的情况，大大影响构件的受力能力和质量。

（5）预埋误差风险。预埋的钢筋锚固、线盒、线管、注浆孔等的尺寸和定位准确性直接影响后期现场的安装施工。预埋误差将会对后期施工带来诸多问题，包括增加费用，重新开孔对构件造成损伤，甚至不能拼装的风险。

（6）养护误差风险。混凝土构件养护过程需要密切关注养护条件的稳定性，养护方式不对容易导致混凝土产生裂缝。对于大体积混凝土而言，及时对混凝土进行养护，并通过温度控制，防止因温度引起的结构收缩开裂。

2.2 现场装配阶段的施工安全风险

预制装配式混凝土结构现场安装施工是整体工程的核心，存在诸多不确定性，其构件种类繁杂而多。进行现场施工的有效管理，特别是针对现场施工的核心技术管理，直接影响结构的总体工期和效益。

现场施工过程（装配阶段）的主要风险包括以下几个方面：

（1）PC 构件堆放风险。现场施工过程中 PC 构件的堆放对施工进度影响较大，在施工中若构件堆放合理，塔吊施工简便，构件组装简易，可以加快施工进程。另外合理堆放构件对现场施工的安全管理也是有利的。

（2）PC 构件吊装风险。PC 构件的吊装需要专业的吊装人员，依据严谨的施工工序，才能将构件定位，以防构件在悬吊过程停滞过长时间，对施工人员的安全及结构的施工工期造成影响。另外吊装构件的吊点选择极其重要，错误地选择吊点可能导致构件在吊装中发生损坏、翻转等事故。

（3）临时支撑风险。构件吊装到位后无法实现一次性安装，需要设置临时支撑固定结构，另外预制装配式住宅现浇段需设置临时施工脚手架，这些结构均属于施工的生命线，牵涉人员的伤亡及施工的质量，必须保证临时支撑的稳定性和强度。

（4）构件定位风险。构件安装过程中各构件安装位置，连接缝隙等，可能因构件尺寸的不同或者吊装方法的差异很难精确安装到位，辅助定位安装工具或者仪器操作均具有一定的难度。

（5）拼接渗漏风险。预制装配式住宅外墙基本采用预制构件，而预制构件在现场定位安装存在不确定性，无法定位精确会使结构产生缝隙，试图采用相关施工方法对连接进行处理存在技术难点。

（6）后浇接头钢筋锚固质量风险。连接点的注浆质量直接影响构件拼装受力，后浇接头钢筋本身也存在阻碍吊装的情况。

2.3 验收阶段的施工安全风险

竣工验收阶段是施工安全质量评估不可或缺的部分，该阶段工程项目实体已完成，主要工作是文件整理和验收工作，但这一阶段的工作质量也直接影响后期项目的运行。其资料的完整性直接影响对风险的辨识和评价以及装配式建筑施工后的质量评估。内容包括：装配式结构工程质量验收资料提交情况、装配式结构子分部工程质量验收情况、装配式结构实体检验情况、隐蔽工程现场验收情况、施工现场成品保护情况等。对质量风险梳理后可分为以下几点：

（1）成品保护质量风险。主要是指施工过程存在交叉作业，由于交底不清、组织不到位，工序衔接有误，导致施工完成的结构可能存在事后开凿、交叉污染、成品破坏等现象，最终影响结构质量安全、造成渗漏、成品破坏等风险问题。

（2）验收环节的错判、漏判风险。由于抽检样本容量限制以及抽检的随机性风险可能导致将不合格批次判定为合格，或者未检出不合格批次的风险问题。

（3）隐蔽工程检查缺失风险。包括钢筋隐蔽及装配灌浆孔注浆等隐蔽工程隐蔽前的检查验收过程存在缺失，导致事后即完工后无法追溯质量情况的风险问题。

（4）检测风险。工程质量检测过程中存在检测结果未能真实反映实体质量的情况，导致质量评定存在缺陷的风险问题。

（5）资料真实性风险。包括原材料质量保证资料、工程检查记录、验收记录等在内的工程技术资料存在真实性问题，导致质量评定验收存在真实性的风险问题。

3　装配式建筑施工现场安全管理建议

下面将从安全意识、安全技术两方面分析装配式建筑施工安全管理问题的成因，并进一步探讨减少甚至消除建筑施工安全事故的可行对策措施。

3.1　强化安全施工意识

安全意识即为预警意识，指的是在工作中对自己可能存在的相应危险做出的经验预判。具有相应的预警意识，才能决定具体的建筑施工作业，决定建筑工人的行为和建筑产品的命运。事实上，大量事故案例证明不少人既是违章施工作业者，也是意外事故的受害者。然而，据专家介绍，要纠正一个习惯性违章作业行为需要超过 20 次的劝诫努力。同时，建筑工程施工的特点决定了其安全管理内容的复杂性和不确定性，因此，提升施工安全管理水平，提高相关主体的安全意识是一个庞大的系统工程。

3.2　创新技术，设立标准

在具体的实施过程中，应该逐步地推进相关的研发工作，例如新材料、新工艺以及新技术的研发，并逐步建立和完善标准化、部品化等工作。同时，应将成熟的技术不断应用于实践过程中，从而提高装配式建筑项目的整体技术水平。除此之外，应该有重点地推进产品质量、建筑节能以及功能完善等板块工作。

（1）创新装配式建筑系统的设计与研究

随着我国装配式建筑的不断发展，装配式建筑必然要满足更多的社会需求，其技术体系及标准都应加快创新，进一步提升装配式建筑的技术水准。装配式建筑发展不顺畅很大一部分原因在于装配式技术还达不到现有施工技术和社会发展的要求，这种情况下，应该进一步加强装配式建筑的研究工作，提高装配式建筑的力学性能，结构优化，注重新技术、新材料、新工艺的研发。要加强连接节点的设计研究，提高装配结构整体性能，形成高性能新型结构；要加强高效率、高性能建筑围护系统的设计技术研究及工业建筑围护系统、结构件及配件的设计技术研究；要研究钢结构，机电设备的应用，提高市场接受度，降低钢结构建设成本。

（2）进一步完善装配式建筑的集成体系及其标准化

我国还处于装配式建筑发展的初级阶段，应当借鉴国内外的先进技术，大力发展我国预制构件的集成化、标准化、通用化、多样性等特征，开展成体系的建设与改革。要综合考虑我国装配式建筑的发展现状和机械设备、技术支撑、人才储备、材料性能等潜力，建立属于我国的预制件产品目录，统一收录符合要求的不同生产单位的预制构件，并根据实际情况对预制件进行合理的组合与归类，满足装配式建筑发展中的个性化要求。

（3）满足大规模定制化、多样性的要求

装配式建筑发展到一定阶段，通用、标准化的装配式建筑极有可能导致建筑样式的单调一致，这肯定不能满足社会定制化的需求。然而过分强调特点，强调多样性同样会阻碍装配式建筑的发展进程，所以必须根据建筑特点和业主的特殊需求，结合装配式建筑的特点，将定制需求转化为大规模批量生产的需求，同时采用工厂化、流水线、高度集成的协调作业方式，保证质量与高效率。为了更好地实现大规模定制的需求，可以结合 BIM 等技术，做好前期市场调研和信息采集统计分析，提前研判分析客户的需求特点，运用 BIM 技术仿真分析，通过建立建筑模型实现从设计到施工的全过程可视化管理，以便及时评估产品的特性以及判断是否适合上市生产，从而提高预制件的大规模生产的合适性与创新性，缩短产品的上市时间，降低预制件的循环周期，保障预制件的性能，不断改进装配式建筑的技术创新与改良。总之，参照国外先进的装配式建筑发展模式，我国也将经历预制装配建筑的集成化、标准通用化，最终达到定制多样化的发展道路。

参考文献

[1] 宋飞. 基于改进 BP 神经网络的建筑施工安全评价 [D]. 哈尔滨工业大学，2012.

[2] 徐蓉蓉. 高层建筑施工安全风险评价研究 [D]. 南京林业大学，2013.

[3] 叶军，陈学嘉. 组合权重法在建筑施工企业安全评价中的应用 [J]. 安全与环境工程，2013（6）：130 ～ 136.

[4] 袁宁，杨立兵. 基于粗糙集——人工神经网络的建筑施工安全评价及应用 [J]. 安全与环境工程，2012（1）：60 ～ 64.

[5] 王飞. 高层建筑施工安全评价及预警系统研究 [D]. 青岛理工大学，2014.

[6] 李成华. 基于流程与实施的建筑安全管理体系研究 [D]. 西安建筑科技大学，2010.

[7] 王志齐. 基于改进 TOPSIS 的高层建筑施工安全评价研究 [D]. 西安建筑科技大学，2013.

[8] 谭波. 高层房屋建筑工程施工安全风险管理研究 [J]. 江西建材，2014（18）：299.

[9] 田琼. 基于模糊层次分析法的高层建筑施工安全评价研究 [D]. 湖南大学，2013.

[10] 崔克清. 安全工程大辞典 [M]. 北京：化学工业出版社，1995.

建筑工程中的绿色施工技术探讨

刘　军

湖南仙厦建筑有限责任公司，株洲，412000

摘　要：在社会经济快速发展的背景下，我国建筑业充满了生机和活力。此外，为了满足人们对建筑的需求，建筑技术也在不断变化、不断创新。随着人们对生态环境的关注，为了保证科学和经济的可持续发展，建筑工程不仅要满足现代人的审美水平，还要兼顾绿色建筑技术。本文相对准确和客观地介绍了绿色建筑、绿色施工技术，论述了其意义和特点，通过建设工程中绿色施工技术的应用，并在此基础上，指出绿色施工技术的要点，为施工实践提供指导。

关键词：建筑工程；绿色施工；施工技术

绿色节能建筑的发展给施工企业带来了更多商机，但也对施工企业的绿色施工技术水平提出了更高的要求。我们有必要完善以往的施工技术，建立合理的绿色施工技术机制。研究建筑工程中绿色施工技术的运用及实施要点，有助于提高绿色施工的技术水平和创新水平，对实现绿色可持续以及增强施工企业核心竞争力有着重大的现实意义和一定的实用价值。

1　绿色施工技术概述

1.1　绿色施工技术的含义

绿色施工技术概念指的是实现“清洁生产”和“减少材料”的施工技术，以便最大程度地节省资源和能源。绿色建筑技术是社会可持续发展特别是建筑业可持续发展的重要体现，可在建设中尽可能多地节约资源，让环境尽可能少地受到破坏。随着人们对生态环境的关注和可持续发展战略的实施，绿色建筑技术的发展越来越关键，它遵循环保理念中的绿色建筑原则，反映了现代建筑可持续发展的理念。绿色建筑技术具有节能、高效、环保的技术特点，是在项目开发过程中促进资源高效开发，营造健康自然生态生活氛围，实现建筑项目效益的关键环节，也是现阶段建筑项目可持续发展的关键内容之一。

1.2　绿色施工技术的特点

绿色建筑技术是现代工程建设的一种创新工程技术，表现在相应的节能、节材、节水、节地、环保方面。

（1）节能：优化技术可行、经济科学、环境和社会可接受的能源利用管理技术，减少消耗，减少污染物排放，防止从能源生产到消费各个阶段的废物排放；要高效地使用能源，减少能源消耗和损失；选用功能优良、节能高效的施工机械设备，优化施工方案，提高能源利用效率。

（2）节约水资源：采取合理有效的节水措施，实现水资源的有效利用；要充分利用非传统水源，包括循环水、雨水、湖水，减少传统施工对水资源的使用。

（3）节约材料：建筑造型要素应简单，减少非必要的装饰构件；对建筑、拆除旧建筑和现场清洁产生的固体废物进行分类，使用和回收可再生材料；提高建筑材料在施工过程中的使用效率，减少材料的损耗和浪费。

（4）节约用地：在施工过程中，应根据现场施工规模情况进行严格控制，合理有效地利用建筑面积，提高建筑空间的利用率；不得破坏文物、天然水系、湿地、基本农田、森林等。

（5）环境保护：控制施工过程中产生的空气污染、土壤污染、噪声、水污染、光污染及对周围环境的影响；减少施工过程中产生的噪声；减少建筑材料堆放、运输、清理等原因引起的灰尘和垃圾。

2　建筑工程中的绿色施工技术分析

根据绿色施工在建设项目中的关键性以及重要性，施工企业应强调把绿色施工融入到实际的建筑项目中。建筑工程中的绿色施工技术包含了诸多内容，在不同施工环节具有相应的诠释，以下是笔者对建筑工程中绿色施工技术的简要分析。

2.1　土地资源保护

在建筑工程绿色施工中，要综合考虑对地表环境的影响，在施工中要避免水土流失问题。建筑工程中裸露的土壤，施工人员应及时用碎石覆盖或在裸露的土壤中种植一些生长迅速的草籽。绿色建筑中水土流失严重的，应在施工现场合理设置地表排水系统，并对土坡位置进行有效的固定，以多种方式减少水土流失问题。此外，在绿色建筑工地化粪池和沉淀池溢出或泄漏的情况下，应派专业人员快速治理，及时清除池中的沉淀物，确保沉积物不会影响环境质量。为保护建筑工程施工现场的土地资源，有毒有害废弃物的回收应由具有资质的单位进行，以避免土壤污染。

2.2　噪声与振动污染控制

在绿色施工过程中，应严格按照我国有关建筑噪声排放的规定，有效控制建筑噪声排放，以免影响周边居民和其他工人的生活。实现绿色施工，首先应该是执行国家规定的噪声测量方法，实现施工现场的全面监控，以确保施工噪声在合理的范围内。其次，在绿色施工中应尽量选用一些低振动或低噪声的施工设备，并针对不同的施工环节增加相应的隔声作业，以减少绿色施工的振动和噪声污染。

2.3　减少施工污染，控制废气排放及扬尘

废气排放和扬尘是大气环境污染和环境质量下降的主要原因。因此，有必要对建筑过程中的废气排放和扬尘进行控制。绿色建筑的目标之一是减少污染，废气排放也是绿色建筑的污染源之一。因此，废气排放应得到有效控制。为了实现绿色建筑的排放控制，需要建立完善的喷头清洗系统，配置全方位的喷头设备，配备专门的人员进行喷头操作。施工车辆、机械设备、废气排放等大型设备，应采用及时、可行的解决措施，从而达到减少废气排放的目的，如选择清洁燃料、采用高效的燃料添加剂或安装废气净化装置等，使施工现场的车辆和机械设备保持良好和稳定运行，减少废气排放。粉尘也是控制施工现场环境质量的重要指标。首先，施工工具、设备和建筑材料，使用过程中应采取密封措施，确保运输物品不会泄漏，同时确保交通工具清洁。此外，施工现场出入口应设置洗车池，避免运输作业造成污染。其次，在土方施工作业中，应采用覆盖或现场洒水的方式来实现对扬尘的控制，一般情况下，在绿化施工区域，扬尘高度应控制在 1.5m 以内，严禁向施工现场蔓延。此外，对于施工现场易产生粉尘堆积的材料，应采取相应的覆盖措施，绿色施工中需要使用的粉状材料

在储存时应特别注意，需要做合理的封闭处理。将建筑垃圾运出施工现场的过程也可能产生粉尘，因此有必要进行除尘处理，如洒水处理。

2.4 水污染及光污染控制

建筑工程是离不开水的，需要使用大量水资源。施工过程中产生的大量污水，其排放应严格按照国家废水排放标准和要求建设污水管理控制系统。施工现场为不同类型的污水排放应采取相应的治理措施，并委托具有一定资质的检测单位对污水排放指标进行检测，提交污水排放检测报告，使施工企业能够真正了解污水排放的实际情况。此外，应采取措施保护施工现场的地下水，并可采用边坡支护等技术来保护地下水资源。光污染也会影响绿色施工作业，施工人员在夜间室外作业时应重点把控施工现场的照明设备。光污染的主要来源在焊接作业中，需要采取措施来阻断电弧，避免焊接过程中的弧光泄漏污染。

3 绿色施工技术在建筑工程中的应用

3.1 高强度混凝土

高性能混凝土既能满足混凝土高强度等级的要求，又能满足现代先进施工技术和良好泵送性能的要求。

（1）配合比设计优化

高性能混凝土（HPC）的比例是高性能混凝土的重要组成部分，必须严格控制。同时，必须进行充分的测试以验证其合格性。根据以往的施工经验，由于施工区域地面材料的不同，HPC 的比例往往存在较大差异。因此有必要通过各种水泥、石材与外加剂的混合试验来确定最佳配合比，通常配合比试验高达几十组甚至上百组。在施工过程中，还应根据实际工程情况进行调整，以适应现场施工。如：根据砂石级配的细度模数，调整使用的砂量；根据混凝土测量结果调整水灰比和水泥用量；根据项目现场气候和实际情况调整各项参数。同时，还要解决高强与坍落度的矛盾。

（2）原材料选择及检验

①水泥：根据试验分析，水泥应选用活性高（不低于 55MPa）、需水量小的品种，标签符合试验要求。

②添加剂：必须选择坍落度满足设计要求和泵送条件好的泵送剂，工程施工前必须进行多次试验，确保合格。

③细骨料：选择河砂，不使用海砂，细度模数控制大于或等于 2.4，泥的含量不得超过 1%，其他性能必须满足相关的国家和地方标准。

④粗骨料：石头是粗骨料混凝土的关键组分，其对混凝土强度的影响是巨大的，必须选择质地良好的粒料，确保破碎指数小于 10%，最大粒径小于或等于 20mm，泥含量控制在 0.5% 以内。

⑤用水：按《混凝土用水标准》JGJ 63—2006 选用。

（3）分析

①一般来说，提高混凝土强度可以节省混凝土的用量，如从 C30 ～ C60，受压构件一般可以节省混凝土用量的 35% 左右；受弯构件的混凝土节省可达 15% 左右。

②虽然高强度混凝土的造价比普通混凝土高，但由于它节省了混凝土的用量，在减轻结构重量的同时也节省了钢材的用量。根据深圳当地的工程经验，深圳贤诚大厦经过优化设

计，混凝土强度从 C40 提升到 C60，节约了混凝土的消耗，增加了空间，带来了非常可观的经济效益。

③由于高强度混凝土的密度性能较好，可以有效保护钢筋不受侵蚀，提高混凝土使用寿命，增加经济效益。

以武汉市某房地产项目为例，该项目建筑面积较大，大部分支柱截面积较大，采取高强度混凝土后地下室多出很大空间，给后续的建设带来了方便，建筑面积的有效利用也带来了巨大的经济效益。

3.2 高强度钢筋

目前，低等级钢筋的使用已不适应我国经济发展的水平，建筑行业应该减低或者不使用低等级的钢筋。目前的形势来看，高等级钢筋已经慢慢应用于工地。武汉市某房地产一期工程项目响应国家号召，取消使用低等级钢筋，全部使用 HRB400 新三级钢。高强度钢筋具有以下优点：同等直径下强度增高约 20%，而价格只贵约 8% 左右；而且通过提高钢筋强度，可以减少钢筋截面积，减小配筋率，节约了原材料，由于土建施工中钢筋消耗非常大，故对于承包方节约成本，效果十分明显；通过计算，使用新 HRB400 三级钢较使用 HRB335 二级钢节约钢筋约 18% 左右。该工程项目使用三级钢后，取得了良好的经济和社会效益，同时为今后施工积累了经验，提供了参考依据。

3.3 Low-E 镀膜中空玻璃

目前根据相关研究数据，建筑能耗占全社会总能耗的比例越来越高，特别是在发达国家，高达 40% 左右。与此同时，随着中国的快速发展，这一比例也已接近 30%。对建筑能耗的影响通常包括四个方面：窗户、门、墙、地板和屋顶。其中，由于材料和厚度的原因，门窗的保温性能最差，是建筑保温过程中最薄弱的环节，冬季通过玻璃造成的热损失约占总损失的 40%；而夏季 30% 的空调负荷来自窗户和阳光直射。因此，采用 Low-E 镀膜中空玻璃非常有必要。Low-E 镀膜中空玻璃是一种很好的节能材料，阳光更容易穿透，能在冬季保持室内温度，且室内舒适度较好，夏季阻挡大量的紫外线，减少伤害。以深圳某项目为例，其夏季时间长，气温高，空调利用率高，因此窗户造成的能耗比较高，造成大量电能资源浪费。项目部工程技术人员考虑到施工过程中的节能减排，经过与业主的沟通和积极建议，最终选择 Low-E 镀膜中空玻璃作为窗户材料。

3.4 箱式板房

箱式板房龙骨采用钢结构焊接而成，四周安装密闭板符合国家消防验收要求，所有管道均配置齐全，可整体吊装，具有安装方便、经久耐用等特点。施工现场采用集装箱式车间生产，安装效率高，运输方便。现场施工房屋的安装可以减少时间和人力的投入。同时，它可以在施工结束时完全回收，而且运行到下一个施工现场的成本也很低。

3.5 BIM 技术应用

BIM 是设施的物理和功能特征的数字表示，也是一种共享的知识资源，利用 BIM 技术，可以共享相应设施的信息，为设施从建造到拆除的整个生命周期的所有决策提供可靠的依据。在项目实施的各个阶段均可以使用 BIM 来插入、提取、更新和修改信息，以支持和反映它们各自的职责。

可以在项目施工过程中引进 BIM 技术来展现项目进度、成本、业务资料、图纸和数据，改变资源配置和施工组织安排，提高项目管理水平和工作效率。项目总承包单位可以配合业主建立项目运营管理系统，充分利用 BIM 建筑信息模型技术，满足项目进度、成本、质量、安全方面的目标。

4 结语

绿色施工是我国建筑行业走可持续发展之路的必然举措，建筑施工企业应大力推行绿色施工，并采取先进的科学技术，不断优化施工手段，使建筑工程施工中的废气排放、扬尘污染及水污染、光污染等都能得到有效的控制，从而降低工程施工成本，为建筑施工企业创造更多的经济效益与社会效益。

参考文献

[1] 马兆辉. 绿色施工技术应用与推广［J］. 中国房地产业，2017,（9）.
[2] 陈华，柴干飞，杨正勇. 航运科研大厦绿色施工技术应用与管理［J］. 建筑施工，2016,（10）.
[3] 程肖琼. 建筑工程实施绿色施工技术探讨［J］. 安徽建筑，2015,（3）：171 ～ 172.
[4] 魏邦海. 绿色施工技术在民用建筑施工中的运用［J］. 科技创新导报，2017,（6）：42.
[5] 肖绪文，冯大阔. 建筑工程绿色施工现状分析及推进建议［J］. 施工技术，2015，42（1）：12 ～ 15.
[6] 俞频. 建筑工程施工绿色施工技术应用研究［J］. 经营管理者，2016，08：314.
[7] 王雄星. 民用建筑工程的绿色施工技术探讨［J］. 门窗，2017，02：125 ～ 126.
[8] 文晓兵. 浅谈建筑工程施工绿色施工技术应用［J］. 中华民居（下旬刊），2017，06：321 ～ 322.
[9] 安蕾. 建筑工程绿色施工技术应用［J］. 江西建材，2015，17：55.
[10] 裘煜. 建筑工程绿色施工技术实例分析［J］. 建筑安全，2017，07：67 ～ 70.
[11] 俱军鹏. 建筑工程绿色施工技术的应用探索［J］. 门窗，2017，08：136.

后　　记

《绿色建筑施工与管理》（2019）一书，其内容侧重于科技创新与绿色发展，是湖南省土木建筑学会施工专业学术委员会所属全省建筑施工企业及百万建筑湘军和高等院校、科研院所等建筑科技工作者，在科技创新方面，通过理论分析、试验研究和工程实践所取得的成果和经验总结，可供建筑业科技工作者参考与应用。

本书编著过程中得到了湖南建工集团有限公司、湖南顺天建设集团有限公司、中国建筑第五工程局有限公司、中建五局第三工程以后限公司、湖南立信建材实业有限公司以及中南大学、湖南大学、长沙理工大学和中国建材工业出版社等有关领导、专家、教授和学者的大力支持与帮助，在此致以衷心的感谢与崇高的敬意！

科技创新与绿色发展是我国坚持可持续发展的战略方针和重大举措。由于编著时间短促和水平有限，书中有不足支持，敬请批评指正。

编者

2019 年 6 月

湖南顺天集团

湖南顺天集团成立于1999年，集团秉承“顺时永进，天道酬勤”的企业理念，深耕湖湘，下辖房地产开发、建筑工程、文化旅游、酒店经营、生态农业五大产业板块十八家分子公司，连续多年入榜“中国民营企业500强”“湖南百强企业”，系湖南本土最具实力的多元化集团企业之一。

企业专注于工程建设领域，迄今完成建筑工程1800多项，荣膺众多国家级重大奖项，连获全国建设工程质量最高奖“鲁班奖”、全国市政工程“金杯奖”，荣摘“全国建筑施工安全质量标准化示范工地”，屡获“全国AAA级安全文明标准化诚信工地”、湖南省优质工程“芙蓉奖”和“省优质工程”等100多奖。

集团优秀项目之一的洋沙小镇·君澜湾一期工程位于湘阴县洋沙湖国际旅游度假区内。

本工程将建设13栋高层住宅及商业街，高层住宅为框架剪力墙结构，总面积393015.82m^2，工程造价6.76亿元。该工程现在正处于主体施工阶段，并已经完成了“省级质量标准化及质量常见问题专项治理示范工程”和“湖南省绿色施工示范工程”的申报。

洋沙小镇·君澜湾一期工程效果图

湖南建工集团

2018年，湖南建工集团锐意进取、开拓创新，大力推动建筑业高质量发展和科技研发，荣获6项鲁班奖，连续19年获104项鲁班奖，并成功申报中国钢结构金奖4项。

集团积极发展装配式建筑产品及技术研发，全面铺开装配式建筑产业链布局，首创了全国装配式建筑科技创新基地、3家装配式建筑科技、教培、检测中心，投建2家装配式混凝土产业基地、2家装配式钢结构产业基地，并成功申报了2家省级装配式建筑产业基地；成立了湖南建工装配式建筑技术研究院，自主研发的"共轴承插型预制一体化卫生间"通过省住建厅科技成果评价，获评"国内同类研究先进水平"，并申报10余项国家专利。

集团参与研发的"混凝土砌块墙工业化生产与装配式应用关键技术"通过技术成果评价"达到国际先进水平"，其中"移动式砌墙工作站技术达到国际领先水平"并申报贵州省科技进步奖。

集团开展"钢骨架泡沫混凝土组合结构全功能集成单元房""装配式电梯井""装配式楼梯间"等系列产品研发，建立湖南建工装配式建筑产品与技术体系。

集团还参编了国家工程建设标准《建筑与市政工程防水通用规范》、国家团体标准《预制混凝土构件尺寸允许偏差标准》，主编了湖南省地方标准《现浇泡沫混凝土复合墙体技术规程》《湖南省建筑节能工程施工质量验收规范》等标准规范，进一步构建了集团建筑标准体系。

在习近平新时代中国特色社会主义思想指引下，湖南建工集团坚持科技创新，筑梦天下，推行高质量绿色发展，造福中华。